Nr. 36 1956
S. 9897–10152 5. September

Chemisches Zentralblatt

Vollständiges Repertorium für alle Zweige der reinen und angewandten Chemie

1830 gegründet. 1897—1945 von der Deutschen Chemischen Gesellschaft fortgeführt.
Im Auftrage der Deutschen Akademie der Wissenschaften zu Berlin, der Chemischen Gesellschaft in der Deutschen Demokratischen Republik, der Akademie der Wissenschaften zu Göttingen und der Gesellschaft Deutscher Chemiker

herausgegeben von Prof. Dr. **Maximilian Pflücke**

127. Jahrgang

1956

Chefredakteure: Dr. Eugen Klever und Prof. Dr. Maximilian Pflücke

Akademie-Verlag GmbH., Berlin — Verlag Chemie, GmbH., Weinheim/Bergstr.

Inhalt

Namenregister

Chemisches Zentralblatt

1956 Nr. 36 5. September

A. Allgemeine, physikalische und anorganische Chemie.

A_1. Kernphysik und Kernchemie.

N. N. Bogoljubow und **D. W. Schirkow**, *Probleme der Quantentheorie des Feldes. 2. Mitt. Beseitigung der Differenzen aus der Streumatrix.* (1. vgl. C. **1955**. 7825.) Fortsetzung der Übersicht. — 22 Literaturangaben. (Успехи Физических Наук [Fortschr. physik. Wiss.] **57**. 3—91. Sept. 1955.) E. KLEVER. 80

Abraham Klein, *Theoreme für renormalisierbare Feldtheorien bei niedrigen Energien.* Vf. stellt mathemat. Ansätze auf, wodurch das Verh. von Stoßprozessen bei niedriger Energie systemat. untersucht werden kann. Das Grundverf. stellt die Konstruktion renormalisierter GREENscher Funktionen für die beteiligten Teilchen in Ggw. äußerer Quellen dar. (Physic. Rev. [2] **99**. 998—1008. 1/8. 1955. Cambridge, Mass., Harvard Univ.) GERHARD SCHMIDT. 80

L. H. Meredith, J. A. Van Allen und **M. B. Gottlieb**, *Höhenstrahlintensität oberhalb der Atmosphäre auf großen Breiten.* Auf den geomagnet. Breiten 54,3, 62,1, 71,9 u. 86,7° N wurden Raketen von Ballons gestartet u. mittels einzelner dünnwandiger Zählrohre die Intensität der geladenen Höhenstrahlteilchen gemessen. Die wirksame Dicke der App. u. der restlichen Atmosphäre wird auf 0,5 g/cm² Al geschätzt. Die Werte für die Intensitäten in einer Richtung, gemittelt über die obere Hemisphäre, ergaben sich auf den angegebenen Breiten zu $0{,}44 \pm 0{,}01$, $\leq 0{,}50 \pm 0{,}05$, $\leq 0{,}50 \pm 0{,}05$ u. $0{,}48 \pm 0{,}01$/cm²/sec/Raumwinkel. Demnach müssen Primärteilchen mit einer magnet. Steife $< 1{,}7 \cdot 10^9$ eV völlig oder nahezu völlig fehlen. (Physic. Rev. [2] **99**. 198—209. 1/7. 1955. Iowa City, Io., State Univ. of Iowa, Dep. of Phys.) M. WIEDEMANN. 85

J. A. Simpson, H. W. Babcock und **H. D. Babcock**, *Assoziation eines unipolaren magnetischen Bereichs auf der Sonne mit Intensitätsänderungen der primären Höhenstrahlen.* Mittels eines neuen zur Beobachtung schwacher magnet. Felder in der Photosphäre der Sonne geeigneten Instruments, das den longitudinalen ZEEMAN-Effekt benutzt, wurde 1953 bei 7 aufeinanderfolgenden Sonnenrotationen ein „unipolarer" Bereich auf niedriger Breite beobachtet. Er hatte eine Fläche von 0,15 der Sonnenscheibe, eine Intensität von ~ 1 Gauss, positive Polarität u. einen Fluß von 10^{21} Maxwell. Ein zur Sonne zurückkehrender magnet. Fluß konnte nicht festgestellt werden. Mit dem Durchgang dieses Bereichs war ein Maximum der prim. Höhenstrahlintensität, gemessen mittels Neutronendetektoren oder Ionisationskammer, verbunden, 3—4 Tage später lag ein Maximum der geomagnet. Stürme vor. (Physic. Rev. [2] **98**. 1402—06. 1/6. 1955. Chicago, Ill., Univ., Inst. for Nucl. Stud.; Carnegie Inst. of Washington, Mount Wilson and Palomar Observ.; Pasadena, Calif., California Inst. of Technol.) M. WIEDEMANN. 85

John W. Graham und **Scott E. Forbush**, *Effekte von Sonnenfackeln und magnetischen Stürmen in der Höhenstrahlintensität nahe dem geomagnetischen N-Pol.* Während der Sonnenfackel vom 25. Juli 1946 wurde an 2 Stellen in Grönland, auf 88 u. 80° N, ein Anstieg der Intensität der Höhenstrahlung beobachtet, im ersten Fall unter 11 cm Pb um 14%. 27 Std. danach während eines magnet. Sturms verlief der Abfall ebenfalls gleichartig. Die Beobachtungen wurden unter dem Gesichtspunkt diskutiert, daß der Anstieg auf geladene, von der Sonne kommende Teilchen zurückzuführen ist. (Physic. Rev. [2] **98**. 1348—49. 1/6. 1955. Washington, D. C., Carnegie Inst. of Washington, Dep. of Terrestr. Magnetism.) M. WIEDEMANN. 85

Eugene N. Parker, *Hydromagnetische Wellen und die Beschleunigung der Höhenstrahlen.* Das Transportproblem, zu dem die für die Beschleunigung der Höhenstrahlen in der Galaxis notwendigen Energien führen, wird diskutiert. Die Wechselwrkg. geladener Teilchen mit hydromagnet. Wellen wird geprüft, die Zerstreuung der hydromagnet. Wellen im interstellaren Medium wird berechnet. Infolge der hohen inneren Viscosität liegt die Wirksamkeit der Galaxis für die Beschleunigung der Höhenstrahlung unter 1%. Es existiert kein hydromagnet. Mechanismus, um die Reichweite der Bewegungen zu erniedrigen u. die Geschwindigkeit der Bewegungen auf 1 Lichtjahr u. 120 km/sec zu erhöhen. (Physic. Rev. [2] **99**. 241—53. 1/7. 1955. Salt Lake City, Ut., Univ. of Utah, Dep. of Phys.) M. WIEDEMANN. 85

G. Baroni, *Eine Analyse von drei τ-Mesonen.* In einem Stapel ILFORD G 5-Emulsionen, das auf 25 km Höhe exponiert worden war, wurden die Zerfälle von 3 weiteren positiven τ-Mesonen beobachtet. Die Daten sind tabelliert. Die Energiewerte betragen 74,4 $\pm$ 0,7, 72,1 $\pm$ 1 u. 73,5 $\pm$ 1 MeV. Die Energieverteilung der Zerfallspionen macht es sehr unwahrscheinlich, daß das τ-Meson den Spin 1 hat. Die Korrelation zwischen der Emissionsrichtung der τ u. der Zerfallsebene wurde geprüft. (Nuovo Cimento [10] **2.** 169—71. 1/7. 1955. Roma, Univ., Ist. di Fis., Ist. Naz. di Fis. Nucl.)
M. WIEDEMANN. 85

W. H. Arnold jr., W. Martin und **H. W. Wyld,** *Anomale neutrale V-Teilchen.* Auf Berghöhen wurden mittels einer Doppelnebelkammer 82 neutrale V-Teilchen beobachtet. Von diesen konnten 30 als $\Lambda^0 \rightarrow p + \pi^-$ mit Q = 36 $\pm$ 1 MeV u. 31 als $\Theta^0 \rightarrow \pi^+ + \pi^-$ mit Q = 212 $\pm$ 4 MeV identifiziert werden. Daneben wurden 5 anomale Fälle aufgefunden, deren Daten tabelliert sind. (Physic. Rev. [2] **100.** 1545—47. 1/12. 1955. Princeton, N. J., Univ., Palmer Phys. Labor.) M. WIEDEMANN. 85

T. D. Lee und **C. N. Yang,** *Erhaltung der schweren Teilchen und verallgemeinerte Eichtransformationen.* Diskussion der Möglichkeit einer Eichtransformation für schwere Teilchen. (Physic. Rev. [2] **98.** 1501. 1/6. 1955. New York, Columbia Univ.; Princeton, N. J., Inst. for Advanc. Stud.) M. WIEDEMANN. 90

Hironari Miyazawa und **Reinhard Oehme,** *Zerfall von Mesonen mit Spin Null in zwei Leptonen.* Das Matrixelement für den Zerfall von Mesonen mit Spin 0 u. M. m in 2 Leptonen mit μ_1 u. μ_2 enthält nur Glieder, die μ_1/m u. μ_2/m proportional sind. Das von Vff. formulierte Theorem ergibt, daß die Rk. $\pi^0 \rightarrow e^+ + e^-$ um den Faktor 10^{-5} weniger wahrscheinlich sein sollte als der Zerfall in 2 Elektronenpaare. Auch die Rkk. $\pi \rightarrow \mu + \nu$ u. $\pi \rightarrow e + \nu$ werden diskutiert. (Physic. Rev. [2] **99.** 315—16. 1/7. 1955. Chicago, Ill., Univ., Inst. for Nucl. Stud.) M. WIEDEMANN. 90

Herbert DeStaebler jr. und **B. V. Sreekantan,** *Natur des neutralen Sekundärteilchens, das beim Zerfall des $K_{\pi 2}$-Mesons entsteht.* Es werden 5 mit einer mehrere Platten enthaltenden Nebelkammer beobachtete S-Ereignisse angeführt, die nach $K_{\pi 2} \rightarrow \pi + \pi^0$ interpretiert werden können u. dafür sprechen, daß das neutrale Zerfallsprod. ein π^0 ist. Reichweiten u. Impulse der Sekundärteilchen sind tabelliert, die M. des Primärteilchens ergibt sich zu 952 $\pm$ 11 m_e; sie ist also mit der des τ verträglich. In 4 Fällen sind kleine Elektronenkaskaden mit dem S-Zerfall verbunden, sie sind nicht kolinear mit den geladenen Sekundärteilchen. (Physic. Rev. [2] **98.** 1520—21. 1/6. 1955. Cambridge, Mass., MIT, Dep. of Phys. and Labor. for Nucl. Sci.) M. WIEDEMANN. 90

M. W. Friedlander, Y. Fujimoto, D. Keefe und **M. G. K. Menon,** *Einige Gesichtspunkte beim Kerneinfang von Hyperonen und K-Mesonen.* Vff. diskutieren die verschied. experimentellen Befunde u. die theoret. Vorstellungen beim Kerneinfang von K^-- u. Y^--Teilchen u. bringen diese Rk. in Verbindung mit dem assoziierten Erzeugungsmechanismus. Vff. kommen zu folgenden Schlußfolgerungen: 1. Möglicherweise entstehen beim K-Einfang mehrere statt eines Nucleons, 2. da Σ^0 sich schnell zu Λ^0 umwandeln können, bedeutet die Beobachtung der letzteren nicht, daß sie das prim. Reaktionsprod. sind, 3. für das prim. Auftreten der Σ^0 beim Kerneinfang der K^- u. ihre Umwandlung in Λ^0 spricht das Fehlen von Pionen mit 120 MeV, 4. ob das eingefangene Hyperon vom Typ Σ^- oder Ξ^- ist, kann nicht entschieden werden, 5. im ersten Fall kann nicht entschieden werden, ob dabei Σ^0 oder Λ^0 entsteht u. 6. die bisherigen Beobachtungen über Einfangsterne sind mit der Theorie von GELL-MANN u. PAIS im Einklang. (Nuovo Cimento [10] **2.** 90—99. 1/7. 1955. Bristol, Univ., H. H. Wills Phys. Labor.)
M. WIEDEMANN. 90

R. M. Sternheimer, *Energieverteilung der γ-Strahlen aus dem π^0-Zerfall.* Es wird gezeigt, daß der differentielle Wirkungsquerschnitt für die π^0-Erzeugung beim Beschuß eines Targets mit energiereichen Teilchen aus der Messung der Energieverteilung der Zerfalls-γ-Strahlen unter verschied. Winkeln erhalten werden kann. Die Beziehung gilt für eine Gesamtenergie des $\pi^0 > 500$ MeV, sie läßt sich näherungsweise bis $\sim$ 300 MeV anwenden. Die Ergebnisse werden auf den Zweikörperzerfall verallgemeinert u. der differentielle Wirkungsquerschnitt für die Erzeugung der Primärteilchen in Abhängigkeit von der Energieverteilung der Sekundärteilchen abgeleitet. (Physic. Rev. [2] **99.** 277—81. 1/7. 1955. Upton, N. Y., Brookhaven Nat. Labor.) M. WIEDEMANN. 90

B. P. Nigam und **H. P. Noyes,** *Quasigebundene Zustände des Pion–Nucleon-Systems in der niedrigsten Tamm-Dancoff-Approximation.* Mathemat. Ableitung der stat. Potentialapproximation u. der Näherungslösung der Integralgleichung. Vff. folgern u. a., daß das Λ^0-Teilchen nicht ein quasigebundener Zustand des Pion–Nucleon-Syst. sein kann. (Physic. Rev. [2] **99.** 989—95. 1/8. 1955. Rochester, N. Y., Univ.)
GERHARD SCHMIDT. 90

W. D. Walker, *Λ^0–Θ^0-Erzeugung in π^-–P-Zusammenstößen bei 1 GeV.* Auf den Aufnahmen mit der H_2-Diffusionskammer wurden zwei weitere Beispiele der Λ^0–Θ^0-Erzeugung bei π^--P-Zusammenstößen von 1,0 GeV gefunden. Im ersten Fall sind die zwei Teilchen koplanar mit der Einfallbahn, im zweiten nur näherungsweise. Vf. hält es für wahrscheinlich, daß Λ^0 nicht direkt erzeugt wird, sondern ein Zerfallsprod., z. B. eines Σ^0 von kurzer Lebensdauer darstellt. (Physic. Rev. [2] **98.** 1407–10. 1/6. 1955. Madison, Wis., Univ. of Wisconsin, Dep. of Phys.) M. WIEDEMANN. 90

W. D. Walker und **J. Crussard,** *π^--Nucleon-Zusammenstöße bei 1,5 GeV.* (Vgl. C. **1956.** 2071.) Stapel von 15–20 G 5-Emulsionen von 4 in. × 6 in. × 0,4 mm wurden dem π^--Mesonenbündel von $1-2\cdot10^4/cm^2$ ausgesetzt. Es wurden 193 π^--P-Wechselwirkungen von 1,5 GeV festgestellt, die klassifiziert wurden. Ein Vgl. mit dem durch Zähler gemessenen Wirkungsquerschnitt ergibt, daß etwa die Hälfte der Zusammenstöße mit gebundenen Protonen, wahrscheinlich solchen am Rand eines Kerns, erfolgten. 43 Zusammenstöße werden als elast. angesehen, es handelt sich meist um Beugungsstreuung. Die Ergebnisse sind mit einem Kernmodell, bestehend aus einem Rumpfkern von $\sim 0,5\cdot10^{-13}$ cm Radius u. einem Feld von $\sim 1\cdot10^{-13}$ cm, verträglich. (Physic. Rev. [2] **98.** 1416–27. 1/6. 1955. Rochester, N. Y., Univ., Phys. Dep.) M. WIEDEMANN. 90

John Chappelear, *Photoerzeugung von Mesonen in Deuterium.* In der Theorie der Photoerzeugung neutraler Mesonen in Deuterium werden an der Impulsapproximation Korrekturen für die multiple Streuung der erzeugten Mesonen angebracht. Für γ-Energien von 285 u. 345 MeV ergab sich eine Erniedrigung des Wirkungsquerschnitts um einen Faktor von ~ 2 bei allen Winkeln, was in qualitativer Übereinstimmung mit den Experimenten steht. (Physic. Rev. [2] **99.** 254–60. 1/7. 1955. Bloomington, Ind., Indiana Univ., Dep. of Phys.) M. WIEDEMANN. 90

B. Wolfe, A. Silverman und **J. W. DeWire,** *Elastische Photoerzeugung von π^0-Mesonen aus Deuterium.* Ausführlicher Darst. der C. **1956.** 2925 referierten Arbeit. Genaue Ergebnisse. (Physic.Rev. [2] **99.** 268–72. 1/7. 1955. Ithaca, N. Y., Cornell Univ., Labor. of Nucl. Stud.) M. WIEDEMANN. 90

H. L. Davis und **D. R. Corson,** *Elastische Photoerzeugung von π^0-Mesonen aus Deuterium bei 270 MeV.* (Vgl. vorst. Ref.) Ausführliche Darst. der C. **1956.** 2926 referierten Arbeit. Genaue Ergebnisse. (Physic. Rev. [2] **99.** 273–77. 1/7. 1955.) M. WIEDEMANN. 90

Norman M. Kroll und **Walter Wada,** *Innere Paarerzeugung in Verbindung mit der Emission energiereicher γ-Strahlen.* Die Emission eines Elektronenpaares durch ein angeregtes Syst. an Stelle eines γ-Strahls wird behandelt; für den Konversionskoeff. u. die Verteilungsfunktionen werden Ausdrücke abgeleitet, aus denen die geringe Abhängigkeit von der Mesonentheorie hervorgeht. Als Beispiele werden die folgenden Photomesonenprozesse durchgerechnet u. die Ergebnisse mit den experimentellen verglichen: a) $\pi^- + p \rightarrow n + e^+ + e^-$, b) $\pi^0 \rightarrow \gamma + e^+ + e^-$, $\pi^0 \rightarrow 2e^+ + 2e^-$. Der doppelte Konversionsprozeß c sollte Aufschluß über die Parität des π^0 geben, er kommt jedoch nur einmal unter 29000 Ereignissen vor. (Physic. Rev. [2] **98.** 1355–59. 1/6. 1955. New York, Columbia Univ.; Washington, D. C., Naval Res. Laborr.) M. WIEDEMANN. 90

R. H. Dalitz und **F. J. Dyson,** *Renormalisierung in der neuen Tamm-Dancoff-Theorie der Meson–Nucleon-Streuung.* Die neuen TAMM-DANCOFF-Gleichungen für die Meson–Nucleon-Streuung, die die Eigenenergie des Vakuums vermeiden, werden in der tiefsten Näherung aufgestellt. Das Verf. wird auf die Zustände mit $T = {}^1/_2$, $j = {}^1/_2$ ausgedehnt. (Physic. Rev. [2] **99.** 301–14. 1/7. 1955. Ithaca, N. Y., Cornell Univ., Labor. of Nucl. Stud.; Princeton, N. J., Inst. for Advanc. Stud.) M. WIEDEMANN. 90

U. Haber-Schaim und **W. Thirring,** *Bemerkungen über die Pion–Nucleon-Streuung.* Das LEE-Modell wird auf die Streuung von pseudoskalaren Mesonen an Nucleonen angewandt u. modifiziert. Es werden 3 Arten von Nucleonen u. die Möglichkeit zweier Mesonen in der Mesonenwolke nach $P \longleftrightarrow P' + \pi$, $P' \longleftrightarrow P'' + \pi$ angenommen. Es wird symm. pseudovektorielle Kopplung benutzt, die Rückstoßeffekte werden berücksichtigt. Das Modell erlaubt eine strenge Renormalisierungsvorschrift ohne Störungstheorie. (Nuovo Cimento [10] **2.** 100–19. 1/7. 1955. Bern, Univ., Physikal. Inst.) M. WIEDEMANN. 90

S. K. Kao und **A. F. Clark,** *Proton–Proton-Streuung in Kernemulsionen bei 432 MeV.* (Vgl. C. **1955.** 3547.) Energiereiche Protonen aus dem unpolarisierten äußeren Bünde des Cyclotrons laufen durch ILFORD G 5-Emulsionen vom n. u. vierfachen Gelatine-Typ. Die Emulsionen werden auf Y-förmige Sterne flächengetastet, die Ereignisse elast. Stöße auftreffender Protonen mit H-Kernen in den Emulsionen darstellen. Diese Ereignisse werden durch Winkelmessungen identifiziert. Die differentiellen Querschnitte der elast. Proton–Proton-Streuung werden berechnet u. tabelliert. Das Ergebnis ist mit Zählermessungen in Einklang. (Physic. Rev. [2] **99.** 895—98. 1/8. 1955. Pittsburgh, Pa., Carnegie Inst. of Technol.) GERHARD SCHMIDT. 90

George Salzman, *Neutron–Elektron-Wechselwirkung.* Vf. berechnet die effektive Neutron–Elektron-Wechselwrkg. nach der pseudoskalaren Abschneid-Mesonentheorie unter Vernachlässigung des Nucleonenrückstoßes. Für den Mesonenbeitrag mit 2 verschied. Verläufen der Abschneidfunktion werden Werte von — 7,1 bzw. — 8,6 keV erhalten. (Physic. Rev. [2] **99.** 973—79. 1/8. 1955. Urbana, Ill., Univ. of Illinois, Phys. Dep.) GERHARD SCHMIDT. 90

J. J. Van Loef und **D. A. Lind,** *Messungen unelastischer Streuquerschnitte schneller Neutronen.* Mit einem gebündelten Neutronenstrahl u. aus Beobachtung der γ-Strahlung der angeregten Zustände wurden die Querschnitte der unelast. Streuung durch *Fe, Mn, J* u. *F* bestimmt. Die Anregungskurven des 850 keV-Niveaus von ^{56}Fe, des 128 keV-Niveaus von ^{55}Mn u. der Niveaus bei 62, 208, 435 u. 632 keV in ^{127}J wurden mit der HAUSER-FESHBACH-Theorie verglichen. Die beste Übereinstimmung mit der Theorie ergab sich für die Werte der Kernabsorption, die den „schwarzen“ Kernen entsprechen. Für die Winkelverteilng der 850 keV-Strahlung von ^{56}Fe gilt $W(\Theta) = 1 + (0{,}54 \pm 0{,}05)\cdot P_2(\cos\Theta)-(0{,}28 \pm 0{,}05)P_4(\cos\Theta)$. Weitere beobachtete Anregungen: 980 keV in ^{55}Mn, 390, 725 u. 980 keV in ^{127}J, 110, 197 u. 1560 keV in ^{19}F. (Physic. Rev. [2] **101.** 103—13. 1/1. 1956. Madison, Wis., Univ. of Wisconsin, Dep. of Phys.) H. LIEPACK. 90

G. Allen, R. Webeler und **S. Barile,** *Mehrfachstreuung energiearmer α-Teilchen in einem Gas.* (Vgl. C. **1956.** 622.) Bei den Verss. der Vff. treten verlangsamte Po-α-Teilchen in eine Nebelkammer ein, die ein Gemisch von H_2, W. u. A. bei Drücken von 12,25, 1,50 bzw. 2,25 cm enthält. 84 scharfe Bahnen, die in dem beleuchteten Teil der Kammer abgebremst werden u. keine scharfen, von Einfachstreuung herrührenden Ablenkungen zeigen, werden für die Unters. ausgewählt. Die totalen Standardabweichungen (experimenteller Fehler 2,2°) für den GAUSSschen Teil der Verteilungen bei Energien von 18, 45 u. 85 keV betragen 8,0, 4,3 bzw. 3,0°, so daß die Standardabweichungen, die von Mehrfachstreuung herrühren, 7,7, 3,7 bzw. 2,0° sind. (Physic. Rev. [2] **99.** 556—58. 15/7. 1955. Cleveland, O., Nat. Advis. Comm. for Aeronaut., Lewis Flight Propuls. Labor.) GERHARD SCHMIDT. 90

Jeremy Bernstein und **Abraham Klein,** *Elektromagnetische Eigenschaften des Deuterons.* 1. Mitt. *Ladungsdichte und Quadrupolmoment.* (Vgl. C. **1955.** 2123.) Nach der TAMM-DANCOFF-Meth. berechnen Vff. die elektromagnet. Eigg. des Deuterons. Die Beziehung zwischen dem Ladungsdichteoperator u. der Protonenwahrscheinlichkeitsdichte wird diskutiert; die Formeln für das Quadrupolmoment des Deuterons werden aufgestellt. (Physic. Rev. [2] **99.** 966—73. 1/8. 1955. Cambridge, Mass., Harvard Univ.) GERHARD SCHMIDT. 90

J. J. Gilvarry und **G. H. Peebles,** *Lösungen der temperaturgestörten Thomas-Fermi-Gleichung.* (Vgl. C. **1955.** 10185.) Erweiterung der l. c. referierten Ergebnisse durch Verwendung einer analyt. Lösung der temperaturgestörten THOMAS-FERMI-Gleichung, um Grenz- u. Anfangsparameter zu erhalten, die 7 Nulltemperaturlösungen (SLATER u. KRUTTER) für neutrale Atome entsprechen. (Physic. Rev. [2] **99.** 550—52. 15/7. 1955. Santa Monica, Calif., Rand Corp.) GERHARD SCHMIDT. 95

Richard Latter, *Energiezustände des Atoms für das Thomas-Fermi- und Thomas-Fermi-Dirac-Potential.* Vf. erhält die Eigenwerte der SCHRÖDINGER-Gleichung für die THOMAS-FERMI- u. THOMAS-FERMI-DIRAC-Potentiale, wobei die Wechselwirkungen der Elektronen untereinander berücksichtigt werden. Vom 1s- bis 7d-Zustand werden sämtliche Niveaus für einen Bereich von Z-Werten behandelt, der zur Durchführung einer einfachen Interpolation ausreicht. Es zeigt sich, daß die Energien entweder für die THOMAS-FERMI- oder THOMAS-FERMI-DIRAC-Potentiale im allg. sowohl mit den experimentellen Ionisierungsenergien als auch mit den HARTREE- oder HARTREE-FOCK-Approximationen übereinstimmen. (Physic. Rev. [2] **99.** 510—19. 15/7. 1955. Santa Monica, Calif., Rand Corp.) GERHARD SCHMIDT. 95

Osamu Miyatake und **Clark Goodman,** *Beobachtungen über Ladungs- und Masseverteilungen in Kernen.* Aus der für eine Reihe von Isotopen aufgestellten Parameterwerte für die Deformation sphäroidaler Kerne ergibt sich u. a. die Größe für die Ausdehnung der Hauptachse für einen angenommenen Sphäroid. Die zentralen Querschnitte der verzerrten schweren Kerne u. Protonenrumpfkerne, die aus den ersten angeregten Energien bzw. den elektr. Anregungsquerschnitten erhalten worden sind, werden schemat. wiedergegeben. (Physic. Rev. [2] **99.** 1040—42. 1/8. 1955. Osaka, Osaka City Univ. and Osaka Univ.) GERHARD SCHMIDT. 95

John M. Wilcox und **Burton J. Moyer,** *Verteilungen des inneren Kernmoments.* (Vgl. C. **1955.** 2825.) Vff. untersuchen die Impulsverteilungen von Protonen in leichten Kernen mit dem gestreuten 340 MeV-Protonenbündel aus dem Synchrocyclotron. Die beiden Protonen aus dem Ereignis der quasielast. Streuung werden in Koinzidenz nachgewiesen, die Energie eines der beiden Protonen wird magnet. analysiert. An der Grenze der Impulsapproximation kann die Erhaltung von Energie u. Impuls zur Erklärung des Impulses des getroffenen Protons verwendet werden. Die beste Anpassung an die experimentellen Daten für *Be* wird mit einer GAUSSschen Impulsdichteverteilung mit einem 1/e-Wert von $\sim$ 20 MeV erhalten. Qualitative Differenzen werden zwischen *Li*, Be u. *B* beobachtet. Das im Falle von Be beobachtete Spektr. zeigt an, daß die Protonen in Be einen größeren Impuls haben als die Protonen in den untersuchten leichteren Elementen. (Physic. Rev. [2] **99.** 875—85. 1/8. 1955. Berkeley, Calif., Univ. of California, Dep. of Phys., Radiat. Labor.) GERHARD SCHMIDT. 95

John T. Kerr, Neil R. Isenor und **E. Duckworth,** *Über die Massen der stabilen Zinkisotope.* Mit einem doppeltfokussierenden Massenspektrographen vom DEMPSTER-Typ (Auflösung 1:7000) u. einer Ionenquelle, die gleichzeitig Metall- u. Gasionen erzeugt, werden die Massen von ^{64}Zn, ^{66}Zn, ^{67}Zn u. ^{68}Zn mit Hilfe der Dubletts $^{16}O_2$–1/2^{64}Zn, 1/2 ^{132}Xe–^{66}Zn, 1/2 ^{134}Xe–^{67}Zn u. 1/2 ^{136}Xe–^{68}Zn gemessen. Ergebnisse: ^{64}Zn = 63,94909 $\pm$ 0,00015 ^{66}Zn = 65,94737 $\pm$ 0,00015, ^{67}Zn = 66,94857 $\pm$ 0,00020 u. ^{68}Zn = 67,94740 $\pm$ 0,00020. (Z. Naturforsch. **10 a.** 840—43. Nov. 1955. Hamilton, Can., McMaster Univ., Hamilton Coll., Dep. of Phys.) D. GEISSLER. 95

Franz R. Metzger, *Kernresonanzfluorescenz in* ^{72}*Ge und* ^{74}*Ge.* Unter Benutzung von ^{72}As- u. ^{74}As-Dampfquellen wurden große Kernresonanzfluorescenzeffekte des angeregten 835 keV-Zustandes von ^{72}Ge u. des angeregten 596 keV-Zustandes von ^{74}Ge beobachtet. Aus der Winkelverteilung der Resonanzstrahlung folgt für die angeregten Zustände der Spin 2 u. für die Grundzustände 0. Die mittlere Lebensdauer der 835 keV- bzw. der 596 keV-γ-Übergänge wird zu (4,6 $\pm$ 1,2)$\cdot 10^{-12}$ bzw. (1,9 $\pm$ 0,3)$\cdot 10^{-11}$ sek. bestimmt. Die Lebensdauer ist um ca. eine Größenordnung kleiner, als die für die elektr. Quadrupolübergänge aus dem Einteilchenmodell ermittelten. Die Einfll. der mol. Bindungen u. der Stöße im Gas auf die beobachteten Resonanzeffekte werden untersucht. (Physic. Rev. [2] **101.** 286—94. 1/1. 1956. Swarthmore, Pa., Franklin Inst., Bartol Res. Foundat.) H. LIEPACK. 95

Th. Stribel, *Messung des K-Schalen-Konversionskoeffizienten beim 95 keV-Übergang des* ^{165}*Ho.* Mit Hilfe eines NaJ-Scintillations-γ-Spektrometers wurde der K-Schalen-Konversionskoeff. beim 95 keV-Übergang im ^{165}Ho bestimmt. Der gefundene Wert 2,90 $\pm$ 0,30 ist am besten mit dem theoret. Wert von 3,0 für einen M 1-Übergang verträglich. (Z. Naturforsch. **10 a.** 894. Nov. 1955. Hechingen, Hochspannungslabor., Abt. des MPI für Phys. der Stratosphäre.) R. CONRAD. 95

Louis Rosen und **Leona Stewart,** *Experimentelle Prüfungen der statistischen Theorie von Kernreaktionen.* Zur Prüfung der Gültigkeit der Annahme des Compoundkerns im allg. u. des statist. Modells im besonderen messen Vff. nach der Emulsionsmeth. die Energie- u. Winkelverteilung der Neutronen, die sich aus dem Auftreffen von 14 MeV-Neutronen auf verschied. Elemente ergeben. Vorläufige Ergebnisse an *Bi* zeigen, daß die Winkelverteilung der Neutronen von 0,5—4,0 MeV nicht nur um 90° symm. sondern auch isotrop ist. Im Gegensatz hierzu ist die Winkelverteilung der unelast. Neutronen (4,0—12,0 MeV) stark in Vorwärtsrichtung ausgeprägt. Die Ergebnisse werden anschließend vom Standpunkt des statist. Modells diskutiert. Die Emission energiearmer Protonen aus schweren Kernen steht hierbei nicht mit der Compoundkernannahme in Widerspruch. (Physic. Rev. [2] **99.** 1052—53. 1/8. 1955. Los Alamos, N. Mex., Univ. of California, LASL.) GERHARD SCHMIDT. 103

John Satterly, *Hydrodynamische Modelle für radioaktive Umwandlungen.* Das von KNAUSS angegebene Modell für den radioakt. Zerfall (C. **1954.** 10169) ist in einfacher Form bereits 1938 von CROWTHER beschrieben worden. Aus einem großen Gefäß fließt W. abwärts durch eine Reihe von hintereinandergeschalteten Gefäßen, deren Bodentubusse mit Capillaren von verschied. großem Durchmesser versehen sind. Nach Eintritt stetiger Verhältnisse ist die Flüssigkeitshöhe der einzelnen Gefäße nahezu proportional dem Widerstand ihrer Capillaren. Da der Durchfluß ebenfalls der Flüssigkeitshöhe proprotional ist, entspricht diese der Menge der radioakt. Elemente, die in einer radioakt. Gruppe von Elementen im jeweiligen Gleichgewicht vorhanden ist. Vf. verwendet Capillaren von gleichem Durchmesser aber verschied. Länge. Die in der Vorr. auftretenden Verhältnisse werden mathemat. gedeutet. (Amer. J. Physics **22.** 491—93. Okt. 1954. Toronto, Univ.) W. WESLY. 103

A. I. Bas, *Schalenmodell mit Zwischenbindung und der β-Zerfall von ^6He.* Nach dem Schalenmodell haben ^{6}He u. ^{6}Li die Konfiguration $(1s)^4(1p)^2 \cdot \Delta J = 1$, der Übergang ^{6}Li(β)^{6}He erlaubt. Das experimentell gefundene magnet. Moment 0,82 stimmt mit dem theoret. überein, wenn man für den Parameter des Bindungstyps den Wert y = 1,5 einsetzt. Damit berechnen sich das Quadrat des Matrizenelementes $\int\vec{\sigma}$ zu 5,25, das Quadrupolmoment zu Q = 0,040 $\bar{r}^2 \cdot e$ cm^2. (Известия Академии Наук СССР, Серия Физическая [Nachr. Akad. Wiss. UdSSR, physik. Ser.] **19.** 363—64. Mai/Juni 1955.) K.-E. Seyb. 103

J. B. Warren, T. K. Alexander und **G. B. Chadwick,** *Die Reaktion ^6Li (p, γ)^7Be.* Durch Beschuß von ^{6}Li-Targets mit 0,4—1,0 MeV-Protonen wurde die Rk. ^{6}Li(p, γ)^{7}Be untersucht. Die γ-Einfangstrahlung zum Grundzustand u. der 430 keV-Zustand in ^{7}Be wurden beobachtet; ca. 62% der Übergänge führen zum Grundzustand. Bei einer Protonenenergie von 750 keV zeigt das Intensitätsverhältnis keine bemerkenswerte Abhängigkeit von Energie u. Beobachtungswinkel. Der differentielle Querschnitt beträgt bei 750 keV u. 90° ca. $2 \cdot 10^{-32}$ cm^2/Raumwinkel. Die kombinierte Winkelverteilung der beiden γ-Strahlen ist bei 750 keV $1 + (1{,}05 \pm 0{,}15) \cos^2\Theta$. Der Q-Wert der Rk. beträgt 5,66 ± 0,03 keV. (Physic. Rev. [2] **101.** 242—45. 1/1. 1956. Vancouver, B. C., Univ. of British Columbia, Dep. of Phys.) H. Liepack. 103

A. B. Robbins, *Die Reaktion ^7Li (α, n)^{10}B.* (Vgl. C. **1956.** 5181). Die ^{7}Li (α, n)^{10}B-Rk. wurde nach 2 Methoden untersucht: In der einen wurden die Energien der Neutronengruppen aus der Reichweite von Rückstoßprotonen in Al bestimmt, in der anderen Meth. wurde die Reaktionsschwelle für jedes Niveau mit einem angereicherten BF_3-Zähler bestimmt. Die gemittelten Anregungsenergien von ^{10}B betragen 0,74, 1,31 u. 1,72 ± 0,06 MeV. Verss. mit ^{6}Li-Targets bestätigen die Zuordnung der Niveaus zu einer ^{7}Li-Reaktion. (Physic. Rev. [2] **101.** 1373—74. 15/2. 1956. New Haven, Conn., Yale Univ., Sloane Phys. Labor.) H. Liepack. 103

J. B. Marion, R. M. Brugger und **R. A. Chapman,** *Querschnitte der ^{28}Si (n, p)^{28}Al-Reaktion.* Aus der Radioaktivität, die in Glasproben durch Beschuß mit monoenerget. Neutronen der d-d-Rk. hervorgerufen wurde, bestimmten Vff. die Anregungsfunktion u. den absol. Querschnitt der Rk. ^{28}Si(n, p)^{28}Al für Neutronenenergien von 4,4—8,0 MeV. Es wurden Resonanzen bei 5,62 ± 0,05, 6,51 ± 0,05, 6,81 ± 0,05 u. 7,45 ± 0,10 MeV mit Querschnitten > 0,09, > 0,28, > 0,35 u. 0,37 barn beobachtet. (Physic. Rev. [2] **101.** 247—49. 1/1. 1956. Houston, Texas, Rice Inst.) H. Liepack. 103

J. J. Kraushaar, E. Brun und **W. E. Meyerhof,** *Zerfallsschema von Gallium 72.* Der Zerfall von ^{72}Ga wurde mit einfachen u. in Koinzidenz befindlichen Scintillationsspektrometern untersucht. Für das entstehende ^{72}*Ge* wurden folgende Zustände nachgewiesen: 0,69, 0,84, 1,46, 1,73, 2,06, 2,39, 2,51, 2,82, 3,04, 3,32 u. 3,34 MeV. Der isomere 0,3 μSek.-Zustand wurde dem ersten angeregten Niveau bei 0,69 MeV zugeordnet. Der zugehörige Spin beträgt 0 bei gerader Parität. Spins u. Paritäten der übrigen Niveaus von ^{72}Ge werden diskutiert. (Physic. Rev. [2] **101.** 139—47. 1/1. 1956. Stanford, Calif., Stanford Univ.) H. Liepack. 103

A. P. Grinberg und **I. Ch. Lemberg,** *Untersuchung einiger Fälle von Winkelkorrelation.* Als Beitrag zur Aufklärung des komplizierten Zerfallsschemas von ^{124}*Sb* werden Winkelverteilungen von γ-Strahlen gemessen, die in Koinzidenz mit den 1,78 MeV-β-Zerfällen sind. Dazu wird ein β-Spektrometer mit kurzer Magnetlinse verwendet. β- u. γ-Strahlen werden mit verschieden dicken Stilbenkristallen registriert. Die Einordnung in das Zerfallsschema wird eingehend diskutiert. Weiterhin werden die γ-γ-Korrelationen im Zerfallsschema von *ThC″* → *ThD* mit NaJ(Tl)-Scintillationszähler durch Koinzidenzmessung in verschied. Winkeln untersucht. Ähnliche Messungen im Zerfallsschema von ^{95}*Zr* zeigen, daß der angeregte Zustand von ^{95}Nb zu höchstens 1% über eine Kaskade zerfällt. (Известия Академии Наук СССР, Серия Физическая [Nachr. Akad. Wiss. UdSSR, physik. Ser.] **19.** 300—07. Mai/Juni 1955. Leningrad, Physikal.-techn. Inst. der Akad. der Wiss. der UdSSR.) K.-E. Seyb. 103

L. W. Archangelski, B. Ss. Dshelepow, N. N. Shukowski, W. P. Prichodzewa und **Ju. W. Cholnow,** *γ-Strahlung und Zerfallsschema von ^{140}La.* Mit einem früher (Dshelepow, Доклады Академии Наук СССР [Ber. Akad. der Wiss. UdSSR] [N. S.] **62.** [1948.] 615) beschriebenen γ-Spektrometer, das Rückstoßelektronen verwendet, wird das γ-Spektr. eines neutronenaktivierten La_2O_3-Präp. untersucht. Der Intensitätsabfall aller gefundenen γ-Strahlen entspricht einer Halbwertszeit von ca. 40 Std. (^{140}La). Das komplizierte Zerfallsschema von ^{140}La wird eingehend erörtert. (Известия Академии Наук СССР, Серия Физическая [Nachr. Akad. Wiss. UdSSR, physik. Ser.] **19.** 251—70. Mai/Juni 1955. Chlopin-Radium-Inst. der Akad. der Wiss. der UdSSR.) K.-E. Seyb. 103

B. Ss. Dshelepow, N. N. Shukowski, W. P. Prichodzewa und **Ju. W. Cholnow,** *γ-Strahlung von* ^{198}*Au.* Wie im vorst. Ref. werden Energie u. Intensität der γ-Strahlen eines mit Neutronen aktivierten Au-Präp. gemessen. Die Ergebnisse sind in Übereinstimmung mit bekannten Werten. Die β- u. γ-Übergänge lassen sich gut in ein Zerfallsschema für ^{198}Au einordnen. (Известия Академии Наук СССР, Серия Физическая [Nachr. Akad. Wiss. UdSSR, physik. Ser.] **19.** 271–76. Mai/Juni 1955. Chlopin-Radium-Inst. der Akad. der Wiss. der UdSSR.) K.-E. SEYB. 103

P. A. Jampolski, O. I. Leipunski, M. Ja. Gen und **A. M. Tichomirow,** *Auffinden von kurzlebigen Isomeren.* Vff. beschreiben Vorverss. zum Nachw. von γ-Strahlern mit Halbwertszeiten zwischen 0,1 u. 10^{-4} sec. Zur Aktivierung werden 14 MeV-Neutronenstöße von 1,3 msec Dauer verwendet. Die Messung der γ-Strahlung erfolgt mit Scintillationszähler mit organ. Kristallen mit Übertragung auf einen Kathodenstrahloscillographen. Neben γ-Strahlen von bisher ungeklärter Herkunft, die innerhalb der Versuchsanordnung entstehen, werden das $^{207}Pb^*$ mit 0,83 sec u. ein Bi-Strahler mit 2,3–2,4 msec u. ~2,5 MeV [vermutlich $^{208}Bi^*$ durch (n, 2n)-Rk.] beobachtet. (Известия Академии Наук СССР, Серия Физическая [Nachr. Akad. Wiss. UdSSR, physik. Ser.] **19.** 338–42. Mai/Juni 1955.) K.-E. SEYB. 103

Peter R. Gray, *Auger-Effekt in den schwersten Elementen.* Mit einem magnet. β-Spektrometer wurden die Ausbeuten der K-AUGER-Elektronen für *Yb*, *Po* u. *U* zu 0,064 ± 0,01, 0,058 ± 0,005 u. 0,033 ± 0,010 bestimmt. Die K-AUGER-Elektronen von Yb u. Po wurden in K–LL- u. K–LX-Gruppen aufgelöst. Das Verhältnis der Intensitäten von K–LX- zu K–LL-Elektronen wurde für Yb zu 0,64 ± 0,05 u. für Po zu 0,55 ± 0,03 bestimmt. Vf. gibt eine Zusammenfassung der Messungen der K-Fluorescenzausbeute u. der Intensitätsverhältnisse der K-AUGER-Elektronen. Für ^{236}Np wird ein Zerfallsschema angegeben. Die Halbwertszeit von ^{211}At wird zu 7,20 ± 0,05 Std. bestimmt. (Physic. Rev. [2] **101.** 1306–14. 15/2. 1956. Berkeley, Calif., Univ. of California, Radiat. Labor. and Dep. of Chem.) H. LIEPACK. 103

Asao Sugimoto, Ryōhei Nakane, Tsunao Watanabe, Shōhei Isomura und **Kōzō Morishita,** *Konzentrierung des schweren Stickstoffisotops.* 3. Mitt. Durch ein gegenüber den früheren Verff. verbessertes Fraktionierverf. mit NH_4NO_3 wurde in 1150 Std. eine Konz. von 16,1 At.-% an ^{15}N (in 63 g NH_4NO_3) erreicht. Ausführliche Erörterung der Grundlagen nach der Theorie von COHEN (1951). (Rep. sci. Res. Inst. [Kagaku-Kenkyujo-Hokoku] **29.** 81–87. März 1953. [Orig.: japan.]) L. SCHULER. 104

T. A. Carlson und **W. S. Koski,** *Oxydationsstufen von Phosphor 32, der durch Neutronenbestrahlung von Kaliumchlorid dargestellt wurde.* Vff. untersuchten die Oxydationsstufen des durch Neutronenbestrahlung von KCl nach ^{35}Cl (n, α)^{32}P gebildeten ^{32}P. Ohne Vorbehandlung tritt der gesamte ^{32}P, nach vorherigem Ausgasen der Kristalle nur noch 88%, in der Oxydationsstufe + 5 auf; die Oxydationsstufe wird nicht nur von der Vorbehandlung beeinflußt, sondern auch von den Bestrahlungsbedingungen. Mit fallender Neutronendosis fällt auch die Oxydationsstufe des gebildeten P. Wahrscheinlich spielen bei der Oxydation Röntgenstrahlen u. γ-Strahlen eine Rolle. Der P liegt nicht als PCl_3 oder PCl_5 vor, die Möglichkeit der Bldg. ionogener Komplexe dieser Verbb. ist aber nicht ausgeschlossen. Die Rückstoßenergie des ^{32}P hat keinen Einfl. auf die Oxydationsstufe. Elementarer P wurde nicht nachgewiesen; die Beobachtung, daß das Verhältnis der Aktivitäten in der Oxydationsstufe – 3 zu denen von + 1 u. + 3 immer gleich blieb, führten zu der Annahme einer sofortigen Disproportionierung von etwa gebildetem elementarem P. (J. chem. Physics **23.** 1596–98. Sept. 1955. Baltimore, Md., Johns Hopkins Univ., Dep. of Chem.) MAX SCHMIDT. 108

I. F. Bartschuk, Je. M. Galkin, M. W. Passetschnik und **N. N. Putscherow,** *Über das Auflösungsvermögen des Scintillationsspektrometers.* Vff. verwenden eine KERR-Zelle mit moduliertem Licht zur Prüfung des Multipliers. Die Streuung der Impulsamplitude am Ausgang des Scintillationsspektrometers beruht auf statist. Schwankungen in der Qualität der Photoelektronen, die auf die ersten Emitter fallen, sowie auf Schwankungen der Werte für den Koeff. der zweiten Emission. Zur Erhöhung des Auflösungsvermögens sind notwendig: Phosphore mit höherer Lichtausbeute, Photokathoden mit höherer Quantenausbeute u. verbesserte Elektronenoptik der ersten Dinoden. (Известия Академии Наук СССР, Серия Физическая [Nachr. Akad. Wiss. UdSSR, physik. Ser.] **19.** 352–54. Mai/Juni 1955. Physikal. Inst. der Akad. der Wiss. der UdSSR.) K.-E. SEYB. 112

D. H. Peirson, *Ein Zweikristall-γ-Strahlen-Scintillationsspektrometer.* Vf. beschreibt ein Scintillationsspektrometer, bei dem die γ-Strahlenquelle gleichzeitig einem NaJ-Kristall (4,4 × 5,4 cm) u. einem Anthracenkristall (2 × 2,2 × 0,8 cm) ausgesetzt wird. Die COMPTON-Kontinua beider Kristalle werden in Höhe u. Ausmaß gleichgemacht u. dann in geeigneten Zählerkreisen subtrahiert, so daß im aufgezeichneten Spektr. jede

γ-Energie nur durch eine photoelektr. Spitze vertreten ist. Die Meth. ergibt bei guter Geometrie eine hohe Empfindlichkeit ohne Einbuße an Auflösung. (Nature [London] **173**. 990—91. 22/5. 1954. Harwell, AERE.) MAX SCHMIDT. 112

B. N. Audric und **J. V. P. Long**, *Verwendung von gelöstem Acetylen in Flüssigkeits-Scintillationszählern zur Messung von Kohlenstoff 14 geringer spezifischer Aktivität*. Vff. messen die Löslichkeit von *Acetylen* (I) in Toluol bei —78° u. 1 at Druck u. untersuchen den Einfl. auf einen Scintillationszähler, der bei dieser Temp. arbeitet. Als Phosphor verwenden sie 2.5-Diphenyloxazol in einer Konz. von 3 g/Liter. Unter den gewählten Bedingungen wird mehr als das 100fache Flüssigkeitsvol. an I aufgenommen. (Nature [London] **173**. 992—93. 22/5. 1954. Teddington, Middlesex, Chem. Res. Labor.) MAX SCHMIDT. 112

H. Hintenberger, H. Wende und **L. A. König**, *Massenspektrographen mit Doppelfokussierung zweiter Ordnung*. Ausführliche Wiedergabe der C. **1956**. 6010 referierten Ergebnisse. (Z. Naturforsch. **10a**. 605—12. Aug. 1955. Mainz, MPI für Chem.) R. CONRAD. 112

R. Bierri, F. Everling und **J. Mattauch**, *Verbesserungen und gegenwärtige Leistungsfähigkeit des doppelfokussierenden Massenspektrographen*. Im Laufe der letzten Jahre wurde am Massenspektrographen von MATTAUCH-HERZOG eine Reihe von Verbesserungen angebracht, die vor allem eine stabilere Justierung des Strahlenganges, Vervollkommnung der Pumpeinrichtung u. Konstanthaltung der elektr. u. magnet. Feldstärken betreffen. Das nunmehr erreichte Auflösungsvermögen M/dM beträgt 100000. (Z. Naturforsch. **10a**. 659—67. Sept./Okt. 1955. Mainz, MPI für Chem.) R. CONRAD. 112

K. Ogata und **H. Matsuda**, *Vorläufiger Bericht über einen an der Osaka Universität neu errichteten großen Massenspektrographen*. Beschreibung eines neuen Massenspektrographen vom doppelt fokussierenden Typ, der ein zylindr. elektr. Feld von $\sqrt{2}\ \pi/3$ u. ein homogenes magnet. Feld von $\pi/3$ verwendet. Die Krümmungsradien des zentralen Ionenstrahls betragen 1093 mm im elektr. u. 1200 mm im magnet. Feld. Auf Grund der ersten Aufnahmen wurde die Dispersion auf 9 cm für 1% Massendifferenz u. das maximale Auflösungsvermögen auf ca. 500000 geschätzt, wenn auch die genaue Fokussierung noch nicht erreicht war. Eine vorläufige Best. des Dubletts $^{14}N_2$–$^{12}C^{16}O$ ergab den Wert $[112{,}441 \pm 0{,}019]\cdot 10^{-4}$ absol. Masseneinheiten. (Z. Naturforsch. **10a**. 843—50. Nov. 1955. Osaka, Univ., Fac. of Sci., Dep. of Phys.) R. CONRAD. 112

J. J. G. McCue and Kenneth W. Sherk, The world of atoms; an introduction to physical science. New York: Ronald Press. 1956. (672 S. m. Abb., Diagr. u. Mapp.) 8°. $ 6,50.

A$_2$. Optisches Verhalten der Materie.

Evry Schatzman, *Der Einfluß der Elektronenabschirmung auf thermonucleare Energieerzeugung*. Vf. vermutet, entgegen einer Arbeit von KELLER, daß bei der Kernenergieerzeugung eine Änderung der Durchlässigkeit der Potentialschwelle eher einer Änderung der Dicke als einer Änderung der Höhe zugeschrieben werden muß. Es ist zu vermuten, daß der Effekt durch ein negatives Fluidum gleichmäßiger D. erzeugt wird, wobei bei geringer D. des Elektronengases eine Korrektur anzubringen ist. Dies kann von Wichtigkeit sein für die Veränderungen der pulsierenden Sterne. (Astrophysic. J. **119**. 464—65. März 1954. Paris, Inst. d'Astrophys. de Paris.) H. PREUSS. 113

Alexander Wilkens, *Über die kontinuierliche Wasserstoffabsorption und die Linientiefen des Wasserstoffes in Sternspektren in Beziehung zur absoluten Größe der Sterne*. Aus photometr. Spektralaufnahmen lassen sich Differenzen der Intensitäten der zur Debatte stehenden Linien messen. Die Mittelwertbldg. u. tabellar. Zusammenstellung zeigt deutlich eine Abhängigkeit der H-Absorption u. der Linientiefen von der absol. Helligkeit der beobachteten Sterne. Daraus läßt sich dann die Entfernung der Objekte bestimmen. (S.-B. math.-naturwiss. Kl. bayer. Akad. Wiss. München **1954**. 1—15. 1955. München.) H. PREUSS. 113

William P. Bidelman, *Die Spektren einiger Sterne, deren Atmosphären von geringem Wasserstoffgehalt sind*. Unter den Sternen, deren Spektren Banden des Mol. C_2 zeigen, gibt es einige, in deren Spektren die Linien von H sehr schwach sind oder vollkommen fehlen. Bei diesen kann man zwei Typen unterscheiden: Einmal veränderliche Sterne der Klasse R CrB u. zweitens Sterne mit einem ähnlichen Spektr., die aber bisher nicht als veränderlich erkannt werden konnten. Charakterist. für das Spektr. von R CrB sind Linien des Cl mit hohen Niveaus. Neue Unterss. dieses Spektr. im sichtbaren Bereich haben gezeigt, daß auch ungewöhnlich starke Linien hoher Niveaus von O I u. N I vorhanden sind. Es wird hervorgehoben, daß die Sterne mit abnorm schwachen H-Linien, die starke C2-Banden haben, nur geringe oder keine Anzeichen des C-Isotops der M. 13 zeigen. Dies widerspricht jedoch dem Verhältnis ^{12}C:^{13}C von 3:1, das nach McKellar den n. C-Sternen gemeinsam ist. (Astrophysic. J. **117.** 25—28. Jan. 1953. Yerkes and McDonald Obervatorr.) H. Preuss. 113

Horace W. Babcock, *Stellare Wellenlängen von Eu II, beeinflußt durch Hyperfeinstruktur.* In dem Stern HD 188041 vom Typ FOp zeigten sich Verbreiterungen u. Aufspaltungen der Linien von Eu II. Im Labor. wurden Hyperfeinstrukturen bei den Seltenen Erden ungerader Atomzahl Tb (65), Ho (67), La (57) u. Pr (59) gefunden. Die Abweichungen der Linien bei Eu II sind in einer Tabelle zusammengestellt. (Astrophysic. J. **119.** 463—64. März 1954. Mount Wilson and Palomar Observatorr.; Carnegie Inst. of Washington; California Inst. of Technol.) H. Preuss. 113

F. S. Johnson, J. D. Purcell, R. Tousey und **N. Wilson,** *Eine neue Photographie des Mg II-Dubletts bei 2800 Å in der Sonne.* Mittels einer Rakete wurde in einer Höhe von ca. 80 km ein Spektr. aufgenommen, das das Mg II-Dublett $3s^2S - 3p^2P^0$ in Emission u. Absorption zeigt. Es treten die Linien von Mn II auf, außer der dritten. Möglicherweise ist das Spektr. teilweise von Linien des Cr II u. Ti II überblendet. (Astrophysic. J. **117.** 238—39. Jan. 1953. Washington, D. C., U. S. Naval Res. Labor.) H. Preuss. 113

Joseph W. Chamberlain, *Die Bildung von atmosphärischer O_2-Emission im Luftleuchten.* Es wird eine Vermutung von Bates quantitativ untersucht, wonach die Absorption der atmosphär. 0—0-Banden von O_2, gefolgt von 0—1-Emission, eine wichtige Quelle der beobachteten O_2-Emission des Luftleuchtens ist. Es wird eine Näherungsgleichung für den Strahlungstransport gelöst u. auf ein Atmosphärenmodell angewandt. Die Ergebnisse werden mit den Beobachtungen verglichen. (Astrophysic. J. **119.** 328—33. März 1954. Air Force Cambridge Res. Center, Geophys. Res. Direct.) H. Preuss. 113

W. Kolb, *Scintillationsspektrometrie weicher Röntgenstrahlung.* Mit Hilfe eines Scintillationsspektrometers wurde das Spektr. einer Weichstrahlröhre mit *W*-Anode u. Be-Fenster im Bereich bis 60 kV bei verschied. Röhrenspannungen aufgenommen. Unabhängig von diesen liegt das Maximum der Quantenzahlverteilung bei 8,9 keV (W–L-Strahlung). Die von Ehrlich gefundenen Ergebnisse stimmen mit den hier gefundenen nicht überein. Vf. unternahm zur Klärung der Abweichungen weitere Messungen, die den von Ehrlich gezogenen Schluß, daß bei Weichstrahlröhren mit W-Anode infolge der Eigenabsorption ein Be-Fenster überflüssig ist, nicht bestätigen. (Naturwissenschaften **43.** 53—54. Febr. 1956. Braunschweig, Phys.-Techn. Bundesanstalt.) G. Heinsohn. 116

Paul Sakellaridis, *L-Absorptions- und -Emissionsspektren des Erbiums (68) und seine Energieniveaus.* (Vgl. C. **1955.** 2597.) Es werden die Ergebnisse einer systemat. Unters. der L-Absorptions- u. -Emissionsspektren von ^{68}Er wiedergegeben. Die Spektren wurden unter Verwendung von Er_2O_3 mit einem fokussierenden Spektrographen mit Glimmer als Kristall (r = 40 cm) erhalten. Die Wellenlängenwerte der Kanten sind auf ±0,02, die der Linien auf ±0,02—0,03 X genau. Sämtliche Energieniveaus werden mit Hilfe der Emissions- u. Absorptionsfrequenzen u. mit L_{III} als Bezugsabsorption berechnet (Genauigkeit besser als 0,1 ν/R). Die Niveaus $O_{VI,V}$ u. $N_{VI,VII}$ lassen sich nicht unterscheiden. (C. R. hebd. Séances Acad. Sci. **238.** 2296—98. 14/6. 1954.) A. Faessler. 116

H. W. B. Skinner, T. G. Bullen und **J. E. Johnston,** *Bemerkung über Spektren im Bereich weicher Röntgenstrahlen, besonders bei den Elementen der Fe-Gruppe.* Vff. berichten über ältere, bisher nicht veröffentlichte Unterss. der L-Emissionsbanden der Elemente *Ca, Ti, Y, Cr, Mn, Fe, Co, Ni* u. *Cu* u. der Oxyde *CaO*, TiO_2, MnO_2, *FeO* u. der M-Emissionsbanden der Elemente *V, Cr, Mn, Fe, Co, Ni, Cu* u. *Zn.* Die Ergebnisse werden mit den z. T. abweichenden Ergebnissen neuerer Unterss. durch andere Autoren verglichen. Verschied. neuere Vorschläge bzgl. der Interpretation der weichen Röntgenspektren werden diskutiert. (Philos. Mag. [7] **45.** 1070—80. Okt. 1954. Liverpool, Univ.) A. Faessler. 116

G. Stephenson, *Berechnung der Oscillatorenstärken für gewisse Elektronenübergänge im B_2 und Na_2.* Für die Übergänge $^1\Sigma_g^+ - {}^1\Sigma_u^+$ im Na_2 u. $^3\Sigma_g^- - {}^3\Sigma_u^-$ im B_2 werden folgende Werte berechnet: λ = 6812 bzw. 3271 Å; Dipolmomentfaktor 0,87 bzw. 0,83; Oscillatorenstärke 0,039 bzw. 0,077; Lebensdauer $1{,}8 \cdot 10^{-7}$ bzw. $2{,}1 \cdot 10^{-8}$ Sekunden. (Proc. physic. Soc., Sect. A **64.** 425. 1/4. 1951. London, Imp. Coll., Dep. of Phys.) O. Fuchs. 118

Ernst Kordes, *Über eine eingliedrige Näherungsform der Dispersionsgleichung für den sichtbaren und ultravioletten Wellenbereich.* Aus der bekannten vereinfachten Dispersionsgleichung wurde durch einfache Rechnung eine neue Näherungsform $(n^2 - 1)^2/(n^2_\infty - 1)^2 = \nu_1^2/(\nu_1^2 - \nu^2)$ entwickelt, die sich im allg. bei Gasen, Fll., Gläsern u.

Kristallen im sichtbaren u. UV-Bereich bis in die Nähe der 1. UV-Absorption bewährt hat. Bei KCl zwischen 197 u. 656 mμ wird bessere Übereinstimmung mit dem Experiment erzielt als mit der 4 Konstanten enthaltenden Gleichung von Wolff. (Naturwissenschaften **43.** 52. Febr. 1956. Bonn, Univ., Mineral. Inst.) G. Heinsohn. 118

Allan U. Munck und **Jesse F. Scott,** *Ultraviolettabsorption von Sauerstoff in organischen Lösungsmitteln.* Organ. Lösungsmittel, in denen O_2 gelöst ist, besitzen eine verstärkte Absorption im fernen UV. Aus der Abhängigkeit der Extinktion des Syst. *Cyclohexan* (I)-*O_2* (gelöst) vom Partialdruck des O_2 bei 30° im Gebiet von 210—250 mμ ergab sich die Bldg. eines Molekülkomplexes aus 1 Mol O_2 u. 1 Mol **I,** der für die Absorption verantwortlich ist. (Nature [London] **177.** 587. 24/3. 1956. Boston, Mass., Harvard Univ., Collis P. Huntington Mem. Hosp., Med. Labor.; Cambridge, Mass., Inst. of Technol.) L. Fischer. 118

N. P. Penkin und **M. N. Palladin,** *Über die Bestimmung der Konzentration von angeregten Quecksilberatomen bei der Entladung in Gemischen von Quecksilberdampf mit inerten Gasen.* Aus den Unterss. über den Besetzungsgrad der $6^3P_{0,1,2}$-Niveaus des Hg-Atoms bei der Entladung von reinen Hg-Dämpfen u. in Hg-Gemischen mit Ar, Ne oder Xe nach Roshdestwenski ergab sich, daß die Kurven Besetzungsgrad–Druck des beigemischten trägen Gases beim Druck von 0,2 mm Hg ein scharfes Maximum aufweisen. Im Druckintervall 0,2—0,5 mm Hg fallen die Kurven steil ab u. verändern sich später nur langsam. Die so ermittelten Konzz. der angeregten Atome sind um einigemal größer als die von Kenty (C. **1952.** 6330) erhaltenen Werte. Die Art des trägen Gases ist nur von geringem Einfl. auf die Besetzung der Niveaus. Die stärkste Besetzung des 6^3P_2-Niveaus beobachtet man bei Zusatz von Ar, die schwächste mit Xe. Die nach der Formel von Boltzmann errechneten Werte für die Konzz. der angeregten Atome liegen in der Nähe der nach obigem Verf. ermittelten Werte. Dies beweist, daß die Zerstörung der metastabilen Atome beim Zusammenstoß mit den Elektronen erfolgt. Die photoelektr. Best. der Abhängigkeit der Intensität der Komponenten des sichtbaren Tripletts von der Entladung zeigt, daß der Übergang $6^3P_{02} \rightarrow 6^3P_1$ bei der Elektronenkonz. von ca. 10^{12} cm^{-3} an eine Rolle zu spielen scheint. (Известия Академии Наук СССР, Серия Физическая [Nachr. Akad. Wiss. UdSSR, physik. Ser.] **19.** 16—17. Jan./Febr. 1955. Leningrad, Shdanow-Univ., Physik. Inst.) O. Lebtag. 118

R. E. Merrifield, *Excitonenmultiplizitäten.* Vf. weist auf einige Konsequenzen des Einfl. des Elektronenspins auf die Eigg. des Excitons hin. Die Ableitung der ganz bestimmten Multiplizitäten entsprechenden Wellenfunktionen zeigt, daß Eigg. des Excitons, wie Bandbreite u. Ausbreitungsgeschwindigkeit, im Singulettzustand des Excitons viel größer als im Triplettzustand sind. (J. chem. Physics **23.** 402. Febr. 1955. Wilmington, Del., Du Pont de Nemours Co., Exp. Stat., Chem. Dep.) J. Rudolph. 119

H. O. Albrecht und **C. E. Mandeville,** *Energiespeicherung in Berylliumoxyd.* An mit Röntgenstrahlen angeregtem BeO wurde bei ca. 22° die photostimulierte UV-Emission in Abhängigkeit von der Wellenlänge des einfallenden Lichtes gemessen. Ein Maximum der Emission wurde bei einer stimulierenden Wellenlänge von ca. 4100 Å beobachtet. Aus den Ergebnissen wird auf die Existenz einer doppelt besetzten Haftstelle in BeO geschlossen, analog den F-Zentren der Alkalihalogenide. Vff. diskutieren ferner die Energiespeicherung in NaCl(Ag). (Physic. Rev. [2] **101.** 1250—52. 15/2. 1956. Swarthmore, Pa., Bartol Res. Found. of the Franklin Inst.) H. Liepack. 119

Ss. Ss. Batzanow, *Refraktion der Wasserstoffbindung in anorganischen Verbindungen.* 1. Mitt. Vf. befaßt sich mit der refraktometr. Unters. verschied. Arten von H-Bindungen in anorgan. Verbindungen. Die Meth. für die Berechnung der H-Refraktion beruht auf der additiven Zus. der Refraktionen des festen Salzes aus den Einzelrefraktionen der entsprechenden Ionen u. der Annahme, daß Kationen mit wenig verschied. Refraktionen einen gleichen polarisierenden Einfl. auf die Anionen ausüben. Aus den Verss. folgt, daß die Differenz der Refraktion von NH_4- u. K-Salzen mit zunehmender Elektronegativität des Anions wächst. Die Refraktion der H-Bindungen läßt sich berechnen zu: $_NH\cdots F$ 0,27, $_NH\cdots N$ 0,24, $_NH\cdots O_2^-$ 0,21, $_NH\cdots O^-$ 0,16, $_OH\cdots O$ 0,16, $_NH\cdots Cl$ 0,08 cm³. (Вестник Московского Университета, Серия Физико-Математических и Естественных Наук [Nachr. Moskauer Univ.] **9.** Nr. 9. [physik.-math. naturwiss. Ser.] Nr. 6. 95—107. Sept. 1954. Labor. für Kristallchemie.) J. Geiger. 119

Paul A. Giguère und **I. D. Liu,** *Infrarotspektrum, Molekularstruktur und thermodynamische Funktionen von Hydroxylamin.* Im Gebiet von 1,5—25 μ wird das Absorp.-tionsspektr. von reinem *NH_2OH* im Dampf- u. festen Zustand gemessen. Grundschwingungen u. Feinstruktur zur Berechnung der Rotationskonstanten werden analysiert. Die Struktur des Mol., seine trans- u. cis-Form lassen sich daraus herleiten. Die

O—H- u. N—H-Abstände entsprechen denen des H_2O bzw. NH_3, der N—O-Abstand beträgt 1,46 Å. Ferner werden die thermodynam. Funktionen der gasförmigen Verbb. berechnet u. das Infrarotspektr. des kristallinen *$NH_2OH \cdot HCl$* untersucht. (Canad. J. Chem. **30.** 948—62. Dez. 1952. Quebec, Laval Univ., Dep. of Chem.) D. Hahn. 120

W. Bues, *Ramanspektren der Systeme $ZnCl_2$–KCl und $CdCl_2$–KCl in der Schmelze.* Vf. untersucht die Raman-Spektren von *$ZnCl_2$* (**I**), *$CdCl_2$* (**II**) u. ihrer Mischungen mit KCl in geschmolzenem Zustand. Die Pulsationsfrequenzen von **I** u. **II** haben in der Schmelze den gleichen Wert wie im Kristall (233 bzw. 212 cm^{-1}). Zugabe von KCl zu den Schmelzen bedingt das Auftreten neuer Raman-Linien, die den Pulsationsfrequenzen der Komplexe $[ZnCl_3]^-$, $[ZnCl_4]^{2-}$ u. $[CdCl_3]^-$ zugeordnet werden. Sie liegen bei höheren Wellenzahlen als in reinem **I** u. **II**. Aus diesen Beobachtungen schließt Vf., daß in der Schmelze die gleiche Koordination um ein Zn bzw. Cd vorliegt wie im Kristall; die Schichtebenen des letzteren bleiben in der Schmelze weitgehend erhalten. Vf. berechnet u. vergleicht die Kraftkonstanten in den Schichtebenen u. den Komplexen. Eine Lampenanordnung zur Unters. der Raman-Spektren von Schmelzen wird beschrieben, bei der das Erregerlicht von oben in den Schmelztiegel eingestrahlt u. das Streulicht nach oben aus dem Tiegel heraus abgebildet wird. (Z. anorg. allg. Chem. **279.** 104—14. März 1955. Stuttgart, TH, Labor. für anorgan. Chem.) H.-J. Becher. 120

J. T. Massey und **Robert W. Hart,** *Wirkung eines hohen cis-Potentialberges auf das Mikrowellenspektrum des Wasserstoffperoxyds.* Vff. zeigen, daß die bisher erhaltenen Daten des Mikrowellenspektr. des H_2O_2 nicht genügen, zwischen den Potentialfunktionen unter Annahme eines hohen cis, niedrigen trans oder eines niedrigen sinusförmigen cis–trans-Potentialgebirges zu entscheiden. Die zu dieser Entscheidung noch notwendigen Übergänge werden angegeben. Auch die Höhe des Potentialberges kann noch nicht aus dem Mikrowellenspektr. berechnet werden. (J. chem. Physics **23.** 942—46. Mai 1955. Silver Spring, Md., Johns Hopkins Univ., Appl. Phys. Labor.) G. Hartmann. 121

J. J. Hill und **P. Schwed,** *Experimentelle Untersuchung des Thermoluminescenzmechanismus in bestrahltem Natriumchlorid.* An *NaCl*-Kristallen, die nach Röntgen- oder UV-Bestrahlung bei Raumtemp. beim Erwärmen auf ca. 600° K Thermoluminescenz mit Maxima bei 362, 418, 432 u. schwach bei 525 mμ zeigen, werden Glowkurven aufgenommen, die im allg. 8 Glowmaxima bei Tempp. zwischen 334 u. 625° K zeigen. Die Analyse der Glowkurven für verschieden lange bestrahlte Proben ergibt für die verschied. Thermoluminescenzmaxima die gleiche Aktivierungsenergie ε von ca. 1,25 eV bei Frequenzfaktoren, die um den Faktor 10^8 differieren. Es wird ein Zweistufenmodell vorgeschlagen, nach dem in der ersten Stufe Elektronen therm. von F-Zentren bei gleichem ε in das Leitungsband gehoben werden u. in der zweiten Stufe von dort in spezielle freie Niveaus übergehen, wobei diese an sich temperaturunabhängige Übergangswahrscheinlichkeit für die verschied. Niveaus unterschiedliche Werte besitzt. (J. chem. Physics **23.** 652—57. April 1955. Cleveland, O., Nat. Advis. Comm. for Aeronaut., Lewis Flight Propuls. Labor.) J. Rudolph. 125

P. Dobrinski und **H. Hinrichs,** *Über die Luminescenz von NaCl–Ag.* Für die beiden bei Röntgenstrahlenanregung von NaCl·Ag auftretenden Emissionen bei 2500 u. 4000 Å werden gleichzeitig Phosphorescenz, Thermoluminescenz (Glowkurven) u. Photoausleuchtung sowie der Einfl. der Ag-Konz. C auf diese Erscheinungen untersucht. Der Abklingverlauf, der durch 2 überlagerte Abklingfunktionen darstellbar ist, zeigt eine charakterist. Abhängigkeit von C bei etwas unterschiedlichem Verh. der beiden Emissionsbanden. Ebenso verändert sich das Glowkurvenspektr., das insgesamt 10 Maxima zeigt, mit C, wobei die Aktivierungsenergie eines Teiles der Haftstellen von C abhängig, eines Teiles unabhängig ist. Die zeitliche Abnahme der Ausleuchtbarkeit der Kristalle nach Röntgenbestrahlung durch Licht mit $\lambda > 5500$ Å ist unabhängig von C. An Hand der Ergebnisse werden die Natur der Luminescenzzentren u. der Mechanismus der Anregung, Emission u. Energiespeicherung diskutiert. (Z. Naturforsch. **10a.** 620—30. Aug. 1955. Gießen, Justus-Liebig-Hochschule, Phys. Inst.) J. Rudolph. 125

Ursula Mayer, *Herstellung und Struktur von Kriställchen des Leuchtstoffs $CaSO_4$/Mn.* Zur Herst. von brauchbaren Leuchtkristallen aus Mn-aktiviertem $CaSO_4$ erweist es sich als notwendig, daß das $CaSO_4$/Mn in anhydr. Form auskristallisiert. Eine H_2O-freie Lsg. der Grundsubstanz wird durch Auflösen in konz. H_2SO_4 erhalten. Beim Eindampfen entstehen Kriställchen bis 3,5 mm Größe. Der größte Teil des $MnSO_4$ ist nicht in die $CaSO_4$-Kristalle eingebaut. Der Anteil des eingebauten $MnSO_4$ beträgt $< 1/2$ %. $MnSO_4$-Konzz. von einigen % behindern die Ausbldg. größerer Kristalle. Die Debye-Scherrer-Diagramme des Leuchtstoffes stimmen mit denen des Minerals *Anhydrit* überein. Die

Leuchteigg. sind gut. (Naturwissenschaften **43.** 79—80. Febr. 1956. Tübingen, Univ., Phys. Inst.) W. KRÖNERT. 125

Masami Iimori und Satoyasu Iimori, *Gewisse synthetische fluorescierende Mineralien und die Alumosilicatphosphore.* Synthet. Prodd. nach m(Na, K)$_2$O, n-CaO, p-Al$_2$O$_3$, q-SiO$_2$ (m + n = 1, n = 0—0,5, p = 0,5—1,0 u. q = 3—4) fluorescierten bei Aktivierung durch 0,01—0,02 Mol Pb (als Pb_3O_4) oder UO_2 (als $UO_2HPO_4 \cdot 4\,H_2O$) wie natürliche Alumosilicatphosphore. Keine Abschwächung beim Schmelzen zu porzellanigen oder glasigen Formen. Zusatz von > 0,01 Mol Cu (als $CuCO_3$) wirkt nicht mehr aktivierend. (Rep. sci. Res. Inst. [Kagaku-Kenkyujo-Hokoku] **29.** 463—67. Nov. 1953. [Orig.: japan.]) L. SCHULER. 125

A_3. Elektrizität. Magnetismus. Elektrochemie.

L. R. Walker, *Leistungsfluß in Elektronenstrahlen.* (Vgl. C. **1955.** 2600.) Zur Berechnung des Leistungsflusses in einem sich in schwachen elektr. Wechselfeldern fortbewegenden Elektronenstrahl wird eine quadrat. Störungsrechnung durchgeführt. Quadrat. Ausdrücke von der Dimension einer Leistung, welche einem Erhaltungssatz genügen, werden eingeführt, berechnet u. gedeutet. (J. appl. Physics **26.** 1031—33. Aug. 1955. Murray Hill, N. J., Bell Telephone Labors.) F. LENZ. 130

A. A. Lutschina, *Über die longitudinalen Schwingungen des Plasmas.* 1. Mitt. Vf. behandelt das Problem der durch COULOMB-Kräfte hervorgerufenen stationären Plasmaschwingungen bei vorgegebenen Randbedingungen u. untersucht die Rolle der Ionen bei der Ausbreitung der Longitudinalwellen im Plasma. Als Lsg. ergibt sich eine „Dispersions"-Gleichung mit Berücksichtigung der Ionenbewegung. (Журнал Экспериментальной и Теоретической Физики [J. exp. theoret. Physik] **28.** 17—27. Jan. **1955.** Moskau, Univ.) J. GEIGER. 131

G. Ja. Mjakischew und **A. A. Lutschina,** *Über die longitudinalen Schwingungen des Plasma.* 2. Mitt. (1. vgl. vorst. Ref.) Auf Grund der l. c. Resultate werden die Dispersionseigg. des Plasmas in verschied. Spezialfällen (hohe u. niedrige Frequenzen, große Driftgeschwindigkeit) untersucht. Es wird versucht, die betrachteten longitudinalen Dichtewellen mit den experimentell beobachteten Schichten der positiven Säule zu identifizieren. Ein Vgl. zwischen Theorie u. Experiment führt zu größenordnungsmäßiger Übereinstimmung. Schließlich wird ein Ausdruck für Ausbreitungsperiode u. Dämpfungsdekrement in Abhängigkeit von den Parametern der Gasentladung hergeleitet. (Журнал Экспериментальной и Теоретической Физики [J. exp. theoret. Physik] **28.** 28—37. Jan. 1955.) J. GEIGER. 131

K. G. Emeleus und **T. K. Allen,** *Beitrag zu Plasmaelektronenschwingungen.* Plasmaelektronenschwingungen einer Glühkathodenentladung in Hg- oder Ar-Dampf von ca. 10^{-3} Torr mit Potentialwerten für den Kathodenfall zwischen Ionisationspotential u. wenig über 100 V, d. h. bei Primärelektronengeschwindigkeiten größer als 10^8 cm/sec, wurden mit Hilfe einer mit einem Resonator variabler Frequenz gekoppelten Sonde untersucht. Kohärente Schwingungen großer Plasmabereiche mit LANGMUIR-Frequenz f konnten nicht festgestellt werden. Dagegen treten beim Durchqueren des Plasmas von ein oder mehreren Primärelektronenstrahlen Schwingungen nahe der Frequenz f auf. Auch die dazu harmon. Frequenzen 2 f u. 3 f konnten beobachtet werden. Die Energieverteilung des schwingenden Strahls ist nicht nur longitudinal, sondern zeigt starke Tendenz zu seitlicher Auslenkung. Ionenschwingungen mit Frequenzen < 1 MHz wurden als Folge der Elektronenschwingungen beobachtet. Elektromagnet. Strahlung der LANGMUIR-Frequenz konnte außerhalb der Entladungsröhre nicht festgestellt werden. (Austral. J. Physics **8.** 305—06. Juni 1955. Belfast, North Ireland, Queen's Univ., Phys. Dep.) B. MÜLLER. 131

G. Busz-Peuckert und **W. Finkelnburg,** *Die Abhängigkeit des Anodenfalles von Stromstärke und Bogenlänge bei Hochtemperaturbögen.* Der Anodenfall von zwei Hochtemperaturbögen wurde in Abhängigkeit von Stromstärke u. Bogenlänge untersucht. Seine Größe wurde bestimmt als Differenz der Brennspannung u. der mit Sonden gemessenen u. durch Rechnung bestätigten Potentialdifferenz zwischen der Kathode u. einem Plasmapunkt vor der Anode. Dabei wurde beim N_2-Bogen ein linearer Abfall des längenunabhängigen Anodenfalls mit zunehmender Stromstärke gefunden. Beim Ar-Bogen hängt der Anodenfall zusätzlich von der Bogenlänge ab, u. zwar nimmt er bei Vergrößerung der Bogenlänge zu. Mit wechselnder Plasmatemp. vor der Anode nimmt der Anodenfall unabhängig von Bogenlänge u. Stromstärke linear ab. (Z. Physik **140.** 540—46. 1955. Erlangen, Siemens-Schuckertwerke Akt.-Ges., Forschungslabor.) B. MÜLLER. 131

W. Bez und **K. H. Höcker**, *Theorie des Anodenfalls. 5. Mitt. Das Zischen des Homogenkohle-Hochstrombogens in Luft.* (4. vgl. C. **1956**. 7709.) Die Zischgeräusche, die verbunden sind mit Schwankungen von Strom u. Spannung (f ∼1000 Hz, Amplitude 14 A bzw. 30 V), denen hochfrequente Schwankungen überlagert sind (50—80 kHz, 0,5 A, 3 V), werden gedeutet durch Instabilitäten des Potentialverlaufs vor der Anode. Für die Frequenz des Auf- u. Abbaus der period. Verzerrungen des Feldes im Säulenplasma (vgl. HÖCKER, C. **1956**. 6016) werden als untere Grenze 60 kHz berechnet. Die in Verbindung mit dem Mechanismus der Bewegung des Mikro- u. des großen Brennflecks sowie der Anodenverdampfung berechnete Zischfrequenz entspricht mit 1000—1500 Hz den experimentellen Ergebnissen. Die Abhängigkeit der Zischfrequenz vom Anodenmaterial wird auf die unterschiedliche Geschwindigkeit der Verdampfung zurückgeführt. Zischneigung setzt ein, wenn durch Anwachsen der Stromstärke die Grenze zwischen Feld- u. therm. Ionisierung im Anodenfallgebiet erreicht ist, sie steigt bis auf ein Maximum von 80—100% u. fällt dann ab. Die Zischneigung nimmt in gewissen Grenzen mit wachsender Frequenz ab, desgleichen mit zunehmender Bogenlänge. (Z. Naturforsch. **11a**. 192—96. März 1956. Stuttgart, TH, Inst. für theoret. u. angew. Phys.) H. LIEPACK. 131

W. I. Popkow, *Elektrisches Feld bei unipolarer Übergangscorona.* Für eine Reihe prakt. Fälle, z. B. bei Impuls- oder Halbwellenentladung mit kleinem Abschlußwinkel der Speisekontakte von Elektrofiltern u. a., ist die Kenntnis der räumlichen Ausbreitung der Ionenentladung u. die Feldverteilung in der Umgebung der Elektrode, an der die Coronaentladung auftritt, von Bedeutung. Es wird eine theoret. Unters. dieser Fragen durchgeführt u. eine Formel für den zeitlichen Ablauf der Ionenentladung bei unipolarer Corona im zylindr. Kondensator aufgestellt. (Известия Академии Наук СССР, Отделение Технических Наук [Nachr. Akad. Wiss. UdSSR, Abt. techn. Wiss.] **1954**. Nr. 7. 7—12. Juli. Moskau.) A. KUNZE. 131

B. Murphy, *Punktförmige positive Gleichstromcorona.* Form u. Wachstum der einzelnen Entladungen kurzer Dauer der fadenförmigen Corona einer positiven, punktförmigen Elektrode wurden mit Hilfe von Photomultiplier, Verstärker, Oscillograph u. einem Thyratron-Auslösekreis untersucht. Dem Stromstoß der Entladung folgt nach ca. $2{,}5 \cdot 10^{-8}$ sec eine Lichtausstrahlung hoher Intensität, die nach ca. $2-6 \cdot 10^{-8}$ sec auf ca. 1% ihres Wertes absinkt. Die Unters. der räumlichen Verteilung der Entladung entlang einer Entladungsstrecke von 3 cm bei einer angelegten Spannung von 16 kV u. W-Elektroden mit einem Krümmungsradius von 0,228 mm zeigte eine von der Punktelektrode ausgehende stetige Entladung konstanter Lichtstärke bis zum Abstand von ca. 1 cm. Danach nimmt die Intensität der Strahlung stark ab u. es wird eine Aufspaltung in ca. 3—5 Verzweigungen angenommen, von denen eine entlang der Achse fortschreitet. (Nature [London] **176**. 397—98. 27/8. 1955. Durham, South Shields Co.) B. MÜLLER. 131

Yoshitane Ishiguro, *Über zwei bemerkenswerte Erscheinungen bei der Funkenentladung in Luft und deren Beziehung zur Lichtbandtheorie.* Eine ausgesprochene Unregelmäßigkeit der Funkenspannung in der Anfangsphase einer hohen Wechselstromaufladung zwischen 2 großen Elektroden mit weiter Funkenstrecke u. eine deutliche Erniedrigung der Funkenspannung durch UV-Belichtung, ausgesprochen bei Funkenentladung in Luft, sind nach Verss. beide einem Durchbrechen der anod. Isolierung (nicht kathod. Eigg.) zuzuschreiben, ferner kleinen Vorsprüngen oder mkr. Unregelmäßigkeiten auf den Elektrodenoberflächen u. weiterhin der Photoionisierung im Gas durch eigene oder äußere Belichtung. Sie scheinen am besten erklärbar auf Grund der Lichtband- (streamer-) Theorie von LOEB-MEEK (The Mechanism of Electric Spark, 1940). (Rep. sci. Res. Inst. [Kagaku-Kenkyujo-Hokoku] **29**. 275—79. Nov. 1953. [Orig.: japan.]) L. SCHULER. 131

G. Je. Solotuchin, *Untersuchung des Einflusses der chemischen Zusammensetzung der Elektroden und der Entladungsbedingungen auf die relative Verdampfungsgeschwindigkeit von Teilchen.* Bei der vergleichenden Unters. der relativen Teilchenkonz. ΔN im Wechselstrombogen u. der die Verdampfung begleitenden Wärmeprozesse wurden Elektroden aus *Pt*, *Pt-Ag-Legierung* (50% Ag), *Cu* u. *Cu-Au-Legierung* (50% Au) angewandt. Dem Pt u. seiner Legierung wurde 0,1% Pd, Au, Rh oder Ru beigemengt. Mit abnehmendem Elektrodenabstand h nahm die Konz. von Pd u. Au zu, die von Rh u. Ru im Vgl. zur Pt-Konz. ab. Die Verss. mit Pt–Ag-Legierung ergaben, daß das Temperaturgefälle $\delta T/\delta x$ prakt. unabhängig von h ist. Die Abhängigkeit der Temperaturverteilung von h ist bei Pt–Ag-Legierung viel geringer als bei Pt. Für Pt u. die Pt–Ag-Legierung wurde jener Anteil der an der Elektrodenoberfläche bei der Bogenentladung freiwerdenden Wärme berechnet, der für die Verdampfung bei verschied. Werten von h verbraucht wird. (Известия Академии Наук СССР, Серия Физическая [Nachr. Akad. Wiss. UdSSR, physik. Ser.] **19**. 67—70. Jan./Febr. 1955.) O. LEBTAG. 131

J. W. Otvos und **D. P. Stevenson**, *Querschnitte von Molekülen für Ionisierung durch Elektronen.* Vff. zeigen, daß für eine große Anzahl von Stoffen, einschließlich KW-stoffen u. ihren Derivv., der gesamte relative Ionisationsquerschnitt eine konstitutive Moleküleig. ist, d. h. sich aus den Atomquerschnitten zusammensetzt. Diese Additionsregel der Ionisationsquerschnitte gilt gleichermaßen für Stoßionisierung durch einzelne langsame Elektronen (50—100 V), wie sie in der Massenspektrometrie auftreten, wie für energiereiche β-Teilchen, die von ^{14}C oder ^{90}Sr–^{90}Y emittiert werden. In guter Näherung ergeben sich die relativen Ionisationsquerschnitte der Elemente als die mit Gewichten belegte Summe der Valenzelektronen, worin die Gewichte die mittleren Radienquadrate der Elektronen darstellen, die mittels einer wasserstoffähnlichen Wellenfunktion berechnet werden. Folgende relative Ionisationsquerschnitte (bezogen auf H = 1) werden berechnet: *H* (1); *He* (0,694); *Li* (8,29); *Be* (6,31); *B* (5,02); C (4,16); *N* (3,84); *O* (3,29); *F* (1,85); *Ne* (1,75); *Na* (14,3); *Mg* (15,9); *Al* (15,4); *Si* (14,4); *P* (13,8); *S* (12,8); *Cl* (11,8); *Ar* (10,9); *K* (38,8); *Ca* (42,1); *Sc* (38,3); *Ti* (36,8); *V* (34,6); *Cr* (28,1); *Mn* (30,1); *Fe* (28,0); *Co* (26,1); *Ni* (24,4); *Cu* (18,4); *Zn* (16,0); *Ga* (17,9); *Ge* (18,4); *As* (18,7); *Se* (18,5); *Br* (18,0); *Kr* (17,4); *Rb* (58,4); *Sr* (64,3); *Y* (59,5); *Zr* (59,8); *Nb* (57,6); *Mo* (52,5); *Tc* (48,0); *Ru* (44,1 ; *Rh* (40,6); *Pd* (25,1); *Ag* (34,8); *Cd* (22,1); *In* (24,8); *Sn* (25,8); *Sb* (26,1); *Te* (25,6); *J* (25,0); *Xe* (24,1); *Cs* (73,5); *Ba* (78,1); *Hg* (27,4); *Tl* (30,1); *Pb* (31,2). Die Nützlichkeit der oben erwähnten Regel hinsichtlich verschied. analyt. Anwendungen wird beschrieben. (J. Amer. chem. Soc. **78.** 546—51. 5/2. 1956. Emeryville, Calif., Shell Developm. Co.) W. Krönert. 131

Gerhard Fricke, *Ein universeller Detektor für Molekularstrahlen.* Es wird ein Detektor beschrieben, der auf alle Molekularstrahlen anwendbar ist. Der Molekularstrahl wird mechan. moduliert u. durch Elektronenstoß ionisiert. Die Ionen werden in einem Massenspektrometer getrennt u. mit einem Sekundär-Elektronen-Vervielfacher nachgewiesen. Der Detektor gestattet den Nachw. einer Molekularstrahldichte am Ort des Detektors von $1 \cdot 10^5$ Moll./cm³ bei einer Restgasdichte von ca. $3 \cdot 10^{10}$ Moll./cm³. (Z. Physik **141.** 166—70. 1955. Heidelberg, Univ., I. Phys. Inst.) B. Müller. 131

Gerhard Fricke und **Helmut Friedburg**, *Ein Leitfähigkeitsdetektor zum Nachweis von Molekularstrahlen.* (Vgl. vorst. Ref.) Der starke Einfl. von Fremdatomen auf die Leitfähigkeit von Halbleitern läßt sich zum Nachw. von Molekularstrahlen ausnutzen. Die Eignung einer dünnen Cu_2O-Schicht zur Ausmessung von Jod-Molekularstrahlen wurde experimentell nachgewiesen. Die Empfindlichkeitsgrenze liegt bei $5 \cdot 10^9$ Moll./cm³. (Z. Physik **141.** 171—74. 1955.) B. Müller. 131

G. v. Schierstedt, **H. Ewald**, **H. Liebl** und **G. Sauermann**, *Neubestimmung der Massen von ^{32}S, ^{33}S, ^{34}S und ^{12}C.* Bei Wiederholungen von Messungen der Dubletts O_2–^{32}S, $H^{32}S$–^{33}S, $H_2{}^{32}S$–^{34}S u. C_3–$H_2{}^{34}S$ in zeitlich größeren Abständen wurden erhebliche Schwankungen festgestellt. Vff. verkleinerten die Länge des Eintrittsspaltes auf 0,08 mm, die radiale effektive Eintrittswinkeldivergenz der Strahlen in das elektr. Feld auf 0,04° u. diejenige in das magnet. auf 0,045°. Die aus zeitlich auseinanderliegenden Serien bei einer Auflösung von 40000—70000 erhaltenen Meßergebnisse (in mME) sind: $^{16}O_2$–^{32}S 17,749 ± 0,020, 17,750 ± 0,008 u. 17,769 ± 0,012; $H_2{}^{32}S$–^{34}S 19,853 ± 0,012 u. 19,850 ± 0,010; C_3–$H_2{}^{34}S$ 16,462 ± 0,008 u. 16,470 ± 0,009; $H^{32}S$–^{33}S 8,448 ± 0,025. Die Abweichungen von den ganzen Massenzahlen betragen dann in μME 32 – ^{32}S 17756 ± 10, 33 – ^{33}S 18060 ± 28 u. 34 – ^{34}S 21319 ± 15. (Z. Naturforsch. **11 a.** 216—21. März 1956. München, TH, Phys. Inst.) H. Liepack. 131

A. A. Brandt und **M. I. Schachparonow**, *Über die Beziehung zwischen der Dielektrizitätskonstante von Lösungen und den Abweichungen der Eigenschaften der Lösungen von der Idealität.* Bei der Unters. der Konzentrationsabhängigkeit der DK. in den Lsgg. CCl_4–CH_3OH, $(CH_3)_2C_6H_4$–CH_3OH, $(CH_3)_2CO$–$CHCl_3$ u. C_6H_6–$(C_2H_5)_2O$ zeigt es sich, daß eine enge Kopplung zwischen dem Verlauf der Konzentrationsabhängigkeit der DK. ε u. der Abweichung der Lsgg. von der Idealität (Abweichung vom Raoultschen Gesetz) besteht. In einer idealen Lsg. ist die Abweichung der DK. ε von der Additivität $\Delta\varepsilon = 0$, in Lsgg., die durch eine positive Abweichung von der Idealität charakterisiert sind, ist $\Delta\varepsilon < 0$, in Lsgg. mit negativer Abweichung ist $\Delta\varepsilon > 0$. Der Vers. der Vff., die beobachteten Gesetzmäßigkeiten zu erklären, stützt sich auf den Strukturunterschied von idealer Lsg. u. nichtidealen Lösungen. (Вестник Московского Университета, Серия Физико-Математических и Естественных Наук [Nachr. Moskauer Univ.] **9.** Nr. 9. [physik.-math. naturwiss. Ser.] Nr. 6. 45—50. Sept. 1954.) J. Geiger. 132

F. Ansbacher und **W. Ehrenberg**, *Leitfähigkeit von dielektrischen Filmen durch Elektronenbeschuß.* Aufgedampfte As_2S_3-Filme (I) werden bei Beschuß mit Elektronen elektr. leitend. Gemessen wurde die Abhängigkeit der Stromausbeute g (= Verhältnis der durch den Film fließenden Stromstärke zur Elektronenstromstärke) von der Temp.

($t = -183$ bis 130^0), von der Stromdichte ($i = 2,7 \cdot 10^{-10}-1,4 \cdot 10^{-6}$ A/cm²), von der an dem Film liegenden Spannungsdifferenz ($V = 0-105$ V), von der Schichtdicke ($d = 1-4$ μ) u. von der Beschleunigungsspannung ($E = 10-45$ kV). g geht bei wachsendem E durch ein Maximum (E_{max}), das um so höher liegt, je größer V ist. Unterhalb eines gewissen krit. E-Wertes ($= E_0$) ist $g = 0$; zwischen E_0^2 u. d sowie zwischen E_0 u. E_{max} besteht Proportionalität. Bei steigendem t nimmt g sehr stark zu. Schließlich fällt g bei zunehmendem i ab. Die höchsten erzielten g-Werte betragen 40000 (für $t = 163^0$, $d = 2$ μ, $E = 25$ kV, $V = 100$ V, $i = 14 \cdot 10^{-9}$). In den bestrahlten Filmen treten freie Ladungen der Größenordnung 10^{-8} Coul. auf. Ähnlich wie I verhält sich Sb_2S_3. Bei Al_2O_3-Filmen ist g kleiner als bei I. Weiter wurden einige Verss. an I ausgeführt, bei denen der Elektronenstrahl ein Wechselfeld verschied. Frequenz ($f = 22$ Hz bis 66 kHz) u. verschied. Wellenform passierte. g fällt bei kleinem f stark mit wachsendem f ab, ist zwischen $f = 100$ u. 10000 Hz fast unabhängig von f u. fällt bei höherem f wieder stark ab; der Effekt ist um so stärker, je höher V; die für verschied. Wellenformen erhaltenen Daten zeigen, daß der I-Film stark polarisiert ist; ähnlich verhält sich Al_2O_3. Die Ergebnisse werden auf Grund der bestehenden Theorien über die Stromleitung in Dielektrika diskutiert (Ionisation beim Durchgang der Elektronen durch den Film, Rekombinationsvorgänge, Wanderung der freien Ladungen im Film, Einfl. der Beweglichkeit der Ladungen, Bedeutung von E_0). Zum Schluß wird noch mitgeteilt, daß I-Filme auch Photoleitung zeigen; die Photostromstärke steigt mit wachsendem t u. V an. (Proc. physic. Soc., Sect. A. **64.** 362—79. 1/4. 1951. London, Univ., Birkbeck Coll., Res. Labor.)
O. FUCHS. 132

H. Gränicher und **O. Jakits**, *Über die dielektrischen Eigenschaften und Phasenumwandlungen bei Mischkristallsystemen vom Perowskittyp.* Vff. berichten über die Herst. von Titanatmischkristallen der Erdalkalien u. der Seltenen Erden nach keram. Methoden sowie deren röntgenograph. u. dielektr. Untersuchung. Die Erdalkali- u. (K,La)-Titanate weisen kontinuierliche Mischkristallbldg. auf. Die ferroelektr. Anomalien von $BaTiO_3$ bleiben auch in Mischkristallen mit anderen Titanat-Perowskiten erhalten; sind diese selbst ferroelektr., so gehen mit steigender Fremdionenkonz. nur CURIE-Punkt u. Umwandlungspunkt zu tiefen Tempp., während die übrigen Anomalien innerhalb einer Mischungsreihe ziemlich konstant bleiben. Im anderen Falle nehmen alle Anomalien mit abnehmender $BaTiO_3$-Konz. rasch ab. Allg. gilt, daß CURIE-Punkt u. Umwandlungspunkt sich mit abnehmendem Vol. der Elementarzelle zu tieferen Tempp. verschieben. An $(Ca,Sr)TiO_3$-Mischkristallen treten Unstetigkeiten des Temperaturkoeff. der DK., z. T. auch dieser selbst, auf, die mit kleinen Änderungen der Kristallsymmetrie verbunden sind u. sich mit zunehmendem Ca-Geh. zu höheren Tempp. verschieben. Vff. deuten diese als „kristallchem. bedingte Umwandlungen" bezeichneten Anomalien als Anpasssung der Struktur an zu kleine Radien der A-Ionen im Perowskitgitter. Auf Grund der gemessenen dielektr. u. röntgenograph. Daten glauben Vff. auf eine prakt. lineare Abstandsabhängigkeit der Polarisierbarkeit des Ti-Ions in den untersuchten Verbb. schließen zu können, wenn man die Polarisierbarkeiten der übrigen Ionen als konstant annimmt. Dies würde mit Hilfe des Modells von ROBERTS (C. **1949.** E 1171) die Vorausberechnung des dielektr. Verh. der Ferroelektrika vom Perowskit-Typ ermöglichen, sofern z. B. die Gitterkonstante u. die DK.-Werte der reinen Komponenten bei einer bestimmten Temp. bekannt sind. — Die DK. aller untersuchten Titanat-Perowskite läßt sich in den unpolarisierten Phasen durch CURIE-WEISSsche Gesetze der Form $\varepsilon = \varepsilon_0 + C/T-\Theta$ beschreiben, wobei ε_0, die DK. des Untergrundes, von der Größenordnung 10—30 ist. (Suppl. del Nuovo Cimento [9] **11.** 480—520. 1954. Zürich, ETH.) R. STEIN. 132

T. V. Ramamurti, C. V. Ganapathy und **Shiv Saran**, *Tieftemperatursinterung von Titandioxyd für keramische Kondensatoren.* Mit dem TiO_2-Handelsprod. „Rutiox CR" lassen sich Formkörper mit sehr guten elektr. Eigg. bei einer Sinterungstemp. von nur 1100^0 herstellen. Das Prod. besitzt eine Teilchengröße von 1—5 μ u. ist in der Rutilform kristallisiert. (Nature [London] **174.** 1187. 25/12. 1954. New Delhi, Nat. Phys. Labor. of India.) O. FUCHS. 132

M. P. Wolarowitsch und **E. I. Parchomenko**, *Piezoelektrischer Effekt bei Gesteinen.* Bei der Unters. von Eruptiv-, Metamorph- u. Sedimentgestein in einem Ultraschallseismoskop zeigen *Granite, Quarzite, Sandstein, Gneis* u. *Labradorit* einen piezoelektr. Effekt, dagegen konnte bei *Dolomit, Kalkstein, Marmor, Syenit, Diabas, Gabbro, Jaspis* usw. innerhalb der Meßgenauigkeit kein Piezoeffekt gefunden werden. Der Effekt ist nur bei solchen Gesteinen zu beobachten, die Quarz als wesentlichen Bestandteil enthalten; mit wachsender Korngröße des Quarzes steigt der Piezoeffekt an. Im Gegensatz zum „seismoelektr. Effekt", der beim Anfeuchten des Gesteins (z. B. Kalkstein, Dolomit) entsteht u. mit dem Trocknen wieder verschwindet ist der gefundene Piezoeffekt unabhängig vom Feuchtigkeitsgeh. u. steht, wie aus bes. Unters. hervorgeht, auch mit Kontakterscheinungen nicht in Verbindung. (Известия Академии Наук СССР, Серия Геофизическая [Nachr. Akad. Wiss. UdSSR, geophysik. Ser.] **1955.** 215—22. Mai/Juni.) J. Geiger. 133

G. Parravano, *Thermoelektrisches Verhalten von Nickeloxyd.* Mit einer im einzelnen beschriebenen App., die bes. mit Rücksicht auf einwandfreie Temperaturmessungen konstruiert war, werden Messungen der Thermokraft Θ an pulverförmigem *NiO* vor u. nach Zusatz verschied. Fremdstoffe, wie Li_2O, Ag_2O, Cr_2O_3, WO_3, CeO_2 u. $NiCl_2$, ausgeführt u. im Zusammenhang mit Leitfähigkeitsmessungen an den entsprechenden Proben unter Zugrundelegung des Morinschen Modells des NiO (C. **1955.** 4279) ausgewertet u. diskutiert. Näher wird bes. der Einfl. der Art u. Konz. der Fremdstoffionen auf die Lage der Fermi-Niveaus sowie auf Löcherkonz. u. -beweglichkeit behandelt. (J. chem. Physics **23.** 5—10. Jan. 1955. Philadelphia, Pa., Franklin-Inst., Labor. for Res. and Developm.) J. Rudolph. 133

E. Yamaka und **K. Sawamoto,** *Elektrische Leitfähigkeit und Thermokraft in MgO-Einkristallen.* Ausführliche Darst. der C. **1955.** 8553 referierten Arbeit. Ergänzend wird über Messungen der Thermokraft berichtet, die Werte von 0,1 bis 10 mV/Grad in Abhängigkeit von der Konz. an überschüssigem Mg ergaben. Das Vorzeichen der Thermokraft zeigt, daß in allen untersuchten Proben der Ladungstransport durch Elektronen erfolgt. (J. physic. Soc. Japan **10.** 176—79. März 1955. Tokyo, Electric. Comm. Labor. [Orig.: engl.]) R. Stein. 133

James Ross Macdonald, *Kapazitäts- und Leitungseffekte in photoleitenden Alkalihalogenidkristallen.* Vf. mißt an additiv verfärbten sowie bes. an F- u. U-Zentren enthaltenden *KBr*-Einkristallen mit halbdurchlässigen metall. Elektroden entweder in Kontakt (aufgedampft) oder durch Glimmer isoliert die lichtelektr. Leitfähigkeit G sowie die Kapazität C bei Einstrahlung von Licht in die F-Bande als Funktion der Frequenz der anliegenden Spannung, der Lichtintensität J, der Art u. des Abstandes der Elektroden,- der F-Zentrenkonz. C_F, der anliegenden Spannung, der Temp. u. der opt. Entfärbungs zeit t. Bei starker Lichteinstrahlung werden die F-Zentren in Kristallen mit U-Zentren langsamer entfärbt als in den nur F-Zentren enthaltenden Kristallen. Die Frequenzabhängigkeit von C u. G ist für Kristalle mit isolierten u. gleichrichtenden Elektroden unterschiedlich, wird aber in beiden Fällen durch eine einzige Relaxationszeit charakterisiert, die durch den Quotienten aus Serienkapazität C_0 u. n. Kristalleitfähigkeit G_∞ gegeben ist. C_0 ist unabhängig von fast allen Parametern (ausgenommen t) u. kann vermutlich einer ladungsfreien Schicht an beiden Elektroden zugeschrieben werden. Die Konz. der freien Elektronen im Leitungsband u. damit G_∞ hängt in weitem Bereich linear von J u. C_F ab, wird aber bei großem C_F von diesem unabhängig. Die meisten Ergebnisse können durch einen Elektroneneinfang in verschied. Haftstellen, wie Anionenleerstellen, F-Zentren, H-Atomen auf Zwischengitterplätzen u. Anionenlücken gedeutet werden. (J. chem. Physics **23.** 275—95. Febr. 1955. Lemont, Ill., ANL., Chem. Div.) J. Rudolph. 134

Richard H. Bube und **S. Milton Thomsen,** *Photoleitfähigkeit und Kristallfehler in Cadmiumsulfidkristallen.* 1. Mitt. *Der Einfluß von Fremdstoffen.* Messungen der elektr. Leitfähigkeit σ u. der Photoleitfähigkeit σ_0 von einkristallinem CdS zeigten nach Einbau von *Cl* oder 3 wertigen Kationen (*Al, Ga, In*) in den Kristall eine Erhöhung, nach Einbau von *Cu* oder *Ag* eine Erniedrigung von σ u. σ_0. Das Abklingen der Photoströme wird durch die Ggw. von Fremdstoffen stark beeinflußt. Die Einkristalle werden aus der Dampfphase durch Rk. von Cd-Dampf mit H_2S hergestellt. Die Zugabe von Cl erfolgt während der Kristallherst. durch Zumischen von HCl-Dampf, der Einbau der anderen Fremdstoffe nachträglich durch Eindiffusion der Fremdionen von der Kristalloberfläche ins Innere während einer Glühbehandlung (700°) in Schutzgas. Ein Kristallmodell im Sinne eines Substitutionshalbleiters wird zur Deutung der Effekte diskutiert. (J. chem. Physics **23.** 15—17. Jan. 1955. Princeton, N. J., RCA Labor. Div.) J. Rudolph. 134

Richard H. Bube, *Photoleitfähigkeit und Kristallfehler in Cadmiumsulfidkristallen.* 2. Mitt. *Bestimmung der charakteristischen Größen der Photoleitfähigkeit.* (1. vgl. vorst. Ref.) Für reine u. Cl-haltige CdS-Einkristalle (In-Kontakte) werden quantitative Messungen der Dunkelleitfähigkeit u. der Photoleitfähigkeit als Funktion der Temp. (—196 bis +100°) u. der Belichtungsintensität J, sowie Messungen der spektralen Empfindlichkeit u. der therm. „ausgeleuchteten“ Photoströme nach Lichteinstrahlung bei tiefer Temp. u. schließlich der Abklingzeiten der Photoströme als Funktion von J mitgeteilt. Mit Hilfe dieser experimentellen Werte werden berechnet: Konz. u. Energieverteilung der Störstellen in der verbotenen Zone, Übergangsfrequenzen der Elektronen in Haftstellen, Einfangquerschnitt von Haftstellen u. Rekombinationszentren, Ladungsträgerbeweglichkeiten sowie Bindungsenergie von Elektronen an die Cl-Störstellen. (J. chem. Physics **23.** 18—25. Jan. 1955.) J. RUDOLPH. 135

Irvin Levin, Joseph R. Wiebush, Martin B. Bush und **Charles E. White,** *Untersuchungen über Photopotentiale.* 3. Mitt. (2. vgl. C. **1952.** 4094.) In Fortführung früherer Verss. (C. **1950.** II. 2050 u. l. c.) haben Vff. das Photopotential gelöster Substanzen als Funktion der Lichtabsorption untersucht. Gemessen wurde das Photopotential bei Einstrahlung der beiden Hg-Linien 3650 u. 2537 Å in gleicher Intensität. Meßobjekte waren 38 verschied. organ. Halogenverbb. in 1% alkoh. Lsg. sowie die reinen ungelösten Stoffe. Es zeigte sich, daß bei hoher Lichtabsorption auch hohe Photopotentiale auftreten. Der höchste Wert wurde bei CH_3J gefunden; allg. liegen die Jodidwerte hoch, während die übrigen n. Halogenide größtenteils inakt. sind. Die Iso-, Sekundär- u. Tertiär-Halogenide ergeben meßbare Werte. Ferner wurden weitere organ. Verbb. auf ihr Photopotential untersucht. Die Frage, welche Bedingungen ein gelöster Stoff erfüllen muß, um ein Photopotential aufzuweisen, können Vff. nicht eindeutig beantworten. Polare Eig. des Mol. scheint von sek. Bedeutung zu sein. Bezeichnet man die eingestrahlte Lichtintensität mit I, das Photopotential mit V, dann erhält man für eine bestimmte Substanz eine Abhängigkeit der Form $V = m \cdot \log I + b$, wobei m u. b Konstanten sind, die für die betreffende Substanz, die Wellenlänge des erregenden Lichtes, die Temp. usw. charakterist. sind. (J. chem. Physics **21.** 1654—59. Okt. 1953.) W. REUSSE. 134

Jitsuo Shimazu, *Emission und Kristallitgröße von Oxydschichtkathoden.* Es wird die Elektronenemission von Aktivierungsschichten für Oxydkathoden mit deren Kristallitgrößen verglichen. Untersucht wurden a) *(BaSr)CO*$_3$, b) *(BaSrCa)CO*$_3$, c) *SrCO*$_3$ u. d) *BaCO*$_3$. Nach Formierung der Oxydschicht u. Messung ihrer Elektronenemission wurde die Schichtsubstanz in einer gasdichten Manipulationskammer unter getrocknetem, strömendem N_2 auf eine Glimmermembran gebracht u. mit einer dehydrierten Polystyrolschutzschicht versehen. An der so präparierten Schichtsubstanz wurde durch Röntgenkleinwinkelstreuung (Intensitätsmessung mit Zählrohren) die Kristallitgröße bestimmt. Die komplexen Substanzen a) u. b), die eine vielfach höhere Emission als c) u. d) aufzuweisen hatten, zeigten maximale Kristallitgrößen von 200—300 Å, c) (SrO) auch nur ca. 200 Å, d) (BaO) jedoch maximale Kristallitgrößen von über 1000 Å. Schließlich wurde bei der Bldg. von (BaSr)O aus a) die Wrkg. der einzelnen Behandlungsstufen u. die Wrkg. einer Vergiftung durch Luft auf die Elektronenemission u. die Ausbldg. der Kristallitgrößen untersucht. Die möglichen Ursachen der Unterschiede in den Kristallitgrößen u. ihrer Wirkungen auf die Emission werden eingehend erörtert. (J. physic. Soc. Japan **6.** 479—85. Nov./Dez. 1951. Kawasaki, Kanagawaken, Tokyo Shibaura Electric Co., Matsuda Res. Labor. [Orig.: engl.]) H. NIEHRS. 134

R. Gemmelmaier, *Ga–As-Photoelement.* An einem polykristallinen Photoelement aus Ga–As mit p—n-Übergang wurden Leerlaufspannung U u. Kurzschlußstrom J als Funktion der Beleuchtungsstärke gemessen. Der bisher erreichte Wirkungsgrad bei einer Sonnenstrahlung von ca. 60 mW/cm² war ungefähr 4% bei einem U von 0,73 V, einem J von 4,8 mA/cm² u. einer maximalen Leistung von 2,4 mW/cm². Eine Verbesserung des Wirkunsgrades ist für einkristallines Material zu erwarten. (Z. Naturforsch. **10a.** 501 bis 502. Juni 1955. Erlangen, Siemens-Schuckertwerke Akt.-Ges., Forsch. Labor.) J. RUDOLPH. 134

Toshio Satô und **Tetsuo Takaishi,** *Elektrische Halbleiter und Katalysator.* 1. Mitt. Überblick über die Halbleiter. — 20 Literaturangaben. (Kagaku-no-Ryôiki [J. Japan. Chem.] **9.** Nr. 1. 46—55. Jan. 1955. Sapporo, Univ., Inst. für Katalysatorforsch. [Orig.: japan.]) E. MAEKAWA. 135

R. W. Wright, *Die Temperaturabhängigkeit der elektrischen Eigenschaften eines entarteten Elektronenhalbleiters, erläutert am Cadmiumoxyd.* Durch Pressen von reinstem CdO-Pulver wurden Streifen der Abmessungen 7×1,25×0,1 cm hergestellt, die 1 bis 2 Tage bei 720° gesintert wurden; die elektr. Leitfähigkeit σ beträgt bei 20° ca. $300 \cdot 1/\Omega \cdot$ Grad. Von den Proben wurden zwischen T = 273 u. 773°K die HALL-Konstante R u. σ sowie die Thermospannung dE/dT gemessen. R ist prakt. unabhängig von T u. beträgt 4—$5 \cdot 10^{-9}$. σ fällt mit wachsendem T stark ab u. ist bei T = 773 etwa halb so groß wie bei T = 273°K. dE/dT steigt linear mit zunehmendem T an (ca. 60 μV/Grad bei T = 273°K). Die Eigg. dieser CdO-Proben, die die Zus. Cd_xO, wo x etwas größer als 1 ist, haben, sind somit ähnlich denen des metall. Cd (entarteter Überschußhalbleiter). Die Ergebnisse stehen in befriedigender Übereinstimmung mit der Theorie (vgl. hierzu auch WRIGHT u. ANDREWS, C. **1950.** II. 504). Die effektive M. der Elektronen ergibt sich daraus zu 0,08 m—0,09 m u. die effektive Elektronendichte zu ca. $6 \cdot 10^{20}$ (für die einzelnen Proben etwas verschieden groß). Die Größe E′/kT, wo E′ = chem. Potential der freien Elektronen, liegt im untersuchten T-Bereich zwischen 5 u. 10; die aus R berechnete Dichte der freien

Elektronen beträgt ca. $1,6 \cdot 10^{19}$ (unabhängig von T). (Proc. physic. Soc., Sect. A **64.** 350–62. 1/4. 1951. Ibadan, Nigeria, Univ. Coll., Phys. Dep.) O. FUCHS. 135

Adolf Herlet und **Hubert Patalong,** *Die Sperrfähigkeit von legierten Si-Flächengleichrichtern.* An einer größeren Anzahl von legierten Si-Flächengleichrichtern mit p–s–n-Struktur wird die Grenzspannung U_B, bei der steiler Anstieg des Sperrstromes einsetzt, als Funktion des spezif. Widerstandes ϱ_p des Mittelgebietes ermittelt. Es ergibt sich der nicht lineare Zusammenhang $U_B = 23 \cdot \varrho_p^{3/4}$ bei 300° K. Dieses Verh. wird auf eine Änderung der krit. Randfeldstärke mit ϱ_p bei unabhängigem abruptem Störstellenverlauf zurückgeführt. Die Durchlaßkennlinien dieser Gleichrichter mit verschied. ϱ_p(4–170 $\Omega \cdot$ cm) fallen entsprechend der theoret. Erwartung zusammen u. zeigen im mittleren Strombereich den theoret. Anstieg des Stromes mit $e^{U/2v}$. (Z. Naturforsch. **10a.** 584–86. Juli 1955. Pretzfeld, Siemens-Schuckertwerke Akt.-Ges., Labor.) J. RUDOLPH. 135

A. D. Kuritz, S. A. Kulin und **B. L. Averbach,** *Einfluß von Versetzungen auf die Lebensdauer der Minderheitsträger in Halbleitern.* Durch Zählen von Ätzgruben u. aus Röntgenschwankungskurven wurde die Dichte von Versetzungen in *Ge-* u. *Si*-Kristallen in der Größenordnung von 10^4–10^7 cm^{-2} bestimmt. Die Lebensdauer der Minderheitsträger ändert sich mit der Versetzungsdichte. Die Rekombinationsausbeute pro Längeneinheit entlang einer Versetzungslinie genügt der Gleichung $\sigma_R = 1/N_D\tau$, N_D = Versetzungsdichte, τ = Lebensdauer. Für σ_R (in cm$^{-1}\cdot$sec^{-1}) wurden ermittelt: Ge mit hohem Widerstand $5,5 \cdot 10^{-4}$, Ge mit niedrigem Widerstand $3,5 \cdot 10^{-3}$, Si mit hohem Widerstand $1,65 \cdot 10^{-2}$. (Physic. Rev. [2] **101.** 1285–91. 15/2. 1956. Cambridge, Mass., MIT.) H. LIEPACK. 135

W. Ehrenberg, Chi-Shi Lang und **R. West,** *Der Elektronen–Volta-Effekt.* Nach Entfernung des Schutzüberzuges an einer WESTINGHOUSE-Se-Zelle wurde diese mit Elektronen (Beschleunigungsspannung V = 5–80 kV) bombardiert. Das Verhältnis v aus der dabei auftretenden Kreisstromstärke zur Bombardierungsstromstärke geht bei wachsendem V durch ein bei ca. V = 50 liegendes Maximum, dessen Höhe für eine Primärstromstärke von $1,5 \cdot 10^{-8}$ A bei 500 liegt. Das Auftreten des Maximums wird darauf zurückgeführt, daß die Elektronen bei wachsendem V tiefer eindringen u. die Zahl der Ionenpaare in der empfindlichen Oberfläche fällt. Zwischen V = 5 u. 20 steigt v linear mit V an, v ist also proportional der Zahl der im Se gebildeten Ionenpaare. In Cu_2O-Zellen ist der Effekt weniger stark. (Proc. physic. Soc., Sect. A **64.** 424. 1/4. 1951. London, Univ., Birkbeck Coll., Res. Laborr.) O. FUCHS. 135

D. P. Detwiler, *Elektrische Eigenschaften von Galliumantimonid.* Ausführliche Mitt. zu dem C. **1955.** 5724 referierten Sitzungsbericht. (Physic. Rev. [2] **97.** 1575–78. 15/3. 1955. Philadelphia, Pa., Franklin Inst., Labor. for Res. and Developm.) O. FUCHS. 135

H. D. Vasileff, *Thermische Ionisierung von Störstellen in polaren Kristallen.* 2. Mitt. *Anwendung auf Zwischengitterplätze in kubischem ZnS.* (1. vgl. C. **1956.** 3491.) Vf. diskutiert die Anwendung seiner in der 1. Mitt. (l. c.) formulierten Theorie auf die Zwischengitterplätze in polaren Kristallen. Die spezielle Anwendung auf die kub. Form des ZnS führt in guter Übereinstimmung mit experimentellen Ergebnissen zu einer Aktivierungsenergie von 0,61 eV u. zu Frequenzfaktoren von 10^8 sec^{-1} bei tiefen Tempp. u. $10^{8,6}$ sec^{-1} bei 320°K. Vf. diskutiert abschließend kurz die Zusammenhänge mit dem Phosphorescenzverh. des ZnS, bes. im Falle des Frequenzfaktors bei 320°K. (Physic. Rev. [2] **97.** 891–96. 15/2. 1955. Bayside, N. Y., Sylvania Electric Products, Phys. Laborr.) R. STEIN. 135

Anadi Nath Daw, *Eine Untersuchung von parallelgeschalteten Transistoren.* Es wird eine rechner. Analyse des Verstärkerproblems bei Verwendung zweier parallelgeschalteter Transistoren durchgeführt, wobei man diese als einen äquivalenten Parameter ansehen kann. Für die wichtigsten elektr. Größen (Wirkungsgrad, Eingangs- u. Ausgangsimpedanz bei allen Anwendungsarten) werden Berechnungen angegeben, die mit den experimentellen Ergebnissen für Punktkontakt- u. Schichttransistoren in guter Übereinstimmung sind. (Indian J. Physics Proc. Indian Assoc. Cultivat. Sci. **29.** 121–30. März 1955. Calcutta, Univ., Inst. of Radio Phys. and Electron.) D. HAHN. 135

A. R. Regel und **M. Ss. Ssominski,** *Über die Einwirkung von Zusätzen auf den Mechanismus der Leitfähigkeit von AlSb.* AlSb wurde durch Zusammenschmelzen der Komponenten im Vakuum hergestellt. Die Zusätze wurden im Überschuß von ca. 10% zugegeben. Der Leitungsmechanismus wird durch das Vorzeichen der Thermo-EMK. bestimmt. Nur *Ge* ändert den Leitungsmechanismus des AlSb nicht. Wird *Sn, Pb, As, Bi, Se* u. *Te* dem AlSb zugesetzt, so geht die p-Leitung in n-Leitung über. Ferner verbessern diese Zusätze, abgesehen von Ge, die gleichrichtenden Eigg. des AlSb bedeutend. Basierend auf Überlegungen von WELKER (C. **1954.** 6171) versuchen Vff. den unter

dem Einfl. der Fremdzusätze stattfindenden Vorzeichenwechsel der Thermo-EMK. zu erklären. (Журнал Технической Физики [J. techn. Physik] **25.** 768—70. April 1955.)
J. GEIGER. 136

W. F. Flanagan, P. A. Flinn und **B. L. Averbach,** *Errata: Kurzschluß- und Feldkorrekturen in Hall-Messungen.* Berichtigung zweier Fehler in der C. **1955.** 6920 referierten Arbeit. (Rev. sci. Instruments **26.** 233. Febr. 1955. Cambridge, Mass., MIT, Dep. of Metallurgy.)
H. LIEPACK. 136

Ju. W. Scharwin, *Untersuchung der Eindringtiefe eines magnetischen Feldes in massiven Supraleitern.* 2. Mitt. (1. vgl. C. **1952.** 6491.) Es wurde die Eindringtiefe eines Magnetfeldes δ in die Oberfläche eines Sn-Einkristalles von T_k bis zu 2,5° K gemessen: $\delta = 4{,}6 \cdot 10^{-6}(T_k - T)^{-1/2}$. Die Abhängigkeit von $\partial\delta/\partial T$ von der Größe des Magnetfeldes wurde bestimmt. (Журнал Экспериментальной и Теоретической Физики [J. exp. theoret. Physik] **22.** 367—75. März 1952. Inst. für physikal. Probleme der Akad. der Wiss. der UdSSR.)
A. HELMS. 136

Louise E. Moore und **P. W. Selwood,** *Der Einfluß von chemisorbierten Gasen auf die Magnetisierung von katalytisch aktivem Nickel.* (Vgl. SABATKA, C. **1956.** 4917.) Zur Unters. der Chemisorption an *Ni–SiO₂*-Katalysatoren werden thermomagnet. Messungen durchgeführt. Während N_2O, O_2 u. *CO* die Magnetisierung dieses feinstverteilten Ni bei Zimmertemp. verstärken, schwächen *Wasserdampf* u. H_2 sie. Die Versuchsergebnisse werden im Zusammenhang mit elektron. Wechselwrkg. zwischen Ni u. dem Adsorbat gedeutet. Eine Zunahme der spezif. Magnetisierung des Ni ist eine Folge der Zunahme der Anzahl von ungepaarten Elektronen im Ni. Die erwähnten Gase, die eine Zunahme der Magnetisierung bewirken, nehmen bei der Chemisorption Elektronen aus dem Katalysator auf; die anderen geben Elektronen an den Katalysator ab u. stellen die positive Seite der Gas–Metall-Bindung dar. Für H_2 hängt die Interpretation von der Ni-Teilchengröße ab. Die Desorption von H_2 in strömendem He wird durch die zeitliche Zunahme der Magnetisierung verfolgt. Die beim Sintern des Ni u. bei Änderung der Temp. hinsichtlich der Chemisorption auftretenden Effekte werden untersucht. (J. Amer. chem. Soc. **78.** 697—701. 20/2. 1956. Evanston, Ill., Northwestern Univ., Chem. Labor.)
W. KRÖNERT. 137

G. Laukien, *Zur Anregung „freier Präzessionen" kernmagnetischer Momente.* Vf. behandelt theoret. die durch HF-Impulse hervorgerufenen Präzessionsbewegungen eines infinitesimalen kernmagnet. Moments. Für die resultierenden Momente folgen Reihenentww. nach der relativen Halbwertsbreite B/H_1 (B = Halbwertsbreite der Magnetfeldinhomogenität, H_1 = Impulsfeldstärke). Die Zeit ist nur in dem Produkt γBt enthalten. Es werden u. a. Regeln u. Korrekturwerte zur Justierung von Impulsbreiten abgeleitet. Außerhalb Resonanz beobachtete period. Amplitudenänderungen der Abfallsignale u. Seitenbandechos werden diskutiert u. quantitativ gedeutet. Ein App. zur Anregung von Kernspinsystemen mit beliebigen Impulskombinationen wird beschrieben. (Z. Naturforsch. **11a.** 222—36. März 1956. Stuttgart, TH, I. Phys. Inst.)
H. LIEPACK. 137

Max S. Matheson und **Bernard Smaller,** *Paramagnetische Bestandteile des Eises bei γ-Bestrahlung.* An reinem Eis aus dreifach dest. H_2O u. D_2O (99,6% D), die bei 77° K mit ^{60}Co-γ-Strahlung beschossen waren, haben Vff. die paramagnet. Resonanzspektren untersucht. Absorbierend wirken H u. OH (bzw. D u. OD). Mittels der Spektren von H_2O_2 in H_2O u. von D_2O_2 in D_2O, ebenfalls bei 77° K bestrahlt, konnte die Deutung der OH- (bzw. OD-) Absorption unterstützt werden. H u. OH verschwinden bei 115° K „Erholungstemperatur". Ähnliche Unterss. wurden an festem NH_3 u. HCOOH angestellt. (J. chem. Physics **23.** 521—28. März 1955. Lemont, Ill., ANL, Chem. Div.)
K. REICHEL. 137

N. F. Starosstenko, *Über einige Wirkungen des magnetischen Feldes auf den elektrischen Strom in Lösungen.* Mit Hilfe einer genau beschriebenen App. durchgeführte Messungen ergaben, daß die ponderomotor. Kräfte in Elektrolytlsgg. in ihrer Wrkg. den gleichen Gesetzmäßigkeiten gehorchen wie im Metalleiter. Die Verschiebung des Meniskus ist proportional der Stromstärke, der magnet. Feldstärke u. der Länge der leitenden Lösungsschicht, unabhängig von der Natur u. der Konz. der Elektrolytlsg. (Versuchsergebnisse werden für HNO_3 angeführt). Die in der Literatur wiederholt behauptete Änderung der elektr. Leitfähigkeit von Lsgg. im Magnetfeld wird nicht bestätigt. Das Vorliegen eines HALL-Effektes in der Lsg. ist nicht einwandfrei erwiesen. (Журнал Физической Химии [J. physik. Chem.] **27.** 95—99. Jan. 1953. Moskau, Chem.-Technol. Mendelejew-Inst.)
O. LEBTAG. 138

V. I. Little und **V. Smith,** *Die Ionenleitfähigkeit von verdünnten Kaliumchloridlösungen bei Zentimeterwellenlängen.* Es wird eine Differenzmeth. zur Messung der Ionenleitfähigkeit von KCl-Lsgg. bei $3 \cdot 10^9$ Hz beschrieben. Die Ergebnisse zeigen, daß ein starkes Dispersionsgebiet bei Konzz. unterhalb 0,5n existiert. Es kann durch Störungen erklärt werden, die das angelegte Feld auf die Hülle der Wassermoll. ausübt, die das Ion in einer mittleren Entfernung von 6 Å umgibt. (Proc. physic. Soc., Sect. B **68.** 65–74. 1/2. 1955. London, Univ., Bedford Coll.) R. ABEND. 138

Thomas A. Gover und **Paul G. Sears,** *Leitfähigkeit einiger Elektrolyte in 1-Propanol bei 25°.* Es wird die Leitfähigkeit von *KJ, NaJ, KSCN, NaSCN,* Et_4NJ, Et_4NBr, Pr_4NJ u. Pr_4NBr (Et = *Äthyl;* Pr = *n-Propyl*) in 1-Propanol bei 25° u. Konzz. zwischen 8 u. $300 \cdot 10^{-5}$n bestimmt. Die entsprechenden Äquivalentleitfähigkeiten bei unendlicher Verd. (Λ_0) u. die Dissoziationskonstanten (k) werden nach der Meth. von FUOSS u. SHEDLOVSKY (C. **1950.** I. 1322) berechnet: KJ (Λ_0 25,75; $k \cdot 10^3 = 3{,}0$); NaJ (23,92; 5,3); KSCN (26,12; 3,1); NaSCN (24,40; 4,1); Et_4NJ (28,55; 1,7); Et_4NBr (27,10; 2,0); Pr_4NJ (25,88; 2,0); Pr_4NBr (24,50; 2,6). Die Na-Salze dissoziieren stärker als die entsprechenden K-Salze u. die Bromide stärker als die Jodide. Diese Erscheinung kann mit der größeren Ladungsdichte der Na^+- u. Br^--Ionen u. dadurch bedingten verstärkten Solvatationseffekten erklärt werden. Es zeigt sich, daß das KOHLRAUSCHsche Gesetz der unabhängigen Ionenwanderung für Elektrolytlsgg. in 1-Propanol gilt. Das WALDENsche Prod. variiert von 0,46–0,55 u. ist kleiner als in den meisten nichtwss. Systemen. (J. physic. Chem. **60.** 330–32. März 1956. Lexington, Ky., Univ. of Kentucky, Dep. of Chem.) W. KRÖNERT. 138

Gerhart Jander und **Karl Kraffczyk,** *Ionenreaktionen in absolutem Diäthyläther als Lösungsmittel.* Viele der in Ae. lösl. organ. u. anorgan. Substanzen erhöhen dessen spezif. elektr. Leitfähigkeit von $3{,}1 \cdot 10^{-12}$ Ohm^{-1} um 3–10 Zehnerpotenzen. Diese Tatsache kann zur konduktometr. Verfolgung von Rkk. in absol. Ae. benutzt werden. Die geringe Leitfähigkeit des Ae. wird auf die Eigendissoziation $C_2H_5OC_2H_5 \rightarrow C_2H_5^+ + C_2H_5O^-$ zurückgeführt. Die Alkylhalogenide sind entsprechend Säureanaloge, die Alkoholate Basenanaloge. Die Dissoziation der Alkylhalogenide in Ae. nimmt in der gleichen Reihe zu wie die der Halogenwasserstoffsäuren in Wasser. Neutralisationsanaloge Umsetzungen von Alkylhalogeniden mit Alkalialkoholaten in Ae. konnten allerdings nicht nachgewiesen werden, da die Alkylhalogenide zu schwache Säureanaloge sind, um mit den in Ae. schwer lösl. Alkoholaten zu reagieren. Eine Reihe von Verbb., wie $AlBr_3$, $Al(ClO_4)_3$, BBr_3, $SnBr_4$, $ZnBr_2$, $GaBr_3$, lösen sich jedoch in Ae. unter Bldg. gut leitender Komplexsäuren, die sich mit Alkalialkoholaten titrieren lassen. Die dabei in Form von „Ionen-Rkk." stattfindenden neutralisationsanalogen Umsetzungen wurden konduktometr. u. präparativ verfolgt. Ferner werden qualitative Angaben über die Löslichkeit einer großen Anzahl anorgan. Verbb., vornehmlich Metallhalogenide u. -alkoholate, in Ae. gemacht. (Z. anorg. allg. Chem. **282.** 121–40. Dez. 1955. Berlin-Charlottenburg, TU, Anorg.-chem. Inst.) G. HARTMANN. 139

K. P. Mischtschenko und **A. M. Ssuchotin,** *Ionensolvatation in Elektrolytlösungen.* 2. Mitt. *Berechnung der chemischen Solvatationsenergie unter Berücksichtigung der einzelnen sie bildenden Effekte.* (1. vgl. C. **1954.** 5708.) Aus der krit. Betrachtung der in der Literatur bekannten Verff. zur Berechnung der chem. Solvatationsenergie wird geschlossen, daß man das H_2O-Mol. nicht als Tripol, sondern als Dipol zu betrachten hat. Die einzelnen Summanden der chem. Energie der Solvatation der Ionen von Li, Na, K, Rb, Cs, F, Cl, Br u. J werden mit den experimentellen u. Literaturwerten verglichen. Hierbei gehen Vff. von dem effektiven Radius des H_2O-Mol., $r_\infty = 1{,}03$ Å, aus. Bei Zugrundelegung des Radius des „Eismol." (1,38 Å) werden unmögliche Werte erhalten. Der empir. effektive Radius von 1,93 Å muß entweder theoret. begründet werden oder durch andere Modellvorstellungen vom Solvatationsprozeß abgelöst werden. Die erhaltenen berechneten Werte weichen von den experimentellen im Durchschnitt um 9–10% ab, während die bisherigen Berechnungen zu Abweichungen von ca. 20% führten. (Журнал Физической Химии [J. physik. Chem.] **27.** 26–40. Jan. 1953. Leningrad, Technol. Lensowjet-Inst.) O. LEBTAG. 139

K. P. Mischtschenko und **E. I. Kwjat,** *Ionensolvatation in Elektrolytlösungen.* 3. Mitt. *Potentialsprung an der Grenze wässerige Lösung–Gasphase.* (2. vgl. vorst. Ref.) Im Vgl. mit den in der 2. Mitt. berechneten „chem. freien Energien" werden die nachst. „realen freien Energien" zur Berechnung der Werte des (in Klammern in V angegebenen) Potentialsprungs an der Grenze wss. Lsg.–Gasphase ausgewertet: H^+ –261 kcal/Ion (–0,021); Li^+ –121,4 (–0,37); Na^+ –98,8 (–0,30); K^+ –81,2 (–0,19); Rb^+ –77,5 (–0,28); Cs^+ –68,3 (–0,31); Ag^+ –114 (–0,47); Tl^+ –79,4 (–0,10); Mg^{2+} –458,6 (–0,22); Ca^{2+} –378,3 (–0,37); Sr^{2+} –348,2 (–0,55); Ba^{2+} –325,7 (–0,60); Zn^{2+} –487 (–0,13); Cd^{2+} –433 (–0,13); F^- –98,2 (–0,29); Cl^- –70 (–0,23); Br –64,3 (–0,25); J^- –56,2 (–0,25). (Журнал Физической Химии [J. physik. Chem.] **28.** 1451–57. Aug. 1954. Leningrad, Technol. Lensowjet-Inst.) R. K. MÜLLER. 139

G. Maronny und **G. Valensi**, *Experimentelle Gegenüberstellung von Standard-p_H-Werten mit thermodynamisch definierten, auf KCl bezogenen, p_H-Werten.* Wie VALENSI (Communications à la réunion du C. I. T. C. E., Berne, 1951) gezeigt hat, ist es thermodynam. möglich, den Aktivitätskoeff. eines Ions einer Lsg. durch Vgl. mit einem Bezugselektrolyten zu bestimmen. Es wird hierzu KCl gewählt, dessen Aktivitätskoeffizienten für K^+ u. Cl^- nach einer Hypothese von MAC INNES (J. Amer. chem. Soc. **41.** [1919.] 1086) gleich sind. Die exakte Best. des p_H-Wertes ist so mit Hilfe zweier Zellen ohne Überführung 1. (K, Hg)/m_K^X, m_{Cl}/AgCl, Ag; 2. (H_2, Pt)/m_K^X, m_{Cl}/AgCl, Ag experimentell durchführbar. Für t = 25° ergibt sich $p_H = e_1 - e_2 - e_K^0/0{,}05915 - \log m_K - \log \gamma_{\pm KCl}$ worin e_K^0 das Normalpotential der benutzten K-Amalgamelektrode bedeutet (0,15% K). Die Messungen sind bis auf 0,0001 V reproduzierbar, was 0,002 p_H-Einheiten entspricht. Nicht anwendbar ist die Meth. im stark sauren Gebiet $p_H > 2$, da hier das K-Amalgam zu stark angegriffen wird. Störend auf die Amalgamelektrode wirken sich fremde Kationen außer H^+ u. K^+ aus, bes. Na^+. Kationen, die dem K^+ in der Spannungsreihe vorangehen, dürften ohne Einfl. bleiben. Auch fremde Anionen können die Resultate beeinflussen. So liefert die Ag–AgCl/Cl^- Elektrode bei Anwesenheit von PO_4^{3-} oberhalb p_H 10 fehlerhafte Werte. Bei einer kleinsten KCl-Konz. von 0,05 mol. liegt die Grenze der Anwendbarkeit der Amalgamelektrode. An Hand dieser Meth. kann die Näherung der Standard-p_H-Werte an die exakten p_H-Werte untersucht werden. Vff. haben diese Vgll. über den größtmöglichen p_H-Bereich ausgedehnt. Die klass. p_H-Werte wurden wie üblich in einer Kette mit Überführung gemessen: H_2, Pt/X/KCl gesätt./Hg_2Cl_2, Hg. Die hier auftretenden, experimentell nicht bestimmbaren Diffusionspotentiale geben den so gemessenen p_H-Werten eine gewisse Unsicherheit. Für den günstigsten Fall beträgt die Abweichung 0,01 p_H-Einheiten, sie liegt bei 0,02 p_H-Einheiten im mittleren Bereich (p_H 2—13), solange die Konz. an K^+ u. Cl^- nicht sehr verschied. ist, oder kein sehr voluminöses Ion (z. B. Anion der Citronensäure) zugegen ist. Die Divergenz der p_H-Werte kann auf 0,1 steigen, sobald eins der sehr schnellen Ionen OH^- oder H^+ in größerer Konz. vorliegt, also nahe p_H 14 oder 0. Die Vgll. zeigen eine genügende Näherung der Standard-p_H-Werte, da in den häufigsten Fällen die exakte Meth. nicht durchführbar ist. (J. Chim. physique Physico-chim. biol. **49.** C 91—C 96. Juli/Aug.; Colloques int. Centre nat. Rech. sci. **39.** C 91—C 96. 1952. Poitiers, Fac. des Sci., Labor. de Chim. Min.) S. LANZ. 139

Pierre Jolibois, *Über einige Beispiele der Störungen bei der Elektrolyse durch den Einfluß zusätzlicher Faktoren.* Läuft die Elektrolyse einer wss. Salzlsg. längere Zeit hindurch u. verhalten sich die Flüssigkeitsschichten umgekehrt zu ihrer D., so können Störungen auftreten. Vf. führte die Elektrolyse von *$NaNO_3$*-Lsgg. verschied. Konz. bei getrenntem Anoden- u. Kathodenraum durch. Mit abnehmender Konz. wurde ein starkes Absinken der kathod. Stromausbeute verzeichnet. Verss. mit *$CuSO_4$* waren noch charakteristischer. Bei unangreifbaren Elektroden (Pt) u. einer Capillare als Verbindung zwischen Anoden- u. Kathodenraum konnte man nach einiger Zeit im Kathodenraum freie H_2SO_4 feststellen. Gleichzeitig war die Azidität im Anodenraum weit geringer, als es den durchgeflossenen Coulombs entsprochen hätte. Ersetzt man andererseits die Pt-Anode durch Cu, so verschwindet der Effekt völlig. Ihre Erklärung findet diese Erscheinung in den höheren Wanderungsgeschwindigkeiten der H^+- als der Cu^{2+}-Ionen, die ja beide am Stromtransport beteiligt sind. Die H^+-Ionen treffen auf ihrer Wanderung zum Kathodenraum auf SO_4^{2-}-Ionen, die nicht genug Zeit gehabt hatten, den Anodenraum zu erreichen, u. vereinigen sich zu H_2SO_4. Durch ein anderes Experiment wird diese Erklärung noch anschaulicher. 2 Elektrolysiergefäße sind durch ein feines 5 m langes Rohr aus Polyvinylchlorid verbunden, die $CuSO_4$-Konz. ist 0,1 molar. Nach einer gewissen Zeit sind 72 mg Cu an der Kathode abgeschieden, im Anodenraum finden sich 63,6% der theoret. dem abgeschiedenen Cu entsprechenden Säuremenge u. im Verbindungsrohr wird 36,1% Säure gemessen. Ein Teil, der dem FARADAYschen Gesetz entsprechenden Säuremenge hat sich aus dem Anodenraum entfernt, jedoch auf Grund des langen Weges nicht die Zeit gehabt, den Kathodenraum zu erreichen. (J. Chim. physique Physico-Chim. biol. **49.** C 106—C 107; Colloques int. Centre nat. Rech. sci. **39.** C 106—C 107. Juli/Aug. 1952.) S. LANZ. 141

Seymour Senderoff und **Abner Brenner**, *Die elektrolytische Darstellung von Molybdän aus geschmolzenen Salzen.* 1. Mitt. *Elektrolytische Untersuchungen.* Durch Elektrolyse einer Lsg. von *Kaliumhexachloromolybdat(III)* in geschmolzenen Alkalisalzen wird 99,9% Mo erhalten. Der Elektrolyt enthält bei 900° 50 g KCl, 50 g NaCl u. 33 g K_3MoCl_6; bei 600° 54,5 g KCl, 45,5 g LiCl u. 33 g K_3MoCl_6. Die Stromdichten können bis zu 100 A/dm² bei einer Kathodenstromausbeute von 100% betragen. (J. electrochem. Soc. **101.** 16—17. Jan. 1954. Washington, D. C., Nat. Bur. of Standards.) H.-J. HEINRICH. 141

Seymour Senderoff und **Abner Brenner**, *Die elektrolytische Darstellung von Molybdän aus geschmolzenen Salzen.* 2. Mitt. *Die Darstellung von niederwertigen Molybdän-*

haliden. (1. vgl. vorst. Ref.) Eine neue Meth. zur Darst. von K_3MoCl_6 (I) wird beschrieben. *Kaliummolybdat* wird in HCl gelöst u. in einer Diaphragmazelle kathod. reduziert. Durch Einleiten von gasförmigem HCl wird I im Kathodenraum ausgefällt. Zur Darst. von $(MoCl_2)x$ (II) (x = 3 oder 6) wird $MoCl_5$ mit gepulvertem Mo zu $MoCl_3$ reduziert. Durch anschließendes Erhitzen auf 650° dissoziiert dieses unter Bldg. von II. (J. electrochem. Soc. **101.** 28–30. Jan. 1954.) H.-J. HEINRICH. 141

Seymour Senderoff und **Abner Brenner,** *Die elektrolytische Darstellung von Molybdän aus geschmolzenen Salzen.* 3. Mitt. *Untersuchungen des Elektrodenpotentials.* (2. vgl. vorst. Ref.) Potentialunterss. zeigen, daß die Unmöglichkeit, chem. reines Mo zu erhalten, darauf beruht, daß das Abscheidungspotential von Molybdänoxyden nur 0,3–0,4 V edler als das Reduktionspotential des reinen Metalls ist. Als Bezugselektrode wurde eine Ag-Elektrode in geschmolzenem AgCl verwendet. Eine Spannungsreihe von Zn, Fe, Cu, Mo u. Ag in einer geschmolzenen eutekt. Mischung von LiCl u. KCl bei 600° wurde aufgestellt. Die Potentiale gegen $Ag/AgCl_{geschm.}$ sind: Zn –0,97 V; Fe –0,72 V; Cu –0,31 V; Mo –0,04 V. (J. electrochem. Soc. **101.** 31–38. Jan. 1954.) H.-J. HEINRICH. 141

W. H. Beck und **W. F. K. Wynne-Jones,** *Das Verhalten der Bleidioxydelektrode.* 1. Mitt. *Thermodynamische Analyse der Reaktion im Bleiakkumulator.* Die thermodynam. Auswertung zahlreicher Literaturdaten über die Abhängigkeit der Klemmenspannung eines Pb-Akkumulators von der Säurekonz., von der Temp. u. vom Druck führt zu dem Ergebnis, daß die Meßwerte nur mit der „Doppelsulfattheorie" von GLADSTONE u. TRIBE [1882] in Einklang zu bringen sind. Hiernach findet also die Rk. $Pb + PbO_2 + 2\,H_2SO_4 = 2\,PbSO_4 + 2\,H_2O$ statt. Der Verbrauch von 1 Mol H_2SO_4 u. die Bldg. von 1 Mol W. für 1 Faraday konnten eindeutig nachgewiesen werden. (Trans. Faraday Soc. **50.** 136–46. Febr. 1954. Newcastle-upon-Tyne, King's Coll., Dep. of Phys. Chem.) O. FUCHS. 142

L. Young, *Anodische Oxydfilme auf Tantalelektroden.* 1. Mitt. *Dicke und Stromausbeute bei der Bildung.* Bei der anod. Polarisation von reinen Ta-Elektroden wurden Oxydfilme der Dicke (= d) von ca. 40 bis zu mehreren 1000 Å erhalten. Zur Best. von d dienten die Kapazitätsmeth., die Messung der Interferenzfarbe u. die Berechnung aus der transportierten Ladung. Die Stromausbeute wurde durch Messung der an der Elektrode entwickelten O_2-Menge u. des Stromtransportes bestimmt; sie steigt mit wachsender Dichte i des Ionenstromes an (z. B. von 77,2% für i = 0,00432 mA/cm² auf 92,1% für i = 0,295–96,6% für i = 1,30). (Trans. Faraday Soc. **50.** 153–59. Febr. 1954. Harwell, AERE u. Imp. Coll., Dep. of Chem.) O. FUCHS. 142

L. Young, *Anodische Oxydfilme auf Tantalelektroden.* 2. Mitt. *Elektrisches Feld und Ionenstrom während der Bildung.* (1. vgl. vorst. Ref.) Die Größe der Dichte i des Ionenstroms, der durch den Oxydfilm während dessen Wachstums fließt, wird gemäß $i = \alpha \exp(\beta F)$ durch die Größe des elektrostat. Feldes F in dem Film bestimmt; α beträgt bei 20° $3{,}98 \cdot 10^{-18}$ A/cm² u. $\beta = 5{,}0 \cdot 10^{-6}$ cm/V. β ist zwischen 20 u. 60° unabhängig von der Temp. (für α nicht angegeben), was jedoch mit den theoret. Voraussagen nicht übereinstimmt. Aus den Verss. folgt, daß die Diffusion der Ionen durch die Schicht den geschwindigkeitsbestimmenden Vorgang der Oxydschichtbldg. darstellt. (Trans. Faraday Soc. **50.** 159–64. Febr. 1954.) O. FUCHS. 142

L. Young, *Anodische Oxydfilme auf Tantalelektroden.* 3. Mitt. *Photoeffekte.* (2. vgl. vorst. Ref.) Die durch anod. Oxydation erhaltenen Oxydfilme auf Ta zeigen bei Bestrahlung mit UV-Licht Photoleitfähigkeit. Bei konstanter Feldstärke F steigt der Photostrom i mit steigender Filmdicke d zunächst stark an u. bleibt ab ca. d = 300 Å konstant; bei wachsendem F ist i kleiner als bei fallendem F. Bei konstantem d steigt i gleichmäßig mit F an. Weiche Röntgenstrahlen geben ebenfalls eine Photoleitung. Durch die Belichtung ändert sich die Interferenzfarbe der Filme im Sinne einer scheinbaren Zunahme von d. Bei offenem Stromkreis fällt die Spannung V beim Belichten mit UV-Licht sehr steil ab u. bleibt dann zeitlich konstant (BECQUEREL-Effekt); beim Ausschalten des Lichtes steigt V im Laufe von ca. 10 Min. wieder auf den ursprünglichen Wert an. (Trans. Faraday Soc. **50.** 164–71. Febr. 1954.) O. FUCHS. 142

Je. Budewski und **I. Malinowski,** *Über die Berechnung der Konzentrationspolarisation und des Potentialabfalls in der Diffusionsschicht bei kathodischer Polarisation.* Wenn c_0^+ u. c_k^+ die das Potential bestimmenden Ionenkonzz. sind, bei der Elektrolyse einer $AgNO_3$ (I)-Lsg. mit Zusatz von KNO_3 zwischen Ag-Elektroden, $c_0^{\bullet}$ u. $c_k^{\bullet}$ die Konzz. des Ag^+ u. des K^+, ist der Potentialabfall gegeben durch $\varphi = -(RT/F) \ln c_0^{\bullet}/c_k^{\bullet}$, die Konzentrationspolarisation durch $\eta_c = -(RT/F) \ln c_k^+/c_0^+$. Nach den NERNSTschen Gleichungen wird in diese Beziehungen die Stromdichte I bzw. das Verhältnis

I/I_0 eingeführt; es ergibt sich $\eta_c + \varphi = -(RT/F) \ln \{[\alpha(1 - I/I_0) + (1 - (I/2 I_0)^2]$ $(\alpha + 1)\}$. (Доклады Болгарской Академии Наук [C. R. Acad. bulgare Sci.] **4.** Nr. 1 9–12. Jan.-März 1951.) R. K. MÜLLER. 142

A. G. Stromberg, *Theorie der Elektrodenprozesse an der Amalgamtropfelektrode.* 2. Mitt. *Verzögerte Entladungsionisation.* (1. vgl. C. **1955.** 4043.) Wenn i = äußerer Strom, i_0 = Austauschstrom, I_K u. I_A = kathod. u. anod. Grenzstrom an der Amalgamtropfelektrode α u. β = Entladungs- bzw. Ionisationskoeff., $b' = RT/z F = 0{,}0257/z$ (bei 25°), $\eta = \varphi_p - \varphi$ = kathod. Polarisation, besteht die Beziehung $i/i_0 = [(I_K - i)/I_K] e^{(\alpha/b')\eta} - [(I_A + i)/I_A] e^{-(\beta/b')\eta}$. Bei $i_0 = \infty$ geht diese Gleichung in die der umkehrbaren anod.-kathod. Welle über. Bei genügend verzögerter Entladung u. Ionisation sind kathod. u. anod. Halbwellenpotential verschieden, u. zwar das kathod. nach der negativen, das anod. nach der positiven Seite verschoben. Der Unterschied ist bei konstanter Konz. der Ionen u. Metallatome um so größer, je kleiner i_0 ist; auch das Verhältnis von α u. β beeinflußt die Verschiebung. Vf. gibt Verff. zur Berechnung von α, β u. i_0 aus Polarisationsmessungen an der Amalgamtropfelektrode an. Für die Größe von i_0 ist die Charakteristik der Tropfelektrode, die Konz. der Metallionen in der Lsg. u. der Metallatome im Amalgam, die Temp., die Konz. des Komplexbildners usw. bestimmend. Es wird eine Gleichung für den Einfl. des ψ_1-Potentials auf den irreversiblen Elektrodenprozeß abgeleitet. (Журнал Физической Химии [J. physik. Chem.] **29.** 409–23. März 1955. Swerdlowsk, Gorki-Univ. des Urals.) R. K. MÜLLER. 142

Ju. K. Delimarski und **I. D. Pantschenko,** *Polarographische Untersuchung von geschmolzenen Salzen in Lösungen mit geschmolzenem Salpeter.* Es wurden 0,5 bis 30 mg wasserfreier Nitrate sowie Chloride einiger Schwermetalle in 15–18 g geschmolzenem KNO_3 bzw. $NaNO_3$ gelöst u. bei 340° das Potential $E_{1/2}$ der Halbwelle bestimmt. wobei feste eingeschmolzene Pt-Elektroden zur Verwendung kamen (Kathode – Draht 0,2×5 mm, Anode – Blech 4 cm²). Das Potential des Grundelektrolyts KNO_3 betrug 2,2 V (K-Ausscheidung), des $NaNO_3$ 2,1 V. Die $E_{1/2}$-Werte betrugen bei 0,030 bis 0,090 Mol-% für Mg^{2+} 1,38, Zn^{2+} 1,28, Tl^+ 1,20, Pb^{2+} 1,18, Cd^{2+} 1,08, Ni^{2+} 1,04, Co^{2+} 0,96, Cu^{2+} 0,94, Sb^{3+} – (Wert zwischen Cu u. Ag), Ag^+ 0,92. Die Konstanz der $E_{1/2}$-Werte erreicht jene der wss. Lsgg. an der Hg-Tropfelektrode nicht, zeichnet sich jedoch genügend ab. $SbCl_3$ wurde in geschmolzenem Salpeter chem., die Nitrate von Co, Ni, Cu darin therm. zers. (300–340°), in den übrigen Fällen ergaben die gelösten Chloride u. Nitrate übereinstimmende $E_{1/2}$-Werte; bei Co war die Proportionalität Wellenhöhe/Konz. nur mäßig ausgeprägt (bei Sb fehlte sie völlig). Dennoch gilt obige elektrochem. Reihe in geschmolzenem Salpeter; es gelten auch das Grundgesetzt $i = k c$ u. die HEYROVSKY-ILKOVIĆ-Gleichung. (Украинский Химический Журнал [Ukrain. chem. J.] **19.** 47–56. 1953. Inst. für allg. u. anorgan. Chem. der Akad. der Wiss. der UkrSSR.) A. v. WILPERT. 142

József Dévay und **Mária B. Triznyai,** *Bemerkungen zur Messung der Polarisationskapazität.* Zum Messen der Polarisationskapazität verwendeten Vff., wie ERDEY-GRUZ u. KROMREY (vgl. Z. physik. Chem. **157.** [1931.] 213), einen Viereckstrom mit stromfreien Pausen an Hg-Elektroden in n-KCl-Lsg. in der Weise, daß die Intensität des negativen Stromstoßes größer war als die des positiven. Die elektron. verstärkten Potentialänderungen wurden im Oscilloskop beobachtet. Die Analyse der Oscillogramme zeigt, daß während der Ladungsperiode die Gleichgewichtstruktur der elektr. Doppelschicht nicht erreicht wird, sondern die Änderung in der äußeren Schicht auch in den Strompausen weiter dauert. (Magyar Kémiai Folyóirat [Ung. Z. Chem.] **60.** 325–31. Nov. 1954. Budapest, Univ., Phys. Chem. Inst.) J. PLANK. 142

R. Piontelli, *Phänomene der Polarisation von Metallen und Struktur der Lösungen.* Vf. untersucht auf neuem experimentellem Weg die Überspannungen verschied. Metalle bei unterschiedlichen Zuss. der Lsgg. u. bei wechselnden Temperaturen. Der Materieaustausch an den Elektroden erscheint nach den neuesten Forschungen als wirkliche heterogene Rk. unter direkter u. gleichzeitiger Beteiligung der beiden Phasen bei aktivierendem Einfl. der Temp. u. des elektr. Feldes. Eine Versuchsreihe galt dem Studium der eventuellen Wechselbeziehungen zwischen der wahrscheinlichen Struktur der Solvatationskomplexe u. den Überspannungen. Das augenblicklich zur Verfügung stehende Material beweist klar genug, daß die Rückwrkg. der Solvatationskomplexe auf die Elektroden beim Austauschprozeß gut den Vermutungen entspricht, die man auf Grund der neuesten chem. Anschauungen über die Struktur dieser Komplexe anstellen kann. Die kathod. Abscheidung von Metallen mit chem. Polarisation entspricht einer Zerstörung der sehr stabilen Solvatationskomplexe. Diese Komplexe müssen sich ohne wirksame Teilnahme der metall. Phase zersetzen. Die Eigg. der Solvatationskomplexe verschied. Metalle (Zn, Cu, In) rechtfertigen übrigens die vorhandene Asymmetrie ihrer kathod. u. anod. Überspannungen. Die Gesetze der Kinetik der Elektrodenvorgänge hängen auch noch von den internen Eigg. der beiden Reaktionsphasen ab: Der Struktur der Region des Zwischenzustandes u. der Oberflächenbeschaffenheit des Metalls. Vom Gesichtspunkt der Kinetik aus ist der Einfl. der Anionen oft von Bedeutung. Er kann sich sowohl auf die Struktur des Zwischenzustandes u. die der Solvatationskomplexe auswirken, als auch auf die Metalloberfläche u. ihre Formation. (J. Chim. physique Physico-Chim. biol. **49.** C105. Juli/Aug. 1952.) S. LANZ. 142

R. Audubert, *Theorie der Überspannung und Mechanismus der Korrosion.* Bei der Korrosion spielen die elektrochem. Prozesse eine bedeutende Rolle. Da hier keine Gleichgewichtszustände vorliegen, hat Vf. die neuesten Erkenntnisse der elektrochem. Kinetik, bes. die Theorie der Überspannung auf die Korrosionsvorgänge, übertragen. Betrachtet man ein Metall im Kontakt mit einem Elektrolyten, so wird die Auflsg. von einer H^+-Ionenentladung begleitet: $M + H^+ = M^+ + \frac{1}{2} H_2$ (bei Ausschluß von O_2). Es folgt eine theoret. Behandlung der Kinetik der direkten u. durch Sekundär-Rk. verursachten Korrosionsvorgänge bei Ggw. u. Abwesenheit von Luftsauerstoff. Ferner wird das Problem der Diffusion in Betracht gezogen. In allen Relationen kann die Kinetik des Angriffs, ausgehend von den Integralen: $(M^+) = \int_0^\infty i_1\, d t$ u. $-(H^+) = \int_0^\infty i_2\, d t$ bestimmt werden (i_1, i_2 = Intensitäten der elektrolyt. Prozesse). Diese Integrale gelten für den Bereich, in dem die Überführungskoeffizienten als konstant angesehen werden können. Vf. hat seine theoret. Resultate den experimentellen Tatsachen gegenübergestellt. Ergebnisse eigener Arbeiten (Korrosion von Zn, Cd, Mg u. Hg in sauren Lsgg., mit u. ohne O_2) u. in der Literatur zitierte Korrosionsverss. beweisen die Gültigkeit der Theorie. (J. Chim. physique Physico-Chim. biol. **49.** C97—C104. Juli/Aug. 1952; Colloques int. Centre nat. Rech. sci. **39.** C97—C104. 1952.) S. LANZ. 143

G. Brinkmann, *Der Reaktionsmechanismus des Luftsauerstoffelementes in Beziehung zur Lokalelementtheorie der Korrosion.* Es wird in Parallele zur elektrochem. Theorie der Sauerstoffkorrosion der Metalle nach EVANS u. TÖDT eine Auffassung entwickelt, nach der die Ausbldg. des positiven Potentials der Aktivkohleelektrode durch Abdissoziation der bas. Gruppen der Kohleoberfläche als OH-Ionen zustande kommt. Die Regeneration der bas. Gruppen erfolgt in Ggw. von O_2 u. W. unter gleichzeitiger Bldg. von H_2O_2. In einer geeigneten Anordnung, die sich vielleicht auch ganz allg für die Unters. von Vorgängen bei der Korrosion bewähren wird, werden die Kombinationen Aktivkohle (AK)-Zn, AK-Fe u. AK-Al untersucht. Für den Verlauf der Rk. sind verantwortlich: Die Korngröße von AK u. Metall u. das Elektrolytvol. der Fl. im Verhältnis zur AK. Chem. reines Fe muß durch Zn aktiviert werden. Bei Al ist, wahrscheinlich infolge einer Oxydhaut, das Verh. unregelmäßig. (Werkstoffe u. Korrosion **1.** 217—32. Juni/Juli 1950. Leverkusen, Farbenfabriken Bayer.) J. FISCHER. 143

A. Rius, J. Llopis und **I. M. Tordesillas,** *Passivierung des Platins in Chlorwasserstofflösungen.* 1. Mitt. *Kinetik der anodischen Auflösung.* Im Bereich der Stromdichten 1—100 $\mu A/cm^2$ zeigt Pt in HCl-Lsgg. anod. Passivität, die sich in einem Haltepunkt der Polarisationskurve bei 4n u. 5n Lsgg. der HCl äußert; dieser Haltepunkt tritt bei ~0,910 V u. einer mit der HCl-Konz. u. der Temp. steigenden Stromdichte auf. Bei sehr geringer Stromdichte i hängt das Potential ε von log i linear ab; die halblogarithm. Darst. der Polarisationskurven liefert Gerade mit einer Neigung von 0,06—0,12 V; daraus wird geschlossen, daß der langsamste Vorgang, der die Geschwindigkeit der anod. Auflsg. des Pt bestimmt, die Bldg. oder Entladung eines 1- oder 2-wertigen Ions ist. Die Aktivierungswärme ergibt sich bei 0,860 V in 4n HCl zu 25,3, bei Zusatz von H_2PtCl_6 (0,002 mol.) zu 19,6 kcal/g-Ion. Es handelt sich demnach um einen sehr irreversiblen Vorgang. Wenn der Elektrolyt bewegt wird, tritt die Passivität bei niedrigerem i ein, die Überspannung ist höher. (An. Real Soc. españ. Física Quím., Ser. B **48.** 23—34. Jan. 1952. Madrid, Inst. A. de G. Rocasolano de Quím.-Fís.) R. K. MÜLLER. 143

A. Rius, J. Llopis und **I. M. Tordesillas,** *Passivierung des Platins in Chlorwasserstofflösungen.* 2. Mitt. *Einfluß der Vorbehandlung der Elektrode.* (1. vgl. vorst. Ref.) Durch Vorbehandlung der Pt-Elektrode mit einem inerten oder reduzierenden Gas (N_2, CO_2, H_2) wird eine Aktivierung erzielt, deren Ausmaß von der Temp. u. der Natur des Gases abhängt. Vorbehandlung mit O_2 wirkt, bes. bei höherer Temp., wenig passivierend; eine teilweise passivierte Elektrode kann bei höherer Temp. (>300°) durch O_2 sogar aktiviert werden. NO_2 aktiviert Pt bei höherer Temp. nur teilweise. Cl_2 als Gas oder in HCl gelöst wirkt so energ., daß die Elektrode sogar bei Stromdichte 0 ein Potential über dem krit. aufweist; für die starke Passivierung spielt hier auch der Oberflächenzustand der Lsg. eine Rolle. SO_2 u. H_2S passivieren Pt auch bei gewöhnlicher Temp., auch wss. H_2O_2-Lsg. u. schwefelsaure $K_2Cr_2O_7$-Lsg. wirken passivierend. Man kann allg. sagen, daß alle Faktoren, die die Überspannung erhöhen, die Passivierung fördern. (An. Real Soc. españ. Física Quím., Ser. B **48.** 35—46. Jan. 1952.)

R. K. MÜLLER. 143

Eugène Darmois, Conductibilité des électrolytes. Paris: Centre de documentation universitaire. 1955. (144 S. m. Abb.) 4°.

Geneviève Darmois, Manipulations d'électrochimie. Paris: Centre de documentation universitaire. 1955. (66 S. m. Abb.) 4°.

A_4. Thermodynamik. Thermochemie.

Heinz Mauser, *Zur Anwendung der van't Hoffschen Reaktionsisobaren auf Molekülverbindungen.* Vf. leitet die thermodynam. Beziehungen für die Anwendung der VAN'T HOFFschen Reaktionsisobaren auf Molekülverbb. ab. Der Fehler bei der Benutzung der klass. Gleichgewichtskonstanten wird abgeschätzt, indem für die Aktivitätskoeffizienten ein Potenzreihenansatz gemacht wird. Ist der kleinste Molenbruch 14^{-4}, so beträgt der systemat. Fehler weniger als $1^0/_{00}$. Im Anhang werden die Normierungsmöglichkeiten für das chem. Potential bei der Verwendung der Konzentrationseinheiten Molenbruch, Volummolarität (a) u. Kilogrammolarität (b) aufgezeigt. Vf. weist auf die Schwierigkeiten bei thermodynam. Berechnungen mit den Konzentrationseinheiten a u. b hin. (Z. Naturforsch. **11a.** 123—27. Febr. 1956. Tübingen, Univ., Physik.-chem. Inst.) R. LACMANN. 146

Toshitomo Baba, *Über eine Beziehung zwischen spezifischem Flüssigkeitsvolumen und Temperatur.* Für die Beziehung des spezif. Vol. v (cm^3/g) einer Fl. unter Druck (1 at, bei Best. unterhalb des Kp.) zur absol. Temp. T wird abgeleitet: $T\sqrt{v} = a[1 - (b/v)]$, worin a u. b Konstanten sind. Auflösung nach v entsprechend CARDANOs Verfahren, Ableitung aus der VAN DER WAALSschen Gleichung, wobei die mol. Abstoßung u. die Temperaturwrkg. einbezogen werden. (Rep. sci. Res. Inst. [Kagaku-Kenkyujo-Hokoku] **29.** 474—80. Nov. 1954. [Orig.: japan.]) L. SCHULER. 148

F. L. Casado und **T. Batuecas,** *Experimentelle Untersuchungen über Gase bezüglich der Methode der Grenzdichten und die genaue Bestimmung von Molekül- und Atommassen. 2. Mitt. Kompressibilität und Litermassen bei 0° und zwischen 1 und $^1/_4$ at des Sauerstoffs: „normales Molekularvolumen".* (1. vgl. BATUECAS, C. **1952.** 3117; 3. vgl. BATUECAS, C. **1955.** 10446.) Neue Messungen der Kompressibilität von (aus $KMnO_4$ oder $KClO_3$ durch therm. Zers. erhaltenem) O_2 bei 0° u. 1 u. 0,25 at ergeben für die Abweichung vom BOYLEschen Gesetz $A_0^1 = 0{,}00088 \pm 0{,}00002$. Weitere Messungen der D. bei 1, $^2/_3$ u. $^1/_3$ at führen zu folgenden Werten der Litermasse (g/Liter): $L_{760,30}$ $1{,}4288_1 \pm 0{,}00003$; $L_{506,32}$ $1{,}4283_7 \pm 0{,}00002$; $L_{253,15}$ $1{,}4280_4 \pm 0{,}00002$. Daraus folgt unter Berücksichtigung des obigen A_0^1-Wertes für die Litermasse des O_2 unter n. Bedingungen der Wert $1{,}4288_1 \pm 0{,}00003$. Die bei verschied. Druck p erhaltenen L_p werden nach $V_0 \cdot L_p \cdot (1 - A_0^1\, p) = 32$ zur Berechnung des „n. Molekularvol." V_0 des O_2 ausgewertet; es ergibt sich im Mittel $V_0 = 22{,}415_7 \pm 0{,}0002$ (Liter·at/Mol). In den meisten Kurven p v—p wird eine leichte Konkavität nach der p-Achse, in den L_p—p-Kurven eine leichte Konvexität bei niedrigen Drucken festgestellt. (An. Real Soc. españ. Física Quím., Ser. B **48.** 5—16. Jan. 1952. Santiago de Compostela, Inst. A. de G. Rocasolano, Labor. de Quím.-Fís.) R. K. MÜLLER. 149

E. Whalley und **W. G. Schneider,** *Intermolekulare Potentiale von Argon, Krypton und Xenon.* Aus neu gemessenen Werten für den 2. Virialkoeff. berechnen Vff. die Parameter, die in die verschied. Potentialfunktionen eingehen; hieraus wurden dann die auf 0° K extrapolierten Gitterkonstanten u. Sublimationswärmen berechnet u. mit beobachteten Daten verglichen. Das Verf. ermöglichte es nicht, eine der Potentialfunktionen vor den anderen zu bevorzugen. (J. chem. Physics **23.** 1644—50. Sept. 1955. Ottawa, Nat. Res. Council.) G. KIRSCHSTEIN. 149

L. I. Awramenko und **R. W. Kolessnikowa,** *Bestimmung der Anfangskonzentration von Sauerstoffatomen auf chemischem Wege unter Strömungsbedingungen.* (Vgl. C. **1950.** I. 1690.) Die Konz. der in einem O_2–Wasserdampf-Gemisch bei 1—20 mm Hg u. ~100° erzeugten O-Atome wird in einem anschließenden Rohr dadurch bestimmt, daß man CO zuführt u. dessen Menge so lange erhöht, bis die Menge des in einer nachgeschalteten mit fl. N_2 gekühlten Falle ausgefrorenen CO_2 nicht mehr zunimmt. Die Anfangskonz. der O-Atome $(O)_0$ wird aus der Grenzkonz. $(CO_2)_{gr}$, der Reaktionsdauer t, dem Rohrquerschnitt s (cm^2) u. der linearen Strömungsgeschwindigkeit w (cm/Sek.) errechnet nach $(O)_0 = (CO_2)_{gr}/tsw$. Unter den angewandten Versuchsbedingungen wird $(O)_0 = 10^{15}$ Atome/cm^3 erreicht. (Журнал Физической Химии [J. physik. Chem.] **29.** 539—41. März 1955. Moskau, Inst. für chem. Physik der Akad. der Wiss. der UdSSR.)

R. K. MÜLLER. 150

N. D. Litwinow, *Isothermes Gleichgewicht Dampf–Flüssigkeit in Systemen aus drei unbegrenzt löslichen Flüssigkeiten. Isotherme fraktionierte Destillation und Trocknung.* (Vgl. C. **1954.** 5697 u. **1955.** 9030.) Im Gegensatz zu den bin. Systemen liefern bei tern. Systemen die Gleichgewichtsdiagramme keine genügende Grundlage zur Beurteilung des Verlaufs einer isothermen fraktionierten Destillation. Hierfür müssen noch die Gleichungen für die Partialdrucke der Komponenten herangezogen werden. Eine prakt. vollständige Lösung kann nur für die Systeme gegeben werden, die dem RAOULTschen Gesetz folgen. Ist dies nicht der Fall, dann ist der Verlauf der isothermen Rektifikation sehr kompliziert. Entscheidend ist in beiden Fällen die leichtestflüchtige Komponente bzw. das azeotrope Gemisch. Beim Verdunsten hängt die Grenzkonz. des letzten verdunstenden Tropfens nicht vom Vol. des Gemisches ab, sondern nur vom Verhältnis der Drucke der gesätt. Dämpfe u. von der Konz. des Ausgangsgemisches. Eine theoret. Behandlung ist auch hier nur bei den Systemen möglich, die dem RAOULTschen Gesetz folgen. (Журнал Физической Химии [J. physik. Chem.] **27.** 41–49. Jan. 1953.) R. K. MÜLLER. 150

M. I. Schachparonow, *Zur Theorie der thermodynamischen Eigenschaften von Lösungen.* 5. Mitt. *Über die Struktur der Lösungen, über die Temperaturabhängigkeit der Löslichkeit, analoge Lösungen.* (4. vgl. C. **1955.** 8332.) Es wird durch theoret. Überlegungen gezeigt, daß die übersätt. Lsgg. um so stabiler sind, je schwächer die Konzentrationsfluktuationen sind. Die dem Maximum auf der SSEMENTSCHENKO-Kurve entsprechenden Lsgg. zeigen in der Regel eine negative Abweichung vom Idealzustand u. nur geringe Konzentrationsfluktuationen. Sie sind bei Übersättigung sehr beständig. Die an den Enden des rechten u. linken Kurvenzweiges liegenden Lsgg. sind gegenüber Übersättigung am wenigsten beständig. Die Beständigkeit der übersätt. Lsgg. eines Stoffes in verschied. Lösungsmitteln ändert sich demnach bei einer gegebenen Temp. allg. parallel der Löslichkeitsänderung auf der SSEMENTSCHENKO-Kurve. Diese Regel hat keine strenge Gültigkeit. So gilt sie nicht, wenn die Substanz bei der Kristallisation aus verschied. Lösungsmitteln in verschied. Modifikationen ausfällt. Die Abhängigkeit der Löslichkeit von der Temp. ist unabhängig vom Vorzeichen der Differenz der verallgemeinerten Momente des Lösungsm. u. des gelösten Stoffes. Dies wird durch die experimentellen Ergebnisse mit *Brenzcatechin, Resorcin* u. *o-Nitrophenol* bestätigt. (Журнал Физической Химии [J. physik. Chem.] **27.** 87–94. Jan. 1953. Moskau, Lomonossow-Univ.) O. LEBTAG. 155

M. I. Schachparonow, *Zur Theorie der thermodynamischen Eigenschaften von Lösungen.* 6. Mitt. *Phasenübergänge zweiter Art in Lösungen.* (5. vgl. vorst. Ref.) Aus der abgeleiteten Formel geht hervor, daß das Löslichkeitsdifferential nach der Temp. direkt proportional der Lösungswärme u. den Konzentrationsfluktuationen ist. Erfährt die Lösungswärme im Intervall T u. T + ΔT keine sprunghafte Änderung, so bedeutet eine sprunghafte Änderung des Löslichkeitsdifferentials eine Fluktuationszunahme in der Lösung. Je größer die Fluktuationen der Konz. sind, desto größer ist bei sonst gleichen Bedingungen der Einfl. der Temp. auf die Löslichkeit. Die aus der Literatur bekannte sprunghafte Änderung der differentiellen Löslichkeit im Syst. KCl–H_2O erklärt sich aus einer Umbldg. der quasikrist. Struktur der Lsg. unter dem Einfl. von Temp. u. Konzentration. Die damit zusammenhängenden Phasenübergänge 2. Art werden näher erörtert. (Журнал Физической Химии [J. physik. Chem.] **27.** 111–17. Jan. 1953. Moskau, Lomonossow-Univ.) O. LEBTAG. 155

Raymond H. Wilson jr., *Verwendung der Sonne in Flammentemperaturproblemen.* Vf. berichtet über die Anwendung einer Meth., die den Sonnenuntergrund zum Vgl. für die Temperaturbest. von Flammen verwendet, auf das Syst. *CN–O_2*. Es ergab sich eine Temp. von (4640 ± 150° K) bei atmosphär. Druck. Vf. bemerkt, daß die Meth. bereits von WARTENBERG u. REUSCH [1934] angegeben wurde. (Publ. astronom. Soc. Pacific **65.** 295–96. Dez. 1953. Louisville, Ky., Univ.) G. HEINSOHN. 157

I. W. Weitz, L. W. Gurwitsch und **W. W. Korobow,** *Bestimmung der Dissoziationsenergie von Metalloxyden (SrO, CaO und MgO) durch Messung der Intensität der Resonanzlinien der Metallatome in Flammenspektren.* Die Dissoziationsenergien D_0 von SrO, CaO u. MgO wurden auf Grund der Messungen der Gleichgewichtskonstanten bei der Dissoziation der Oxyde in den Flammen C_2H_2 + Luft u. $C_2H_2 + O_2$ bestimmt. Es wurden folgende D_0-Werte in kcal·Mol^{-1} erhalten: SrO 110,8 ± 3,0; CaO 11,4 ± 3,0; MgO 100,0 ± 3,0. Durch Best. von K_p für die Dissoziation von SrO im Temperaturbereich 2450–3210° K wurde aus der Abhängigkeit des log K_p von 1/T der D_T-Wert ermittelt. Es ist $K_p = p_o\, p_m/p_{mo}$ (p_o, p_m u. p_{mo} bedeuten den Partialdruck von atomarem Sauerstoff bzw. Metall bzw. Metalloxyd). Durch Vgl. des so erhaltenen Wertes mit dem obigen Wert konnte die strittige Frage nach den möglichen Grundzuständen von SrO ($^1\Sigma$, $^3\Sigma$, $^3\Pi$)

dahin entschieden werden, daß der Elektronengrundzustand der Erdalkalimetalle ein $^1\Sigma$-Zustand sein muß. (Известия Академии Наук СССР, Серия Физическая [Nachr. Akad. Wiss. UdSSR, physik. Ser.] **19.** 21–22. Jan./Febr. 1955. Inst. für brennbare Bodenschätze der Akad. der Wiss. der UdSSR.) O. LEBTAG. 157

William H. Clingman und **Robert N. Pease,** *Kritische Betrachtungen zur Verbrennungsgeschwindigkeit von Bunsenbrennerflammen und Deutung des Druckeffektes. Messungen und Berechnungen für Methan.* Mittels der früher (Vff. u. BROKAW, „Fourth Symposium on Combustion", WILLIAMS and WILKINS Co., Md. 1953) beschriebenen App. wird eine Unters. der Verbrennungsgeschwindigkeit von CH_4 unter verschied. Bedingungen, bes. bei niedrigen Drucken, durchgeführt, um den Ausbreitungsmechanismus u. die allg. Natur der chem. Rkk. für KW-stoffflammen aufzuklären. Die experimentellen Ergebnisse werden mit den Theorien der Flammenausbreitung von SSEMENOW (Prog. Phys. Sci. [USSR] **24.** [1940.] Nr. 4) u. TANFORD u. PEASE (C. **1948. II.** 1043) verglichen. Vff. geben eine verbesserte Bunsenbrennermeth. zur Best. der Verbrennungsgeschwindigkeit an, bei der für jede Flamme festgestellt wird, ob ein Bereich des Flammenkegels vorliegt, über dem die Flammengeschwindigkeit konstant ist. Nur in diesen Fällen werden den Gemischen Werte der Verbrennungsgeschwindigkeit zugeordnet. Die Verbrennungsgeschwindigkeiten ergeben sich als unabhängig von der Strömungsgeschwindigkeit u. dem Durchmesser des Brenners. Für stöchiometr. CH_4-N_2-Luftgemische folgt die Verbrennungsgeschwindigkeit einem Potenzgesetz bzgl. des Druckes, u. zwar nimmt der Exponent bei Drucken etwas unterhalb 1 at den Wert –0,25 u. bei ca. ½ at den Wert –0,5 an. Der Druckexponent für stöchiometr. CH_4-He-Luftgemische beträgt –0,2. Mit der SSEMENOWschen Gleichung für eine bimol. Rk., die eher eine Abnahme als eine Zunahme der Verbrennungsgeschwindigkeit mit abnehmendem Druck verlangt, können diese Ergebnisse nicht in Übereinstimmung gebracht werden. Für den Fall, daß eine therm. Theorie die Versuchsergebnisse erklären soll, muß die Existenz einer wichtigen Rk. erster Ordnung in der Verbrennungszone postuliert werden. Eine qualitative Erklärung der Erscheinungen wird durch die TANFORD-PEASEsche Theorie gegeben. Die Unters. der Verbrennungsgeschwindigkeit von CH_4 in N_2-, Ar- u. He-„Luft" nach der verbesserten Meth. führt zu einigen Modifizierungen früherer Ergebnisse. (J. Amer. chem. Soc. **78.** 1775–80. 5/5. 1956. Princeton, N. J., Univ., Frick Chem. Labor.) W. KRÖNERT. 157

Brice Dérouet und **Francios Denizot,** *Nachweis des Debye-Effektes bei 80 kHz in kolloidalen Arsen(III)-sulfidlösungen und in Elektrolytlösungen von Kaliumchlorid.* Es wird das Auftreten des DEBYE-Effekts für Elektrolyt- u. koll. Lsgg. nachgewiesen. Die von einem magnetostriktiven Schwinger in die Lsg. abgegebenen Schallwellen verursachen auf Grund der elektr. Polarisation an den sich im Abstand einer halben Wellenlänge in der Fl. befindlichen Mo-Elektroden ein elektr. Wechselpotential. Dieses ändert sich period. mit der Verschiebung der Elektroden. Es zeigt sich, daß der Effekt proportional der Geschwindigkeitsamplitude v der Schallwellen u. der Konz. der Lsg. ist. So wurde z. B. in einer koll. As_2S_3-Lsg. (c = 5,3 g/Liter) bei v = 3 cm/sec u. einer Schallfrequenz von 80 kHz Wechselpotentiale von einigen hundert μV gemessen. Die graph. Darst. der Potentiale in Abhängigkeit von der Elektrodenverschiebung a ergibt eine Sinuskurve mit einem Maximum bei 750 μV u. a = 1,3 cm. Die bei Verwendung einer 0,005n KCl-Lsg. unter den gleichen Bedingungen sich ergebende Kurve weist dagegen keine sinusähnliche Form mehr auf. Die für KCl erhaltenen Ergebnisse (5 μV/cm·sec) stehen mit denen von YEAGER (C. **1952.** 2798) in guter Übereinstimmung. (C. R. hebd. Séances Acad. Sci. **233.** 368–70. 30/7. 1951.) H. SURAWSKI. 159

Tokutarō Hirone und **Tomoo Kamigaki,** *Über die Abschwächung von Ultraschallwellen in niedriggekohltem Stahl.* Die Abschwächung von Ultraschallwellen (2,5–0,2 mm), die durch einen Stahlzylinder (0,75% C, Durchmesser 6, Höhe 14 cm) gehen, ist am geringsten nach dem Abschrecken von 1000° in W. (Bldg. von Martensit, große Härte), nimmt aber beim Tempern (Anlassen) bei allmählich ansteigender Temp. (Abnahme an Martensit, aber nicht genau umgekehrt linear) zu. Dies rührt von der Reflexion durch die gröberen Kristallkörner (Perlit im Ferrit) her u. erinnert an die RAYLEIGH-Streuung. (Rep. sci. Res. Inst. [Kagaku-Kenkyujo-Hokoku] **29.** 297–302. Nov. 1953. [Orig.: japan.]) L. SCHULER. 159

A_5. Kolloidchemie. Grenzschichtforschung.

E. M. Spiwakowa, *Bedingungen für die spontane Bildung von hochdispersen, konzentrierten Emulsionen.* 1. Mitt. *Abhängigkeit der Dispersität von Emulsionen von der molekularen Natur der Emulgatoren.* Untersucht wurde die Dispersität der spontan entstehenden Emulsionen von *Solaröl,* hergestellt mit *Ammoniumoleat* (I), *Na-Naphthenseife* (II),

Na-Butylnaphthalinsulfonat (III = *Nekal*), I + III u. I + PETROW-Kontaktseife (IV = *Na-Sulfonaphthenat*), die mit der Hydrophilie der Emulgatoren verglichen wurde. Nach den Messungen der Oberflächenspannung ergab sich folgende aufsteigende Reihe der Hydrophilie: I–II–IV–III. II war als Emulgator wirksamer als I u. III. Das Gemisch von I u. III war wirksamer als I u. III allein. Ein Zusatz von IV erhöhte die emulgierende Wrkg. von I. Die Anwendung eines Gemisches von hydrophobem u. hydrophilem Emulgator oder eines Emulgators mit mittleren hydrophilen Eigg. begünstigt demnach die maximale Ausnutzung des Emulsolöls in Form einer hochdispersen emulgierten Phase. Auf Grund der Versuchsergebnisse u. der theoret. Vorstellungen von der Rolle des Emulgators bei der spontanen Emulgierung werden die für die Gewinnung von konz., hochdispersen u. stabilen Emulsionen erforderlichen Bedingungen erörtert. (Коллоидный Журнал [Kolloid-J.] **17.** 50–56. Jan./Febr. 1955.) O. LEBTAG. 166

L. Ja. Kremnew und **N. I. Kuibina**, *Phasenumkehrung in Emulsionen.* Die Unterss. über die Phasenumkehrung in durch Oleate stabilisierten Emulsionen ergaben nachst. krit. Konzz. der Salze in g Mol/Liter in Ggw. von 0,3 g Mol/Liter *Ammoniumoleat* bzw. *Triäthanolaminoleat:* 0,24 (0,26) bei $(NH_4)_2CO_3$; 0,26 (0,23) bei $(NH_4)_2SO_4$; 0,24–0,28 (0,24) bei NH_4Cl; – (0,29) bei *NaCl*; – (0,24) bei Na_2CO_3; – (0,26) bei Na_2SO_4. Die der Phasenumkehrung vorangehende krit. Konz. ist danach eine prakt. konstante Größe, die von den Eigg. u. der Konz. der Seife u. von der Natur des zugesetzten Elektrolyten mit gleichem Kation wie die Seife unabhängig ist. So beträgt die krit. Konz. von NaClin Ggw. von 0,1–0,5 g Mol/Liter Na-Oleat 0,25–0,28 g Mol/Liter. Es wird gezeigt, daß die Umkehrung der Emulsion Öl-in-W. in W.-in-Öl dann erfolgt, wenn die Solvatation der KW-stoffketten der Stabilisatormoll. größer ist als die Hydratation der polaren Gruppen. Ist die Hydratation der polaren Gruppen größer, dann tritt eine Umkehrung der Emulsion W.-in-Öl in Öl-in-W. ein. (Коллоидный Журнал [Kolloid-J.] **17.** 34–37. Jan./Febr. 1955. Leningrad, Technol. Lensowjet-Inst.) O. LEBTAG. 166

W. I. Ssolnyschkin, *Untersuchung der mechanischen Eigenschaften des Systems Wasser–Seife–Öl.* Durch Unters. der mechan. Eigg. von 50%ig. Oleogelen *Na-Oleat* (I)–*Vaselinöl* (II) u. *Na-Ricinoleat* (III)–II mit verschied. Wasserzusatz wird gezeigt, daß ein Wasserzusatz zum wasserfreien Oleogol die Grenzschubspannung P_k bis in Nullnähe senkt. Prakt. verschwindet P_k beim Grammolverhältnis W.: I = 2:1 u. W.: III = 3:1. Die Fließbarkeit der Oleogele nimmt zu bis zum Geh. von 2 g Mol H_2O je 1 g Mol I u. 3 g Mol H_2O je 1 g Mol III. Bei weiterem Wasserzusatz nimmt die Fließbarkeit stark ab, ob wohl der P_k-Wert auch weiterhin nahe Null liegt. Auf der Kurve Drehgeschwindigkeit des Syst. in Grad·sec^{-1} d N/d τ gegen % H_2O erscheint ein Maximum. Aus dem maximalen Wärmeeffekt der Hydratation geht hervor, daß P_k nahe bei Null liegt, wenn alle hydrophilen Gruppen der Seife durch H_2O blockiert sind. Aus dem Vgl. der Rheogramme u. der Struktur der fl. krist. Lsgg. von Seifenoleogelen ergibt sich die Ggw. von 2 Gleitflächen. (Коллоидный Журнал [Kolloid-J.] **17.** 46–49. Jan./Febr. 1955. Inst. für allg. u. anorgan. Chem. der Akad. der Wiss. der UkrSSR, Labor. für Kolloidchem.) O. LEBTAG. 166

B. Ja. Teitelbaum und **O. A. Ossipow**, *Untersuchung der Oberflächenschicht flüssiger Systeme.* 7. Mitt. *Oberflächenentmischung und Volumeneigenschaften von Lösungen binärer Systeme.* (6. vgl. C. **1953.** 9083.) An einem Syst. aus 2 begrenzt ineinander lösl. Fl. wird gezeigt, daß auch in bin. Systemen unter bestimmten Bedingungen die Oberflächenentmischung thermodynam. ebenso zwangsläufig erfolgt wie die Entmischung im Innern der Lösungen. Aus der polytherm. Messung der Oberflächenspannung σ u. der Schaumbeständigkeit im Syst. *Nitrobenzol–n-Hexan* ergibt sich eine Oberflächenentmischung. Dies wird dadurch bewiesen, daß σ in einem weiten Temperaturbereich für die Lsgg. mit 25 u. 30 Mol-% Hexan prakt. unverändert bleibt. Die Best. der dielektr. Permeabilität ε der Systeme Nitrobenzol–n-Hexan u. *Anilin–Cyclohexan* ergab keine sprunghaften Änderungen der Struktur der Lsgg. im Vol. bei den Tempp. der Oberflächenentmischung. Die dilatometr. Kurven von 20 (Mol-%) Cyclohexan + 80 Anilin u. 20 *Methanol* + 80 *Mesitylen* waren fast gerade Linien. Dies beweist die stetige Änderung des Koeff. der Volumenausdehnung u. das Fehlen von Strukturumwandlungen im Innern der Lösung. Auch hier werden also keine Anomalien bei den Tempp. der Oberflächenentmischung beobachtet. (Коллоидный Журнал [Kolloid-J.] **17.** 57–62. Jan./Febr. 1955. Kasan, Chem. Arbusow-Inst. der Akad. der Wiss. der UdSSR; Rostow/Don, Molotow-Univ.) O. LEBTAG. 166

Mizuho Satō, *Über den Benetzungseffekt von Magnetit und Hämatit und dessen Anwendung zur Bestimmung ihrer Oberflächenspannungen.* Aus der Bruchfestigkeit von Magnetit u. Hämatit u. dem Benetzungseffekt durch dest. W. werden deren Oberflächenspannungen bei gewöhnlicher Temp. zu 320 bzw. 400 Dyn/cm bestimmt. (Rep. sci. Res. Inst. [Kagaku-Kenkyujo-Hokoku] **29.** 324–28. Nov. 1953. [Orig.: japan.]) L. SCHULER. 166

Yoshio Oda und **Tadashi Yawataya**, *Über den elektroosmotischen Wassertransport durch Kationenaustauschermembranen.* Die Elektroosmose durch verschied. Kationaustauschermembranen auf Phenolsulfonsäuregrundlage wird mit NaCl-, Na_2SO_4- u. $MgCl_2$-Lsgg. in einem Konzentrationsbereich von 0,03—5 n untersucht. Es ergibt sich, daß das Vol. des transportierten W. proportional der Strommenge ist. Der Proportionalitätsfaktor β ist für die verschied. Membranen bei großen NaCl-Konzz. annähernd gleich, für kleine Konzz. jedoch unterschiedlich. Eine p_H-Abhängigkeit von β ergibt sich bei gleicher Cl^--Konz. erst, wenn die H^+-Konz. annähernd gleich der Na^+-Konz. wird. β zeigt in $MgCl_2$-Lsgg. etwa den gleichen Verlauf wie in NaCl-Lsgg. im Gegensatz zu Na_2SO_4-Lösungen. Es wird mathemat. abgeleitet, daß β proportional der Überführungszahl des Kations n_+ ist. Da β jedoch bes. bei kleinen Konzz. ($n_+ = 1$) für die verschied. Membranen unterschiedliche Werte zeigt, wird angenommen, daß die Voll. W., die durch 1 Mol Kation bzw. Anion übergeführt werden, v_+ bzw. v_-, für die verschied. Membranen nicht konstant sind. Experimentell wird festgestellt, daß v_+ u. v_- größere Beträge (230—480 ml/Mol NaCl annehmen, als es dem Hydratwasser von NaCl entspricht. Ferner ergibt sich, daß β abhängig ist vom Wassergeh. der Membran, der sich im Gleichgewicht mit verschied. NaCl-Konzz. einstellt. Da außerdem die Na^+-Konz. der übergeführten Lsgg. größer ist als die Na^+-Konz. in der Membran, wird angenommen, daß das Hydratwasser der Polyanionen der Membran α fixiert ist u. nicht durch den Stromtransport übergeführt wird. Schließlich wird nachgewiesen, daß α tatsächlich unabhängig von den verschied. Membranen ist u. für den hier verwendeten Membrantyp 10—15 Mol/ Äquivalente Festion beträgt. (Bull. chem. Soc. Japan **28**. 263—69. Juni 1955. Bentencho, Tsurumi-ku, Yokohama, Asahi Glass Co. Ltd., Res. Labor.) GÜNTHER LANGE. 168

F. Brandstaetter, *Bemerkungen über H. Maches Methode zur Bestimmung des Diffusionskoeffizienten von Luft in Wasser.* MACHE [1929] hatte bei der Best. des Diffusionskoeff. von Luft in W. nach der Bläschenmeth. eine Abhängigkeit desselben vom Bläschendurchmesser festgestellt. Die zur Überprüfung ausgeführten Verss. zeigten, daß das Absorptionsvermögen des W. für Luft in der Oberflächenschicht des Bläschens geringer ist als im Inneren der Flüssigkeit. Es entsteht ein Konzentrationsgefälle, das die Ursache für die Verringerung der Diffusion bildet. Die benutzte App. wird beschrieben. Die Verss. wurden mit Fll. wie Glaswasser, Zucker-, Harnstoff-, Schwefelsäurelsgg. ausgeführt. (S.-B. österr. Akad. Wiss., math.-naturwiss. Kl., Abt. IIa **161**. 107—30. 1952. Wien, TH, Inst. für Experimentalphys.) H. MIETHING. 171

K. H. Gertz und **H. H. Loeschcke**, *Bestimmung des Diffusionskoeffizienten von CO_2 in Wasser mit der Methode des konischen Rohres.* Mit Hilfe des kon. Rohres u. der von TAMMANN u. JESSEN angegebenen Diffusionskoeffizienten für H_2 wird der Diffusionskoeff. von CO_2 in W. zu $3{,}13\ cm^2 \cdot sec^{-1} \cdot 10^{-5}$ bestimmt. Wegen der chem. Bindung von CO_2 stößt die Best. des Diffusionskoeff. von CO_2 in Serum auf Schwierigkeiten. (Helv. physiol. pharmacol. Acta **12**. C 72—C 74. 1954. Göttingen, Univ., Physiol. Inst.; Bern, Univ., Physiol. Inst.) H. PATZSCH. 171

Jui H. Wang, *Einfluß von Ionen auf die Selbstdiffusion und Struktur des Wassers in wässerigen Elektrolytlösungen.* (Vgl. C. **1954**. 9940.) Zur Unters. der semikristallinen Struktur des W. u. ihrer Störung bzw. teilweisen Zerstörung durch die Ionen darin gelöster Elektrolyte werden mit Hilfe des $H_2{}^{18}O$ die Selbstdiffusionskoeffizienten des W. bei 10° in NaCl-, KCl- u. KJ-Lsgg. verschied. Konzz. bestimmt. In einigen Fällen ist der gemessene Selbstdiffusionskoeff. des W. in den Salzlsgg. viel höher als im W., was dafür spricht, daß in diesen Fällen die Struktur des W. in beträchtlichem Umfang gestört bzw. z. T. zerstört ist. Der Einfl. dieser Störung auf die Gleichgewichtseigg. der Ionen wird diskutiert. Weiter werden die Viscositäten der genannten Lsgg. bestimmt u. die Beziehungen zwischen ihnen u. den Selbstdiffusionskoeffizienten untersucht. Schließlich wird die Temperaturabhängigkeit der Ionengrenzbeweglichkeiten diskutiert sowie die Konzentrationsabhängigkeit der Tracerdiffusionskoeffizienten der Ionen. geprüft. (J. physic. Chem. **58**. 686—92. Sept. 1954. New Haven, Conn., Yale Univ., Dep. of Chem.) W. NIEMITZ. 171

Ja. P. Gochstein, *Untersuchung der Diffusion von Elektrolyten mit Hilfe einer Mikrodiffraktionsmethode.* 1. Mitt. (Vgl. C. **1953**. 4649.) Die Diffusion von Elektrolyten verschied. Konz. wird auf opt. Wege in einer Küvette besonderer Konstruktion untersucht, durch die das Licht einer Hg-Lampe (über Kondensator, Lichtfilter u. Kollimatorrohr) hindurchgeht. Die Berechnung des Diffusionskoeff. D aus den Beugungsflecken in der Höhe der Flüssigkeitssäule erfolgt nach der Lage x_k, die für die Zeiten t_1, t_2 usw. mit ${}^1x_k$, ${}^2x_k$ usw. bezeichnet wird; da $\Phi(x, t)$ konstant ist, läßt sich das Argument $\alpha_k = {}^1x_k/2\sqrt{Dt_1}$ usw. für alle x_k-Werte gleichsetzen; D ergibt sich aus $D = {}^2x_k{}^2 - {}^1x_k{}^2/4\alpha_k{}^2(t_2 - t_1)$. Als Beispiele für die Anwendbarkeit des Verf. bei 2-1- u. 1-1-wertigen

Elektrolyten auch bei kleinen Konzz. (z. B. 0,003—0,1 mol.) gibt Vf. Unterss. an Lsgg. von $Pb(NO_3)_2$, $BaCl_2$ u. KNO_3. Im Gebiet verd. u. mäßig verd. Lsgg. ist die Zahl der Beugungsflecken direkt proportional der Konz. der Lsg., die sich danach quantitativ bestimmen läßt. Die Diffusion von Pb^{2+} u. NO_3^- in KNO_3- bzw. KCl-Lsg. wird im Hinblick auf die Verwendung dieser Lsgg. bei der Polarographie untersucht. (Журнал Физической Химии [J. physik. Chem.] **26.** 224—34. Febr. 1952. Moskau, Vernadsky-Inst. für Geochem. u. analyt. Chem. der Akad. der Wiss. der UdSSR.)
R. K. MÜLLER. 171

H. G. Bungenberg de Jong, H. J. van den Berg und **W. W. H. Weijzen,** *Viscoelastische Systeme aus Cetyltrimethylammoniumbromid und Natriumsalicylat.* 1. Mitt. Verd. Lsgg. von Cetyltrimethylammoniumbromid (I) können durch Zusätze von Natriumsalicylat (II) viscoelast. Eigg. erhalten. Vff. untersuchen die elast. Eigg. von **I** als Funktion von **II.** Mit steigender Salicylatkonz. ergibt sich zunächst ein Anstieg von $1/\Lambda$ u. n, nach Durchlaufen eines Maximums fallen beide Größen wieder ab. Das Maximum der $1/\Lambda$-Kurven liegt bei den gleichen **II**-Konzz. wie das von n. Innerhalb des untersuchten Konzentrationsbereiches (0,5—1,5% I) ergibt sich n als umgekehrt proportional dem log Decrement Λ. Für die Dämpfung geben Vff. 3 Beziehungen entsprechend den von BURGERS angegebenen theoret. Möglichkeiten der Dämpfung einer oscillierenden M. in einer elast. Flüssigkeit. Aus der experimentell bestimmten Abhängigkeit der Dämpfung vom Radius der Gefäße R lassen sich mit Hilfe dieser Gleichungen Schlüsse auf die jeweils vorliegende Dämpfung ziehen. So ist im Fall der viscosen Dämpfung Λ umgekehrt proportional zu R, bei Relaxationsdämpfung gilt $\Lambda \sim R$, u. bei Schlupfdämpfung ergibt sich Λ als unabhängig von R. Vff. diskutieren diese Ergebnisse im Zusammenhang mit den an Oleatsystemen erhaltenen. (Proc., Kon. nederl. Akad. Wetensch., Ser. B **58.** 135—46. 1955.)
H.-U. WOELK. 172

G. F. Hüttig und **E. Härtl,** *Die Adsorptionsaffinität der Alkalihalogenide zu Ammoniak.* Nach BILTZ u. GRIMM ist die chem. Affinität von NH_3 zu Metallhalogeniden die Summe einer Gitterdehnungsarbeit u. einer Anlagerungsenergie (Z. anorg. allg. Chem. **145.** [1925.] 63). Nach Verss., die Vff. mit NH_3 an *NaCl, KCl, RbCl* u. *KJ* vorgenommen haben, findet eine Dehnungsarbeit nicht statt, u. die Anlagerungsenergie E_2 ist gleich der Chemosorptionswärme E. Für $KJ \cdot 6\,NH_3$ beträgt $E_2 = 14$ kcal (nach BILTZ) u. E = 15,3 kcal (nach Verss. der Vff.). In der Reihe NaCl, KCl, RbCl fallen die E-Werte von 14,4 nur auf 13,2 kcal. Bei gleichartiger Bindung ist also das Maßgebliche die Ladung, während die Größe der Ionenradien nur sek. Bedeutung hat. (Z. anorg. allg. Chem. **282.** 110—20. Dez. 1955. Jena, Friedrich Schiller-Univ., Inst. für anorg. Chem.)
H. PLUSKAL. 176

R. J. Tykodi, *Über die Übergänge erster Ordnung in Adsorptionssystemen.* Gas—Fest-Systeme können bei Betrachtung in genügend kurzen Zeiten Diskontinuitäten in den Adsorptionsisothermen aufweisen. Vf. diskutiert das thermodynam. Gleichgewicht in einem Adsorptionssyst. unter Aufspaltung in einzelne Teilgleichgewichte. Es wird angenommen, daß das auftretende Gasmol. schnell mit den umgebenden Festkörpermoll. ins Gleichgewicht kommt. Letztere brauchen dagegen nicht in einem stabilen Gleichgewicht zu sein, bzw. sie benötigen längere Zeiten, um es zu erreichen. Die beobachteten Diskontinuitäten der Adsorptionsisothermen lassen sich nach Ansicht des Vf. auf derartige partielle Gleichgewichte bzw. Gleichgewichtsverschiebungen zurückführen. (J. physic. Chem. **59.** 383. April 1955. Pennsylvania Univ.)
H.-U. WOELK. 176

Sidney A. Greenberg, *Die Chemisorption von Calciumhydroxyd durch Kieselsäure.* Die Chemisorption von $Ca(OH)_2$ bzw. *$Ca(NO_3)_2$* durch SiO_2 wird durch die sofortige Abnahme der elektr. Leitfähigkeit oder des p_H der entsprechenden Lsgg. beim Zusatz von SiO_2 verfolgt. Untersucht werden fünf Sorten von amorpher SiO_2 u. *α-Quarz.* Es werden Adsorptionsisothermen bei 30 u. 82° aufgenommen. Die Oberfläche der SiO_2-Proben variiert von < 1 bis 750 m^2/g u. der Wassergeh. von ca. 0 (Quarz) bis 19,2%. Aus den Versuchsergebnissen folgt, daß der erste Schritt der Rk. zwischen $Ca(OH)_2$ bzw. $Ca(NO_3)_2$ u. SiO_2 in der Chemisorption von Ca^{2+} durch saure SiOH-Gruppen an der SiO_2-Oberfläche besteht. Bes. spricht die Beziehung zwischen der adsorbierten Menge, der Größe der Oberfläche u. dem Geh. an „gebundenem W." für diese Annahme. Aus der Ggw. von SiOH-Gruppen an der Oberfläche u. in den Poren der amorphen SiO_2 wird geschlossen, daß SiO_2 ein polymeres Kondensationsprod. von $Si(OH)_4$ ist. In Lsgg. von $13 > p_H > 5$ kann H^+ der SiOH-Gruppen durch Ca^{2+} ersetzt werden. Die Best. der Größe der Oberfläche durch N_2-Adsorption ergibt für die SiO_2-Adsorbentien annähernd den gleichen Wert wie mittels Berechnung unter Zugrundelegung einer *β-Christobalit*-Struktur. Es wird angenommen, daß amorphe SiO_2 in kleinen Bereichen β-Christobalitstruktur besitzt. (J. physic. Chem. **60.** 325—30. März 1956. Manville, N. J., Johns-Manville Res. Center.)
W. KRÖNERT. 176

Harold C. Beachell und **Klaus R. Lange,** *Die Sorption von Borverbindungen durch Palladium und Holzkohle.* Die Adsorption von B_2H_6, B_2D_6 u. $B(CH_3)_3$ an den bes. vorbehandelten Adsorbentien Pd-Schwarz u. Holzkohle mit bekannter Oberfläche (nach B. E. T.) wird untersucht. Die experimentellen Ergebnisse lassen sich für Pd am besten nach der FREUNDLICHschen u. für Holzkohle nach der LANGMUIRschen Adsorptionsisotherme darstellen. Die Berechnung der Adsorptionswärmen nach der Isosteren $d\ln p/d(1/T) = \Delta H_{iso}/R$ ergibt für Diboran 1–2 kcal an Pd-Schwarz, hingegen 5 bis 10 kcal an Kokoskohle. Für Pd-Schwarz liegt rein physikal. (VAN DER WAALSsche) Adsorption vor. Trotz der großen Adsorptionswärme sind die Moll. auch an der Holzkohle noch physikal. adsorbiert, jedoch schon an der Grenze zwischen physikal. Adsorption u. Chemisorption, was durch die Bezeichnung „aktivierte physikal. Adsorption" ausgedrückt wird. Der für B_2H_6 u. B_2D_6 an Holzkohle auftretende Isotopieeffekt ist relativ gering. (J. physic. Chem. **60.** 307–08. März 1956. Newark, Del., Univ. of Delaware, Dep. of Chem.) W. KRÖNERT. 176

G. W. Zitzischwili und **D. N. Barnabaschwili,** *Über den Charakter der Adsorptionshysteresis von Benzoldämpfen und die Porenform bei Tonen.* Die Verss. über die Sorption von Benzoldämpfen an *Gumbrin* (I) u. *Askanton* (II) sowie an durch H_2SO_4 aktiviertem I oder II ergaben eine prakt. reversible Hysterese. Wurde unter Zuhilfenahme der Theorie der offenen Poren die Isotherme der Desorption an natürlichem I u. II nach der Sorptionsisotherme aufgenommen, so war die von der experimentellen Hystereseschleife begrenzte Fläche größer als die nach der Theorie der offenen Poren erhaltene. Die natürlichen I u. II besitzen demnach neben offenen Poren auch Poren mit starken Verjüngungen. Bei aktiviertem I oder II stimmen experimentelle Kurve u. Kurve der offenen Poren miteinander überein. Die Säurebehandlung verwandelt demnach die flaschenartigen u. die stark verjüngten Poren in offene, wodurch der Zugang zu den Poren, bes. für große Moll., erleichtert wird. Hieraus erklärt sich das erhöhte Bleichvermögen der aktivierten Tone im Vgl. zu den natürlichen. (Доклады Академии Наук СССР [Ber. Akad. Wiss. UdSSR] **101.** 711–14. 1/4. 1955. Melikischwili-Inst. für Chem. der Akad. der Wiss. der GrusinSSR.) O. LEBTAG. 176

Lee A. Cosgrove, *Porosität anodischer Oxydüberzüge auf Aluminium. Vergleich der Adsorption von n-Butan und Krypton.* Durch Messung der Adsorption von n-Butan u. Krypton bei 0 bzw. –198,5° hat Vf. die Oberfläche, das Porenvol. u. die Porenradien von unter verschied. Bedingungen anod. erzeugten Oxydüberzügen auf Al (99,99%) bestimmt. Die Oberflächen wurden mit Hilfe der B.E.T.-Gleichung ermittelt. Die Porenradien ergeben sich aus der Beziehung $r(A) = -k/\log p/p_0$, wobei k die Werte 6,3 bzw. 5,42 für die Adsorption von n-Butan oder Krypton hat. Alle untersuchten Oxydschichten zeigen ein hohes Verhältnis wahre Oberfläche/geometr. Oberfläche. Es ergibt sich ein Anstieg der relativen Oberfläche mit der Elektrolysenzeit. Eine Erhöhung der Elektrolysenspannung dagegen bewirkt eine Abnahme der relativen Oberfläche (bei konstanter Elektrolysenzeit u. -temp.). Die Oberflächen der aus Oxalsäure oder Chromsäure gewonnenen Überzüge sind durchweg kleiner als die der aus Schwefelsäure erhaltenen. Verschied. Unterschiede zwischen den aus der n-Butan- bzw. der Kr-Adsorption für die einzelnen Oxydüberzüge erhaltenen Werte lassen sich auf eine Änderung der von einem Mol. des Adsorbats beanspruchten Fläche mit der Oberflächenstruktur zurückführen. Der Porenradius ist am größten in Oxydschichten aus dem Chromsäurebad. Werden Werte von 160 Å überschritten, ergeben sich ebenfalls unterschiedliche Werte für die Adsorption von n-Butan u. Krypton. Werden jedoch die Dampfdrucke von festem Kr für die Berechnungen benutzt, ergibt sich eine bessere Übereinstimmung zwischen den aus der n-Butan- oder Kryptonadsorption erhaltenen Werten mit den elektronenmkr. ermittelten. (J. physic. Chem. **60.** 385–88. April 1956. New Kensington, Pa., Aluminium Comp. of America, Aluminium Res. Labor.) H.-U. WOELK. 176

Armin Weiss und **Alarich Weiss,** *Das Mercarbid als Anionenaustauscher.* Im Mercarbidsalz $[(CHg_3O)_n^{n+}] + nX^-$ sind die Anionen X^- austauschfähig. Die Bindungsfestigkeit nimmt in der Reihenfolge $NO_3 < Cl < Br < OH < CN < J$ entsprechend dem Dissoziationsvermögen der Hg-Salze in H_2O zu. Der Austausch Cl oder OH gegen NO_3 erfolgt leicht, umgekehrt erst bei hohen NO_3-Konzentrationen. Die Röntgeninterferenzen sind in Lage u. Intensität unabhängig von der Art der Anionen. Es wird angenommen, daß die Anionen ähnlich wie in Harzaustauschern gebunden sind. Die sperrigen Hohlräume des Mercarbids enthalten H_2O, das sich durch polare Fl., z. B. CH_3OH, ersetzen läßt. (Z. anorg. allg. Chem. **282.** 324–29. Dez. 1955. Darmstadt, TH, Ed. Zintl-Inst. für anorg. u. physikal. Chem.) P. WOLF. 177

Ulrich Hofmann, *Aus der Chemie der hochquellfähigen Tone (Bentonite).* Nähere Erläuterung der kristallograph. bedingten Quellbarkeit u. des damit verknüpften

Kationenaustauschvermögens verschied. Bentonite, wie *Montmorillonit, Beidellit, Saponit, Hectorit, Nontronit, Wolchonskoit, Vermiculit* u. *Batavit*, sowie der Bedeutung der genannten Eigg. für die techn. Verwendung der Bentonite als Gießereisandzusatz, Isoliermaterial, Eiweißadsorbentien für Wein u. Bier u. als Dichtungsmaterial für Bohrlochspülung u. Baugrund. — 47 Literaturstellen. (Angew. Chem. **68.** 53—61. 21/1. 1956. Darmstadt, TH, Eduard-Zink-Inst. für anorgan. u. physikal. Chem.) H. ECKHARD. 178

A_6. Strukturforschung.

Shigeto Yamaguchi, *Eine „Doppel"-Kamera für Elektronenbeugung.* (Rep. sci. Res. Inst. [Kagaku-Kenkyujo-Hokoku] **29.** 436—38. Nov. 1953. [Orig.: japan.] — C. **1954.** 9945.) L. SCHULER. 181

H. Sitte, *Ein Lackumhüllungsverfahren für elektronenoptische Untersuchungen an anorganischen Substanzen.* Beschreibung eines Präparationsverf. für die Unters. der Gestalt u. Oberflächenbeschaffenheit kleinster undurchstrahlbarer Partikel (Durchmesser 0,05—10 μ) im Elektronenmikroskop. Die Teilchen werden zunächst auf einen noch fl. Formvarfilm aufgestreut, danach zusammen mit diesem Film auf den Objektträger gebracht, dort zuerst durch Schrägbedampfung vorbeschattet u. dann mit einer dünnen Zaponlackschicht überzogen. Nach dem Trocknen wird die Lackschicht bei niedriger Bestrahlungsintensität graphitiert, u. die ursprünglichen Partikel werden durch ein geeignetes Lösungsm. beseitigt. Die so entstandenen Graphithüllen sind den von KÖNIG in der Glimmentladung erzeugten Kohlehüllen gleichwertig, haben diesen gegenüber aber den Vorzug, daß zu ihrer Herst. eine besondere Glimmentladungsapp. nicht benötigt wird. (Naturwissenschaften **42.** 366—67. Juni 1955. Innsbruck, Univ., Physikal. Inst.) F. LENZ. 181

Hiromitsu Sawamura und **Tadayuki Nakayama,** *Titanabdrucke für Elektronenmikroskopie.* 99,7%ig. schwammiges Ti wurde geschmolzen u. im Vakuum durch Umwickeln mit einem W-Draht verdampft, der durch Stromdurchgang erhitzt wurde u. so auf einer Spiegelglasplatte einen dünnen, durch Eintauchen in 15° warmes W. leicht ablösbaren Ti-Film erzeugte. Beobachtung im Elektronmikroskop u. Mikrobeugungsbild zeigen keine groben krist. Teilchen u. nur geringe Beimischung von W u. TiO_2. 10 Std. bei 300° in Luft lieferte TiO_2 von gleich feiner Struktur. Es gelangen Verss. zur Bldg. von Abdruckformen von verschied. aufgerauhten Glasoberflächen. (Rep. sci. Res. Inst. [Kagaku-Kenkyujo-Hokoku] **29.** 269—70. Nov. 1953. Yamaguchi Labor. [Orig.: japan.]) L. SCHULER. 181

Shigeto Yamaguchi, *Die Struktur von Oxydabdrucken für die Elektronenmikroskopie.* (Vgl. C. **1955.** 4049 u. **1956.** 7155.) NiO-Filme auf Permalloyeinkristallen sind im Gegensatz zu Fe_3O_4-Filmen auf Fe-Einkristallen nicht immer einheitlich orientiert u. geben dann weniger gute Abdrucke für elektronenmkr. Beobachtung. Oxydabdrucke von metall. Oberflächen geben die Oberfläche offenbar nur dann verzerrungsfrei u. formgetreu wieder, wenn eine orientierte Aufwachsung des Oxyds ohne großen Unterschied der Gitterkonstanten möglich ist. (J. appl. Physics **23.** 445—47. April 1952. Bunkyo-ku, Tokyo, Komagome, Sci. Res. Inst.) H. C. WOLF. 181

Shigeto Yamaguchi, *Chemische Temperaturmessung einer Untersuchungsprobe im Elektronenmikroskop.* (Rep. sci. Res. Inst. [Kagaku-Kenkyujo-Hokoku] **29.** 266—68. Nov. 1953. [Orig.: japan.] — C. **1954.** 955.) L. SCHULER. 181

Kenshin Kakiuchi, *Elektrisches Kernquadrupolmoment und Struktur des Moleküls.* Überblick. (Kagaku-no-Ryôiki [J. Japan. Chem.] **9.** Nr. 5. 269—75. Mai 1955. Tokio, Univ., Naturwiss.-techn. Inst. [Orig.: japan.]) E. MAEKAWA. 182

L. H. Thomas, *Tabellen über die statistische Elektronenverteilung für Atome mit einem Ionisationsgrad von null bis vier und die zugehörigen elektrostatischen Potentiale.* Potential (φ) u. Elektronendichte (ϱ) in statist. Verteilung werden unter Verwendung der DIRACschen Gleichung u. der Randbedingungen von JENSEN als Funktion vom radialen Kernabstand (r) berechnet. In Tabellen werden für neutrale Atome u. einfach geladene Ionen r_0, kinet. Energie, Wechselwirkungsenergie u. potentielle Energie für Kernladungszahlen bis 105 wiedergegeben. Außerdem werden für bestimmte r/r_0-Verhältnisse die Werte für $r\varphi$ u. $r^{3/2}\varrho$ angegeben. (J. chem. Physics **22.** 1758—67. Okt. 1954. New York, N. Y., Columbia Univ., Watson Sci. Computing Labor.) R. LACMANN. 182

H. Hendus und **H. Müller,** *Das W–K_α-Interferenzbild des flüssigen Antimons.* Da Röntgeninterferenzaufnahmen an fl. Sb wegen seines hohen Dampfdrucks nur an einer abgeschlossenen Probe im Durchstrahlverf. gemacht werden können, wurden Verss. mit monochromatisierter $W_{K\alpha}$-Strahlung einer Röhre mit Feinfokus (Durchmesser 0,2 mm) gemacht. Die Aufnahme (137 kV; 1,5 mA; 125 h) zeigt 5 Intensitätsmaxima. Der Vgl.

mit dem Interferenzbild des amorphen Sb ergibt, daß die Atomverteilung beider Phasen verschieden sein muß. Aufnahmen von fl. Hg ergeben einen Intensitätsverlauf, der sehr gut mit dem früher mit Mo- u. Cu-Strahlung gefundenen übereinstimmt. Die Meth. ist demnach zur Röntgenunters. fl. Metalle u. Legierungen mit $Z \geqq 26$, auch solcher mit hohem Dampfdruck u. F., geeignet. (Z. Naturforsch. **10a.** 254—55. März 1955. Saarbrücken, Inst. für Metallforsch.) A. FAESSLER. 186

D. Shaw und **B. J. Mason,** *Das Wachstum von Eiskristallen aus der Dampfphase.* Das Wachstum u. die Verdampfung von Eiseinkristallen wird als Funktion der Temp. (0—40°) u. der Übersättigung gemessen. Die experimentellen Bedingungen entsprechen denen in natürlichen Wolken. In der Wachstumsgeschwindigkeit unterscheiden sich nicht nur die Basis von den Prismenflächen, sondern auch Prismenflächen untereinander. Selbst die Wachstumsgeschwindigkeit einer einzelnen Fläche als Funktion der Zeit setzt sich aus gegeneinander geknickten Geraden zusammen. Die krit. Übersättigung ist von Fläche zu Fläche zufälligen Schwankungen unterworfen. Die Kristalltracht erweist sich als stark temperaturabhängig. (Philos. Mag. [7] **46.** 249—62. März 1955. London, Imp. Coll.) M. DRECHSLER. 190

W. Friemel und **I. N. Stranski,** *Über die Entstehung nadelförmiger Kaliumkristalle.* Vff. untersuchen die Ursachen für die Entstehung nadelförmiger K-Kristalle beim Wachstum aus der Dampfphase. Es wird angenommen, daß eine oxyd. Verb. die Oberfläche der an einen Ag-Draht dest. K-Tröpfchen verunreinigt. Bei der folgenden Kristallisation sammeln sich die Verunreinigungen an den Stellen mit größten Abtrennungsarbeiten, d. h. an den abgestumpften Ecken u. Kanten des K-Rhombendodekaeders. Für das Weiterwachsen der an einer teilweise bedeckten K-Oberfläche entstandenen Kristallfäden gilt dann der von NEUMANN u. Mitarbeitern beschriebene Mechanismus (C. **1954.** 2570). Für die zuweilen beobachtete knickartige Änderung der Wachstumsrichtung der Nadeln kommen die Übergänge $111 \rightarrow 11\bar{1}$ u. $001 \rightarrow 111$ (Normalebenen der Achsen) in Betracht. (Naturwissenschaften **43.** 79. Febr. 1956. Berlin-Charlottenburg, Techn. Univ., Max-Volmer-Inst. für phys. Chem.) W. KRÖNERT. 190

N. A. Kornilow, *Über das gemeinsame Wachstum von zwei Mineralien.* Vf. untersuchte *Quarz*-Kristalle, die in einer zu den Rhomboederflächen parallelen Zone Einschlüsse von feinsten *Siderit*-Kristallen aufwiesen. In jedem Quarzkristall wurden 2—10 konservierte Sideritkristalle beobachtet. In der obersten dünnsten Quarzzone wurden mit dem bloßen Auge nicht sichtbare *Serizit*-Blättchen beobachtet. Diese Blättchen fehlten auf den nicht ebenen Prismenflächen. Hieraus ist zu schließen, daß in den letzten Wachstumsstadien des Quarzes aus der Lsg. Keimkristalle von Siderit ausfielen. Dies wird dadurch bestätigt, daß die Quarzkristalle verzerrt sind u. daß die Sideritkristalle auf der gleichen Seite beobachtet werden wie die Serizitkristalle. (Записки Всесоюзного Минералогического Общества [Schr. Allunions mineralog. Ges.] [2] **83.** 260—62. 1954.) O. LEBTAG. 190

F. C. Collins und **J. P. Leineweber,** *Die Kinetik der homogenen Fällung von Bariumsulfat.* Vff. haben die Keimbldg. u. das Kristallwachstum bei der homogenen Fällung von $BaSO_4$ durch Messung der elektr. Leitfähigkeit u. der Lichtstreuung untersucht. Um den Einfl. einer Viscositätsänderung des Lösungsm. zu erfassen, wurden die Messungen sowohl in W. als auch in W.–Glycerin-Mischungen bei 25° durchgeführt. Besonderer Wert wurde dabei auf die Reinheit der verwendeten Substanzen gelegt. Die Sulfationen wurden durch die Rk. $2\,S_2O_3^{2-} + S_2O_8^{2-} = 2\,SO_4^{2-} + S_4O_6^{2-}$ in einer Lsg. von $Ba(NO_3)_2$ gebildet. Diese Rk. wird durch $Ba(NO_3)_2$ beschleunigt, während $BaSO_4$ u. Glycerin keinen Einfl. haben. Die elektr. Leitfähigkeit einer Lsg., die $S_2O_3^{2-}$, $S_2O_8^{2-}$ u. $Ba(NO_3)_2$ enthält, nimmt zunächst linear mit der Zeit zu. Der Punkt der Abweichung von der Linearität kann mit der Keimbldg. identifiziert werden. Vff. diskutieren die Meßergebnisse im Zusammenhang mit der Theorie von BECKER u. DÖRING [1935]. In W. ergibt sich ein Übersättigungsverhältnis von 32/1, in Ggw. von Glycerin ist es noch höher. Die Abhängigkeit der Kristallitgröße von der Zeit u. dem Diffusionskoeff. steht in guter Übereinstimmung mit der von FRISCH u. COLLINS (C. **1956.** 9372) angegebenen Gleichung. Vff. vermuten, daß der Keimbildungsprozeß heterogen ist. Das Kristallwachstum wird durch einen Diffusionsprozeß bestimmt, die Adsorptionswahrscheinlichkeit ist gering. (J. physic. Chem. **60.** 389—94. April 1956. Brooklyn, N. Y., Polytechn. Univ.; Bound Brook, N. Y., American Cyanamid Comp.) H.-U. WOELK. 190

L. I. Karjakin und **I. Ss. Kainarski,** *Über die Bildung von Tropfsteinaggregaten aus der Gasphase.* Bei langer Erhitzung (1410°) eines Gemisches aus feinem Quarz u. C entstehen *SiO* u. CO. Unter der Einw. der Flammgase wird SiO zu SiO_2 oxydiert u. an der Oberfläche des Substrates in Tropfsteinform zunächst als *Lechatelierit* ausgeschieden, der als unbeständige Phase in *β-Cristobalit* übergeht. Bei weiterer Abkühlung erfolgt eine

$\alpha \rightarrow \beta$-Inversion des Cristobalits. Ein Teil der entstehenden Aggregate bildet Sphärolithe. Es werden 5 Stadien der Ausscheidung u. Kristallisation beobachtet. Die Höhe der Aggregate beträgt 200—400 μ im 1., 300—500 μ im 2., 600—800 μ im 3., 1000—1200 μ im 4., 800—900 μ im 5. Stadium. In den Ergebnissen sehen Vff. einen Beweis dafür, daß die Sphärolithe u. stalaktitähnlichen Aggregate auch aus der Gasphase entstehen können. (Записки Всесоюзного Минералогического Общества [Schr. Allunions mineralog. Ges.] [2] **83.** 242—45. 1954. Allunions Wiss. Forschungsinst. für feuerfeste Materialien.) O. LEBTAG. 190

B. A. Bilby und **A. R. Entwisle,** *Die Bildung mechanischer Zwillinge.* Da anzunehmen ist, daß mechan. Zwillingsbldg. durch die großen örtlichen Spannungen bestimmt wird, die in einem Kristall um Gitterstörungen herum bestehen, werden die Spannungsfelder um das begrenzte Gleitband u. um das „kink"-Band untersucht. Danach ist in hexagonalen Metallen Zwillingsbldg. auf solchen Ebenen unwahrscheinlich, die die Gleitrichtung der Versetzung in der Störung enthalten. Vgl. mit dem bekannten experimentellen Material ergibt noch keine sichere Bestätigung. Deshalb werden Verss. vorgeschlagen, von denen eine solche erwartet werden kann. (Acta metallurg. [New York] **2.** 15—19. Jan. 1954. Sheffield, Univ., Dep. of Metall.) H. C. WOLF. 190

D. Nemetz, *Parallele Verwachsungen von Quarzkristallen aus Pegmatiten in der Nähe des Dorfes Dolnyje Bory in Mähren, Tschechoslowakei.* Die Kristalle von Rauchquarz sind auf große Kristalle von älterem milchigweißem Quarz aufgewachsen. Bemerkenswert ist der kontinuierliche Übergang der Verzwilligungsgrenzen vom alten zum jungen Quarz. Von den in der Literatur beschriebenen ähnlichen Fällen unterscheidet sich die vorliegende Parallelverwachsung dadurch, daß die jüngere Quarzgeneration makroskop. in Form zahlreicher selbständiger Kristalle sichtbar wird u. nirgends als kompakte Zone die ältere Quarzgeneration umgibt. Es ist anzunehmen, daß die Zwillinge bereits beim Wachstum der Quarzkristalle entstanden sind u. nicht erst bei der Umwandlung von α-Quarz in β-Quarz. Die Temp. der Kristallisation lag unterhalb dieses Umwandlungspunktes. Dies geht aus der Paragenese des Rauchquarzes (Auftreten zusammen mit Albit u. Muskovit) u. den Kristallformen hervor (die Kristalle sind fast isometrisch). Es bleibt zunächst ungeklärt, ob die Entstehung der Rauchquarzkristalle damit zu erklären ist, daß auf die Kristalloberfläche der älteren Generation zahlreiche kleine Kristalle der jüngeren Generation aufgewachsen sind, oder ob die jüngere Generation nur eine Fortsetzung des Kristallwachstums der älteren Generation ist, wobei durch Störungen bei der Kristallisation keine zusammenhängenden konzentr. Zonen der jüngeren Generation gebildet wurden. (Записки Всесоюзного Минералогического Общества [Schr. Allunions mineralog. Ges.] [2] **83.** 212—17. 1954. Brünn, Massaryk-Univ., Mineralog. Inst.) O. LEBTAG. 190

Franz Halla und **René van Tassel,** *Hydroxoniumion als Gitterbaustein.* Im Zusammenhang mit der von HENDRICKS (Amer. Mineralogist **22.** [1937.] 773) angegebenen Isotypiebeziehung zwischen den Jarositen, z. B. *K-Jarosit*, $KFe_3(SO_4)_2(OH)_6$ = ½ [$K_2O \cdot 3\,Fe_2O_3 \cdot 4\,SO_3 \cdot 6\,H_2O$] (I), u. einem synthet. Prod. $HFe_3(SO_4)_2(OH)_6 \cdot H_2O$ = ½ [$H_2O \cdot 3\,Fe_2O_3 \cdot 4\,SO_3 \cdot 8\,H_2O$] = ½ [$3\,Fe_2O_3 \cdot 4SO_3 \cdot 9\,H_2O$] (II) weisen Vff. darauf hin, daß man in einfacherer Weise, als von HENDRICKS angegeben, von I zu II gelangt, wenn K^+ durch $(H_3O)^+$ ersetzt wird. In diesem Fall erfordert die Kristallsymmetrie für $(H_3O)^+$ trigonale Eigensymmetrie. Die drei Protonen des Komplexes müssen in Form eines gleichseitigen Dreiecks angeordnet sein (pyramidale Form). Die Neutralisierung einer der OH-Gruppen durch H^+ unter H_2O-Bldg. erfolgt nicht, weil die OH^--Gruppen nicht rein heteropolar an den Molekülrest gebunden sind. (Naturwissenschaften **43.** 80. 2. Febr.-H. 1956. Brüssel, Labor. der S. E. R. A. I., Inst. Royal des Sci. Naturelles.) W. KRÖNERT. 195

Maja Edstrand, *Über die Strukturen von Antimon(III)-oxyhalogeniden.* 3. Mitt. *Die Kristallstruktur von* $[Sb_8O_8(OH)_4][(OH)_{2-x}(H_2O)_{1+x}]Cl_{2+x}$. (2. vgl. C. **1954.** 7363.) Vf. berichtet über die röntgenograph. Unters. des vermutlich metastabilen, durch Hydrolyse von $SbCl_3$ dargestellten Oxychlorids, als dessen wahrscheinlichste Formel Vf $[Sb_8O_8(OH)_4][(OH)_{2-x}(H_2O)_{1+x}]Cl_{2+x}$ annimmt. Es ergibt sich eine rhomb. Elementarzelle mit a = $9{,}63_5$, b = $13{,}13_4$, c = $4{,}08_6$ Å, wahrscheinlichste Raumgruppe D_{2h}^{25} — I m m m, die eine Formeleinheit enthält. Die D. wurde zu 4,10—4,18 g/cm³ gefunden. — Die Struktur ist aufgebaut aus endlosen Schichten der Zus. $[Sb_8O_8(OH)_4^{4+}]_\infty$, die parallel zur Nadel-(c)-Achse verlaufen u. aus hintereinander durch OH^--Ionen verbundenen Sb—O-Ketten bestehen. Sb ist (ähnlich wie beim SbOCl, vgl. l. c.) von je 4 O-Atomen an den Ecken einer deformierten trigonalen Bipyramide umgeben, wobei eine äquatoriale Ecke unbesetzt bleibt. Alle Sb—Cl-Abstände sind wesentlich länger als bei kovalenter Bindung, so daß für die zwischen den Schichten liegenden Cl-Atome Ionenbindung an-

zunehmen ist. In den Kanälen zwischen den Schichten befinden sich weitere OH^--Ionen u. H_2O-Moll., die z. T. (x) durch weitere Cl^--Ionen ersetzt sein können. (Ark. Kemi **8.** Nr. 25. 257–77. 1955. Stockholm, Univ., Inst. of Inorgan. and Phys. Chem.)
R. Stein. 195

Maja Edstrand, *Über die Strukturen von Antimon(III)-oxyhalogeniden. 4. Mitt. Die Kristallstruktur von $Sb_8O_{10}(OH)_2J_2$ und des isomorphen Bromids und Chlorids.* (3. vgl. vorst. Ref.) Vf. berichtet über die hydrothermale Herst. der Verbb. $[Sb_8O_{10}(OH)_2]X_2$ aus SbX_3 u. W. (X = J, Br, Cl) sowie ihre röntgenograph. Strukturaufklärung. Die Verbb. bilden monokline Nadeln, deren Elementarzellen zwei Formeleinheiten enthalten. Die wahrscheinlichste Raumgruppe ist C_{2h}^3 – C 2/m. Die Dichten betragen für das Jodid 5,62 (berechnet 5,74), das Bromid 5,57 (5,72) u. das Chlorid 5,16 (5,45) g/cm³. Die Gitterkonstanten betragen (in der gleichen Reihenfolge) a = $19{,}3_1$, $19{,}1_2$ u. $19{,}0_3$, b = $4{,}1_4$, $4{,}0_8$ u. 4,08, c = $10{,}9_3$, $10{,}5_1$ u. $10{,}3_5$ Å sowie β = 109,6, 110,0 u. 110,0°. – Die Struktur ist aufgebaut aus endlosen Schichten der Zus. $[Sb_8O_{10}(OH)_2{}^{2+}]_\infty$, die parallel zur Nadel-(b)-Achse verlaufen u. aus flachen Zylindern bestehen, die ihrerseits aus 4 Sb–O-Doppelketten gebildet u. durch OH^--Ionen zusammengehalten werden. Zwischen diesen Schichten befinden sich gewellte Schichten der Halogenidionen. Alle Sb–X-Abstände sind wesentlich größer, als bei kovalenter Bindung zu erwarten wäre. Die Koordinationsbeziehungen zwischen Sb u. O sind ähnlich wie bei dem im vorst. Ref. erörterten Oxychlorid. (Ark. Kemi **8.** Nr. 26. 279–98. 1955. Stockholm, Univ., Inst. of Inorganic and Physic. Chem.)
R. Stein. 195

Mitsuoki Nakahira, *Einige Beobachtungen über japanische Sericite.* Bei Röntgenunters. verschied. japan. Sericite zeigte die H_2O-Zwischenschicht Zunahme bei Abnahme der verbindenden K-Ionen. Einige Proben zeigten außer wahlloser Dickevariationen der Kristallkörner auch eine wahllose Variation in Richtung n. zu den Schichten. (Rep. sci. Res. Inst. [Kagaku-Kenkyujo-Hokoku] **29.** 446–50. Nov. 1953. [Orig.: japan.])
L. Schuler. 195

J. Friedel, *Elektronenstruktur von Fremdkörpern in Metallen.* Ein Teil der Ergebnisse der rein theoret. Arbeit wurde vom Vf. bereits früher mitgeteilt (vgl. C. **1953.** 2723, 3676; **1955.** 3309). Zu ergänzen ist: Die Konfiguration der Elektronen in der Umgebung des in ein Metall (I) eingebetteten Fremdkörpers (II) wird unter 3 verschied. Gesichtspunkten berechnet. Bei der „Meth. der mol. Umläufe" werden die Valenzelektronen von II in gleicher Weise behandelt wie die Leitungselektronen von I; es wird gezeigt, daß II bis zu höheren Konzz. fast vollständig abschirmend wirken u. daß das Fermi-Niveau nur wenig verschoben wird; dabei ergeben sich nach der Näherungsmeth. nach Mott u. der nach Born geringe Unterschiede. Bei der 2. angewandten Meth. sollen sich die Elektronen von I u. II je auf eigenen Bahnen bewegen („Meth. des Valenzumlaufes"); es wird angenommen, daß eine Auflsg. von II in I vorliegt; das Fermi-Niveau wird mit der Lösungsenergie u. mit der van der Waalsschen Wechselwirkungsenergie zwischen den einzelnen II in Beziehung gesetzt. Bei der 3. Meth. wird angenommen, daß II einen Teil der Elektronen von I bindet („Meth. der Ionenkonfiguration"); dieser Fall liegt z. B. vor, wenn die Übergangselemente in ein- oder mehrwertigen Metallen gelöst sind; die Röntgenabsorption von einigen leichten Metallen läßt sich so berechnen. (Ann. Physique [12] **9.** 158–202. März/April 1954. École Nat. Sup. de Mines, Cent. deRech. métallurg.)
Fuchs. 197

Chōshirō Gondahira, *Statistische Erklärung isothermer Rekristallisation.* Bei 200 bis 300° wird ein 0,5 mm Al-Draht isotherm erhitzt. Aus der Änderung der Zugspannung wird eine empir. Formel entwickelt, durch die sich die zeitliche Änderung der Rekristallisationsgeschwindigkeit errechnet. Aus der begleitenden Entropieänderung berechnet sich die Aktivierungsenergie (Kurve mit Minimum bei ca. 225–250° u. $3{,}915 \cdot 10^{-4}$ cal/Mol). (Rep. sci. Res. Inst. [Kagaku-Kenkyujo-Hokoku] **29.** 403–10. Nov. 1953. [Orig.: japan.])
L. Schuler. 197

Erik Rudberg, *Metallphysikalische Gesichtspunkte über Stahl.* Zusammenfassender Vortrag mit Diskussion: Metallphysikal. Grundlagen von Plastizität, Gleiten in Kristallen, Versetzungen, deren Netzwerk, Fehlerdichte, Entstehung neuer Versetzungen, Stockungen, Deformationshärtung, Ausscheidungshärte, „jog" der Versetzungen, Streckgrenze u. Alterung, Kriechen, Bruch, Entstehung von Mikrohohlstellen, bruchfördernde Faktoren, Polygonisation, Korngrenzen, Verschiebung aus der Gleitebene. – 41 Literaturhinweise. (Jernkontorets Ann. **139.** 583–616. 1955.)
R. K. Müller. 197

Mikio Yamamoto und **Ryôfu Miyasawa,** *Herstellung von Einkristallen aus Eisen-Aluminium-Legierungen nach der Methode der Spannungserholung.* Durch Rekristallisation wurden aus spannungsverformten, ca. 3 mm dicken Stäben von Fe–Al-Legierungen mit weniger als 6% Al-Geh. Einkristalle gezogen. Die optimale Decarburierungstemp. u.

der optimale Elongationsgrad nehmen dabei mit wachsendem Al-Geh. ab (von 970 auf 900° bzw. von 4 auf 2%), die optimale Rekristallisationstemp. steigt von 880 auf 1000° (für reines Fe u. Fe mit 6% Al). Das Kornwachstum ist am besten bei 0,5% Al, am geringsten bei 2,5% Al-Gehalt. Zum Ätzen ist bei geringem Al-Geh. konz. HNO_3, für Al-reichere Legierungen konz. HCl günstig. Zum Zerschneiden von Kristallen bei Abdeckung mit Paraffin ist für alle Al-Konzz. verd. HNO_3 geeignet. (Sci. Rep. Res. Inst. Tôhoku Univ., Ser. A **6.** 333–42. Aug. 1954. Res. Inst. for Iron, Steel and Other Metals. [Orig.: engl.]) H. C. Wolf. 197

Paul Gordon und **A. R. Kaufmann,** *Die Legierungssysteme Uran–Aluminium und Uran–Eisen.* Die Zustandsdiagramme der Systeme U–Al u. U–Fe werden ermittelt u. mehrere intermetall. Verbb. aufweisende Systeme wiedergegeben. (J. Metals **188.** 182–94. Jan. 1950. Illinois Inst. of Technol. u. Massachusetts Inst. of Technol.) W. Wesly. 197

C. H. Schramm, P. Gordon und **A. R. Kaufmann,** *Die Legierungssysteme Uran–Wolfram, Uran–Tantal und Wolfram–Tantal.* (Vgl. vorst. Ref.) Die Zustandsdiagramme der Systeme U–W, U–Ta werden ermittelt u. wiedergegeben u. die Beziehungen zwischen Gitterparameter u. Zus. von festen Ta–W-Lsgg. aufgezeigt. Zwei neue Phasen des tern. Syst. U–Ta–C werden im einzelnen beschrieben. (J. Metals **188.** 195–204. Jan. 1950. Cambridge, Mass., Harvard Univ.; Illinois Inst. of Technol. u. Massachusetts Inst. of Technol.) W. Wesly. 197

Howard L. Harrison und **Blake D. Mills jr.,** *Wirkung von leichtem Hämmern auf die Dehnung von Stahl.* Wenn bei leichtem, transversalem Hämmern von axial belasteten Flußstahlbändern die gleichmäßige Beanspruchung weniger als die Hälfte der Streckgrenze beträgt, rufen einige hundert leichte Hammerschläge eine deutliche plast. Dehnung hervor. Unterschiede der Zimmertemp. u. der Schlagfrequenz haben eine beträchtliche Wrkg. (Diagramme). Die plast. Dehnung beschränkt sich fast ganz auf die vom Hammer wirklich getroffene Zone. (Weld. J. **30.** Suppl. 251s–253s. Mai 1951. Seattle, Wash., Univ.; Minneapolis, Minn., Minneapolis-Honeywell Regulator Co.) W. Wesly. 200

Viktor Hauk, *Über Eigenspannungen nach plastischer Zugverformung.* An Proben aus verschied. *Stählen* u. aus einer *Al–Cu–Mg*-Legierung wurden die Gitterebenenabstände in verschied. Richtungen nach plast. Verformung mit Röntgenstrahlen von verschied. Wellenlänge gemessen. Die gemäß der Streckgrenzenorientierung der einzelnen Kristallite nach Greenough zu erwartenden Eigenspannungen 2. Art werden für die Rückstrahlinterferenzen von Al berechnet. Die Versuchsergebnisse zeigen neben diesen Eigenspannungen 2. Art einen allg. Druckeigenspannungszustand, der für verschied. Interferenzebenen unterschiedliche Größe hat. Diese Spannungsunterschiede können durch die elast. Anisotropie der Einzelkristallite allein nicht erklärt werden. Der Druckeigenspannungszustand ist durch die unterschiedlichen mittleren Streckgrenzen von Grundgefüge (Ferrit bzw. Al-Mischkristall) u. intermetall. Phasen (Fe_3C bzw. Al_2Cu) bedingt. Die an verschied. Netzebenen ermittelten unterschiedlichen Spannungen können auf Wachstumsbeziehungen zwischen den Gefügebestandteilen u. auf große elast. Anisotropie der intermetall. Phasen hindeuten. — 30 Schrifttumsangaben. (Z. Metallkunde **46.** 33–38. Jan. 1955. Aachen, TH.) H. Hochstein. 200

N. J. Petch und **P. Stables,** *Verzögerter Bruch von Metallen unter statischer Last.* Ähnlich wie bei Glas durch Adsorption von Gas ein verzögerter Bruch auftritt, wird er bei *Eisen* durch Adsorption von H_2 festgestellt. (Nature [London] **169.** 842–43. 17/5. 1952. Leeds, Univ.) M. Bluth. 200

Ss. D. Wolkow, *Über eine Plastizitätsbedingung.* Es werden Formeln für die Plastizitätsbedingungen abgeleitet, mit deren Hilfe der Einfl. der Restspannungen auf die Beständigkeit der Metalle bei Oberflächenhärtung theoret. untersucht wird. Es zeigt sich, daß die Restspannungen die Ermüdungsgrenze nicht erhöhen, wenn Druck- u. Zugfestigkeit des Polykristalls einander gleich sind. An verschied. Stahlsorten wird gezeigt, daß der Proportionalitätsfaktor μ vom Zustand des Metalls abhängig ist u. mit sinkender Anlaßtemp. zunimmt. Nach den abgeleiteten Formeln ist die μ-Zunahme von einer erhöhten Wirksamkeit der Oberflächenhärtung begleitet, was experimentell bestätigt wird. (Доклады Академии Наук СССР [Ber. Akad. Wiss. UdSSR] [N. S.] **76.** 371–75. 21/1. 1951. Swerdlowsk, Zweigstelle des Zentrallabor. der Minister. für Transportmaschinenbau der UdSSR.) O. Lebtag. 200

Raymond W. Fenn jr., Walter R. Hibbard jr. und **Henry A. Lepper jr.,** *Die Elastizitätskoeffizienten der Einkristalle von α-Messing.* Die aus Spannungs- u. Torsionsunterss. an Einkristallen von α-Messing ermittelten Werte der Elastizitätskoeffizienten werden angegeben. — 18 Schrifttumshinweise. (J. Metals **188.** 175–81. Jan. 1950. Midland, Mich., Dow Chemical Co.; New Haven, Conn., Yale Univ.) W. Wesly. 200

A_7. Gleichgewichte. Kinetik.

Pierre Crabbé, *Die Komplexone.* Übersicht über die Theorie u. prakt. Anwendung der Komplexone in der organ. u. anorgan. Chemie. — 14 Literaturangaben. (Ing. Chimiste [Bruxelles] **36.** 195—202. Dez. 1954. Brüssel.) PH. FRESENIUS. 223

G. Schwarzenbach und **Jiri Sandera,** *Komplexone.* **24.** Mitt. *Die Vanadiumkomplexe der Äthylendiamintetraessigsäure* (= H_4Y). (23. Mitt. vgl. C. **1953.** 9414.) Die scheinbaren Gleichgewichtskonstanten folgender Rkk. wurden in wss. KCl-Lsg. mit der Ionenstärke 0,1 bei 20° bestimmt: $V^{2+} + Y^{-4} \rightleftharpoons VY^{-2}$: $\log K_{V^{II}Y} = 12{,}70 \pm 0{,}1$; $VY^{-2} + H^+ \rightleftharpoons VHY^-$: $\log K^{H}_{V^{II}HY} = 3{,}5 \pm 0{,}2$; $V^{+3} + Y^{-4} \rightleftharpoons VY^-$: $\log K_{V^{III}Y} = 25{,}9 \pm 0{,}2$; $VY^- + OH^- \rightleftharpoons VYOH^{-2}$: $\log K^{OH}_{V^{III}YOH} = 4{,}40 \pm 0{,}02$; $VO^{+2} + Y^{-4} \rightleftharpoons VOY^{-2}$: $\log K_{VOY} = 18{,}35 \pm 0{,}1$; $VOY^{-2} + H^+ \rightleftharpoons VOHY^-$: $\log K^{H}_{VOHY} = 3{,}00 \pm 0{,}05$; $V^{+2} \rightleftharpoons V^{+3} + \ominus = \pi^{2-3} = -0{,}2555 \pm 0{,}001$ Volt; $VY^{-2} = VY^- + \ominus$: $\pi^{2-3}_{Kom} = -1{,}026 \pm 0{,}005$ Volt; $VY^- + H_2O \rightleftharpoons VOY^{-2} + 2H^+ + e$: $\pi^{3-4}_{Kom} = +0{,}802$ Volt; $Cu^{+2} + VOY^{-2} \rightleftharpoons CuY^{-2} + VO^{+2}$: $K = 1{,}077 \pm 0{,}01$. (Alle Gleichgewichtsausdrücke in Konzz. u. nicht in Aktivitäten; gilt auch für die Oxydations-Reduktions-Potentiale, letztere gemessen gegen die H-Elektrode). Die Bldg. des Komplexes VY^{-2} mit 2wertigem V wurde mit Hilfe von p_H-Messungen untersucht. Die Stabilitätskonstante der Teilchen VY^-, in welchem das Metall die Wertigkeit III hat, gewannen Vff. aus der sich bei Zusatz von Komplexon ergebenden Veränderungen des Redoxpotentials V(III)/V(II). Das IV-wertige V bildet den Komplex VOY^{-2}, welcher polarograph. untersucht wurde. V-wertiges V reagiert offenbar nicht mit Äthylendiamintetraacetat. Salze mit dem gelb gefärbten Anion VY^- u. solche mit dem blau gefärbten VOY^{-2} wurden auch präparativ hergestellt.

V e r s u c h e: *Bariumäthylendiamintetraacetooxovanadiat(IV)*, $BaVOY \cdot 5H_2O$, $BaVOC_{10}H_{12}N_2O_8 \cdot 5H_2O$, aus $VOSO_4 \cdot 5H_2O$ u. Komplexon III durch Lösen in heißem W., neutralisieren mit 0,1 n NaOH, Einengen im Vakuum, Versetzen mit A., Abfiltrieren des Na_2SO_4, Abdampfen des A., Zusetzen von $BaCl_2$, längeres Erhitzen auf dem Wasserbad, Abfiltrieren des gebildeten $BaSO_4$ u. Abkühlen; blaue Kristalle aus Wasser. — *$BaVOC_{10}H_{12}N_2O_8 \cdot H_2O$*, durch Erhitzen vorst. Verb. auf 105°. — *Natriumäthylendiamintetraacetooxovanadiat (IV)*, $Na_2VOY \cdot 3H_2O$ (im Original fälschlich $NaVOY \cdot 3H_2O$), $Na_2VOC_{10}H_{12}N_2O_8 \cdot 3H_2O$, aus äquivalenten Mengen $BaVOY \cdot 5H_2O$ u. $Na_2SO_4 \cdot 10H_2O$ durch Versetzen mit wenig W., mehrere Stunden Digerieren auf dem Wasserbad, Abfiltrieren des Ba_2SO_4 u. Zugabe von A.; Tiefblaue Kristalle. — *Natriumäthylendiamintetraacetovanadiat (III)*, $NaVY \cdot 4H_2O$, $NaVC_{10}H_{12}N_2O_8 \cdot 4H_2O$, durch Eintragen eines großen Überschusses an Na-Amalgam in die Lsg. vorst. Verb. in wenig W. in kleinen Portionen unter Umrühren, Ansäuern mit einigen Tropfen Essigsäure nach jeder Zugabe von Amalgam, Abgießen der am Ende der Rk. goldgelben Lsg. vom Hg, Einengen im Vakuum, Versetzen mit A. u. Umkrist. der vorerst abgeschiedenen gelben Kristalle, die dann unter Modifikationsänderung in metall. glänzende Prismen von grauer Farbe übergegangen waren, aus A.-W.; das Salz ist luftbeständig, löst sich sehr leicht mit gelber Farbe in W., wird bei Zugabe von Alkali rot, verliert bei 150° im Vakuum 4 Mol W. u. verwandelt sich dabei in ein rotbraunes Pulver, das sich mit unveränderten Eigg. wieder in W. löst. (Helv. chim. Acta **36.** 1089—1101. 1/8. 1953. Zürich, Univ., Chem. Inst.) J. MATTNER. 223

G. Schwarzenbach, R. Gut und **G. Anderegg,** *Komplexone.* 25. Mitt. *Die polarographische Untersuchung von Austauschgleichgewichten. Neue Daten der Bildungskonstanten von Metallkomplexen der Äthylendiamintetraessigsäure und der 1.2-Diaminocyclohexantetraessigsäure.* (24. vgl. vorst. Ref.) Aus Metallkation u. Äthylendiamintetraessigsäure (I) u. 1.2-Diaminocyclohexantetraessigsäure (II) bilden sich über einen weiten p_H-Bereich lediglich die einfachen Komplexe $(Me^{\nu}Y)^{\nu-4}$ (Me^{ν} = Ca, Co, Ni, Cu, Zn, Cd, Pb, VO, Ga, Al, Y, Fe^{2+}, Mn, La, Ce, Pr, Nd, Sm, Eu, Gd, Tb, Dy, Ho, Er, Tm, Yb, Cp, Fe^{3+}, Th, Sc, In u. Y = I bzw. II). In solchen Komplexlsgg. zeigen die Komplexe gegenüber den freien Metallkationen stark nach negativen Potentialen verlagerte polarograph. Wellen. In der Mehrzahl der Fälle ist die Verlagerung so stark, daß die Wellen der Komplexe hinter das Abscheidungspotential des H fallen. Dadurch ist es möglich, die Konz. des freien Metallkations neben gleichzeitig vorhandenen Komplexen polarograph. zu bestimmen u. die Gleichgewichtskonstanten von Austauschgleichgewichten nebenst. Typus zu ermitteln. Die Totalkonz. $[Me]_t$ u. $[Me']_t$ betrug $\sim 10^{-3}$, während $[Y]_t$ einer der beiden Me-Konzz. äquivalent war. Trägerelektrolyt war KNO_3 (0,1 n) u. die Temp. 20°. Die Einstellung des Austauschgleichgewichts dauert

$$\left\{\begin{matrix} MeY \\ + \\ MeHY \end{matrix}\right\} + Me' \rightleftharpoons \left\{\begin{matrix} Me'Y \\ + \\ Me'HY \end{matrix}\right\} + Me \qquad (Me \neq Me')$$

Stunden, meist aber Tage u. Wochen. Im Falle Me = Ni^{2+} verläuft sie bes. langsam u. führt bei Austausch-Rkk. mit **II** überhaupt zu keiner Gleichgewichtseinstellung. Von 49 Komplexen wurden die Stabilitätskonstanten bestimmt u. tabellar. wiedergegeben. Vff. beobachteten, daß das Fe^{3+} in Komplexen mit **I** u. **II** durch Licht in wenigen Tagen in Fe^{2+} übergeführt wird, wobei offenbar der Komplexbildner oxydiert wird. (Helv. chim. Acta **37**. 937—57. 15/6. 1954. Zürich, Univ., Chem. Inst.) H.-G. Plust. 223

Kazuo Yamasaki und **Motoo Yasuda**, *Stabilität von Zink- und Cadmiumkomplexen mit 2.2'-Dipyridyl und 1.10-Phenanthrolin.* Best. der Stabilitätskonstanten durch potentiometr. p_H-Messung in 0,1 mol. KNO_3-Lsg. bei 25°; Ionenstärke in allen Fällen ca. 0,1. Die Stabilitätskonstanten der einzelnen Stufen sowie die Gesamtkonstante betragen für den Cd-Dipyridylkomplex: $\log k_1 = 4{,}5$, $\log k_2 = 3{,}5$, $\log k_3 = 2{,}5$ sowie $\log K = 10{,}5$. Für den Zn-Dipyridylkomplex ergaben sich: $\log k_1 = 5{,}4$, $\log k_2 = 4{,}4$, $\log k_3 = 3{,}5$ sowie $\log K = 13{,}3$. Beim Cd- bzw. Zn-Phenanthrolinkomplex wurde für $\log k_2 = 5{,}2$ bzw. 4,2 u. $\log k_3 = 5{,}9$ bzw. 4,8 gefunden. Diese Werte stimmen mit denen anderer Autoren gut überein. Die Best. der Säure-Dissoziationskonstanten ergab für Dipyridyl: $-\log k = 4{,}44$ u. für Phenanthrolin: $-\log k = 4{,}92$. (J. Amer. chem. Soc. **78**. 1324. 5/4. 1956. Chikusa, Nagoya, Japan, Nagoya Univ., Chem. Inst.) D. Ertel. 223

Rex M. Smith und **Robert A. Alberty**, *Die scheinbaren Stabilitätskonstanten von ionenartigen Komplexen verschiedener Adenosinphosphate mit einwertigen Kationen.* Vff. berichten über die Ergebnisse von Messungen der scheinbaren Stabilitätskonstanten der Li, Na u. K-Komplexe der *Adenosin 5-mono-, di-, tri-* u. *tetraphosphate* u. *-orthophosphate* bei 25° u. einer Ionenstärke von 0,2. An Hand der Ergebnisse werden Gleichungen zur Berechnung der Stabilitätskonstanten (SK.) aus p_H-Messungen an Lsgg. dieser schwachen Säuren u. verschied. Kationen abgeleitet. Die SK. werden unter der Annahme berechnet, daß *Tetra-n-propyl-Ammonium*-Kationen keine Komplexe bilden. In jedem Fall wurde für die SK. ein einziger Wert gefunden, wenn 25 bis 100% der *Tetra-n-propylammonium*-Verb. durch einen anderen 1-1-Elektrolyten ersetzt werden. Die SK. verlaufen in der auf Grund elektrostat. Betrachtungen erwarteten Reihenfolge, nämlich $Li^+ > Na^+ > K^+ > (CH_3)_4N^+ > (C_2H_5)_4N^+$ u. $AQP^{-5} > ATP^{-4} > ADP^{-3} > P^{-2} > AMP^{-2}$. (J. physic. Chem. **60**. 180—84. Febr. 1956. Madison, Wis., Univ. of Wisconsin, Chem. Dep.) W. Niemitz. 223

K. Ss. Krassnow, *Kinetik der Auflösung von Apatit in gesättigten Lösungen des Systems CaO–P_2O_5–H_2O.* Auf Grund der bei 40, 75 u. 100° ausgeführten Verss. gelangt Vf. zu folgenden Schlüssen: die Kurven, welche die Lösungskinetik in gesätt. Lsgg. des Syst. CaO–P_2O_5–H_2O zum Ausdruck bringen, sind Hyperbeln ähnlich, deren Asymptoten der Zeitachse parallele Geraden sind. Unter bestimmten Konz.- u. Temperaturbedingungen ist ein völliges Aufhören des Lösungsprozesses von Apatit zu beobachten, bei Fehlen irgendeines Gleichgewichts zwischen dem Apatit u. der ihn zerlegenden fl. Phase. Das Aufhören der Rk. kann durch Bldg. eines aus dem Reaktionsprodukt — saurem Kalkphosphat — bestehenden Films an der Apatitoberfläche erhärtet werden. Die Stärke des Films hängt von der Konz. u. Temp. der fl. Phase sowie von der Form u. D. der den Film bildenden Kristalle ab. In mit $CaHPO_4 \cdot H_2O$ im Gleichgewicht befindlichen Lsgg. bilden sich Filme von 1 bis 6 μ Stärke; in mit $Ca(H_2PO_4) \cdot H_2O$ im Gleichgewicht stehenden Lsgg. solche von 40 bis 100 μ; in mit wasserfreiem Salz $Ca(H_2PO_4)_2$ ein Gleichgewicht aufweisenden Lsgg. wurde während der Versuchszeit keine Bldg. undurchlässiger Filme beobachtet, obgleich die Kinetikkurven auf ein Bremsen des Lösungsvorgangs hinweisen. Der Charakter der Kurven der Lösungsgeschwindigkeit von Apatit in mit verschiedenen gegebenen Phasen im Gleichgewicht stehenden Lsgg. ist verschieden, was völlig mit dem Übereinstimmungsprinzip von Kurkakow in Einklang steht. (Журнал Прикладной Химии [J. angew. Chem.] **26**. 1114—21. Nov. 1953.) E. v. Pezold. 224

Kakusaburo Onda und **Shin Dōke**, *Untersuchungen über den Absorptionsmechanismus von Kohlenmonoxyd durch Kupfer-Ammoniumcarbonatlösung.* 4. Mitt. *Über die Struktur des Kupfer-Ammoniumcarbonat-Komplexsalzes.* (3. vgl. J. chem. Soc. Japan, ind. Chem. Sect. [Kōgyō Kagaku Zassi] **57**. [1954.] 415.) Vff. fanden, daß der Absorptionsmechanismus von CO verschied. Formen annimmt entsprechend N (Verhältnis des Gesamt-NH_3 zur Cu^+-Konz.). Wenn N klein ist, ist die Temp. ohne Einfl., bei N > als 7 richtet sich der Absorptionsmechanismus nach der Temperatur. Die verschied. Formen des Absorptionsmechanismus werden in Strukturformeln dargestellt. (J. Fuel Soc. Japan **34**. 425. Juli 1955. Nagoya, Univ., Fac. of Engng., Dep. of Chemical Engng. [Orig.: japan., Auszug: engl.]) E. Flach. 224

Cyril N. Hinshelwood, *Über die chemische Kinetik autosynthetischer Systeme.* Die lebende Materie vermehrt sich durch Prozesse, die eine weitgehende Koordinierung von Enzym-Rkk. erfordern. Auch vom Standpunkt der allg. chem. Kinetik bieten solche Systeme neue u. wichtige Probleme. In Verb. mit experimentellen Unterss. des Vf. u.

seiner Mitarbeiter über das Wachstum von Bakterien wurden bereits kinet. Ansätze solcher autosynthet. Mechanismen gegeben. Von diesen Ansätzen ausgehend wird nunmehr eine allg. Behandlung entwickelt für die chem. Kinetik gewisser Typen koordinierter Rkk., bei denen verschied. Stoffe unter Verwendung gegenseitig gelieferter Zwischenprodd. synthetisiert werden. Es wird gezeigt, daß sich ein stationärer Zustand einstellt, in dem jede einzelne Komponente nach dem einfachen Exponentialgesetz der Autosynthese zunimmt. Für den einfachen Fall zweier Enzyme, deren Menge jeweils in Abhängigkeit von dem Arbeiten des anderen Enzyms zunimmt, folgt z. B. aus dem Ansatz $dX/dt = aY$ u. $dY/dt = bX$ der stationäre Zustand $X = {}^1/_2 (X_0 + a/kY_0)_e{}^k$ u. $Y = {}^1/_2 (Y_0 + k/aX_0)e^{kt}$ mit $ab = k^2$; das Verhältnis X/Y strebt somit dem konstanten Wert a/k zu. Wird ein Teil eines solchen Systems, in dem der stationäre Zustand erreicht ist, wie bei der Weiterkultivierung von Bakterien, Ausgangspunkt eines neuen autosynthet. Systems, so ist von vornherein $X_0/Y_0 = a/b$ u. die Gleichung vereinfacht sich auf die einfache Autokatalyse $X = X_0e^{kt}$ u. $Y = Y_0e^{kt}$. Letztere Beziehung gilt auch bei Wechselwrkg. von mehr als 2 Komponenten. Vor Erreichen des stationären Zustands können Verzögerungsphasen oder sogar period. Geschwindigkeitsänderungen auftreten. Die Zeit bis zum Erreichen des stationären Zustands wird um so länger, je komplexer die wechselseitige Abhängigkeit der verschied. Prozesse ist. Es werden die Bedingungen betrachtet, unter denen die kinet. Gleichungen auf Material angewandt werden können, das der Zellteilung unterworfen ist. Bei Übertragung solchen Materials in andere Medien, bes. in Medien, die Inhibitoren enthalten, sind Änderungen der Geschwindigkeitsverhältnisse möglich. Eine der bemerkenswertesten Eigg. von Bakterienzellen ist ihr Anpassungsvermögen gegenüber Giften oder bezüglich der Verwendung neuer Substrate. Es wird gezeigt, daß das kinet. Modell autosynthet. Systeme der betrachteten Art ebenfalls diese Charakteristiken zeigt. Geschwindigkeit u. relative Fortdauer der mit solchen Anpassungen verbundenen Änderungen u. die Fälle der Rückkehr in das ursprüngliche Medium werden diskutiert; es wird eine Hypothese entwickelt über die Art u. Weise, in der neue Enzyme als Antwort auf neue Substrate entstehen können. (J. chem. Soc. [London] **1952.** 745—55. März. Oxford, Univ., Physic. Chem. Labor.) O. REITZ. 225

E. Abel, *Über den Mechanismus der Reaktion zwischen Salpetersäure und Jodion.* Mechanismus u. Kinetik der Rk. zwischen HNO_3 u. J^- mit Einschluß des Mechanismus u. der Kinetik der Rk. zwischen HNO_2 u. J^- wird dargelegt u. an Hand der (spärlichen) Literaturangaben geprüft. (Mh. Chem. **81.** 339—45. 1950. S.-B. österr. Akad. Wiss., math.-naturwiss. Kl., Abt. IIb. 339—45. 1950. London.) M. SCHENK. 225

E. Abel, *Über den Mechanismus des Cyanidverfahrens in der Metallurgie des Goldes.* Die unter Autoxydation an der Luft (Auftreten von H_2O_2 nach BODLÄNDER) in Ggw. von CN^- verwickelt ablaufende Oxydation u. Komplexbldg. von Au wird in die wahrscheinlichen bimol. Teil-Rkk. zerlegt. (Mh. Chem. **86.** 536—39. 1955. London).
K. BLUMRICH. 225

R. Hurst und **M. A. Jermyn,** *Eine kinetische Untersuchung der organischen Inhibitoren der Reaktion zwischen Magnesium und Säuren.* An einem in Säure eintauchenden, rotierenden, polierten Mg-Zylinder bekannten Gewichts wird die Hemmwrkg. von *Äthylamin, Piperidin, Dimethylamin, Äthanolamin, Isoamylamin, Chinolin* u. *Pyridin* auf den Lösungsvorgang des Mg untersucht. Zur Ermittlung vergleichbarer Werte wird mit einer Na-Acetat gepufferten HCl vom p_H 1,09, deren p_H vom Aminzusatz unabhängig ist, gearbeitet. Verss. ohne Inhibitor ergaben für den Lösungsvorgang eine Rk. nullter Ordnung mit einer Aktivierungsenergie von 4000 cal/Mol, die mit steigender Temp. abnimmt. Die Geschwindigkeitskonst. der Rk. ist proportional der Rotationsgeschwindigkeit der Zylinderoberfläche u. wurde nach der Formel von KING u. CATHCART (J. Amer. chem. Soc. **59.** [1937.] 63) auf 1000 cm/Min. umgerechnet. Die Verss. mit den Inhibitoren bei verschied. Konzz. zeigten, daß deren Wrkg. von der Konz. u. von der Größe des Mol. abhängig ist, die Inhibitorwrkg. also ein Adsorptionsvorgang aus der Lsg. an das Metall sein dürfte. Die graph. Darst. zwischen relativer Korrosion u. Inhibitorkonz., n. eine lineare oder schwach hyperbol. Kurve, ist bei der Äthanolamin-Kurve bei einer bestimmten Konz. geknickt; wahrscheinlich setzt hier Hydratation der OH-Gruppe ein, was zu einer verstärkten Inhibitorwrkg. führt. Bei Chinolin wird die abnormal starke Wrkg. auf die Ausbldg. eines gelben Komplexes zurückgeführt, der die Metalloberfläche schützt. In ungepufferter Säure beruht die Wrkg. der Basen vornehmlich auf einer Anhebung des p_H-Wertes u. damit Abschwächung der Säurestärke. Verss. mit H_2SO_4-Pyridin zeigten, daß die Korrosion in schwachsaurer bis schwachalkal. Lsg. nahezu ebenso stark ist, wie in reiner verd. H_2SO_4; das Pyridiniumion übt selbst also eine starke korrodierende Wrkg. aus. (J. chem. Soc. [London] **1950.** 158—62. Jan. Christchurch, New Zealand, Canterbury Univ., Coll.) H. LEHWALD. 225

Ernest E. Aynsley, *Die Zersetzung von Chromsäure in Schwefelsäure. Die thermische Reaktion erster Ordnung.* Bei der Unters. der therm. Zers. von $K_2Cr_2O_7$ in H_2SO_4 bei 140 u. 170° wird festgestellt, daß die Rk. in allen Verdünnungen von H_2SO_4 komplex verläuft. Lediglich in einem schmalen Konzentrationsbereich von 81,5% u. bei $K_2Cr_2O_7$-Konzz. von weniger als 0,05 n. Lsgg. erfolgt die Zers. nach einer Rk. 1. Ordnung mit einer Aktivierungsenergie von 10,3 ± 0,5 Kcal/Mol. Bei starken H_2SO_4-Konzz. wird die Zers. durch $Cr_2(SO_4)_3$ gehemmt; diese Inhibitorwrkg. verschwindet bei 82%ig. H_2SO_4, um bei schwächerer Säure in eine leichte katalyt. Wrkg. umzuschlagen. Rühren der Lsgg. bewirkt nur bei verd. H_2SO_4-Lsgg. eine Beschleunigung der $K_2Cr_2O_7$-Zersetzung. (J. chem. Soc. [London] **1950.** 368—71. Jan. Newcastle-on-Tyne, King's Coll., Inorg. Chem. Labors.) H. LEHWALD. 225

K. G. Ashurst und W. C. E. Higginson, *Die Kinetik der Reaktion zwischen Kobalt(III) und Thallium(I) in wässeriger Perchlorsäure.* Es werden Unterss. über die Kinetik der Red. von *Co(III)* durch *Tl(I)* in wss. $HClO_4$ bei 0, 7,5, 15 u. 25° (Gesamtionenstärke 2,70) beschrieben u. diskutiert. Auf den katalyt. Einfl. von SO_4^{2-}-Ionen auf dieses Syst. wird kurz eingegangen. Von dem aus $TlClO_4$, $NaClO_4$, $Co(ClO_4)_3$ u. $HClO_4$ (u. in einigen Fällen SO_4^{2-}) bestehenden Reaktionsgemisch werden in geeigneten zeitlichen Abständen Proben entnommen. Diese werden zur Best. des noch nicht red. Co(III) mit $FeSO_4$-Lsg. im Überschuß versetzt u. Fe(II) mit $Ce(SO_4)_2$-Lsg. gegen Ferroin rücktitriert. Aus den Ergebnissen geht hervor, daß der Hauptreaktionsweg der Red. unter den gegebenen Bedingungen p_H-unabhängig ist. Aus dem ARRHENIUS-Diagramm wurde eine Aktivierungsenergie von 26,4 ± 2,0 kcal/Mol u. ein temperaturunabhängiger Faktor von $10^{(18,6 \pm 1,5)}$ Liter/Mol·Min. berechnet. (J. chem. Soc. [London] **1956.** 343—49. Febr. Manchester, Univ.) H. HOFMANN. 225

Harold A. Schwarz, John P. Losee jr. und Augustine O. Allen, *Wasserstoffausbeuten bei der Radiolyse wässeriger Lösungen.* In Erweiterung der Verss. von JOHNSON u. ALLEN (C. **1953.** 5995) wurden verschied. wss. Lsgg. mit γ-Strahlen u. harten Röntgenstrahlen bestrahlt, wobei sich mol. H_2 bildet (pro 100 eV in neutralen u. alkal. Lsgg. 0,45 Moll. H_2). Die Ausbeute ist im Bereich von 25—65° unabhängig von der Temperatur, in Lsgg. von KJ in 0,4 mol. H_2SO_4 hängt die H_2-Bldg. von der Konz. an KJ u. von der Gesamtdosis ab; es bildet sich mehr H_2 als in neutralen oder alkal. Lösungen. Diese zusätzliche H_2-Bldg. in saurer Lsg. wird nach RIGG u. WEISS (C. **1953.** 4172) durch die Rkk. $H + H^+ \rightleftharpoons H_2^+$ u. $H_2^+ + J^- \rightarrow H_2 + J$ erklärt. Mit zunehmender J_2-Konz. tritt die Konkurrenz-Rk. $H + J_2 \rightarrow H^+ + J^- + J$ stärker in Erscheinung, so daß man bei hohen J_2-Konzz. schließlich die wahre Ausbeute an mol. H_2 findet, die ca 13% kleiner ist als in neutralen Lösungen. Diese Abnahme kann nicht mit einer Änderung der Ionenstärke erklärt werden; man findet z. B. an einer 10^{-4} mol. wss. KBr-Lsg. keine Änderung der Ausbeute, wenn man die Lsg. 0,4 mol. an NaCl macht. (J. Amer. chem. Soc. **76.** 4693—94. 20/9. 1954. Upton, L. I., N. Y., Brookhaven Nat. Labor., Chem. Dep.) H. SPÄHN. 226

A. Sánchez Cabello, *Kinetik der Induktionsperiode bei der Reaktion zwischen Kaliumpermanganat und Oxalsäure.* 2. Mitt. *Katalytische Wirkung der Säuren H_2SO_4, HCl und HNO_3.* (1. vgl. SENENT, C. **1952.** 2804.) Die bei der Rk. von $KMnO_4$ mit $H_2C_2O_4$ beobachtete Herabsetzung der Aktivierungsenergie von 25,5 (kcal/Mol) auf 20,6 durch Zusatz von H_2SO_4 (unabhängig von deren Konz.) erfolgt in gleicher Weise auch bei Zusatz von HCl (20,2) u. HNO_3 (20,5). Das Anion der zugesetzten Säure spielt also für die untersuchte Rk. keine Rolle. Die H^+-Ionen bewirken eine Säurekatalyse, die die Bldg. von $[Mn(C_2O_4)_2]^- \cdot 2H_2O$ (I) beschleunigt, da sie bei der Verb. mit $C_2O_4^{2-}$ u. $HC_2O_4^-$ die Dissoziation von $H_2C_2O_4$ zurückdrängen u. die Gleichgewichte verschieben. Zugleich nimmt die Konz. an MnO_2^- u. die Geschwindigkeit der Rk. $MnO_2^- + 2H_2C_2O_4 \rightarrow$ I zu. Die Zers. von I, deren Geschwindigkeit durch $H_2C_2O_4$ herabgesetzt wird, bestimmt die gesamte Reaktionsgeschwindigkeit. (An. Real Soc. españ. Física Quím., Ser. B **48.** 47—52. Jan. 1952. Valladolid, Univ., Labor. de Cinetoquím., Inst. A. de G. Rocasolano.) R. K. MÜLLER. 227

G. Rienäcker, H. Bremer, S. Unger und N. Hansen, *Oberfläche und katalytische Eigenschaften von Silber- und Kupferpulvern.* (Vgl. C. **1954.** 9708.) Die katalyt. Wirksamkeit von Ag-Pulvern wurde an der Zers. von HCOOH-Dampf (Rk. nullter Ordnung) in Abhängigkeit von der Vorbehandlung untersucht. Dabei bestätigt sich die Annahme, daß pulverförmige Ag-Katalysatoren nur mit einem Bruchteil ihrer Oberfläche katalysieren. Dieser aktive Teil der Oberfläche (spezif. Aktivität) nimmt für gewisse Temperaturbereiche mit steigender Vorerhitzungszeit des Katalysators zu. Dabei bilden sich zunehmend kristallograph. geordnete, stabile, gut wirksame Bezirke (wahrscheinlich Kristallflächen) aus. Aus dem Glied log α der ARRHENIUS-Gleichung läßt sich der Einfluß der Aktivierungsenergie Q eliminieren, die erhaltenen Werte zeigen einen ähnlichen Verlauf mit der Vorbehandlungstemp. wie die spezif. Aktivität. (Z. anorg. allg. Chem. **281.**

225—40. Dez. 1955. Rostock, Inst. für Katalyseforschung der Deutschen Akad. der Wiss. u. Univ., Chem. Inst. und Berlin, Humboldt-Univ., I. Chem. Inst.).
M. Schenk. 227

W. I. Ljaschenko und **I. I. Stepko**, *Veränderung der Austrittsarbeit und Leitfähigkeit des Kupferoxyds bei einer katalytischen Reaktion.* (Vgl. C. **1953.** 11.) Die Austrittsarbeit (U_k mV) u. die elektr. Leitfähigkeit wird an dünnen Schichten CuO (auf Glasplättchen aufgedampft) in einer Atmosphäre von O_2, CO u. CO_2, sowie von O_2 + CO bei 20—180° bestimmt. Bei einsetzender Rk. zwischen CO u. O_2 nimmt U_k ab mit Minimum bei 80°; bei 80° zeigt auch die Kurve log I — 1/T (I = Stromstärke, T = °K) einen Knick. Diese Erscheinungen unterbleiben bei inakt. Proben von CuO, an denen keine katalyt. Rk. erfolgt. Die Meth. eignet sich zum Nachw. katalyt. Rkk., ohne daß diese bei der Unters. unterbrochen werden müssen. Die beobachteten Veränderungen hängen nur mit der katalyt. Rk. zusammen, nicht mit der Ggw. von CO_2. (Журнал Физической Химии [J. physik. Chem.] **29.** 401—08. März 1955. Kiew, Inst. für Physik der Akad. der Wiss. der UkrSSR.)
R. K. Müller. 227

A_3. Präparative anorganische Chemie. Komplexchemie. Metallorganische Verbindungen.

Philip George, *Superoxydionen in käuflichem Natriumperoxyd.* Käufliches Natriumperoxyd Na_2O_2 enthält ca. 10% Natriumsuperoxyd NaO_2; dieses wird als Na-Salz des Radikals HO_2 aufgefasst. Mit W. zersetzt sich NaO_2 nach dem Schema 2 NaO_2 + 2H_2O → O_2 + H_2O_2 + 2NaOH sehr schnell, wobei also Analogie zum tieforangefarbenen, paramagnet. KO_2 besteht. Das nach obigem Schema entstandene H_2O_2 zers. sich viel langsamer, wenn nicht Katalysatoren, wie Fe^{3+}, Fe^{2+} oder Ag^+, vorhanden sind. Bei 2 verschied. Proben eines schwachgelben Natriumperoxyds wurde der Paramagnetismus gemessen: $\varkappa = 2{,}7$ u. $2{,}2 \cdot 10^{-6}$ c.g.s.-Einheiten. Nach diesen Werten müßten 9,2% bzw. 7,7% NaO_2 zugegen sein. Diese Werte werden durch Na-Bestimmungen im Natriumperoxyd bestätigt. (J. chem. Soc. [London] **1955.** 2367—70. Juli. Cambridge, Univ., Dep. of Colloid Sci.)
R. Mattner. 241

Jochen Jander, *Ein Beitrag zur Kenntnis des Monochloramins.* NH_2Cl entsteht in über 50%ig. Ausbeute neben NH_4Cl, wenn man Cl_2 in fl. NH_3 einleitet. Die Rk. verläuft nach der Gleichung: Cl_2 + 2NH_3 → NH_2Cl + NH_4Cl ohne Bldg. eines Gleichgewichtes. NH_2Cl kann also, ebenso wie in äther. Lsg., keine Cl^+-Ionen mehr abspalten. Die N–Cl-Bindung im NH_2Cl ist zugunsten eines Cl^--Ions polarisiert. Ammonosaure, d. h. NH_4-haltige, verd. NH_2Cl-Lsgg. in fl. NH_3 zers. sich erst oberhalb von — 75° unter Bldg. von NH_4Cl u. N_2. Es tritt kein N_2H_4 auf. Bei der Zers. reiner NH_2Cl-Lsgg. oberhalb von — 75° entsteht mehr N_2H_4. Ammonobas., d. h. KNH_2-haltige Lsgg. zers. sich dagegen bereits bei tieferen Tempp. weitgehend entsprechend der Gleichung: NH_2Cl + KNH_2 → KCl + N_2H_4. Auf Grund dieser Ergebnisse u. Arbeiten von Wiberg u. Schmidt (C. **1952.** 976) kommt Vf. zu folgender Vorstellung für den Zersetzungsmechanismus des NH_2Cl. In der Lsg. eines protonenaffinen Stoffes ($NH_2^- > NH_3 > H_2O >$ A. > Ae.) dissoziiert NH_2Cl nach: NH_2Cl → $HNCl^-$ + H^+ (1). $HNCl^-$ zerfällt weiter irreversibel nach: $HNCl^-$ → NH + Cl^- (2). Das NH-Radikal kann nun je nach der Konz. N_2 oder N_2H_4 bilden, entsprechend den Gleichungen: 3NH → N_2 + NH_3 (3); NH + NH_3 → N_2H_4 (4); N_2H_4 + 2 NH → N_2 + 2NH_3 (5). In ammonosauren Lsgg. ist die NH_2Cl-Dissoziation nach Gl. 1 zurückgedrängt. Da Gl. 5 in normaler Geschwindigkeit verläuft, ist die N_2H_4-Ausbeute sehr schlecht. (Naturwissenschaften **42.** 178—79. 1955. Freiburg/Br., Univ., Chem. Labor., anorg. Abt.)
H. Pluskal. 243

F. A. Kanda, A. J. King, V. A. Russell und **Walter Katz**, *Herstellung von Bormonoxyd bei hohen Temperaturen.* Kurze Notiz über eine Meth. zur Herst. von BO (I) aus Mischungen von *B* u. B_2O_3 bei 1050° u. 10^{-4} mm Hg durch Kondensation der Dämpfe an einem Kühlfinger. Das nach dieser Meth. hergestellte I ist eine glasige, röntgenamorphe Substanz, die auch durch Temperung bei 400° nicht kristallin zu erhalten war. Bei 450° tritt Dunkelfärbung ein, vermutlich verursacht durch Disproportionierung zu B u. B_2O_3. Mit W. u. Alkoholen reagiert I stürm. unter Entw. von H_2, dem Spuren von Boranen beigemengt sind. Die erhaltenen wss. bzw. alkohol. Lsgg. besitzen reduzierende Eigenschaften. Die D. von I wurde zu 1,765 ± 0 001 g/cm³ bestimmt. Ein Lösungsm., in dem I unverändert lösl. ist, konnte nicht gefunden werden. (J. Amer. chem. Soc. **78.** 1509—10. 5/4. 1956. Syracuse, N. Y., Syracuse Univ., Dep. of Chem.)
R. Stein. 258

George W. Schaeffer und **Louis J. Basile**, *Die Reaktion von Lithiumamid mit Diboran.* Die Rk. von B_2H_6 (I) mit $LiNH_2$ (II) verläuft in Ae.-Aufschlämmung nach I + II → $LiBH_4$ + BH_2NH_2. BH_2NH_2 fällt als Ae.-unlösl. polymeres Prod. an. Bei Verwendung von I im Überschuß werden $LiBH_4$ u. BH_2NH_2 in theoret. Ausbeute gebildet. Ohne Ae. findet keine Rk. statt. Die Reaktionsgeschwindigkeit hängt von der Verteilung des II ab. Bei zu heftiger Rk. wird ein ungeklärtes Zersetzungsprod. erhalten. (J. Amer. chem. Soc. **77.** 331–32. 20/1. 1955. St. Louis, Mo., Univ. of Missouri.) H.-J. Becher. 258

J. Goubeau, H. J. Becher und **F. Griffel,** *Die Beständigkeit der Methylester der Mono- und Di-bromborsäure.* Die Umsetzung von BBr_3 (I) mit CH_3OH oder $B(OCH_3)_3$ liefert statt der erwarteten *Bromborsäuremethylester* (II) Boroxole u. Methylbromid. Vff. diskutieren die Instabilität von II in Zusammenhang mit den Eigg. anderer gemischt substituierter Borverbindungen. Das bei der Rk. $2BBr_3 + B(OCH_3)_3 = (BrBO)_3 + 3CH_3Br$ entstehende *Bromboroxol* (III) wurde nicht gefaßt, da es unter Abspaltung von I in ein Prod. der Zus. $(B_3O_4Br)_x$ übergeht, das als wenig stabiles Zwischenprod. des Abbaus von III zu I u. B_2O_3 aufgefaßt wird. (Z. anorg. allg. Chem. **282.** 86–92. Dez. 1955. Stuttgart, TH, Labor. für anorg. Chem.) H.-J. Becher. 258

A. P. Perowa, *Polytherme des ternären Systems H_3BO_3–H_2SO_4–H_2O.* Zur Vervollständigung der Löslichkeitsangaben von H_3BO_3 in H_2SO_4-Lsgg. untersuchte Vf. nach der polytherm. Meth. mit 5 verschied. H_2SO_4-Ausgangskonzz. von 11,4–56,4 Gew.-% zwischen – 42 bis 90° die Löslichkeitsgleichgewichte des tern. Syst. H_3BO_3–H_2SO_4–H_2O mit H_3BO_3 als Bodenkörper. Aus den Ergebnissen wurden für 0, 25, 50, 70 u. 90° Isothermen für die Abhängigkeit der Löslichkeit von H_3BO_3 von der H_2SO_4-Konz. extrapoliert. Die Löslichkeit von H_3BO_3 nimmt mit der H_2SO_4-Konz. ab u. mit der Temp. zu. Für die Beseitigung von H_3BO_3 aus wss. Lsgg. wird eine H_2SO_4-Konz. von 55% vorgeschlagen. (Журнал Прикладной Химии [J. angew. Chem.] **28.** 745–48. Juli 1955.) Ch. Weiske. 258

H. C. Theuerer, *Reinigung von Silicium.* Für die Unterss. auf dem Transistor-Gebiet wird ein bes. reines Si benötigt. Vf. stellt dies durch Red. von $SiCl_4$ her. Ein H_2-Strom wird mit $SiCl_4$ beladen u. an einem elektr. auf ca. 1100° beheizten Ta-Band zur Rk. gebracht. Si scheidet sich in feinkristalliner Form auf dem Band ab. In 12 Std. können so ca. 30 g gewonnen werden. Das Ta wird mit HF aus dem Si herausgelöst. Die Verunreinigungen des Si, hauptsächlich P u. B, betragen nur noch 1 bis $5 \cdot 10^{-9}$ u. können durch einen anschließenden Raffinationsvorgang auf 10^{-10} herabgesetzt werden. (Bell Lab. Rec. **33.** 327–30. Sept. 1955. Bell Telephone Laborr., Inc., Chem. and Metallurg. Res.) D. Bredtschneider. 261

F. Fehér und **W. Tromm,** *Die Darstellung von Silanen aus Magnesiumsilicid und Hydrazoniumchlorid in wasserfreiem Hydrazin.* Die Zers. von Magnesiumsilicid in wasserfreiem Hydrazin mit HCl oder HBr (als $N_2H_4 \cdot 2HCl$ bzw. NH_4Cl u. NH_4Br eingesetzt) führt in 70% Ausbeute zu einem Rohsilan, das fast ausschließlich aus SiH_4 neben 1–2 Vol.-% Si_2H_6 besteht. Maximale Versuchsbedingungen ergeben sich, wenn man aus den Elementen in H_2-Atmosphäre hergestelltes, 24 Std. bei 600–650° getempertes Mg_2Si (Si-Geh. 30 %) bei 50–60° vorsichtig im schwachen H_2-Strom in eine Lsg. von $N_2H_6Cl_2$ in 100% N_2H_4 einträgt, die eine Mindestkonz. von 3 Mol/Liter u. einen Überschuß von mindestens 20% an HCl aufweist. Bei Einsatz von wasserhaltigem N_2H_4 nimmt die Silanausbeute mit steigendem H_2O-Geh rasch ab, doch kompensiert eine Erhöhung der Säurekonz. diesen Effekt, so daß noch bei 98,5% N_2H_4 mit 100% Säureüberschuß Ausbeuten bis zu 40% erzielt werden können. Die geringen Anteile an höheren Silanen bei der Umsetzung von Mg_2Si mit NH_4Br in fl. NH_3 nach Johnson u. Isenberg (J. Amer. chem. Soc. **57.** [1935.] 1349) können nicht durch die niedrige Reaktionstemp. in fl. NH_3 bedingt sein, da sie im N_2H_4-Syst. auch bei 80° nicht höher ausfallen. Die Silanbldg. in NH_3 u. N_2H_4 verläuft ganz anders als in H_2O als Lösungsm. (vgl. Schwarz u. Royen, Z. anorg. allg. Chem. **215.** [1933.] 288), im wesentlichen nach den Gleichungen $Mg_2Si + 4HCl \rightarrow SiH_4 + 2MgCl_2$ u. $Mg_3Si_2 + 6HCl \rightarrow Si_2H_6 + 3MgCl_2$. Die Befunde von Stock u. Somieski (Ber. dtsch. chem. Ges. **49.** [1916.] 111) sowie von Johnson (l. c.) ließen sich in den Einzelheiten bestätigen. – Die Analyse der Silane wurde teils durch Verbrennung mit O_2, teils durch die nach $Si_nH_{2n+2} + n\,CO_2 \rightarrow n\,SiO + n\,CO + (n+1)H_2$ verlaufende Umsetzung mit CO_2 bei 700–800° durchgeführt. (Z. anorg. allg. Chem. **282.** 29–40. Dez. 1955. Köln, Univ., Chem. Inst., Anorg. u. Analyt. Abt.) U. Wannagat. 261

E. Richardson und **J. A. Waddams,** *Neue Beobachtungen über die Vorgänge zwischen Quarz und Wasser.* Wenn Quarzteilchen mit W. oder wss. Lsgg. behandelt werden, tritt meist eine leichte Trübung auf, u. in der Lsg. kann Kieselsäure nachgewiesen werden. Die Trübung kann nicht auf Polykieselsäure zurückgeführt werden; die suspendierten Teilchen erwiesen sich als opt. anisotrop. Röntgenunterss. zeigten, daß sie im wesentlichen aus unmodifiziertem Quarz bestehen, daneben traten schwach die Linien von Kaolin auf. Vff. stellten fest, daß sich die mol. gelöste Kieselsäure, die mit einer Molybdänblau-Rk. nachgewiesen werden kann, nicht aus den suspendierten Teilchen bildet,

u. diskutieren deren ursprüngliche Herkunft. Die Ergebnisse haben auch für die Silicoseforschung Bedeutung. (Res. Corresp., Suppl. zu: Research **8.** Nr. 4. S 21–S 22. April 1955. Wolverhampton & Staffordshire Techn. Coll., Dep. of Appl. Sci.) D. BREDTSCHNEIDER. 261

H. W. Kohlschütter und **H. Mattner,** *Zersetzung von Hexachlordisilan an Kupfer und in Glasgefäßen.* Si_2Cl_6 zers. sich in Ggw. von Cu bereits bei 300°. Bei 350° sind 99,74% im Sinne der Bruttogleichung $2\,Si_2Cl_6 \rightarrow Si + 3\,SiCl_4$ über die Teil-Rkk. $Si_2Cl_6 + 6\,Cu \rightarrow 2\,Si + 6\,CuCl$; $Si_2Cl_6 + 2\,CuCl \rightarrow 2\,SiCl_4 + 2\,Cu$; $Si + 4\,CuCl \rightarrow SiCl_4 + 4\,Cu$ zerfallen; durch starkes Abschrecken des Syst. läßt sich CuCl isolieren. Wanderung von Cu tritt immer dann auf, wenn CuCl verdampft oder rückgebildetes Cu als Aerosol abgeführt wird. — In Glasgefäßen zerfällt Si_2Cl_6 erst ab 350°, vermutlich unter prim. Spaltung der Si–Si-Bindung nach $Si_2Cl_6 \rightarrow 2\,SiCl_3^*$, in höhermol., destillierbare (bis n = 4) u. fl., aber nicht destillierbare Verbb. (n > 4) der Reihe Si_nCl_{2n+2} sowie feste, rotbraune Substanzen der Zus. $Si_{0,9-0,58}$. $SiCl_4$ reagiert unter ähnlichen Bedingungen im Gegensatz zu Si_2Cl_6 nicht mit CuCl u. nur sehr langsam mit Cu zu CuCl. (Z. anorg. allg. Chem. **282.** 169–76. Dez. 1955. Darmstadt, TH, Eduard-Zintl-Inst. für anorg. u. phys. Chem.) U. WANNAGAT. 261

Ulrich Wannagat und **Franz Brandmair,** *Über das Siliciumanalogon des Kristallvioletts.* Die dem Kristallviolett analoge Si-Verb., das *Tris-[p-dimethylaminophenyl]-siliciumchlorid* (**I**), $C_{24}H_{30}N_3ClSi$, wurde gemäß $SiCl_4 + 3\,RLi \rightarrow 3\,LiCl + I$ [R = p-$(CH_3)_2NC_6H_4$-] in äther. Lsg. mit 60% Ausbeute dargestellt. Es ist farblos, schm. bei 230–232°, löst sich leicht in Chlf., CCl_4, heißem Bzl., verd. Säuren, unter stürm. HCl-Entw., in konz. H_2SO_4, schlecht in Ae. u. PAe., nicht in W. u. zers. sich langsam am Licht u. an feuchter Luft. **I** reagiert mit fl. NH_3 in 95% Ausbeute zu krist. *Tris-[p-dimethylaminophenyl]-siliciumamid* (**II**), $C_{24}H_{32}N_4Si$, das leicht lösl. in Dioxan, Chlf., Bzl., wenig in Ae., unlösl. in PAe. ist, bei 170° unter NH_3-Entw. zu schm. beginnt u. dabei in das *Hexakis-[p-dimethylaminophenyl]-disilazan* (**III**), $C_{48}H_{61}N_7Si_2$, übergeht, eine feinkrist., farblose, aus Bzl. umkristallisierbare, ab 280° sinternde Verbindung. Durch Hydrolyse von **I** mit verd. NH_4OH entsteht in 90% Ausbeute *Tris-[p-dimethylaminophenyl]-silanol* (**IV**), $C_{24}H_{31}ON_3Si$, F. 186°, das auch bei der Umsetzung gemäß $R_3SiH + Hg_2(NO_3)_2 + HOH \rightarrow R_3SiOH + 2\,Hg + 2\,HNO_3$ in geringer Ausbeute (< 30%) (vgl. COMBES, C. R. hebd. Séances Acad. Sci. **122.** [1896.] 622) gebildet wird; als Hauptprod. dieser Umsetzung läßt sich nach Fällung mit NaCl das RHgCl, F. 225° (Zers.), identifizieren. **IV** ist gut lösl. in Bzl. u. Chlf., weniger gut in CH_3OH u. Ae. u. gegen verd. NH_4OH sehr beständig. Es geht beim Kochen in CH_3OH in das *Tris-[p-dimethylaminophenyl]-methoxysilan* (**V**), $C_{25}H_{33}ON_3Si$, über, eine farblose, krist., in Bzl. gut, in CH_3OH u. Ae. mäßig lösl. Verb. vom F. 168°, die sich leichter noch aus **I** mit NH_3 in absol. CH_3OH bildet (90% Ausbeute). Aus **IV** ließ sich durch kurzzeitige Behandlung mit konz. HCl das *Hexakis-[p-dimethylaminophenyl]-disiloxan* (**VI**), $C_{48}H_{60}ON_6Si$, gewinnen (35% Ausbeute), das aus viel Bzl. umkristallisierbar ist u. > 330° sintert. *Tetrakis-[p-dimethylaminophenyl]-silan* (**VII**), $C_{32}H_{40}N_4Si$, aus $SiCl_4$ mit RBr u. Na oder mit LiR dargestellt, schm. mit 254–255° wesentlich höher als bei COMBES (l. c.; 225°) u. bei GILMAN (235°; C. **1952.** 3148.) — **I** löst sich in fl. SO_2 mit gelber Farbe, bei vorsichtigem Abdampfen des SO_2 bleibt das Solvat $R_3SiCl\cdot 3\,SO_2$ zurück. Die Lsg. in fl. SO_2 ist bei — 35°, nicht aber bei Raumtemp. beständig; bei ihrer Elektrolyse bei — 35° schlägt sich an einer Ag-Anode sofort AgCl nieder. Die Umsetzung von **I** mit $AgClO_4$ oder $Ba(BF_4)_2$ in organ. Lösungsmitteln führte wohl zu Ndd. von AgCl bzw. $BaCl_2$, die erhofften Reaktionsprodd. $R_3\cdot SiClO_4$ u. R_3SiBF_4 ließen sich jedoch nicht isolieren. In Isopropanol konnte aus dem Reaktionsgemisch Dimethylphenylammoniumperchlorat, F. 82°, abgetrennt werden. Die Umsetzung von **I** mit NaJ in fl. SO_2 führte neben NaCl zu einem Reaktionsgemisch, aus dem das Monohydrojodid des *4.4'-Bis-[dimethylaminophenyl]-äthers*, $C_{16}H_{21}ON_2J$, (ROR·HJ), F. 163–164° (Zers.), in geringer Menge isoliert werden konnte. — **I** besitzt in Chlf. ein ausgeprägtes Absorptionsmaximum bei 282 mμ, im Infrarotspektr. charakterist. Banden bei 3,9 u. 4,1 μ. Das Infrarotspektr. für Kristallviolett läßt sich mit einer Carbeniumstruktur $(R_3)C^+Cl^-$ schlecht vereinbaren. Die Infrarotspektren für **II, III, IV, V, VI, VII** u. R_3SiH werden mitgeteilt u. diskutiert. — $TiCl_4$ setzte sich mit RLi hauptsächlich gemäß $2\,TiCl_4 + 2\,RLi \rightarrow 2\,TiCl_3 + 2\,LiCl + R_2$ um. — Vff. leiten aus den Untersuchungen ab, daß **I** hauptsächlich eine homöopolare Si-Cl-Bindung besitzt u. Strukturen, wie $(R_3)Si^+Cl^-$ oder $[R_3{}^+Si]Cl^-$, auszuschließen sind, daß ferner im Kristallviolett keine Carbeniumstruktur $(R_3)C^+Cl^-$, sondern eine Resonanzstruktur $[R_3{}^+C]Cl^-$ vorliegt. (Z. anorg. allg. Chem. **280.** 223–40. Sept. 1955. Aachen, Inst. für Anorg. Chem. u. Elektrochem.) U. WANNAGAT. 261

Erich Thilo und **Herbert Grunze,** *Zur Chemie der kondensierten Phosphate und Arsenate.* 13. Mitt. *Der Entwässerungsverlauf der Dihydrogenmonophosphate des Li',*

Na$^{\bullet}$, *K*$^{\bullet}$ *und NH*$_4^{\bullet}$. (12. vgl. C. **1956**. 1829.) Der Verlauf der therm. Entwässerung der Dihydrogenphosphate des Li, Na, K u. NH_4^+ wurde papierchromatograph. verfolgt u. in Abhängigkeit von den Bedingungen des Erhitzens u. des Wasserdampfdruckes untersucht. Beim Erhitzen an freier Atmosphäre verhalten sich die einzelnen Alkalimetallsalze erheblich verschieden: Aus LiH_2PO_4 entstehen nach u. nach amorphe Gemische der einzelnen Glieder der homologen Reihe mit zunehmendem Kondensationsgrad, von denen $Li_2H_2P_2O_7$ auch krist. auftritt. Endprod. ist hochmol. krist. $(LiPO_3)_x \cdot H_2O$ (x = 200—800) mit Kettenanion, das bei 250° in eine stabile Hochtemperaturmodifikation übergeht, die bei 630° schmilzt. Ringförmige Anionen treten nicht auf. — Aus NaH_2PO_4 entsteht zunächst ausschließlich u. vollständig $Na_2H_2P_2O_7$, das ab 240° teils in *Trimetaphosphat*, $Na_3(P_3O_9)$ (I), teils in krist. MADRELLsches Salz übergeht. Letzteres wandelt sich zunächst in eine Hochtemperaturform um, aus der oberhalb 400° ebenfalls I entsteht, das dann bei 625° schmilzt. — Aus KH_2PO_4 bildet sich KURROLsches Salz $(KPO_3)_x \cdot H_2O$ (II), das sich zunächst als Kruste auf dem Ausgangsmaterial abscheidet, die weitere Entwässerung behindert u. dadurch einen Haltepunkt vortäuscht. Anfangs sind auch amorphe Kondensate mittleren Kondensationsgrades vorhanden, die dann zu Monophosphat u. II dismutieren. Bei ca. 250° sprengt der Wasserdampfdruck im Innern die Kruste, so daß die Entwässerung zu II weitergeht. Bei direktem Erhitzen auf 250° bildet sich eine „Kristallverb." neuen Typs der Zus. $2KH_2PO_4 \cdot 1K_2H_2P_2O_7$, die bei höherer Temp. auch in II übergeht. — Die Entwässerung von $NH_4H_2PO_4$ ist der des LiH_2PO_4 u. der H_3PO_4 ähnlich. Es verhält sich wie ein Gemenge seiner Dissoziationsprodd. u. geht zunächst in Gemische von NH_4-Polyphosphaten über, die sich ab 190° teils unter NH_3-Abspaltung in Polyphosphorsäuren, teils in ein hochmol. Polyphosphat $(NH_4PO_3)_x \cdot H_2O$ mit Kettenanion umwandeln. — Beim Erhitzen unter hohem Wasserdampfpartialdruck gleicht sich das Verh. aller Salze merklich aneinander an: Es bilden sich stets Gemische von Kettenanionen mittleren Kondensationsgrades, die nicht direkt zu hochmol. weiterkondensieren, sondern in die krist. Endglieder, hochmol. Polyphosphate $(Me^IPO_3)x \cdot H_2O$ u. zweifach saure Mono- u. Diphosphate dismutieren. Letztere werden dann erneut umgewandelt. Eine Sonderstellung nimmt nur das NaH_2PO_4 ein, das auch unter diesen Bedingungen zunächst vollständig zu $Na_2H_2P_2O_7$ kondensiert. Die Gründe für das verschied. Verh. werden diskutiert. — Es wird weiter der Nachw. geführt, daß die unlösl. kondensierten Phosphate, Arsenate u. Arsenatophosphate u. das unlösl. Phosphat des NH_4^+ hochmol. Polyverbb. mit Kettenanion sind. Li-Polyarsenatophosphate sind bei hohem P-Geh. (P : As $\geq$ 6) mit der Hochtemperaturform, bei kleinerem mit der Tieftemperaturform des $(LiPO_3)_x \cdot H_2O$ isomorph. Auch D. u. Molekülvol. zeigen eine entsprechende Abhängigkeit vom P-Gehalt. (Z. anorg. allg. Chem. **281**. 262—83. Dez. 1955. Berlin-Adlershof, Dtsch. Akad. der Wiss., Inst. für Anorg. Chem.)

F. UMLAND. 264

Herbert Grunze und **Erich Thilo**, *Zur Chemie der kondensierten Phosphate und Arsenate*. 14. Mitt. *Das Verhalten der Trimeta- und Tetrametaphosphate des Li*$^{\bullet}$, *Na*$^{\bullet}$, *K*$^{\bullet}$ *und NH*$_4^{\bullet}$ *und ihrer Hydrate beim Erhitzen.* (13. vgl. vorst. Ref.) Die *Alkalimetaphosphate* (I) u. ihre Hydrate sind bis auf $Na_3(P_3O_9)$ instabil. Bei der therm. Entwässerung an freier Asmosphäre gehen sie über niedermol. Zwischenprodd. in *Polyphosphate* (II) mit hochmol. Kettenanion über. Nur aus den Na-Verbb. entsteht $Na_3(P_3O_9)$ mit ringförmigem Anion. Nach ihrem Verh. lassen sich folgende Typen der therm. Umwandlung unterscheiden: 1 a) I, die entweder bis zum F. stabil bleiben, $Na_3(P_3O_9)$, oder sich, anscheinend über Radikale, in andere I oder in II umwandeln, $Na_4(P_4O_{12})$, $K_3(P_3O_9)$. — 1 b) I-Hydrate, die ihr Kristallwasser abgeben u. sich dann wie die Anhydride verhalten, $Na_3(P_3O_9) \cdot 6H_2O$, $Na_3(P_3O_9) \cdot 1{,}5H_2O$, $Na_4(P_4O_{12}) \cdot 10H_2O$ u. die beiden kristallograph. verschied. Modifikationen des $Na_4(P_4O_{12}) \cdot 4H_2O$. — 2a) I, die aus der Atmosphäre W. aufnehmen, prim. zu sauren II hydrolysiert werden u. wie diese weiterreagieren, $(NH_4)_3(P_3O_9)$ u. $(NH_4)_4(P_4O_{12})$. — 2b) I-Hydrate, die einen Teil des Kristallwassers ohne Neben-Rk. abgeben u. durch den Rest teilweise hydrolysiert werden, $Li_4(P_4O_{12}) \cdot 4H_2O$, $K_4(P_4O_{12}) \cdot 2H_2O$ u. die beiden Formen des $Na_3(P_3O_9) \cdot 1H_2O$. — 2c) I-Hydrate, die oberhalb 100° vollständig zu sauren II hydrolysiert werden u. wie diese weiterreagieren, $Li_3(P_3O_9) \cdot 3H_2O$. — Beim Erhitzen unter erhöhtem Wasserdampfpartialdruck werden alle I, auch $Na_3(P_3O_9)$, zunächst vollständig zum Dihydrogenmonophosphat hydrolysiert u. reagieren wie dieses (vgl. vorst. Ref.). (Z. anorg. allg. Chem. **281**. 284—92. Dez. 1955.) F. UMLAND. 264

A. Engelbrecht, A. Aignesberger und **E. Hayek**, *Über eine einfache Darstellungsweise von Arsentrifluorid und eine Molekülverbindung mit Schwefeltrioxyd.* Aus AsF_3 u. SO_3 entsteht in heftiger Rk. die bei 138° abdestillierbare Verb. $2AsF_3 \cdot 3SO_3$ (analyt. geprüft), $D._{20}$ 2,415, lösl. in SO_2Cl_2, $S_2O_5Cl_2$ u. $POCl_3$; durch Umsetzen mit NaF oder As_2O_3 wird AsF_3 zurückerhalten; H_2SO_4 u. HSO_3F wirken nicht ein; in $POCl_3$ gelöst, wurde kryoskop. ein Mol.-Gew. von nur ca. 200 (statt 504; dissoziiert?) gefunden. —

Aus Reaktionsgemischen von As_2O_3 u. HSO_3F ließ sich *AsF_3* mit einer Ausbeute bis zu 78%, bezogen auf As_2O_3, abdestillieren. HSO_3F hat vor dem bisher benutzten HF den Vorteil, Glas nicht anzugreifen. (Mh. Chem. **86.** 470—73. 1955. Innsbruck, Univ., Chem. Inst.) K. Blumrich. 265

Roland Muxart, Robert Mellet und **Richard Jaworsky,** *Eine neue Mikrosynthese von Dimethylradioberyllium-7.* Vff. beschreiben eine Mikrometh. zur Darst. von Dimethylradioberyllium 7 $(CH_3)_2{}^7Be$ (I) durch Umsetzung von *Dimethylquecksilber* $(CH_3)_2Hg$ (II) mit ^7Be. In die näher beschriebene App. (Abb.) werden 2 mg feingepulvertes ^7Be, gemischt mit 150 mg Au-Pulver, das zur Amalgamierung des frei gewordenen Hg dient, eingefüllt. Das Gemisch wird bei 400° u. 10^{-5} mm 2 Std. lang entgast. Sodann werden 2 ml sorgfältig getrocknetes u. entgastes **II** im Vakuum auf des ^7Be destilliert. Das Reaktionsrohr wird verschlossen u. auf 125° erhitzt. Durch Messung der Abnahme der Radioaktivität des Metallpulvers läßt sich, da das entstehende **I** in den oberen Teil des Rohres sublimiert, der Reaktionsverlauf verfolgen. Es zeigt sich des weiteren, daß mitunter keine Umsetzung eintritt. Vff. führen dies auf die Anwesenheit geringer Feuchtigkeitsspuren zurück. Nach dem Abdest. des nicht reagierten **II** im Vakuum wird **I** zur Reinigung bei ca. 100° langsam durch eine Glasfritte sublimiert u. danach zur Entfernung der letzten Hg-Anteile in ein Gefäß (Abb.), das in ein Wasserbad von 60° eintaucht, übergeführt. Hierbei setzt sich nach mehrstündigem Stehen das letzte Hg mit Au um. Unter diesen Bedingungen ergibt sich, wie es die tabellar. zusammengestellten Analysenergebnisse zeigen, für das Rohprod. eine mittlere Ausbeute von ca. 55% u. für die reine Substanz eine von 35%. (Bull. Soc. chim. France [5] **1956.** 445—46. März. Inst. du Radium, Labor. Curie.) H. Surawski. 281

G. E. Coates und **N. D. Huck,** *Dimethylberyllium.* 2. Mitt. *Koordinationsverbindungen.* (1. vgl. C. **1953.** 6645.) *Dimethylberyllium* (I) bildet koordinative Verbb. mit *Trimethylamin, Trimethylphosphin* u. *Dimethyl-* u. *Diäthyläther,* aber keine mit Trimethylarsin oder Dimethylsulfid. Daraus wird geschlossen, daß die Stabilität der Verbb. in der Reihenfolge N > P > O abnimmt. Während die koordinative Affinität von Trimethylamin groß genug ist, um die polymere Struktur des I zur Bldg. der flüchtigen Substanz $Me_2\overset{-}{B}e\text{–}\overset{+}{N}Me_3$ aufzulösen, haben die schwächeren Donator-Moll. wie Trimethylphosphin eine koordinative Affinität, die der der I-Moll. untereinander entspricht. Daraus resultieren eine Anzahl von Verbb. mit verschied. Be : P-Verhältnissen. Die Bldg. einer instabilen Verb. $(Me_2Be)_2(NMe_3)_3$ wird gezeigt u. auf der Basis einer Halbbindung zwischen einem N- u. zwei Be-Atomen diskutiert. (J. chem. Soc. [London] **1952.** 4501—11. Nov. Bristol, Univ.) W. Kaufmann. 281

G. E. Coates, F. Glockling und **N. D. Huck,** *Dimethylberyllium.* 3. Mitt. *Reaktionen mit einigen reaktionsfähigen Wasserstoff enthaltenden Verbindungen.* (2. vgl. vorst. Ref.) *$Be(CH_3)_2$* (I) reagiert mit *Methylamin, Dimethylamin, Dimethylphosphin, Methanol, Methylmercaptan* oder *HCl* unter Bldg. von Methan u. Di-, Tri- oder polymerer Produkte. Dimethylamin ergibt eine trimere Verb. *$(MeBe\cdot NMe)_3$* mit cycl. Struktur; CH_3OH gibt ein dimeres Methoxyl *$(MeBe\cdot OMe)_2$*, welches leicht zu **I** u. Be-Dimethoxyl disproportioniert. Die restlichen untersuchten Substanzen ergeben nicht oder nur wenig flüchtige Prodd. polymeren Charakters. (J. chem. Soc. [London] **1952.** 4512—15. Nov.)
W. Kaufmann. 281

K. Ziegler, K. Nagel und **M. Patheiger,** *Metallorganische Verbindungen.* 20. Mitt. *Lithium- und Magnesium-Methylen.* (19. vgl. C. **1955.** 7653.) *$LiCH_3$* (I) wie auch *$Mg(CH_3)_2$* (II) zers. sich bei 220—260° unter CH_4-Entw. zu *Li_2CH_2* (III) bzw. *$MgCH_2$* (IV). Lithiummethylen (**III**) ist hellbraun, verbrennt an der Luft unter Funkensprühen, gibt bei der Hydrolyse überwiegend CH_4 (neben wenig C_2H_2 u. H_2, die aus weiteren Zersetzungsprodd. von **III** stammen) u. bildet beim Erhitzen auf 420° Li_2C_2 neben LiH. Magnesiummethylen, **IV**, bildet sich auch aus **II** in indifferenten hochsd. Lösungsmitteln, es ist rostbraun u. verbrennt an der Luft unter grelleuchtendem Funkensprühen. Die Debyeogramme für **I, II, III** u. **IV** werden mitgeteilt. Für **III** u. **IV** fanden sich keine Lösungsmittel. Die Darst. von **II** aus $ClMgCH_3$ u. Dioxan konnte verbessert werden. (Z. anorg. allg. Chem. **282.** 345—51. Dez. 1955. Mülheim/Ruhr, Max-Planck-Inst. für Kohlenforsch.)
U. Wannagat. 282

Eli S. Freeman und **Saul Gordon,** *Die Reaktion zwischen Quecksilber und Stickstoffdioxyd.* Vff. untersuchen die Rkk. zwischen Hg u. NO_2 in Ggw. von *NO* u. *O_2*. Es zeigt sich, daß die Stöchiometrie der Rk. von dem Verhältnis $[NO]:[O_2]$ abhängt. Für $[NO]:[O_2] > 2$ gilt (A) $4Hg + 6NO_2 = Hg_2(NO_3)_2 + Hg_2(NO_2)_2 + 2NO$. Für Werte $\leq 1{,}33$ läuft die Rk. nach (B) $4Hg + 4NO + 3O_2 = Hg_2(NO_3)_2 + Hg_2(NO_2)_2$ mit der Neben-Rk. $4NO + 3O_2 = 4NO_2 + O_2$ oder nach (C) $2Hg + 2NO_2 + O_2 = Hg_2(NO_3)_2$ mit $2NO + 2O_2 = 2NO_2 + O_2$ ab. Für $2 > [NO]:[O_2] > 1{,}33$ gilt eine Gleichung, die zwischen A u. B. liegt. Die Rkk. B u. C laufen so ab, daß das gebildete NO durch überschüssigen O_2 immer wieder in NO_2 übergeführt wird. Die Gesamtmenge von NO, die in dieser Weise reagieren kann, ist durch $[NO] = [NO]i + \sum_1^n [NO]_i/3n$ gegeben, worin $[NO]i$ die Anfangsmenge u. n die Zahl der durchlaufenen Kreisprozesse $NO \rightarrow NO_2 \rightarrow NO$ darstellt. Bei bekannten Anfangskonzz. an NO u. O_2 läßt sich die Reaktionsgleichung aus vorst. Beziehung ableiten. (J. Amer. chem. Soc. **78.** 1813—15. 5/5. 1956. Dover, N. J., Picatinny Arsenal, Pyrotechn. Chem. Res. Labor.) W. KRÖNERT. 290

Kálmán Sasvári und **András Hegedűs,** *Röntgen- und thermoanalytischer Beitrag zum thermischen Abbau von Aluminiumoxydhydraten.* 1. Mitt. Es wurde natürlicher *Hydrargillit* (I) u. künstlicher (II, techn. $Al_2O_3 \cdot 3H_2O$ einige Monate nach der Herst.) röntgenograph., differentialthermoanalyt. u. thermogravimetr. untersucht. In I konnten abhängig von der Alterung ca. 15% *Bayerit* nachgewiesen werden. Bei kristallograph. reinem I verläuft der therm. Abbau kontinuierlich über *Böhmit* (III) u. amorphes Monohydrat zu γ-Al_2O_3 (IV). Bei bayerithaltigem II sind die Umwandlungstempp. so weit entfernt, daß Bldg. von III u. IV nebeneinander leicht nachgewiesen werden kann. Ein Teil des während des kontinuierlichen Abbaus der Trihydrate gebildeten III zersetzt sich bereits bei niedrigen Tempp., der andere Teil bei höheren Tempp. zu IV. Die Verunreinigungen der Trihydrate üben einen noch nicht geklärten Einfluß auf die therm. Umwandlungen aus. (Magyar Kémiai Folyóirat [Ung. Z. Chem.] **60.** 333—46. Nov. 1954. Budapest, Forschungsinst. für Fernmeldedienst.) J. PLANK. 294

E. K. Keler und **A. I. Leonow,** *Einfluß der Beimengungen im Kaolin auf die Prozesse, die in ihm beim Erhitzen vor sich gehen.* Natürlicher *Kaolin* (I) u. künstliches *Allophanoid* (II, aus Na-Aluminat u. -Silicat, elektrodialyt. vom NaOH gereinigt) wurden unter Zusatz von $MgCl_2$, $CaCl_2$ u. Fe-Sulfat thermograph. untersucht; das Glühen erfolgte bei 600—1400°. Reines II zeigte bei 70—300° ein endothermes, bei 930—1000° ein exothermes Gebiet; II mit 2% Zusatz (MgO, CaO, CaF_2, MgF_2) wies noch ein zweites exothermes Gebiet bei 1114—1270° (*Mullit*bldg.), ein drittes bei 1310—1370° (*Cristobalit*) auf, im 1. exothermen Gebiet wurde γ-Tonerde (röntgenograph.) gefunden. — Reiner I wies 2 endotherme (40—350, 460—700°) u. 2 exotherme Gebiete auf: bei 920 bis 980° (γ-Tonerde, Beginn der Mullitbldg.) u. 1160—1360° (γ-Tonerde verschwindet, reichliche Mullitbldg.). Bei Zusatz von 3% MgO (CaO, CaF_2, MgF_2) wird im 1. exothermen Gebiet verstärkt Mullit u. wenig γ-Tonerde gebildet, das im zweiten vermindert u. nach 1050—1140° verschoben wird. Oberhalb 1300° beginnt auch hier die Cristobalitbildung. Damit ist ein wesentlicher Einfl. der Beimengungen Fe_2O_3, CaO u. MgO auf die chem. u. Phasenumwandlungen in I u. II nachgewiesen. (Доклады Академии Наук СССР [Ber. Akad. Wiss. UdSSR] **101.** 137—39. 1/3. 1955. Inst. für Silicatchem. der Akad. der Wiss. der UdSSR.) A. v. WILPERT. 294

Werner Fischer, Jürgen Müller und **Karl Ernst Niemann,** *Über die Trennung der Seltenen Erden durch fraktionierte Fällung ihrer Carbonate.* (Vgl. C. **1955.** 3815.) Zur präparativen Trennung des Y von den anderen seltenen Erden verwenden Vff. die größere Löslichkeit des $Y_2(CO_3)_3$ unter geeigneten Bedingungen. Als Ausgangsmaterial dienten Yttererden aus *Gadolinit.* Da die 4-wertigen Elemente Ce u. Th bei der Carbonattrennung unter Hydrolyse sehr feinteilig u. unfiltrierbar anfallen, müssen sie vor der eigentlichen Fällung abgetrennt werden. Das in HNO_3 gelöste Material wird mit überschüssigem gefälltem $CaCO_3$, $(NH_4)_2S_2O_8$ u. wenig $AgNO_3$ ½ Std. gekocht u. das Sulfat mit der äquivalenten Menge $Ba(NO_3)_2$ im Filtrat entfernt. Durch Oxalatfällung aus saurer Lsg. werden die Erden isoliert. Man ermittelt nun zunächst den Gesamtgeh. der Erden durch Hydroxydfällung aus der gegen Bromphenolblau neutralisierten Lösung. Nach dem Filtrieren wird die überschüssige NaOH zurücktitriert. Die auf 0° gekühlte, salpetersaure Lsg. der Erden sättigt man mit CO_2 u. versetzt langsam mit der berechneten Menge feinkrist. NH_4HCO_3, die zur Neutralisation der Säure u. zur Fällung von 50 Mol.% der Erden erforderlich ist. Nach 3tägigem Rühren bei 0° unter ständigem Einleiten von CO_2 läßt man 1 Tag unter CO_2-Einleiten absitzen. Nach dem Filtrieren u. Trockensaugen wird der Nd. erneut in HNO_3 gelöst u. zu 50% gefällt; das Filtrat wird ebenfalls zu 50% gefällt. Bei den weiteren Fällungen werden Nd. u. Filtrat benachbarter Fraktionen jeweils gemeinsam weiter verarbeitet. Von der 5. Fällung ab setzt man den Mittelfraktionen der geradzahligen Reihen jeweils so viel Ausgangsmaterial vor der erneuten Fällung zu, daß die Ausgangsmenge wieder erreicht ist. Von der 10. Fällung ab werden die Randfraktionen bei jeder 2. Reihe aus dem Betrieb gezogen. Es konnten so Lsgg. mit 98 Mol-% Y_2O_3 in 80%ig. Ausbeute gewonnen werden. Die Löslichkeit der Carbonate steigt in der Reihenfolge *Pr, Nd, Sm, La, Gd···Yb, Lu, Y.* Die Fällungen erfolgten in 25 Liter fassenden Steinzeuggefäßen mit höchstens 1 kg E_2O_3 in 20 Liter Lösung. Die Methode eignet sich zur Abtrennung des Y von den Yttererden Gd bis Er. Zur Trennung der Ceriterden bietet sie gegenüber anderen Methoden keine Vorteile. (Z. anorg. allg. Chem. **282.** 63–79. Dez. 1955. Hannover, TH., Inst. für anorg. Chem.) H. PLUSKAL. 303

M. R. Nayar und **C. S. Pande,** *Bildung komplexer Verbindungen zwischen Bleinitrat und Alkalinitraten.* 9. Mitt. *Das System $RbNO_3$–$Pb(NO_3)_2$–H_2O.* (8. vgl. Proc. Indian Acad. Sci., Sect. A **30.** [1949.] 251–54.) Für dieses Syst. werden an Lsgg. mit $^1/_6$ Mol $RbNO_3$ u. $Pb(NO_3)_2$-Konzz. zwischen 0,0 Mol u. $^1/_3$ Mol Viscosität, Leitfähigkeit u. Überführungszahlen bestimmt. Die Kurven Viscosität bzw. Leitfähigkeit gegen $Pb(NO_3)_2$-Konz. zeigen 3 deutliche Knicke bei Konzz., die der Bldg. der Verbb. 4 $RbNO_3 \cdot Pb(NO_3)_2$, 2 $RbNO_3 \cdot Pb(NO_3)_2$ u. $RbNO_3 \cdot Pb(NO_3)_2$ entsprechen. Die Überführungszahl des Pb^{2+}-Ions, die bei $Pb(NO_3)_2$-Lsgg. u. bei Gemischen $RbNO_3 : Pb(NO_3)_2$ = 1 : 1, 2 : 1 u. 4 : 1 bestimmt wird, erfährt durch Ggw. von $RbNO_3$ eine Änderung von 0,4901 auf 0,2631 = 46,32% (Gemisch 1 : 1) bis 75,64% (Gemisch 4 : 1) von ähnlicher Größenordnung wie mit KNO_3 u. NH_4NO_3; die Tendenz zur Bldg. von Verbb. zwischen $Pb(NO_3)_2$ u. Alkalinitrat nimmt zu mit steigender Atomzahl. (J. Indian chem. Soc. **28.** 107–11. März 1951. Lucknow, Univ., Chem. Dep.) G. v. DECHEND. 328

M. R. Nayar und **C. S. Pande,** *Bildung komplexer Verbindungen zwischen Bleinitrat und Alkalinitraten.* 10. Mitt. *Thermometrische Titrationen.* (9. vgl. vorst. Ref.) Durch thermometr. Titrationen bei denen $Pb(NO_3)_2$ aus einer Bürette in einem Calorimeter einem bestimmten Vol. Alkalinitrat zugesetzt u. die auftretende Temperaturänderung gemessen wird, läßt sich durch Knicke in den Titrationskurven in den Systemen mit KNO_3, NH_4NO_3 u. $RbNO_3$ die Bldg. von Verbb. der allg. Formel 4 $RNO_3 \cdot Pb(NO_3)_2$, 2 $RNO_3 \cdot Pb(NO_3)_2$ u. $RNO_3 \cdot Pb(NO_3)_2$ feststellen, während die Systeme $LiNO_3 \cdot Pb(NO_3)_2 \cdot H_2O$ u. $NaNO_3 \cdot Pb(NO_3)_2 \cdot H_2O$ glatte Kurven geben, also keine Verbb. bilden. Die Kurve der differentiellen Änderung des Temperaturanstiegs je cm^3 zugesetztes $Pb(NO_3)_2$ zeigt Werte verschied. Größenordnung, also verschied. Bildungswärme der Verbindungen. Eine Best. der Bildungswärme aus der spezif. Wärme der Lsgg., der Verdünnungswärme u. dem Wasserwert des Calorimeters ist in Arbeit. (J. Indian chem. Soc. **28.** 112–18. März 1951.) G. v. DECHEND. 328

R. N. O'Brien, F. A. Forward und **J. Halpern,** *Fällung des Vanadiums aus wässerigen Vanadatlösungen durch Reduktion mit Wasserstoff.* Nach einem, dem zur Fällung von *U* angewandten ähnlichen Verf. (vgl. FORWARD, C. **1954.** 8435) lassen sich V-Salze in wss. Lsg. durch H_2 unter Druck bei Ggw. eines Ni-Katalysators reduzieren, wobei als Zwischenprod. in W. lösl. $[V_2O_5]^{2-}$, als Endprod. in W. unlösl. V_2O_3 entsteht. Die Fällungs-Rk. ist bzgl. der V-Konz. von nullter Ordnung u. läßt sich durch folgende Gleichung ausdrücken: $d(V)/dt = K(Ni)(H_2)^{1/2}$ exp. $[-7850/RT]$, (V = Menge des in der Zeit t (Min.) gefällten V in g/Liter, Ni = Oberfläche des Ni-Katalysators in cm^2/Liter, H_2 = Partialdruck des H_2, T = absol. Temp., R = Gaskonstante, K = Geschwindigkeitskonstante). Bei 149°, 20 at H_2-Druck, 10 g/Liter Ni-Katalysator mit $7{,}2 \cdot 10^4$ cm^2/Liter Oberfläche wurde die Fällgeschwindigkeit mit $1{,}35 \cdot 10^{-2}$ gefunden, woraus sich $K = 4{,}2 \cdot 10^{-4}$ $g/cm^{-2}/Atm^{-1/2} \cdot min^{-1}$ ergibt. Hieraus läßt sich die Fällgeschwindigkeit bei beliebigen Tempp., H_2-Drucken u. Katalysatorkonzz. errechnen. Die Rk. geht noch bei 50° u. 1 at H_2, wenn auch sehr langsam, vor sich. Die optimalen Werte liegen jedoch bei 100–200° u. 7–28 at Druck. Der Ni-Katalysator läßt sich magnet. aus dem Reaktionsprod. zurückgewinnen u. ist unbegrenzt verwendbar. Enthält die Lsg. V u. U, z. B. bei *Carnotit* als Ausgangsmaterial, so kann U (wegen größerer Fällgeschwindigkeit) von V getrennt werden. (Canad. Mining metallurg. Bull. **46.** 673–76. Nov. 1953. Vancouver, Univ. of Brit. Columbia, Dep. of Mining and Metallurgy.) K. STEINER. 330

F. A. Josien, *Untersuchungen über die Reduktion von Wolframit.* Vf. untersucht die Abtrennung von W aus einem *Wolframit* (**I**). Der Aufschluß erfolgt beim Erhitzen eines innigen Gemisches von **I** mit Holzkohle durch Red. u. Bldg. von WC. Das Reaktionsgemisch wird mit HNO_3 + HF getrennt. Die optimalen Bedingungen für einen quantitativen Aufschluß von **I** werden thermogravimetr. u. chem. ermittelt u. ergeben ein Mischungsverhältnis C : **I** von 20 : 100 u. 1 std. Erhitzen auf 1400°. Das erhaltene *WC* ist sehr rein; Mn u. Fe sind prakt. abwesend u. der Geh. an freiem Si u. C beträgt $<$ 0,2%. Die Röntgenstrahlenunters. zeigt, daß bei niederen C-Gehh. des Aufschlußgemisches oder höheren Tempp. wesentliche Mengen W_2C u. etwas Fe_3W_3C erhalten werden. (Bull. Soc. chim. France, [5] **1956.** 476–80. März.) H. MÜLLER. 337

F. A. Josien, *Untersuchung der Reaktionen zwischen Wolframcarbid, Mangandioxyd und Eisen(III)-oxyd.* (Vgl. vorst. Ref.) Die Unterss. wurden ausgeführt, um über den Reaktionsverlauf u. die auftretenden Zwischenprodd. der Red. von Wolframit Auskunft zu erhalten. Die Rk. von *WC* mit MnO_2 verläuft in zwei Stufen: $MnO_2 + 2\,WC \rightarrow MnO + W_2C + CO$ bei ca. 1100° u. $MnO + 2\,WC \rightarrow Mn + W_2C + CO$ bei ca. 1500°. Das gebildete Mn wirkt auf CO ein unter Bldg. von C + MnO oder reagiert mit C unter

Bldg. nicht näher bekannter Mischungen von Mn_3C mit WC. Das Fe_2O_3 reagiert zwischen 650 u. 1000° mit WC unter Bldg. von Fe, W_2C u. CO. Außerdem bilden Fe, W_2C u. WC sofort eine neue Mischphase vom Typ W_3Fe_3C. Die einzelnen Prodd. wurden röntgenograph. u. durch chem. Analyse nachgewiesen. (Bull. Soc. chim. France [5] **1956.** 480–86. März.) H. MÜLLER. 337

E. O. Fischer, W. Hafner und **H. O. Stahl,** *Über Cyclopentadienylmetallcarbonylwasserstoffe des Chroms, Molybdäns und Wolframs.* Der *Cyclopentadienyl-Me-Carbonylwasserstoff* (I) des Cr, $(C_5H_5)Cr(CO)_3H$ (II) kann durch Einw. von H_2 u. CO bei 75° auf $Cr(C_5H_5)_2$ als leichtflüchtiges, goldgelbes Kristallisat erhalten werden, das sich im Hochvakuum bei 40–45° durch Sublimation leicht reinigen läßt. Eine einfachere Darst. von II sowie der Mo-Verb. von I (III) u. der W-Verb. von I (IV) beruht auf dem sauren Charakter der Verbindungen. Die Hexacarbonyle $Me(CO)_6$ werden mit LiC_5H_5 bzw. beim Cr mit KC_5H_5 unter CO-Entw. zu den entsprechenden Salzen umgesetzt. Bei den Mo- u. W-Verbb. trat die Rk. in N-Dimethylformamid (auch in Dioxan möglich) bei 70–75° bzw. 110°, beim Cr in Cyclopentadiemylkalium bei 100–130° mit Ausbeuten bis zu 60% ein. Alle 3 Hydride sind leicht flüchtige, oxydationsempfindliche, goldgelbe bis schwach gelbe Verbb. vom F. 57–58° bei **II**, 50–52° bei **III** u. 66–67° bei **IV. II** u. **III** zerfallen unter H_2-Entw. u. Bldg. der Dimeren (Blaugrün bei **II** bzw. Dunkelrot bei **III**) bereits unterhalb der Schmelzpunkte. Der Zerfall ist bes. bei **II** reversibel. Bei 70° u. 150 at H_2 bildet sich **II** zurück. **IV** zerfällt unterhalb 180° nicht, dagegen zeigt es bei Belichtung Rotfärbung, die auf Dimerisierung zurückgeführt wird. Die Anionen der Hydride geben mit $Co(C_5H_5)_2]^+$ schwer lösl. braune Ndd., mit $Hg(CN)_2$ hellgelbe, stabile, in organ. Lösungsmittel lösl. Komplexe der Form $Hg[(C_5H_5)Me(CO)_3]_2$. Die Säurestärke der Hydride beträgt $K' > 10^{-6}$, alle 3 zeigen Diamagnetismus. Vff. diskutieren die Struktur der Hydride u. geben eine Deutung als Durchdringungskomplex mit Edelgaskonfiguration der Radikale. Bei der Umsetzung von **IV** mit Diazomethan in Ae. entsteht unter N_2-Entw. ein stabiler, orangefarbener Komplex der Zus. $(C_5H_5)W(CO)_3CH_3$, der bei 40° im Hochvakuum durch Sublimation gewonnen werden kann. Er zers. sich bei 120° langsam unter Dunkelfärbung u. schm. bei 140°. (Z. anorg. allg. Chem. **282.** 47–62. Dez. 1955. München, TH, Anorg.-chem. Labor.) H. PLUSKAL. 337

Lawrence Stein und **R. C. Vogel,** *Verhalten von Uran und anderen ausgewählten Stoffen gegenüber Fluorierungsmitteln.* U löst sich in fl. BrF_3 bei 50–125° u. in BrF_5 bei 50–75° unter Bldg. von UF_6. Die Umsetzungen von U mit gasförmigen Halogenfluoriden u. mit F_2 sind nicht regelbar. Wenn man U zunächst mit fl. BrF_3 in Berührung bringt u. anschließend mit BrF_3-Dampf bei 150° u. darüber behandelt, tritt Entzündung ein. Ohne Vorbehandlung mit fl. BrF_3 entzündet sich U in BrF_3-Dampf bei 190°, in BrF_5-Dampf bei 225°, in ClF_3-Dampf bei 205° u. in F_2 bei 260°. – *Th, Al, Cu, Fe* u. *Mg* werden von BrF_3, BrF_5, ClF_3 u. F_2 nicht wesentlich angegriffen. – *Pt* löst sich in heißem BrF_3 leicht auf. – *Zr* ist gegen fl. BrF_3 u. BrF_5 ziemlich beständig, aber unbeständig gegen die gasförmigen Verbb.; mit ClF_3 u. F_2 tritt Entzündung ein. – *Fluorothene* entzündet sich in gasförmigem ClF_3 u. F_2. (Ind. Engng. Chem. **48.** 418–21. März 1956. (Part I). Lemont, Ill., Argonne Nat. Labor., Chem. Engng. Div.) E. FORCHE. 339

Edward Orban, Martin K. Barnett, Jane S. Boyle, John R. Heiks und **Lerroy V. Jones,** *Physikalische Eigenschaften von wässerigen Lösungen von Uranylsulfat zwischen 20 und 90°.* Zwischen 20 u. 90° haben Vff. die Dichten, Oberflächenspannungen, Viscositäten u. p_H-Werte von Uranylsulfatlsgg. im Konzentrationsbereich von 0,1 bis 4mol. bestimmt. Dichten u. Oberflächenspannungen folgen den Gleichungen $m = 3{,}1840d - 3{,}1887$ u. $\gamma = 2{,}02\,m - 0{,}168\,(t - 20) + 72{,}75$. Letztere läßt sich mit der Viscositätsfunktion kombinieren zu $\log\eta = (0{,}15 - 0{,}00046\,t)\gamma + (-11{,}32 + 0{,}046\,t)$. Vff. haben eine Reihe von Gleichungen geprüft, die die Hydrolyse des Uranylsulfats zu beschreiben vermögen u. den Einfl. von Na_2SO_4-Zusätzen auf die Hydrolyse studiert. Nahezu konstante Werte für die Gleichgewichtskonstante im gesamten untersuchten Konzentrationsbereich ergibt die Gleichung $4\,UO_2^{2+} + H_2O \rightarrow UO_3(UO_2)_3^{6+} + 2\,H^+$. Dabei hat k den Wert $5{,}5 \cdot 10^{-2}$. In konzentrierteren Lsgg. vermuten Vff. die Existenz höherer Uranylkomplexe. (J. physic. Chem. **60.** 413–15. April 1956. Miamisburg, O., Monsanto Chem. Comp., Mound Labor.) H.-U. WOELK. 339

M. Bachelet, Cheylan, Douis und **Goulette,** *Thermische Zersetzung des Uranylcarbonats und der Natriumuranylcarbonate.* Vff. untersuchen die therm. Zers. von UO_2CO_3 (I), $Na_4[UO_2(CO_3)_3]$ (II) u. $Na_2[UO_2(CO_3)_2]$ (III). I zeigt zwischen 480 u. 500° eine kräftige Zers. in U_3O_8, CO_2 u. O_2; eine Abspaltung von CO_2 unter Bldg. von UO_3 wurde nicht beobachtet. Die thermogravimetr. aufgenommene Zersetzungskurve von **II** zeigt zwischen 300 u. 400° eine starke, bei 800° eine erheblich schwächere CO_2-Entwicklung. Die nach den folgenden Gleichungen auftretenden Substanzen wurden außerdem röntgenograph. nachgewiesen: $2 Na_4[UO_2(CO_3)_3] \xrightarrow{300^0} Na_2U_2O_7 + 3 CO_2 + 3 Na_2CO_3$ u. $Na_2U_2O_7 + Na_2CO_3 \xrightarrow{700^0} 2 Na_2UO_4 + CO_2$. Die Zers. von **III** liefert nach den entsprechenden Reaktionsgleichungen bei Tempp. um 1000° reines Na_2UO_4. Auch hier wurde die Existenz der Zwischen- u. Endprodd. durch röntgenograph. Vgl. mit authent. Präpp. nachgewiesen. (Bull. Soc. chim. France [5] **1956**. 441–44. März. Paris, Inst. du Radium.) H. Müller. 339

Donald Cohen, J. C. Sullivan und **J. C. Hindman,** *Isotopenaustauschreaktionen von Neptuniumionen in Lösung.* 3. Mitt. *Die Wirkung von Chlorid- und Nitrationen auf die Geschwindigkeit des* Np^{5+}*–*Np^{6+}*-Austauschs.* (2. vgl. Sullivan, C. **1956**. 4362.) Der katalyt. Einfl. von Cl^- u. NO_3^- auf den Np^{5+}–Np^{6+}-Austausch in $HClO_4$ sowie die Abhängigkeit von der H^+-Konz., der Ionenstärke u. der Temp. werden untersucht. Eine geringe Oberflächenkatalyse wird nur bei Au u. Pt festgestellt. Steigende Ionenstärke μ erhöht die Austauschgeschwindigkeit k. Bei $\mu = 3$ hat eine Erhöhung der H^+-Konz. von 0,5–2 mol. keinen Einfl., während bei größeren H^+-Konzz. ein Anstieg von k zu verzeichnen ist. Die Zugabe von NO_3^- in einer Konz. von 0–2,7 mol. hat nur einen geringen Einfluß. Bei Zugabe von Cl^- in einer Konz. von 0–2,7 mol. steigt k stark an. Während von Np^{5+} offenbar keine Chlorokomplexe existieren, wird für Np^{6+} die Bldg. von NpO_2Cl^+- u. NpO_2Cl_2-Komplexen angenommen. Hierfür werden Gleichungen für k aufgestellt u. mit den experimentellen Ergebnissen verglichen. Mit Hilfe der Temperaturabhängigkeit werden die Aktivierungsenergien E, sowie die -entropien ΔS u. freien Energien ΔF für verschied. Austausch-Rkk. berechnet. E u. ΔS sind für die Austauschvorgänge über die Cl^--Komplexe positiver als für den Austausch über die einfachen hydratisierten Np-Ionen. Schließlich werden mehrere Wege für den NpO_2^+–NpO_2^{2+}- als auch für den NpO_2^+–NpO_2Cl^+-Austausch u. die dabei möglicherweise auftretenden aktivierten Komplexe diskutiert. (J. Amer. chem. Soc. **77**. 4964–68. 5/10. 1955. Lemont, Ill., Argonne Nat. Labor., Chem. Div.) Günter Lange. 342

A. Michel, *Untersuchung der Reaktion von Schwefelwasserstoff mit den Oxyden des Eisens.* 1. Mitt. Vf. untersucht die Rk. von H_2S mit α- u. β-Fe_2O_3 (**I**), mit α- u. γ-$Fe_2O_3 \cdot H_2O$ (**II**) u. mit Fe_3O_4 (**III**) u. FeO (**IV**). Es bildet sich dabei eine schwarze Substanz (**I**), die durch ein Atomverhältnis $\varrho = [S]/[Fe]$ charakterisiert werden kann. Es ergibt sich für **I** u. **II** ϱ zu $^3/_2$, für **III** ϱ zu $^4/_3$ u. für **IV** ϱ zu 1. Dieses Verhältnis ist gleich dem Atomverhältnis $\varrho = [O]/[Fe]$. Röntgenograph. u. thermomagnet. Unterss. zeigen, daß **I** eine gut krist. Substanz ist u. die Struktur des FeS aufweist. Daher zieht Vf. folgendes Reaktionsschema vor: $Fe_xO_y + y\,H_2S \xrightarrow[(y<x)]{} x(\text{Phase FeS}) + mS + y\,H_2O + q$. Hierbei besitzt m keinen definierten Wert, solange die FeS-Phase mikrokristallin ist. (Bull. Soc. chim. France, Mém. [5] **1955**. 1187–88. Okt. Lille, Fac. des Sci., Labor. de Chim. Min.) H. Surawski. 354

M. Je. Posin, I. P. Muchlenow und **L. Ss. Wassilessku,** *Über die Reduktion von Eisen(III)-sulfat mit Schwefligsäureanhydrid.* Zur gleichzeitigen Erfassung sowohl des SO_2 in Abgasen wie auch der verbrauchten $Fe_2(SO_4)_3$ enthaltenden Beizlsgg. aus der Metallindustrie versuchten Vff. durch Oxydation des SO_2, H_2SO_4 herzustellen bzw. die Lsgg. zu regenerieren. Zur Aufklärung des Prozesses untersuchten sie den Einfl. der Temp. zwischen 20 u. 80°, der SO_2-Konz. zwischen 7 u. 100% u. des Verhältnisses $SO_2 : O_2$ von 1 : 0,4–1 : 4 auf die Rk. an einer 30 g/Liter Fe^{3+} enthaltenen Lsg. bei einem Durchsatz von 30 Liter Gas/Std. u. stellten ihre Ergebnisse in Kurven dar. Zu Beginn der Rk. nimmt die Fe^{3+}-Konz. stark ab, durchläuft bei Erreichung eines H_2SO_4-Geh. von 4% ein Minimum, um dann, bedingt durch die Zunahme der Reaktionsgeschwindigkeit der Oxydations-Rk., wieder anzusteigen. Das Minimum liegt um so tiefer, je niedriger die Versuchstemp. ist. Eine Ausnahme bildet der Vers. bei 80°, dessen Minimum tiefer als bei 40° liegt. Der H_2SO_4-Geh. dagegen nimmt ausnahmslos mit der Temp. zu u. strebt eine Endkonz. an. Weiterhin ist die Reduktionswrkg. um so geringer, je niedriger der SO_2-Geh. des Gases u. je kleiner das Verhältnis $SO_2 : O_2$ ist. Die beste Ausbeute mit 88,3% Fe^{2+} bei geringer H_2SO_4-Bldg. wurde mit 100%ig. SO_2 erreicht. Die besten Säureausbeuten liegen bei 20%ig. SO_2 bei 17% u. beim Verhältnis $SO_2 : O_2$ gleich 1 : 0,4 bei 20,6% H_2SO_4. (Журнал Прикладной Химии [J. angew. Chem.] **28**. 573–78. Juni 1955. Leningrad, Lensowjet-Inst. für Technol.) Ch. Weiske. 354

Jean Besson und **Heinz Berger,** *Die Fällung des basischen Nickelsulfates. Calorimetrische und potentiometrische Untersuchung der Reaktion.* Vff. untersuchen calorimetr. u. potentiometr. die Fällung von $NiSO_4$ mit $NaOH$ (**I**) u. stellen fest, daß sich bei jeder Konz. im Bereich von 1/100–2 mol. zunächst ein bas. Sulfat bildet, dessen verschied. Zus. zwischen $Ni(OH)_2$ u. $NiSO_4 \cdot 4\,Ni(OH)_2$ (**II**) liegt. Das bas. Salz krist. schlecht u. gehört zum Typ „Feitknecht", d. h. es besitzt die Schichtstruktur des Hydroxyds mit mehr oder weniger geordnetem partiellem Ersatz bestimmter OH-Schichten durch eine SO_4^{2-}-Ionenschicht. Das bas. Prod. ist in Ggw. von W. u. **I** instabil, was die Tatsache, daß die Grenzformel **II** nur unter bestimmten Bedingungen erreicht wird, erklärt. Diese Ergebnisse, die auch röntgenograph. bestätigt wurden, stimmen mit den von HEUBEL (C. **1950**. I. 1824) angegebenen überein. Dagegen konnten die Angaben von DENK u. DEWALD (C. **1953**. 7495) nicht wiedergefunden werden. (Bull. Soc. chim. France, Mém. [5] **1955**. 1286–89. Okt. Sarrebruck, Fac. des Sci., Labor. de Chim. Min.)

H. SURAWSKI. 356

Georg-Maria Schwab und **Guido Hartmann**, *Beitrag zur Kenntnis des Silber(II)-oxyds.* Die durch Oxydation von Ag mit O_3, von Ag_2O mit O_3, durch Zers. von Ag_7NO_{11} (JIRSA, Z. anorg. allg. Chem. **148**. [1925.] 130) mit kochendem W., durch therm. Zers. von Ag_7NO_{11} u. durch Oxydation von Ag^+ mit Persulfat in alkal. Lsg. darstellbaren Oxyde erwiesen sich durch DEBYE-SCHERRER-Aufnahmen als ident. u. von niedriger Kristallsymmetrie. Als Katalysatoren des O_3-Zerfalls zeigen sie die gleiche hohe Aktivität (Aktivierungsenergie 2 kcal). Die Befunde deuten daraufhin, daß es sich bei allen Präpp. einheitlich um AgO u. nicht Ag_2O_2 handelt. (Z. anorg. allg. Chem. **281**. 183–86. Nov. 1955. München, Univ., Physik.-chem. Inst.) G. HARTMANN. 359

Leopold Gmelins Handbuch der anorganischen Chemie. Hrsg. von der Deutschen Chemischen Gesellschaft. Begonnen von **R. J. Mayer**, fortgef. v. **E. Pietsch**. 8., völlig neu bearb. Aufl. Syst.-Nr. 36. Gallium. 55. Uran und Isotope. Mit e. Anhang über Transurane. Weinheim/Bergstr. u. Berlin: Verl. Chemie. 1955. 36: (XVIII + IV + 100 S. m. 8 Abb.) 4°. DM 71,—. 55: (XVIII + X + 279 S. m. 4 Abb.) 4°. DM 169,—.

A₉. Mineralogische und geologische Chemie.

Ju. G. Staritzki, *Bestimmung des Begriffes „Struktur und Textur".* Auf Grund einer krit. Erörterung der bisher gültigen Begriffe „Struktur" u. „Textur" gelangt Vf. zu folgenden Definitionen: Als Struktur bezeichnet man die Gesamtheit der qualitativen Merkmale eines Mineralaggregates, bestimmt durch Form, Größe u. gegenseitiges Verhältnis der Mineralkörner gemeinsamen Ursprunges u. bedingt durch die physikal.-chem. Entstehungsbedingungen des Mineralaggregates; als Textur bezeichnet man die Gesamtheit der qualitativen Merkmale eines Gesteines, bestimmt durch Form, Größe u. gegenseitiges Verhältnis der Mineralaggregate verschied. Ursprunges u. bedingt durch die geolog. Bedingungen der Gesteinsbildung. (Записки Всесоюзного Минералогического Общества [Schr. Allunions mineralog. Ges.] [2] **83**. 275–77. 1954.) O. LEBTAG. 372

I. I. Schafranowski, *Äußere Symmetrie bei Realkristallen und Symmetrie der Mutterlauge.* Vf. behandelt die Bldg. von Kristallen, die in einem homogenen fl. oder gasförmigen Medium schweben, die Kristallbldg. innerhalb eines homogenen fl. Filmes u. die Bldg. von Kristallen am Boden oder an der Wand des Gesteins, die aus einem homogenen fl. oder gasförmigen Medium wachsen. Die äußere (sichtbare) Symmetrie der verzerrten Kristallformen, die durch die Einw. des Mediums verursacht wird, wird eingehend erörtert. (Записки Всесоюзного Минералогического Общества [Schr. Allunions mineralog. Ges.] [2] **83**. 198–211. 1954.) O. LEBTAG. 372

I. H. Ford und **C. D. Ollier**, *Radioaktivität von Zirkonen.* Vff. betten kleine Zirkonmineral-Kriställchen gleichmäßig auf einen Film u. übergießen sie dann noch mit Emulsion. Nach dem Trocknen werden sie im Kühlschrank 20 Tage lang im Dunkeln aufbewahrt. Nach dem Entwickeln kann man auf Grund der α-Teilchen-Spuren die Zirkone in zwei Klassen einteilen, die stark radioakt. u. die nur schwach radioaktiven. Genauere Unterss. zeigten, daß 4 verschied. akt. Materialien vorkommen. Auf Grund der Entstehungsbedingungen von Zirkonen kann die spezif. Aktivität eines Zirkons als Funktion der U–Th-Konz. des Muttermagmas angesehen werden. Vff. schlagen vor, daß so markierte Zirkone zur Aufklärung petrolog. Probleme als Tracer herangezogen werden. (Nature [London] **176**. 834. 29/10. 1955. Bristol, Univ., Dep. of Geol.)

MAX SCHMIDT. 378

A. I. Brodski und **W. A. Lunenok-Burmakina**, *Der Sauerstoffaustausch zwischen Calciumcarbonat und Wasser im Zusammenhang mit dem Problem des „geologischen Thermometers".* Bei der Wiederholung der Verss. von KARPATSCHEWA u. ROSEN (C. **1953**. 8529) über den O-Austausch zwischen $CaCO_3$ u. H_2O wird zur Erhöhung der Genauigkeit ein 3mal stärker mit ^{18}O angereichertes W. angewandt. Nach 60 Tagen wird ein Austausch von 3,0% festgestellt, während die genannten Vff. 36% gefunden hatten. Werden alle Vorsichtsmaßnahmen zur möglichsten Entfernung von Bicarbonat u. bas. Salz getroffen, so geht der Austausch ebenfalls nicht über 3,5% hinaus. Der geringe, zeitlich unregelmäßig zunehmende Austausch ist auf geringe Beimengungen von Bicarbonat u. bas. Salz zurückzuführen. Die Ablehnung des „geolog. Thermometers" nach

UREY (Science [New York] **108.** [1948.] 489) durch KARPATSCHEWA u. ROSEN ist demnach unbegründet. (Доклады Академии Наук СССР [Ber. Akad. Wiss. UdSSR] **101.** 715–17. 1/4. 1955. Pissarshewski-Inst. für physik. Chem. der Akad. der Wiss. der UdSSR.) O. LEBTAG. 378

Ch. I. Amirchanow, I. G. Gurwitsch, L. L. Schanin und **Ss. Ss. Ssardarow,** *Massenspektrometrische Methode zur Messung der Menge an radiogenem Argon in geologischen Formationen zur Bestimmung ihres absoluten Alters.* (Vgl. C. **1956.** 4948.) Zur Feststellung des Alters geolog. Formationen kann die K–Ar-Meth. verwendet werden, die auf der Best. des Geh. von ^{40}K u. dem Prod. seines radioakt. Zerfalls ^{40}Ar in den Mineralien beruht. Bei der verkürzten Meth. der Vff. erfolgt die Abtrennung des Ar durch Hochfrequenzerhitzung des Minerals bis dicht unter den F. Die Menge des radiogenen Ar wird im Massenspektrometer mittels Isotopen-Verdünnung bestimmt, wobei zu dem zu analysierenden Gas eine dosierte Menge Ar mit bekannter Isotopenzus. zugegeben wird. Versuchsergebnisse für die Best. des ^{40}Ar-Geh. von *Muskowit* sind angeführt. (Журнал Технической Физики [J. techn. Physik] **25.** 558–61. März 1955.) J. GEIGER. 378

D. P. Grigorjew, *Einige Erscheinungen bei der Genesis von Mineralien in Adern.* An Hand der Literatur (36 Angaben) werden die Entstehung des getrübten Quarzes, dessen freie Kristallisation in offenen Spalten, die beengte Kristallisation, die Umkristallisation u. Sammelkristallisation zusammenfassend behandelt. Aus dem Material wird geschlossen, daß die Wachstumserscheinungen der Adermineralien alle auf eine Kristallisation aus der Lsg. zurückzuführen sind u. den Wachstumsgesetzen der krist. Aggregate unterworfen sind. (Записки Всесоюзного Минералогического Общества [Schr. Allunions mineralog. Ges.] [2] **83.** 177–79. 1954.) O. LEBTAG. 378

Miroslav Králík, *Neue Richtungen der Erforschung von geologischen Erzlagerstätten.* Überblick über die Entw. u. die derzeitigen Probleme der geolog. Erzuntersuchung. (Rudy **3.** 165—67. 1955.) R. K. MÜLLER. 380

Martti Salmi, *Prospektierung auf moorbedecktes Erz mit Hilfe von Torfuntersuchungen.* Zur Feststellung einer Magnetit–Ilmenit-Lagerstätte wurden Torfe aus einer Reihe von Profilen verascht u. die Asche auf ihren Geh. an Fe, Ti u. V untersucht. Die Gehh. schwankten zwischen 2 u. 40% Fe, 0,05–0,6% Ti u. 0–0,3% V. Die Unterss. zeigten, daß bei den Lagerstätten Malmisuo u. Vuorokas die Metallgehh. der Torfschicht die richtigen Lagerverhältnisse widerspiegeln, obwohl zwischen Torf u. Erz bis 12 m mächtige Sandschichten liegen. (Bull. Commiss. géol. Finlande **1955.** Nr. 169. 1–34.) F. ENSSLIN. 380

P. T. Tashibajewa, *Einige Fragen der Mineralogie und Petrographie mesozoischer Ablagerungen im Dsheskasganer Gebiet.* Proben des abgelagerten Tonmaterials wurden petrograph., therm., nach chem. Verff., durch Anfärben u. Immersion untersucht. Es besteht in der Hauptsache aus *Kaolinit,* wie die Erhitzungskurven mit ihren dafür ausgezeichneten Temperaturpunkten zeigen. (Вестник Академии Наук Казахской ССР [Nachr. Akad. Wiss. KasachSSR] **1955.** Nr. 8. 73–78. Aug.) A. v. WILPERT. 380

Ss. W. Potapenko, *Thermographische Charakteristik der mineralischen Rohstoffe der UkrSSR.* Beschreibung der therm. Analyse nach dem Differentialverfahren. Den wesentlichen Bestandteil der App. bildete ein selbstregistrierendes Dreipunkt-Galvanometer. Nach Ausarbeitung des Verf. wurden Thermogramme von *Tonen* u. den sie begleitenden Bildungen aufgenommen: Glimmer, Pyrophyllite, Talk, Chlorite, Bauxite, Serpentin, Opal, Quarz, Alunit, Calcit, insgesamt 27 Thermogramme, davon 23 abgebildet. Die endo- u. exothermen Umwandlungspunkte werden angegeben. (Украинский Химический Журнал [Ukrain. chem. J.] **19.** Nr. **1.** 103–11. 1953.) A. v. WILPERT. 380

Shin Hata, *Neue Vorkommen verschiedener Arten seltener Mineralien.* Von selteneren, im nördlichen Honshu gesammelten Mineralien werden durch Analyse gekennzeichnet: *Gadolinit, Yttrogummit* (23,7% Y), *Fergusonit* (48,3% Ta_2O_5 + Nb_2O_5) u. *Lepidolith* (4,55% Li_2O). (Rep. sci. Res. Inst. [Kagaku-Kenkyujo-Hokoku] **29.** 488–90. Nov. 1953. [Orig.: japan.]) L. SCHULER. 380

E. N. Jelissejew, *Über das „neue" Mineral Chinoit.* Aus der Gegenüberstellung von opt. Konstanten sowie Ergebnissen der Röntgenanalyse u. der goniometr. Messungen für den von BECK u. GIVENS (C. **1955.** 3333) beschriebenen *Chinoit* von Santa Rita in New Mexico u. *Libethenit* (**I**) ergibt sich deren Identität. Die Angabe von BECK u. GIVENS, daß in Santa Rita keine weiteren sek. Phosphate vorkommen sollen, wird als falsch bezeichnet, da dort nach Literaturangaben **I** ebenfalls vorkommt. Danach gibt es das neue Mineral Chinoit nicht. (Записки Всесоюзного Минералогического Общества [Schr. Allunions mineralog. Ges.] [2] **83.** 279–83. 1954. Kola-Zweigstelle der Akad. der Wiss. der UdSSR.) O. LEBTAG. 380

W. A. Wachruschew, *Plumbojarosit in Nord-Kirgisien.* Auf Grund der chem. Analyse ergibt sich für den untersuchten *Plumbojarosit* (**I**) die empir. Formel: (Pb, Ca, K)O·

$3\,Fe_2O_3 \cdot 4\,SO_3 \cdot 6\,H_2O$ oder $(Pb,Ca,K)Fe_6^{3+}(SO_4)_4(OH)_{12}$. Der 1. endotherme Effekt bei 440° entspricht der Dehydratation u. Aufspaltung des I-Mol. in Sulfate, der 2. endotherme Effekt bei 720° der Dissoziation von $Fe_2(SO_4)_3$. Der endotherme Haltepunkt bei 535° beruht wahrscheinlich auf der Umwandlung des beim 1. endothermen Punkt nichtoxydierten $FeSO_4$. Die Entstehung u. Erhaltung des I in der Oxydationszone eines polymetall. Fundortes in einem regenreichen Gebiet hängt mit den lokalen ariden Verhältnissen zusammen, die durch das Überwiegen des Abflusses der Ndd. gegenüber dem Einsickern verursacht werden. Das beschriebene Vork. widerlegt die Richtigkeit der in der Literatur vorherrschenden Ansicht, wonach I nur in Gebieten von Halbwüstencharakter entstehen kann. (Записки Всесоюзного Минералогического Общества [Schr. Allunions mineralog. Ges.] [2] **83.** 246—49. 1954.) O. Lebtag. 380

G. N. Wertuschkow, *Quarzstalaktite in Limonitmandeln des mittleren Urals.* Aus der Unters. der 30 km südwestlich Swerdlowsk in den Limonitmandeln vorgefundenen Quarzstalaktite wird geschlossen, daß der Quarz in Form feiner Kristalle u. Faseraggregate in der Mandel direkt aus den koll. Lsgg. abgeschieden wurde, wobei den kollomorphen ähnliche Strukturen entstanden. Die koll. SiO_2-Lsgg., aus welchen Quarz u. *Chalcedon* innerhalb der Limonitmandel ausgeschieden wurden, sickerten durch die Mikroporen des Hydrogoethits. In den Spalten u. Hohlräumen des Hydrogoethits wurde SiO_2 als Chalcedon, vielleicht auch als Quarz, abgelagert. Zwischen dem Hohlraum der Limonitmandel u. dem Außenmedium bestand ein Austausch der Lösungen. (Записки Всесоюзного Минералогичекого Общества [Schr. Allunions mineralog. Ges.] [2] **83.** 249—51. 1954. Swerdlowsk, Wachruschew-Inst. für Bergbau, Lehrstuhl für Mineral. u. Kristallogr.) O. Lebtag. 380

John J. Naughton und **Kazuji Terada,** *Der Einfluß der Eruptionen von Hawaiivulkanen auf die Zusammensetzung und den Kohlenstoffisotopengehalt von verbundenen vulkanischen und fumarolischen Gasen.* Gasproben aus einer Pipe von Sulfur Bank u. aus einem Lavastrom wurden analysiert. Das Gas wurde einmal während eines Ausbruchs des Kilauea (**I**) gewonnen, zu zweit während einer Ruhezeit dieses Vulkans (**II**). Analyse **I/II**: CO_2 97,4/10,9; CO 1,0/3,2; H_2 0,4/0; SO_2 1,5/0; O_2 0/13,6; N_2 0/71,5 Vol.-%. In **II** ist der Einfl. der Verunreinigung durch Außenluft deutlich zu erkennen. Das $^{12}C/^{13}C$-Verhältnis des Gases war bei Eruptionen u. im Ruhezustand 89,0. Bei dem Gas aus dem Lavafluß des Mauna Loa 91,2, in einem Olivinbasalt aus dem Mauna Loa Strom 90,7. (Science [Washington] **120.** 580—81. 8/10. 1954. Honolulu, Univ. of Hawaii, Dep. of Chem.) J.-E. Hiller. 386

Helmuth Zapfe, *Zur Altersfrage der Braunkohle von Langau bei Geras in Niederösterreich.* Die Altersstellung der kohlenführenden Schichten von Langau bei Geras wird als Untermiozän (Burdigal) erkannt. Die Gründe werden angegeben. (Berg- u. hüttenmänn. Mh. montan. Hochschule Leoben **98.** 12—16. Jan. 1953.) E. Boye. 390

Yasuo Miyake, *Neuere Probleme der Ozeanochemie.* Überblick über die radioakt. Forschung in der Ozeanochemie. — 14 Literaturangaben. (Kagaku-no-Ryôiki [J. Jap. Chem.] **9.** Nr. 1. 3—8. Jan. 1955. Tokio-Suginami, Meteorol. Inst. [Orig.: japan.]) E. Maekawa. 393

F. Heide und **H. Moenke,** *Der Arsengehalt des Saalewassers.* Vff. bestimmen den As-Geh. im Saalewasser nach einer modifizierten Meth. von Kingsley u. Schaffert (C. **1952.** 740). Die Auswertung der Farbdichte der Molybdänblaulsgg. erfolgt mit dem Zeissschen Universal-Spektrophotometer. Die Ergebnisse der Unterss. werden in einer Tabelle zusammengestellt. Der Geh. an As schwankt in den einzelnen Monaten erheblich. Minimal wurden 4,5 μg/Liter Gesamtgeh. u. maximal 13,4 μg/Liter bestimmt. Im Jahresdurchschnitt ergeben sich 22,7 g As/t gelöste Salze u. 127,1 g As/t Schweb. Die schwankenden Werte der regionalen Proben hängen mit dem As-Geh. der im Einzugsgebiet der Saale anstehenden Gesteine, den Verunreinigungen durch die Industrie u. Verdünnung durch die Flüsse aus dem Südharzer u. Staßfurter Kaligebiet zusammen. Die Zusammenstellung des Verhältnisses As:*P* im Saalewasser u. anderen Stoffassoziationen zeigt sowohl die Ähnlichkeit als auch die Verschiedenheit der beiden Elemente in ihrem geochem. Verh., bedingt durch den verschied. Grad der Lithophilie, ihre verschied. Flüchtigkeit u. ihre verschied. Bedeutung für die Biogeochemie. (Naturwissenschaften **43.** 80—81. Febr. 1956. Jena, Mineralog. Inst.) W. Krönert. 393

B. Allgemeine und theoretische organische Chemie.

S. N. Sanyal und **K. K. Rohatgi,** *Pisum sativum Linn. Spektrophotometrische Untersuchungen mit einigen Analogen des m-Xylohydrochinons.* (Vgl. Sci. and Cult. **19.** [1954.] 356.) Frühere Unterss. (Calcutta Med. J. **49.** [1952.] 348; **50.** [1953.] 409) hatten eine Wechselwrkg. zwischen *m-Xylohydrochinon* (**I**) u. Progesteron (**IV**) ergeben. Vff. unter-

suchen jetzt spektrophotometr. Mischlsgg. von **IV** mit *3.5-* (**II**) u. *2.6-Xylenol* (**III**) in A. u. Cyclohexan. Bei den **II**–**IV**-Lsgg. schließen sie aus der Differenz von beobachteter u. – aus den Lsgg. der Komponenten – berechneter Extinktion auf Wechselwirkung, bei der Kombination **III** + **IV** fielen gemessene u. berechnete Absorptionskurve zusammen. Wahrscheinlich erfolgt in diesem Falle auf Grund ster. Hinderung keine Wechselwirkung. (Sci. and Cult. **20.** 557–58. Mai 1955. Calcutta, Bacteriol. Inst.)
K. Maier. B 118

P. M. G. Bavin und **M. J. S. Dewar,** *Absorptionsspektren von Nitro- und Fluorderivaten des Phenanthrens, Triphenylens und Pyrens.* Die Absorptionsspektren von *1-, 2-, 3-, 4-, 9-Fluorphenanthren, 1-, 2-, 3-, 4-, 9-Nitrophenanthren, 1-, 2-Fluortriphenylen, 1-, 2-Nitrotriphenylen, 1-Fluorpyren* u. *1-Nitropyren* wurden aufgenommen u. sind in Tabellenform wiedergegeben. Die Fluorverbb. wurden aus den entsprechenden Aminen über die Diazoniumborfluoride dargestellt.

Versuche: Die Fluorderivv. wurden durch $^1/_2$std. Kochen der Diazoniumborfluoride in Leichtbzn. (Kp. 100–120°), Chromatographieren der Leichtbenzinlsg. an Tonerde, Vakuumsublimation u. Umkristallisieren aus Leichtbenzin oder Methanol in guten Ausbeuten (Zahlenangaben fehlen) gewonnen. *1-Fluorphenanthren,* $C_{14}H_9F$, aus Leichtbenzin Tafeln, F. 100°. – *2-Fluorphenanthren,* $C_{14}H_9F$, aus Leichtbenzin oder Methanol Tafeln, F. 104–105°. – *3-Fluorphenanthren,* $C_{14}H_9F$, aus Methanol Tafeln, F. 84°. – *4-Fluorphenanthren,* $C_{14}H_9F$, aus Methanol Nadeln, F. 47°. – *9-Fluorphenanthren,* $C_{14}H_9F$, aus Leichtbenzin Prismen, F. 51,2°. – *1-Fluorpyren,* $C_{16}H_9F$, aus Leichtbenzin lange Nadeln, F. 136°. *Pikrat,* $C_{22}H_{12}O_7N_3F$, aus A. oder Essigsäure blutrote Nadeln, F. 208 bis 210°. (J. chem. Soc. [London] **1955.** 4486–87. Dez. London, Univ., Queen Mary College.)
E. Forche. B 118

N. A. Borissewitsch, *Einwirkung von Fremdgasen auf die Fluorescenzausbeute von Dämpfen aromatischer Verbindungen.* Der Einfl. von chem. inaktiven Fremdgasen (N_2, NH_3, C_5H_{12}) auf die Fluorescenzausbeute in Dämpfen der Phthalimidderivv. *3-Amino-, 3.6-Tetramethyldiamino-, 3-Acetamido-6-dimethylamino-* u. *3-Dimethylamino-6-aminophthalimid* ist von der Wellenlänge des anregenden Lichtes abhängig. Bei kurzwelliger Anregung nimmt die Ausbeute mit wachsendem Druck des Fremdgases zu, bei langwelliger Anregung wird die Fluorescenz getilgt. Die Inversionsfrequenz ist von der Art des Fremdgases u. von der Temp. unabhängig. Die Fluorescenzausbeute der Dämpfe von *3.6-Diaminophthalimid* wächst im kurzwelligen Anregungsgebiet (413–436 mμ), in dem die Ausbeute mit Abnahme des anregenden Quants zunimmt, mit größerem Druck des Fremdgases (N_2, CO_2, C_5H_{12}) bis zu einem Maximalwert. Im Bereich der Wellenlängenunabhängigkeit u. im anti-Stokesschen Gebiet herrscht auch Unabhängigkeit vom Gasdruck. Die Zunahme bzw. Tilgung der Fluorescenzausbeute ist durch Änderung des Vorrats an Schwingungsenergie des angeregten Mol. beim Stoß mit einem Mol. des Fremdgases bedingt. Die Inversionsfrequenz muß mit der Frequenz des Elektronenüberganges zusammenfallen. (Доклады Академии Наук СССР [Ber. Akad. Wiss. UdSSR] [N. S.] **99.** 695–98. 11/12. 1954.)
J. Geiger. B 118

N. A. Pušin, I. I. Rikovski und **M. Smiljanić,** *Brechungsindices einiger organischer Verbindungen bei verschiedenen Temperaturen und deren Temperaturkoeffizienten.* 2. Mitt. (1. vgl. C. **1954.** 6909.) Weitere Meßergebnisse für den n_D bei 0, 10, 20, 30, 40, 50, 60° (letzte Zahl = Temperaturkoeff., dn/dt·10^6 für die D-Linie). – *Diphenylmethan* –. –, (1,5773), 1,5725, 1,5677, 1,5630, 1,5582; 478. *Menthol* –, –, 1,4607, 1,4570, 1,4533, 1,4495, 1,4453; 390. *o-Chlorphenol* (1,5700), 1,5645, 1,5592, 1,5539, 1,5485, 1,5431, 1,5378; 534. *p-Chlorphenol* (1,5772), 1,5727, 1,5682, 1,5637, 1,5592, 1,5548, 1,5504; 446. *p-Kresol* (1,5487), 1,5445, 1,5402, 1,5360, 1,5318, 1,5274, 1,5230; 428. *Guajacol* (1,5533), 1,5484, 1,5435, 1,5386, 1,5337, 1,5288, 1,5239; 491. *Diphenyläther* –, –, 1,5811, 1,5762, 1,5712. 1,5663, 1,5613; 495. *Veratrol* –, 1,5385, 1,5337, 1,5289, 1,5239, 1,5188, 1,5136; 498, *Piperonal* –, –, 1,5943, 1,5901 1,5857 1,5812, 1,5767; 440. *Salicylaldehyd* –, –, 1,5733, 1,5684, 1,5633, 1,5582, 1,5530; 504. *Anisaldehyd* –, 1,5772, 1,5725, 1,5679, 1,5632, 1,5585, 1,5537; 470. *Äthylendiamin* –, 1,4619, 1,4570, 1,4521, 1,4472, –, –; 490. *Pyrrol* –, 1,5123, 1,5076, 1,5028, 1,4980, 1,4933, (1,4886); 475. *Ameisensäure* –, 1,3752, 1,3714, 1,3677, 1,3640, 1,3602, 1,3563; 378. *Essigsäure* –, –, 1,3718, 1,3678, 1,3638, 1,3598, 1,3557; 402. *Propionsäure* (1,3952), 1,3910, 1,3868, 1,3824, 1,3781, 1,3739, 1,3695; 430. *Dichloressigsäure* –, 1,4700, 1,4657, 1,4614, 1,4572, 1,4529, 1,4487; 426. *Trichloressigsäure* –, –, (1,4775) –, 1,4692 1,4650, 1,4608; 420. *Äthylacetat* (1,3827), 1,3777, 1,3727, 1,3676, 1,3623, 1,3569, 1,3513; 530. *Isoamylacetat* –, 1,4054, 1,4008, 1,3961, 1,3912, 1,3863, 1,3813; 482. *Allylisothiocyanat* –, –, 1,5293, 1,5242, 1,5190, 1,5138, 1,5086; 518. *Phenylisocyanat* –, –, 1,6502, 1,6445, 1,6389, 1,6332, 1,6278; 560. *Chloroform* (1,4576), 1,4518, 1,4459, 1,4399, 1,4338, 1,4276; (60° keine Angabe) 605. *Kohlen-*

stofftetrachlorid (1,4720), 1,4660, 1,4600, 1,4539, 1,4478, 1,4417, 1,4356; 608. *Chlorbenzol* (1,5355), 1,5301, 1,5248, 1,5194, 1,5140, 1,5085, 1,5031; 540. *Äthylenbromid* (1,5499), 1,5443, 1,5387, 1,5330, 1,5273, 1,5216, 1,5158; 570. *Nitrobenzol* (1,5616), 1,5568, 1,5520, 1,5472, 1,5423, 1,5375, 1,5326; 484. *o-Nitrotoluol* —, 1,5506, 1,5459, 1,5410, 1,5361, 1,5311, 1,5261; 490. In allen 58 (vgl. 1. Mitt.) Verbb. verläuft der Brechungsindex linear innerhalb 10—60° nach $n_t = n_o (1 - bt)$ innerhalb der Versuchsfehler. (Гласник Хемиског Друштва Београд [Ber. chem. Ges. Belgrad] **18.** 271—94. 1953. Belgrad, Univ., Inst. für physikal. Chem. u. Elektrochem. der Techn. Fak.) A. v. WILPERT. B 119

Z. J. Allan, F. Mužík, *Aromatische Diazoverbindungen.* 12. Mitt. *Identifizierung primärer aromatischer Amine mit Hilfe von Absorptionsspektren ihrer Azofarbstoffe.* (11. vgl. MUŽÍK u. ALLAN, C. **1956.** 5261.) Die Ergebnisse von Absorptionsmessungen an verschied. mit R-Salz (I) gekuppelten aromat. Aminen haben Vff. tabellar. zusammengestellt. Die Tabelle ermöglicht es, die Konst. eines unbekannten aromat. Amines an Hand des Absorptionsspektr. seines durch Kupplung mit I hergestellten Farbstoffes orientierend festzustellen. Die charakterist. Absorptionsbanden im sichtbaren Gebiet wurden in konz. H_2SO_4 gemessen. In der Diskussion der durch die Substituenten in der Aminkomponente hervorgerufenen hypso- bzw. bathochrome Verschiebungen vom Standpunkt der Elektronentheorie werden besprochen: Der Einfl. o-, m- u. p-ständiger Substituenten, von ster. Hinderung, von Brückenbildungen, Vgl. der Anthrachinon- u. Naphthalinfarbstoffe u. schließlich die Konjugation zweier aromat. Kerne über $-SO_2 \cdot NH-$ oder —CO—NH-Gruppen. In der *Berichtigung* weisen Vff. auf frühere Fassungen u. Deutungen von BLUMBERGER (vgl. C. **1944.** II. 737) hin (Chem. Listy **47.** 1416. Sept. 1953). (Chem. Listy **47.** 380—91. März 1953. [Orig.: tschech.]; Collect. czechoslov. chem. Commun. **18.** 663—67. 1953 [Orig.: russ.]. Berichtigung: Chem. Listy **47.** 1416. Sept. 1953. Výzk. ústav org. synthes, Pardubice-Rybitví.) A. EMR/Prag. B 119

I. M. Mills und **H. W. Thompson,** *Intensitäten von Infrarotbanden.* 5. Mitt. *Polare Bindungseigenschaften von Dimethylacetylen.* In Fortsetzung ihrer Arbeiten über das Infrarotspektr. von *Dimethylacetylen* (vgl. Proc. Roy. Soc. [London], Ser. A **226.** [1954.] 306) wurden sämtliche (infrarot- u. RAMAN-akt.) Grundschwingungen ermittelt sowie die absol. Intensitäten [in ( ) $\cdot 10^{-10}$ Hz] von den infrarotakt. Grundschwingungen (außer der γ_{12}-Bande bei 213 cm^{-1}) bestimmt: ν_6 2915 cm^{-1} (683), ν_7 1382 (34), ν_8 1152 (3,8), ν_9 2973 (553), ν_{10} 1456 (290), ν_{11} 1054 (15,8). Mittels der Mol.-Konstanten von TRAMBARULO u. GORDY (C. **1952.** 657), dem Kraftfeld von CRAWFORD (J. chem. Physics **7.** [1939.] 555) u. MEISTER u. CLEVELAND (C. **1947.** E. 343) wurden unter Benutzung der WILSON-FG-Matrix-Meth. (J. chem. Physics **9.** [1941.] 76 u. früher) die Normalkoordinaten bestimmt, die daraus berechneten Grundfrequenzen stimmen mit den beobachteten befriedigend überein. Folgende Kraftkonstanten (in 10^5 dyn/cm) wurden ermittelt: k_H 4,80, k_α 0,45, k_β 0,562, $k_{\alpha\beta}$ +0,011, $K_{\alpha\beta}$ 0,968, k_c 5,29, k_{cc} 0,05, $k_{c\gamma}$ −0,271, k_a 15,60, k_{ca} +0,43, k_Φ 0,158 u. $k_{\Phi\Phi}$ +0,068. Es wird als sehr wahrscheinlich angenommen, daß die Acetylen-C-Atome eine negative u. die H-Atome der Methylgruppen eine positive Restladung tragen. Als wahrscheinlichster Wert für den CH-Dipol gilt ca. 0,4 Debye u. für den der (C—C≡)-Bindung etwas mehr als 1 Debye; beide Dipole haben die gleiche Richtung. Diese Ergebnisse werden mit solchen an Methylacetylen verglichen. (Proc. Roy. Soc. [London], Ser. A **228.** 287—97. 8/3. 1955. Oxford, Univ., Physic. Chem. Labor.) B. GNAUCK. B 120

N. N. Porfirjewa, *Berechnung des Eigengrenzfrequenzspektrums von Molekülmischkristallen bei verschiedener Konzentration der Komponenten.* Vf. berechnet das Eigengrenzfrequenzspektr. von *p-Dibrombenzol-* u. *p-Dichlorbenzol*-Mischkristallen bei einer Konz. der Komponenten von 50 : 50 u. 25 : 75 u. schätzt die Koeffizienten der elast. Wechselwrkg. zwischen in einer Phase schwingenden Moll. ab. Der Charakter des Spektr. ändert sich mit der Konz. der Komponenten nicht. (Журнал Экспериментальной и Теоретической Физики [J. exp. theoret. Physik] **27.** 439—44. Okt. 1954. Leningrad, Schiffsbau-Inst.) R. AMBERGER. B 120

Børge Bak, Lise Hansen und **John Rastrup-Andersen,** *Mikrowellenspektren von deuterierten Pyridinen und die Struktur von Pyridin.* Es wurden die Mikrowellenspektren von *2-D-, 3-D-* u. *4-D-Pyridin* untersucht, die Ergebnisse u. die Diskussion sind C. **1956.** 2693 referiert. Die Pyridine wurden durch Red. der entsprechenden Halogenpyridine in D_2SO_4 mit Zn-Staub erhalten. Als Parameter sind hier angegeben $C_{(2)}-H$ = 1,085 Å; $C_{(3)}-H$ = 1,08 Å; $C_{(4)}-H$ = 1,075 Å; $C_{(2)}-C_{(3)}$ = 1,391 Å; $C_{(3)}-C_{(4)}$ = 1,398 Å; $N-C_{(2)}$ = 1,342 Å; Winkel α bei $C_{(4)}$ = 118° 06′; Winkel β bei $C_{(3)}$ = 118° 36′; Winkel γ bei N = 116° 42′; Winkel $C_{(4)}-C_{(3)}-H$ = 121° 07′ u. Winkel $N-C_{(2)}-H$ = 115° 44′. (Mikrochim. Acta [Wien] **1955.** 512—16. Copenhagen, Univ., Chem. Labor.) C. GOTTFRIED. B 121

Kenzô Hirayama, *Ergänzung zur Sequenzregel.* Die Sequenz (S.)-Regel von CAHN u. INGOLD (C. **1956.** 8300) führt zu Unstimmigkeiten der Symbole für die Konfiguration asymm. C-Atome bei Derivv. einer Verb., z. B. wird das Nitril von α-L-Serin als „α-D-Serinonitril" bezeichnet. Vf. schlägt statt dessen die Schreibweise (α-L-Serin)-nitril vor. Die Nomenklatur der S.-Regel ist aber gut anwendbar auf Mono- u. Polydesoxyzucker, jedoch stimmen bei Kohlenhydraten mit 7 oder mehr C-Atomen die Konfigurationssymbole von Verbb., die bzgl. ihrer Konfiguration ident. sind, nicht immer überein. Bei asymm. quadrikovalenten C-Atomen, die direkt an Gruppen mit ident. chem. Konst. aber verschied. Konfiguration gebunden sind, wird die Konfiguration des Zentralatoms durch die S.-Regel nicht bestimmt, vgl. z. B. nebenst. Verbb. **A** u. **B**. Das gleiche gilt für Verbb. vom Typ $CHBr[C^*H(CHBrCHBrCH_3)_2]_2$, bei denen das C*-Atom asymm. ist, wenn die beiden $CHBrCHBrCH_3$-Gruppen in ihren Konfigurationen nicht ident. sind. Um nun den Vorrang von zwei ihrer Konst. nach ident., aber ihrer Konfiguration nach verschied. Gruppen zu bestimmen, soll die Konfiguration jedes Paares von asymm. C-Atomen, die sich jeweils auf die beiden Gruppen verteilen, verglichen werden, wobei von dem zum asymm. Zentralatom am nächsten liegenden Paar ausgegangen u. schrittweise zum nächsten Paar übergegangen wird, bis ein Konfigurationsunterschied zwischen den ein Paar bildenden Atomen auftritt; der Vorrang wird der Gruppe gegeben, welche das Atom mit D-Konfiguration besitzt. Die hiernach festgelegten Konfigurationszeichen sollen zum Unterschied zur S.-Regel mit „D'" u. „L'" bezeichnet werden; diese Symbole bezeichnen also diastereomere, nicht aber enantiomere Unterschiede. Nach diesem Vorschlag werden z. B. **A** u. **B** bezeichnet als: 3D.4L'.5L- bzw. 3D.4D'.5L-Trimethylheptan. Vf. kritisiert ferner die von KLYNE (C. **1954.** 4365) vorgeschlagene Nomenklatur für die Konfiguration asymm. C-Atome. (J. Inst. Polytechn., Osaka City Univ., Ser. C **2.** 217–27. April 1952.)

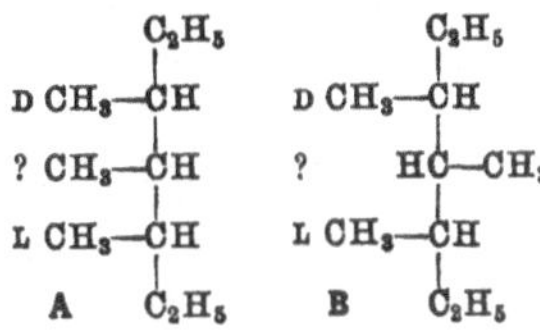

B. GNAUCK. B 123

Sundaresa Soundararajan und **S. V. Anantakrishnan,** *Dipolmomente von Tetrahydropyran und Dihydropyran.* Nach der Meth. der verd. Lsgg. werden die Dipolmomente von Tetrahydropyran in Bzl. zu 1,63, von Dihydropyran zu 1,38 D bestimmt. Die Diskussion führt zu einem Sauerstoffvalenzwinkel von ca. 111°. Das kleinere Moment der Dihydroverb. zeigt, daß der ungesätt. Ring flacher ist. (Proc. Indian Acad. Sci., Sect. A **37.** 578–83. April 1953. Tambaram, S. India, Madras Christian Coll., Dep. of Chem.)

K. L. WOLF. B 132

P. T. Narasimhan, *Dipolmomente von Campherverbindungen.* 1. Mitt. In Benzollsg. werden die Dipolmomente von *d-Campherchinon* zu 4,78 D, *d-Campheroxim* zu 1,16 D u. von *Isonitrosocampher* zu 3,40 D bestimmt u. unter dem Gesichtspunkt vektorieller Zus. kurz erörtert. (Proc. Indian Acad. Sci., Sect. A **37.** 551–56. April 1953. Tambaram, S. India, Madras Christian Coll., Dep. of Chem.) K. L. WOLF. B 132

D. C. Northrop und **O. Simpson,** *Die elektrische Leitfähigkeit einiger kondensierter aromatischer Kohlenwasserstoffe.* Die Temperaturabhängigkeit der Leitfähigkeit σ (ca. 10^{-18} bei Raumtemp.) wird zwischen 0 u. 100° an aufgedampften Schichten von *Anthracen* (**I**), *Naphthacen* (**II**), *Pentacen* (**III**) u. *Perylen* (**IV**) sowie von festen Lsgg. der letzten drei im **I** (10^{-3} bis 10^{-4}mol.) gemessen. Die KW-stoffe **I**–**IV** zeigen linearen Verlauf von log σ mit T^{-1} bei Aktivierungsenergien ε von 1,92, 1,64, 1,72 bzw. 1,93 eV. Die festen Lsgg. haben bei hohen Tempp. den σ-Verlauf des **I**, bei tieferen Tempp. Abweichungen im Sinne geringerer ε-Werte (1,24, 0,95 bzw. 1,58 eV für Lsgg. von **II**, **III** bzw. **IV** in **I**). Diese ε-Werte der Lsgg. bei tiefen Tempp. stimmen auffallend mit den berechneten Energien der Singulett–Triplett-Übergänge der gelösten KW-stoffe überein. Die opt. Absorptionskanten entsprechen nicht den gemessenen Aktivierungsenergien. (Proc. physic. Soc., Sect. B **67.** 892–94. 1/12. 1954. Baldock, Hertfordsh., Serv. Electron. Res. Labor.) J. RUDOLPH. B 136

P. L. Jain, J. C. Lee und **R. D. Spence,** *Protonenmagnetische Resonanz in flüssigen Kristallen. – Orientierungseffekte.* (Vorl. Mitt. vgl. C. **1955.** 315.) Es wurden die protonenmagnet. Resonanzen der krist.-fl. Phasen von *p-Azoxyanisol* (*4.4'-Dimethoxyazoxybenzol*) (**I**), *4.4'-Bis-[methoxy-d_3]-azoxybenzol* (**II**) u. *p-Azoxyphenetol* (*4.4'-Diäthoxyazoxybenzol*) (**III**) untersucht. Bei dem Übergang von der n. fl. Phase in die krist.-fl. Phase ändert sich die Protonenresonanzlinie in allen 3 Verbb. plötzlich von einer einzelnen engen in eine ziemlich breite Linie, die deutliche Struktur zeigt. Für **I** ist die krist.-fl. Linie ein Triplett. Mit Ausnahme einer allmählichen Abnahme des Abstandes der Satellitlinien mit steigender Temp. bleibt die Linienform in der krist.-fl. Phase im wesentlichen unverändert. Bei **II** wird das Signal allein durch die Protonen des Benzolringes hervorgerufen. In der krist.-fl. Phase besteht das Signal aus einem starken Dublett mit einer sehr schwachen zentralen Komponente. Wie bei **I** ändert sich die Linienform in der ganzen krist.-fl. Phase nicht; der Abstand des Dubletts nimmt mit steigender Temp. ab. Ca. $\frac{1}{2}^0$ unterhalb des Übergangs krist.-fl. nach fl. wächst die zentrale Komponente stark an, bis sie bei dem Übergangspunkt ca. $^3/_2$ so stark ist wie die Satelliten. Bei diesem Punkt verschwinden die Satelliten plötzlich, u. ist es nur eine einzelne enge Linie vorhanden. Im Gegensatz zu **I** u. **II** zeigt das Signal der krist.-fl. Phase von **III** eine beträchtliche Änderung mit der Temperatur. Bei den höchsten Tempp. der krist.-fl. Phase erscheint die Linie als Triplett, bei sinkender Temp. wird das zentrale Maximum kleiner, u. es treten zwei zusätzliche, symm. gelegene Satellitmaxima auf. Bei noch weiter sinkender Temp. wird das Signal schnell breiter, u. bei den tiefsten Tempp. in der krist.-fl. Phase besteht das Signal aus 5 Maxima von nahezu der gleichen Amplitude. Die experimentellen Ergebnisse liefern ein qualitatives Bild über die Verteilung der Molekülorientierungen von **I** u. **II**; in **III** ist das Ausmaß der Orientierung bedeutend größer als in den beiden anderen Verbindungen. (J. chem. Physics **23.** 878—82. Mai 1955. East Lansing, Mich., State Coll., Dep. of Phys.) C. GOTTFRIED. B 137

Ormond V. Brody und **Raymond M. Fuoss,** *Bolaformelektrolyte.* 5. Mitt. *Leitfähigkeit einiger bisquaternärer Salze in Methanol und Äthanol.* (4. vgl. NICHOL, C. **1955.** 10950.) An weiteren 10 bisquaternären Salzen wurden in Methanol bei 25° im Konzentrationsbereich $3 \cdot 10^{-5}$ bis $1 \cdot 10^{-3}$ Äquivalent/Liter Leitfähigkeitsmessungen durchgeführt, nämlich bei *Diäthylsulfid-β.β'-bis-[trimethylammoniumjodid]*; *Diäthylsulfid-β.β'-bis-[diäthylmethylammoniumjodid]*; *Diäthyläther-β.β'-bis-[N-methylpiperidiniumjodid]*; *Diäthyläther-β.β'-bis-[N-methylmorpholiniumjodid]*; *Diäthyläther-β-[N-methylmorpholinio]-β'-trimethylammonium]-dijodid*; *N.N'-Bis-[β-dimethylaminoäthyl]-malonamid-bis-methojodid*; *N.N'-Bis-[β-dimethylaminoäthyl]-glutaramid-bis-methojodid*; *1.6-Bis-[trimethylammonio]-hexamethylendibromid* (**I**); *d-Tubocuranindichlorid* (**II**) u. *1.10-Bis-[trimethylammonio]-dekamethylendijodid* (**III**). Bei den 3 letzten wurden die Leitfähigkeitsmessungen auch in Äthanol ausgeführt. Es kommt stets zu einer Assoziation eines Anions an das doppelt geladene Kation, die Konstante $k_2 = (X')(N^+ \cdots N^+)/(X'N^+ \cdots N^+)$ liegt in Methanol bei 10^{-3}, bei **II** ist sie infolge ster. Hinderung 8mal größer, in Äthanol ist k_2 ca. 20mal kleiner. In Äthanol sind die Äquivalentleitfähigkeiten kleiner, jedoch gilt die WALDEN-Regel nicht. Bei **I** u. **III** kommt es in Äthanol bei c über $3 \cdot 10^{-4}$ auch zur Assoziation des zweiten Anions. (J. physic. Chem. **60.** 156—60. Febr. 1956. New Haven, Conn., Yale Univ., Sterling Chem. Labor.) M. WIEDEMANN. B 138

Ruth E. Benesch und **Reinhold Benesch,** *Die Säurestärke der –SH-Gruppe in Cystein und verwandten Verbindungen.* Vff. benutzen die UV-Absorption des Mercaptidions zur Best. der relativen Protonenaffinität der S- u. N-Funktion in einer Reihe von Aminomercaptanen (*L-Cystein* [*L*-**I**], *L*-**I**-*Äthylester*, *L-Cysteinylglycin*, *β-Mercaptoäthylamin*, *Glutathion*, *L-γ-Glutamylcystein* u. *DL-Homocystein*) u. berechnen für die Verbb., die einen Knickpunkt in der spektrophotometr. Titrationskurve zeigen, die 4 möglichen pK-Werte. Die Dissoziationswärme der –SH-Gruppe ergibt sich zu ca. 6,5 kcal nach 2 voneinander unabhängigen Methoden. Weiter wird eine einfache spektrophotometr. Unters. für Mischungen von Aminomercaptanen beschrieben u. die Ergebnisse in ihrer Beziehung zu dem Oxydationsmechanismus der –SH-Gruppe zum Disulfid u. zu anderen biol. interessierenden Rkk. diskutiert. (J. Amer. chem. Soc. **77.** 5877—81. 20/11. 1955. Iowa City, Io., State Univ., Dep. of Biochem.) W. NIEMITZ. B 139

S. Kertes, *Thermodynamische Indicatorkonstanten von Dinitrophenolen in Dioxan–Wasser-Mischungen.* Vf. bestimmte spektrophotometr. das Säure–Base-Verhältnis von *2.5-Dinitrophenol* (**I**) mit *Essigsäure-Na-Acetat* als Pufferlsg. u. *2.4-* (**II**) u. *2.6-Dinitrophenol* (**III**) mit *Ameisensäure–Na-Formiat*-Puffer in wss. Dioxan (**IV**)-Lsgg. mit 0 bis 82 Gew.-% **IV** bei 20°. Die Gleichgewichtskonstanten K' bzw. die pK'-Werte wurden für Ionenstärken von $1 \cdot 10^{-1}$ bis $5 \cdot 10^{-4}$ berechnet. pK' in Abhängigkeit von der Molfraktion **IV** ergibt für **I** u. **II** Geraden, für **III** annähernd. (J. chem. Soc. [London] **1955.** 1386—88. April. Jerusalem, Hebrew Univ., Dep. of Inorgan. and Analyt. Chem.) I. KARUTZ. B 139

Jaroslav Kůta, *Untersuchung der Rekombinationsgeschwindigkeit der Oxalsäure an der Quecksilbertropfelektrode.* (Vgl. C. **1955.** 10226.) Die zweielektronige Reduktionsstufe der *Oxalsäure* (**I**) nimmt in konz. Pufferlsgg. mit 2,7 mol. KCl im p_H-Bereich von 3—6 in der Form einer Dissoziationskurve (pK' 4,48) ab. Der Red. unterliegt die undissoziierte **I**, welche durch Rekombination in der Elektrodenumgebung entsteht. Mit Hilfe der Gleichungen von KOUTECKÝ (Chem. Listy **48.** [1954.] 360; Collect. czechoslov. chem. Commun. **19.** [1954.] 1093) wurde für die erste Rekombinationsgeschwindigkeitskonstante der Wert $K = 5{,}5 \cdot 10^7$ Mol^{-1} sec^{-1} berechnet. Es wurde bewiesen, daß beim Verhältnis Depolarisator : Puffer = 1 : 20 noch der p_H-Wert in der Elektrodenumgebung eingehalten wird. Die Befunde von FLORIANOWITSCH u. FRUMKIN (C. **1952.** 3464) wurden

durch ungenügende Pufferkapazität erklärt u. ihre theoret. Deutung kritisiert. – Die Verschiebung des Halbstufenpotentials mit steigenden p_H-Werten sowie der Temperaturkoeff. wurden untersucht. Der Diäthylester der **I** wird bei positiveren Potentialen als die freie Säure red., die Hydrolyse des Esters kann polarograph. verfolgt werden. (Chem. Listy **49.** 1467–75. Okt. 1955 [Orig.: tschech.]; Collect. czechoslov. chem. Commun. **21.** 697–706. Juni 1956 [Orig.: deutsch]. Praha, Československ. akad. věd, Polarograf. ústav.)
P. ZUMAN/Prag. B 142

P. Souchay und **F. Tatibouet,** *Polarographie der Rhodizonsäure und ähnlicher Substanzen.* Vff. haben das Verh. der *Rhodizonsäure* (**I**) u. ihrer Reduktionsprodd. polarograph. untersucht. Das erste Reduktionsprod. der **I** ist *Tetraoxychinon* (**II**), das seinerseits weiter zu *Hexaoxybenzol* (**III**) red. wird. Bei einem p_H um 6 dismutiert **II**, es verhält sich dann wie ein Gemisch aus **I** u. **III**. Im sauren Gebiet, $p_H < 5$, hält sich die Färbung des Na-Rhodizonates nicht, die Entfärbung geht schnell, jedoch nicht augenblicklich vor sich. Vff. schließen, daß sich aus dem **I**-Ion intermediär die gefärbte freie Säure der gleichen Konst. bildet, die sich dann zur stabileren ungefärbten Säure umlagert (vgl. nebenst. Formel). Die farblose **I** besitzt also im Gegensatz zu ihren Ionen keine chinoide Struktur mehr u. verliert somit die dieser Struktur innewohnende Leichtigkeit der Reduktion.

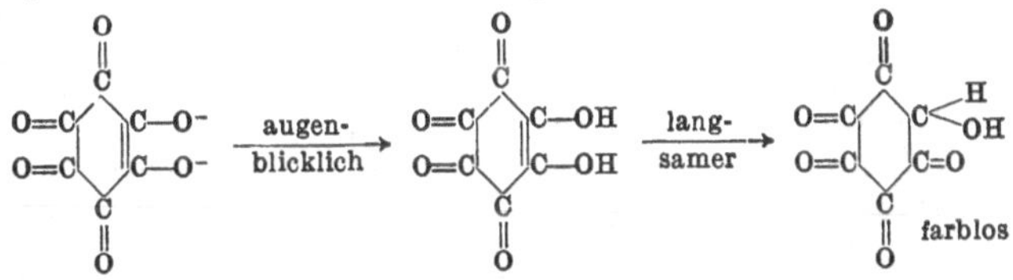

Trichinoyl (**IV**) wurde ebenfalls auf seine Reduktionsfähigkeit hin untersucht. In dieser Hinsicht zeigt **IV** keinerlei Verwandtschaft mit den oben genannten Verbb.: Die Red. ist sehr schwierig; bei keinem p_H existiert ein Polarogramm der Oxydation von **I** → **IV**, es gibt kein definiertes Redoxpotential. **IV** verhält sich also mehr wie ein Hexaketon-Hexahydrat als wie ein Polychinon. – Die Redoxpotentiale **I/II/III** sind für p_H 1–13 graph. dargestellt. Oberhalb p_H 11 beginnt der Abbau der Rhodizonate. (J. Chim. physique Physico-Chim. biol. **49.** C 108–C 116. Juli/Aug. 1952. Paris, Fac. des Sci., Labor. d'Enseignement Chem.)
S. LANZ. B 142

K. Schwabe, G. Ohloff und **H. Berg,** *Polarographische Studien an Terpenderivaten.* 4. Mitt. *Aldehyde und deren Homologe.* (3. vgl. C. **1954.** 6197.) Die polarograph. Red. in 80%ig. A. mit 0,1 mol. $N(C_2H_5)_4J$ als Leitelektrolyten der folgenden Aldehyde wurde untersucht (in [ ] in dieser Reihenfolge: % Reinheit; $D.^{20}{}_4$; $[\alpha]_D$; $n_D{}^{20}$; Darst.): *Citral* [99,9; 0,8923; –0,0°; 1,48714; aus Lemonorasöl, 3 mal über Bisulfitverb. gereinigt]. – *Citronellal* (**I**) [95,0; 0,8558; –10,49°; 1,44600; aus Citronellöl, 2 mal über Bisulfitverb.]. – *Citronellylacetaldehyd* [98,8; 0,8611; –2,56°; 1,4528; Hydrierung von Citronellalacetaldehyd]. – *Isodecylaldehyd* [98,3; 0,8268; –2,87°; 1,42725; vollständige Hydrierung von Geraniol u. Dehydrierung; 2 mal über Bisulfitverb.]. *Citronellalhydrat* [99,8; 0,9228; –9,61°; 1,44892; Hydratisierung von I]. – *Myrtenal* [98,5; 0,9840; –15,20°; 1,50360; durch Oxydation von *d*-α-Pinen mit SeO_2; Reinigung über Semicarbazon]. – *Dihydromyrtenal* [99,0; 0,9650; –38,07°; 1,48256. Hydrierung vorst. Verb.]. – *Isohomonopinenal* (**II**) [100; 0,9945; –14,78°; 1,50383; durch Oxydation von Homonopinenol (**VI**)]. – *Perillaaldehyd* (**III**) [99,5; 0,9660; –148,20°; 1,50763; durch Oxydation von *d*-Limonen mit SeO_2]. – *p-Isopropenylcyclohexylidenacetaldehyd* (**IV**) [97,5; 0,9740; –2,68°; 1,50830; durch Oxydation von Homoperillaalkohol (**VII**)]. – *Phellandral* [98,0; 0,9414; –; 1,49130; Hydrierung von **III** mit RANEY-Ni]. – *p-Isopropylcyclohexylidenacetaldehyd* (**V**) [98,0; 0,9523; –4,0°; 1,4966; Oxydation von Homophellandrol (**VIII**)]. – Die Red. der gesätt. Aldehyde erfolgt in einer Stufe, die der ungesätt. in zwei Stufen, von denen die letzte an der gleichen Stelle liegt, wie die der zugehörigen Dihydroverbindung. Jede der Teilstufen erreicht die halbe Höhe der Campherchinonstufe. Auf Grund der Ergebnisse an der ersten Welle, von der wiederum eine Aciditätsvorstufe erhältlich ist, wird wahrscheinlich gemacht, daß bei den α–β-ungesätt. Aldehyden über zwei einelektronige Schritte als Endprod. der ungesätt. Alkohol erreicht wird. Die Red. der gesätt. Aldehyde sollte dann über ein Radikal zum dimeren Alkohol führen. – Das Kurvenbild von **II, IV** u. **V** kennzeichnet sie als α–β-ungesätt. Aldehyde u. beweist die Umlagerung der β–γ-Doppelbindung in **VI, VII** u. **VIII** bei der CrO_3-Oxydation. (Z. Elektrochem., Ber. Bunsenges. physik. Chem. **57.** 293–301. 1953. Dresden, TH, Inst. für Elektrochem. u. Physik. Chem.)
G. PÖTZSCHER. B 142

Ch. M. Rubina, *Ein polarographischer katalytischer Effekt des Thiamins.* Der bei Vorliegen von Proteinen oder verschied. Aminosäuren in einer ammoniakal. Pufferlsg. bei Ggw. von Co^{2+} auftretende polarograph. katalyt. Effekt wird auch bei *Thiamin* (**I**) beobachtet, so daß die frühere Ansicht, daß dieser Effekt durch das Vorliegen von Sulf-

hydrylgruppen bedingt ist, nicht mehr haltbar ist. Mit Erhöhung der I-Menge steigt das bei einem Potential von −1,5 V liegende Maximum des Polarogramms an. Das Minimum liegt bei −1,6 V. (Бюллетень Экспериментальной Биологии и Медицины [Bull. exp. Biol. Med.] **37.** Nr. 4. 47−49. April 1954. Leningrad, 1. Medizin. Pawlow-Inst.)
M. ULMANN. B 142

H. H. Reamer, B. H. Sage und **W. N. Lacey,** *Phasengleichgewichte in Kohlenwasserstoffsystemen. Volumetrisches und Phasenverhalten des Systems n-Pentan/H_2S.* Gestützt auf eine Reihe teils eigener Arbeiten, teils anderer Autoren (17 Literaturangaben) über das Verh. der reinen Komponenten u. der Systeme H_2S/Methan u. H_2S-Propan untersuchten Vff. Gemische mit den Molenbrüchen H_2S 0,2501, 0,3916, 0,6123, 0,7988 jeweils für die Tempp. 40, 100, 160, 220, 280 u. 340° F, für den Molenbruch 0,2501 auch für 400 u. 460° F. Angegeben sind Diagramme für Kompressibilität/Druck u. molales Vol./Druck, Druck/Zus. beim Siede- u. Taupunkt, Kompressibilität/Temp. u. Tabellen der Eigg. der koexistierenden Phasen sowie des Syst. im krit. Gebiet. — Das molale Vol. des Gases am Taupunkt berechneten Vff. aus dem volumetr. Verh. im heterogenen Gebiet nach $V_d = (V_a'' - V_b)\cdot(n_{1,d} - n''_{1,a})/(n''_{1,a} - n_{1,b}) + V_a''$ (V_d = molales Vol. am Taupunkt, V_a'' = molales Vol. im Zweiphasengebiet im Zustand a, V_b = molales Vol. am Kp., $n_{1,a}$ = Molenbruch der Komponente 1 im Zweiphasengebiet im Zustand a, $n_{1,b}$ = Molenbruch der Komponente 1 beim Kp., $n_{1,d}$ = Molenbruch der Komponente 1 beim Taupunkt). (Ind. Engng. Chem. **45.** 1805−09. Aug. 1953. Pasadena, Calif., California Inst. of Technol.)
J. RICHTER. B 148

F. Fromm und **M. Constance Loeffler,** *Der Dampfdruck von Äthyl-trans-β-furyl-(2)-acrylat. Äthyl-trans-furyl-(2)-acrylat* wurde nach CLAISEN synthetisiert u. zweimal destilliert. Mit dem RAMSEY-YOUNG-App. wurde der Dampfdruck bei Tempp. zwischen 155 u. 227° gemessen. Es ergab sich $\log p = -2{,}969\cdot10^3/T + 8{,}727$. Der Kp. bei 760 mm Druck wurde zu 235° extrapoliert, der bei 15 mm zu 120°. Die latente Verdampfungswärme wurde zu 13,6 kcal/Mol berechnet. (J. physic. Chem. **60.** 252−53. Febr. 1956. Pittsburgh, Mount Mercy Coll., Dep. of Chem.) M. WIEDEMANN. B 150

P. G. Masslow, *Zur Thermodynamik individueller Kohlenwasserstoffe. Allgemeine Formel der Abhängigkeit der Wärmekapazität normaler Alkane und Alkene von der Temperatur.* (Vgl. C. **1956.** 965.) Für die spezif. Wärme der n-Alkane in Gasphase bei T = 298,16° K kann als einfache Gleichung verwendet werden: $C_p^0 = 0{,}5 + 5{,}76n + 36{,}48\,[n(2n+2)^2]^{-1}$ (n = Zahl der C-Atome im Mol.). Für das Temperaturgebiet 250 bis 1600° K wird eine kompliziertere Gleichung abgeleitet, die auch die Zahl m der H-Atome im Mol. berücksichtigt u. auch für Alkene angewandt werden kann: $C_p^0 = -1{,}8413 + 8{,}272\cdot10^{-3}\,T - 15{,}97\cdot10^{-7}\,T^2 - 0{,}116\cdot10^{-9}\,T^3 + (0{,}4303 + 21{,}14\cdot10^{-3}\,T - 116{,}95\cdot10^{-7}\,T^2 + 2{,}5018\cdot10^{-9}\,T^3)n + 294{,}7926\,n^{-1}\,(2n+2)^{-2}\,e^{-0{,}007\,T} = C_p^{0\prime} + d$; $d = 370{,}6598\;[n(2n+2)^2\,e^{0{,}007\,T}\,s_0 \sin(\Theta/2)]^{-1} = 294{,}7926\;[n(2n+2)^2\,e^{0{,}007\,T}]^{-1}$; $C_p^0 = C_p^{0\prime} + 12{,}283025\,(m + 4 - 2n)\,[n(n+1)^2\,e^{0{,}007\,T}]^{-1} + C_p^{0\prime\prime}$; $C_p^{0\prime\prime} = [(2n+2) - m/2][(1{,}434269 - 12{,}3618\cdot10^{-3}\,T + 44{,}832665\cdot10^{-7}\,T^2 - 0{,}4624\cdot10^{-9}\,T^3) - (0{,}041467 - 0{,}1309\cdot10^{-3}\,T + 1{,}264667\,10^{-7}\,T^2 - 0{,}0352\cdot10^{-9}\,T^3)n]$. (Журнал Физической Химии [J. physik. Chem.] **27.** 69—75. Jan. 1953.) R. K. MÜLLER. B 151

J. François, *Einige Grundkonstanten der chemischen Thermodynamik der Verbrennung und Vergasung.* Zusammenstellung von Bildungs- u. Reaktionswärmen u. Gleichgewichtskonstanten für niedrige aliphat. KW-stoffe u. einfache bei der Oxydation auftretende Rkk. unter Benutzung von Werten des US BUREAU OF STANDARDS. (Chaleur et Ind. **36.** 54—56. Febr. 1955.)
A. HELMS. B 156

H. v. Wartenberg und **J. Schiefer,** *Bildungswärmen von Fluorchlorkohlenstoffverbindungen.* Aus Messungen der Reaktionswärme bei der Umsetzung mit metall. K im Calorimeter zu C, KF u. KCl wurden die Bildungswärmen einiger Fluorchlormethane u. -äthylene bestimmt. Ergebnisse: *Tetrafluormethan* 231; *Trifluorchlormethan* 161; *Difluordichlormethan* 110; *Trichlorfluormethan* 62; *Tetrafluoräthylen* 162; *Trifluorchloräthylen* 115 u. *1.1-Difluordichloräthylen* 75 kcal/Mol. Die gefundenen Werte liegen tiefer als die von KIRKBRIDE u. DAVIDSON (C. **1954.** 9721) gefundenen. (Z. anorg. allg. Chem. **278.** 326—32. März 1955. Göttingen Univ., Anorg.-Chem. Inst.) E. FORCHE. B 156

H. O. Pritchard und **H. A. Skinner,** *Die Wärmetönungen bei der Hydrolyse chlorsubstituierter Acetylchloride.* (Vgl. auch CARSON u. SKINNER, C. **1950.** II. 151.) Die bei der Hydrolyse von *Acetyl-, Chloracetyl-, Dichloracetyl-* u. *Trichloracetylchlorid* in W. u. wss. Acetonlsgg. verschied. Konzz. auftretenden Wärmetönungen werden gemessen u. hieraus mit Hilfe der Bildungswärmen von HCl (aq.), von entsprechenden, chlorsubstituierten Essigsäuren (aq.) u. von H_2O (aq.) die Bildungswärmen der fl. Säurechloride bei Raumtemp. mit 66,2, 70,1, 78,7 bzw. 68,8 kcal/Mol (in gleicher Reihenfolge) errechnet. Unter Verwendung der TROUTONschen Konst. von Acetylchlorid werden nach der

PICTET-TROUTONschen Regel für die Bildungswärmen der gasförmigen Verbb. 59,4, 62,1, 60,7 bzw. 60,5 kcal/Mol geschätzt. (J. chem. Soc. [London] **1950.** 272—76. Jan. Manchester, Univ.) H. LEHWALD. B 156

M. M. Kannuna, *Messung der Absorption von Ultraschallwellen in Flüssigkeiten mit der Isochromatenmethode.* Mit Hilfe der opt. Meth. der Isochromaten werden die Absorptionskoeffizienten α folgender Fll. gemessen: Bei 25° u. 3,173 MHz *m-Xylol* 81 ± 11% u. *Bzl.* 786 ± 7%, bei 25° u. 3,167 MHz CCl_4 661 ± 8%, bei 27° u. 3,167 MHz. *Toluol* 197 ± 4%. Die Zahlenwerte hinter den Substanzen sind α/N^2 (N-Frequenz der Schallwelle) angegeben in 10^{17} $sec^2 \cdot cm^{-1}$. (J. acoust. Soc. America **27.** 5—8. Jan. 1955. East Lansing, Mich., State Coll., Phys. Dep.) H. JACOB. B 159

Robert T. Beyer, *Absorption von Ultraschall in Toluol.* Mit Hilfe der Hohlraumresonanzmeth. von LEONARD u. WILSON wird der Ultraschallabsorptionskoeff. von *Toluol* bei Tempp. zwischen 6 u. 40° im Frequenzgebiet von 50—400 kHz gemessen. In diesem Gebiet existiert eine Relaxationsstelle, aus deren Temperaturabhängigkeit eine Reaktionswärme von 5,2 kcal. pro Mol u. eine Aktivierungsenergie von 8,5 kcal pro Mol ermittelt wurde. Ein weiterer Relaxationseffekt tritt bei tieferer Frequenz auf. Diese Ergebnisse lassen sich mit der Annahme einer Schwingung der C—H-Bindung in der Methylgruppe nicht vereinbaren, der Vf. schließt auf eine Art Strukturänderung u. erwähnt die Möglichkeit einer Rotationsbehinderung der Methylgruppe. (J. acoust. Soc. America **27.** 1—4. Jan. 1955. Providence, R. I., Brown Univ., Phys. Dep.) H. JACOB. B 159

H. v. Hahn und **F. Grün,** *Oberflächenfilme von β-Oxyfettsäuren.* Die Schubwerte (in dyn/cm) in Abhängigkeit von den zugehörigen Flächenwerten (A-Werte in Å²/Mol.) von Oberflächenfilmen von *β-Oxypalmitinsäure, β-Oxystearinsäure* u. *β-Oxyarachinsäure* wurden mit Hilfe einer Filmwaage bestimmt. Bei den so erhaltenen Kurven sind je zwei Punkte von besonderer Wichtigkeit: 1. der kleinste Flächenwert, bei dem die Kurve abbricht. Dieser ist für alle untersuchten Säuren annähernd gleich 20,0 Å²/Mol., unabhängig von der Kettenlänge. 2. Die Flächenwerte, bei denen sich die Kurve über die A-Achse erhebt. Diese sinken mit steigender Länge der Kohlenstoffkette von 85 über 72 auf 41 Å²/Molekül. Die Größe der letzteren Werte läßt vermuten, daß die Moll. der Säure auf dem W. „liegen", da sie mit zwei räumlich getrennten Gruppen in der Oberfläche verankert sind. — Die Kleinheit der ersten Werte weist auf eine Aufrichtung der Moll. hin, deren Lage durch Wasserstoffbrücken gefestigt wird. (Helv. chim. Acta **38.** 1803—09. 1/12. 1955. Basel, Univ., Anst. für Phys. Chem.) B. MÜLLER. B 166

George H. Jeffery, James Leicester, William A. T. Macey und **Arthur I. Vogel,** *Einige physikalische Eigenschaften von n-Alkylfluoriden.* Vff. bestimmten Parachor, Refraktionen u. Mol.-Refraktionskoeffizienten von *n*-$C_5H_{11}F$, *n*-$C_6H_{13}F$, *n*-$C_7H_{15}F$, *n*-$C_8H_{17}F$, *n*-$C_9H_{19}F$, *n*-$C_{10}H_{21}F$, *n*-$C_{11}H_{23}F$, *n*-$C_{12}H_{25}F$ u. *n*-$C_{14}H_{29}F$. Diese Werte wurden zur Berechnung der Bindungsparachors, der Bindungsrefraktionen u. der Bindungsrefraktionskoeffizienten für die C—F-Bindung in Alkylfluoriden benutzt. Die neuen Werte ersetzen die früher veröffentlichten Daten (vgl. VOGEL, J. Chem. Soc. [London] **1952.** 531). — Im Gegensatz zu den Feststellungen von HENNE u. MIDGLEY (J. Amer. chem. Soc. **58.** [1936.] 882) u. von STACEY (The New Fluocarbon Chemistry Royal Inst. of Chem. Lecture, 1948, 7) fanden Vff., daß die reinen Alkylfluoride sehr beständige Verbb. sind u. ihre physikal. Eigg. in mehr als einem Jahr nicht erkennbar ändern. (Chem. and Ind. **1954.** 1045. 21/8. London, Woolwich Polytechnic, Dep. of Chem.) E. FORCHE. B 182

Ajit Ram Verma, *Interferometrische und röntgenographische Untersuchung des Wachstums von Kristallen langkettiger Fettsäuren.* 1. Mitt. *Polymorphie und Polytypie bei Palmitinsäurekristallen.* (Kurzmitt. vgl. C. **1955.** 317.) Beim Umkristallisieren von verd. Lsgg. von *Palmitinsäure* aus Bzl., A. oder CS_2 bei 0° wurden vom Vf. 2 polymorphe Formen der Säure beobachtet. Die erhaltenen Kriställchen haben Durchmesser von nur 100 bis 200 μ u. sind nur einige μ dick. Sie wachsen als rhomboedr. Kristallplatten parallel (0 0 1), wobei der spitze Winkel zwischen aneinanderstoßenden Kanten 74° für die eine polymorphe Form (I) u. 56° für die andere Form (II) beträgt. Die Gitterkonstanten von I sind a = 5,63 Å; b = 7,39 Å; c sin β = 40,20 ; β = 62° 2′, wobei die b-Achse eine Schraubenachse ist. II hat die Elementarkörperdimensionen a = 9,68 Å; b = 5,05 Å; c sin β = 36,43 Å; β = 51° 3′; die b-Achse ist in diesem Fall keine Schraubenachse. Die Kettenlänge der zwei Formen differiert um 1,35 Å (c für I 45,51 Å; für II 46,86 Å); die c-Kettenlänge für I mit 45,51 Å ist 3,33 Å kürzer als die Kettenlänge in der ähnlichen polymorphen Form der Stearinsäure. Der Querschnitt a b sin β ist für beide Formen nahezu gleich. Die Kristalle der Säure zeigen Wachstumsspiralen, ihr Wachstum erfolgt nach dem Mechanismus der Schraubenversetzung. Messungen der Spiralhöhen wurden für I durchgeführt. Es wurde gefunden, daß die Stufenhöhen ganze Vielfache der röntgenograph. gefundenen Netzebenenabstände betrugen; es wurden jedoch auch halbe Vielfache dieses Abstandes beobachtet. Beobachtet wurde ferner ein sich kreuzender Typ der Wachstumsspirale. Diese Beobachtungen lassen sich dadurch erklären, daß zusätzlich zur Polymorphie die langkettigen Säuren auch Polytypie zeigen. An sehr dünnen Kristallen wurde außerdem die Doppelbrechung für verschied. Wellenlängen im sichtbaren Gebiet mit Hilfe der Mehrfachstrahlinterferenzstreifen gleicher chromat. Ordnung an doppelt versilberten Kristallen gemessen. Die Ergebnisse sind tabellar. wiedergegeben. In einer Reihe von photograph. Reproduktionen sind die Bldg. großer Versetzungen, ihre Bewegungen, Makrogleiten u. Spaltbarkeit von extrem dünnen Kristallen wiedergegeben. (Proc. Roy. Soc. [London], Ser. A **228**. 34—50. 15/2. 1955. London, Univ., Englefield Green, Roy. Holloway Coll.) C. GOTTFRIED. B 190

W. A. Gey, E. R. Dalbey und **R. W. van Dolah,** *Untersuchungen über die lineare Kristallisation von TNT-Systemen.* Es wird untersucht, in welcher Weise Zusätze bestimmter Verbb. die lineare Kristallisationsgeschwindigkeit von Trinitrotoluol (TNT) beeinflussen. Die Wirksamkeit von über 40 Verbb., u. a. *2.4-Dinitrotoluol, 2-Naphthol* u. einer Serie von substituierten *Stilbenen,* wird geprüft. *2.4.6-Trinitrostilben* u. seine Derivv. führen zu einer extremen Herabsetzung der Kristallisationsgeschwindigkeit. Die zugesetzten Verbb. werden im Zusammenhang mit der Theorie der Adsorption betrachtet u. zwei Adsorptionsisothermen abgeleitet. Die einfachere Isotherme trägt nur dem reversiblen Prozeß Rechnung, während die zweite, um die extrem geschwindigkeitsmindernde Wirksamkeit bestimmter Zusätze zu erfassen, auch den irreversiblen Adsorptionsprozeß berücksichtigt. Die relative Aktivität einer großen Anzahl von Verbb. wird in Beziehung zu deren Struktur gebracht. Es zeigt sich, daß die Trinitrophenylgruppierung einheitlich stark geschwindigkeitsherabsetzende Wrkg. hat. Eine Äthylenbrücke, wie sie in den Stilbenen vorliegt, bewirkt eine größere Aktivität des Mol. als die Verknüpfung $-O-$, $-NH-NH-$, $-N{=}N-$, $-S-$, $-O-C_2H_4-O-$, $-O-C(CH_3)_2-O-$. Substitution der verknüpften Phenylgruppe erhöht die Aktivität, wobei die 2'-Stellung den größten Effekt zeigt. Mit zunehmendem Mol.-Gew. wird eine Abnahme der Wirksamkeit beobachtet. (J. Amer. chem. Soc. **78**. 1803—10. 5/5. 1956. Inyokern, China Lake, Calif., U. S. Naval Ordnance Test. Stat., Chem. Div.) W. KRÖNERT. B 190

F. Halla, H. Jagodzinski und **W. R. Ruston,** *Eindimensionale Regellosigkeit in Dodekahydrotriphenylen, $C_{18}H_{24}$.* Vff. untersuchten eine neue Form von *Dodekahydrotriphenylen,* welche sich von der von CHORGADE (vgl. Proc. nat. Acad. Sci., India **14**. [1944.] 30) beschriebenen unterscheidet. Durch Sublimation in einem Schutzgas bei Atmosphärendruck u. einer dicht unter dem F. liegenden Temp. wurden streifige hexagonale Nadeln erhalten. Die gleiche Kristallform entstand durch schnelles Abkühlen einer heißen gesätt. Lsg. in Bzl., während beim langsamen Eindunsten einer kalt gesätt. Lsg. in Bzl. hauptsächlich hexagonale Blättchen erhalten wurden. Die Dimensionen der Elementarzelle wurden aus Drehaufnahmen um die Sechseckkante a' u. die Nadelachse c' erhalten. In den letzteren Diagrammen sind im allg. die Schichtlinien mit $h-k \equiv 3n$ scharf, die anderen diffus. Berücksichtigt man die diffusen Schichtlinien, dann hat die Zelle die Dimensionen $a' = 10{,}145 \pm 0{,}002$ Å; $c' = 15{,}50 \pm 0{,}05$ Å mit $Z = 4$. Diese Zelle läßt sich auf eine kleinere Zelle mit den Abmessungen $a = 5{,}86$ Å; $c = 7{,}75$ Å u. $Z = 2/3$ zurückführen. Es wird auf die große Ähnlichkeit zwischen den Drehaufnahmen von $C_{18}H_{24}$ u. Wurtzit (vgl. hierzu JAGODZINSKI, C. **1950**. I. 2206) hingewiesen, die zu der Annahme berechtigen, daß in beiden Fällen eine eindimensionale Regellosigkeit vorhanden ist, mit dem Unterschied, daß in $C_{18}H_{24}$ Moll. den Platz der Ionen des Wurtzits besetzen. Eine sehr ausführliche Raumgruppendiskussion führte auf die Raumgruppe C 6/m m c u. die Punktlagen c) oder d) mit der Punktgruppensymmetrie $\bar{6}$ m c. Auf dieser Grundlage durchgeführte Unterss. der Erscheinungen der Regellosigkeit führt zu dem Ergebnis, daß sie dieselben sind, wie sie in der dichtesten Packung von Kugeln auftreten. (Acta crystallogr. [Copenhagen] **6**. 478—86. 10/6. 1953. Brussels, Assoc. pour les Études Texturales; Würzburg, Max-Planck-Inst. für Silikatforsch.) C. GOTTFRIED. B 190

Raymond N. Castle, *Optisch-kristallographische Eigenschaften von organischen Verbindungen.* 5. Mitt. *Chlorthymol, Neocinchophen, Cumarin und Salicylanilid.* (4. vgl. C. **1956**. 969.) Opt. u. z. T. kristallograph. wurden *Chlorthymol* (**I**), *Neocinchophen* (**II**), *Cumarin* (**III**) u. *Salicylanilid* (**IV**) untersucht. **I** mit F. 61—62° krist. aus Ligroin in tafelförmigen, monoklinen Kristallen. Die Auslöschungsschiefe beträgt ca. 15°. 2 V wurde aus den Brechungsindices zu 89° berechnet. Die Brechungsindices sind $\alpha = 1{,}520 \pm 0{,}002$, $\beta = 1{,}579 \pm 0{,}002$; $\gamma = 1{,}685 \pm 0{,}003$, die Doppelbrechung B beträgt $16{,}5 \cdot 10^{-2}$. — **II** mit F. 76—76,2° wurde aus 95%ig. A. in Form nadelförmiger, wahrscheinlich monokliner Kristalle erhalten. Bestimmt konnten nur die Brechungsindices α u. γ mit $\alpha = 1{,}462 \pm 0{,}002$ u. $\gamma = > 1{,}81$ werden; B ist $> 34{,}8 \cdot 10^{-2}$. — **III** krist. aus Ligroin in der

Modifikation **I** mit tafelförmigem oder leistenförmigem Habitus. Die Verb. ist rhomb., hat mäßig großen Achsenwinkel u. die Dispersion r > v. Die Brechungsindices sind $\alpha = 1{,}572 \pm 0{,}001$; $\beta = 1{,}681 \pm 0{,}003$; $\gamma = > 1{,}81$; $B > 23{,}8 \cdot 10^{-2}$. – **IV** erhält man aus 95%ig. A. in tafelförmigen oder lamellaren Kristallen mit gerader Auslöschung. 2 V geschätzt ca. 90°, starke rhomb. Dispersion v > r. Die Brechungsindices sind $\alpha = 1{,}497 \pm 0{,}001$; $\beta = 1{,}704 \pm 0{,}002$; $\gamma > 1{,}81$ bis 1,90. $B = 31{,}3 \cdot 10^{-2}$, geschätzt $40 \cdot 10^{-2}$. Aus der großen negativen Doppelbrechung kann man schließen, daß die Mol.-Ebenen parallel zueinander senkrecht zur b-Achse liegen. (Mikrochim. Acta [Wien] **1955.** 761–64. Albuquerque, N. Mex., Univ., Labor. of Pharmaceut. Chem.) C. Gottfried. B 190

R. D. Lowde, D. C. Phillips und **R. G. Wood,** *Die Kristallographie von Acridin.* 1. Mitt. Bei der Kristallisation von Acridin aus verd. A. bei ca. 20° erhielten Vff. außer der bereits lange bekannten rhomb. Form des Acridins – nun *Acridin I* (**I**) genannt – noch zwei weitere monokline Formen, *Acridin II* (**II**) u. *Acridin III* (**III**). **I** bildet nach [0 0 1] gestreckte Prismen mit der Form {1 0 0} vorherrschend oder seltener rechteckige, nach [0 0 1] verlängerte Platten mit vorherrschend {0 1 0}. Präzessionsaufnahmen ergaben für die rhomb. Zelle die Dimensionen a = 17,55 ± 0,05 Å, b = 26,60 ± 0,08 Å; c = 8,93 ± 0,025 Å. **I**, das ein Mol. Kristallwasser enthält, verwittert sehr leicht an der Luft u. ist nur unter W. oder mit W. gesätt. Luft haltbar. Einkristallaufnahmen nach einigen Std. Aufbewahren an der Luft zeigte Interferenzringe, welche charakterist. für eine Mischung von **II** u. **III** ist. In geschlossener Capillare liegt der F. von **I** bei ca. 85°. In offener Capillare erhitzt, verliert die Verb. bei 85–90° Fl., während der feste Rückstand nahe 109°, dem F. von **II**, schmilzt. Raumgruppe von **I** ist P n c a; Z = 16. – **II** krist. monoklin holoedr. in nach [0 0 1] gestreckten Prismen mit den Flächen {0 1 0}, {1 1 0} u. {1 2 0}. Einkristallaufnahmen ergaben eine Elementarzelle mit a = 16,34 ± 0,06 Å; b = 18,90 ± 0,08 Å; c = 6,08 ± 0,02 Å; β = 95° 5′ ± 10′. Raumgruppe ist $P\,2_1/a$; Z = 8. – Das ebenfalls monoklin holoedr. **III** bildet flache hexagonale Platten, die in der [0 1 0]-Richtung gestreckt sind. Die Zelle hat die Dimensionen a = 16,42 ± 0,06 Å, b = 5,99 ± 0,02 Å; c = 19,11 ± 0,08 Å; β = 100° 30′ ± 10′. Diese Zelle ist nicht die einfachste Zelle; sie eignet sich aber bes. zum Vgl. mit **II** u. der Struktur des Anthracens. Eine einfachere Zelle erhält man durch die Transformationen $a' = \frac{1}{2}(a + c)$; $b' = b$; $c' = \frac{1}{2}(a - c)$. Man erhält damit a′ = 11,41 ± 0,03 Å; b′ = 5,99 ± 0,02 Å; c′ = 13,69 ± 0,07 Å; β = 98° 48′ ± 10′. Raumgruppe ist $P\,2_1/n$; Z = 4. Die Formen **II** u. **III** scheinen bei Zimmertemp. nahezu die gleichen freien Energien zu besitzen, da keine die Tendenz zeigt, sich in die andere umzuwandeln, u. beide durch Zers. von **I** entstehen. Bei höherer Temp. ist jedoch **II** die stabilere Form. Pulveraufnahmen von Proben, die mehrere Tage zwischen 20 u. 100° gehalten worden waren, ergaben, daß **III** mit zunehmender Geschwindigkeit in **II** umgewandelt wird, wenn die Temp. über 45° steigt. Von allen 3 Formen sind die Daten der Pulverdiagramme angegeben. Kurz eingegangen wird noch auf die Beziehung der Strukturen von **III** u. Anthracen. (Acta crystallogr. [Copenhagen] **6.** 553–56. 10/6. 1953. Cardiff, Univ. Coll., Viriaum Jones Labor.) C. Gottfried. B 190

J. Monteath Robertson und **H. M. M. Shearer,** *Struktur von Azulen.* Frühere Unterss. der Kristallstruktur von Azulen (vgl. Günthard, Plattner u. Brandenberger, Experientia [Basel] **4.** [1948.] 425) hatten als Raumgruppe $C_{2h}^5 - P\,2_1/a$ mit Z = 2 ($C_{10}H_8$) ergeben, woraus auf einen zentrosymm. Aufbau des Mol. wie bei Naphthalin geschlossen werden mußte. Auf Grund sorgfältiger Nachprüfungen der (h 0 l)- u. (0 k 0)-Reflexe kommen Vff. zu dem Schluß, daß die Auslöschungen bei (0 k 0) zufällig sind, die Projektion der Struktur auf (0 1 0) nicht zentrosymm. ist u. als wahre Raumgruppe $C_s^2 - P\,a$ mit 2 asymm. Moll. in Frage kommt. Die Gitterkonstanten wurden zu a = 7,91 (Å ± 0,02 Å), b = 6,00, c = 7,84 u. β = 101° 30′ bestimmt. Aus der Fourier-Projektion auf (0 1 0) folgt eindeutig die Ggw. zweier orthokondensierter, verschieden großer Ringe (5- u. 7gliedrig), im Gegensatz zu dem sonst ähnlichen Naphthalin. (Nature [London] **177.** 885. 12/5. 1956. Glasgow, Univ., Chem. Dep.) G. Ruban. B 195

Harry A. Rose, *Kristallographische Daten von Yohimbin.* Rhomb., nach der c-Achse gestreckte Prismen von *Yohimbin* wurden aus wss.-alkoh. Lsgg. erhalten. Die Röntgenaufnahmen führten auf eine Zelle mit a = 13,31 Å; b = 15,85 Å; c = 8,65 Å; D. 1,286; Z = 4. Die Daten eines Pulverdiagramms sind tabellar. zusammengestellt. Die Brechungsindices sind $\alpha = 1{,}548$; $\beta = 1{,}563$; $\gamma = 1{,}688$; 2V = 42°; opt. Achsenebene ist (1 0 0) u. spitze Bisektrix γ = b. (J. Amer. pharmac. Assoc., sci. Edit. **44.** 414–15. Juli 1955. Indianapolis, Ind., Eli Lilly and Co., Res. Labor.) C. Gottfried. B 195

M. J. Kamper und **Dorothy Crowfoot Hodgkin,** *Einige Beobachtungen über die Kristallstruktur eines chlorsubstituierten Vitamins B_{12}.* Vff. untersuchten röntgenograph. ein von Fantes u. O'Callaghan (vgl. Biochem. J. **59.** [1955.] 79) biosynthet. hergestelltes Analoges des Vitamins B_{12} mit 5.6-Dichlorbenzimidazolgruppierungen.

Röntgenaufnahmen dieser lufttrocknen Kristalle waren denen von lufttrockenem Vitamin B_{12} außerordentlich ähnlich; nur in einigen wenigen Fällen konnten Änderungen in den relativen Intensitäten festgestellt werden. Auf der Elektronendichteprojektion erscheinen nun genau an den erwarteten Stellen, an denen in den früheren Unterss. von BRINK u. Mitarbeitern (vgl. Nature [London] **174.** [1954.] 1169) über die Struktur des Vitamins B_{12} die CH_3-Gruppen auftreten, Extraelektronendichten, die den Cl-Atomen zugeordnet werden können. Diese Beobachtungen beweisen, daß die Benzimidazolgruppe in der in der früheren Unters. (vgl. l. c.) festgelegten Lage liegt u. mit $N_{(3)}$ direkt an das Co-Atom gebunden ist. (Nature [London] **176.** 551–53. 17/9. 1955. Oxford, Labor. of Chem. Crystallography.) C. GOTTFRIED. B 195

F. M. Arshid, C. H. Giles, S. K. Jain und **A. S. A. Hassan**, *Untersuchungen über die Bildung von Wasserstoffbindungen.* 3. Mitt. *Die Reaktionsfähigkeit von Aminen, Amiden und Azoverbindungen in wässerigen und nichtwässerigen Lösungen.* (2. vgl. C. **1956.** 3254.) Im Hinblick auf das Adsorptionsvermögen von Proteinen u. von Nylon wird mit Hilfe refraktometr. u. dielektr. Messungen die zwischenmol. u. Chelatkomplexbldg. geprüft an verschied. N-haltigen Verbb. in wss. u. nichtwss. Lösung. In Lsgg. unsubstituierter u. monosubstituierter Amide in Bzl. (B), CCl_4 (C) oder Toluol (T) ist die Enol-, in W. die Ketoform begünstigt. Tert. Amide treten mit Protonenacceptoren über das H-Atom am α-C-Atom in Wechselwirkung. Phenol (P) u. Trichloräthylen reagieren mit der Azogruppe von Azoverbindungen. Im einzelnen werden folgende Komplexverbb. nachgewiesen: *Acetamid* mit *Benzochinon* (Bch) in T (Mol.-Verhältnis im Komplex 1:1), in A. (1:1), in W. (2:1), mit *A.* in Dioxan (D) (1:1), mit *Hämatoxylin* (H) in Aceton (Ac) (2:1), mit P in W. (1:1), in D (1:1), mit *Pyridin* (Py) in W. (1:1), mit *Hydrochinon* (Ch) in W. (2:1), mit *Triäthylamin* (Ta) in W. (1:1); *N-n-Butylpropionamid* mit *Diäthylamin* (Da) in T (1:2), mit *A.* in T (1:1), mit *Harnstoff* in A. (1:1); *Diäthylacetamid* mit *Azobenzol* (Az) in T (4:1); *Dimethylacetamid* mit Az in T (4:1), mit Bch in T (4:1); *Dimethylformamid* mit Ac in B, mit *Anilin* (An) in B (2:1), mit Da in B (1:1), mit *Diphenylamin* in C, mit H in W. (4:1), mit P in B (1:1), in W. (1:1), in C (1:1; 1:2); *Diacetamidomethan* mit Da in W., in A. (1:1), mit P in A. (1:1), in W. (1:1), mit Py in W., mit Ta in W., in A. (1:1); *Anilidoacetylglycin* mit P in A. (1:2), mit Ta in An, in A. (1:2); *Diacetamidohexan* mit *n-Pentanol* in W. (1:2), mit P in A. (1:2), mit Ta in A.; *Anilin* mit *Anisol* in B, mit Da in W. (1:1), mit Ta in W. (1:1); *Diäthylamin* mit Az in B (1:1), mit *o-Nitrophenol* in B (1:1), mit P in B (1:1), in D (1:1; 1:2), in T (1:1; 1:2), in W. (1:1), mit Ta in D, in W., in A.; *Triäthylamin* mit A. in W., mit *Resorcin* (R) in T (2:1); Azoverb. *Anilin* → *β-Naphthol-3.6-disulfosaures Na* mit Da in W. (1:2), mit A. in W. mit *Glykol* (G) in W., mit P in W. (1:1); Azoverb. *Anilin* → *α-Naphthylamin* mit P in T (1:3; 1:4); Azoverb. *Anilin* → *β-Naphthylamin* mit P in T (1:2); Azoverb. *Anilin* → *β-Naphthol* mit An in B (2:1), mit P in B (1:1; 1:2), mit Ch in D (1:1; 2:1), mit R in A. (2:1; 1:1), mit $CCl_2{=}CHCl$ in T (1:2); *Azobenzol* mit An in B (2:1), mit Bch in T (1:2), mit $C_6H_5CH_2OH$ in C (1:1), mit Da in B (1:1), mit P in B (1:1; 1:2), mit Ta in D; Azoverb. *Na-Sulfanilat* → *β-Naphthol* mit G in W., mit Ch in W. (2:1). (J. Chem. Soc. [London] **1956.** 72–75. Jan. Glasgow, Royal Techn. Coll., Dep. of Techn. Chem.) K. L. WOLF. B 223

Enzo A. Martinuzzi, *Die aromatische Substitution nach der Elektronentheorie.* Verdeutlichung der auf Grund der Elektronentheorie gebildeten Vorstellungen vom Reaktionsmechanismus der Substitution aromat. Verbb. als Elektronengeber durch elektrophile Reagentien, deren Polarisation gegebenenfalls durch einen Katalysator erhöht werden muß, u. über die Einflüsse bereits vorhandener Substituenten. Beziehungen zur Säure–Basen-Theorie. (Rev. Fac. Ing. Quím. **20.** 197–207. 1951.) W. METZENER. B 225

John E. Leffler, *Die Enthalpie–Entropie-Beziehung und ihre Folgerungen für die organische Chemie.* Bei der Unters. von Gleichgewichts- u. Geschwindigkeitskonstanten, die im allg. durch die Änderung der Freien Energie u. Freien Aktivierungsenergie charakterisiert werden, gilt für die Änderung der Freien Energie $\Delta F^0 = \Delta H - T\Delta S^0$ bzw. $\Delta F^{\neq} = \Delta H^{\neq} - T\Delta S^{\neq}$. Diese Ausdrücke können in den meisten prakt. Fällen als temperaturunabhängig betrachtet werden. Der Einfl. einer Strukturänderung oder Änderung des Lösungsm. auf die Freie Energie wird nun im allg. in einer Änderung von Enthalpie u. Entropie bestehen, die Art u. Weise, in welcher die Freie Energie beeinflußt wird, also von der Temp. abhängig sein. Für einige Reihen verwandter Rkk. mit mittleren Änderungen von Struktur oder Lösungsm. verändern sich Entropie u. Enthalpie abhängig voneinander, wobei in manchen Fällen eine lineare, für die betreffende Reihe von Rkk. charakterist. Beziehung erhalten wird. Vf. diskutiert an Hand zahlreicher Beispiele Umfang und Konsequenzen solcher Enthalpie–Entropie-Beziehungen. — 152 Literaturangaben. (J. org. Chemistry **20.** 1202–31. Sept. 1955. Tallahassee, Fla., Florida State Univ., Dep. of Chem.) I. KARUTZ. B 225

T. W. Martin und **J. N. Pitts jr.**, *Struktur und Reaktivität bei der Dampfphasenphotolyse von Ketonen.* 2. Mitt. *Methylneopentylketon.* (1. vgl. PITTS JR., C. **1956.** 75.) *Methylneopentylketon* (**I**, n_D^{25} 1,4017) wurde bei 120, 170, 210 u. 250° bis zur 1–2%ig. Zers. der Photolyse unterworfen (Bestrahlung mit Licht der Wellenlänge 2654 bzw. 3130 Å). Als Hauptprodd. traten Isobutylen (**II**) u. Aceton (**III**) in nahezu äquivalenten Mengen auf, diese waren im wesentlichen von der Temp. u. λ unabhängig. Die Quantenausbeuten für 3130 Å betrugen Φ_{II} 0,23 bei 120° u. 0,27 bei 250°. Ferner wurden noch als nicht kondensierbare Gase massenspektrometr. CO (Φ_{CO} 0,04 bei 120° u. 0,17 bei 250° für 3130 Å) u. in noch geringerer Menge CH_4, C_2H_6, Isobutan (**IV**) u. Neopentan gefunden. Die analoge Photolyse von *Methylisobutylketon* (**V**) bei 120° u. 3130 Å lieferte hauptsächlich *Propylen* (**VI**) (Φ 0,35) u. **III**, daneben CO, CH_4, C_2H_6, **IV**, Isobutylen, Isopentan u. Spuren von Penten. – Als Primärprozeß der Photolyse von **I** bzw. **V** kommt die Abwanderung eines γ–H-Atomes der Neopentyl- bzw. Isobutylgruppe zum Carbonyl-O-Atom oder α–C-Atom u. Aufspaltung der $\alpha.\beta$-C-C-Bindung unter Bldg. von **II** bzw. **VI** u. **III** in Frage. Dieser Reaktionstyp einer innermol. Umlagerung dürfte bei der Photolyse all jener aliphat. Ketone vorkommen, die ein γ-ständiges H-Atom besitzen. Das Ausmaß dieser Umlagerung bei verschied. Ketonen (als Maß Φ_{Olefin} u. Φ_{CO}) ließ sich durch die Struktur dieser Verbb. erklären. Auch die Art der massenspektrometr. Spaltung solcher Ketone stützt die Anschauung, daß es sich um eine photochem. Umlagerung handelt. – Neben dieser Haupt-Rk. wird vermutlich die Bldg. der anderen Reaktionsprodd. durch folgende, Radikale liefernde Primärprozesse eingeleitet: **I** + h ν → a) $(CH_3)_3CCH_2$ + CH_3CO, b) $(CH_3)_3CCH_2CO$ + CH_3, c) $(CH_3)_3CCH_2$ + CO + CH_3 u. d) $(CH_3)_3C$ + CH_2COCH_3. Ferner muß jedoch noch die Rk. **I** + h ν → **I*** in Rechnung gezogen werden, da aus der Summe von Φ_{CO}, Φ_{II} u. Φ_{IV} hervorgeht, daß ca. 50–75% der angeregten Moll. sich nicht zersetzen. Der Verbleib dieser Energie ist noch nicht eindeutig geklärt. (J. Amer. chem. Soc. **77.** 5465–68. 5/11. 1955. Riverside, Calif., Northwestern Univ., Chem. Labor.) L. FISCHER. B 226

Irwin Norman und **J. N. Pitts jr.**, *Struktur und Reaktivität bei der Dampfphasenphotolyse von Ketonen.* 3. Mitt. *Methylcyclobutylketon.* (2. vgl. vorst. Ref.) Die Photolyse von dampfförmigem *Methylcyclobutylketon* (**I**, $Kp._{755}$ 134,2–134,8°) mit Strahlen von λ = 2654 Å bei 60–250° lieferte hauptsächlich CO, Cyclobutan (**II**), C_2H_4 u. CH_4 sowie im geringen Maße Methylcyclobutan, Cyclobuten, C_2H_6 u. Butadien. Die Quantenausbeuten betrugen zwischen 100 u. 250° für CO 0,35 ± 0,02 (konstant), für C_2H_4 0,17–0,34 (ansteigend), für **II** 0,09 auf 0,11 ansteigend u. bei weiter ansteigender Temp. auf 0,07 abfallend u. für CH_4, 0,19 auf 0,27 ± 0,02 ansteigend. Das dem Photolyseprod. von Methylcyclopropylketon, Methylpropenylketon (vgl. PITTS JR., C. **1956.** 75), entsprechende Hexen-(3)-on-(2), das bei einem Umlagerungsmechanismus hätte aus **I** entstehen müssen, konnte nicht gefunden werden. Die Photolyse von **I** verläuft demnach gemäß einem Radikalmechanismus. Für Tempp. > 120° ist als Primärprozeß: **I** + h ν → CH_3 + CO + Cyclobutylradikal (**III**) anzusehen. Diese Rk. erfordert jedoch nur 35% der absorbierten Quanten. Der Verbleib der restlichen 65% ist ungeklärt. Die Entstehung des C_2H_4 kommt vermutlich durch folgende Sekundär-Rkk. zustande: **III** → C_2H_4 + C_2H_3 (1) u. C_2H_3 + **I** → C_2H_4 + **I**-Radikal (2), u. die des **II**: **III** + **I** → **II** + **I**-Radikal (3). Für die Differenz der Aktivierungsenergien von (1) u. (3) ergab sich $E_1 - E_3 = 4 \pm 1$ kcal/Mol u. daraus für E_1 14 ± 1 kcal/Mol. Dieser Wert konnte auch durch Berechnung mittels thermodynam. Daten bestätigt werden, wobei für D(C–H) für C_2H_4 91 kcal verwendet wurden. (J. Amer. chem. Soc. **77.** 6104–07. 5/12. 1955.) L. FISCHER. B 226

Clair J. Collins, *Molekülumlagerungen.* 5. Mitt. *Die relativen Phenyl/Wasserstoff-Wanderungsfähigkeiten bei der Pinakolinumlagerung von Triphenyläthylenglykol.* (4. vgl. BONNER u. COLLINS, C. **1956.** 377.) Vf. untersuchte die Pinakolinumlagerung von 1.1.2-Triphenyläthylenglykol (**I**) in *Benzhydrylphenylketon* (**II**) u. *Triphenylacetaldehyd* (**III**) in 5 verschied. sauren Medien, verwendet wurden dabei die $^{14}C_{(1)}$- bzw. $^{14}C_{(2)}$-Verb. von **I** (**Ia** bzw. **Ib**) u. die 1-[$^{14}C_{(1)}$-Phenyl]-Verb. von **I** (**Ic**). Nach ROGER u. MCKAY [1933.] sind folgende 4 Reaktionswege für die Umlagerung z. B. von **Ic** zu diskutieren (Ph = Phenyl): **Ic** $\xrightarrow{-OH^-}$ $^*Ph_2C(OH)\cdot\overset{+}{C}HPh$ (**A**) $\xrightarrow[-H^+]{Ph\sim}$ $^*PhCO\cdot CHPh_2$ (**IId**) + $PhCO\cdot CHPh_2^*$ (**IIc**) (1); **Ic** $\xrightarrow{-OH^-}$ $^*Ph_2\overset{+}{C}\ CHPh(OH)$ (**B**) $\xrightarrow[-H^+]{H\sim}$ **IIc** (2); **B** $\xrightarrow{Ph\sim}$ $^*Ph_2C\cdot\overset{+}{C}H(OH)$ (**C**) $\underset{+H^+}{\overset{-H^+}{\rightleftarrows}}$ **III** (3); **C** $\underset{Ph\sim}{\overset{Ph\sim}{\rightleftarrows}}$ [**B** + $Ph_2\overset{+}{C}\cdot CHPh^*(OH)$] $\xrightarrow[-H^+]{H\sim}$ **IIc** + **IId** (4). Der Stern deutet die Stellung des ^{14}C-Atoms an, ~ bedeutet Wanderung). Als Reaktionsmilieu u. Katalysatoren fungierten: a) kalte konz. H_2SO_4, b) sd. Oxalsäuredihydrat, c) sd. Ameisensäure, d) sd. verd. H_2SO_4 (2 Teile H_2O u. 1 Teil konz. H_2SO_4) u. e) ein sd. Gemisch aus 1 Teil Dioxan u. 2 Teile konz. HCl. Die Best. der radiochem. Konst. der bei der Umlagerung von **Ib** bzw. **Ic** entstandenen Verb. **II** (Meth. vgl. 1. Mitt. BONNER, C. **1954.** 1916) ergab folgende prozentuale ^{14}C-Wanderung: in a) 2,5 ± 1,0 bzw. 29,8 ± 0,8; in b) 3,9 ± 0,1 bzw. 19,6 ± 1,0; in c) 4,7 ± 0,1 bzw. 21,1 ± 0,8; in d) 3,9 ± 0,6 bzw. 7,0 ± 0,2 u. e) (nur **IIc**) 0. Die Ausbeuten der Umlagerungsprodd. wurden nach der Isotopenverdünnungsmeth. bestimmt. Sie betrugen bei der Umlagerung von **Ia** für **II** u. **III** (in %): in a) 100,1 ± 1,0 u. 0,77 ± 0,04; in b) 69,5 ± 0,5 u. 29,9 ± 0,1; in c) 101,6 ± 0,6 u. 0,98 ± 0,08; in d) 84,9 ± 0,4 u. 16,5 ± 0,2; in e) 93,6 ± 0,9 u. 3,9 ± 0,1. Daraus errechneten sich die prozentualen Anteile der Reaktionswege (1)–(4) u. das Verhältnis Phenyl- zu Wasserstoffatomwanderung [= Summe von (3) u. (4)/(2)] für die Umlagerung von **I**: in a) 2,5, 11,7, 0, 85,8 u. 7,33; in b) 2,7, 29,9, 29,9, 37,5 u. 2,25; in c) 4,7, 39,0, 0, 56,3 u. 1,44; in d) 3,2, 67,4, 16,5, 12,9 u. 0,435; in e) 0, 96,1, 3,9, 0 u. 0,0406. – Aus diesen Daten wird gefolgert, daß nur die Umlagerung von **I** in a) angenähert den in obigem Reaktionsschema formulierten Carboniumionmechanismus erreicht, während in den anderen Fällen überwiegend gekoppelte Reaktionsschritte auftreten. Die Phenylgruppe kann nur dann leichter als ein H-Atom wandern, wenn offene („klass.") Carboniumionen intermediär entstehen. Hingegen tritt die Wanderung von H-Atom gegenüber der von Phenylgruppen bevorzugt bei gekoppelten Rkk. auf. – **Ia**, F. 167–169°, aus $^{14}C_{(1)}$-Mandelsäuremethylester mit C_6H_5MgBr. – **Ib**, F. 167–168° (A.-W.), aus **IIb** durch Oxydation mit HNO_3 in Essigsäure u. folgende Red. mit $LiAlH_4$, 88% (Ausbeute). – **Ic**, F. 165–167°, aus $^{14}C_{(1)}$-Phenyl-MgBr u. Mandelsäuremethylester oder Benzoin. (J. Amer. chem. Soc. **77.** 5517–23. 5/11. 1955. Oak Ridge, Tenn., Nat. Labor., Chem. Div.)

L. Fischer. B 225

F. Brown, E. D. Hughes, C. K. Ingold und **J. F. Smith,** *Wagner-Umlagerung, synarthetische Beschleunigungen und synarthetische Ionen.* Vff. geben eine theoret. Betrachtung der Wagner-Isomerisierung u. -substitution oder -eliminierung im besonderen Hinblick darauf, daß diese Rkk. bei kompliziert gebauten Moll. teilweise schneller verlaufen, als bei einfach gebauten Moll. (z. B. Umlagerung von Isobornylchlorid u. Neopentylbromid). Ferner wird festgestellt, daß in kompliziert gebauten Moll. auch eine „beschleunigte Substitution" stattfinden kann, ohne daß gleichzeitig eine Umlagerung daran beteiligt ist. (Hydrolyse von Camphenhydrochlorid.) Vff. verwerfen eine Beschleunigung, die durch ster. Verhältnisse bedingt ist; sie führen die Beschleunigung auf einen Energiegewinn zurück, der durch Elektronenverschiebung innerhalb des Molekülgerüstes auftritt. Bei der Rk. wird eine prim. Dissoziation angenommen, bei der sich ein „erstes" Carboniumion bildet. Anschließend lagert sich das Gerüst unter Bldg. des „zweiten" Carboniumions um. Vff. nehmen nun an, daß dort, wo eine „beschleunigte Rk." gegenüber der Rk. bei einfachen Moll. auftritt, gleich nach oder parallel mit der Dissoziation eine Elektronen- bzw. Atomgruppenverschiebung zu einem resonanzstabilisiertem Ion stattfindet, dessen Struktur zwischen dem „1." u. dem „2." Carboniumion liegt (synarthet. Ion). Je nachdem, ob nun das erste oder zweite Carboniumion energiereicher ist, findet Umlagerung oder reine Heterolyse statt. Immer, wenn die Bldg. des synarthet. Ions möglich ist, verläuft die Rk. beschleunigt (synarthet. Beschleunigung). Vff. weisen darauf hin, daß es sich hierbei um eine Resonanz von σ-Elektronen handelt, die immer dann auftreten kann, wenn Konjugation u. Hyperkonjugation zurückgedrängt sind. (Nature [London] **168.** 65–67. 14/7. 1951. London, Univ. Coll.)

J. Kleinwächter. B 225

Andrew Gemant, *Oxydationsionen in Kohlenwasserstoffen.* Die elektr. Leitfähigkeit λ durch Luft mit Cu oder Co als Katalysator oxydierter KW-stoffe, *Mineralöle* (**I**) oder *Xylol* (**II**) oder **I** mit 5–10% **II**, jeweils mit einem Zusatz von ca. 0,10 Mol-% Heptanal oder Benzaldehyd, wurde untersucht. Die charakterist. Temperatur- u. Konzentrationsabhängigkeit von λ wird Oxydationsionen zugeschrieben (vgl. auch C. **1954.** 4583). Als möglicher Ionenerzeuger wurde aus einer Reihe von Aldehyden, Polyaldehyden, Ketonen, Anhydriden u. Olefinen *Brenzcatechin* (**III**) festgestellt, dessen oxydierte Lsgg. sich bzgl. Temp.- u. Konzentrationsabhängigkeit von λ sich oxydiertem **I** u. **II** ähnlich verhielt. Die red., benzolähnliche Form von **III** ist offenbar der Protongeber; die oxydierte, chinoide Form wird versuchsweise als der Protonempfänger angenommen. (Vgl. auch C. **1955.** 6948.) (Z. Elektrochem., Ber. Bunsenges. physik. Chem. **57.** 277 bis 281. 1953. Detroit, Mich., Detroit Edison Co., Engng. Labor. u. Res. Dep.)

G. Pötzscher. B 225

Jean-B. Jaillet und **Cyrias Ouellet,** *Kinetik der Oxydation von Formaldehyd durch Wasserstoffperoxyd in alkalischer Lösung.* Manometr. verfolgt wurde die Kinetik der Oxydation von 0,05–0,4 mol. *Formaldehyd* (**I**) durch H_2O_2 bei p_H 12–13 (NaOH) zwischen 0 u. 35°. Die Gleichung $2\,HCHO + H_2O_2 + 2\,NaOH \rightarrow 2\,HCOONa + 2\,H_2O + H_2$ war in fast allen Fällen erfüllt; bei großem Überschuß an **I** wurden nennenswerte Mengen an O_2 gebildet, die anscheinend einer Neben-Rk. entstammen. Das Auftreten von CO oder CO_2 konnte nicht festgestellt werden. Zugabe von Na_2SO_4 oder Hydrochinon sowie von geringen Mengen an Pyrexglaspulver hatten keinen Einfl. auf die Geschwindigkeit v der Rk., die offenbar nicht über Ionen verläuft, keine Ketten-Rk. darstellt u. homogen abläuft. Zugabe von sehr viel Pyrexglaspulver änderte jedoch das kinet. Verh. der Rk. stark: Die Rk. wird verlangsamt u. verläuft nach der nullten Ordnung. Die n. Rk. verläuft dagegen nach der 2. Ordnung, während des Reaktionsablaufs nimmt die $[H^+]$ ebenfalls nach der 2. Ordnung zu. v wächst schnell mit der Konz. an NaOH, eine Diskontinuität dieser Beziehung tritt jedoch beim Mol-Verhältnis $NaOH:H_2O_2:I = 4:1:2$ auf. Für die Aktivierungsenergie wurde der Wert 14,5 kcal/Mol, für die Stoßzahl $5 \cdot 10^{10}$ erhalten. Da angenommen wird, daß *Dimethylolperoxyd* (**II**; F. 63–65°; liegt nach kryoskop. Messungen in wss. Lsg. als Monomeres vor) als Zwischenstufe der Rk. in Frage kommt, wurde dessen Zers. ebenfalls untersucht u. dabei gefunden, daß sich diese ebenso wie die Zers. einer äquivalenten Mischung aus **I** u. H_2O_2 verhält. Die Ergebnisse von kryoskop. Unterss. von **I**–H_2O_2-Gemischen bei Ggw. von NaOH-Spuren deuten auf ein Gleichgewicht zwischen den Moll. der allg. Formel $\mathbf{I} \cdot H_2O_2$, $(\mathbf{I})_2 \cdot H_2O_2$ (= **II**) u. $(\mathbf{I})_4 \cdot H_2O_2$ hin, doch opaleszieren die Lsgg. etwas, vielleicht infolge eines kolloiden Nd., so daß die Lage des kryoskop. Minimums nicht eindeutig festgelegt werden kann. Vff. nehmen als Mechanismus an, daß sich zunächst **II** bildet, das jedoch bei den Reaktionsbedingungen vermutlich vollständig in RO-Radikale zerfallen ist, u. formulieren den Ablauf der Rk. nach Pearl (C. **1947.** 1845): $\mathbf{I} + H_2O_2 \rightarrow HOCH_2OH \xrightarrow{+NaOH} HOCH_2O^- + H_2O + Na^+$; $HOCH_2O^- + Na^+ + H_2O_2 \rightarrow HOCHO^- + HO\cdot + H_2O + Na^+$; $2\,HO\dot{C}HONa \rightarrow 2\,HCOONa + H_2$. Die ersten beiden Stufen vorst. Reaktionsfolge laufen wahrscheinlich schnell u. vollständig ab, ein möglicher Überschuß an **I** bzw. H_2O_2 führt zur Inhibierung der Rk. infolge Umsetzung mit $HO\cdot$ bzw. $HO\dot{C}O^-$, u. z. B. zur Bldg. von $HOCH_2(OCH_2)_{n-1}\dot{C}H(OH)O^-$. Der Einfl. der NaOH wird auf Bldg. des „Na-Salzes" von **I**-Hydrat zurückgeführt, das vermutlich die reakt. Form des **I** darstellt. (Canad. J. Chem. **29.** 1046–58. Dez. 1951. Quebec, Univ. Laval, Dép. de Chimie.) B. Gnauck. B 225

Jack Hine, Cyrus H. Thomas und **Stanton J. Ehrenson,** *Die Wirkung von Halogenatomen auf die Reaktionsfähigkeit anderer Halogenatome im gleichen Molekül.* 5. Mitt. *Die S_N 2-Reaktionsfähigkeit von Methylenhalogeniden.* (4. vgl. C. **1955.** 11364.) Die Wrkg. von verschied. Halogenen als α-Substituenten auf die Reaktionsfähigkeit bei dem S_N 2-Mechanismus wurde untersucht, indem die Geschwindigkeitskonstanten für die Rkk. von FCH_2Br, $ClCH_2Br$, CH_2Br_2, C_2H_5Br, CH_2Cl_2 u. JCH_2Cl mit NaJ in Aceton bei verschied. Tempp. bestimmt wurden. Ferner wurden die Geschwindigkeitskonstanten der Rkk. dieser Halogenide u. von CH_2J_2, CH_3J u. CH_3Br mit Na-Methylat in Methanol gemessen. Die S_N 2-Reaktionsfähigkeit dieser untersuchten Halogenide ändert sich mit der Art des α-Substituenten in der Reihenfolge H > F > Cl > J u. Br. Die Ergebnisse sind tabellar. wiedergegeben, ferner sind die errechneten Werte für $\Delta H^{\ddagger}$ u. $\Delta S^{\ddagger}$ angegeben. (J. Amer. chem. Soc. **77.** 3886–89. 20/7. 1955. Atlanta, Ga., Inst. of Technol., School of Chem.) J. Mattner. B 225

Raymond E. Dessy, C. A. Hollingsworth und **John H. Wotiz,** *Die Reaktion von 1-Alkinen mit organometallischen Verbindungen.* 2. Mitt. *Die Beziehung zwischen Zersetzungspotentialen von Grignard-Verbindungen und ihrer relativen Reaktivität gegenüber endständigen Acetylenen.* (1. vgl. Wotiz u. Mitarbeiter, C. **1956.** 977.) Zwischen dem Logarithmus der relativen Reaktivität der Grignard-Verbb. (vgl. l. c.) CH_3MgBr, n-Propyl-MgBr, C_2H_5MgBr, Isopropyl-MgBr u. Allyl-MgBr u. ihrer Zersetzungsspannung, die durch Rk. vorst. Verbb. mit Butylacetylen bestimmt wurde, besteht eine lineare Abhängigkeit. (J. Amer. chem. Soc. **77.** 4410. 20/8. 1955. Pittsburgh, Univ., Dep. of Chem.) K. Nezel. B 225

Ja. P. Berkman und **R. W. Wisgert,** *Einfluß der Natur der Alkoholkomponenten auf die Geschwindigkeit der alkalischen Hydrolyse von Estern.* Es wird die Geschwindigkeit der alkal. Hydrolyse von Estern der Essigsäure u. Benzoesäure mit A., Phenol, 4.4'-Dioxydiphenylsulfon (Halbester) u. 4-Oxydiphenylsulfon gemessen. Die Hydrolyse wird in 70%ig. Dioxan in Ggw. von KOH für die Äthylester bei 15 u. 30°, für die anderen Ester bei 0 u. 15° durchgeführt. Die Konstanten der Hydrolysengeschwindigkeit (HG) wurden berechnet nach der Gleichung für bimol. Reaktionen. Für alle Ester wurden nach der Arrheniusschen Gleichung die Aktivierungsenergie u. der exponentielle Faktor berechnet. Aus den Messungen folgt, daß eine Zunahme der Acidität der alkoh. Komponenten die HG vergrößert, entsprechend der Reihe: $C_2H_5OH < C_6H_5OH <$ p.p'-$HO \cdot C_6H_4SO_2C_6H_4ONa <$ p-$HOC_6H_4SO_2C_6H_5$. Bei gleicher alkoh. Komponente wird der Essigester leichter als der Benzoesäureester verseift. Substituenten beeinflussen die HG in derselben Richtung, unabhängig davon, ob sie sich an der Säure- oder der Alkoholkomponente befinden. (Украинский Химический Журнал [Ukrain. chem. J.] **20.** 264—71. 1954. Lwow, Polytechn. Inst.) H. J. Grasshoff. B 225

R. W. Wisgert, *Hydrolyse der Ester aromatischer Sulfonsäuren.* (Vgl. vorst. Ref.) Es wird der Einfl. der alkoh. Komponente auf die Geschwindigkeit der alkal. Hydrolyse von Benzolsulfonsäureestern in 70%ig. Dioxan bei 30 bzw. 50° untersucht. Auf Grund der erhaltenen Ergebnisse lassen sich die verwendeten Alkoholkomponenten entsprechend ihrer Steigerung der Hydrolysengeschwindigkeit (HG) in die Reihe $C_6H_5OH < C_2H_5OH < p.p'\text{-}HOC_6H_4SO_2C_6H_4ONa < p\text{-}HOC_6H_4SO_2C_6H_5$ einordnen, die mit Ausnahme von Phenol einer zunehmenden Acidität der Alkohole entspricht. Ein Vgl. der HG der Benzolsulfonsäureester mit den entsprechenden Estern der Essig- u. Benzoesäure ergibt für die Säuren die Reihe $C_6H_5SO_2OH < C_6H_5COOH < CH_3COOH$, in der sich keine Parallelität zwischen Säurestärke u. Vergrößerung der HG zeigt. Die Einführung eines elektronegativen Substituenten in den Benzolsulfonsäurerest vergrößert die HG entsprechend der Reihe H < p-Br < p-Cl < m-NO_2, doch ist der Einfl. der Substituenten wesentlich kleiner als die gleichgerichtete Wrkg. der Substituenten in den entsprechenden Benzoesäureestern. (Украинский Химический Журнал [Ukrain. chem. J.] **20.** 272—78. 1954.) H. J. Grasshoff. B 225

L. W. Ssulima, A. F. Rekaschewa und **G. P. Mikluchin,** *Die Beweglichkeit des Schwefels in 2-Mercaptoderivaten des Benzimidazols, Benzoxazols und Benzothiazols. 2-Mercaptobenzothiazol* (I), *-benzoxazol* (II) u. *-benzimidazol* (III) werden mit radioakt. S in Toluol bzw. Toluol + A. erhitzt. Die Konstanten der Austauschgeschwindigkeit k (Std.$^{-1}$) ergeben sich dabei wie folgt: **I,** 150°; Konz. von **I** u. S 0,33 (Mol/Liter); k = 0,365; Konz. 0,11; k = 0,181. **II,** 150°; Konz. 0,33; k = 0,047; 130°; k = 0,009. **III,** 150°; Konz. 0,33; k = 0,018; 130°; k = 0,0023. Die Geschwindigkeit des Austauschs nimmt also ab in der Reihenfolge **I—II—III.** Da die Verminderung der Konz. bei **I** auf $^1/_3$ nicht die entsprechende Verminderung von k auf $^1/_3$ (~0,121) ergibt, liegt hier keine einfache bimol. Rk. vor; die Gesamtgeschwindigkeit des Prozesses hängt anscheinend vom Verhältnis der Geschwindigkeiten einzelner Reaktionsstufen ab, die nicht sehr verschieden sind. Die Aktivierungsenergien der Austausch-Rkk. sind 24,0 (kcal/Mol) bei **I,** 27,3 bei **II** u. 34,0 bei **III.** (Журнал Общей Химии [J. allg. Chem.] **25** (**87**). 1351—55. Juli 1955. Pissarshewski-Inst. für physik. Chem. der Akad. der Wiss. der UkrSSR.)
R. K. Müller. B 225

Gabriello Illuminati und **Ludovico Santucci,** *4-Oxychinoline. Einfluß eines 7-Substituenten auf die Substituierbarkeit der Oxygruppe.* 4. Mitt. *über nucleophile Substitutionen durch Mercaptane.* (3. vgl. Gazz. chim. ital. **83.** [1953.] 1106.) Das in früheren Unterss. (C. **1952.** 220) bei der Rk. von 4-Oxy-7-chlorchinolin (**I**) mit p-Thiokresol (**II**) erhaltene 4-Oxy-7-[p-tolylmercapto]-chinolin (**III**) ist kein Zwischenprod. der Bldg. von 4.7-Di-[p-tolylmercapto]-chinolin (**IV**). **III** reagiert unter gleichen Bedingungen nicht mit **II.** Mit $POCl_3$ reagiert **III** unter Bldg. von 4-Chlor-7-[p-tolylmercapto]-chinolin (**V**), das mit **II** **IV** liefert. **IV** entsteht also aus **I** durch Substitution der OH-Gruppe, mit 4-[p-Thiokresoxy]-7-chlorchinolin (**VI**) als Zwischenprod., wie durch Umwandlung von **VI** in **IV** nachgewiesen wird. Diese Beobachtungen stehen in Widerspruch zu der beobachteten Reihenfolge der Basizitätskonstanten: **V** > 4.7-Dichlorchinolin. Sie könnten durch einen + T-Effekt, durch Konjugation der OH-Gruppe mit dem Ring oder durch Rk. in der Ketoform zu erklären sein.

V e r s u c h e : Die Prodd. der Rk. von **II** mit **I** bzw. **III** (3:1 bis 6:1 Mol) in sd. Glykol (1—14 Std.) werden nach Abkühlung mit 10%ig. NaOH u. Ae. geschüttelt; die alkal. Fraktion wird mit PAe. u. 10%ig. HCl von **I** befreit → **III,** F. 243,5—245° (A.), 26% (Ausbeute). Aus der äther. Lsg. wird nach Abdampfen des Ae., Behandlung mit 20%ig. H_2SO_4 u. 5%ig. NaOH + Ae. **IV,** F. 100,5—101,5° (A.), erhalten. — *4-Chlor-7-[p-tolylmercapto]-chinolin* (**V**), $C_{16}H_{12}NClS$, F. 59,5—60° (PAe.) aus **III** durch 2std. Kochen mit $POCl_3$, Reinigung chromatograph.; 83,8%. **V** reagiert mit **I** in $^1/_{10}$mol. Lsg. (80°, 1 Tag) unter Bldg. von **IV**-Hydrochlorid, F. 182,5—191°. (J. Amer. chem. Soc. **77.** 6651—53. 20/12. 1955. Roma, Univ., Ist. di Chim. gen.) R. K. Müller. B 225

I. P. Zukerwanik und **Ss. G. Melkanowitzkaja,** *Kondensation von Allylacetat mit Benzol in Gegenwart von $AlCl_3$.* Bei der Kondensation von Bzl. mit Allylacetat in Ggw. eines Überschusses an $AlCl_3$ (1,1 Mol auf 1 Mol Allylacetat) in der Kälte entsteht *β-Phenylpropylacetat* (**I**). Bei Zimmertemp. reagiert **I** mit überschüssigem Bzl. weiter zu *1.2-Diphenylpropan* (**II**). Letzteres wird auch durch Dehydratation von Benzylmethylphenylcarbinol (**III**) (aus Benzylchlorid u. Acetophenon nach Grignard) zu *Methylstilben* (**IV**) u. dessen Red. mit Na in CH_3OH erhalten.

V e r s u c h e : *1.2-Diphenylpropan* (**II**), Kp.$_7$ 128—130°; a) zu einem Gemisch von 80 ml Bzl. u. 16,1 g $AlCl_3$ gibt man langsam eine Lsg. von 10 g Allylacetat in 20 ml

Bzl., schüttelt 2 Std. unter Kühlung u. Zers. mit angesäuertem W.; $D.^{20}_4$ 0,9818; n_D^{20} 1,5581; 11 g (Ausbeute); b) durch portionsweise Zugabe von 24,2 g $AlCl_3$ zu 15 g Allylacetat in 150 ml Bzl. bei 4—6°; 113 g. Daneben 3,4 g **I**; c) beim Erhitzen von 9 g **IV**, mit 9 g Na u. 100 ml CH_3OH auf dem Wasserbad; 7,7 g. **II** gibt mit HNO_3 (18—20 Std. bei 100°) ein *Nitroderiv.*, F. 153°. — *β-Phenylpropylalkohol*, $Kp._{15}$ 113—114°; durch Hydrolyse von **I**; $D.^{20}_4$ 1,0062, n_D^{20} 1,5275. *p-Nitrobenzoat*, F. 61—62°. — *β-Phenylpropionaldehyd*, durch Dehydrierung des Alkohols in Ggw. von Cu bei 250—300°/20 bis 40 mm. *Semicarbazon*, F. 152—153°. — *Methylstilben* (**IV**), F. 79—80°, aus 37 g **III** in Ggw. von Al_2O_3 bei 300°; 46%; oder durch Kochen von 22 g **III** mit einem Gemisch von 40 g Acetanhydrid u. 20 g Acetylchlorid; 79,5%. (Журнал Общей Химии [J. allg. Chem.] **23** (**85**). Nr. 10. 1635—38. Okt. 1953. Mittelasiat. Univ.) H. RAUBACH. B 225

W. W. Koslow und **B. I. Stepanow,** *Über die Diazotierungsgeschwindigkeit von p-Anisidin.* Die Konstante k der Diazotierungsgeschwindigkeit des p-Anisidins in wss. Lsg. bei 0° wird zu 0,202 (Liter/Mol·Sek.) bestimmt. Durch Glycerin (0,73—1,27 Mol/Liter) oder Rohrzucker (0,197—0,368) treten keine Veränderungen von k ein, die über die Versuchsfehler hinausgehen: k = 0,217—0,208 bzw. 0,215—0,222. (Журнал Физической Химии [J. physik. Chem.] **27**. 3—5. Jan. 1953. Moskau, Chem.-technol. Mendelejew-Inst.) R. K. MÜLLER. B 225

D. G. H. Ballard und **C. H. Bamford,** *Untersuchungen über die Polymerisation. 7. Mitt. Die Polymerisation von N-Carboxy-α-aminosäureanhydriden.* (6. vgl. BAMFORD u. JENKINS, C. **1955**. 9346.) Dilatometr. sowie mittels der App. nach BAUGHAN u. BELL (Proc. Roy. Soc. [London], Ser. A **158**. [1937.] 464) wurde die Kinetik der unter CO_2-Entw. verlaufenden Polymerisation von *DL-Leucin-* (**I**), *DL-Phenylalanin-* (**II**) u. *Sarkosin-N-carbonsäureanhydrid* (**III**) in Nitrobenzol (**IV**) bzw. o-Nitroanisol (**V**) zwischen 25 u. 45° verfolgt. Zufolge der potentiometr. Best. der NH_2-Gruppen u. der CO_2-Ausbeute treten keine Neben-Rkk. auf. Bei Ggw. von vorgebildetem Polymeren als Initiator (J.) u. Abwesenheit von W. verläuft die Rk. von **I** u. **II** nach der 1. Ordnung bzgl. der Anhydride u. J. Die Rk. von **III** folgt dagegen einer Rk. 2. Ordnung bzgl. J. u. 1. Ordnung bzgl. **III** u. ist nicht feuchtigkeitsempfindlich; sie wird durch CO_2 stark katalysiert, was der Bldg. substituierter Carbaminsäuren (aus CO_2 u. der polymeren Base (B)] bzw. ihren Salzen zugeschrieben wird. Hierfür wird nachst. Gleichgewicht angenommen, für K_1 wurde 33,3 Liter²/Mol² bei 25° berechnet;

$$2\,RNHCH_3 + CO_2 \overset{K_1}{\rightleftharpoons} RN(CH_3)COO^-\overset{+}{N}H_2(CH_3)R \;\begin{cases} \rightleftharpoons RN(CH_3)COO^- + \overset{+}{N}H_2(CH_3)R \\ \rightleftharpoons RN(CH_3)COOH + RNHCH_3 \end{cases}$$

bei Verwendung des stärker bas. Sarkosindimethylamids an Stelle des Polysarkosins $(RNHCH_3)_n$ wurde entsprechend K_1 zu 70,01 gefunden. Auch andere organ. Säuren, wie α-Picolinsäure u. o-Nitrobenzoesäure, zeigen katalyt. Effekte. Trotz z. T. erheblicher Veränderungen der Reaktionsgeschwindigkeit wird die Viscosität der resultierenden Polymerenlsg. durch Säurezugabe fast nicht verändert, d. h. es werden etwa die gleichen Mol.-Gew. u. Verteilungen der Mol.-Geww. erreicht wie bei Rk. ohne Ggw. von Säure. Folgende Aktivierungsenergien (in kJoule/Mol) u. Häufigkeitsfaktoren (in Liter/Mol·Sek.) wurden ermittelt: **I** in **IV** 29,01, 5,0·10³, **I** in **V** 34,45, 3,8·10⁴, **II** in **V** 31,85, 6,0·10³. Bei Verwendung der Dimethylamide der entsprechenden Aminosäuren als J. war bei der Polymerisation von **I** u. **II** die Reaktionsordnung bzgl. J. 1, offenbar sind die Dimethylamide reaktiver als die B., die untereinander in ihrer Wrkg. unabhängig vom Polymerisationsgrad gleich sind. Reines Pyridin u. Chinolin katalysieren die Rk. von **III** nicht. W. gibt mit **III** nicht wie mit **I** u. **II** die Aminosäuren, sondern höhere Polymere u. etwas N.N'-Dimethyldiketopiperazin. Ggw. von Aminosäuren bei den Rkk. von **I** u. **II** führt zu Abweichungen von der Kinetik 1. Ordnung bzgl. der Monomeren. Zum Mechanismus der Rk. wird die reversible Bldg. nebenst. Komplexes **A** aus Monomerem (z. B. **III**) u. B. angenommen; **A** zers. sich dann unter Einw. von B. oder Säure unter CO_2-Abspaltung, wobei als Zwischenstufe ein Carbaminatsalz angenommen wird. Im Gegensatz zu **III** ist für die Rkk. von **I** u. **II** die Bldg. von **A** geschwindigkeitsbestimmend, diese Rkk. zeigen daher einen positiven Temperaturkoeff., während die Rkk. von **III** mit steigender Temp. an Geschwindigkeit abnehmen. Die Kinetik der Rkk. wird eingehend diskutiert u. berechnet, wobei gute Übereinstimmung mit den experimentellen Werten erzielt wird. Angegeben sind ferner die Berechnungen für die Verteilung der Mol.-Geww. bei säurekatalysierten Rkk. u. solchen, bei denen die 1. Stufe eine von den folgenden Stufen verschied. Geschwindigkeit besitzt. (Proc. Roy. Soc. [London], Ser. A **223**. 495—520. 20/5. 1954. Maidenhead, Berks., Courtaulds Ltd.) B. GNAUCK. B 225

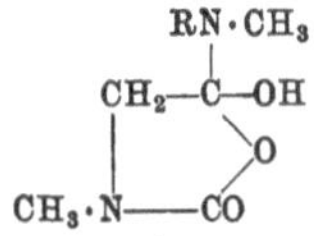

A

D. G. H. Ballard, C. H. Bamford und **F. J. Weymouth,** *Untersuchungen über die Polymerisation.* 8. Mitt. *Durch Metallkationen ausgelöste Reaktionen der N-Carboxy-α-aminosäureanhydride.* (7. vgl. vorst. Ref.) Vff. untersuchten die Prodd. der Polymerisation (unter CO_2-Entw.) von *Glycin-* (**I**), *Sarkosin-* (**II**), *DL-C-* u. *DL-Phenylalanin-N-carbonsäureanhydrid* in N.N-Dimethylformamid (**VI**) bei 27 bzw. 50° in Ggw. von wasserfreiem LiCl sowie manometr. die Kinetik dieser Rk. im gleichen Medium bei 0 u. 25°. Aus **I** entstanden 5,7% *cycl. Hexaglycin* (**III**), 4,1% eines Gemischs von mikrokrist. *cycl. Glycinpeptiden* sowie 45% wasserunlösl. *Polyglycin,* das nach der Endgruppenbest. hauptsächlich aus cycl. Peptiden besteht. **I** ergab ferner *Hydantoin-3-essigsäure* [**IV,** F. 195–197° (A.–PAe.)], es wurde meist als Pikrat UV-spektroskop. bestimmt. Die durch LiCl initiierte Rk. ergab fast keine linearen Polypeptide, mit steigender Anfangskonz. an monomerer Verb. erniedrigte sich die relative Ausbeute an **IV** zugunsten der an cycl. Polypeptiden. **III** ergab nach Hydrolyse mit n/15 LiOH (1 Std. bei 100°) Mono-[(R_F-Wert in Phenol–W., 9:1), 0,35], Di- (0,40), Tetra- (0,54), Pentaglycin (0,67) u. etwas unverändertes **III** (0,74). Die Polymerisation verläuft bei Abwesenheit von LiCl äußerst langsam ($k < 10^{-8}$ Liter/Mol·Min.), erst bei 50° tritt eine merkliche spontane Rk. auf.

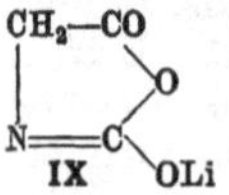
IX

Die Rk. zwischen **I** u. W. verläuft ebenfalls sehr langsam, Zugabe von W. zu **I** + LiCl steigert die Reaktionsgeschwindigkeit v nur wenig. **II** reagiert dagegen lebhafter mit Wasser. Vff. nehmen an, daß die Rk. durch Bldg. nebenst. Li-Salzes (**IX**) initiiert wird u. daher bei N-Alkyl-Substitution die Rk. ausbleibt; entsprechend reagiert **II** nicht, jedoch bei Zugabe von 3-Methylhydantoin [**V,** F. 183–184° (sublimiert)] kommt die Rk. in Gang; bei Abwesenheit von LiCl wirkt **V** jedoch nur wenig reaktionsfördernd. Als Prod. der Rk. von **II** bei Ggw. von **V** wird linear gebautes *Polysarkosin* (**VIII**) angenommen, das an den Enden je einen **V**-Baustein besitzt. Bei geringem CO_2-Druck werden fast keine Carboxylgruppen gebildet, bei 1 at CO_2-Druck entspricht die Bldg. von Carboxylgruppen <5% des Ausgangsmaterials, diese Rk. ist vermutlich säurekatalysiert (durch substituierte Carbaminsäuren). Die Polymerisation wird dagegen durch die Ggw. von Säuren (z. B. $9 \cdot 10^{-3}$mol. α-Picolinsäure) unterdrückt, daher ist sie auch bei höheren CO_2-Drucken (Ggw. von Carbaminsäuren) gehemmt u. die Polymerisation von **I** durch Bldg. von **IV** autoinhibiert, diese wird nach ca. 20% Umsatz extrem langsam. Als Reaktionsablauf wird für **I** untenst. Schema angenommen. Vff. konnten zeigen, daß weder durchgehend 2.5-Diketopiperazin noch cycl. Verbb. mit Ureidoresten auftreten. Bei der Rk.

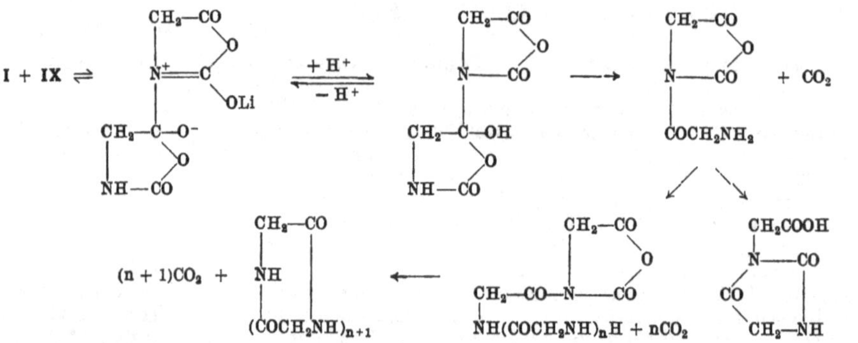

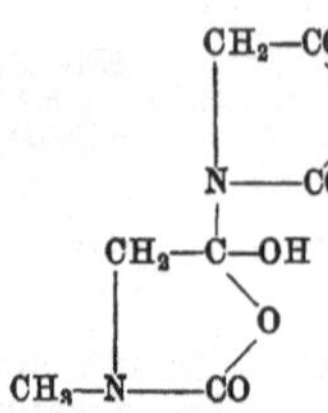
X

von **II** in Ggw. von **V** wird als Zwischenstufe die Bldg. von **X** angenommen, dieses reagiert analog **IX**; infolge der Stabilität des Hydantoinrings tritt jedoch keine Cyclisierung auf. Untersucht wurde ferner die Wechselwrkg. zwischen Polysarkosindimethylamid u. CO_2 in **VI**-Lsg. bei 25°. Offenbar liegt ein Gleichgewicht $RNHCH_3 + CO_2 \rightleftharpoons RN(CH_3)COOH$ (**VII**) (K = 20,6 Liter/Mol) vor. Die durch das eigene Polymere ausgelöste Polymerisation von **II** in **VI** verläuft nach $v = K_1$ [**II**] [**VIII**] ($k_3 + k_4$ [**VII**]) mit $K_1 \cdot k_3 = 1{,}30$ Liter/Mol·Min. u. $K_1 \cdot k_4 = 405$ Liter²/Mol²·Min. bei 25° [$\mathbf{II} + Y_n \overset{K_1}{\rightleftharpoons} Z_{n+1}$, Y u. Z: **VIII** mit n bzw. (n + 1) Moll. **II**; $Y_{n+1} \xrightarrow{k_3} X_{n+1} + CO_2$; $Y_{n+1} + \mathbf{VII} \xrightarrow{k_4} X_{n+1} + CO_2 + \mathbf{VII}$]. Die Polymerisation hat also (beim CO_2-Druck null) einen kleinen negativen Temperaturkoeffizienten. Vorst. Gleichgewicht ist demnach exotherm. Zugabe von LiCl zu **II** bei Ggw. von **VIII** hat nur geringe Wrkg., Zugabe von **V** führt dagegen zu einer 75%ig.

Erhöhung von v bei 0°, die Anfangsgeschwindigkeit ist jedoch auch hier gering. Im Syst. **II**–**V**–LiCl wird die anfängliche Beschleunigung auf das stetige Anwachsen der Basenkonz. zurückgeführt. Kinet. Berechnungen sind für dieses Syst. sowie für **I**–LiCl angegeben. Der mittlere Polymerisationsgrad für **VIII** wurde nach FESSLER u. OGSTON (C. **1952.** 1795) berechnet, er liegt zwischen ca. 30 u. 40. Es wurde ferner gefunden, daß weder Acetyl-symm.-dimethylharnstoff noch N-Phenylurethan die Polymerisation von **II** bei Ggw. von LiCl hervorrufen. In Aceton bzw. N.N-Dimethylacetamid zeigte die untersuchte Rk. ähnlichen Charakter, wie er in **VI** gefunden wurde. — *Acetyl-symm.-dimethylharnstoff, Hydrat,* $C_5H_{10}O_2N_2 \cdot H_2O$, F. 51–52° (Äthylacetat–PAe.), durch Acetylierung von symm.-Dimethylharnstoff in Acetanhydrid–Essigsäure u. wenig H_2SO_4; 25% (Ausbeute). (Proc. Roy. Soc. [London], Ser. A **227.** 155–83. 7/1. 1955. Maidenhead, Berks., Courtaulds, Ltd.) B. GNAUCK. B 225

M. S. Kharasch, Jerome Kuderna und **W. Nudenberg,** *Reaktionen von Atomen und freien Radikalen in Lösung.* 36. Mitt. *Bildung von optisch-aktiven Estern bei der Zersetzung optisch-aktiver Diacylperoxyde in Lösung.* (35. vgl. C. **1956.** 5789.) Vff. untersuchen den Mechanismus der therm. Zers. von Diacylperoxyden in organ. Lösungsmitteln an opt.-akt. Material (vgl. J. Amer. chem. Soc. **63.** [1941.] 526 u. C. **1952.** 2487). *L(+)-Methyläthylacetylperoxyd* (**I**) wird dargestellt. Es zers. sich in Benzotrichlorid bei 75–80° spontan zu *L(+)-sek.-Butyl-L(+)-methyläthylacetat* (**II**) u. CO_2. An Hand eines ausführlichen Schemas von Folge-Rkk. wird abgeleitet, daß die bei der Hydrolyse von **II** gebildete *(+)-Methyläthylessigsäure* (**III**) u. der *(+)-sek.-Butylalkohol* der gleichen ster. Reihe (L-Reihe) angehören u. demnach bei der **II**-Bldg. keine WALDENsche Umkehrung eingetreten sein kann. Dies macht nach Ansicht der Vff. einen Zersetzungsmechanismus des **I**, der über freie Radikale verläuft, unwahrscheinlich.

Versuche: *L(—)-sek.-Butylcarbinol,* $Kp._{760}$ 128°, in hoher opt. Reinheit durch wiederholte Fraktionierung von Fuselöl über eine 200-bödige Kolonne; n_D^{20} 1,4109; $[\alpha]_D^{24}$ —5,65°. — *L(+)-Methyläthylessigsäure* (**III**), Kp. 171°, $Kp._{12}$ 77–78°, durch Zutropfen vorst. Verb. zu verd. Chromschwefelsäure (alkal. Oxydation führt zu starker Racemisierung) in 20 Min. u. anschließendes Kochen neben etwas Amylester; n_D^{20} 1,4057; $[\alpha]_D^{24}$ +17,5°; 64% (Ausbeute). *p-Bromphenacylester,* F. 54–55°. — *L(+)-Methyläthylacetylchlorid,* $Kp._{182}$ 62°; $Kp._{760}$ 115°; in hoher opt. Reinheit durch Zutropfen von **III** zu sorgfältig gereinigtem $SOCl_2$ in 3 Std. unter Kühlung mit Eis–Salz-Mischung (vgl. LEVENE, J. biol. Chemistry **88.** [1930.] 27), mehrere Std. bei 0°; n_D^{20} 1,4173; $[\alpha]_D^{24}$ +17,2°; 76–86%. Chlorierung mit Phthalylchlorid führt zu starker Racemisierung. — *L(+)-Methyläthylacetylperoxyd* (**I**), aus vorst. Verb. in trocknem Ae. mit Na_2O_2 bei —3°, $[\alpha]_D^{24}$ +34° (korr.) in Benzotrichlorid; 46% (Ausbeute, in ca. 50%ig. Reinheit). — *Äthyl-L(+)-methyläthylacetat* (**IV**), Kp. 132–133°, durch Zers. von **I** in Benzotrichlorid, 7 Std. bei 75–80°; n_D^{20} 1,3976; $D.^{22}_4$ 0,86; $[\alpha]_D^{24}$ +17,8°; Ausbeute 0,2 Mol/Mol **I**. Verseifung mit KOH liefert **III** + A.; daneben *L(+)-sek.-Butyl-L(+)-methyläthylacetat* (**II**), Kp. 161–164°, n_D^{18} 1,4070; $[\alpha]_D^{24}$ +27°; Ausbeute 0,3–0,4 Mol/Mol **I**. — *L(+)-sek.-Butylalkohol,* Kp. 97°, durch Verseifung von 5,7 g **II** mit wss. KOH in Diäthylenglykol; n_D^{20} 1,3960; $[\alpha]_D^{25}$ +10,2°; Ausbeute 2–3 g. *Phenylurethan,* F. 60° [PAe. (Kp. 110°)]; $[\alpha]_D^{25}$ +22° (in Äthylacetat). (J. org. Chemistry **19.** 1283–89. Aug. 1954. Chicago, Ill., Univ., Dep. of Chem., G. H. Jones Labor.) K. PRCHAL. B 225

M. S. Kharasch, Gareth H. Williams und **Walter Nudenberg,** *Reaktionen von Atomen und freien Radikalen in Lösung.* 37. Mitt. *Die Spaltung quartärer Ammoniumsalze mit Grignard-Reagentien.* (36. vgl. vorst. Ref.) Um die Frage zu prüfen, ob die von SNYDER u. Mitarbeitern (C. **1952.** 3323) erstmalig bei Graminmethojodid beobachtete Spaltung der quartären N–C-Bindung durch GRIGNARD-Verbb. homolyt. Natur ist, untersuchen Vff. die Einw. von GRIGNARD-Verbb. auf verschied. quartäre Ammoniumsalze u. den katalyt. Einfl. von Metallsalzen ($CoBr_2$, $FeBr_3$ u. $NiBr_2$) auf diese Reaktion. Sie finden hierbei 4 verschied., von der Art der Gruppen am N, aber kaum von den GRIGNARD-Verbb. abhängige Reaktionstypen. Typ I: Einfache Tetraalkylammoniumsalze, z. B. Tetramethylammoniumbromid, die nicht mit GRIGNARD-Verbb. reagieren. Typ II: Quartäre Salze, z. B. Allyltrialkylammoniumhalogenide, die nur in Ggw. von Metallhalogenid zu Trialkylaminen gespalten werden u. deren abgespaltene Gruppe sich mit dem Radikal der GRIGNARD-Verb. verbindet. Vermutlich eine homolyt. Kettenreaktion. Typ III: Aryltrialkylammoniumhalogenide, die bei n. Temp. ebenfalls nur in Ggw. von Metallhalogeniden nach einem Radikalkettenmechanismus reagieren, deren abgespaltene Gruppe aber in eine GRIGNARD-Verb. umgewandelt wird. Bei verschiedenartigen Substituenten am N wird bevorzugt das CH_3, beim Benzylphenyldimethylammoniumbromid hingegen das Benzyl abgespalten. Die therm. Rk. (24 Std. bei 140° ohne Katalysator) nach SNYDER (l. c.) verläuft nach dem gleichen Typ. Die hohe Temp. begünstigt aber Nebenreaktionen. Typ IV: Die einzige einfache Verb., die auch in Abwesenheit von Metallhalogenid gespalten wird, ist *Phenylallyldimethylammoniumbromid.* In diesem Fall dürfte eine heterolyt. Rk. vorliegen.

Versuche: Zur Spaltung werden 3 verschied. Verff. angewandt: Verf. A: Zu 1 (soweit nicht anders angegeben Mengenangaben stets in Mol) Methyl- (**I**), Phenyl- (**II**) oder Isopropyl-MgBr (**III**) (ca. 1n in absol. Ae.) u. 1 quartärem Ammoniumsalz bei Zimmertemp. 0,05 $CoBr_2$ portionsweise unter Rühren zugeben, 1 Std. weiterrühren u. 1 Std. unter Rückfluß kochen. Hydrolyse der überschüssigen GRIGNARD-Verb. mit Eis–2n HCl-Gemisch. Verf. B: wie Verf. A, jedoch $CoBr_2$ im Laufe von 5 Std. zugeben u. 1 (teilweise auch 3) Std. erhitzen. Dadurch bessere Ausbeuten. Verf. C: wie Verf. B, überschüssige GRIGNARD-Verb. aber durch Eintragen von gepulvertem CO_2 unter Rühren zersetzt. Bei Verss. in Abwesenheit von $CoBr_2$ werden die gleichen Reaktionszeiten eingehalten. — Folgende quartäre Ammoniumsalze werden dargestellt u. ihre Umsetzung untersucht. — Reaktionstyp I (nach Verf. A soweit nicht anders angegeben): *Benzyltrimethylammoniumbromid,* F. 235° (Platten aus A.-Ligroin), aus 0,17 Trimethylamin (**IV**; *Chloroplatinat,* F. 240° (Zers.)] u. 0,17 Benzylbromid (**V**) in absol. Ae. bei Zimmertemp., 1 Std. gekocht; 33 g (Ausbeute). Mit **I**, **III** u. 2 **II** (nach C) keine Rk.; mit 1 **II** 0,035 Amin. — *Benzyltriäthylammoniumchlorid,* mit **II** 0,05 Amin. — *N.N-Dimethyl-1.2.3.4-tetrahydroisochinoliniumjodid,* mit **II** keine Reaktion. — *Dibenzyldimethylammoniumchlorid,* mit 2 **II** (Verf. C) 0,04 Amin. — *Tetramethylammoniumjodid,* F. 230° (Zers.; aus 50%ig. wss. A.), aus äquimol. Mengen **IV** u. Methyljodid (**VI**) in absol. Ae.; mit 2 **II** (Verf. C) keine Reaktion. — Reaktionstyp II (alle Verss. nach Verf. A): *Allyltrimethylammoniumbromid,* aus **IV** u. 0,1 frisch dest. Allylbromid (**VII**; Kp. 71°) in absol. Ae. bei Zimmertemperatur. Mit **II** a) in Ggw. von $CoBr_2$: 0,48 **IV**, 0,23 *Allylbenzol* (**VIII**) u. 0,31 *Biphenyl* (**IX**, F. 70°); b) in Ggw. von 0,05 $FeCl_3$: 0,41 **IV**, 0,38 **VIII** u. 0,49 **IX**; c) in Abwesenheit von Metallhalogenid: nur 0,07 **IV**; mit **III** in Ggw. von a) 0,05 $CoBr_2$: 0,62 **IV**; b) 1 $CoBr_2$: keine Reaktion. — Reaktionstyp III (soweit nicht anders angegeben mit 2 **II**): *Phenyltrimethylammoniumjodid* (*Dimethylanilinmethojodid*), sublimiert bei 220° (aus A.), durch Kochen äquimol. Mengen Dimethylanilin (**X**; $C_8H_{11}N$; *Pikrat,* F. 162°) u. **VI**. Nach Verf. C: 0,65—0,67 **X**, 0,32—0,42 *Benzoesäure* [**XI**, F. 121° (W.)] u. 0,6—0,7 **IX**; nach Verf. B: CH_4. Nach Verf. C ohne $CoBr_2$ keine Reaktion. Ohne $CoBr_2$ 24 Std. in Di-n-butyläther bei 140° gekocht: a) mit 3 **II**: 0,78 **X**, b) ohne **II**: 0,27 **X**. — *Benzylphenyldimethylammoniumbromid,* F. 96—97° (A.-Ae.), durch 2std. Stehen einer äquimol. Mischung von **X** u. **V**. Nach Verf. A mit 1 **II**: 0,39 **X**; nach Verf. C mit 2 **II**: 0,62 **X**, 0,8 **IX**, 0,32 *Bzl.* u. 0,42 *Phenylessigsäure* (F. 77°); *p-Bromphenacylderiv.* F. 89°); mit 2 **II** ohne $CoBr_2$ nur 0,04 **X**. — *N.N-Dimethyl-1.2.3.4-tetrahydrochinoliniumjodid* (*Kairolinmethojodid*), F. 174°, aus 50 g Tetrahydrochinolin u. 53,4 g **VI**, 1 Std. gekocht; 29 g (Ausbeute). Nach Verf. A: *N-Methyl-1.2.3.4-tetrahydrochinolin* (*Kairolin, Pikrat,* F. 145°). — *α-Naphthyltrimethylammoniumjodid,* durch 24std. Kochen äquimol. Mengen N.N-Dimethyl-α-naphthylamin (**XII**; *Pikrat,* F. 145°) u. **VI**. Nach Verf. A mit 1 **II**: 0,11 **XII**. — *p-Methoxyphenyltrimethylammoniumjodid*; mit 0,4 $CoBr_2$ nach Verf. C: 0,25 *p-Methoxyphenyldimethylamin* (**XIII**) u. 1 **XI**; nach Verf. B: 0,32 **XIII**. — *Phenyldimethyläthylammoniumjodid,* F. 133° (A.), durch 3std. Kochen von 36,6 g **X** mit 46,8 g Äthyljodid; 33 g (Ausbeute). Nach Verf. B: 0,23 Gemisch aus 77% *Methyläthylanilin* (*Pikrat,* F. 134°) u. 23% **X**. — *Methyl-2-phenyläthylanilin* (**XIV**), $C_{15}H_{17}N$, F. 45° (A.), $Kp._{0,3}$ 124—128°, aus 0,549 Methylanilin ($Kp._{18}$ 87—90°) bei Zimmertemp. in Ae. Zusatz von 0,549 **III** (Bldg. von Propan) u. 36std. Kochen mit 0,549 2-Phenyläthylbromid; 29,4 g (Ausbeute). — *Phenyl-2-phenyläthyldimethylammoniumjodid,* $C_{16}H_{20}NJ$, F. 135° (A.-Ae.), aus **XIV** durch 2std. Kochen mit **VI**. Mit 3 **II** u. 0,1 $CoBr_2$ nach Verf. B u. C: 0,51 **XIV**, nach Verf. B außerdem 0,5 CH_4; nach Verf. B ohne $CoBr_2$ keine Reaktion. — Verss. zur Darst. von Phenyl-2-phenyläthyldimethylammoniumbromid durch 5tägiges Erhitzen auf 100° von 55,5 g 2-Phenyläthylbromid mit 36,6 g **X** im Einschlußrohr unter N_2 gaben 32 g *Phenyltrimethylammoniumbromid* [sublimiert bei 208—209° (A.-Ae.)]. — Reaktionstyp IV: (alle Verss. nach Verf. A): *Allylphenyldimethylammoniumbromid,* durch Stehen einer äquimol. Mischung **VII** u. **X** über Nacht. Spaltungen: 1. mit 1 **II**: a) mit 1 $CoBr_2$: 0,42 **X**, 0,23 **VIII** u. 0,3 **IX**; b) mit 0,05 $CoBr_2$: 0,71 **X**, 0,56 **VIII** u. 0,15 **IX**; c) ohne $CoBr_2$: 0,42—0,75 **X**, 0,27—0,36 **VIII**, u. 0,05 **IX**; d) ohne $CoBr_2$ (nach Verf. B): 0,81 **X**. 2. mit 1,6 **II** u. 0,05 $CoBr_2$: 0,90 **X**, 0,44 **VIII** u. 0,65 **IX** (großenteils durch Luftoxydation gebildet) 3. mit 2 **II** u. 0,05 $CoBr_2$: 0,83 **X**, 0,67 **VIII** u. 0,13 **IX**. 4. mit 1 **III** u. 0,05 $CoBr_2$: 0,85 **X**; ohne $CoBr_2$: 0,42—0,74 **X**. 5. mit 1 **I** u. 1 $CoBr_2$: 0,54 **X**. — *Allyl-m-tolyldimethylammoniumbromid,* Darst. analog vorst. Verbindung. Spaltung mit 2 **II**: 0,93 *Dimethyl-m-toluidin* (*Pikrat,* F. 128°), 0,72 **VIII** u. 0,5 **IX** (großenteils durch Luftoxydation gebildet). (J. org. Chemistry **20.** 937—52. Juli 1955.)

K. PRCHAL. B 225

M. S. Kharasch, Jerome S. Sallo und **Walter Nudenberg,** *Reaktionen von Atomen und freien Radikalen in Lösung. 38. Mitt. Die Reaktionen von trans-1.2- und -1.3-Dibromcyclohexanen mit Grignard-Reagentien in Gegenwart von Kobalt(II)-bromid.* (37. vgl. vorst. Ref.) *trans-1.2-Dibromcyclohexan* (**I**) wurde durch Br_2-Addition an Cyclohexen (**II**), reines *trans-1.3-Dibromcyclohexan* (trans-**III**) — das nach den bekannten Darstellungsverff. stets stark mit cis-**III** verunreinigt ist — durch stereospezif. HBr-Addition an 3-Bromcyclohexen in Ggw. von Peroxyden oder Antioxydantien dargestellt. Ob trans-**III** hierbei über Ionen oder freie Radikale oder auch über beide gleichzeitig gebildet wird, wurde nicht geklärt. — In Ggw. von $CoBr_2$ reagiert **I** mit Isopropyl–MgBr (**IV**) unter Bldg. von 73% **II** u. Entw. von äquimol. Mengen Propan (**V**) u. Propylen (**VI**). Analog liefert trans-**III** neben **V** u. **VI** 47% eines Gemisches aus **II**, Cyclohexan u. *Bicyclo-[3.1.0]-hexan* (**VII**). Die Rkk. verlaufen über die freien Radikale **A** bzw. **B**, deren möglicher Bildungsmechanismus in Anlehnung an frühere Unterss. diskutiert wird. Die Bldg. von **II** bzw. **VII** aus **A** bzw. **B** muß im Prinzip eine Br-Abspaltung durch ein Acceptormol. sein, wofür z. B. **IV**, $(CH_3)_2CH\cdot$, $(CoBr)\cdot$ oder auch **A** bzw. **B** selbst in Frage kommen.

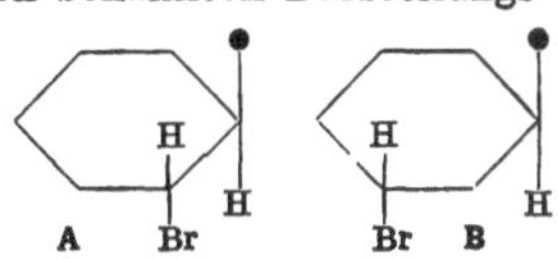

A B

Versuche: *trans-1.2-Dibromcyclohexan* (**I**), $Kp._{23}$ 110—112°, aus **II** mit Br_2 in CCl_4 bei 0°; n_D^{25} 1,5507. — *trans-1.3-Dibromcyclohexan* (trans-**III**), $Kp._{0,05}$ 45—53°, a) aus Hexahydroresorcin mit gesätt. wss. HBr → Gemisch der Isomeren; 73% (Ausbeute); hieraus *cis-1.3-Dibromcyclohexan* (cis-**III**; F. 111,5—112° [A.]); das erhaltene fl. trans-**III** ist mit cis-**III** verunreinigt; b) aus 19,1 g 3-Bromcyclohexen [**VIII**; $Kp._{14}$ 63 bis 69°, aus **II** mit N-Bromsuccinimid; n_D^{25} 1,5298] u. HBr in Ggw. von 3 Mol.-% (bezogen auf **VIII**) Ascaridol in n-Hexan bei —90°, 10 Tage Stehen bei Zimmertemp.; n_D^{25} 1,5459; 21 g; c) aus 16,7 g mehrfach entgastem **VIII** u. HBr in Ggw. von 2 Mol-% Diphenylamin + 5 Mol-% entgastem tert.-Butylisocyanid im Vakuum, 5 Tage Stehen; n_D^{25} 1,5462; 20,7 g. — Bei langsamer Zugabe von 0,3 Mol trans-**III** in absol. Ae. zu 0,7 Mol **IV** u. 5 Mol-% $CoBr_2$ unter N_2 entstehen neben äquimol. Mengen Propan (**V**) u. Propylen (**VI**) u. einem höhermol. Br-freien Rückstand 11,6 g eines Gemisches von 25% **II**, 43% Cyclohexan u. 32% **VII**. — Die Infrarotspektren (6—16 μ) von **I**, cis- u. trans-**III** u. des Reaktionsgemisches aus trans-**III** mit **IV** u. $CoBr_2$ werden wiedergegeben. (J. org. Chemistry **21.** 129—35. Jan. 1956. Chicago, Ill., George Herbert Jones Labor.) K. Prchal. B 225

Ja. T. Eiduss, *Über die Halbkontakthydrierung und die dehydratisierende Kondensation im Mechanismus der Isosynthese.* Unter Halbkontakthydrierung versteht Vf. den bei der Synth. von verzweigten KW-stoffen aus CO u. H_2 an nichthydrierenden Katalysatoren (Al_2O_3, ThO_2) stattfindenden Vorgang, wobei die CO-Moll. an der Katalysatoroberfläche aktiviert u. während der Rk. an ihr gebunden werden, während die H_2-Moll., nicht an den Katalysator gebunden, therm. aktiviert werden. Solche halbkatalyt. Rkk. sind auch bei anderen Prozessen anzunehmen. An der Bldg. der C-Ketten bei der „Isosynth." nehmen außer CH_2-Gruppen auch CHOH-Gruppen teil: $-CHOH + R + R' \rightarrow R-CHOH-R'$, wobei R = H oder CH_2, R' = H, CH_2 oder CHOH; ihre Konz. nimmt im Laufe der Rk. zu, u. es bilden sich OH-Gruppen an sek. C-Atomen der C-Kette. Durch Austritt von W. bei der Umsetzung dieser OH-Gruppen mit einem CH_2-Radikal entstehen dann verzweigte KW-stoffe (dehydratisierende Kondensation). Bei niedrigerer Temp. verlangsamt sich sowohl die halbkatalyt. Hydrierung als auch die dehydratisierende Kondensation, die Konz. der CHOH-Gruppen u. damit auch die der OH-Gruppen in den Ketten nimmt zu, wodurch Ätherbldg. begünstigt wird. (Известия Академии Наук СССР, Отделение Химических Наук [Nachr. Akad. Wiss. UdSSR, Abt. chem. Wiss.] **1953.** 1024—34. Nov./Dez. Inst. für Organ. Chem. der Akad. der Wiss. der UdSSR.) R. K. Müller. B 227

Ju. K. Jurjew und **I. Ss. Lewi,** *Kontaktumwandlungen von Trimethylenoxyd und Trimethylenglykol.* 42. Mitt. (Vgl. C. **1952.** 504.) Trimethylenoxyd (**I**) u. Trimethylenglykol (**II**), geben beim Überleiten über Al_2O_3 bei 250° die gleichen Reaktionsprodd.: *Propionaldehyd, Acrolein, Propyl-* u. *Allylalkohol.* Bei Durchführung der Rk. im H_2S-Strom werden die gleichen Reaktionsprodd. erhalten, daneben aber aus **II** *Propyl-* u. *Allylmercaptan, Diallylsulfid* u. *Trimethylendithiol.* Die Reaktionsmechanismen werden diskutiert. **I** erfährt neben diesen Umwandlungen sowohl ohne, als noch mehr mit H_2S eine starke, weitgehende Zersetzung. Weder **I** noch **II** geben Trimethylensulfid oder andere heterocycl. Verbb. mit O als Heteroatom oder einer anderen Gliederanzahl im Ring. Hierin besteht der Unterschied der β-Oxyde u. -Glykole von den γ-Verbb., die glatt Tetramethylensulfid bilden, sowie von den α-Verbb., die 6gliedrige gesätt. Heterocyclen u. bei höherer Temp. Thiophen bilden. — **I** wird mit der Geschwindigkeit 7—8 g/Std. im schwachen N_2-Strom über den Katalysator geleitet; bei dem Vers. mit H_2S ist die Geschwindigkeit die gleiche, das mol. Verhältnis **I**:H_2S = 1:3. Bei der Rk. von **II** mit

H_2S ist die Geschwindigkeit 10 g/Std., das mol. Verhältnis **II**: H_2S = 1:4. (Журнал Общей Химии [J. allg. Chem.] **23** (**85**). 2047—52. Dez. 1953. Moskau, Univ., Zelinsky-Labor. für Organ. Chem.) F. BERNDT. B 227

J. W. L. Fordham und **H. Leverne Williams**, *Die Zersetzung von Cumolhydroperoxyd durch Metallsalze und -komplexe in Styrollösung.* Untersucht wurde nach der Meth. von FORDHAM u. WILLIAMS (Canad. J. Res., Sect. B. **27.** [1949.] 943) die Zersetzungsgeschwindigkeit v von *Cumolhydroperoxyd* (**I**, 0,2 Mol) in 1 kg Styrol (**II**) bei 30,25° in Ggw. folgender Metallsalze bzw. -komplexe ($<1\cdot10^{-4}$ Mol), wobei der in () angegebene Umsatz nach 300 Min. zu verzeichnen war: *Fe(III)–Phthalocyanin* (**III**, 66,7%), *CuCl + o-Phenanthrolin-Monohydrat* (**IV**) (63,1%), *Cu(II)-Bipyridylchlorid* (52,8%), *CuCl + 2.2'-Dipyridyl* (**V**) (46,0%), *Co-Linoleat* (23,9%), *$ZnCl_2$* + **IV** (23,9%), *$FeCl_2$* + **IV** (11,0%), *Cu-Naphthenat* (**VI**, 10,9%), *$CuCl_2$* + **IV** (9,4%), *Cu-Resinat* (9,2%), *Cu-Phthalocyanin* (6,2%), *Cu-Oleat* (6,2%), *Cu-Naphthenat* + **V** (3,8%), *$FeCl_3$* + **IV** (3,5%), *Fe(III)-Stearat* + **IV** (2,2%), *$AgNO_3$* + **IV** (1,5%), *Fe(III)-Stearat* (1,5%), *Fe-Naphthenat* + **IV** (1,5%), *Zn-Naphthenat* (1,5%), *Fe-Linoleat* (1,0%), *Fe-Naphthenat* (1,0%), *Pb-Linoleat* (0,8%) u. *Fe-Resinat* (0,2%). Keine Zers. trat auf bei Ggw. von *$Fe_2P_2O_7$*, *Fe(II)-Bipyridylchlorid*, *Fe(III)-Laurat*, *$Fe_4(P_2O_7)_3$*, *Hämin*, *Ag-Bipyridylkomplex*, *Zn-Bipyridylchlorid* u. *Dioxyaceton*, ferner bei **IV** u. **V** allein. Bei 4,45° erfolgt selbst nach 20 Std. nur geringe Umwandlung von **II** in Polystyrol bei Ggw. von **III**, obwohl **I** zers. wurde. Anscheinend ist — neben anderen Ursachen — die Initiierungsgeschwindigkeit zu hoch, um **II** in höher polymeres Material umzuwandeln, da Polymerisation nur bei geringen v von **I** auftrat. Die Ergebnisse zeigen, daß die Oxydier- u. Reduzierbarkeit der Metalle keine Rolle spielen, aber sowohl die Metalle als auch die nichtmetall. Mol.-Reste der Katalysatoren einen Einfl. auf v haben. Zugabe von Komplexbildnern zu Metallsalzen verringern v im Falle von **V** u. **VI**. v nimmt bei Ggw. stark wirksamer Katalysatoren schnell ab, so daß vor der vollständigen Zers. des **I** die Rk. aufhört. Bei Ggw. weniger wirksamer Katalysatoren tritt eine Induktionsperiode auf, die offenbar bei Stoffen, die keine Zers. bewirkten, länger als die Beobachtungsdauer war. 0,142 Mol **I** wurden durch 0,0001 Mol **III** zers., wobei 0,77 Mol **II** polymerisiert wurden. Die scheinbare kinet. Kettenlänge für die **II**-Polymerisation beträgt also nur 4—5 Monomereinheiten. Die Zers. von **I** muß ebenfalls eine Ketten-Rk. sein, bei Ggw. von **III** verläuft sie vermutlich nach einem ion. Mechanismus, d. h. es werden keine freien Radikale gebildet, so daß **III** als Aktivator für durch freie Radikale ausgelöste Polymerisationen ungeeignet erscheint. (Canad. J. Res., Sect. B. **28.** 551—55. Sept. 1950. Sarnia, Ont., Polymer Corp. Ltd., Res. and Developm. Div.) B. GNAUCK. B 227

William E. M. Lands und **Carl Niemann**, *Die Berechnung der Anfangsgeschwindigkeiten von enzymkatalysierten Reaktionen, die durch ihre Reaktionsprodukte kompetitiv gehemmt werden.* (Vgl. JENNINGS u. NIEMANN, C. **1956.** 2417.) Mathemat. Erörterungen, die zur Aufstellung eines Nomogramms führen u. an der Hydrolyse von *Acetyl-L-tyrosinhydrazid* durch *α-Chymotrypsin* bei 25° u. p_H 7,95 erläutert werden. (J. Amer. chem. Soc. **77.** 6508—11. 20/12. 1955. Pasadena, Calif., California Inst. of Technol., Gates and Crellin Labor. of Chem.) A. HESSE. B 227

Ss. W. Sawgorodni, *Borfluorid als Katalysator in der organischen Chemie.* 6. Mitt. *Reaktion von o-Chlorphenol mit Cyclohexen.* (Vgl. C. **1955.** 3345.) o-Chlorphenol reagiert mit Cyclohexen in Ggw. von $BF_3\cdot(C_2H_5)_2O$ bei Zimmertemp. ausschließlich unter Bldg. von *o-Chlorphenylcyclohexyläther* (**I**). Durch Temperatursteigerung wird die Ausbeute erhöht, doch entstehen als Nebenprodd. Cyclohexenpolymere, aus denen *dimeres Cyclohexen* isoliert wird. **I** wird bei 120—180° im Rohr in Ggw. von $BF_3\cdot(C_2H_5)_2O$ nicht isomerisiert. — *o-Chlorphenylcyclohexyläther* (**I**), $C_{12}H_{15}OCl$, Kp.$_{16-17}$ 167—170°; aus 12,2 g o-Chlorphenol u. 8,97 g Cyclohexen in Ggw. von 0,97 g $BF_3\cdot(C_2H_5)_2O$, 15 Tage Stehen bei Zimmertemp.; $D.^{15}_{4}$ 1,1260; n_D^{15} 1,5489; 48,1% (Ausbeute). (Журнал Общей Химии [J. allg. Chem.] **22** (**84**). 1995—97. Nov. 1952. Woronesh, Univ., Labor. für organ. Chem.) G. FROELICH. B 227

A. F. Dobrjanski, **L. A. Ponomarew** und **L. D. Dybkin**, *Thermokatalytische Umwandlung von Kohlenwasserstoffen.* 4. Mitt. *Umwandlung von Diphenyläthan und Ditolyläthan.* (3. vgl. C. **1955.** 11193.) Beim Erhitzen von 1.2-Diphenyläthan (**I**) in Ggw. von Gumbrin auf 170—190° entsteht hauptsächlich *Bzl.*, dessen Ausbeute mit wachsender Temp. u. Reaktionsdauer ansteigt. Daneben entsteht *1.4-Bis-[β-phenyläthyl]-benzol*, $C_{22}H_{22}$, Kp.$_4$ 270—290°, dessen Oxydation mit $KMnO_4$ *Benzoe-* u. *Terephthalsäure* gibt. Analog werden aus 1.2-Ditolyläthan (Isomerengemisch) *Toluol*, *Xylol* u. *Trimethylbenzol* erhalten. Toluol u. Xylol entstehen im Verhältnis 4:1. Es wird daher angenommen, daß sich das prim. gebildete Xylol bei längerer Einw. des Kontaktes in Toluol umwandelt. — *Diphenyläthan*, F. 52° (A.); aus Bzl. u. 1.2-Dichloräthan in Ggw. von $AlCl_3$

(6 Std. bei 90°); 70% (Ausbeute). — *1.2-Ditolyläthan*; analog Vorst. aus Dichloräthan u. Toluol; bei der Dest. der Fraktion, Kp. 290—300°, erhält man das *o.o'-Isomere* (F. 82°), das *p.p'-Isomere* (F. 66,5°) u. eine Fraktion D^{20}_4 0,9677; n_D^{20} 1,5750, die aus 72% m.m'- u. 28% p.p'-Isomeren besteht. (Журнал Общей Химии [J. allg. Chem.] **23** (**85**). 1632—35. Okt. 1953. Leningrad, Univ.) H. Raubach. B 227

C. Präparative organische Chemie. Naturstoffe.

Günther Wilke und **Herbert Müller**, *Dialkylaluminiumhydride als sterisch spezifische Reduktionsmittel für Acetylene.* Dialkylacetylene lagern Dialkylaluminiumhydride bei Zimmertemp. in exothermer Rk. an die Dreifachbindung an unter Bldg. von *organ. Al-Verbb.* der Formel R—CH=C(R)—AlR_2, die bei der Hydrolyse reine *cis-Olefine* liefern.

Versuche: *cis-Hexen-(3)*, $Kp._{760}$ 66,6°, durch Zutropfen von 47 g Diisobutylaluminiumhydrid (I) zu 15 g Hexin-(3) unterhalb 45° unter N_2, 3—4std. Erwärmen auf 45° u. Zers. mit CH_3OH u. verd. H_2SO_4 unter Eiskühlung neben *Isobutan*; n_D^{20} 1,3946; 14 g (Ausbeute). — *Isostilben*, F. 2—3°, $Kp._{15}$ 147—148°, aus 9,5 g Tolan u. 17 g I bei 45—50° (12 Std.) unter N_2; Öl; 7 g. — Die Infrarotspektren der dargestellten Verbb. sind angegeben u. werden diskutiert. (Chem. Ber. **89**. 444—47. 1956. Mühlheim/Ruhr, MPI für Kohlenforschung.) E. Hanschke. 460

Neil Campbell, J. E. McKail und **J. Muir**, *Enthalogenieren von aromatischen Bromverbindungen.* Zur Aufklärung des Reaktionsverlaufs bei der Enthalogenierung von aromat. Bromverbb. wurden 2,33 g *3-Bromacenaphthen* (I) mit 0,95 g CuCN, 10 cm^3 Pyridin u. 2 cm^3 W. im geschlossenen Rohr 10 Std. auf 300° erhitzt. Hierbei bildete sich nur *Acenaphthen* (II), Ausbeute 42%. Die gleiche Umsetzung, aber ohne Wasserzusatz, lieferte nur *3-Acenaphthonitril.* Bei Tempp. von ca. 250° entstand ein Gemisch von Nitril u. *Amid*, bei Verwendung von *Acenaphthen-3-carbonsäure* (III) oder ihres Nitrils anstatt I, II (Ausbeute 75%). Diese Resultate zeigen, daß bei der Entbromierung zuerst Nitrilbldg. erfolgt. Unter der Einw. von W. u. hoher Temp. wird das Nitril zu der entsprechenden Säure u. diese durch Abspaltung der COOH-Gruppe in den zugehörigen KW-stoff umgewandelt. Aus *1-Naphthoesäure* (IV), *2-Naphthoesäure* (V) sowie aus *Naphthalsäure* (VI) bildet sich auf analoge Weise wie bei III hier *Naphthalin* (Ausbeuten 63,70 u. 24%). VI ergab außerdem noch 60% IV. Im Gegensatz zu Verss. von Rule u. Mitarbeitern (J. chem. Soc. [London] **1950.** 1816) entstand aus V in siedendem Chinolin in Ggw. von Cu-Bronze Naphthalin (Ausbeute 28%). (Chem. and Ind. **1952.** 739. 26/7. Edinburgh, Univ., Dep. of Chem.) T. Oppermann. 460

W. E. Bachmann, Michael P. Cava und **Andre S. Dreiding**, *Die Umwandlung primärer Amine in Carbonylverbindungen durch Chloraminabbau.* Prim. Amine können in die entsprechenden *Aldehyde* u. *Ketone* umgewandelt werden, indem man sie mit unterchloriger Säure oder besser noch mit tert.-Butylhypochlorit in *N-Chloramine* überführt, diese durch Rk. mit Na-Äthylat in *Imine* umwandelt u. diese der Hydrolyse mit verd. Mineralsäuren unterwirft. Nach dieser Meth. wurden 3β-Acetoxy-20-amino-Δ^5-pregnen in *Δ^5-Pregnenolon* (I) sowie 9-Aminofluoren, Benzylamin, Cyclohexylamin u. β-Phenyläthylamin in *Fluorenon, Benzaldehyd, Cyclohexanon* u. *Phenylacetaldehyd* umgewandelt. Diese Carbonylverbb. wurden teils direkt, teils als 2.4-Dinitrophenylhydrazone isoliert.

Versuche: *Δ^5-Pregnenolon* (I), F. 185—188°, durch Zugabe von Na-Bicarbonat, dann von tert.-Butylhypochlorit zu 3β-Acetoxy-20-amino-Δ^5-pregnenacetat in Ae. bei 0°, 20 Min. Stehenlassen in der Kälte, Zugabe von Na-Äthylatlsg., Kochen bis zur negativen Jodstärke-Rk., Zugabe von W., Ansäuern mit 10%ig. H_2SO_4, 30 Min. Kochen, Zugabe von kaltem W., Extraktion mit Ae.; Nadeln aus wss. Methanol; 71% (Ausbeute). — *Fluorenon*, F. 83—84°, analog I aus 9-Aminofluoren; 98%. — *Benzaldehyd-2.4-dinitrophenylhydrazon*, F. 237°, analog I aus Benzylamin; 80%. — *Cyclohexanon-2.4-dinitrophenylhydrazon*, F. 160—161°, analog I aus Cyclohexylamin; 73%. — *Phenylacetaldehyd-2.4-dinitrophenylhydrazon*, F. 118—120°, analog I aus β-Phenyläthylamin; 39%. (J. Amer. chem. Soc. **76.** 5554—55. 5/11. 1954. Ann Arbor, Mich., Univ. of Michigan, Chem. Labor.) Walter Simon. 460

W. W. Hartman und **E. E. Dreger**, *Methylendibromid.* Durch Erhitzen von Bromoform u. Na_3AsO_3-Lsg.: Kp. 97—100°; 88—90% (Ausbeute). (Org. Syntheses, collect. Vol. **1.** [**1.**—**9.** 2. Aufl.] 357—58, ausg. Okt. 1951.) I. Ahrlé. 510

Roger Adams und **C. S. Marvel**, *Methylendijodid.* Durch Erhitzen von CHJ_3 mit Na_3AsO_3-Lsg: $Kp._{70}$ 106—107°; hellgelbes Öl; 90—97% (Ausbeute). (Org. Syntheses, collect. Vol. **1.** [**1.**—**9.** 2. Aufl.] 358—60, ausg. Okt. 1951.) I. Ahrlé 510

James F. Norris, *Penten-(2).* Durch Erhitzen von Pentanol-(2) in Ggw. von konz. H_2SO_4: Kp. 35—41°; 65—80% (Ausbeute). (Org. Syntheses, collect. Vol. [**1.**—**9.** 2. Aufl.] **1.** [**1.**—**9.** 2. Aufl.] 430—31, ausg. Okt. 1951.) I. Ahrlé. 520

R. Lespieau und **M. Bourguel**, *2.3-Dibrompropen.* Durch Erhitzen von 1.2.3-Tribrompropan u. NaOH, Abdest. des Rohprod. u. fraktionierte Dest.: Kp.$_{75}$ 73–76°; 74 bis 84% (Ausbeute). (Org. Syntheses, collect. Vol. **1.** [**1.**–**9.** 2. Aufl.] 209–11, ausg. Okt. 1951.) I. AHRLÉ. 520

Ss. M. Gurwitsch, *Über die Reaktion von Propylenoxyd mit Alkoholen.* Propylenoxyd reagiert mit Alkoholen in Ggw. von KOH unter Bldg. der entsprechenden *Monoäther von Mono-, Di-* u. *Tripropylenglykol,* $RO[CH_2CH(CH_3)O]_nH$ (n = 1, 2, 3; R = Isopropyl, n-Butyl, Isoamyl, Cyclohexyl).

Versuche: *Propylenglykol-1-isopropyläther,* $C_6H_{14}O_2$, Kp.$_{751}$ 136–137°; Kp.$_{20}$ 48°; aus Propylenoxyd u. Isopropylalkohol (2:1 Mol) in Ggw. von 0,2% KOH bei 190 bis 200° im Autoklaven; D.$^{20}_4$ 0,8776; n_D^{20} 1,4098. Daneben *1.2'-Dipropylenglykol-1'-isopropyläther,* $C_9H_{20}O_3$, Kp.$_{10}$ 79°; D.$^{20}_4$ 0,9150; n_D^{20} 1,4212; u. *prim.-sek.-Tripropylenglykol-1-isopropyläther,* $C_{12}H_{26}O_4$, Kp.$_3$ 103–105°; D.$^{20}_4$ 0,9392; n_D^{20} 1,4212. – *Propylenglykol-1-n-butyläther,* Kp.$_{20}$ 71–72°; D.$^{20}_4$ 0,8819; n_D^{20} 1,4184. – *1.2'-Dipropylenglykol-1'-n-butyläther,* Kp.$_{10}$ 103°; D.$^{20}_4$ 0,9185; n_D^{20} 1,4278. *α-Naphthylurethan,* $C_{21}H_{29}O_4N$, F. 265° (Zers.). *Acetat,* Kp.$_{10}$ 119°, aus vorst. Äther mit Acetylchlorid (2 Std. bei 100°); D.$^{20}_4$ 0,9465; n_D^{20} 1,4230. – *prim.-sek.-Tripropylenglykol-1-n-butyläther,* Kp.$_3$ 108–110°; D.$^{20}_4$ 0,9365; n_D^{20} 1,4332. *α-Naphthylurethan,* $C_{24}H_{35}O_5N$, F. 250°. – *Propylenglykol-1-isoamyläther,* Kp.$_{20}$ 82–83°; D.$^{20}_4$ 0,8718; n_D^{20} 1,4206. – *1.2'-Dipropylenglykol-1'-isoamyläther,* Kp.$_{10}$ 108–109°, D.$^{20}_4$ 0,9082. *α-Naphthylurethan,* $C_{22}H_{31}O_4N$, F. 264° (Zers.). – *prim.-sek.-Tripropylenglykol-1-isoamyläther,* Kp.$_3$ 113–115°; D.$^{20}_4$ 0,9384; n_D^{20} 1,4354. *α-Naphthylurethan,* $C_{25}H_{37}O_5N$, F. 254–256° (Zers.). – *Propylenglykol-1-cyclohexyläther,* Kp.$_{20}$ 105–106°; D.$^{20}_4$ 0,9595; n_D^{20} 1,4557. *α-Naphthylurethan,* $C_{20}H_{25}O_3N$, F. 262° (Zers.). (Журнал Общей Химии [J. allg. Chem.] **25** (**87**). 1713–16. Sept. 1955. Moskau, Inst. für Buntmetallforsch.) A. NOWAK. 550

E. E. Dreger, *n-Hexylalkohol.* Durch Zutropfen von Äthylenoxyd zu Hexyl-MgBr in Ae. unter 10°: Kp. 154–157°; 60–62% (Ausbeute). (Org. Syntheses. collect. Vol, **1.** [**1.**–**9.** 2. Anfl.] 306–08, ausg. Okt. 1951.) I. AHRLÉ. 560

H. T. Clarke und **E. E. Dreger,** *n-Heptanol.* Durch Red. von Heptylaldehyd mit Fe-Spänen in Eisessig: Kp.$_{12}$ 71–72°; 75–81% (Ausbeute). (Org. Syntheses, collect. Vol. **1.** [**1.**–**9.** 2. Aufl.] 304–06, ausg. Okt. 1951.) I. AHRLÉ. 560

Joseph Kenyon, *d- und l-Octanol-(2).* Durch Erhitzen von sek.-Octylalkohol u. Phthalsäureanhydrid auf 110–115° u. Trennen über das *Brucinsalz*: Kp.$_{20}$ 86°; $[\alpha]_{D5461}^{17}$ +11,8°, $[\alpha]_D^{17}$ +9,9°, u. $[\alpha]_{D5461}^{17}$ –11,8°, $[\alpha]_D^{17}$ –9,9°; 95% (Ausbeute). (Org. Syntheses, collect. Vol. **1.** [**1.**–**9.** 2. Aufl.] 418–21, ausg. Okt. 1951.) I. AHRLÉ. 560

Roger Adams und **C. S. Marvel,** *Methyl-n-hexylcarbinol.* Aus Ricinusöl u. NaOH: Kp. 175–180°; 23–25% (Ausbeute). (Org. Syntheses, collect. Vol. **1.** [**1.**–**9.** 2. Aufl.] 366–70, ausg. Okt. 1951.) I. AHRLÉ. 560

William N. Cannon, *Lösliche Esterderivate von Pentaerythrittrinitrat.* Aus Pentaerythrittrinitrat (**I**) können mit zweibas. Säureanhydriden wasserlösl. einsäurige Ester der allg. Formel $(O_2NOCH_2)_3C-CH_2-O-C(O)R$ hergestellt werden, deren pharmakol. Wrkg. noch geprüft wird. Dargestellt wurden: **I**-*Hydrogenphthalat,* $C_{13}H_{13}O_{13}N_3$, F. 125 bis 125,5°; 35% (Ausbeute); **I**-*Hydrogenglutarat,* $C_{10}H_{15}O_{13}N_3$, F. 87–88°; 85,5%; **I**-*Hydrogen-β.β-dimethylglutarat,* $C_{12}H_{19}O_{13}N_3$, F. 71,5–72° (n-Propanol); 27,1%; ferner das **I**-*Hydrogensuccinat,* dessen Herstellungsweise als Beispiel für alle dient. Mit Methylbernsteinsäureanhydrid wurde ein Gemisch von α- u. β-Methylhydrogensuccinat erhalten, das nicht getrennt werden konnte.

Versuche: *Pentaerythrittrinitrathydrogensuccinat,* $C_9H_{13}O_{13}N_3$, F. 91–92° (A.), aus **I** durch 8std. Erhitzen mit Bernsteinsäureanhydrid in trockenem Aceton; Aceton abdest., Rückstand mit wss. $NaHCO_3$ behandeln, mit Ae. extrahieren, wss. Phase ansäuern, Kristalle absaugen; 83,5%. *Na-Salz,* $C_9H_{12}O_{13}N_3Na \cdot {}^1/_2 H_2O$, amorphes Prod. ohne definierten F. (150–175°), aus vorst. Verb. durch Lösen in $NaHCO_3$-Lsg. u. leichtes Erwärmen; W. im Vakuum abdampfen, Rückstand in A. lösen u. mit Ae. ausfällen; 84,5%. (J. Amer. chem. Soc. **77.** 6369–70. 5/12. 1955. Indianapolis, Ind., Lilly Res. Labors.) H. ROSSOW. 590

Richard Dresdner, *Die Pyrolyse von Trifluormethylschwefelpentafluorid und seine Reaktion mit Perfluorpropylen.* Beim Durchleiten von 21 g Trifluormethylschwefelpentafluorid (**I**; Kp. –20,5°) durch ein Ni-Rohr mit Ni-Füllung bei 500° u. ca. Atmosphärendruck bildeten sich 2 g *Hexafluoräthan* (C_2F_6) u. 2 g *SF_4*. Bei 450° wurde nichtumgesetztes **I** gefunden. Wenn ein Gemisch aus **I** u. Perfluorpropylen (Kp. –30°) bei Tempp. zwischen 425 u. 518° durch das Ni-Rohr geschickt wird, entstehen *C_2F_6, C_4F_{10}, C_5F_{12}, C_6F_{14}, C_7F_{16}* u. *SF_4*. (J. Amer. chem. Soc. **77.** 6633–34. 20/12. 1955. Gainesville, Fla., Univ. of Florida, Dep. of Chem. Engng., Fluorine Res. Labors.) E. FORCHE. 600

William E. Haines, R. Vernon Helm, Glenn L. Cook und **John S. Ball,** *Reinigung und Eigenschaften von zehn organischen Schwefelverbindungen.* 2. Mitt. (1. vgl. C. **1954.** 7849.) Es wurden weitere zehn organ. Schwefelverbb. mit einer Reinheit von wenigstens 99,9 Mol-% hergestellt: *Propanthiol-(2)* (**I**), *Butanthiol-(1)* (**II**), *Butanthiol-(2)* (**III**), *2-Thiapropan* (**IV**), *2-Thiapentan* (**V**), *3-Methyl-2-thiabutan* (**VI**), *Thiacyclohexan* (**VII**), *2-Methylthiophen* (**VIII**), *3-Methylthiophen* (**IX**) u. *Benzo-[b]-thiophen* (**X**). Außer Kp., E. u. der kryoskop. Konstante A wurden folgende Eigg. bei 20, 25 u. 30° gemessen: D., Viscosität η, Oberflächenspannung σ u. n (für 6678,1; 6562,8; 5892,6; 5460,7; 5015,7; 4861,3 u. 4358,3 Å). Ferner wurden Refraktionsintercept ($n_D^{20} - D.^{20}{}_4/2$), spezif. Dispersion, Mol.-Refr., Parachor u. Mol-Vol. berechnet u. die Massen-, Infrarot- u. UV-Spektren bestimmt. Genauigkeit der Messungen (außer für **X**): E. $\pm 0,01°$, Kp. $\pm 0,1°$, D. $\pm 0,00005$ g/cm³, n $\pm 0,00006$, η $\pm 0,001$ Centipoise, σ $\pm 0,1$ dyn/cm; für **X** gilt: D. $\pm 0,0001$ g/cm³, n $\pm 0,0001$, η $\pm 0,003$ Centipoise, σ $\pm 0,3$ dyn/cm. Zur Unters. der Beständigkeit bei der Aufbewahrung wurden die Verbb. im Vakuum eingeschmolzen u. 1 Jahr dem Sonnenlicht ausgesetzt. Hierbei blieben **I, II, V, VI** u. **VII** unverändert, **VIII** u. **IX** hatten sich verfärbt, u. der Reinheitsgrad war um 0,03 bzw. 0,08 Mol-% gefallen. Bei **X** trat unter Abspaltung von viel H_2S u. wenig H_2 Zers. ein. Die zwei verschied. Reaktionsprodd. sollen durch Kondensation zweier Moll. **X** entstehen. Von **III** u. **IV** liegen noch keine Ergebnisse vor, da sie wegen des hohen Dampfdruckes explodierten. — *Propanthiol-(2)* (**I**; *Isopropylmercaptan*), E. —130,54°, Kp. 52,6°, $D.^{20}{}_4$ 0,81431, n_D^{20} 1,42554, η_{20} 0,369, σ_{20} 22,0, A 0,033; 0,02 ± 0,02 Mol-% (Verunreinigung). — *Butanthiol-(1)* (**II**; *n-Butylmercaptan*), E. —115,67°, Kp. 98,4°, $D.^{20}{}_4$ 0,84161, n_D^{20} 1,44298, η_{20} 0,497, σ_{20} 26,1, A 0,042; 0,04 ± 0,04 Mol-%. — *Butanthiol-(2)* (**III**; *sek.-Butylmercaptan*), E. —140,14°, Kp. 85,0°, $D.^{20}{}_4$ 0,82988, n_D^{20} 1,43673, η_{20} 0,463, σ_{20} 24,4, A 0,044; 0,1 ± 0,1 Mol-%. — *2-Thiapropan* (**IV**; *Dimethylsulfid*), E. —98,27°, Kp. 37,4°, $D.^{20}{}_4$ 0,84825, n_D^{20} 1,43547, η_{20} 0,285, σ_{20} 24,4, A 0,027; 0,01 ± 0,01 Mol-%. — *2-Thiapentan* (**V**; *Methyl-n-propylsulfid*), E. —112,97, Kp. 95,6°, $D.^{20}{}_4$ 0,84236, n_D^{20} 1,44435, η_{20} 0,468, σ_{20} 25,9, A 0,044; 0,03 ± 0,03 Mol-%. — *3-Methyl-2-thiabutan* (**VI**; *Methylisopropylsulfid*), E. —101,51°, Kp. 84,8°, $D.^{20}{}_4$ 0,82990, n_D^{20} 1,43914, η_{20} 0,455, σ_{20} 24,2, A 0,036; 0,01 ± 0,01 Mol-%. — *Thiacyclohexan* (**VII**; *Pentamethylensulfid*), E. +18,99°, Kp. 141,8°, $D.^{20}{}_4$ 0,98557, n_D^{20} 1,50684, η_{20} 2,440, σ_{20} 35,1, A 0,004; 0,06 ± 0,06 Mol-%. — *2-Methylthiophen* (**VIII**), E. —63,38°, Kp. 112,5°, $D.^{20}{}_4$ 1,01965, n_D^{20} 1,52035, η_{20} 0,703, σ_{20} 31,7, A 0,025; 0,04 ± 0,04 Mol-%. — *3-Methylthiophen* (**IX**), E. —68,94°, Kp. 115,4°, $D.^{20}{}_4$ 1,02183, n_D^{20} 1,52042, η_{20} 0,674, σ_{20} 31,8, A 0,031; 0,03 ± 0,03 Mol-%. — *Benzo-[b]-thiophen* (**X**; *Thianaphthen*), E. +31,34°, Kp. 219,9°, $D.^{35}{}_4$ 1,1988, n_D^{35} 1,6332, η_{35} 2,517, σ_{35} 42,6, A 0,0153; 0,03 ± 0,03 Mol-%. (J. physic. Chem. **60.** 549—55. Mai 1956. Laramie, Wyo., Bur. of Mines, Petroleum and Oil-Shale Exp. Station.) G. OFFER. 600

A. W. Dombrowski und **G. M. Prilutzki,** *Sulfurierung ungesättigter Verbindungen.* 2. Mitt. *Sulfurierung von Acetylenkohlenwasserstoffen. Über den Mechanismus der Sulfurierung mit Dioxansulfotrioxyd.* (1. vgl. C. **1956.** 5525.) Es wurden durch Einw. von Dioxansulfotrioxyd (**I**) auf Acetylen *Sulfoacetaldehyd* u. *Acetylensulfonsäure*, durch Einw. von **I** auf Hexin-(1) *Hexin-(1)-sulfonsäure* u. aus **I** u. Phenylacetylen *Acetophenonsulfonsäure* erhalten. Die Sulfonsäuren wurden als Ba-Salze isoliert. Die Sulfurierung von Acetylen-KW-stoffen kann nach 2 Richtungen verlaufen: Erstens entstehen durch Addition von SO_3 an die beiden C-Atome der Acetylenbindung dem Carbylsulfat ähnliche Komplexe, die in Sulfoaldehyde oder Sulfoketone übergehen, zweitens entstehen durch Substitution von SO_3 in α-Stellung Monoacetylensulfonsäuren. Es wurde gefunden, daß festes **I** unter Feuchtigkeitsausschluß mehrere Wochen lang haltbar ist u. auf 75° erhitzt werden kann, ohne daß Zers. eintritt. Auf Grund des Dipolmomentes von 0,4 D wird festem **I** die obenst. Struktur zugeschrieben.

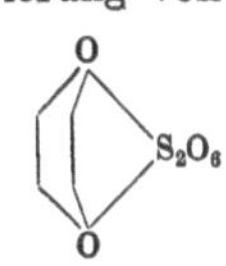

V e r s u c h e : *Acetylensulfonsäure* (**II**), *Ba-Salz*, $C_4H_2O_6S_2Ba$, man läßt 44 g Dioxan in eine Lsg. von 40 g SO_3 in 160 ml Dichloräthan zutropfen, leitet bei 30—40° 5,3 Liter CH≡CH (5—6 Blasen/Sek.) ein u. neutralisiert mit $BaCO_3$; Kristalle aus W.; 14 g (Ausbeute); neben *Sulfoacetaldehyd*, *Ba-Salz*, $C_4H_6O_8S_2Ba$, leichter in W. lösl. als **II**-Ba-Salz; 25 g. **II**-Ba-Salz gibt mit K_2SO_4 **II**-*K-Salz*, C_2HO_3SK. **II** (aus **II**-Ba-Salz mit H_2SO_4) ist nur in Lsg. beständig, gibt mit $KMnO_4$ CO_2 u. SO_4''. — *Hexin-(1)-sulfonsäure*, *Ba-Salz*, $C_{12}H_{18}O_6S_2Ba$, aus Hexin-(1) u. **I** bei 30—40°; 59%. — *Acetophenonsulfonsäure*, *Ba-Salz*, $C_{16}H_{14}O_8S_2Ba$, man läßt **I** (aus 9 g SO_3 u. 10,5 g Dioxan) auf 6,3 g Phenylacetylen in 30 ml Dichloräthan 45 Min. bei Zimmertemp. einwirken; schwachgelbe Kristalle; 16,7 g; Oxydation mit $KMnO_4$ gibt *Benzoesäure*, Hydrolyse in Ggw. von HCl *Acetophenon*. — *Dioxansulfotrioxyd* (**I**), $C_4H_8O_2 \cdot S_2O_6$, F. 69—70°, man läßt bei 0—3° unter Rühren eine Lsg. von 22 g Dioxan in 22 ml Dichloräthan zu 40 g SO_3 in 200 ml Dichloräthan zutropfen; Zers. bei 86°, reagiert heftig mit Pyridin zu *Pyridinsulfat.*

(Журнал Общей Химии [J. allg. Chem.] **25** (87). 1943–47. Sept. 1955. Tschernowitz, Univ.) CH. WEISKE. 600

Saburo Komori und **Seizaburo Sakakibara,** *Über die Herstellung höherer Fettaldehyde.* 4. Mitt. *Eigenschaften des Laurylaldehyds.* (Vgl. UENO, J. chem. Soc. Japan, ind. Chem. Sect. [Kōgyō Kagaku Zassi] **52.** [1949.] 140.) Das Fehlen einer isomeren Form von *Laurylaldehyd* (I) (ZAAR, C. **1932.** I. 1218) wird bewiesen; dagegen existiert eine Kombination aus 1 Mol I mit 1 Mol Laurylalkohol über eine H-Bindung mit einem gegenüber den Komponenten erhöhten F. von ca. 40°. F. von I 12°. (J. chem. Soc. Japan, ind. Chem. Sect. [Kōgyō Kagaku Zassi] **54.** 91–93. Jan. 1951. Osaka, Univ. [Orig.: japan.]) L. SCHULER. 660

C. D. Hurd, *Keten.* Aus Aceton durch CH_4-Abspaltung; 25—29% (Ausbeute). (Org. Syntheses, collect, Vol. **1.** [**1.**—**9.** 2. Aufl.] 330–34, ausg. Okt. 1951.) I. AHRLÉ. 710

J. B. Conant und **O. R. Quayle,** *α,γ-Dichloraceton.* Durch Oxydation von Glycerin-1.3-dichlorhydrin mit $Na_2Cr_2O_7/H_2SO_4$, Kp. 170–175°; 68–75% (Ausbeute). (Org. Syntheses, collect. Vol. **1.** [**1.**—**9.** 2. Aufl.] 211–13, ausg. Okt. 1951.) I. AHRLÉ. 710

G. A. Hill und **E. W. Flosdorf,** *Pinakolin.* Durch Dest. von Pinakonhexahydrat über 6n H_2SO_4, Kp. 103–107°; 65–72% (Ausbeute). (Org. Syntheses, collect. Vol. **1.** [**1.**–**9.** 2. Aufl.] 462–63, ausg. Okt. 1951.) I. AHRLÉ. 710

John R. Johnson und **F. D. Hager,** *Methyl-n-amylketon.* Durch Rühren von n-Butylacetessigester mit 5% ig. NaOH, Neutralisation der wss. Schicht mit 50% ig. H_2SO_4 u. Dest., $Kp._{750}$ 148–151°; 52–61% (Ausbeute). – Analog: *Methyl-n-butylketon,* Kp. 126 bis 128°; 50%. – *Methylisobutylketon,* Kp. 115–119°; 20%. – *Methyl-β-methylbutylketon,* Kp. 139–42°; 30%. (Org. Syntheses, collect. Vol. **1.** [**1.**–**9.** 2. Aufl.] 351–53, ausg. Okt. 1951.) I. AHRLÉ. 710

W. E. Kaufmann und **E. E. Dreger,** *Orthoameisensäuretriäthylester.* Durch portionsweises Zufügen von Na zu $CHCl_3$ in absol. A., Kp. 140–146°; 27–31% (Ausbeute). (Org. Syntheses, collect. Vol. **1.** [**1.**—**9.** 2. Aufl.] 258–61, ausg. Okt. 1951.) I. AHRLÉ. 810

S. V. Puntambeker und **E. A. Zoellner,** *Trimethylessigsäure* (*Pivalinsäure*). Aus tert.-Butyl-MgCl u. CO_2 bei ca. 8°, Kp. 162–165°, Kp. $_{124}$ 110–112°, F. 34–35°; 61–63% (Ausbeute), oder aus Pinakolin u. Br_2 in alkal. Lsg., $Kp._{20}$ 75–78°, F. 34–35°; 71–74%. (Org. Syntheses, collect. Vol. **1.** [**1.**—**9.** 2. Aufl.] 524–28, ausg. Okt. 1951.) I. AHRLÉ. 810

E. C. Kendall und **B. McKenzie,** *β-Brompropionsäureäthylester.* Durch Erhitzen von β-Brompropionsäure u. A. in Ggw. von Sulfosalicylsäure oder Phenolsulfonsäure, $Kp._{15}$ 60–65°; 85–87% (Ausbeute). (Org. Syntheses, collect. Vol. **1.** [**1.**—**9.** 2. Aufl.] 246–48, ausg. Okt. 1951.) I. AHRLÉ. 810

A. L. Mndshojan, O. L. Mndshojan und **O. Je. Gassparjan,** *Untersuchung auf dem Gebiet der Synthese von Derivaten zweibasischer Carbonsäuren.* 3. Mitt. *Derivate der Glutarsäure.* (2. vgl. C. **1955.** 8830.) Es werden zur Unters. der pharmakolog. Eigg. *Dialkylaminoalkylester* der *Glutarsäure* dargestellt. Die Darstellungsmethoden u. die Ergebnisse der pharmakolog. Prüfungen werden später beschrieben.

Versuche: Folgende *Ester der Glutarsäure* der allg. Formel *ROCO*(CH_2)$_3$*COOR*: *R* = *β-Dimethylaminoäthyl,* $C_{13}H_{26}O_4N_2$, $Kp._1$ 140°, $D.^{20}{}_4$ 1,0093, $n_D{}^{20}$ 1,4470; 75% (Ausbeute); *Hydrochlorid,* F. 152°; *Oxalat,* F. 168°; *Jodmethylat,* F. 217°; *Jodäthylat,* F. 148°. *R* = *β-Diäthylaminoäthyl,* $C_{17}H_{34}O_4N_2$, $Kp._1$ 172°, $D.^{20}{}_4$ 0,9773, $n_D{}^{20}$ 1,4513; 54,4%; *Hydrochlorid,* F. 85–86°; *Oxalat,* F. 89–90°; *Jodmethylat,* F. 126°; *Jodäthylat,* F. 147–148°. *R* = *4-Dimethylaminobutyl-(2),* $C_{17}H_{34}O_4N_2$, $Kp._2$ 168°, $D.^{20}{}_4$ 0,9656, $n_D{}^{20}$ 1,4477; 21%; *Hydrochlorid,* F. 84–85°; *Oxalat,* F. 125–126°; *Jodmethylat,* F. 181°; *Jodäthylat,* F. 124–125°. *R* = *4-Diäthylaminobutyl-(2),* $C_{21}H_{42}O_4N_2$, $Kp._1$ 191°, $D.^{20}{}_4$ 0,9455, $n_D{}^{20}$ 1,4501; 87%; *Oxalat,* F. 126–127°; *Jodmethylat,* F. 118°; *Jodäthylat,* F. 190 bis 191°. *R* = *ω-Dimethylaminoneopentyl,* $C_{19}H_{38}O_4N_2$, $Kp._1$ 180°, $D.^{20}{}_4$ 0,9638, $n_D{}^{20}$ 1,4504; 47%; *Oxalat,* F. 139–140°; *Jodmethylat,* F. 205°; *Jodäthylat,* F. 135–136°. *R* = *ω-Diäthylaminoneopentyl,* $C_{23}H_{46}O_4N_2$, $Kp._1$ 183–184°, $D.^{20}{}_4$ 0,9535, $n_D{}^{20}$ 1,4538; 63,4%. *R* = *4-Dimethylamino-3-methylbutyl-(2),* $C_{19}H_{38}O_4N_2$, $Kp._1$ 164°, $D.^{20}{}_4$ 0,9537, $n_D{}^{20}$ 1,4484; 60%; *Oxalat,* F. 139–140°; *Jodmethylat,* F. 183–184°. *R* = *4-Diäthylamino-3-methylbutyl-(2),* $C_{23}H_{46}O_4N_2$, $Kp._1$ 190–191°, $D.^{20}{}_4$ 0,9341, $n_D{}^{20}$ 1,4485; 72%; *Oxalat,* F. 138°; *Jodmethylat,* F. 202–203°. (Доклады Академии Наук Армянской ССР [Ber. Akad. Wiss. ArmenSSR] **18.** 79–82. **1954.** Labor. für Pharmaz. Chem. der Akad. der Wiss. der ArmenSSR.) G. FROELICH. 820

H. T. Clarke und **T. F. Murray,** *Tricarballylsäure.* Durch Erhitzen u. Dest. von Propan-1.1.2.3-tetracarbonsäuretetraäthylester u. HCl, F. 160–161°; 95–96% (Ausbeute). (Org. Syntheses, collect. Vol. **1.** [**1.**—**9.** 2. Aufl.] 523–24, ausg. Okt. 1951.) I. AHRLÉ. 830

H. T. Clarke und **T. F. Murray,** *1.1.2.3-Tetracarbäthoxypropan.* Durch Zutropfen von Fumarsäurediäthylester zu Maleinsäurediäthylester u. Na-Äthylat, $Kp._8$ 182–184°;

93—94% (Ausbeute). (Org. Syntheses, collect. Vol. **1.** [**1.**—**9.** 2. Aufl.] 272—73, ausg. Okt. 1951.) I. AHRLÉ. 840

Marcus Skogh, *Die höheren geradkettigen DL-β-Oxysäuren. Darstellung und Untersuchung des Kristallverhaltens von 17 homologen Säuren mit 8 bis 24 C-Atomen.* Vf. beschreibt die Darst. von *DL-β-Oxysäuren* mit 8—24 C-Atomen aus den Säurechloriden der entsprechenden Carbonsäuren durch Kondensation mit Acetessigester u. Hochdruckhydrierung der entstandenen β-Ketosäureester. Röntgenograph. wurden die Gitterabstände bestimmt.

V e r s u c h e : *DL-3-Oxyoctansäure*, $C_8H_{16}O_3$, F. 37° (PAe.), durch 5std. Hydrierung von 3-Ketooctansäuremethylester in Methanol in Ggw. von RANEY-Ni in A. bei 140 atü H_2 unter Schütteln u. Erhitzen auf 210°, 9std. Kochen des Eindampfrückstandes mit KOH in A., Ansäuern u. Extraktion mit Ae.; 34% (Ausbeute). — Analog wurden ferner durch 1—7std. Hydrierung bei 70—140 atü unter Erhitzen auf 85—210° u. 4—12std. Hydrolyse folgende DL - 3 - O x y s ä u r e n dargestellt: *-nonan-*, $C_9H_{18}O_3$, F. 58,8 bis 59° (PAe.); 37%; *-decan-*, $C_{10}H_{20}O_3$, F. 56,4—56,6° (PAe.); 54%; *-hendecan-*, $C_{11}H_{22}O_3$, F. 71,2—71,4° (PAe.); 59%; *-dodecan-*, $C_{12}H_{24}O_3$, F. 68,8—69,1° (PAe.); 48%; *-tridecan-*, $C_{13}H_{26}O_3$, F, 80,4—80,6° (PAe.); 66%; *-tetradecan-*, $C_{14}H_{28}O_3$, F. 77,8—77,9° (PAe.); 72%; *-pentadecan-*, $C_{15}H_{30}O_3$, F. 86,7—87° (PAe.); 63%; *-hexadecan-*, $C_{16}H_{32}O_3$, F. 84,5 bis 84,7° (PAe.); 61%; *-heptadecan-*, $C_{17}H_{34}O_3$, F. 91,1—91,3° (PAe.); 50%; *-octadecan-*, $C_{18}H_{36}O_3$, F. 89,4—89,6° (PAe.); 55%; *-nonadecan-*, $C_{19}H_{38}O_3$, F. 95,1—95,3° (PAe.); 69%; *-eikosan-*, $C_{20}H_{40}O_3$, F. 93,2—93,4° (PAe.); 47%; *-heneikosan-*, $C_{21}H_{42}O_3$, F. 97,6—98,1° (PAe.); 81%; *-dokosan-*, $C_{22}H_{44}O_3$, F. 95,8—96° (PAe.); 69%; *-trikosan-*, $C_{23}H_{46}O_3$, F. 100,6—100,9° (Bzl.); 68%; *-tetrakosan-*, $C_{24}H_{48}O_3$, F. 98,7—98,9° (PAe.); 67%. (Acta chem. scand. **6.** 809—17. 1952. Uppsala, Univ., Inst. of Med. Chem.) H. L. DU MONT. 850

C. S. Marvel und **E. E. Dreger,** *Acetobrenztraubensäureäthylester* (*α.γ-Dioxovaleriansäureäthylester*). Durch portionsweises Zufügen von Oxalsäurediäthylester u. Aceton zu Na-Äthylat, Aufnehmen des Nd. in Eiswasser, Zufügen von H_2SO_4, Extrahieren mit Bzl. u. Dest.: $Kp._{37}$ 130—132°, $Kp._{19}$ 117—119°; 61—66% (Ausbeute). (Org. Syntheses, collect. Vol. **1.** [**1.**—**9.** 2. Aufl.] 238—40, ausg. Okt. 1951.) I. AHRLÉ. 870

A. P. Meschtscherjakow und **L. W. Petrowa,** *Reaktion von Dicarbonsäuredichloriden mit Alkenen in Gegenwart von Zinkchlorid.* (Vgl. C. **1953. 994.**) Bei der Umsetzung von Dicarbonsäuredichloriden mit Alkenen (**I**) entsteht in einer ersten Stufe das Chlorid der entsprechenden Chlorketosäure (**II**), das dann mit einem weiteren **I**-Mol. zum Dichlordiketon (**III**) reagiert. Durch HCl-Abspaltung bildet sich aus **II** die ungesätt. Ketosäure, aus **III** das ungesätt. Diketon. Als Nebenprod. entsteht durch HCl-Anlagerung an **I** ein Chloralkan. Als Beispiel wird die Rk. von Adipinsäuredichlorid mit einem Gemisch von Octenen (**IV**) beschrieben, das durch Dehydratisierung von 2-Äthylcyclohexanol-(1) erhalten wurde. Die Rk. erfolgt in Ggw. von $ZnCl_2$ (25% der **IV**) bei 20°. Es wird ein *Ketochlorid* erhalten, aus dem durch HCl-Abspaltung mit gesätt. K_2CO_3-Lsg. das *K-Salz* der *Ketosäure* u. diese mit 10%ig. H_2SO_4 mit 25%ig. Ausbeute erhalten wird: $Kp._{10-15}$ 203—204,5°; $D.^{20}{}_4$ 0,9900; $n_D{}^{20}$ 1,4710; *Semicarbazon*, $C_{15}H_{27}O_3N_3$, F. 148—149°; aus den Oxydationsprodd. (mit $KMnO_4$-Lsg.), *Methyl-n-butylketon* u. *Essigsäure*, ergibt sich, daß die Ketosäure *7.8-Dimethyldodecen-(7)-on-(6)-säure-(1)*, $C_{14}H_{24}O_3$, ist. Das in 4—5%ig. Ausbeute erhaltene *Diketon*, $C_{22}H_{38}O_2$, $Kp._{10-12}$ 185—195°; $D.^{20}{}_4$ 0,9150; $n_D{}^{20}$ 1,4824 (*Disemicarbazon*, $C_{24}H_{44}O_2N_6$, F. 170—171°) liefert bei Oxydation ebenfalls *Methyl-n-butylketon*, daneben *Adipinsäure*, u. wird danach als *5.6.13.14-Tetramethyloctadien-(5.13)-dion-(7.12)* identifiziert. Unter analogen Bedingungen liefert Sebacinsäuredichlorid eine *Ketosäure* $C_{18}H_{32}O_3$, $Kp._5$ 236—238°; $D.^{20}{}_4$ 0,9560; $n_D{}^{20}$ 1,4690 (10%) u. ein *Diketon* $C_{26}H_{46}O_2$. Das Gemisch der Octene (**IV**) enthält 3-Methylhepten-(2) (**IVa**), 3-Methylhepten-(3) (**IVb**) u. 3-Methylenheptan (**IVc**). Vorwiegend reagiert **IVa**, aus dem vorst. Reaktionsprod. gebildet werden; **IVb** reagiert weniger u. **IVc** beteiligt sich nicht; offenbar ist das Octen mit 2 der Doppelbindung benachbarten CH_3-Gruppen reaktionsfähiger. (Доклады Академии Наук СССР [Ber. Akad. Wiss. UdSSR] **103.** 253—55. 11/7. 1955. Zelinsky-Inst. für Organ. Chem. der Akad. der Wiss. der UdSSR.) R. K. MÜLLER. 870

A. W. Dox, *Mesoxalsäurediäthylester.* Aus Malonsäurediäthylester u. N_2O_3, $Kp._{15}$ 103—108°, goldgelbe Fl.; 74—76% (Ausbeute). (Org. Syntheses, collect. Vol. **1.** [**1.**—**9.** 2. Aufl.] 266—69, ausg. Okt. 1951.) I. AHRLÉ. 870

Roger Adams und **H. M. Chiles,** *Acetondicarbonsäurediäthylester.* Aus Acetondicarbonsäure u. absol. A. in Ggw. von HCl, $Kp._{9-10}$ 131—136°, $Kp._{17}$ 145—148°; 39 bis 43% (Ausbeute). (Org. Syntheses, collect. Vol. **1.** [**1.**—**9.** 2. Aufl.] 237—38, ausg. Okt. 1951.) I. AHRLÉ. 870

M. F. Schosstakowski und **I. A. Tschekulajewa,** *Synthese und Umwandlungen der Vinyläther von Äthanolaminen.* 3. Mitt. *Über den Charakter der Doppelbindung der Vinyl-*

äther von Äthanolaminen. (2. vgl. C. **1953.** 2424.) Wie früher festgestellt, ist der Vinyläther (I) von β-Aminoäthanol schwer hydrolysierbar u. lagert keine Alkohole an die Doppelbindung an. In vorliegender Unters. wird gefunden, daß der *Vinyläther* (II) von *β-Diäthylaminoäthanol* (III) leicht hydrolysierbar wird, Alkohole unter Bldg. von *Acetalen* anlagert u. sich demnach analog den Vinylalkyläthern verhält. Die Reaktionsträgheit von I wird auf Vorliegen intra- oder intermol. H-Bindungen zwischen N u. O zurückgeführt, die die Wechselwrkg. zwischen dem Katalysator u. O behindern u. demzufolge den Ablauf der Rk. nach dem Oxoniummechanismus erschweren (vgl. frühere Arbeiten).

Versuche: *β-Diäthylaminoäthanol* (III), $C_6H_{15}ON$, Kp. 159—161°; man leitet durch eine Lsg. von 75 g $(C_2H_5)_2NH$ in 250 ml W. unter Rühren bei 5—10° 4—5 Std. 60—70 g Äthylenoxyd, bringt das Reaktionsprod. durch KOH zur Ausscheidung, trennt von der wss. Schicht, neutralisiert mit CO_2 u. dest.; scharf riechende Fl.; $D.^{20}_4$ 0,8838; n_D^{20} 1,4412; 60 g (Ausbeute). *Vinyläther* (II), $C_8H_{17}ON$, Kp. 155—157°; am besten durch Erhitzen von III im Drehautoklaven aus nichtrostendem Stahl mit C_2H_2 (15 at) in Bzl. (2fache Menge von III) in Ggw. von 10% (von III) des K-Alkoholats von III, auf 140—150°; die Aufnahme von C_2H_2 soll die theoret. Menge nicht überschreiten, da sonst Verharzung eintritt; man fraktioniert zuerst im Vakuum, dann bei gewöhnlichem Druck, behandelt bei gewöhnlicher Temp. mit Na (Entfernung von Spuren III) u. dest. wieder; bewegliche, schwach riechende Fl.; $D.^{20}_4$ 0,8396; n_D^{20} 1,4328; 93 bis 95%. Die Hydrolyse mit 2%ig. H_2SO_4 bei Zimmertemp. liefert quantitativ *Acetaldehyd* (u. III). *Äthyläther*, $C_8H_{19}ON$, Kp. 154,5°; durch Hydrieren des Vinyläthers im Drehautoklaven (13 g; 0,6 g RANEY-Ni; 50 at H_2; 12 Std. bei Zimmertemp.); $D.^{20}_4$ 0,8145; n_D^{20} 1,4176; 70%. — *Butyl-[β-diäthylaminoäthyl]-acetal*, $C_{12}H_{27}O_2N$, $Kp._{4,5}$ 90 bis 92°; aus II u. Butanol entweder in Ggw. von sehr wenig konz. HCl 3 Std. bei 50° oder 15 Std. im Rohr bei 230—250° ohne Katalysator; $D.^{20}_4$ 0,8670; n_D^{20} 1,4275; in beiden Fällen ca. 13% neben sehr viel unverändertem Ausgangsmaterial. — *Bis-[β-diäthylaminoäthyl]-acetal*, $C_{14}H_{32}O_2N_2$, $Kp._{4,5}$ 115—116°; aus II u. III in Ggw. von konz. HCl, 4 Std. bei 100—105°; $D.^{20}_4$ 0,8886; n_D^{20} 1,4440; 6,2%. (Известия Академии Наук СССР, Отделение Химических Наук [Nachr. Akad. Wiss. UdSSR, Abt. chem. Wiss.] **1953.** 368—73. März/April. Inst. für Organ. Chem. der Akad. der Wiss. der UdSSR.) R. KNOBLOCH. 920

F. G. Ponomarew und **W. G. Polossuchina,** *Reaktion von Ätheroxyden mit Stickstoffverbindungen.* 7. Mitt. *Reaktion von Glycidisopropyl- und -n-butyläther mit Diäthylamin.* (6. vgl. C. **1956.** 2147; 8. vgl. C. **1956.** 6942.) Durch Kondensation von Glycidisopropyl- u. -n-butyläther mit Diäthylamin werden *3-Isopropoxy-* u. *3-n-Butoxy-1-diäthylaminopropanol-(2)* gewonnen, die auch aus den entsprechenden Glycerin-α-monochlorhydrinäthern durch Rk. mit Diäthylamin erhalten werden.

Versuche: *3-Isopropoxy-1-diäthylaminopropanol-(2)*, $C_{10}H_{23}O_2N$, $Kp._{10}$ 93 bis 95°; a) 17,5 g Glycidisopropyläther werden mit 33 g Diäthylamin in 58 ml W. 3 Std. auf dem Wasserbad erhitzt, die obere Schicht wird fraktioniert; $D.^{20}_4$ 0,9856; n_D^{20} 1,4348; 23 g (Ausbeute); b) aus Glycerin-α-monochlorhydrin-γ-isopropyläther u. Diäthylamin durch 4std. Erhitzen im Rohr auf 100°; 72,6%. *Pikrat*, $C_{16}H_{26}O_9N_4$, F. 163—164° (absol. A.). *Acetat*, $C_{12}H_{25}O_3N$, $Kp._8$ 88°; $D.^{20}_4$ 0,9363; n_D^{20} 1,4328. — *3-n-Butoxy-1-diäthylaminopropanol-(2)*, $C_{11}H_{25}O_2N$, $Kp._{12}$ 118—119°; analog Vorst. aus Glycid-n-butyläther u. Diäthylamin; $D.^{20}_4$ 0,8864; n_D^{20} 1,4340; 76,7%; oder aus Glycerin-α-monochlorhydrin-γ-butyläther u. Diäthylamin durch 6std. Erhitzen im Rohr auf 100°; 74,9%. *Pikrat*, $C_{17}H_{28}O_9N_4$, F. 166—167°. *Acetat*, $C_{13}H_{27}O_3N$, $Kp._6$ 112—113°; $D.^{20}_4$ 0,9377; n_D^{20} 1,4344. (Журнал Общей Химии [J. allg. Chem.] **23** (**85**). 1638—40. Okt. 1953. Woronesh, Univ.) H. RAUBACH. 920

W. K. Anslow und **Harold King,** *Glykokoll.* Durch Schütteln eines Gemisches aus Methylenaminoacetonitril u. 95%ig. H_2SO_4 in 95%ig. A., Zufügen des Nd. zu einer heißen Lsg. von $Ba(OH)_2 \cdot 8\,H_2O$ in W. u. Einengen des Filtrats, F. 246° (Zers.; W.); 67—87% (Ausbeute), oder durch 48std. Kochen eines Gemisches aus Chloressigsäure u. wss. NH_4OH, Einengen u. Zufügen von Methanol; 64—65%. (Org. Syntheses, collect. Vol. **1.** [**1.**—**9.** 2. Aufl.] 298—301, ausg. Okt. 1951.) I. AHRLÉ. 950

Roger Adams und **W. D. Langley,** *Methylenaminoacetonitril.* Aus CH_2O, NH_4Cl u. 98%ig. NaCN bei 0°; F. 129°; 61—71% (Ausbeute). (Org. Syntheses, collect. Vol. **1.** [**1.**—**9.** 2. Aufl.] 355—57, ausg. Okt. 1951.) I. AHRLÉ. 950

R. A. Gortner und **W. F. Hoffman,** *l-Cystin.* Durch 120 std. Kochen von Haaren mit 20%ig. HCl, vorsichtiges Neutralisieren der heiß filtrierten Lsg. mit 40%ig. NaOH, nach Stehen Lösen des Nd. in 3%ig. HCl u. Fällen mit Na-Acetat; 5,0—5,3% (Ausbeute). (Org. Syntheses, collect. Vol. **1.** [**1.**—**9.** 2. Aufl.] 194—96, ausg. Okt. 1951.) I. AHRLÉ. 950

Harold King, *d-Glutaminsäure.* Durch 6 std. Kochen von Klebermehl mit konz. HCl, Einengen u. Stehen bei -8^0: *Hydrochlorid,* F. 208—209° (Zers.). Hieraus mit Anilin die *freie Säure,* F. 211—213° (Zers.); 92—95% (Ausbeute). (Org. Syntheses, collect. Vol. **1.** 286—89, ausg. Okt. 1951.) I. AHRLÉ. 950

Arthur J. Barry, William H. Daudt, Joseph J. Domicone und **John W. Gilkey,** *Kristalline Organosilsesquioxane.* Vff. beschreiben die Darst. von *niederpolymeren Organosilsesquioxanen* $(RSiO_{3/2})$ durch alkalikatalysierte Umlagerung der lösl. Hydrolyseprodd. von Alkyltrichlorsilanen bei 250—400° unter vermindertem Druck. Die abdest. bzw. absublimierten Niederpolymeren sind halbfeste Massen (R = Äthyl-, Propyl-, Butyl-), die zu 50% in krist. Form erhalten werden können, oder krist. Prodd. (R = Methyl-, Cyclohexyl-). Aus kryoskop. Mol.-Gew.-Bestimmungen u. Einkristallröntgenanalysen ergibt sich eine kub. Oktasilsesquioxanstruktur. Bei der Methylverb. wird als Nebenprod. ein *Dodekameres* gefunden, für das von Vff. eine hexagonale Struktur vorgeschlagen wird. Die Darst. von Phenylsilsesquioxanen gelingt auf dem vorst. Wege nicht. Dagegen können unter katalyt. Einw. von KOH aus den Trichlorsilanhydrolysaten in verd. alkoh. oder benzol. Lsg. (~1%) krist. *Methyl-* u. *Phenylsilsesquioxan* (I) bei Zimmertemp. erhalten werden. I ist nicht mit den vorst. Alkylverbb. isomorph; es handelt sich um ein *Hexameres,* bei dem vermutlich die Si-Atome an den Spitzen eines dreieckigen Prismas angeordnet sind. Die Infrarotabsorptionsspektren aller krist. Verbb. zeigen keine Absorption für Hydroxyl- oder andere funktionelle Gruppen. Wie Quarz u. Siliconharze mit Silsesquioxaneinheiten besitzen sie allg. eine starke SiO-Bande bei 9,0 μ, die bei etwas kürzeren Wellenlängen liegt als bei linearen, verzweigtkettigen u. cycl. Siloxanen.

Versuche: *Okta-n-propyloktasilsesquioxan,* $(C_3H_7SiO_{3/2})_8$, F. 219—220° (Aceton) durch Hydrolyse von n-Propyltrichlorsilan in Ae./W. bei 25° u. Erhitzen des Öles mit gepulvertem NaOH (auf 345 g 7,7 g NaOH) auf 300—380° bei 0,10—0,15 mm; bei 24 std. Erhitzen auf 150° wird der F. auf 205—211° herabgedrückt, nach 16 Tagen bei 150° tritt eine Umwandlung in ein Prod. vom F. >230° ein (von Vff. mit Oxydation der Propylgruppen erklärt). — *Okta-n-butyloktasilsesquioxan,* $(C_4H_9SiO_{3/2})_8$, F. 190—195° (Aceton), aus n-Butyltrichlorsilan wie vorst. u. Depolymerisation mit 3 Gew.-% Alkali; 89% (Ausbeute). — *Oktaäthyloktasilsesquioxan,* $(C_2H_5SiO_{3/2})_8$, F. 280—282° (Aceton), aus Äthyltrichlorsilan wie vorst. mit 6 Gew.-% NaOH bei 405—450° (1—7 mm); D. 1,3079 g/ml, Elementarzelle a = 9,50 ± 0,04 Å, α = 95,9 ± 0,05° (rhomboedr.); 35%. — *Oktacyclohexyloktasilsesquioxan,* $(C_6H_{11}SiO_{3/2})_8$, F. >400°; aus Cyclohexyltrichlorsilan wie vorst. u. Depolymerisation mit 3 Gew.-% NaOH bei 340—440°; D. 1,174, Elementarzelle a = 11,6 Å, α = 95° (rhomboedr.); 36%. — *Oktamethyloktasilsesquioxan,* $(CH_3SiO_{3/2})_8$, Sublimation bei 365°, kein F., durch Hydrolyse von Methyltriäthoxysilan in Methanol/W. in Ggw. von KOH u. Depolymerisation des getrockneten alkalihaltigen Hydrolysates bei 300—325° (68 Std.); daneben *Dodekamethyldodekasilsesquioxan,* $(CH_3SiO_{3/2})_{12}$, F. 321—323° (Aceton), u. *Verb. vom F. 135°* (enthält keine OH- u. C_2H_5O-Gruppen). — *Hexaphenylhexasilsesquioxan* (I), $(C_6H_5SiO_{3/2})_6$, kein F. unterhalb 400°, bei höheren Tempp. Zers., durch dreiwöchiges Stehenlassen des Hydrolysates von Phenyltrichlorsilan in Bzl./A. (5:1) in Ggw. katalyt. Mengen KOH; 60%. — Aus 2-Methylpentyltrichlorsilan wurde lediglich ein öliges Prod. erhalten, das nicht kristallisierte. (J. Amer. chem. Soc. **77.** 4248—52. 20/8. 1955. Midland, Mich., Dow Corning Corp., Res. Labor.) G. WINKLER. 980

Gilm Kamai und **W. A. Kuchtin,** *Reaktion von Acetanhydrid mit Trialkylphosphiten.* Analog der ARBUSOWschen Umlagerung reagiert Acetanhydrid (I) mit Triäthyl- u. Triisobutylphosphit nach $(CH_3CO)_2O + P(OR)_3 \rightarrow (CH_3COO)P(OR)_3 \rightarrow CH_3COOR + CH_3COPO(OR)_2$ (R = C_2H_5, iso-C_4H_9). Neben diesen *Estern* der *Acetylphosphonsäure* (Ausbeute 10,8 bzw. 21,6%) entstehen zu 32,8 bzw. ~20% Prodd. der Formel II.

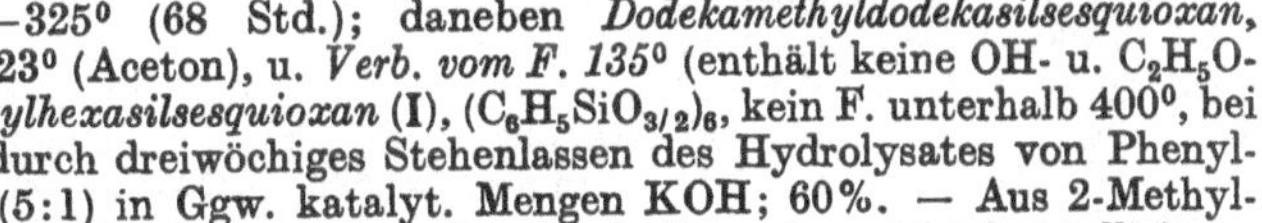

Triarylarsenite reagieren mit I unter Bldg. eines *gemischten Anhydrids der Dialkylarsenigsäure*: $(CH_3CO)_2O + As(OR)_3 \rightarrow CH_3CO-O-As(OR)_2 + CH_3COOR$. — *Acetylphosphonsäurediäthylester,* Kp.$_4$ 84—86°; D.^{20} 1,0979; n_D^{20} 1,4196; *2.4-Dinitrophenylhydrazon,* F. 132—133°. — *Acetylphosphonsäurediisobutylester,* Kp.$_4$ 144—146°; D.$^{20}_0$ 1,0018; n_D^{20} 1,4305. — *Verb.* **II** mit $R = C_2H_5$, Kp.$_2$ 156—157°; D.$^{20}_0$ 1,1579; n_D^{21} 1,4325. — *Verb.* **II** mit R = *iso*-C_4H_9, Kp.$_2$ 174—178°; Mol.-Gew. (kryoskop.; Bzl.) 445. (Доклады Академии Наук СССР [Ber. Akad. Wiss. UdSSR.] **102.** 283—85. 11/5. 1955. Kasan, Chem.-Technol. Kirow-Inst.) R. K. MÜLLER. 980

Rudi Rätz, *Methylphosphonsäurediamid. Methylphosphonsäurediamid* (I), CH_7ON_2P, F. 128—129° (Zers.; aus Methanol mit 3% Ae.), aus Methylphosphonsäuredichlorid

(Kp.$_{14}$ 63°) durch Zutropfen zu NH_3 in Chlf. (bei −10° gesätt.) bei −10° bis 0°; der Nd. von I u. NH_4Cl wird mit Diäthylamin u. Chlf. gekocht, bis alles gelöst ist, bei −15° krist. dann I in Tafeln; 73,5%. In wss. Lsg. bildet I Ndd. mit Ag^+, Hg^{2+}, Cu^{2+}, Pb^{2+}. — *Methylphosphonsäuremonoamid, Ag-Salz–AgNO$_3$*, $C_2H_{10}O_7N_3P_2Ag_3$, aus I in Methanol mit $AgNO_3$ in 80%ig. wss. Methanol; amorpher Niederschlag. — An der Luft hydrolysiert I zu II (berechnete Gewichtszunahme 20,2%) über das *Diammoniumsalz* (berechnete Zunahme 38,4%), wobei nach 48, 60, 72, 96, 108, 120 Std. eine Gewichtszunahme von 36,7; 38,0; 35,0; 24,2; 20,5; 20,4% eintritt. *Methylphosphonsäure, Monoammoniumsalz* (II), CH_8O_3NP, Endprod. der vorst. Hydrolyse, aus 80%ig. wss. A. rhomb. Pyramiden. *Ag-Salz*, $CH_3O_3PAg_2 \cdot H_2O$, aus II nach Neutralisieren mit NH_4OH; mit $AgNO_3$; Nd.; im Vakuum über P_2O_5 getrocknet. (J. Amer. chem. Soc. **77.** 4170—71. 5/8. 1955. Columbus, O.) F. J. Meyer. 980

Gennady M. Kosolapoff, *Einige physikalische Eigenschaften aliphatischer Diphosphonate.* 1. Mitt. *Äthylester. Alkan-ω.ω'-diphosphonsäuretetraäthylester* der Form $(C_2H_5O)_2PO \cdot [CH_2]_n \cdot PO(OC_2H_5)_2$ (I) werden durch Umsetzung von ω.ω'-Alkylendibromiden (n = 2, 3, 4, 5) bzw. Methylenjodid mit 3 Mol Triäthylphosphit dargestellt. — *Methylenverb.* (I, n = 1), Kp.$_{0,5}$ 127°, n_D^{30} 1,4261; $D.^{30}_4$ 1,1325, $D.^{40}_4$ 1,1229, $D.^{50}_4$ 1,1134, $D.^{60}_4$ 1,1039, $D.^{70}_4$ 1,0944; Viscositätskonstante bei 30° (η^{30}) 0,0982 (P), η^{40} 0,0675, η^{50} 0,0497, η^{60} 0,0387, η^{70} 0,0306; Dielektrizitätskonstante bei 30° (ε^{30}) 12,768; Dipolmoment (μ) 4,23; 26% (Ausbeute). — *Äthylenverb.* (I, n = 2), Kp.$_{0,5}$ 152°, n_D^{30} 1,4375; $D.^{30}_4$ 1,1263, $D.^{40}_4$ 1,1169, $D.^{50}_4$ 1,1078, $D.^{60}_4$ 1,0987, $D.^{70}_4$ 1,0895; η^{30} 0,1100, η^{40} 0,0771, η^{50} 0,0570, η^{60} 0,0446, η^{70} 0,0338; ε^{30} 12,267; μ 4,20; 61%. — *Trimethylenverb.* (I, n = 3), Kp.$_1$ 163°, n_D^{30} 1,4422; $D.^{30}_4$ 1,1186; $D.^{40}_4$ 1,1097, $D.^{50}_4$ 1,1008, $D.^{60}_4$ 1,0917, $D.^{70}_4$ 1,0825; η^{30} 0,1554, η^{40} 0,1030, η^{50} 0,0699, η^{60} 0,0528, η^{70} 0,0412; ε^{30} 12,696; μ 4,38; 72,5%. — *Tetramethylenverb.* (I, n = 4), Kp.$_{0,7}$ 169°, n_D^{30} 1,4442, $D.^{30}_4$ 1,1040, $D.^{40}_4$ 1,0953, $D.^{50}_4$ 1,0864, $D.^{60}_4$ 1,0778, $D.^{70}_4$ 1,0692; η^{30} 0,1548, η^{40} 0,1039, η^{50} 0,0724, η^{60} 0,0555, η^{70} 0,0428; ε^{30} 11,635; μ 4,28; 61,6%. — *Pentamethylenverb.* (I, n = 5), Kp.$_{0,6}$ 178°, n_D^{30} 1,4443; $D.^{30}_4$ 1,0880, $D.^{40}_4$ 1,0790, $D.^{50}_4$ 1,0707, $D.^{60}_4$ 1,0620, $D.^{70}_4$ 1,0533; η^{30} 0,1549, η^{40} 0,1048, η^{50} 0,0726, η^{60} 0,0559, η^{70} 0,0433; ε^{30} 11,070; μ 4,28; 62,3%. — *Äthan-α.β-diphosphonsäuretetraisopropylester*, F. 52—53°, wie I mit Triisopropylphosphit, hygroskop., zerfließt an der Luft. — *Tetramethylenbromid*, durch 1std. Erhitzen von Tetrahydrofuran mit 48%ig. HBr/H_2SO_4, 90,5 bzw. 93%. — *Pentamethylenbromid*, aus Tetrahydropyran wie vorst.; 89%. (J. chem. Soc. [London] **1955.** 3092—94. Sept. Auburn, Ala., Alabama Polytechn. Inst., Ross Chem. Labor.) F. J. Meyer. 980

Dorothy V. Nightingale und **James M. Shackelford**, *Die Einwirkung von Aluminiumchlorid auf Alkylbenzole.* 5. Mitt. (4. vgl. C. **1955.** 8131.) Vff. erhalten bei der Einw. von $AlCl_3$ bei 100° auf 1.3-Dimethyl-4-n-propylbenzol (I) hauptsächlich *1.3-Dimethyl-5-n-propylbenzol* (II; daneben 28% I zurück) u. aus 1.3-Dimethyl-4-isopropylbenzol (V) *1.3-Dimethyl-5-isopropylbenzol* (III; daneben 13% V zurück); die Identität der Prodd. wird durch Vgl. der Infrarotspektren mit denen authent. Proben u. durch Misch-F.-Best. der Trinitroderivv. sichergestellt. Jedoch kann die Möglichkeit der Bldg. von III bei der Umlagerung von I nicht mit Sicherheit ausgeschlossen werden. Aus 1.2.4-Tri-n-propylbenzol wird unter vorst. Bedingungen hauptsächlich *1.3.5-Tri-n-propylbenzol* erhalten. — Die Alkylierung von m-Xylol (IV) mit n-Propylchlorid/$AlCl_3$ liefert ein Gemisch von II u. III im Verhältnis 1,8:1, Alkylierung mit Isopropylalkohol/85%ig. H_2SO_4 gibt hauptsächlich V [74%; daneben 11% 1.3.5-Trialkylbenzol u. ~5% 1.2.3-Trialkylbenzol oder IV (Absorptionsmaximum bei 13,0 μ, welches für IV u. 1.2.3-Trialkylbenzol charakterist. ist)].

V e r s u c h e : *1.3-Dimethyl-4-n-propylbenzol* (I), Kp.$_{16}$ 90—91°, aus 2.4-Dimethylpropiophenon durch Red. nach Wolff-Kishner; n_D^{25} 1,4980; 68% (Ausbeute); *Trinitroderiv.*, $C_{11}H_{13}O_6N_3$, F. 108,5—109°. I gibt bei 4std. Erwärmen mit $AlCl_3$ auf dem Wasserbad unter Rühren hauptsächlich *1.3-Dimethyl-5-n-propylbenzol* (II; *Trinitroderiv.*, $C_{11}H_{13}O_6N_3$, F. 99—99,5°; *Tribromderiv.*, $C_{11}H_{13}Br_3$, F. 63—64°). — *1.3-Dimethyl-4-isopropylbenzol* (V), Kp.$_{17}$ 87—88°, durch Red. von Dimethyl-[2.4-dimethylphenyl]-carbinol mit H_2 über einem Cu-Chromoxydkatalysator; n_D^{20} 1,4998. — *1.3-Dimethyl-5-isopropylbenzol* (III), Kp.$_{18}$ 86—87°; a) aus IV u. Isopropylchlorid (enthält 13% 1.3.4-Trialkylbenzol); n_D^{25} 1,4955, b) aus V mit $AlCl_3$ wie vorst.; *Trinitroderiv.*, $C_{11}H_{13}O_6N_3$, F. 115,5—116°. — *1.2.4-Tri-n-propylbenzol*, nach Baddeley u. Kenner (J. chem. Soc. [London] **1935.** 303), aber Red. von 4-n-Propylpropiophenon u. 2.5-Di-n-propylpropiophenon mit H_2/Cu-Chromoxyd; gibt mit $AlCl_3$ wie vorst. hauptsächlich *1.3.5-Tri-n-propylbenzol*, Kp. 130—140° (*Tribromderiv.*, F. 112—113°; *Trinitroderiv.*, $C_{15}H_{21}O_6N_3$, F. 123—124°). — *p-Di-n-propylbenzol, Tetrabromderiv.*, $C_{12}H_{14}Br_4$, F. 107—108°. (J. Amer. chem. Soc. **78.** 1225—27. 20/3. 1956. Columbia, Mo., Univ., Dep. of Chem.) G. Winkler. 1010

S. R. Finn und **G. J. Lewis**, *Kondensation von Formaldehyd mit Phenol und seinen Homologen.* 13. Mitt. *Die relative Reaktivität der ortho- und para-Stellungen bei der Bildung von Alkoholen aus substituierten Phenolen.* (12. vgl. J. appl. Chem. **1.** [1951.] 524.) Bei dem Vers. der Darst. von 2-Methylol-3.5-xylenol aus 3.5-Xylenol u. Formaldehyd (I; mit wss. $Ca(OH)_2$, CH_3ONa in Dioxan, C_2H_5ONa in A., Bzl., Cyclohexanol oder n-Butanol oder mit Na-Butylat in n-Butanol, 1 Std. bis 1 Woche) wurde nur *2.6-Dimethylol-3.5-xylenol* bzw. *4-Methylol-3.5-xylenol* (II; mit alkoh. C_2H_5ONa in Äthylacetat [1 Tag] oder wss. NaOH [4 Tage]) erhalten. Allg. scheint bei Phenolen, die in der p- oder beiden m-Stellungen substituiert sind, der Eintritt einer o-Methylolgruppe den einer zweiten in o-Stellung sehr zu begünstigen. 2.4-Dimethylol-3.5-xylenol konnte aus I u. II nicht dargestellt werden, da entweder ein reaktiver Trialkohol gebildet wird oder eine freie o-Stellung mit der Methylolgruppe eines anderen Mol. unter Harzbldg. reagiert. Verss. Isomere des 2.6-Bis-[2-oxybenzyl]-phenols durch Dechlorierung der Trichlorderivv. nach der l. c. beschriebenen Meth. darzustellen, blieben erfolglos. 2.6-Dibromphenol u. I reagierten nicht, doch konnte *4-Brommethyl-2.6-dibromphenol* (III; $C_7H_5OBr_3$, F. 149°, Nadeln) aus p-Oxybenzylalkohol u. Br_2 oder besser durch Bromierung von 2.6-Dibrom-p-kresol bei erhöhter Temp. dargestellt werden. Mehrkernige Verbb. aus III u. p-Bromphenol bzw. 2.2'-Dioxy-5.5'-dibromdiphenylmethan wurden nicht erhalten. Es scheint, daß in 2.6-disubstituierten Phenolen die Reaktivität der p-Stellung vermindert ist u. auch die p-Brommethylgruppe weniger reaktiv ist. (J. appl. Chem. **1.** 560—62. Dez. 1951. Ministry of Supply, Chem. Defence Exp. Establ.) W. Schwenke. 1050

Shiam Sunder Joshi und **Satya Prakash Gupta**, *Verhalten von Nitrophenolen gegen p-Toluolsulfonylchlorid.* 6. Mitt. *6-Brom- und 6-Chlor-2.4-dinitro-m-kresol.* Bei der Rk. von 6-Brom-2.4-dinitro-m-kresol (II) mit p-Toluolsulfochlorid (I) u. Diäthylanilin wird die OH-Gruppe durch Cl ersetzt, so daß *3-Chlor-4-brom-2.6-dinitrotoluol* (III) entsteht, während sich aus 6-Chlor-2.4-dinitro-m-kresol (V) u. I unter gleichen Bedingungen *2-Chlor-4.6-dinitro-5-methylphenyl-p-toluolsulfonat* (IV) bildet. III reagiert mit NH_3 u. Aminen, IV dagegen nicht. Aus II u. I wird das IV entsprechende Bromderiv. erhalten, wenn man mit Na_2CO_3 in wss. Lsg. erhitzt.

Versuche: *3-Chlor-4-brom-2.6-dinitrotoluol* (III), $C_7H_4O_4N_2ClBr$, F. 78,5°, aus 10 g II, 8 g I u. 20 cm³ Diäthylanilin durch 5std. Erhitzen auf dem Wasserbad; Nadeln aus A.; 5 g (Ausbeute). — *2-Brom-4.6-dinitro-5-methylanilin*, $C_7H_6O_4N_3Br$, F. 106°, aus NH_3 u. III; gelbe Nadeln aus verd. Essigsäure. — *2-Brom-4.6-dinitro-5-methyldiphenylamin*, $C_{13}H_{10}O_4N_3Br$, F. 132°, aus Anilin u. III; aus A. grüne Kristalle. — *2-Brom-4.6-dinitro-5.4'-dimethyldiphenylamin*, $C_{14}H_{12}O_4N_3Br$, F. 134°, aus p-Toluidin u. III, orangerote Kristalle aus A. + Eisessig. — *2-Brom-4.6-dinitro-5.2'-dimethyldiphenylamin*, F. 145,5°, aus o-Toluidin u. III; aus A. + Bzl. orangefarbene Kristalle. — *2.4'-Dibrom-4.6-dinitro-5-methyldiphenylamin*, $C_{13}H_9O_4N_3Br_2$, F. 127,5°, aus p-Bromanilin u. III; gelborangefarbene Kristalle aus Eisessig. — *6-Chlor-2.4-dinitro-m-kresol* (V), F. 108°, durch 1std. Erhitzen von 3 g 4-Chlor-3-brom-2.6-dinitrotoluol mit Na-Acetat u. Acetamid auf 180°, ½std. Erwärmen der Schmelze in verd. NH_4OH u. Ansäuern mit HCl; aus verd. A. gelbliche Platten; 2,2 g. — *2-Chlor-4.6-dinitro-5-methylphenyl-p-toluolsulfonat* (IV), $C_{14}H_{11}O_7N_2ClS$, F. 132°, aus 3 g V u. 2,5 g I wie III; Plättchen aus A.; 4 g. — *2-Brom-4.6-dinitro-5-methylphenyl-p-toluolsulfonat*, $C_{14}H_{11}O_7N_2BrS$, F. 141,5°, aus einer erhitzten Suspension von 3 g II, 2,4 g I u. 10 cm³ W. durch langsames Eintragen von $Na_2 \cdot CO_3$ unter starkem Rühren; Nadeln aus A.; 3 g. (J. Indian chem. Soc. **29.** 199—200. März 1952. Meerut, U. P., Meerut Coll., Chem. Labor.) H.-M. Barchet. 1060

S. Wawzonek und **S. C. Wang**, *Darstellung von Jodphenoxyessigsäuren.* Vff. stellten zum Zwecke der Best. der antithyroiden Wrkg. verschied. *Jodphenoxyessigsäuren* dar. Außer 2 Verbb. wurden sie aus dem entsprechenden Jodphenol durch Erhitzen mit Bromessigsäureäthylester u. Na-Butylat in n-Butanol dargestellt. *m-Jodphenoxyessigsäure* läßt sich besser aus m-Aminophenoxyessigsäure als aus m-Jodphenol gewinnen. Eine ähnliche Synth. wurde für *2.3-Dijodphenoxyessigsäure* verwandt. Die Darst. einiger *Jodphenole* wurde verbessert.

Versuche: *2.4-Dijodphenol* (I), aus 20 g 2.4-Diacetoxymercuriphenol u. Jod in KJ-Lsg. unter starkem Rühren (30 Min.); aus A. durch Einfiltrieren in Eiswasser Nadeln, F. 68—70°; 10,4 g (Ausbeute). — *2.4.6-Trijodphenol*, Darst. wie bei I, aber 2 Tage stehenlassen, F. 157—158°. — *2-Acetoxymercuri-3-nitrophenol* (II), aus 48,5 g 3-Nitrophenol u. Mercuriacetat in NaOH unter heftigem Rühren bei 100° in 30 Min.; 125,4 g. — *2-Jod-3-nitrophenol*, $C_6H_4O_3NJ$, a) aus 40 g II in 10%ig. KJ-Lsg. mit 10%ig. Kaliumtrijodidlsg. (30 Min.); 24,5 g; aus W. lange, gelbe Nadeln, F. 123—124°; b) aus 1,35 g 2-Amino-3-nitrophenol u. $NaNO_2$ in konz. H_2SO_4, Rühren unter 5° u. anschließende Behandlung des Diazoniumsalzes mit KJ-Lsg. in 30 Min. bei 100°; 1,4 g. — Phenoxyessigsäuren: *2.3-Dijod-*, $C_8H_6O_3J_2$, aus **III** wie bei **IV**; F. 172–174° (Bzl.); 96,7%. – *2.4-Dijod-*, $C_8H_6O_3J_2$, aus dem Phenol in Na-n-Butylat enthaltendem n-Butanol durch 3std. Kochen mit Bromessigsäureäthylester, 1std. Kochen des entstandenen Esters mit 30%ig. NaOH, Gießen in W., Dampfdest. u. Fällen mit Säure; F. 165–167° (Bzl.); 99%. – *2.5-Dijod-*, $C_8H_6O_3J_2$, F. 175–177° (Bzl.); 91,6%. – *2.6-Dijod-*, $C_8H_6O_3J_2$, F. 167–168° (Bzl.); 92,3%. – *3.4-Dijod-*, $C_8H_6O_3J_2$, F. 179–181° (Bzl.); 78,9%. – *3.5-Dijod-*, $C_8H_6O_3J_2$, F. 193–195° (Bzl.); 88%. – *2.4-Dijod-6-methyl-*, $C_9H_8O_3J_2$, F. 205° (Bzl.); 90,1%. – *2.6-Dijod-4-methyl-*, $C_9H_8O_3J_2$, F. 168–169° (Bzl.); 95,9%. – *2.4.6-Trijod-3-methoxy-*, $C_9H_7O_4J_3$, F. 229–230° (verd. A.); 69,7%. – *2-Jod-3-nitro-* (**IV**), $C_8H_6O_5NJ$, aus 2-Jod-3-nitrophenol in NaOH u. Chloressigsäure, F. 182 bis 184° (Bzl.–Essigester); 79%. – *2-Jod-3-amino-* (**III**), $C_8H_8O_3NJ$, aus **IV** durch Red. mit Ferrosulfat, F. 164°; 61,4%. – *3-Jod-*, F. 115–116° (Bzl.). (J. org. Chemistry **16.** 1271–74. Aug. 1951. Iowa City, Io., State Univ., Chem. Dep.) E. Kaspar. 1060

W. O. Lukaschewitsch, *Einwirkung von HBr auf Sulfonsäureanhydride; Gewinnung von Diaryldisulfiden und Arylsulfobromiden.* (Vgl. Доклады Академии Наук СССР [Ber. Akad. Wiss. UdSSR] **99.** [1954.] 995.) Wenn man HBr in Eisessig auf Arylsulfonsäureanhydride (**I**) einwirken läßt, entstehen erhebliche Mengen *Diaryldisulfide* (**II**) neben *Arylsulfobromiden* (**III**). **III** reagieren mit HBr schon bei gewöhnlicher Temp. innerhalb 20–30 Min. in reversibler Rk. unter Bldg. von **II**: 2 $ArSO_2Br + 8\,HBr \rightarrow ArS\cdot SAr + 10\,Br + 4\,H_2O$. Bei 70–75° entstehen aus $(ArSO_2)_2O$ (**I**) bei Ar = C_6H_5 80% **II** (F. 60–61°), 77,3% **III** (fl.); Ar = *4-CH₃C₆H₄* 84,5% **II** (44,5–45,5°), 77,2% **III** (95–96°); Ar = *4-ClC₆H₄* 87,6% **II** (71–72°), 80,2% **III** (55,5–56,5°); Ar = *2.5-Cl₂·C₆H₃*, 94,3% **II** (81,5–82°), 87,0% **III** (73–74°); Ar = *2.4.5-Cl₃C₆H₂* 94,8% **II** (146,5 bis 147,5°), 83,4% **III** (84,5–85,3°); Ar = *2.3.5.6-Cl₄C₆H* 95,6% **II** (138–139°), **III** –; Ar = *2.3.4.5.6-Cl₅C* 98,0% **II** (235–237°), **III** –; Ar = *4-BrC₆H₄* 94,6% **II** (93,5–94°), 86,5% **III** (76–77°); Ar = *2.5-Br₂C₆H₃* 93,8% **II** (112–113°), 86,4% **III** (114–115°); Ar = *JC₆H₄* 92,7% **II** (124,5–125,5°), 79,0% **III** (97–98°); Ar = *2.5-J₂C₆H₃* 92,9% **II** (157,5–158,5°), 77,0% **III** (~125°); Ar = *3-NO₂C₆H₄* 90,0% **II** (82–82,5°), 78,0% **III** (66,5–67,5°); Ar = *4.5-CH₃(NO₂)C₆H₃* 93,5% **II** (86–86,7°), 82,2% **III** (fl.); Ar = *2.5-Cl(NO₂)C₆H₃* 93,0% **II** (143–143,5°), 87,6% **III** (91,5–92,5°); Ar = *4.5-Cl(NO₂)·C₆H₃* 90,0% **II** (116–117°), 80,6% **III** (59–60°); Ar = *β-C₁₀H₇* 83,0% **II** (140–141°), 75,0% **III** (96–97°). In einer Tabelle sind die Kristallformen der Prodd. angegeben. Bei 55–60° kann man auch Arylsulfochloride durch Einw. von HBr in Eisessig in **II** überführen, wenn Phenol zugegen ist, das die Halogene bindet. Mit Anilin liefern alle untersuchten **III** quantitativ die entsprechenden *Anilide.* (Доклады Академии Наук СССР [Ber. Akad. Wiss. UdSSR] **103.** 627–30. 1/8. 1955. Wiss. Woroschilow-Forschungsinst. für organ. Zwischenprodd. u. Farbstoffe.) R. K. Müller. 1090

Edward Kremers, Nellie Wakeman und **R. M. Hixon,** *Thymochinon. 6-Nitrosothymol,* F. 160–164°, durch Zufügen von $NaNO_2$ zu einer Lsg. von Thymol in 95%ig. A./konz. HCl; 87% (Ausbeute). – *6-Aminothymol,* durch Aufnehmen vorst. Verb. in 28%ig. wss. NH_4OH u. Einleiten von H_2S; 82,1%. – *Thymochinon,* F. 43–45°, durch Oxydation vorst. Verb. mit $NaNO_2/H_2SO_4$; 73–80%. (Org. Syntheses, collect. Vol. **1.** [**1.—9.** 2. Aufl.] 511–13, ausg. Okt. 1951.) I. Ahrlé. 1190

A. L. Mndshojan, W. G. Afrikjan und **M. T. Grigorjan,** *Untersuchung auf dem Gebiet der Synthese von Derivaten der p-Alkoxybenzoesäuren.* 3. Mitt. *α.β-Dimethyl-γ-dialkylaminopropylester der p-Alkoxybenzoesäuren.* (2. vgl. C. **1955.** 8601.) Zur Unters. des Zusammenhangs zwischen Struktur u. biol. Aktivität wird eine Reihe von *p-Alkoxybenzoesäure-α.β-dimethyl-γ-dialkylaminopropylestern* dargestellt. Die Ergebnisse der biol. Prüfung u. die Methoden zur Darst. der Ester werden später beschrieben.

Versuche: Folgende *p-Alkoxybenzoesäure-α.β-dimethyl-γ-dialkylaminopropylester* der allg. Formel *p-ROC₆H₄COOCH(CH₃)CH(CH₃)CH₂NR'₂*: *R = Isobutyl, R' = Methyl,* $C_{18}H_{29}O_3N$, Kp.₂ 174–175°; D.²⁰₄ 0,9964; n_D^{20} 1,5032; 88,5° (Ausbeute); *Pikrat,* F. 157°; *Jodmethylat,* F. 94–95°. *R = n-Pentyl, R' = Methyl,* $C_{19}H_{31}O_3N$, Kp.₁ 196–197°; D^{20}_4 0,9905; n_D^{20} 1,4981; 76,8%. *Pikrat,* F. 118°. *R = n-Hexyl, R' = Methyl,* $C_{20}H_{33}O_3N$, Kp.₂ 245–246°; D^{20}_4 0,9894; n_D^{20} 74,8°. *Pikrat,* F. 100°; *Jodmethylat,* F. 104–105°; *Jodäthylat,* F. 97–98°. *R = Isohexyl, R' = Methyl,* $C_{20}H_{33}O_3N$, Kp.₂ 200–201°; D^{20}_4 0,9840; n_D^{20} 1,5018; 75,8%. *R = n-Heptyl, R' = Methyl,* $C_{21}H_{35}O_3N$, Kp.₁ 219–220°; D^{20}_4 0,9774; n_D^{20} 1,4968; 73%. *Pikrat,* F. 116°. *R = Isoheptyl, R' = Methyl,* $C_{21}H_{35}O_3N$, Kp.₂ 198–199°; D^{20}_4 0,9820; n_D^{20} 1,4990; 75,2%. *R = n-Octyl, R' = Methyl,* $C_{22}H_{37}O_3N$, Kp.₂ 215–216°; D^{20}_4 0,9825; n_D^{20} 1,5032; 54,7%; *Pikrat,* F. 126°; *Jodäthylat,* F. 95–96°. *R = β-Phenyläthyl, R' = Methyl,* $C_{22}H_{29}O_3N$, Kp.₂ 230 bis 231°; D^{20}_4 1,0522; n_D^{20} 1,5348; 54%. *R = Isobutyl, R' = Äthyl,* $C_{20}H_{33}O_3N$, Kp.₂ 184–186°; D^{20}_4 0,9862; n_D^{20} 1,5010; 86,7%; *Jodmethylat,* F. 100–101°; *Jodäthylat,* F. 92–93°. *R = n-Pentyl, R' = Äthyl,* $C_{21}H_{35}O_3N$, Kp.₁ 213–214°; D^{20}_4 0,9813; n_D^{20} 1,4958; 73,7%; *Pikrat,* F. 151°. *R = n-Hexyl, R' = Äthyl,* $C_{22}H_{37}O_3N$, Kp.₂ 251 bis 252°; $D.^{20}{}_4$ 0,9826; n_D^{20} 1,5020; 77,9%; *Pikrat*, F. 91°; *Jodäthylat*, F. 93–94°. *R = Isohexyl, R' = Äthyl*, $C_{22}H_{37}O_3N$, $Kp._2$ 241–242°; $D.^{20}{}_4$ 0,9724; n_D^{20} 1,4984; 76,8%. *R = n-Heptyl, R' = Äthyl*, $C_{23}H_{39}O_3N$, $Kp._1$ 224–225°; $D.^{20}{}_4$ 0,9699; n_D^{20} 1,4959; 66,6%. *R = Isoheptyl, R' = Äthyl*, $C_{23}H_{39}O_3N$, $Kp._2$ 237–238°; $D.^{20}{}_4$ 0,9677; n_D^{20} 1,4946; 61,5%. *R = n-Octyl, R' = Äthyl*, $C_{24}H_{41}O_3N$, $Kp._{2,5}$ 224–225°; $D.^{20}{}_4$ 0,9666; n_D^{20} 1,4962; 61,9%. *R = β-Phenyläthyl, R' = Äthyl*, $C_{24}H_{33}O_3N$, $Kp._2$ 250 bis 251°; $D.^{20}{}_4$ 1,0510; n_D^{20} 1,5452; 50,6%. (Доклады Академии Наук Армянской ССР [Ber. Akad. Wiss. ArmenSSR] **18.** 75–78. 1954. Labor. für pharmaz. Chem. der Akad. der Wiss. der ArmenSSR.) G. FROELICH. 1250

A. L. Mndshojan, O. L. Mndshojan und **N. A. Babijan**, *Untersuchung auf dem Gebiet der Synthese von Derivaten der p-Alkoxybenzoesäuren.* 4. Mitt. *Einige Derivate der α.ω-Alkylen-bis-[p-oxybenzoesäuren].* (3. vgl. vorst. Ref.) In Fortsetzung der vorst. referierten Arbeit werden zur Unters. ihrer curareähnlichen Wrkg. folgende *O.O'-Alkylen-bis-[p-oxybenzoesäureester]* der allg. Formel $ROCO \cdot C_6H_4O \cdot (CH_2)_n \cdot OC_6H_4 \cdot COOR$ dargestellt: *R = Äthyl, n = 1*, $C_{19}H_{20}O_6$, F. 98–100°; 50,7% (Ausbeute). *R = β-Dimethylaminoäthyl, n = 1*, $C_{23}H_{30}O_6N_2$, zers. sich bei der Dest.; 50%; *Hydrochlorid*, F. 212°; *Oxalat*, F. 194–195°; *Jodmethylat*, F. 72–76°; *Jodäthylat*, F. 132–136°. *R = β-Diäthylaminoäthyl, n = 1*, $C_{27}H_{38}O_6N_2$, zers. sich bei der Dest.; 43%; *Oxalat*, F. 153–156°; *Jodmethylat*, F. 125–128°; *Jodäthylat*, F. 84–85°. *R = Äthyl, n = 2*, $C_{20}H_{22}O_6$, F. 106 bis 107°; 25%. *R = β-Dimethylaminoäthyl, n = 2*, $C_{24}H_{32}O_6N_2$, F. 81–82°; 60%; *Hydrochlorid*, F. 237–238°; *Oxalat*, F. 233–234°; *Jodmethylat*, F. 247–249°; *Jodäthylat*, F. 230–231°. *R = β-Diäthylaminoäthyl, n = 2*, $C_{28}H_{40}O_6N_2$, F. 56–57°; 50%; *Hydrochlorid*, F. 216–220°; *Oxalat*, F. 177–179°; *Jodmethylat*, F. 139–140°; *Jodäthylat*, F. 213–215°, *R = Äthyl, n = 3*, $C_{21}H_{24}O_6$, F. 109–110°; 52,2%. *R = β-Dimethylaminoäthyl, n = 3*, $C_{25}H_{34}O_6N_2$, F. 48–49°; 50%; *Hydrochlorid*, F. 168–171°; *Oxalat*, F. 189–192°; *Jodmethylat*, F. 217–218°; *Jodäthylat*, F. 177–182°. *R = β-Diäthylaminoäthyl, n = 3*, $C_{29}H_{42}O_6N_2$, F. 50–51°; 50%; *Oxalat*, F. 139–141°; *Jodmethylat*, F. 149–152°; *Jodäthylat*, F. 105–107°. *R = Äthyl, n = 4*, $C_{22}H_{26}O_6$, F. 97–99°; 56%. *R = β-Dimethylaminoäthyl, n = 4*, $C_{26}H_{36}O_6N_2$, F. 58–59°; 45%; *Hydrochlorid*, F. 202–203°; *Oxalat*, F. 234–236°; *Jodmethylat*, F. 236–238°; *Jodäthylat*, F. 204–206°. *R = β-Diäthylaminoäthyl, n = 4*, $C_{30}H_{44}O_6N_2$, F. 45–46°; 40%. *Hydrochlorid*, F. 209 bis 212°; *Oxalat*, F. 234–238°; *Jodmethylat*, F. 181–182°; *Jodäthylat*, F. 174–179°. (Доклады Академии Наук Армянской ССР [Ber. Akad. Wiss. ArmenSSR] **18.** 105–08. 1954.) G. FROELICH. 1250

B. B. Corson, Ruth A. Dodge, S. A. Harris und **J. S. Yeaw**, *Mandelsäure.* Durch Zufügen einer gesätt. $NaHSO_3$-Lsg. zu einem Gemisch aus Benzaldehyd u. NaCN, 12 std. Stehen des rohen Nitrils mit konz. HCl, Einengen u. Extrahieren mit Bzl. oder Ae.: F. 118°; 50–52% (Ausbeute). (Org. Syntheses, collect. Vol. **1.** [**1.–9.** 2. Aufl.] 336–40, ausg. Okt. 1951.) I. AHRLÉ. 1250

Ernest L. Eliel, Donald E. Rivard und **Albert W. Burgstahler**, *Die Synthese von 6-Formylsalicylsäure, Estern von 6-Brommethylsalicylsäure und verwandten Verbindungen.* Verss., 6 Brommethylsalicylsäure aus 3-Oxyphthalimid (**II**) über 7-Oxyphthalid (**I**) darzustellen, scheiterten, da das aus 3-Nitrophthalimid über *3-Aminophthalimid* gewonnene **II** bei der Red. das isomere *4-Oxyphthalid* ergab. – *6-Formylsalicylsäure* (**III**) wurde aus 3-Nitrophthalanhydrid über *3-Nitro-2-carbomethoxybenzoesäure* → *Säurechlorid* (**IV**) durch ROSENMUND-Red. zu *2-Carbomethoxy-3-nitrobenzaldehyd*, Red. von dessen Dimethylacetal zu *3-Amino-2-carbomethoxybenzaldehyddimethylacetal*, Diazotieren u. Verkochen dargestellt. Da der Nachteil dieser Meth. in der geringen Ausbeute bei der ROSENMUND-Rk. sowie in der möglichen Umlagerung von **IV** zu 2-Carbomethoxy-6-nitrobenzoylchlorid besteht, wurde **III** eindeutig wie folgt hergestellt: m-Kresol wird durch Sulfonierung, Bromierung u. Entsulfonierung in *2-Brom-m-kresol* verwandelt, über die *Li-Verb.* zu *6-Methylsalicylsäure* carbonisiert, die phenol. OH-Gruppe acetyliert, die Verb. dann zum *6-Dibrommethylderiv.* photobromiert u. verseift. Die Gesamtausbeute beträgt 13,7%. – Bei der Behandlung von 2-Acetoxy-6-methylbenzoesäure (**V**) mit CH_2N_2 entsteht deren *Methylester*, der bei der Photobromierung in *2-Acetoxy-6-brommethylbenzoesäuremethylester* übergeht u. dann in **I** verwandelt wird.

V e r s u c h e: *4-Oxyphthalid*, F. 255–256° (Zers.; W.), durch Zutropfen von **II** zu einer gerührten Suspension von Zn-Staub u. $CuSO_4$ in NaOH bei 0°, 2½ std. Rühren in der Wärme u. Kochen des angesäuerten Filtrats; 50% (Ausbeute). *Acetylderiv.*, F. 96–97°. – *2-Carbomethoxy-3-nitrobenzoylchlorid* (**IV**), $C_9H_6O_5NCl$, F. 78–79,5° (Bzl.-PAe.), aus der Säure u. $SOCl_2$; 97%. – *2-Carbomethoxy-3-nitrobenzaldehyd*, $C_9H_7O_5N$, F. 95–95,5° (Bzl.-PAe.), $Kp._{0,5}$ 158–160°, durch 8–20 std. Hydrieren vorst. Verb. über 5%ig. Pd–$BaSO_4$ in Xylol in Ggw. von Chinolin S-Katalysatorgift bei 170–180° (Badtemp.); 18,5%. *Semicarbazon*, $C_{10}H_{10}O_5N_4$, F. 221–222°

(Zers.; Essigsäure). *Dimethylacetal*, $C_{11}H_{13}O_6N$, F. 49,5—50°, Kp.$_{2-4}$ 200—208°, Nadeln aus Bzl.-PAe.; 64%. — *2-Carbomethoxy-3-aminobenzaldehyddimethylacetal*, Kp.$_{0,08}$ 138 bis 140°, durch 3std. Hydrieren des Acetals über Raney-Ni in absol. A. bei 60 lbs./sq.in.; n_D^{20} 1,5480—1,5485; 49%. — *6-Formylsalicylsäure* (III), $C_8H_6O_4$, F. 137,5—138,5° (*Hydrat*, F. 117—117,5°), a) durch Zutropfen vorst. Verb. zu 6 n H_2SO_4 bei 0°, dann wss. $NaNO_2$ u. Verkochen bei 80°; Nadeln aus W.; 81%; b) aus V durch Photobromieren mit 2 Mol Br_2 in CCl_4 (3³/₄ Std.), Fällen mit PAe. u. 1½ std. Kochen des Nd. mit verd. HCl-Essigsäure; 30%. *Methylester*, $C_9H_8O_4$, F. 65—66° (Ae.-PAe.), aus III, $AgNO_3$ u. K_2CO_3 (½std. Erwärmen) u. 5std. Kochen des isolierten *Ag-Salzes* mit CH_3J in Ae.; 72%; $FeCl_3$-Rk. violett. *Acetylderiv.*, $C_{10}H_8O_5$, F. 110—111° (Bzl.-PAe.). — *2-Brom-m-kresol*, F. 61—62° (PAe.), durch Zufügen von rauchender konz. H_2SO_4 unter Rühren zu m-Kresol unterhalb 70°, 18—24std. Stehen bei 50—55°, 3tägiges Zufügen von Br_2, Zufügen von W. unter Kühlen, Eingeben der Lsg. in überhitzten Wasserdampf (160—170°) u. Ausäthern des Destillats; 43%. Daneben in der Destillierblase *Tetrabrom-m-kresol*, F. 193°. *Acetylderiv.*, F. 165—166°. — *6-Methylsalicylsäure*, F. 170—171° (PAe.), durch Zutropfen vorst. Verb. zu n-Butyl-Li in Ae., 1std. Kochen, Gießen auf Trockeneis, Zers. mit W. u. verd. HCl, Ausäthern u. Ausziehen mit $NaHCO_3$; 59%. *Methylester*, $C_9H_{10}O_3$, F. 30,5—31° (PAe.). — *2-Acetoxy-6-methylbenzoesäure* (V), F. 128,5—130° (PAe.), aus vorst. Verb. + Acetanhydrid mit konz. H_2SO_4; 81%. *Methylester*, $C_{11}H_{12}O_4$, F. 41,5—42,5° (PAe.); 82%. — *2-Acetoxy-6-brommethylbenzoesäuremethylester*, $C_{11}H_{11}O_4Br$, F. 99—100° (Ae.-PAe.), aus vorst. Ester + Br_2 in sd. CCl_4 unter Belichten u. Zufügen von PAe. bei 60° bis zur Trübung; 84 bzw. 71%. *Freie Säure*, $C_{10}H_9O_4Br$, F. 101,5—102° (Zers.; Ae.-PAe.); 73—82%. — *7-Oxyphthalid* (I), $C_8H_6O_3$, F. 135—136,5° (Bzl.-PAe.), aus vorst. Verb. oder deren Methylester durch bas. bzw. saure Hydrolyse. *Acetylderiv.*, $C_{10}H_8O_4$, F. 108—109°. — *2-Acetoxy-6-dibrommethylbenzoesäuremethylester* $C_{11}H_{10}O_4Br_2$, F. 69—70° (Bzl.-PAe.), aus dem V-Methylester durch Photobromieren mit Br_2 u. Fällen mit PAe.; gibt bei der Hydrolyse mit verd. HCl 92% III. (J. org. Chemistry **18**. 1679—88. Dez. 1953. Notre Dame, Ind., Univ., Chem. Labors.) H. Lehwald. 1260

B. B. Corson, Ruth A. Dodge, S. A. Harris und **R. K. Hazen**, *Benzoylameisensäureäthylester*. Durch Oxydation von Mandelsäure mit $KMnO_4$ in NaOH-Lsg. bei —2 bis —4°, Einengen des Filtrats, Ansäuern, Extrahieren mit Ae.; Verestern der Säure, Neutralisieren u. Gießen der Benzollsg. in $NaHSO_3$-Lsg., Aufnehmen des Nd. in W./H_2SO_4/Bzl. u. Dest.: Kp.$_5$ 118°, Kp.$_{25}$ 148°, Kp.$_{760}$ 254°; 35—40% (Ausbeute). *Methylester*, Kp.$_{760}$ 250—255°; 43%. *Benzoylameisensäure*, F. 58—61°; 60—67%. (Org. Syntheses, collect. Vol. 1. [1.—9. 2. Aufl.] 241—45, ausg. Okt. 1951.) I. Ahrlé. 1270

E. E. Burgoyne, T. G. Klose und **D. K. Watson**, *Synthese einiger tert.-Butylbenzole in Verbindung mit der Synthese asymmetrischer Nitromoschusstoffe*. Vff. beschreiben eine neue Meth. zur Darst. von *4-Brom-5-tert.-butyl-m-xylol*, die Synth. des KW-stoffs *2-tert.-Butyl-p-xylol* u. die des *2-Amino-4-brom-5-tert.-butyl-m-xylols* (IV), das als *Acetylderiv.* charakterisiert wird.

Versuche: *2-Nitro-5-tert.-butyl-m-xylol* (I), F. 83—85° (Nadeln aus Methanol), aus symm.-tert.-Butyl-m-xylol, Acetanhydrid, rauchender HNO_3 u. Eisessig durch ca. 4std. Rühren bei 10—15°, 10 Min. Erwärmen auf 50° unter Schütteln u. Gießen in Eiswasser; 62,8% (Ausbeute). — *4-Nitro-5-tert.-butyl-m-xylol* (II), Kp.$_4$ 109—111°, n_D^{24} 1,5139, aus der Mutterlauge von I; 35,6%. — *2-Nitro-4-brom-5-tert.-butyl-m-xylol* (III), F. 70—74° (Methanol), durch 24std. Rühren einer Mischung von I, CCl_4 u. Br_2 in Ggw. von Fe bei Raumtemp., Zugabe einer gesätt. Lsg. von $NaHSO_3$, Entfernen der wasserlösl. Substanzen u. des CCl_4; 89,6%. — *2-Amino-4-brom-5-tert.-butyl-m-xylol* (IV), Kp.$_3$ 138—141° (gelbliches Öl), D.$^{25}_{25}$ 1,293, n_D^{33} 1,5603, durch 40std. Kochen einer Mischung von III, Fe-Feilspänen u. verd. HCl, Alkalisieren u. Extrahieren mit Ae.; 70,3%. *Acetylderiv.*, $C_{14}H_{20}ONBr$, F. 148—150° (Platten aus A.). — *4-Brom-5-tert.-butyl-m-xylol*, $C_{12}H_{17}Br$, F. 37—37,5° (A.), Kp.$_3$ 75—82°, $n_D^{27,4}$ 1,5355, durch Diazotieren des Hydrochlorids von IV in verd. HCl bei 5—6°, Gießen in Na-Stannit-Lsg., 1std. Stehen bei Raumtemp. u. Dampfdest.; 31,1%. — *4-Brom-5-tert.-butyl-2.6-dinitro-m-xylol*, F. 67 bis 69° (nadelartige Kristalle mit moschusartigem Geruch aus A.), a) durch zweimalige Nitrierung vorst. Verb. mit rauchender HNO_3 bei ca. 10°, je ¹/₂std. Stehen bei 5—10° u. 25°, 15 Min. Erwärmen auf dem Wasserbad, Gießen in Eiswasser u. Ausäthern über eine Zwischenverb. [F. 88—90° (A.)]; b) durch Nitrierung von 2 g III bei 25° u. 30 Min. Stehen, dann analog a); 2 g. — *4-Amino-5-tert.-butyl-m-xylol*, Kp.$_3$ 97—100°, D.$^{25}_{25}$ 0,9762, n_D^{25} 1,5267, durch 24std. Kochen einer Mischung von II, Fe-Feilspänen u. verd. HCl, Ansäuern bis zur stark sauren Rk., Dampfdest. u. Alkalisieren; 67,9%. — *2-Brom-p-xylol*, Kp.$_{40}$ 107—110°, n_D^{29} 1,5473, durch Zugabe von Br_2 in CCl_4 zu einer gekühlten Lsg. von p-Xylol in CCl_4 in Ggw. von Fe innerhalb von 8¹/₂ Std. im Dunkeln unter

Rühren u. 16std. Stehen; 54%. — *2-tert.-Butyl-p-xylol*, $C_{12}H_{18}$, Kp.$_{735}$ 213—217°, D.$^{29,5}_{29,5}$ 0,8757, $n_D^{28,5}$ 1,5003, durch 24std. Kochen einer Grignard-Lsg. vorst. Verb., Abkühlen, Zugabe von tert.-Butylchlorid während 5std. Kochens unter Rühren, Zugabe einer gesätt. NH_4Cl-Lsg. v. von HCl; 5,2%. (J. org. Chemistry **20**. 1508—12. Nov. 1955. Tempe, Ariz., State Coll., Dep. of Chem.) O. Henning. 1310

Colin L. Browne und **Robert E. Lutz**, *Isomere Aminoalkohole durch Reaktion von Styroloxyd mit Benzylamin.* Styroloxyd (**IV**) reagierte mit Benzylamin (**I**) zu *2-Benzylamino-1-phenyläthanol* (**II**) u. *2-Benzylamino-2-phenyläthanol* (**III**) im Verhältnis 15—16:1, bei der schneller verlaufenden säurekatalysierten Rk. mit **I**-Hydrochlorid, im Verhältnis 6—7:1, in Ggw. von CH_3OH bei Verwendung von **I**-Hydrobromid im Verhältnis 1:1,5—2, jedoch war in diesem Falle die Gesamtausbeute wesentlich geringer. **II** u. **IV** wurden zum Vgl. durch unabhängige Synth. dargestellt. Die Rk. von cis- u. trans-Stilbenoxyd (**V**) mit Piperidin (**VI**), die zu *threo-* bzw. *erythro-1-Piperidino-1.2-diphenyläthanol* führte, verlief mit doppelter Ausbeute in Ggw. von **VI**-Hydrochlorid; die Ausbeuten bei den Rkk. mit trans-**V** waren etwa doppelt so groß wie die mit cis-**V**. Die Verss. lassen auf einen sowohl durch elektron. als auch durch ster. Faktoren beeinflußten S_N2-Mechanismus der Aminolyse von **IV** schließen; der verstärkte Angriff am α-C-Atom bei der Rk. von **IV** u. **I** bei der Säurekatalyse oder in Ggw. von CH_3OH kann auf eine Protonisierung des Oxyd-O zurückgeführt werden, wodurch die formale Ladung im Kern ausgeglichen u. damit die α-C—O-Bindung geschwächt wird.

Versuche: *2-Benzylamino-1-phenyläthanol* (**II**), $C_{15}H_{17}ON$, F. 102—103° (Isooctan oder Ligroin), a) aus **I** u. **IV** (7 Tage stehen); 61,2—62,8% (Ausbeute), daneben 4,0% **III**; b) analog, aber in Ggw. von **I**·HCl (1—7 Tage); 40,7—56,0%, daneben 5,8 bis 8,8% **III**; c) aus **I** u. **IV** in sd. CH_3OH in Ggw. von **I**·HBr (3 Std.); 15%, neben 26% **III**; d) aus Phenacylbenzylaminhydrobromid mit $LiAlH_4$ in Ae.; 88%. *Hydrochlorid*, $C_{15}H_{18}\cdot ONCl$, F. 219,5—221,5° (A.). — *2-Benzylamino-2-phenyläthanol* (**III**), $C_{15}H_{17}ON$, F. 68 bis 69° (Isooctan), a) als Nebenprod. bei der Darst. von **II**; b) aus nachst. Verb. mit $LiAlH_4$ in Ae.; 66%. *Oxalat*, $C_{17}H_{19}O_5N$, F. 169,5—170,5° (Zers.; absol. A.). — *α-Benzylaminophenylessigsäureäthylesterhydrochlorid*, $C_{17}H_{19}O_2N\cdot HCl\cdot H_2O$, F. 181,5—182,5° (absol. A.), aus α-Brom-α-phenylessigsäureäthylester in Ae. mit **I** (4 Std. kochen); 24%. — *erythro-1-Piperidino-1.2-diphenyläthanol*, F. 110—111°, aus trans-**V** u. **VI** (18 Std. bei 93—95°); 46%, in Ggw. von **VI**-Hydrobromid 86% (bei 88—90° 23% bzw. 71%). *threo-Verb.*, F. 100—101°, aus cis-**V** u. **VI** (18 Std. bei 93—95°); 18%, in Ggw. von **VI**·HBr 36% (bei 48std. Rk. 29 bzw. 61%). (J. org. Chemistry **17**. 1187—93. Sept. 1952. Charlottesville, Va., Univ., Cobb Chem. Labor.) H. Lehwald. 1320

George P. Hager und **Wei-Chin Liu**, *Symmetrische bifunktionelle Analoga pharmakodynamisch aktiver Substanzen. 4.4'-Bis-[guanylmethyl]-diphenyläther, 1.3-Bis-[4-guanylmethylphenoxy]-propan* (**I**) u. *1.5-Bis-[4-guanylmethylphenoxy]-pentan* (**II**) werden aus den entsprechenden Bis-[chlormethyl]-derivv. über die entsprechenden Nitrile u. Iminoester dargestellt. **I** u. **II** entstehen besser über die Kondensation von p-Oxyphenylacetonitril mit 1.3-Dichlorpropan bzw. 1.5-Dichlorpentan in Ggw. von $NaOC_2H_5$. Ferner werden *4.4'-Bis-[2-diäthylaminoäthoxymethyl]-diphenyläther, 4.4'-Bis-[2-aminoäthyl]-diphenyläther* u. *4.4'-Bis-[imidazolyl-(2)-methyl]-diphenyläther* nach bekannten Methoden hergestellt. Letzterer zeigte in Dosen von 0,5—10 mg/kg eine gewisse blutdrucksenkende Wirkung.

Versuche (FF. auf Fisher-Johns-Block): *4.4'-Bis-[chlormethyl]-diphenyläther* (**III**), F. 62—64° (A.), Kp.$_{1,5}$ 165—175°, durch 5std. Einleiten von HCl in eine Mischung aus Diphenyläther, Eisessig, 40%ig. HCHO u. 85%ig. H_3PO_4 unter Rühren, Gießen auf Eis, Ausäthern u. Dest. der äther. Schicht; 42,7% (Ausbeute). — *1.3-Bis-[4-chlormethylphenoxy]-propan*, $C_{17}H_{18}O_2Cl_2$, F. 126—127° (CCl_4), analog vorst. Verb. aus 1.3-Diphenoxypropan in PAe. (8 Std. bei 95°); 35%. — *1.5-Bis-[4-chlormethylphenoxy]-pentan*, $C_{19}H_{22}O_2Cl_2$, F. 65,5—66,5° (Skellysolve B), analog vorst. Verb. aus 1.5-Diphenoxypentan; 22%. — *4.4'-Bis-[cyanmethyl]-diphenyläther* (**IV**), aus **III** u. NaCN in verd. A. u. Destillation. — *1.3-Bis-[4-cyanmethylphenoxy]-propan*, $C_{19}H_{18}O_2N_2$, F. 113—114° (A.), a) aus drittvorst. Verb. u. NaCN wie vorst. in 4 Std.; 41%; b) durch 30std. Kochen von 1.3-Dichlorpropan mit p-Oxyphenylacetonitril in absol. A. in Ggw. von $NaOC_2H_5$; 60%. — *1.5-Bis-[4-cyanmethylphenoxy]-pentan*, $C_{21}H_{22}O_2N_2$, F. 93—94°, a) aus drittvorst. Verb. + NaCN; 45%; b) aus 1.5-Dichlorpentan wie vorst. b); 55%. — *4.4'-Bis-[guanylmethyl]-diphenyläther*, $C_{16}H_{18}ON_4$, F. 155—156°, durch Einleiten von HCl in ein gekühltes Gemisch aus 15 g **IV** in absol. A. u. Nitrobenzol bis zur Gewichtszunahme von 5,5 g, 5std. Schütteln des isolierten *Iminoesterhydrochlorids* mit 14%ig. alkoh. NH_3 bei 35—45° unter Verschluß, Einengen, Fällen mit absol. Ae. u. Zers. des *Dihydrochlorids* (F. 292—294°) mit 10%ig. NaOH; 27%. — *1.3-Bis-[4-guanylmethylphenoxy]-propan* (**I**), $C_{19}H_{24}O_2N_4$, F. 215—217°, analog vorst. Verb.; 28%. *Dihydrochlorid*, F. 288—190° (Zers.).

— *1.5-Bis-[4-guanylmethylphenoxy]-pentan* (II), $C_{21}H_{28}O_2N_4$, F. 166—167°, analog vorst. Verb.; 26%. *Dihydrochlorid*, F. 295—297° (Zers.). — *4.4'-Bis-[2-diäthylaminoäthoxymethyl]-diphenylätherdihydrochlorid*, $C_{26}H_{42}O_3N_2Cl_2$, F. 160—161° (Aceton), $Kp._2$ 230 bis 235°, durch 12std. Kochen von **III** + Na-Diäthylaminoäthylat in Toluol, Vakuumabdampfen, Ausäthern, Ausziehen mit HCl, Alkalisieren, Ausäthern u. Behandeln mit alkoh. HCl; 59%. — *4.4'-Bis-[2-aminoäthyl]-diphenylätherdihydrochlorid*, $C_{16}H_{22}ON_2Cl_2$, F. 295—297° (Zers.), durch 3std. Hydrieren von **IV** in 15%ig. ammoniakal. CH_3OH über Raney-Ni bei 60—65°/1100 lbs./sq.in., Dest. des Filtrats u. Behandeln mit alkoh. HCl; 79%. — *4.4'-Bis-[imidazolinyl-(2)-methyl]-diphenyläther*, $C_{20}H_{22}ON_4$, F. 163—164° (Xylol), durch Verseifen von **IV** u. Verestern mit A. zu *4.4'-Bis-[carbäthoxymethyl]-diphenyläther* ($Kp._3$ 205—208°; 70%) u. 36std. Erhitzen mit Äthylendiamin unter Verschluß bei 100°; 72%. *Dihydrochlorid*, F. 212—213°. (J. Amer. pharmac. Assoc., sci. Edit. **42.** 9—13. Jan. 1953. Baltimore, Md., Univ., School of Pharm.) H. Lehwald. 1320

Roger Adams und **Gerald H. Coleman**, *p-Dimethylaminobenzaldehyd.* Durch Zufügen von p-Nitrosodimethylanilin zu einem Gemisch aus Dimethylanilin u. CH_2O in konz. HCl, Verdünnen mit W., Zufügen von 25%ig. NaOH, Versetzen mit Essigsäure u. CH_2O Dest., $Kp._{22}$ 180°, F. 73°; 56—59% (Ausbeute). (Org. Syntheses, collect. Vol. **1.** [**1.—9.** 2. Aufl.] 214—17, ausg. Okt. 1951.) I. Ahrlé. 1330

Henry Gilman und **Russell Smart**, *Sterische Hinderung in hochsubstituierten Organosiliciumverbindungen.* 2. Mitt. *Amin-, Ester- und Sulfidderivate in der Tri-o-tolylsilylreihe.* (1. vgl. J. org. Chemistry **15.** [1950.] 720.) *Tri-o-tolyl-[di-n-butylamino]-silan*, $C_{29}H_{39}NSi$, F. 123,5—125°, $Kp._2$ 190°, wurde durch Erhitzen von *Li-Dibutylamid* (**I**) mit Tri-o-tolylchlorsilan (**II**) in PAe. (**III**) auf 180° erhalten, Umkristallisation aus A.; 35% (Ausbeute). **I** wurde aus Di-n-butylamin (**IV**) u. p-Anisyl-Li in exothermer Rk. erhalten. Zwischen **II** u. **IV** trat bei 15 Std. Rückkochen in **III** keine Rk. ein. — Aus einer Lsg. von 1,5 g *Tri-o-tolylsilanol* in 3,5 ml Essigsäureanhydrid wurde nach 15 Std. Rückkochen 1,1 g *Tri-o-tolylacetoxysilan* (**V**), $C_{23}H_{24}O_2Si$, F. 121—121,5°, erhalten. Darst. von **V** aus Tri-o-tolyläthoxysilan u. Essigsäureanhydrid gelang nicht. — Mit Na-Stearat reagiert **II** bei 15 Std. Erhitzen auf 230° in Ggw. von Cu-Pulver zu 70% *Tri-o-tolylsilylstearat*, $C_{39}H_{56}O_2Si$, F. 39—41°. Weiterreinigung durch Umkristallisieren gelang nicht. — *Na-p-Tolylmercaptid* (**VI**) reagierte mit **II** in Ggw. von Cu-Pulver bei 5 Std. Erhitzen auf 230—250°. In dem in Bzl. lösl. Anteil des Reaktionsprod. bestand die Fraktion $Kp._5$ 230—250° aus *Tri-o-tolyl-[p-tolylmercapto]-silan* (**VII**), $C_{28}H_{28}SSi$, F. 112—113° (aus **III**); 50%. Als Vorlauf wurde 20% Silanol erhalten. — In Ggw. von A. bildet sich nach derselben Rk. kein **VII**, sondern das entsprechende Äthoxysilan. — Triphenylsilan reagierte unter gleichen Bedingungen weder mit **VI** noch mit Na-Phenylmercaptid. — Bei dem Vers., in Triphenylphenoxysilan durch Erhitzen mit S auf 320° O durch S zu ersetzen, wurde nach Aufarbeiten des Reaktionsprod. 0,5% Kristalle, F. 226—227°, erhalten, die gegebenenfalls $(C_6H_5)_3Si-SO-C_6H_5$ sein können. — Oxydationsvers. von **VII** mit $KMnO_4$ in Eisessig zeigten einen Verbrauch von 2 Oxydationsäquivalenten pro Mol **VII**. Es konnte jedoch nur etwas Silanol als Reaktionsprod. isoliert werden. — In Acetonlsg. konnte **VII** nicht oxydiert werden. (J. org. Chemistry **16.** 424—29. März 1951. Ames, Io.; Allentown, Pa.) H. Grosse-Ruyken. 1380

M. H. Maguire und **G. Shaw**, *Die Reaktion von Triäthylphosphit mit Phenylmagnesiumbromid.* Beim Eintropfen von Phenylmagnesiumbromid in Ae. zu 1 (bzw.2) Mol Triäthylphosphit (**I**) in Ae. (25°, spontane Erwärmung, dann 30 Min. Kochen, Hydrolyse mit Eis u. 5n HCl) werden folgende Verbb. erhalten: **I** (u. *Brombenzol*, Gemisch), Kp. 150—162° (ca. 1 Mol Ausbeute beim 2. Vers.), aus der organ. Phase durch Dest.; *Diphenyl*, F. 70—71°, $Kp._5$ 120—125° u. $Kp._{1,5}$ 120° (2 Fraktionen); 6,7 (5,3)% (Ausbeute); *Triphenylphosphinoxyd*, $C_{18}H_{15}OP$, F. 156—157°, $Kp._{1,5}$ 210—230°, bei weiterer Dest. im Vakuum der Ae.-Rückstände; 14 (10)%; aus A.-W. spießförmige Kristalle; *Diphenylphosphinsäure*, $C_{12}H_{11}O_2P$, F. 188°, aus der wss. Phase nach Abtrennen des Mg mit Na_2CO_3 u. Einengen durch Ausäthern; 7,2 (20,1)%; aus A.-W. spießförmige Kristalle; *phenylphosphorige Säure*, $C_6H_7O_2P$, F. 83—84°, nach weiterem Einengen durch Ausäthern; 15,3 (5,8)%; aus CCl_4-Aceton-PAe. Prismen; *neutrale Verb.* (C 66,6; H 5,25%), $Kp._5$ 40—60°, als Vorlauf bei der Vakuumdest.; Fl. mit Knoblauchgeruch. (J. chem. Soc. [London] **1955.** 2039—40. Juni. Sydney, Australien, Univ. of Technol.) F. J. Meyer. 1380

Kantilal C. Pandya und **Raghu Nath Singh**, *Kondensation von Aldehyden mit Malonsäure.* 26. Mitt. *Kondensation von p-Oxybenzaldehyd und seiner 3-Chlor-, 3-Brom-, 3.5-Dichlor-, 3.5-Dibrom- und 3.5-Dijodderivate.* (25. vgl. J. Indian chem. Soc. **29.** [1952.] 525.) Im Gegensatz zu Benzaldehyd, seinem o- u. seinem m-Oxyderiv. gibt p-Oxybenzaldehyd (**II**) bei der Kondensation mit Malonsäure (**I**) in Eisessig nicht das dibas. Benzylidenanaloge; Anwendung der Meth. von Vorsatz (C. **1936.** II. 1156) liefert anscheinend ein nicht trennbares Gemisch von mono- u. dibas. Säure. Der Einfl. von Halogensubstituenten in **II** macht sich im Gegensatz zu den anderen Oxyaldehyden bei der Kondensation nicht wesentlich bemerkbar, vermutlich infolge der geringeren Löslichkeit u. der höheren FF. dieser Verbb. in der **II**-Reihe. Als Kondensationsprodd. mit halogensubstituiertem **II** entstanden nur *dibas. Benzylidenmalonsäuren,* die sich nicht auf üblichem Wege zu monobas. Verbb. decarboxylieren lassen.

Versuche: Kondensation von **II** gibt auch mit überschüssiger **I** nach PANDYA u. VAHIDY (C. **1937.** I. 2768) *p-Oxyzimtsäure,* nach VORSATZ (l. c.) ein Gemisch von mono- u. dibas. Säure, F. 200–215° (Zers.). — *3-Chlor-4-oxybenzylidenmalonsäure,* $C_{10}H_7O_5Cl$, F. 180–182° (unter Aufschäumen), aus 3-Chlor-4-oxybenzaldehyd u. **I** in Ggw. von absol. A. durch 6–10std. Erwärmen; gelbe Verb.; 57%; nach VORSATZ (4 Monate) 66%; nach der Meth. von ROBINSON u. SHINODA (J. chem. Soc. [London] **1925.** 1977) 0% (Ausbeute). — *3.5-Dichlor-4-oxybenzylidenmalonsäure,* $C_{10}H_6O_5Cl_2$, F. 238–239°, aus 3.4-Dichlor-4-oxybenzaldehyd; Flocken aus Eisessig; 75,3%; nach VORSATZ (9 Wochen) 44%; mit Na-Alkoholat als Kondensationsmittel (7 Wochen) 22%; ohne Katalysator 20%. — *3-Brom-4-oxybenzylidenmalonsäure,* $C_{10}H_7O_5Br$, F. 190–192° (Aufschäumen), aus 3-Brom-4-oxybenzaldehyd durch 8std. Erhitzen in Pyridin bei 105–110°; 75%; nach VORSATZ (3 Monate) 71,4% u. nach ROBINSON (l. c.) mono- u. dibas. Säuregemisch. — *3.5-Dibrom-4-oxy-benzylidenmalonsäure,* $C_{10}H_6O_5Br_2$, F. 236–238° (Aufschäumen), aus 3.5-Dibrom-4-oxybenzaldehyd in Ggw. von A.; Nadeln aus Eisessig; 87%; nach VORSATZ (3 Monate) 73%; ohne Katalysator 16%. — *3.5-Dijod-4-oxybenzylidenmalonsäure,* $C_{10}H_6O_5J_2$, zers. sich ab 238°, aus 3.5-Dijod-4-oxybenzaldehyd in Ggw. von A. (10–12std. Erwärmen); 81,3%; nach VORSATZ u. ROBINSON keine Reaktion. (J. Indian chem. Soc. **29.** 698–700. Sept. 1952. Agra, St. John's Coll., Chem. Labor.) H. LEHWALD. 1650

O. Bastiansen und **O. Hassel,** *Über das Benzolhexachlorid vom Schmelzpunkt 90° C.* Vff. erscheint es berechtigt, das Benzolhexachlorid vom F. 90° u. der Konfiguration a a e a e e (vgl. auch RIEMSCHNEIDER u. Mitarbeiter, C. **1956.** **9157**) als ζ-Isomeres zu bezeichnen. (Mh. Chem. **85.** 303–04. 15/2. 1954. Oslo, Univ., Chem. Inst.) J. MATTNER. 1810

R. Lespieau und **M. Bourgeul,** *3-Cyclohexyl-2-brompropen.* Aus Cyclohexyl–MgBr u. 2.3-Dibrompropen in Ae., $Kp._{14}$ 88–89°; 60,5–64% (Ausbeute). — Analog: *4-Phenyl-2-brombuten,* $Kp._{20}$ 119°; 45%. — *2-Bromdecen,* $Kp._3$ 76–77°; 60–65%. (Org. Syntheses, collect. Vol. **1.** [**1.**–**9.** 2. Aufl.] 186–87, ausg. Okt. 1951.) I. AHRLÉ. 1810

R. Lespieau und **M. Bourgeul,** *3-Cyclohexylpropin.* Durch Zutropfen von 3-Cyclohexyl-2-brompropen zu einem Gemisch aus $NaNH_2$ u. Mineralöl bei 160–165°, Gießen der Ae.-Lsg. auf Eis, Ansäuern u. Dest., $Kp._{24}$ 61–63°; 66% (Ausbeute). — Analog: *Decin,* $Kp._{22}$ 80–82°; 68%. — *4-Phenylbutin,* $Kp._{17}$ 95–99°; 60%. (Org. Syntheses, collect. Vol. **1.** [**1.**–**9.** 2. Aufl.] 191–92, ausg. Okt. 1951.) I. AHRLÉ. 1810

DeLos F. DeTar und **Yun-Wen Chu,** *Die Darstellung von cis-2-Chlorstilben und dessen Reaktion mit Lithium. cis-2-Chlorstilben,* zugänglich aus o-Chlorbenzaldehyd u. Phenylessigsäure u. Decarboxylierung, gibt nur schwer das Li-Deriv., u. die daraus erhaltene Säure ist *trans-Stilben-2-carbonsäure.*

Versuche (FF. korr.): *trans-α-Phenyl-2-chlorzimtsäure,* $C_{15}H_{11}O_2Cl$, F. 176 bis 176,5°, 500 ml Acetanhydrid, 70,5 g o-Chlorbenzaldehyd, 100 g Phenylessigsäure u. 50 g Triäthylamin werden 1½ Std. unter Rückfluß erhitzt u. bei 80° mit 250 ml W. versetzt; Nadeln (85 g Ausbeute; 75%ig. Essigsäure). — *cis-2-Chlorstilben,* $C_{14}H_{11}Cl$, $Kp._{1,5-2}$ 118 bis 120°, gelbes Öl, durch Erhitzen vorst. Säure in 230° heißem Chinidin in Ggw. von Cu-Chromit, Gießen des Filtrats in verd. HCl u. Extraktion mit CH_2Cl_2; 80%. — *trans-2-Chlorstilben,* F. 39–40°, Prismen (CH_3OH), durch Isomerisierung der cis-Verb. in sd. Nitrobenzol u. etwas Jod. — *trans-Stilben-2-carbonsäure,* F. 158,5–160,5°, lange Nadeln (verd. Essigsäure), aus 1 g Li u. 20 g cis-2-Chlorstilben in Ae. während 3½ Std. bei 20° u. Gießen auf 50 g Trockeneis; 1,3 g; außerdem 15 g *cis-2-Chlorstilben* u. 0,2 g *trans-Stilben,* F. 117–120°. (J. Amer. chem. Soc. **77.** 4410–11. 20/8. 1955. Ithaca, N. Y., Cornell Univ., Dep. of Chem.) K. NEZEL. 2210

M. N. Tilitschenko, *Kondensation von Aldehyden mit Ketonen.* 2. Mitt. *Synthese und thermische Spaltung von 1.5-Diketonen.* (1. vgl. C. **1951.** II. 213.) Es werden durch Rk. von Acetophenon mit Form-, Acet-, Propion- oder Butyraldehyd [$2\,C_6H_5COCH_3 + RCHO \rightarrow C_6H_5COCH_2CH(R)CH_2COC_6H_5 + H_2O$] *1.5-Diketone* ($R = H$, CH_3, C_2H_5, *iso*-C_3H_7) dargestellt. Diese Diketone werden therm. erheblich schwerer gespalten als analoge Diketone, in denen R = Aryl ist. (Vgl. auch C. **1955.** **7444.**)

Versuche: Meth. zur Darst. der 1.5-Diketone vgl. C. **1951.** II. 213. — *1.5-Diphenylpentandion-(1.5)* (**I**; *ω.ω'-Methylendiacetophenon*), F. 67–68° (A.), aus CH_2O (34%ig. Lsg.) u. Acetophenon (1 : 12 Mol); 33% (Ausbeute). *Dioxim,* F. 164–166°. *Bis-2.4-dinitrophenylhydrazon,* F. 233° (Zers.). **I** wird beim Erhitzen unter Bldg. von *Acetophenon* u. *Vinylphenylketon* zers., das unter den Reaktionsbedingungen polymerisiert wird. — *1.5-Diphenyl-3-methylpentandion-(1.5)* (II), F. 72—73°, aus Acetaldehyd u. Acetophenon; aus A. längliche Prismen. *Dioxim*, F. 166—168°. *Disemicarbazon*, F. 208 bis 209°. II gibt beim Erhitzen *Acetophenon* u. *Äthylidenacetophenon* (Kp.$_8$ 129—131°, Kp.$_{20}$ 129—131°; D.$^{20}{}_4$ 1 0232; n_D^{20} 1,5568). — *1.5-Diphenyl-3-äthylpentandion-(1.5)*, F. 85—86°, aus Propionaldehyd u. Acetophenon. *Disemicarbazon*, F. 207—209°. — *1.5-Diphenyl-3-isopropylpentandion-(1.5)*, F. 140—141°, aus Isobutyraldehyd u. Acetophenon. — *2.6-Diphenyl-4-methylpyridin*, $C_{18}H_{15}N$, F. 66° (A.), a) aus II nach KNOEVENAGEL; Nadeln; 92% (Ausbeute); b) aus II-Dioxim in alkoh.-benzol. Lsg. beim Durchleiten von HCl bei 60° als *Hydrochlorid*, $C_{18}H_{15}N \cdot HCl$, F. 199—204° (Zers.). *Sulfat* $C_{18}H_{15}N \cdot H_2SO_4$, F. 169—170°. *Nitrat*, $C_{18}H_{15}N \cdot HNO_3$, F. 172—174° (Zers.) aus A. gelbliche Nadeln. *Pikrat*, $C_{24}H_{18}O_7N_4$, F. 183,5—184,5°. — Beim Erhitzen von 1.3.5-Triphenylpentandion-(1.5) (Benzaldiacetophenon) werden *Acetophenon* u. *Benzalacetophenon* (F. 57,5—58°), beim Erhitzen von 1.5-Diphenyl-2.4-dimethylpentandion-(1.5) wird ein Gemisch von *Propiophenon* u. *Isopropenylphenylketon* erhalten. (Журнал Общей Химии [J. allg. Chem.] 25 (87). 2503—09. Dez. 1955. Saratow, Univ.)

G. FROELICH. 2370

G. Benoit, R. Delavigne und **F. Eliopoulo**, *Über einige Aminoalkylderivate des Diphenylmethans und Diphenylamins.* Diphenylmethyl-Na (I) wurde mit Diäthylaminoalkylhalogeniden zu den entsprechenden *ω.ω-Diphenyl-α-diäthylaminoalkanen* kondensiert. Da 4-Diäthylaminobutylchlorid u. 5-Diäthylaminopentylchlorid mit sich selbst unter Pyrrolidinium- bzw. Piperidiniumringschluß reagieren, wurden diese höheren Homologen durch Umsetzung von Diphenylalkylhalogeniden mit Diäthylamin dargestellt. Hierzu wurden Phenoxyalkyl-MgBr mit Benzophenon umgesetzt, das Carbinol dehydratisiert, hydriert u. die Ätherbindung mit HBr gespalten. Diese GRIGNARD-Rk. gab bei noch höheren Homologen nicht das Carbinol, sondern *α.ω-Diphenoxyoctan*, *-decan* bzw. *-dodecan*. Mit aktiviertem Mg nach BAYER [1905] ließ sich diese Schwierigkeit umgehen. *α.α-Diphenyl-ω-diäthylaminoundecan* konnte wieder aus I u. ω-Diäthylaminodecylchlorid erhalten werden. Das Maximum der anticholinerg. Wrkg. liegt in dieser Reihe bei *1.1-Diphenyl-5-diäthylaminopentan*. An Stelle von Diphenylmethan wurden die entsprechenden Kondensationen auch mit Diphenylamin unter Anwendung von $NaNH_2$ durchgeführt u. gaben dann *α-Diphenylamino-ω-diäthylaminoalkane*. Die anticholinerg. u. die Antihistaminwrkg. ist aber in dieser Verbindungsreihe bedeutend schwächer als bei der Diphenylmethanreihe.

Versuche: *1.1-Diphenyl-2-aminoäthan*, Kp.$_{17}$ 180—181°, durch Hydrierung von Diphenylacetonitril (aus Phenylbromacetonitril u. Bzl. in Ggw. von $AlCl_3$) über RANEY-Ni in A. unter Normalbedingungen; 85% (Ausbeute). — *1.1-Diphenyl-2-diäthylaminoäthan*, $C_{18}H_{23}N$, Kp.$_{22}$ 189—190°, aus vorst. Verb. mit C_2H_5Br in Ggw. von Alkali auf dem Wasserbad; 75%. *Hydrochlorid*, F. 149°. — *1.1-Diphenyl-3-diäthylaminopropan*, $C_{19}H_{25}N$, Kp.$_4$ 160—165°, Diphenylmethyl-Na (I) in Bzl. unter lebhaftem Rühren mit β-Diäthylaminoäthylchlorid (II) versetzen u. 1 Std. unter Rückfluß kochen; 27%. *Hydrochlorid*, F. 144° (Aceton). — *1.1-Diphenyl-4-diäthylaminobutan*, $C_{20}H_{27}N$, Kp.$_{14}$ 200—202°; 24%. *Hydrochlorid*, F. 129—130° (Aceton). — *1-Phenoxy-4-brombutan*, Kp.$_{18}$ 151—154°, F. 38°, aus 1 Mol Na-Phenolat u. 1,5 Mol 1.4-Dibrombutan in A. auf dem Wasserbad; 65%. — *1.1-Diphenyl-5-phenoxypentanol-(1)*, F. 110° (A.), aus 4-Phenoxybutyl-MgBr u. Benzophenon in Ae.; 30%. — *1.1-Diphenyl-5-phenoxypenten-(1)*, Kp.$_{17}$ 250°, F. 55° (A.), durch Erhitzen vorst. Carbinols in der zehnfachen Menge konz. HCl auf dem Wasserbad während 20 Min.; 76%. — *1.1-Diphenyl-5-phenoxypentan*, F. 50—51°, durch Hydrierung des Pentens in A. über RANEY-Ni unter Normalbedingungen; 92%. — *1.1-Diphenyl-5-brompentan*, Kp.$_{11}$ 210—211°, aus vorst. Verb. u. HBr/Eisessig während 2 Std. unter Rückflußkochen; 67%. — *1.1-Diphenyl-5-diäthylaminopentan*, $C_{21}H_{29}N$. Kp.$_{18}$ 214—215°, aus 1 Mol vorst. Verb. u. 3 Mol II im Bombenrohr während 15 Std. bei 130°; 79%. *Hydrochlorid*, Nadeln. — *1-Phenoxy-5-brompentan*, Kp.$_{18}$ 168—170°; 59%. — *1.1-Diphenyl-6-phenoxyhexanol-(1)*, F. 76—77°. — *1.1-Diphenyl-6-phenoxyhexen-(1)*, Kp.$_{20}$ 260—262°, F. 72°, Nadeln (A.); 87%. — *1.1-Diphenyl-6-phenoxyhexan*, F. 85—86° (A.); 85%. — *1.1-Diphenyl-6-bromhexan*, Kp.$_{20}$ 232°; 83%. — *1.1-Diphenyl-6-diäthylaminohexan*, $C_{22}H_{31}N$, Kp.$_{18}$ 227°, gelbes Öl; 76%. *Hydrochlorid*, F. 112°, Nadeln (Essigester). — *1-Phenoxy-6-bromhexan*, Kp.$_{12}$ 170—175°. — *1.1-Diphenyl-7-phenoxyhepten-(1)*, Kp.$_{11}$ 260—261°, F. 48° (PAe.); 53%. Die mit aktiviertem Mg durchgeführte GRIGNARD-Rk. ergab daneben: *1.12-Diphenoxydodecan* u. durch Dest. *1-Phenoxyhepten-(1)* (Kp.$_{12}$ 121—123°), Benzophenon (Kp.$_{12}$ 165—170°) u. *Tetraphenyläthan*, Kp.$_{12}$ 247—250°, F. 209°. — *1.1-Diphenyl-7-phenoxyheptan*, F. 48°, Hydrierung in Essigester; Nadeln (A.); 89%. — *1.1-Diphenyl-7-bromheptan*, Kp.$_{15}$ 240—245°, gelbbraunes Öl; 42%. — *1.1-Diphenyl-7-diäthylaminoheptan*, $C_{23}H_{33}N$, Kp.$_{12}$ 230—233°, gelbes Öl; 50%. *Hydrochlorid*, F. 72°. — *10-Chlordecanol-(1)*, Kp.$_{18}$ 160°, aus Decandiol-(1.10) u. der

10fachen Menge konz. HCl während 4 Std. auf dem Wasserbad; 82%. — *10-Diäthylaminodecanol-(1)*, Kp.$_{15}$ 180—185°; 77%. — *10-Diäthylamino-1-chlordecan*, Kp.$_{15}$ 170 bis 175°, aus dem Decanol mit $SOCl_2$ in Bzl. auf dem Wasserbad in 6 Std.; 70%. — *1.1-Diphenyl-11-diäthylaminoundecan*, $C_{27}H_{41}N$, Kp.$_{0,4}$ 220°, aus vorst. Verb. u. I; 13%. *Hydrochlorid*, gummiartig. — *N.N-Diäthylbenzhydrylamin*, durch Äthylierung von Benzhydrylamin; 80%. *Hydrochlorid*, F. 164° (Aceton). — *1-Diphenylamino-3-diäthylaminopropan*, $C_{19}H_{26}N_2$, Kp.$_{20}$ 215—217°, Kp.$_5$ 192—193°, aus 45 g 1-Diäthylamino-3-chlorpropan, 50 g Diphenylamin u. 12 g $NaNH_2$ in Toluol während 1 Std. auf dem Wasserbad; 40 g; oder in gleicher Ausbeute aus den beiden Komponenten (ohne $NaNH_2$) im Bombenrohr während 12—15 Std. bei 130°. *Hydrochlorid*, F. 91° (Aceton). — *1-Diphenylamino-4-phenoxybutan*, Kp.$_3$ 220—223°, Kp.$_{20}$ 260—265°, F. 54° (PAe.), aus 1-Phenoxy-4-brombutan, Diphenylamin u. $NaNH_2$ in Toluol während 2 Std. bei 100°; 58%. Ließ sich im Bombenrohr nicht darstellen. — *1-Diphenylamino-4-chlorbutan*, Kp.$_{16}$ 210—211°, aus vorst. Verb. u. der 3fachen Menge konz. HCl im geschlossenen Rohr bei 130° (1 Std.); 60%. — *1-Diphenylamino-4-diäthylaminobutan*, $C_{20}H_{28}N_2$, Kp.$_{17}$ 218—220°, aus vorst. Verb. u. überschüssigem Diäthylamin im Bombenrohr in 15 Std. bei 130°; 60%. *Monohydrochlorid*, F. 140—141° (Ae./Aceton). — *1-Diphenylamino-5-phenoxypentan*, Kp.$_5$ 232 bis 233°, Kp.$_{16}$ 268—270°. — *1-Diphenylamino-5-chlorpentan*, Kp.$_{20}$ 220—223°. — *1-Diphenylamino-5-diäthylaminopentan*, Kp.$_{15}$ 228—230°. *Monohydrochlorid*, F. 95° (Ae./Aceton). — *1-Diäthylamino-6-chlorhexan*, Kp.$_{32}$ 120—122°, aus dem Aminoalkohol mit $SOCl_2$ in Benzol. — *1-Diphenylamino-6-diäthylaminohexan*, Kp.$_{16}$ 240—241°, aus vorst. Verb., Diphenylamin u. $NaNH_2$ in Toluol während 2 Std. unter Rückflußkochen; 30%. *Monohydrochlorid*, F. 107° (Aceton/Ae.), (Ann. pharmac. franç. **10**. 181—92. März 1952. Inst. Pasteur, Labor. de Chim. Thérapeut.) K. NEZEL. 2510

I. G. M. Campbell, *Die Stereochemie der Triarylstibine. Synthese und optische Spaltung des p-Carboxyphenyl-2-diphenylylphenylstibins.* Durch Umsetzung von *p-Tolyl-2-diphenylylchlorstibin* (**I**) bzw. *p-Carbäthoxyphenyl-2-diphenylylchlorstibin* (**II**) mit Phenylmagnesiumbromid (**III**) werden als unsymm. substituierte Triarylstibine das *Phenyl-p-tolyl-2-diphenylylstibin* (**IV**) u. das *Phenyl-p-carbäthoxyphenyl-2-diphenylylstibin* (**V**) dargestellt. Die durch Verseifung von **V** erhaltene Carbonsäure (**VI**) wird mittels (+)-1-Phenyläthylamin (**VII**) in die Enantiomeren gespalten, die z. B. in sd. Toluol bzw. Xylol opt. stabil sind. Für die opt. Aktivität wird die behinderte Drehbarkeit wahrscheinlicher gemacht als eine stabile pyramidale Anordnung der 3 Sb—C-Bindungen. Entsprechende 4-Diphenylyl-Verb., die diese Frage entscheiden könnten, darzustellen, gelang nicht.

Versuche: *Bis-[4-diphenylyl]-chlorstibin*, $C_{24}H_{18}ClSb$, F. 200° (CCl_4, Bzl.), durch Disproportionierung bei der Zers. des Diazonium-$SbCl_3$-Doppelsalzes aus 8,5 g 4-Aminodiphenyl in 50 cm³ A. in Ggw. von 17 g p-Carbäthoxyphenyldichlorstibin u. 0,2 g Cu-Pulver bei 50°, Red. des unlösl. Nd. mit $SnCl_2$ in Aceton u. Fällen mit 3,5n HCl; 3 g (Ausbeute). — *Phenyl-p-tolyl-2-diphenylylstibin* (**IV**), $C_{25}H_{21}Sb$, F. 81—83°, aus 8 g **I** in Bzl. mit 0,04 Mol **III** in Ae. durch 15 Min. Kochen u. Hydrolyse mit gesätt. wss. NH_4Cl; Sirup, der nach Eindampfen u. Impfen krist. (5 g) oder durch Red. der nachst. Halogenide in heißem A. mit H_2S u. wenig wss. NH_3; aus A.–Essigester Rosetten kleiner Nadeln. *Dibromid*, $C_{25}H_{21}Br_2Sb$, F. 169—170° (PAe.), aus **IV** in CCl_4 mit Br_2. *Dichlorid*, $C_{25}H_{21}Cl_2Sb$, F. 125—126°, beim Behandeln des Dibromids mit $SnCl_2$ in A. u. wss. HCl. — *Phenyl-p-carbäthoxyphenyl-2-diphenylylstibin* (**V**), $C_{27}H_{23}O_2Sb$, F. 105—107° (Methanol u. wenig Ae.), durch langsames Zugeben der Lsg. von 0,04 Mol **III** in Ae. zu 9,2 g **II** in Bzl. bei 0°, weiter wie **IV**; Sirup, der nach Impfen krist.; 7,3 g oder durch Red. der Dihalogenide mit H_2S. *Dibromid*, $C_{27}H_{23}O_2Br_2Sb$, F. 148—150°. *Dichlorid*, $C_{27}H_{23}O_2Cl_2Sb$, F. 109—110°, beim Behandeln des Dibromids mit $SnCl_2$ in A. — *Phenyl-p-carboxyphenyl-2-diphenylylstibin* (**VI**), $C_{25}H_{19}O_2Sb$, F. 199—200°, aus **V** durch ½std. Kochen mit 4%ig. alkoh. KOH; aus absol. A. Rosetten kleiner Nadeln; 3,5 g. (—)-*Enantiomeres*, F. 76—79°, $[\alpha]_D^{20}$ —46,9° (c = 0,245; Pyridin), aus dem nachst. **VII**-Salz in A. mit 0,1n H_2SO_4. (—)-*1-Phenyläthylamin* (**VII**)-*Salz*, $C_{25}H_{19}O_2Sb \cdot C_8H_{11}N \cdot ½ H_2O$, F. 174—176° (Aceton, A.), $[\alpha]_D^{20}$ —28,8°, aus 2,3 g **VI** u. 1,2 g **VII** in 16 cm³ Aceton, krist. nach 24 Std., extrahiert mit Aceton, Rückstand einmal umkrist. aus Alkohol. (+)-*Enantiomeres*, F. 76—80°, $[\alpha]_D^{20}$ +47,2° (c = 0,223; Pyridin), aus dem nachst. **VII**-Salz. (+)-*1-Phenyläthylaminsalz*, $C_{25}H_{19}O_2Sb \cdot C_8H_{11}N$, F. 168—170° (A.), $[\alpha]_D$ +46,9°, aus den Filtraten des (—)-enantiomeren **VII**-Salzes durch Kristallisation. — Die Rotationswerte der opt.-akt. Verbb. in Pyridin, Chlf., sd. Toluol u. sd. p-Xylol bleiben unverändert, dagegen tritt beim Kochen von (—)-**VII** in Dekalin Oxydation zu den nachst. beschriebenen **VIII** ein. In Chlf. mit HCl fällt die Rotation des (—)-**VI** stark ab unter Bldg. von *Diphenyl*, F. 65—69°. — *Phenyl-p-carboxyphenyl-2-diphenylylstibinoxyd* (**VIII**), $C_{25}H_{19}O_3Sb$, F. 290—294°, krist. beim Kochen des **VI** in Dekalin. (J. chem. Soc. [London] **1955**. 3116—21. Sept. Southampton, Univ.) F. J. MEYER. 2580

M. Betti, *1-[α-Aminobenzyl]-β-naphthol.* Durch Stehen eines Gemisches aus β-Naphthol, Benzaldehyd u. NH_3 u. Behandeln des Nd. mit 20%ig. HCl, *Hydrochlorid,* F. 190 bis 200° (Zers.); 84—91% (Ausbeute). Hieraus durch Zufügen von 5%ig. wss. KOH u. Ae.-Extraktion die *freie Base,* F. 124—125°; 73—75%. (Org. Syntheses, collect. Vol. **1.** [**1.**—**9.** 2. Aufl.] 381—83, ausg. Okt. 1951.) I. AHRLÉ. 2700

E. Clar, W. Kelly und **J. W. Wright,** *Aromatische Kohlenwasserstoffe.* 66. Mitt. *Diperinaphthylenanthracene.* (65. vgl. C. **1956.** **4419.**) α-Naphthyl–MgBr gibt mit 1.5-Dichloranthrachinon (I) *1.5-Dichlor-9.10-dihydro-9.10-di-α-naphthylanthracendiol-(9.10)* (**III**), das mit HJ zu *1.5-Dichlor-9.10-di-α-naphthylanthracen* (**IV**) aromatisiert u. in *1.9;5.10-Diperinaphthylenanthracen* (**V**) übergeführt wird. 1.4-Dichloranthrachinon (**II**) bildet über isomere Zwischenprodd. *1.9;4.10-Diperinaphthylenanthracen* (**VI**).

Versuche (FF. im Vakuum): *1.5-Dichlor-9.10-dihydro-9.10-di-α-naphthylanthracendiol-(9.10)* (**III**), $C_{34}H_{22}O_2Cl_2$, F. 328—329° (Zers.); aus 35 g **I** in Bzl. u. α-Naphthyl–MgBr in Ae.; Prismen aus 1.2.4-$C_6H_3Cl_3$; 38 g (Ausbeute); in konz. H_2SO_4 grün → braun. — *1.5-Dichlor-9.10-di-α-naphthylanthracen* (**IV**), $C_{34}H_{20}Cl_2$, F. 338—339°, aus 25 g **III** in Essigsäure mit 50%ig. HJ (15 Min. kochen); gelbe Prismen aus 1.2.4-$C_6H_3Cl_3$; 21 g. — *1.9;5.10-Diperinaphthylenanthracen* (**V**), $C_{34}H_{18}$, F. 333—334°, aus 2 g **IV** mit KOH in sd. Chinolin (45 Min.); nach Sublimation bei 300—310°/8·10^{-5} mm blaue Prismen mit Cu-Glanz aus Xylol; in konz. H_2SO_4 grün → rötlichbraun; in Xylol blau mit roter Fluorescenz; 1 g. *Maleinsäureanhydridaddukt,* $C_{38}H_{20}O_3$, Zers. >200°, schwachbläuliche Prismen. — *1.4-Dichlor-9.10-dihydro-9.10-di-α-naphthylanthracendiol-(9.10),* $C_{34}H_{20}O_2Cl_2$, F. 312—313° (Zers.), aus **II** analog **III**; Prismen aus Xylol u. $C_6H_5NO_2$; in konz. H_2SO_4 dunkelgrünlichbraun. — *1.4-Dichlor-9.10-di-α-naphthylanthracen,* $C_{34}H_{20}Cl_2$, F. 341 bis 342°, aus vorst. Verb. analog **IV**; blaßgelbe Nadeln aus Xylol; in konz. H_2SO_4 unlöslich. — *1.9;4.10-Diperinaphthylenanthracen* (**VI**), $C_{34}H_{18}$, F. 348—350°, a) aus vorst. Verb. analog **V** (20 Min.); dunkelgrünblaue Prismen oder Nadeln aus Xylol; 83%; b) aus 1 g vorst. Verb. u. $AlCl_3$/NaCl (5 Min. bei 110—120°); in konz. H_2SO_4 blaugrün. *Maleinsäureanhydridaddukt,* Prismen aus Xylol–Acetanhydrid. — Die UV-Spektren von **V, VI,** der Di-Na-Salze ihrer Maleinsäureanhydridaddukte u. von Benzanthracen sind angegeben. (J. chem. Soc. [London] **1954.** 1108—11. März. Glasgow, Univ.) K. LEHMSTEDT. 2950

E. Clar und **W. Kelly,** *Aromatische Kohlenwasserstoffe.* 67. Mitt. *Heptaphen und 2.3;8.9-Dibenzpicen.* (66. vgl. vorst. Ref.) Phenanthren (I) gibt mit 2 Mol Phthalsäureanhydrid (**II**) *3.6-Bis-o-carboxybenzoylphenanthren* (**III**), das zu *Heptaphendichinon-5.18;10.15* (**IV**) cyclisiert u. zu *Heptaphen* (**V**) red. wird. Die Konst. von **V** folgt aus seinem UV-Spektr., das dem von Pentaphen u. **I** ähnlich, aber nach Rot hin verschoben ist. Die Pyrolyse der aus **I** u. o-Toluylchlorid erhaltenen *Di-o-toluylphenanthrene* liefert hauptsächlich *2.3;8.9-Dibenzopicen* (**VI**) neben dem orangefarbenen *Anthraceno-[α:α]-tetracen* (**VII**) u. **V. VI** u. **VII** entstehen auch aus den bei der Darst. von **III** erhaltenen *isomeren Säuren.*

V

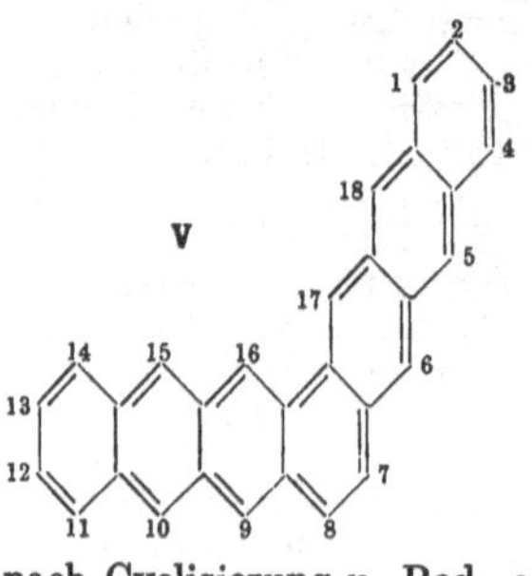

Versuche (FF. im Vakuum): *3.6-Bis-o-carboxybenzoylphenanthren* (**III**), $C_{30}H_{18}O_6$, F. 299—301° ($C_6H_5NO_2$), aus 90 g **I, II** u. $AlCl_3$ in Tetrachloräthan (75 Min. bei 95°); in konz. H_2SO_4 rot; 35 g, neben 180 g *isomeren Säuren,* die nach Cyclisierung u. Red. analog **IV** bzw. **V** u. Chromatographie **V, VI** u. *Anthracenotetracen* (**VII**) geben. — *Heptaphendichinon-(5.18;10.15)* (**IV**), $C_{30}H_{14}O_4$, Zers. bei 545 bis 550°, aus 20 g **III** in konz. H_2SO_4 (2 Min. bei 155°); nach Sublimation bei 370—380°/5·10^{-4} mm hellgelbe federartige Nadeln aus 1-Methylnaphthalin (**VIII**); 9,5 g; in H_2SO_4 rotorange, in NaOH-$Na_2S_2O_4$ violettrote Küpe, die beim Kochen braun wird. — *Heptaphen* (**V**), $C_{30}H_{18}$, F. 473—474°, aus 6,4 g **IV** u. Zn-Staub in sd. Pyridin mit 80%ig. CH_3COOH; hellorangefarbene Tafeln aus **VIII**; 3,5 g; in organ. Fll. grüne Fluorescenz, in konz. H_2SO_4 violettrot. *Maleinsäureanhydrid-5.18;10.5-bis-addukt,* $C_{38}H_{22}O_6$, F. 292 bis 296° (Xylol). — *Dibenzoylphenanthren,* $C_{28}H_{18}O_2$, F. 183—184°, mit Benzoylchlorid analog **III** (bei Raumtemp., dann $^1/_2$ Std. bei 100°); aus A. seidige Nadeln. — *2.3;8.9-Dibenzopicen* (**VI**), $C_{30}H_{18}$, F. 489—490°, aus o-Toluylchlorid wird analog vorst. Verb. *Di-o-toluylphenanthren* bereitet u. bei 400—420° pyrolysiert; aus **VIII** blaßgelbe Tafeln, in warmer konz. H_2SO_4 gelblichgrün → olivgrün, in organ. Fll. starkblaue Fluorescenz; daneben **V** u. **VII.** *1.4;7.10-Dichinon,* $C_{30}H_{14}O_4$, F. 416—417°, mit CrO_3 in sd. CH_3COOH; gelbe Prismen aus $C_6H_5NO_2$, in H_2SO_4 braun, rote Küpe mit alkal. $Na_2S_2O_4$. (J. Amer. chem. Soc. **76.** 3502—04. 5/7. 1954.) K. LEHMSTEDT. 2950

E. Clar und **D. G. Stewart,** *Aromatische Kohlenwasserstoffe.* 68. Mitt. *Triangulenderivate.* 2. Teil (67. vgl. vorst. Ref.) symm.-Phthaloylchlorid (I) u. p- bzw. m-Xylol werden durch $AlCl_3$ zu *Di-p-xylylphthalid* (II) bzw. *Di-m-xylylphthalid* (III) kondensiert u. über 5 Stufen in *Triangulenchinon-(4.8)-dicarbonsäure-(7.11)* (IV) bzw. *-(6.10)* (V) übergeführt. IV u. V werden zu *Triangulenchinon-(4.8)* decarboxyliert bzw. zu *Dodekahydrotriangulen* reduziert.

Versuche (FF. im Vakuum): *Di-p-xylylphthalid* (II), $C_{24}H_{22}O_2$, F. 178—179°, aus I–$AlCl_3$-Komplex (aus je 93 g I u. $AlCl_3$, 10 Std. bei 100°) mit p-Xylol <20° (dann 2½ Std. bei 60°); Prismen aus A. oder CH_3COOH; in konz. H_2SO_4 rot: 74% (Ausbeute), daneben 26 g *2-[2.5-Dimethylbenzoyl]-benzoesäure*. — *Di-m-xylylphthalid* (III), F. 167 bis 168°, mit m-Xylol analog II (30 Min. bei Raumtemp.); aus A. oder Essigsäure Prismen, in konz. H_2SO_4 rot; 72%, daneben 28 g *2-[2.4-Dimethylbenzoyl]-benzoesäure*. — *1.3-Dihydroisobenzofuran-1.3-bis-spiro-[3-phthalidcarbonsäure-(5)]*, $C_{24}H_{12}O_9$, F. 300° (Erweichen ab 270°; Essigsäure), aus 50 g II mit $C_6H_5NO_2$ u. 20%ig. HNO_3 (3 Tage kochen) u. weitere Oxydation: a) von 25 g Prod. in sd. wss. Na_2CO_3 mit $KMnO_4$; b) von 3 g Prod. mit 20%ig. HNO_3 (9 Std. bei 200° im Rohr); 6 bzw. 1 g; mit warmer H_2SO_4 grün; neben 18 bzw. 1,8 g zähem *Öl* (in H_2SO_4 mit Cu-Pulver bei 150° tiefblau). — *1.3-Dihydroisobenzofuran-1.3-bis-spiro-[3-phthalidcarbonsäure-(6)]*, F. 357—358° ($C_6H_5NO_2$), aus 50 g III analog vorst. Verb. aus CH_3COOH Nadeln; 10 bzw. 2 g, neben 30 bzw. 4 g *Öl* (mit H_2SO_4 u. Cu bei 150° tiefblau). — *9-o-Carboxyphenyloxanthronlacton*, $C_{21}H_{12}O_3$, F. 232—233°, aus vorst. oder vorvorst. bzw. der unsubstituierten Verb. mit Cu bei 350°; Prismen aus A.; in H_2SO_4 gelbgrün. — *2-[Di-p-xylylmethyl]-benzoesäure*, $C_{24}H_{24}O_2$, F. 233—234°, aus 50 g II mit Zn-Staub in sd. 20%ig. alkoh. KOH (48 Std.); Nadeln aus A. oder CH_3COOH; 48 g; in warmer H_2SO_4 grün. — *2-[Di-m-xylylmethyl]-benzoesäure*, $C_{24}H_{24}O_2$, F. 230—232°, aus 50 g III analog vorst. Verb.; aus Essigsäure oder Bzl. Nadeln; 45 g. — *1.4-Dimethyl-9-p-xylylanthron*, $C_{24}H_{22}O$, F. 190—191°, aus 45 g vorvorst. Verb. mit $ZnCl_2$–NaCl (5:1; 15 Min. bei 220°); Blättchen aus CH_3COOH; 41 g; in H_2SO_4 gelb. — *1.3-Dimethyl-9-m-xylylanthron*, $C_{24}H_{22}O$, F. 166—168°, aus 43 g vorvorst. Verb. analog vorst. Verb.; aus Essigsäure Prismen; 40 g; in H_2SO_4 kalt gelb, warm grün. — *9-Phenyloxanthrontetracarbonsäure-(1.4.2'.5')-lacton*, $C_{24}H_{12}O_9$, Zers. bei 330—340° ($C_6H_5NO_2$ A.; violettblaues Sublimat), aus 40 g vorvorst. Verb. in Nitrobenzol mit 20%ig. HNO_3 (2 Tage kochen), dann mit $KMnO_4$ in wss. NaOH; 38 g; in H_2SO_4 blaßgelb, mit Cu bei 150° tiefblau. — *9-Phenyloxanthrontetracarbonsäure-(1.3 2'.4')-lacton*, Zers. bei 335—340° (violettblaues Sublimat), aus vorvorst. Verb. analog vorst. Verb.; Nadeln aus $C_6H_5NO_2$—CH_3COOH; 34%. — *9.10-Dihydro-9-phenylanthracentetracarbonsäure-(1.4.2'.5')*, $C_{24}H_{16}O_8$, F. 340 bis 345° (Zers.), aus 35 g vorvorst. Verb. mit Zn-Staub in 15%ig. NaOH unter Octylalkohol (24 Std. kochen); Blättchen aus $C_6H_5NO_2$–A.; 34 g. — *9.10-Dihydro-9-phenylanthracentetracarbonsäure-(1.3.2'.4')-trihydrat*, $C_{24}H_{16}O_8 \cdot 3\,H_2O$, Erweichen bei 240°, Zers. bei 310° (konz. HCl), aus 30 g vorvorst. Verb. analog vorst. Verb.; 30 g. — *Triangulenchinon-(4.8)-dicarbonsäure-(7.11)* (IV), $C_{24}H_{10}O_6$, F. >400°, aus 32 g vorvorst. Verb. mit Na-m-Nitrobenzolsulfonat in konz. H_2SO_4 (15 Min. bei 110—120°); dunkelrote Kristalle aus o-Toluidin; 20 g; in NaOH violettrot, mit $Na_2S_2O_4$ grün. *Dimethylester*, $C_{26}H_{14}O_6$, F. 289—290°, aus 1 g IV durch 48std. Kochen des dunkelroten *Ag-Salzes* (aus dem *NH_4-Salz* in W. mit wss. $AgNO_3$) u. CH_3J; dunkelrote Nadeln aus $C_6H_3Cl_3$; 0,6 g; in H_2SO_4 violettrot, in sd. wss. NaOH–$Na_2S_2O_4$ grün. — *Triangulen-(4.8)-dicarbonsäure-(6.10)*, *Dihydrat* (V), F. >400°, aus 25 g vorvorst. Verb. analog IV; 17 g; in wss. NaOH–$Na_2S_2O_4$ grün. *Dimethylester*, F. >360°, aus 1 g V analog vorst. Methylester; 0,55 g. — *Triangulenchinon-(4.8)*, aus 1 g IV oder V mit Cu (10 Std. bei 260—270°/10^{-4} mm); dunkelrote Nadeln aus $C_6H_5 \cdot NO_2$; 0,3 bzw. 0,25 g. — *Dodekahydrotriangulen*, F. 162—163°, aus 2 g IV oder V mit rotem P u. 55%ig. HJ im Rohr (10 Std. bei 210°); nach Chromatographie an Al_2O_3 seidige Nadeln aus CH_3OH; 0,6 bzw. 0,5 g. (J. Amer. chem. Soc. **76.** 3504—07. 5/7. 1954.)

K. LEHMSTEDT. 2950

Werner Herz und **John L. Rogers**, *Azulene*. 4. Mitt. *4.5-substituierte Azulene*. (3. vgl. C. **1954**. 4842; 6. vgl. C. **1955**. 9561.) Durch Rk. von Hemimellitylchlorid (I) mit Na-Malonsäurediäthylester, Verseifen u. Decarboxylieren des erhaltenen *[2.3-Dimethylbenzyl]-malonsäurediäthylesters* wird *[2.3-Dimethylphenyl]-propionsäure* (VIII) gebildet, die über das *Säurechlorid* u. dessen Cyclisierung mit $AlCl_3$ *4.5-Dimethylindanon-(1)* (II) liefert, das mit Methyl-MgJ jedoch nicht 1.4.5-Trimethylinden gibt, sondern III. Red. von II mit amalgierten Zn führt zu *4.5-Dimethylindan* (VI), das bei der Ringerweiterung mit Diazoessigester, Dehydrierung u. Decarboxylierung *4.5-Dimethylazulen* gibt, das über den *Trinitrobenzolkomplex* gereinigt wird. In ähnlicher Weise werden aus α-Methyl- bzw. α-Isopropyl-[2.3-dimethylphenyl]-propionsäure *2.4.5-Trimethyl-* bzw. *2-Isopropyl-4.5-dimethylazulen* erhalten. Die UV-Spektren der Azu-

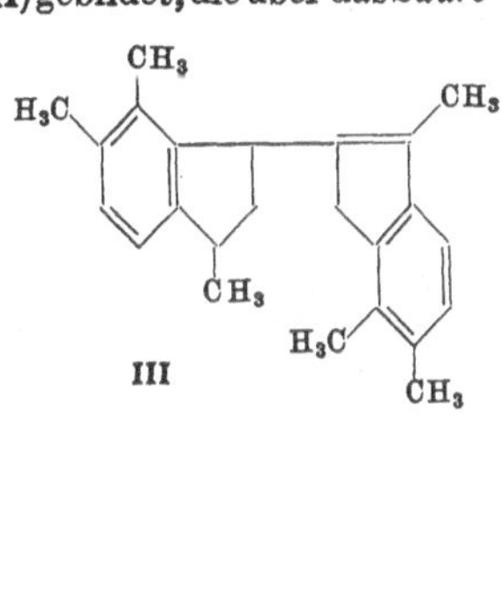

III

lene in Isooctan sind angegeben, wobei die Maxima der in 2-Stellung substituierten Verbb. nach kürzeren Wellenlängen verschoben sind.

Versuche: *Hemimellitylchlorid* (I), aus Benzyl-MgCl nach Smith u. Spillane (J. Amer. chem. Soc. **62**. [1940.] 2639); 10—12% (Ausbeute). — *[2.3-Dimethylphenyl]-propionsäure* (**VIII**), $C_{11}H_{14}O_2$, F. 116,5° (Ligroin), Kp.$_2$ 140—155°, durch Zutropfen von Malonester zu feinverteiltem Na in trockenem Xylol, Kochen bis zur vollständigen Lsg. des Na, Eintropfen von **I**, 8std. Kochen, Ansäuern mit Essigsäure, Verdünnen mit W., Ätherextraktion, Verseifen des gebildeten rohen *[2.3-Dimethylbenzyl]-malonsäurediäthylesters* (Kp.$_{2,7}$ 148—160°; 62%) durch Kochen über Nacht mit wss.-alkoh. KOH, Verdünnen mit W., Abdest. des A., Ätherextraktion, Ansäuern u. Decarboxylieren durch Vakuumdest.; Nadeln; 89%. *Anilid*, $C_{17}H_{19}ON$, F. 132—133° (A./W.). Daneben *Bis-[2.3-dimethylbenzyl]-malonsäurediäthylester*, $C_{25}H_{32}O_4$, F. 84,5° (A.), Kp.$_{4,5}$ 215—225°, Nadeln. — *α-Methyl-[2.3-dimethylphenyl]-propionsäure*, $C_{12}H_{16}O_2$, Kp.$_{2,5}$ 144—146°, durch Kondensation von Na-Methylmalonsäurediäthylester (aus Methylmalonester u. feinverteiltem Na in Xylol) mit **I**, Hydrolyse u. Decarboxylierung des *Rohprod.* (Kp.$_5$ 140 bis 180°; 66%) analog vorst. Verb.; n_D^{22} 1,5221; 84%. *Anilid*, $C_{18}H_{21}ON$, F. 123,5° (A./W.). — *α-Isopropyl-[2.3-dimethylphenyl]-propionsäure*, $C_{14}H_{20}O_2$, F. 94,5—95,5° (PAe.), Kp.$_{9-10}$ 183—190°, aus Na-Isopropylmalonsäurediäthylester u. **I**, Hydrolyse u. Decarboxylierung des *Rohprod.* (Kp.$_4$ 130—175°; 53%); 85%. *Anilid*, $C_{20}H_{25}ON$, F. 143 bis 144° (A.). — *4.5-Dimethylindanon-(1)* (**II**), $C_{11}H_{12}O$, F. 99° (PAe.), Kp.$_{2,5}$ 115—130°, durch 2std. Erhitzen (Dampfbad) von 76 g **VIII** mit $SOCl_2$, Stehen über Nacht, Cyclisieren des gebildeten *Säurechlorids* (Kp.$_2$ 100—102°; 79,5 g) durch langsames Versetzen mit $AlCl_3$ in thiophenfreiem Bzl., Zers. der kirschroten Lsg. nach Stehen über Nacht u. Aufarbeiten in üblicher Weise; 82%. *Dinitrophenylhydrazon*, $C_{17}H_{16}O_4N_4$, F. 287—288° (Zers.; Essigester). — **III**, $C_{24}H_{28}$, F. 80—81°, durch portionsweises Zugeben von 44,5 g **II** zu CH_3MgJ (aus 50 g CH_3J u. 9 g Mg) in Ae., Zers. mit Eis u. verd. H_2SO_4, Aufarbeiten. Dest. über frisch geschmolzenem $KHSO_4$, Lösen der Fraktion von Kp.$_4$ 115—125° (viscoses rotes Öl; 41 g) in heißem A., Kühlen, Trocknen des ausgeschiedenen Öls im Hochvakuum u. Destillation. — *2.4.5-Trimethylindanon-(1)* (**IV**), $C_{12}H_{14}O$, F. 47,5—48,5° (PAe.), Kp.$_{2,5}$ 111—119°, durch Cyclisierung des entsprechenden *Säurechlorids* (Kp.$_{4,5}$ 115 bis 120°) analog **II**; 87%. *Dinitrophenylhydrazon*, F. 225° (Essigester) nach Chromatographie des rohen Dinitrophenylhydrazons aus Bzl. an Al_2O_3. — *2-Isopropyl-4.5-dimethylindanon-(1)* (**V**), $C_{14}H_{18}O$, F. 53—54° (PAe.), Kp.$_{4,5}$ 138—145°, aus dem entsprechenden *Säurechlorid* (Kp.$_5$ 130—135°) analog **II**; 81%. *Dinitrophenylhydrazon*, $C_{20}H_{22}$·O_4N_4, F. 228—229°. — *4.5-Dimethylindan* (**VI**), $C_{11}H_{14}$, Kp.$_{1,5}$ 60—62°, Kp.$_{2,3}$ 65—68°, durch Red. von **II** mit amalgamiertem Zn (vgl. 1. Mitt., C. **1954**, 4841), Isolieren des nach Kühlung in Einengen des Ätherextrakes abgeschiedenen gelben Prod. u. Dest. des fl. Anteiles; n_D^{23} 1,5367; 74%. Daneben als gelbe Verb. *2-[4.5-Dimethylindanyliden-(1)]-4.5-dimethylindanon-(1)*, $C_{22}H_{22}O$, Zers. bei 221—222° (A.; Bräunung über 210°), lange, gelbe Nadeln. Addiert Br_2 in Chlf. zu einer gelborangefarbenen Masse. — *2.4.5-Trimethylindan* (**IX**), $C_{12}H_{16}$, Kp.$_2$ 67—70°, aus 78 g **IV** durch Red.; n_D^{25} 1,5282; 42 g. Daneben 15 g vom Kp.$_2$ 71—83° (partiell reduziertes **IV**). — *2-Isopropyl-4.5-dimethylindanol-(1)*, C_{14}·$H_{20}O$, F. 120,5—121° (PAe.), durch Zutropfen von 86 g **V** u. absol. Ae. zu $LiAlH_4$ in absol. Ae. unter Rühren; 82 g. — *2-Isopropyl-4.5-dimethylinden*, $C_{14}H_{18}$, Kp.$_{0,7}$ 89—90°, Kp.$_{4-5}$ 120—130°, aus vorst. Verb. (roh) durch Dest. über $KHSO_4$; n_D^{26} 1,5495; 70%. — *2-Isopropyl-4.5-dimethylindan* (**VII**), $C_{14}H_{20}$, Kp.$_{1,5}$ 95—96°, Kp.$_3$ 102—105°, durch Hydrierung von 8,9 g vorst. Verb. in A. über 5%ig. Pd/Kohle (2—3 atm.); n_D^{24} 1,5180; 6,3 g. — *4.5-Dimethylazulen*, Kp.$_{1,5}$ 105—120°, durch Rk. von 36 g **VI** mit 7 mal je 8 g Diazoessigsäureäthylester nach Smith u. Spillane (l. c.), Verseifung des gebildeten stark gefärbten *Esters* (Kp.$_2$ 130—180°, 37 g, daneben 19 g rohes **IV**) durch Kochen mit KOH in wss. A., Dehydrierung u. Decarboxylierung des aus der sauren Fraktion erhaltenen grünen, viscosen Prod. (Kp.$_{2,5}$ 165—185°) durch Dest. der Mischung mit 10%ig. Pd/Kohle über offener Flamme, Fraktionierung des erhaltenen blauen Prod. (Kp.$_{1,7}$ 110 bis 160°) (Vorlauf u. Rückstand wurden noch einmal dehydriert), Vermischen der alkoh. Lsg. mit Trinitrobenzol in warmem A., Chromatographie des in der Kälte abgeschiedenen *Trinitrobenzolkomplexes* [$C_{18}H_{15}O_6N_3$, F. 157,5° (A.), violettschwarze Nadeln; 1,25 g] an Al_2O_3 u. Eluieren mit Cyclohexan/Bzl. (3:1); blau; 0,29 g. — *2.4.5-Trimethylazulen*, Kp.$_{1,3}$ 110—120°, aus 42 g **IX** analog vorst. Verb., Verseifung des erhaltenen stark gefärbten *Esters* (Kp.$_{1,5}$ 130—180°; 32 g) zur grünen viscosen *Säure* (Kp.$_{1,5}$ 150—175°; 13,2 g) u. Chromatographie der aus dem rohen Azulen (Kp.$_{2,5}$ 105—160°; 5,3 ml) erhaltenen *Trinitrobenzolkomplexes* [$C_{19}H_{17}O_6N_3$, F. 160,5—161,5° (A.), violettschwarze Nadeln; 1,95 g]; violettblau; 0,78 g. *Trinitrotoluolkomplex*, $C_{20}H_{19}O_6N_3$, F. 86—87° (A.), violettschwarze Nadeln. — *2-Isopropyl-4.5-dimethylazulen*, Kp.$_1$ 115—125°, analog aus 50 g **VII** über den rohen *Ester* (Kp.$_{1,5}$ 125—170°; 49,5 g), die *freie Säure* (Kp.$_2$ 170—190°;

20 g) u. den *Trinitrobenzolkomplex* [$_{21}H_{21}O_6N_3$, F. 136,5—137° (A.), violettschwarze Nadeln; 3,3 g]; violettblau; 1,13 g. *Pikrat*, $C_{21}H_{21}O_7N_3$, F. 117—118° (A.), schwarze Nadeln. *Trinitrotoluolkomplex*, $C_{22}H_{23}O_6N_3$, F. 59,5—61° (A.). (J. Amer. chem. Soc. **75.** 4498—4501. 20/9. 1953. Tallahassee, Fla., State Univ., Dep. of Chem.)
W. GEHRMANN. 2950

W. C. Wilson, *Furan-2-carbonsäure und Furyl-2-carbinol.* Aus 33%ig. wss. NaOH u. Furfurol bei 20°, Zufügen von W., Extrahieren mit Ae. u. Dest. des Ae.-Rückstandes. *Furyl-2-carbinol*, Kp.$_{15}$ 75—77°; 61—63% (Ausbeute). Durch Ansäuern der wss. Lsg. *Furan-2-carbonsäure*, F. 125—132°; Kp.$_{20}$ 141—144°; 60—63%. (Org. Syntheses, collect. Vol. **1.** [**1.**—**9.** 2. Aufl.] 276—80, ausg. Okt. 1951.) I. AHRLÉ. 3061

Roger Adams und **V. Voorhees,** *Furfurol.* Durch Dest. von Getreidekörnern mit 10%ig. H_2SO_4: Kp.$_{65}$ 90°, Kp.$_{745}$ 159°. (Org. Syntheses, collect. Vol. **1.** [**1.**—**9.** 2. Aufl.] 280—83, ausg. Okt. 1951.) I. AHRLÉ. 3061

G. J. Leuck und **L. Cejka,** *Furfural-(2)-aceton* [*Furyl-(2)-buten-(3)-on-(2)*]. Durch 4std. Rühren von Furfurol, Aceton u. 33%ig. NaOH u. Ansäuern mit 10%ig. H_2SO_4: Kp.$_{10}$ 114—118°; F. 37°; gelbe Kristalle; 60—66% (Ausbeute). (Org. Syntheses, collect. Vol. **1.** [**1.**—**9.** 2. Aufl.] 283—84, ausg. Okt. 1951.) I. AHRLÉ 3601

—, *Furfuryl-(2)-acetat.* Durch 4std. Erhitzen eines Gemisches aus Furfurylalkohol in Bzl., Essigsäureanhydrid u. Na-Acetat, Gießen in W., Zufügen von 5%ig. Sodalsg. u. Dest. der Benzolschicht, Kp.$_7$ 69—70°; 87—93% (Ausbeute). (Org. Syntheses, collect. Vol. **1.** [**1.**—**9.** 2. Aufl.] 285—86, ausg. Okt. 1951.) I. AHRLÉ. 3061

Ju. K. Jurjew und **G. B. Jeljakow,** *Tetraacyloxysilane bei der Synthese von Ketonen der Selenophenreihe.* (Vgl. C. **1953.** 2753.) Mit Tetraacyloxysilanen läßt sich Selenophen unter milderen Bedingungen acylieren als Thiophen. Die Ausbeute an *Alkylselenienyl-(2)-ketonen* ist wesentlich höher als nach anderen Methoden.

V e r s u c h e : Man erhitzt ein Gemisch von 0,02 Mol $SiCl_4$, 0,06 Mol der Carbonsäure u. 30 ml Bzl. auf 60—70°, dann auf dem sd. Wasserbad bis zur Beendigung der HCl-Entw., fügt unter Kühlen mit Eis 0,015 Mol $SnCl_4$ u. tropfenweise in 15 Min. 0,03 Mol Selenophen in 10 ml Bzl. hinzu, rührt 10 Min. bei Zimmertemp. u. 15 Min. bei 60—70° u. gießt auf Eis; das Reaktionsprod. wird erst mit überhitztem (300°) Wasserdampf, dann im Vakuum destilliert. *Äthylselenienyl-(2)-keton*, C_7H_8OSe, Kp.$_{10}$ 110°; aus Propionsäure; $D.^{20}_4$ 1,4657; n_D^{20} 1,5840; 70% (Ausbeute). *2.4-Dinitrophenylhydrazon* (*DPH*), $C_{13}H_{12}O_4N_4Se$, dunkelrote Kristalle, F. 214—215°. — *sek.-Butylselenienyl-(2)-keton*, $C_9H_{12}OSe$, Kp.$_9$ 118—119°; $D.^{20}_4$ 1,3308; n_D^{20} 1,5600; 62%. *DPH*, $C_{15}H_{16}O_4N_4Se$, gelborange Schüppchen, F. 137,2—137,8°. — *n-Butylselenienyl-(2)-keton*, $C_9H_{12}OSe$, Kp.$_8$ 129,5°; $D.^{20}_4$ 1,3350; n_D^{20} 1,5615; 80%. *DPH*, $C_{15}H_{16}O_4N_4Se$, leuchtend rote Kristalle, F. 156,2—157°. — *Cyclopentylselenienyl-(2)-keton*, $C_{10}H_{12}OSe$, Kp.$_8$ 149°; aus Cyclopentancarbonsäure; $D.^{20}_4$ 1,3916; n_D^{20} 1,5885; 82%. *DPH*, $C_{16}H_{16}O_4N_4Se$, gelborange Kristalle, F. 157,2—158,2°. — *Phenylselenienyl-(2)-keton*, $C_{11}H_8OSe$, F. 57,5—58° (absol. A.); Kp.$_9$ 160—162°; aus Benzoesäure; 7%. *DPH*, $C_{17}H_{12}O_4N_4Se$, rote Kristalle, F. 229—230°. (Доклады Академии Наук СССР [Ber. Akad. Wiss. UdSSR] **102.** 763 bis 766. 1/6. 1955. Moskau, Lomonossow-Univ.) R. K. MÜLLER. 3071

Ju. K. Jurjew und **Je. G. Wendelstein,** *Umwandlung von α-Acetofuran, Furfurol und Furfurylidenanilin in N-Phenylpyrrol.* 43. Mitt. (42. vgl. C. **1956.** 9967.) Beim Überleiten von dampfförmigem α-Acetofuran (I), Furfurol (**II**) oder Furfurylidenanilin (**III**), im mol. Verhältnis 1 : 2 mit Anilin gemischt, über Al_2O_3 bei 400—475° entsteht *N-Phenylpyrrol* (**IV**). Da sich bei der Rk. mit **I** in den gasförmigen Reaktionsprodd. *CH_4*, *CO_2* u. *Aceton*, d. h. die Zersetzungsprodd. von Essigsäure u. ihr Ketonisationsprod., befinden, wird der Ersatz der CH_3CO-Gruppe durch H als Hydrolysen-Rk. angesehen. Zum gleichen Schluß berechtigt bei der Abspaltung der funktionellen Gruppen aus **II** u. **III** das Auftreten von *CO*, dem Zersetzungsprod. der Ameisensäure. Die Ausbeuten an **IV** werden mit den früher aus Furan u. Brenzschleimsäuremethylester erhaltenen verglichen; danach schwächt eine an das α-C-Atom gebundene CO-Gruppe die Bindungsfestigkeit des O-Atoms im Furanring. — *N-Phenylpyrrol* (**IV**), F. 61°; a) ein Gemisch von 15 g **I** u. 22 g Anilin (mol. Verhältnis 1 : 2) wird im N_2-Strom bei 400° mit der Geschwindigkeit 5—6 Tropfen/Min. über Al_2O_3 geleitet u. das Katalysat fraktioniert; 29% (Ausbeute); bei 420° werden 16%, bei 450° 10,7%, bei 475° 10% erhalten; b) aus **II** u. Anilin bei 450°; 3,8%; c) aus **III** u. Anilin bei 450°; 5%. (Журнал Общей Химии [J. allg. Chem.] **23** (**85**). 2053—56. Dez. 1953. Moskau, Univ., Zelinsky-Labor. für Organ. Chem.)
F. BERNDT. 3081

C. S. Marvel und **G. S. Hiers,** *Isatin. Isonitrosoacetanilid*, F. 175°, durch 40 Min langes Erhitzen eines Gemisches aus Chloralhydrat, Na_2SO_4, Anilin, W., konz. HCl u. $NH_2OH \cdot HCl$; 80—91% (Ausbeute). — *Isatin*, F. 196—197°, durch portionsweises Zu fügen vorst. Verb. zu konz. H_2SO_4 bei 60—70°, dann Gießen auf Eis; 71—78%. (Org. Syntheses, collect. Vol. **1.** [**1.**—**9.** 2. Aufl.] 327—30, ausg. Okt. 1951.) I. AHRLÉ. 3081

A. M. Chaletzki, W. G. Pessin und **Tschshao Tschshi-Tschshun,** *Untersuchungen auf dem Gebiet der Chemie des Piazthiols (3.4-Benzo-1.2.5-thiodiazols). Piazthiol* (**I**) u. *Derivv.* werden aus Phenylendiamin-(1.2) bzw. dessen 4-Substitutionsprodd. u. $SOCl_2$ mit gleicher Leichtigkeit gebildet. Nicht anwendbar ist das Verf. bei den Substituenten OH, CO_2H, SO_3H, SH, S—S—R, S—S—Ar u. NH_2. In diesen Fällen führt die Rk. mit Thionylanilin zum Ziel, die früher am Beispiel von Phenylendiamin-(1.2) ausgearbeitet wurde: $C_6H_4(NH_2)_2 + 2\,C_6H_5NSO \rightarrow I + 2\,C_6H_5NH_2 + SO_2$. In den **I**-Derivv. bewahrt der Benzolring seinen aromat. Charakter; so liefert die Chlorierung, Bromierung u. Rhodanierung von 1- u. 2-Aminopiazthiol (Bezifferung nach nebst. Formel) die entsprechenden *Mono-* u. *Dichlor-, -brom-* u. *-rhodanderivv.*, die Diazotierung *Oxypiazthiole* (*2-Oxypiazthiol* wird auch aus 2-Oxy-3-carboxypiazthiol durch Decarboxylieren erhalten); nach SANDMEYER werden *Rhodanopiazthiole* gewonnen; bei der Einw. von NH_4SCN auf die Hydrochloride der 2 Amine entstehen *Thioharnstoffderivate.* Die Nitrierung führt zu *Nitroverbb.*; z. B. gibt 1.3-Dibrompiazthiol *2.4-Dibrom-1-nitropiazthiol,* das zu dem *Amin* red. werden kann. Die Beweglichkeit der Halogenatome in den Halogennitroverbb. ermöglicht ihren Ersatz durch die *Rhodan*-Gruppe. Über die tatsächlichen Bindungsverhältnisse im Mol. von **I** u. seinen Derivv. lassen auch die in vorliegender Arbeit durchgeführten Rkk. keinen endgültigen Schluß zu.

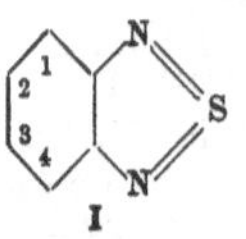

I

V e r s u c h e: *Piazthiol* (**I**); a) aus Phenylendiamin-(1.2) u. Thionylanilin in Bzl. bei ½std. Erhitzen auf dem Wasserbad; ca. 91% (Ausbeute); b) zu 5,4 g Phenylendiamin-(1.2) u. 20 g Triäthylamin in 150 ml Bzl. wird eine Lsg. von 15 g $SOCl_2$ in 30 ml Bzl. zugetropft; man erhitzt ¼ Std. auf dem Wasserbad; 5,8 g. — *2-Nitropiazthiol,* F. 127—128° (CCl_4); a) aus 4-Nitrophenylendiamin-(1.2) mit Thionylanilin in Bzl. bei 3std. Erhitzen (88,8%), oder mit $SOCl_2$ in Ggw. von Pyridin in $C_2H_4Cl_2$ bei ¼std. Erhitzen (84,7%). — *Thionylanilin;* aus 13 g $SOCl_2$ in 25 ml Ae., die zu 9,3 g Anilin + 15,8 g Pyridin in 100 ml Ae. in ½ Std. unter Rühren zugesetzt werden; 13,45 g. — *2-Methylpiazthiol;* F. 34°; aus 4-Methylphenylendiamin-(1.2); 89%. — *Naphtho-[1'.2':3.4]-1.2.5-thiodiazol (Naphthpiazthiol),* F. 80—81°; aus Naphthylendiamin-(1.2); 98%. — *2-Äthoxypiazthiol;* F. 76—77°; aus 4-Äthoxyphenylendiamin-(1.2); 97,2%. — *2-Carbäthoxypiazthiol;* F. 57—58,5°; aus 3.4-Diaminobenzoesäureäthylester; 95%. — *Piazthiolcarbonsäure-(2);* F. 225—226,5°; aus 3.4-Diaminobenzoesäure; 90—95%. — *Piazthiolsulfonsäure-(2);* bei 300° nicht geschmolzen; aus 3.4-Diaminobenzolsulfonsäure; 92,5%. — *2-Chlorpiazthiol;* F. 57,5°; aus 4-Chlorphenylendiamin-(1.2); 83,6%. — *2-Brompiazthiol;* F. 59,5—61°; aus 4-Bromphenylendiamin-(1.2); 89—90%. — *2-Oxy-3-carboxypiazthiol;* F. 212—213,5°; aus 3.4-Diaminosalicylsäure (6-Oxy-3.4-diaminobenzoesäure); 85,7%. — *Di-[piazthiolyl-(2)]-disulfid;* F. 121,5—122,5°; aus 3.3'.4.4'-Tetraaminodiphenyldisulfid; 98,8%. — *1.2-Dichlorpiazthiol;* F. 98—102°; aus 3.4-Dichlorphenylendiamin-(1.2). — *1.3-Dichlorpiazthiol;* F. 97—97,5°; aus 3.5-Dichlorphenylendiamin-(1.2); 98%. — *1.4-Dichlorpiazthiol;* F. 178—179,5°; aus 3.6-Dichlorphenylendiamin-(1.2); 86,2%. — *2.3-Dichlorpiazthiol;* F. 109,5—110,5°; aus 4.5-Dichlorphenylendiamin-(1.2); 88,6%. — *1.3-Dibrompiazthiol;* F. 127°; aus 3.5-Dibromphenylendiamin-(1.2) 95—98%. (Доклады Академии Наук СССР [Ber. Akad. Wiss. UdSSR] **106.** 88—91. 1/1. 1956. Leningrad, Chem.-Pharmaz. Inst.) R. KNOBLOCH. 3173

K. S. Pankajamani und **T. R. Seshadri,** *Synthetische Versuche in der Benzopyronreihe.* 46. Mitt. *Die Anwendung der Nencki-Reaktion bei der Synthese von Xanthonen.* Durch Kondensation von Salicylsäure (**I**) u. Resorcin (**II**) mittels $ZnCl_2$ werden *1-Oxy-* (**III**) u. *3-Oxyxanthon* (**IV**) nebeneinander erhalten. **IV** kann durch seine Löslichkeit in wss. Na_2CO_3, **III** als schwer lösl. Na-Salz abgetrennt werden. Als Nebenprod. entsteht aus 2 Mol **II** u. 1 Mol **I** das stark gefärbte *Salicylein.* **III** entsteht auch bei der Rk. von o-Methoxybenzoesäure mit **II** sowie aus **I** u. **II**-Monomethyläther unter Entmethylierung; alkal. $K_2S_2O_8$ oxydiert **III** zu *1.4-Dioxyxanthon.* Bei der Rk. von 5-Methoxysalicylsäure (**V**) mit **II** u. $ZnCl_2$ entstehen *Euxanthonmonomethyläther, 3-Oxy-7-methoxyxanthon* u. salicyleinartige Verbb., aus Phloroglucindimethyläther u. **V** *Trimethylgentisein* neben wenig *Gentisein-3.7-dimethyläther.*

V e r s u c h e: *1-Oxyxanthon* (**III**), F. 148—149°, a) aus 5 g **I**, 5 g **II** u. $ZnCl_2$ (5 Min. bei 200° u. 4 Std. bei 180°); aus A. gelbe Nadeln, mit $FeCl_3$ in A. braun → grün; 2 g (Ausbeute); daneben 10 mg **IV**; b) aus **I**, **II**-Monomethyläther u. $ZnCl_2$ (2 Std. bei 160°); daneben wenig **IV**. *Acetat,* F. 170—171°, aus Essigester Nadeln oder Prismen. — *3-Oxyxanthon* (**IV**), F. 240—241°, aus Aceton Nadeln, in organ. Lösungsmitteln, in Alkali u. in H_2SO_4 blaue Fluorescenz. — *1.4-Dioxyxanthon,* $C_{13}H_8O_4$, F. 236—237°, durch Zugeben von wss. $K_2S_2O_8$ zu 1 g **III** u. KOH in Pyridin–W. (24 Std. stehen); aus A. gelbe Nadeln, in NaOH blutrot, in wss. Na_2CO_3 dunkelgelb, mit $FeCl_3$ in A. braun; 0,5 g. *Diacetat*, $C_{17}H_{12}O_6$, F. 179—180°, aus Essigester Nadeln. — *2-Oxy-5-methoxybenzoesäure* (**V**; *5-O-Methylgentisinsäure*), F. 145—146°, durch 6std. Kochen von 6 g Na-Gentisat mit Dimethylsulfat u. K_2CO_3 in Aceton u. Verseifen des *Esters*; aus W. feine lange Nadeln; 2,5 g. — *1-Oxy-7-methoxyxanthon* (*Euxanthon-7-monomethyläther*), F. 126—128°, durch 4std. Erhitzen von 2 g **V** mit **II** u. $ZnCl_2$ auf 160°; aus Aceton–PAe. glitzernde gelbe Platten; mit $FeCl_3$ in A. grün, in A. gelb mit grüner Fluorescenz; 0,25 g. *Acetat*, F. 188 bis 190°; aus Essigester feine Nadeln. — *1.7-Dioxyxanthon* (*Euxanthon*), F. 236—238°, durch Zugeben von HJ (D. 1,7) zu 0,2 g des vorst. Äthers in Acetanhydrid unter Kühlung, dann 2 Std. bei 138—140°; aus Aceton–PAe. gelbe prismat. Nadeln u. Prismen, unlösl. in wss. Na_2CO_3, in NaOH gelb, in Aceton u. A. gelb mit grüner Fluorescenz, mit $FeCl_3$ in A. grün; 0,18 g. *Diacetat*, F. 180—182°, aus Aceton–PAe. lange Prismen. — *1.3.7-Trioxyxanthon* (*Gentisein*), F. 315°, aus 0,2 g Methyläthergemisch mit HJ (D. 1,7); aus Essigester–PAe. strohgelbe Nadeln; 0,16 g. *Triacetat*, F. 229—230°, Nadeln u. prismat. Stäbchen. *Trimethyläther*, F. 158—160° (Sintern bei 190°; unrein, enthält *Dimethyläther*), aus 1 g **V**, 1 g Phloroglucindimethyläther u. $ZnCl_2$ (5 Min. bei 200° u. 4 Std. bei 180°); aus A. fahlgelbe schimmernde Nadeln, mit $FeCl_3$ in A. grün; 0,22 g, bei 140° 0,3 g. (J. sci. ind. Res. [New Delhi] **13 B.** 396—400. Juni 1954. Delhi, Univ., Dep. of Chem.)

E. HANSCHKE. 3211

Robert E. Lyle und **John J. Gardikes,** *Die thermische Zersetzung der Bis-pyridiniumsalze von Tetramethylen- und Pentamethylendibromiden.* Bei der Behandlung von Tetra- (**I**) bzw. Pentamethylendibromid (**II**) mit Pyridin allein oder unter Zusatz von Methanol als Lösungsm. erhielten Vff. kristalline Bis-pyridiniumsalze (**Ia**, aus **I**, $C_{14}H_{18}N_2Br_2$, F. 237 bis 239°; **IIa** aus **II**, $C_{15}H_{20}N_2Br_2$, F. 193—195°), die mehrere Wochen an der Atmosphäre stabil blieben. Beim Erwärmen auf 230—270° wurden aus diesen Salzen zwei Mole Pyridinhydrobromid abgespalten, aus **Ia** entstand Butadien, aus **IIa** Pentadien-(1.3). (J. Amer. chem. Soc. **77.** 1291—92. 5/3. 1955. Durham, N. H., Univ. of New Hampshire, Dep. of Chem.)

I. KARUTZ. 3231

Melvin S. Newman und **Helen A. Lloyd,** *Reaktion von N-Methylpiperidin mit Durolcarbonsäurealkylestern.* Vff. untersuchen halbquantitativ die Rk. von *N-Methylpiperidin* (**I**) u. *Durolcarbonsäure* (**II**)-Estern, um gewisse ster. Faktoren in einer typ. S_N2. Rk. zu studieren. Die Rk. von **I** mit **II**-Methylester führt in reversibler Rk. zu *N.N-Dimethylpiperidiniumdurolcarboxylat*: 2.3.5.6-$(CH_3)_4C_6HCOOCH_3 + CH_3N(CH_2)_5 \rightleftharpoons$ 2.3.5.6-$(CH_3)_4C_6HCOO^-(CH_3)_2N^+(CH_2)_5$. Lösungsm. haben einen wesentlichen Einfl. auf die Lage des Gleichgewichts bei 140°. Alkohole verschieben das Gleichgewicht nach der rechten Seite, nichthydroxydhaltige Lösungsmittel, wie Bzl., Nitrobenzol u. Dioxan nach links. Die Reaktionsgeschwindigkeit nach rechts fällt bei Verwendung verschied. Alkylester in der Reihe $CH_3 > C_2H_5 > CH_3CH_2CH_2— > (CH_3)_2CH—$ ab. Der tert.-Butylester ist bei 140° instabil, u. seine Zers. in **II** wird durch das Amin nicht beeinflußt. Zusätze von N.N-Dimethylpiperidinium- oder Methylationen haben auf die Salzausbeute keinen Einfluß.

V e r s u c h e: *Bromdurol*, Kp.$_8$ 111—113°, F. 60—61°, aus Durol u. Br_2 in Chlf. bei 0—5° in Ggw. von etwas J_2; 75% (Ausbeute). — *Durolcarbonsäure* (**II**), F. 176—177°, durch GRIGNARD-Rk. vorst. Verb. mit C_2H_5Br in Ae. u. Gießen der GRIGNARD-Lsg. auf Trockeneis; 76,5%. — *Durolcarbonsäurechlorid*, Kp.$_{10}$ 124—125°, F. 59—60°, aus **II** u. $SOCl_2$ (3 Std. unter Rückfluß); 97%. — **II**-*Ester*, durch kurzes Erhitzen vorst. Verb. mit den entsprechenden Alkoholen in Pyridin, Umkristallisieren aus Methanol u. Trocknen im Vakuum über P_2O_5; > 90%. — *Methylester*, F. 58,2—59°. — *Äthylester*, $C_{13}H_{18}O_2$, F. 78,6—79,4°. — *Propylester*, $C_{14}H_{20}O_2$, F. 46,2—47,0°. — *Isopropylester*, $C_{14}H_{20}O_2$, F. 54,0—54,8°. — *tert.-Butylester*, $C_{15}H_{22}O_2$, F. 94,2—95,0°. — *N-Methylpiperidin* (**I**), Kp. 106—106,5°, aus Piperidin, HCOOH u. wss. HCHO (10 Std. unter Rückfluß); 83%; Base wurde über BaO aufbewahrt. — *Dimethylpiperidiniumdurolcarboxylat*, aus Dimethylpiperidiniumjodid u. dem Ag-Salz von **II** in Bzl., 2 Std. unter Rückfluß u. öfterem Schütteln, Abgießen des Bzl. u. Extraktion des Rückstandes mit Methanol; gelbes, viscoses Öl; krist. nach einigen Tagen beim Stehenlassen über P_2O_5; 95%. — Allg. A r b e i t s w e i s e: **I**, **II**-Ester, Lösungsm. u. Zusätze werden im Einschmelzrohr bei Badtempp. von 140, 160 u. 180° für eine bestimmte Zeit erhitzt, der Inhalt in Ae. aufgenommen, die Ae.-Lsg. mit überschüssiger HCl zur Entfernung des Amins u. Freisetzung von **II** behandelt, **II** mit $NaHCO_3$-Lsg. ausgezogen, die vereinigten alkal. Extrakte mit Ae. gewaschen u. angesäuert. Ausgefällte **II** wird über P_2O_5 getrocknet u. gewogen. Die **II**-Estermenge wird nach Eindampfen der mit NaCl-Lsg. gewaschenen u. durch Na_2SO_4 filtrierten vereinigten Ae.-Lsgg. ermittelt. — L ö s u n g s m i t t e l e i n f l ü s s e: Bei

48std. Verss. bei 140° wurde II-Methylester in Dioxan, Aceton u. Bzl. quantitativ zurückgewonnen; in Chlf. wurden nur Spuren von II, in CCl_4 wurde nur harziges Material erhalten. In Nitrobenzol wurden nach 48 Std. 5% u. nach 97 Std. 8% II, ohne Lösungsm. nach 120 Std. nur Spuren von II isoliert. Bei 140° u. 50 Std. wurden neben unverändertem II-Methylester folgende II-Mengen isoliert: In Methanol 90%; in A. 79%, in Propanol-(1) 70%, in Propanol-(2) 48,5%; in Butanol-(1) 62%; in tert.-Butanol 8%; in Pentanol-(1) 48,5%; in Diisobutylcarbinol 5,4%; in 2-Methylpentanol-(1) 19%. — Bei 48std. Erhitzen von II-Methylester u. I in Butanol-(1) auf 150° wurde keine Bldg. von n-$C_4H_9OCH_3$ beobachtet u. wurden 65% II isoliert. Kleine zugesetzte n-$C_4H_9OCH_3$-Mengen haben Vff. isolieren können. Daraus wird geschlossen, daß nach der Gleichung $R_3N + C_4H_9OH \rightleftharpoons R_3NH^+ + C_4H_9O^-$ zuwenig n-$C_4H_9O^-$-Ionen vorhanden sind, um n-$C_4H_9OCH_3$ durch einen nucleophilen Angriff auf das Methylester-C-Atom zu bilden. — Nach 6std. Erhitzen von II-Methylester u. I in wechselnden Mengen CH_3OH wurden isoliert: Ohne Lösungsm. → 0% II; 4 Mol II-Ester/Liter → 54% II; 2 Mol II-Ester/Liter → 59% II; 0,5 Mol II-Ester/Liter → 40% II; 0,25 Mol II-Ester/Liter → 29% II. — Bei Variierung der Alkylkomponente des II-Esters wurden beim Erhitzen mit I in CH_3OH auf 140, 160 u. 180° für 25 Std. folgende II-Mengen isoliert: II-Methylester → 81% bei 140°; II-Äthylester → 6% bei 140°, 8% bei 160° u. 14% bei 180°; II-Propylester → 1% bei 140°, 3% bei 160° u. 6% bei 180°; II-Isopropylester → 0% bei 140, 160 u. 180°. Blindverss. ohne I lieferten in allen Fällen 0% II. II-Isobutylester → Spuren bei 140°, 3% bei 160° u. 6% bei 180°. II-tert.-Butylester → 59% bei 140° u. 89% bei 160°. Bei den beiden letzten Estern werden die gleichen II-Mengen auch bei den Blindverss. erhalten, es bildet daher die Esterpyrolyse hier die Hauptreaktion. — Weitere Einzelheiten vgl. Original. (J. Amer. chem. Soc. **74.** 2672—74. 20/5. 1952. Columbus, O., Ohio State Univ., Chem. Labor.)

R. LORENZ. 3231

Alfred D. Miller, Carl Osuch, Newton N. Goldberg und **Robert Levine,** *Die Synthese stickstoffhaltiger Ketone.* 5. Mitt. *Die direkte Acylierung von 3-Picolin.* (4. vgl. GOLDBERG u. LEVINE, C. **1956.** 4392.) Vff. beschreiben die direkte Acylierung von 3-Picolin (I) mit aromat. u. heterocycl. Estern unter Verwendung von KNH_2 (oder Li-Diisopropylamid) als Kondensationsmittel. Phenyl-Li liefert bei Einw. auf I *2-Phenyl-5-methylpyridin* u. kann deshalb nicht zur Metallierung der Methylgruppe verwendet werden. Die Konst. der Reaktionsprodd. wird am Beispiel des 3-Phenacylpyridins (III) sichergestellt, das zu *3-[2-Phenyläthyl]-pyridin* (II) red. wird; II wird unabhängig durch Alkylierung von 3-Picolyl-K mit Benzylchlorid oder durch Red. von Benzylpyridyl-(3)-keton (IV) dargestellt.

V e r s u c h e: *2-Phenyl-5-methylpyridin,* $C_{12}H_{11}N$, Kp.$_2$ 241—245°, F. 137—139° (PAe.), durch Zugabe von I zu äther. Phenyl-Li u. ½std. Kochen; 30,8% (Ausbeute); bei umgekehrter Zugabe 19,1%; gibt bei der Oxydation mit $KMnO_4$ *Pyridin-2.5-dicarbonsäure,* F. 235—236,5° (Zers.); 50%. — *3-Phenacylpyridin* (III), $C_{13}H_{11}ON$, Kp.$_3$ 170 bis 175°, F. 48,6—49,5° (PAe.), durch Zugabe von I zu einer Lsg. von KNH_2 in fl. NH_3, 2std. Rühren, Zugabe von Methylbenzoat in absol. Ae. u. 1std. Rühren des violett gefärbten Reaktionsgemisches (Mol-Verhältnis I : KNH_2 : Ester = 2 : 2 : 1); 38,2%; *Pikrat,* $C_{19}H_{14}O_8N_4$, F. 168,8—169,6°; *Oxim,* $C_{13}H_{12}ON_2$, F. 154,2—155,2°. — Die Darst. der nachst. P i c o l y l - (3) - k e t o n e erfolgte wie vorst. aus I u. den entsprechenden Estern: *p-Methoxyphenyl-,* $C_{14}H_{13}O_2N$, Kp.$_4$ 174—179°, F. 75—75,6°; 31%; *Pikrat,* $C_{20}H_{16}O_9N_4$, F. 135,2—136,2°. — *Pyridyl-(3)-,* $C_{12}H_{10}ON_2$, Kp.$_3$ 169—173°, F. 79,8—80,6°; 13,2%; *Dipikrat,* $C_{24}H_{16}O_{15}N_8$, F. 199,5—200°. — *Pyridyl-(4)-,* $C_{12}H_{10}ON_2$, Kp.$_3$ 167 bis 170°, F. 65,8—66,8°; 27,8%; *Dipikrat,* $C_{24}H_{16}O_{15}N_8$, F. 174,3—175°. — *Furyl-(2)-,* $C_{11}H_9O_2N$, Kp.$_3$ 157—160°; 35,1%; *Pikrat,* $C_{17}H_{12}O_9N_4$, F. 158—158,8°. — *Thienyl-(2)-,* $C_{11}H_9ONS$, Kp.$_4$ 176—180°; 21,7%; *Pikrat,* $C_{17}H_{12}O_8N_4S$, F. 150—150,5°. — *3-[2-Phenyläthyl]-pyridin* (II), $C_{13}H_{13}N$, Kp.$_3$ 126—130°, a) durch Zugabe von äther. Benzylchlorid zu 3-Picolyl-K (Darst. wie vorst.) u. 1std. Rühren; 7,7% (daneben *Dibenzylpyridyl-(3)-methan,* $C_{20}H_{19}N$, Kp.$_3$ 198—201°); b) durch 6std. Kochen einer Lsg. von III, Hydrazinhydrat u. NaOH in Diäthylenglykol; 46,2%; c) durch Red. von IV wie vorst.; *Pikrat,* $C_{19}H_{16}O_7N_4$, F. 144,2—145,2°. — *Benzylpyridyl-(3)-keton* (IV), Kp.$_3$ 155—158°, durch Umsetzung von 3-Cyanpyridin mit Benzyl-MgCl in Ae.; 12,7%; *Oxim,* F. 124,5—125,5°; *Pikrat,* $C_{19}H_{14}O_8N_4$, F. 126—126,8°. (J. Amer. chem. Soc. **78.** 674—76. 5/2. 1956. Pittsburgh, Pa., Univ., Dep. of Chem.)

G. WINKLER. 3231

Edwin R. Shepard, Herschel D. Porter, John F. Noth und **Claudene K. Simmans,** *Darstellung einiger Papaverinanaloga.* (Vgl. C. **1951.** II. 821.) Mit Hilfe der Isochinolinsynth. von BISCHLER-NAPIERALSKI wurden aus den entsprechenden N-[β-Phenyläthyl]-phenylacetamiden verschied. *Papaverinanaloga* dargestellt u. auf ihre coronardilatator. Wrkg. bei Hunden untersucht.

V e r s u c h e: *2-Äthoxy-3-methoxybenzaldehyd* (I), Kp.$_{22}$ 151—154°, aus o-Vanillin in Methylcellosolve mit Diäthylsulfat u. wss. NaOH; $n_D^{26,5}$ 1,5327; 78% (Ausbeute). —

4-Isopropoxy-3-methoxybenzaldehyd, Kp.$_{0,05}$ 120—125°, aus Vanillin in Methylcellosolve mit wss. NaOH u. Isopropylbromid (68 Std. kochen); $n_D^{27,5}$ 1,5561; 50%. — *3-Methoxy-4-n-propoxybenzaldehyd*, Kp.$_9$ 159—162°, aus Vanillin u. n-Propylbromid analog vorst. Verb.; 71%. — *4-Isopropoxy-3-methoxybenzylalkohol* (**II**), $C_{11}H_{16}O_3$, Kp.$_9$ 162—164°, aus vorvorst. Verb. mit CH_2O u. methanol. KOH (3 Std. bei 60—70°); $n_D^{27,5}$ 1,5288; 80%. — *3-Methoxy-4-n-propoxybenzylalkohol*, $C_{11}H_{16}O_3$, Kp.$_{10}$ 173—178°, aus vorvorst. Verb. analog **II**; $n_D^{27,5}$ 1,5332; 81%. — *2-Äthoxy-3-methoxybenzylalkohol*, Kp.$_{11}$ 150—153°, aus **I** analog **II**; n_D^{26} 1,5262; 89%. — *2.3-Dimethoxybenzylalkohol*, Kp.$_{10}$ 138—144°, aus 2.3-Dimethoxybenzaldehyd, a) analog **II**; 27%; b) mit H_2 in A. über Cu-Chromit unter Druck; 97%. — *3.4-Methylendioxybenzylalkohol*, Kp.$_4$ 116—122°, aus Piperonal in A. über Cu-Chromit unter 2200 lbs./sq.in. H_2; 96%. — *2.4-Dimethoxyacetophenon*, Kp.$_9$ 156 bis 161°, aus Resorcindimethyläther in $C_2H_5NO_2$ mit Acetylchlorid u. $AlCl_3$; 77%. — *2.5-Dimethoxyacetophenon*, Kp.$_{15}$ 155—159°, mit Hydrochinondimethyläther analog vorst. Verb.; 62%. — *3-Methoxyacetophenon*, Kp.$_{14}$ 125—127°, nach v. AUWERS [1914]; 79%. — *3-Äthoxyacetophenon*, Kp.$_7$ 120—122°, analog vorst. Verb., aber mit $(C_2H_5)_2SO_4$ statt $(CH_3)_2SO_4$; 85%. — Substituierte P h e n y l a c e t o n i t r i l e, aus dem entsprechenden Benzylalkohol über das *Benzylchlorid* (vgl. l. c.): *2-Äthoxy-3-methoxy-*, Kp.$_{0,11}$ 111—130°; 73%. — *4-Isopropoxy-3-methoxy-*, Kp.$_{0,12}$ 111—130°; 58%. — *3-Methoxy-4-n-propoxy-*, Kp.$_{0,25}$ 142—160°; 60%. — *3.4-Methylendioxy-* (**III**), Kp.$_5$ 134 bis 142°; 72%. — Substituierte P h e n y l e s s i g s ä u r e n, aus dem entsprechenden Nitril mit NaOH in W.-Methylalkohol (4½ Std. kochen; Meth. **A**); aus dem entsprechenden Acetophenon mit sd. Morpholin (15 Std.), anschließende Behandlung mit Essigsäure-W.-H_2SO_4 (5½ Std. kochen) u. mit RANEY-Ni in sd. wss. NaOH (2 Std.; Meth. **B**); aus der entsprechenden Benzoesäure durch Red. mit $LiAlH_4$ in Ae. zum *Benzylalkohol*, Überführung mit $SOCl_2$ in Ae.-Pyridin in das *Benzylchlorid*, Rk. mit KCN in Aceton zum *Nitril* u. Verseifung nach **A** (Meth. **C**); *3.4-Diäthoxy-*, $C_{12}H_{16}O_4$, F. 78,5—79,5° aus 3.4-Diäthoxyphenylacetonitril nach **A**; 65%. — *2.3-Dimethoxy-*, $C_{10}H_{12}O_4$, F. 81—82°, aus 2.3-Dimethoxyphenylacetonitril nach **A**; 70%. — *2.4-Dimethoxy-*, $C_{10}H_{12}O_4$, F. 109 bis 111°, aus 2.4-Dimethoxybenzoesäure nach **C**, über den instabilen *2.4-Dimethoxybenzylalkohol* u. *2.4-Dimethoxybenzylchlorid* sowie *2.4-Dimethoxyphenylacetonitril* (F. 73,5 bis 74,5°, nach Dest. bei 0,5 mm aus A.; 28%); 31% (nach **B** Verharzung). — *2.5-Dimethoxy-*, $C_{10}H_{12}O_4$, F. 123—125°, nach **B**; 54%. — *2.6-Dimethoxy-*, $C_{10}H_{12}O_4$, F. 149,5 bis 152,5° (Bzl.-Skellysolve B), aus 2.6-Dimethoxybenzoesäure nach **C**; 22%. *3.4-Dimethoxy-*, $C_{10}H_{12}O_4$, F. 95—97°, aus 3.4-Dimethoxyphenylacetonitril nach **A**; 44%. — *3.5-Dimethoxy-*, $C_{10}H_{12}O_4$, F. 100—102°, aus 3.5-Dimethoxybenzoesäuremethylester nach **C**; 56%. — *3-Äthoxy-*, $C_{10}H_{12}O_3$, F. 92—93°, nach **B**; 72%. — *2-Äthoxy-3-methoxy-*, $C_{11}H_{14}O_4$ F. 85,5—86,5°, nach **A**; 91%. — *4-Äthoxy-3-methoxy-*, $C_{11}H_{14}O_4$, F. 70,5—72°, aus 4-Äthoxy-3-methoxyphenylacetonitril nach **A**; 51%. — *4-Isopropoxy-3-methoxy-*, $C_{12}H_{16}O_4$, F. 75,5—76°, aus **II** nach **A**; 61%. — *3-Methoxy-*, $C_9H_{10}O_3$, F. 69—70°, nach **B**; 57%. — *3.4-Methylendioxy-*, $C_9H_8O_4$, F. 128—129°, aus **III** nach **A**; 76%. — *3-Methoxy-4-n-propoxy-*, $C_{12}H_{16}O_4$, F. 87—88°, nach **A**; 67%. — *Homopiperonylamin*, Kp.$_{18}$ 150—156°, aus **III** mit H_2 in A.-fl. NH_3 über RANEY-Ni unter Druck bei 100—110°; 92%. — N-[β-P h e n y l ä t h y l]-p h e n y l a c e t a m i d e, aus der entsprechenden vorst. Phenylessigsäure mit vorst. Verb., β-[3.4-Diäthoxyphenyl]- bzw. β-[4-Äthoxy-3-methoxyphenyl]-äthylamin oder Homoveratrylamin bei 180—200° (45 Min.): *N-[β-(3.4-Diäthoxyphenyl)-äthyl]-3.4-methylendioxy-*, $C_{21}H_{25}O_5N$, F. 119—120°; 76%. — *N-[β-(4-Äthoxy-3-methoxyphenyl)-äthyl]-2-äthoxy-3-methoxy-*, $C_{22}H_{29}O_5N$, F. 105,5—106,5°; 83%. — *N-[β-(4-Äthoxy-3-methoxyphenyl)-äthyl]-3.4-methylendioxy-*, $C_{20}H_{23}O_5N$, F. 114—115°; 71%. — *N-[Homopiperonyl]-3.4-diäthoxy-*, $C_{21}H_{25}O_5N$, F. 105—106°; 73%. — *N-[Homopiperonyl]-2-äthoxy-3-methoxy-*, $C_{20}H_{23}O_5N$, F. 84—85°; 62%. — *N-[Homopiperonyl]-4-äthoxy-3-methoxy-*, $C_{20}H_{23}O_5N$, F. 140—141°; 64%. — *N-[Homopiperonyl]-2.3-dimethoxy-*, $C_{19}H_{21}O_5N$, F. 106,5—107°; 60%. — *N-[Homopiperonyl]-3-methoxy-4-n-propoxy-*, $C_{21}H_{25}O_5N$, F. 125—126°; 75%. — *N-[Homoveratryl]-2.3-dimethoxy-*, $C_{20}H_{25}O_5N$, F. 131 bis 132°; 77%. — *N-[Homoveratryl]-2.4-dimethoxy-*, $C_{20}H_{25}O_5N$, F. 131—132°; 75%. — *N-[Homoveratryl]-2.5-dimethoxy-*, $C_{20}H_{25}O_5N$, F. 105—106°; 89%. — *N-[Homoveratryl]-2.6-dimethoxy-*, $C_{20}H_{25}O_5N$, F. 113—114°; 48%. — *N-[Homoveratryl]-3.5-dimethoxy-*, $C_{20}H_{25}O_5N$, F. 122—123°; 87%. — *N-[Homoveratryl]-2-äthoxy-3-methoxy-*, $C_{21}H_{27}O_5N$, F. 115,5—116,5°; 86%. — *N-[Homoveratryl]-3-äthoxy-*, $C_{20}H_{25}O_4N$, F. 87,5—88°; 85%. — *N-[Homoveratryl]-4-isopropoxy-3-methoxy-*, $C_{22}H_{29}O_5N$, F. 96,5—97,5°; 86%. — *N-[Homoveratryl]-3-methoxy-*, $C_{19}H_{23}O_4N$, F. 113—114°; 93%. — *N-[Homoveratryl]-3-methoxy-4-n-propoxy-*, $C_{22}H_{29}O_5N$, F. 130,5—131,5°; 86%. — Folgende I s o c h i n o l i n e durch Cyclisierung vorst. Amide (mit $POCl_3$ in Bzl.) u. anschließende Dehydrierung mit Pd-Kohle in Dekalin (vgl. l. c.; Angaben der coronardilatator. Aktivität [CDA] als Verhältnis des CDA der getesteten Verb. zur CDA von Papaverinhydrochlorid bei Hunden;

in [ ] die DL_{50} bei Mäusen in mg/kg [Papaverinhydrochlorid ca. 30]): *6.7-Diäthoxy-1-[3.4-methylendioxybenzyl]-*, $C_{21}H_{21}O_4N$, F. 118,5—119,5°, 60%. *Hydrochlorid*, $C_{21}H_{22}O_4NCl$, F. 193—195°, CDA 0,6 [91,3 ± 4,6]; 90%. — *1-[3.4-Diäthoxybenzyl]-6.7-methylendioxy-*, $C_{21}H_{21}O_4N$, F. 65—67°; 66%. *Hydrochlorid*, $C_{21}H_{22}O_4NCl$, F. 215—217°, CDA 0,6 [111,1 ± 4,5]; 96%. — *6.7-Dimethoxy-1-[2.3-dimethoxybenzyl]-*, $C_{20}H_{21}O_4N$, F. 102,5 bis 103,5°. *Hydrochlorid*, $C_{20}H_{22}O_4NCl$, F. 188—194°, CDA 0,6 [75,3 ± 2,4]; 68%. — *6.7-Dimethoxy-1-[2.4-dimethoxybenzyl]-*, $C_{20}H_{21}O_4N$, F. 139—140°; 53%. *Hydrochlorid*, $C_{20}H_{22}O_4NCl$, F. 219—221°, CDA 0,5 [62,8 ± 2,8]; 76%. — *6.7-Dimethoxy-1-[2.5-dimethoxybenzyl]-*, *Hydrochloridsemiäthanolat*, $C_{20}H_{22}O_4NCl \cdot 0,5\ C_2H_5OH$, F. 155—163°, CDA 0,6 [39,9 ± 0,9]; 77%. — *6.7-Dimethoxy-1-[2.6-dimethoxybenzyl]-*, *Hydrochloridäthanolatsemiätherat*, $C_{20}H_{22}O_4NCl \cdot C_2H_5OH \cdot 0,5\ (C_2H_5)_2O$, F. 186—187°, CDA 0,5 [34,9 ± 2,4]; 12%. — *6.7-Dimethoxy-1-[3.5-dimethoxybenzyl]-*, *Hydrochloridsemiäthanolat*, $C_{20}H_{22}O_4NCl \cdot 0,5\ C_2H_5OH$, F. 203—204,5°, CDA 0,5 [61,9 ± 2,4]; 34%. — *6.7-Dimethoxy-1-[3-äthoxybenzyl]-*, *Hydrochlorid*, $C_{20}H_{22}O_3NCl$, F. 194—196°, CDA 1,0 [49,5 ± 1,6]; 70%. — *6.7-Dimethoxy-1-[2-äthoxy-3-methoxybenzyl]-*, *Hydrochloridäthanolat*, $C_{23}H_{30}O_5NCl$, F. 164,5—166°, CDA 0,6 [95,1 ± 5,0]; 89%. — *6.7-Dimethoxy-1-[4-isopropoxy-3-methoxybenzyl]-*, $C_{22}H_{25}O_4N$, F. 117—118°; 77%. *Hydrochlorid*, $C_{22}H_{26}O_4NCl$, F. 195—199°, CDA 1,0 [78,4 ± 2,8]; 95%. — *6.7-Dimethoxy-1-[3-methoxybenzyl]-*, *Hydrochlorid*, $C_{19}H_{20}O_3NCl$, F. 179—182°, CDA 0,6 [44,0 ± 2,5]; 58%. — *6.7-Dimethoxy-1-[3-methoxy-4-n-propoxybenzyl]-*, $C_{22}H_{25}O_4N$, F. 134,5—135,5°; 71%. *Hydrochlorid*, $C_{22}H_{26}O_4NCl$, F. 155—163°, CDA 0,7 [85,3 ± 4,1]; 100%. — *1-[2.3-Dimethoxybenzyl]-6.7-methylendioxy-*, $C_{19}H_{17}O_4N$, F. 135,5—136,5°; 54%. *Hydrochlorid*, $C_{19}H_{18}O_4NCl$, F. 200—208°, CDA 0,6 [62,8 ± 3,8]; 96%. — *6-Methoxy-7-äthoxy-1-[2-äthoxy-3-methoxybenzyl]-*, $C_{22}H_{25}O_4N$, F. 125—125,5°; 78%. *Hydrochlorid*, $C_{22}H_{26}O_4NCl$, F. 198—201°, CDA 0,6 [79,1 ± 5,1]; 95%. — *7-Äthoxy-6-methoxy-1-[3.4-methylendioxybenzyl]-*, $C_{20}H_{19}O_4N$, F. 120—120,5°; 64%. *Hydrochlorid*, $C_{20}H_{20}O_4NCl$, F. 202—204°, CDA 0,6 [113,0 ± 4,6]; 99%. — *1-[2-Äthoxy-3-methoxybenzyl]-6.7-methylendioxy-*, *Hydrochlorid*, $C_{20}H_{20}O_4NCl$, F. 220—221°, CDA 0,3 [129,0 ± 8,8]; 79%. — *1-[4-Äthoxy-3-methoxybenzyl]-6.7-methylendioxy-*, $C_{20}H_{19}O_4N$, F. 106—107°; 65%. *Hydrochlorid*, $C_{20}H_{20}O_4NCl$, F. 200°, CDA 0,8 [104,9 ± 8,0]; 90%. — *1-[3-Methoxy-4-n-propoxybenzyl]-6.7-methylendioxy-*, $C_{21}H_{21}O_4N$, F. 86—88°; 76%. *Hydrochlorid*, $C_{21}H_{22}O_4NCl$, F. 219—220°, CDA 1,0 [110,1 ± 5,2]; 88%. (J. org. Chemistry **17.** 568—76. April 1952. Indianapolis, Ind., Lilly Res. Labor.)

H. R. SCHÜTTE. 3231

Hans Henecka, *Neue Synthesen in der Morphinanreihe.* Bei der Nacharbeitung der Meth. zur Darst. von *N-Methylmorphinan* (I) nach GREWE u. MONDON (C. **1950.** I. 69 u. früher) wurde gefunden, daß sich das als Zwischenprod. erhaltene 1-Benzyl-N-methyl-1.2.5.6.7.8-hexahydroisochinolin (II) zu einer *Dehydroverb.* cyclisieren läßt, die zu I hydriert werden kann. Auf der Suche nach techn. brauchbaren Methoden zur I-Darst. wurde das aus Phenylessigsäuremethylester u. Cyclohexanon erhältliche *1-Phenacetylcyclohexanon* mit Cyanacetamid zu *1-Benzyl-4-cyan-bz-tetrahydroisochinolon-(3)* kondensiert, das unter Verseifung u. Decarboxylierung in *1-Benzyl-bz-tetrahydroisochinolon-(3)* (III) überging. III gibt nach Behandlung mit $POCl_3$ u. Hydrierung des erhaltenen *3-Chlorderiv.* das *1-Benzyl-bz-tetrahydroisochinolin* (IV), das sich leicht in die auch von GREWE verwendete Vorstufe, das *1-Benzyl-N-methyl-Δ^9-oktahydroisochinolin* (V) überführen läßt. Andererseits gibt das aus Phenacetylchlorid u. Cyclohexenylacetonitril gewonnene *1-Phenacetyl-Δ^1-cyclohexenyl-(2)-acetonitril* bei der Isomerisierung mit H_3PO_4 III u. bei der Hydrierung über das als Zwischenstufe faßbare IV *1-Benzyl-Δ^9-oktahydroisochinolin*, das zu V methyliert wird. V liefert bei der Cyclisierung nach GREWE (l. c.) *dl*-I, aus dem über das *Tartrat l*-I gewonnen werden kann. Die analoge Darst. von *3-Oxy-N-methylmorphinan* (VI), ausgehend von p-Methoxyphenacetylchlorid, gelang nicht, doch liefert die Kondensation der Bisulfitverb. von p-Methoxyphenylacetaldehyd oder besser von p-Methoxyphenylglycidsäuremethylester mit Cyclohexenyläthylamin *1-[p-Methoxybenzyl]-10-oxydekahydroisochinolin*, dessen Struktur an Hand des Reaktionsmechanismus diskutiert wird u. dessen *N-Methylverb.* beim Kochen mit HBr in *1-[p-Oxybenzyl]-N-methyl-Δ^9-oktahydroisochinolin* übergeht bzw. weiter zu VI cyclisiert wird.

Versuche: *dl-N-Methylmorphinan* (dl-I), F. 61—62°, $Kp._{0,5}$ 137°, $Kp._{2,5}$ 157°, a) aus 19,5 g II mit H_3PO_4 (5 Std. bei 120°) u. Hydrierung über PtO_2 in Eisessig; Reinigung über das *Pikrat*, F. 173—175° (Methanol); 3,4 g (Ausbeute); b) aus V nach GREWE (l. c.); 40,5%. *l*-I, F. 33—35°, $Kp._{0,7}$ 140°, $[\alpha]_D^{20}$ —56° (A.); über das *d-Tartrat*, Zers. bei 115—117° (CH_3OH). — *1-Phenacetylcyclohexanon-(2)*, $Kp._{0,3}$ 135—138°, hellgelbes Öl, aus 200 g Cyclohexanon u. 300 g Phenylessigsäuremethylester mit Na-Methylat in Bzl. innerhalb 5—6 Std. unter Kühlung, dann 24 Std. bei 20°; 128 g; mit methanol. $FeCl_3$ blaustichigweinrot. *Cu(II)-Salz*, $(C_{14}H_{15}O_2)_2Cu$, F. 153—154°, aus Ae.-PAe.

graue Kristalle. — *1-Benzyl-4-cyan-bz-tetrahydroisochinolon-(3)*, $C_{17}H_{16}ON_2$, F. 245—248° (Eisessig), aus vorst. Verb. u. Cyanacetamid in sd. Aceton mit K_2CO_3 (12 Std.); 84,3%. — *1-Benzyl-bz-tetrahydroisochinolon-(3)* (**III**), $C_{16}H_{17}ON$, F. 245° (50% ig. Essigsäure), aus 25 g vorst. Verb. auf sd. HBr (12—15 Std.); 20,9 g. — *1-Benzyl-bz-tetrahydro-3-chlorisochinolin*, $C_{16}H_{16}NCl$, F. 87—88° (Ae.-PAe.), $Kp._{0,03}$ 162°, aus **III** mit $POCl_3$ auf dem Wasserbad, dann im Rohr 5 Std. bei 150—155°; 84,6%. — *1-Benzyl-bz-tetrahydroisochinolin* (**IV**), $C_{16}H_{17}N$, $Kp._{0,3}$ 143°, a) aus vorst. Verb. durch Hydrierung in Methanol über Pd-Kohle (1—2 Std.); 83%; b) aus 10 g nachst. Verb. in CH_3OH mit H_2 über RANEY-Ni; 3,6 g. *Pikrat*, $C_{22}H_{20}O_7N_4$, F. 132—133°. *Sulfat*, F. 214°. — *1-Phenacetyl-Δ^1-cyclohexenyl-(2)-acetonitril*, $C_{16}H_{17}ON$, $Kp._{0,02}$ 170—175°, hellgelbes Öl, aus 155 g Phenacetylchlorid u. 121 g Cyclohexenylacetonitril in PAe. mit $AlCl_3$ bei —20°, anschließend mit Dimethylanilin 2 Std. bei 180°; 96 g. Cyclisierung mit sirupöser H_3PO_4 (½ Std. auf dem Wasserbad) liefert **III**. — *1-Benzyl-Δ^9-oktahydroisochinolin*, $C_{16}H_{21}N$, $Kp._{0,5}$ 138°, a) aus vorst. Verb. in Methanol über RANEY-Ni unter 50 at H_2 (1½ Std. bei 70—90°); 78,1%; b) analog aus **IV**. *Pikrat*, F. 155—157° (Methanol). — *Morphinan*, $Kp._{0,6}$ 135°, aus 5 g vorst. Verb. mit H_3PO_4 (12 Std. bei 120°); 3,2 g. *Pikrat*, F. 195°, die Schmelze wird bei 170° wieder fest, dann F. 205° (Methanol). — *1-Benzyl-N-methyl-Δ^9-oktahydroisochinolin* (**V**), $C_{17}H_{23}N$, $Kp._{0,7}$ 134°, aus vorst. Verb. mit Ameisensäure/Formaldehyd; 86,5%. *Pikrat*, F. 134° (Methanol). — *p-Methoxyphenylglycidsäuremethylester*, $C_{11}H_{12}O_4$, F. 60 bis 62°, $Kp._{0,7}$ 145°, aus Anisaldehyd u. Chloressigsäuremethylester mit methanol. Na-Methylat bei —10°; 86,5—93,7%. — *1-[p-Methoxybenzyl]-10-oxydekahydroisochinolin*, $C_{17}H_{25}O_2N$, F. 152° (Essigester oder wss. Methanol), a) aus p-Methoxyphenylacetaldehydbisulfit u. Cyclohexenyläthylamin in verd. HCl (48 Std. bei 80—90° u. p_H 3—4); 30,8% (roh); b) analog mit vorst. Verb.; 40,3% (roh). — *1-[p-Methoxybenzyl]-N-methyl-10-oxydekahydroisochinolin*, $C_{18}H_{27}O_2N$, F. 65—66° (PAe.), $Kp._{0,01}$ 160—165°, aus vorst. Verb. mit Ameisensäure/Formaldehyd (2 Std. stehen u. 12 Std. auf dem Wasserbad). *Pikrat*, F. 153—156° (Methanol). — *1-[p-Oxybenzyl]-N-methyl-Δ^9-oktahydroisochinolinhydrobromid*, $C_{17}H_{24}ONBr$, F. 235—237° (Methanol/Ae.) aus 11,1 g vorst. Verb. mit sd. HBr (20 Min.); 3,7 g. — *3-Oxy-N-methylmorphinan* (**VI**), $C_{17}H_{23}ON$, F. 250—251° (Methanol), aus 150 g vorvorst. Verb. mit sd. HBr (D. 1,49—1,50; 6 Std.); 31% (roh), daneben 20—25 g analget. unwirksames *Isomeres*, $C_{17}H_{23}ON$, F. 197—198° (CH_3OH). *Methyläther*, $C_{18}H_{25}ON$, F. 97—99°, $Kp._{0,005}$ 156°; *Pikrat*, F. 196—197° (Methanol). (Liebigs Ann. Chem. **583**. 110—28. 1953. Elberfeld, Farbenfabriken Bayer, wiss.-chem. Labor.)
G. SEELIGER. 3231

M. W. Rubzow und **Je. Je. Michlina**, *Synthese 2.3-disubstituierter Chinuclidine.* Inhaltlich ident. mit der C. **1955**. **1044** referierten Arbeit. (Доклады Академии Наук СССР [Ber. Akad. Wiss. UdSSR] [N. S.] **88**. 1003—06. 21/2. 1953. Allunions Wiss. Chem.-Pharmaz. Ordshonikidse-Forschungsinst.) R. KNOBLOCH. 3231

Raffaello Fusco und **Giuseppe Bianchetti**, *Synthese des Azaadamantans.* Vff. synthetisieren *1-Azaadamantan* aus Mesitylen über folgende, ohne Einzelheiten mitgeteilte Stufen: Mesitylen wird mit $KMnO_4$ zu *Trimesinsäure* oxydiert, die durch Kernhydrierung mit H_2/Ni u. Veresterung *Cyclohexan-1.3.5-tricarbonsäuretrimethylester* ergibt. Durch Red. der Estergruppen mit $LiAlH_4$ u. Behandlung des *1.3.5-Tris-[oxymethyl]-cyclohexans* mit HBr entsteht *1.3.5-Tris-[brommethyl]-cyclohexan*, das mit NH_3 in sehr schlechter Ausbeute *1-Azaadamantan* ergibt: F. 258° (geschlossene Capillare); sublimiert bei ~ 100°; in W. mäßig lösl. Kristalle mit Amingeruch. *Pikrat*, F. 259—260°. (Atti Accad. naz. Lincei, Rend., Cl. Sci. fisiche, mat. natur. [8] **15**. 420—21. Dez. 1953. Milano, Univ., Ist. di Chim. Ind.) G. v. DECHEND. 3231

Edward M. Roberts, Marshall Gates und **V. Boekelheide**, *Eine Synthese von 5.6-Benzopyrrocolin.* Chinolyl-(2)-brenztraubensäureäthylester (**I**) wird mit $NaBH_4$ zu *1-[Chinolyl-(2)] propandiol-(2.3)* red., das nach Rk. mit HBr u. anschließender Behandlung mit Alkali *5.6-Benzopyrrocolin* (**II**) liefert. **II** läßt sich zu *Dodekahydro-5.6-benzopyrrocolin* hydrieren. $LiAlH_4$ red. **I** zu einer *Verb. $C_{12}H_9ON$*, wahrscheinlich *2-* oder *3-Oxy-5.6-benzopyrrocolin*. *2.5-Dimethyl-1-[2-carbomethoxyphenyl]-pyrrol* ließ sich nicht cylisieren.

Versuche: *1-[Chinolyl-(2)]-propandiol-(2.3)*, $C_{12}H_{13}O_2N$, F. 115—116° (Bzl.); durch 3 std. Kochen des K-Enolats von **I** mit $NaBH_4$ in Methanol; 52% (Ausbeute). *Pikrat*, $C_{18}H_{16}O_9N_4$, F. 162—163°, aus A. gelbe Nadeln. — *5.6-Benzopyrrocolin* (**II**), $C_{12}H_9N$, F. 108—108,5° (A.-W.), aus vorst. Verb. mit sd. 47% ig. HBr u. anschließende Wasserdampfdest. in Ggw. von Na_2CO_3; 85%. — *Dodekahydro-5.6-benzopyrrocolin*, $C_{12}H_{21}N$, $Kp._1$ 45—70° (Rohprod.), aus **II** mit H_2 in A. über PtO_2, nach Aufnahme von 1 Mol H_2 Weiterhydrierung in Ggw. von 6 n HCl. 2 *diastereomere Pikrate*, $C_{18}H_{24}O_7N_4$, F. 146—147° bzw. F. 169—170°, beide aus A. gelbe Kristalle. — *2*(oder *3*)*-Oxy-5.6-benzopyrrocolin* (?), *Monohydrat*, $C_{12}H_9ON \cdot H_2O$, F. 95—97° (braune M.), aus **I** mit $LiAlH_4$ in

Tetrahydrofuran (4 Std. kochen); 34%. *Dihydrat*, $C_{12}H_9ON$, F. 66—68°, aus wss. A. gelbe Nadeln. *Pikrat*, $C_{18}H_{12}O_8N_4$, F. 141—142°, aus A. orangefarbene Kristalle. *Perchlorat*, $C_{12}H_{10}O_5NCl$, F. 145—146°, aus A. rote Nadeln. *Monoacetathydrat*, $C_{14}H_{13}O_3N$, F. 110—111° (A.). — *2.5-Dimethyl-1-[2-carboxyphenyl]-pyrrol, Methylester*, $C_{14}H_{15}O_2N$, Kp.$_5$ 116—120°, aus Acetonylaceton u. Anthranilsäuremethylester in sd. Bzl.-Essigsäure; n_D^{20} 1,5518; 69%. *K-Salz*, $C_{13}N_{12}O_2NK$, F. 273—274° (CH_3OH-Äthylacetat). *Amid*, $C_{13}H_{14}ON_2$, F. 129—130° (wss. A.), beim Vers. der Cyclisierung von 8,0 g Methylester mit $NaNH_2$ in sd. Toluol; 2,0 g. (J. org. Chemistry **20**. 1443—47. Okt. 1955. Rochester, N. Y., Univ., Dep. of Chem.) H. CASSEBAUM. 3231

E. P. Hart, *Naphthyridine* 1. Mitt. *Die Chemie von 1.5-Naphthyridin*. Die Darst. von *1.5-Naphthyridin* (I) nach einer modifizierten Meth. von BOBRANSKI u. SUCHARDA (Ber. dtsch. chem. Ges. **60**. [1927.] 1081) wird beschrieben. I gibt mit Br_2 in Chlf. das *quaternäre Salz*, das in sd. W. in I u. die *4-Oxyverb.* zerfällt. Mit $NaNH_2$ liefert I *2-Amino-1.5-naphthyridin*, daraus mit HNO_2 die *2-Oxyverbindung*. I wird mit Acetpersäure zum *1-Oxyd* u. *1.5-Dioxyd* oxydiert, aus denen das *2-Chlor*-I (II) bzw. *2.6-Dichlor*-I (III) gewonnen werden. II u. III geben mit p-Toluolsulfonhydrazid (IV) *Addukte*. III läßt sich in *2.6-Dianilino*-I überführen bzw. zur *2.6-Dioxyverb.* verseifen. I u. sein 1.5-Dioxyd besitzen eine merkliche Aktivität gegen Streptococcus haemolyticus, Staphylococcus aureus u. B. coli.

V e r s u c h e: *1.5-Naphthyridin* (I), $C_8H_6N_2$, F. 72°, aus 3-Aminopyridin, Glycerin, H_3AsO_4 u. konz. H_2SO_4 bei 170° (2 Std.); blaßgelbe Nadeln aus PAe.; 36% (Ausbeute). — *1-[1.5-Naphthyridinyl-(4)]-1.5-naphthyridiniumbromidhydrobromid*, $C_{16}H_{12}N_4Br_2$, F. 260 bis 262°, aus 0,4 g I mit Br_2 in Chlf.; aus A. gelbe Kristalle; 0,6 g. — 1.5-N a p h t h y r i d i n d e r i v v.: *4-Oxy-*, $C_8H_6ON_2$, F. 340°, a) aus vorst. Verb. in sd. W. (2 Std.); aus A. Prismen; daneben I; b) aus 3-Amino-4-oxypyridin analog I (2 Std. bei 160°); 37%. — *2-Amino-*, aus 0,4 g I mit Na u. $NaNO_3$ in fl. NH_3; Nadeln; 0,35 g. *Pikrat*, $C_8H_7N_3 \cdot C_6H_3O_7N_3$, F. 270°, aus W. gelbe Nadeln. *2-Oxy-*, $C_8H_6ON_2$, F. 256°, aus vorst. Verb. in verd. HCl mit wss. $NaNO_2$; aus A. Nadeln. — *1-Oxyd*, $C_8H_6ON_2$, F. 125—127°, aus 0,2 g I mit 1,2 mol. Acetpersäure (20 Std. bei 55°); gelbe wachsartige M. aus Cyclohexan; 0,05 g, neben 0,2 g nächst. Verbindung. — *1.5-Dioxyd*, $C_8H_6O_2N_2$, F. 299—301°, aus 0,2 g I in CH_3COOH u. wss. H_2O_2 (20 Std. bei 50°); aus A. gelbe Büschel; 0,2 g. — *2-Chlor-* (II), $C_8H_5N_2Cl$, F. 112°, aus 0,05 g vorvorst. Verb. mit $POCl_3$ u. PCl_5 (20 Min. kochen); aus A. Nadeln; 0,04 g. — *2.6-Dichlor-* (III), $C_8H_4N_2Cl_2$, F. 236—238°, aus 0,15 g vorvorst. Verb. mit $POCl_3$ (20 Min. kochen); Tafeln aus PAe.; 0,1 g. — *2.6-Dioxy-*, $C_8H_6O_2N_2$ sublimiert bei ca. 360° ohne zu schm., aus III mit sd. 10%ig. Na_2CO_3; Büschel; keine Färbung mit $FeCl_3$. — *2.6-Dianilino-*, $C_{20}H_{16}N_4$, F. 278°, aus III u. Anilin (5 Min. kochen u. 1 Std. auf dem Wasserbad); aus PAe. gelbe Prismen. — *2-[N'-p-Toluolsulfonylhydrazino]-1.5-naphthyridindihydrochlorid*, $C_{15}H_{16}O_2N_4Cl_2S$, F. unbestimmt (gelber Rückstand), aus II, IV u. HCl in Chlf.; Nadeln. — *2.6-Bis-[N'-p-toluolsulfonylhydrazino]-1.5-naphthyridindihydrochlorid*, $C_{22}H_{24}O_4N_6Cl_2S_2$, aus III analog vorst. Verb.; gibt ebenso wie vorst. Verb. mit sd. 10%ig. NaOH N_2 u. I. (J. chem. Soc. [London] **1954**. 1879—82. Juni. Nottingham, Techn. Coll.) K. LEHMSTEDT. 3231

Allison Maggiolo und **Arthur P. Phillips**, *Die Reaktion von Alkylaminen mit Chlorheterocyclischen Verbindungen*. 2. Mitt. *2-Amino-4-chlor-6-methylpyrimidin*. (1. vgl. C. **1956**. 8355.) Im Gegensatz zu der säurekatalysierten Rk. zwischen Arylaminen u. akt. Chlorpyrimidinen gelingt die Umsetzung ausgesprochen aliphat. Amine unter alkal. Reaktionsbedingungen. Untersucht wurde die Abhängigkeit der Ausbeute an substituiertem Pyrimidin aus äquivalenten Mengen 2-Amino-4-chlor-6-methylpyrimidin (I) u. Anilin (II), Morpholin (III) bzw. Piperidin (IV) von der Stärke zugesetzter oder während der Rk. entstehender Säuren; aus I u. II wurden unter sämtlichen angewandten Reaktionsbedingungen fast quantitative Ausbeuten an *2-Amino-4-anilino-6-methylpyrimidin* (F. 171—173°) erzielt, während das stark bas. IV in Ggw. von HCl bzw. Essigsäure geringe, in Ggw. von A. allein oder mit Phenol ca. 50%ig. Ausbeute an *2-Amino-4-piperidino-6-methylpyrimidin* (V; $C_{10}H_{16}N_4$, F. 152—153°, aus Bzl.-Hexan Nadeln) ergab. Das mittelstarke bas. III reagierte in Ggw. schwacher Säuren mit 70 bis 80%, in Ggw. von HCl jedoch nur mit Ausbeuten $<$ 20% zu *2-Amino-4-morpholino-6-methylpyrimidin* (VI; $C_9H_{14}ON_4$, F. 176—177°). Mit 3 Äquivalenten III bzw. IV wurden in W. quantitative Ausbeuten an V bzw. VI erzielt. Die Reaktionsgeschwindigkeit nimmt bei III mit der Reaktionsdauer zu, bei IV ab, was einerseits auf die katalyt. Wrkg. der gebildeten HCl, andererseits auf die Bindung von IV durch HCl zurückgeführt wird. Phenol zeigt eine geringe katalyt. Wrkg. im Anfang der Rk., später nicht mehr. Hydrolyse von I zu 2-Amino-4-oxy-6-methylpyrimidin findet unter den angewandten Bedingungen nicht statt. 1 bzw. 3 Äquivalente n-Amylamin lieferten in W.

bei 2std. Rk. mit I 38 bzw. 71% *2-Amino-4-n-amylamino-6-methylpyrimidin*, F. 98–99°. (J. org. Chemistry **16.** 376–82. März 1951. Tuckahoe, N. Y., Wellcome Res. Laborr.) H. GOEBEL. 3272

Raymond N. Castle, Alan Aldous und **Carl Moore,** *Reaktion von 2-Chlorchinoxalin mit substituierten Acetonitrilen.* Es wird über Kondensationsprodd. aus 2-Chlorchinoxalin (I) mit verschied. Acetonitrilen berichtet; die Rk. gelingt in Ggw. von $NaNH_2$ u. ist allg. anwendbar, sie verläuft jedoch mit I nicht so leicht wie mit 4-Chlorcinnolin. — Versuche: *α-[Chinoxalyl-(2)]-phenylacetonitril*, $C_{16}H_{11}N_3$, F. 118–119°, aus 2,6 g Phenylacetonitril in absol. Bzl. mit 1,2 g $NaNH_2$, nach 1std. Rühren 1,64 g I in Bzl. zusetzen u. 2 Std. rühren, W. zusetzen, Benzolphase abtrennen; aus A./W., dann Chromatographie an mit CH_3OH entaktiviertem Al_2O_3, orangegelbe Kristalle; 1,16 g (Ausbeute). — Analog wurden dargestellt aus 2,4 g $NaNH_2$, 3,28 g I u. 7,44 g 2.4-Dichlorphenylacetonitril *α-[Chinoxalyl-(2)]-2'.4'-dichlorphenylacetonitril*, $C_{16}H_9N_3Cl_2$, F. 149–151°, rotorangefarbene Rosetten; 3,1 g. — Aus 2,94 g m-Methoxyphenylacetonitril, 1,2 g $NaNH_2$ u. 1,64 g I *α-[Chinoxalyl-(2)]-m-methoxyphenylacetonitril*, $C_{17}H_{13}ON_3$, F. 110–110,5°, hellorangefarbene Nadeln- 0,77 g. — Aus 7,22 g Diphenylacetonitril, 2,4 g $NaNH_2$ u. 3,28 g I *α-[Chinoxalyl-(2)]-diphenylacetonitril*, $C_{22}H_{15}N_3$, F. 129–131°, Prismen; 1,2 g. — Aus 3,34 g Naphthyl-(1)-acetonitril, 1,2 g $NaNH_2$ u. 1,64 g I *α-[Chinoxalyl-(2)]-naphthyl-(1')-acetonitril*, $C_{20}H_{13}N_3$, F. 186–187° (A.), goldbraune Prismen; 0,97 g. — Aus 3,56 g 2-Cyanmethyl-4.4-dimethyl-1-isopropyl-Δ^2-imidazolin, 1,2 g $NaNH_2$ u. 1,64 g I *α-[Chinoxalyl-(2)]-4'.4'-dimethyl-1'-isopropylimidazolinyl-(2')-acetonitril*, $C_{18}H_{21}N_5$, F. 176,5–177,5°, aus A. kanariengelbe Prismen; 1,9 g. (J. org. Chemistry **21.** 139. Jan. 1956. Albuquerque, N. Mex., Univ., Labor. of Pharm. Chem.) H. GOEBEL. 3272

R. Stuart Tipson und **Leonard H. Cretcher,** *Erneute Untersuchung von Alloxantin und Dialursäure.* Vff. beschreiben eine verbesserte Darst. für *Dialursäuremonohydrat* (I) u. *Alloxantindihydrat* (II). Das bei der Behandlung von Alloxanmonohydrat (III) mit überschüssigen H_2S isolierte II ist ein Kunstprod., das während der Aufarbeitung unter der Einw. von Luft-O_2 entsteht; bei der Entfernung des bei der Rk. gebildeten S mit CS_2 in O_2-freier Atmosphäre wird reines I erhalten. Reines II entsteht bei der Rk. von 1 Mol H_2S mit 2 Mol III u. Aufarbeitung in einem weder oxydierend (→ III) noch reduzierend (→ II) wirkenden Medium. — Es werden die Röntgen-Pulverdiagramme von I u. II aufgenommen u. die Strukturen von I, II u. III an Hand der Infrarotabsorptionsspektren diskutiert.

Versuche: *Dialursäuremonohydrat* (I), $C_4H_6O_5N_2$, kein wahrer F. oder Gasentw. bis 300° (unverändert bis 200°, schwachrosa bei 203–206°, rötlichbraun bei 229–230°; purpurrot-schwarz bei ca. 270°; Ausgangstemp. 150°, 2°/Min.), aus III in W. durch Sättigen mit H_2S; Ausschütteln mit CS_2, Filtrieren u. Umkristallisieren aus W. unter H_2S; monokline Nadeln (Raumgruppe $P\,2_1/N$, möglicherweise $P\,2/N$) oder verlängerte Prismen (1 × 4–5 im Querschnitt), die an den Enden 2 Flächen mit stumpfen Winkeln zueinander u. zur Nadelachse besitzen, Elementarzelle: $a_0 = 12{,}84$ Å, $b_0 = 3{,}68$ Å, $c_0 = 13{,}0$ Å, Vol. $615 \cdot 10^{-24}$ cm³, Achsenwinkel $\beta = 95{,}5°$, 4 Mol pro Zelle; D. 1,812; prakt. 100% (Ausbeute). — *Alloxanthindihydrat* (II), $C_8H_{10}O_{10}N_4$, F. 220° (Braunfärbung) bis 235° (Gasentw.; rosa bei 165, gelb bei 204°, Entw. von Feuchtigkeit bei 215°; Anfangstemp. 150°, 2°/Min.), aus 65,7 g III in 329 ml W. mit 1 Liter bei 1,5° mit H_2S gesätt. W.; Ausschütteln mit CS_2, Filtrieren u. Umkristallisieren aus W. unter N_2; mono- oder trikline (schiefe Extinktion in polarisiertem Licht) Prismen oder Tafeln mit Flächenwinkeln von 95–100° (große Kristalle) bzw. dünne Tafeln in Form schiefer Parallelogramme (kleine Kristalle); 62,5 g (roh). (J. org. Chemistry **16.** 1091–99. Juli 1951. Pittsburgh, Pa., Mellon Inst., Dep. of Res. in Org. Chem.) E. KOBER. 3272

I. K. Kacker und **S. Husain Zaheer,** *Reaktionen von substituierten 3.4-Dihydro-4-oxochinazolinen mit Grignard-Reagentien.* Das aus 3.4-Dihydro-4-oxo-3-phenylchinazolin (I) u. Phenyl-MgBr nach KOELSCH (J. Amer. chem. Soc. **67.** 1945.] 1718) dargestellte *N-[Diphenylmethyl]-anthranilanilid* (II) ließ sich zur *freien Säure* verseifen, die auch aus Anthranilsäure u. Diphenylmethylchlorid gewonnen werden konnte. Das von SEN u. UPADHYAYA (C. **1954.** 7650) aus 2-Methyl-3.4-dihydro-4-oxo-3-phenylchinazolin (VIII) durch GRIGNARD-Rk. erhaltene angebliche 4-Oxy-2-methyl-3.4-diphenylchinazolin wurde als unumgesetztes VIII-*Hydrochlorid* identifiziert. VIII lieferte nur eine geringe Menge eines Prod., das weder ein Anthranilamid noch ein Benzoxazin war. Bei der Rk. von 3-Aryl-2-äthyl- bzw. -2-n-propyl-3.4-dihydro-4-oxochinazolinen mit C_6H_5MgBr wurden die *4.4-Diphenyl-3.1.4-benzoxazine* u. das entsprechende *Arylamin* erhalten, die Umsetzung mit Alkylmagnesiumhalogeniden lieferte dagegen fast alles Ausgangsmaterial zurück, daneben wenig Amin. Durch alkoh. Alkali wurden die

Benzoxazine in *o-Aminophenyldiphenylmethanol* (V), mit HCl in V, *Benzophenon* u. *Anilin* (VII) übergeführt. Behandeln von V mit Propion- bzw. Buttersäureanhydrid in Ggw. oder Abwesenheit von geschmolzenem Na-Acetat lieferte die entsprechenden Benzoxazine zurück. Nach den vorliegenden Ergebnissen ist die Rk. der substituierten Chinazoline mit GRIGNARD-Reagentien von der elektrophilen Natur des Substituenten in 2-Stellung abhängig.

Versuche: *N-[Diphenylmethyl]-anthranilanilid* (II), $C_{26}H_{22}ON_2$, F. u. Misch-F. 174–176° (A./Bzl.), aus C_6H_5MgBr u. 4,4 g I in absol. Toluol nach KOELSCH (l. c.); hellgelb; 7 g (Ausbeute). – *N-[Diphenylmethyl]-anthranilsäure*, $C_{20}H_{17}O_2N$, F. u. Misch-F. 192–194° (A.), a) durch 1std. Erhitzen von II in Äthylenglykol mit NaOH, Dampfdest., Abtrennen des gebildeten VII (*Acetylderiv.*, F. 114–115°), Ansäuern u. Ae.-Extraktion; b) durch 15 Min. langes Erhitzen (Dampfbad) von Anthranilsäure, Diphenylmethylchlorid u. wenig Pyridin, Verreiben mit verd. HCl u. Umfällen aus verd. NaOH mit HCl; hellgelb, in Lsg. purpurfarbene Fluorescenz; 66%. Konnte durch Behandeln mit $SOCl_2$ u. anschließend mit VII in II übergeführt werden. 12std. Erhitzen von II mit 10%ig. wss. NaOH (Wasserbad) führte nicht zu vorst. Säure. – *2-Äthyl-4.4-diphenyl-d-benz-1.3-oxazin* (III), $C_{22}H_{19}ON$, F. u. Misch-F. 154–155° (A./Bzl.), a) durch Zutropfen von 25 g 2-Äthyl-3.4-dihydro-4-oxo-3-phenylchinazolin in Bzl. zu C_6H_5MgBr in Ae. unter Rühren u. Eis–Kochsalz-Kühlung, 6std. Kochen, Zers. durch Gießen auf Eis u. Zugeben von NH_4Cl, Einengen, Anreiben mit A. u. langes Stehen in der Kälte (16,1 g), oder durch Wasserdampfdest. nach Zers. des Komplexes u. Behandeln des Rückstandes mit wenig A. (25 g); daneben durch Extraktion der Mutterlauge mit verd. HCl VII (5,6 g bzw. 6,5 g), wenig Ausgangsprod. u. etwas *Diphenyl*; b) aus 26,4 g 2-Äthyl-3.4-dihydro-4-oxo-3-p-tolylchinazolin analog a) (26 g); daneben *p-Toluidin* (*Acetylderiv.*, F. 146°) (6,8 g); c) durch 30 Min. Erhitzen (Dampfbad) von 0,5 g V mit Propionsäureanhydrid u. Na-Acetat; Kristalle. *Pikrat*, F. 186–187°. *Pikrolonat*, F. 177–178° (Zers.). – *4.4-Diphenyl-2-n-propyl-d-benz-1.3-oxazin* (IV), $C_{23}H_{21}ON$, F. u. Misch-F. 156–157° (A.), a) aus Brombenzol, Mg u. 5,28 g 3.4-Dihydro-4-oxo-3-phenyl-2-n-propylchinazolin analog III; 3 g; daneben VII; b) aus 5,5 g 3.4-Dihydro-4-oxo-2-n-propyl-3-p-tolylchinazolin; 2,5 g; daneben *p-Toluidin*; c) aus 0,5 g V u. n-Buttersäureanhydrid analog III nach c); 0,2 g. – *o-Aminophenyldiphenylmethanol* (V), $C_{19}H_{17}ON$, F. u. Misch-F. 121 bis 122° (A.), a) durch 16std. Kochen von 2 g III bzw. IV in 10%ig. alkoh. KOH (Dampfbad), Verdünnen mit W., Ansäuern, Abtrennen des in der Kälte abgeschiedenen unumgesetzten III bzw. IV u. Alkalisieren mit Soda; 0,2 g; b) durch 4–5std. Erhitzen von 10 g III bzw. IV mit 15%ig. HCl auf 120–130° (Ölbad) bis zur vollständigen Lsg., Verdünnen mit W., Ae.-Extraktion, Alkalisieren u. Abtrennen von wenig gebildetem VII durch Wasserdampfdest., Ausziehen des Rückstandes mit Ae., Einengen, Durchleiten von HCl u. Verreiben mit kaltem verd. NH_4OH; 2,0 g. *Acetylderiv.*, F. u. Misch-F. 196–197°. Daneben aus dem Ae.-Extrakt *Benzophenon*, Kp.$_{15}$ 185–190° (*2.4-Dinitrophenylhydrazon*, F. 235–236°; *Oxim*, F. 142–143°). – 6std. Erhitzen von V mit 10%ig. alkoh. KOH, Verdünnen, Ansäuern mit HCl, Ae.-Extraktion u. Einengen lieferte einige Tropfen eines *braunen Öles*, das keine Ketogruppen enthielt, u. viel V zurück. Hydrolyse von V analog III u. IV mit 15%ig. HCl gab wenig VII, *Benzophenon* u. viel V zurück. – Beim Durchleiten von HCl durch III in Ae./Bzl. unter Kühlung wurde ein *Prod. vom F. 185–189° (Zers.)* erhalten, das nicht mit Diphenyl-o-propionamidophenylmethanol (VI) ident. war, u. nach 3maligem Umkristallisieren aus A. III zurücklieferte. 1std. Erhitzen (Dampfbad) von III in Eisessig u. Gießen auf Eis gab ebenfalls kein VI, sondern ein *Prod. vom F. 190–195° (Zers.)*, das anscheinend mit vorst. Verb. ident. war. (J. chem. Soc. [London] **1956**. 415–18. Febr. Hyderabad-Deccan, India, Centr. Laborr. for Sci. and Ind. Res.) W. GEHRMANN. 3282

H. Brandenberger und **R. Schwyzer**, *Symm.-Triazinderivate als Katalysatorgifte.* Wie von BRANDENBERGER (C. **1954**. 11410 u. Helv. chim. Acta **37**. 1954.] 2207) festgestellt wurde, sind die Harnsäureabbauprodd. *Allantoxaidin* u. *Oxonsäure 2.4-Dioxy-1.3.5-triazon* (I) bzw. 2.4-Dioxy-1.3.5-triazincarbonsäure-(6) (II). Die katalyt. Hydrierung zu den entsprechenden *5.6-Dihydroderivv.* verläuft bei II in W. in Ggw. von Pt bei 37° nur äußerst langsam, I nimmt dagegen in Eisessig H_2 nur spurenweise auf. Dieses Ergebnis steht in Einklang mit der Beobachtung von GRUNDMANN u. KREUTZBERGER (C. **1955**. 7683), daß 1.3.5-Triazin als Katalysatorgift wirkt u. daher nicht hydrierbar ist. Vff. stellten ferner fest, daß Zusatz von I, II oder Cyanursäure die Wirksamkeit von PtO_2 bei der Hydrierung der 3.4.5-Trimethoxyzimtsäure aufhebt. Die Dihydroderivv. von I u. II, die sich jedoch sehr glatt mit nascierendem H aus Na-Amalgam darstellen ließen, zeigen die gleiche Giftwrkg. auf den Katalysator, so daß vorerst nicht zu entscheiden ist, ob die Giftwrkg. den Triazinen oder den daraus zu Beginn der Hydrierung in Spuren entstandenen Dihydroderivv. zukommt. (Helv. chim. Acta **38**. 1396–98.

15/10. 1955. Bern, Univ., Theodor Kocher-Inst., u. Basel, Ciba AG., Pharmazeut. Abt. Forschungslabor.) W. RUSKE. 3313

Edward J. Modest, *Chemische und biologische Untersuchungen an 1.2-Dihydro-symm.-triazinen.* 2. Mitt. *Dreikomponentensynthese.* (1. vgl. C. **1952.** 7213.) *Paludrin* [*N^1-(p-Chlorphenyl)-N_5-isopropylbiguanid*] wird in vivo durch enzymat. Dehydrierung in *4.6-Diamino-1-[p-chlorphenyl]-2.2-dimethyl-1.2-dihydro-symm.-triazin* übergeführt. Dihydrotriazinhydrochloride dieses Typs lassen sich synthet. aus Arylaminen, Dicyandiamid u. Aldehyden oder Ketonen mit konz. HCl durch Kochen in der überschüssigen Carbonylverb. oder in inerten Lösungsmitteln wie einem Alkohol unter wasserfreien Bedingungen darstellen. Die verwendeten Amine müssen aromat. Natur sein u. dürfen am N keinen weiteren Substituenten tragen. Als Säuren kommen außer HCl auch HNO_3 oder Pikrinsäure in Frage, mit Essigsäure verläuft die Kondensation nur unbefriedigend. Dicyandiamid läßt sich durch sein N^1-Methylderiv., jedoch nicht durch die $N^1.N^1$- oder $N^1.N^2$-Dimethylderivv. ersetzen. Als Carbonylverbb. sind ster. nicht gehinderte Ketone am günstigsten; ihre Reaktionsfähigkeit geht ihrer Fähigkeit, HSO_3^--Addukte zu bilden, parallel. Demnach reagieren, was Geschwindigkeit u. Vollständigkeit der Rk. anbetrifft, in abnehmender Reihenfolge: Aceton, Cyclopentanon, Cyclohexanon, Methyläthylketon, Methyl-n-propylketon u. Diäthylketon. Aromat. Ketone, wie Aceto- oder Benzophenon, reagieren nicht; α-Phenylgruppen verhindern also diese Rk. wie auch die Bisulfitaddition. Aromat. Aldehyde reagieren gut im Gegensatz zu aliphat. Aldehyden, die auf Grund ihrer schnelleren Bldg. SCHIFFscher Basen mit dem eingesetzten Amin keine Dihydrotriazine liefern. Derartige Aldehyde lassen sich jedoch in der Zweikomponentensynth. (vgl. nachst. Ref.) erfolgreich einsetzen. Während die Rk. allg. bei Siedetemp. durchgeführt wird, tritt die Kondensation in einigen Fällen auch bei Zimmertemp. oder selbst im Eisbad ein. Bei ster. gehinderten Ketonen, die erhöhte Reaktionstemp. erfordern, wird die Ausbeute an Dihydrotriazin auf Kosten der Bldg. von Arylbiguanid herabgesetzt; mit Methyläthylketon bei Siedetemp. ist das Arylbiguanid beispielsweise das einzige Reaktionsprod., während bei Zimmertemp. in absol. A. das Dihydrotriazinhydrochlorid bevorzugt gebildet wird. Allg. wirkt in derartigen Fällen eine Herabsetzung der Reaktionstemp. günstig auf die Triazinausbeute. Sorgfältige Neutralisation der so gebildeten *4.6-Diamino-1-aryl-2.2-dialkyl (oder alkyliden)-1.2-dihydro-symm.-triazinhydrochloride* (**I**) führt sie in die *freien Basen* (**II**) über, die allg. wenig stabil sind u. mit HCl in die **I** zurückverwandelt werden können. Mit überschüssigem Alkali werden **I** oder **II**, **II** auch allein therm., in die isomeren *4-Amino-6-arylamino-2.2-dialkyl (oder alkyliden)-1.2-dihydro-symm.-triazine* (**III**) umgelagert, die biolog. wenig akt. sind. Die **III** lassen sich mit HCl in die entsprechenden *Hydrochloride* (**IV**) überführen, aus denen die **III** mit Alkali zurückgebildet werden. Für die Isomerisierung sind demnach alkal. Bedingungen erforderlich. Verbb. des Typs **III** bzw. **IV** werden auch durch Kondensation von Arylguaniden u. Carbonylverbb. unter bas. Bedingungen bzw. ohne Katalysator erhalten. Während die **I** unter n. Bedingungen stabil sind, sich mehrere Jahre unverändert aufbewahren lassen u. auch durch sd. W. nicht angegriffen werden, isomerisieren sie in der Schmelze zu **IV**. Verbb. des Typs **II** sowie **III** sind relativ starke zweisäurige Basen, die bevorzugt Monosalze bilden. Disalze werden in nichtwss. Medium erhalten. Mittels der potentiometr. Titration wird der $pK_{\alpha'}$-Wert für das *Hydrat* des *N_6-[p-Chlorphenyl]-2.2-dimethylderiv.* von **III** zu 10,4 bestimmt. Die entsprechenden Werte für das *p-Chlorphenylbiguanidhydrat* u. das *1-[p-Chlorphenyl]-2.2-dimethylderiv.* von **II** liegen bei 10,3 bzw. 11,2. Verbb. des Typs **I** bzw. **II** u. **III** bzw. **IV** lassen sich durch ihre charakterist. UV-Spektren unterscheiden; beide zeigen allg. eine Kurve mit je einem Maximum u. Minimum, wobei das Maximum von **III** bzw. **IV** gegenüber dem von **I** bzw. **II** bathochrom verschoben ist. Auf diese Weise läßt sich auch der Verlauf der Isomerisierung gut verfolgen. Die Dihydrotriazine wiederum lassen sich von den Arylbiguaniden mittels des UV-Spektr. oder der den Dihydrotriazinen fehlenden Fähigkeit der Arylbiguanide, mit Cu-Ammoniakationen gefärbte Komplexe zu bilden, unterscheiden. Verbb. des Typs **I** bzw. **II** lassen sich von denen des Typs **III** bzw. **IV** schließlich auch durch die Hinderung mikrobiolog. Systeme (streptococcus faecalis 8043-Pteroylglutaminsäure) unterscheiden. Die Struktur von **I** bzw. **II** folgt aus Verss. mit entsprechend substituierten Aminen bzw. Dicyandiamiden, die zu der Folgerung führten, daß der Ringschluß unter Abspaltung von W. aus der Carbonylverb. u. je einem H-Atom von $N_{(1)}$ u. $N_{(4)}$ des hypothet. Zwischenprod. N^1-Arylbiguanid gemäß **A** erfolgt, während sich die Struktur von **III** bzw. **IV** durch entsprechende Syntheseverss. sich aus dem Verlauf der

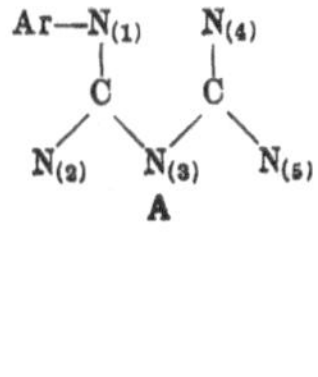

A

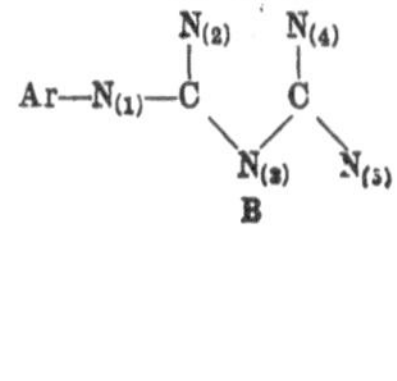

B

Kondensation zwischen Carbonyl-O u. den H-Atomen von $N_{(2)}$ u. $N_{(4)}$ gemäß **B** ergibt. Die Umwandlung von **II** in **III** wird mit einem basenkatalysierten Ringspaltungs- u. Recyclisierungsmechanismus erläutert, der von dem Mechanismus der therm. Umlagerung von **I** in **IV** verschieden sein muß. Bei den Umlagerungsmechanismen wird jedoch als treibende Kraft der Übergang von einem gespannten in ein spannungsfreies Mol. von geringerem Energieinhalt zugrunde liegen.

Versuche (FF. korr.): Die allg. Meth. zur Darst. der **I** unter Verwendung von Ketonen besteht im Kochen (1—24, meist 17 Std.) von 0,1 Mol des substituierten Anilinhydrochlorids (bzw. von 0,1 Mol substituiertem Anilin mit der entsprechenden Menge konz. HCl) u. 0,107 Mol Dicyandiamid bzw. N^1-Methyldicyandiamid in 50 cm^3 Keton unter Rühren; die Ausbeuten betragen zwischen 30 u. 95% u. liegen im Mittel bei 70%. Reinigung durch Umkristallisieren aus W. oder einem Alkohol gibt im Mittel 70% des Rohprodukts. Bei schwerer lösl. Komponenten der Synth. wurden 150 cm^3 Aceton verwandt. Die anderen Ketone wurden in einer Menge von 0,15—0,2 Mol in 50 cm^3 95%ig. oder absol. A. eingesetzt; die Ausbeuten betrugen hier 20 bis 65%, im Mittel 50%. Auf diesem Wege wurden folgende *4.6-Diamino-1-phenyl-2.2-dialkyl(alkyliden)-1.2-dihydro-symm. triazinhydrochloride* (I) dargestellt: $R = R_3 = H$, $R_1 = R_2 = CH_3$, $C_{11}H_{15}N_5 \cdot HCl$, F. 200—203°. — $R_3 = H$, R = *p-Methyl*, $R_1 = R_2 = CH_3$, $C_{12}H_{17}N_5 \cdot HCl$, F. 206—208°. — R = *p-Chlor*, $R_1 = R_2 = CH_3$, $R_3 = H$, $C_{11}H_{14}N_5Cl \cdot HCl$, F. 210—215°. *Nitrat*, $C_{11}H_{14}N_5Cl \cdot HNO_3$, F. 198—199° (W.), mit HNO_3 an Stelle von HCl; 72%. *Pikrat*, $C_{11}H_{14}N_5Cl \cdot C_6H_3O_7N_3$, F. 202—203° (A.), analog mit Pikrinsäure; 98%, oder aus dem Hydrochlorid in wss. Lsg. mit wss. Pikrinsäurelösung. *Nitrit*, $C_{11}H_{14}N_5Cl \cdot HNO_2$, F. 163—166° (W.), aus dem Hydrochlorid in W. mit wss. $NaNO_2$-Lsg.; 48%. *Bicarbonat*, $C_{11}H_{14}N_5Cl \cdot H_2CO_3$, F. 194—197°, aus dem Hydrochlorid in W. mit wss. $NaHCO_3$-Lsg.; aus 9 g 3,1 g. *Dihydrochlorid*, $C_{11}H_{14}N_5Cl \cdot 2\,HCl$, F. 190 bis 196° (Aceton–Ae.), aus dem Hydrochlorid in Aceton durch Einleiten von HCl u. Fällen mit Ae.; 85%. — R = *p-Brom*, $R_1 = R_2 = CH_3$, $R_3 = H$, $C_{11}H_{14}N_5Br \cdot HCl$, F. 203—208°. — R = *p-Carbäthoxy*, $R_1 = R_2 = CH_3$, $R_3 = H$, $C_{14}H_{19}O_2N_5 \cdot HCl$, F. 189 bis 191°. — $R = p\text{-}CONH_2$, $R_1 = R_2 = CH_3$, $R_3 = H$, $C_{12}H_{16}ON_6 \cdot HCl$, F. 210—212°. — $R = p\text{-}COOH$, $R_1 = R_2 = CH_3$, $R_3 = H$, $C_{12}H_{15}O_2N_5 \cdot HCl$, F. 200—210°. — $R = o\text{-}CH_3$, $R_1 = R_2 = CH_3$, $R_3 = H$, $C_{12}H_{17}N_5 \cdot HCl$, F. 224—226°. — R = *o-Cl*, $R_1 = R_2 = CH_3$, $R_3 = H$, $C_{11}H_{14}N_5Cl \cdot HCl$, F. 217—221°. — R = *o-Br*, $R_1 = R_2 = CH_3$, $R_3 = H$, $C_{11}H_{14} \cdot N_5Br \cdot HCl$, F. 217—222°. — R = *m-Cl*, $R_1 = R_2 = CH_3$, $R_3 = H$, $C_{11}H_{14}N_5Cl \cdot HCl$, F. 195—200°. — $R = H$, $R_1 = R_2 = R_3 = CH_3$, $C_{12}H_{17}N_5 \cdot HCl$, F. 170—172° (n-Butanol). — R = *2.4-Dichlor*, $R_1 = R_2 = CH_3$, $R_3 = H$, $C_{11}H_{13}N_5Cl_2 \cdot HCl$, F. 204—208°. — R = *2.5-Dichlor*, $R_1 = R_2 = CH_3$, $R_3 = H$, $C_{11}H_{13}N_5Cl_2 \cdot HCl$, F. 186—196°. — R = *3.4-Dichlor*, $R_1 = R_2 = CH_3$, $R_3 = H$, $C_{11}H_{13}N_5Cl_2 \cdot HCl$, F. 207—212°. — R = *p-Chlor*, $R_1 - R_2$ = *Tetramethylen*, $R_3 = H$, $C_{13}H_{16}N_5Cl \cdot HCl$, F. 212—216°. — R = *p-Chlor*, $R_1 - R_2$ = *Pentamethylen*, $R_3 = H$, $C_{14}H_{18}N_5Cl \cdot HCl$, F. 224—226°. — Abweichend von dem allg. Verf. werden dargestellt: *4.6-Diamino-2.2-dimethyl-1-[p-nitrophenyl]-1.2-dihydro-symm.-triazinhydrochlorid*, $C_{11}H_{14}O_2N_6 \cdot HCl$, F. 202—205° (durch Lyophilisierung; Umkristallisierung aus W. liefert nachst. *Biguanid*); durch 6std. Rühren von 6,91 g p-Nitranilin, 4,2 cm^3 konz. HCl, 4,2 g Dicyandiamid u. 100 cm^3 Aceton bei Zimmertemp.; 74% hellgelben Materials, das mit ammoniakal. $CuSO_4$ eine schwach positive Biguanid-Rk. gibt. Extraktion mit W. u. Lyophilisierung gibt hellgelbes, mikrokristallines Pulver, $\lambda_{max\,(W.)}$ 240 mμ. Erhitzen in W. oder A. gibt *N^1-[p-Nitrophenyl]-biguanidhydrochlorid*, F. 278—280° (unkorr.), gelbe Nadeln aus W., $\lambda_{max\,(W.)}$ 230 u. 324 mμ. Syntheseverss. bei erhöhten Tempp. liefern bis zu 80% *Biguanid*. — *4.6-Diamino-1-[p-chlorphenyl]-2-äthyl-2-methyl-1.2-dihydro-symm.-triazinhydrochlorid*, $C_{12}H_{16}N_5Cl \cdot HCl$, F. 196—201° (W.), aus 6,38 g p-Chloranilin, 4,2 cm^3 konz. HCl, 4,5 g Dicyandiamid u. 40 cm^3 Methyläthylketon in absol. A. durch 24std. Rühren bei Zimmertemp.; 50%. Bei erhöhten Tempp. wird überwiegend *p-Chlorphenylbiguanid* gebildet. — *4.6-Diamino-1-[3'.4'-dichlorphenyl]-2-methyl-2-äthyl-1.2-dihydro-symm.-triazinhydrochlorid*, $C_{12}H_{15}N_5Cl_2 \cdot HCl$, F. 202—208° (W.), analog vorst. Verb.; 67%. Bei erhöhter Temp. Bldg. des *Biguanids*. — *4.6-Diamino-1-[p-chlorphenyl]-2.2-diäthyl-1.2-dihydro-symm.-triazinhydrochlorid*, $C_{13}H_{18} \cdot N_5Cl \cdot HCl$, F. 172—180° (W.), durch 3tägiges Rühren von 32,81 g p-Chloranilinhydrochlorid, 18 g Dicyandiamid u. 150 cm^3 Diäthylketon + 50 cm^3 absol. A. bei Zimmertemp., Absaugen des hauptsächlich gebildeten *N^1-[p-Chlorphenyl]-biguanidhydrochlorids* [F. 190—230° (unkorr.); 32,2 g] u. Kühlen des Filtrats; 1,4 g Triazin, das durch fraktionierte Kristallisation aus W. von einem geringen Rest leichter lösl. Biguanids getrennt wird. — *4.6-Diamino-1-[p-chlorphenyl]-2-methyl-2-[n-propyl]-1.2-dihydro-symm.-triazinhydrochlorid*, $C_{13}H_{18}N_5Cl \cdot HCl$, F. 188—192° (W.), durch 24std. Rühren von 3,26 g p-Chlor-

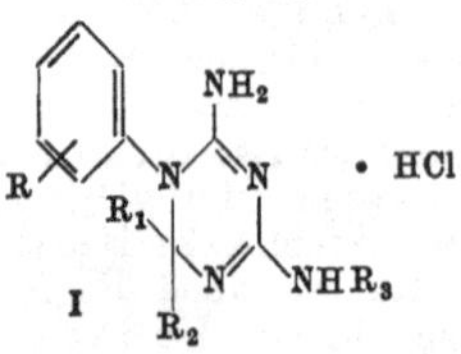

I

anilinhydrochlorid, 1,8 g Dicyandiamid, 15 cm^3 Methyl-n-propylketon u. 4 cm^3 absol. A., Absaugen des gebildeten *Biguanids* 1,112 g; F. 223—228° (unkorr.)] u. 3monatiges Stehen des Filtrats im Eisschrank; 17%. — Die allg. Meth. zur Darst. der *4.6-Diamino-1.2-diaryl-1.2-dihydro-symm.-triazinhydrochloride* (V) unter Verwendung von aromat. Aldehyden besteht im 6std. Kochen von 0,1 Mol substituiertem Anilinhydrochlorid (bzw. von 0,1 Mol substituiertem Anilin u. der äquivalenten Menge konz. HCl), 0,107 Mol Dicyandiamid bzw. N^1-Methyldicyandiamid u. 0,105—0,15 Mol aromat. Aldehyd in 50 cm^3 95% ig. oder absol. Äthanol. Die Ausbeuten liegen zwischen 10 u. 80%, im Mittel um 50%. Umkristallisation aus W. oder reinem Alkohol gibt im Mittel 65% des Rohprodukts. Folgende *4.6-Diamino-1.2-diphenyl-1.2-dihydro-symm.-triazinhydrochloride* (V) werden dargestellt: *R = H, R_1 = Phenyl*, $C_{15}H_{15}N_5 \cdot HCl$, F. 215—220°. — *R = p-Chlor, R_1 = Phenyl*, $C_{15}H_{14}N_5Cl \cdot HCl$, F. 217—221°. — *R = p-Chlor, R_1 = o-Chlorphenyl*, $C_{15}H_{13}N_5Cl_2 \cdot HCl$, F. 221 bis 224°. — *R = 2.4-Dichlor-, R_1 = Phenyl*, $C_{15}H_{13}N_5Cl_2 \cdot HCl$, F. 217—221°. — *R = 2.5-Dichlor, R_1 = Phenyl*, $C_{15}H_{13}N_5Cl_2 \cdot HCl$, F. 211—216°. — *R = 3.4-Dichlor, R_1 = Phenyl*, $C_{15}H_{13}N_5Cl_2 \cdot HCl$, F. 213—217°. —

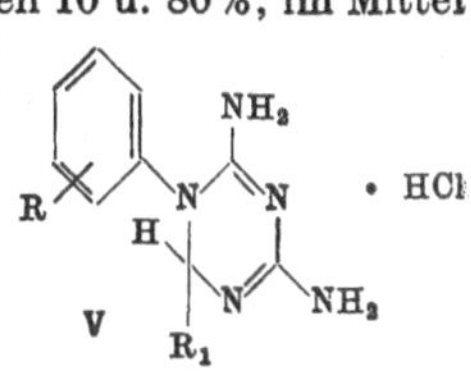

V

6-Amino-1-[p-chlorphenyl]-4-methylamino-2-phenyl-1.2-dihydro-symm.-triazinhydrochlorid, $C_{16}H_{16}N_5Cl \cdot HCl$, F. 186—194° (W.), durch 6std. Kochen von 12,76 g p-Chloranilin, 8,33 cm^3 konz. HCl, 10,5 g N^1-Methyldicyandiamid u. 15,3 cm^3 Benzaldehyd in 50 cm^3 95% ig. Alkohol. Da beim Abkühlen das I nicht auskristallisierte, wurde die Lsg. langsam bei Zimmertemp. verdampft; 19%. — Aus den I werden folgende *freie Basen* (II) dargestellt: *4.6-Diamino-2.2-dimethyl-1-[p-chlorphenyl]-1.2-dihydro-symm-triazin*, $C_{11}H_{14}N_5Cl$, F. 136—144°, R_{max} (W.) 241 mμ ($\log \varepsilon = 4{,}11$), durch Behandeln der wss. Lsg. des Hydrochlorids mit überschüssigem NaOH in W. u. Stehen in Eis, 0,2 g aus 1 g. — *4.6-Diamino-2.2-dimethyl-1-phenyl-1.2-dihydro-symm.-triazin*, $C_{11}H_{15}N_5$, F. 142—151°, analog aus 2 g Hydrochlorid u. gesätt. wss. $Ba(OH)_2$-Lsg.; 71%. — *4.6-Diamino-1-[p-carbäthoxyphenyl]-2.2-dimethyl-1.2-dihydro-symm.-triazin*, $C_{14}H_{19}O_2N_5$, beginnt bei 132° zu schm., bei 155—160° klare Schmelze unter Aufschäumen, aus dem Hydrochlorid in W. bei 40° u. Alkalisieren mit konz. NH_4OH bis p_H 9; 68%. — *4.6-Diamino-1-[p-aminoformylphenyl]-2.2-dimethyl-1.2-dihydro-symm.-triazin*, $C_{12}H_{16}ON_6$, beginnt bei 178—182° zu schm., bei 212—214° klare Schmelze unter Aufschäumen, analog vorst. Verbindung. — *4.6-Diamino-1-[p-carboxyphenyl]-2.2-dimethyl-1.2-dihydro-symm.-triazin*, $C_{12}H_{15}O_2N_5$, F. 346—348° (W., unkorr.), durch Umkristallisation des Hydrochlorids aus W., 29%, oder aus dem Hydrochlorid in wss. Lsg. mit überschüssiger NaOH u. Einstellen des p_H mit n-HCl auf 11; 83%. — Folgende *Anilinodihydrotriazine* (III) werden aus den entsprechenden I bzw. II mittels Alkali in der Wärme oder aus Arylbiguaniden dargestellt, wobei die Ausbeuten auf dem ersten Wege besser sind: *4-Amino-6-[p-chloranilino]-2.2-dimethyl-1.2-dihydro-symm.-triazinhydrat*, $C_{11}H_{14}N_5Cl \cdot H_2O$, F. 130 bis 133° (A.), λ_{max} (W.) 255 mμ ($\log \varepsilon = 4{,}25$), durch 1std. Kochen einer wss.-alkoh. Lsg. des entsprechenden I mit 5n NaOH (p_H 11); 90%. *Hydrochlorid*, $C_{11}H_{14}N_5Cl \cdot HCl$, F. 128—131° (W.), λ_{max} (W.) 255 mμ ($\log \varepsilon = 4{,}24$), aus vorst. Verb. mit n-HCl in der Wärme; 70%. — Hydrochlorid u. Hydrat haben die gleiche Kristallform u. das gleiche UV-Spektr., ihr Gemisch zeigt keine F.-Depression. *Dihydrochlorid*, $C_{11}H_{14}N_5Cl \cdot 2\,HCl$, sintert bei 190°, beginnt bei 200—210° zu schm., klare Schmelze bei 213°, λ_{max} (W.) 255 mμ ($\log \varepsilon = 4{,}27$), aus dem Hydrat in Aceton u. HCl-Gas in der Wärme; ~100%. Durch Umkristallisation aus W. das Monohydrochlorid. *Nitrit*, $C_{11}H_{14}N_5Cl \cdot HNO_2$, F. 177—179° [unter Dunkelbraunfärbung (A.)], aus dem Hydrochlorid u. $NaNO_2$ in W.; 46%. — *4-Amino-6-[p-carboxyanilino]-2.2-dimethyl-1.2-dihydro-symm.-triazin*, $C_{12}H_{15}O_2N_5$, F. 340—346° (Zers.), durch 1std. Erhitzen des entsprechenden I in n-NaOH auf dem Wasserbad u. Einstellen auf p_H 8; 75%. — *4-Amino-6-[p-carbäthoxyanilino]-2.2-dimethyl-1.2-dihydro-symm.-triazinalkoholat*, $C_{14}H_{19}O_2N_5 \cdot C_2H_5OH$, F. 123—128° (A.), durch Umkristallisieren des entsprechenden II aus Äthanol. — *4-Amino-6-Anilino-2.2-dimethyl-1.2-dihydro-symm.-triazin*, $C_{11}H_{15}N_5$, F. 187—189° (W.), durch Fällen der wss. Lsg. des entsprechenden I mit 5n NaOH u. Umkristallisieren des Nd. aus Wasser. Durch 17std. Kochen von 50,26 g Phenylbiguanid, 260 cm^3 Aceton u. Piperidin, Eindampfen im Vakuum u. Lösen des Öls in warmem W.; 64%. Ohne Piperidinzusatz aus 0,86 g Phenylbiguanid durch 10tägiges Kochen 70 mg. — *4-Amino-6-[N-methylanilino]-2.2-dimethyl-1.2-dihydro-symm.-triazinhydrochlorid*, $C_{12}H_{17}N_5 \cdot HCl$, F. 240—241° (n-Butanol), durch 3tägiges Kochen von 3,05 g N^1-Phenyl-N^1-methylbiguanid in 14 cm^3 Aceton unter Piperidinzusatz, Einstellen des Filtrats auf p_H 4,5, Eindampfen von Vakuum u. Behandeln des glasigen Rückstands mit Aceton; 54%. — *4-Methylamino-6-[p-chloranilino]-2.2-dimethyl-1.2-dihydro-symm.-triazinhydrochloridhydrat*, $C_{12}H_{16}N_5Cl \cdot HCl \cdot H_2O$, F. 122—127° (W.), durch 7tägiges Kochen von 5 g N^1-[p-Chlorphenyl]-

N^5-methylbiguanid in 30 cm³ Aceton unter Piperidinzusatz, Neutralisieren mit HCl u. Eindampfen im Vakuum; 47%. — *4-Dimethylamino-6-anilino-2.2-dimethyl-1.2-dihydro-symm.-triazin*, $C_{13}H_{19}N_5$, F. 155—158° (W.), durch 7tägiges Kochen von 5 g. N^1-Phenyl-N^5.N^5-dimethylbiguanid in 28 cm³ Aceton unter Piperidinzusatz, Dest. von Vakuum u. Kristallisation des Öls aus W.; 35%. — *4-Amino-6-anilino-1.2.2-trimethyl-1.2-dihydro-symm.-triazin*, $C_{12}H_{17}N_5$, F. 204—206° (Zers.), aus 0,39 g rohem N^1-Phenyl-N^2-methylbiguanid (dargestellt nach der Meth. von CROWTHER u. Mitarbeitern, C. **1950**. I. 410) in 10 cm³ Aceton unter Piperidinzusatz durch 5tägiges Kochen; 19%. — Die Arylbiguanide werden als Hydrochloride in 34—85%ig. Ausbeute durch Umsetzung des entsprechenden Dicyandiamids mit einem Arylaminhydrochlorid (bzw. Arylamin + HCl) in wss. Lsg., die freien Basen aus diesen in 65—80%ig. Ausbeute mit Alkali erhalten. Biguanide: *N^1-[p-Chlorphenyl]-N^5-methyl-*, *Hydrat*, $C_9H_{12}N_5Cl \cdot H_2O$, F. 110—115° (W.). — *$N^1$-Phenyl-$N^1$-methyl-*, *Hydrochlorid*, $C_9H_{13}N_5 \cdot HCl$, F. 200—203° (n-Propanol). *Hydrat*, $C_9H_{13}N_5 \cdot H_2O$, F. 94—96° (W.). — *N^1-[p-Chlorphenyl]-N^4.N^5-dimethyl-*, *Hydrochlorid*, $C_{10}H_{14}N_5Cl \cdot HCl$, F. 251—253° (W.). — *$N^1$-Phenyl-$N^5$.$N^5$-dimethyl-*, *Hydrochlorid*, $C_{10}H_{15}N_5 \cdot HCl$, F. 251—253° (W). *Freie Base*, $C_{10}H_{15}N_5$, F. 125—126° (W.). — *N^1-[p-Nitrophenyl]-*, *Hydrochlorid*, $C_8H_{10}O_2N_6 \cdot HCl$, F. 268—270°, aus 70%ig. A. gelbe Nadeln. (J. org. Chemistry **21**. 1—13. Jan. 1956. Boston, Mass., Children's Medical Center, Children's Cancer Res. Foundation.) W. RUSKE. 3313

Edward J. Modest und **Philip Levine**, *Chemische und biologische Untersuchungen an 1.2-Dihydro-symm.-triazinen.* 3. Mitt. *Zweikomponentensynthese.* (2. vgl. vorst. Ref.) *4.6-Diamino-1-aryl-1.2-dihydro-symm.-triazinhydrochloride* (I), die in 2-Stellung mono- oder dialkyliert sind, lassen sich außer der l. c. beschriebenen Meth. auch durch Kondensation eines Arylbiguanids mit einem Keton oder Aldehyd in Ggw. von mehr als einem Äquivalent einer starken Säure in A. oder der Carbonylverb. selbst als Lösungsm. bei Siedetemp. oder unterhalb dieser darstellen. Die Reaktionszeit variiert zwischen einer Std. u. zwei Wochen u. hängt von der Temp. u. der Reaktivität der Carbonylverb. ab. Letztere nimmt in der Reihenfolge aliphat. Aldehyde > aromat. Adlehyde > Ketone ab u. entspricht den l. c. genannten Abstufungen. Aceto- oder Benzophenon lieferten daher auch hier kein **I**. Die Rk. verläuft am günstigsten unter wasserfreien Bedingungen, ihr Verlauf kann an der Änderung des UV-Absorptionsspektr. oder der Fähigkeit der Arylbiguanide, mit Cu-Ammoniakationen gefärbte Komplexe zu liefern, verfolgt werden. Die Rk. führt teilweise bzw. vollständig zu den *Dihydrotriazindihydrochloriden*, die beim Umkristallisieren aus W. oder wss. A. in die Monohydrochloride **I** übergeführt werden. Als Biguanidkomponente lassen sich auch die N^2- u. N^5-Methyl- bzw. N^5.N^5-Dimethylderivv., jedoch nicht die N^1-Methyl- oder N^4.N^5-Dimethylderivv., als Säurekomponente HCl, HNO_3 oder Pikrinsäure verwenden. Die **I** liefern bei vorsichtiger Neutralisation die *freien Basen*, die sich wie die **I** irreversibel in die isomeren *Anilinodihydrotriazine* (**II**) umlagern lassen. An einem Beispiel wurde beobachtet, daß N^1-Phenyl-N^1-methylbiguanid, das keine Verb. der Struktur **I** liefert, unter sauren Bedingungen mit Aceton zu *4-Amino-6-[N-methylanilino]-2.2-dimethyl-1.2-dihydro-symm.-triazinhydrochlorid*, also einer Verb. der Struktur **II**, kondensiert.

Versuche (FF. korr.): *N^1-Phenyl-N^5-methylbiguanidhydrochlorid*, $C_9H_{13}N_5 \cdot HCl$, F. 201—203° (n-Butanol), durch 18std. Kochen von 9,02 g Anilinhydrochlorid u. 6,85 g N^1-Methyldicyandiamid in W. u. Eindampfen zur Trockene im Vakuum; 65% (Ausbeute). — *N^1-[3.4-Dichlorphenyl]-biguanidhydrochlorid*, $C_8H_9N_5Cl_2 \cdot HCl$, F. 228—230° (10%ig. A.), 3.4-Dichloranilin wurde aus 3.4-Dichlornitrobenzol durch Hydrierung in A. mit PtO_2-Kontakt dargestellt; nach dem Eindampfen wurde in Ae. aufgenommen u. das Hydrochlorid mit HCl-Gas gefällt (70—75%). 198,5 g dieser Verb. wurden 17 Std. mit 90 g Dicyandiamid in 600 cm³ n-Propanol gekocht; 67%. — *3.4-Dichlorphenylbiguanid*, $C_8H_9 \cdot N_5Cl_2$, F. 156—157° (n-Propanol), aus vorst. Verb. in 10%ig. A. mit überschüssigem NaOH. — Die allg. Meth. zur Darst. der **I** besteht im Kochen von 0,1 Mol des substituierten Arylbiguanids mit 0,15 oder 0,2 Mol konz. HCl u. 0,105—0,2 Mol Keton oder Aldehyd in 50—100 cm³ absol. A. unter Rühren, wobei die Siedezeit für aliphat. Aldehyde ~3, für aromat. Aldehyde ~8 u. für Ketone ~17 Std. beträgt. Bei Verwendung des Arylbiguanidhydrochlorids sind 0,05—0,1 Mol konz. HCl erforderlich, mit Arylbiguaniddihydrochloriden keine Säure. Kühlen der Lsg. liefert teilweise oder vollständig die Dihydrochloride in 40—100%, im Mittel 75% Ausbeute. Diese werden a) durch Umkristallisieren aus einem wasserhaltigen Lösungsm., b) durch Einstellen der Reaktionslsg. auf p_H 6 mit konz. NH_4OH vor der Isolierung der Prodd. oder c) durch Eindampfen der Reaktionslsg. im Vakuum, Aufnehmen in W. u. Behandeln mit Austauscherharz Amberlite IR-4 B bis zum p_H 6—7 in die *Monohydrochloride* **I** übergeführt. — *1.2*-Dihydro-symm.-triazine: *4.6-Diamino-1-phenyl-2.2-dimethyl-*, *Hydrochlorid*, F. 200—203°. *Pikrat*, $C_{11}H_{15}N_5 \cdot C_6H_3O_7N_3$, F. 208—209°, durch 17std. Kochen von 0,89 g Phenylbiguanid, 1,2 g Pikrinsäure u. 20 cm³ Aceton; 84%. — *4.6-Diamino-1-[p-chlorphenyl]-2.2-dimethyl-, Hydrochlorid,* F. 210—215°. *Nitrat,* F. 198—199°, durch 5std. Kochen von 1,94 g p-Chlorphenylbiguanidmonohydrat, 0,79 cm³ konz. HNO_3, 2,9 cm³ Aceton u. 6 cm³ absol. A.; 44%. — *4.6-Diamino-1-[o-tolyl]-2.2-dimethyl-, Hydrochlorid,* F. 224 bis 226°. — *4-Methylamino-6-amino-1-phenyl-2.2-dimethyl-, Hydrochlorid,* F. 170—172°. — *4.6-Diamino-1-[p-chlorphenyl]-2.2-tetramethylen-, Hydrochlorid,* F. 212—216°. — *4.6-Diamino-1-[p-tolyl]-2.2-tetramethylen-, Hydrochlorid,* $C_{14}H_{19}N_5 \cdot HCl$, F. 218—223° (W.). — *4.6-Diamino-1-[p-chlorphenyl]-2.2-pentamethylen-, Hydrochlorid,* F. 224—226°. — *4.6-Diamino-1-[p-chlorphenyl]-2-methyl-, Hydrochlorid,* $C_{10}H_{12}N_5Cl \cdot HCl$, F. 236—238° (W.). — *4.6-Diamino-1-[3'.4'-dichlorphenyl]-2-methyl-, Hydrochlorid,* $C_{10}H_{11}N_5Cl_2 \cdot HCl$, F. 228—230° (10%ig. A.). — *4.6-Diamino-1-[3'.4'-dichlorphenyl]-2-äthyl-, Hydrochlorid,* $C_{11}H_{13}N_5Cl_2 \cdot HCl$, F. 229—231° (10%ig. A.). — *4.6-Diamino-1-[p-methoxyphenyl]-2-[n-propyl]-, Hydrochlorid,* $C_{13}H_{19}ON_5 \cdot HCl$, F. 227—228° (n-Propanol). — *4.6-Diamino-1-[p-chlorphenyl]-2-[n-propyl]-, Hydrochlorid,* $C_{12}H_{16}N_5Cl \cdot HCl$, F. 225—226° (W.). — *4.6-Diamino-1-[p-tolyl]-2-[n-propyl]-, Hydrochlorid,* $C_{13}H_{19}N_5 \cdot HCl$, F. 241—243° (W.). — *4.6-Diamino-1-[3'.4'-dichlorphenyl]-2-[n-propyl]-, Hydrochlorid,* $C_{12}H_{15}N_5Cl_2 \cdot HCl$, F. 224—227° (15%ig. A.). — *4.6-Diamino-1-[p-chlorphenyl]-2-isopropyl-, Hydrochlorid,* $C_{12}H_{16}N_5Cl \cdot HCl$, F. 226—227° (10%ig. A.). — *4.6-Diamino-1-[3'.4'-dichlorphenyl]-2-isopropyl-, Hydrochlorid,* $C_{12}H_{15}N_5Cl_2 \cdot HCl$, F 228—230° (10%ig A.). — *4.6-Diamino-1-[p-chlorphenyl]-2-[n-hexyl]-, Hydrochlorid,* $C_{15}H_{22}N_5Cl \cdot HCl$, F. 220—222° (W.). — *4.6-Diamino-1-[p-chlorphenyl]-2-phenyl-, Hydrochlorid,* F. 217—221°. — Abweichend von dem allg. Verf. wurden dargestellt: *4.6-Diamino-1-phenyl-2-äthyl-2-methyl-, Hydrochlorid,* $C_{12}H_{17}N_5 \cdot HCl$, F. 204—206° (W.), durch 4std. Kochen von 21,35 g Phenylbiguanidhydrochlorid, 4,2 cm³ konz. HCl, 18 cm³ Methyläthylketon u. 50 cm³ absol. A., wobei die Rk. nicht beendet wird; im Vakuum fast zur Trockene Eindampfen u. den halbfesten Rückstand direkt aus W. umkristallisieren; 33%. — *1.4-Bis-[4.6-diamino-2.2-dimethyl-1.2-dihydro-symm.-triazinyl-(1)]-benzoldihydrochlorid,* $C_{16}H_{24}N_{10} \cdot 2\,HCl$, F. 299—300° (W.), durch 18std. Kochen von 2,44 g p-Biguanidophenylbiguaniddihydrochlorid, 0,59 cm³ konz. HCl, 100 cm³ Aceton u. 65 cm³ W.; 60%. Wasserzusatz wegen der Unlöslichkeit des Ausgangsmaterials in Aceton erforderlich. — *4-Amino-6-methylamino-1-phenyl-2.2-dimethyl-1.2-dihydro-symm.-triazinpikrat,* $C_{12}H_{17}N_5 \cdot C_6H_3O_7N_3$, F. 209 bis 210° (A.), durch 16std. Kochen von 1,14 g N¹-Phenyl-N²-methylbiguanidhydrochlorid, 0,21 cm³ konz. HCl, 2 cm³ Aceton u. 6 cm³ absol. A., Eindampfen im Vakuum, Aufnehmen in W., Behandeln mit Amberlite IR-4B bis p_H 7 u. Lyophilisieren 82% glasartiges, nicht kristallisierbares Material; Aufnehmen in W. u. Fällen mit gesätt. wss. Pikrinsäurelösung. — *4.6-Diamino-1-[p-nitrophenyl]-2.2-dimethyl-, Hydrochlorid,* F. 202—205°, durch 1wöchiges Rühren von 2,59 g p-Nitrophenylbiguanidhydrochlorid, 0,042 cm³ konz. HCl, 10 cm³ Aceton u. 10 cm³ absol. A. bei Zimmertemp., Absaugen des unveränderten Biguanids [2,45 g; λ_{max} (W.) 231 u. 323 mμ] u. Kühlen der Mutterlauge; 10 mg. — *4.6-Diamino-1-[p-chlorphenyl]-2-methyl-2-[n-propyl]-, Hydrochlorid,* F. 188—192° (W.), durch 2wöchiges Rühren von 12,41 g p-Chlorphenylbiguanidhydrochlorid, 2,08 cm³ konz. HCl, 10,6 cm³ Methyl-n-propylketon u. 30 cm³ absol. A., Absaugen des Biguanids (0,65 g) u. 1monatiges Kühlen des Filtrats; 190 mg. — *4.6-Diamino-1-[p-chlorphenyl]-2.2-diäthyl-, Hydrochlorid,* F. 172—180° (W.), durch 7tägiges Rühren von 24,81 g p-Chlorphenylbiguanidhydrochlorid, 8,33 cm³ konz. HCl, 21,1 cm³ Diäthylketon u. 100 cm³ absol. A.; 6,8%. — *6-Amino-4-dimethylamino-1-phenyl-2.2-dimethyl-, Dihydrochlorid,* $C_{13}H_{19}N_5 \cdot 2\,HCl$, F. 220—221° (n-Propanol–Ae.), durch 24std. Kochen von 2,41 g N¹-Phenyl-N⁵.N⁵-dimethylbiguanidhydrochlorid, 0,83 cm³ konz. HCl, 6 cm³ Aceton u. 20 cm³ 95%ig. A. u. Eindampfen im Vakuum auf ca. 2 cm³; 31%. — *4.6-Diamino-1-phenyl-2-[n-propyl]-, Hydrochlorid,* $C_{12}H_{17}N_5 \cdot HCl$, F. 226—227° (W)., durch 6std. Kochen von 21,37 g Phenylbiguanidhydrochlorid, 0,083 cm³ konz, HCl (1% überschüssige Säure), 14,4 cm³ n-Butyraldehyd u. 50 cm³ absol. A. u. heiß absaugen; 12% bzw. 34% (auf verbrauchtes Biguanid bezogen). — *4.6-Diamino-1.2-diphenyl-,* $C_{15}H_{15}N_5$, F. 158—162°, aus dem *Hydrochlorid* (F. 215—220°) mit konz. wss. NH_4OH; 84%. — *4.6-Diamino-1-[p-chlorphenyl]-2-äthyl-,* $C_{11}H_{14}N_5Cl$, F. 164—167°, aus dem *Hydrochlorid* [$C_{11}H_{14}N_5Cl \cdot HCl$, F. 236—237° (10%ig. A.)] mit gesätt. wss. $Ba(OH)_2$-Lsg.; 71%. — *4-Amino-6-[N-methylanilino]-2.2-dimethyl-, Hydrochlorid,* F. 236—239° (unkorr.), durch 17std. Kochen von 4,56 g N¹-Phenyl-N¹-methylbiguanidhydrochlorid, 1,67 cm³ konz. HCl, 12 cm³ Aceton u. 40 cm³ 95%ig. A.; nach 4 Tagen p_H auf 6 einstellen, im Vakuum zur Trockene eindampfen, den Rückstand mit sd. n-Butanol ausziehen u. mit Ae. versetzen; 0,69 g. — *4-Amino-6-anilino-2.2-dimethyl-, Pikrat,* $C_{11}H_{15}N_5 \cdot C_6H_3O_7N_3$, F. 219—221° (85%ig. A.), durch 6tägiges Kochen von 8,86 g Phenylbiguanid u. 28,8 cm³ Eisessig in 30 cm³ Aceton u. Behandeln mit Pikrinsäure in Aceton; 68%. — *4-Amino-6-anilino-2-phenyl-, Alkoholat,* $C_{15}H_{15}N_5 \cdot C_2H_5OH$, F. 174—178° (A.),

u. *4-Amino-6-[p-chloranilino]-2-äthyl-1.2-dihydro-symm.-triazin*, $C_{11}H_{14}N_5Cl$, beginnt bei 101° zu schm. u. wird bei 170° klar (W.), wurden in 76 bzw. 61%ig. Ausbeute aus den entsprechenden **I** in 50%ig. A. mit überschüssigem NaOH erhalten. (J. org. Chemistry **21.** 14—20. Jan. 1956.) W. RUSKE. 3313

H. Harry Szmant und **Ronald L. Lapinski,** *Derivate von 1-Thia-4.5-diazacycloheptatrien-(2.4.6).* 2. Mitt. *Dibenzo-1-thia-4.5-diazacycloheptatrien-(2.4.6)-1.1-dioxyd und das trifluormethylsubstituierte Dibenzosystem, das Schwefel in der nichtoxydierten Form enthält.* (1. vgl. C. **1955.** 9340.) Vff. erhalten bei der Red. (unter gleichzeitigem Ringschluß) von Bis-[2-nitro-4-trifluormethylphenyl]-sulfid (**I**) mit Zn/Na-Acetat *4'.5''-Bis-[trifluormethyl]-dibenzo-1-thia-4.5-diazacycloheptatrien-(2.4.6)-4-oxyd,* mit aktiviertem Al *4'.5''-Bis-[trifluormethyl]-dibenzo-1-thia-4.5-diazacycloheptatrien-(2.4.6)* (**III**); die Konst. der Verbb. wird bewiesen durch Oxydation zu dem l. c. beschriebenen 1.1.4-Trioxyd von **III** (**IV**). Bessere Ausbeuten als die kontrollierte Red. der Nitroverbb. liefert die Anwendung der Meth. von PAUSACKER (C. **1953.** 9117) auf Bis-[2-amino-4-trifluormethylphenyl]-sulfon (**V**); **V** gibt mit Phenyljodosoacetat (**IX**) in ausgezeichneter Ausbeute **III**-*1.1-Dioxyd* (**VI**). Partielle Hydrierung von Bis-[o-nitrophenyl]-sulfon (**II**) mit RANEY-Ni gibt *Dibenzo-1-thia-4.5-diazacycloheptadien-(2.6)-1.1-dioxyd* (**VII**), welches wegen seiner spontanen Oxydation an der Luft zu *Dibenzo-1-thia-4.5-diazacycloheptatrien-(2.4.6)-1.1.4-trioxyd* (**VIII**) nicht rein erhalten werden konnte. Der leichte Übergang **VII** → **VIII** beruht wahrscheinlich darauf, daß die Oxydation eines cis-Azosyst. leichter erfolgt als die des üblichen trans-Azosystems. Die Isolierung von **VI** wird der Anwesenheit der elektronenanziehenden Substituenten zugeschrieben. Die Anwendung der PAUSACKER-Meth. auf Bis-[o-aminophenyl]-sulfon liefert in ausgezeichneter Ausbeute *Dibenzo-1-thia-4.5-diazacycloheptatrien-(2.4.6)-1.1-dioxyd,* das zu **VIII** oxydiert werden kann. Die Übertragung der **IX**-Meth. auf o.o'-Diaminodiphenylsulfide gelang nicht. — Die therm. u. photochem. Zers. von *Bis-[o-azidophenyl]-sulfon, Bis-[2-azido-4-trifluormethylphenyl]-sulfid* u. *-sulfon* liefert an Stelle der erwarteten cycl. Verbb. unlösl., hochschm. Prodd., d. h. die Intermediärprodd. gehen intermol. Kupplungs-Rkk. ein.

Versuche: *4'.5''-Bis-[trifluormethyl]-dibenzo-1-thia-4.5-diazacycloheptatrien-(2.4.6)-4-oxyd,* $C_{14}H_6ON_2F_6S$, F. 181—182° (Isopropanol), durch 50 Min. Kochen von 5 g **I** mit Zn/Na-Acetat in Isopropanol unter heftigem Rühren; 0,5 g (Ausbeute); gibt mit Peressigsäure **IV** (F. 267—268°). — *4'.5''-Bis-[trifluormethyl]-dibenzo-1-thia-4.5-diazacycloheptatrien-(2.4.6)* (**III**), $C_{14}H_6N_2F_6S$, F. 154° (Isopropanol), aus 5 g **I** mit aktiviertem Ae. in Isopropanol; 0,5 g; gibt mit Peressigsäure **IV**. — **III**-*1.1-Dioxyd* (**VI**), $C_{14}H_6O_2N_2F_6S$, F. 231—232° (Essigsäure), durch 3tägiges Stehenlassen von **V** mit **IX** in Toluol; 95%; gibt mit Peroxyessigsäure **IV**. — *Dibenzo-1-thia-4.5-diazacycloheptatrien-(2.4.6)-1.1.4-trioxyd* (**VIII**), F. 250—251° (Isopropanol), durch Hydrierung von **II** mit RANEY-Ni in Isopropanol bei 1 at u. Luftoxydation des Reaktionsprod. in Isopropanol in Ggw. katalyt. Mengen NaOH. — *Dibenzo-1-thia-4.5-diazacycloheptatrien-(2.4.6)-1.1-dioxyd,* $C_{12}H_8O_2N_2S$, F. 170—171° (Isopropanol), durch 24std. Stehenlassen von Bis-[o-aminophenyl]-sulfon mit **IX** in Toluol; 78%; gibt mit Peressigsäure **VIII**. — *Diphenylsulfoxyd,* F. 69—70° (PAe.), aus 2 g Diphenylsulfid u. **IX** durch 2tägiges Stehenlassen in Toluol; 0,8 g. — *Bis-[o-azidophenyl]-sulfon,* $C_{12}H_8O_2N_6S$, F. 196° (Zers.; Isopropanol), durch Zugabe von $NaNO_2$ zu einer Lsg. von 2 g Bis-[o-aminophenyl]-sulfon in mäßig konz. H_2SO_4 bei 5—10° u. folgende Zugabe von NaN_3; 2 g. — *Bis-[2-azido-4-trifluormethylphenyl]-sulfid,* $C_{14}H_6N_6F_6S$, F. 111° (Zers.; Isopropanol), aus 3 g Bis-[2-amino-4-trifluormethylphenyl]-sulfid wie vorst.; 3 g. — *Bis-[2-azido-4-trifluormethylphenyl]-sulfon,* $C_{14}H_6O_2N_6F_6S$, F. 193 bis 194° (Zers.; Isopropanol), aus 3 g **V** wie vorst.; 2,3 g. (J. Amer. chem. Soc. **78.** 458—60. 20/1. 1956. Pittsburgh, Pa., Duquesne Univ., Dep. of Chem.) G. WINKLER. 3370

F. Weygand, H. Grisebach und **K. Schmeiser,** *Untersuchung der Osotriazolbildung mit Hilfe von p-^{82} Bromphenylhydrazin.* Inhaltlich ident. mit der C. **1956.** 986 referierten Arbeit. (Angew. Chem. **63.** 27. 7/1. 1951. Heidelberg, Univ., Chem. Inst. u. Max-Planck-Inst. für medizin. Forschung, Inst. für Physik.) H. ROSSOW. 3400

Günter Henseke und **Maria Winter,** *Über Osonhydrazone.* 8. Mitt. *Synthesen mit Osonhydrazonen.* (7. vgl. C. **1956.** 3040.) Im Gegensatz zu anderen Osazonen aus prim. Hydrazinen liefert das D-Fructosephenylosazon mit verd. HCl unter Zerstörung des abgespaltenen Phenylhydrazins mit Nitrit neben dem *Oson* das *D-Fructosonphenylhydrazon* (**I**), das als *al-D-Fructoson-1-phenylhydrazon* anzusprechen ist. **I** entsteht auch aus Fructoson u. Phenylhydrazin bei p_H 8—9; es bildet mit Phenylhydrazin in der Wärme in essigsaurer Lsg. spontan, in neutralem bzw. alkal. Medium nur zögernd das Osazon u. wird beim Kochen in W. zum Osazon disproportioniert. Aus D-Fructoson-1-methylphenylhydrazon (**II**) u. Thiosemicarbazid (**III**) erhält man in neutraler oder essigsaurer Lsg. *D-Fructoson-1-methylphenylhydrazon-2-thiosemicarbazon* (**IV**). **IV** entsteht auch aus

D-Glucosethiosemicarbazon (V) u. α-Methylphenylhydrazin (**VI**) unter Austausch der Hydrazinreste oder aus D-Fructose bzw. N-p-Tolyl-D-isoglucosamin mit 2 Mol **VI** u. 1 Mol **III** in Ggw. von Hydrazinhydrat. Dagegen ist die Ausbeute an **IV** aus D-Glucosemethylphenylhydrazon u. 2 Mol **III** gering. **IV** läßt sich acetylieren u. mit HCl u. Nitrit zum **II** zurückverwandeln. Aus Chloracetophenon u. **IV** entsteht *D-Fructose-1-methylphenyl-2-[4-phenylthiazolyl-(2)]-osazon. D-Fructoson-1-phenylhydrazon-2-thiosemicarbazon* bildet sich aus **I** u. **III**, nicht aber aus D-Glucosephenylhydrazon u. **III** oder aus **V** u. Phenylhydrazin, welche gewöhnliches Phenylosazon liefern. Mit Thiocarbohydrazid (**VII**) kondensiert **II**, nicht aber **I**, in essigsaurer Lsg. zum *D-Fructoson-1-methylphenylhydrazon-2-thiocarbohydrazon*, in mineralsaurer Lsg. jedoch liefern **II** wie auch **I** mit **VII** *3-D-[arabo-Tetraoxybutyl]-7-thiono-1.2.5.6-tetraazacycloheptadien-(2.4)*. Mit o-Phenylendiamin geben **I** u. **II** *2-[D-arabo-Tetraoxybutyl]-chinoxalin* (**VIII**), mit 1.2.4-Triaminobenzol bzw. 4-Nitro-1.2-diaminobenzol wurden das *6- u. 7-Amino-* bzw. *6- u. 7-Nitroderiv.* von **VIII** erhalten. Mit Pyrimidinderivv. lassen sich aus den Osonhydrazonen Pteridine synthetisieren, so aus **II** u. 3-Methyl-4.5-diaminouracil das *3-Methyl-6-oxy-8(9)-[D-arabotetraoxybutyl]-pteridon-(2)*.

Versuche: *D-Fructoson-1-phenylhydrazon* (**I**), $C_{12}H_{16}O_5N_2$, F. 174° (Zers.), durch Lösen von 0,02 Mol in (0,04 Mol HCl-haltigem) wss. A. suspendiertem D-Fructosephenylosazon mittels etwas mehr als 0,02 Mol Nitritlsg. bei 50—55°, Einengen des gepufferten Filtrats, Ausschütteln mit Chlf. u. weiteres Einengen der wss. Phase; gelbe Nadeln aus W.; $[\alpha]_D^{20}$ —325° (c = 1,0; Pyridin); 25% (Ausbeute); bei Einstellung der Mutterlauge auf p_H 8—9 u. Zugabe von ca. 0,005 Mol Phenylhydrazin ca. 40%; oder aus 0,2 Mol D-Fructosephenylosazon in 0,06 Mol HCl haltigem wss. A. durch Umsetzung zum *Fructoson* mit 0,04 Mol $NaNO_2$-Lsg. bei 40—45° u. Schütteln der Lsg. vom p_H 8—9 mit 0,01 Mol Phenylhydrazin; 40%. *Tetraacetylderiv.*, $C_{20}H_{24}O_9N_2$, F. 118°, aus **I** mit Acetanhydrid/Pyridin; gelbe Nadeln aus Bzl./PAe.; $[\alpha]_D^{20}$ +20° (c = 1,0; Chlf.). — *Mannosephenylhydrazon*, F. 196°, durch 3—4std. Hydrieren von 0,37 g **I** in Methanol oder Essigester bei Raumtemp. mit vorreduziertem PtO_2; rhomb. Kristalle, $[\alpha]_D^{20}$ +27° (c = 0,81; Pyridin); ca. 100—150 mg. — *D-Fructosonformazan*, $C_{18}H_{20}O_5N_4$, F. 178° (Zers.), aus **I** in A./Pyridin/Na-Acetat u. Phenyldiazoniumlsg. bei —5°; rote, in konz. HCl violett lösl. Nadeln; 20%. — *D-Fructoson-1-methylphenylhydrazon-2-thiosemicarbazon* (**IV**), $C_{14}H_{21}O_4N_5S$, F. 189° (Zers.), durch Erhitzen äquimol. Mengen **II** u. **III** in A. oder W. in Ggw. von Essigsäure auf dem Wasserbad; hellgelbe Stäbchen; $[\alpha]_D^{20}$ —80° (c = 1,0; Pyridin); 99%; oder aus 0,01 Mol **V** u. 0,02 Mol **VI** (2 Std. in 50%ig. A. mit 0,03 Mol Eisessig auf dem Wasserbad); 45%; oder aus 0,02 Mol D-Glucosemethylphenylhydrazon u. 0,04 Mol **III** in W./A. mit 0,08 Mol Eisessig u. 1 ml Hydrazinhydrat in 2 Std.; 32%; oder aus 0,01 Mol N-p-Tolyl-D-isoglucosamin u. 0,02 Mol **VI** in mit HCl angesäuertem W./A. unter Zugabe von 0,01 Mol **III** in A., 0,04 Mol Eisessig u. 0,01 Mol Hydrazinhydrat (15 Min. auf dem sd. Wasserbad); 68%. *Tetraacetylderiv.*, $C_{22}H_{29}O_8N_5S$, F. ca. 103° (unscharf), mit Acetanhydrid/Pyridin; gelbe amorphe Flocken; $[\alpha]_D^{14}$ +134° (c = 1,0; Aceton. — *D-Fructoson-1-methylphenylhydrazon* (**II**), F. u. Misch-F. 168—169° (Zers.; aus W. u. verd. A.), durch Zugabe von 0,01 Mol $NaNO_2$-Lsg. zur Suspension von 0,01 Mol **IV** in A./W. u. 0,03 Mol HCl bei 42—45° u. Abstumpfen; 53%. — *N^1-Methylphenyl-N^2-[4-phenylthiazolyl-(2)]-D-fructosazon*, $C_{22}H_{25}O_4N_5S$, F. u. Misch-F. 206° (Zers.), aus äquimol. Mengen **IV** u. Chloracetophenon in A. durch Erhitzen bis zur Lsg.; gelbe Nadeln aus A./Pyridin; 65%. — *D-Fructoson-1-phenylhydrazon-2-thiosemicarbazon*, $C_{13}H_{19}O_4N_5S$, F. 197° (Zers.), durch 3std. Erhitzen von äquimol. Mengen **I** u. **III** in A./Eisessig; gelbe Nadeln aus wss. A.; $[\alpha]_D^{20}$ —90° (c = 1,0; Pyridin); 82%. *Tetraacetylderiv.*, $C_{21}H_{27}O_8N_5S$, Zers. bei 110° (unscharf); gelbe amorphe Flocken; $[\alpha]_D^{20}$ —80° (c = 1,0; Chlf.). — *D-Fructoson-1-methylphenylhydrazon-2-thiocarbohydrazon*, $C_{14}H_{22}O_4N_6S$, F. 185° (Zers.), aus äquimol. Mengen **II** u. **VII** in A. in Ggw. von Eisessig (3 Std. auf dem sd. Wasserbad); gelbe Nadeln; krist. aus viel A.; $[\alpha]_D^{20}$ —70° (c = 1,0; Pyridin); 86%. — *3-[D-arabo-Tetraoxybutyl]-7-thio-1.2.5.6-tetraazacycloheptadien-(2.4)*, $C_7H_{12}O_4N_4S$, F. 212° (Zers.), durch 10minütiges Erhitzen von **III** u. **II** in verd. HCl, Zugabe von Na-Acetat u. Ausschütteln des Filtrats mit Chlf.; Stäbchen aus dem Reaktionsansatz, prismat. Säulen aus W. mit Tierkohle; 24%. **I** reagiert dabei entsprechend. — *2-[D-arabo-Tetraoxybutyl]-chinoxalin* (**VIII**), $C_{12}H_{14}O_4N_2$, F. 192°, aus **II** u. o-Phenylendiaminhydrochlorid in W (5 Min. auf dem sd. Wasserbad); Stäbchen aus W. mit Tierkohle; $[\alpha]_D^{20}$ —150° (c = 1,0; Pyridin); **I** reagiert analog. — *6(7)-Amino-2-[D-arabotetraoxybutyl]-chinoxalin* (**X**), $C_{12}H_{15}O_4N_3$, F. 206° (Zers.), aus äquimol. Mengen 1.2.4-Triaminobenzolhydrochlorid u. **II** in W. (10 Min. auf sd. Wasserbad, dann Abstumpfen mit der doppelten mol. Menge Na-Acetat); gelbe Nadeln aus 60%ig. A.; $[\alpha]_D^{18}$ —180° (c = 1,0; Pyridin); 93%; die Verb. wird auch aus **I** erhalten u. red. in der Wärme FEHLINGsche Lsg., gibt mit konz. H_2SO_4 eine rotviolette Farb-Rk. u. zeigt in Pyridin u. absol. A. eine bei Wasserzugabe verschwindende grünliche Fluorescenz. — *6(7)-Nitro-2-[D-arabotetraoxybutyl]-chinoxalin* (**IX**), $C_{12}H_{13}O_6N_3$, F. 196° (Zers.), aus in verd. HCl gelöstem 4-Nitro-1.2-diaminobenzol u. **II** (10 Min. auf sd. Wasserbad; Abstumpfen mit Na-Acetat); verfilzte Nadeln aus 60% ig. A.; gibt mit konz. H_2SO_4 eine rote Farb-Rk.; $\alpha]_D^{20}$ −160° (c = 1,0; Pyridin); 99%; **I** reagiert analog. *Tetraacetylderiv.*, $C_{20}H_{21}O_{10}N_3$, F. 127° (Methanol), durch 48std. Acetylieren mit Acetanhydrid/Pyridin in der Kälte, Abdest. des Lösungsm., Aufnehmen in Bzl., Schütteln mit H_2SO_4, Na_2CO_3-Lsg. u. W. u. Einengen der benzol. Lsg.; $[\alpha]_D^{18}$ −30° (c = 0,5; Chlf.); 60%; die Substanz ließ sich über Nacht bei Zimmertemp. mit methanol. NH_3 wieder zu **IX** verseifen; 98%. — Red. von **IX** in 60% ig. A. mit Zn-Staub u. HCl gab 60% **X**. — *2-Amino-6-oxy-8(9)-[D-arabotetraoxybutyl]-pteridin*, $C_{10}H_{13}O_5N_5$, durch 20minütiges Kochen von 0,01 Mol 2.4.5-Triamino-6-oxypyrimidin in 0,02 Mol verd. HCl mit 0,01 Mol **II** u. Abstumpfen mit 0,02 Mol Na-Acetat; braune, amorphe, bei 360° noch nicht schmelzende Substanz; 75%. — *3-Methyl-6-oxy-8(9)-[D-arabotetraoxybutyl]-pteridon-(2)*, $C_{11}H_{14}O_6N_4$, F. 237–238°, aus äquimol. Mengen 3-Methyl-4.5-diaminouracil-hydrochlorid u. **II** in W. (20 Min. auf dem sd. Wasserbad, nach 1–2 Tagen absaugen); Nadeln durch Lösen in NH_4OH, Behandeln mit Tierkohle u. Ausfällen mit Essigsäure; 43%. (Chem. Ber. **89**. 956–64. 1956. Greifswald, Ernst-Moritz-Arndt-Univ., Inst. für organ. Chem.) W. WILLENBERG. 3400

Richard Kuhn, Adeline Gauhe und **Hans Helmut Baer**, *Lacto-N-triose I und Lacto-N-triose II.* Die partiell mit H_2SO_4 hydrolysierten Oligosaccharide von Frauenmilch wurden an Kohle/Celite u. an Cellulose getrennt. Dabei wurde die *Lacto-N-triose I* (**I**) u. die *Lacto-N-triose II* (**II**) erhalten (vgl. C. **1955**. 1541; Chem. Ber. **89**. [1956.] 504). **I** ist gegen Alkali empfindlicher als **II**. **I** wird ferner von β-Glucosidase (im Mandelemulsin u. Enzympräp. aus Schweinemilchdrüsen) in *D-Galaktose* u. *Lacto-N-biose II* gespalten. Emulsin, daß β-N-Acetyl-D-glucosaminidase (**III**) enthält, spaltet etwas von der Lacto-N-biose II weiter zu *N-Acetyl-D-glucosamin* (**IV**). Ferner bilden sich stets geringe Mengen höherer Transgalaktosidierungsprodukte. **II** wird von **III** (aus einem Präp. aus Aspergillus oryzae) im Gegensatz zu **I** unter Bldg. von Lactose u. **IV** hydrolysiert. Mit einem lactasehaltigen Präp. aus Dymal sowie (langsam) mit MERCKschem Emulsin wurden *Glucose, Galaktose* u. **IV** erhalten.

Versuche: 7,5 g lactosehaltiges Oligosaccharidgemisch wurden 30 Min. mit n-H_2SO_4 bei 98° hydrolysiert, nach Entfernung der H_2SO_4 mit $Ba(OH)_2$ eingeengt u. an Carboraffin/Celite 1:1 chromatographiert. Bei der Elution mit W., dem steigende Mengen A. zugesetzt wurden, wurden die Trisaccharide hauptsächlich mit 15–20% ig. alkoh. Lsgg. gewonnen (Tabelle). Die Trisaccharidmischfraktionen (7,3 g aus 16 derartigen Ansätzen) wurden an Cellulose chromatographiert u. mit n-Butanol/Pyridin/W. (6:1:1) entwickelt; Ausbeute 0,84 g rohe **II**, 1,31 rohe **I**, 0,47 g eines Gemisches beider u. 3,45 g eines Gemisches von *Lacto-N-tetraose* u. höheren Oligosacchariden. — 5 g lactosefreies Oligosaccharidgemisch wurden 48 Std. mit Acetanhydrid/Eisessig/H_2SO_4 bei 20° acetyliert, in Eiswasser gefällt, abgestumpft, mit Chlf. ausgeschüttelt u. der Extrakt 6 Std. mit methanol. NH_3 bei 20° entacetyliert, eingeengt u. mit Essigester 4,3 g Flocken abgeschieden, aus denen mittels Cellulosepulvers 170 mg **I** isoliert wurden. Papierchromatograph. waren ferner *Fucose, Glucose, Galaktose, Lacto-N-biose I* u. *II, Lacto-N-tetraose*, Spuren von **IV** u. **II** sowie geringe Mengen höherer Saccharide zu erkennen; bei nur 24std. Acetylierung erhöht sich die Ausbeute an **I**, während Galaktose u. Lacto-N-biose I kaum noch auftreten. — *Lacto-N-triose I* (**I**), $C_{20}H_{35}O_{16}N \cdot {}^1/_2\,H_2O$, Zers. 183–185°, durch Behandlung des Rohprod. mit Tierkohle, A. u. Cellulosepulver, Eindampfen u. Digerieren mit Methanol; mikroskop. Nädelchen; nimmt an feuchter Luft ca. 2 Mol W. unter Bldg. des *Dihydrats* (?) auf; $[\alpha]_D^{23}$ +21,5° (4 Min.) → +19,3° (1 Std.; c = 2 in W.; lufttrockene Substanz); gibt mit n-H_2SO_4 in 12 Std. bei 98° *Galaktose* u. *Glucosamin. Phenylosazon*, $C_{32}H_{45}O_{14}N_5$, Zers. bei 267–268°, aus **I** u. Phenylhydrazinhydrochlorid/Na-Acetat in W. (2 Std.; sd. Wasserbad); sehr feine gelbe Nadeln aus W./Aceton; im Infrarotspektr. Banden bei 6,08 u. 6,38 μ; 15%. — *Lacto-N-triose II* (**II**), $C_{20}H_{35}O_{16}N \cdot {}^1/_2\,H_2O$, Zers. bei 202°, durch Behandeln des Rohprod. mit Tierkohle u. A., Eindampfen, Aufnehmen mit Methanol u. Zugabe von A.; feine verfilzte Nadeln aus Methanol/A.; bildet an feuchter Luft ein *Sesquihydrat* (?); $[\alpha]_D^{21}$ +40,7° (c = 2; W.; lufttrockene Substanz); gibt bei der Hydrolyse *Glucose, Galaktose* u. *Glucosamin. Phenylosazon*, $C_{32}H_{45}O_{14}N_5 \cdot H_2O$, F. 230° (Block, Zers.), hellgelbe Nadeln aus A.; zeigt Banden bei 6,05 u. 6,36 μ; 23%. — **I** u. **II** sind bei 22° 30 Min. gegen 0,05n Na_2CO_3 beständig. Bei 98° treten schon in 5 Min. Veränderungen auf, bes. bei **I**. Diese liefert dabei *Galaktose, Tagatose*, viel *AAG* (Chromogen der Farb-Rk. mit p-Dimethylaminobenzaldehyd, $R_{Glucose}$ = 1,70) u. Spuren zweier sich mit Naphthoresorcin/Trichloressigsäure rot färbender Umwandlungsprodd., von denen das eine den R_F-Wert von Fructose zeigt u. das andere vermutlich das der **I** entsprechende

Ketotrisaccharid aus Tagatose, **IV** u. Galaktose ist. **II** gab ein vorst. Farb-Rk. lieferndes Ketotrisaccharid, vermutlich *3'-Acetylglucosaminidolactulose,* ferner *Lacto-N-biose II,* **IV** u. wenig *AAG.* (Chem. Ber. **89.** 1027—33. 1956. Heidelberg, Max-Planck-Inst. für Med. Forschung, Inst. für Chemie.) W. WILLENBERG. 3400

D. A. H. Taylor, *Einige Reaktionen von Sarverogenin.* Das Aglykon des Herzglykosids Sarverosid, *Sarverogenin* (**I**), dem statt der Formel $C_{23}H_{32}O_7$ (vgl. BUZAS, v. EUW u. REICHSTEIN, C. **1950.** II. 2435) eine Formel $C_{23}H_{30}O_7$ zugeschrieben wird, wurde aus den Samen von *Strophanthus amboensis, S. courmontii, S. sarmentosus* u. *S. intermedius* isoliert. Von seinen 7 O-Atomen gehören 2 zu einem ungesätt. Lactonring, eins zu einer Carbonylgruppe u. 3 zu Hydroxyden, von denen eins tert. oder ster. gehindert sein muß; die Zugehörigkeit des 7. O-Atoms ist noch ungeklärt. **I** wird beim Kochen in Methanol mit 5%ig. H_2SO_4 nicht verändert, während es in Alkali sehr labil ist. Mit HJO_4 reagiert **I** zu einer *Verb.* $C_{23}H_{30}O_8$ (**II**), in der auf Grund der UV-Absorption der Lactonring u. die Carbonylgruppe noch vorhanden sind. **II** reagiert nicht mit Diazomethan u. Carbonylreagentien u. bildet ein amorphes *Acetat.* Mit CrO_3 wird **II** zu einer *Verb.* $C_{23}H_{26}O_8$ oxydiert, die ebenfalls noch die für **I** charakterist. UV-Absorption zeigt, mit Diazomethan nicht reagiert u. kein Acetat bildet. *Sarverogenindibenzoat* wird durch CrO_3 oder HJO_4 nicht oxydiert, woraus geschlossen ist, daß **I** eine Ketolgruppierung enthält. Die Ozonolyse von **I**-*Diacetat* gibt ein amorphes Prod., aus dem nach Hydrolyse mit $KHCO_3$ u. Oxydation mit HJO_4 eine *Carbonsäure* $C_{24}H_{32}O_9$ (**III**) entsteht, deren *Methylester* (**III a**) von $POCl_3$ u. Pyridin bei 110° nicht verändert wird. **III a** läßt sich über ADAMS-Katalysator nicht hydrieren u. wird von CrO_3 in Eisessig nicht verändert. Mit sd. methanol. H_2SO_4 liefert **III a** eine amorphe Substanz, die sich gegenüber $C(NO_2)_4$ als gesätt. erwies u. lediglich eine Ketonabsorption im UV zeigte. Gegen Alkali ist **III a** labil, bei der Red. nach WOLFF-KISHNER liefert er ein amorphes Produkt. **III** gibt mit Hydrazin in Methanol die der Carbonylgruppe benachbarte Acetylgruppe ab u. bildet eine *Monoacetoxysäure* $C_{22}H_{30}O_8$, welche sich mit HJO_4 oxydieren läßt.

Versuche: *Sarverogenin* (**I**), $C_{23}H_{30}O_7$, F. 232—234° (CH_3OH), aus 218 g Samen vonS. intermedius durch 24std. Extraktion mit Ae.; $[\alpha]_D^{19}$ +48,5° (c = 0,16; Methanol); mit 80%ig. H_2SO_4 orangerote Färbung, die nach dunkelblau umschlägt; 4,85 g (Ausbeute). *Dibenzoat,* $C_{37}H_{38}O_9$, F. 189° (Methanol), gibt mit 80%ig. H_2SO_4 rote Färbung, die manchmal blaugrün wird. *Diacetat,* amorph, $[\alpha]_D^{20}$ +26,8° (Chlf.). — *Verb.* $C_{23}H_{30}O_8$ (**II**), F. 290—292°, aus 1 g **I** u. wss. HJO_4 in Dioxan über Nacht; Prismen aus Methanol; $\alpha]_D^{20}$ +5,3° (c = 0,18; Chlf.); gibt nach positivem LEGAL-Test, mit 80%ig. H_2SO_4 gelbe [Färbung; 600 mg. — *Verb.* $C_{23}H_{26}O_8$, F. 228—229° (Essigsäure), aus **II** mit CrO_3 in wss. Essigsäure; gibt mit H_2SO_4 gelbe Färbung; positiver LEGAL-Test. — *Diacetoxycarbonsäure* $C_{24}H_{32}O_9$ (**III**), F. 234—236° (CH_3OH), aus 1 g **I**-Diacetat mit O_3 in Äthylacetal bei —80°, dann bei Zimmertemp., $^1/_2$std. Behandlung mit Zn-Staub u. Essigsäure, Hydrolyse mit wss.-methanol. $KHCO_3$ u. Oxydation mit wss. HJO_4 in Dioxan; $[\alpha]^{21}$ +38,0° (c = 0,1; Chlf.); keine Färbung mit $FeCl_3$; 500 mg. *Methylester* (**IIIa**), $C_{25}H_{34}O_9$, F. 201—202°, aus Methanol Prismen; $[\alpha]_D^{20}$ +40° (c = 0,33; Chlf.); gibt mit $FeCl_3$ keine Färbung. — *Monoacetoxysäure* $C_{22}H_{30}O_8$, F. 253—255°, aus 250 mg **III** mit Hydrazinhydrat in Methanol (über Nacht bei Zimmertemp.); Nadeln aus Methanol; $[\alpha]_D^{19}$ +48,5° (c = 0,8; Chlf.); 200 mg. *Methylester,* F. 145—150°. — Die UV-Absorptionsmaxima von **I, II** u. **IIIa** sind angegeben. (J. chem. Soc. [London] **1952.** 4832—35. Dez. London, Nat. Inst. for Med. Res.) WALTER SIMON. 3450

G. R. Clemo, B. W. Fox und **R. Raper,** *Die Lupinenalkaloide.* 15. Mitt. *Einige Derivate des 4-Oxo-3-pyridyl-(2')-pyridocolinsystems.* (14. vgl. C. **1950.** I. 550.) Im Rahmen der Unters. verschied. Synthesewege für C_{15}-Lupinenalkaloide erschien Vff. das *4-Oxo-3-pyridyl-(2')-pyridocolin* (**I**) als geeignete Vorstufe. Eine Anzahl von Abkömmlingen dieser Verb. sowie ihre Reduktionsprodd. wurden dargestellt. **I**, erhalten aus dem 1-Carbonsäureäthylester durch Decarboxylierung in 2n HCl geht durch Hydrierung seines *Jodmethylats* mit RANEY-Ni u. Diäthylamin in *3-[1'-Methylpiperidyl-(2')]-6.7.8.9-tetrahydro-4-oxo-pyridocolin* (**II**) über. Als Nebenprod. entsteht *Oktahydro-4-oxopyridocolin,* das mit $LiAlH_4$ zu *Norlupinan* red. wurde. Die katalyt. Hydrierung von **II** in Essigsäure führt zu *Oktahydro-3-[N'-methylpiperidyl-(2')]-4-oxopyridocolin,* dessen Carbonylgruppe mit $LiAlH_4$ red. wurde. Aus **I** u. Pt/H_2 in A. entsteht wahrscheinlich *4-Oxo-3-piperidyl-(2')-pyridocolin.* Zur Synth. von 6- oder 6'-substituierten 4-Oxo-1-carbäthoxy-3-pyridyl-(2')-pyridocolinen war die Darst. 6-substituierter Pyridyl-(2)-essigsäureäthylester erforderlich. 2-Oxy-6-methylpyridin (**III**) reagiert nicht mit Phenyl-Li (**IV**). Aus 2-Chlor- oder 2-Brom-6-methylpyridin erhaltenes *2-Methoxy-6-methylpyridin* kondensiert nicht mit Benzaldehyd; die Einw. von **IV** u. CO_2 (fest) ergab nur geringe

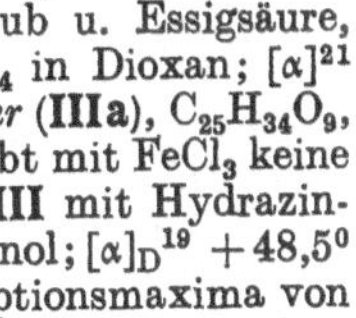

I

Mengen III u. ein *hydroxyliertes 1.6-Dimethylpyridon-(2)*, das weder mit 2-Methoxy-6-methylpyridin-N-oxyd noch mit 4-Oxy-1.6-dimethylpyridon-(2) ident. ist. Auch 2-Phenoxy-6-methylpyridin konnte nach WOODWARD u. KORNFELD (Org. Syntheses **29**. [1949.] 44) nicht in den Pyridyl-(2)-essigsäureäthylester übergeführt werden, vielmehr entsteht hierbei vermutlich *2-[6'-Phenoxypyridyl-(2')-methyl]-6-methylpyridin*. 2-Amino-6-methylpyridin (**V**) bildet mit **IV** u. CO_2 (fest) oder Kohlensäureester *N-[6-Methylpyridyl-(2)]-urethan*, das mit **V** ein azeotropes Gemisch bildet, welches beim Erhitzen *N.N'-Bis-[6-methylpyridyl-(2)]-harnstoff* ergibt. Im Gegensatz zu ADAMS u. SCHRECKER (C. **1950**. I. 1733), die bei der Kondensation von 2-Acetamido-6-methylpyridin (**VI**) ein Stilbazol fanden, erhielten Vff. die SCHIFFsche Base unter Eliminierung der Acetylgruppe. **VI** u. **IV** reagieren unter Entstehung von Acetophenon u. **V**. 6-Methylpyridyl-(2)-essigsäureäthylester (**VII**) (aus 2.6-Lutidin nach WOODWARD u. KORNFELD) kondensiert mit Orthoameisensäureester zu *1-Carbäthoxy-6.6'-dimethyl-4-oxo-3-pyridyl-(2')-pyridocolin*, von dem nur eine CH_3-Gruppe mit Benzaldehyd reagiert. Die Darst. von *1-Carbäthoxy-6'-methyl-4-oxo-3-pyridyl-(2')-pyridocolin* gelang durch Kondensation von β-Oxy-α-pyridyl-(2)-acrylester mit **VII**, während *1-Carbäthoxy-6-methyl-4-oxo-3-pyridyl-(2')-pyridocolin* aus β-Oxy-α-[6-methylpyridyl-(2)]-acrylester u. Pyridyl-(2)-essigester entsteht. Nur die 6'-Methylverb. kondensiert mit Benzaldehyd. Die Oxydation dieser Verb. oder ihres Benzylidenderiv. mit $KMnO_4$ gab nur *Benzoesäure*. SeO_2 bei 155° oxydiert dagegen zu *6'-Carbonsäure* u. dem entsprechenden *6'-Aldehyd*. Die katalyt. Hydrierung der 6'-Carbonsäure über PtO_2 gab die *6.7.8.9-Tetrahydroverb.*, die bei weiterer Hydrierung *10.17-Dioxospartein-15-carbonsäure* liefert. Der 6'-Aldehyd wurde über PtO_2 zum *Alkohol* red., der noch weiterhin 8 H_2 aufnimmt.

Versuche: *4-Oxo-3-pyridyl-(2')-pyridocolin-1-carbonsäureäthylester*, $Kp._1$ 250 bis 260°, F. 126°, aus Pyridyl-(2)-essigsäureäthylester, Orthoameisensäuretriäthylester u. Acetanhydrid auf dem Wasserbad während 14 Std.; die Red. dieser Verb. mit $LiAlH_4$ in Ae. gab nach Chromatographie an Al_2O_3 die *Verb.* $C_{15}H_{16}O_2N_2$, F. 140° (Zers.), gelbe Prismen. — *4-Oxo-3-pyridyl-(2')-pyridocolin* (**I**), $C_{14}H_{10}ON_2$, durch Rückflußkochen obigen Esters mit 2n HCl während 5 Stunden. *Monohydrat*, F. 111—112°, gelbe Plättchen (W.). *Methojodid*, $C_{14}H_{10}ON_2 \cdot CH_3J$, F. 253—254°, gelbe Plättchen mit violettem Reflex (Aceton). — *3-[1'-Methylpiperidyl-(2')]-6.7.8.9-tetrahydro-4-oxopyridocolin* (**II**), $C_{15}H_{22}ON_2$, $Kp._1$ 178—182°, F. 67—68°, Nadeln (PAe.), durch Hydrieren von 15,2 g vorst. Methojodids mit 10 ml Diäthylamin in 150 ml CH_3OH an RANEY-Ni bei 170°/160 at (4½ Std.). *Methojodid*, $C_{15}H_{22}ON_2 \cdot CH_3J$, F. 211—212°, Nadeln (Aceton). *Styphnat*, F. 136 bis 138°; gelbe Prismen (CH_3OH). Daneben *4-Oxonorlupinan*, $C_9H_{15}ON$, $Kp._2$ 100—103°, das mit $LiAlH_4$ *Norlupinan*, $Kp._{18}$ 80—85° (*Pikrat*, F. 211°), lieferte. — *Oktahydro-3-[1'-methylpiperidyl-(2')]-4-oxopyridocolin*, $C_{15}H_{26}ON_2$, $Kp._{0,1}$ 172—174°, gelblich, aus **II** durch Hydrierung über PtO_2 in Essigsäure bei 20° u. 100 lbs./sq.in. während 30 Stunden. — *Oktahydro-3-[1'-methylpiperidyl-(2')]-pyridocolin*, $C_{15}H_{28}N_2$, $Kp._{0,2}$ 114—116°, gelb, durch Red. der Oxoverb. mit $LiAlH_4$ in Ae. während 18 Std. unter Rückflußkochen. *Methojodid*, F. 258—260°, Prismen (Essigester). — *4-Oxo-3-piperidyl-(2')-pyridocolin*, $C_{14}H_{16}ON_2$, $Kp._2$ 210—220°, F. 76—77°, cremefarbene Nadeln (PAe.), durch Hydrieren von **I** mit PtO_2/H_2 in A. in Ggw. von HCl bei 20° u. n. Druck während 36 Stunden. *Pikrat*, $C_{14}H_{16}ON_2 \cdot C_6H_3O_7N_3$, F. 174—175°. *N'-Methylderiv.*, *Hydrojodid*, $C_{15}H_{19}ON_2J$, F. 235°, Nadeln (Aceton). — *4-Oxo-3-[1'-methylpiperidyl-(2')]-pyridocolin*, $C_{15}H_{18}ON_2$, $Kp._1$ 160—170°, F. 89—90°, gelbe Nadeln (PAe.), aus vorst. Hydrojodid durch Erwärmen mit 30%ig. NaOH auf dem Wasserbad u. Extraktion mit $CHCl_3$. *Pikrat*, $C_{15}H_{18}ON_2 \cdot C_6H_3O_7N_3$, F. 195—196°, gelbe Nadeln (CH_3OH). — *2-Chlor-6-methylpyridin*, $Kp._{10}$ 75 bis 80°, aus **III** u. $POCl_3$ während 18 Std. bei 150°. — *2-Brom-6-methylpyridin*, $Kp._{10}$ 80 bis 90°, süßschmeckendes Öl, analog. *Pikrat*, F. 163°, gelbe Nadeln (CH_3OH). *Hydrobromid*, F. 168—170°, Plättchen (Aceton). — *2-Methoxy-6-methylpyridin*, C_7H_9ON, $Kp._{759}$ 156°, n_D^{20} 1,5590, fruchtartiger Geschmack, aus vorst. Bromverb. u. $NaOCH_3$ im Autoklaven während 1 Std. bei 200°. *Pikrat*, F. 132—133°, gelbe Nadeln (A.). Die Behandlung dieser Verb. mit **IV** in Ae., Gießen auf festes CO_2 u. Behandlung mit alkoh. HCl gemäß WOODWARD u. KORNFELD (l. c.) ergab 60% Ausgangsmaterial, 10% **III** u. 20% der *Verb.* $C_7H_9O_2N$, F. 161° [nicht ident. mit **III** oder *2-Methoxy-6-methylpyridin-N-oxyd*, $C_7H_9O_2N$, F. 55—56°, Prismen (PAe.; 60—80°); aus 2-Methoxy-6-methylpyridin mit Perhydrol das *Hydrochlorid*, $C_7H_9O_2N \cdot HCl$, F. 134° (Aceton)]. — *6-Methyl-2-phenoxypyridin*, $C_{12}H_{11}ON$, $Kp._{15}$ 140°, $Kp._{750}$ 242—245°, n_D^{19} 1,5760, durch Erhitzen von 6-Chlor-α-picolin u. Phenol im geschlossenen Rohr während 14 Std. bei 180°. Die Anwendung der Rk. von WOODWARD u. KORNFELD (l. c.) auf diese Verb. gab *Phenol*, Ausgangsverb. u. die *Substanz* $C_{18}H_{16}ON_2$ [$Kp._{0,2}$ 190—195°, gelblich, viscos. *Pikrat*, $C_{18}H_{16}ON_2 \cdot C_6H_3O_7N_3$, F. 135—136°, gelbe Nadeln (A.)]. — *2-Amino-6-methylpyridin* (**V**), $Kp._{15}$ 100—105°, F. 40—41°, aus Picolin u. aus Na u. fl. NH_3 frisch bereitetem $NaNH_2$

in Xylol während 5 Std. unter Rückflußkochen. — *N-[6-Methylpyridyl-(2)]-urethan*, $C_9H_{12}O_2N_2$, Kp. 115—117°, F. 55—56° (verd. A.), aus **V** u. Diäthylcarbonat in Ae. mit frisch bereitetem $NaNH_2$ während 10 Std. unter Rückflußkochen. *Pikrat*, $C_9H_{12}O_2N_2 \cdot C_6H_3O_7N_3$, F. 131°, goldgelbe Plättchen (A.). — *N-N'-Bis-[6-methylpyridyl-(2)]-harnstoff*, $C_{13}H_{14}ON_4$, F. 189—190°, Nadeln (Bzl.), aus vorst. Verb. u. **V** durch Erhitzen zum Sieden. — *N-[6-Methylpyridyl-(2)]-N'-phenylharnstoff*, $C_{13}H_{13}ON_3$, F. 186—187°, Nadeln (Bzl.), analog mit Anilin. — *4-[6'-Methylpyridyl-(2')]-1-phenylsemicarbazid*, $C_{13}H_{14}ON_4 \cdot H_2O$, F. 162—163° (verd. A.), aus dem Dipyridylharnstoff u. der äquivalenten Menge Phenylhydrazin durch 16std. Kochen in Pyridin oder aus dem Urethan u. Phenylhydrazin durch 30 Min. langes Kochen. — *6-Methylpyridyl-(2)-essigsäureäthylester* (**VII**), $C_{10}H_{13}O_2N$, $Kp._{0,2}$ 87—89°, gelbliche Fl., aus 2.6-Lutidin nach Woodward u. Kornfeld (l. c.); 40% (Ausbeute). *Pikrat*, $C_{10}H_{13}O_2N \cdot C_6H_3O_7N_3$, F. 105—106°, gelbe Plättchen (A.). — *6.6'-Dimethyl-4-oxo-3-pyridyl-(2')-pyridocolin-1-carbonsäureäthylester*, $C_{19}H_{18}O_3N_2$, F. 119—120°, gelbe Nadeln (PAe.; 100—120°), $Kp._{0,2}$ 220—230°, aus vorst. Ester u. Orthoameisensäuretriäthylester u. Acetanhydrid während 3 Std. unter Rückflußkochen. *6'-Styryl-6-methyl-4-oxo-3-pyridyl-(2')-pyridocolin-1-carbonsäureäthylester*, $C_{26}H_{22}O_3N_2$, F. 193—194°, orangefarbene Plättchen (Aceton), aus vorst. Ester u. Benzaldehyd in Acetanhydrid während 66 Std. unter Rückflußkochen. — *β-Oxy-α-pyridyl-(2)-acrylsäureäthylester*, F. 99°, Nadeln (Leichtbenzin), aus Pyridyl-(2)-essigester u. Ameisensäureester mit K-Äthylat in Ae. während 40 Stunden. — *6'-Methyl-4-oxo-3-pyridyl-(2')-pyridocolin-1-carbonsäureäthylester*, $C_{18}H_{16}O_3N_2$, F. 142—143°, gelbe Nadeln (Chlf.), aus vorst. Ester, **VII** u. Acetanhydrid während $1^1/_2$ Std. unter Rückflußkochen. — *6'-Methyl-4-oxo-3-pyridyl-(2')-pyridocolin*, $C_{15}H_{12}ON_2 \cdot 0{,}5\ H_2O$, F. 101—102°, durch Kochen vorst. Verb. während 16 Std. in 5n HCl; goldgelbe Plättchen mit blaugrünem Reflex (W.). — *β-Oxy-α-[6-methylpyridyl-(2)]-acrylsäureäthylester*, $C_{11}H_{13}O_3N$, F. 67—68°, Prismen, F. 59—60°, Nadeln; durch Kristallisation aus PAe. (60—80°) kann eine Form in die andere übergeführt werden; Darst. analog der methylfreien Verbindung. — *6-Methyl-4-oxo-3-pyridyl-(2')-pyridocolin-1-carbonsäureäthylester*, F. 139—140°, gelbe Nadeln (PAe., 100—120°), analog der 6'-Methylverb. während 2 Std. unter Rückfluß. — *4-Oxo-3-[pyridyl-(2')]-6'-styrylpyridocolin-1-carbonsäureäthylester*, $C_{25}H_{20}O_3N_2$, F. 174—175°, goldgelbe Nadeln (Aceton), aus der 6'-Methylverb. u. Benzaldehyd in Acetanhydrid während 80 Std. unter Rückflußkochen. — *4-Oxo-3-[pyridyl-(2')]-6'-styrylpyridocolin*, $C_{22}H_{16}ON_2$, F. 163—164°, durch 18std. Kochen des Esters in konz. HCl. — *6'-Formyl-4-oxo-3-pyridyl-(2')-pyridocolin-1-carbonsäureäthylester*, $C_{18}H_{14}O_4N_2$, F. 179—180°, gelbe Prismen (PAe. 60—80°; Bzl.), durch Oxydation der 6'-Methylverb. mit SeO_2 bei 155—160° (15 Min.). *Oxim*, $C_{18}H_{15}O_4N_3$, F. 275—277° (CH_3OH). Dabei außerdem *6'-Carboxy-4-oxo-3-pyridyl-(2')-pyridocolin-1-carbonsäureäthylester*, $C_{18}H_{14}O_5N_2$, F. 215—216° [*Dihydrat*, F. 214 bis 216° (Sintern bei 120—125°), gelbe Nadeln (W.). *Diacetat*, $C_{18}H_{14}O_5N_2 \cdot 2\ C_2H_4O_2$, F. 235 bis 236° (Zers.)]. — *6'-Carbamoyl-4-oxo-3-pyridyl-(2')-pyridocolin-1-carbonsäureäthylester*, $C_{18}H_{15}O_4N_3$, F. 265—267°, gelbe Nadeln (Dioxan/W.), aus vorst. Säure u. $SOCl_2$ u. Behandeln des *Chlorids* in Bzl. mit wss. NH_4OH. — *6.7.8.9-Tetrahydro-4-oxo-3-pyridyl-(2')-pyridocolin-1.6'-dicarbonsäuretrihydrat*, $C_{16}H_{14}O_5N_2 \cdot 3\ H_2O$, F. 247—249° (Zers.), Plättchen (W.), durch Schütteln des Na-Salzes vorvorst. Säure mit Raney-Ni u. Hydrieren über PtO_2 unter Normalbedingungen. — *10.17-Dioxospartein-15-carbonsäure*, $C_{16}H_{22}O_4N_2$, $Kp._{0,2}$ 200—210°, Harz, durch Hydrierung der gleichen Verb. wie vorst., nur unter Druck während 70 Std. bis zur Aufnahme von 7 H_2. — *4-Oxo-3-pyridyl-(2')-pyridocolin-1.6'-dicarbonsäurediäthylester*, $C_{20}H_{18}O_5N_2$, F. 146—147°, goldgelbe Nadeln (PAe.; 100 bis 120°), aus dem oben beschriebenen Halbester über dessen *Säurechlorid*. — *10.17-Dioxospartein-15-carbonsäureäthylester*, $C_{18}H_{26}O_4N_2$, $Kp._{0,2}$ 210—220°, gummiartig, durch Schütteln des vorst. Diäthylesters mit Raney-Ni in Eisessig u. Hydrieren über PtO_2 während 18 Std. bei 20° u. 100 lbs./sq.in. bis zur Aufnahme von 7 H_2. — *6'-Oxymethyl-4-oxo-3-pyridyl-(2')-pyridocolin-1-carbonsäureäthylester*, $C_{18}H_{16}O_4N_2$, F. 166—167°, gelbe Prismen (A.), durch Schütteln der 6'-Formylverb. in Eisessig mit Raney-Ni u. Hydrieren über PtO_2 bis zur Aufnahme von H_2 bei 20° u. n. Druck. — *15-Oxymethyl-10.17-dioxospartein*, $C_{16}H_{24}O_3N_2$, $Kp._{0,3}$ 210—220°, gelbliches Öl, durch Fortsetzung vorst. Hydrierung bis zur Aufnahme von 8 H_2. (J. chem. Soc. [London] **1954**. 2693—2701. Aug. Newcastle, King's Coll.) K. Nezel. 3500

S. W. Pelletier und **Walter A. Jacobs**, *Aconitumalkaloide*. 27. Mitt. *Die Struktur des Atisins*. (26. vgl. J. Amer. chem. Soc. **76**. [1954.] 4048.) Die früher angegebenen Strukturformeln für *Atisin* (**I**) u. *Isoatisin* (**II**) (vgl. 24. Mitt., Jacobs, C. **1952**. 4615) werden in Übereinstimmung mit dem Vorschlag von Wiesner u. Mitarbeitern (C. **1955**. 10753) modifiziert. Die Behandlung von **I** mit CrO_3–Pyridin bei 30° ergibt das *α.β-ungesätt. Keton* **III** [$C_{22}H_{31}O_2N$, F. 102—103°, $[\alpha]_D^{31}$ —27° (c = 2,33; Chlf.); 60% (Ausbeute)]; analog entsteht aus **II** das *α.β-ungesätt. Keton* **IV** [F. 159—163°, dann

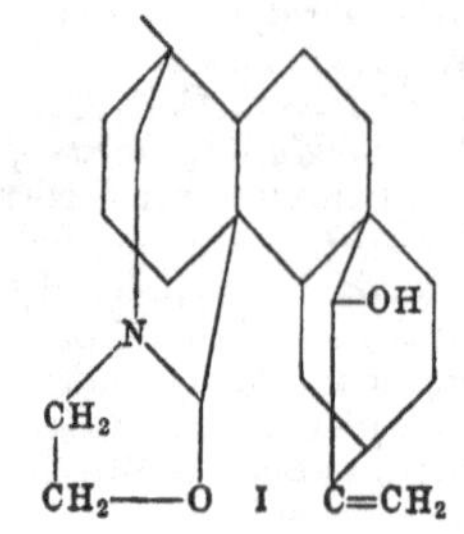
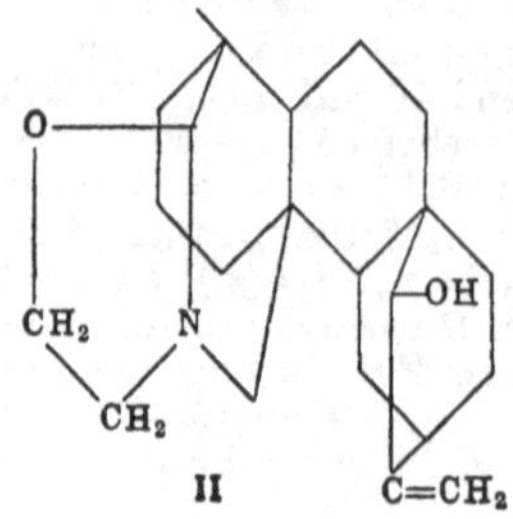
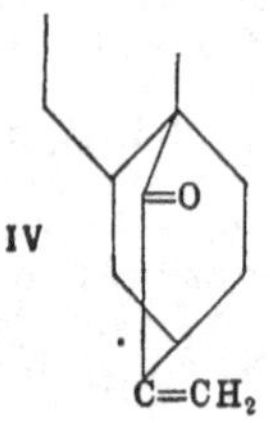

III bzw IV

285—295° (Zers.), $[\alpha]_D^{29}$ —9,3° (c = 1,89; Chlf.)]. Das Infrarotspektr. von III u. IV zeigt die Abwesenheit von OH-Gruppen an, auch die Tschugaeff-Zerewitinoff-Best. war negativ. Da I selbst nur e i n akt. H-Atom besitzt, muß die $-N \cdot CH_2CH_2O$-Gruppierung einem Ring angehören. Für die bei der Oxydation von I mit $KMnO_4$ entstehende *Lactamdicarbonsäure* wird die Struktur V (keine OH-Gruppe!), für die aus II ebenso erhaltene *Oxoisoatisindicarbonsäure*

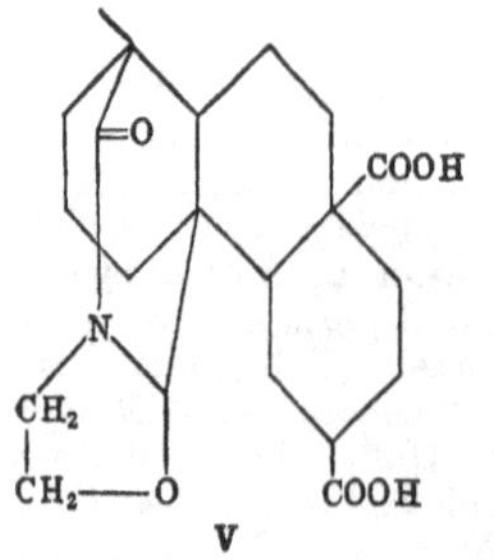
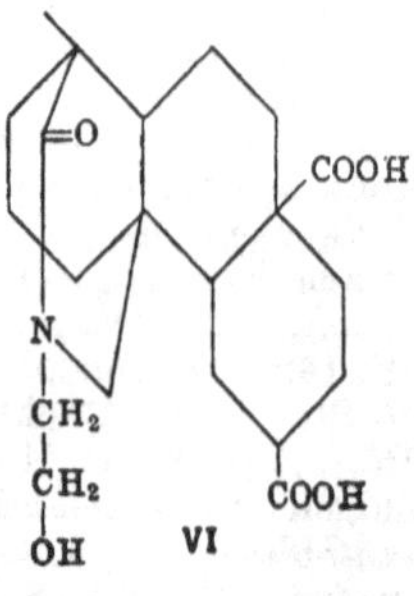

Struktur VI (OH-Gruppe im Infrarotspektr.) angenommen; V liefert bei der Hydrierung VI. (J. Amer. chem. Soc. **76**. 4496—97. 5/9. 1954. New York, N. Y., Rockefeller Inst. for Med. Res.) H. Weidmann. 3500

L. Zechmeister und **L. Wallcave**, *Einwirkung von N-Bromsuccinimid auf β-Carotin.* Beim Kochen von β-Carotin (I) in CCl_4 mit N-Bromsuccinimid (V) tritt unter Farbvertiefung in 15%ig. Ausbeute die Bldg. von Dehydrierungsprodd. ein, von denen *Dehydro-β-carotin* (II), *Bis-dehydro-β-carotin* (III) u. *Anhydroeschscholtzxanthin* (IV) chromatograph. neben 25% unumgesetztem I isoliert wurden. Die all-trans-Form von III gibt bei der Isomerisierung mit J_2 im Licht 3 cis-Formen, die schwächere UV-Maxima als all-trans-III besitzen. II u. IV lassen sich ebenso isomerisieren. Im Gegensatz zu analogen, natürlich erhaltenen stereoisomeren Gemischen, bei denen die trans-Formen überwiegen, werden bei den vorst. erhaltenen ca. $^2/_3$ cis-Formen gefunden. Die UV-Spektren der Verbb. sind angegeben u. werden diskutiert.

V e r s u c h e (FF. korr. im Vakuum): Durch Zugeben von 130 mg V zu 200 mg I in CCl_4, 6std. Kochen, Kaltfiltration, Einengen, Chromatographie (Chr.) der mit Hexan verd. Lsg. an Kalk/Celite Nr. 545 u. Entwickeln mit 3% Aceton in Hexan wurden eine bräunlichrote, verschied. rote u. orangefarbene Zonen (**A**) u. eine gelborangefarbene (unumgesetztes I) erhalten. **A** wurde nach Aufnehmen in Hexan zur Trockne eingedampft, der Rückstand in warmem Bzl. aufgenommen u. tropfenweise mit Methanol bei 50° unter Rühren versetzt, die abzentrifugierten *Kristalle* (28 mg) wurden in Hexan bei 20° gelöst, Chr. wie vorst. u. Entw. mit Bzl./Hexan (1 : 3) ergab folgende Zonen: Orangerot (*all-trans*-II), rötlichpurpurfarben (*all-trans*-III), purpurfarben (IV), orangefarben (*Neo*-II-*A*), orangerot (ein *cis*-III), hellorangefarben (*Neo*-II-*D*), hellorangefarben (ein *cis*-III), gelborangefarben (ein *cis*-II), hellorangefarben (ein *cis*-III). Die all-trans-Formen wurden mit J_2 katalyt. in das cis-trans-Gemisch übergeführt u. die trans-Formen durch Misch-Chr. mit authent. Präpp. identifiziert. — *Dehydro-β-carotin* (II), $C_{40}H_{54}$, F. 192° (Bzl.-Methanol), durch Einengen der durch Elution der entsprechenden Zone erhaltenen Bzl.-Hexan-Lsg.; 3—4 mg (Ausbeute). — *Bis-dehydro-β-carotin* (III), $C_{40}H_{52}$, F. 204° (Bzl.-Methanol), aus dem entsprechenden, bei der Chr. erhaltenen Band analog vorst. Verb.; viereckige Platten; 2—2,5 mg. Katalyt. Hydrierung in Cyclohexan-Eisessig (1 : 1) über PtO_2 bei 0°/760 mm zeigte 12,5 Doppelbindungen gegenüber 10,6 bei I an. Behandlung mit J_2 im Licht u. Chr. aus Bzl-Hexan (1 : 3) führte zur Bldg. u. Trennung der 3 cis-Formen von der all-trans-Verbindung. — *Anhydroeschscholtzxanthin* (IV), $C_{40}H_{50}$, F. 193° (Bzl./Methanol), aus der entsprechenden Zone; dunkelpurpurfarbene Kristalle; 1 mg. Nach 3tägigem Stehen einer Lsg. bei 4° konnten chromatograph. 2 *cis-Formen* neben der trans-Zone nachgewiesen werden. (J. Amer. chem. Soc. **75**. 4493—95. 20/9. 1953. Pasadena, Calif., Inst. of Technol., Gates and Crellin Laborr. of Chem.)

W. Gehrmann. 3550

O. Isler, H. Lindlar, M. Montavon, R. Rüegg und **P. Zeller**, *Synthesen in der Carotinoid-Reihe.* 4. Mitt. *Synthese von Isozeaxanthin.* (3. vgl. C. **1956.** 8365.) Die Synth. von *Isozeaxanthin* (*4.4'-Dioxy-β-carotin*) entspricht dem Schema $C_{19} + C_2 + C_{19} = C_{40}$. Acetylendi-MgBr wird mit 2 Moll. Dehydro-C_{19}-aldehyd (**I**) zum *Bis-dehydro-retro-C_{40}-diol* (**II**) kondensiert. **II**, das ein Isomerengemisch darstellt, liefert ohne Reinigung mit konz. HBr bei 0° *4.4'-Dibrom-15.15'-dehydro-β-carotin.* Hieraus mit Ag_2O in Bzl. *15.15'-Dehydroisozeaxanthin a* u. *b*, die chromatograph. getrennt werden können. Im sichtbaren Gebiet haben die beiden Isomeren das gleiche Absorptionsspektr., unterscheiden sich aber im Infrarotgebiet. Die Oxydation sowohl von a als auch von b mit MnO_2 in CH_2Cl_2 gibt *4.4'-Diketo-15.15'-dehydro-β-carotin.* Seine Red. liefert wieder *15.15'-Dehydroisozeaxanthin a* u. *b*. Die partielle Hydrierung mit LINDLAR-Kontakt ergibt 2 isomere *15.15'-cis-Isozeaxanthine*, die sich beim Erwärmen in PAe. in die *all-trans-Formen* umlagern. Im sichtbaren Bereich sind die Absorptionsspektren der Isomeren ident. u. zeigen den gleichen Verlauf wie β-Carotin mit einer Verschiebung von 1—2 mμ nach kürzerer Wellenlänge. Die Infrarotspektren beider Isozeaxanthine sind sehr ähnlich.

Versuche: *1.18-Bis-[2'.6'.6'-trimethylcyclohexen-(2')-yliden]-3.7.12.16-tetramethyl-8.11-dioxyoctadecahexaen-(2.4.6.12.14.16)-in-(9)* (**II**; *Bis-dehydro-retro-C_{40}-diol*), zur Suspension von Acetylendi-MgBr in Ae. (aus 25 g Mg, 128 g C_2H_5Br in 500 ml Ae. u. 12 std. Einleiten von C_2H_2) eine äther. Lsg. von 165 g 8-[2'.6'.6'-Trimethylcyclohexen-(2')-yliden]-2.6-dimethyloctatrien-(2.4.6)-al-(1) (**I**) unter N_2 tropfen u. 2 Std. unter Rückfluß kochen; nach Hydrolyse mit NH_4-Acetatlsg. aus Ae. amorphes Prod. (175 g); λ_{max} 349,5 mμ. — *4.4'-Dibrom-15.15'-dehydro-β-carotin*, $C_{40}H_{56}Br_2$, F. 120°, aus 40 g **II** in Ae. unter N_2 u. 20 ml 60%ig. HBr unter 10 Min. langem Rühren bei 0°; rotbraunes, körniges Prod. (17—20 g); λ_{max} 430 mμ. — *15.15'-Dehydroisozeaxanthin*, $C_{40}H_{54}O_2$, aus 12 g vorst. Dibromverb. in 1 Liter Bzl., 300 ml W. u. 50 g Ag_2O (12 Std. unter N_2 u. Lichtausschluß bei 20°) unter Rühren; aus der Benzolschicht 10 g amorphe Substanz; durch Chromatographie an Al_2O_3 u. Eluieren mit PAe./CH_2Cl_2 (1 : 1) 3 g der Form *a*, F. 160—163°; durch Eluieren mit dem gleichen Lösungsm. (1 : 2) *Isomeres b*, F. 188—190° (ca. 3 g). Beide Isomere kristallisieren aus Essigester in orangeroten Nadeln; λ_{max} 430 u. 458 mμ. — *Isozeaxanthin a*, $C_{40}H_{56}O_2$, F. 149—151°, durch partielle Hydrierung vorst. a-Form an LINDLAR-Kontakt in Ggw. von Chinolin in Essigester bei Normalbedingungen; nach Kristallisation aus Essigester/PAe. *15.15'-cis-Isozeaxanthin a* (λ_{max} 337, 448—449 u. 475 mμ), das in PAe. (80—100°) unter CO_2 während 12 Std. bei 90—100° isomerisiert wird; λ_{max} 451 u. 478 mμ. — *Isozeaxanthin b*, F. 145—146°, durch entsprechende Behandlung der vorst. b-Form über *15.15'-cis-Isozeaxanthin b.* — *4.4'-Diketo-15.15'-dehydro-β-carotin*, $C_{40}H_{50}O_2$, F. 185—186°, durch MnO_2-Oxydation von 15.15'-Dehydroisozeaxanthin a oder b in CH_2Cl_2 unter CO_2 während 24 Std. bei 20°; λ_{max} 438 mμ (1,5 g aus 1,9 g). Mit $LiAlH_4$ läßt sich das Diketon zum Isomerengemisch des Ausgangsprod. reduzieren. (Helv. chim. Acta **39.** 449—54. 15/3. 1956. Basel, F. Hoffmann-La Roche & Co. A. G.)

K. NEZEL. 3550

O. Isler, M. Montavon, R. Rüegg und **P. Zeller**, *Synthesen in der Carotinoid-Reihe.* 5. Mitt. *Anwendung der Reaktion von Whiting.* (4. vgl. vorst. Ref.) Die Anwendung der Rk. von NAGLER u. WHITING (J. chem. Soc. [London] **1954.** 4006), wonach 1.4-Acetylenglykole in einer Stufe mit $LiAlH_4$ in die entsprechenden Dienverbb. verwandelt werden können, zur Synth. von *7.7'-Dihydro-β-carotin, Dehydro-retro-carotin* u. der neuen Verbb. *3.4-Dehydro-7.7'-dihydro-β-carotin, 3.4; 3'.4'-Bis-dehydro-7.7'-dihydro-β-carotin* u. *4.7-Dihydrodehydro-retro-carotin* aus den entsprechenden C_{40}-Diolen wird beschrieben. Als Lösungsm. werden statt Ae. tert. Amine verwendet. Die Verbb. sind nicht Vitamin-A-wirksam. Die WHITING-Rk. erlaubt auch eine neue β-Carotin-Synth. nach dem Aufbauschema $C_{18} + C_2 + C_{20} = C_{40}$. Die Absorptionsspektren der erhaltenen Verbb. im sichtbaren u. Infrarotgebiet sowie Farbfotos der Kristalle von einigen werden wiedergegeben.

Versuche: *7.7'-Dihydro-β-carotin*, $C_{40}H_{58}$, F. 183—184°, orangegelbe Blättchen (CH_2Cl_2/CH_3OH); 56 g 1.18-Bis-[2'.6'.6'-trimethylcyclohexen-(1')-yl]-3.7.12.16-tetramethyl-8.11-dioxyoctadecahexaen-(2.4.6.12.14.16)-in-(9) (β-C_{40}-Diol) in 1400 ml Diäthylanilin bei 0—5° unter Rühren mit 12 g $LiAlH_4$ in 300 ml Ae. versetzen, 3 Std. unter N_2 bei 60° erwärmen, bei 5° 50 ml Essigester zutropfen, auf Eis gießen u. verd. H_2SO_4 zugeben; 10 g (Ausbeute); λ_{max} 364, 382, 405 u. 429 mμ. — *3.4-Dehydro-7.7'-dihydro-β-carotin*, $C_{40}H_{56}$, F. 182—183°, orangegelbe Blättchen (CH_2Cl_2/A.), aus 6,2 g 1-[2'.6'.6'-Trimethylcyclohexen-(1')-yl]-18-[2''.6''.6''-trimethylcyclohexadien-(1''.3'')-yl]-3.7.12.16-tetramethyl-8.11-dioxyoctadecahexaen-(2.4.6.12.14.16)-in-(9) (Monodehydro-β-C_{40}-diol) wie vorst.; λ_{max} 366, 383, 404, 429 mμ; 4 g. — *3.4; 3'4'-Bis-dehydro-7.7'-dihydro-β-carotin*, $C_{40}H_{54}$, F. 176—178°, orangegelbe Blättchen (CH_2Cl_2/CH_3OH), aus 8,7 g 1.8-Bis-[2'.6'.6'-trimethylcyclohexadien-(1'.3')-yl]-3.7.12.16-tetramethyl-8.11-dioxyoctadecahexaen-(2.4.6.12.14.16)-in-(9) (Bis-dehydro-β-C_{40}-diol) wie oben; λ_{max} 365, 383,5, 405, 430 mμ; 5 g. – *Dehydro-retro-carotin* (*Isocarotin*), $C_{40}H_{54}$, F. 190–192°, rotviolette Nadeln (Bzl./PAe. 80–100°) aus 40 g 1.18-Bis-[2'.6'.6'-trimethylcyclohexen-(2')-yliden]-3.7.12.16-tetramethyl-8.11-dioxyoctadecahexaen-(2.4.6.12.14.16)-in-(9) (Bis-dehydro-retro-C_{40}-diol), wie oben, 2std. Schütteln des Rohprod. in Aceton unter N_2 u. Stehen über Nacht bei 0–5°; λ_{max}, 446, 472, 502 mμ; 1 g. – *4.7-Dihydrodehydro-retro-carotin*, $C_{40}H_{56}$, F. 165–166°, feine, violette Nadeln (CH_2Cl_2/Aceton oder Bzl./A.); 1,5 g; λ_{max} 418, 444, 472 mμ; zu Äthyl–MgBr (aus 6,4 g Mg u. 32 g C_2H_5Br in 100 ml Ae.) in Ae. bei 5–10° eine äther. Lsg. von 35 g 10-[2'.6'.6'-Trimethylcyclohexen-(1')-yl]-4.8-dimethyl-3-oxydecatrien-(4.6.8)-in-(1) zutropfen, 1 Std. unter Rückfluß kochen, danach innerhalb 15 Min. bei 20° eine Lsg. von 32,5 g 8-[2'.6'.6'-Trimethylcyclohexen-(2')-yliden]-2.6-dimethyloctatrien-(2.4.6)-al-(1) in 100 ml Ae. zusetzen, 20 Std. bei 20° rühren, 3 Std. kochen u. auf eiskalte verd. HCl gießen; aus dem Ae. 66 g *1-[2'.6'.6'-Trimethylcyclohexen-(1')-yl]-18-[2''.6''.6''-trimethylcyclohexen-(2'')-yliden]-3.7.12.16-tetramethyl-8.11-dioxyoctadecahexaen-(2.4.6.12.14.16)-in-(9)*; das Rohprod. in 1200 ml Ae. lösen, bei 0–5° innerhalb 30 Min. mit 12 g $LiAlH_4$ in 350 ml Ae. versetzen, 24 Std. bei 20° rühren, den Ae.-Rückstand an Al_2O_3 chromatographieren u. mit PAe. eluieren. – *9-[2'.6'.6'-Trimethylcyclohexen-(1')-yl]-3.7-dimethyl-3-oxynonatrien-(4.6.8)-in-(1)*, zähes, gelbes Öl, 22,8 g, λ_{max} 292 mμ; zu Li-Acetylid (aus 0,7 g Li) in 400 ml fl. NH_3 innerhalb 15 Min. 22 g 8-[2'.6'.6'-Trimethylcyclohexen-(1')-yl]-6-methyloctatrien-(3.5.7)-on-(2) in 90 ml Ae. eintropfen, nach 20 std. Rühren 10 g NH_4Cl zugeben, NH_3 verdampfen den Rückstand mit W. u. Ae. (je 100 ml) versetzen u. den Ae.-Rückstand an Al_2O_3 chromatographieren. – *1.18-Bis-[2'.6'.6'-trimethylcyclohexen-(1')-yl]-3.7.12.16-tetramethyl-7.10-dioxyoctadecaheptaen-(1.3.5.11.13.15.17)-in-(8)* (*asymm. β-C_{40}-Diol*); zu C_2H_5MgBr-Lsg. (aus 2,5 g C_2H_5Br, 0,52 g Mg u. 20 ml Ae.) 2,8 g der vorst. Verb. in 30 ml Ae. bei 10° einrühren, 1 Std. kochen, nach Abkühlen 2,8 g 9-[2'.6'.6'-Trimethylcyclohexen-(1')-yl]-3.7-dimethylnonatetraen-(2.4.6.8)-al-(1) in 30 ml Ae. zusetzen, 3–4 Std. unter N_2 kochen u. in NH_4Cl-Lsg. gießen; aus dem Ae. 5,8 g Rohprod.; λ_{max} 284, 330 mμ. – *β-Carotin*, F. 183°, violette Blättchen (CH_2Cl_2/CH_3OH), aus vorst. Verb. mit $LiAlH_4$ wie eingangs beschrieben, das Rohprod. in PAe. (30–50°) lösen u. an Al_2O_3 chromatographieren; λ_{max} 452–453, 480–481 mμ; 0,5 g. (Helv. chim. Acta **39.** 454–62. 15/3. 1956.)

K. NEZEL. 3550

O. Isler, H. Gutmann, H. Lindlar, M. Montavon, R. Rüegg, G. Ryser und **P. Zeller**, *Synthesen in der Carotinoid-Reihe*. 6. Mitt. *Synthese von Crocetindialdehyd und Lycopin.* (5. vgl. vorst. Ref.) Eine *Lycopin*-(**I**)-Synth. nach dem Schema $C_{10} + C_{20} + C_{10} = C_{40}$ über den *Crocetindialdehyd* (**II**) wird beschrieben. Der aus Acetylen u. Methacrolein zugängliche *C_{10}-Dialdehyd* (**III**) wird analog dem techn. β-Carotin-Verf. (vgl. C. **1956.** 8361) durch Vinyläther um 2 u. durch Propenyläther um 3 C-Atome beidseitig verlängert. Der so erhaltene *8.8'-Dehydrocrocetindialdehyd* (**V**) oder der daraus durch Partialhydrierung erhaltene **II**, der nur in der *all-trans-Form* erhalten wurde, kann nach WITTIG (vgl. C. **1955.** 2887 u. **1956.** 7792) mit Geranylidentriphenylphosphoran (**IV**) in CH_2Cl_2 in *15.15'-Dehydrolycopin* bzw. **I** u. Triphenylphosphinoxyd übergeführt werden. Die Partialhydrierung von 15.15'-Dehydrolycopin führt zu *15.15'-cis-Lycopin*, das sich bereits beim Kristallisieren in die *all-trans-Verb.* umlagert. Aus β-Cyclogeranylidentriphenylphosphoran u. **V** wird nach WITTIG *15.15'-Dehydro-β-carotin* erhalten.

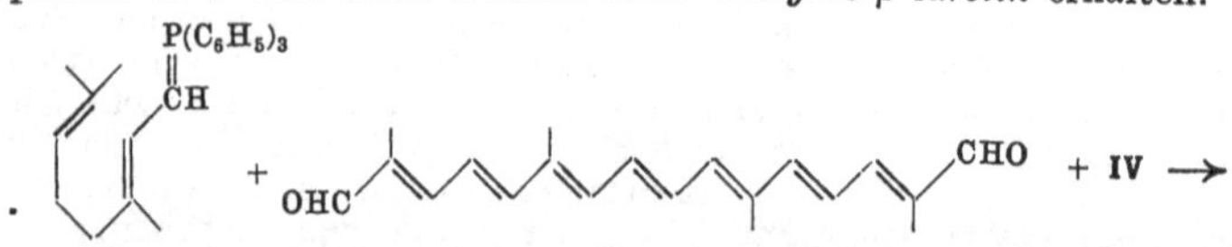

IV II

Versuche: *1.1.8.8-Tetraäthoxy-2.7-dimethyloctadien-(2.6)-in-(4)* (**III**-*Diacetal*), $C_{18}H_{30}O_4$, Kp.$_{0,01}$ 103–104°, n_D^{24} 1,4892, λ_{max} 273, 288 mμ; 185 g 2.7-Dimethyloctadien-(2.6)-in-(4)-dial-(1.8) (**III**), 410 ml Orthoameisensäuretriäthylester u. 0,4 g p-Toluolsulfonsäure in A. 15 Std. bei 20° rühren, darauf mit äthanol. KOH alkal. machen, in kalte $NaHCO_3$-Lsg. gießen u. in PAe. aufnehmen; 384 g gelbbraunes Öl. – *1.1.8.8-Tetramethoxy-2.7-dimethyloctadien-(2.6)-in-(4)*, $C_{14}H_{22}O_4$, Kp.$_{0,02}$ 105–107°; n_D^{25} 1,5075, entsprechend mit Orthoameisensäuretrimethylester. – *1.1.3.10.12.12-Hexaäthoxy-4.9-dimethyldodecadien-(4.8)-in-(6)*, $C_{26}H_{46}O_6$, Kp.$_{0,03}$ 160°, n_D^{29} 1,4778, λ_{max} 275, 291 mμ; 348 g **III**-Diacetal mit 15 ml einer Lsg. von 5,7 g $ZnCl_2$ u. 1 ml Bortrifluoridätherat in 57 Essigester versetzen, darauf 245 ml Vinyläthyläther u. den Rest der Essigesterlsg. innerhalb 2 Std. bei 30–35° zugeben, dann nach Stehen über Nacht in PAe. aufnehmen – *4.9-Dimethyldodecatetraen-(2.4.8.10)-in-(6)-dial-(1.12)*, $C_{14}H_{14}O_2$, F. 164–166°, gelbe Nadeln

(CH_2Cl_2/Essigester); λ_{max} 362, 384 mμ; das vorst. Reaktionsgemisch mit 930 ml 15%ig. Na-Acetatlsg. in 90%ig. Essigsäure u. einer Spur Hydrochinon 3 Std. unter N_2 bei 95 bis 100° rühren, 200 ml W. zugeben u. 4–5 Std. mit Eis/NaCl-Mischung kühlen; 153 g. *Bis-phenylhydrazon*, $C_{26}H_{26}N_4$, F. 218° (Zers.). – *1.1.12.12-Tetraäthoxy-4.9-dimethyldodecatetraen-(2.4.8.10)-in-(6)*, $C_{22}H_{34}O_4$, Kp.$_{0,06}$ 155° (teilweise Zers.), n_D^{22} 1,5760; λ_{max} 327–328, 350 mμ, durch Acetalisierung vorst. Dialdehyds (153 g) mit Orthoameisensäuretriäthylester; braunrotes Öl (257 g). – *1.1.12.12-Tetramethoxy-4.9-dimethyldodecatetraen-(2.4.8.10)-in-(6)*, F. 47–49° (PAe.), λ_{max} 350 mμ, entsprechend mit Orthoameisensäuretrimethylester. – *2.6.11.15-Tetramethylhexadecahexaen-(2.4.6.10.12.14)-in-(8)-dial-(1.16)* (**V**; *8.8'-Dehydrocrocetindialdehyd*), $C_{20}H_{22}O_2$, F. 190–191°, orangefarbene Blättchen (CH_2Cl_2/Essigester) (128 g), aus 257 g Rohacetal u. 190 ml Propenyläthyläther, wie bei der Umsetzung von **III**-Diacetal mit Vinyläthyläther beschrieben; λ_{max} 410, 434 mμ. *Bis-phenylhydrazon*, $C_{32}H_{34}N_4$, F. 249° (Zers.), λ_{max} 464 mμ. – *Crocetindialdehyd* (**II**), $C_{20}H_{24}O_2$, F. 190–191°, violettrote Blättchen (Chlf./Essigester), aus 20 g **V** durch Partialhydrierung über LINDLAR-Kontakt u. Chinolin in Toluol; 15 g; λ_{max} 408, 430, 458 mμ. *Bis-phenylhydrazon*, $C_{32}H_{36}N_4$, F. 243° (Zers.), λ_{max} 494 mμ. Auch aus **V** über dessen Diacetal *1.1.16.16-Tetraäthoxy-2.6.11.15-tetramethylhexadecahexaen-(2.4.6.10.12.14)-in-(8)* [F. 82–83,5°, gelbe Kristalle (PAe. 80—100°), λ_{max} 384, 406 mμ], das durch Partialhydrierung in PAe. mit LINDLAR-Kontakt u. Chinolin in *1.1.16.16-Tetraäthoxy-2.6.11.15-tetramethylhexadecaheptaen-(2.4.6.8.10.12.14)* [F. 128–130°; orangefarbene Nadeln (PAe. 80–100°)] verwandelt u. mit Essigsäure verseift wird. – *1.1.8.8-Tetraäthoxy-2.7-dimethyloctatrien-(2.4.6)*, $C_{18}H_{32}O_4$, Kp.$_{0,22}$ 116°, n_D^{23} 1,5065, durch Acetalisierung von 2.7-Dimethyloctatrien-(2.4.6)-dial-(1.8) mit Orthoameisensäuretriäthylester. – *4.9-Dimethyldodecapentaen-(2.4.6.8.10)-dial-(1.12)*, $C_{14}H_{16}O_2$, F. 175–177°, gelbe Nadeln (CH_2Cl_2/Essigester), aus vorst. Diacetal mit Vinyläthyläther; λ_{max} 358, 378, 400 mμ. *Bis-phenylhydrazon*, $C_{26}H_{28}N_4$, F. 212° (Zers.), λ_{max} 462 mμ. Aus dem Diacetal dieses C_{14}-Dialdehyds [*1.1.12.12-Tetraäthoxy-4.9-dimethyldodecapentaen-(2.4.6.8.10)*, F. 67–70°, gelbliche Kristalle (PAe.); λ_{max} 326, 342, 362 mμ] mit Propenyläthyläther **II**. – *Geranyltriphenylphosphoniumbromid*, $C_{28}H_{32}BrP$, F. 188 bis 189°; zum auf – 30° gekühlten Gemisch aus 154 g Linalool, 300 ml PAe. (30–50°) u. 10 ml Pyridin innerhalb 2 Std. 108 g PBr_3 in 100 ml PAe. (30–50°) bei –25° einrühren u. auf Eis gießen; aus PAe. 230 g rohes *Geranylbromid* (n_D^{20} 1,4990), das innerhalb 10 Min. zu 262 g Triphenylphosphin in 1 Liter Bzl. gegeben wird, nach 48std. Rühren 250–300 g. – *Lycopin* (**I**), $C_{40}H_{56}$, F. 172–173°; λ_{max} 446, 472, 505 mμ; 100 g vorst. Verb. in 1 Liter Ae. innerhalb 10 Min. mit 200 ml n. äther. Phenyl–Li versetzen, nach 1std. Rühren zur Geranylidentriphenylphosphoran- (**IV**)-Lsg. 20 g **II** in 500 ml CH_2Cl_2 innerhalb 5 Min. geben, 15 Min. Rühren, dann 5 Std. kochen, in die warme Reaktionslsg. 600 ml CH_3OH gießen u. auf 10° kühlen, den Nd. unter CO_2 in CH_2Cl_2 lösen u. mit CH_3OH fällen; 25 g. – *15.15'-Dehydrolycopin*, $C_{40}H_{54}$, F. 190–192°, λ_{max} 453, 484 mμ, 28 g; aus 20 g **V** u. **IV** wie beschrieben. Hieraus durch partielle Hydrierung in Toluol *15.15'-cis-Lycopin*, F. 105° (danach wieder fest); λ_{max} 361, 444, 470, 502. Umwandlung in *all-trans*-**I** durch Kristallisation aus PAe. (80–100°). – *15.15'-Dehydro-β-carotin*, F. 154°, aus β-Cyclogeraniol über *β-Cyclogeranyltriphenylphosphoniumbromid* u. *β-Cyclogeranylidentriphenylphosphoran* u. Umsetzung mit **V**. (Helv. chim. Acta **39**. 463–73. 15/3. 1956.) K. NEZEL. 3550

L. Wallcave und **L. Zechmeister**, *Umwandlung von Dehydro-β-carotin über den Bortrifluorid-Komplex in ein Isomer des Kryptoxanthins.* Der durch kurzzeitige Behandlung von Dehydro-β-carotin (**III**) mit BF_3-Ätherat (**I**) entstehende *dunkelblaue Komplex* gibt bei der Zers. mit W. bzw. Methanol in 34%ig. Ausbeute *Isokryptoxanthin* (**II**) bzw. **II**-*Methyläther* neben etwas *Dimethoxy-β-carotin*. **II**, das auf Grund seines chem. Verh. als *4-Oxy-β-carotin* angesehen wird, spaltet in saurem Chlf. W. ab u. geht in **III** über. Analog reagiert **II**-Methyläther. Als Nebenprod. tritt bei allen Rkk. etwas *β-Carotin* (**IV**) auf. Das UV-Spektr. von **II** ist angegeben.

V e r s u c h e (FF. korr. im Vakuum): *BF_3-Ätherat* (**I**), Kp. 122–125°, durch Einleiten von BF_3 in Ae. unter Eiskühlung bis zur Gewichstszunahme von 60 g/100 g Ae. u. Fraktionieren. – *Isokryptoxanthin* (**II**), $C_{40}H_{56}O$, F. 162–164° (Bzl./Methanol), durch Zugeben von **I** zu 35 mg all-trans-**III** in Hexan, genau 1 Min. starkes Schütteln der dunkelblauen Lsg., Eingießen in Aceton, Wasserzugabe unter Umschütteln bis zur Bldg. von 2 Phasen, 15 Min. Waschen der gelblichbraunen Hexanlsg., bis sie dunkelrot erscheint, Abdekantieren von schmierigen, rotbraunen Prodd., Adsorption der trockenen Lsg. an Kalk/Celite 545, Entw. mit Hexan + 7% Aceton, Herausschneiden des rotorangefarbenen u. des schwachgelben (cis-**II**) Bandes, Eluieren, Überführen in Hexan, erneute Chromatographie (Entwickler: Hexan + 8% Aceton) u. Eindampfen zur Trockne; ovale u. blattförmige Platten; 5 mg. *Acetat*, F. 108° (Bzl./Methanol), durch Versetzen von 30 mg **II** in Pyridin mit Acetanhydrid, 45 Min. Stehen bei 70°, Verdünnen mit Hexan, Adsorption analog **II**, Entw. mit Hexan + 2% Aceton u. Isolieren analog **II**; 4 mg. Gab bei der Verseifung mit methanol. KOH **II** zurück. Daneben aus der intensiv gelbgefärbten Zone **IV**, analog isoliert (Entwickler: Hexan); 2 mg·cis-**II** konnte mit J_2 im Licht in *all-trans*-**II** übergeführt werden. *Dimethoxy-β-carotin*, $C_{40}H_{54}(OCH_3)_2$, F. 152° (Bzl./Methanol), aus 60 mg **III** u. **I** analog **II**, aber Zers. des Komplexes mit 95%ig. Methanol, Säulenadsorption wie bei **II** (Entwickler: Hexan + 3% Aceton) u. Isolieren aus der ersten orangefarbenen Zone; 3 mg. Daneben aus der breiteren orangefarbenen Zone **II**-*Methyläther*, $C_{40}H_{55}OCH_3$, F. 133–135° (Bzl./Methanol); 9 mg (wurde auch erhalten durch Behandeln von **II** mit wenig tert.-Amylalkohol in Toluol u. metall. Kalium). Außerdem aus der dritten orangefarbenen Zone **IV** ($C_{40}H_{56}$, 6 mg), 2 mg *cis-β-Carotine* u. aus den gelben Zonen 3 mg *cis*-**II**-*Methyläther* u. 4 mg *Neo*-**IV**-*U* im Gemisch mit *cis*-**II**-*Methyläther*. – Durch Zugeben von 4 Tropfen mit HCl gesätt. Chlf. zu 4 mg **II**, 25 Min. Stehen im diffusen Tageslicht, Entsäuern mit 5%ig. $NaHCO_3$, Eindampfen zur Trockne u. Adsorption aus Hexan analog **II** (Entwickler: Hexan + 6% Aceton) werden als rote bzw. orangefarbene bis rote Zonen **III** bzw. verschied. *cis-Dehydro-β-carotine* [70% (Gesamtausbeute)] sowie 5% **IV** (gelbe Zone) neben 25% Ausgangsmaterial isoliert. **II**-Methyläther gibt analog behandelt außerdem noch einige nicht identifizierte *Pigmente*, darunter eines mit einem stärkeren Chromophor als **III**. (J. Amer. chem. Soc. **75**. 4495 bis 4498. 20/9. 1953. Pasadena, Calif., Inst. of Technol., Gates and Crellin Laborr. of Chem.)

W. GEHRMANN. 3550

A. Blumann und **W. R. Wood**, *Carveol und verwandte Verbindungen.* Ein opt.-akt. Gemisch der *cis*- u. *trans*-Isomeren von *Carveol* (**I**) wird leicht durch Säuren racemisiert. **I** aus autoxydiertem (+)-*Limonen* (**II**) ist hauptsächlich das (±)-*trans-Epimere*; es entsteht auch durch therm. Zers. des Acetats von *trans-Sobrerol* (trans-**III**) u. bildet durch Wasseraufnahme (±)-*trans*-**III**. (±)-*cis*-**III** wurde aus (±)-*cis*-**I** erhalten. Ein anderes Oxydationsprod. von **II**, (+)-*cis*-Δ^8-p-Menthendiol-(1.2) (**IV**), gibt nach Acetylierung u. therm. Zers. ein Carveolgemisch, das (±)-*trans*-**I** u. daneben ein Isomeres, wahrscheinlich $\Delta^{1,7,8}$-*p-Menthadienol-(2)*, enthält. (±)-*cis*-**I** entsteht durch therm. Zers. des Acetats von (±)-p-Menthantriol-(1.2.8) (**V**) u. wird zu *cis*-**III** hydratisiert, das allmählich in die trans-Form übergeht.

Versuche: *Carveol* (**I**), Gemisch (**A**) von *cis*- u. *trans*-**I**, $[\alpha]_D^{20}$ – 122,1°, aus (–)-Carvon durch Red. nach PONNDORF; wird durch Stehen mit äther. H_2SO_4 racemisiert. (±)-*trans*-**I**, Kp.$_5$ 95–100°, a) aus **A** über das krist. *Hydrogenphthalat* (F. 136–137°); $D.^{18}_4$ 0,950, n_D^{20} 1,4956, $[\alpha]_D$ ± 0°; b) aus (±)-trans-**III** durch Acetylierung mit sd. Acetanhydrid (5 Std.), Dest. bei 80 mm Hg, Dest. der Fraktion > 178° bei n. Druck u. Hydrolyse mit alkoh. NaOH; c) aus **IV** durch Acetylierung, Dest. bei n. Druck, Hydrolyse, Wasserdampfdest. u. Dest. im Vakuum; das erhaltene **I**-*Isomerengemisch*, aus dem (±)-trans-**I** über das Hydrogenphthalat abgetrennt werden kann, zeigt Kp.$_3$ 93°, $[\alpha]_D$ + 52,2°, $D.^{20}_4$ 0,956, n_D^{20} 1,4967 (opt. Drehung unverändert beim Stehen mit äther. H_2SO_4, fällt nach 3monatigem Aufbewahren des Präp. auf 52,2–51,1°), daneben eine *KW-stoff*-Fraktion, Kp.$_3$ 46–56°, Kp.$_{766}$ 172–174°, $[\alpha]_D$ + 41,9° $D.^{20}_4$ 0,8802, n_D^{20} 1,4982. *Phenylurethan*, F. 94–95. (±)-*cis*-**I**, Kp.$_3$ 92–94°, aus **V** (F. 122–124°) analog (±)-trans-**I**, c); $D.^{25}_4$ 0,954, n_D^{25} 1,4970; gibt bei der Oxydation mit CrO_3 (±)-*Carvon* (*Semicarbazon, F. 154–156°*). *Hydrogenphthalat*, F. 114–116° (PAe.). – (±)-*trans-Sobrerol* [(±)-*trans*-**III**], F. 131–131,5° (Äthylacetat), aus **A** mit Benzolsulfonsäure in 5%ig. H_2SO_4 (24 Std. schütteln); daneben **I**, *Carvon*, eine *Verb. vom F. 119–121°* (PAe.) u. *Pinol* (*Dibromid*, F. 94–95°). (±)-*cis*-**III**, $C_{10}H_{18}O_2$, F. 107–108° (W.), aus (±)-cis-**I** mit 5%ig. H_2SO_4 (24 Std. schütteln); Prismen; geht beim 2jährigen Stehen in reines (±)-trans-**III** über. (J. chem. Soc. [London] **1952**. 4420–22. Nov. Nedlands, West Australia.)

W. SCHULENBURG. 3600

J. R. Anstee, H. R. Arthur, A. L. Beckwith, D. K. Dougall, P. R. Jefferies, M. Michael, J. C. Watkins und **D. E. White**, *Die Chemie westaustralischer Pflanzen.* 6. Mitt. *Das Vorkommen von Betulin-, Oleanol- und Ursolsäure.* (5. BOTTOMLEY, vgl. Austral. J. sci. Res., Ser. A **4**. [1951.] 112.) *Ursolsäure* (**I**), die bisher in der Familie der Solanaceen nur in den austral. Gattungen Duboisia u. Anthotroche gefunden worden war, wurde zusammen mit *Oleanolsäure* (**II**) in zwei weiteren Solanaceen, *Anthocercis littorea Labill.* u. *Anthocercis odgersii F. Muell.* nachgewiesen. *Anthocercis intricata F. Muell.* enthält ein ähnliches Gemisch von *Triterpensäuren*, das nicht getrennt wurde. Unter den *Apocynaceen* enthält *Petalogstigma sericea* (*R. Br.*) *C. A. Gardn.* **II**, während die Küstenform von *Alyxia buxifolia R. Br.* **I** u. **II** enthält. Die Binnenlandform von A. buxifolia aus trockenen Gebieten enthält *Betulinsäure* (**III**), die auch, begleitet von *Betulin*, aus *Nuytsia floribunda* (*Labill.*) *R. Br.* (Loranthaceae), dem westaustral. Weihnachtsbaum, u. aus der Rinde von sechs *Melaleuca*-Arten, *M. rhaphiophylla Schau.*, *M. cuticularis Labill.*, *M. viminea Lindl. M. leucadendron L.*, *M. parviflora Lindl.* u. *M. pubescens*

Schau., isoliert werden konnte. Das aus der Rinde von M. leucadendron von ISII u. OSIMA (J. Agric. Chem. Soc. Japan, **15.** [1939.] 839) isolierte *Melaleucin*, für das diese Autoren eine dem Gesetz der paaren Atomzahlen widersprechende Bruttoformel, $C_{28}H_{45}O_3$ annehmen, ist wahrscheinlich unreine **III**.

Versuche (FF. korr.): *Ursolsäure* (**I**), F. 286–287° (Vakuum; A.), durch Extraktion des zerkleinerten Materials, Fällung der Na-Salze u. Trennung von **II** durch fraktionierte Kristallisation aus CH_3OH; $[\alpha]_D^{15}$ + 70° (c = 1,02; CH_3OH–Chlf. 1:1). *Methylester*, F. 171°. *Acetat*, F. 292°. *Methylesteracetat*, F. 246–247° (Vakuum). — *Oleanolsäure* (**II**), $C_{30}H_{48}O_3$, F. 311–312° (Vakuum; CH_3OH, dann A.), $[\alpha]_D^{15}$ + 79° (c = 0,63; Chlf.). *Methylester*, $C_{31}H_{50}O_3$, F. 201°. *Acetat*, $C_{32}H_{50}O_4$, F. 268° (Vakuum). *Methylesteracetat*, F. 222°, $[\alpha]_D^{16}$ + 71° (c = 0,98; Chlf.). — *Betulinsäure* (**III**), $C_{30}H_{48}O_3$, F. 320–321°, Nadeln aus A. u. CH_3OH, $[\alpha]_D^{15}$ + 12° (c = 0,94; Pyridin). *Acetat*, $C_{32}H_{50}O_4$, F. 295°, $[\alpha]_D^{15}$ + 24° (c = 1,56; Chlf.) *Methylester*, $C_{31}H_{50}O_3$, F. 222°, $[\alpha]_D^{15}$ + 7,2° (c = 1,11; Chlf.). — Rohausbeuten, soweit angegeben: aus 4,5 kg Blättern (Bl.) von A. busifolia (aus Kalgoorlie u. Morawa) mit A.; aus dem Extrakt mit Ae. 35 g **III**; aus 1 kg Bl. von A. buxifolia (Point Peron) mit Ae. 8 g **I** u. 22 g **II** (rein je 0,8 g); aus 420 g Bl. u. Stengeln (St.) von A. odgersii (Chandler) 10 g **I** u. wenig **II**, ähnliche Ergebnisse mit A. littorea u. A. intricata; aus 2 kg Bl. + St. von N. floribunda (Nedlands) 34 g **III**, daneben *Betulin*, F. 256° (*Diacetat*, F. 215°). (J. chem. Soc. [London] **1952.** 4065–67. Okt. Nedlands, Univ. of Western Australia.) R. LORENZ. 3600

F. Reber, A. Lardon und **T. Reichstein,** *Teilsynthese von 11-Epicorticosteron. Bestandteile der Nebennierenrinde und verwandte Stoffe.* 86. Mitt. (85. vgl. LARDON, C. **1954.** 2182.) Der aus dem Diacetat durch partielle Verseifung erhaltene *3β-Oxy-11α-acetoxyätiansäuremethylester* wird durch Oxydation zur *3-Ketoverb.*, Bromierung, Dehydrobromierung des *4-Brom-3-ketoesters* u. Hydrolyse in *3-Keto-11α-acetoxy-Δ⁴-ätiensäure* (**I a**) übergeführt. Die im Modellvers. an 3-Keto-Δ^4-ätiensäure durchgeführte Überführung in das Säurechlorid gelingt glatt mit Oxalylchlorid in Bzl. ohne Zusatz von Pyridin u. liefert aus **I a** das entsprechende *Säurechlorid*, das mit CH_2N_2 *11α-Acetoxy-21-diazoprogesteron* (**II a**) gibt. **II a** liefert mit Eisessig *11-Epicorticosteron* (**III**)-*Diacetat* (**III a**), mit wss. H_2SO_4 **III**-*11-Monoacetat*, das sich jedoch nur schlecht zu **III** verseifen läßt. Auch die alkal. Verseifung von **II a** gelingt nur schlecht u. verläuft unter Verharzung. Da, wie am Beispiel der Überführung von Sarmentogenin in das *Diformiat* gezeigt wird, die Formiate besser kristallisieren u. leichter verseifbar sind als die Acetate, wird die entsprechende Reaktionsfolge mit dem *11α-Formyloxyanalogen* (**I b**) von **I a** durchgeführt. Dabei wird in guter Ausbeute das leicht zur freien *Oxyverb.* (**II**) verseifbare *11α-Formyloxy-21-diazoprogesteron* (**II b**) erhalten, das mit Eisessig **III**-*11-Formiat-21-acetat* (**III b**) u. daraus reines **III** gibt. **II** läßt sich auch direkt in **III** überführen.

Versuche (FF. korr.; opt. Drehungen in Chlf.): *3β-Oxy-11α-acetoxyätiansäuremethylester*, $C_{23}H_{36}O_5$, F. 161–162°, aus 3β.11α-Diacetoxyätiansäuremethylester (F. 177 bis 179°) mit 1%ig. methanol. HCl (16 Std. bei 30°); nach Chromatographie aus Ae. Stäbchen, $[\alpha]_D^{19}$ + 15,7 ± 1° (c = 1,9167); 73% (Ausbeute). — *3-Keto-11α-oxyätiansäuremethylester*, $C_{21}H_{32}O_4$, F. 133–136°, aus dem Acetat mit sd. wss. alkoh. KOH (2 Std.) u. Veresterung mit CH_2N_2; aus Ae.–PAe. Nadeln, $[\alpha]_D^{21}$ + 55,2 ± 2° (c = 1,176). *Acetat*, F. 152–154°, aus 1,0 g vorst. Verb. mit CrO_3 in Eisessig; aus Ae.–PAe. Plättchen; 903 mg. *Formiat*, $C_{22}H_{32}O_5$, F. 133–135°, aus Ae.–PAe. Blättchen, $[\alpha]_D^{19}$ + 33,6 ± 1° (c = 1,959). — *4-Brom-3-keto-11α-acetoxyätiansäuremethylester*, F. 168–174°, aus vorst. Acetat mit Br_2 in Eisessig; aus Ae. Klötzchen; 85%. — *3-Keto-11α-oxy-Δ⁴-ätiensäure*, F. 254–260°, aus dem Acetatmethylester mit 7%ig. methanol. KOH (3 Std. bei 65° im Rohr unter N_2); $[\alpha]_D^{18}$ + 124,2 ± 4° (c = 0,604; Dioxan). *Methylester*, F. 167–168°, aus Aceton–Ae. Nädelchen, $[\alpha]_D^{19}$ + 14,3 ± 2° (c = 0,927). *Acetat* (**I a**), $C_{22}H_{30}O_5$, F. 225–229° (unter Gelbfärbung, Sintern ab 215°, Trübung bei 145–175°), aus Ae.–Hexan Stäbchen, $[\alpha]_D^{17}$ + 120,2 ± 2° (c = 0,939, in Aceton). *Acetatmethylester*, $C_{23}H_{32}O_5$, F. 155–157°, aus vorst. Br-Verb. in Eisessig mit Semicarbazidhydrochlorid u. Na-Acetat in W. (2 Std. bei 65° unter N_2) u. Zers. mit Brenztraubensäure u. Na-Acetat in W. (1½ Std. bei 70° u. ¼ Std. bei 80°); nach Chromatographie aus Ae.–PAe., dann Ae.–Hexan Plättchen oder flache Stäbchen mit gezacktem Rand, $[\alpha]_D^{18}$ + 129,0 ± 2° (c = 1,0622); 71,5%. *Formiat* (**I b**), $C_{21}H_{28}O_5$, F. 256–262°, aus Aceton–PAe. Plättchen, $[\alpha]_D^{23}$ + 156,7 ± 2° (c = 1,021). *Formiatmethylester*, $C_{22}H_{30}O_5$, F. 164–167°, aus Ae.–PAe. Nadeln, $[\alpha]_D^{19}$ + 146,5 ± 2° (c = 1,249). — *21-Diazoprogesteron*, F. 182°, a) aus 3-Keto-Δ^4-ätiensäure durch Überführung in das Na-Salz, Rk. in Bzl. mit Oxalylchlorid in Ggw. von Pyridin u. Umsetzung in Ae. mit CH_2N_2; 83% (unrein); b) aus 3-Keto-Δ^4-ätiensäure mit Oxalylchlorid in Bzl. (40 Min. bei 20°), Rk. in Bzl. mit äther. CH_2N_2 u. Chromatographie; 75% (roh); daneben *Verb.* $C_{21}H_{31}O_2N$, F. 248–253°, aus Aceton kleine Blöcke. — *11α-Oxy-21-*

diazoprogesteron (II), $C_{21}H_{28}O_3N_2$, F. 136–136°, a) aus 200 mg **II b** mit wss.-methanol. $KHCO_3$ (3 Tage bei 20°); aus Aceton–Ae. hellgelbe Nadeln, $[\alpha]_D^{22}$ + 269,1 ± 1,5° (c = 1,59); 136 mg; b) aus 100 mg **II a** mit 5%ig. methanol. KOH im Rohr unter N_2 (16 Std. bei 18°), wird gleich in **IIIc** (16 mg) übergeführt. *Acetat* (**II a**), $C_{23}H_{30}O_4N_2$, F. 150–151° (Zers.), aus 420 mg **I a** analog II nach b); aus Ae. hellgelbe Nadeln, $[\alpha]_D^{17}$ + 230,0 + 2° (c = 1,0583); 565 mg. *Formiat* (**II b**), $C_{22}H_{28}O_4N_2$, F. 151–152° (Zers.), aus 400 mg **I b** analog **II** nach b); hellgelbe Nadeln, $[\alpha]_D^{18}$ + 243,4 ± 2° (c = 1,257); 342 mg. – *11-Epicorticosteron* (III), $C_{21}H_{30}O_4$, F. 154–156°, a) aus 165 mg **III a** in CH_3OH mit konz. HCl (5 Std. kochen) u. Chromatographie; 54 mg; b) aus 158 mg **II** in Dioxan mit 2n-H_2SO_4 (30 Min. bei 40–45°); aus Aceton–Ae. Körner, $[\alpha]_D^{21}$ + 171,2 ± 3° (c = 0,777); 48 mg; c) aus 162 mg **III b** (oder **IIIc**) mit wss.-methanol. $KHCO_3$ (2 Tage bei 20°), 71 mg. *Diacetat* (**III a**), $C_{25}H_{34}O_6$, F. 144–146°, aus 375 mg **II a** mit Eisessig (1/2 Std. bei 100–105°) u. Chromatographie; aus Aceton–Ae. Nadeln, $[\alpha]_D^{18}$ + 156,3 ± 2° (c = 1,305); 330 mg. *21-Monoacetat* (**IIIc**), $C_{23}H_{32}O_5$, F. 159–162°, aus 162 mg **II** analog **III a**; aus Aceton–Ae. Körner, $[\alpha]_D^{24}$ + 174,7 ± 1,5° (c = 1,373); 115 mg. *11-Monoacetat*, $C_{23}H_{32}O_5$, F. 188–191°, a) aus 190 mg **III a** mit wss.-methanol. $KHCO_3$ (2 Tage bei 20°); aus Aceton–Ae. Körner, $[\alpha]_D^{24}$ + 155,4 ± 2° (c = 1,165); 122 mg; b) aus 110 mg **II a** analog III nach b); 48 mg. *11-Formiat-21-acetat* (**III b**), $C_{24}H_{32}O_6$, F. 133–135°, aus 200 mg **II b** analog **III a**; aus Aceton–Ae. Blättchen, $[\alpha]_D^{18}$ + 169,1 ± 2° (c = 1,011); 163 mg. – *11-Dehydrocorticosteronacetat*, F. 172–178°, aus 26 mg **IIIc** mit CrO_3 in Eisessig, aus Aceton–Ae. Nadeln; 20 mg. – *Sarmentogenindiformiat*, $C_{25}H_{34}O_7$, F. 188–191°, aus 100 mg Sarmentogenin in Pyridin mit HCOOH-Acetanhydrid bei 0°, dann 2 Tage bei 18°; aus Aceton–Ae. Körner, $[\alpha]_D^{22}$ – 4,2 ± 2° (c = 1,119); 108 mg. (Helv. chim. Acta. **37**. 45–58. 1/2. 1954. Basel, Univ., Pharmazeut. Anst. u. Organ.-chem. Anst.)
H.-J. KOCH/Berlin. 3750

A. Lardon und **T. Reichstein,** *Synthese von freiem 11-Epicorticosteron über 11 α-Trifluoracetate. Bestandteile der Nebennierenrinde und verwandte Stoffe.* 87. Mitt. (86. vgl. vorst. Ref.) Als Modellvers. wird 3β-Oxy-Δ^5-ätiensäuremethylester mit Trifluoracetanhydrid (I) in das *Trifluoracetat* übergeführt. Die entsprechende *Trifluoracetoxysäure* läßt sich nur in unreiner amorpher Form gewinnen u. liefert nach Überführung in das *Säurechlorid*, Rk. mit CH_2N_2 u. Verseifung *3β-Oxy-21-diazo-Δ^5-pregnen-20-on.* 3-Keto-11α-oxy-Δ^4-ätiensäure (II) liefert mit I in Dioxan das *11-Trifluoracetat*, das sich analog in *11α-Oxy-21-diazoprogesteron* verwandeln läßt. Dieses gibt mit Eisessig *11-Epicorticosteron-21-acetat*, das mit $KHCO_3$ leicht zu freiem *11-Epicorticosteron* (vgl. l. c.) verseift werden kann.

V e r s u c h e (FF. korr.; opt. Drehungen in Chlf.): *3β-Trifluoracetoxy-Δ^5-ätiensäure*, aus 550 mg freier Oxysäure in Pyridin oder Dioxan mit I (20 Min. bei 20°); 640 mg (Ausbeute). *Methylester*, $C_{23}H_{31}O_4F_3$, F. 138–140°, aus 100 mg Oxyester mit I (10 Min. bei 20°); aus PAe. Nadeln; $[\alpha]_D^{20}$ – 31,1 ± 2° (c = 1,061); 114 mg. – *3β-Oxy-21-diazo-Δ^5-pregnen-20-on*, F. 144–146°, aus 140 mg Trifluoracetat mit wss.-methanol. $KHCO_3$ (16 Std. bei 20°); nach Chromatographie aus Aceton–Ae. hellgelbe Kristalle; 45 mg (gibt beim Erhitzen mit Eisessig *21-Acetoxy-Δ^5-pregnen-3β-ol-20-on*). *Trifluoracetat*, F. 117–118°, aus 570 mg roher vorst. Säure mit Oxalylchlorid in Bzl. in Ggw. von Pyridin (20 Min. bei 20°), Rk. in Bzl. mit äther. CH_2N_2 u. Chromatographie; aus PAe. blaßgelbliche Nadeln; $[\alpha]_D^{20}$ + 49,7 ± 2° (c = 1,206); 164 mg. – *3-Keto-11α-trifluoracetoxy-Δ^4-ätiensäure*, aus 78 mg **II** u. **I** in Dioxan (1/2 Std. bei 22°); 106 mg (roh). *Methylester*, $C_{23}H_{29}O_5F_3$, F. 116–117°, aus 70 mg **II**-Methylester analog der Säure; nach Chromatographie aus Ae.-PAe. Plättchen, $[\alpha]_D^{20}$ + 118,5 ± 2° (c = 1,241); 51 mg. Die Rk. gelingt nicht mit Pyridin als Lösungsmittel. – *11α-Oxy-21-diazoprogesteron*, F. 135–137° (Aceton–PAe.), aus 65 mg rohem Trifluoracetat mit wss.-methanol. $KHCO_3$ (2 Tage bei 22°); 28 mg. *Trifluoracetat*, aus vorst. Säure mit Oxalylchlorid in Bzl. (20 Min. bei 22°) u. Rk. in Bzl. mit äther. CH_2N_2; nach Chromatographie blaßgelbes Harz; 65 mg. – *11-Epicorticosteron-21-monoacetat*, F. 156–160°, aus 40 mg roher vorst. Verb. mit Eisessig (1/2 Std. bei 100–105°); aus Aceton–Ae. Nadeln; 21 mg. (Helv. chim. Acta **37**. 388–93. 1/2. 1954. Basel, Univ., Organ.-Chem. Anst.) H.-J. KOCH/Berlin 3750

A. Lardon und **T. Reichstein,** *Synthesen von 11β-Oxycorticoiden über die 11β-Formyloxy- und 11β-Trifluoracetoxyderivate. Bestandteile der Nebennierenrinde und verwandte Stoffe.* 88. Mitt. (87. vgl. vorst. Ref.) Die 11β-Oxygruppe von Steroiden wird durch HCOOH-Acetanhydrid ohne Zusatz von Pyridin oder sauren Katalysatoren leicht formyliert; die 11β-Formoxygruppe läßt sich mit wss.-methanol. KOH bei 20° verseifen u. ist beständig gegen $KHCO_3$ in wss. CH_3OH. Die 11β-Trifluoracetoxygruppe bildet sich beim Stehen der Oxyverb. mit Trifluoracetanhydrid (I) allein oder mit Pyridin oder Dioxan als Verdünnungsmittel; sie ist gegen $KHCO_3$ beständig u. wird durch

K_2CO_3 in wss. CH_3OH verseift. Der aus 3.11-Diketo-Δ^4-ätiensäuremethylester (II) durch Hydrierung gewonnene *3β.11β-Dioxyalloätiansäuremethylester* (III) gibt mit I leicht das *Bis-trifluoracetat*. Da jedoch die 3β-Trifluoracetoxygruppe sehr unbeständig ist, wird zunächst das *3-Monoacetat* (IV) bereitet u. mit I umgesetzt. Die analog dargestellte *3β-Acetoxy-11β-trifluoracetoxyalloätiansäure* wird in das *Säurechlorid* übergeführt u. durch anschließende Rk. mit CH_2N_2 u. Hydrolyse in das entsprechende *Dioxydiazoketon* verwandelt. Dieses gibt beim Erwärmen mit Eisessig u. Acetylierung das gewünschte *3β.21-Diacetoxy-11β-oxyallopregnan-20-on* (*Verb. R = Diacetat*), das in etwas geringerer Ausbeute auch in entsprechender Reaktionsfolge über die *Formiate* erhalten wird. In analoger Weise wird aus 3-Keto-11β-oxy-Δ^4-ätiensäure über das *Trifluoracetat Corticosteronmonoacetat* gewonnen.

Versuche (FF. korr.): *3β.11β-Dioxyalloätiansäure*, F. 256–260°, aus 335 mg III mit KOH in sd. CH_3OH (3 Std.); aus CH_3OH–Ae. Nadeln; 304 mg (roh; Ausbeute). *Methylester* (III), F. 218–221° (Aceton), aus 500 mg II mit H_2 in Eisessig über PtO_2; 348 mg (roh); daneben aus den Mutterlaugen durch Acetylierung, Chromatographie, alkal. Verseifung, Rk. mit CH_2N_2 u. Oxydation mit CrO_3 in Eisessig 275 mg *3.11-Diketoätiansäuremethylester*, 80 mg *3.11-Diketoalloätiansäuremethylester*, 110 mg *11-Ketoätiansäuremethylester*, F. 108–110°, u. 67 mg unreiner *11-Ketoalloätiansäuremethylester*, F. 135–145°. III-*3-Monoacetat* (IV), F. 202–204°, aus Ae.–PAe. Nadeln (gibt mit HCOOH-Acetanhydrid in Bzl. in Ggw. von p-Toluolsulfonsäure [10 Std. bei 20°] unter Wasserabspaltung *Verb.* $C_{27}H_{42}O_4$, F. 184–186°, aus Ae.–PAe. Körner). III-*3.11-Bis-trifluoracetat*, $C_{25}H_{32}O_6F_6$, F. 132–134°, a) aus 76 mg III mit I (16 Std. bei 20°); aus Ae.–PAe. Körner, $[\alpha]_D^{20}$ + 55,4 ± 1,5° (c = 1,715; Chlf.); 90 mg; b) aus 30 mg III in Pyridin mit I (4 Std. bei 20°); 34 mg. III-*11-Monotrifluoracetat*, F. 124–126°, aus 51 mg Bis-Verb. mit $KHCO_3$ in wss. CH_3OH (2 Tage bei 20°); aus Ae.–PAe. Nadeln; 42 mg. III-*3-Acetat-11-trifluoracetat*, amorph, aus 55 mg IV mit I (16 Std. bei 23°); 63 mg (roh). *3-Monoacetat*, $C_{22}H_{34}O_5$, F. 232–238°, aus 290 mg Säure mit Acetanhydrid in Pyridin (16 Std. bei 20°); aus Ae.–PAe. Nadeln; $[\alpha]_D^{23}$ + 40,6 ± 2° (c = 1,351; Chlf.); 212 mg. — *3β-Trifluoracetoxyätiansäuremethylester*, Doppel-F. 94° u. 106–107° (Ae.–PAe.), aus 40 mg Oxyester mit I (15 Min. bei 20°); 29 mg. — *3β.21-Diacetoxy-11β-oxyallopregnan-20-on*, F. 170–172°, a) aus vorvorst. Monoacetoxysäure durch Rk. mit I in Pyridin (4 Std. bei 24°) zu *3β-Acetoxy-11β-trifluoracetoxyalloätiansäure*, Überführung mit Oxalylchlorid in Bzl. (20 Min. bei 20°) in das *Säurechlorid*, Rk. in Bzl. mit äther. CH_2N_2 zu *3β-Acetoxy-11β-trifluoracetoxy-21-diazoallopregnan-20-on*, Verseifung mit methanol. KOH (16 Std. bei 25°) zum *Dioxydiazoketon*, Erwärmen in Eisessig (1/2 Std. bei 100 bis 105°), Acetylierung des gebildeten *21-Monoacetats* u. Chromatographie; aus Aceton–Ae. Nadeln, $[\alpha]_D^{22}$ + 82,5 ± 2° (c = 1,380; Dioxan); 27,8%; b) aus vorvorst. Monoacetoxysäure durch Rk. mit HCOOH-Acetanhydrid (16 Std. bei 25°) zu *3β-Acetoxy-11β-formoxyalloätiansäure* u. weitere Umsetzung derselben wie unter a) über das *Säurechlorid* u. *3β-Acetoxy-11β-formoxy-21-diazoallopregnan-20-on*; 14,5%. — *Corticosteronmonoacetat*, F. 141–144°, aus 3-Keto-11β-oxy-Δ^4-ätiensäure (F. 250–255°) analog vorst. Verb., nach a) über das *Trifluoracetat*, dessen *Säurechlorid*, *11β-Trifluoracetoxy-* u. *11β-Oxy-21-diazoprogesteron*; aus Aceton–PAe. Nadeln; $[\alpha]_D^{22}$ + 195,2 ± 6° (c = 0,274; Aceton); 6,8%. (Helv. chim. Acta **37.** 443–50. 15/3. 1954.)

H.-J. KOCH/Berlin. 3750

H. Heusser, E. Beriger und **Ch. R. Engel**, *Über Steroide und Sexualhormone.* 203. Mitt. *Die Synthese des 17α-Methylcortexons* (*17α-Methyl-11-desoxycorticosteron*). (202. vgl. C. **1955.** 5555. 5556.) Die Darst. von *17α-Methylcortexonacetat* (I) aus 17α-Methyl-3β-oxy-Δ^5-ätiensäure (II) wird beschrieben. Das *Säurechlorid* der aus II leicht zugänglichen 17α-Methyl-3-keto-Δ^4-ätiensäure (III; vgl. C. **1953.** 7816) wird durch Rk. mit CH_2N_2 u. Zers. des gebildeten *Diazoketons* mit HCl in *17α-Methyl-21-chlorprogesteron* (IV) übergeführt. IV, oder besser die aus IV mit NaJ erhältliche *21-Jodverb.* (**IV a**) gibt mit Ag-Acetat in Pyridin I. Andererseits kann das ebenfalls aus II erhältliche *17α-Methylpregnenolonacetat* (V; *17α-Methyl-3β-acetoxy-20-keto-Δ^5-pregnen*; vgl. C. **1951.** II. 3594) bzw. 17α-Methyl-21-chlorpregnenolonacetat (VI; vgl. PLATTNER u. Mitarbeiter, C. **1949.** E. 871) durch Acetoxylierung mit Pb-Tetraacetat bzw. Rk. mit Ag-Acetat in *17α-Methyl-3β.21-diacetoxy-20-keto-Δ^5-pregnen* übergeführt werden, dessen freie *Dioxyverb.* durch Überführung in das *21-Monomethylsuccinat*, OPPENAUER-Oxydation, Hydrolyse u. Acetylierung I gibt. I zeigt im Überlebenstest an adrenalektomierten Ratten mit einer Schwellendosis von 0,5 mg eine deutliche Wirkung.

Versuche (FF. im evakuierten Röhrchen; opt. Drehungen in Chlf.): *17α-Methyl-3.20-diketo-21-chlor-Δ^4-pregnen* (IV; *17α-Methyl-21-chlorprogesteron*), $C_{22}H_{31}O_2Cl$, F. 164° (Aceton–Hexan), aus 1,6 g III-Na mit Oxalylchlorid, Rk. des *Säurechlorids* in Bzl.–Ae. mit CH_2N_2 bei – 15° (dann 6 Std. bei – 10° u. 14 Std. bei 20°), Zers. mit

HCl (25 Min. bei 20°) u. Chromatographie; $[\alpha]_D^{21}$ + 124,4° (c = 0,661); 802 mg (Ausbeute). — *17α-Methyl-3.20-diketo-21-jod-Δ⁴-pregnen* (**IVa**), Zers. bei 112–113° (Ae.–Pentan), aus 200 mg **IV** mit NaJ in Aceton; Nadeln; $[\alpha]_D^{21}$ + 114,0° (c = 0,573); 247 mg (roh). — *17α-Methyl-3β.21-dioxy-20-keto-Δ⁵-pregnen*, $C_{22}H_{34}O_3$, F. 165–166° (Aceton), aus dem Diacetat mit 2n HCl in Dioxan unter N_2 (1 Std. bei 90°); $[\alpha]_D^{20}$ – 70,2° (c = 0,555). *Diacetat*, $C_{26}H_{38}O_5$, F. 149–150° (Ae.–Pentan), a) aus 1,5 g **V** mit Pb-Tetraacetat in Eisessig–Acetanhydrid (24 Std. im Rohr bei 55°) u. Chromatographie; $[\alpha]_D^{20}$ – 38,1° (c = 0,756); 202 mg; b) aus 1,425 g **VI** in Acetanhydrid mit Ag-Acetat u. Pyridin (100 Min. kochen) u. Chromatographie; aus Methanol Blättchen; $[\alpha]_D^{22}$ – 36,2° (c = 0,677); 352 mg. *21-Monobernsteinsäurehalbester*, $C_{26}H_{38}O_6$, F. 187–189° (Aceton–Hexan), mit Bernsteinsäureanhydrid in Pyridin; $[\alpha]_D^{20}$ – 42,9° (c = 0,773). — *17α-Methyl-3.20-diketo-21-oxy-Δ⁴-pregnen-21-monomethylsuccinat*, amorph, aus 330 mg vorst. Bernsteinsäurehalbester durch Veresterung mit CH_2N_2 zum amorphen *Monomethylsuccinat*, anschließende Oxydation in Ae.–Bzl. mit Aceton u. Al-tert.-Butylat (22 Std. kochen) u. Chromatographie; 216 mg. — *17α-Methylcortexonacetat* (**I**), $C_{24}H_{34}O_4$, F. 177° (Ae.–Hexan), a) aus 216 mg vorst. Verb. mit 2n HCl in Dioxan unter N_2 (1 Std. bei 90°) u. Acetylierung; nach Chromatographie aus den PAe.–Bzl.- u. Bzl.-Fraktionen Blättchen; $[\alpha]_D^{23}$ + 100,8° (c = 0,592); 70 mg; b) aus 153 mg **IVa** mit Ag-Acetat in Pyridin unter N_2 (1³/₄ Std. kochen) u. Chromatographie; $[\alpha]_D^{21}$ + 104,1° (c = 0,620) 65 mg; c) aus 100 mg **IV** wie unter b); 35 mg. (Helv. chim. Acta **37.** 2166–72. 1/12. 1954. Zürich, ETH, Organ.-chem. Labor.) H.-J. KOCH/Berlin. 3750

R. B. Turner, R. Anliker, R. Helbling, J. Meier und **H. Heusser,** *Über Steroide und Sexualhormone.* 204. Mitt. *Zur Stereochemie der epimeren 17α-Methyl-D-homotestosterone.* (203. vgl. vorst. Ref.) Die aus 3β.17β-Dioxy-20-keto-Δ⁵-17α-pregnen (**I**; 17β-Oxypregnenolon) durch „D-Homoumlagerung" bzw. Umlagerung mit Al_2O_3 entstandenen *3β.17a.β-Dioxy-17-keto-17a.α-methyl-* (**II**) u. *3β.17a.α-Dioxy-17-keto-17a.β-methyl-Δ⁵-D-homoandrostene* (**III**) werden mit dem biol. akt. *17a.α-* (**IX**) bzw. dem biol. inakt. *17a.β-Methyl-D-homotestosteron* (**V**) ster. in Beziehung gebracht. Das als Vorstufe für **V** verwendete *17.17a.α-Epoxyd* (**VI**) liefert bei der sauren Hydrolyse das *17β.17a.α-Glykol* (**VII**), das über das *17-Methansulfonat* in **VI** zurückverwandelt werden kann. **VII**, dessen Konfiguration damit festgelegt ist, gibt bei der Red. mit Na u. A. *3β.17β.17a.α-Trioxy-17a.β-methyl-D-homoandrostan*, das andererseits aus **III** durch stufenweise Hydrierung zugänglich ist. Andererseits liefert **II** bei der WOLFF-KISHNER-Red. 40% *17a.α-Methyl-Δ⁵-D-homoandrosten-3β.17a.β-diol* (**VIII**), neben 50% *3β-Oxy-17-methyl-Δ⁵·¹⁷-D-homoandrostadien* (**IV**). **VIII** wird nach OPPENAUER zu **IX** reduziert. Der Verlauf der WOLFF-KISHNER-Red. von **II** u. **III**, die im Falle von **III** ausschließlich zu **IV** u. im Falle von **II** zu **VIII** u. **IV** führt, wird unter dem Gesichtspunkt „stereoelektron. Prinzipien" diskutiert u. mit bekannten analogen Redd. verglichen.

Versuche (FF. im evakuierten Röhrchen): *17β.17a.α-Dioxy-3-keto-17a.β-methyl-Δ⁴-D-homoandrosten* (**VII**), $C_{21}H_{32}O_3$, F. 271–273° (CH_3OH), aus 310 mg **VI** in wss. Aceton mit 10%ig. H_2SO_4 (4 Tage im Dunkeln); $[\alpha]_D^{25}$ + 71° (c = 0,44; Dioxan); 296 mg (roh; Ausbeute). *17-Methansulfonat*, F. 199–201° (Zers.), mit Methansulfonylchlorid in Pyridin (17 Std. bei 0° u. 3 Std. bei Zimmertemp.); aus Aceton–PAe. Nadeln. — *17.17a.α-Oxido-3-keto-17a.β-methyl-Δ⁴-D-homoandrosten* (**VI**), F. 203–205° (CH_2Cl_2–PAe.), aus vorst. Mesylat mit sd. 0,7%ig. methanol. KOH. — *3β.17β.17a.α-Trioxy-17a.β-methyl-D-homoandrostan*, F. 293–295°, aus 150 mg 3β.17a.α-Dioxy-17-keto-17a.β-methyl-D-homoandrostan (F. 293–296°, aus **III** mit H_2 über Pt; vgl. RUZICKA u. Mitarbeiter, Helv. chim. Acta **22.** [1939.] 626) mit H_2 in Eisessig über vorhydriertem PtO_2; aus CH_3OH Platten; 110 mg. *3.17-Diacetat*, F. 259–260°, a) aus der Trioxyverb. durch Acetylierung; aus CH_2Cl_2–Ae. Prismen; $[\alpha]_D^{25}$ + 15° (c = 0,91; Chlf.); b) aus 50 mg **VII** in A. mit Na unter N_2 u. anschließende Acetylierung, 36 mg. — *3β.17a.β-Dioxy-17-keto-17a.α-methyl-Δ⁵-D-homoandrosten* (**II**), F. 177–179°, aus **I** durch Chromatographie aus PAe.–Bzl. an Al_2O_3; aus Äthylacetat–Hexan Blättchen; $[\alpha]_D^{19}$ – 104° (c = 0,925; Chlf.); 70%. *Diacetat*, F. 238–240°. — *17a.α-Methyl-Δ⁵-D-homoandrosten-3β.17a.β-diol* (**VIII**), $C_{21}H_{34}O_2$, F. 247–248° (nach Hochvakuumsublimation), aus 650 mg **II** mit Hydrazinhydrat u. KOH in sd. Triäthylenglykol u. Chromatographie; 259 mg; daneben **IV**. — *17a.α-Methyl-D-homotestosteron* (**IX**), $C_{21}H_{32}O_2$, F. 197–198° (nach Hochvakuumsublimation), aus 60 mg **VIII** in Bzl. mit Al-tert.-Butylat u. Cyclohexanon (15 Std. kochen); $[\alpha]_D^{20}$ + 81° (c = 1,01; Chlf.); 56 mg. — *3β-Oxy-17-methyl-Δ⁵·¹⁷-D-homoandrostadien* (**IV**), F. 160 bis 163°, aus 500 mg **III** analog **VIII**; 364 mg; daneben aus den Mutterlaugen durch Acetylierung u. erneute Chromatographie 14 mg *3β-Acetoxy-17a.α-oxy-17a.β-methyl-Δ⁵-D-homoandrosten*, F. 161–164°. (Helv. chim. Acta **38.** 411–20. 15/3. 1955. Houston, Tex., Rice Inst., Dep. of Chem.; u. Zürich, ETH, Organ.-chem. Labor.)

H.-J. KOCH/Berlin. 3750

R. Glenat, *Die Synthese des Vitamins A.* Nach einem Überblick über Reindarst., Analyse, biol. Standardisierung u. Konst. des *Vitamins A* werden die Synthesen aus β-Ionon, Acetylenderivv., γ-Bromcrotonsäuremethylester u. Cyclohexanon sowie die Synth. analoger Verbb. geschildert. — 50 Literaturangaben. (Chim. et Ind. **70.** 1061—73. Dez. 1953. Grenoble, Fac. des Sci.) K. Maier. 3800

A. T. James und **R. L. M. Synge,** *Nichtpeptidartige Bindungen im Gramicidin.* Das Fehlen von bas. u. sauren Gruppen im *Gramicidin* (**I**) wurde nachgewiesen durch Nitration in wss. A. u. in Eisessig; **I** bildet kein gefärbtes Deriv. mit 1-Fluor-2.4-dinitrobenzol u. wandert nicht im elektr. Feld. Das Mol. enthält Oxygruppen (Nachw. durch Methylierung mit CH_3J). Methyliertes **I** liefert bei der Hydrolyse kein β-Methoxyäthylamin; die Methoxygruppen sind säurelabil. Aminoacetaldehyd ist wahrscheinlich nicht Vorstufe von Äthanolamin, das bei der Säurehydrolyse gefunden wird. **I** wird mit kaltem Alkali nicht leicht verseift; saure Hydrolyse lieferte freie Tryptophan–NH_2-Gruppen; Dinitrophenyltryptophan ist unter den angewendeten Bedingungen nicht stabil. Partielle Säurehydrolysate von **I** enthalten Aminosäure- u. Peptidester von Äthanolamin. Vff. schlagen für **I** die Teilstruktur **A** vor. Dargestellt wurden *β-Phthalimidoäthylmethyläther, N-2.4-Dinitrophenyl-β-methoxyäthylamin, Carbobenzyloxy-L-valylaminoacetal* u. *β-Methoxyäthylamin.*

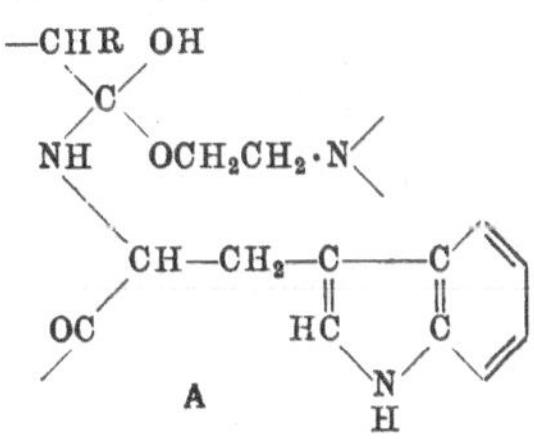

A

Versuche: *Gramicidin* (**I**), aus Tyrothricin (Handelsprod.) durch Extraktion mit Aceton/Ae. (1:1) u. Kristallisation aus absol. Aceton bis zur konstanten Drehung; $[\alpha]_D^{20}$ + 3° (in 95%ig. A.). — *β-Methoxyäthylamin.* a) β-Methoxyäthanol + PBr_3 → *β-Methoxyäthylbromid* (Kp. 102 bis 104°; 60% Ausbeute), K-Phthalimid → *β-Phthalimidoäthylmethyläther* ($C_{11}H_{11}O_3N$, F. 147—148°, Nadeln) u. Hydrolyse mit 6n NaOH; b) aus N-2.4-Dinitrophenyläthanolamin in Dioxan mit NaOH u. $(CH_3O)_2SO_2$ bei 37° über die *N-2.4-Dinitrophenylverb.* ($C_9H_{11}O_5N_3$, F. 145,5°, gelbe Prismen) u. Verseifung mit sd. 10n NaOH. — *N-2.4-Dinitrophenyläthanolamin,* $C_8H_9O_5N_3$, F. 96°, aus Äthanolamin u. 1-Chlor-2.4-dinitrobenzol in A.; aus A./W. Nadeln. — *2.4-Dinitrophenyl-L-tryptophan,* $C_{17}H_{15}O_6N_4$, F. 178° (Zers.), aus L-Tryptophan u. Fluordinitrobenzol mit $NaHCO_3$ in C_2H_5OH. — *Carbobenzyloxy-L-valylaminoacetal,* $C_{19}H_{30}O_5N_2$, F. 133—134°, aus Carbobenzyloxy-L-valylchlorid in Ae. u. Aminoacetaldehyddiäthylacetal; $[\alpha]_D^{15}$ — 28° (in A.). (Biochem. J. **50.** 109—18. Nov. 1951. London, Lister Inst. of Prevent. Med.) H. Goebel. 3900

Victor M. Márquez und **Maria D. Hernández Navarro,** *Chemie der Penicilline.* Zusammenfassender Bericht nach der Literatur (1943—1948) u. eigenen Arbeiten über die verschied. *Penicilline,* Zus. u. Struktur, Eigg., bes. das Verh. bei der Hydrolyse, über Penicillamin, ferner über Nachweis u. quantitative Best. nach jodometr. Meth. (auf Grund der Bldg. von Penicillinsäure), letztere Meth. als Ergebnis eigener Untersuchungen. 33 Literaturhinweise. (Acta ci. venezolana **1.** 104—11. Sept./Okt. 1950. Univ. Central de Venezuela, Facultad de Farmacia y Quím.) G. v. Dechend. 3900

D. Makromolekulare Chemie.

J. D. Burnett und **H. W. Melville,** *Die Photopolymerisation von Vinylidenchlorid.* Zwischen t = 15 u. 35° wurde die Photopolymerisation (Verwendung von UV-Licht) von fl. *Vinylidenchlorid* (**I**) u. von in Hexan gelöstem **I** in einem Quarzgefäß untersucht. Die Belichtungsdauer betrug höchstens 40 Min., da bei längerem Belichten eine HCl-Abspaltung aus dem **I**-Polymeren unter Braunfärbung auftrat. Die Polymerisationsgeschwindigkeit v wurde durch Messen der Volumenabnahme bestimmt. Die Viscositäten des Polymeren wurden in Trichlorbenzol bei 120° gemessen; die Löse- u. Meßzeiten müssen hierbei möglichst kurz gehalten werden, da bei dieser Temp. eine rasche Zers. des Polymeren auftritt (Abfall des Mol.-Gew. um ca. 33% nach 1 Std.). Im einzelnen ergaben die Verss.: v ist proportional der Konz. c von **I** u. proportional $\sqrt{J}$ (J = Lichtintensität). Die Rk. wird durch den Zusatz von Benzochinon (**II**) verzögert; aus dem **II**-Verbrauch ergibt sich die kinet. Kettenlänge zu 360 (15°), 480 (25°) u. 630 (35°). Auch Hydrochinon wirkt hemmend. Bei Zusatz von O_2 oder bei Verwendung von peroxydhaltigem **I** wird v um ca. 20% erhöht. Übertragungs-Rkk. finden prakt. nicht statt. Die Lebensdauer der wachsenden Radikale beträgt 12,4 Sek. bei 15°, 4,5 Sek. bei 25° u. 1,35 Sek. bei 35°. Die Geschwindigkeitskoeffizienten der Wachstums- bzw. Abbruch-Rkk. betragen bei 25°: k_p = 8,60 Liter·Mol^{-1}·sec^{-1} bzw. k_t = 1,75·10^5 Liter·Mol^{-1}·sec^{-1}. Aus der Temperaturabhängigkeit von k_p u. k_t ergeben sich die zugehörigen Aktivierungsenergien zu 25 bzw. 40 kcal/Mol mit den entsprechenden temperaturunabhängigen Faktoren $A_p = 10^{16}$ u. $A_t = 10^{30}$. Diese k- u. A-Werte sind wesentlich verschieden von jenen anderer Monomerer, was auf die Ausscheidung des entstandenen I-Polymeren aus der Fl. im ungequollenen Zustand zurückgeführt wird, d. h. die Wachstums- bzw. Abbruch-Rkk. verlaufen heterogen. — Das Absorptionsspektrum von I ist für 2400—2500 Å angegeben. (Trans. Faraday Soc. **46.** 976—96. Nov. 1950. Birmingham, Univ., Chem. Dep.) O. FUCHS. 4010

F. C. Roesler und **J. R. A. Pearson,** *Bestimmung der Relaxationsspektren aus Dämpfungsmessungen.* Vff. beschreiben eine mathemat. Meth. zur Best. des Relaxations spektr. aus dynam. Unterss., u. zwar bes. aus Messungen der Dämpfung als Funktion der Frequenz. Als Beispiel wird das Relaxationsspektr. von *Polyisobutylen* in dem Frequenzbereich, der der Kautschuk–Glas-Umwandlung entspricht, aus Daten von MARVIN (Nat. Bureau of Standards Report Nr. 2305. [1953]) abgeleitet. (Proc. physic. Soc., Sect. B **67.** 338—47. 1/4. 1954. Welwyn, Herts., Imp. Chem. Ind. Ltd., Butterwick Res. Labor.) R. SCHÄFF. 4010

M. W. Wolkenstein und **O. B. Ptitzyn,** *Geometrie linearer Polymerer.* 3. Mitt. *Verdrehungsgrad und Biegsamkeit polymerer Ketten.* (2. vgl. C. **1955.** 1060.) Als Verdrehbarkeitsgrad (k) oder „thermodynam." Biegsamkeit wird das Verhältnis zwischen maximaler Kettenlänge u. Länge des verdrehten Knäuels bezeichnet; k bestimmt die Fähigkeit der Kette, ihre Konfiguration in thermodynam. gleichgewichtigen Bedingungen, d. h. durch unendlich langsame Einwirkungen, umzustellen. Dagegen bedeutet die „kinet." Biegsamkeit die Fähigkeit der Kette zur Konfigurationsumstellung unter dem Einfl. von period. Beanspruchungen bestimmter Frequenz. Das Verhältnis beider Eigg. wird für verschied. Polymerentypen untersucht: *Polyäthylen* (**I**), *-propylen, -isobutylen, -butadien-(1.4)* (**II**), *-isopren, Naturkautschuk, Methylkautschuk.* Wenn φ der Drehungswinkel zweier benachbarter Glieder ist, dann ist k eine Funktion von $\eta = \cos \varphi$ u. $\varepsilon = \sin \varphi$. Der Mittelwert von φ u. damit k hängt nicht vom Hydrierungsgrad q ab, wenn der Anteil der Doppelbindungen in der Kette (p) 25% beträgt ($p = 0{,}25$). Bei $p < 0{,}25$ nimmt, mit zunehmendem q, η ab u. k zu, umgekehrt bei $p > 0{,}25$. Der Einfl. der Hydrierung auf k hängt also vom Verhältnis der cis- u. trans-Konfigurationen in der Kette ab. Bei Einfachbindung benachbart zur Doppelbindung ($CH-CH_2$-Bindung in **II**) sind über einen weiten Bereich von φ-Werten die Potentialschranken sehr klein, besteht also prakt. freie Drehung, im Gegensatz zu Einfachbindung ohne benachbarte Doppelbindung (CH_2-CH_2-Bindung in **I**). (Журнал Физической Химии [J. physik. Chem.] **27.** 76—86. Jan. 1953. Leningrad, Inst. für hochmol. Verbb. der Akad. der Wiss. der UdSSR.) R. K. MÜLLER. 4010

E. W. Frissman und **W. N. Zwetkow,** *Dynamische Doppelbrechung von Polystyrolfraktionen in Toluol und Butanon.* Mit Hilfe eines von Vff. entwickelten Universal-Dynamooptimeters wird die dynam. Doppelbrechung von Polystyrolfraktionen, gelöst in Toluol u. Methyläthylketon, untersucht. Aus Größe u. Orientierung der Doppelbrechung werden das Mol.-Gew. ($4 \cdot 10^5 - 2 \cdot 10^6$) u. der Radius der Makromoll. nach KUHN berechnet u. den Ergebnissen aus der Theorie nach DEBYE-BUSCH u. STOKES gegenübergestellt. Der hydrodynam. u. der geometr. Radius liegen nahe beieinander. Das Verhältnis beider ist dem Mol.-Gew. proportional. Vff. kommen zu dem Schluß, daß die Abweichung der Makromoll. von der Kugelform berücksichtigt werden muß. (Журнал Технической Физики [J. techn. Physik] **25.** 447—57 März 1955.) J. GEIGER. 4010

D. C. Pepper, *Intrinsicviscosität–Molekulargewichtsbeziehung für Polystyrol in Benzol.* Die Diskussion der verschied. in der Literatur vorliegenden Viscositäts–Mol.-Gew.-Daten von *Polystyrol* führt zu folgenden Beziehungen: $\lim_{c \to 0} (\eta_{sp.z}/c) = [\eta] = 4{,}37 \cdot 10^{-4} \cdot M^{0{,}66}$ für nichtfraktionierte Prodd. u. $[\eta] = 2{,}7 \cdot 10^{-4} \cdot M^{0{,}66}$ für fraktionierte Produkte. Lösungsm. für die η-Messungen ist Bzl., c in g/100 cm³ Lsg., Gültigkeitsbereich $10^3 - 2 \cdot 10^6$. (J. Polymer Sci. **7.** 347—50. Aug./Sept. 1951. Dublin, Trinity Coll., Chem. Labor.) O. FUCHS. 4010

P. Goodman, *Abhängigkeit der Depolymerisierung beim mechanischen Scheren von der Konzentration.* (Sitzungsbericht.) Die Geschwindigkeit der Depolymerisierung von *Polyisobutylen* in Lsg. bei verschied. Schergeschwindigkeiten wurde untersucht. Bei einer bestimmten Schergeschwindigkeit des Scherenergieeinsatzes u. bei Lsgg. mit Konzz. von 5—20% ist die Geschwindigkeitskonstante des Depolymerisierungsvorganges von der Konz. unabhängig. Unterhalb dieser Konzz. treten Abweichungen auf. (Physic. Rev. [2] **94.** 1425—26. 1/6. 1954. Indian Head, Md., Naval Powder Fact.) H. STUHLDREER. 4010

H. Tompa, *Über den Fällungsschwellenwert der Lösungen von heterogenen Polymeren.* In Fortführung der vom Vf. früher (vgl. C. **1950.** II. 1009) angestellten Betrachtungen wird der Schwellenwert für die Ausfällung heterogener Polymerer aus ihrer Lsg. auf

Grund der FLORY-HUGGINSschen Theorie der Polymerlsgg. berechnet. Der Vgl. mit experimentellen Daten (*Butadien–Styrol*-Copolymere, Messungen von GAVORET u. MAGAT, vgl. C. **1950**. I. 1237) gibt trotz der notwendigen Vereinfachungen bei der theoret. Ableitung brauchbare Übereinstimmung. (Trans. Faraday Soc. **46**. 970—76. Nov. 1950. Maidenhead, Berks., Courtaulds Ltd., Res. Labor.) O. FUCHS. 4010

H. W. Melville und **A. J. R. Murray**, *Der Ultraschallabbau von Polymeren.* Lsgg. von *Polymethylmethacrylat* (I) in Bzl. bzw. von *Polystyrol* (II) in Toluol wurden unter verschied. Bedingungen mit Ultraschallwellen (Frequenz 213 kHz) bestrahlt. Hierbei findet ein Abbau der Hochpolymerketten statt (bestimmt an Hand von Viscositäts- u. osmot. Messungen). Bei Vermeidung des Auftretens von Kavitationserscheinungen (Verss. im Vakuum) ist der Abbau wesentlich geringer als bei Vorliegen von Kavitation. Die Abbaugeschwindigkeit dM/dt (M = Mol.-Gew.) ist in Luft u. N_2 gleich groß, in O_2 etwas kleiner. Bei Erhöhung der Ultraschallintensität nimmt dM/dt zwar zu, während der sich asymptot. einstellende Endwert von M davon unabhängig ist. Zwischen dM/dt von **I** mit M = 725000, des Copolymeren aus Methylmethacrylat (**III**) u. Acrylnitril (**IV**) im Verhältnis 411 : 1 mit M = 615000 u. des Copolymeren aus **III** u. **IV** im Verhältnis 40 : 1 mit M = 547000 besteht prakt. kein Unterschied (also kein bevorzugter Abbau an den **IV**-Stellen). Bei der Bestrahlung der Lsgg. von **I** bzw. **II** in den zugehörigen Monomeren findet eine geringe Polymerisation statt; sie wird bei **II** durch den Zusatz von Benzochinon verzögert. Der Vgl. mit der Polymerisation der Monomeren allein unter den gleichen Bedingungen zeigt, daß **I** durch Ultraschall nur zu ca. 10% in Radikale aufgespalten wird, im übrigen aber unter Bldg. nichtradikal. Bruchstücke. Bei **II** können keine genauen Angaben gemacht werden, da das Monomere allein bereits zu stark durch die Ultraschallwellen polymerisiert wird. Vinylacetat wird durch Ultraschall prakt. nicht polymerisiert. (Trans. Faraday Soc. **46**. 996—1009. Nov. 1950. Birmingham, Univ., Chem. Dep.) O. FUCHS. 4010

E. J. Arlman, *Gemischte Abbruchreaktion bei der Mischpolymerisation.* Unter der gemischten Abbruch-Rk. versteht Vf. die Rk. zwischen Radikalen mit ungleichen Enden. Für die Abhängigkeit des Geschwindigkeitskoeff. dieser Rk. von der Zus. der Reaktionsmischung wird eine Beziehung abgeleitet. Anwendungsbeispiel: Mischpolymerisation von *Styrol* u. *Butylacrylat.* (J. Polymer Sci. **17**. 375—78. Juli 1955. Amsterdam, Koninklijke-Shell-Labor.) O. FUCHS. 4010

Thomas S. Reid, Donald W. Codding und **Frank A. Bovey**, *Vinylester von Perfluorsäuren.* Durch mit Hg katalysierte Rk. von Acetylen (I) mit Perfluormonocarbonsäuren erhält man die *Vinylester* der letzteren. Bes. vorteilhaft ist es, das Hg-Salz der Säuren mit genügend Säureanhydrid zur Entfernung von Wasserspuren zu verwenden. Zur Darst. von *Perfluorbuttersäurevinylester* werden 1676 g Perfluorbuttersäure u. 100 g rotes Hg-Oxyd unter Rühren u. Rückfluß (verbunden mit Kühlfalle) bis zur Lsg. erhitzt. Nach Zusatz von 85 g Perfluorbuttersäureanhydrid wird 8 Std. lang **I** bei 30° — so schnell wie es aufgenommen wird — eingeleitet, nach Stehenlassen über Nacht noch weitere 8 Stunden. Die zweimalige Dest. durch eine Kolonne ergab 76% Vinylester vom $Kp._{744-51}$ 78—79°. Die Polymerisation erfolgt am besten in fluorhaltigen Lösungsmitteln, bes. Methylfluorbutyrat (**II**). Zum Beispiel werden 3 g Monomeres, 6 g **II** u. 0,02 g Äthylperoxyd im Vakuum in eine Ampulle eingeschmolzen. Nach 20 Std. bei 30° kann das Polymere durch Methanol ausgefällt werden. Emulsionspolymerisation kann nicht angewandt werden, da die Monomeren sehr schnell hydrolysiert werden. Die Polymeren der niederen Säuren liefern biegsame, die der höheren wachsartige Folien. Nach der angegebenen Meth. wurden die *Vinylester* folgender Säuren dargestellt: *Perfluoressigsäure-*, $C_4H_3O_2F_3$, $Kp._{747}$ 39°, $D.^{25}_4$ 1,203, n_D^{25} 1,3151; 43% (Ausbeute). — *Perfluorpropionsäure-*, $C_5H_3O_2F_5$, $Kp._{745}$ 58°, $D.^{20}_4$ 1,319, n_D^{20} 1,3095; 61%. — *Perfluorbuttersäure-*, $C_6H_3O_2F_7$, $Kp._{745}$ 78—79°, $D.^{20}_4$ 1,418, n_D^{20} 1,3086; 76%. — *Perfluorvaleriansäure-*, $C_7H_3 \cdot O_2F_9$, $Kp._{732}$ 97—99°, $D.^{20}_4$ 1,493, n_D^{20} 1,3116; 73%. — *Perfluorcapronsäure-*, $C_8H_3O_2F_{11}$, $Kp._{100}$ 65—66°, $D.^{25}_4$ 1,546, n_D^{25} 1,3115; 50%. — *Perfluorcaprinsäure-*, $C_{12}H_3O_2F_{19}$, $Kp._{0,5}$ 53°, $D.^{20}_4$ 1,707, n_D^{204} 1,3176; 38%. — *Perfluorcyclohexancarbonsäure-*, $C_9H_3O_2F_{11}$, $Kp._{45}$ 59°, $D.^{20}_4$ 1,628, n_D^{20} 1,3362; 56%. (J. Polymer Sci. **18**. 417—21. Nov. 1955. St. Paul, Minn., Minnesota Mining & Manuf. Comp., Central Res. Dep.) S. NEUE. 4010

Joginder Lal und **Richard Green**, *Polymersisation von Methylmethacrylat durch N.N-Dialkylarylamin-Salze und o-Benzoesäuresulfimid.* Methylmethacrylat (I) polymerisiert bei Zimmertemp., wenn N.N-Dimethylanilin (**II**) u. o-Benzoesäuresulfimid (Saccharin; **III**) zugleich zugegen sind. Auch das Salz von **II** u. **III** veranlaßt Polymerisation (in geringer Ausbeute) bei 60° unter N_2, ebenso Salze von aromat. tert. Aminen wie N.N-Dimethyl-o-, -m- u. -p-toluidin, -p-anisidin u. -2.5-dimethoxyanilin. Bei Verss. mit Mischungen von **III** u. tert. Aminen waren p-Substituenten in **II** von wesentlichem Einfluß. Elektronendonatorgruppen — wie Methyl- oder Methoxygruppen — erhöhten die Gesamtausbeute, während Acceptorgruppen — wie Brom oder Aldehyd — das Gegenteil bewirkten. Nichtaromat. tert. Amine in Mischung mit **III** sind wirkungslos. In Ggw. des Salzes von **II** u. **III** polymerisieren bei 60° auch Methacrylat u. Acrylonitril reichlich, dagegen Styrol nur in geringem Maße, Vinlyacetat gar nicht. (J. Polymer Sci. **18.** 430—31. Nov. 1955. Philadelphia, Pa., N. D. Justi u. Son, Inc., Pol mer Res. Dep.) S. Neue. 4010

Frederick T. Wall und **Patricia M. Saxton,** *Die elektrolytische Wechselwirkung von Nylon mit Natriumhydroxydlösungen bei verschiedenen Temperaturen.* Die Absorption von NaOH aus wss. Lsgg. (p_{OH} = 1—3,4) an *Polyhexamethylenadipinsäureamid* (*Nylon 66*) bei 25, 36,4 u. 49,7° wird gemessen. Die Absorption verläuft in 2 Schritten: 1. $RCOOH + Na^+ + OH^- \rightleftharpoons RCOONa + H_2O$; 2. $R'NH_3^+ + R''COO^- + Na^+ + OH^- \rightleftharpoons R''CO\cdot ONa + R'NH_2 + H_2O$. Die Absorptionswärmen betragen ΔH_1 —12900 cal; ΔH_2 —9990 cal. Die Gleichgewichtskonstanten werden nach einer stat. Meth. (Titration von NaOH bzw. Messung von radioakt. ^{22}Na) u. z. T. nach einer dynam. Meth. bestimmt. (J. physic. Chem. **57.** 370—75. März 1953. Urbana, Ill., Univ. of Illinois, Chem. Labor.) R. Lacmann. 4010

Fraser P. Price und **Joseph P. Bianchi,** *Struktur von Polysiloxanen: Einfluß des Lösungsmittels auf die Größe und Wechselwirkung Polymeres—Lösungsmittel bei linearen Polydimethylsiloxanen.* Um zu entscheiden, ob die Theorie von Zimm, Stockmayer u. Fixman, bzw. die von Flory auch für lineare *Polydimethylsiloxane* Gültigkeit hat, bestimmten Vff. die Mol.-Geww., die Molekulargrößen, sowie die sek. Virialkoeffizienten eines Polydimethylsiloxans ($M_w = 4{,}57\cdot10^5$) in Toluol–Diäthylphthalat-Gemischen durch Lichtstreuung u. die Intrinsicviscositäten dieser Lösungen. Mit Zunahme der Diäthylphthalatkonz. kontrahieren sich die Moll., die Virialkoeffizienten werden kleiner u. schließlich negativ. Vff. konnten keine Wahl zwischen beiden Theorien treffen. Die für Florys universelle Konstante φ errechneten Werte sind wesentlich niedriger als die gefundenen. Vff. machen dafür die abnorm große Molekulargewichtsverteilung verantwortlich. (J. Polymer Sic. **15.** 355—60. Febr. 1955.) I. Roch. 4010

Alexander Meller, *Die Reduktion von Oxycellulosen durch Natriumborhydrid.* Die Red. von Perjodat- oder Dichromat-*Oxycellulosen* durch alkal. Na-Borhydride erhöht die Widerstandsfähigkeit gegen 1%ig. heiße Alkalilsg., die Red. in saurer Lsg. hat nur geringen Effekt. Die Red. von Gluconsäureoxycellulose durch saure $NaBH_4$-Lsg. vermindert den Widerstand, bei Rückoxydation wird die Widerstandsfähigkeit wiederhergestellt. Diese Ergebnisse zeigen den dominierenden Einfl. der Carbonylgruppen in der Oxycellulose auf deren Abbau u. Löslichkeit. (Chem. and Ind. **1953.** 1204. 7/11. Melbourne, Australian Manuf. Ltd., Res. Labor.) H. Rossow. 4050

Martin B. Mathews, *Chondroitinschwefelsäure — ein Linearpolyelektrolyt.* Auf Grund von viscosimetr. u. potentiometr. Messungen an Lsgg. von *Chondroitinschwefelsäuren* (**I**) verschied. Polymerisationsgrades in reinem W. u. in Anwesenheit verschied. Ionen von verschied. Konz. werden Rückschlüsse auf die Konfiguration u. den Ionisierungsgrad von **I** gezogen (vgl. auch Federat. Proc. **11.** [1952.] 255 u. C. **1954.** 6021). Erhöhung der Ionenstärke red. die Viscosität; bei hohen Ionisationsgraden besitzt **I** in Übereinstimmung mit der Formel von Fuoss (Ann. New York Acad. Sci. **51.** [1949.] 836) stark gestreckte Konfiguration. Das pK_0 der Carboxylgruppen von **I** liegt nahe dem von freier Glucuronsäure. **I** verhält sich bzgl. des Einfl. der Ionisation auf den Knäuelungsgrad in Übereinstimmung mit der Theorie von Katchalsky u. Gillis (Recueil Trav. chim. Pays-Bas **68.** [1949.] 879). Es wird auf die mögliche biol. Bedeutung der beschriebenen Konfigurationsänderungen z. B. bzgl. Ionenaustauschs oder Diffusionsvorgängen in **I**-haltigen Geweben hingewiesen. (Arch. Biochem. Biophysics **43.** 181—93. März 1953. Chicago, Ill., Univ., Dep. of Pediatrics.) H. Gibian. 4050

Ralph W. Kerr, und **Frank C. Cleveland,** *Über die Einwirkung kristallisierter β-Amylase auf kristallisierte Getreideamylose.* Vff. hydrolysieren hochgereinigte *Amylose* bei p_H 6,0 u. einer Temp. von 47° mit einer Suspension von β-Amylase in gesätt. $(NH_4)_2\cdot SO_4$-Lsg. u. bestimmen nach der Ferricyanidmeth. die gebildete Maltosemenge. Die Hydrolyse wird unterbrochen, nachdem bis zu 47,3% *Maltose* entstanden sind. Die hochpolymere Substanz des Hydrolysats wird durch alkoh. Fraktionierung abgetrennt u. aus Butanol kristallisiert. Sie wird mittels osmot. Druckmessungen, der Ferricyanidmeth. u. Messungen der Viscosität als unveränderte Amylose erkannt. Die niedrigpolymeren Fraktionen werden mit Hilfe der Papierchromatographie analysiert, wobei hauptsächlich *Maltose,* wenig *Glucose,* Spuren von Maltotriose, Amyloheptaose u. Amylodextrin festgestellt werden. Aus den Versuchsergebnissen geht hervor, daß die Amylase nur die geradlinigen Ketten der Amylosemoll. angreift. (J. Amer. chem. Soc. **73.** 2421—24. Juni 1951. Argo, Ill., George M. Moffett Laborr., Corn Products Refining Co.) P. Fahrnlaender. 4050

W. J. Whelan und **B. J. Bines**, *Konstitution eines Amylopektin-α-Grenzdextrins.* Vff. stellen durch Strukturanalyse eines aus einem Hydrolysat des Amylopektins (aus Wachsmaisstärke) isolierten *Pentasaccharids* (**I**) fest, daß dessen *α-Maltose* (**II**)-Einheit (E.) an das nicht reduzierende Endglucoseglied der *Maltotriose* (**III**)-E. gebunden ist, so daß **I** als *O-α-D-Glucopyranosyl-⟨1.4⟩-O-α-D-glucopyranosyl-⟨1.6⟩-O-α-D-glucopyranosyl-⟨1.4⟩-O-α-D-glucopyranosyl-⟨1.4⟩-O-D-glucopyranose* definiert werden kann. Diese Struktur beruht auch auf der Tatsache, daß das R-Enzym die α-1.6-Bindungen des Dextrins (**IV**) unter Bldg. von **II** u. **III** spaltet u. das methylierte **IV** bei der Hydrolyse u. a. *2.3.4-Tri-O-methylglucose* liefert. Die Perjodatoxydation zeigt, daß weder die prim. OH-Gruppen der reduzierenden noch der vorletzten Glucose-E. von **I** die Di- u. Trisaccharidfragmente miteinander verbinden. (Biochem. J. **61**. I. Sept. 1955. Bangor, Univ. Coll. of Worth Wales, Dep. of Chem.) P. FAHRNLAENDER. 4050

J. E. Hodge, S. A. Karjala und **G. E. Hilbert**, *Methylierung und Äthylierung von Getreidestärke, Amylose und Amylopektin in flüssigem Amoniak.* Vff. berichten über die vollständige Methylierung u. Äthylierung von *Amylose* (**I**), *Amylopektin* (**II**) u. *Getreidestärke* (**III**), wobei ein Abbau dadurch vermieden wird, daß die Reaktionsdauer verkürzt u. die Menge des verwendeten Alkalimetalls erniedrigt wird. Es werden Prodd. mit hoher Viscosität u. 44,0—45,1% OCH_3-Geh. erhalten. Die verwendete **III** wird nach Extraktion mit Methylalkohol, 6std. Trocknen im Vakuum bei 80° mit fl. NH_3 15—30 Min. vorbehandelt u. mit A. umgefällt, um eine gleichmäßige Zerteilung der Stärkekörner zu erreichen. Die Fraktionierung in **I** (Jodabsorption 174 mg/g; Alkalizahl 19) u. **II** (Jodabsorption 18 mg/g; Alkalizahl 5,5) gelingt durch Behandlung der **III** mit einem W.-Butanol-Gemisch bei 90°, wobei **II** aus der Lsg. mit Methanol ausgefällt wird. Die verschied. Eigg. der methylierten Prodd. werden angegeben, ferner wird *Trimethylstärke* in *Trimethylamylose* u. *-amylopektin* auf Grund ihrer verschied. Löslichkeit in *Diäthylcellosolve* fraktioniert. Der Geh. an OCH_3 beträgt bei den unlösl. Fraktionen (*Trimethylamylose*) 45,3—45,4%; bei den lösl. (*Trimethylamylopektin*) 44,5—44,8%.

Versuche: *Trimethylstärke*, durch Suspendieren von vorbehandelter **III** in fl. NH_3 bei —35°, stufenweise Zugabe von 2,0 bzw. 1,8 g-Atomen Na pro C_6-Einheit innerhalb 1 Std., dann Zugabe von CH_3J(CH_3J : Na = 1,1—1,5 : 1), Reaktionsdauer 1 bis $1^1/_2$ Std., 8—10malige Wiederholung der Operation u. Umfällen in Chlf. mit PAe.; 44,7—45,1% OCH_3; $[\alpha]_D^{25}$ +215° (c = 1; Chlf. wie alle folgenden); Intrinsicviscosität in Chlf. bei 25° ([η]) 1,15—1,20; Schmelzbereich FB_1 (nach Waschen mit fl. NH_3 [**A**]) 220—230°; FB_2 (nach Waschen von **A** mit heißem W. [**B**]) 180—185°; FB_3 (nach Fällen von **B** aus einem Solvens) 155—195°; 80—88% (Ausbeute). — *Triäthylstärke*, analog aus **III** u. C_2H_5J, Reaktionsdauer >2 Std.; Reinigung durch Umfällen in Eisessig mit NH_4OH; 53,9% OC_2H_5; $[\alpha]_D^{25}$ +180°; [η] 0,78; FB_2 225—235°; FB_3 185—195°. — *Trimethylamylose*, aus **I** u. CH_3J; 45,4% OCH_3; $[\alpha]_D^{25}$ +214°; [η] 0,93; FB_1 >240°; FB_2 195—205°; FB_3 185—195° (weisen auf lineare Struktur u. Desaggregation hin); zähe, klebrige, fadenziehende M. mit scharfem Röntgendiagramm; aus Chlf. elast. u. bruchfeste Filme; die wss. Disperion färbt sich mit J_2 tiefblau. — *Triäthylamylose*, aus **I** u. C_2H_5J; 54,5% OC_2H_5; $[\alpha]_D^{25}$ +179°; [η] 0,80; FB_1 240°; FB_2 220—230°; FB_3 205 bis 220°. — *Trimethylamylopektin*, aus **II** u. CH_3J; 45,0—45,1% OCH_3; $[\alpha]_D^{25}$ +215°; [η] 0,90—0,93; FB_1 = FB_2 = FB_3 150—170° (Hinweis auf stark verzweigte Ketten im Mol.); leicht pulverisierbar, diffuses Röntgendiagramm, amorph; aus Chlf. brüchige Filme; die wss. Suspension gibt mit J_2 grünlichblaue Färbung. — *Triäthylamylopektin*, aus **II** u. C_2H_5J; 52—52,8% OC_2H_5; $[\alpha]_D^{25}$ +177°; [η] 0,57; FB_1 = FB_2 = FB_3 160—180°. (J. Amer. chem. Soc. **73**. 3312—16. Juli 1951. Peoria, Ill., Northern Regional Res. Labor.) P. FAHRNLAENDER. 4050

C. R. Masson, *Der Abbau von Carraghenin.* 1. Mitt. *Kinetik in wässeriger Lösung bei* p_H 7. Zwischen 60 u. 101° wurde auf Grund der Messung der Änderung der Viscosität u. der reduzierenden Eigg. der Abbau von *Carraghenin* (**I**) in mit Na-Phosphat gepufferten wss. Lsgg. bei p_H 7,0 gemessen. Die kinet. Auswertung der Messungen zeigt das Vorliegen von zwei Rkk.: anfänglich ein starker Abbau, der ca. 0,3% der vollständigen Hydrolyse beträgt; anschließend Abbau nach der 1. Ordnung mit der Geschwindigkeitskonstante $k = 2{,}75 \cdot 10^{13} \exp(-29{,}2/RT)$ 1/Stunde. Die letzte Rk. wird bes. oberhalb 60° stark. Die Verss. zeigen, daß der Abbau von **I** nicht auf die Spaltung von 1.3-gebundenen d-Galaktoseresten, sondern auf die Spaltung schwächerer Bindungen zurückzuführen ist. Aus den Endgruppentitrationswerten ergibt sich die Viscositäts-Mol.-Gew.-Beziehung $[\eta] = 7{,}59 \cdot 10^{-6} M^{1.20}$. (Canad. J. Chem. **33**. 597—603. April 1955. Halifax, N. S., Nat. Res. Council, Maritime Regional Labor.) O. FUCHS. 4050

Bernard Weissmann und **Karl Meyer**, *Die Struktur von Hyalobiuronsäure und Hyaluronsäure aus Nabelschnur.* Ausführliche Mitt. zu der C. **1953**. 5677 referierten

Arbeit. Danach ist die aus Nabelschnur-*Hyaluronsäure* (**I**) isolierte *Hyalobiuronsäure* (**II**) *3-O-[β-D-Glucopyranuronosyl]-2-amino-2-desoxy-D-glucose. N-Acetylderiv.*, $C_{14}H_{23}O_{12}N$, aus CH_3OH/W. Prismen; $[\alpha]_D^{24}$ -32^0 (c = 2; W.); pK' 3,3. — *3-O-[2.3.4-Tri-O-acetyl-β-D-glucopyranuronosyl]-2-acetamido-2-desoxy-1.4.6-tri-O-acetyl-α(?)-D-glucopyranose-2-methylester*, $C_{27}H_{37}O_{18}N \cdot C_2H_5OH$, F. 120°, $[\alpha]_D^{24}$ $+24,5^0$ (c = 2 in Chlf.). — Neben der durch Oxydation des **II**-Methylesterhydrochlorids mit HgO u. anschließende Red. mit $NaBH_4$ erhaltenen *3-O-[β-D-Glucopyranosyl]-2-amino-2-desoxy-D-gluconsäure* [$C_{12}H_{23}O_{11}N$, aus wss. A. Nadeln, $[\alpha]_D^{30}$ -34^0 (c = 0,9; W.)] wurde als Nebenprod. chromatograph. an Dowex 50–H *3-O-[β-D-Glucopyranuronosyl]-2-amino-2-desoxy-D-gluconsäure*, $C_{12}H_{21}O_{12}N \cdot H_2O$ (aus wss. A. Nadeln), isoliert. Auf Grund der Struktur von **II** kann die polymere **I** in Hinsicht auf ihren Drehwert $[\alpha]_D$ -70^0 als *3-O-[β-D-Glucopyranuronosyl]-[3-O-(2-acetamido-2-desoxy-β-D-glucopyranosyl)-3-O-(β-D-glucopyranuronosyl)]$_{n-1}$-2-acetamido-2-desoxy-D-glucose* angesehen werden. (J. Amer. chem Soc. **76.** 1753—57. 5/4. 1954. New York, N. Y., Columbia Univ., Coll. of Physicians and Surgeons, Dep. of Med., u. Presbyterian Hosp., Edward Daniels Faulkner Arthritis Clin.) H. Gibian. 4050

H. Reerink, *Größe und Form von Eiweißmolekülen.* Übersicht über Bestimmungsmethoden u. ihre theoret. Grundlagen, bes. Einfl. der Solvatation: Lichtstreuung, osmot. Druck, Translationsdiffusion, Sedimentation (Ultrazentrifuge) u. Rotationsdiffusion (Viscosität, Strömungsdoppelbrechung, dielektr. Dispersion). (Chem. Weekbl. **46.** 773—83. 28/10. 1950. Utrecht, Rijksuniv., van't Hoff-Labor.)
G. v. Dechend. 4070

Hugo Theorell und **Anders Ehrenberg,** *Magnetische Eigenschaften einiger Peroxydverbindungen von Myoglobin, Peroxydase und Katalase.* Die magnet. Susceptibilität wurde für die Verbb. vom Typ *I, II* u. *IV* aus *Meerrettichperoxydase* (**A**) u. *Methylhydroperoxyd* (**B**), die Verbb. aus *Ferrimyoglobin* (**C**) u. H_2O_2 bzw. **B**, die Verbb. *II* aus *Katalase* (**D**) u. **B**, sowie die Verbb. von **D** mit *Azid* u. H_2O_2 in N_2- oder CO-Atmosphäre bestimmt. Die Verbb. **C**–H_2O_2 u. **C**–**B** gehören auf Grund spektrophotometr. Befunde dem Typ *III* an. Die magnet. Daten stimmen mit den titrimetr. überein. **A**–**B**–*I* besitzt 3 unpaare Elektronen u. 2 Oxydationsäquivalente, **A**–**B**–*II* 2 u. 1, **C**–H_2O_2–*III*, sowie **C**–**B**–*III* 2 u. 1. Der strukturelle Unterschied zwischen Verbb. des Typs *II* u. *III* kommt in den magnet. Werten nicht zum Ausdruck. Sie besitzen verschied. Absorptionsspektren, jedoch die gleiche Zahl unpaarer Elektronen. **A**–*II* mit sehr ausgeprägter Oxydationswrkg. hat eine deutlich höhere Susceptibilität als die spektrophotometr. sehr ähnliche, jedoch träge oxydierende Verb. **D**–*II*. Die ebenfalls langsam oxydierende Verb. **C**–*III* hat die gleiche Susceptibilität wie **D**–*II*. Die **D**-Azid–Peroxyd-Verbb. in N_2 oder CO sind diamagnet. u. enthalten demnach *Ferro*-Fe. (Arch. Biochem. Biophysics **41.** 442—61. Dez. 1952. Stockholm, Med. Nobel Inst., Biochem. Dep.)
K. Maier. 4070

Charles Tanford und **John G. Buzzell,** *Die Viscosität wässeriger Lösungen von Rinderserumalbumin zwischen p_H 4,3 und 10,5.* Es werden Viscositätsmessungen an durch Ionenaustauschern gereinigtem Rinderserumalbumin bei 25° in Abhängigkeit vom p_H bzw. der Ladung, von der Ionenstärke der Lsg. u. der Konz. beschrieben. Der Vgl. mit theoret. Beziehungen zwischen der inneren Viscosität η als Funktion der elektr. Ladung u. Ionenstärke u. der Gestalt u. Solvatation der Moll. sowie ihrer Diffusionskonstanten zeigt zufolge der Unabhängigkeit von η in der Umgebung des isoelektr. Punktes von p_H u. Ionenstärke u. des nur geringen Anstieges von η mit der Ladung in dem betrachteten p_H-Bereich (lediglich durch Elektroviscositätseffekt bedingt), daß zwischen p_H 4,3 u. 10,5 ein kaum hydratisiertes, undeformierbares u. fast kugelförmiges, also stark gefaltetes Proteinmol. vorliegt. Auch die η-Zunahme am isoelektr. Punkt bei Abwesenheit aller Salze läßt sich theoret. deuten. Die Zunahme von η mit steigender Konz. läßt sich durch die Annahme eines von Ladung u. Ionenstärke unabhängigen Effektes u. eines elektrostat. Effektes, der mit dem Quadrat der Ladung zu- u. mit der Ionenstärke abnimmt, erklären. (J. physic. Chem. **60.** 225—31. Febr. 1956. Iowa, Io., Univ., Dep. of Chem.)
R. Pasedag. 4070

Börje Lindqvist und **Torsten Storgards,** *Molekularselektive Eigenschaften der Stärke.* Vff. beobachteten in Verbindung mit der elektrophoret. Unters. von Käseextrakten auf einer *Stärke* (**I**)-Säule einen deutlichen mol.-selektiven Effekt. Zur Feststellung, ob derselbe für die Best. der Mol.-Gew.-Verteilung der *Peptide* in der Probe Verwendung finden kann, wird eine Suspension von Käse in Citratpufferlsg. (21 g Citronensäuremonohydrat u. 290 cm³ n NaOH/Liter, p_H 6,7 (**A**) u. zum Vgl. ein Aminosäuregemisch (**B**) in derselben Lsg. chromatographiert. Die erhaltenen Elutionskurven zeigen 2 Maxima, von denen das eine dieselbe Lage besitzt wie das **B**-Maximum, gleichgültig, ob es von **B** oder von **A** hervorgerufen worden ist. Die chromatograph. u. elektrophoret. Unterss. einiger Fraktionen dieser Maxima weisen auf die Identität zwischen **A** u. **B** hin. Weitere Verss.

mit **A**, die 36 Std. in Cellophan gegen Leitungswasser dialysiert worden sind, zeigen, daß das 1. Maximum mit dem nicht diffundierenden hochmol. Prod. (Mol.-Gew. ca. 13000) übereinstimmt. Auch eine niedrigmol. Substanz läßt sich in den Fraktionen des 1. Maximums nachweisen. Aus den Ergebnissen geht hervor, daß **I** für Aminosäuren mit Mol.-Gewichten zwischen 75 u. 200 u. niedrigmol. Peptide (Mol.-Gew. bis zu 500) mol.-selektiv wirkt u. die Möglichkeit gegeben ist, niedrigmol. Stoffe aus Peptidgemischen mittels einer **I**-Säule abzutrennen. (Nature [London] **175**. 511—12. 19/3. 1955. Stockholm, Mjôlkcentr., Centr. Labor.) P. FAHRNLAENDER. 4070

W. E. Tetlow, *Die Reaktion von Erdnußprotein mit Formaldehyd.* Unter Hinweis auf die Zus. des durch Alkaliextraktion aus entfettetem Erdnußmehl darstellbaren „Ardein" (Gemisch aus Arachin u. Conarachin) hinsichtlich der konstituierenden Aminosäuren (vgl. Original) werden Verss. über die Rk. dieses Proteins [Ardein (**I**), desaminiertes **I**, argininfreies **I**, Proteinfaser von **I**] mit Formaldehyd (**II**) im alkal. u. sauren Milieu durchgeführt. Die Substrate (5 g, lufttrocken) werden im Behandlungsbad (200 ml) verteilt u. 6 Std. bei Zimmertemp. u. dann 18 Std. bei 38° geschüttelt; Filtration (erstes Filtrat wird untersucht); dann 2 std. Waschen mit W.; Trocknen des Rückstandes mit Aceton an der Luft; Ermittlung des Geh. an **II** durch Dest. in schwefelsaurer Lsg. u. Titration mit $AgNO_3$. Desaminiertes **I** wird durch Behandlung mit $NaNO_2$ u. Eisessig dargestellt, das argininfreie Präp. nach SAKAGUCHI (J. Biochem. Japan **5**. [1925.] 143). Das Behandlungsbad ist eine bei Zimmertemp. mit NaCl gesätt. 1%ig. Lsg. von **II**, die in ihrem Geh. von 35% HCl bis 35% NaOH variiert wird. Unter Auswertung der Angaben des Schrifttums wird aus den Resultaten abgeleitet, daß die geprüften **I**-Präpp. sich sehr ähnlich verhalten, während das argininfreie Prod. hinsichtlich seines Bindungsvermögens für **II** im alkal. Milieu stark beeinträchtigt ist. Es wird vermutet, daß die Minima der **II**-Bindung in der Nähe des Neutralpunktes auf eine Salzbldg., die jenseits davon beobachteten Maxima auf die Rk. mit Arginin zurückzuführen sind. (J. Sci. Food Agric. **1**. 193—94. Juni 1950. Stevenston, Ayrshire, Scotland, Imperial Chem. Ind. Ltd., Nobel Div., Ardil Dep.) K. TÄUFEL. 4070

S. C. Ellis und **K. G. A. Pankhurst**, *Monomolekulare Kollagenschichten.* Vff. untersuchten die aus wasserfreier HCOOH-Lsg. auf Lsgg. von HCl u. anorgan. Salzen gespreiteten monomol. Schichten von Kollagen bei Ausbreitungsdrucken zwischen 0,01 u. 20 Dyn/cm. Auf $(NH_4)_2SO_4$-Lsgg. werden stabile Filme im ganzen untersuchten Spreitungsdruckbereich erhalten. Dabei wurden 2 charakterist. Bereiche gefunden: 1,8 u. 1,3 m^2/mg. Diese Bereiche werden der dichten Packung von Polypeptidketten mit ihren Seitenketten parallel bzw. senkrecht zur Wasseroberfläche zugeordnet. Eine Kompression unter 1,3 m^2/mg verursacht die teilweise reversible Abschiebung eines Teils der monomol. Schicht in die darunterliegende Flüssigkeit. Oberhalb 1,8 m^2/mg wurden osmot. Erscheinungen analog einer dreidimensionalen Quellung beobachtet. Wenn die Moll. aber dichtgepackt sind, also bes. unterhalb 1,3 m^2/mg, herrschen Aussalzeffekte vor. Diese hängen von der Ionenstärke der Elektrolyte in der darunter befindlichen Fl. u. deren Lage in der lyotropen Reihe ab. (Trans. Faraday Soc. **50**. 82—89. Jan. 1954. Egham, Surrey, Brit. Leather Manuf. Res. Assoc.) R. SCHÄFF. 4070

Pierre Dubouloz und **Renaud Rinaldi**, *Optische Untersuchung monomolekularer Häminschichten.* Die durch monomol. Schichten von Hämin (Verdunsten einer Lsg. in Bzl. u. Pyridin) auf Wasseroberflächen hervorgerufenen Änderungen $d\varphi$ des BREWSTERschen Winkels werden für verschied. Wellenlängen λ zwischen 7500 u. 3650 Å gemessen. Mit abnehmendem λ nimmt $d\varphi$ für verschied. Schichten in gleicher Weise zu u. erreicht für 3650 Å 35'. Ebenso wird $d\varphi$ von monomol. Häminschichten auf Quarz- u. Glasträgern sowie die opt. Absorption der Schichten im Gebiet 3650—7500 Å gemessen. Im Gegensatz zum Verh. auf W. sind die Ergebnisse bei festen Trägern von Schicht zu Schicht verschieden, vermutlich als Folge davon, daß die Häminmoll. der Schichten nicht immer in der gleichen Form orientiert sind. (Rev. Opt. théor. instrument. **33**. 630—41. Dez. 1954. Marseille, Fac. de Médecine, Labor. de Phys.) J. RUDOLPH. 4070

V. M. Ingram, *Sulfhydrylgruppen in Hämoglobinen.* Vf. bestimmt die Anzahl der SH-Gruppen (SH-Gr.) in *Menschen-*, *Pferde-*, *Schaf-* u. *Rinder-Oxyhämoglobin* durch amperometr. Titration mit $AgNO_3$ bzw. $HgCl_2$ in schwach ammoniakal. Lösung. Die SH-Gr. können dabei vorher stufenweise mit $HgCl_2$, Na-p-Chlormercuribenzoat oder Methylmercurinitrat blockiert werden, da die Fixierung mit Hg stabiler ist als die mit Ag. Sowohl die nativen als auch die mit Natriumdodecylsulfat denaturierten Hämoglobine werden untersucht. Für natives Pferde-, Rinder- u. Menschenhämoglobin werden 4 SH-Gr. gefunden, die in Übereinstimmung mit den röntgenograph. Unterss. von PERUTZ (vgl. C. **1952**. 5284) zu je 2 symm. zueinander liegenden Paaren angeordnet sind. Das atomare Bindungsverhältnis SH:Metall beträgt bei Ag 1:1 u. bei Hg 2:1. Natives

Schafhämoglobin weist 8 SH-Gr. zu 4 Paaren auf. Bei denaturiertem *Pferdehämoglobin* werden 6 SH-Gr. gefunden, die in 2 Schwärmen mit je 3 SH-Gr. symm. angeordnet sind. Sie binden jedoch nicht 3, sondern 4 Hg-Atome. Denaturiertes *Menschenhämoglobin* besitzt 8 SH-Gr. (äquivalent 8 Ag-, jedoch 6 Hg-Atomen). Sie sind wahrscheinlich in 2 Schwärmen zu je 3 SH-Gr. angeordnet, während die restlichen 2 SH-Gr. isoliert liegen. Blockierungs-Rkk. mit N-Äthylmaleinimid ergeben übereinstimmende Werte. Die abweichenden Ergebnisse von KOLTHOFF mit $HgCl_2$, der ein Bindungsverhältnis Hg:SH von 1:1 angibt, werden so erklärt, daß hier ein Mol. $HgCl_2$ nur zur Hälfte ausgenutzt ist (ClHg–S-Protein statt Protein–S–Hg–S–Protein). Aus den Ergebnissen des Vf. ist in Zusammenhang mit den Unterss. von TRISTRAM (vgl. Proteins, Vol. 1, Teil A [1953.] 181) u. PORTER u. SANGER (Biochem. J. **42.** [1948.] 287) über die Struktur des Hämoglobinmoleküls zu folgern, daß in diesem die Peptidketten nicht durch Disulfidbrücken verknüpft sind. (Biochem. J. **59.** 653–61. April 1955. Cambridge, Univ., Cavendish Labor., Medical Res. Council Unit for the Study of the Molecular Structure of Biological Systems.) W. HABERDITZL. 4070

E. Biologische Chemie. Physiologie. Medizin.

E_1. Allgemeine Biologie und Biochemie.

Alan D. Conger, *Die relative biologische Wirksamkeit einer Kernexplosionsstrahlung auf die Chromosomen von Tradescantia.* Um die schädigende Wrkg. der verschied. Komponenten im Strahlengemisch einer detonierenden Atombombe auf lebende Objekte zu klären, wurden blühende *Tradescantia* folgenden Bestrahlungen ausgesetzt u. die Rk. der Chromosomen geprüft: 1. Röntgenstrahlen, 250 kVp, 30 mA, Filter: 0,5 mm Cu + 3 mm Al, 650 oder 504 r/Min., 2. schnelle Neutronen, 4 MeV maximale, 1 MeV mittlere Energie, 3,1 Neutronen/Min., 3. ^{60}Co-γ-Strahlung, 4,6 r/Min., Luftdruck 380 mm Hg, Temp. 0,4° (Verss. im Flugzeug). Die Verss. unter 3. zeigten, daß die relative biol. Wirksamkeit der Strahlung im Inneren des „Pilzes" einer Atomexplosion etwa die gleiche ist wie die der ^{60}Co-γ-Strahlung. Diese wiederum ist mit ± 20% Schwankung gleich wirksam wie die Röntgenstrahlen im Vers. 1. Die Neutronenverss., bei denen die absol. Dosis nicht bestimmt werden konnte, lassen erkennen, daß die biol. Wrkg. linear mit der relativen Dosis ansteigt. Durch Vergleichsverss. mit Mäusen, deren Thymusgewichtsverlust als Funktion der relativen Neutronendosis bestimmt wurde, konnte festgestellt werden, daß im Vgl. mit Röntgenstrahlen die Neutronen bei Tradescantia um den Faktor 2 wirksamer sind als bei Mäusen. (Science [Washington] **119.** 36–42. 1/1. 1954. Oak Ridge, Tenn., Oak Ridge Mat. Labor., Biol. Div.) W. REUSSE. 4102

William K. Baker und **Elizabeth Von Halle,** *Die Erzeugung von Dominant-Letalen bei Drosophila durch die schnellen Neutronen von einem Cyclotron und von Atomexplosionen.* Die bisherigen Unterss. über die Chromosomenaberrationen bei *Tradescantia* einerseits u. die Zahl der Dominant-Letalen bei *Drosophila* (*D*) andererseits als Folge von Bestrahlungen mit schnellen Neutronen haben uneinheitliche Resultate ergeben, weil die Best. der Neutronendosis unzureichend war. Vff. berichten über neue exakte Messungen mit der Neutronenstrahlung eines Cyclotrons. ♂ D wurden mit bestimmten Dosen bestrahlt, mit ♀ gepaart, die Eier gesammelt u. die Überlebensfrequenz bestimmt. Im Vgl. mit röntgenbestrahlten D (250 kV) zeigt sich, daß die Neutronen in Eintrefferprozessen, die Röntgenquanten in Mehrtrefferprozessen wirksam sind. Bei niedriger Dosis sind die Neutronen 7,3 mal, bei hoher Dosis ca. 4,8 mal so wirksam wie die Röntgenstrahlen. Diskrepanzen mit Beobachtungen an D unter dem Einfl. der Bestrahlung von Atomexplosionen glauben Vff. darauf zurückführen zu müssen, daß hier außer den Neutronen noch γ-Strahlen zusätzlich vorhanden waren. (Science [Washington] **119.** 46–49. 1/1. 1954. Oak Ridge, Tenn., Oak Ridge Nat. Labor., Biol. Div.) W. REUSSE. 4102

J. S. Kirby-Smith und **C. P. Swanson,** *Die Wirkungen schneller Neutronen von einer Kernexplosion auf die Chromosomenbrücke bei Tradescantia.* Im Inneren von Pb-Halbkugeln wurden *Tradescantia* (T) der Bestrahlung mit schnellen Neutronen einer Atomexplosion ausgesetzt u. die Zahl der Chromosomen-Aberrationen von T bestimmt. Ferner wurden Kontrollverss. mit den Neutronen eines Cyclotrons durchgeführt, wo die Dosis in rep physikal. bestimmt werden konnte. Die relative biol. Wirksamkeit der beiden Bestrahlungen ist im Mittel gleich (± 25% Abweichung). Die schnellen Neutronen sind ca. 13 mal wirksamer als 250 kVp-Röntgenstrahlen, insoweit man Eintrefferprozesse (Chromatid-Aberrationen) betrachtet. (Science [Washington] **119.** 42–44. 1/1. 1954. Oak Ridge, Tenn., Oak Ridge Nat Labor., Biol. Div.) W. REUSSE. 4102

Bernard S. Strauss, *Aspekte beim Kohlenhydratstoffwechsel einer Mutanten von Neurospora crassa, die zum Wachstum Acetat benötigt.* In Verss. mit UV-bestrahlten Neurosporamutanten, die zum Wachstum auf Acetat im Nährboden angewiesen sind, konnten zwei durch zwei verschied. Gene gesteuerte Enzymsysteme, die beim Kohlenhydratstoffwechsel eine Rolle spielen, gefunden werden. Aus der Kreuzung dieses Typus mit dem Wildtyp Emerson 5256 A gehen zwei verschied. Typen hervor. Der eine wächst auf einem Acetatglucose-Nährboden, der andere auf Acetatxylose u. wird durch Glucose gehemmt. Acetatbenötigende Stämme vermögen Brenztraubensäure nicht mehr zu oxydieren, was, wie Rückkreuzungsverss. zeigten, nicht auf eine verminderte Brenztraubensäure-Carboxylase zurückzuführen ist. Die Oxydation der Brenztraubensäure erfolgt somit durch zwei verschied. Gene. (Arch. Biochem. Biophysics **36.** 33—47. März 1952. Univ. of Texas.) G. LENHARD. 4130

B. R. Seshachar und **Parvathi K. Nambiar,** *Die Wirkung von Kohlenstofftetrachlorid auf die Mitose.* CCl_4 bewirkt bei halbstündiger Einw. auf die Wurzelspitzen von Allium cepa, Allium sativum u. Zaphrantus sp. Auflösung der Kernmembranen, Ausfließen des Kerninhaltes in das umgebende Cytoplasma, wahrscheinlich infolge Auflösung der Lipoidanteile der Kernmembran. 15minütige Einw. von CCl_4 hat Frakturierung der Chromosomen im prämitot. Stadium zur Folge. (Nature [London] **176.** 796. 22/10. 1955. Bangalore, Univ. of Mysore, Central Coll., Dep. of Zool.) HEINRICH HERMANN. 4150

Bohdan Bakay, Joseph J. Kolb und **Gerrit Toennies,** *Über die Proteinkomponenten von Kalbsthymus-Nucleoprotein. Desoxyribonucleinsäureprotein* (**I**) wurde aus entfetteten, homogenisierten Kalbsthymusdrüsen durch 24std. Extraktion mit W. bei 2° gewonnen. Zur Isolierung des Proteinanteils (**II**) von **I** bewährte sich eine modifizierte Meth. nach SEVAG u. Mitarbeiter (J. biol. Chemistry **124.** [1938.] 425), nämlich 24std. Schütteln einer Lsg. von 100 mg **I**/cm^3 in 1 mol. NaCl bei p_H 11 mit Chlf.–Octanol (4:1) gegenüber anderen Methoden, wie Trichloressigsäurefällung, Salzdissoziierung, enzymat. Spaltung mit Desoxyribonuclease, Extraktion mit 0,2nHCl oder mol. NaCl-Lsg. bei p_H 3. Die Reinheit von **II** bzw. der Desoxyribonucleinsäure wurde durch den P- bzw. S-Geh. geprüft. **II** wurde durch Behandlung mit HCl bei p_H 2,5 quantitativ getrennt in einen säurelösl. Histonteil (**III**) u. einen säureunlösl. Proteinrückstand. **III** läßt sich in der Ultrazentrifuge bei p_H 8,1 in 0,18 mol. NaCl-Lsg. in 2 Komponenten auftrennen. Die eine Komponente (63% von **III**) hat eine Sedimentationskonstante von $s_{20^0} = 8{,}40$ S, entsprechend einem Mol.-Gew. von 132000 u. enthält 0,23% *Tryptophan* (**IV**), 0,67% *Cystin* (**V**) u. 2,4% *Methionin* (**VI**). Die 2. Komponente (37% von **III**) hat eine Sedimentationskonstante von $s_{20^0} = 1{,}59$ S, entsprechend einem Mol.-Gew. von 11000 u. enthält 0,82% **VI**, aber kein **IV** oder **V**. Zur Best. der S-haltigen Aminosäuren bewährte sich Hydrolyse des Proteins mit 3nHCl in 50% HCOOH im Einschlußrohr bei 120°. (Arch. Biochem. Biophysics **58.** 144—68. Sept. 1955. Philadelphia, Pa., Lankenau Hosp., Res. Inst. and Inst. for Cancer Res.) A. TREBST. 4150

E. R. Blout und **H. Lenormant,** *Veränderungen im Infrarotspektrum von Desoxypentosenucleinsäurelösungen in Abhängigkeit von ihrer Struktur.* Vff. untersuchten das Infrarotspektr. von 4 verschied. *Desoxypentosenucleinsäuren* (**I**), nämlich 3 Präpp. aus *Thymusdrüsen* von Kälbern u. eins aus *Heringssperma.* Die D_2O-Lsgg. von **I** wurden durch Lösen der Substanzen in D_2O hergestellt. In wss. Lsg. zeigte es 2 Hauptabsorptionsbanden zwischen 1550—1700 cm^{-1} von der Purin–Pyrimidin-Komponente u. eins zwischen 900—1300 cm^{-1} vom Zuckerphosphat. **I** von hohem Mol.-Gew. in D_2O ($p_H \sim 5$) veränderte seine 2 starken Banden durch die Einw. von Desoxyribonucleasen, durch Erhitzen auf 100° während weniger Min. oder durch Alkalisieren über 9 von 1680 u. 1645 cm^{-1} auf 1660 u. 1625 cm^{-1}. Der Bereich von 900—1300 blieb unverändert. Gleiches ergab sich auch für **I** niederen Mol.-Gewichtes. Neutralisieren oder Ansäuern stellte das ursprüngliche Spektr. nicht wieder her. Es scheint, daß die genannten Behandlungen die Konfiguration der schneckenförmig aufgewundenen Nucleinsäuren, deren Purin–Pyrimidin-Komponenten durch Wasserstoffbrücken verbunden sind, irreversibel verändern, der Denaturierung mancher Proteine vergleichbar. (Biochim. biophysica Acta [Amsterdam] **17.** 325 bis 331. Juli 1955. Boston, Mass., Children's Med. Center, Children's Cancer Res. Found.) H. TÄNZLER. 4150

Jacqueline Lebrun-Pagés, *Reversible Modifikationen der chemotaktischen Eigenschaften von polynucleären Zellen in Abhängigkeit vom osmotischen Druck.* (C. R. Séances Soc. Biol. Filiales **146.** 921—25. Juni 1952. Paris, CNRS, Inst. Pasteur, Annexe de Garches.) F. KRUSEN. 4150

D. A. Walker und **H. Beevers,** *Einige Erfordernisse für die Pyruvatoxydation durch Pflanzen-Mitochondrien-Präparate.* Die Bedingungen, unter denen Salze der *Brenztraubensäure* durch Pflanzen-Mitochondrien-Präpp. oxydiert werden (bes. durch solche vom Endosperm keimender Ricinussamen) wurden untersucht. Es wurde festgestellt, daß maximale Anfangsbeträge der O_2-Aufnahme nur erhalten werden, wenn *Coenzym A,*

Cocarboxylase u. ein Acetylacceptorsyst. sowie Adenosintriphosphat u. Diphosphopyridinnucleotid vorhanden sind. Eine Induktionsperiode vor dem Beginn der O_2-Aufnahme wurde unter gewissen Umständen als ein charakterist. Merkmal der Pyruvatoxydation gefunden. (Biochem. J. **62.** 120—27. Jan. 1956. Lafayette, Ind., Purdue Univ., Dep. of Biol. Sci.) R. HÄHNEL. 4150

Rosemary Cass, J. F. Riley, G. B. West, K. W. Head und **S. W. Stroud,** *Heparin und Histamin in Mastzellentumoren von Hunden.* Ausführliche Arbeit der C. **1955.** 5566 referierten Kurzmitteilung. In 6 Fällen von Mastzellentumoren bei Hunden werden der *Heparin* (**I**)- u. *Histamin* (**II**)-Geh. der Geschwülste bestimmt. Die Werte variieren stark (zwischen 277 u. 1290 μg **II**/g u. 21,0—357,0 I.E. **I**/g), wobei immer große Mengen **I** mit großen Mengen **II** zusammen vorkommen. Zum Vgl. werden **I** u. **II** auch in gesundem Gewebe bestimmt, wobei die Werte zwischen 1—25 μg **II**/g u. 6,2—19,7 I.E. **I**/g schwanken. Aus erhöhtem **I** u. **II**-Geh. des Gewebes konnte schon ohne histolog. Unters. auf Metastasen geschlossen werden. (Nature [London] **174.** 318—19. 14/8. 1954. Dundee, Univ. of St. Andrews, Med. School, Dep. of Pharmacol. and Therapeut.; Edinburgh, Royal [Dick] School of Veterinary Studies, Dep. of Veterinary Pathol.; Nottingham, Boot's Pure Drug Co. Ltd., Res. Dep., Biochem. Div.) U. BAUMANN. 4160

Tuneo Yamada und **Kenzo Takata,** *Die Wirkung von Trypsin und Chymotrypsin auf die Induktionsfähigkeit der Niere und ihrer Fraktionen. Trypsin* u. *Chymotrypsin* unterbinden die Fähigkeit der Meerschweinchennebenniere u. deren Extrakte, auf isoliertes Ektoderm der jungen Gastrula von Triturus pyrrhogaster induzierend zu wirken. Der induzierende Faktor scheint durch diese Enzyme entfernt oder inaktiviert zu werden, bevor die Hauptmenge der Proteine hydrolysiert ist. (Exp. Cell Res., Suppl. **3.** 402—13. 1955. Nagoya [Japan], Nagoya Univ., Fac. of Sci., Biol. Inst.) A. DILLMANN. 4150

S. Iwase und **K. Fujita,** *Inhibierende Wirkung von Trypanblau auf die experimentelle Erzeugung von Leberkrebs.* Bei Ratten wurde durch 0,6%ig. *Dimethylaminoazobenzol* (**I**)-Diät Leberkrebs erzeugt. Im Abstand von 1—2 Wochen wurde eine 1%ig. wss. Lsg. von *Trypanblau* bis zur Gesamtmenge von 60—80 mg subcutan injiziert. Nach 1 Jahr zeigten die behandelten Tiere einen Krebsbefall zwischen 33 u. 100%, wobei der Krebs im einzelnen kleiner u. lokalisierter war, gegenüber einem durchweg 100%ig. Befall mit ausgedehnten Krebsgeschwülsten u. Metastasen bei den unbehandelten Kontrolltieren. Der Unterschied des an Protein gebundenen **I**, gemessen nach der Meth. von MILLER u. MILLER (Cancer Res. **7.** [1947.] 468), war bei beiden Tiergruppen zu gering, um als Ursache zu gelten. Es wurde nachgewiesen, daß *Trypanblau* weder die Absorption von **I** herabsetzt, noch die Ausscheidung von **I** fördert. (Nature [London] **175.** 552. 26/3. 1955. Nagoya, Japan, Univ., Dep. of Pathol. and Biochem.) G. WELTZIEN. 4160

E_2. Enzymologie. Gärung.

R. A. Peters, R. W. Wakelin und **P. Buffa,** *Biochemie der Fluoracetatvergiftung. Isolierung eines kristallinen Inhibitors des Citratstoffwechsels.* Aus mit Fluoracetat vergifteten Homogenaten von Kaninchen- u. Hundenieren konnten Vff. eine krist. Substanz isolieren, die in Mengen von 1,24 γ den Abbau von 4 Mikromol Citrat hemmt. Nach papierchromatograph. Daten muß es sich um eine Fluortricarbonsäure, vermutlich Fluorcitronensäure oder Fluorisocitronensäure, handeln. (Biochem. J. **50.** XIII—XIV. Jan. 1952. Oxford, Dep. of Biochem.; Rom, Istituto di Patol. Generale.) F. KRUSEN. 4210

E. Werle, H. Schievelbein und **Ch. K. Georgopoulos,** *Über Azidabbau durch tierisches und pflanzliches Gewebe.* Der Abbau von NaN_3 in Leberhomogenat wird durch ein Ferment hervorgerufen, das mit *Monoaminoxydase, Tyrosinase* u. *Katalase* nicht ident. ist. Der Abbau wird durch *Benzaldehyd, Chinon, Hydrochinon* stark u. durch *Tyrosin* u. *Tyramin* schwach aktiviert. Im Gegensatz zum Abbau durch Meerrettich-Katalase wird beim NaN_3-Abbau durch das Leberferment kein N_2O gebildet. Auch in Extrakten aus Kartoffeln, Zuckerrüben u. Äpfeln wurden NaN_3-abbauende Faktoren nachgewiesen. (Biochem. Z. **325.** 482—90. 1954. München, Univ., Chirurg. Klin.) F. KRUSEN. 4210

Eberhard Küster, *Mikrobielle Polyphenoloxydasen und Humusbildung.* Vortrag. Mikroorganismen, bei denen im Laufe der Alterung Bldg. humusähnlicher Endprodd. stattfindet, besitzen *Polyphenoloxydasen* (**I**) des *Laccase*-Typs (Azotobacter, Aspergillaceen, Basidiomyceten, Streptomyceten). Dies spricht für die Arbeitshypothese, daß *Tyrosinasen* u. **I** zu *Huminsäuren* führen. Die *Melamin*-Bldg. ist mehr von der Ausgangssubstanz, *Tyrosin* bzw. *Tryptophan,* abhängig als von einer besonderen Enzymwirkung. (Zbl. Bakteriol., Parasitenkunde, Infektionskrankh. Hyg., I. Abt., Orig. **160.** 207—13. 21/12. 1953.) K. MAIER. 4210

K. Lang und **C. Keller**, *Die Einwirkung des Cyclophorasesystems auf die schwefelhaltigen Aminosäuren.* Das aus Rattenleber bzw. aus Rattenniere dargestellte *Cyclophorase* (**I**)-Syst. bildet aus *DL-Methionin* durch oxydative Desaminierung *α-Keto-γ-thiomethylbuttersäure*, aus *DL-Methoxinin* durch oxydative Desaminierung die *α-Keto-γ-oxymethylbut ersäure*, aus *L-Cystein* durch Oxydation der SH-Gruppe das *L-Cystin*, aus *DL-Homoctystein* (**II**) durch Oxydation der SH-Gruppe das *DL-Homocystin*. 10—15% **II** werden oxydativ desaminiert. *DL-Cystathionin* wird unter der **I**-Systemwrkg. durch *Thionase* gespalten, wobei das S-Atom beim C_3- wie beim C_4-Fragment verbleiben kann. Je nach Konst. werden die Spaltprodd. oxydativ desaminiert oder zu Disulfiden oxydiert. Das **I**-Syst. kann die S-haltigen Aminosäuren (**III**) nicht der biol. Endoxydation zuführen u. ermöglicht nur wenige oxydative Teilschritte, die nicht auf einem der bekannten Hauptabbauwege des Intermediärstoffwechsels erfolgen. Die gebildeten Metabolite bleiben großenteils unverändert. Das **I**-Syst. vermag nur solche **III** total zu oxydieren, deren C-Skelett an irgendeiner Stelle in den Citronensäurecyclus eingeschleust werden kann. Für die Mehrzahl der übrigen **III**, bes. die S-haltigen, sind anscheinend die Enzymsysteme des Cytoplasmas zuständig. (Biochem. Z. **327.** 202—08. 11/10. 1955. Mainz, Johannes-Gutenberg-Univ., Physiol.-chem. Inst.) K. MAIER. 4210

C. Anagnostopoulos, **J. E. Courtois** und **F. Petek**, *Transferasewirkung von α-Galaktosidase im Kaffee. α-Galaktosidase* aus Kaffeebohnen kann die *Galaktose* (**I**) der *Melibiose* in methylalkoh. Lsg. umwandeln; das dabei gebildete *α-Methyl-D-galaktosid* konnte isoliert u. identifiziert werden. Auch *Raffinose* u. *Stachyose* können **I** bei Transgalaktosierungen abgeben. Während dieser Rkk. werden kleinere Mengen höherer Homologe gebildet, die, wie *Verbascose* u. *Ajugose*, papierchromatograph. erfaßt werden können. (Bull. Soc. Chim. biol. **36.** 1115—23. 1954. Paris, Fac. de Pharm. et Centre Nat. de la Rech. Sci., Labor. de Chimie Biol.) H. KOCKERT. 4210

Francis F. Foldes, David L. Davis, Sydney Shanor und **Gertrude van Hees**, *Hydrolyse von Lokalanästheticis vom Estertyp und ihren halogenierten Analogen durch gereinigte Plasmacholinesterase.* Vff. bestimmen die Geschwindigkeitskonstanten (K) u. die MICHAELIS-Konstanten (K_m) für die Hydrolyse von verschied. *Estern der p-Aminobenzoesäure* u. von ihren *2-Chlor-substituierten Derivv.*; ferner wird K u. Km bei *2-Fluor-* u. bei *2-Brom*-substituiertem *Procainhydrochlorid* (**I**) gemessen; die Messungen wurden in frischem menschlichen Plasma u. in einem Konzentrat aus menschlicher Plasma-*Cholinest erase* (*Cholase*) durchgeführt. Halogensubstitution in 2-Stellung erhöht die K-Werte der untersuchten Verbb. auf das 4—6fache, auf die K_m-Werte wirkt sich die Halogensubstitution nicht so stark aus. **I**, $2{,}6 \cdot 10^{-6}$ (K_m in Mol/Liter, Cholase), $3{,}0 \cdot 10^{-6}$ (K_m in Mol/Liter, Plasma), $3{,}6 \cdot 10^{-3}$ (K in Mol/Liter·Min., Cholase), $2{,}2 \cdot 10^{-5}$ (K in Mol/Liter·Min., Plasma). — *2-Fluor*-**I**, $1{,}3 \cdot 10^{-5}$, $1{,}2 \cdot 10^{-5}$, $1{,}3 \cdot 10^{-2}$, $6{,}8 \cdot 10^{-5}$. — *2-Chlor*-**I**, $3{,}1 \cdot 10^{-6}$, $1{,}8 \cdot 10^{-6}$, $2{,}0 \cdot 10^{-2}$, $1{,}0 \cdot 10^{-4}$. — *2-Brom*-**I**, $2{,}7 \cdot 10^{-6}$, $1{,}2 \cdot 10^{-6}$, $1{,}0 \cdot 10^{-2}$, $5{,}8 \cdot 10^{-5}$. — *Tetracainhydrochlorid* (**II**), $2{,}8 \cdot 10^{-6}$, $5{,}0 \cdot 10^{-7}$, $9{,}6 \cdot 10^{-4}$, $7{,}9 \cdot 10^{-6}$. — *2-Chlor*-**II**, $8{,}6 \cdot 10^{-7}$, $1{,}1 \cdot 10^{-6}$, $4{,}2 \cdot 10^{-3}$, $3{,}1 \cdot 10^{-5}$. — *2-sek-Butylaminoäthyl-3-aminobenzoathydrochlorid*, $1{,}3 \cdot 10^{-5}$ $1{,}3 \cdot 10^{-5}$, $1{,}5 \cdot 10^{-3}$, $7{,}3 \cdot 10^{-6}$. — *2-sek.-Butylaminoäthyl-2-chlor-4-aminobenzoathydroc'hlorid*, $3{,}0 \cdot 10^{-6}$, $2{,}3 \cdot 10^{-6}$, $8{,}8 \cdot 10^{-3}$, $4{,}3 \cdot 10^{-5}$. (J. Amer. chem. Soc. **77.** 5149—51. 5/10. 1955. Pittsburgh, Pa., Univ. of Pittsburgh, School of Med., Dep. of Surg., Mercy Hosp. and Sect. Anesthesiol., Dep. of Anestesia.) R. MATTNER. 4210

H. Bénard, **A. Gajdos** und **M. Gajdos-Török**, *Veränderung der Wirkungen der Rhodanese und der Tributyrinesterase auf die Leber bei Ratten, die eine unterschiedliche Diät erhalten.* Es wird gezeigt, daß die Wrkg. der *Rhodanese* u. der *Tributyrinesterase* auf die Leber von Ratten, die eine proteinarme Diät erhalten, vermindert wird. Wird der proteinarmen Diät *Methionin* zugesetzt, so wird die Wrkg. der beiden Enzyme auf die Leber noch weiter herabgesetzt; Zusatz von Methionin + Adenosintriphosphat scheint die Wrkg. beider Enzyme wieder herzustellen. (C. R. Séances Soc. Biol. Filiales **146.** 549—51. April 1952. Hôtel-Dieu, Labor. de Clinique médicale.) K. F. MÜLLER. 4210

P. Mandel und **J. D. Weill**, *Versuche in vitro über den Verbrauch an Sauerstoff und Glucose und die Bildung von Milchsäure im Gehirn der Ratte im Lauf ihrer Entwicklung.* Parallelunterss. des O_2- u. Glucose (**I**)-Verbrauchs u. der Bldg. von Milchsäure (**II**) an Gehirnschnitten von Ratten während ihrer Entwicklungsperiode zeigten, daß die ersten 2 Vorgänge ihr Maximum am 15. Tag erreichten. Bezogen auf die gleiche Menge **I** werden mit fortschreitender Entw. steigende O_2-Mengen verbraucht (aerober Abbau) u. in biol. gleichem Sinne beim erwachsenen Tier kleinere Mengen **II** gebildet als beim jungen, das seinen geringeren Energiebedarf aus der energieärmeren anaeroben Glykolyse decken kann. (C. R. Séances Soc. Biol. Filiales **148.** 1117—19. Juni 1954.) W. SCHULENBURG. 4210

James Harvey Shutts, *Einige Kennzeichen des Brutenzyms in den Eiern von Melanoplus differentialis* (*Thomas*). Nach einer Übersicht über die Literatur der Membranveränderungen der Eier von Melanoplus d. während der Embryoentw. wird über Unterss. zur Best. von physikal. u. chem. Kennzeichen des *Brutenzyms* (I) berichtet. Während der Embryonalentw. liegt im Eiinnern außerhalb des Embryos der p_H-Wert zwischen 6,7 u. 6,8. Es wurden keine Unterschiede bei verschied. Entwicklungsstufen u. an verschied. Stellen des Eies gefunden. Temperatursteigerung während der Bebrütung verkürzt die Brutzeit auf 7,5 Tage gegenüber 17 Tagen bei 25°, doch gehen alle bei 37,45° erhaltenen, n. erscheinenden Larven nach 1 Std. zugrunde. Die höhere Temp. ermöglicht demnach zwar n. morpholog. Entw., ist aber für die Larven letal. Eine I-Lsg. wird durch Homogenisieren von wenigstens 200 Embryo-Pleuropodien in physiol. Kochsalzlsg. u. anschließendes Zentrifugieren erhalten. Frische, weiße Cuticulastückchen wurden in die I-Lsg. bei 25° gelegt u. im Laufe von 48 Std. wurde die Digestion der Cuticula mkr. verfolgt. Die I-Lsg. zeigte nach der Digestion der Cuticula deutlich positive Farb-Rkk. von Abbauprodd. der Cuticula (Tyrosin, Tryptophan, Phenole u. a.). Bei der Einw. von I-Lsg. auf koaguliertes Hühnereialbumin bei 25° bei verschied. p_H-Werten von 4—8 konnte keine Digestion beobachtet werden. Unterss. mit 1%ig. Lsgg. von Pepsin bzw. Trypsin bei p_H-Werten von 1,5—2,5 bzw. 8,0—9,0 u. weißen Cuticulateilchen ergaben keine Digestion der letzteren. (Proc. South Dakota Acad. Sci. **31.** 158—63. 1/12. 1952. Sioux Falls, Sioux Falls College.) G. FAUST. 4210

T. Ss. Passchina, *Einfluß proteolytischer Fermente und von Teilhydrolysaten des Fibrinogens auf die Capillardurchlässigkeit. Trypsin* (I), *Chymotrypsin* (II), *Nekrosin* (Makrocytase), *Plasmin* u. *Rattenhautproteinase,* in Form ihrer neutralen Lsgg. in die Kaninchenhaut injiziert, führen in absteigender Reihenfolge zu einer Erhöhung der Capillarpermeabilität u. in höherer Konz. zu Hämorrhagie u. Nekrose. Die Wrkg. erfolgt durch Proteolyse der Eiweißsubstanzen der Capillarwand. Das im neutralen Medium unwirksame *Pepsin* (III) verändert die Permeabilität nicht. Nach Einw. von I auf Fibrinogen kommt es nicht zur Bldg. von Polypeptiden, welche imstande wären, die Capillarpermeabilität zu steigern u. eine Emigration der Leukocythen hervorzurufen. Die Hypothese von der Polypeptidnatur des „Leukotaxins" wird deshalb vom Vf. bestritten u. die Wrkg. des Hydrolysats durch darin enthaltenes nicht inaktiviertes I erklärt. Bei Incubation von Fibrinogen mit II kommt es ebenfalls nicht zur Bldg. akt. Polypeptide. Bei kurz dauernder Einw. von III auf Fibrinogen bei saurer Rk. entstehen makromol. Polypeptide, welche die Capillarpermeabilität erhöhen. (Вопросы Медицинской Химии [Fragen med. Chem.] **1.** 444—49. Nov./Dez. 1955. Moskau, Inst. für biol. u. med. Chemie der Akad. der Med. Wiss. der UdSSR, Labor. für den Stoffwechsel N-haltiger Verbb.) E. RENTZ. 4210

Ss. Je. Ssewerin, N. P. Meschkowa und **N. I. Rasumowskaja,** *Die Aufhebung der Wirkung von Giften auf den oxydierenden Stoffwechsel der Muskelgewebe durch Anserin.* Einem Brei aus dem Brustmuskel der Taube im Phosphatpuffer werden zur Klärung des Mechanismus der Wrkg. von *Anserin* (I) auf die oxydative Phosphorylierung Gifte zugesetzt, die die Atmung u. die Phosphorylierung trennen. *Cyanid* stört die Bindung zwischen Atmung u. Phosphorylierung nicht. Zusatz von I in Ggw. von CN^- steigert die Menge des gebundenen P. Diese Steigerung ist der Höhe der Restatmung proportional. *Carnosin* (II) steigert unter diesen Bedingungen die Phosphorylierung nicht. In Verss. mit *Azid* (III) hebt I beinahe vollkommen die trennende Wrkg. von III auf die Phosphorylierung auf. Deren Intensität nähert sich der Intensität bei Kontrollproben, bei denen nur I zugesetzt war. Zusatz von II u. *Histidin* in Ggw. von III steigert den O_2-Verbrauch u. die Bldg. des labilen Phosphats, doch ist die Intensivierung der Phosphorylierung hier erheblich geringer als nach I-Zusatz. Zusatz von *β-Alanin* bleibt ganz ohne Wrkg. auf die Phosphorylierung. Verss. mit *2.4-Dinitrophenol* (IV) ergaben in Ggw. von I einen Anstieg nur jenes Teils der Phosphorylierung, der durch IV nicht behoben wird. II u. Histidin bewirken in Ggw. von IV nur einen sehr unbedeutenden Anstieg der Phosphorylierung. III u. IV sind Gifte, die die Atmung u. Phosphorylierung trennen. In ihrer Ggw. zeigt die Atmung einen „Leerlauf". Der Mechanismus der Wrkg. dieser Gifte ist unbekannt. I hebt nicht die Wrkg. von IV auf; es stellt jedoch beinahe vollständig die Phosphorylierung wieder her, die durch III aufgehoben wurde. Die Verss. mit Cyanid bestätigen die früher ausgesprochene Vermutung, daß I eine spezif. Wrkg. auf die Atmungsphosphorylierung des Muskelgewebes ausübt, die von der des II verschieden ist. (Доклады Академии Наук СССР [Ber. Akad. Wiss. UdSSR] **103.** 871—74. 11/8. 1955. Moskau, Lomonossow-Univ.) F. DU MANS. 4210

Gilberte Legrand, *Oxydation der Ascorbinsäure durch die gereinigten Extrakte des Stielfußes von Agaricus campestris.* Aus den Stielfüßen des Champignons (Agaricus campestris) wurde durch Acetonfällung ein Enzympräp. hergestellt, das *Hydrochinon* u. *Ascorbinsäure* (I) oxydiert. Da sich das Aktivitätsverhältnis weder mit dem Reinheitsgrad noch mit der Herstellungsmeth. ändert, muß angenommen werden, daß es sich um ein

einziges Enzym, wahrscheinlich *Laccase*, handelt. Die Aktivität wird durch Hitze (100°, 15 Min.), KCN u. Diäthyldithiocarbamat gehemmt. Es wurde festgestellt, daß die I-Oxydation nicht von der Ggw. phenol. Prodd. abhängt, sondern direkt verläuft. Andere Pilzteile sind unwirksam. (C. R. hebd. Séances Acad. Sci. **240.** 249—51. 10/1. 1955.)
H. GUDE. 4210

R. W. Henderson und **W. A. Rawlinson,** *Potentiometrische und andere Studien an Cytochrom c-Präparaten vom Rinder- und Pferdeherzmuskel.* Der E_0'-Wert bei 25° u. p_H 6,4 war beim durch Ionenaustausch-Chromatographie gereinigten *Cytochrom c* (I) gleich 0,255 V u. damit um ca. 15 mV niedriger als bei weniger reinen Präparaten. — Die nach der Meth. von KEILIN u. HARTREE hergestellten I-Präpp. enthalten eine eisenhaltige Verunreinigung in verhältnismäßig hohen Beträgen. Der Grad der Verunreinigung hängt von den Dialysebedingungen ab. Die unreinsten Präpp. resultieren bei Dialyse gegen NH_4OH, was wahrscheinlich nicht auf eine spezif. Rk. des NH_4^+ zurückzuführen ist, sondern auf den hohen p_H-Wert (10,8). Bei niedrigerem p_H-Wert wird die Verunreinigung des I-Präp. geringer, Erhöhung der Ionenstärke führt zur Umkehr des Effektes. Bei Dialyse gegen dest. W. oder gegen NaCl-Lsg. bleibt die Verunreinigung zurück. Der Rückstand ist größer bei Verwendung von W., aber dabei treten gleichzeitig I-Verluste auf, so daß die NaCl-Lsg. vorzuziehen ist. Die reinsten I-Präpp. wurden durch Chromatographie an einer Ionenaustauschsäule (Amberlite IRC 50) gewonnen. Sie zeigten nur unbedeutende Autoxydation. Die Autoxydation der weniger reinen Präpp. hängt stark von ihrem Geh. an Häm-Verunreinigungen ab. Das durch Dialyse gegen NH_4OH gewonnene I wurde bereits in 30 Min. an der Luft völlig oxydiert, während das chromatograph. gereinigte I nach 24 Std. noch zum großen Teil red. vorlag. — Die Verunreinigung ist nicht homogen u. besteht aus Protohäm u. Protein. Pferde- u. Rinderpräpp. geben ähnliche Ergebnisse. Der Rückstand ist beim Rinderpräp. ca. 8mal größer als beim Pferdepräparat. Der Hämgeh. (berechnet aus dem Eisengeh.) schwankt zwischen 6 u. 12%. Zur Reinheitsprüfung wurden auch spektroskop. Ergebnisse verwendet. Auf die Fragwürdigkeit der Eisenbest. als Reinheitskriterium wird hingewiesen. (Biochem. J. **62.** 21—29. Jan. 1956. Melbourne, Univ., Dep. of Biochem.)
R. HÄHNEL. 4210

P. van Duijn, *Eine verbesserte histochemische Benzidinblau–Peroxydase-Methode und eine Bemerkung über Zusammensetzung des blauen Reaktionsproduktes.* Von der Beobachtung ausgehend, daß bei einer hohen Salzkonz. die bei der Umsetzung von *Peroxydase* (I), H_2O_2 u. *Benzidin* (II) entstehende blaue Zwischenstufe (III) in Form beständiger blauer Krist. ausfällt, wurde eine histochem. Nachweismeth. für I entwickelt. 5% NH_4Cl werden zu einem II-H_2O_2-Gemisch gegeben. Die bei Zusatz von Milch-I-Konzentrat gebildeten blauen Kristalle haben die Zus. $C_{24}H_{24}N_4Cl \cdot 2\,H_2O$. Von WEIS (Chem. and Ind. **16.** [1938.] 517) war aus theoret. Gründen für das bei der II-Oxydation in wss. Lsg. entstehende Benzidinblauchlorid die semichinonähnliche Formel $(C_{12}H_{12}N_2)^+X^-$ (IV) angenommen worden. Die bei der enzymat. Oxydation in wss. Medium entstehende Verb. III stellt eine zwischen II u. IV liegende Reduktionsstufe dar. Derartige Zwischenstufen wurden von KUHN in der Flavinreihe beobachtet, während sie bislang in der Reihe der WURSTERschen Farbstoffe nicht bekannt waren. Bei der von MITSUI u. IKEDA (Okajimas Fol. Anat. Jap. **23.** [1951.] 331) angegebenen I-Bestimmungsmeth. entsteht eine blaue Zwischenstufe analoger Zusammensetzung.

Versuche: Histochem. Meth.: 9 cm^3 gesätt. II-Lsg. mit 1 cm^3 gesätt. NH_4Cl-Lsg. oder 500 mg festem NH_4Cl u. 1 Teil 3%ig. H_2O_2-Lsg. versetzen, 5—10 Min. auf Schnitte oder Ausstriche einwirken lassen. — III-Darst.: a) nach der NH_4Cl-Meth.: $C_{24}H_{24}N_4Cl \cdot 2\,H_2O$, 100 mg II in 100 cm^3 W. (80°) lösen, 5 g NH_4Cl u. bei 37° 2 Teile 3%ig. H_2O_2 zugeben, zum Filtrat 3×2 Teile Milch-I-Extrakt (nach Biochem. J. **26.** [1932.] 10) in $^1/_2$std. Abstand, blauen krist. Nd. abzentrifugieren, mit W. waschen; b) nach der Nickelammoniumsulfatmeth.: $C_{48}H_{48}N_8SO_4 \cdot 9\,H_2O$, zu 200 mg II in 200 cm^3 W. bei 37° 1 cm^3 3%ig. H_2O_2, 10 cm^3 1%ig. Nickelammoniumsulfatlsg. u. 1 cm^3 0,1 n Essigsäure geben, Filtrat 1 Std. mit 5 cm^3 I-Extrakt bei Raumtemp. stehenlassen, blauen Nd. abzentrifugieren. (Recueil Trav. chim. Pays-Bas **74.** 771—78. Juni 1955. Leiden, Univ., Labor. for Pathol., Biochem. Sect.)
K. MAIER. 4210

F. L. Jackson und **J. W. Lightbown,** *Hemmung der Dihydrocozymaseoxydaseaktivität von Schweineherzmuskel und Bakterienpräparaten durch 2-Heptyl-4-oxychinolin-N-oxyd.* Die Oxydation der *Dihydrocozymase* (*Dihydrodiphosphopyridinnucleotid*; I) durch Präpp. aus Herzmuskel oder aus Staphylococcus aureus wird durch *2-Heptyl-4-oxychinolin-N-oxyd* (II) in Mengen von 1,5 γ/cm^3 zu ca. 90% gehemmt. Dagegen wird die Reduktionszeit von Methylenblau auch durch 5 γ II nicht beeinflußt. — *Cytochrom b* (III) wird durch I in Ggw. von II oder in Ggw. von *Antimycin A* rasch u. kräftig red., wogegen Cytochrom a u. c unter diesen Bedingungen nur langsam red. werden. Dies spricht dafür, daß **III** ein Glied in der Reaktionskette der Oxydation von **I** ist; jedoch kann es auch möglich sein, daß die Hemmkörper mit **III** selbst reagieren u. dessen Oxydation verhindern, nicht aber die Red. durch Bernsteinsäuredehydrogenase oder Diaphorese. (Biochem. J. **62.** 16 P. Febr. 1956. London, King's Coll. Hosp., Med. School; Mill Hill, London, Nat. Inst. f. Med. Res.) A. HESSE. 4210

Wilhelm Franke, *Über einige Oxydationsfermente aus Schimmelpilzen.* Vortrag. *Glucoseoxydase* (*Penatin, Penicillin B, Notatin*), *Flavinadenindinucleotid* als deren prosthet. Gruppe, *Aminosäureoxydasen* (*d-* u. *l-Aminosäureoxydase*), *purinoxydierende* Enzyme aus Schimmelpilzen (*Uricase I* u. *II*), *Xanthindehydrase*-Aktivität von *Aspergillus-* u. *Penicillium*-Arten, *Glykolsäure-* oder *Glykolicooxydase*-Aktivität von Schimmelpilzen („*α-Oxysäurenhydrase*"). Bei den Oxydationsfermenten der Schimmelpilze überwiegen anscheinend die Flavinenzyme, während das Fe-haltige Cytochromsyst. wenig ausgebildet ist u. im alternden Mycel abnimmt. (Zbl. Bakteriol., Parasitenkunde, Infektionskrankh. Hyg., I. Abt., Orig. **160.** 194—201. 21/12. 1953. Köln.) K. MAIER. 4210

Raoul Lecoq, *Die enzymatischen Faktoren des Äthylalkoholstoffwechsels.* Der Abbau des *A.* u. der intermediären Stoffwechselprodd. vollzieht sich im Organismus in verschiedenster Weise. Die Vorgänge, die in der Auslösung der *Coenzym*-Wrkg., der H-Übertragung (*Glutathion* oder *Ascorbinsäure*), der Decarboxylierung (im wesentlichen durch *Thiamin* u. *Pyridoxin*) u./oder den Acetylierungen (*Cholin, Pantothensäure*) bestehen, konnten im Tiervers. u. z. T. auch beim Menschen aufgezeigt werden. (J. de Physiol. **44.** 282—84. 1952. Saint-Germain-en-Laye, Labor. de l'Hôpital.) J. KEIL. 4210

Jin H. Kinoshita und **Thomas Masurat,** *Der direkte oxydative Kohlenhydratcyclus im Corneaepithel des Rindes.* Vff. stellen Homogenate aus Corneaepithelien des Rindes in 0,1 mol. Phosphatpuffer (p_H 7,4) her u. bestimmen die enzymat. Wirksamkeit von *Glucose-6-phosphat-* (**I**) u. *6-Phosphogluconsäuredehydrogenase* (**II**) in einem Substrat, das 1,5 mg Protein, *Glucose-6-phosphat* (**III**) (5 μmol.), *6-Phosphogluconsäure* (**IV**) (5) bzw. **IV** (5), *Triphosphopyridinnucleotid* (**V**) (0,3) u. 0,05 μmol. Tris-(oxymethyl)-aminomethanpuffer (p_H 7,4; 25°) enthält. Es wird festgestellt, daß bei der Nutzbarmachung von *Glucose* durch das Corneaepithel der anaerob verlaufende direkte oxydative Cyclus in Erscheinung tritt. Er ist durch 3 Haupt-Rkk. gek., u. zwar die in 2 Schritten erfolgende Oxydation von **III** zu *Pentose-5-phosphat* (**VI**) unter CO_2-Abspaltung, Umwandlung von **V** in *Sedoheptulosephosphat* (**VII**) u. Resynth. von **III** aus **VI**. Die Enzymaktivität wird ausgedrückt in μmol. red. **V** pro Std. u. 10 mg Trockengewicht u. beträgt für **I** 2,0 u. für **II** 1,9. Die Wrkg. beider Enzyme in den Homogenaten läßt sich durch eine gekoppelte Redox-Rk. nachweisen, die bei Incubation von *oxydiertem Glutathion* (**VIII**) (20 μmol.) mit **III** oder **IV** (20 μmol.) bei Ggw. von **V** (0,1 μmol.; 0,05 mol. Tris-[oxymethyl]-aminomethanpuffer, p_H 7,4; 1 Std., 37,5°) eintritt. **II** katalysiert hierbei die Rk. zwischen **IV** u. **V**, wobei **VI** (5,3 μmol.), CO_2 (10,8) u. reduziertes **V** gebildet werden. Die im Corneaepithel vorkommende *Glutathionreductase* vermittelt die Rk. zwischen reduziertem **V** u. **VIII** unter Oxydation von **V** u. Red. von **VIII** (11,4 μmol.). **V** reagiert dann mit einer neuen **IV**-Molekel. **VI** wird innerhalb 1 Std. bis zu 85% unter **VII**-Bldg. umgesetzt. *Thiaminpyrophosphat* (**IX**) (10^{-7} bis 10^{-4} mol.) führt bei mit Säure vorbehandelten Homogenaten zu einer Steigerung des **VI**-Verbrauchs, doch erst bei höheren **IX**-Konzz. (von 10^{-6} mol. an) entstehen größere **VII**-Mengen. Bei Abwesenheit von **IX** erfolgt der Umsatz von **VI** ohne wesentliche Bldg. von **VII**. Die Verss. zeigen, daß die **VII**-Synth. aus **VI** durch die Einw. von 2 Enzymen erfolgt, von denen das eine **VI** in eine Zwischenverb. überführt, die durch das 2. in **VII** umgewandelt wird. Die Identifizierung von **VII** wird mittels zweidimensionaler Papierchromatographie (unter Verwendung von Butanol–A.–W. 10 : 1 : 2 u. Benzylalkohol–Essigsäure–W. 3 : 1 : 3) nach Umwandlung in *Sedoheptulosanmonohydrat* (**X**) sowie auf spektrophotometr. Wege nach Rk. mit Orcin bzw. H_2SO_4-Cystein durchgeführt. Das Absorptionsmaximum von **X** beträgt 510 mμ. (Arch. Biochem. Biophysics **53.** 9—19. Nov. 1954. Boston, Mass., Harvard Med. School, Dep. of Biochem., and Massachusetts Eye and Ear Infirm., Labor. of Ophthalmol.) P. FAHRNLAENDER. 4210

Yukichi Kimura und **Kaoru Ito,** *Wirkung von Natriumazid auf den Kohlenhydratstoffwechsel in Hirngeweben bei vorhandener und nichtvorhandener Kaliumwirksamkeit.* Gehirnschnitte von Meerschweinchen werden in KREBS-RINGER-Phosphatlsg. mit *Glucose* (**I**) oder *Brenztraubensäure* (**II**) als Nährsubstrate gebracht u. die Zellatmung bei 38° nach der WARBURG-Technik verfolgt. Durch *Na-Azid* (**III**) in 10^{-4} mol. Konz. wird die n. Atmung nicht beeinflußt, die zunehmende *O_2*-Aufnahme jedoch durch 0,1 mol. *KCl* gehemmt. Durch 10^{-3} mol. **III**-Lsg. werden Atmung u. O_2-Aufnahme in Ggw. von **I** u. auch von **II** unterbunden. Die n. aerobe Glykolyse wird bei 10^{-4} mol. **III**-Konz. nicht beeinträchtigt, wohl aber durch 10^{-3} mol.; **III**-Anwesenheit vergrößert u. nimmt in Ggw.

von KCl u. **I**, nicht jedoch von **II** zu. Bei 10^{-2}mol. **III**-Konz. werden **I**- u. **II**-Stoffwechsel vollständig blockiert. Die hemmende Wrkg. von **III** nimmt proportional zur Zeit zu u. ist im allg. irreversibel. (Sci. Pap. Coll. gen. Educat., Univ. Tokyo **4.** 57–70. Juli 1954. Tokio, Univ., Coll. of Gen. Educat., Biol. Inst. [Orig.: engl.]) H. KOCKERT. 4210

R. Heyworth und **J. S. D. Bacon,** *Die Verwendung der Papierchromatographie für Untersuchungen des Lactosestoffwechsels in Milchdrüsenpräparaten in vitro.* Vff. incubieren Milchdrüsenpräpp. (Schnitte, Homogenate [in 0,9%ig. KCl, p_H 7] u. Mitochondriensuspensionen [in 0,25mol. Saccharoselsg. u. 0,9%ig. KCl]) von Meerschweinchen u. Ratten in bicarbonathaltigem (a), Ca-freiem Phosphat-NaCl (nach KREBS u. EGGLESTON) (b) u. NaCl-haltigem (nach KREBS) (c) Medium unter aeroben Bedingungen (95% O_2; 5% CO_2) mit *Glucose* (**I**; 15 mmol.), *Glutamat* (**II**; 5mmol.), *Brenztraubensäure* (**III**; 5mmol.) bzw. *Fumarat* (**IV**; 6mmol.) (Versuchsdauer 2 Std.). Die *Lactose* (**V**)-Bldg. sowie deren Verteilung zwischen Gewebepräpp. u. Substrat wird nach einer chromatograph. Meth. bestimmt, bei der die Anteile der **V**-Synth. direkt nach Incubation der Präpp. in WARBURG-Gefäßen gemessen werden. Außerdem wird die **V**-Konz. mit Hilfe von Arsenomolybdatreagens auf spektrophotometr. Wege (SPEKKER-Photometer, Glasfilter 650 mμ) ermittelt. Es wird festgestellt, daß die **V**-Synth. (9,3 mg/g Trockengewicht innerhalb 10–60 Min.) nur in a- u. c-Medium unter aeroben Bedingungen bei Ggw. von **I** stattfindet, wobei der **V**-Geh. in den Gewebepräpp. ca. 7mal höher ist als im Substrat. Durch Einw. eines die oxydative Phosphorylierung hemmenden Stoffes (*2.4-Dinitrophenol* in Konzz. von 0,2mmol.) wird die **V**-Bldg. unterdrückt. Sie findet ebenfalls nicht statt bei teilweisem Ersatz von **I** durch **II**, **III** oder **IV** u. bleibt unverändert bei Zusatz von **V** (9mmol.) oder *Galaktose* (**VI**; 3mmol.). In Ggw. von *Glucose-1-phosphat* (2,5mmol.) oder *Galaktose-1-phosphat* (2,5mmol.) läßt sich ebenfalls eine **V**-Synth. nachweisen. Präpp. von Rattenmilchdrüsen liefern dagegen unter denselben Bedingungen keine **V**; das gleiche ist der Fall bei Homogenaten u. Mitochondriensuspensionen von Meerschweinchen. *Succinat* bzw. *α-Oxoglutarat* (10–12mmol.) in Ggw. von 5–10mmol. **I**, 2–5mmol. *Adenosintriphosphat* + $MgCl_2$ (Phosphatpuffer p_H 7,4) werden anscheinend nicht über **IV** oxydiert. Die rohen Milchdrüsenpräpp. besitzen eine geringe *Lactase*-Aktivität, die bei p_H 4–5 am stärksten ist u. weder durch Dialyse noch durch anorgan. Phosphat oder Fluorid beeinflußt wird. Eine Lactosephosphorylase wird nicht gefunden. (Biochem. J. **61.** 224–32. Okt. 1955. Sheffield, Univ., Dep. of Biochem.) P. FAHRNLAENDER. 4210

F. N. LeBaron, *Die Resynthese von Glykogen durch Hirnrindenschnitte des Meerschweinchens.* Ausführliche Wiedergabe der C. **1955.** 376 referierten Arbeit. (Biochem. J. **61.** 80–85. Sept. 1955. London, Univ., Brit. Postgraduate Med. Fed., Inst. of Psychiatry, Dep. of Biochem.) P. FAHRNLAENDER. 4210

B. L. Horecker und **P. Z. Smyrniotis,** *Die Fixierung von CO_2 in 6-Phosphogluconsäure.* Die Umkehrbarkeit der enzymat. oxydativen Decarboxylierung von *6-Phosphogluconat* (**I**) zu Ribulose-5-phosphat (**II**) wird gezeigt a) durch Fixierung von $^{14}CO_2$ in **I** durch partielle oxydative Decarboxylierung dieses Substrates; b) durch die Oxydation von reduziertem Triphosphopyridinnucleotid (TPNH) durch **II** u. CO_2; c) durch die Synth. von **I** aus **II** u. CO_2 durch Verbindung mit dem energieliefernden Vorgang der Oxydation von *Glucose-6-phosphat* (**III**) zu **I** in Ggw. von **III**-*Dehydrogenase.* Die beiden Rkk. wurden gekoppelt durch katalyt. Konzz. von TPN. 1. **III** + TPN + H_2O → **I** + TPNH + H^+; 2. **II** + CO_2 + TPNH + H^+ → **I** + TPN; 3. **III** + **II** + CO_2 + H_2O → 2**I**. Pro 1 Mol. oxydiertes **III** entstehen 2 Moll. **I**; davon stammt 1 Mol. von der reduktiven Carboxylierung von **II**. (J. biol. Chemistry **196.** 135–42. Mai 1952. Bethesda, Mad., U. S. Public Health Serv., Nat. Inst. of Health, Nat. Inst. of Arthritis and Metabol. Diseases.) W. KÖNIGSDORF. 4210

H. McIlwain, *Phosphate des Hirns während des in vitro-Stoffwechsels: Einfluß von Sauerstoff, Glucose, Glutamaten, Glutamin sowie Calcium- und Kaliumsalzen.* Die Best. des Geh. bestimmter Phosphate bei Stoffwechselunterss. von Hirnrindenschnitten in isoton. Salzlsgg. (Na, K, Mg u. Ca als Chloride, Sulfate, Phosphate u. manchmal Bicarbonate, ferner Glycylglycin) ergab, daß bei Ggw. von Sauerstoff u. Glucose die Hirnrindenschnitte *Kreatinphosphat* (**I**) u. *Adeninpolyphosphate* enthielten u. ihr anorgan. Phosphat (**II**) 3,5 mMol/g Frischgewicht betrug. In Abwesenheit von Glucose (**III**) oder Sauerstoff verminderte sich **I**, das **II** stieg an. Zugabe von Salzen der Glutaminsäure oder von Glutamin bewirkte ein Absinken der **I** in den Hirnrindenschnitten, unabhängig von Ggw. oder Abwesenheit von **III**. Verringerung der Ca^{2+}-Konz. in der Salzlsg. oder Vermehrung der K.-Konz. führte zu einem Absinken der **I** u. manchmal zur Vermehrung von **II**. Die mitgeteilten Befunde werden mit Atmungs- u. Glykolysevorgängen in den Hirnrindenschnitten in Zusammenhang gebracht; es besteht Ähnlichkeit zu den Vorgängen im intakten Zentralnervensyst. bei verschied. Funktionszuständen. (Biochem. J. **52.** 289–95. Okt. 1952. London, Univ., Maudsley Hosp., Inst. of Psychiatry, Biochem. Labor.) F. RUPPERT. 4210

Wolf Vishniac und **Severo Ochoa,** *Phosphorylierung, gekoppelt mit photochemischer Reduktion von Pyridinnucleotiden durch Chloroplasten-Zubereitungen.* (Vgl. auch C. **1952.** 7680.) Es wurde gezeigt, daß *ATP* in Ansätzen von Spinat-Grana u. Rattenlebermitochondrien-Präpp. mit DPN u. radioakt. Phosphat bei Belichtung radioakt. wird. Mit Rattenlebermitochondrien stieg die Aktivität bei Belichtung auf den 3fachen Wert an. Die Rk. ist an die Ggw. von O_2 u. DPN gebunden. Trotz intensiven Waschens, Dialyse u. der Ggw. von Jodacetat wurden erhebliche Mengen akt. Phosphors im Dunkeln in ATP durch Rattenleberpräpp. eingebaut. In Verss., in denen an Stelle von Rattenlebermitochondrien gewaschene u. dialysierte Mitochondrien von Phaseolus aureus verwendet wurden, stieg die Aktivität der ATP bei Belichtung auf den 6–30fachen Wert. Es wird vermutet, daß durch die Photosynth. energiereiche Phosphatverbb. durch die Oxydation photochem. red. DPN gebildet werden. (J. biol. Chemistry **198.** 501–06. Okt. 1952. New York, N. Y., New York Univ., Coll. of Med., Dep. of Pharmacol.) H. KATHEN. 4210

H. Bénard, A. Horn, A. Kaswin und **A. Seeman,** *Einfluß des p_H auf die Hemmung der Rattenmuskelphosphorylase durch Chlorpikrin.* Bei saurem oder neutralem p_H-Wert hat *Chlorpikrin* (I) keinen hemmenden Einfl. auf die *Phosphorylase* (II) aus Rattenmuskel; dieser tritt erst in alkal. Milieu auf, bes. bei p_H 8,2. II ist im Gegensatz zur *Phosphomutase* (III) bei p_H 7 aktiver als bei schwach alkal. Reaktion. Sie wird bei neutralem p_H prakt. nicht von I beeinflußt, während III durch den Hemmstoff I bei gleichem p_H blockiert wird. Man kann also mittels I eine biol. Unterscheidung beider Fermente erreichen. (C. R. Séances Soc. Biol. Filiales **144.** 376–77. März 1950. Hôtel-Dieu, Labor. de Rech. Clin. méd.) F. RUPPERT. 4210

A. Narayanaswami, *Kreatinphosphokinase im Säugetierhirn.* Homogenate von Säugetierhirnen spalten in Ggw. von *Adenylsäure* (I) *Kreatinphosphorsäure* (II), wobei sich beim Zentrifugieren des Homogenates die Fermentaktivität in der überstehenden Fl. findet. Zur Erzielung einer vollen Aktivität der dialysierten Fermentlsgg. ist Mg^{2+} (1–2 mMol) notwendig. Auch Mn^{2+} u. Ca^{2+} sind aktivierend wirksam, aber nicht so stark wie Mg^{2+}. K^+ ist unwirksam. Das p_H-Optimum für die Spaltung von I liegt sowohl für I als auch für ADP als Phosphatacceptor bei 5,9–7. Oberhalb p_H 8,2 können Präpp. aus Säugetierhirnen auch die Synth. von II aus Kreatin u. ATP katalysieren. Keiner der geprüften zentral wirkenden Stoffe hatte signifikanten Einfl. auf die Fermentaktivität. Jodessigsäure hemmte diese bei einer Konz. von 0,5 mMol vollständig, Fluorid dagegen nur in viel geringerem Ausmaß. (Biochem. J. **52.** 295–301. Okt. 1952. London, Univ., Maudsley Hosp., Inst. of Psychiatry, Biochem. Labor.) F. RUPPERT. 4210

K. S. Dodgson und **B. Spencer,** *Die anomale Kinetik der Arylsulfatase der menschlichen Gewebe.* Die Wrkg. der *Arylsulfatase A* (I) zeigt zunächst (Stufe 1) eine rasche Hydrolyse von *Nitrobrenzcatechinsulfat*, der nach 10–15 Min. ein scharfer Abfall der Geschwindigkeit folgt (Stufe 2), worauf nach insgesamt 60 Min. die Geschwindigkeit wieder ansteigt (Stufe 3), dabei jedoch nicht die Höhe der Stufe 1 erreicht. Dies trifft nur bei niedriger I-Konz. zu u. ist bei höheren Konzz. weniger ausgeprägt; auch dann ist nur für 10 Min. in Stufe 1 eine lineare Beziehung zwischen I-Konz. u. Geschwindigkeit der Hydrolyse zu finden. – Bei Ggw. von Na_2SO_4 verschwindet Stufe 2. Höhere Substratkonzz. begünstigen Stufe 1, niedrige Substratkonzz. dagegen Stufe 3. – Die für die anomale Kinetik gegebene Erklärung von ROY (C. **1954.** 9063), der nach privater Mitt. die vorliegenden Resultate bestätigen konnte, ist daher nicht mehr aufrechtzuerhalten. (Biochem. J. **62.** 30 P–31 P. März 1956. Cardiff, Univ. of Wales, Dep. of Biochem.) A. HESSE. 4210

D. K. Myers, *Untersuchungen über Cholinesterase.* 10. Mitt. *Wiederkehr der Cholinesterase-Aktivität bei der Ratte nach Hemmung durch Carbamoylfluoride.* (9. vgl. C. **1956.** 8657.) In vitro-Unterss. mit Rattenhirn-*Cholinesterase* (I), *Pseudo*-I u. *Ali*-I aus Rattenserum u. Ali-I aus Rattenhirn zeigten, daß die Hemmung der I durch *N.N-Dimethylcarbamoylfluorid* (II) u. *N.N-Diäthylcarbamoylfluorid* (III) ähnlich der I-Hemmung durch organ. P-Verbb. ist, die als Esteraseinhibitoren wirken. Hierbei erreichte die Rk. mit II sehr schnell ein Gleichgewicht, während die mit III längere Zeit kontinuierlich anstieg. In vivo-Unterss. mit Ratten, die 5 mg/kg II bzw. 40 mg/kg III erhielten, ergaben, daß die I-Hemmung nur temporär ist u. die I-Aktivität im Verlauf einer Rk. 1. Ordnung ihre Ausgangswerte wieder erreicht, wobei kein Unterschied zwischen einzelnen Geweben besteht. Dagegen erfolgt die Reaktivierung nach Inhibition durch II schneller als nach III. Ein Vers., die MICHAELIS-Konstante für die Inhibitor-Reaktivierungs-Rk. ein-

zusetzen, ergab für $K_1 \geq 10^{-7}$ Mol/Liter. — 43 Literaturangaben. (Biochem. J. **62.** 556—63. April 1956. Amsterdam, Holland, Univ., Pharmako-therapeut. Labor.)
F. KRUSEN. 4210

Nell I. Mondy, D. R. Strength, Louise F. Gray und **Louise J. Daniel,** *Die Wirkung des Alters von Ratten auf die in vitro-Cholinoxydation. Diphosphopyridinnucleotid* (**I**)-Geh. u. *Cholindehydrogenase* (**II**)-Aktivität waren in Lebern junger Ratten niedrig u. nahmen mit dem Alter der Tiere zu. Die **II**-Aktivität erreichte im Alter von 13 Wochen 85% derjenigen ausgewachsener Tiere, während der **I**-Geh. bereits nach 9 Wochen sich dem Wert bei ausgewachsenen Ratten näherte. Die *Betainaldehyddehydrogenase*-Aktivität der Leber neugeborener Tiere betrug 90% des Endwertes. Anscheinend beruht die niedrige Geschwindigkeit der Cholinoxydation bei Jungtieren auf einem Mangel an *Cholinapodehydrogenase.* Gleichzeitig könnte der niedrige **I**-Spiegel der Leber ebenfalls ein begrenzter Faktor der in vivo-Oxydation von Cholin zu Betain sein. (Proc. Soc. exp. Biol. Med. **87.** 129—31. Okt. 1954. Ithaca, N. Y., Cornell Univ., Dep. of Biochem. and Nutr., and U. S. Plant, Soil and Nutrition Labor.) K. MAIER. 4210

B. Mendel und **D. K. Myers,** *Nachweis der Pseudocholinesterase in den Geweben von Wiederkäuern.* Vff. untersuchen im Gewebe von Wiederkäuern folgende Enzyme: *Pseudocholinesterase* (**I**), *echte Cholinesterase* (**II**) u. *unbekannte eserinresistente Esterasen* (**III**). Ihr Verh. in Acetyl- (**IV**), Acetyl-β-methyl-, Benzoyl- u. Butyrylcholin (**V**) wird beobachtet. Die **I**-Aktivität erreicht bei hoher Konz. von **IV** bzw. **V** ein Maximum; sie variiert jedoch bei den verschied. Gattungen. Zum Nachw. von **I** dient ihre Eig., **V** zu hydrolysieren, wozu **II** überhaupt nicht u. **III** zehnmal geringer fähig ist. (Nature [London] **176.** 783—84. 22/10. 1955. Amsterdam, Univ., Pharm. therap. Labor.) R. LENSCHAU. 4210

Pierre Gonnard und **Claude Alluchon,** *Untersuchung über den Mechanismus der Oxydation von Tyrosin durch Tyrosinase.* Vff. diskutieren den möglichen Mechanismus einer enzymat. Oxydation von *Tyrosin* (**I**) u. *Diphenylalanin* (**II**; *Dopa*). Sie nehmen an, daß die *Tyrosinase* im Laufe der Melanogenese a) auf **II** einwirkt, um dieses in das Chinon umzuwandeln u. b) auf den Komplex **I** + **II**-Chinon wirkt (Oxydation von **I** zu **II** u. teilweise Red. von **II**-Chinon zu **II**). (Bull. Soc. Chim. biol. **36.** 1101—13. 1954. Nanterre, Seine, Maison départementale.) H. KOCKERT. 4210

Joyce Hawkins, *Aminoxydasewirkung von Rattenleber bei Riboflavinmangel.* Die *Aminoxydase* (**I**)- u. *D-Aminosäureoxydase* (**II**)-Wrkg. der Leberextrakte von Ratten, die eine riboflavinfreie, 1% Succinylsulfathiazol enthaltende Diät erhalten hatten, wurde bestimmt. Es ergab sich, daß die **II**-Wrkg. der Leber bei Riboflavin (**III**)-Mangel sehr schnell (in 2 Wochen auf $^1/_5$) absinkt, u. daß die ursprüngliche **II**-Wrkg. bei **III**-Zufuhr in kurzer Zeit wiederhergestellt werden kann. Die **I**-Wrkg. der Leber nimmt bei **III**-Mangel auf etwa die Hälfte ab. Die ursprüngliche **I**-Wrkg. wird jedoch auch bei **III**-Zufuhr nur sehr langsam wiederhergestellt; enthält die Diät außer **III** noch Inosit, so findet eine gewisse Regenerierung der **I**-Wrkg. statt. In Nierenextrakten findet sich ebenfalls **II**-Wrkg., die bei **III**-Mangel nicht wesentlich abnimmt. (Biochem. J. **51.** 399—404. Juni 1952. Oxford, Dep. of Pharmacol.) K. F. MÜLLER. 4210

Theodore L. Sourkes, *Enzymatische Decarboxylierung von 2.6- und 2.3-Dioxyphenylalanin.* Es wurde die Wrkg. der *Dopadecarboxylase* von Meerschweinchenniere u. der *Tyrosindecarboxylase* von Streptococcus faecalis R auf *2.3-* u. *2.6-Dioxyphenylalanin* untersucht. Im Vgl. mit *3.4-Dioxyphenylalanin* werden diese Substrate in folgender absteigender Reihenfolge decarboxyliert: 2.3-, 3.4-, 2.6-Dioxyphenylalanin. Das Bakterienenzym decarboxyliert *2.3-Dioxyphenylalanin,* aber nicht das Di-ortho-Isomere, *2.6-Dioxyphenylalanin.* Die Bedeutung für die Frage der Substratspezifität dieser 2 Enzyme wird diskutiert. (Canad. J. Biochem. Physiol. **32.** 515—18. Sept. 1954. Montreal, Quebec, McGill Univ., Allan Mem. Inst. of Psychiatry.)
H.-R. SCHÜTTE. 4210

M. Rovery und **P. Desnuelle,** *Über die Aminosäuren, die während der Hydrolyse von Pferdeglobin durch Pepsin, Trypsin und kristallisiertes Chymotrypsin freigesetzt werden.* Aus der Unters. der durch *Pepsin* (**I**), *Trypsin* u. *Chymotrypsin* aus Pferdeglobin freigesetzten Aminosäuren ergibt sich, daß jedes Ferment eine bestimmte Aminosäure freisetzt, u. daß **I** *Phenylalanin* abspaltet u. nicht Tyrosin, wie man bisher annahm. (Biochim. biophysica Acta [Amsterdam] **7.** 600—01. Nov. 1951. Marseille, Fac. des sci., Labor. de chim. biol.) H. MATTHIES. 4210

Georges Ungar und **Evelyn Damgaard,** *Proteinabbau bei Hitzeschäden.* In vitro-Unterss. ergaben, daß der Proteinabbau in Meerschweinchenhautschnitten durch Hitzeeinw. weitgehend die Folge einer therm. Stimulation der *Proteasen* in Form der Überführung eines Proenzyms in ein akt. Enzym ist. Durch Zusatz von Inhibitoren wie *Na-Salicylat,* $CuSO_4$, $HgCl_2$ u. *Sojabohnen-Trypsininhibitor* (GENERAL BIOCHEMICALS, Chagrin Falls, O.) wird dieser Vorgang nur teilweise gehemmt. Diese Aktivierung, die auch in Lungengewebe beobachtet wurde, findet noch bei 90° statt. Auf die Bedeutung dieser Feststellung für die Pathogenese bei Hitzeschäden wird hingewiesen. (Proc. Soc. exp. Biol. Med. **87.** 378–83. Nov. 1954. Chicago, Ill., Univ. of Illinois, Coll. of Med., Dep. of Physiol. and Inst. for Tubercul. Res.) F. Krusen. 4210

Robert J. Foster, Robert R. Jennings und **Carl Niemann,** *Die Kinetik der durch α-Chymotrypsin katalysierten Hydrolyse von L-Tyrosinhydroxamid in wässerigen Lösungen bei 25° und* p_H *6,9.* Das p_H-Optimum der Aufspaltung von *L-Tyrosinhydroxamid* (I) durch *α-Chymotrypsin* (II) in wss. Lsg. unter Verwendung von Tris-[oxymethyl]-aminomethan–HCl-Puffer (0,2 mol. in bezug auf die Aminokomponente des Puffers) bei 25° liegt bei p_H 6,9, während K_S mit $(41 \pm 2) \cdot 10^{-3}$ Mol u. k_3 mit $(3,6 \pm 0,2) \cdot 10^{-3}$ Mol/Min./mg Proteinstickstoff/ml bestimmt wurden. Zur Erklärung der Tatsache, daß das p_H-Optimum für die Aufspaltung der Acetylverb. des I bei p_H 7,6 u. für verschied. *L-Tyrosinamide* (III), z. B. *Acetyl*-III, bei p_H 7,9, also mehr im alkal., liegt, wird der Einfl. der H^+-Abspaltung aus der zur polarisierten Carboxylgruppe in α-Stellung stehenden elektronabgebenden Gruppe auf die Reaktivität der zu spaltenden Bindung herangezogen. Das D-Isomere des I wirkt bei der Aufspaltung von I durch II als konkurrierender Inhibitor. (J. Amer. chem. Soc. **76.** 3142–46. 20/6. 1954. Pasadena, Calif., California Inst. of Technol., Gates and Crellin Labor. of Chem.) H.-G. Schweiger. 4210

F. Turba und **G. Gundlach,** *Aminosäuresequenz in der Umgebung des reaktiven Serinrestes im Chymotrypsinmolekül.* Es wurde die Reihenfolge der Aminosäurereste in der Umgebung des *Serin* (I)-Restes im *Chymotrypsin* (II), der mit der enzymat. Aktivität in Zusammenhang steht, untersucht. 0,2 cm³ ^{32}*P-Diisopropylfluorphosphat* (5 mC/mMol), erhalten ausgehend von $H_3{}^{32}PO_4$ über $Ca_2{}^{32}P_2O_7$, $^{32}PCl_3$, $([CH_3]_2CHO)_2{}^{32}P{-}OH$ u. $([CH_3]_2CHO)_2{}^{32}POCl$, wurden mit 1,5 g krist. **II** in 0,1 mol. Phosphatpuffer, p_H 7,3, zu *Diisopropylphosphoryl*-II (III) gekuppelt, III durch Aussalzen gereinigt, dialysiert, lyophil getrocknet u. bei 37° mit konz. HCl 72 Std. partiell hydrolysiert, bis das Verhältnis Gesamt-N: freien NH_2-Endgruppen 2:3 betrug. Die *Peptide* wurden durch Hochspannungsionophorese in 24 Filterbogen (30×58 cm, 2650 V/Bogenlänge, 50 mA/Bogenbreite, Pyridin–Eisessig–W., 100:4:896; 75 Min.) in 5 radioakt., saure Fraktionen *A–E* zerlegt u. jede einzelne noch 2 mal einer 2 dimensionalen Papierchromatographie unterworfen (Unterfraktionen *a, b, c* usw. bzw. I, II usw.). Die Strukturanalyse von 4 Peptiden aus insgesamt ca. 20 isolierten ^{32}*P*-markierten **II**-Fragmenten ergab: Fraktion C_d, **I,** *Glycin* (**IV**), Konst. *Serylglycin*; E_a, *Asparaginsäure* (**V**), **I, IV,** Konst. *Asparagylserylglycin*; B_d **II, I, IV,** *Glutaminsäure* (**VI**), *Alanin*; C_a, **V, I, IV, VI.** Hieraus ergibt sich die Aminosäuresequenz in der Nachbarschaft des reakt. **I**-Restes zu *Asparagylserylglycyl*-, mit gewisser Wahrscheinlichkeit zu *Asparagylserylglycylglutamylalanyl.* (Biochem. Z. **327.** 186–88. 11/10. 1955. Mainz, Univ., Pharmakol. Inst.) K. Maier. 4210

R. Richou, R. Kourilsky und **Mme Richou,** *Untersuchungen über mikrobielle Enzyme. Über das Vorkommen eines gelatinolytischen Enzyms in Kulturfiltraten von Bacillus anthracis.* (Vgl. C. **1955.** 1298.) *Bacillus anthracis, Bacillus cereus* u. *Bacillus mycoides* bilden in fl. Peptonmedium ein *gelatinolyt. Enzym* (I), jedoch kein *Fibrinolysin. B. anthracis*-I wird bei ½ std. Erhitzen auf 60° nur geringfügig, auf 80° vollständig zerstört. Die gelatinolyt. Eigg. der Kulturfiltrate der 3 Mikroorganismen erlaubten keine gegenseitige Differenzierung. (C. R. Séances Soc. Biol. Filiales **148.** 1093–95. Juni 1954.) K. Maier. 4210

Charles Tanford und **Myron L. Wagner,** *Wasserstoff–Ionen-Gleichgewichte des Lysozyms.* Es wurde versucht, die Abdissoziation von H^+ aus dem *Lysozym* durch die Dissoziationsneigung verschied. dissoziierender Gruppen zusammen mit dem ladungsbedingten elektrostat. Effekt zu erklären. Mit Hilfe von Titrationskurven bei zwei verschied. Tempp. u. drei Ionenstärken konnte die Existenz von 10,5 Carboxylgruppen, 5 oder 6 ε-Amino-, 3 Phenol- u. 12 oder 11 Guanidinogruppen sowie je einer Imidazol- u. α-Aminogruppe bezogen auf ein Mol. (Mol.-Gew. 14200) wahrscheinlich gemacht werden. Der wahre p_K-Wert für die Phenolgruppen weicht vom berechneten Wert ab (10,8 statt 9,6); auch die Carboxylgruppen zeigen bei der Titration ein ungewöhnliches Verhalten. Die Größe des elektrostat. Faktors ω spricht dafür, daß das Mol. in der Nähe des isoelektr. Punktes kompakt u. wenig hydratisiert ist. (J. Amer. chem. Soc. **76.** 3331–36. 20/6. 1954. Iowa City, Io., State Univ., Dep. of Chem.) H.-G. Schweiger. 4210

E₃. Mikrobiologie. Bakteriologie. Immunologie.

F. Petuely und **V. Lynau,** *Ein einfacher, vollsynthetischer Optimalnährboden für den Lactobacillus bifidus. Über die Bedeutung der Ascorbinsäure für das Wachstum des Lactobacillus bifidus.* Für Lactobacillus bifidus wurde eine vollsynthet. Nährlsg. entwickelt, bestehend aus Lactose, Ammoniumsulfat, Phosphat, Cystin, Salzen, Ca-Pantothenat u. L-Ascorbinsäure (1–2,5%). Andere Reduktone an Stelle der L-Ascorbinsäure erlaubten kein optimales Wachstum. Der Mechanismus der Ascorbinsäurewrkg. besteht vermutlich in der Aufrechterhaltung des Redoxpotentials. In Ggw. der angegebenen Ascorbinsäuremengen können die Kulturen unter Zusatz von CO_2 bzw. Bicarbonat aerob bebrütet werden. Blutgruppensubstanzen, Frauenmilchkonzentrate u. strepogeninhaltige Substanzen zeigten in der verwendeten Nährlsg. keine Wuchsstoffwirkung. In morpholog. Hinsicht gleichen die Zellen der Reinkulturen jenen aus Säuglingsstuhl. Vitalitätsverminderung der Bakterien war nach über 100 Passagen innerhalb eines Jahres nicht festzustellen. (Biochem. Z. **326.** 62–78. 1954. Graz.) D. CLAUS. 4310

Rudolf Bönicke, *Über die Bedeutung des Hämins für die Vermehrung der Tuberkelbakterien in synthetischen Nährsubstraten.* Während auf vollsynthet. Nährsubstraten (z. B. nach LOCKEMANN) Tuberkelbakterien nur schwer angehen, kann durch Zusatz von *Hämin* ($^1/_{10000}$ mol.) das Angehen wesentlich verbessert werden. (Naturwissenschaften **41.** 378. Aug. 1954. Borstel, Tuberkulose-Forschungsinst.) W. SCHELER. 4310

M. I. Loginowa, *Der stimulierende Einfluß von Zink auf die Lebenstätigkeit der Calmette- und Guerin-Mikrobakterien.* Die Verss. ergaben, daß $ZnSO_4$ (0,0001–1,0 g auf 1 Liter Nährmedium) die Lebenstätigkeit der CALMETTE-GUÉRIN-Mikrobakterien zu stimulieren vermag. Das Nährmedium muß allerdings bzgl. der für das Wachstum der Mikroorganismen erforderlichen Nährstoffe vollwertig sein u. vor allem genügende Mengen von Mg- u. Fe-Salzen sowie von P-Verbb. enthalten. (Вопросы Медицинской Химии [Fragen med. Chem.] **1.** 416–21. Nov./Dez. 1955. Moskau, Gamaleja-Inst. für Epidemiol. u. Mikrobiol.) E. RENTZ. 4310

A. Andrejew, *Der intermediäre Stoffwechsel der Mycobakterien. Das Succinoxydasesystem der Tuberkelbacillen.* Es wurden 3 Stämme von Tuberkelbacillen (Typus humanus $H_{37}Ra$, Typus bovinus BCG u. Typus gallinaceus A_{17}) mit Hilfe der für die Entfärbung von Methylenblau benötigten Zeit auf ihre Succinoxydaseaktivität untersucht. Die Aktivität des T. gallinaceus ist ca. 10mal so groß wie die des Typus humanus u. des Typus bovinus. (C. R. Séances Soc. Biol. Filiales **146.** 650–54. Mai 1952.) H.-G. SCHWEIGER. 4320

Toshinobu Asai, Kô Aida und **Zenjirô Sugisaki,** *Untersuchung über oxydative Bakterien.* 7. Mitt. *Über die α-Ketoglutarsäuregärung.* (6. vgl. C. **1955.** 7007.) Der Einfl. verschied. Versuchsbedingungen auf die Erzeugung von *α-Ketoglutarsäure* (**I**) durch *Serratia marcescens* in Schüttelkultur wird untersucht. **I** wird mit folgenden Zuckern als C-Quelle erzeugt: D-Glucose (**II**), D-Galaktose, D-Mannose; D-Xylose, L-Arabinose, L-Rhamnose; K-Gluconat u. K-2-Ketogluconat. Aus L-Fructose wird **I** gleichzeitig mit *Brenztraubensäure* erzeugt. Im allg. erzielt man höhere **I**-Ausbeuten mit geringeren **II**-Konzz. (bei 2,7% **II** 54,28% **I**). Die Art der N-Quelle (NH_4-Salze, Nitrate, Pepton, Harnstoff (**III**), Asparagin usw.) hat weniger Einfl. als die N-Konzentration. Diese ist optimal 0,03% N in einem 7%ig. Glucosemedium. Zugabe von *Fe*, am günstigsten als $Fe_2(SO_4)_3 \cdot H_2O$ (**IV**), mit einer optimalen Konz. von $1 \cdot 10^{-6}$ an Fe erhöht die Ausbeute um ca. 10%, ohne Unterschied zwischen Fe^{2+} u. Fe^{3+}. In einem, wahrscheinlich optimalen, Medium aus 4,57% **II**, 0,07% **III**, 0,05% KH_2PO_4, 0,01% $MgSO_4 \cdot 7\,H_2O$, 1,25% $CaCO_3$ (gesondert sterilisiert) u. $8 \cdot 10^{-6}$ **IV** werden 2240 mg **I**/100 cm^3 fl. Mediums (= 49,34% Ausbeute) erzielt. (J. agric. chem. Soc. Japan [Nippon Nôgeikagaku Kaishi] **28.** 479 bis 485. Juni 1954. Tokyo Univ. [Orig.: japan., Auszug: engl.]) L. SCHULER. 4320

A. N. Hall, Dora Kulka und **T. K. Walker,** *Bildung von Arabinose, Ribulose und Tartronsäure aus 2-Keto-D-gluconsäure.* Vff. züchten *Acetobacter acetosum*-Kulturen 4 Wochen bei 30° u. p_H 7 auf einem Hefe, 10% *Glucose* u. 12 g gefälltes $CaCO_3$ enthaltenden Nährboden u. isolieren aus dem Substrat nach Klärung mit Holzkohle u. Kaolin durch Fällung mit 96%ig. A. *Tartronsäure* (**I**; Ca-Salz), die durch Behandlung mit sd. W. u. 20%ig. HCl gereinigt u. auf chromatograph. Wege identifiziert wird. **I** ($C_3H_4O_5$, F. 163° [Zers.], Ausbeute 8,4 g) bildet mit diazotiertem *p-Nitranilin* in Ggw. eines Überschusses von Na-Acetat (bei 0°) zum Unterschied gegen *Mesoxalsäure* einen rötlichbraunen Farbstoff. Aus dem Filtrat von **I** entsteht durch weiteren A.-Zusatz ein sirupöses Prod., das bei mehrtägigem Stehen unter A. *2-Keto-D-gluconsäure* (**II**; Ca-Salz) abscheidet. **II** wird identifiziert als *2-Oxy-3-[D-arabotetraoxybutyl]-chinoxalin*, $C_{12}H_{14}O_5N_2$, F. 202–203° (aus **II** u. o-Phenylendiamin in konz. HCl), 1,6 g. Durch 20 Min. Erhitzen des Ca-Salzes von **II** mit $Ca(OH)_2$-Lsg. (0,11 g/100 ml) auf 100° in N_2 wird auf chromatograph. Wege die Bldg. von **I** (isoliert als Ag-Salz $C_3H_2O_5Ag_2$, 0,18 g) neben *Arabinose* u. *Ribulose* nachgewiesen. Es wird ein Reaktionsschema angeführt, das die Beziehungen zwischen **I** u. **II** u. deren Umwandlungen untereinander [bzw. die Aufspaltung von **II** durch $Ca(OH)_2$] aufzeigt. (Biochem. J. **60.** 271–74. Juni 1955. Manchester, Univ., Coll. of Technol.) P. FAHRNLAENDER. 4320

G. J. Haas und **M. G. Sevag,** *Sparwirkung von Mono- und Dicarbonsäuren für den p-Aminobenzoesäurebedarf von Lactobacillus arabinosus 17–5.* Es werden folgende Säuren auf ihre Ersatzwrkg. für den *p-Aminobenzoesäure*-Bedarf von Lactobacillus arabinosus untersucht: Ein Gemisch synthet. Aminosäuren, *α-Ketoglutarsäure, Brenztraubensäure, Milchsäure* u. *Malonsäure,* die einen Spareffekt beim ersten Wachstum zeigen. Ameisensäure zeigt diese Wrkg. in geringerem Ausmaß, Citronensäure wirkt als Inhibitor. (Arch. Biochem. Biophysics **41.** 234–35. Nov. 1952. Philadelphia, Pa., Univ. of Pennsylvania, School of Med. Dep. of Microbiol.) K. Müller. 4320

F. M. Clark und **Louis R. Fina,** *Die anaerobe Zersetzung von Benzoesäure während der Methangärung.* Die Methangärung aus Benzoesäure (I) als alleiniger C-Quelle erfolgt unter anaeroben Bedingungen nicht über den Weg der CO_2-Bldg., wie Verss. mit $NaH^{14}CO_3$ zeigten. 63,8% der C-Isotopen fanden sich im CO_2, nur 2% in der CH_4-Fraktion. Bei dem I-Abbau erfolgt eine Sprengung des Benzolringes, ohne daß O_2 als Wasserstoffacceptor beteiligt ist. Da unter den anaeroben Bedingungen Dihydrobenzol u. Protocatechusäure nicht zers. werden, verlaufen anaerobe u. aerobe Zers. des Ringes der I wahrscheinlich über verschied. Zwischenstufen. (Arch. Biochem. Biophysics **36.** 26–32. März 1952. Urbana, Ill., Univ. of Illinois, Dep. of Bacteriol.) G. Lenhard. 4320

M. W. Isspolatowskaja, *Einige gasförmige Stoffwechselprodukte der Flexner-, Sonne- und Shiga-Dysenteriebakterien, die unter Tiefenbedingungen kultiviert wurden.* Die Dysenteriebakterien wurden im Reaktor auf Fischhydrolysat kultiviert. Mittels Analyse der aus dem Reaktor entweichenden Luft werden O_2-Aufnahme u. CO_2-Ausscheidung bestimmt. Das Absinken der Atmungsintensität während der Phase der intensiven Vermehrung ist als ein Zeichen von Kohlenhydrathunger aufzufassen u. weist auf die Notwendigkeit hin, dem Nährmedium Kohlenhydrate zuzuführen. Die Ergebnisse der Verss. sind bei der Herst. von Vaccinen in Betracht zu ziehen. (Вопросы Медицинской Химии [Fragen med. Chem.] **1.** 411–15. Nov./Dez. 1955. Gamaleja-Inst. für Epidemiol. u. Mikrobiol. der Akad. der Med. Wiss. der UdSSR, Biochem. Abt.) E. Rentz. 4320

K. Mackenzie, *Der Stoffwechsel von Vibrio desulfuricans in anaeroben petroleumführenden Formationen.* Drei Arten von V. desulfuricans zeigten bei Incubation in einem Medium aus Rohöl u. Salzwasser Bldg. von Mycel u. Entw. von Methan, H_2 u. H_2S. Weitere Verss. unter Zusatz von Phosphaten zeigten ebenfalls deutliches Wachstum der Organismen unter Gasentw., wobei ein gewisser Teil des Öles aus dem Medium entfernt wurde. (Biochem. J. **51.** XXIV–XXV. Juni 1952. Pointe-à-Pierre, Trinidad, Trinidad Leaseholds Ltd.) F. Krusen. 4320

Norman S. Radin, *α-Liposäure bei oxydativen Reaktionsbedingungen eines Corynebacteriums. α-Liposäure* (I) ist ein hochakt. Wuchsstoff für verschied. Mikroorganismen. Sie bewirkt die oxydative Umwandlung des *Pyruvates* in *Acetat.* Acetat kann nun zwar bei gewissen Milchsäurebakterien die I ersetzen, nicht aber beim Corynebacterium. An getrockneten Corynebacteriumzellen wurde der Stoffwechselverlauf in Ggw. von I studiert. Es wird dargetan, daß I beteiligt ist bei den Oxydationsvorgängen von Glutamat, γ-Aminobuttersäure u. am aktivsten bei Putrescin u. daß sie in verschied. voneinander unabhängige Glieder der Reaktionskette einbezogen wird. (Proc. Soc. exp. Biol. Med. **79.** 723–26. April 1952. Austin, Tex., Univ. of Texas, Biochem. Inst.) J. Keil. 4320

E. Lagrange, *Die baktericide Wirkung des Extraktes aus Nußblättern, Juglans regia L.* Wss. Extrakte aus frischen Nußblättern besitzen während des Zeitraumes Juni bis Mitte August gegenüber einer Reihe von Bakterienstämmen in vitro starke baktericide Wirksamkeit (kleinste baktericide Verdünnung [20–24 Std.], *B. anthracis* 10^{-7}, *C. diphtheriae,* 10^{-4}, *V. cholerae,* 10^{-2}, *B. subtilis* 10^{-1} usw.), die später verschwindet. Solche Extrakte schützen dann noch oral in niedrigen Dosen die Maus gegen Milzbrandinfektion (70%). Die antibakteriellen Wirkungen beruhen nicht auf *Juglon.* (C. R. Séances Soc. Biol. Filiales **148.** 2097–98. Dez. 1954. Jette-Bruxelles, Fondation méd. Reine Elisabeth.) K. Maier. 4330

E. A. Cooper und **A. E. Goddard,** *Der Einfluß von Formamid auf die baktericide Wirkung ausgewählter chemischer Verbindungen.* 1. Mitt. Eine 20%ig. wss. Lsg. von *Formamid* (I) verstärkt die baktericide Wrkg. von gesätt. Fettsäuren, wie *Ameisen-* (II), *Essig-* (III) u. *Propionsäure,* auf Escherichia coli commune, Pseudomonas fluorescens nonliquefaciens, Chromobacterium prodigiosum u. Bacterium aerogenes um das 5- bis 10fache; Oxysäuren, Phenole, Isopropanol u. Aceton werden dagegen sehr viel weniger beeinflußt. *Weinsäuremonoalkylester* (Alkyl = Äthyl, n-Propyl, n-Butyl, Isobutyl, n-Amyl) sind auf B. aerogenes in Konzz. von 1 : 250 bis 1 : 500 germicid wirksam. I beeinflußt nicht die Wrkg. aliphat. Ester. Acetamid u. Glykol verstärken die baktericide Wrkg. der Säuren nur schwach. I steigert die Adsorption von II u. III aus verd. wss. Lsgg. an Aktivkohle. Die Wrkg. von I kann nach Vff. vielleicht durch eine gesteigerte Aufnahme der Fettsäuren durch die Bakterienkolloide bei Ggw. von I erklärt werden. (J. appl. Chem. **3.** 129–32. März 1953. Bucks, Chalfont St. Giles, Home Farm u. Leicester, Alderman Newton's Boys' School.) R. RUTKOWSKI. 4330

E. A. Cooper und **A. E. Goddard,** *Der Einfluß von Formamid auf die bakterieide Wirkung ausgewählter chemischer Verbindungen.* 2. Mitt. (1. vgl. vorst. Ref.) *Formamid* (I), das in 20%ig. Lsg. die germicide Wrkg. *gesätt. Fettsäuren* steigert, verringert die Adsorption dieser Säuren an Aktivkohle. In geringerem Maße verringern auch *Acetamid* u. *Glykol* die Adsorption der *Essigsäure* (II). Die baktericide Wrkg. der *Trichloressigsäure* wird dagegen durch I red., obwohl die Adsorption an Kohle ebenfalls verringert wird. *Isopropanol* übt keinen spezif. Einfl. auf die baktericide Wrkg. der II aus. (J. appl. Chem. **4.** 107–09. März 1954. Bucks, Chalfont St. Giles, Home Farm, u. Leicester, Alderman Newton's Boys' School.) R. RUTKOWSKI. 4330

Rudolf Bönicke, *Die Ursachen des Antagonismus INH-Hämin.* Es werden die Verss. von FISHER, C. **1954.** 10033, bestätigt, wonach *Hämin* (I) die tuberkulostat. Wrkg. von *Isonicotinsäurehydrazid* (II) u. ähnlicher Verbb. reduziert. Der Effekt wird durch $MnCl_2$ u. andere *Mn-Salze* verstärkt. Im Gegensatz zu FISHER konnte aber eine direkte chem. Inaktivierung des II durch I nachgewiesen werden, die mit der Verminderung der tuberkulostat. Wrkg. parallel geht. (Naturwissenschaften **41.** 377. Aug. 1954. Borstel, Tuberkulose-Forschungsinst.) W. SCHELER. 4330

Miloutine Djourichitch und **Slavoljub Harissiyades,** *Bestimmung der Aktivität von Isonicotinsäurehydrazid auf den Tuberkelbacillus durch Beimpfung des bebrüteten Eies.* Die Ausbreitung von Tuberkelbacillen, die auf die Chorioallantoismembran des Hühnereies übertragen wurden, konnte durch 10 γ *Isoniazid* verhindert werden. (C. R. Séances Soc. Biol. Filiales **146.** 1844–45. Dez. 1952. Belgrad, Fac. de Méd., Inst. bactériol.) R. RUTKOWSKI. 4330

R. Wolff und **J. Brignon,** *Einfluß und Wirkungsart von Protaminsulfat auf das Bakterienwachstum.* In neutraler oder schwach saurer Lsg. übt *Protamin* (I)-*sulfat* eine schwach bakteriostat. Wrkg. auf einige Bakterienarten aus. Diese Wrkg. wird durch *Ribonucleinsäure* u. *Heparin* aufgehoben, die beide I aus der Bakterienzelle herauslösen u. sich dabei mit I in stöchiometr. Verhältnissen verbinden. Die Prodd. einer partiellen Hydrolyse der Protamine haben in relativ hohen Konzz. schwach bakteriostat. Wirkungen. *Mononucleotide* stellen in hohen Konzz. Antagonisten von I dar. (Bull. Soc. Chim. biol. **36.** 1125–36. 1954. Nancy, Fac. de Méd., Labor. de Chim. biol.) H. KOCKERT. 4330

A. G. Bukrinskaja und **Ss. Ss. Debow,** *Der Nucleinsäuregehalt in einigen gegenüber Antibioticis empfindlichen bzw. resistenten Stämmen der Kokkengruppe.* Bei der Adaptation von Kokkenstämmen gegenüber *Penicillin, Streptomycin* u. *Synthomycin* (I) nimmt bes. bei jungen Kulturen, in Abhängigkeit von der Dauer des Kontaktes u. dem Grad der erzielten Resistenz in der Kultur, der Geh. an *Ribonucleinsäure* (II) ab, der Geh. an *Desoxyribonucleinsäure* (III) zu, während der Geh. an Gesamtprotein ebenfalls abnimmt. Bei Adaptation von Colibacillen gegenüber I beobachtet man eine Zunahme des Geh. an Protein u. II, während III unverändert bleibt. (Вопросы Медицинской Химии [Fragen med. Chem.] **1.** 422–25. Nov./Dez. 1955. Moskau, 1. Med. Inst., Lehrstuhl für Mikrobiol. u. Lehrstuhl für Biol. Chem.) E. RENTZ. 4330

Harry Sobel, Jessie Marmorston und **Hilda Arzangoolian,** *Die fungistatische Wirkung von Squalen auf bestimmte Dermatophyten in vitro.* Unverd. *Squalen* (I), auf die Oberfläche der Agar-Kulturen verbracht, verhinderte die Vermehrung von *Microsporum mentagrophytes, M. audouini, M. tonsurans* u. von *M. gypseum* teilweise. Gegenüber *Aspergillus terreus* war I unwirksam. Die fungistat. Wrkg. von I wurde gesteigert, wenn es vor der Applikation einige Zeit der Luft ausgesetzt wurde. (Science [Washington] **119.** 816–17. 4/6. 1954. Los Angeles, Calif., Univ. of Southern California, School od Med.; Cedars of Lebanon Hosp.) F. KRUSEN. 4330

Wolfgang Eckart, *Entwicklung und neuere Ergebnisse der Bakteriophagenforschung.* Übersicht. – 64 Literaturangaben. (Z. ges. inn. Med. Grenzgebiete **7.** 481–86. 1/6. 1952. Berlin, Humboldt-Univ., II. Physikal. Inst.) P. LOCH. 4331

L. L. Cavalli-Sforza, *Genetische Analyse der Resistenz gegen Bakterieide.* (Vgl. auch C. **1953.** 5056.) Vf. untersucht die Resistenzentw. von Escherichia coli gegen *Chloramphenicol, Streptomycin, Terramycin* u. *Azide* an Hand von Fluktuationsverss. u. Korrelationen zwischen Schwesterzellen im Vgl. zu Korrelationen zwischen Größe u. Häufigkeit der Resistenz. Unter Einbeziehung der MENDELschen Analyse kommt Vf. zu dem Schluß, daß die Resistenz auf einer Mutation beruht, bei der das Antibioticum nur einen Selektionsfaktor darstellt. Auch die Kreuzresistenz, wie sie gegen Chloramphenicol u. Terramycin besteht, kann durch diese Theorie besser erklärt werden als durch die Annahme einer Adaption. (Rend. Ist. super. Sanità **16.** 232–59. 1953. Mailand, Ist. sieroterapico Milanese.) P. Loch. 4340

Katherine Sprunt und **George K. Hirst,** *Isolierung eines neuen Infektionsstoffes aus den Blasen der Hühnerpocken.* Aus 4 Fällen wird im Blaseninhalt ein rikettsienartiger Erreger isoliert, der auf der Chorioallantois des Hühnereis wächst, ohne lebende Zellen sich nicht vermehrt, u. der für Meerschweinchen pathogen ist. Er läßt sich durch Aureomycin u. Chloromycetin in Mengen von 0,5 mg pro Ei u. durch Terramycin u. Streptomycin mit 0,005 mg pro Ei hemmen. Im Komplementvers. läßt sich keine Verwandtschaft zu anderen Rikettsien feststellen. Ein Vgl. mit dem Stamm von Tatlock, den dieser aus Meerschweinchen isolierte, war nicht möglich. Die Bedeutung des Stammes bzw. sein natürliches Vork. ist sonst nicht bekannt. Für Menschen ist der Stamm nicht pathogen. (Proc. Soc. exp. Biol. Med. **80.** 178–81. Mai 1952. Louisville, Ky., Univ., School of Med., Child Health Res. Labor.) K. Mülhens. 4350

E. Hoff-Jørgensen, *Mikrobiologische Bestimmung von Desoxyribonucleosiden und Desoxyribonucleinsäure.* Es wird eine mikrobiol. Meth. zur Best. von *Desoxyribosiden* u. *Desoxyribonucleinsäure* (I) unter Verwendung von Thermobacterium acidophilus R 26 beschrieben. Die Meth. ist streng spezif. u. ermöglicht die Best. von wenigen γ **I** mit einer Genauigkeit von ca. 10% auch in Geweben, wie z. B. Froscheiern, wo die **I**-Konz. $<$ 0,01% beträgt. (Biochem. J. **50.** 400–03. Jan. 1952. Copenhagen, Univ., Inst. of Biochem.) K. Maier. 4360

M. M. Laloraya, *Der Einfluß des gelben Mosaikvirus auf den Gehalt an freien Amino- und organischen Säuren bei Phaseolus vulgaris L.-Blättern. Chromatographische Untersuchungen.* In den mit Mosaikvirus infizierten Blättern war der *Arginin*-Geh. deutlich herabgesetzt, während andere Aminosäuren, wie *Tyrosin, Alanin, Glutaminsäure, Asparaginsäure* u. *Serin,* in einer gleichen Menge wie in gesunden Blättern vorhanden waren. Auch die Werte für *Äpfel-* u. *Citronensäure* waren in erkrankten Blättern geringer als in gesunden. (Naturwissenschaften **42.** 489. Sept. 1955. Allahabad, Indien, Univ. of Allahabad, Dep. of Bot.) E. Fischoeder. 4374

J. F. Ryley, *Untersuchungen über den Stoffwechsel der Protozoen.* 7. Mitt. *Vergleich des Kohlenhydratstoffwechsels bei elf Arten von Trypanosomen.* (6. vgl. Manners, C. **1956.** 9767.) *Trypanosoma rhodesiense* (t.rh.), *T. gambiense, T. brucei, T. evansi, T. equinum* (T.equ.) u. *T. equipedum* (T.ep.) bauen *Glucose* (**I**) zu einem Gemisch aus *Brenztraubensäure* (**II**) u. *Glycerin* (**III**) ab. Die **III**-Produktion wird durch anaerobe Bedingungen begünstigt. Der Respirationsquotient (R.Q.) ist klein, gewöhnlich 0,10. *T. cruzi* (T.cr.) u. *T. lewisi* (T.l.) verwandeln **I** in ein Gemisch von *Milch-* (**IV**), *Essig-* (**V**) u. *Bernsteinsäure* (**VI**) um. *T. congolense* (T.co.) u. *T. vivax* (T.v.) erzeugen **III, V** u. **VI** oder **IV** u. **II.** *Stringomonas ancopelti* (Str.a.) bildet **III,** A., **II** u. **VI.** In allen Fällen ist der R.Q. hoch. Die Atmung von T.cr., T.l. u. Str.a. ist gegen *Cyanid* sehr, die von T.co. leicht empfindlich u. die von T.v. u. T.rh. unempfindlich. *Cytochrompigmente* wurden bei T.cr., T.l. u. Str.a., aber nicht bei T.co., T.rh. oder T.ep. gefunden. Homogenate von T.cr., T.l., Str.a., T.v. u. T.rh. enthielten *Cytochrom-* u. **VI**-*Oxydase* von wechselnder Aktivitätsstärke. — 27 Literaturangaben. (Biochem. J. **62.** 215–22. Febr. 1956. Wilmslow, Morley, Imp. Chem. [Pharm.] Ltd., Biol. Labor.) H. Patzsch. 4380

E_4. Pflanzenchemie. Pflanzenphysiologie. Pflanzenpathologie.

Drew Schwartz, *Eine interessante Erscheinung bei der Bestrahlung von trockenen Maiskörnern.* In Bleihalbkugeln von 7 in. Wandstärke wurden trockene Maiskörner der unmittelbaren Bestrahlung durch eine Atombombe ausgesetzt. Die starke Pb-Abschirmung läßt nur Neutronen zur Wrkg. kommen. Ca. 3 Std. nach der Explosion wurden die Körner eingepflanzt u. nach 10 Tagen untersucht. Es zeigte sich, daß die Keimung durch die Bestrahlung nicht beeinflußt wird, mehr als 90% der Körner zeigten Keimung. Die Höhe der Schößlinge als Funktion der Dosis fällt von ca. 250 mm bei 10^3 rep auf ca. 12 mm bei $9 \cdot 10^3$ rep steil ab u. steigt dann unerwartet wieder auf ca. 25 mm bei $25 \cdot 10^3$ rep an. Da Vf. bei diesem Befund mit der Möglichkeit unsicherer Dosisbest. rechnet, wurde ein Kontrollvers. mit der reinen γ-Strahlung von ^{60}Co angesetzt. Die Wuchshöhe der Sämlinge als Funktion der Dosis zeigt auch hier ein Minimum, u. zwar bei ca. $1{,}2 \cdot 10^5$ r (20 mm Höhe). Die Unters. der Pflanzen zeigt außerdem, daß die mit hohen Dosen bestrahlten Exemplare nicht nur länger, sondern auch kräftiger sind als die mit mittlerer Dosis behandelten, sie unterscheiden sich von unbestrahlten nur dadurch, daß das Wachstum nach 5 Tagen stockt. Vf. deutet den Befund durch die Annahme, daß die Zellteilung mit von 0 wachsender Dosis zunächst abnimmt u. das Gewebe in dem Sinne degeneriert, daß bei sehr hoher Dosis die Zellteilung entfällt u. die enzymat. Aktivität geschwächt ist, während der ersten 5 Tage aber noch Wachstum durch Verlängerung der vorhandenen Zellen möglich ist. (Science [Washington] **119.** 45–46. 1/1. 1954. Oak Ridge, Tenn., Oak Ridge Nat. Labor., Biol. Div.) W. REUSSE. 4404

Didier Bertrand, *Untersuchungen über Lithium bei den Kryptogamen.* Die analysierten vasculären Kryptogamen enthalten 0,76 mg *Li*/kg Trockengewicht, die anderen 0,96 mg. Bei den Champignonarten finden sich Unterschiede von 0,07 bis zu 2,92 mg Li für die extremen Werte. Die Verteilung des Li in den verschied. Teilen der Champignons, die wahrscheinlich durch das Alter bedingt sind, werden an Hand der gegebenen Analysendaten besprochen. (Bull. Soc. Chim. biol. **36.** 907–09. 1954.) H. BENISCHKE. 4410

Didier Bertrand und **André De Wolf,** *Nickel und Kobalt der Hülsenfruchtknöllchen.* Um den *Ni*- u. *Co*-Geh. der Knöllchen zu untersuchen, wurden 5 Leguminosenarten der Analyse der Wurzeln, der Knöllchen, der Luftteile u. des Bodens, auf dem sie gewachsen waren, unterworfen. Beim Co zeigte sich kein absol. Überwiegen des Geh. der Knöllchen über den der Wurzeln. Mit Ausnahme der Bohnen war dieses beim Ni deutlich der Fall. Die Ergebnisse der Unterss. werden mit denen mit *V* u. *Mo* von FORJAS (C. R. hebd. Séances Acad. Sci. **189.** [1929.] 565, u. Chim. et Ind., Numéro spécial **829.** Mars [1931] u. BERTRAND, C. R. hebd. Séances Acad. Sci. **211.** [1940.] 670) verglichen. (Bull. Soc. Chim. biol. **36.** 905–06. 1954.) H. BENISCHKE. 4410

Sue H. Rouse und **Ralph Bienfang,** *Mitteilung über die phytochemische Untersuchung der Wurzel von Cnidoscolus texanus (Muell. Arg.) Small.* Eine im Mai erhaltene Wurzel von Cnidoscolus texanus von 11–14 kg lieferte bei Verletzung einen weißen latexartigen Milchsaft. Bei einem ursprünglichen Wassergeh. von 83% wies das lufttrockene Material einen Feuchtigkeitsgeh. von 11,14%, Asche 8,11%, säureunlösl. Asche 2,37% u. Rohfaser 26,12% auf. Die mkr. Unters. ließ reichliches Vork. einer der Maisstärke ähnlichen Stärke erkennen. Der Stärkegeh. ergab sich zu 22%; der zusätzliche Geh. an Kohlenhydraten zu 12%. Höhere Glykoside u. Alkaloide ließen sich nicht nachweisen. (J. Amer. pharmac. Assoc., sci. Edit. **43.** 699–700. Nov. 1954. Norman, Okla., Univ. of Oklahoma, Coll. of Pharm., Res. Labor.) K. ZOPFF. 4420

A. Yusta Almarza und **A. Santos Ruiz,** *Über die chemische Zusammensetzung des Embryos von „Oryza sativa" L.* 2. Mitt. *Lipoide.* (1. vgl. C. **1954.** 3255.) Kennzahlen des durch Ae.-Extraktion erhaltenen gelben Öles: D_{30} 0,9136; Refraktionsindex n_{25} 1,4707; SZ. 20,66, VZ. 188,8, JZ. 101,3, AZ. 9,7, HEHNER-Zahl 96,17, REICHERT-MEISSL-Zahl 1,1, POLENSKE-Zahl 1,02; Unverseifbares 3,35%. – Zus. des Fettsäuregemisches nach Verseifung (%): *Myristinsäure* 0,72, *Palmitinsäure* 22,88, *Stearinsäure* 0,42, *Ölsäure* 60,11, *Linolsäure* 15,86. – Unverseifbares: Refraktionsindex n_{70} 1,4842, JZ. 135,7; der Sterinanteil (69,1%) besteht zur Hauptsache aus *β-Sitosterin*; er enthält ferner *γ-Sitosterin* u./oder *Dihydrositosterin.* Rkk. auf Carotinoide, Vitamin K u. Vitamin D negativ, auf *Vitamin E* (nach FURTER u. MEYER) positiv. (An. Real Soc. españ. Física Quím., Ser. B **50.** 87–94. Jan. 1954. Madrid, Inst. Españ. de Fisiol. y Bioquim.) H. SCHLOTTMANN. 4420

A. Santos Ruiz und **A. Yusta Almarza,** *Über die chemische Zusammensetzung des Embryos von „Oryza sativa" L.* 3. Mitt. *Proteine, Mineralsalze und Wirkstoffe.* (2. vgl. vorst. Ref.) Aufteilung der Proteinsubstanzen ergab (in % der Trockensubstanz): a) freie Aminosäuren, berechnet als Glutaminsäure 0,22; b) in W. lösl. (Albumine u. Aminosäuren) 5,70; c) in 10%ig. NaCl-Lsg. lösl. (Globuline) 3,32; d) in 70%ig. A. lösl. (Prolamine) 1,88; e) Rest (Gluteline) 12,61. – Aschenanalyse: Na_2O 2,02, K_2O 21,58, MgO 14,69, CaO 3,41, SO_3 5,17, P_2O_5 54,21, NaCl 2,56%; spektrochem. wurden nachgewiesen Li, Ba, Al, Cu, Fe, Co, Ni, Ag, Pb, Sn, B, Mn, Mo, Si, Ti; V ist zweifelhaft. – An Vitaminen wurden (in γ/g Embryo) bestimmt: Vitamin E 375, B_1 20, B_2 2,5; Vitamin C ist nicht zugegen. (An. Real Soc. españ. Física Quím., Ser. B **50.** 95–98. Jan. 1954.) H. SCHLOTTMANN. 4420

J. B. Pridham, *Einige Beobachtungen über Zusammensetzung, Funktion und Biogenese von Pflanzengummen mit besonderer Berücksichtigung der Pflaumengummen.* Gummi aus Rinde u. Frucht von Pflaumenbäumen besteht hauptsächlich aus einem *sauren Komplex von Polysacchariden,* der *D-Glucuronsäure, D-Galaktose, D-Mannose* (**I**), *L-Arabinose* (**II**), *D-Xylose* u. *L-Rhamnose* enthält; daneben sind kleine Mengen *phenol. Verbb., Lignin* u. *Protein* vorhanden. Der Gummi besitzt *Peroxydase*-Aktivität. Best. der Monosaccharide nach Hydrolyse durch die Benzidinmeth. (vgl. C. **1954.** 3766) zeigt, daß Rindengummi mehr **I** u. **II** enthält als Fruchtgummi, wogegen opt. Drehung u. Hydrolysegeschwindigkeit in beiden Gummen die gleichen sind. Mittels der TISELIUS-Elektrophoreseapp. wurde die Homogenität der in W. lösl. Polysaccharide bewiesen. Gemische von Gummi arabicum u. Pflaumengummi in Boratpuffer, p_H 7,8, u. von Zuckerrübenaraban u. Pflaumengummi in Phosphatpuffer, p_H 7,0, konnten durch diese Meth. getrennt werden. Dagegen blieben Verss. zur elektrophoret. Fraktionierung von Rinden- bzw. Fruchtgummi ohne Erfolg. Künstliche Infizierung von Pflaumenbaumstämmen mit *Bakterien* fördert die Gummibldg.; die Gummen werden durch Bakterien in vitro nicht abgebaut. (Biochem. J. **57.** XXVIII. Aug. 1954. Bristol, Univ., Biol. Chem. Labor.) H. KOBLITZ. 4420

Sumitra Talukdar, *Der Gesamtgehalt an Zucker und Stickstoff von Jutepflanzen in besonderer Beziehung zum Blütenstadium.* Das relative Ansteigen von *Kohlenhydrat* über *Stickstoff* (I) ist als Zeichen des Übergangs vom vegetativen zum reproduktiven Stadium der Pflanze gedeutet worden. Verss. mit Jutepflanzen, die als Kurztagspflanzen im März ausgesät bereits unter n. Bedingungen früher blühen u. teils photoperiod. beeinflußt worden waren, ergaben, daß das *Zucker* (II)/I-Verhältnis bei letzten bedeutend höher ist. Der I u. II-Geh. der gesamten Pflanzen vor, während u. nach der Blütezeit wurde im Abstand von 5 Tagen bei Corchorus olitorius untersucht. Dabei zeigte sich, daß sowohl der I- als auch der II-Geh. um das Blütenstadium beträchtlich fällt, nach dessen erster Einleitung jedoch wieder ansteigt. (Nature [London] **175.** 210–11. 29/1. 1955. Calcutta, Presidency Coll., Bot. Labor.) M. EBERT. 4420

Sheenah K. Bisset, *Der Nichtproteinstickstoff der Extrakte von Pisum sativum.* Vergleichend wurden frische Erbsen mit W. kalt u. heiß u. mit NaCl-Puffergemisch (0,2 mol. NaCl, 0,3 mol. Na_2HPO_4, 0,011 mol. NaH_2PO_4; p_H 7) kalt u. heiß extrahiert u. die zentrifugierten Extrakte mit CCl_3COOH, A., Na-Wolframat + H_2SO_4, koll. Fe u. durch Dialyse enteiweißt. Die besten Resultate ergab die Kombination NaCl-Phosphatpuffer heiß (98°) + CCl_3COOH fest (1 g/20 ml). In allen Extrakten wurden neben 20 bekannten 3 noch nicht identifizierte Aminosäuren papierchromatograph. nachgewiesen; ferner sind Cysteinsäure u. Pipecolinsäure wahrscheinlich zugegen. Nach der als beste festgestellten Meth. ergaben sich höhere Werte für *Glutamin, Glutaminsäure, Serin, Valin* u. *Leucin* als nach den anderen. (Biochem. J. **58.** 225–27. Okt. 1954. Dundee, Univ. of St. Andrews, Univ. Coll., Dep. of Biochem.) H. SCHLOTTMANN. 4420

Asima Chatterjee (Née Mookerjee) und **Anil Bhattacharya,** *Untersuchungen über das wirksame Prinzip von Skimmia laureola, Hook.* Vff. isolierten aus den Blättern von *Skimmia laureola,* Hook, einer gemeinen ind. Futterpflanze, *Skimmianin* (I), *Isopimpinellin* (IV) (ein Dimethoxyfurocumarin), 0,1% *Umbelliferon* (III) (ein 7-Oxycumarin) u. eine neutrale Substanz (0,02%), *Laurolin* (II). In der Rinde wurden 0,05% I, II, 0,1% III, 0,3% *Bergapten* u. 0,005% IV gefunden.

Versuche: Die Blätter werden mit Ae. im SOXHLET-App. extrahiert. Aus dem Ae. durch Ausschütteln mit 0,1% HCl *Skimmianin* (I), $C_{14}H_{13}O_4N$, F. 176–177°, Prismen (Essigester). *Pikrat,* $C_{14}H_{13}O_4N \cdot C_6H_3O_7N_3$, F. 193–194° (Zers.), gelbe Plättchen (A.). *Chloroplatinat,* $(C_{14}H_{13}O_4N)_2 \cdot H_2PtCl_6$, Zers. bei 200°, glänzende, orangefarbene Plättchen. — *Umbelliferon* (III), $C_9H_6O_3$, F. 232°, glänzende Nadeln (Essigester). Die verbliebene, nichtbas. Ae.-Lsg. wird mit 2n Sodalsg. ausgeschüttelt. Aus der Sodalsg. beim Ansäuern III, das in Ae. aufgenommen wird. *Methylumbelliferon,* $C_{10}H_8O_3$, F. 119°, Nadeln (CH_3OH) — *Laurolin* (II), $C_{24}H_{32}O_8$, F. 258–260°, rhomb Plättchen (A.). Aus der nach Ausschütteln mit Sodalsg. verbliebenen Ae.-Lsg. durch Konzentrieren — *Bergapten,* $C_{12}H_8O_4$, F. 188–190°. Nach Abtrennen von II Ae.-Rückstand mit methanol. KOH 45 Min. stehenlassen, in Eiswasser gießen u. unverseifbaren Anteil mit Ae. auswaschen. Die wss., alkal. Lsg. ansäuern, im Vakuum einengen u. mit Ae. ausschütteln. Ae.-Rückstand mit PAe. waschen, seidige Nadeln (CH_3OH). — *Isopimpinellin* (IV), $C_{13}H_{10}O_5$, F. 150°, gelbe, glänzende Nadeln aus der Mutterlauge von Bergapten. (J. Indian chem. Soc. **30.** 33–36. Jan. 1953.) K. NEZEL. 4420

V. J. Paul und **Lourdu M. Yeddanapalli,** *Die olefinische Natur der aus indischer Cashew-Nußschalenflüssigkeit isolierten Anacardinsäure.* Eine Probe der *Anacardinsäure* wurde unter Verwendung von Aceton, Methanol u. PAe. als Lösungsm. bei 0 bis –80° der fraktionierten Kristallisation unterworfen. Dabei werden 4 verschied. Prodd. isoliert: 1. eine gesätt. Komponente, die als *1-Oxy-2-carboxy-3-pentadecylbenzol,* F. 9,5°, Anteil 4%, identifiziert werden konnte, 2. ein olefin. Prod., ident. mit *1-Oxy-2-carboxy-3-[8'-pentadecenyl]-benzol,* F. 44–45°, Anteil 15%, 3. ein Diolefin, *1-Oxy-2-carboxy-3-[8'.11'-pentadecandienyl]-benzol,* F. 25–26°, Anteil 44%, u. 4. ein Triolefin, *1-Oxy-2-carboxy-3-[8'.11'.14'-pentadecatrienyl]-benzol,* Anteil 37%. (Nature [London] **174.** 604. 25/9. 1954. Madras, Loyola Coll., Dep. of Chem.) H. P. FIEDLER. 4420

E₅. Tierchemie. Tierphysiologie. Tierpathologie.

A. T. Reid, *Diffusionskontrollierte Reaktionen in Stoffwechselsystemen.* Die von SMOLUCHOWSKI für chem. diffusionskontrollierte Rkk. aufgestellte Theorie wird auf biol. Probleme (Stoffwechselsysteme) angewandt. (Arch. Biochem. Biophysics **43.** 416–23. April 1953. Chicago, Ill., Univ. of Chicago, Committee on Mathemat. Biol.) H.-G. SCHWEIGER. 4500

L. Feinmann, G. L. Leathart und **G. B. Pendlenton,** *Kontinuierliche Kohlendioxydbestimmung in einzelnen Atemzügen.* Zur Best. von Ungleichheiten in der Alveolarventilation u. des physiol. Totraumes empfehlen Vff. eine App., mit der Menge u. CO_2-Geh. einzelner aufeinanderfolgender Atemzüge kontinuierlich ermittelt werden können. (Nature [London] **176.** 739–40. 15/10. 1955. Newcastle, General Hosp.; Durham, Univ., Dep. of Ind. Health.) F. KRUSEN. 4500

Reuben Mokotoff, George Ross und **Louis Leiter,** *Der Elektrolytgehalt des Skelettmuskels bei dekompensierter Herzinsuffizienz; ein Vergleich der Ergebnisse mit Inulin und Chlorid als Meßverfahren zur Feststellung der extracellulären Flüssigkeit.* Bei Herzgesunden wurde der extracelluläre Wassergeh. des Gastrocnemius bei Best. mit der Chloridmeth. um 18%, nach Korrektur durch Abzug des nicht diffusiblen Cl^- um 4% höher als mit Inulin gefunden. Bei Herzkranken war das Verhältnis Chlorid/Inulin 0,95, bzw. nach Korrektur 0,87. – Mit Chlorid läßt sich beim Herzkranken ein intracellulärer K^+-Verlust u. Na^+-Zunahme ermitteln, während mit Inulin keine Abweichung im Verhältnis der intracellulären Kationen vom Normalen gefunden wird. (J. clin. Invest. **31.** 291–99. März 1952. New York, N. Y., Montefiore Hosp., Med. Div.) A. DAUTZENBERG. 4520

R. H. Cardozo und **I. S. Edelman,** *Das Verteilungsvolumen von Natriumthiosulfat als Maß für den extracellulären Flüssigkeitsraum.* Es wird eine Meth. beschrieben, mit der, nach einmaliger Infusion von 100 ml $Na_2S_2O_3$-Lsg. (10%) in 10–15 Min. u. Entnahme weniger kleiner Blutproben, der extracelluläre Flüssigkeitsraum ermittelt werden kann. Als Verteilungsvol. für $Na_2S_2O_3$ wurden bei 7 Hunden im Mittel 24,4%, bei 6 Menschen im Mittel 16,6% des Körpergewichts errechnet. (J. clin. Invest. **31.** 280–90. März 1952. Boston, Mass., Peter Bent Brigham Hosp., Labor. for Surg. Res.; Harvard Med. School.) A. DAUTZENBERG. 4520

Parker Vanamee und **Keith R. Porter,** *Elektronenmikroskopische Beobachtungen über die Auflösung und Wiederherstellung von Kollagen. Kollagenfasern* (I) aus Rattenschwanzsehne quellen in 0,01%ig. Essigsäure u. dissoziieren in submkr. Filamente. Bei Zugabe von Neutralsalzen (Na-, Li- oder KCl) oder p_H-Erhöhung fügen sich diese wieder zu Fasern zusammen, deren Form von Salzkonz. u. p_H der Lsg. abhängt. NaCl-Konzz. um 1% u. p_H-Werte von 4,8–6,8 führen zur Bldg. nadelförmiger Kristalle mit der Querstreifungsperiode von 210 Å oder der für **I** typ. Makroperiode von 640 Å. Bei längerer Einw. entstehen dickere Fasern. Salzkonzz. um 0,5% u. 5,0% führen zu langen, anscheinend nichtgestreiften Fasern, p_H-Werte über 6,8 zu ähnlichen, bes. dünnen Fasern. – Einige der möglichen Ursachen für diese Unterschiede werden diskutiert. – 17 Abbildungen. (J. exp. Medicine **94.** 255–67. 1/9. 1951. New York, Laboratories of The Rockefeller Inst. for Med. Res.) J. NECKEL. 4520

Helen Muir, *Die Wirkung von Papain auf die Viscosität von Chondroitinsulfat. Chondroitinsulfat,* aus Nasenknorpel von jungen Schweinen mit $CaCl_2$ extrahiert u. mit $Co(NH_3)_6Cl_3$ nach MATHEWS u. DORFMAN gereinigt, ergab ein ziemlich hochviscoses Prod., in dem aber nur geringe Mengen Aminosäuren zu finden waren (14% SO_4, 26% Hexosamin). Mit Pepsin, Trypsin, Chymotrypsin keine Änderung der Viscosität, auch nicht nach Erhitzen auf 100°. Erst durch Alkali ($p_H > 8{,}5$) u. durch Einw. von *Papain* (hemmbar durch p-Chlormercuribenzoat) sofort Beseitigung der Viscosität bis auf einen konst. Rest. Jetzt auch Beweglichkeit auf dem Papier (Elektrophorese). Also waren doch noch Reste von Polypeptid oder Protein vorhanden gewesen, die sehr stabile Komplexe bildeten! (Biochem. J. **62.** 26P–27P. März 1956. London, St. Mary's Hosp.) H. GIBIAN. 4520

Anneliese Kallhammer, *Papierchromatographische Analyse des Aminosäurebestandes hydrolysierter Bienen.* In den Hydrolysaten schlüpfender Jungbienen mit leerem Darm konnten papierchromatograph. *Cystin, Lysin, Arginin, Asparaginsäure, Glykokoll, Serin, Glutaminsäure, Threonin, Alanin, Prolin, Tyrosin, Valin, Phenylalanin, Leucin* u. *Isoleucin* nachgewiesen werden. Die gleichen Aminosäuren fanden sich auch in hydrolysierten Maden u. Puppen mit deutlichen Schwankungen des Tyrosingeh. zwischen den Stadien. Außerdem wurde der Aminosäuregeh. einzelner Bienenorgane untersucht, wobei eine weitgehende Übereinstimmung in ihrer Aminosäurezus. gefunden wurde. (Naturwissenschaften **42.** 126–27. 1. März-H. 1955. München, Univ., Zool. Inst.) E. SCHWERDTFEGER. 4520

F. B. Shorland, *Vorkommen von Fettsäuren mit einer ungeraden Kohlenstoffatomzahl in natürlichen Fetten.* Nachdem bereits aus hydriertem Hammeltalg reine *n-Heptadecansäure* isoliert werden konnte (vgl. HANSEN u. Mitarbeiter, C. **1955.** 2004), wurde nunmehr auch reine *n-Pentadecansäure* aus hydriertem Hammeltalg bzw. Haifisch (Galeorhinus australis) -Leberöl u. aus Butterfett isoliert. Da ferner in hydriertem Rindernierenfett verschied. flüchtige Säuren mit 2–10 C-Atomen einschließlich ungeradzahliger Fettsäuren nachgewiesen wurden (Nature [London] **173.** [1954.] 1093), muß es als wahrscheinlich angenommen werden, daß das Vork. ungeradzahliger gesätt. bzw. ungesätt. Fettsäuren in natürlichen Fetten weitaus verbreiteter ist als bisher angenommen wurde. (Nature [London] **174.** 603. 25/9. 1954. Wellington, New Zealand, Dep. of Sci. and Ind. Res., Fats Res. Labor.) H. P. FIEDLER. 4520

U. Lombroso, *Kritischer Experimentalbeitrag über die Aufgaben einiger lipotroper Faktoren.* Zur Klärung der Wrkg. lipotroper Faktoren bei Pankreasverlust u. anderen Eingriffen, welche zu Steatose der Leber führen, untersuchte Vf. deren Einfl. auf die durch Partialektomie der Leber experimentell bei Ratten leicht erzeugbare Lebersteatose. Da Cholin (I) deren Ausbldg. nicht entgegenwirkt, während sie durch „lipocaic faktor" (II) u. Methionin (III) vermindert wird, kann III hier nicht als Methylgruppendonator dienen. Der Wirkungsmechanismus von II u. III ist deutlich verschieden: Der nach Pankreasektomie über 1 erhöhte respirator. Quotient wird durch III nicht, durch II auf die Norm herabgesetzt. (Athena [Rass. mens. Biol., Clin. Terap.] **17.** 69—73. März/April 1951. Genova, Univ., Ist. di Fisiol.) KIMPEL. 4550

J. Lacapère, H. Drieux und **G. Delaville,** *Histologische und chemische Untersuchungen über die Zwischenwirbelscheibe.* Veränderungen der Zwischenwirbelscheiben (I) während des Alterns oder unter patholog. Verhältnissen sind von histolog. u. chem. Veränderungen des Kerns u. der faserigen Lamellenringe begleitet, die Vff. an I von Rindern untersuchen. Bei Behandlung mit *Hyaluronidase* in Serum quellen I stärker als mit reinem Serum, die Vacuolenstruktur u. eine Grundsubstanz im Kern verschwinden, die kollagenen Fibrillen werden deutlicher u. Glucosamin u. vorher gebundene Glucose (II) werden frei. Der Geh. an II in den Glykoproteiden von I steigt mit zunehmendem Alter, der Geh. an W. nimmt ab. (Presse méd. **59.** 1400—03. 24/10. 1951. Paris, Inst. Prophylactique.) J. NECKEL. 4552

Hans Wohnlich, *Aminosäurenachweis im Schweiß mit Hilfe der Papierchromatographie.* Nach der papierchromatograph. Meth., deren Technik im einzelnen beschrieben wird, wurden bei n. Versuchspersonen im Schweiß in der Reihenfolge der nach der Fleckengröße geschätzten Konz. mit Sicherheit nachgewiesen: *Serin, Alanin, Threonin, Glycin, Glutaminsäure, Asparaginsäure, Valin, Leucin, Tyrosin, Phenylalanin*; *Lysin* u. *Arginin* sind mit Wahrscheinlichkeit auch vorhanden, außerdem *Histidin,* mit dem die Muttersubstanz des für allerg. Hautprozesse wichtigen *Histamins* gefunden wäre. Im Schweiß von Psoriatikern war *Cystin* in größeren Mengen vorhanden. (Dermatol. Wschr. **126.** 945—51. 1952. Mainz, Univ., Hautklinik.) H. DOSSMANN. 4555

Jacques Faure, *Wirkung der Hormone und ihrer Abbaustufen auf die Reizbarkeit des tierischen Gehirns. Klinische und therapeutische Nutzanwendung.* Es wurde die Wrkg. von *ACTH, luteinisierendem Gonadotropin* u. *follikelstimulierendem Gonadotropin, Testosteronpropionat, Progesteron, p-Oxypropiophenon, Androstan-3β-ol-17-on* u. *11β-Oxyandrosteron* auf die cerebrale Reizbarkeit u. das Verh. von Maus bzw. Kaninchen geprüft. Die einzelnen Verbb., bes. die Hormonstoffwechselprodd., wirkten in spezif. Weise auf Hypothalamus, Mesodiencephalon u. Ammonshorn. (Thérapie **10.** 481—501. 1955. Bordeaux, Gironde, Fac. de Méd.) L. BERGER. 4558

Shunji Fukuda, *Untersuchungen über Sexualhormone.* 1. Mitt. *Über die androgene Aktivität des 17α-Methyl-3-keto-15.17-dioxyandrostans.* Die Prüfung von *17α-Methyl-3-keto-15.17-dioxyandrostan* am Hühnchen zeigte bei oraler Verabreichung starke androgene Aktivität. (J. agric. chem. Soc. Japan [Nippon Nôgeikagaku Kaishi] **28.** 141—43. 1954. Fochi, Frauenhochschule. [Orig.: japan., Auszug: deutsch.]) L. SCHULER. 4559

W. H. Pearlman und **Emily Cerceo,** *Die Isolierung von Progesteron aus menschlicher Placenta.* (Vgl. C. **1956.** 4193.) Möglichst frisch gesammelte Placenta wurde in 5%ig. NaOH gemahlen u. mit Ae. extrahiert. Aus dem äther. Extrakt wurde *Progesteron* (I) isoliert durch fraktionierte Solventextraktion auf Grund der Verteilung zwischen PAe. u. 90 bzw. 70%ig. Methanol. Die I-reichen Fraktionen wurden nach dem Einengen chromatographiert u. aus Ae. u. PAe. umkristallisiert. Es ergaben sich aus 12,5 kg Placentagewebe: 1,9 mg Prismen, F. 129—130°; 3,3 mg Nadeln, F. 122—123° u. 2,0 mg Prismen, F. 128°. Diese Fraktionen gaben keine F.-Depression mit den entsprechenden polymorphen Formen (F. 128,5—129° u. 121—122°) von I des Handels (F. 128—129°). Das Placentaprod. (Fraktion F. 122—123°) ergab: I, $C_{21}H_{30}O_2$, $[\alpha]_D^{24}$ $+178 \pm 10°$ (3,06 mg in 1,23 cm³ absol. A.); λ_{max} 240 mμ, $\varepsilon = 16200$ (A.); Ausbeute ca. 60% nach UV-spektroskop. Untersuchung. *Dioxim,* F. 247—248° (aus den Mutterlaugen). (J. biol. Chemistry **198.** 79—83. Sept. 1952. Philadelphia, Pa., Jefferson Med. Coll., Dep. of Biochem.) H.-J. KOCH/Berlin. 4559

Albert Raynaud und **Jeanne Raynaud,** *Die durch Sexualhormone beim Foetus der Maus erzeugten Mißbildungen der Brustdrüse.* Unter dem Einfl. eines weiblichen Sexualhormons findet beim Mäusefoetus eine Hemmung der Entw. der Brustwarzen statt;

männliche Sexualhormone bewirken eine frühzeitige Ausbildung. Durch die Wrkg. männlicher u. weiblicher Sexualhormone wird die Entw. einer oder mehrerer Anlagen der Brustdrüsen völlig unterdrückt. Weibliche Sexualhormone verursachen sehr verschied. ausgesprochene Mißbildungen der Brustdrüse. (C. R. Séances Soc. Biol. Filiales **148.** 963—68. Juni 1954. Seine-et-Oise, Inst. Pasteur, Labor. de Sannois; Paris, Labor. Pasteur de l'Inst. du Radium.) K. F. MÜLLER. 4559

Karl John Karnaky, *Mikronisiertes Stilböstrol bei dysfunktioneller Uterusblutung und Endometriose.* Neben Behandlung mit Vitamin-B-Komplex u. C, Spurenelementen, Ruhe, Diät, Schilddrüsen- u. Psychotherapie wurde mikronisiertes *Stilböstrol* (**I**) gegeben: Bei Frauen über 35 Jahren u. Blutungen bis zu 6 Monaten für 6 Tage $^1/_4$ oder ½ Tablette **I** zu 0,05 mg täglich. Bestehen die Blutungsanomalien Jahre, werden in steigender Dosierung 75—100 mg/Tag für 8—12 Wochen, bei Endometriosis steigend bis 100 mg/Tag für 6—9 Monate, bei profusen Blutungen, die längere Zeit bestehen, 25 bis 50 mg **I** $^1/_4$stündlich bis die Blutung steht (meist 2—5 Dosen) gegeben. (Southern med. J. **45.** 1166—72. Dez. 1952. Houston, Tex., Jefferson Davis Hosp., Menstrual Disorder Clinic; Baylor Univ., Coll. of Med.) J. BROSEMANN. 4559

V. Friedberg, *Die Behandlung der genitalen Hypoplasie mit intrauterinen Cyren-B-Kristallsuspensionen.* Durch lokale Injektion von 5 mg *Cyren-B*-Kristallsuspension bei Hypoplasia uteri erreicht man eine wachstumsanregende Wrkg. auf den Uterusmuskel. Diese neue Therapie scheint der bisher üblichen Hormontherapie überlegen zu sein. — 12 kontrollierte Fälle. (Geburtshilfe u. Frauenheilkunde **11.** 923—30. Okt. 1951. Mainz, Univ., Frauenklinik.) C. W. REICHLE. 4559

Elsie H. Aitken und **J. R. K. Preedy,** *Die Bestimmung von Östron, Östradiol-17 β und Östriol in menschlichem Harn mittels stufenweiser Elutions–Trennungs-Chromatographie.* Beschreibung der Meth.: Extraktion nach ENGEL u. Mitarbeitern (C. **1951. I.** 1614), Rückflußtrocknung, Trennungskolonne mit Hyflo Super-Cel-Packung, Chromatographie. — Mit der beschriebenen Meth. lassen sich die genannten 3 Östrogene sowohl voneinander als auch von den interferierenden fluorescierenden Stoffen aus dem Harn abtrennen. (Biochem. J. **62.** 15P—16P. Febr. 1956. London, Hosp. E 1, Med. Unit.) H. BASFELD. 4559

J. Himbert und **J. J. Pocidalo,** *Die Wirkung der gonadotropen Hormone auf die Wirkungen einer Reizung des Nervus splanchnicus beim Meerschweinchen.* Die Injektion von *gonadotropem Hormon* scheint die Wirkungen einer Reizung des Nervus splanchnicus beim Meerschweinchen deutlich zu verstärken; die Sterblichkeit steigt von 20 auf 65% an. (C. R. Séances Soc. Biol. Filiales **148.** 978—80. Juni 1954. Paris, Hôp. Claude Bernard, Labor. de la Clin. des Maladies infectieuses.) K. F. MÜLLER. 4560

C. J. Migeon, A. B. French, L. T. Samuels und **J. Z. Bowers,** *Der Gehalt des Plasmas an 17-Oxycorticosteroid und Leukocyten beim Rhesusaffen; normale Schwankungen und die Wirkung von adrenocorticotropem Hormon.* Das Blutplasma von 36 untersuchten Rhesusaffen enthielt morgens durchschnittlich 37,7 ± 1,3 γ *17-Oxycorticosteroid* (**I**)/100 ml, 14 400 ± 870 Leukocyten/mm², davon waren 7250 ± 700 polymorphkernig, 6390 ± 470 Lymphocyten u. 390 ± 50 eosinophile Leukocyten. Das Vol. der roten Blutkörperchen wurde im Hämatokrit zu 48,1 ± 0,53% bestimmt. Das Steroidniveau ist morgens am höchsten, fällt bis 9 Uhr stark u. danach schwach ab, bis es um 21 Uhr wieder steigt. Auch die Zählung der verschied. Leukocytenarten zu verschied. Tageszeiten zeigte ähnliche Ergebnisse wie bei Mensch u. Hund. Injektion von *adrenocorticotropem Hormon* bewirkt wie beim Menschen eine Steigerung des **I**-Geh. u. eine Verminderung der eosinophilen Leukocyten. (Amer. J. Physiol. **182.** 462—68. Sept. 1955. Salt Lake City, Ut., Univ. of Utah, Coll. of Med., Radiobiol. Labor. u. Dep. of Biochem. and Med.) A. DILLMANN. 4560

J. H. Tramezzani und **J. Uranga,** *Veränderungen der Gomori-positiven Substanz und antidiuretischen Wirkung der Neurohypophyse hydratisierter oder dehydratisierter Frösche.* Bei histolog. Unterss. der Hypophyse von Fröschen, Bufo arenum Hensel, von denen zuvor Serie I im W. verbleibt u. alle Tiere mittels einer Sonde zusätzlich 10 cm³ W. erhalten, Serie II an einem trockenen Ort gelassen wird, ergibt sich, daß die Neurohypophyse der wasserhaltigen Tiere eine große Menge GOMORI-positive Substanz mit Anhäufung um die Gefäße u. auf den Nervenfasern, die der trocken gehaltenen Tiere ein totales Verschwinden derselben aufweist. Die Unters. der antidiuret. Wirksamkeit nach der Meth. von STEIN an weißen Ratten, denen eine Emulsion der neurointermediären Lappen der Froschhypophyse in 6‰ Salzwasser injiziert wird, zeigt, daß diese pro mg injiziertem Frischgewebe 53 mE. Pitressin für Serie I, 1,55 mE. für Serie II beträgt, demnach eine 97%ig. Verminderung des Geh. an antidiuret. Hormon durch Austrocknung der Frösche entsteht. Pro Lappen berechnet, werden 87 mE. bei Serie I,

1,46 mE. bei Serie II gefunden, was einer Abnahme von 98% bei der letzten gleichkommt. (C. R. Séances Soc. Biol. Filiales **148**. 1665–66. Okt. 1954.)
ANTJE SCHMIDT. 4560

L. F. Hartmann, *Über die diabetogene Wirkung verschiedener Somatotropine und ihre Veränderung durch Cortison.* Bei 10tägiger Injektion von Somatotropin, 1 mg/Tag (M. S. RABEN; I) u. *R 439137* (ARMOUR; II) an weibliche, 80 g schwere, seit 10 Tagen hypophysektomierte Ratten wird durch I eine mittlere Erhöhung des Körpergewichts um 16 g, durch II um 9 g, von beiden eine Verminderung desselben um 2 g bei hypophysektomierten, nichtbehandelten Tieren, Gewichtsvermehrung des Thymus u. durch I leichte Zunahme des Uterus festgestellt. Ovarien, Schilddrüse u. Nebenniere zeigen keine Gewichtsunterschiede. Von 8 Hunden mit partieller Pankreatektomie (77–84%, 24–33 Tage zuvor), n. glykäm., werden jedem 0,1, 0,2, 0,5 u. 1 mg I u. II/kg injiziert, wobei jedes Hormon 4 Tage lang bei gleicher Dosierung, die höhere Dosis 7–10 Tage nach Behandlungsende verabreicht wird, u. Tiere mit einer Glykämie von 1,50‰ (morgendlicher Nüchternwert) als diabet. betrachtet werden. Außer 0,1 mg I/kg/Tag wirkt jede injizierte Dosis I u. II bei 50% der Versuchstiere mehr oder weniger diabetisch. Vor- u. gleichzeitige Behandlung mit Cortison, 1 mg/kg/Tag, verstärkt die diabet. Rk. von I u. II. (C. R. Séances Soc. Biol. Filiales **148**. 1637–38. Okt. 1954. Buenos Aires, Inst. de Biol. et de Méd. exp.)
ANTJE SCHMIDT. 4560

Denis Abelson und **D. N. Baron**, *Die Einwirkung von Cortisonacetat auf die Senkung des Ascorbinsäuregehaltes in der Nebenniere nach Reizung.* Zwischen dem *Ascorbinsäure*-Geh. der linken u. der rechten Nebenniere findet sich ein beträchtlicher Unterschied, wenn zwischen der zeitlich verschied. Entnahme der beiden Drüsen (♂ weiße Wistarratten von ca. 150 g Lebendgewicht) Salzlsg. injiziert wird. Der dadurch verursachte Reiz bewirkt einen Unterschied von der Größenordnung 25%. Dieser bleibt aus, wenn den Tieren 2 Std. vor der Entnahme der ersten (linken) Nebenniere *Cortisonacetat* (10 bis 20 mg, schon 2,5 mg sind deutlich wirksam) injiziert wird. Erfolgt 2 Std. nach dieser Hormongabe eine Injektion von ACTH (0,6 γ), so tritt eine erneute Senkung des Ascorbinsäuregeh. in der rechten Nebenniere ein. Vff. glauben, daß das zugeführte Cortisonacetat auf dem Wege einer Hemmung der Hypophyse wirksam wird u. daß sich eine Möglichkeit ergibt, an mit Cortison vorbehandelten Ratten statt an hypophysektomierten Tieren ACTH auszutesten. Zwischen der Dosierung u. der Wrkg. von Cortisonacetat scheint eine lineare Beziehung zu bestehen. (Lancet **263**. 663–64. 4/10. 1952. London, Middlesex Hosp.)
H. DANNENBAUM. 4561

James W. Chappell, Robert H. Ebert und **William R. Barclay**, *Untersuchung des Einflusses von Cortison auf die Histaminreaktion der Haut beim Kaninchen mit Evansblau als Indicator.* Bei Kaninchen, welche intradermal in die Bauchhaut *Histamin* erhalten (0,2 cm³ in Konzz. von 0,1–1,0 mg/cm³) u. denen man sofort anschließend Evansblaulsg. in die Ohrvene spritzt (8 mg Farbstoff, gelöst in 10 cm³ n. Kochsalzlsg., bzw. 5 mg/1,6 cm³), bildet sich nach wenigen Min. ein blauer Hof um die Injektionsstelle in der Bauchhaut. Erhalten die Tiere aber 4 Tage lang vorher täglich 10 mg *Cortison*, so unterbleibt die Hofbldg. völlig oder tritt nur sehr abgeschwächt auf. Vff. führen den Nachw., daß diese Unterdrückung der Haut-Rk. nicht etwa auf Änderungen im Plasma oder auf einer Bindung des Farbstoffes an Bestandteile des Plasmas beruht, sondern auf einer starken Herabsetzung der Permeabilität der Zellwände in der Nähe der Injektionsstelle. (J. Lab. clin. Med. **39**. 896–901. Juni 1952. Univ. of Chicago, Dep. of Med.)
H. DANNENBAUM. 4561

A. Labhart, D. Jenkins und **P. H. Forsham**, *Zum Stoffwechsel der Nebennierenrindensteroide: Klinische Beobachtungen über den Abbau von Cortison und Compound F zu 17-Ketosteroiden.* Unterss. an nebennierenlosen Patienten ergaben, daß *Cortison* u. *Compound F* beim Menschen zu maximal 10 bzw. 15% zu 17-Ketosteroiden, vorwiegend Ätiocholanolon u. 11-Hydroxyandrosteron, abgebaut werden. Die Bedeutung der 17-Ketosteroide als wichtigstes Maß für die Nebennierenfunktion wird hervorgehoben. (Schweiz. med. Wschr. **82**. 877–80. 30/8. 1952. Boston, Mass., Harvard Med. School, Dep. of Med. u. Med. Klin. des Peter Bent Brigham Hosp.; Zürich, Univ., Med. Poliklinik.)
K. BÖHM. 4561

J. D. Romani, *Wirkung der Gluco- und Mineralocorticoide bei lokaler Injektion auf Glucoproteine des Rattenserums im Verlauf eines Hautemphysems.* Gluco- (I) u. Mineralocorticoide (II) sind in bezug auf das Glucoprotein des Serums entgegengesetzt wirksame Hormongruppen aus der Nebenniere. Eine Herabsetzung des I-Geh. im Serum wirkt fieberhemmend, während eine Vermehrung der II fiebertreibend wirkt. Die Hormone sind jedoch ohne Einfl. auf lokale Entzündungen, durch die Gewebeveränderungen auftreten können. (C. R. Séances Soc. Biol. Filiales **149**. 653–55. April 1955.)
R. LENSCHAU. 4561

Harold Levy und **Stanley Kushinsky,** *Die Isolierung von 19-Oxy-11-desoxycorticosteron und eines unbekannten, wirksamen Mineralocorticoids aus Progesteronperfusaten von Rindernebennieren.* 600 Rindernebennieren wurden mit 90 g Progesteron in 600 Liter Blut durchströmt. Der durch Adsorption des Perfusats an Aktivkohle u. Eluierung mit Aceton erhaltene Steroidrohextrakt wurde nach Lösen in Äthylacetat u. Neutralwaschen mehrfach an SiO_2-Gel chromatographiert. Nach Abtrennung von *17-Oxycorticosteron* u. Verteilungschromatographie an Celite 545 (CH_3OH–W., 1:1, u. Bzl.) konnte aus den Eluatenrückständen *19-Oxy-11-desoxycorticosteron,* F. 154–157° (CH_3OH), isoliert werden. Aus Bzl.–Äthylacetat (1:1)-Eluaten eines SiO_2-Gel-Chromatogramms gelang durch Umkristallisationen aus CH_3OH u. Verteilungschromatographie an Celite 545 die Abtrennung eines Mineralocorticoids, das durch Na-Wismutatoxydation zu *Δ^4-Androsten-19-ol-3.17-dion* als *17α.19-Dioxy-11-desoxycorticosteron* (I), F. 240–244°, λ_{max} 242 mμ (CH_3OH), 1660, 1625, 1705, 3525 cm^{-1}, identifiziert werden konnte; *Acetat,* 1730, 1230 cm^{-1}. In Dosen von 6 u. 0,5 γ ist I im Na-Retentionsvers. 1- u. 10fach so wirksam wie *Desoxycorticosteron.* Hinsichtlich Auslösung einer Eosinophilenabnahme besitzt I $< 1/_{10}$ der Aktivität von *Cortisonacetat.* (Arch. Biochem. Biophysics **55.** 290–93. März 1955. Shrewsbury, Mass., Worcester Found. for Exp. Biol.; Boston, Mass., Univ., Dep. of Chem.) K. MAIER. 4561

J. Malméjac, G. Chardon, A. Gross und **G. Neverre,** *Die Regulierung der sekretorischen Tätigkeit des Nebennierenmarks unter Einwirkung von Adrenalin.* Die genaue Unters. des durch Injektion von *Adrenalin* (I) ausgelösten, regulierenden Mechanismus nervenzentralen Ursprungs der I-Sekretion wird unter Ausschaltung zusätzlicher, peripherer Mechanismen mit Hilfe der Meth. der „gespritzten Nebenniere in situ" (vgl. C. R. Séances Soc. Biol. Filiales **144.** [1950.] 261) durchgeführt, wobei die allein durch I hervorgerufenen Sekretionsänderungen aus der Verminderung der Zangenwirkungen der venösen suprarenal-jugularen Anastomose beurteilt werden. Fortgesetzte Dosen von 0,5–1 γ I/kg/Min. ziehen gleichdauernde Red. der I-Sekretion nach sich, selbst dann, wenn die Injektion keine Blutdruckänderung bewirkt. 1–5 γ I/kg/Min. erzeugen anhaltende Hypertension. In jedem Fall vermögen die regulierenden, zentralen Mechanismen der I-Sekretion die Tätigkeit des Nebennierenmarks nicht vollständig auszuschalten, die trotz starker Einschränkung noch zur Auslösung cardiovasculärer Wirkungen ausreicht. (C. R. Séances Soc. Biol. Filiales **149.** 90–93. Jan. 1955.) ANTJE SCHMIDT. 4561

C. E. Rapela und **M. R. Covian,** *Über die Stimulierungsfrequenz der Eingeweidenerven und Nebennierensekretion von Adrenalin und Noradrenalin.* Es wird die Wrkg. verschied. Frequenzen u. Intensitäten des den großen Eingeweidenerv reizenden Stromes auf die Sekretion von *Adrenalin* (I) u. *Noradrenalin* (II) untersucht, indem bei mit Nembutal (33 mg/kg intravenös) anästhesierten Hunden nach Reizung des peripheren Endes des abgeschnittenen Symphaticus mit dem GRASSschen App. der I- u. II-Geh. des aus der Nebenniere gesammelten, mit Heparin (3 mg/kg intravenös, dann 1 mg/kg alle 20 Min.) versetzten, venösen Blutes für den jeweils herrschenden Blutdruck nach der Meth. von JALON u. BAYO bestimmt wird. Für gleiche Stromintensitäten werden mit einer Frequenz von 40 Stimulierungen/Sek. größere Mengen I u. II erzeugt als mit Frequenzen von 2–10 oder 450/Sek., wobei der I-Anteil bei 40 Stimulierungen/Sek. geringer als bei 10 bzw. 450/Sek. ist. Dies läßt sich 1. mit einer bevorzugten II-Sekretion, 2. dadurch, daß die größere Sekretionsgeschwindigkeit der Katechole ihre Methylierung herabsetzt, erklären. (C. R. Séances Soc. Biol. Filiales **148.** 1667–69. Okt. 1954.) ANTJE SCHMIDT. 4561

Danièle Gautheron und **Paulette Chaix,** *Über die Oxydation des Adrenochroms. Adrenochrom* (I) erleidet in Phosphatpuffer (p_H 7,3) in Abwesenheit von Cu eine spontane Oxydation, die nach Aufnahme von 2 Mol O_2 stehenbleibt. *Ag^+*-Ionen bewirken keine Beschleunigung, sondern eher eine Verlangsamung der Reaktion. In Ggw. äquimol. Mengen $CuCl_2$ u. I ist die Oxydations-Rk. etwas beschleunigt u. ebenfalls nach Verbrauch von 2 Mol O_2 beendet. Bei der I-Oxydation wird 1 Mol CO_2 abgespalten. In 0,03 mol. $NaHCO_3$-Puffer (p_H 7,3) findet keine I-Oxydation statt, d. h. unter den gleichen Bedingungen dürfte die Oxydation von *Adrenalin* auf der I-Stufe stehenbleiben. (Biochim. biophysica Acta [Amsterdam] **13.** 299–300. Febr. 1954. Lyon, Fac. des Sci., Labor. de Chim. Physiol.) K. MAIER. 4561

H. Weil-Malherbe, *Adrenalinbestimmung im strömenden Blut.* Bericht über eine neue fluorometr. Meth. zur Best. des *Adrenalin* (I)-Geh. im Blut. Prinzip: 1. Filtrieren einer Plasmapuffermischung (p_H 8,4) durch säurebehandeltes Al_2O_3 u. Elution mit 0,2n *Essigsäure.* 2. Behandlung des Eluats mit Gemisch von *Äthylendiaminhydrochlorid* mit *Äthylendiaminhydrat* bei 50°. 3. Extraktion des stabilen, fluorescierenden Kondensationsprod. mit *Isobutylalkohol* u. Messung der Fluorescenz. – Die Meth. hat gegenüber älteren fluorometr. Methoden den Vorzug, daß das intermediär gebildete labile *Adrenochrom* in statu nascendi abgefangen u. im Kondensationsprod. stabilisiert wird. Eine gesonderte Best. von I u. *Noradrenalin* ist mit dieser Meth. nicht möglich, jedoch recht genau die Summe der beiden sympathicomimet. Amine. (Naunyn-Schmiedebergs Arch. exp. Pathol. Pharmakol. **216.** 149–51. 1952. Wickford, Essex.)

H. BASFELD. 4561

E. Braun-Menendez, *Über die Schilddrüse und arterielle Blutdruckerhöhung.* Thyreoidektomie u. *Thiouracil,* 40 mg/Ratte/Tag, verursachen eine Erniedrigung des sehr erhöhten Blutdruckes bei Albinoratten mit starker Red. des Nierenvol. (bei Ligatur der linken Niere u. entfernter rechter Niere), u. normalisieren die geringere Hypertension bei Ratten mit schwächerer renaler Red. (Ligatur der linken Niere). Verabreichung von *Schilddrüsenpulver,* 15–20 mg/Tier/Tag per os, oder *Thyroxin,* 40 γ/Ratte/Tag subcutan, steigert die bereits vorhandene Hypertension bei starker renaler Red. u. erzeugt Blutdruckerhöhung in Ratten mit schwach red. Nieren; dabei bleibt Hypertension nach Behandlungsunterbrechung häufig bestehen. Vf. vermutet, daß eine Substanz, *Renotropin* (I), Wachstum u. Funktion der Niere regelt, deren Bldg. u. Abbau normalerweise durch die Niere im Gleichgewicht gehalten wird. Bei vermehrter I-Produktion infolge Hypophysen-, Schilddrüsen- oder Proteinwrkg. entsteht zur Wiederherst. des Gleichgewichts eine renale Hypertrophie, bei verminderter I-Erzeugung, durch Hypophysektomie oder Thyreoidektomie, Nierenschwund. Ist durch Red. oder Schädigung das Nierengewebe zur hypertroph. Rk. auf n. oder vermehrtes I nicht fähig, besteht durch Gleichgewichtsstörung Hypertension. Es wird angenommen, daß die Schilddrüse bei der experimentellen nephrogenen Hypertension eine wichtige Rolle spielt, die sich anscheinend in der Beeinflussung des Wachstums der Niere auswirkt. (C. R. Séances Soc. Biol. Filiales **148.** 1663–65. Okt. 1954.) ANTJE SCHMIDT. 4562

Joyce Cohen Lashof, Philip K. Bondy, Kenneth Sterling und **Evelyn B. Man,** *Der Einfluß von Muskeltätigkeit auf das zirkulierende Schilddrüsenhormon.* Durch Messung der Konz. des zirkulierenden *Thyroxins* u. der Geschwindigkeit des Verschwindens von injiziertem radioakt. Thyroxin wurde festgestellt, daß — im Gegensatz zu früheren Vorstellungen — beim Menschen durch Muskeltätigkeit keine Änderungen der peripheren Nutzbarmachung des Schilddrüsenhormons hervorgerufen werden. (Proc. Soc. exp. Biol. Med. **86.** 233–35. Juni 1954. New Haven, Conn., Yale Univ., School of Med., Dep. of Internal Med.)

H. v. PEZOLD. 4562

P. Galletti, H.-R. Held, H. Korrodi und **T. Wegmann,** *Experimentelle Untersuchung des Jod–Fluor-Antagonismus beim Menschen.* Die Rk. der Schilddrüse auf therapeut. *F*-Dosen wurde wie folgt bestimmt: Fixierung von ^{131}J in der Schilddrüse, Grundumsatzbest., Cholesterinspiegel, Best. des proteingebundenen J im Serum. Bei gleichzeitiger Einnahme von jodiertem Kochsalz u. einer cariesprophylakt. *F*-Dosis von 2,0 mg/Tag (4,4 mg NaF; *Zymafluor;* ZYMA S. A., Nyon, Schweiz) konnte mit den angegebenen Methoden keine Änderung der Schilddrüsenfunktion beobachtet werden. (Schweiz. Mschr. Zahnheilkunde **65.** 753–58. Aug. 1955. Zürich, Med. Univ., Poliklinik.)

P. G. SCHEURLEN. 4562

H. Hinglais und **M. Hinglais,** *Einfluß einer Fraktionierung der Dosen und der Verwendung eines Verzögerungsmittels auf die physiologische Wirkung des thyreotropen Hypophysenhormons.* Die Wrkg. der gleichen Dosis injizierten *thyreotropen Hypophysenhormons* auf das Gewicht der Schilddrüse weiblicher Meerschweinchen wird durch Verwendung eines Verzögerungsmittels (5%ig. Lsg. von Rohwachs in Erdnußöl) mehr als verdreifacht. Durch Aufteilung in 4 Dosen wird diese Wrkg. fast vervierfacht; die Kombination von Verzögerungsmittel u. Aufteilung der Dosis bewirkt fast eine Verachtfachung der Wirkung. (C. R. Séances Soc. Biol. Filiales **148.** 1053–55. Juni 1954.)

K. F. MÜLLER. 4562

Jean Roche, Raymond Michel und **Jamshed Tata,** *Über den Leberstoffwechsel des* D-*Thyroxins.* 180–200 g schweren, thyreoidektomierten Ratten werden subcutan Dosen von 1, 5, 9 u. 100 γ, in 3'.5'-Stellung mit ^{131}J gek. (Radioaktivität 2,5 mC) *D-Thyroxin* (I) injiziert, u. die Galle alle Std. innerhalb der ersten 8 Std., dann in der 24. Std. radiochromatograph. untersucht, unter Vgl. der Stellung der radioakt. Flecken mit denjenigen, die im Radioautogramm von nach Verabreichung von Radio-L-Thyroxin (II) erhaltenen Gallenausscheidungsprodd. vorhanden sind. Beide Autogramme haben Stellen der glucuronkonjugierten Verbb. von I u. II, der 3.5.3'.5'-Tetrajodthyrobrenztraubensäure sowie der Mineraljodverbb. gemeinsam, so daß der Entgiftungsprozeß sich für beide Isomere qualitativ anscheinend in gleicher Weise vollzieht, wobei der Bildungsmechanismus der durch Desaminierung aus I u. II entstehenden Ketosäure unterschiedlich sein kann. Aus quantitativen Unterss. der totalen ^{131}J-Eliminierung von freiem I

u. seiner glucuronkonjugierten Verbb. ergibt sich bei physiol. Dosierung ein langsamerer Stoffwechsel für das unnatürliche I; für den hepat. Stoffwechsel von I u. II sowie den des L-3.5.3'-Trijodthyroxins große Analogien. (C. R. Séances Soc. Biol. Filiales **148.** 1545 bis 1548. Okt. 1954.) ANTJE SCHMIDT. 4562

Evelyn B. Man, Philip K. Bondy, Elizabeth A. Weeks und **John P. Peters,** *Normaler Bereich des mit Butanol extrahierbaren Serumjods bei Erwachsenen.* Die Menge des mit Butanol extrahierbaren Serumjods lag bei 64 Erwachsenen im Alter von 22 bis 65 Jahren zwischen 3,2 u. 6,4 γ-%. Eine Beziehung zwischen dem Alter u. diesen Werten wurde nicht festgestellt. Bei Hyperthyreoidismus wurden Werte zwischen 6,5 u. 8,0 γ-% gefunden, so daß als obere Grenze für den Serumjodwert bei n. Funktion der Schilddrüse 6,4 γ-% anzunehmen ist. (Yale J. Biol. Med. **27.** 90—96. Nov. 1954. New Haven, Conn., Yale Univ., School of Med., Dep. of Internal Med.) G. KLESSE. 4562

John J. Mead, John Woodruff Ewell, Orville F. Rogers und **Evelyn B. Man,** *Mit Butanol extrahierbares Serumjod bei männlichen Studierenden.* Von 70 Studierenden im Alter von 18—31 Jahren zeigten 2 mit Serumjodwerten (vgl. vorst. Ref.) von 6,7 u. 7,3 γ-% in ihrem klin. Verh. deutliche hyperthyreoide Symptome, 4 mit J-Werten unter 3,2 γ-% waren hypothyreoid, während bei den übrigen Fällen mit n. Schilddrüsenfunktion die Werte zwischen 3,2 u. 6,4 γ-% lagen. (Yale J. Biol. Med. **27.** 97—100. Nov. 1954. Yale Univ., Dep. of Univ. Health, u. Dep. of Internal Med., Thyroid Labor.) G. KLESSE. 4562

R. Courrier, F. Morel und **A. Colonge,** *Eine indirekte Methode zur Bestimmung der Schilddrüsenfunktion.* Orientierung über die Schilddrüsenfunktion bei Ratten durch Messung des Verhältnisses von Radioaktivität im mg Blutkörperchensediment zu der im mg Plasma nach Injektion von 10 mg ^{131}J/100 g Gewicht, das n. ca. 0,14 beträgt u. nach Hypophysektomie bis zu 0,60 ansteigen kann. (Ann. d'Endocrinol. **15.** 751—56. 1954.) V. SACHS. 4562

B. A. Houssay, L. F. Hartmann und **A. F. Cardeza,** *Metacorticoider Diabetes beim Hund.* Bei subcutaner Injektion von *Cortison* (I), 1 mg/Tag, in fünf 24—2 Monate zuvor pankreatektomierte (77—84%) Hunde während 6, 16, 20, 21 u. 35 Tagen tritt bei dem letzten Tier vom 29. Tag an Diabetes auf, der nach Behandlungsunterbrechung permanent ist. Unter 5 partiell pankreatektomierten Hunden mit 14-, 17-, 25-, 36- u. 41tägigen I-Dosen von 5 mg/kg·Tag wird das während 36 Tagen injizierte Tier permanent diabetisch. 3 operierte Hunde mit 7,5 mg I innerhalb 32 u. 26 Tagen bzw. 10 mg I in 45 Tagen werden nicht diabet.; ihre LANGERHANSschen Inseln weisen Hyperplasie u. Erhöhung der Inselzahl auf. Bei subcutaner Injektion von *Hydrocortison* (II), 5 mg/kg·Tag, sind 2 operierte Tiere nach 28 Tagen permanent diabetisch. Die Inseln der diabet. Tiere zeigen Volumenverminderung u. Degeneration des Wassergeh. der B-Zellen, die Vacuolen enthalten viel Glykogen. Weiterhin werden Gewebeveränderungen der Nebenniere, Schilddrüse, Nebenschilddrüse u. Niere, Glykogenablagerungen in den Vacuolen der beiden letzten sowie Fettleber beobachtet. I u. II sind weit weniger diabetogen als die hypophysären Hormone, wobei II aktiver ist als I. (C. R. Séances Soc. Biol. Filiales **148.** 1645—46. Okt. 1954. Buenos Aires, Inst. de Biol. et de Méd. exp.) ANTJE SCHMIDT. 4564

M. F. Guly, L. A. Michailowskaja und **R. G. Degtjar,** *Über die Störung des Tricarbonsäure-Oxydationscyclus und die Wege seiner Normalisierung beim Diabetes.* Aus Leberhomogenat gesunder Kaninchen verschwindet unter anaeroben Bedingungen *Citronensäure* (I) bei gleichzeitiger Ansammlung großer Mengen von *Essigsäure* (II), selbst bei Zusatz von Monojodacetat, welches die Dehydrase der Iso-I hemmt. Die Bldg. von II erfolgt nicht nur auf Kosten von I, sondern auch von Glykogen, welches jedoch nur bei Ggw. von I als Quelle für II dient. Der chem. Mechanismus dieses Vorganges ist nicht bekannt. In Leberhomogenaten alloxandiabet. Kaninchen ist die Bldg. von II aus I vollständig gehemmt u. dementsprechend die Ausscheidung von I mit dem Harn beim diabet. Tier stark erhöht. Durch Zusatz von Insulin zum Homogenat wird die Hemmung beseitigt, so daß hierin wahrscheinlich ein Angriffspunkt des Insulins zu suchen ist. Die Tatsache, daß Acetatzufuhr die Ausscheidung von I mit dem Harn alloxandiabet. Kaninchen um mehr als die Hälfte red. u. im Leberhomogenat die Umwandlung von I in II deutlich erhöht, spricht dafür, daß II auf zweierlei Art mit dem oxydativen Tricarbonsäurecyclus verbunden ist: II wird in diesem Cyclus oxydiert u. aktiviert gleichzeitig die Umwandlung von I. Dadurch erklärt sich auch die günstige Wrkg. eines Gemisches äquimol. Mengen der Na-Salze von I, II u. Bernsteinsäure beim Diabetes. (Вопросы Медицинской Химии [Fragen med. Chem.] **1.** 426—36. Nov./Dez. 1955. Kiew, Biochem. Inst. der Akad. der Wiss. der UkrSSR.) E. RENTZ. 4564

David A. Rosen, Gertrude D. Maengwyn-Davies, Bernard Becker, Howard H. Stone und **Jonas S. Friedenwald,** *Xanthurensäureausscheidung bei Diabetes mit und ohne*

Netzhauterkrankung. Diabet. Patienten mit u. ohne Netzhauterkrankung scheiden im Durchschnitt größere Mengen *Xanthurensäure* aus als Nichtdiabetiker. Zwischen Patienten mit u. ohne Netzhauterkrankung besteht kein Unterschied. (Proc. Soc. exp. Biol. Med. **88.** 321–23. März 1955. Wilmer Ophthalm. Inst., Johns Hopkins Hosp and Univ.)
R. HÄHNEL. 4564

R. B. Merrifield und **D. W. Woolley,** *Isolierung und Strukturaufklärung eines Peptids mit Strepogeninaktivität.* Das Peptid (I) wurde aus dem sauren Partialhydrolysat von Rinderinsulin (II) durch Fraktionierung an Dowex 2 u. Dowex 50 isoliert. Aus 1 g **II** konnten 12 mg **I** gewonnen werden. Die Reinheit von **I** wurde auf verschied. Wegen nachgewiesen. **I** konnte als *Serylhistidylleucylvalylglutaminsäure* identifiziert werden. **I** besitzt eine Aktivität von 80 E./mg (Standardleberextrakt: 1 E./mg). Außerdem konnte ein weiteres unreines Peptid: *Serylhistidylleucylvalylglutamylalanylleucin* mit einer Aktivität von 100 E./mg in einer Ausbeute von 9mg isoliert werden. Diese Peptide machen jedoch nur 2% der von **II** erzielbaren Strepogeninaktivität aus. (Arch. Biochem. Biophysics **56.** 265–66. Mai 1955. New York, N. Y., Rockefeller Inst. for med. Res.)
K. NEHRING. 4564

R. B. Merrifield und **D. W. Woolley,** *Die Isolierung und Strukturaufklärung von Peptiden mit Strepogeninaktivität.* 1. Mitt. *Serylhistidylleucylvalylglutaminsäure und Serylhistidylleucylvalylglutamylalanylleucin aus Insulin.* Ausführliche Wiedergabe der vorst. referierten Arbeit. (J. Amer. chem. Soc. **78.** 358–62. 20/1. 1956. New York, N. Y., Rockefeller Inst. for Med. Res.)
E. SCHWERDTFEGER. 4564

M. Broglie, G. Voss, E.-G. Berg und **O. Rühling,** *Vorläufige Erfahrungen bei der peroralen Behandlung des Diabetes mit dem Sulfonamid „Nadisan".* Klin. Erfahrungen an 50 zuckerkranken Patienten, die mit *Nadisan* (*N^1-Sulfanilyl-N^2-n-butylcarbamid*; BOEHRINGER, Mannheim) behandelt wurden, zeigen, daß der therapeut. Effekt vom Konstitutionstyp abhängig ist. Gute Erfolge wurden beim Altersdiabetes (adipos-sthen. Typus; >55 Jahre), Versager bei Kindern, Jugendlichen u. zur Acidose neigenden Patienten beobachtet. — Nach einleitender höherer Dosierung (3,5–1,5 g/Tag) wurden vom 4. Tage an meistens nur noch 1 g/Tag benötigt. Oft hält nach einer 8–10tägigen Behandlung der Effekt ohne weitere Verabfolgung über viele Wochen an. — Die Kontraindikationen werden angegeben. (Die Medizinische **1956.** 656–59. 28/4. Neumünster/H., Friedrich Ebert Krankenhaus.)
P. LOCH. 4564

P. J. Mathias und **C. W. Sheppard,** *Eine obere Grenze für den Gehalt an Acetylcholin und seine Synthese in menschlichen Erythrocyten.* Der *Acetylcholin* (I)-Geh. menschlicher Erythrocyten beträgt $<0,08\,\gamma/cm^3$; bei mit Cholinesteraseinhibitoren gesättigten Zellen ist keine Zunahme der Synth. zu beobachten. Eine Synthesegeschwindigkeit von $>6,3\,\gamma/g$·Std. für mit Aceton hergestellte Pulver von roten Blutzellen war nicht festzustellen. Es ist zweifelhaft, ob die beobachtete Aktivität das Ergebnis einer enzymat. Synth. von I ist. Berechnungen zeigen, daß die Geschwindigkeit $<{}^1/_{50}$ von der zur Lieferung der für die Akkumulation von K^+ gegen einen Konzentrationsgradienten erforderlichen freien Energie benötigten ist. Die Umwandlung des I der Erythrocyten als Mechanismus, mit dessen Hilfe die Zellen K-Ion anreichern, ist daher von zweifelhafter Bedeutung. (Proc. Soc. exp. Biol. Med. **86.** 69–74. Mai 1954. Oak Ridge, Tenn., Oak Ridge Nat. Labor., Biol. Div.)
TH. MARSSON. 4569

W. O. Read, *Der Wirkungsmechanismus des Hypertensins.* Im Arteriengewebe von Ratten ist bei Hypertension der Geh. an Kreatin u. säurelösl. P erniedrigt. Die Aktivität der *Adenosintriphosphatase* (I) des Actomyosins wird durch *Renin* (II) in Abwesenheit von Salzen im Aortagewebe erhöht u. im Herzmuskel erniedrigt. Ca^{2+} hemmt die Wrkg. des **II**, in Ggw. von $Ca^{2+} + K^+$ ist die I-Aktivität etwa wie bei den Kontrolltieren. Im isolierten Rattenuterus bewirkt *Hypertensin* (III) Zunahme des Na^+- u. Abnahme des K^+-Gehaltes. **III** verursacht eine Aufnahme von K^+ ins Gewebe, wenn die äußere Konz. an K^+ hoch u. an Na^+ gering ist. (Amer. J. Physiol. **182.** 545–47. Sept. 1955. Vermillion, S. D., Univ. of South Dakota, School of Med., Dep. of Physiol. u. Pharmakol.)
A. DILLMANN. 4569

D. F. Elliott und **W. S. Peart,** *Aminosäurefolge in einem Hypertensin.* (Vgl. PEART, C. **1956.** 8380.) Durch Anwendung von Carboxypeptidase, partieller Säurehydrolyse, stufenweisem Abbau nach EDMAN, Trypsin, Chymotrypsin u. Aminopeptidase konnten Vff. für das durch Einw. von Kaninchen-Renin auf Rinderserum erhaltene *Hypertensin* die Struktur Asp·Arg·Val·Tyr·Val·His·Pro·Phe·His·Leu nachweisen. Die Bestätigung soll durch Synth. erbracht werden. (Nature [London] **177.** 527–28. 17/3. 1956. London, Mill Hill, Nat. Inst. for Med. Res. and St. Mary's Hosp., Med. Unit.)
E. SCHWERDTFEGER. 4569

E. Werle, M. M. Forell und **L. Maier,** *Über einen neuen Inaktivator des Kallikreins in Eiklar.* Eiklar von Hühnern u. Enten inaktiviert *Kallikrein* (I) aus Harn, nicht jedoch I aus Pankreas. 0,015–0,1 cm^3 Eiklar inaktivieren eine I-Einheit. Vorsichtiges Ansäuern mit n HCl führt in wenigen Sek. zur völligen Reaktivierung. Der Inaktivator ist säure-, alkali- u. hitzelabil, er ist hochmol., wird durch Halbsättigung mit $(NH_4)_2SO_4$ gefällt u. ist nach Abdialysieren des $(NH_4)_2SO_4$ völlig in W. löslich. Er stellt ein Protein oder Proteid der Globulinfraktion dar, da er durch krist. Trypsin u. durch eine pflanzliche Proteinase (Dymal) abgebaut wird. Das Pankreas-I wird auch in Ggw. von krist. *Ovomucoid* (Antitrypsin) nicht inaktiviert. Da ein proteolyt. Abbau des Inaktivators ausgeschlossen werden konnte, scheint sich das Pankreas-I im Bau vom Harn-I zu unterscheiden. Der neue I-Inaktivator ist von allen bisher bekannten I-Inaktivatoren (aus Blutserum, Ohrspeichel u. Lymphdrüsen des Rindes sowie aus Kartoffeln) verschieden. Vff. geben anschließend eine Zusammenstellung der Eigg. anderer biol. akt. Proteine aus Eiklar [Ovomucoid, Avidin, Con-Albumin, Lysozym (Globulin G 1) u. Häm-Agglutinin-Inhibitor], die eine Abgrenzung gegen den I-Inaktivator ermöglichen. (Naturwissenschaften **41.** 89. 2. Febr.-H. 1954. München, Univ., Wiss. Labor. der Chirurg. u. I. Med. Klin.) HANS THIELE. 4569

Pierre Burtin, Lucien Hartmann, René Fauvert und **Pierre Grabar,** *Untersuchungen zur Identifizierung des Bence-Jonesschen Eiweißkörpers. Der Wert der immunchemischen Methode.* Der Nachw. des BENCE-JONESschen Eiweißkörpers (I) im Urin von Myelomkranken mittels Erhitzen des Urins auf 56° ist unsicher. Die elektrophoret. Unters. ist nur bei starker I-Ausscheidung anwendbar. Dagegen ist die Diffusionsmeth. in Agargel nach OUCHTERLONY bei Verwendung eines Immunserums vom Pferd, das mit Humanserum immunisiert war, äußerst empfindlich u. zuverlässig. In 23 von 24 Fällen konnte so der Nachw. des I geführt werden (C.. R. hebd. Séances Acad. Sci. **241.** 339–41. 18/7. 1955.) E. FISCHOEDER. 4572

Harry G. Albaum, Theodore Cayle und **Arthur Shapiro,** *Blutspiegel von Adeninnucleotiden.* Ausführliche Beschreibung der Best. von Gesamt-*Adeninnucleotiden* (I), nämlich von *Adenylsäure* (II), *Adenosinphosphat* (III) u. *Adenosintriphosphat* (IV) im Blut. I bleiben über eine längere Zeit fast gleichmäßig, während **II, III** u. **IV** beträchtliche Schwankungen von Woche zu Woche aufweisen. In frisch entnommenem Blut bleibt der Blutspiegel der Nucleotide für fast 90 Min. aufrechterhalten, wenn das Blut unter Heparin entnommen wird. Bei Verwendung von Oxalat wird **IV** schnell zu **III** u. **II** umgewandelt. Die Höhe des **IV**-Blutspiegels wächst bei intramuskulären Injektionen von Muskel-**II** u. **IV**, aber nicht bei Hefe-**II** an. (J. clin. Invest. **30.** 525–30. Mai 1951. Brooklyn, N. Y., Brooklyn Coll., Biol. Res. Labor.) H. PATZSCH. 4572

A. Comfort und **M. Weatherall,** *Porphyrine im Urin des normalen Menschen.* Die *Porphyrine* (I) des Urins n. junger Männer wurden durch Adsorption an *Talcum* bei p_H 2–2,5 extrahiert, mit Methanol–H_2SO_4 verestert, aus Bzl. mit steigenden Konzz. Chlf. u. schließlich mit Methanol–Chlf. chromatographiert. Nach Hydrolyse ergab die papierchromatograph. Analyse vorwiegend *Kopro*-I. Daneben waren an der Aluminium-Oxyd-Säule noch andere I papierchromatograph. nachweisbar. (Biochem. J. **56.** XIX–XX. März 1954. London, London Hosp. Med. Coll., Dep. Pharmacol.) W. SCHELER. 4572

H. Gohr, *Hämoglobin und Gallenfarbstoffe in der Diagnostik.* (Ärztl. Praxis 4. Nr. 18. 7 Seiten. 1/5. 1954.) W. SCHELER. 4572

P. G. Cole, G. H. Lathe und **Barbara H. Billing,** *Trennung der Gallenfarbstoffe des Serums, der Galle und des Urins.* Papierchromatograph. lassen sich im Serum von Patienten mit Verschlußikterus 2 polare Gallenfarbstoffe (*I* u. *II*, wobei *II* stärker polar als *I*) trennen. Sie geben beide die „direkte" Diazo-Rk., unterscheiden sich aber in ihren Spektren voneinander wie auch von *Bilirubin.* Komponente *I* besitzt ein Maximum bei 452, *Bilirubin* bei 450 mμ. Komponente *II* bei 448 mμ. Das Serum von Patienten mit hämolyt. Ikterus enthält ein „indirekt" reagierendes, nichtpolares Pigment, das ein mit dem *Bilirubin* ident. Spektr. aufweist. Beide Stoffe dürften ident. sein. Die Diazotierungsprodd. von „direkt" u. „indirekt" reagierenden Farbstoffen unterscheiden sich in ihrer Absorption nicht. Sie besitzen ein Maximum bei 526 mμ (p_H 4,0). (Biochem. J. **57.** 514–18. Juli 1954. London, Postgr. Med. School, Dep. Chem. Pathol.) W. SCHELER. 4572

Ralph E. Bernstein, *Natrium- und Kaliumgleichgewicht in den roten Blutkörperchen von Säugetieren.* Flammenspektrophotometr. Unterss. der roten Blutzellen ergaben für verschied. Säugetiere große Unterschiede im K- u. Na-Geh., dagegen ein ähnliches Verhältnis Chlorid/Bicarbonat. Der Mechanismus der Verteilung von K u. Na muß daher ein anderer sein als der für Chlorid u. Bicarbonat. Das Verhältnis K/Na war abhängig von dem Grade der Zellglykolyse. Der Vorgang der K-Anhäufung in den Erythrocyten bildet einen gewissen Gegensatz zu dem Diffusionsprozeß in Nerven u. Muskeln. (Science [Washington] **120.** 459–60. 17/9. 1954. Johannesburg, South Africa, Univ. of Witwatersrand, Med. School, Dep. of Physiol.) TH. MARSSON. 4573

Gunnar Brante, *Radiochrom in Blutuntersuchungen.* 1. Mitt. *Methodik der Bestimmung des Volumens und der Überlebenszeit der Erythrocyten.* Durch Anwendung von hochakt. $Na_2{}^{51}CrO_4$ (25–50 mC/mg Cr), kleinen Mengen Blut (maximal 10 ml), kurzer Markierungsdauer (10–15 Min.) u. durch vorsichtige Arbeitsweise gelingt es, eine ^{51}Cr-Aufnahme von über 90% zu erzielen. Die Arbeitsweise wird eingehend beschrieben. Die Unters. der Überlebenskurven der Erythrocyten nach deren Markierung mit ^{51}Cr an gesunden Individuen führt zu einer Bestätigung der „Normalkurve" von MOLLISON u. VEALL (Brit. J. Haematol. **1955.** 62); die Meth. ist jedoch vorläufig mit Vorsicht anzuwenden. (Nord. Med. **55.** 119–26. 26/1. 1956. Eskilstuna, Centrallasarett, Centrallabor.) R. K. MÜLLER. 4573

Gunnar Brante, *Radiochrom in Blutuntersuchungen.* 2. Mitt. *Überlebenszeit von ^{51}Cr-markierten Erythrocyten bei hämolytischen Zuständen und perniciöser Anämie.* (1. vgl. vorst. Ref.) In Ergänzung der angeführten Fälle der Literatur werden eigene Befunde bei der Best. der Überlebenszeit der Erythrocyten nach der Meth. mit ^{51}Cr mitgeteilt, bes. in Fällen von angeborener u. erworbener hämolyt. Anämie (auch mit Leukämie, in Zusammenhang mit Arzneimitteln, bei Urämie), bei unklassifizierten Fällen u. bei perniciöser Anämie. Im letzten Falle lassen sich die Befunde so deuten, daß die Überlebenszeit der Perniciosa-Erythrocyten im eigenen Gefäßsyst. ohne Behandlung n. sein kann, daß aber die Behandlung, bes. in schweren Fällen, die Fähigkeit des Körpers, patholog. Erythrocyten auszuscheiden, erhöhen kann. – 21 Literaturhinweise. (Nord. Med. **55.** 126–32. 26/1. 1956.) R. K. MÜLLER. 4573

Stanton Segal und **James B. Wyngaarden,** *Glutamin- und Oxypurinplasmagehalt bei Patienten mit Gicht.* Prüfung der Angaben von ORSTRÖM u. ORSTRÖM (vgl. Acta med. scand. **138.** [1950.] 108), wonach bei Gicht Erniedrigung der *Glutamin* (**II**)- u. Erhöhung der *Oxypurin* (**II**)-Spiegel vorliegen soll. Unterss. an 10 Gichtkranken u. 10 Kontrollen. Best. des **I**-Plasmageh. nach 2 beschriebenen Methoden: unter Benutzung der spezif. Glutaminase von E. coli bzw. einer sauren Hydrolysemethode. **II**-Nachw. an den gleichen Serumproben durch Best. der Zunahme des Harnsäuregeh. nach Incubation mit hochgereinigter Xanthinoxydase. Kein Unterschied im **I**-Geh. des Plasmas bei den beiden Gruppen; Erhöhung des **II**-Spiegels nur in einem Fall mit Gicht. (Proc. Soc. exp. Biol. Med. **88.** 342–45. März 1955. Bethesda, Md., National Inst. of Arthritis and Metabolic Diseases.) H. DOSSMANN. 4574

R. Ardry, R. Barré, J. E. Courtois und **J. Storck,** *Die mit Formaldehyd und Wärme behandelten Plasmaproteine.* 1. Mitt. *Physikochemische Untersuchungen.* Zur Despezifizierung von Plasmaproteinen im Hinblick auf ihren Antigencharakter wird die gleichzeitige Behandlung mit *Formaldehyd* (**I**) u. Wärme angewandt. Vff. unters. mittels freier u. Papierelektrophorese sowie Na_2SO_3-Fällung an Rinderplasma den Einfl. von Einwirkungszeiten, Temp., **I**-Konz. u. p_H auf die Despezifizierung. Außerdem wurden chem. die Mengen an gebundenem **I** bestimmt. Es ergab sich, daß die **I**-Bindung an die Plasmaproteine durch Dialyse rückgängig gemacht werden kann, wenn die **I**-Einw. in der Kälte erfolgte, anderenfalls ist sie irreversibel. Durch die Erhitzung erfolgt eine Strukturveränderung der nativen Proteine, die durch Papierelektrophorese u. Na_2SO_3-Fällung nachweisbar ist. Mit steigendem p_H zwischen 7,0 u. 10,0 erfolgt eine vermehrte **I**-Bindung an die Proteine. Maximal treten 25% der durch Phytinsäure titrierbaren Aminogruppen in Rk. u. ca. 17% der biuretogenen Gruppen verschwinden. Es wird die Methodik der Despezifizierung im Labormaßstab beschrieben. (Bull. Soc. Chim. biol. **36.** 1053–65. 1954. Paris, Univ., Fac. de Pharm., Labor. de Chim. Biologique et Service Central de Transfusion de l'Armée.) K. NEHRING. 4574

J. J. Perez und **J. Storck,** *Die mit Formaldehyd und Wärme behandelten Plasmaproteine.* 2. Mitt. *Immunologische Untersuchung.* (1. vgl. vorst. Ref.) Vff. untersuchten die Antigeneigg. von Rinderplasma, das durch Einw. von Formaldehyd u. Wärme bei p_H 7,3 u. 10,5 despezifiziert wurde, sowie die der gleichbehandelten *Fraktion V* nach COHN. Alle Präpp. zeigen beim Kaninchen Antigenwrkg., jedoch viel schwächer als n. Plasma. Unterschiede der bei p_H 7,3 u. 10,5 behandelten Plasmen konnten nicht festgestellt werden. Durch die Despezifizierung erhält das Plasma eine neue Antigenspezifität, während die ursprünglichen fast völlig unterdrückt werden. Im Gegensatz hierzu behält die Fraktion *V* die ursprüngliche Antigenspezifität. (Bull. Soc. Chim. biol. **36.** 1067–75. 1954. Inst. Pasteur et Serv. Centr. de Transfusion-Réanimation de l'Armée.) K. NEHRING. 4574

R. Ardry und **J. Storck,** *Die mit Formaldehyd und Wärme behandelten Plasmaproteine.* 3. Mitt. *Allgemeine Betrachtungen über den Mechanismus der Despezifizierung.*

Praktische Schlußfolgerungen. (2. vgl. vorst. Ref.) Aus ihren Unterss. ziehen Vff. den Schluß, daß die Despezifizierung hauptsächlich auf einer Spaltung intramolekularer Bindungen u. Blockierung von reaktionsfähigen Aminogruppen beruht. Neben *Formaldehyd* (I) könnten auch andere Agentien zur Blockierung verwandt werden. I reagiert bei allen Tempp. unter Methylenisierung, während bei Tempp. $>57^0$ feste Methylenbrücken geknüpft werden, wobei die erste Rk. reversibel ist. Nach Ansicht der Vff. lassen sich auf diesem Wege despezifizierte Rinderplasmaproteine als wertvoller Ersatz menschlichen Plasmas in der Therapie einsetzen. Die Natur der auftretenden neuen Antigenität soll in weiteren Unterss. geklärt werden; sie beruht möglicherweise auf der Adsorption von Spuren nativen Proteins an das denaturierte Protein. (Bull. Soc. Chim. biol. **36.** 1077—85. 1954. Clamart/Seine, Serv. Centr. de Transfusion de l'Armée.)
K. NEHRING. 4574

Joseph Bernsohn und **Leila S. G. Cochrane,** *Elektrophoretische Fraktionierung des Serumproteins bei multipler Sklerose.* Elektrophoret. Unterss. des Serumproteins von 27 Patienten mit multipler Sklerose ergaben eine erhöhte *α_2-Globulinfraktion* (12,4% gegenüber n. 8,9%) u. verminderte *Albuminfraktion* (55% gegenüber n. 60,2%). Hierdurch wird das A/G-Verhältnis deutlich auf 1,25 (n. 1,52) erniedrigt. (Proc. Soc. exp. Biol. Med. **86.** 540—42. Juli 1954. Hines, Ill., VA Hosp., Med. Res. Serv.)
H. LEHWALD. 4574

Ruth Blasius und **Walter Seitz,** *Die Beeinflussung der elektrophoretischen Wanderungsgeschwindigkeit von Serumglobulinen durch Zusatz von Heparin.* Das Elektrophoresediagramm von n. u. patholog. Seren mit abgestuften Zusätzen von *Heparin* (I) (*Na*-Salz) ergab in allen Fällen gegenüber der Kurve des unveränderten Serums charakterist. Verschiebungen, die von der Art des Serums u. der I-Menge abhängig waren. Die Wanderungsgeschwindigkeit der *Albumine* (II) war den unvermischten Seren gegenüber stets unverändert, die der Serum-*Globuline* (III) durch I stets beschleunigt. Bis zu bestimmten I-Konzz. wird jeweils die gesamte I-Menge von der großen Oberfläche der Serumproteine gebunden. Die Ladung der Komplexverbb. aus I u. III ist anscheinend größer als die ursprüngliche. α-III werden hierdurch II-ähnlich, β- u. γ-III bzgl. Wanderungsfähigkeit im elektr. Feld α-III-ähnlich. Die Bindungsfähigkeit von III für I ist anscheinend größer als die von II. (Klin. Wschr. **30.** 905—06. 1/10. 1952. München, Univ., Med. Poliklin.)
K. MAIER. 4574

Esko Nikkilä und **Nils Oker-Blom,** *Wirkung der Bentonitbehandlung auf Serumprotein, Phospholipoide und Cholesterin.* Um Serum lipoidfrei zu bekommen, wurde es mit 0,1 n HCl bzw. 0,1n NaOH auf p_H 5,5; 6,0; 6,5; 7,0; 7,5 u. 8,0 u. gebracht u. eine 0,4%ig. Lsg. von Bentonit (I; Montmorillonite) bis zu einem Gesamtgeh. von 0,2% I zugegeben. Bei p_H 8,0 verminderte sich das Serumprotein (II) um 10%, maximal bei p_H 5,5. Größtmögliche Verminderung von Lipoiden bei geringstem II-Verlust trat bei p_H 7,5 oder darüber ein. — Bei p_H 8,0 wurde Serum mit Salzlsg. u. I bis zu einer I-Konz. von 0,2; 0,3; 0,4; 0,5 u. 0,6 verdünnt. In der 0,6%ig. I-Lsg. nahmen *Cholesterin* um 100%, *Phospholipoide* um 80%, II um höchstens 15% ab. — Bei der Elektrophorese sanken in der 0,6%ig. I-Lsg. die β-Globuline auf 30% ab ohne Verlust von α-Globulinen. (Ann. Med. exp. Biol. fenn. **30.** 51—58. 1952. Helsinki, Univ., Dep. of Med. Chem. u. Serology and Bacteriology.)
J. BROSEMANN. 4574

Günter Thomascheck, *Klinische Kritik des synthetischen Heparins. Thrombocid in der Geburtshilfe und Frauenheilkunde.* Von 28 wegen Thrombosen mit *Thrombocid* (I) behandelten Frauen waren 22 nach 1 Jahr völlig beschwerdefrei, bei 6 traten nach schwerer körperlicher Anstrengung Ödeme am befallenen Bein auf. Die Behandlung mit I in der Schwangerschaft zeigte keine Störung derselben, noch wiesen die Kinder Schäden auf. In seiner Wrkg. steht I dem *Heparin* nicht nach, die Verträglichkeit ist gut. Bei einer größeren Anzahl von Patientinnen trat nach längerer Applikation von I ein starker u. diffuser Haarausfall auf. Der erneut einsetzende Haarwuchs war aber sehr stark u. die Applikation von Vitamin D_2 6—7 Wochen nach Therapie mit I lassen diese Nebenerscheinung vermeiden oder wenigstens vermindern. Eine Einschränkung der Therapie mit I wegen dieser Erscheinung lehnt Vf., mit dem Hinweis auf die Vermeidung von Thrombosespätschäden bei Fehlen von I, ab. Sofort nach Beginn der Thrombose einsetzende Therapie mit I zeigt nach 3—4 Tagen eine deutliche Besserung des Zustandes. Auch bei Verwendung von I in der Gynäkologie zeigten sich ähnlich gute Ergebnisse. (Geburtshilfe u. Frauenheilkunde **11.** 1077—89. Dez. 1951. Berlin-Neukölln, Städt. Frauenklinik.)
C. W. REICHLE. 4574

F. E. Binet, E. R. Thretewie und **Fay M. Gaffney,** *Die Extraktion eines neuen Antikoagulans aus der Leber.* Vff. gelang durch Extraktion u. stufenweise Reinigung die Isolierung einer gelben Substanz aus Säugetierleber. Der Stoff weist $^1/_{50}$ der Heparinaktivität auf u. ist imstande beim Kaninchen, bei Injektion von 15 mg, die Gerinnungsfähigkeit des Blutes für die Dauer einer Std. deutlich herabzusetzen. (Austral. J. exp. Biol. med. Sci. **29.** 233–41. Mai 1951. Adelaide, Inst. of Medical and Veterinary Science.) C. W. REICHLE. 4574

C. R. Ricketts, *Antikoagulierende Wirkung eines Chitosanschwefelsäureesters.* Vf. erhielt aus Krabbenschalen *Chitin* nach der von JEANLOZ u. FORCHIELLI (Helv. chim. Acta **33.** [1950.] 1690) modifizierten Meth. von BRACH. Die N-Acetylgruppe wurde durch Schmelzen mit KOH in N_2-Atmosphäre entfernt u. das *Chitosan* als wasserlösl. *Hydrochlorid* isoliert. Elektrophorese auf einem Papierstreifen bei p_H 8,6 u. 0,05mol. Barbituratpuffer zeigte, daß das Chitosan auf die Kathode zu wandert, Braunfärbung mit verd. V_2-Lösung. Durch Behandlung mit Chlorsulfonsäure u. Pyridin wurde *Chitosansulfat* erhalten. Papierelektrophorese bei p_H 8,6 zeigte eine Bewegung des Chitosansulfats auf die Anode zu, Farb-Rk. mit Toluidinblau, nicht mit V_2. Ein in vitro-Vers. zeigte 11 Einheiten von antikoagulierender Aktivität pro mg Chitosansulfat, u. intravenöse Injektion bei einem Kaninchen ergab eine Einw. auf die Blutgerinnungszeit, die in Größe u. Dauer mit diesem Wert übereinstimmte. Demgegenüber besitzt Heparin ca. 100 E/mg. So scheint es, daß Sulfonierung von Chitosan nicht die hohe antikoagulierende Aktivität wie die des Heparins besitzt. (Res. Corresp., Suppl. zu: Research **6.** Nr. 3. 17s–18s. März 1953. Birmingham, Accident Hospital, Med. Res. Council Industrial Injuries and Burns Res. Unit.) D. AMELUNG. 4574

Werner Grüning, *Klinische Erfahrungen mit dem Heparinoid „Thrombo-Stop".* Vf. berichtet auf Grund von Erfahrungen an 37 Personen über ein neues Präp., das den Vorteil hat, neben der intravenösen Anwendung, erstmals auch rectal verabreicht werden zu können, wobei jedoch im Mastdarm optimale Verhältnisse gefordert werden. Kontrollen der Gerinnungszeit sind ausreichend, bei Überdosierung läßt sich das Thrombo-Stop durch Protaminsulfat neutralisieren. Nebenerscheinungen wurden nicht beobachtet. (Med. Mschr. **5.** 281–83. April 1951. Frankfurt/M., Univ., Chirurg. Klinik.) C. W. REICHLE. 4574

Karl-Heinz Barrakling, *Über klinische Erfahrungen mit dem Antithromboticum Thrombodym.* Vf. berichtet über 9 Patienten, die mit dem Antithromboticum *Thrombodym* (Neodymsalz der *3-Sulfoisonicotinsäure*) behandelt wurden. Anfangs beobachtete Thrombosen nach Injektion des Präp., welche auf die eiweißfällende Wrkg. zurückgeführt werden, konnten später, nach Verdünnung des Präp. mit physiol. Kochsalzlsg., vermieden werden. Das Mittel zeigt einen guten Erfolg, wird gut vertragen, u. allerg. Symptome traten nicht in Erscheinung. Es wurden, nach der Anfangsdosis von 2 Ampullen, morgens u. abends 1 Ampulle intravenös verabfolgt, wobei jeweils nach Injektion von 5 cm^3 der Prothrombinspiegel auf 20–30% der Norm fiel. Die therapeut. Wirkungsbreite hielt 12 Std. an. (Aerztl. Wschr. **6.** 699–701. 27/7. 1951. Hamburg, Univ., 1. Med. Klinik.) C. W. REICHLE. 4574

D. S. Rowe, *Kolloidosmotischer Druck von Dextran, Serum und Dextran–Serum-Gemischen.* Vf. untersucht erstmalig den osmot. Druck von *Dextran* (I)–*Serum*-Gemischen mittels einer für das I-Mol. impermeablen Cellulosemembran, wobei der Druck gleichbleibt, u. mittels einer für das I-Mol., aber nicht für *Serumproteine* permeablen Membran, wobei der Druck erheblich niedriger ist. Die Verss. zeigen, daß der osmot. Druck einer gegebenen Dosis I nicht nur von der Durchschnittszahl des Mol.-Gew., sondern auch von der Kurve seines osmot. Druckes/Konz. u. der Konz. der Plasmaproteine abhängt. (Nature [London] **175.** 554–55. 26/3. 1955. Birmingham, Univ., Dep. of Experiment. Pathol.) G. WELTZIEN. 4576

Oscar Touster, Ruth M. Hutcheson und **Louise Rice,** *Der Einfluß von D-Glucuronolacton auf die Ausscheidung von L-Xylulose durch Menschen und Meerschweinchen.* Außer bei an Pentosurie erkrankten Tieren u. Menschen wurde bei Verfütterung von *D-Glucuronolacton* an gesunde Menschen u. Meerschweinchen *L-Xylulose* im Harn in Spuren nachgewiesen. Die Isolierung der Pentosen erfolgte über Ionenaustauscher zum Teil nach Versetzen mit Boratpuffer. Ihre Best. mit *Cystein–Carbazol* (I) erwies sich als günstiger als die *Orcin* (II)-Methode. Die Trennung erfolgte auf papierchromatograph. Wege mit Anthron u. Naphtholresorcin als Entwickler. Die Chromatogrammeluate wurden nach Behandlung mit **II** bzw. **I** spektrophotometr. ausgewertet. (J. biol. Chemistry **215.** 677–84. Aug. 1955. Nashville, Tenn., Vanderbilt Univ., School of Med.) H. HRUSCHKA. 4577

Yves Saudray, *Utilisation der Lipidreserven während der Eiablage und der Entwicklung des Embryos bei zwei Crustaceen: Ligia oceanica Fab. und Homarus vulgaris Edw.* Während das Weibchen der Ligia oceanica Fab. durch das Eierlegen einen Gesamttrockengewichtsverlust von ca. $^1/_6$ erleidet, beträgt ihr Verlust an Lipiden (I) dabei mehr als die Hälfte, der aber nach der Eiablage langsam wieder ausgeglichen wird. Beim Schlüpfen ist das Trockengewicht der Jungen um ca. $^1/_3$ größer als der des Eies zum Zeitpunkt des Legens; dagegen nimmt der I-Geh. im gleichen Zeitraum bei den Ligia-Embryonen um 32% u. bei den Larven des Homarus vulgaris um 60% ab. Im Falle der I-Oxydation während der Embryogenese würde dies einem für Wasserorganismen außerordentlich hohen Verbrauch der Reserven gleichkommen; da jedoch gleichzeitig bei beiden Organismen eine beträchtliche Zunahme der Extraktivstoffe (II) beobachtet wurde (die 6- bzw. 3fachen Ausgangswerte), vermutet Vf. Umwandlung eines großen Teiles der I in II. (C. R. Séances Soc. Biol. Filiales **148.** 814—16. Mai 1954. Luc-sur-Mer, Labor. de Biol. marine.) F. KRUSEN. 4583

William C. Rose, G. Frederick Lambert und **Minor J. Coon,** *Der Aminosäurebedarf des Menschen.* 7. Mitt. *Allgemeine Methoden; der Tryptophanbedarf.* (6. vgl. C. **1955.** 5351.) Drei quantitative Verss. an n. jungen ♂ Versuchspersonen ergaben, daß zur Aufrechterhaltung einer positiven N-Bilanz 0,15; 0,15 u. 0,25 g *L-Tryptophan* (I) pro Tag erforderlich waren. 15 weitere junge Männer wurden bei täglich 0,25 g I gehalten; es konnten zwischen I-Bedarf u. Körpergewicht, Oberfläche oder Kreatininausscheidung keine Beziehungen festgestellt werden. Als täglicher Minimal-I-Bedarf wird von Vff. versuchsweise 0,25 g angenommen. 0,50 g I sind daher als Sicherheitsmenge anzunehmen; weitere Unterss. dürften diesen Wert gegebenenfalls erniedrigen. Die Sicherheitsmenge entspricht jedoch nicht der optimalen Zufuhr, die zweifellos noch höher liegt, aber durch direkte Messungen nicht zugänglich ist. Zwei Verss., *L*-I durch *D*-I zu ersetzen, ergaben, daß *D*-I durch den Menschen kaum, wenn überhaupt, verwertet wird. (J. biol. Chemistry **211.** 815—27. Dez. 1954. Urbana, Ill., Univ., Noyes Labor. of Chem., Div. of Biochem.) K. NEHRING. 4585

William C. Rose, Minor J. Coon, G. Frederick Lambert und **E. E. Howe,** *Der Aminosäurebedarf des Menschen.* 8. Mitt. *Die Stoffwechselwirksamkeit der optischen Isomeren des Acetyltryptophans.* (7. vgl. vorst. Ref.) Verss. an n. jungen ♂ Versuchspersonen zur Erhaltung des N-Gleichgewichtes bei einer *L-Tryptophan*-freien Diät ergaben, daß *Acetyl-D-Tryptophan* (wie D-Tryptophan) vom Menschen nicht in nennenswerter Menge verwertet wird. Die Verwertung des Acetyl-L-Tryptophans entspricht derjenigen des L-Tryptophans u. die Verwertung des DL-Tryptophans wird durch Acetylierung ebenfalls nicht beeinflußt. (J. biol. Chemistry **212.** 201—05. Jan. 1955. Urbana, Ill., Univ., Noyes Labor. of Chem., Div. of Biochem. and Rahway, New Jersey, Merck and Comp., Inc., Res. Labor. Chem. Div.) K. NEHRING. 4585

William C. Rose, Byron E. Leach, Minor J. Coon und **G. Frederick Lambert,** *Der Aminosäurebedarf des Menschen.* 9. Mitt. *Der Phenylalaninbedarf.* (8. vgl. vorst. Ref.) N-Bilanzverss. an 6 n. jungen ♂ Versuchspersonen ergaben einen täglichen Minimalbedarf von 0,80; 0,80; 0,90; 1,00; 1,00 bzw. 1,10 g *L-Phenylalanin* (I) zur Aufrechterhaltung einer positiven N-Bilanz. Beziehungen zwischen I-Bedarf u. Körpergewicht, Körperoberfläche oder Kreatininausscheidung konnten nicht gefunden werden. Nach den Ergebnissen sehen Vff. versuchsweise 1,10 g I als Minimalbedarf u. 2,20 g als Sicherheitsdosis an, wobei der letzte Wert durch weitere Unterss. möglicherweise erniedrigt werden kann; der Optimalbedarf dürfte jedoch höher liegen. Verss. an 4 Personen zeigten, daß D-I in gewissem Umfange verwertet wird, jedoch überschreitet die tägliche Inversion ca. 0,55 g nicht, so daß der Minimalbedarf durch D-I allein nicht gedeckt werden kann. DL-I in Gaben, die den Minimalbedarf an L-I decken oder leicht überschreiten, erwies sich jedoch als nahezu ebenso wirksam wie L-I. (J. biol. Chemistry **213.** 913—22. April 1955. Urbana, Ill., Univ., Noyes Labor. of Chem., Div. of Biochem.) K. NEHRING. 4585

William C. Rose, Aleck Borman, Minor J. Coon und **G. Frederick Lambert,** *Der Aminosäurebedarf des Menschen.* 10. Mitt. *Der Lysinbedarf.* (9. vgl. vorst. Ref.) 6 N-Bilanzunterss. an n. jungen Männern ergaben einen Minimalbedarf von 0,4—0,8 g *L-Lysin*/Tag zur Aufrechterhaltung des N-Gleichgewichtes. Es konnten keine Beziehungen zwischen Lysinbedarf u. Körpergewicht, -oberfläche oder Kreatininausscheidung gefunden werden. Als Sicherheitsgabe werden 1,6 g/Tag vorgeschlagen, wobei diese Menge durch weitere Unterss. gegebenenfalls erniedrigt werden kann. Verss. L-Lysin durch *D-Lysin* zu ersetzen, führten zu negativen N-Bilanzen, so daß geschlossen werden kann, daß die D-Form kaum oder überhaupt nicht durch den Menschen verwertet wird. Anzeichen für eine erhöhte Ausschüttung organ. Säuren im Harn nach Lysinmangelkost konnten nicht gefunden werden. (J. biol. Chemistry **214.** 579—87. Juni 1955. Urbana, Ill., Univ., Noyes Labor. of Chem., Div. of Biochem.) K. NEHRING. 4585

William C. Rose, Minor J. Coon, Haines B. Lockhart und **G. Frederick Lambert,** *Der Aminosäurebedarf des Menschen.* 11. Mitt. *Der Threonin- und Methioninbedarf.*

(10. vgl. vorst. Ref.) Verss. an 3 Versuchspersonen ergaben einen Minimalbedarf von täglich 0,6 u. 1,0 g *DL-Threonin* (I) u. 0,5 g L-I zur Aufrechterhaltung der N-Bilanz. Der Minimalbedarf wird daher versuchsweise auf 0,5 g L-I festgesetzt u. die Sicherheitsdosis auf 1,0 g L-I. Verss. an 26 jungen Versuchspersonen ergaben, daß bei Verabreichung der Sicherheitsdosis in jedem Fall eine positive N-Bilanz erhalten wurde. Verss. an 5 Versuchspersonen zeigten einen Minimalbedarf an *Methionin* (II) von 0,8; 0,9; 0,9; 1,0 u. 1,1 g/Tag, wobei D-II ebenso wirksam wie L-II war. Es werden daher versuchsweise 1,1 g II als Minimaldosis u. 2,2 g II/Tag als Sicherheitsdosis angegeben. Verss. an 20 Versuchspersonen bestätigten die Sicherheitsdosis. Eine Beziehung zwischen I- u. II-Bedarf u. Körpergewicht, -oberfläche oder Kreatininausscheidung konnte nicht gefunden werden. (J. biol. Chemistry **215**. 101—10. Juli 1955. Urbana, Ill., Univ., Noyes Labor. of Chem., Div. of Biochem.) E. SCHWERDTFEGER. 4585

William C. Rose, Charles H. Eades jr. und **Minor J. Coon**, *Der Aminosäurebedarf des Menschen.* 12. Mitt. *Der Leucin- und Isoleucinbedarf.* (11. vgl. vorst. Ref.) Die nach der üblichen Meth. der Vff. angestellten N-Bilanzverss. mit 5 n. jungen Männern ergaben einen täglichen Minimalbedarf von 0,50; 0,50; 0,70; 0,70 u. 1,10 g *L-Leucin* (I). Eine Beziehung zwischen Minimalbedarf u. Körpergewicht, -oberfläche oder Kreatininausscheidung konnte nicht gefunden werden. Mit *D-Leucin* konnte selbst bei 2,20 g pro Tag keine positive N-Bilanz erreicht werden. Der Minimalbedarf an *DL-Isoleucin* betrug bei vier Versuchspersonen 1,40; 1,40; 1,40 u. 1,30 g pro Tag. Während die D-Form wirkungslos war, zeigte die L-Form die doppelte Wirksamkeit der rac. Aminosäure. Als tägliche Minimalgabe werden daher versuchsweise 1,10 g I u. 0,70 g *L-Isoleucin* (II) angesehen, während die Sicherheitsdosis dementsprechend 2,20 g I u. 1,40 g II beträgt. (J. biol. Chemistry **216**. 225—34. Sept. 1955.) E. SCHWERDTFEGER. 4585

William C. Rose und **Robert L. Wixom**, *Der Aminosäurebedarf des Menschen.* 13. Mitt. *Die Sparwirkung von Cystin auf den Methioninbedarf.* (12. vgl. vorst. Ref.) An n. jungen ♂ Versuchspersonen wurde zunächst der *Methionin* (I)-Bedarf in Abwesenheit von *L-Cystin* (II) in der Nahrung bestimmt. Es wurde dann der Versuchskost ein Überschuß an II zugesetzt u. erneut der I-Bedarf bestimmt. Die Ergebnisse zeigen, daß II 80—89% des Minimalbedarfes an I beim Erwachsenen zu ersetzen vermag. Es wird auf die Bedeutung dieser Befunde für die Aufbesserung der I-armen Kost von Eingeborenen hingewiesen. (J. biol. Chemistry **216**. 763—73. Okt. 1955.)
E. SCHWERDTFEGER. 4585

William C. Rose und **Robert L. Wixom**, *Der Aminosäurebedarf des Menschen.* 14. Mitt. *Die Sparwirkung von Tyrosin auf den Phenylalaninbedarf.* (13. vgl. vorst. Ref.) Vff. bestimmten in N-Bilanzunterss. den Mindestbedarf an *Phenylalanin* (I) von 2 n. jungen ♂ Versuchspersonen, einmal ohne gleichzeitige Verabreichung von *Tyrosin* (II) u. einmal in Ggw. von überschüssigem II. Es konnte gezeigt werden, daß 70—75% des I-Bedarfs, jedoch nicht der gesamte I-Bedarf, durch II gedeckt werden können. Ob diese Sparwrkg. auch unter gewöhnlichen Ernährungsbedingungen von prakt. Bedeutung ist, bleibt zu überprüfen. (J. biol. Chemistry **217**. 95—101. Nov. 1955.)
E. SCHWERDTFEGER. 4585

William C. Rose, Robert L. Wixom, Haines B. Lockhart und **G. Frederick Lambert**, *Der Aminosäurebedarf des Menschen.* 15. Mitt. *Der Valinbedarf; Zusammenfassung und abschließende Beobachtungen.* (14. vgl. vorst. Ref.) In Verss. an 5 n. ♂ Versuchspersonen wurde der tägliche Minimalbedarf an *DL-Valin* zur Erhaltung einer positiven N-Bilanz zu 0,8; 0,8; 1,2; 1,4 u. 1,6 g bestimmt. Da L-Valin die doppelte Wirksamkeit von DL-Valin besitzt, während D-Valin die N-Bilanz nicht beeinflußt, werden als Minimalbedarf versuchsweise 0,8 g u. als Sicherheitsdosis 1,6 g L-Valin angesehen. Es werden die Ergebnisse der Unterss. des Bedarfs an Tryptophan, Phenylalanin, Lysin, Threonin, Methionin, Leucin, Isoleucin u. Valin für den Erwachsenen zusammengefaßt, u. die Bedeutung der Werte wird diskutiert. Abschließend werden Beobachtungen mitgeteilt, wonach Histidinmangel nicht zu einer erhöhten Ausscheidung von Indoxylverbb. im Harn führt u. Argininmangel keinen Einfl. auf die Spermatogenese hat. (J. biol. Chemistry **217**. 987—95. Dez. 1955. Urbana, Ill., Univ., Noyes Labor. of Chem., Div. of Biochem.) E. SCHWERDTFEGER. 4585

William C. Rose und **Robert L. Wixom**, *Der Aminosäurebedarf des Menschen.* 16. Mitt. *Die Rolle der N-Einnahme.* (15. vgl. vorst. Ref.) Die Unterss. an n. jungen ♂ Versuchspersonen dienen der Klärung der Frage, welche N-Menge erforderlich ist, um die Synth. der nichtessentiellen Aminosäuren zu sichern, wenn die Sicherheitsmengen der 8 essentiellen Aminosäuren mit der Nahrung zugeführt werden. Enthält die Versuchskost, bei der aller N (mit Ausnahme von 0,35 g, die aus Nebenbestandteilen oder Verunreinigungen stammen) in Form synth. Aminosäuren vorliegt, 3,50 g N, so ist das N-Gleichgewicht gesichert. Hiervon stammen 1,42 g aus den wirksamen Formen der essentiellen Aminosäuren, 0,52 g aus den unwirksamen Isomeren, 1,21 g aus Glycin u. 0,35 g aus undefinierten Quellen. Unter der Annahme, daß dieser, z. B. in stärkehaltigen Nahrungsmitteln enthaltene N vom Organismus verwertbar ist, errechnet sich ein täglicher Bedarf von 2,55 g N für die Synth. der nichtessentiellen Aminosäuren. (J. biol. Chemistry **217.** 997—1004. Dez. 1955.) E. SCHWERDTFEGER. 4585

Hermann Fink, Ilse Schlie und **Ursula Ruge,** *Über die Zusammensetzung, die Verdaulichkeit und die Eiweißqualität des Mycels von Penicillium notatum. Ein Beitrag zur Verwertung der Pilzabfälle bei der Penicillingewinnung.* Das bei der Herst. von Penicillin anfallende Mycel von Penicillium notatum wurde getrocknet, seine Zus. festgestellt u. in Fütterungsverss. an Ratten auf Verdaulichkeit u. biol. Wertigkeit (BW) des Eiweißes untersucht. Der Proteingeh. der Proben schwankte zwischen 27,3—45,9% u. entsprach den Werten für derartige Mycele; der Rohfasergeh. betrug 10—13%. Die Verdaulichkeit des Rohproteins lag im Tiervers. bei 59%. Die Best. der BW ergab einen Wert von ca. 60% u. entsprach damit den Werten der Torulahefe; das Eiweiß ist also relativ hochwertig. (Hoppe-Seyler's Z. physiol. Chem. **292.** 251—63. 1953. Köln, Univ., Inst. für Gärungswissenschaft u. Enzymchemie.) K. NEHRING. 4585

J. H. Taylor und **W. S. Gordon,** *Wachstumsfördernde Wirkung inaktivierten Penicillins bei Ferkeln.* Ein Teil des Nutzens, der von einer *Penicillin* (I)-Ergänzung des Futters ausgeht, rührt von einem oder mehreren Abbauprodd. des **I,** wahrscheinlich der Aminosäure *Penicillamin,* her. Durch Hitze inaktiviertes **I,** das überhaupt keine antibakterielle Wrkg. zeigt, erhöht signifikant die Wachstumsrate von Ferkeln, wenn es entweder peroral oder subcutan gegeben wird. Im Verdauungstrakt, Serum oder Urin von Tieren, die inaktiviertes **I** erhalten hatten, konnte kein **I** gefunden werden. (Nature [London] **176.** 312—13. 13/8. 1955. Compton, Berks., Agric. Res. Council, Field Stat.) H. PATZSCH. 4585

Claude Calet und **Raymond Jacquot,** *Einfluß des Aureomycins auf die Körperzusammensetzung der weißen Ratte.* Der Vgl. zwischen der Zus. der Körper von Tieren, die *Aureomycin* (I) erhalten haben, u. von Kontrolltieren von gleichem Gewicht zeigt, daß die Wrkg. des **I** auf das Wachstum hauptsächlich auf einer frühzeitigen Verfettung u. nicht auf einem proteinogenen Zuwachs beruht. Bei einer bestimmten Menge zugeführten Futters (100 g) erzeugte das Tier dreimal soviel *Lipide,* wenn es **I** erhielt, wie die Kontrolle. (C. R. hebd. Séances Acad. Sci. **240.** 1370—72. 21/3. 1955.) H. PATZSCH. 4585

S. Balasundaram, H. R. Cama, P. R. Sundaresan und **T. N. R. Varma,** *Hochwirksame Vitamin-A_2-Öle aus indischen Süßwasserfischen.* Spektrophotometr. Best. nach CAMA u. MORTON (vgl. C. **1954.** 6038) des Vitamin-A_1- u. -A_2-Geh. im Leberöl von ind. Süßwasserfischen. *Vitamin A_1* verhält sich zu *Vitamin A_2* in den verschied. Ölen wie 1:9. Das letzte ist hauptsächlich als Ester vorhanden. (Nature [London] **176.** 554—55. 17/9. 1955. Bangalore, Ind., Indian Inst. of Sci., Dep. of Biochem.) HEINRICH HERMANN. 4587

C. H. Monfoort, *Über das Verhältnis von Thiaminpyrophosphatgehalt zur Geschwindigkeit der Succinaldehydsäurebildung in Muskelhomogenaten von normalen und Thiaminmangeltauben.* (Vgl. C. **1952.** 7043.) Der Geh. von Muskelhomogenaten der Taube an *α-Ketoglutarsäuredecarboxylase,* die α-Ketoglutarsäure zu *Succinaldehydsäure* abbaut, nimmt bei *Thiaminpyrophosphat* (I)-Mangel langsamer ab als der der anderen **I**-abhängigen Fermente (einschließlich Brenztraubensäuredecarboxylase; vgl. l. c.). Der Fermentgeh. nimmt bei n. Tieren ebenso wie der **I**-Geh. in der Reihenfolge Brust- > Herz- > Beinmuskel ab, in derselben Reihenfolge fällt die Empfindlichkeit gegen **I**-Mangel. (Biochim. biophysica Acta [Amsterdam] **9.** 572—73. Utrecht, Netherlands, Univ., Labor. for Physiol. Chem.) H.-J. KOCH/Berlin. 4587

Árpád Pusztai, *Papierchromatographische Bestimmung der Vitamine der B_6-Gruppe und einiger Derivate.* Bei der papierchromatograph. Unters. der B_6-Vitamine konnte festgestellt werden, daß runde Flecke nur aus Lösungsmittelgemischen, welche niedrige Alkohole bzw. Alkylacetate enthalten, erhältlich sind. Am besten bewährte sich die Mischung von Äthylacetat–Pyridin–W. im Verhältnis 2:1:2. Die R_F-Werte liegen zwar nahe aneinander, doch ist die Trennung möglich. Die Verss. werden im dunklen ausgeführt, weil die Verbb. lichtempfindlich sind. Die Chromatogramme werden bei Raumtemp. getrocknet u. unter der Quarz-Analysenlampe bezeichnet. Geeignet ist das sehr wenig fluorescierende Papier Sch. u. Sch. 2043 A. Zur genauen Best. wurde die zweidimensionale Meth. verwendet. Zum ersten Anlaufen wird die schon erwähnte Lsg., zur rechtwinkeligen Trennung eine Mischung von Propanol–konz.Ammoniak–W. [6:1:3] verwendet. Diese Mischung ist zur Trennung von Phosphaten ebenfalls geeignet, es konnte so Pyridoxinphosphat neben dem verunreinigenden anorgan. Phosphat in drei Isomere getrennt werden. Schneidet man unter der Quarzlampe die Flecke aus, kann nach dem Eluieren die Menge der Komponenten nach HANES u. ISHERWOOD bestimmt werden. (Magyar Kémiai Folyóirat [Ung. Z. Chem.] **60.** 323—25. Nov. 1954. Budapest, Biochem. Inst.) J. PLANK. 4587

Tsoo E. King und **F. M. Strong,** *Synthese und Eigenschaften von Pantothensäuremonophosphaten.* (Vgl. C. **1951.** II. 2200.) Im Hinblick auf die unbekannte Konst. des als ein Phosphorsäurederiv. der Pantothensäure angesehenen Coenzyms A wurden die Eigg. der α- u. *γ-Monophosphate der Pantothensäure* (I) untersucht. Die Synth. dieser Verbb. wird ausführlich beschrieben. Es wurde gefunden, daß diese Verbb. gegen saure u. alkal. Hydrolyse sehr widerstandsfähig sind. Die Monophosphate sind gegenüber *Lactobacillus arabinosus* inakt., werden aber nach enzymat. Dephosphorylierung voll aktiv. Sie sind gegenüber *Acetobacter suboxydans* inaktiv. Das γ-Phosphat ist gegenüber Hefe inakt., die α-Verb. dagegen gegenüber *Saccharomyces cerevisiae* akt., wahrscheinlich wegen der Ggw. von β-Alanin als Verunreinigung. Diese Monophosphate wirkten nicht antagonist. gegenüber I bei diesen Organismen in Konzz. bis zum 5000fachen von I, aber auch nicht ergänzend in Ggw. von suboptimalen Konzz. von I. (J. biol. Chemistry **191.** 515—21. Aug. 1951. Madison, Univ., Coll. of Agric., Dep. of Biochem.) J. SCHWAIBOLD. 4587

Joseph T. Velardo und **Frederick L. Hisaw,** *Der Hemmeffekt von Aminopterin auf die Entwicklung der Decidua.* Bei ovariektomierten, durch *Progesteron*-Behandlung pseudoträchtig gemachten Ratten hemmte *Aminopterin* (I) in einer Dosierung von 15—40 γ/Tag die Entw. der Decidua. Erhöhung der Verabreichung von *Progesteron* u. *Folsäure* (II) verursachte eine partielle Umkehr der Hemmung. Bei Verabreichung von *Citrovorum-Faktor* (*Leucovorin*) u. I im Verhältnis 1:1 wird die Hemmung der Decidualentw. völlig aufgehoben. — Die Ergebnisse sprechen dafür, daß die I-Wrkg. spezif. u. die Hemmung der Decidualentw. nicht tox. bedingt ist. Zur Bldg. der Decidua erscheint II notwendig. (Amer. J. Physiol. **172.** 535—40. März 1953. Cambridge, Mass., Harvard Univ., Biol. Labor.) WOLFGANG ALBRECHT. 4587

E. C. de Renzo und **F. I. Dessau,** *Die Verhinderung von durch Aminopterin induzierter Knochenmarkaplasie mittels Folacin und Folinsäure.* Tägliche orale Verabfolgung von 10 γ *Aminopterin* (I) an Ratten rief innerhalb von 5 Tagen eine schwere Knochenmarkaplasie hervor. Gleichzeitige Injektion von 150 γ *Folinsäure* (II; als synth. Ca-Leucovorin) unterdrückte jedoch die tox. Wrkg. des I. Folacin zeigte ebenfalls einen Effekt, war aber nur $^1/_{50}$ so akt. wie Leucovorin. Ascorbinsäure u./oder Vitamin B_{12} zeigten hinsichtlich der Steigerung der Wrkg. submaximaler Folacindosen keinen Effekt, was gegen Angaben in der Literatur spricht, daß Ascorbinsäure bei der Umwandlung von Folacin in II eine Rolle spielt. (Proc. Soc. exp. Biol. Med. **86.** 231—33. Juni 1954. Pearl River, N. Y., Amer. Cyanamid Co., Lederle Labor. Divis., Chem. and Biol. Res. Section.) H. v. PEZOLD. 4587

Robert F. Prier, Philip H. Derse und **Carl H. Krieger,** *Der Einfluß von Bisulfit und Nitrit auf mikrobiologische Vitamin-B_{12}-Bestimmungen.* Die mikrobiol. Meth. zur Best. von *Vitamin B_{12}* in B_{12}-Präpp. nach der USP (unter Verwendung von *Lactobacillus leichmannii*) wurde modifiziert, indem Bisulfitlsgg. u. Nitritlsgg. verschied. Konz. (0,025 g $NaHSO_3$/g Probe = a u. 0,25 g $NaHSO_3$/g = b bzw. 0,02 g $NaNO_2$/g = c u. 0,2 g $NaNO_2$/g = d) zur Extraktion der Probe verwendet wurden. Bei Proben mit niedrigem B_{12}-Geh. (0,16—1,3 γ B_{12}/g Probe) stimmten die Werte der mit a u. b. u. der mit c behandelten Proben überein; die Werte der mit d behandelten Probe lagen höher. Bei Proben mit höherem B_{12}-Geh. (ca. 12—25 γ B_{12}/g Probe) ergaben die mit b behandelten Proben höhere Werte als die mit c behandelten; auch die mit d behandelten Proben ergaben höhere Werte als die mit c. — Es ergab sich ferner eine steigende Rk. von L. leichmannii gegenüber B_{12} in Abhängigkeit von einer steigenden Nitritmenge von 0,002—2,0 g pro 0,2 γ B_{12}; oberhalb dieser Nitritmenge trat Hemmung ein. Innerhalb von Sulfitkonzz. bis zur Hemmungskonz. (0,25 g $NaHSO_3$ pro 0,2 γ B_{12}) zeigte sich keine Veränderung der Rk. des Testorganismus gegenüber B_{12}. (Arch. Biochem. Biophysics **40.** 474—76. Okt. 1952. Madison, Wisc., Alumni Res. Foundation.) K. F. MÜLLER. 4587

R. Karlin, *Veränderungen des Vitamin-B_{12}-Gehaltes der Frauenmilch während der Lactation.* Der Geh. der Humanmilch an *Vitamin B_{12}*, der im Colostrum hoch ist, nimmt im Verlauf von 2—3 Lactationsmonaten progressiv bis zu einem Wert von ca. 0,2 mγ/ml ab; nach dieser Zeit verändert er sich im Gegensatz zu Beobachtungen an Wiederkäuern nur sehr wenig. (C. R. Séances Soc. Biol. Filiales **148.** 1419—22. Aug./Sept. 1954. Lyon, Inst. Pasteur, C. N. R. S.) F. KRUSEN. 4587

K. G. Shenoy und **G. B. Ramasarma,** *Eisen als Stabilisator der Vitamin-B_{12}-Aktivität von Leberextrakten und die Art des sogenannten alkalistabilen Faktors.* Die von

Vff. beobachtete höhere Thermostabilität (120°, 30 Min.) der *Vitamin-B_{12}* (I)-Aktivität nichtfraktionierten wss. Leberextraktes (II) gegenüber derjenigen verd. Lsgg. der hieraus erhaltenen in 70%ig. A. lösl. Fraktion beruht auf dem Fe-Gehalt. Die stabilisierende Wrkg. des in 70%ig. A. unlösl. II-Anteils wurde durch Zusatz von $FeSO_4$ oder $FeCl_3$ gesteigert. Fe-Zusatz schützte die I-Aktivität von Leberextrakten bei 30 Min. Erhitzen auf 120° bei p_H 10, während bei wss. Lsgg. (p_H 10,0) von krist. I u. *Vitamin B_{12b}* dieser Effekt fehlte. Nach diesen Befunden stellt 30 Min. Erhitzen bei p_H 10,0 u. 120° infolge der Abhängigkeit vom Fe-Geh. kein wirksames Mittel zur Zerstörung des Vitamins in Extrakten dar. (Arch. Biochem. Biophysics **55.** 293—95. März 1955. Bombay, India, Raptakos, Brett & Co., Ltd., Res. and Control Div.) K. MAIER. 4587

Georges Tixier und **Jean Neudörffer,** *Über die Bestimmung von Vitamin B_{12} in Leberextrakten.* Vff. schlagen zur Best. von *Vitamin B_{12}* eine mikrobiol. Meth. unter Anwendung von *Escherichia coli* u. *Lactobacillus leichmannii* vor. Einzelheiten vgl. Original. (Bull. Soc. Chim. biol. **36.** 1173—75. 1954. Paris, 18, rue Hamelin, Labor. Georges Tixier.) H. KOCKERT. 4587

P. Hagen, *Die Verteilung der Ascorbinsäure zwischen den Partikel- und Nichtpartikelkomponenten der Nebennieren- und Leberzellen. Ascorbinsäure* (I)-Bestimmungen in den Partikel- u. Nichtpartikelfraktionen von Cytoplasma, das durch Hochgeschwindigkeitzentrifugieren von Saccharosedispersionen aus Ochsennebennierenmark u. -rinde sowie aus Hundeleber gewonnen worden war, zeigten, daß I ausschließlich bzw. fast ausschließlich in der Nichtpartikelfraktion enthalten ist. — Es wird ein weiterer Beweis dafür gebracht, daß die Lokalisierung des Ag-Nd. bei der Einw. von $AgNO_3$-Lsg. auf Medullargewebe keinen eindeutigen Anhaltspunkt für die Verteilung von I in der lebenden Zelle gibt. (Biochem. J. **56.** 44—46. Jan. 1954. Oxford, Univ., Dep. of Pharmacol.) H. v. PEZOLD. 4587

J. de Ley, *Die Funktion von D-Araboascorbat bei der direkten Oxydation von Glucose.* Durch Zellen von Aerobacter sp. wird *D-Araboascorbat* (I) nur langsam u. unvollständig (ca. 10% der theoret. O_2-Aufnahme) oxydiert. In Phosphatpuffer tritt Autoxydation unter Aufnahme von 1 Mol O_2 über die Bldg. von *Dehydro*-I (II) hinaus ein, die durch hitzeinaktivierte Zellen (30 Min. bei 100°) sehr stark inhibiert wird. Danach ist I wahrscheinlich kein Zwischenprod. der direkten Glucoseoxydation. Als einzige C-Quelle in einem synthet. Medium ruft I kaum ein Wachstum bei Aerobacter oder Klebsiella hervor. Beim Stoffwechsel von II wird bei p_H 7 der Lactonring geöffnet, unter Bldg. von *2.3-Diketomannonat* (?) u. einer $AgNO_3/NH_4OH$ red. Substanz mit dem R_F-Wert 0,54; dieses Gemisch von wenigstens 3 Substanzen wird von Bakterien unter Aufnahme von 1 Mol O_2 u. späterer langsamerer O_2-Aufnahme veratmet, wonach anscheinend auch der II-Stoffwechsel in keiner Beziehung zum direkten Oxydationssyst. steht. (Biochem. biophysica Acta [Amsterdam] **9.** 574. Nov. 1952. Ghent, Belgium, State Univ., Veterin. Coll., Biochem. Labor.) H.-J. KOCH/Berlin. 4587

James S. Dinning, *Die Bedeutung des Vitamins E für die Regulierung der Umsatzgeschwindigkeit der Nucleinsäuren.* Bei Ratten mit *Vitamin-E* (I)-Mangel erfolgt ein schnellerer Einbau von ^{14}C-Formiat in die Nucleinsäuren der Leber u. des Muskels gegenüber Kontrolltieren. Die spez. Aktivitäten der aus Leber isolierten *Ribonucleinsäuren* (II) u. *Desoxyribonucleinsäuren* (III) betrugen 13,5 u. 8,5 pro μMol Phosphat bei den Kontrollen, während die Werte bei den Versuchstieren für II 36,2 u. für III 12,8 betrugen. Die spez. Aktivitäten der Purine aus II betrugen für die Kontrollen 28,3 u. für die Versuchstiere 82,0 pro μMol Base. II-Werte für den quergestreiften Muskel: Kontrolle 10,8, Versuchstiere 16,6 c.p.m./μMol Phosphat u. für den Dünndarm 150,5 bzw. 140,5 c.p.m./μMol Phosphat. Der vermehrte Einbau von Formiat in die Nucleinsäuren von Leber u. Muskel wird als eine durch den I-Mangel hervorgerufene erhöhte Umsatzrate gedeutet u. angenommen, daß der Umsatz der Nucleinsäuren eine prim. Stoffwechselfunktion des I darstellt. (J. biol. Chemistry **212.** 735—39. Febr. 1955.) HANNS SCHMITZ. 4587

I. M. Weinstock, I. Shoichet, A. D. Goldrich und **A. T. Milhorat,** *Der Einfluß des Vitamin-E-Mangels auf die Oxydation von Zwischenprodukten des Tricarbonsäurecyclus.* Homogenisierung der Leber von jungen Kaninchen mit Vitamin-E (I)-Mangeldiät, Waschen des Homogenates, Suspendierung in einer physiol. Lsg. u. Messung der O_2-Aufnahme in der WARBURG-Apparatur. Zusatz von *ATP:* Der O_2-Verbrauch erhöht sich für die Veratmung von *α-Ketoglutarat, Succinat, Fumarat, L-Malat, Oxalacetat* um 60 bis 600% (*Citrat* nur 5%) gegenüber den Präpp. von ausreichend mit I versorgten Tieren („Kontrollpräpp."). Zusatz von *ADP* oder *AMP:* Beide Präparatetypen verbrauchen erhöht O_2 (gleiche Größenordnung wie oben). Zusatz von F^- ($1,5 \cdot 10^{-2}$mol.) vermindert nicht den erhöhten O_2-Bedarf. Höhere F^--Konzz. verlängern in den Kontrollpräpp.

die Dauer der O_2-Aufnahmebereitschaft. ATP-Zusatz zu Kontrollpräpp. (ADP-haltig) bzw. zu Mangelkostpräpp. (ATP- oder ADP-haltig) während der Incubation führt zu mehr oder weniger rapidem Abfall der O_2-Aufnahme. Unter Auswertung der Ergebnisse schließen Vff., daß bei I-Mangel ein Defekt im Oxydationsmechanismus vorliegt. Dieser ist offenbar ATP-abhängig. Die Zunahme des O_2-Verbrauches bei ADP-Zusatz bezieht sich sicher nicht auf dessen Eigg. als energiereiches Phosphat–Acceptor-System. (Arch. Biochem. Biophysics **57**. 496—505. Aug. 1955. New York, N. Y., Cornell Univ. Med. Coll., Dep. of Psychiatry and Med.; New York Hosp., Russel Sage Inst. of Patholog.) H. RUTTLOFF. 4587

J. Grasset, J. Bret und **E. Cavagna,** *Über einige „komplementäre Hämorrhagien" der Menstruation (die Wirkung der Vitamine P und E).* Prämenstruelle Störungen werden oft als Zeichen einer hyperfollikulin. Aktivität gedeutet, während tatsächlich die bestehende, n. Follikulinaktivität nicht genügend durch Progesteron kompensiert wird. Sie können mit Hormontherapie erfolgreich angegangen werden. — Diese erweist sich bei Hämorrhagien, die im Verlauf der Menstruation auftreten, als erfolglos. Meistens handelt es sich um konstitutionelle Erniedrigung des Capillarwiderstandes, der ohnehin cycl. Veränderungen unterliegt, oder um lokale Wandschäden. Vff. weisen an Hand von Krankengeschichten nach, daß hier die Behandlung mit den *Vitaminen E, C* u. *P* von Erfolg war. (Bull. Fédérat. Soc. Gynécol. Obstétr. **4**. 614—17. 1952. Suppl. zu: Gynécol. et Obstétr.) P. LOCH. 4587

Vanamala Sathe, J. B. Dave und **C. V. Ramakrishnan,** *Spektrophotometrische Methode zur Bestimmung von Vitamin K_3.* Die Lsg. von 2—30 γ *Vitamin K_3* (**I**) wird zunächst mit 0,5 cm^3 A. u. 0,1 cm^3 einer gesätt. Lsg. von 2.4-Dinitrophenylhydrazin in 2n HCl versetzt, nach 10 Min. 0,25 cm^3 20%ig. Na_2CO_3-Lsg. zugefügt u. bis zum Auftreten der grünen Farbe geschüttelt. Nach Ausschütteln mit einer Mischung von 3 cm^3 Amylalkohol, 1 cm^3 A. u. 1 cm^3 W. wird in der Amylalkoholphase der Geh. an **I** durch Messung der opt. Dichte bei 635 mμ bestimmt. Die Farbe ist ca. 10 Std. beständig. (Nature [London] **177**. 276. 11/2. 1956. Baroda, M. S. Univ., Fac. of Sci., Dep. of Biochem.) A. TREBST. 4587

Earle W. Crampton und **Lewis E. Lloyd,** *Untersuchungen an Schafen über die Anwendung von Chromoxyd als Indicator zur Bestimmung der Verdaulichkeit von Wiederkäuerrationen.* Mit 4 Cheviot-Mutterschafen wurden Ausnutzungsverss. in 3 verschied. Versuchsreihen durchgeführt: 1. Timotheeheu u. Haferschrot (65:35), 2. Timotheeheu allein, 3. Heu u. Haferschrot (65:35) u. 4. Heu allein. Bei Verfütterung von Hafer wurde das Cr_2O_3 mit diesem vermischt; bei alleiniger Verfütterung von Heu wird Cr_2O_3 mit einer geringen Menge Haferschrot u. Melasse vermengt u. zu Pillen gepreßt. Die Menge an Cr_2O_3 lag bei ca. 1% der Ration. Die mittleren Verdauungskoeffizienten der Trockensubstanz lagen nach der Indicatormeth. bei gemischter Fütterung mit Heu u. Hafer auf der gleichen Höhe wie bei der konventionellen Meth., bei alleiniger Heuverfütterung dagegen bei 65—75% der Werte. Vff. kommen zum Schluß, daß die Meth. anwendbar ist, wenn Cr_2O_3 mit einem Teil des Versuchsfutters vermischt verfüttert u. die Probeentnahme frühestens 5 Tage nach der ersten Cr_2O_3-Gabe durchgeführt wird. (J. Nutrit. **45**. 319—27. 10/11. 1951. Quebec, McGill Univ., Macdonald Coll., Dep. of Nutrition.) K. NEHRING. 4594

Gaetano Livrea, *Über die Ursachen der funktionellen Herzstörungen bei Hunger. Die Unabhängigkeit von exogenen Bioregulatoren vom Glucosespiegel und von der Stärke des Gewebeabbaus. Die Beziehungen zur Eiweißverbrennung.* Unter den Bedingungen des Hungers kommt es bei der Taube zu einer Abnahme der Herzfrequenz u. zum Auftreten von Arrhythmien. Diese Veränderungen sind nicht abhängig von der Höhe des jeweiligen Blutzuckerspiegels. Auch der O_2-Verbrauch u. die CO_2-Bldg. lassen sich nicht in direkte Beziehung zu den funktionellen Herzstörungen setzen. Faßt man O_2-Verbrauch u. CO_2-Bldg. im respirator. Quotienten zusammen, so findet sich insofern eine Korrelation, als mit Fortdauer des Hungerzustands u. entsprechender Zunahme der Herzstörungen der respirator. Quotient absinkt. Es wird daraus geschlossen, daß die funktionellen Herzstörungen, die nach Beendigung des Hungerzustands sofort sistieren, mit dem Grad des Eiweißabbaus in Korrelation stehen. (Atti. Accad. naz. Lincei, Rend., Cl. Sci. fisiche, mat. natur. [8] **16**. 763—72. Juni 1954. Messina, Univ., Ist. di Fisiologia Umana.) P. G. SCHEURLEN. 4596

I. Ss. Sawodskaja, *Veränderung der Geschwindigkeit des Einbaues von ^{35}S-Methionin in die Proteine der Schleimhaut beim experimentellen Magengeschwür.* Während im Meerschweinchenvers. normalerweise subcutan injiziertes ^{35}S-Methionin (**I**; 4000 Impulse/Min./g) bereits nach 1—2 Std. in den Proteinen der Magenwand radioautograph. nachweisbar ist, war bei vorheriger Traumatisierung des Zwölffingerdarms durch Anlegen einer Klemme (nach Laparotomie in Ae.-Narkose) der Einbau von **I** um 55% geringer als in gleicher Zeit bei den Kontrollen. Die Störung der Proteinsynth. erfolgt demnach noch vor Auftreten mkr. nachweisbarer destruktiver Veränderungen in der Magenwand. Die Geschwindigkeit der Aufnahme von **I** in die Proteine ist ein empfindlicher u. exakter Indicator für den troph. Zustand des Magengewebes. (Бюллетень Экспериментальной Биологии и Медицины [Bull. exp. Biol. Med.] **41** **(21)**. Nr. 1. 46—48. Jan. 1956. Leningrad, Inst. für exp. Med. der Akad. der Med. Wiss. der UdSSR, Pharmakol. Abt.) E. RENTZ. 4596

R. M. C. Dawson, *Untersuchungen über Phosphorylcholin in Rattenleber.* (Vgl. C. **1956.** 5891.) Bei der Messung des Einbaus von ^{32}P nach intraperitonealer Gabe von markiertem Phosphat an Ratten in *Phosphorylcholin* (**I**), *Glycerylphosphorylcholin* (**II**) u. *Lecithin* (**III**) ergab sich, daß die maximale spezif. Aktivität zeitlich von **I** vor **III** erreicht wird. **I** entsteht also nicht aus **III**. Nach Cholingabe wird in der Leber vermehrt **I**, nach Hungern vermehrt **II** gefunden. (Biochem. J. **62.** 693—96. April 1956. Babraham, Cambridge, Dep. of Biochem., Inst. of Animal Physiol.) H. G. SCHWEIGER. 4596

Julian R. Rachele, Edward J. Kuchinskas, F. Howard Kratzer und **Vincent du Vigneaud,** *Wasserstoffisotopeneffekt bei der in vivo-Oxydation von in der Methylgruppe markiertem Methionin.* $^{14}CH_3$-*Methionin* (**I**) wurde aus ^{14}C-Methanol nach der Meth. von MELVILLE u. Mitarbeiter (J. biol. Chemistry **169.** [1947.] 419) dargestellt. Doppelt markiertes Methanol für die Darst. von $^{14}CD_3$-*Methionin* (**II**) wurde aus $^{14}CO_2$ u. $LiAlD_4$ gewonnen. Den gleichen Ratten wurden nacheinander **I** u. **II** injiziert u. das ausgeatmete $^{14}CO_2$ bestimmt. Es zeigt sich, daß die Oxydationsgeschwindigkeit der Methylgruppen von **II** nur 60—80% der von **I** erreicht. Auf die Notwendigkeit einer geeigneten Doppelmarkierung einzelner C-Atome unter weitgehender Ausschaltung von Isotopeneffekten bei Stoffwechselunterss. wird hingewiesen. (J. biol. Chemistry **215.** 593—601. Aug. 1955. New York, N. Y., Cornell Univ., Med. Coll., Dep. of Biochem.) E. SCHWERDTFEGER. 4596

John Eager Howard, *Calcium- und Phosphorstoffwechsel im Knochen.* Übersicht mit 72 Literaturangaben. (Bull. New York Acad. Med. **27.** 24—41. Jan. 1951. Johns Hopkins Hosp.) H. PATZSCH. 4596

Rodolfo Amprino, *Differenzierung und Wachstum des Skelettknorpels, untersucht mit radioaktivem Schwefel.* (Vgl. C. **1955.** 11034.) Sowohl bei Hühnerembryonen als auch bei Säugern konnte durch Instillation bzw. Injektion von radioaktivem S beobachtet werden, daß sich S ganz vorwiegend in den Gebieten lokalisiert, in denen bei n. Histologie metachromat. Substanzen gefunden werden. Es kann daraus geschlossen werden, daß S in die Chondromucoide, speziell in die Chondroitinschwefelsäure ziemlich rasch eingebaut wird. Je nach Alter des Embryonen findet man S über den ganzen Knorpel verteilt oder nur in der Nähe der Diaphyse lokalisiert. (Atti Accad. naz. Lincei, Rend., Cl. Sci. fisiche, mat. natur. [8] **16.** 781—85. Juni 1954. Torino, Univ., Ist. di Anatomia umana normale.) P. G. SCHEURLEN. 4596

Thorn Kinersly, *Untersuchung von Zähnen durch β-Spur-Autoradiographie mit* ^{45}Ca. Mit Hilfe der β-Spur-Autoradiographie (vgl. BOYD u. LEVI, C. **1951.** II. 282) wurden Unterss. an mit ^{45}Ca behandelten Schnitten von gesunden u. cariösen Zähnen angestellt u. gefunden, daß sowohl Schmelz u. Dentin wie gesunder u. cariöser Schmelz bzw. gesundes u. cariöses Dentin sich deutlich durch die verschieden hohe Aufnahme von ^{45}Ca unterscheiden. — Kurven u. Abbildungen. (Yale J. Biol. Med. **27.** 114—18. Nov. 1954. Yale Univ., School of Med., Dep. of Surgery.) G. KLESSE. 4596

Hildegard Portzehl, *Der Arbeitscyclus geordneter Actomyosinsysteme* (*Muskel und Muskelmodelle*). Verss. an Muskelmodellen aus dem Psoas des Kaninchens. Die Fasermodelle (**I**) wurden durch Extrahieren der Muskelfasern mit wss. Glycerin hergestellt, die Fadenmodelle (**II**) durch Spritzen von Fäden aus gereinigten Actomyosinlösungen. Beide Modelle kontrahieren sich auf Zusatz von *Adenosintriphosphat* (**III**). Die Verss. ergeben, daß die Erschlaffung der thermodynam. freiwillige Vorgang u. die Kontraktion der unfreiwillige Anteil des Arbeitscyclus ist. Die Energie der Kontraktionsphase entstammt offenbar der Spaltung von **III**; es handelt sich hierbei also z. B. nicht um die Energie der **III**-Bindung an das Actomyosin, das sich in Ggw. von **III** beim Warmblütermuskel im Zustand der Starre befindet; der Elastizitätsmodul (**IV**) des intakten Muskels wie von **I** beträgt dann 4000—8000 g $cm^{-2} \cdot L \cdot \Delta L^{-1}$. In **II** ist **IV** wegen des geringen Eiweißgeh. kleiner; er beträgt bei **II** ohne **III** $\sim$550 g $cm^{-2} \cdot L \cdot \Delta L^{-1}$. Der Starrezustand wird in allen Actomyosinsystemen durch physiolog. Konzz. von **III** gleichmäßig u. in gleichem Umfang beseitigt, da **IV** auf $\sim$0,1 des Starrewertes absinkt, solange **III** nicht zu einer Kontraktion führt. Im intakten Warmblütermuskel u. im intakten Warmblüter-**I** sinkt **IV** auf 300—800 g $cm^{-2} L \cdot \Delta L^{-1}$. Da dieser elast. Zustand der Ruhezustand des lebenden Warmblütermuskels ist, bezeichnet Vf. ihn als solchen auch bei den Modellen. Mit der Kontraktion steigt **IV** auf Werte zwischen den Werten für Starre

u. Ruhe an, so daß die 3 möglichen Funktionszustände Starre, Ruhe u. Kontraktion bei allen geordneten Actomyosinsystemen auf Grund des **IV** unterschieden werden können. Die Fähigkeit von **III**, einen Zustand hoher Dehnbarkeit herbeizuführen, wird als Weichmacherwrkg. (**V**) bezeichnet. Als Weichmacher sind auch Pyrophosphat u. Triorthophosphat, allerdings mit weniger Wrkg. wirksam. Auch Adenosindiphosphat u. wahrscheinlich auch Inosintriphosphat besitzen **V**. Die Blockierung von SH-Gruppen durch Salyrgan beeinflußt nicht deutlich die elast. Eigg. geordneter Actomyosinsysteme, dagegen Benzaldehyd durch seine Rk. mit den Aminogruppen, wobei **IV** ebenso stark absinkt wie mit **III**, jedoch irreversibel. – Bei den Actomyosinsystemen des lebenden Muskels einerseits u. der beiden Modelle **I** u. **II** andererseits ist nicht der fundamentale Mechanismus von Kontraktion, Erschlaffung, Ruhe u. Starre verschieden, sondern nur die Auslösung dieses Mechanismus, indem der lebende Muskel auch in Ggw. von **III** dessen Aufspaltung nur für einen kurzen Augenblick im Anschluß an eine Erregungswelle erlaubt, wobei eine Einzelzuckung resultiert. – (Anhang von **Karl Brecht:**) Ein isometr. vertikal eingespanntes Bündel von mit wss. Glycerin extrahierten Fasern kontrahiert sich bei Herablaufenlassen von $\sim 10^{-2}$ m **III** u. erschlafft nach ca. 30 Sek. wieder vollständig. Das aus **III** gebildete Adenosindiphosphat verbleibt danach in der Muskelfaser u. wirkt als Weichmacher. Bei den Modellkontraktionen konnten elektr. Erscheinungen nicht mit Sicherheit nachgewiesen werden. (Z. Naturforsch. **7b.** 1–10. Jan. 1952. Tübingen, Univ., Physiolog. Inst.) R. LOHMANN. 4597

N. N. Jakowlew, *Die adaptive Bedeutung der anaeroben Resynthese von Adenosintriphosphorsäure in den Muskeln.* Verss. an Tieren mit experimentellem Training u. Unterss. an Sportlern ergaben, daß es sich bei der anaeroben Resynth. labiler P-Verbb. (*Adenosintriphosphorsäure*) in der Skelettmuskulatur um adaptative Mechanismen handelt, welche es erlauben, bedeutende Mehrarbeit unter den Bedingungen des O_2-,,Rückstandes" zu leisten, z. B. bei plötzlichem Übergang von der Ruhe zu einer Arbeit von maximaler Intensität. Im Herzmuskel tritt die anaerobe Resynth., auch beim Training, zugunsten der oxydativen Phosphorylierung stark zurück. Beim sportlichen Training muß man bemüht sein, sowohl die anaerobe, als auch die oxydative Resynth. der labilen P-Verbb. zu steigern. Dem letzteren Mechanismus kommt speziell beim Lauf oder Rudern über kurze u. mittlere Strecken eine führende Bedeutung zu. (Вопросы Медицинской Химии [Fragen med. Chem.] **1.** 399–407. Nov./Dez. 1955. Leningrad, Wiss. Forschungs-Inst. für Körperkultur, Biochem. Labor.) E. RENTZ. 4597

C. H. Bamford und **W. E. Hanby,** *Zum Lotmar–Picken-Röntgenogramm von getrocknetem Muskel.* Zur Erklärung des von LOTMAR u. PICKEN (vgl. C. **1942.** II. 802) erhaltenen Röntgendiagramms muß eine Translationsperiode in Faserrichtung von ca. 5,3 Å an Stelle der von diesen angegebenen 5,65 Å angenommen werden. Dies ist auch in Übereinstimmung mit Angaben über ein weiteres Röntgenogramm von BEAR u. CANNAN (vgl. C. **1953.** 8635). (Nature [London] **168.** 1085. 22/12. 1951.)
K. DORNBERGER. 4597

George Wald, *Sehpigmente und Vitamin A bei der Krallenkröte Xenopus laevis.* Nach Vf. ist das Sehpigment von Xenopus mit einem Absorptionsmaximum bei 515 mμ ein Gemisch von ca. 30% *Rhodopsin* u. 70% *Porphyropsin,* nicht ein einzelnes Pigment. Im Gegensatz zur Leber, die vorherrschend *Vitamin* A_1 (**I**) enthält u. nur sehr wenig *Vitamin* A_2 (**II**), enthält die Retina in der Hauptsache **II**, dem nur wenig **I** beigemischt ist. (Nature [London] **175.** 390–91. 26/2. 1955. Cambridge, Mass., Harvard Univ., Biol. Labor.) D. ZEMKE. 4598

Lloyd M. Beidler und **Don Tucker,** *Reaktion des Nasenepithels auf Geruchsreize.* Verss. an Riechschleimhäuten des Opossum (in vitro) u. des Kaninchens mit *Amylacetat* (**I**), *Xylol* u. pflanzlichen u. tier. Riechstoffen ließen eine quantitativ verschied. Zunahme von Aktionsströmen, bei **I** am höchsten, bei immer vorhandenem Ruhestrom sowohl in Trigeminus- als auch in Olfactoriusfasern feststellen. (Science [Washington] **122.** 76. 8/7. 1955. Tallahassee, Fla., Florida State Univ., Dep. of Physiol.)
D. ZEMKE. 4598

B. S. Walker, I. Asimov and **M. K. Nicholas,** Chemistry and human health. London: McGraw-Hill. 1956. (445 S. m. Diagr.) 43 s.

E_6. Pharmakologie. Therapie. Toxikologie. Hygiene.

Cornelius A. Tobias, *Mechanismen der biologischen Wirkungen durchdringender Strahlen.* Zusammenfassender Bericht über die Wrkg. durchdringender Strahlen auf die Materie im allg., über direkte u. indirekte Einfl. auf lebende Zellen u. Säugetiere u. den Mechanismus dieser Wirkung. – 43 Literaturangaben. (Federat. Proc. **10.** 595–601. Sept. 1951. Berkeley, Calif., Univ. of California, Donner Labor., Div. of med. Physics.)
W. REUSSE. 4601

H. M. Dickson, *Der Einfluß einer Röntgenbestrahlung auf die Glucoseabsorption.* Mäuse wurden nach 24std. Nahrungsentzug mit 500 r bestrahlt. Bestrahlungsdaten: 200 kV, 20 mA, FOA 20 cm, Dosisleistung 230 r/Min., Filter: 0,5 mm Cu 1 mm Al. Nach 4 Std. wurde den Tieren 0,5 ml einer 50%ig. Glucoselsg. durch Magenschlauch zugeführt. Nach 1 Std. wurden die Tiere getötet u. der Verbleib des Zuckers im Verdauungstrakt untersucht. Bei anderen Tieren wurden 4 u. 72 Std. nach der Bestrahlung Darmproben auf ihren Zuckergeh. untersucht. Außerdem wurde die Hexokinaseaktivität im kleinen Intestinum 72 Std. nach Bestrahlung geprüft. Es ergab sich durchweg, daß die Glucoseresorption im Intestinum durch die Bestrahlung verringert wird. Diese Verringerung kann nicht auf eine verzögerte Entleerung des Magens oder eine Verminderung der intestinalen Hexokinase zurückgeführt werden. (Amer. J. Physiol. **182.** 477–78. Sept. 1955. Providence, R. I., Brown Univ., Dep. of Biol.) W. REUSSE. 4601

Peter Hackenthal, *Beitrag zu den morphologischen Veränderungen durch Thorotrastablagerungen.* An Hand der Literatur u. eines eigenen Falles von *Thorotrast*-Ablagerung im Gewebe werden die dadurch bedingten morphol. Veränderungen eingehend erörtert. (Zbl. allg. Pathol. pathol. Anatom. **94.** 352–59. 10/2. 1956. Berlin-Buch, Städt. Krkhs., Pathol. Inst.) W. REUSSE. 4601

William Niedermeier, Robert E. Stone, Samuel Dreizen und **Tom D. Spies,** *Die Wirkung von 2-Acetylamino-1.3.4-thiadiazol-5-sulfonamid (Diamox) auf den Natrium-, Kalium-, Bicarbonat- und Puffergehalt des Speichels.* Tägliche Anwendung des Kohlensäureanhydrasehemmstoffes *2-Acetylamino-1.3.4-thiadiazol-5-sulfonamid* (**I**) ruft ein Absinken des Na-, Bicarbonat- u. Puffergeh. bei paraffinstimuliertem Speichel hervor bei Patienten mit n. u. erhöhtem Blutdruck. Der K-Spiegel wird nicht beeinflußt. Die Änderungen im Geh. des Speichels nach Anwendung von **I** gleichen denen, die bei Personen mit n. Blutdruck beobachtet wurden, bei denen Stoffwechselacidosen mit NH_4Cl induziert wurden. – Daraus ergibt sich, daß Änderungen im Säure–Basen-Gleichgewicht des Blutes von einer meßbaren Red. im Na-, Bicarbonat- u. Puffergeh. des Speichels begleitet sind. (Proc. Soc. exp. Biol. Med. **88.** 273–75. Febr. 1955. Chicago, Ill., Univ. Med. School, Dep. of Nutr. and Metabol.) R. HÄHNEL. 4607

René Grangaud und **Renée Massonet,** *Die antixerophthalmische Wirkung des Carotinoidfarbstoffes von Aristomorpha foliacea (Peniaeidae).* Unterss. an weißen Ratten ergaben, daß bei Vitamin-A-freier Diät der Carotinoidfarbstoff *Astaxanthin* (= *3.3'-Dioxy-4.4'-diketo-β-carotin*) der Netzhaut der Sommergeneration der Krabbe Aristomorpha foliacea, sowohl mit *Saponin* als auch chromatograph. gewonnen, kaum auf das Wachstum der Tiere wirkt, stark dagegen therapeut. auf die Xerophthalmie im Gegensatz zu den anderen Carotinoiden. (C. R. hebd. Séances Acad. Sci. **230.** 1319–21. 27/3. 1950.) D. ZEMKE. 4607

W. P. Neumann und **E. Habermann,** *Über Crotactin, das Haupttoxin des Giftes der brasilianischen Klapperschlange (Crotalus terrificus terrificus).* Aus dem Gift von Crotalus terrificus terrificus konnte ein enzymfreies Protein isoliert werden, das den Hauptteil der tödlichen Wrkg. stellt u. als *Crotactin* (**I**) bezeichnet wird. Das Rohgift wird in 0,013n HCl auf 70° erhitzt zur Zerstörung der Koagulase. Bei p_H 4,5 fällt **I** zusammen mit Phospholipase-A. Aus der Mutterlauge kann durch A. ein bas. Toxin gefällt werden, das wahrscheinlich mit dem früher beschriebenen *Crotamin* ident. ist. **I** u. Phospholipase-A werden an Amberlite IRC-50 durch Elution mit 0,2 mol. Phosphatpuffer bei p_H 6,8 getrennt. Das Toxin wurde in Form eines farblosen Pulvers erhalten; es stellt 60% der Giftwrkg. des getrockneten Rohgiftes. Sein isoelektr. Punkt liegt bei p_H 4,3. Bei der Papierelektrophorese erwies es sich als einheitlich. Das **I** erhöht die Gefäßpermeabilität u. kontrahiert die glatte Muskulatur. Die DL_{50} beträgt bei intraperitonealer Injektion bei der weißen Maus 0,06–0,07 γ/g. Das weniger giftige *Crotamin* zeigt ein ganz anderes Vergiftungsbild. (Biochem. Z. **327.** 170–85. 11/10. 1955. Würzburg, Univ., Pharmakol. Inst.) H. D. BELITZ. 4609

O. J. Roberts Loxley, *Die Wirkung indischer Tinte auf Infektionen der Maus mit Plasmodium berghei.* Weiße Mäuse erhielten intraperitoneal 0,2 ml handelsüblicher indischer Tinte in gleicher Menge physiol. NaCl-Lsg. zur Blockierung des reticuloendothelialen Syst. u. danach mit Plasmodium berghei infiziertes Blut. 1 von 5 Tieren starb am folgenden Tage. 3 Mäuse zeigten gelegentliche u. 1 Tier mäßige Parasitämie während der folgenden 8 Tage. (Nature [London] **176.** 705. 8/10. 1955. London, Ross Inst. of Trop. Hygiene and Trop., Med.) HEINRICH HERMANN. 4610

Aaron E. Wassermann, *Die Wirkung von Tyrothricin auf die durch Streptokinase verursachte Fibrinolyse. Tyrothricin* (**I**) wurde auf seine Fähigkeit, die Fibrinolyse durch *Streptokinase* (**II**) zu beeinflussen, untersucht. **I** wirkt auf **II** so, daß die Aktivierung von

Plasminogen (**III**) u. Bldg. von *Plasmin* (**IV**) verhindert wird. **III**, mit **I** behandelt, verhindert nicht die Aktivierung von **III** durch **II**. **I** stört nicht die fibrinolyt. Wrkg. von **IV**. Die anderen Antibiotica (*Penicillin, Dihydrostreptomycin, Polymyxin B, Bacitracin* u. *Sulfamerazin*) verhindern nicht die Aktivierung von **III** durch **II**. (Proc. Soc. exp. Biol. Med. **80**. 582–84. Aug./Sept. 1952. West Point, Pa., Sharp and Dohme, Inc.)
L. BERGER. 4611

H. C. Krafft, *Die Behandlung der Schwangerschaftstoxikose durch Cocarboxylase.* Bei einer Schwangeren (mensis 4½) mit schwerstem Erbrechen führten intravenöse Injektionen von *Cocarboxylase* (anfangs alle 3–4 Std., später seltener) nach 14tägiger Behandlung zur Gesundung. (Bull. Fédérat. Soc. Gynécol. Obstétr. **4**. 519. 1952. Suppl. zu: Gynécol. et Obstétr.)
P. LOCH. 4614

Z. Votava und **M. Vaněček,** *Die pharmakologische Wirkung der Spasmolytica. Die Wirkung von Thiospasmin, Atropin und einigen anderen Spasmolyticis auf die Darmmotorik, Herztätigkeit und Speichelfluß bei Hunden.* Auf ihre Wrkg. auf den Speichelfluß wurden folgende Stoffe untersucht: *Atropin* (**I**), *Thiospasmin* (*2-Phenylcyclohexylacetoxyäthyldimethylsulfoniumjodid*; **II**), *Trasentin H* (**III**), *Prospasmin* (**IV**), *Papaverin* (**V**) u. *2-Phenylcyclohexylacetoxyäthyltrimethylammoniumjodid* (**VI**). Die Verbb. wurden auch auf die krampflösende Wrkg. bei Darmlähmung durch *Mecholyl* (**VII**), *Pilocarpin* (**VIII**) u. *Prostigmin* (**IX**) untersucht. Die stärkste erschlaffende Wrkg. auf den Darmmuskel hat **I**, 2mal schwächer **II**, **VI**, 200mal schwächer **III**, 400mal schwächer **IV**, in hohen Dosen sehr wenig wirksam ist **V**. Nebenwrkg. zeigt **I** (hohe Herzfrequenz u. Pupillenerweiterung), **V** bewirkt in hohen Dosen Unruhe u. Versiegen des Speichelflusses, **VII** u. **VIII** rufen Darmspasmen hervor. **IX** ist in der Wrkg. **I** entgegengesetzt. Die App., mit der die Verss. durchgeführt wurden, wird erläutert. (Českoslov. Farmac. **4**. 283–92. Juli 1955. Praha, Výzk. úst. pro farm. a biochem.)
E. VEVERA. 4628

R. Wien, D. F. J. Mason, N. D. Edge und **G. T. Langston,** *Die ganglienblockierenden Eigenschaften homologer Verbindungen der Methoniumreihe.* Untersucht wurden *Polymethylen-α.ω.bis-[trimethyl-*, *-[äthyldimethyl]-*, *-[diäthylmethyl]-* u. *-[triäthylammoniumbromide]* mit Ketten von 4, 5, 6 u. 7 Methylengruppen, sowie *Tetraäthyl-*, *Triäthylmethyl-*, *Diäthyldimethyl-*, *Äthyltrimethyl-* u. *Tetramethylammoniumbromid*, ferner *γ-Phenoxypropyltriäthylammoniumjodid* u. *γ-Phenoxypropyltrimethylammoniumjodid* am oberen Halsganglion der Katze, am isolierten Meerschweinchendünndarm u. am Phrenicuszwerchfellpräp. des Kaninchens. Außerdem wurde die Toxizität bei intravenöser Gabe an Mäusen ermittelt. – Es zeigte sich eine Zunahme der ganglienblockierenden Wirksamkeit mit wachsender Kettenlänge von 4 bis auf 6 C-Atome, sowie mit teilweisem Ersatz der Methylgruppen an N durch Äthylgruppen. Die stärkste Wrkg. wurde beobachtet bei *Penta-* u. *Hexamethylen-α.ω-bis-[äthyldimethylammoniumbromid]*. Im Vgl. zu *Tetraäthylammonium* zeigten die homologen *Triäthylmethyl-* u. *Diäthyldimethyl*-Verbb. ca. ¼ der ganglienblockierenden Wirkung. *γ-Phenoxypropyltrimethylammoniumjodid* war im Gegensatz zum *Triäthyl*-Homologen überhaupt nicht ganglienblockierend wirksam. (Brit. J. Pharmacol. Chemotherapy **7**. 534–541. Dez. 1952. Dagenham, Essex, May & Baker, Biol.Div.)
A. DAUTZENBERG. 4628

P. Stern, *Die Ratte als Objekt bei pharmakologischen Analysen kreislaufwirksamer Stoffe.* Vf. gibt eine Liste von 129 Literaturangaben, die sich mit der Methodik der pharmakol. Unterss. am Kreislaufapp. der Ratte beschäftigen. (Arzneimittel-Forsch. **5**. 331–35. Juni 1955. Sarajevo, Med. Fak., Pharmakol. Inst.)
P. LOCH. 4630

M. Rand und **Anne Stafford,** *Eine Methode zur Bestimmung der Wirkungsdauer herzwirksamer Glykoside.* Tiersparende Testmeth. für die Wirkungsdauer herzwirksamer *Glykoside* (**I**) am Meerschweinchen unter Zugrundelegung des Prinzips der Wirkungssteigerung von *Adenosin* (**II**; vorübergehender Herzblock bekannter Dauer) durch zusätzliche Injektion von **I**-Dosen, welche allein ohne signifikanten cardiograph. Effekt sind: Nach gleichen Gaben von **II** in regelmäßigen Intervallen wird das Test-**I** zusätzlich injiziert u. der Wirkungskurvenvgl. ausgewertet. – Techn. Einzelheiten der Meth. vgl. RAND, STAFFORD u. THORP (C. **1956**. 498). (Nature [London] **177**. 278–79. 11/2. 1956. Sidney, N. S. W., Univ., Dep. Pharmacol.)
H. BASFELD. 4630

R. W. Green und **J. P. Walsh,** *Der Schutz der feuchten Zahnschmelzoberfläche durch adsorbierte Filme.* Die Unters. der Rolle oberflächenakt. Stoffe zur Verhinderung der Zahnschmelzdecalcifikation wurde mit 5 hochmol. Aminen u. anderen polaren Verbb. durchgeführt. Es wurde festgestellt, daß allein die Amine in wss. oder öliger Lsg. die Fähigkeit besitzen, die intakte Zahnschmelzoberfläche gegenüber Säuren zu schützen. *Tetradecylamin* ist von den prim. aliphat. Aminen das wirksamste. Unter den Versuchsbedingungen rief eine 1%ig. Lsg. dieses Amins in Paraffin einen Schutz von 86% hervor. Amine, die die Fähigkeit besitzen, die intakte Zahnschmelzoberfläche zu schützen, rufen eine parallele Wrkg. auf gepulvertes Ca-Phosphat hervor, indem sie eine Lsg. in

Säuren verzögern. (J. dental Res. **30.** 218–24. April 1951. Dunedin, New Zealand, Univ., Otago Dent. School.) M. Patzsch. 4655

Edmund W. S. Hartweger, *Zur Therapie der Wetterfühligkeit und Wetterempfindlichkeit („Föhnerkrankungen“).* Bei Föhnerkrankungen bewährten sich die Föhndragées *Antiföhnon* (Südmedica GmbH, München 25), deren Komponenten *Ephedrin, Coffein, Phenacetin, Bromdiäthylacetylcarbamid, HNO_3-Ester* u. *Convallaria majalis* die verschied. Symptome der Wetterbeschwerden günstig beeinflussen. (Med. Klin. **51.** 474–76. 23/3. 1956. Kaufbeuren-Neugablonz.) H. Dossmann. 4670

Jan H. Solem, *Die Ursache der Blutungsneigung bei Vergiftung mit Acetylsäure.* Die in einem Falle von *Acetylsäure* (**I**)-Vergiftung 6 Std. nach Einnahme einer Einzeldosis von 15 g **I** beobachtete Blutungsneigung ist nur durch verminderte Capillarresistenz zu erklären; bei Unterdruck werden infraclavicular 25 mm Hg gemessen, niedrigster Prothrombinwert (nach 24 Std.) 64%. Die erhöhte Capillarpermeabilität hält 36 Std. an. Es wird empfohlen, bei **I**-Vergiftung stets die Capillarresistenz zu beobachten. (Nord. Med. **55.** 132–34. 26/1. 1956. Sandvika, Baerum Hosp., med. avd.) R. K. Müller. 4675

F. Pharmazie. Desinfektion.

A. Linz, *Die Angabe der Zusammensetzung von Arzneifertigwaren.* Vf. zeigt an Hand zahlreicher Beispiele, daß bei der Angabe der Zus. von *Arzneifertigwaren* (**I**) häufig verschleiernde oder mehr oder weniger ungenaue, unklare u. verschwommene Bezeichnungen u. Wendungen gebraucht werden. Ähnlich verhält es sich bei den Mengenangaben u. bei der Angabe, ob eine **I** standardisiert, stabilisiert oder titriert ist. Es ist daher dringend notwendig, daß in einem Arzneimittelgesetz Vorschriften über die Deklaration von **I** erlassen werden. (Pharmaz. Ztg. verein. Apotheker-Ztg. **101.** 386–92. 5/4. 1956.) M. Negwer. 4750

G. A. van Klinkenberg, *Östrogene Stoffe in Pflanzen.* Übersicht über Vork. von östrogenen Stoffen in Pflanzen u. deren Gewinnung. (Chem. pharmac. Techniek **10.** 403. 15/8. 1955.) W. Wesly. 4782

J. A. J. M. Lemli, *Ertrag und Zusammensetzung der flüchtigen Öle von Pfefferminze, die in den Niederlanden gezüchtet worden ist.* Züchtungsverss. mit Pfefferminze zeigen, daß die günstigste Erntezeit für die „grüne“ Varietät von Mentha piperita L. zu Beginn der Blütezeit liegt. Die Zus. des Öles entspricht der von amerikan. Öl. (Pharmac. Weeklb. **90.** 906–14. 31/12. 1955. Groningen, Rijksuniv., Labor voor Pharmacognosie en galen. Pharmacie.) W. Wesly. 4782

Victor Kwasniewski, *Die Inhaltsstoffe der Rhizome des Adlerfarns, Pteridium aquilinium (L.) Kuhn.* Die Rhizome des Adlerfarns, die mitunter zu Futterzwecken benutzt werden, sind in dieser Richtung mehrfach untersucht (vgl. Müller-Stoll, Pharmazie **4.** [1949.] 122), eine Überprüfung des gesamten Inhaltsstoffe wird aber erst in dieser Arbeit in Angriff genommen. Die im August geernteten Rhizome wiesen bei hohem Schleimgeh. einen an Wurmfarnrhizome erinnernden Geruch auf; der Geschmack war deutlich bitter u. adstringierend. Im Ätherextrakt konnten bei der Rohfilicinbest. nach DAB 6, die auf dem qualitativen Nachw. der Spaltstücke Phloroglucin u. n- bzw. Isobuttersäure beruht, keine wurmwirksamen Stoffe nachgewiesen werden. Desgleichen fiel die Toxizitätsprobe an Fischen nach Wasicky negativ aus. An Gerbstoffen wurde Catechingerbstoff in einer Menge von 6,6% des getrockneten Materials gefunden. Alkaloide u. Saponine waren nicht nachweisbar. Der Geh. an gelbgefärbtem äther. Öl (F. $+18^0$) wurde zu 0,18% ermittelt. Der Bitterstoff der Droge, der sich mit Ae., A. u. W. (1:60) extrahieren ließ, wurde bei der präparativen Aufarbeitung mit sd. 80%ig. A. in Ggw. von $CaCO_3$ (zur Neutralisation der Pflanzensäuren) gewonnen. Nach Fällung der Begleitstoffe mit Pb-Acetat konnte aus dem Extraktrückstand mit Essigester der reine Bitterstoff gewonnen werden, F. 92^0, Platten, sehr hygroskopisch. Als Name für das bei der Hydrolyse Glucose liefernde Glucosid wird die Bezeichnung „*Pteraquilin*“ vorgeschlagen. Mit Phenylhydrazin rotbrauner Nd.; mit konz. H_2SO_4 rubinrote, in Kastanienbraun übergehende Färbung; mit Wasickys Reagens Orangefärbung, die in schwasches Violett umschlägt; mit konz. KOH Gelbfärbung. Die bei der Vergärung der zuckerhaltigen Rhizome beobachtete Hemmung ist durch das äther. Öl, nicht durch den Bitterstoff bedingt. An weiteren Inhaltsstoffen konnten noch 6,7% Zucker, 1,2% fettes Öl von widerlichem Geruch u. 21,3% Stärke festgestellt werden. Der Pflanzenschleim besteht aus Pektinkörpern. (Arch. Pharmaz. Ber. dtsch. pharmaz. Ges. **288/60.** 307–11. 1955. Königslutter am Elm.) K. Zopff. 4782

Horst Spegg, *Die Feuerwurzel.* Pharmakognosie u. kurze Angaben über Inhaltsstoffe u. therapeut. Verwendung der seit einiger Zeit auf Märkten in Südwestdeutschland

als „Feuerwurzel“ angebotenen Rhizome der *Seerose* (*Nymphaea alba L.*) u. der *Teichrose* [*Nuphar luteum* (*L.*) *Sm.*]. (Dtsch. Apotheker-Ztg. **96**. 317–19. 12/4. 1956. Schloß Lindich bei Hechingen, Fürstin-Eugenie-Inst. für Heilpflanzenforschung.)
M. NEGWER. 4782

Helmer Kofod, *Die Chemie der Podophyllumarten.* Übersicht über die in Podophyllum peltatum L., P. emodi Wall, P. emodi Wall var. hexandrum, P. sikkimensis R. Chatterjee et Mukerjee vorkommenden Naturstoffe, die vor allem der Lignangruppe angehören. – 27 Literaturzitate. (Farmac. Tid. **65**. 685–90. 26/11. 1955. Danm., Farm. Hojsk., org-kem. afdel.) K. PAWELZIK. 4782

Helena Potěšilová, *Versuch einer quantitativen Auswertung der Inhaltsstoffe von Resina podophylli.* Vf. stellt einen Chloroformextrakt aus Resina Podophylli her u. chromatographiert über Al_2O_3. Im Eluat werden *Podophyllotoxin* (**I**), in geringer Menge *Pikropodophyllin* (**II**) u. *β*- u. *α-Peltatin* (**III**) gefunden. Der Lactonring dieser Stoffe wird zur Best. herangezogen. Zuerst wird er mit n/10 NaOH gespalten u. dann wieder mit n/10 HCl geschlossen, wobei der Verbrauch der Lauge u. Säure genau gemessen wird. Der Mehrverbrauch der Lauge durch vorhandene Phenolgruppen wird durch die Säure beim Schließen des Ringes korrigiert. Beim Berechnen wird der Säuregeh. berücksichtigt. **I**, **II** u. **III** haben fast dasselbe Mol.-Gewicht. (Českoslov. Farmac. **4**. 454–56. Nov. 1955. Olmouc, Palacký-Univ., lek. fak., chem. úst.) E. VEVERA. 4782

Paul Orlowski, *Über Mescalin.* Das *Mescalin* (**I**) stammt von dem mittelamerikan. stachellosen Echinocactus *Anhalonium Lewinii* (bzw. *Loptophora Williamsi* genannt, mexikan. „*Peyotl*“). Es bedingt die euphor. Eigg. dieser Droge, die vom Vf. an Hand von 13 Literaturangaben u. auf Grund eigener Unterss. eingehend beschrieben werden. (Apotheker-Ztg. **4**. 124–26. Juni 1952. Berlin-Zehlendorf.) M. NEGWER. 4782

L. Zathurecký und **F. Perényi**, *Geschmackskorrigentien einheimischen Ursprungs und ihre Bewertung.* An 18 verschieden verd. Lsgg. von 0,005–5,9259 mg Chinin in 5 ml werden folgende Sirupe größtenteils einheim. Drogen als Geschmackskorrigentien erprobt: Sirupus Cacao (**I**), S. sacchari tosti (**II**), S. flor. Sambuci (**III**), S. pruni spinosi (**IV**), S. cynobati, S. Flor. pseudoacaciae, S. cerasi, S. fragariae, S. coffeae, S. Oxycocci, S. malti, S. liquiritiae, S. aurantii, S. mori nigrae, S. amyli, S. althaeae, S. rubi idaei, S. cinnamomi u. S. simplex; dabei wird festgestellt, daß nur **I**, **II**, **III** u. **IV** die Bitterkeit überdecken können. (Farmácia [Bratislava] **24**. 66–76. März 1955. Bratislava, Univ. Komensk., farm. fak., úst. galen. farm.) E. VEVERA. 4786

L. Vignoli und **B. Cristau**, *Veränderungen der Tinkturen. Eine Untersuchung von stark wirkenden Tinkturen, mehr als ein halbes Jahrhundert nach ihrer Herstellung.* Die Ergebnisse von Unterss. einer Reihe von über 50 Jahre alten Tinkturen [Coca-, Brechnuß-, Ignatiusbohnen-, Digitalis (**I**)-, Opium-, Aconit- (**II**)] auf D., Trockenrückstand, Asche, Einw. mehrerer chem. Verbb., Wasserwert (zur bleibenden Trübung von 10 cm^3 Tinktur erforderliche Menge W.), wirksame Stoffe, Gesamtalkaloide u. tödliche, Meerschweinchen subcutan verabreichte Dosen werden im einzelnen aufgeführt. Die physikal. Kennwerte aller Tinkturen haben sich infolge der (Teil-) Flüchtigkeit des A. verändert. Die Alkaloide lassen sich nachweisen u. bestimmen. Die **I**- u. **II**-Tinkturen sind nur noch wenig wirksam. (Trav. Soc. Pharmac. Montpellier **10**. 14–22. 1950.)
W. WESLY. 4790

Söllner, *Bericht über Arbeiten im Stada-Laboratorium.* Vortrag. — Bemerkungen zur Herst. von Pflanzenauszügen u. zur Stabilität von *Vitasellan* u. *Nervinum* STADA sowie Angabe einfacher Untersuchungsmethoden zur Gehaltskontrolle. (Pharmaz. Ztg. **101**. 20–21. 5/1. 1956.) W. SPITALER. 4790

—, *Feinchemikalien und Medikamente.* Fortschrittsberichte 1954 über trop. Medikamente, Hypophysenhormone, Antihistaminica, Vitamine u. ^{14}C-markierte Verbindungen. – 401 Literaturangaben. (Rep. Progr. appl. Chem. **39**. 323–59. 1954.)
G. TREWENDT. 4800

P. Castel, *Natriumgentisat.* Übersicht über die physikal. u. chem. Eigg. von Na-Gentisat (Na-Salz der 2.5-Dioxybenzoesäure). Die Verb. zeigt bei der Behandlung von akutem Gelenkrheumatismus die gleiche Wrkg. wie Na-Salicylat, ohne dessen Nachteile (Acidoketose, Beeinflussung des Säure–Basen-Gleichgewichtes des Blutes, Bicarbonatmedikation) aufzuweisen. (Trav. Soc. Pharmac. Montpellier **10**. 23–24. 1950. Montpellier, Fac. de Pharmacie, Labor. de Pharmacie chim.) W. WESLY. 4806

A. Bantjes, *Vitamin B_{12}.* Übersicht über Vork., Gewinnung, physikal. u. chem. Eigg., Best., therapeut. Bedeutung u. Wrkg. von Vitamin B_{12}. – 9 Literaturangaben. (Chem. pharmac. Techniek **11**. 59–60. 15/10. 1955.) W. WESLY. 4808

I. L. S. Mitchell und **W. B. Emery**, *Antibiotica.* Fortschrittsberichte 1954. — 228 Literaturangaben. (Rep. Progr. appl. Chem. **39**. 449–72. 1954. Ulverston, Lancs., Glaxo Labors. Ltd.) G. TREWENDT. 4810

H. Anders, *Penicillin in der galenischen Arzneimittelkunde.* Übersicht über Eigg., Anwendung u. Wrkg. von Penicillin. (Chem. pharmac. Techniek **10.** 346—47. 15/6. 1955.) W. Wesly. 4810

Gerardo Clavero Gonzalez, *Die Fraktionierung der Plasmaproteine nach der Methode von Hansen.* Allg. Überblick über die Plasmaproteine u. ihre chem. bzw. physikal. Trennungsmethoden. Bes. besprochen wird die Meth. von Hansen, eine Variante der Fraktionierung nach Cohn. Hinweis auf die therapeut. Anwendung von γ-Globulin. (Rev. Sanidad Hig. públ. **27.** 377—419. Juli/Aug. 1953.) P. G. Scheurlen. 4812

Ewa Janczura und **Teresa Teisseyre,** *Versuch der Herstellung von Pepton des Proteosetyps.* Aus frischem Rinderherzen u. Schweinemagen werden durch Einw. von Pepsin in salzsaurem Medium (p_H 2) 5 Tage bei 37°, 13 Hydrolysate erhalten. Die biol. Prüfung des erhaltenen Peptons wurde an 4 Streptokokkenstämmen durchgeführt, die nur bei Ggw. von Proteose wachsen. Die Peptone wurden vollständig organ.-chem. analysiert (freie Aminosäuren chromatograph.) u. daneben noch Asche, S, P, Cl, Ca u. Mg bestimmt. Eine gute Übereinstimmung mit der Proteose der Firma Difco ergab nur das Hydrolysat Nr. 8 (aus Rinderherz, Gesamt-N 4,56 mg/ml). (Med. doświadczalna Mikrobiol. **8.** 121—27. 1956. Warschau, Zaklad Bakteriol. P. Z. H.) O. Pollak v. Emhofen. 4828

Kurt Steiger, *Neuere Sterilisationsmethoden.* Besprochen werden: Die klass. Methoden, die Keimfiltration, die Sterilisierung mit Ultraschallwellen, UV- u. Infrarotstrahlung sowie die Hochfrequenzerhitzung, die infolge der wärmelosen Sterilisierung bei empfindlichen Prodd. für die Pharmazie u. Lebensmittelindustrie von großer Bedeutung werden kann. (Österr. Apotheker-Ztg. **9.** 741—46. 26/11. 1955. Zürich, Kantons-Apotheke.) E. Boye. 4832

R. Gust und **R. Witzenhausen,** *Über die Eignung von Koniferenölen als Desinfektionsmittel.* Auf Grund der Widersprüche zwischen früheren eigenen Arbeiten u. denen anderer Vff. wird die Forderung erhoben, streng zwischen der Feststellung des bactericiden Effekts u. des prakt. Desinfektionswertes eines Präp. zu unterscheiden. — Diskussion. (Zbl. Bakteriol., Parasitenkunde, Infektionskrankh., Hyg., I. Abt., Orig. **160.** 270—73. 21/12. 1953. Freiburg, Hygieneinst.) E. Boye. 4832

Peter Cooper, *Tüpfelreaktionen zur Tablettenerkennung. Vorläufige Untersuchung.* Zusammenstellung von Farb-Rkk. zur qualitativen Erkennung ungefärbter Tabletten zahlreicher Arzneimittel. Als Reagentien werden benutzt: Pyridin–Chlf. 1 + 9 ml, wss. Cupriacetat 0,5%ig., wss. $NaNO_2$ 10%ig., 1 ml + 9 ml verd. HCl, 20%ig. wss. HJO_3, 1%ig. wss. $FeCl_3$-Lsg. u. 2%ig. Lsg. von p-Dimethylaminobenzaldehyd in 20%ig. HCl. (Pharmac. J. **173** ([4] **119**). 481—82. 11/12. 1954. Bristol, Southmead Hosp.) Ph. Fresenius. 4880

V. Rzieb und **K. Major,** *Kontrolle der gleichmäßigen Körnung bei Granulaten.* Es wird ein Gerät beschrieben, mit dem die Körnung des Granulats bestimmt wird. Durch einen Elektromotor wird das Granulat durch 3 Siebe geschüttelt, die auf 1 mm 2, 1,5 u. 0,3 Maschen haben. Zum Sieben wird stets dieselbe Zeitdauer u. rhythm. Bewegung verwendet. Aus 1 kg zu prüfendem Granulat werden nach sorgfältigem Durchmischen 250 g genau in das oberste Sieb gewogen u. nach 1 Min. Schütteln der Anteil der einzelnen Siebe u. das durchgefallene Pulver quantitativ bestimmt. Fehlergrenze $\pm 3,3\%$. (Českoslov. Farmac. **4.** 459—61. Nov. 1955. Praha, Nár. podnik Spofa.) E. Vevera. 4880

A. van den Bulcke, *Über die Bestimmung des Gehaltes von Jodtinktur an Kaliumjodid.* Die in schwach saurer Lsg. erfolgende KJ-Best. gemäß der Gleichung $HJO_3 + 5\,HJ = 3\,J_2 + 3\,H_2O$ wird durch anwesendes $S_4O_6^{2-}$, dessen Oxydation in nichtstöchiometr. Weise verläuft, gestört. Richtige Werte erhält man, wenn man zur Best. eine Probe verwendet, die nicht zur J-Best. gedient hat u. somit frei von $S_4O_6^{2-}$ ist. — Das durch Verdampfung u. anschließendes Glühen bei 200—400° gek. Verf. liefert reines KJ; es ist zeitraubender als das titrimetr. Verf., gestattet aber eine Unters. (Titration) des Salzrückstandes. (Pharmac. Tijdschr. België **32.** 213—16. Okt. 1955. Brüssel, Inst. voor Hygiene en Epidemiol.) W. Wesly. 4880

K. Kaczvinszki, *Zur Analyse von Extr. Belladonnae DAB 6.* Vf. zeigt an Hand einiger Beleganalysen, daß geringe Änderungen (Verbesserungen) der Herstellungs- u. Bestimmungsmeth. des DAB 6 für *Extr. Belladonnae* (**I**), die bekanntlich nur empir. ist u. keine absol. Werte liefert, große Änderungen der Analysenresultate bedingen. Dabei ist die Empfindlichkeit verschied. **I** gegen derartige Änderungen je nach Herstellungsverf. sowie nach Herkunft u. Qualität der verwendeten Droge sehr unterschiedlich. Solange **I** mit der Bezeichnung DAB 6 im Handel ist, muß daher Herst. u. Einstellung strikt nach der DAB 6-Meth. vorgenommen werden, obwohl dieselbe unleugbar Mängel aufweist. (Österr. Apotheker-Ztg. **7.** 105—06. 14/2. 1953. Wolfsberg/Kärnten, Austria Pan Chemie.) M. Negwer. 4880

Victor Pedersen, *Wertbestimmung von Extractum Secalis cornuti fluidum.* Im dän. Arzneibuch wird für die Best. des Alkaloidgeh. in Secaleextrakt ein Vgl. der blauen Färbung mit Diaminobenzaldehyd (I) mit der Farbe ammoniakal. Cu-Lsg. empfohlen. Da jedoch festgestellt wird, daß sich das I-Reagens bei Aufbewahrung verändert, so daß die Mischungen mit der Alkaloidlsg. erhöhte Extinktion unterhalb 500 mμ zeigen (Verschiebung nach der gelben Seite), ist anzuraten, daß nur frisch hergestellte I-Lsg. für die Best. verwendet wird, die auch nicht bei elektr. Licht ausgeführt werden soll. (Arch. Pharmac. og Chem. **62** (**112**). 675—80. 3/9. 1955. Danmarks Apotekerforen. Kontrollabor.) R. K. MÜLLER. 4880

Louis Fischer und **Nathan A. Hall,** *Kolophoniumtest in offizinellen Pharmazeuticis.* Es werden 2 Verff. zur Best. von *Kolophonium* (I) in Zimtöl, Wacholderöl, Leinsamenöl, Tobubalsam (II), Perubalsam, Jalapenharz (III), Ipomoeaharz (IV) u. Asa foetida (V) bei deren Verfälschung beschrieben. Der Kupferacetattest bedient sich der Best. von I mit Cu-Acetat in einem Extrakt, die LIEBERMAN-STORCH-MORAWSKI-Rk. wendet Acetanhydrid u. H_2SO_4 an. Bei erhitztem oder gealtertem **II, III, IV** oder **V** werden die I-Werte niedriger als in frischen Proben. Vff. geben empfindlichere Methoden an (modifizierter LIEBERMAN-STORCH-MORAWSKI-Test). (J. Amer. pharmac. Assoc., sci. Edit. **44.** 150—52. März 1955. Seattle, Univ. of Washington, Coll. of Pharmacy.) J. MILLER. 4880

L. G. Chatten, *Phenol–Chloroform-Acetonitril als Lösungsmittelsystem bei nichtwässerigen Titrationen.* Das Lösungsmittelgemisch Phenol–Chlf.–Acetonitril wird zur potentiometr. Titration von pharmazeut. verwendeten Salzen von 18 organ. Basen verwendet. Es ist auch für Titrationen gegen Methylrot verwendbar. Man löst die Einwaage in 5 g Phenol + 10—20 ml Chlf. u. fügt 50 ml Acetonitril zu. Das Gemisch gestattet nicht die Titration von Halogensalzen u. besitzt in manchen Fällen auch kein ausreichendes Lösungsvermögen. Die Endpunktserkennung ist gut. Titriermittel $HClO_4$ in Dioxan. (J. Pharmacy Pharmacol. **7.** 586—90. Sept. 1955. Ottawa, Can., Food and Drug Directorate, Pharm. Sect.) PH. FRESENIUS. 4880

Hans Wojahn, *Zum Nachweis von α-Naphthylthioharnstoff.* Vf. weist auf 2 vom ihm beschriebene maßanalyt. Verff. zur Best. von *α-Naphthylthioharnstoff* (I) hin, die eine Best. ohne besonderen Zeitaufwand mit größter Genauigkeit gestatten (C. **1955.** 7974). Bei dem argentometr. Verf. reagiert 1 Mol I in NH_3-haltigem A. auf dem Wasserbad unter Bldg. von Ag_2S; im Filtrat ist das überschüssige $AgNO_3$ rhodanometr. titrierbar. Bei dem *Peroxydverf.* nach KITAMURA kann in der oxydierten Probe der Verbrauch an NaOH acidimetr. oder die Menge an SO_4^{2-} gewichtsanalyt. bestimmt werden. Beide Verff. sollten auch auf die I-Best. in Antupräpp. anwendbar sein. (Arzneimittel-Forsch. **2.** 348. Juli 1952. Borstel, Tbc-Forschungsinst.) K. F. MÜLLER. 4880

Libor Kuča, Alois Borovanský und **Aleš Sekera,** *Über Glucochloralosen.* 3. Mitt. *Bestimmung von β-Glucochloralose neben α-Glucochloralose mit dem Spektrophotometer im Ultrarotgebiet.* (2. vgl. SEKERA u. Mitarbeiter, C. **1956.** 8702.) *β-Glucochloralose* (I) kann neben *α-Glucochloralose* (II) auf Grund der verschied. Ultrarotspektren nur auf spektrophotometr. Wege unterschieden werden. Die Analyse wird in Vaselinsuspension durchgeführt. I hat in der Absorptionsbande bei 754 cm^{-1} ein starkes Maximum, II nicht. Gemessen wird im PERKIN-ELMER-Spektrometer Modell 12B. I kann bis zu 1% im Gemenge bestimmt werden. (Českoslov. Farmac. **4.** 412—14. Okt. 1955. Brno [Brünn], Masarykova univ., úst. pro chem. farm.) E. VEVERA. 4880

Gabriel Dušinský, *Ein Beitrag der Oscillopolarographie zur Bestimmung der Opiumalkaloide.* Oscillopolarograph. werden folgende Stoffe untersucht: *Morphin* (I), *Kodein, Äthylmorphin, Thebain, Narcotin, Papaverin* (II) u. *Apomorphin* (III). II u. III können von den anderen durch ihre charakterist. Einschnitte unterschieden werden. I erst nach Behandeln mit $K_3Fe(CN)_6$ im alkal. Gebiet. Die restlichen Alkaloide zeigen dieselben Einschnitte, so daß sie nicht nebeneinander erkannt werden können. Die Zerlegung von III im alkal. Gebiet kann gut oscillopolarograph. verfolgt werden. (Českoslov. Farmac. **4.** 400—04. Okt. 1955. Bratislava, Státn. úst. kontr. léčiv.) E. VEVERA. 4880

B. Novotný, *Polarographische Bestimmung von Atropin in Mischungen.* Gearbeitet wird mit dem Polarographen HEYROVSKÝ-SHIKATA, Galvanometerempfindlichkeit 10^{-9} A. Vf. bestimmt *Atropin* (I; 0,5 mg) mit Morphin (10 mg) in Injektionslsg. (II) gemengt, folgendermaßen: 2 ml der II werden mit 30 ml W., 1 ml 10%ig. KOH u. 20 ml Chlf. verd. u. 10 Min. geschüttelt, die Chloroformschicht abgetrennt, davon 5 ml (= 0,25 mg I) abpipettiert u. eingedampft. Dann wird 1 ml konz. HNO_3 u. 0,1 ml verd. H_2SO_4 zugefügt, 30 Min. auf dem Wasserbad erwärmt, nach Abkühlen mit 10 ml 20%ig. KOH alkalisiert u. unter N_2 von 0,0 V an polarographiert. 0,1%ig. Lsg. von I wird zum Vgl. benutzt. (Českoslov. Farmac. **4.** 448. Nov. 1955. Praha, Státn. úst. kontr. léčiv.) E. VEVERA. 4880

F. Monastero, John A. Means, T. C. Grenfell und **F. Howard Hedger,** *Terramycin. Chemische Methoden zur Bestimmung und Identifizierung.* Beschreibung von 3 Methoden zur quantitativen Best. von *Terramycin* (**I**). 1. 1—2 ml einer ca. 0,5 mg **I**/ml enthaltenden Lsg. werden mit 0,01n HCl zu 10 ml verd. u. mit 10 ml 0,05%ig. $FeCl_3$-Lsg. in 0,01 n HCl versetzt. Nach 10 Min. wird die Farbintensität bei 490 mμ gemessen. Die Eichkurve gehorcht dem Lambert-Beerschen Gesetz. Die Fehlerbreite beträgt ±2%. Die Erfassungsgrenze liegt bei 50 γ **I**/ml. 2. 2 ml einer Lsg. von 0,5 mg **I**/ml in 0,01n HCl werden mit W. zu 5 ml verdünnt. Nach Zugabe von 5 ml 0,4n NaOH wird das Gemisch 5 Min. im sd. Wasserbad gehalten u. anschließend mit W. auf 20 ml verdünnt. 10 ml dieser Lsg. werden mit 0,17n HCl auf 25 ml verd. u. die Absorption bei 353 mμ gemessen. Zur Messung des Ausgangswertes werden 10 ml der ursprünglichen Lsg. (0,5 mg **I**/ml) mit 0,1n HCl auf 250 ml verd. u. die Absorption dieser Lsg. ebenfalls bei 353 mμ gemessen. Die Differenz der beiden Ergebnisse ist ein Maß für die Menge **I** in der Ausgangslösung. Die Erfassungsgrenze liegt bei 15 γ **I**/ml. 3. Die unter 2. erhaltene alkal. Lsg. nach Hydrolyse (20 ml) wird direkt bei 440 mμ gemessen. Erfassungsgrenze 200 γ **I**/ml. Die mit den 3 Methoden bei Pudern, Tabletten, Kapseln u. Elixieren erhaltenen Ergebnisse stimmen sehr gut untereinander sowie mit den Resultaten der mikrobiol. Best. überein. Es wird eine Reihe von qualitativen Rkk. für **I** beschrieben. (J. Amer. pharmac. Assoc., sci. Edit. **40.** 241—45. Mai 1951. Brooklyn, N. Y., Chas. Pfizer & Co., Inc.)
R. Reiss. 4880

Helen L. Dawson, Iowa City, und **Max D. Wheatley,** Hills, Io., V. St. A., *Organpräparat zur Anregung des Zellstoffwechsels,* z. B. bei Wunden. Säugetierhirne werden, gegebenenfalls in Ggw. von H_2O_2, hoch erhitzt u. mit Ringer-Lsg. extrahiert oder mit Kaolin oder dgl. vermahlen u. zu Salben oder Puder verarbeitet. Granulationsbeschleunigung. (**A. P. 2 717 227** vom 22/12. 1954. ausg. 6/9. 1955.) K. Heinze. 4791

Treibacher Chemische Werke Akt.-Ges., Treibach, Kärnten, *Herstellung phosphathaltiger Zahnzemente,* die mit W. abbinden, dad gek., daß das Zementpulver, welches die zur Abbindung notwendigen, durch Säure zersetzbaren Anteile, vorzugsweise ZnO, enthält, mit sauren Phosphaten des Zn, Al u. Mg, die auch freie H_3PO_4 enthalten können, innig vermischt wird. — Z. B. dampft man 100 (kg) Abbinde-Fl. der Zus. 52,6 (%) PO_4, 2,5 Al u. 7,1 Zn im Vakuum ein. Von dem gewonnenen gemahlenen u. gesiebten Trockenrückstand vermischt man 28,1 (kg) mit 71,9 eines Pulvers der Zus. 90,4(%) ZnO, 9,2 MgO u. 0,4 SiO_2. (**Oe. P. 184 300** vom 9/10. 1952, ausg. 10/1. 1956.) T. Oppermann. 4799

May & Baker Ltd., Dagenham, England, *Hexamethylen-1.6-trimethylammoniumbitartrat* durch doppelte Rk. von Weinsäure oder einem Tartrat mit einem anderen Salz der quaternären Base. — Z. B. wird 1.6-Bis-(N-dimethyl)-hexamethylendiamin mit Dimethylsulfat quaternisiert. — *Ganglienblocker.* — Vgl. auch A. P. 2 661 370; C. **1954.** 9094. (**Schwz. P. 294 510** vom 25/10. 1951, ausg. 16/1. 1954. E. Priorr. 27/10. 1950 u. 6/4. 1951.) K. Heinze. 4807

Farmaceutici Italia Soc. An. (Erfinder: **Daniele Bovet** und **G. B. Marini Bettolo**), Mailand, Italien, *Herstellung pharmazeutischer Präparate mit sympatholytischer und oxytocischer Wirksamkeit,* dad. gek., daß man in bekannter Weise *Salze des Diäthylaminoessigsäurediäthylamids* (**I**) mit physiol. verträglichen Säuren herstellt (z. B. das *Acetat, Benzoat, Hydrobromid, Camphersulfonat, Citrat, Hydrochlorid, Formiat, Phosphat, Gluconat, Glucuronat, Hydrojodid, Malat, Malonat, Nitrat, Succinat, Sulfat, Tartrat*). — Z. B. löst man 8,1 g Weinsäure in 30 cm^3 absol. A. u. versetzt mit 10 g **I** u. dann mit Ae. bis zum Beginn der Trübung. Man erhält ein krist. Prod. der Formel $C_{10}H_{22}ON_2 \cdot HOOC \cdot [CH(OH)]_2COOH$, F. 127—128°; $[\alpha]_D^{20}$ +14,1°$_2$(c = 0,8870%; W.); Ausbeute 98%. — Ferner werden noch genannt das *Malat,* $C_{10}H_{22}ON_2 \cdot C_4H_6O_5$, F. 90° (absol. A.–Ae. oder -Essigester), das *Camphersulfonat,* $C_{20}H_{38}O_5N_2S$, $[\alpha]_D^{20}$ +13,05° (c = 12%; W.), *Sulfat,* $C_{20}H_{46}O_6N_4S$; n_D^{15} 1,472. — Die Herst. von Lsgg. zu therapeut. Zwecken wird beschrieben. (**Oe. P. 184 295** vom 27/11. 1953, ausg. 10/1. 1956. It. Prior. 27/11. 1952.)
T. Oppermann. 4807

VEB Chemische Fabrik von Heyden (Erfinder: **Erich Haack** und **Joachim Donat**), Radebeul, *Herstellung eines streufähigen sulfonamidhaltigen Chemotherapeuticums.* Man fällt aus Lsgg. von Na- oder K-Salzen des p-Aminobenzolsulfonylharnstoffes (**I**) mit Lsgg. von Ca-Salzen, bes. $CaCl_2$, im Überschuß das feinkörnige **I**–Ca-Salz aus. Gleichzeitig kann zur Herst. eines sterilen Streupulvers das Ca-Salz des Bromsalicylsäureisopropylamids (**II**) oder durch nachträglichen Zusatz von Säuren das freie **II** ausgefällt werden. — 57 (Gewichtsteile) **I**–Na-Salz in 135 Raumteilen W. werden mit 1,6 **II** in 3,55 Volumenteilen 10%ig. KOH versetzt. In die in geeigneter Weise von Schwermetallen befreite Lsg. läßt man unter Rühren bei 50° 44 Volumenteile schwermetallfreie 37%ig. $CaCl_2$-Lauge einlaufen, nutscht bei 15° ab, wäscht mit W., trocknet bei gelinder Temp.

u. siebt. Man erhält ein nichtklumpendes, gut resorbierbares, neutrales Pulver. (**D. P. [DDR] 6 320** Kl. 30h vom 14/6. 1952, ausg. 28/12. 1953 [Wirtschaftspatent].)
G. Weltzien. 4807

Ed. Geistlich Söhne Akt.-Ges. für Chemische Industrie, Wolhusen, Schweiz, *Herstellung von Magen–Darm-Chemotherapeuticis,* dad. gek., daß man ein Sulfanilamidderiv. einer zweibas. Carbonsäure oder eines ihrer Salze mit 8-Oxychinolin (**I**) oder einem **I**-Salz umsetzt. — Z. B. versetzt man 5 (Teile) Na-2-[N^4-Phthalylsulfanilamido]-thiazol in 100 W. mit 1,7 **I** in 47 0,25nHCl. Das entstandene *8-Oxychinolinphthalylsulfathiazolat* (**II**) ist in W. schwer lösl. u. bildet ein gelbes Pulver, das bei 100—200° sintert u. sich oberhalb 220° zersetzt. — **II** erhält man auch aus Phthalylsulfathiazol u. **I**-Sulfat. — Analog gewinnt man aus Phthalylsulfacetamid u. **I**-Sulfat *8-Oxychinolinphthalylsulfacetamidat,* F. 120—130° (unscharf), bei 150—160° Zers., gelbes Pulver. (**Oe. P. 184 294** vom 10/11. 1953, ausg. 10/1. 1956. Schwz. Priorr. 14/11. 1952 u. 17/10. 1953.)
T. Oppermann. 4807

United States Rubber Co., New York, N. Y., übert. von: **Taylor H. Evans, Ralph W. Mills,** Guelph, und **Harold R. Chipman,** Elmira, Ontario, Kanada, *Sulfamerazin* (**I,** = 2-Sulfanilamido-4-methylpyrimidin), F. 234—237°. Sulfaguanidin (**II,** = Sulfanilylguanidin) wird mit Chlorvinylmethylketon, $CH_3COCH{=}CHCl$, in Ggw. von Na-Alkoholat in A. umgesetzt, die entstandene Reaktionsmischung abgekühlt, wodurch das Na-Salz von **I** ausfällt, das abfiltriert wird. Der Nd. wird in W. gelöst, die Lsg. mit Kohle u. $NaHSO_3$ entfärbt, filtriert u. mit Essigsäure bis zu einem p_H bis ca. 6 angesäuert, wodurch **I** rein erhalten wird; Ausbeute: 78 (%). — Man kann auch Dichlorbutanon-(2), $CH_3COCH_2CHCl_2$, das aus Acetylchlorid u. Vinylchlorid in Ggw. von $AlCl_3$ in CCl_4 hergestellt wird, mit **II** in Ggw. von Alkalialkoholat bei ca. 40—70° umsetzen; Ausbeute: 77,4; Mol-Verhältnisse vgl. Tabelle. — *Heilmittel.* (**A. PP. 2 690 439** vom 10/7. 1953, ausg. 28/9. 1954, u. **2 693 466** vom 6/8. 1952, ausg. 2/11. 1954.) G. Krauss. 4807

Wellcome Foundation Ltd., London, England (Erfinder: **Thomas Marvel Sharp**), *Diureticum* der Formel I, $C_{29}H_{36}O_{11}N_2S_2Hg_2Na_2$, erhält man durch Kondensation von

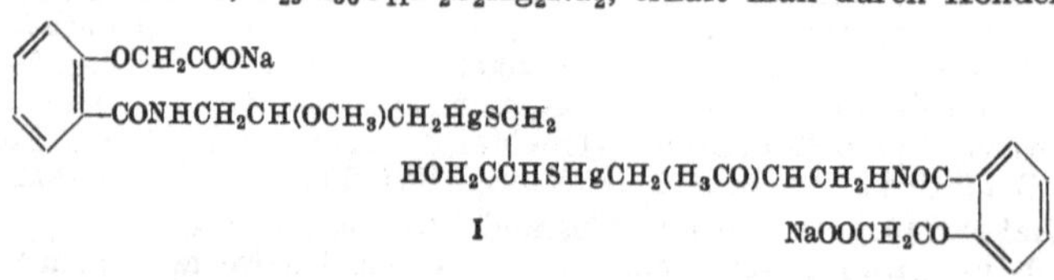

I

Salicyl-(γ-oxymercuri-β-methoxypropylamid)-O-essigsäure (= „Mersalyl") mit 2.3-Dimercaptopropanol in Ggw. von NaOH. (**E. P. 703 013** vom 25/4. 1951, ausg. 27/1. 1954.)
G. Krauss. 4807

Mathieson Chemical Corp., New York, N. Y., übert. von: **William A. Lott,** Maplewood, N. J., V. St. A., *Substituierte Zimtsäuren* der allg. Formel Ar—C(R)=C(R)—COX—Alkylen—N—(Alkyl)$_2$ (**I**), *deren Salze und quaternäre Ammoniumverbindungen* (Ar = Aryl, das durch Alkyl, Alkoxy, OH oder Halogen substituiert sein kann; ein R = Aryloxy, Arylmercapto; das andere R = H; X = O, NH; die beiden Alkyle können mit dem N auch einen heterocycl. Rest bilden) erhält man durch Kondensation der entsprechenden Zimtsäuren oder -säurechloride mit den entsprechenden Halogenalkyl- bzw. Oxy- oder Aminoalkylaminen; anschließend kann in bekannter Weise quaternisiert werden. — Aus N.N-Diäthyläthylendiamin u. α-Phenoxyzimtsäurechlorid in Bzl. nach 2std. Erhitzen → *N-(β-Diäthylaminoäthyl)-α-phenoxycinnamamidhydrobromid,* F. 124 bis 125°. — α-Phenoxyzimtsäure + β-Diäthylaminoäthylchlorid → *β-(Diäthylaminoäthyl)-α-phenoxycinnamathydrochlorid,* aus A. F. 172—173°. — *N-(β-Dimethylaminoäthyl)-α-phenoxycinnamamidhydrochlorid,* aus A.-Ae. F. 158—159°. — *N-(β-Dipropylaminoäthyl)-α-phenoxycinnamamidhydrochlorid,* aus Methyläthylketon F. 134—135°. — *β-(Diäthylaminoäthyl)-β-phenoxycinnamathydrochlorid,* F. 123—124°. — α-Phenylmercapto-p-oxycinnamoylchlorid (hergestellt nach A. P. 2 503 296; C. **1951.** I. 899) → *N-(β-Dimethylaminoäthyl)-α-phenylmercapto-p-oxycinnamamidhydrochlorid.* — *[β-(α-Phenoxycinnamoyloxy)-äthyl]-diäthylmethylammoniumbromid,* aus Methyläthylketon F. 119—120°. — *[β-(α-Phenoxycinnamido)-äthyl]-triäthylammoniumbromid,* F. 109 bis 111°. — *[β-(α-Phenoxycinnamido)-äthyl] diäthylmethylammoniumbromid,* F. 94—95°. — *[β-(α-Phenoxycinnamido)-äthyl]-dipropylmethylammoniumbromid,* F. 177—178°. — *[β-(α-Phenoxycinnamido)-äthyl]-dimethyläthylammoniumjodid,* F. 181—182°. — *[β-(α-Phenoxycinnamido)-äthyl]-diäthylmethylammoniumjodid,* F. 144—145°. — *β-(Diäthylaminoäthyl)-α-phenylmercapto-p-oxycinnamathydrochlorid.* — *[β-(β-Phenoxycinnamoyloxy)-äthyl]-diäthylmethylammoniumbromid.* — 1 R von **I** kann auch Alkyl u. Aryl u. das andere H; X auch N-Alkyl u. das End-N außer durch Alkyl auch durch Aryl, Aralkyl u. Alkenyl substituiert sein. — N.N-Diäthyläthylendiamin + α-Phenylcinnamoylchlorid in Bzl. → N-(β-Diäthylaminoäthyl)-α-phenylcinnamamidhydrochlorid, daraus mit Äthylbromid in Benzylalkohol → *[β-(α-Phenylcinnamido)-äthyl]-triäthylammoniumbromid*, aus A.-Ae. F. ca. 166—168°. — N-(β-Dimethylaminoäthyl)-α-phenylcinnamamidhydrochlorid, F. 140—141°, → *[β-(α-Phenylcinnamido)-äthyl]-trimethylammoniumjodid*, F. ca. 180 bis 181°. — *[β-(α-Phenylcinnamoyloxy)-äthyl]-diäthylmethylammoniumbromid*, F. 130 bis 131°. — N-(β-Diäthylaminoäthyl)-β-phenylcinnamamid → *[β-(β-Phenylcinnamido)-äthyl]-triäthylammoniumbromid*. — *[β-(α-Phenylcinnamido)-äthyl]-triäthylammonium-äthylsulfat*. — *[β-(α-Phenylcinnamido)-äthyl]-diäthylmethylammonium-p-toluolsulfonat*. — *[β-(α-Phenylcinnamido)-äthyl]-benzyldiäthylammoniumbromid*. — N-(β-Diäthylaminoäthyl)-α-decylcinnamamid, $Kp._1$ 198—200°, → *[β-(α-Decylcinnamido)-äthyl]-triäthylammoniumbromid*, aus Hexan F. ca. 99—100°. — *[β-(α-Decylcinnamoyloxy)-äthyl]-triäthylammoniumbromid*. — *[β-(α-Hexylcinnamido)-äthyl]-triäthylammoniumbromid*, F. ca. 137—139°. — *[β-(α-Decylcinnamoyloxy)-propyl]-triäthylammoniumbromid*, viscoser Sirup. — *[β-(α-Tetradecylcinnamido)-äthyl]-triäthylammoniumbromid*, F. 93—94°. — Weitere Ausgangsstoffe sind: β-p-Kresoxy-; β-α-Naphthoxy-; β-(2-Methoxyphenoxy)-; α-(4-Bromphenoxy)-; β-(2.4-Dimethylphenoxy)-; β-(2.4-Dimethylphenylmercapto)-; β-Naphthylmercapto-; β-Phenoxy-p-methoxy-; β-Phenoxy-p-chlorzimtsäure. — γ-(1-Piperidyl)-propyl-; β-(1-Pyrrolidyl)-äthyl-; β-(4-Morpholinyl)-äthyl-; β-Diäthylaminoisopropylchlorid; β-Chlor-α-diäthylaminobutan; β-(1-Piperidyl)-äthanol; 1-(β-Aminoäthyl)-piperidin; 1-Amino-5-diäthylaminopentan; [(β-Dimethylaminoäthyl)-amino]-äthan; N.N-Dipropyläthylendiamin. — Ferner können quaternisiert werden: β-Diäthylaminoäthyl-β-amylcinnamat; N-(β-Diäthylaminoäthyl)-β-butylcinnamamid; β-Diäthylaminoäthyl-α-phenyl-o-chlorcinnamat; γ-Dimethylaminopropyl-α-äthylmethylendioxy-3.4-cinnamat; β-(Amyläthylamino)-äthyl-β-phenylcinnamat. — Als Salzbildner sind noch geeignet: Bor-, Milch-, Wein-, Citronen-, Bernstein-, Malein-, Fumarsäure, HNO_3, H_3PO_4. — *Antispasmodica, Ganglienblocker, Acetylcholinantagonisten* u. *Baktericide*. (**A. PP. 2 670 360** vom 30/11. 1951, ausg. 23/2. 1954, u. **2 677 697** vom 30/8. 1951, ausg. 4/5. 1954.) G. KRAUSS. 4807

Sandoz Akt.-Ges., Basel, *Herstellung von Tropinonderivaten*. Die Derivv. haben die allg. Formel **A**, worin R_1CH_3, C_2H_5 oder H u. R_2 COOH, $COOC_2H_5$ oder H bedeuten. Man erhält sie dadurch, daß man auf Äpfelsäuredialdehyd Amine der allg. Formel H_2NR_1 u. Acetondicarbonsäure oder ihre Monoester der Formel $HOOC\cdot CH_2CO\cdot CH_2COOR_1$ (R_1 wie oben) in verd. wss. Lsg. (p_H ca. 4—10) bei n. Temp. oder leicht erhöhter Temp. einwirken läßt. — Z. B. gießt man zu 14,6 (g) Acetondicarbonsäure, 6,75 Methylaminhydrochlorid u. 34 Na-Acetat in 1000 cm³ W. eine schwach saure wss. Lsg. von Äpfelsäuredialdehyd (hergestellt aus 8,8 g 2.5-Diäthoxy-3-oxytetrahydrofuran u. 200 cm³ 0,1 n HCl). Nötigenfalls stellt man die Kondensationslsg. mit verd. HCl oder NaOH auf p_H 4 ein u. hält das Reaktionsgemisch 3 Tage bei 25°. Die Aufarbeitung des Reaktionsprod. ergibt *6-Oxytropinon*, $C_8H_{13}O_2N$, F. 123°, Ausbeute 35—55%; *Pikrat*, F. 199—201° (Zers.). (**Oe. P. 184 302** vom 3/4. 1953, ausg. 10/1. 1956. Schwz. Prior. 4/4. 1952.) T. OPPERMANN. 4807

A

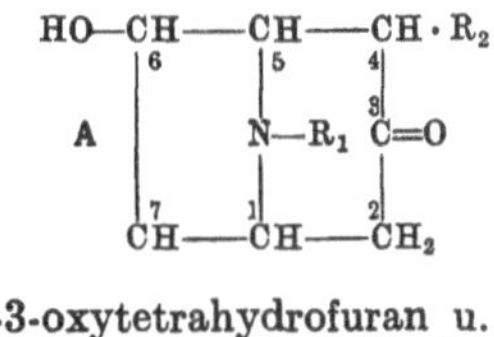

F. Hoffmann-LaRoche & Co. Akt.-Ges., Basel, *Herstellung von substituierten Tropasäure-N-[γ-picolyl]-amiden*. Sie besitzen die allg. Formel $C_6H_5—CH(CH_2OH)—CO—N\cdot(R)CH_2—C_5H_4N$, worin R eine Methyl-, Äthyl- oder Allylgruppe bedeutet u. werden dadurch erhalten, daß man gegebenenfalls acetyliertes Tropasäurechlorid mit Methyl-, Äthyl- oder Allyl-[γ-picolyl]-amin umsetzt u. das Kondensationsprod. gegebenenfalls entacetyliert. — Z. B. wird eine Lsg. von 82 (Gewichtsteilen) γ-Chlormethylpyridinhydrochlorid in 60 W. in 250 50%ig. wss. Methylaminlsg. bei —5 bis —10° eingetropft u. noch 2 Std. bei 20—25° u. 1 Std. bei 60° gerührt. Die Aufarbeitung des Reaktionsprod. ergibt *Methyl-[γ-picolyl]-amin* (I), $Kp._{13}$ 95—96°, Dihydrochlorid, F. 231—233°. Zu einer Mischung von 34,3 **I** u. 28 Pyridin in 225 Chlf. gibt man rohes, aus 45 Tropasäure hergestelltes Acetyltropasäurechlorid (**II**) unter Eiskühlung nach u. nach hinzu u. rührt danach 1 Std. bei 25°. Die Aufarbeitung des Reaktionsprod. ergibt *Tropasäure-N-methyl-N-[γ-picolyl]-amid*, F. 101—102°. — Analog erhält man aus **II** u. Äthyl-[γ-picolyl]-amin (**III**), $Kp._{13}$ 103—104°, *Tropasäure-N-äthyl-N-[γ-picolyl]-amid*, F. 96—97°; *Hydrobromid*, F. 147—149°; *Hydrochlorid*, F. 123—125°; aus **II** u. Allyl-[γ-picolyl]-amid (**IV**), $Kp._{13}$ 120 bis 121°, *Tropasäure-N-allyl-N-[γ-picolyl]-amid*, dickes Öl; *Hydrochlorid*, F. 64—66°. Ferner werden genannt: **III**-*Dihydrochlorid*, F. 198—200°; **IV**-*Dihydrochlorid*, F. 184—185°. — *Spasmolytica*. (**Oe. P. 184 303** vom 7/9. 1953, ausg. 10/1. 1956. Schwz. Prior. 24/10. 1952.) T. OPPERMANN. 4807

American Cyanamid Co., New York, N. Y., übert. von: **John Joseph Garbarini**, Dumont, N. J., V. St. A., *Herstellung von Calciumpantothenat* (I) von *hoher Raumdichte*, dad. gek., daß man I-Kristalle in einem fl. Träger mindestens 8 Min. rührt, wobei eine D. von mindestens 0,5 g/cm³ erzielt wird. — Methanolfeuchtes *d*-I wird mit 5—80% dest. W. versetzt u. 1 Std. bei n. Temp. geknetet. Das Prod. wird unter hohem Vakuum bei 70° getrocknet u. anschließend feinst gepulvert. (**A. P. 2 717 267** vom 30/8. 1952, ausg. 6/9. 1955.) G. LANGER. 4809

Eli Lilly & Co., Indianapolis, Ind., V. St. A., *2-Methyl-3-amino-4.5-pyridindicarbonsäure* (I) wird entweder durch Rk. von 2-Methyl-3-acetylypridin-4.5-dicarbonsäure oder deren Estern mit HN_3 (NaN_3 + konz. H_2SO_4) in Chlf. oder durch Erhitzen von N-(1-Methyl-3-keto-1-butenyl)-N-(2'.3'-dicarbäthoxy-3'-keto-1'-propenyl)-amin mit 97%ig. H_2SO_4 auf 60°, Rk. der erhaltenen Umsetzungsprodd. mit NaN_3 bei 42—45° u. Hydrolyse der intermediär gebildeten 2-Methyl-3-acetylamino-4.5-pyridindicarbonsäure mit W. hergestellt. I-Monohydrat, F. 240—242° (Zers.). — *Zwischenprod.* zur *Herst. von Pyridoxin* (Vitamin B_6). — Vgl. E. P. 721 295; C. **1956.** 5917. (**E. P. 721 299** vom 7/3. 1952, ausg. 5/1. 1955. A. Prior. 16/3. 1951.) R. LINK. 4809

Eli Lilly & Co., übert. von: **Albert Pohland**, Indianapolis, Ind., V. St. A., *Benzooxapiperidine* der allg. Formel I u. deren Salze (R = Alkyl mit 1—7 C-Atomen, OH, Benzogruppe; R_1 = niedermol. Alkyl; R_2 = H, CH_3; n = 1 oder 2) erhält man durch Kondensation einer Mg- oder Li-Verb. des entsprechenden Chromans oder Cumarans der Formel II

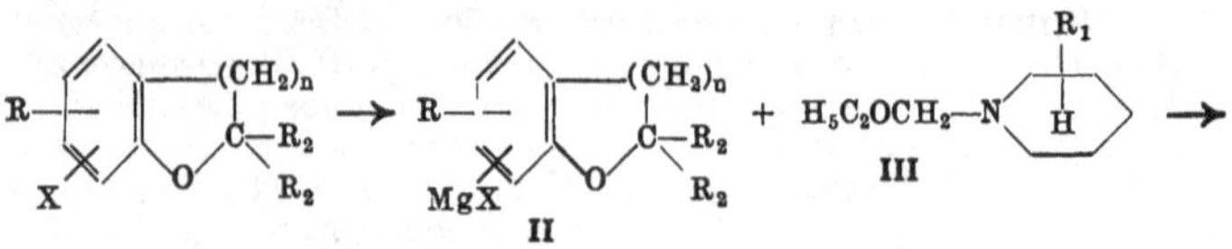

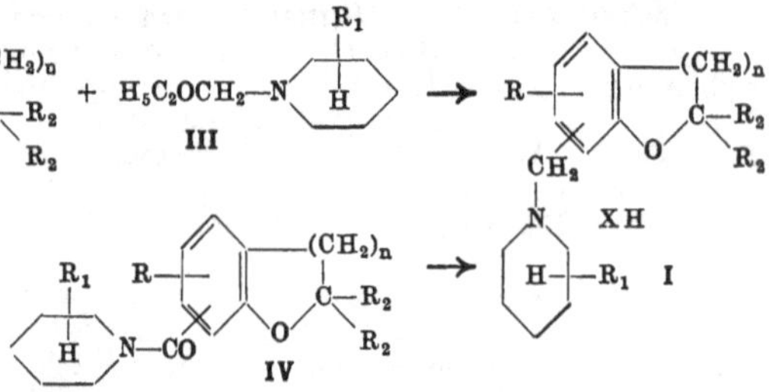

(X = Cl, Br, J) mit einem N-Ätherderiv. von Piperidin der Formel **III**. Man kann auch Cumaran- oder Chromancarbonsäurehalogenide mit dem entsprechenden Piperidinderiv. umsetzen u. die entstandene Ketoverb. (**IV**) mit $LiAlH_4$ reduzieren. — 0,237 (Mol) 2.5-Dimethylcumaran werden mit 0,237 Br_2 in Ggw. von Na-Acetat u. Eisessig in 7-Brom-2.5-dimethylcumaran übergeführt, Kp.$_{0,6}$ 104—106°; n_D^{25} 1,5467; 0,1 davon in Ggw. von 0,3 Li mit 2-Pipecolinmethyläthyläther in wasserfreiem Ae. zu *2.5-Dimethyl-7-(2-pipecolinomethyl)-cumaran* umgesetzt, Kp.$_{0,5}$ 140—144°; daraus mit HBr in Ae. → *Hydrobromid*, F. 163—165°. — 2-Methylcumaran-5-carbonsäure + $SOCl_2$ + 2-Pipecolin → *2-Methyl-5-(2-pipecolinomethyl)-cumaran*, Kp.$_1$ 151—153°; n_D^{25} 1,5338. *Hydrobromid*, F. 218—220°. — 2.2.6-Trimethylchroman → 8-Brom-2.2.6-trimethylchroman, Kp.$_{0,7}$ 117 bis 120°, → Li-Deriv. + → *2.2.6-Trimethyl-8-(2-pipecolinomethyl)-chroman*, Kp.$_{0,5}$ 152 bis 154°; n_D^{25} 1,15245. *Hydrochlorid*. — 1-Allyl-2-oxynaphthoesäuremethylester in Ggw. von Pyridinhydrochlorid bei 250° → 2-Methyl-4.5-benzocumaran-7-carbonsäuremethylester, aus PAe. F. 105—106°, → freie Säure, F. 177—179°, → Säurechlorid → *2-Methyl-7-(2-pipecolinomethyl)-4.5-benzocumaran. Hydrochlorid*, F. 195—197°. — *2-Methyl-5-äthyl-7-(2-pipecolinomethyl)-cumaran.* — *2.2-Dimethyl-5-äthyl-7-(2-pipecolinomethyl)-cumaran.* — *5-Methyl-7-(2-pipecolinomethyl)-cumaran.* — *5-n-Propyl-7-(2-äthylpiperidinomethyl)-cumaran.* — *2.2-Dimethyl-6-äthyl-8-(2-pipecolinomethyl)-chroman.* — *5-n-Hexyl-7-(2-n-propylpiperidinomethyl)-cumaran.* — *2-Methyl-5-äthyl-7-(4-methylpiperidinomethyl)-cumaran.* — *2-Methyl-7-(2-pipecolinomethyl)-5.6-benzocumaran.* — *2-Methyl-5-äthyl-8-(3-pipecolinomethyl)-chroman.* — *6-n-Propyl-8-(2-pipecolinomethyl)-chroman.* — *5-n-Hexyl-7-(2-pipecolinomethyl)-cumaran.* — *2.2-Dimethyl-5-(2-pipecolinomethyl)-cumaran.* — *6-Äthyl-8-(4-n-propylpiperidinomethyl)-chroman.* — *7-(3-Pipecolinomethyl)-5.6-benzochroman.* — Die Verbb. sind *oxytoc.* wirksam. (**A. P. 2 633 468** vom 26/7. 1951, ausg. 31/3. 1953.) G. KRAUSS. 4809

Upjohn Co., übert. von: **Byron A. Johnson, Maxton F. Murray** und **Robert A. Donia**, Kalamazoo, Mich., V. St. A., *22.23-Dibrom-4-stigmasten-3-on*, E_{242} = 15925, erhält man durch Rk. von Stigmastadienon (durch Oxydation von Stigmasterin oder von Sojasterinen hergestellt), F. 125—127°; $[\alpha]_D$ + 54°, mit mindestens 1 Moläquivalent Br_2 in einem organ. Lösungsm., bes. Methylenchlorid, u. in Ggw. eines Alkylpyridins oder von Pyridin. — *Zwischenprod.* für die Herst. von *Steroidhormonen.* (**A. P. 2 719 857** vom 24/5. 1954, ausg. 4/10. 1955.) U. SIEVERS. 4809

Upjohn Co., übert. von: **Gunther S. Fonken, Robert H. Levin** und **A. Vern McIntosh jr.**, Kalamazoo, Mich., V. St. A., *4-Chlor-3-ketosteroide* der n. Reihe erhält man durch gleichzeitige Oxydation u. Halogenierung der entsprechenden, in 4-Stellung unsubstituierten 3-Oxysteroide mit einem Alkylhypochlorit mit $>$ 1 C-Atom in Ggw. eines organ. Lösungsm. u. von bis zu 20% W. bei -10 bis $+50^0$. — Pregnan-3α.17α-diol-11.20-dion + tert.-Butylhypochlorit in tert.-Butanol + W. bei 26^0 → *4-Chlorpregnan-17α-ol-3.11.20-trion*, F. 220—225°; $[\alpha]_D^{25}$ +91°. — Analog: *4-Chlorpregnan-17α.21-diol-3.11.20-trion-21-acetat*, F. 232—236,5°; $[\alpha]_D$ +99°. — *4-Chlorpregnan-11α.17α-diol-3.20-dion*, F. 183—185°. — *4-Chlorpregnan-11α.17α-diol-3.20-dion-11-acetat*, F. 232—234°; $[\alpha]_D^{23}$ +33°. — *4-Chlorpregnan-3.20-dion*, F. 178—183°. — *Zwischenprodd.* für die Herst. von *Steroidhormonen*. (**A. P. 2 714 600** vom 16/7. 1952, ausg. 21/8. 1955. **E. P. 741 013** vom 13/7. 1953, ausg. 23/11. 1955. A. Prior. 16/7. 1952.) U. SIEVERS. 4809

Novo Terapeutisk Laboratorium A/S (Erfinder: **Karl Petersen** und **Hans Jacobsen**) Kopenhagen, Dänemark, *Haltbare wässerige Suspensionen von Procain-Penicillin* durch Verdrängen der Luft durch N_2 oder H_2 beim Füllen der Ampullen. Penicillin kann auch mit anderen Basen gekuppelt sein, z. B. Oxy- oder 2-Cl-Procain bzw. mit N.N-Dibenzyläthylendiamin. Auch Penicillinester u. andere schwer lösl. Penicillinverbb. werden haltbar. (**E. P. 737 242** vom 16/9. 1953, ausg. 21/9. 1955. Dän. Prior. 16/10. 1952.) K. HEINZE. 4811

Chemie Grünenthal G. m. b. H., Stolberg, Deutschland, *Herstellung von Penicillinestern.* Sie besitzen die allg. Formel Pen—COO—R_1—$N(CH_3)_3(R_2)$, worin Pen ein Penicillinradikal, R_1 einen Alkylenrest, vorzugsweise mit 1—5 C-Atomen, u. R_2 einen Säurerest oder Pen—COO—R_1—$N(CH_3)_3(\cdots Me \cdots)$ bedeuten (Me = ein zur Komplexbldg. befähigtes Metall oder Metallderiv.). Die Penicillinester werden erhalten durch Umsetzen von Verbb. der allg. Formel Pen—COO—R_1—$N(CH_3)_2$ mit einer Verb. der allg. Formel CH_3Z (Z ist eine Säurerest) zu quaternären NH_4-Verbindungen. Die gewonnenen Reaktionsprodd. werden gegebenenfalls in Metallkomplexverbb. übergeführt. — Z. B. schlämmt man 12,3 g Penicillin-G-Natrium (**I**) in 175 cm³ Aceton auf u. kocht 22 Std. mit 7,45 (g) Dimethylaminoäthylchlorid. Bei der Aufarbeitung des Reaktionsprod. erhält man ca. 11,3 Öl, welches man mit 4,5 Methyljodid reagieren läßt. Die Aufarbeitung ergibt den *Penicillinester des Cholinjodids*, kanariengelbe, krist. M.; Ausbeute quantitativ. Analog erhält man aus **I** u. Methylbromid den *Penicillinester des Cholinbromids*, bei ca. 180—190° Zers.; hellgelbe, in W. lösl. Kristallmasse. — Die Penicillinester dienen zur Bekämpfung von Krankheiten im Leber- u. Gallensystem. (**Oe. P. 184 296** vom 6/8. 1953, ausg. 10/1. 1956. D. Prior. 8/8. 1952.) T. OPPERMANN. 4811

Chemie Grünenthal G. m. b. H., Stolberg, Deutschland, *Herstellung von Penicillinestern.* Man erhält die Ester dadurch, daß man eine Säure der Penicillinreihe oder ein Deriv. einer solchen, wie ein Salz, ein Anhydrid oder ein Säurechlorid, mit einer Verb. der allg. Formel X—R_1—$N(Z)(CH_3)_3$ oder X—CH_2—CH_2—$N(Hal)(CH_3)_3$ umsetzt u. das erhaltene Reaktionsprod. gegebenenfalls in eine Metallkomplexverb. überführt. Es bedeutet X den Rest einer anorgan. Säure oder OH, u. zwar vorzugsweise im Falle der Verwendung eines Alkalisalzes der Penicillinreihe Halogen u. im Falle der Verwendung eines Anhydrids der Penicillinreihe OH, R_1 einen Alkylrest (vorzugsweise mit 1—5 C-Atomen), Z einen Säurerest u. Hal vorzugsweise Br oder J. — Z. B. erwärmt man auf dem Dampfbad unter Rühren eine Suspension von 21,5 (g) Penicillin-G-Kalium u. 14,25 β-Bromäthyltrimethylammoniumbromid in 100 cm³ Dimethylformamid 15 Minuten. Die Aufarbeitung der entstandenen gelblichen Lsg. ergibt das *quartäre Estersalz*. Seine Aktivität beträgt 1136 I.E./mg. *Therapeutica* zur Behandlung von Krankheiten des Leber- u. Gallensystems. (**Oe. P. 184 297** vom 6/8. 1953, ausg. 10/1. 1956. D. Prior. 8/8. 1952.) T. OPPERMANN. 4811

Eli Lilly & Co., übert. von: **Harley W. Rhodehamel jr.** und **William B. Fortune**, Indianapolis, Ind., V. St. A., *Streptomycindicyclohexylsulfamat* der Formel **I** (St = Streptomycin, Mannosidostreptomycin) erhält man durch Rk. von Streptomycin oder Mannosidostreptomycin oder deren Salzen mit Dicyclohexylsulfamsäure oder deren wasserlösl. Salzen in Lsg. oder in Suspension. **I** ist schwer lösl. in W., ca. 3,4 mg/cm³/25°, gut lösl. in Alkoholen, ca. 160 mg/cm³/25° in A., 200 mg bzw. 300 mg/cm³/25° in Butanol bzw. Methanol. Die Salzbldg. kann auch auf die Gewinnung der Streptomycine aus ihren Lsgg. bzw. Gärlsgg. angewendet werden. — *Depotheilmittel.* (**A. P. 2 635 096** vom 18/8. 1948, ausg. 14/4. 1953.) G. KRAUSS. 4811

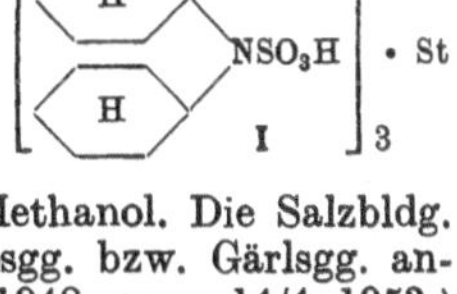

Lepetit S. p. A., Mailand, Italien, *Dihydrostreptomycinsalz von 1-Isonicotinyl-2-(1-oxy-1-carboxyäthyl)-hydrazin* der Formel **I**. Isonicotinylhydrazid wird in W. bzw. Eis-

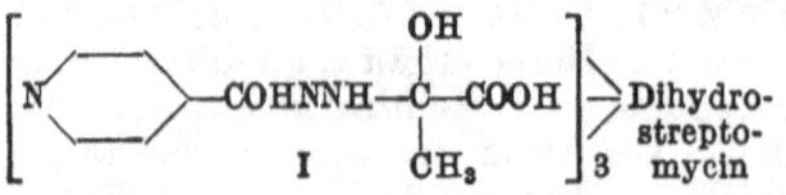

essig mit Brenztraubensäure zu 1-Isonicotinyl-2-(1-oxy-1-carboxyäthyl)-hydrazin, Ausbeute 94% bzw. zu Brenztraubensäureisonicotinylhydrazon umgesetzt, das anschließend noch mit W. behandelt werden muß, u. dieses oder seine Alkali- oder Erdalkalisalze dann mit Dihydrostreptomycin oder dessen anorgan. Salzen umgesetzt, F. 189—200°. — *Heilmittel.* (**E. P. 742 602** vom 19/3. 1953, ausg. 30/12. 1955. It. Prior. 21/3. 1952.) G. KRAUSS. 4811

Eli Lilly & Co., Indianapolis, Ind., V. St. A., *Erythromycinpräparat* durch Vermischen des Antibioticums mit Sulfonamiden, wie Sulphamerazin, Sulphadiazin u. Sulphamethazin u. Netzmitteln, wie Na-Laurylsulfat. Das Gemisch kann entweder in wasserhaltigem Glycerin gelöst oder mit Stärke u. dgl. zu Tabletten verarbeitet werden. (**E. P. 742 569** vom 31/12. 1953, ausg. 30/12. 1955. A. Prior. 5/3. 1953.) K. HEINZE. 4811

Hans Starke, Dresden, *Herstellung einer intramuskulär injizierbaren Lösung von Dimethylaminophenyldimethylpyrazolon.* Man löst Dimethylaminophenyldimethylpyrazolon (I) im mol. Verhältnis mit Campher-ω-sulfonsäure (II) in CH_3OH u. fällt das Camphosulfonat mit Ae. aus, worauf man reines I in einer wss. Lsg. des I-Camphosulfonats löst. — 1 Mol (231 g) **II** u. 1 Mol (232 g) **I** werden in 600 cm^3 CH_3OH gelöst, auf 800 cm^3 wird eingeengt u. mit $1\frac{1}{2}$ Liter Ae. das Camphosulfonat ausgefällt. 32 g **I**-Camphosulfonat werden in 80 cm^3 W. gelöst, 8 g reines **I** eingetragen u. mit W. auf 100 cm^3 aufgefüllt. Die Lsg. (p_H 6,5) wird bei 120° sterilisiert. (**D. P. [DDR] 6 403** Kl. 30h vom 13/3. 1953, ausg. 25/1. 1954 [Ausschließungspatent].) G. WELTZIEN. 4815

Eaton Laboratories, Inc. (Erfinder: **William Clark Ward, Albert B. Scott** und **William Barlow Stillmann**), Norwich, N. Y., V. St. A., *Suppositorienmasse und lagerbeständige Gallerte auf Pflanzengummigrundlage zur Empfängnisverhütung,* die gegebenenfalls eine Phenylquecksilberverb. als spermiciden Anteil enthält. Oberflächenakt. wachsartige Verb. der Formel **I**, wobei R_1 = Rest eines gesätt. cycl. inneren Äthers mit 6 C-Atomen, R_2 = Fettsäurerest mit x = 14, 16 oder 18 C-Atomen, n = 2—5 u. n : x = 1 : 4, wird mit einer nichtionogenen wasserfreien Verb., die im geschmolzenen Zustand eine hydrophile Fl. bildet (Glyceryllaurat) vermischt, so daß der F. auf 37° erniedrigt wird. Zur Pufferung auf p_H 7—8 wird ein Puffersyst. aus Borax u. wasserlösl. Polyoxyverbb. mit 2 Hydroxylgruppen in cis-Stellung zu benachbartem C (Glycerin oder Propylenglykol), die gleichzeitig als Weichmacher für den Pflanzengummi dienen, zugesetzt. — Vgl. auch A. P. 2 436 184; C. **1948.** II. 1324. (**D. B. P. 893 997** Kl. 30i vom 30/3. 1951, ausg. 22/10. 1953. Anmeldung bekanntgemacht 12/2. 1953. A. Prior. 12/1., 5/9. 1944, 21/9. u. 8/11. 1945.) O. STEIL. 4815

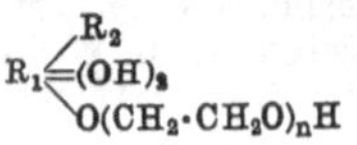

I

G. Analyse. Laboratorium.

Klaus F. Odenheimer, *Verbesserte Skala für Warburg-Manometer.* Eine bewegliche Skala ermöglicht jeweilige Neueinstellung des Nullpunktes u. erspart Subtraktionen. (Arch. Biochem. Biophysics **36.** 482—83. April 1952. San Francisco, Calif., Stanford Univ., School of Med., Dep. of Pharmacol. and Therap.) F. KRUSEN. 5012

Ping-Yao Cheng, *Eine Berichtigung in der Ableitung der Voglerschen Methode zur Ablesungserweiterung am Warburg-Manometer.* Vf. weist auf einen Fehler in der von VOGLER (J. gen. Physiol. **26.** [1942.] 106) mitgeteilten Meth. zur Ablesung außerhalb der Manometerskala hin u. gibt eine neue Formel für diesen Zweck an. (Arch. Biochem. Biophysics **36.** 489—90. April 1952. Berkeley, Calif.) F. KRUSEN. 5012

Yvonne Lortie, *Verwendung von Widerständen mit großem Temperaturkoeffizienten (thermistances) als Vakuummanometer.* Vf. nimmt Bezug auf Arbeiten von THIEN CHI u. SUCHET (vgl. Onde Electrique **31.** [1951.] 473) u. von BLEUZE (vgl. Onde Electrique **33.** [1953.] 497. 578), in denen auf die Möglichkeit der Verwendung von Widerständen mit großem Temperaturkoeff. als Vakuummanometer hingewiesen worden war. Vf. untersuchte die Bedingungen zur Verwendung solcher Widerstände zur Messung von Drucken zwischen 1 u. 10^{-3} mm Hg. Es wird eine Meßanordnung zur Ausschaltung der Schwankungen der umgebenden Temp. beschrieben. Es wurden die Spannung u. der „Ladungswiderstand" bestimmt, welche eine maximale Empfindlichkeit in dem gewünschten Druckbereich gewährleisteten. Die benutzten Widerstandselemente hatten bei 25° einen Temperaturkoeff. von ca. —0,045/Grad u. bestanden aus kleinen Perlen, welche bei 25° Widerstände von 300000—900000 Ω besaßen. (J. Physique Radium **16.** 317—20. April 1955. Paris, Fac. des Sci., Labor. des Rech. Phys.) C. GOTTFRIED. 5026

D. Goux, *Kleines, einfaches, praktisches und billiges Laboratoriumsgerät zur Quecksilberdestillation.* Kurze Beschreibung des Geräts mit 3 Skizzen. (Chim. et Ind. **70.** 216. Aug. 1953. Dijon, Fac. des Sci.) M. WINIKER. 5038

Arthur Rose, Theodore J. Williams und **Harry A. Kahn,** *Theoretischer Vergleich von kontinuierlicher und diskontinuierlicher Destillation im Laboratorium.* (Vgl. C. **1951.**II. 2359 u. 2499.) Vff. führen theoret. Berechnungen u. Vgll. hinsichtlich Menge u. Reinheit der Prodd. bei kontinuierlicher u. diskontinuierlicher Laboratoriumsdest. aus. Sie beschränken sich hierbei auf bin. Mischungen u. dabei lediglich auf die Trennschärfe. Bei vernachlässigbarem Stauanteil (holdup) geben beide Verff. annähernd gleiche Resultate. Bei größerem Stauanteil ist das diskontinuierliche Verf. überlegen. Ferner ist es dem kontinuierlichen Verf. um so mehr überlegen, je mehr das Verhältnis Destillat : Rückstand von 1 abweicht, wobei allerdings bei Gemischen mit überwiegendem Geh. an Destillatkomponente die diskontinuierliche Inversdest. (inverted destillation) zum Vgl. herangezogen wird. (Ind. Engng. Chem. **43.** 2608—11. Nov. 1951. State College, Pa.) GERHARD GÜNTHER. 5038

J. Erskine Hawkins und **J. Allen Brent jr.,** *Das Verhalten von Füllkörpersäulen bei der diskontinuierlichen Fraktionierung.* Als Ziel der Arbeit stellen Vff. hin, geeignete Testmischungen für die Ausprüfung von Destillationskolonnen bei 20—760 mm Hg zu finden u. den Einfl. des Druckes u. des Rücklaufverhältnisses auf das Verh. von Kolonnen festzustellen. Die verwendete App. u. die Prüfverff. werden eingehend beschrieben. Als geeignete Testmischungen erwiesen sich für 60—70 theoret. Böden *Äthylbenzol-Chlorbenzol,* für 100—120° Böden *n-Heptan-Methylcyclohexan.* Bei totalem Rücklauf wurde im gesamten untersuchten Druckbereich die gleiche Anzahl theoret. Böden ermittelt. Auch hinsichtlich des Einfl. des Rücklaufverhältnisses konnten Gesetzmäßigkeiten ermittelt werden. (Ind. Engng. Chem. **43.** 2611—21. Nov. 1951. Gainesville, Fla., Univ.) GERHARD GÜNTHER. 5038

F. B. Shorland, *Eine einfache Drahtspiralenpackung für laboratoriumsmäßige Fraktionierkolonnen.* Die Packung besteht aus einer um ein geschlossenes Pyrexglasrohr gewundenen, enggewickelten Ni-Cr-Drahtspirale, deren benachbarte Windungen durch eine zweite mehr oder weniger enggewickelte Drahtspirale voneinander getrennt werden. Die Prüfung der Packung mit einem Gemisch von CCl_4 u. Bzl. ergab einen Durchsatz von 300—360 ml/Std. bei einer theoret. Bodenzahl von 29—39, einer Kolonnenlänge von 55—122 cm, einem inneren Kolonnendurchmesser von 18—33 mm u. einem Durchmesser der Ni-Cr-Drahtspiralen von 3—4 mm. (J. appl. Chem. **2.** 438—40. Aug. 1952. Wellington, New Zealand, Dep. of Sci. and Ind. Res., Fats Res. Labor.) T. OPPERMANN. 5038

John R. Bowman, *Beziehungen zwischen Destillationskurven.* Mathemat. Behandlung der Zusammenhänge zwischen wahrem Kp., Flüchtigkeitskurve, n. Siedekurve u. Zus. von mehrkomponentigen Gemischen. (Ind. Engng. Chem. **43.** 2622—24. Nov. 1951. Pittsburgh, Pa., Mellon Inst.) GERHARD GÜNTHER. 5038

J. G. Woodward, *Ein Vibrationsviscosimeter.* (Vgl. C. **1954.** 169.) Es wird ein Vibrationsviscosimeter beschrieben, das auf Grund der Dämpfung von Schwingungen einer oscillierenden Metallplatte bei Eintauchen in ein fl. Medium indirekt die Viscosität mißt. Eine kreisrunde Metallplatte ($r = 0{,}5$ cm; 0,025 cm dick) aus Ag-plattierter Be-Cu-Legierung am Ende eines Stahlstabes wird in der eigenen Ebene elektromagnet. in Schwingungen von variabler Frequenz ($\sim$ 800 Hz) versetzt. Die Dämpfung der Schwingungen durch das umgebende Medium ist abhängig von dem Prod. aus Viscosität η u. D. ϱ derselben u. wird piezoelektr. durch einen $BaTiO_3$-Kristall auf ein Röhrenvoltmeter übertragen. Nach Eichung mit Fll. bekannter Viscosität lassen sich $\eta \cdot \varrho$-Werte von beliebigen Fll. bis zu Tempp. von 100° schnell u. direkt ablesen. Meßbereich 10^{-1} bis 10^{+5} cP. Kontinuierliche Änderungen von $\eta \cdot \varrho$ mit der Zeit können automat. registriert werden. Zur Messung sind nur 0,5 cm³ Flüssigkeitsprobe nötig; hohe Temp., Ggw. stark korrodierender Fll. u. hohe Genauigkeitsanforderungen schließen die Anwendung des Vibrationsviscosimeters aus. Die hydrodynam. Grundlagen werden erläutert u. Belegmessungen an Glycerin-H_2O- u. Terpentin-Leinöl-Gemischen von verschied. Zus. sowie an thixotropen Eisenoxydsuspensionen (I) durchgeführt. Die Viscosität von I sank mit der Meßzeit infolge von Rühreffekten durch die Vibration ab. Zeitliche Änderungen von Thixotropie u. Dilatanz sowie quantitative Verfolgung von Dispersionsvorgängen lassen sich gut messen. Die an nicht-NEWTONschen Fl. verschied. Art gemessenen Werte weichen von denen anderer Viscosimetr ab u. bedürfen zu ihrer Interpretation noch eingehender Untersuchungen. (J. Colloid Sci. **6.** 481—91. Okt. 1951. Princeton, N. J., Radio Corp. of America, RCA Labor. Div.) R. LAFFERENZ. 5040

E. Sanders, K. Durham und **M. Camp,** *Ein verbessertes Rotationsoberflächenviscosimeter.* Zur Messung von Oberflächenviscositäten von waschakt. Lsgg. u. zur Beobachtung der Abweichungen vom NEWTONschen Verh. wird ein verbessertes Gerät beschrieben. Ein Gefäß mit der Meß-Fl. wird von einem Grammophonmotor über ein stufenlos regelbares Getriebe in konstante Drehbewegung (0–11 U/Min.) versetzt. Ein Schwimmer aus Polyäthylen in Form einer umgekehrten flachen Schale hängt an einem Torsionsdraht u. berührt die Oberfläche der Flüssigkeit. Seine Drehbewegungen werden durch einen im Feld eines Permanentmagneten angeordneten Al-Teller gedämpft. Die Schwimmerachse trägt daneben einen Spiegel, der die Anzeige der Torsionsausschläge mittels Lichtzeigers gestattet. Aus den Ausschlägen bei verschied. Drehzahlen wird die Oberflächenviscosität berechnet. (Res. Corresp. Suppl. zu: Research **8.** Nr. 4. 18–20. April 1955. Port Sunlight, Unilever Ltd., Res. Dep.) D. BREDTSCHNEIDER. 5040

Robert M. Bock und **Nan-Sing Ling,** *Vorrichtungen für die „Gradient"-Elution in der Chromatographie.* Es werden die Möglichkeiten untersucht, Gefäßsysteme zu konstruieren, die die Entnahme von Fll. in solchen Verhältnissen erlauben, daß ein Gemisch entsteht, dessen Konz. an den Komponenten sich nach der Funktion $C = C_1 + f(v)$ ändert (C = Konz., C_1 = Anfangskonz., v = Eluatvol.). Es werden Mehrkammersysteme u. Zusammenstellungen von kommunizierenden Gefäßen bestimmter Formen erörtert u. ihre Wirkungsweise geprüft. Berücksichtigung der Dichteunterschiede der Fll. u. entsprechend den Meniskushöhen, sowie die Durchmischung der Komponenten, z. B. durch turbulenten Fluß, tragen wesentlich zu reproduzierbaren Ergebnissen bei. (Analytic. Chem. **26.** 1543–46. Okt. 1954. Madison, Wis., Univ., Dep. of Chem.) H. ENDRASS. 5062

C. W. Davies und **G. D. Yeoman,** *Kationenaustauschgleichgewichte.* Unter Verwendung des von Vff. im C. **1954.** 8987 beschriebenen Austauschharzes aus *sulfoniertem Polystyrol* (I) wurde der H–K-Austausch aus der wss. Lsg. von HCl + KCl untersucht. Daraus ergibt sich die Abhängigkeit des relativen Affinitätskoeff. von der Konz. des im I enthaltenen K. Ferner wurde der Austauschvorgang an Hand von Leitfähigkeitsmessungen verfolgt. (Trans. Faraday Soc. **49.** 975–80. Aug. 1953. Aberystwyth, Edward Davies Chem. Labors.) O. FUCHS. 5062

Ss. A. Kulikow und **A. W. Jakowlewa,** *Vakuumfluoritmonochromator.* Neben der Beschreibung der Konstruktion u. Arbeitsweise des Monochromators enthält die Arbeit ein am Monochromator mit Photonenzähler u. mit einem Photomultiplier erhaltenes Schaubild des Spektr. einer H-Lampe. Außerdem werden die photograph. erhaltene u. die mit dem Photomultiplier erhaltene Kurve der Intensitätsverteilung der Strahlung miteinander verglichen. Die Kurven stimmen bis 2000 Å überein u. weichen dann dadurch voneinander ab, daß beim Photographieren die Lichtverluste im Gerät nicht bestimmt werden können. (Известия Академии Наук СССР, Серия Физическая [Nachr. Akad. Wiss. UdSSR, physik. Ser.] **19.** 86–87. Jan./Febr. 1955.) O. LEBTAG. 5063

A. K. Russanow, E. W. Gussjatzkaja und **N. W. Iljassowa,** *Atlas der Funken- und Bogenspektren der Elemente (Gebiet 2100 bis 6600 Å).* Die Funken- u. Bogenspektren dieses Atlasses wurden mit Hilfe des Quarzspektrographen ISP–22 erhalten. Der Atlas der Funkenspektren enthält die Spektren von Fe u. die Lage der intensiven Linien von 66 Elementen. Der Atlas der Bogenspektren enthält die intensiven Linien von 64 Elementen. Im Textteil werden die Längenwellen der analyt. Linien u. ihre Überdeckung durch die Linien anderer Elemente aufgeführt, ferner die Wellenlängen des Funken- u. Bogenspektr. von Fe. (Известия Академии Наук СССР, Серия Физическая [Nachr. Akad. Wiss. UdSSR, physik. Ser.] **19.** 44–45. Jan./Febr. 1955. Allunions Inst. für Mineralrohstoffe.) O. LEBTAG. 5063

Ss. K. Kalinin, *Atlas der Spektrallinien für einen Glasspektrographen.* In dem Atlas der Spektrallinien für den Spektrographen ISP–51 sind am vollständigsten die Linien der Alkali- u. Erdalkalimetalle vertreten. (Известия Академии Наук СССР, Серия Физическая [Nachr. Akad. Wiss. UdSSR, physik. Ser.] **19.** 42–44. Jan./Febr. 1955. Physik.-techn. Inst. der Akad. der Wiss. der KasachSSR.) O. LEBTAG. 5063

D. W. Tschepur und **N. G. Zwelych,** *Polarisationseigenschaften von Spektralapparaten.* 2 Faktoren können in jedem Spektralapp. als Polarisator wirken: die brechenden Flächen u. der Eingangsspalt. Es wird festgestellt, daß ein Spalt von 1 μ Breite (stark wellenlängenabhängig) fast völlig das durchgehende Licht polarisiert. Mit wachsender Spaltbreite nimmt der Polarisationsgrad ab u. verschwindet bei 6 μ. Durch geeignete Wahl der Eingangsspaltbreite lassen sich die polarisierenden Eigg. der brechenden Flächen kompensieren. Vff. nutzen diese Eigg. des Spektralapp. aus, um die Wellenlängenabhängigkeit der Differenz von ordentlichem u. außerordentlichem Strahl in *CdS*-Einkristallen zu messen. (Журнал Технической Физики [J. techn. Physik] **25.** 416–20. März 1955.) J. GEIGER. 5063

P. I. Twerjankina, *Spektrographen DFS-2 und DFS-3 mit Beugungsgittern.* Beschreibung der Konstruktion, des Anwendungsgebietes u. des Auflösungsvermögens der seit 1953 in der Sowjetunion hergestellten Spektrographen DFS–2 u. DFS–3. (Известия Академии Наук СССР, Серия Физическая [Nachr. Akad. Wiss. UdSSR, physik. Ser.] **19.** 28–29. Jan./Febr. 1955.) O. Lebtag. 5063

I. W. Podmoschenski und **L. D. Kondraschewa,** *Photoelektrische Apparatur zur quantitativen Spektralanalyse.* Die beschriebene photoelektr. App. zur Registrierung der Intensität der Spektrallinien besitzt Sb–Cs-Photoelemente in Uviolgefäßen. Ein Syst. von Austrittsspalten ermöglicht die gleichzeitige Erfassung von 8 Spektrallinien. Zur Erzielung eines Spektr. im Gebiet 2000–5000 Å dient ein konkaves Beugungsgitter mit 1200 Strichen/mm. Krümmungsradius 2 m; Dispersion 4 Å/mm in der 1. Ordnung. Der Fehler bei den elektr. u. photometr. Messungen liegt innerhalb 1%. Die Analyse von schwachlegierten *Stählen* ergab, daß die photoelektr. Meth. in der Genauigkeit dem photograph. Verf. nicht nachsteht. (Известия Академии Наук СССР, Серия Физическая [Nachr. Akad. Wiss. UdSSR, physik. Ser.] **19.** 36–38. Jan./Febr. 1955.) O. Lebtag. 5063

I. Ss. Abramsson und **A. N. Mogilewski,** *Einige Besonderheiten der Arbeit von photoelektrischen Anlagen mit Aufrollung des Spektrums.* Vff. untersuchen die Frage, wie die Registrierung von 2 Signalen gleicher Dauer erfolgt, die einen mit ihrer Breite vergleichbaren Abstand aufweisen. Danach ist das Auflösungsvermögen für 2 vergleichbare Spektrallinien sowohl vom Verhältnis ihrer Intensitäten im Maximum als auch von der Richtung der Aufrollung abhängig, wenn das Intensitätsverhältnis nicht gleich 1 ist. Aus den Charakteristiken der Filter mit verschied. Anzahl von Stufen geht hervor, daß 2 Stufen als optimal anzusehen sind. Durch die Anwendung solcher Filter kann die Geräuschbande um 20–30% verringert, das Verhältnis Signal/Geräusch um 10–15% bei gleicher Einstellungszeit erhöht werden. Dies gilt für Systeme sowohl mit Gleichstrom- als auch mit Wechselstromverstärker. (Известия Академии Наук СССР, Серия Физическая [Nachr. Akad. Wiss. UdSSR, physik. Ser.] **19.** 49–52. Jan./Febr. 1955. Abt. physik.-mathemat. Wiss. der Akad. der Wiss. der UdSSR, Kommission für Spektrographie.) O. Lebtag. 5063

G. C. Ashton und **J. P. R. Tootill,** *Eine Korrekturmethode für Fremdabsorption in der spektrophotometrischen Analyse im Ultraviolett.* Vff. entwickeln eine Meth., um bei der spektrophotometr. Best. von Substanzen im UV die Absorption von Verunreinigungen mit quadrat. Absorptionsspektren rechner. zu eliminieren. Die Anwendung auf Gemische von *Griseofulvin* mit *p-Nitrophenylessigsäure* u. *6-Methylchinolin* zeigt die Brauchbarkeit der Methode. Die Anwendung der Korrekturmeth. auf andere Typen der Fremdabsorption wird untersucht u. der Effekt auf die Genauigkeit der Best. u. eine Meth. zur Ermittlung des Grades der Absorptionskurve der Verunreinigungen angegeben. (Analyst **81.** 232–38. April 1956. Sefton Park, Glaxo Laborr. Ltd.) H. Müller. 5063

L. W. Smirnowa, *Infrarotspektrometer IKS-11 und IKS-6.* Beschreibung der Konstruktion u. Arbeitsweise der Spektrophotometer IKS–11 u. KS–6, die der automat. Registrierung der Absorptions- u. Strahlungsspektren im Gebiet 0,75–20 μ dienen. (Известия Академии Наук СССР, Серия Физическая [Nachr. Akad. Wiss. UdSSR, physik. Ser.] **19.** 52–53. Jan./Febr. 1955.) O Lebtag. 5063

Don H. Anderson und **N. B. Woodall,** *Infrarotbestimmungen von Substanzen in Bruchmilligrammengen unter Benutzung eines Strahlenkondensorsystems und gepreßten Kaliumbromidtabletten, die die Probe enthalten.* Vff. beschreiben eine Meth. der Infrarotunters. von Substanzen zwischen 1 mg u. 10 γ. Sie konstruierten einen Strahlenkondensor bestehend aus zwei AgCl-Linsen, der eine kreuzgeteilte Fläche von <4 mm² ausleuchtet. Durch besondere Anordnung ist es möglich, diesen schnell u. präzis in den Probenstrahl eines Baird-Infrarot-Doppelspektrophotometers zu bringen. Ebenso werden Vorrichtungen beschrieben, um KBr-Tabletten von 5 mg zu pressen, die die zu untersuchende Substanz enthalten. Die Vorr. wurde an Hydrochinon, Benzoesäure, Na_2SO_3 u. NH_4Cl im Vgl. zu KBr u. Nuyol als Trägersubstanz erprobt, deren Infrarotspektren angegeben sind. Nuyol ist bei diesen Mengen zu wenig durchlässig. Die Umstellung von Makro- auf Mikromessung benötigt nur wenige Sekunden. (Analytic. Chem. **25.** 1906–09. Dez. 1953. Rochester, N. Y., Eastman Kodak Co., Ind. Labor.) M.-L. Klaar. 5063

D. S. Ainslie, *Ein Vorführversuch zum Nachweis der Absorption der Infrarotstrahlung von Wasser und Glas.* Eine Ultrarot-Reflektorlampe dient als Strahlenquelle; 2 aus 1 Thermosäule u. 1 Photozelle bestehende Anzeigegeräte werden mit geeigneten Galvanometern hintereinandergeschaltet u. in einem solchen Abstand voneinder angeordnet, daß sie bei Bestrahlung durch die Lampe vollen Ausschlag zeigen. Eine vor die Lampe gesetzte, mit W. gefüllte (leere) Zelle vermindert den Ausschlag des Thermosäulengalvanometers von 100 Skalenteilen auf 16 (65) Teile. Die entsprechenden Werte des Galvanometers der Photozelle sind 100 u. 85 (88) Skalenteile. Das Gerät gestattet auch die Ausführung entsprechender Wärmemessungen. (Amer. J. Physics **22.** 490. Okt. 1954. Toronto, Univ.) W. WESLY. 5063

Ja. Ss. Bobowitsch und **D. B. Gurewitsch,** *Anwendung eines bezüglich des Stromes lichtstarken Monochromators mit photoelektrischer Registrierung in der Raman-Spektroskopie.* In dem beschriebenen Gerät wird eine große Lichtstärke durch einen großen Durchmesser (180 mm) der wirksamen Öffnung u. durch große Spalte (50 mm) gewährleistet. Der Vgl. der Ergebnisse einer quantitativen u. qualitativen Unters. von synthet. Gemischen aus Alkenen, Alkanen u. aromat. Verbb mit den Ergebnissen der Spektrenphotographie zeigt, daß selbst bei geringen Substanzmengen (2 cm^3) der Meßfehler der Intensitäten $\pm 6\%$ nicht übersteigt. Die große Empfindlichkeit der App. ermöglicht Bestimmungen, die photograph. nicht möglich sind. Bei Anwendung des photoelektr. Gerätes für Polarisationsmessungen in den Spektren schwach streuender Stoffe (gesätt. KW-stoffe) liegt der mittlere Fehler innerhalb ± 4 bis 8%. (Известия Академии Наук СССР, Серия Физическая [Nachr. Akad. Wiss. UdSSR, physik. Ser.] **19.** 48—49. Jan./Febr. 1955.) O. LEBTAG. 5063

H. J. Marrinan, *Die Verwendung von Photomultipliern in der Ramanspektroskopie.* Die Dunkelstromcharakteristik u. das Verhältnis Signal : Rauschen eines RCA 1P21- u. eines EMI. VX 5031-Photomultipliers werden hinsichtlich ihrer Verwendbarkeit für photoelektr. RAMAN-Spektroskopie verglichen. Die RCA-Röhre konnte auf -190^0 abgekühlt werden. Bei der tiefen Temp. ist das auf den Dunkelstrom zurückzuführende Rauschen gegenüber den Schwankungen im Photostrom während der Registrierung von RAMAN-Spektren vernachlässigbar klein. Unter diesen Bedingungen hängt das Verhältnis Signal : Rauschen nur von der Quadratwurzel des einfallenden Lichtstromes ab. (J. opt. Soc. America **43.** 1211—15. Dez. 1953. Cambridge, Free School Lane, Dep. of Colloid Sci.) H.-J. BECKER. 5063

Robert N. Jones, *Unterrichtsrefraktometer.* Beschreibung eines aus den Zubehörteilen einer opt. Bank verfertigten Refraktometers, das zur Vorführung mehrerer physikal. Beziehungen geeignet ist. (Best. der Brennweite einer Linse, der Krümmung eines Uhrglases u. des Refraktionsindex einer Flüssigkeit.) (Amer. J. Physics **22.** 490. Okt. 1954. Philadelphia, Pa., Philadelphia Coll. of Pharm. and Sci.) W. WESLY. 5063

Je. Ss. Choroschaja, G. I. Kowrigina und **S. A. Korolewa,** *Eine refraktometrische Schnellmethode zur Analyse von Lösungsmittelgemischen.* Zur Berechnung des %-Geh. einer 75%ig. Äthylacetat- u. 25%ig. Butylacetatmischung in Bzl. stellten Vff. eine Tabelle des Brechungskoeff. solcher Lsgg. auf, aus denen der %-Geh. der Mischung abgelesen werden kann. (Легкая Промышленность [Leicht-Ind.] **14.** Nr. 9. 32—34. Sept. 1954.) J. v. SCHROEDER. 5063

H. W. Hoyer, *Das Wasserstoffioncoulometer.* Es wird ein neues Coulometer beschrieben, dessen Prinzip auf der p_H-Änderung beruht, die dann eintritt, wenn aus einer Standardlsg. von *HCl* in *KCl*-Lsg. durch Elektrolyse H^+- u. Cl^--Ionen entfernt werden. Die verwendeten Elektroden sind eine Ag/AgCl-Anode u. eine Pt-Kathode. Zur Herst. der Lsgg. dient CO_2-freies dest. H_2O. Es lassen sich Elektrizitätsmengen zwischen 1 u. 360 Coulomb sicher bestimmen. Die Meth. ist bes. dann mit Erfolg zu verwenden, wenn eine ungefähr bekannte Elektrizitätsmenge durch eine Lsg. fließen soll. Der Endpunkt wird in diesem Fall in der Nähe von p_H 7 mit einem p_H-Meter oder durch Titration ermittelt. Eine größere Genauigkeit wird erreicht, wenn es möglich ist, den End-p_H-Wert auf die Acidität des zur Herst. der Standardlsgg. verwendeten W. zu bringen. Bei der Best. von 10^{-4} Äquivalenten H^+ entspricht eine Abweichung von 0,1 p_H-Einheiten in der Nähe von p_H 7 nur einem Fehler von 0,025%. (J. physic. Chem. **60.** 372. März 1956. New York, N. Y., Hunter Coll., Dep. of Chem.) W. KRÖNERT. 5066

L. Ja. Poljak und **B. N. Kabanow,** *Untersuchung der Geschwindigkeit von Prozessen, die bei der potentiometrischen Titration ablaufen.* Es wurde die Einstellung des Gleichgewichts bei Best. der Überspannung u. der Redoxpotentiale im Syst. $Fe(CN)_6^{3-}$–$H_2Fe(CN)_6^{2-}$ hinsichtlich ihrer Geschwindigkeit unter Verwendung einer Pt- sowie einer gesätt. HgCl-Elektrode nach dem üblichen Kompensationsverf. untersucht (Aufnahme der Polarisationskurven). — Es zeigte sich, daß in stark saurer (H_2SO_4)-Lsg. die Rk. nicht nach dem alten Schema $Fe(CN)_6^{3-} + e \rightarrow Fe(CN)_6^{4-}$, sondern nach $2\,H^+ + Fe(CN)_6^{3-} + e \rightarrow H_2Fe(CN)_6^{2-}$ abläuft. Das Gleichgewicht stellt sich an den Elektroden rasch ein, die Titration dauert jedoch 30—50 Min., woran die Langsamkeit der chem. Rkk. schuld ist. So stören z. B. Al-Salze nicht etwa durch ihre Einw. auf die Elektroden, sondern durch Bldg. des lösl., jedoch undissoziierten Al-Ferrocyanids. Ggw. von H^+ u. K^+ steigert die Titrationsgeschwindigkeit (Titration des Zn u. Bldg. von KZn-Ferrocyanid). — Der eingeschlagene Weg eignet sich zur Unters. der Reaktionsgeschwindigkeiten in der potentiometr. Analyse. (Журнал Аналитической Химии [J. analyt. Chem.] **8.** 253—65. Sept./Okt. 1953.) A. v. WILPERT. 5066

A. I. Bussew, *Direkte bromatometrische Titration der Oxychinolate von Wismut, Eisen, Kupfer und anderen Metallen.* Um *8-Oxychinolin* (**I**) titrieren zu können, wird zunächst eine Lsg. von *Al-Chinolinolat-(8)* (**II**) hergestellt: zu einer schwach mineralsauren NH_4-Alaunlsg. (0,1 g Al_2O_3/100—150 ml Lsg.) werden 30 ml 4%ig. **I**-Lsg. (4 g **I** in möglichst wenig 80%ig. HCOOH-Lsg. aufgelöst, mit W. auf 100 ml verd., mit NH_3 bis zur beginnenden Trübung versetzt u. filtriert) 0,1 g Al_2O_3 zugefügt, zum Sieden erhitzt u. mit 2n Na-Acetatlsg. versetzt, abgewartet, bis die entstehende Trübung krist. wird, dann noch 50 ml Na-Acetatlsg./0,1 g Al_2O_3 zugesetzt u. 10 Min. schwach gekocht. Das krist. **II** wird abfiltriert, mit heißem, dann kaltem W. gewaschen u. bei 130° getrocknet. Zur Titration werden genaue Einwaagen von $Al(C_9H_6ON)_3$ (**II**) in HCl (1 : 1) gelöst, zur Marke aufgefüllt u. unter energ. Umrühren im Titrationsgefäß (**II**-Lsg., 20% HCl, 1 g KBr, Pt-Elektrode) mit $KBrO_3$ elektrometr. titriert (HgCl-Elektrode mit gesätt. KCl-Lsg., Millivoltmeter, 10000—50000 Ω Widerstand). Cu, Fe, Bi, Mg. u. a. Metalle werden mit **I** als Chinolinolate gefällt, die gewaschenen Ndd. in 30—40 ml HCl (1 : 1) gelöst, notfalls mit HCl verd. u. titriert (im Äquivalenzpunkt Br-Geruch). Ergebnisse befriedigend. (Журнал Аналитической Химии [J. analyt. Chem.] **8.** 299—301. Sept./Okt. 1953. Wladiwostock, Fernöstl. Polytechn. Inst., Labor. für analyt. Chem.)

A. v. WILPERT. 5066

H. Flaschka und **R. Püschel,** *Über die Ausschaltung größerer Eisenmengen bei komplexometrischen Titrationen.* Bei der komplexometr. Titration von *Ca, Mg, Zn* u. a. mit Eriochromschwarz T als Indicator machen größere Mengen Fe den Indicatorumschlag unmöglich, kleine Mengen (ca. 3 mg) stören nicht. Zur Maskierung von Fe wird mit Ascorbinsäure red. u. Fe^{2+} mit KCN gebunden. Die Analysenlsg. wird auf p_H 2—3 gebracht, mit fester Ascorbinsäure versetzt, anschließend unter Schütteln Pufferlsg. [13,4 g NH_4Cl, p. a. u. 88 ml NH_3 (0,91) in bidest. W. zu 250 ml gelöst] zugegeben, bis eine Trübung entsteht, deren Farbe ohne Einfl. auf die Analyse ist. Festes KCN wird im Überschuß eingetragen, die Lsg. auf 200—250 ml verd., 20 ml Pufferlsg. zugegeben u. erwärmt (Farbe bei 70—80° hellgelb). In die warme Lsg. läßt man aus einer Bürette Komplexonlsg. (37,25 g Komplexon in bidest. W. zu 1 Liter gelöst) zufließen, bis die Fl. klar ist, gibt Indicatorpulver bis zur blaugrünen Färbung hinein, titriert mit eingestellter $MgCl_2$-Lsg. auf rot u. bringt anschließend mit Komplexon wieder auf blaugrün. Nach diesem Verf. wurden z. B. 11,82 mg Mg neben 130 mg Fe genau bestimmt. (Z. analyt. Chem. **143.** 330—34. 1954. Graz, TH, Inst. für anorgan. Techn. u. analyt. Chem.)

E. SAJAK. 5066

A. T. Pilipenko, *Zur Anwendung von Diphenylthiocarbazon (Dithizon) in der Analyse.* 4. Mitt. *Instabilitätskonstanten der Dithizonate von Nickel, Kobalt, Zinn(II), Wismut, Kupfer(II), Silber, Quecksilber(II) und die Dithizonate von Mangan und Eisen.* (3. vgl. C. **1950.** II. 1606.) Durch Zusammengießen von 10^{-4} mol. Lsgg. von Dithizon (Dz) in CCl_4 u. Schwermetallsalzlsgg. in W. von derselben Konz. wurden Lsgg. der Dithizonate dieser Schwermetallsalze hergestellt. Durch Best. der opt. D. dieser Lsgg. wurde die Zus. der Dithizonate bestimmt. Die Dithizonate des Mn^{2+} u. Fe^{2+} wurden in ihrer Zus. durch Analyse der Lsgg. in CCl_4 ermittelt. Ferner wurde das Gleichgewicht Dz—Metallsalz bei verschied. Acidität u. Salzkonz. untersucht, u. auf diese Art wurden die Instabilitätskonstanten bestimmt; bei den sehr stabilen Dithizonaten des Hg u. Ag wurde diese Best. in Ggw. der Halogenide durchgeführt. Die Dithizonate des Mn u. Fe hatten die Zus. $MeDz_2$, die Zus. der übrigen untersuchten Dithizonate sowie deren Instabilitätskonstanten betrugen: $NiDz_2$ $1{,}7\cdot10^{-17}$, $CoDz_2$ $5\cdot10^{-18}$, $BiDz_3$ $1{,}1\cdot10^{-37}$, $CuDz_2$ $1{,}1\cdot10^{-27}$, $HgDz_2$ $0{,}7\cdot10^{-44}$, AgDz $2{,}3\cdot10^{-18}$, $SnDz_2$ $4{,}5\cdot10^{-16}$. (Журнал Аналитической Химии [J. analyt. Chem.] **8.** 286—92. Sept./Okt. 1953. Kiew, Schewtschenko-Univ.)

A. v. WILPERT. 5072

C. G. Fellows, *Beispiele für ununterbrochene Analysen.* 1. Mitt. Es wird an Hand eines Fließschemas ein Verf. zur Best. von O_2 neben Verbb., mit denen O_2 reagieren kann, erläutert. Die störenden Verbb. werden entfernt u. durch andere inerte ersetzt, so daß stets das gleiche Vol. vorliegt u. O_2 gleich im Prozentverhältnis bestimmt werden kann. (Oil Gas J. **53.** Nr. 11. 129. 19/7. 1954.) F. ROSENDAHL. 5086

H. Hrapia und **H. G. Könnecke,** *Ein Beitrag zur chromatographischen Gasanalyse.* Gasgemische lassen sich durch thermochromatograph. Analyse trennen, wenn man für die leichten Gase (H_2, N_2, CO, CH_4) ein mit bes. aktivierter Aktivkohle beschicktes Adsorptionsrohr, für die schweren KW-stoffe (C_2—C_5) eine mit alkalisiertem Silicagel gefüllte Säule verwendet u. durch Temperaturerhöhung fraktioniert desorbiert. Man benutzt CO_2 als Trägergas, fängt die Fraktionen im Azotometer über Kalilauge auf u. kann dann aus der Vol.-Zeit-Kurve direkt auf die Voll. der einzelnen Komponenten schließen. Maximaler Fehler der Meth. 0,1%. (J. prakt. Chem. [4] **3.** 106—12. März 1956. Leipzig, Inst. für organ.-chem. Ind.) F. UMLAND. 5086

Guy Pannetier und **Claude Meltzheim,** *Bestimmung eines verdünnten Gemisches von Schwefligsäure- uud Schwefelsäureanhydrid in der Gasphase.* Vff. beschreiben eine neue Meth. zur quantitativen Best. von SO_2 (I) u. SO_3 (II) in Gasgemischen mit großem Luftüberschuß. Das Prinzip der Meth. besteht darin, das zu untersuchende Gasgemisch durch eine verd. Lsg. von H_2O_2 mit genau bekanntem Geh. zu leiten u. aus der Änderung des Oxydations- u. des Säuregrades die Menge an I u. II zu bestimmen. Die Meth. liefert übereinstimmende u. reproduzierbare Werte. (Bull. Soc. chim. France, Mém. [5] **1955.** 1186—87. Okt. Dijon, Fac. des Sci., Labor. de Chim. M.P.C.) H. SURAWSKI. 5086

a) Elemente u. anorganische Verbindungen.

Omar A. Guagnini und **Eugenio E. Vonesch,** *Untersuchungen über Hydroxamsäuren.* 3. Mitt. *Mikrobestimmung von Hydroxylamin als Eisen(III)-hydroxamat. Technik der Tüpfel-Reaktion oder im Mikrorohr.* (2. vgl. VONESCH, An. Asoc. quím. argent. **41.** [1953.] 162; vgl. auch C. **1956.** 1393.) Die Erfassungsgrenze beträgt 0,1 μg Hydroxylamin, die Grenzkonz. 1 : 50000. Als Reagentien dienen: A) Lsg. von 20%ig. HCHO mit 0,5 g MOHRschem Salz u. 0,5 cm³ konz. H_2SO_4/Liter; B) K-Persulfat, fest, mit analyt. ermitteltem Gehalt. Zur Untersuchungslsg. fügt man 1—2 Tropfen A u. ca. 10 mg B, erwärmt auf sd. Wasserbad 1—2 Min. u. beobachtet dann 5 Minuten. 0,2 μg Hydroxylamin gibt schwache Rosafärbung, größere Mengen geben rotviolette Färbung. Hydrazin stört in kleinen Mengen nicht, größere Mengen verursachen Gelbfärbung. (Mikrochim. Acta [Wien] **1954.** 211—12. La Plata, Univ. Nacional, Cátedre de Toxicol. y Quím. Legal.) J. ALTPETER. G 243

G. S. Deshmukh und **M. G. Bapat,** *Anwendung der Ascorbinsäure–Jodat-Titration zur Bestimmung von Jod und Jodid.* Vff. beschreiben eine Erweiterung der Zweistufentitration von *Ascorbinsäure* (I) mit Jodat auf die Best. von J_2 u. J^-. Der erste Endpunkt der Titration in n-HCl gehört zur LANDOLT-Rk.: $KJO_3 + 3\,C_6H_8O_6 \rightarrow KJ + 3\,H_2O + 3\,C_6H_6O_6$, der zweite in ca. 4n HCl führt zur Bldg. von JCl aus J^-. Die entsprechenden Äquivalente KJO_3 sind $^1/_6$ bzw. $^1/_4$ des Mol.-Gewichtes. — Meth.: Zu der J_2- u. J^--haltigen Lsg. werden eine bekannte Menge I u. 10 ml CCl_4 gegeben, die HCl-Konz. auf ca. 1n eingestellt u. der Überschuß I mit KJO_3 bis zum Auftreten der Jodfarbe in der organ. Phase zurücktitriert. Dann wird die HCl-Konz. auf 4—5n gebracht u. bis zum Verschwinden der Jodfarbe titriert. Auf gleiche Weise wird der Titer der I-Lsg. bestimmt. (Z. analyt. Chem. **147.** 271—73. 1955. Banaras, Banaras Hindu Univ., Chem. Labors.) H. MÜLLER. G 249

H. N. Wilson, R. M. Pearson und **D. M. Fitzgerald,** *Verbesserte Methode zur Bestimmung kleiner Schwefelmengen.* Zunächst wird die Darst. eines CeO_2–Al_2O_3-Katalysators (I) zur Best. von S in organ. Verb. beschrieben. I hat den Vorteil gegenüber den üblichen O_5-Katalysatoren, auch bei chlorierten organ. Verbb. anwendbar zu sein. I ist in seiner Wrkg. U_3O_8 auf Silicagel gleichwertig. Die zur S-Best. verwandte App. wird beschrieben. Dann wird, nachdem die üblichen Verff. einer S-Best. gestreift worden sind, eine neue maßanalyt. Meth. zur Best. kleiner S-Mengen mit Ba^{2+} u. Äthylendiamintetraessigsäure (II) beschrieben. Die Darst. einer eingestellten Di-Na-Salzlsg. von **II,** ihre Haltbarkeit, der Einfl. von Konz., p_H u. Fremdionen sowie die Ausführung der Titration werden besprochen. (J. appl. Chem. **4.** 488—96. Sept. 1954. Billingham, Durham, Imp. Chem. Ind. Ltd., Billingham Div., Phys. Chem. Group.) A. ZIELFELDER. G 253

Jack L. Lambert, Thomas E. Moore und **Paul Arthur,** *Filtrationsapparatur für die Tüpfelmethode.* Es wird eine Filtrationsapp. beschrieben, zur Herst. von gefärbten Ndd. (Tupfen) auf einer Trägersubstanz ($BaSO_4$) für den colorimetr. Vgl. von Tupfen, bes. zur quantitativen Best. von Spuren von *Se.* (Analytic. Chem. **23.** 1193. Aug. 1951. Stillwater, Okla., Oklahoma A. & M. Coll.) T. OPPERMANN. G 254

H. N. Wilson, *Bestimmung von Phosphaten neben löslichen Silicaten. Anwendung bei basischen Schlacken und Kunstdünger.* Auch durch längeres Kochen polymerisierte Kieselsäure wird in heißer saurer Lsg. durch Natriummolybdat in Silicomolybdänsäure übergeführt, die unter den gleichen Bedingungen wie Phosphormolybdänsäure als Chinoliniumsilicomolybdat ausfällt. Durch Komplexbidg. der Molybdänsäure mit Citronensäure wird die SiO_2 in Lsg. gehalten. während die Rk. mit P_2O_5 ungestört verläuft. (Analyst **79.** 535—46. Sept. 1954. Billingham, Durham, Imp. Chem. Ind. Ltd., Res. Dep.) A. OLBRICH. G 263

K. Bhaskara Rao und **G. Gopala Rao,** *Cerimetrische Bestimmung von Phosphit: Silbersalzkatalyse.* Die cerimetr. Bestimmungsmeth. der H_3PO_4 von BERNHART (C. **1956.** 3664) wird krit. untersucht u. durch Verwendung von Ag_2SO_4 als Oxydationskatalysator verbessert. — Die HPO_3^{2-}-Lsg. wird mit einem geringen Überschuß an $Ce(SO_4)_2$-Lsg. u. ca. 0,2% Ag_2SO_4 versetzt u. 30 Min. auf dem Wasserbad erhitzt. Bei der Best. von

0,05—0,5 mMol H_3PO_3 beträgt die Genauigkeit ca. ±0,2%. (Z. analyt. Chem. **147.** 274—79. 1955. Visakhapatnam, India, Andhra Univ., Dep. of Chem.) H. MÜLLER. G 264

K. Bhaskara Rao und **G. Gopala Rao**, *Cerimetrische Bestimmung von Hypophosphit: Silbersalzkatalyse.* (Vgl. vorst. Ref.) Die für HPO_3^{2-} genannte Bestimmungsmeth. ist bei gleicher Genauigkeit auch auf H_3PO_2 anwendbar. (Z. analyt. Chem. **147.** 279—83. 1955.) H. MÜLLER. G 264

É. Bakács, *Calciumhypophosphitbestimmung mit Komplexon III im Hypophosphit-Sirup.* Man gibt zu der verd., ca. 0,5 g Sirup enthaltenden Lsg. zwecks Maskierung von Fe u. Mn sowie Einstellen des p_H auf 11—12 0,25—0,30 g KCN, Eriochromschwarz T als Indicator u. titriert mit 0,01 mol. Komplexon III-Maßlsg., welche je Liter 0,1 g $MgCl_2 \cdot 6\,H_2O$ enthält, bis die rote Farbe in grünlichgelb umschlägt. Der Mg-Geh. der Maßlsg. ist zum Erreichen eines scharfen Farbenwechsels im Endpunkt nötig. (Magyar Kémiai Folyóirat [Ung. Z. Chem.] **60.** 142—43. Mai 1954. Budapest, Landes Hygien. Inst.) J. PLANK. G 264

Herman J. Weiser jr., *Bestimmung von Triphosphat in Handelstriphosphat und oberflächenaktiven Stoffen mit Triphosphatgerüst.* Vf. beschreibt eine colorimetr. Meth. zur Best. von *Triphosphat* ($P_3O_{10}^{5-}$) mit Tris-(äthylendiamin)-kobalt(III)-chlorid [$Co(en)_3 \cdot Cl_3$]. Triphosphation wird in schwach saurer, gepufferter Lsg. (p_H 3,6) mit einem bekannten Überschuß des Fällungsmittels niedergeschlagen u. die Konz. des restlichen Reagenses colorimetr. bestimmt (BAUSCH & LOMB-Colorimeter mit Interferenzfilter für 455 mμ Durchlaßmaximum u. 13 mm-Küvette). Zwischen p_H 3 u. 4 wird Triphosphat nahezu quantitativ gefällt, der Nd. entspricht der Zus. $Co(en)_3[H_2P_3O_{10}] \cdot 2\,H_2O$; anwesendes Pyrophosphat wird teilweise mitgerissen. Vf. behebt diese Störung durch sorgfältig kontrollierte Fällungsbedingungen u. Anfertigung einer Kompensationseichkurve. Die Meth. besitzt eine Genauigkeit von ±0,8% u. ist auf ±0,5% reproduzierbar; sie ist auch zur Best. von Ortho-, Trimetaphosphat- u. Gesamtphosphor-Gehh. geeignet. Gewisse abnorme Bestandteile von Phosphatgläsern (höher kondensierte Phosphate) stören, jedoch ist aus dem Analysengang ersichtlich, ob diese Störkomponenten in größeren Mengen vorhanden sind. Vf. teilt ausführliche Arbeitsvorschriften zur Anfertigung von Standardlsgg., Eichkurven usw. mit. (Analytic. Chem. **28.** 477—81. April 1956. Cincinnati, O., Procter & Camble Co.) D. ERTEL. G 264

Edward J. Griffith, *Analyse von Phosphorverbindungen. Schnellhydrolyse kondensierter Phosphate in der volumetrischen Analyse.* Der zeitbestimmende Vorgang bei Phosphatanalysen durch p_H-Titration ist die Hydrolyse der kondensierten Phosphate aus stark saurer Lsg. zu Orthophosphaten. Die erforderliche Zeit von bisher mindestens 8 Std. konnten Vff. durch ein einfaches Verf. auf weniger als 1 Std. bei gleicher Analysengenauigkeit reduzieren. In Ggw. von überschüssigem KCl tritt beim Eindampfen der Phosphate aus stark salzsaurer Lsg. zur Trockne keine Rekombination der Orthophosphate ein, da deren H^+-Ionen mit Cl^- HCl bilden u. so laufend entfernt werden. — Arbeitsvorschrift: Die Einwaage von ca. 0,5 g wird mit 50 ml W., 10 ml konz. HCl u. ca. 1 g KCl versetzt u. vorsichtig zur Trockne eingedampft, dann mit 50 ml W. aufgenommen u. in bekannter Weise als Orthophosphat titriert. (Analytic. Chem. **28.** 525—26. April 1956. Dayton, O., Monsanto Chem. Co., Res. Dep., Inorgan. Chem. Div.) D. ERTEL. G 264

W. Je. Pljuschtschew und **I. W. Schachno**, *Über die gewichtsanalytische Bestimmung des Lithiums.* Der Trockenrückstand der Alkalichloride (bis 0,8 g) wird 3—5 Min. mit 15 ml HCl-Gas gesätt. *n-Propylalkohol* (I) zerrieben; bei >0,15 g LiCl im Gemisch ist das Zerreiben zu wiederholen (das Filter ist gesondert zu extrahieren) u. durch ein frisches Filter zu filtrieren. Es wird 2mal mit je 5 ml **I** nachgewaschen. Das Filtrat ist fast bis zur Trockne einzudampfen u. in Li_2SO_4 überzuführen, das bei 650—700° $^1/_2$ Std. u. 10—15 Min. (Gewichtskonstanz) geglüht wird. Bei dieser kurz (bis 20 Min.) dauernden Bearbeitung mit **I** geht kein KCl noch $BaCl_2$ u. gehen nur Spuren von NaCl in Lösung. **I** löst LiCl 750 mal stärker als NaCl u. 1500 mal mehr als KCl bei Zimmertemp. (25°), einzig CH_3OH u. A. lösen noch mehr LiCl (jedoch auch mehr KCl u. NaCl). Ca ist zu entfernen. (Журнал Аналитической Химии [J. analyt. Chem.] **8.** 293—98. Sept./Okt. 1953. Moskau, Lomonossow-Inst. für chem. Feintechnol.) A. v. WILPERT. G 273

P. W. Sykes, *Untersuchungen über Methoden zur Bestimmung von Lithium in seinen Erzen.* Es werden eingehende Unterss. über die Aufschlußmethoden von LAWRENCE-SMITH bzw. von BERZELIUS sowie über anschließende geeignete Reinigungs-, Anreicherungs- u. Isolierungsverff. zur Best. von *Li* in *Amblygonit, Triphylin, Lepidolith, Zinnwaldit, Spodumen* u. *Petalit* beschrieben. Nach Ansicht des Vf. ist der Aufschluß nach BERZELIUS u. die anschließende flammenphotometr. Li-Best. die genaueste Methode. Eine entsprechende, auf die Verwendung eines E.E.L.- (EVANS ELECTROSELENIUM LTD.) Flammenphotometers zugeschnittene Analysenvorschrift ist angegeben.

Belegversuche. (Analyst **81.** 283—91. Mai 1956. London, Bromley-By-Bow, Kemball, Bishop & Co., Ltd.) H. HOFMANN. G 273

A. F. Ijewinsch und **E. Ju. Gusrinijetze,** *Bestimmung von Kalium mit Natriumtetraphenylborat.* Die (nicht ganz einfache) Best. von K mit *Natriumtetraphenylborat* (I) litt bisher an der Kompliziertheit der Darst. des Reagenses **I**, das nunmehr vereinfacht, wie folgt, gewonnen wird: Zu einer Lsg. von *Phenylmagnesiumbromid* (II) (9,6 g Mg u. 60 g Brombenzol in 200 ml absol. Ae.) werden unter Wasserkühlung u. lebhaftem Umrühren 8,8 g der mol. Verb. von BF_3 + Ae. (F. 125—129°) in 30 ml absol. Ae. langsam zugetropft (ein Überschuß an **II** ist erforderlich); 2 Std. Erhitzen auf dem Wasserbad, Abdest. des Ae. u. 15—20 Min. Nachsieden, dann Kühlen u. Verdünnen mit 400—500 ml W., Ausgießen u. Fällen des Mg (MgF_2) mit 45 g Na_2CO_3, Filtrieren mit Aktivkohle, den schwerfiltrierbaren Nd. nochmals mit 400 ml W. vermischen u. filtrieren; beide Filtrate werden mit NaCl gesätt.; es fällt voluminöses **I** aus, das, im Soxhlet 4—6 Std. mit Ae. extrahiert, noch nicht ganz rein ist (26—28 g; Ausbeute 55—60% nach BF_3), die restlichen Beimengungen hindern jedoch nicht die K-Best.: die Einwaage (2—50 mg K) wird mit W. verd. (Gesamtvol. der Lsg. 10—100 ml nach der Fällung). Man setzt Essigsäure hinzu (0,5—1% nach der Fällung), erwärmt auf 40° (Wasserbad) u. setzt den 1,25—1,5fachen Überschuß an 3,4%ig. **I**-Lsg. tropfenweise hinzu, filtriert nach 10 Min. bei Zimmertemp. durch einen Glas-Porzellan-Tiegel, wäscht mit 10—30 ml Wasch-Fl. (1% Essigsäure u. 4 ml Reagens/100 ml), zuletzt 3mal mit je 1—3 ml W., trocknet bei 110—120° u. wägt, Umrechnungsfaktor 0,1091. — Man kann K auch volumetr. bestimmen, wobei der Überschuß an **I** durch Titration mit NH_4Cl (RÜDORF-ZANNIER [1952]: mit $AgNO_3$) bestimmt wird: die Prüflsg. (5—10 ml mit 20 mg K) wird mit 2 ml 0,05n HCl u. 15 ml 0,05n **I**-Lsg. versetzt, nach 10 Min. filtriert u. 3mal mit je 5 ml W. nachgewaschen; zum Filtrat werden 20 ml ~0,03n NH_4Cl zugegeben, nach 10 Min. der Nd. (NH_4-Tetraphenylborat) abfiltriert, mit 3mal 5 ml W. nachgewaschen. Das Filtrat wird neutralisiert (Methylrot) u. nach Zusatz von 5 ml 40%ig. Formalinlsg. mit 0,05n NaOH bis rot (Phenolphthalein; Methylrot ist bereits entfärbt) zurücktitriert. Die Berechnung der Titration basiert auf dem Titer der NH_4Cl-Lsg., welcher mit titrierter K-Lsg. bestimmt wird, wobei das Konzentrationsverhältnis der Lsgg. NH_4Cl/**I** als wesentlich zu bestimmen ist. (Журнал Аналитической Химии [J. analyt. Chem.] **9.** 270—74. Sept./Okt. **1954.** Riga, Lettische Univ.) A. v. WILPERT. G 275

E. C. Mills und **S. E. Hermon,** *Mitteilung über den Vergleich einiger einfacher, kondensierter Funkenstromkreise in der spektrographischen Analyse von Aluminium- und Magnesiumlegierungen und reinem Magnesium.* Verss. über die relative Leistung einfacher, kondensierter Funkenstromkreise in der spektrograph. Analyse von Al u. Mg (-Legierungen) zeigen, daß die Art der Stromquelle keinen größeren Einfl. auf die erreichbare Genauigkeit hat. — Zahlentafeln. (Metallurgia [Manchester] **46.** 213—15. Okt. 1952. Slough, High Duty Alloys Ltd., Res. and Developm. Div.) W. WESLY. G 294

Rachel M. Paul, *Titrimetrische Bestimmung von Aluminium mit Äthylendiamintetraessigsäure.* Die Arbeitsweise beruht auf dem Verf. von THEIS (vgl. C. **1956.** 7619), anwendbar auf Al-Mengen von 0,2—10 mg. Es wird vorgeschlagen, wegen der zunächst sehr langsamen Komplexbldg. 0,1 ml 0,05mol. Äthylendiamintetraessigsäure zuzusetzen u. 5 Min. bis zur weiteren Titration zu erhitzen. Fe, das stört, kann durch Fällung mit NaOH entfernt oder mit Hydrazin red. werden. (Biochem. J. **62.** 38 P. März 1956. London, Ducane Road, Postgrad. Med. School.) J. SCHWAIBOLD. G 294

F. J. Bowen, *Die Untersuchung von Aluminiumlegierungen mit der Tüpfelprobe.* Man bringt einige Tropfen 4n NaOH auf die abgeschmirgelte Metalloberfläche, um nach Abwaschen zu unterscheiden, ob das Metall mit Überzug versehen ist (Farbunterschied!) oder nicht; dann gibt man nach 2—3 Min. auf die feuchte Fläche 2 Tropfen 2%ig. $AgNO_3$-Lsg. u. einige $(NH_4)_2S_2O_8$ (I)-Kristalle u. erwärmt einige Min. über der Flamme. In Ggw. von *Mn* erscheint rotviolette Permanganatfärbung. — Man bringt wieder NaOH- u. $AgNO_3$-Lsg., 3 Tropfen HNO_3-Lsg. (1:1), danach einige **I**-Kristalle u. schließlich 1 bis 2 Tropfen alkoh. 0,5%ig. Diphenylcarbazidlsg. auf die Oberfläche. In Ggw. von *Cr* entsteht vorübergehend eine rotviolette Färbung. — Man versetzt die blanke Oberfläche mit HNO_3, erwärmt 2—3 Min. schwach, saugt die Fl. mit einem mit Benzoinoxim getränkten Papierstreifen auf u. setzt den auf dem Papier entstandenen Fleck mehrere Min. der Einw. von HNO_3-Dämpfen aus. In Ggw. von *Cu* färbt sich der Fleck hellgrün. — Man betüpfelt die Oberfläche mit NaOH, bringt die Fl. nach 2—3 Min. auf ein Filterpapier, gibt 2 Tropfen Dithizonlsg. (10 mg in 100 cm³) auf das Papier. In Ggw. von *Zn* erscheint eine himbeerrote Färbung; eine Blindprobe gibt eine orangerote Färbung. (Steel **130.** Nr. 4. 67. 74. 28/1. 1952. Oakland, Calif., Kaiser Aluminum & Chem. Corp., Div. of Metallurg. Res.) W. WESLY. G 294

J. Clark und **W. Stross**, *Eine halbquantitative Tüpfelprobe zum Nachweis von Zinn in Magnesium- und Aluminiumlegierungen.* Das Verf., das auf der Entfärbung von J-Stärkekleister durch Sn^{2+} (das man durch Red. mit Fe-Pulver erhält) beruht, wird im einzelnen beschrieben. (Metallurgia [Manchester] **46.** 215–16. 212. Okt. 1952. Aylesbury, Bucks., Internat. Alloys Co. Ltd.) W. WESLY. G 294

William A. Dupraw, *Bestimmung von Zinn in Titanlegierungen.* Zur Best. geringer Mengen *Sn* in Ti-Legierungen löste Vf. 1 g der Legierung in 60 ml W. + 10 ml H_2SO_4 (1:1) + 10 ml HBF_4 (Bldg. eines grünen Ti-Komplexes). Bei Ggw. von Mo wurde mit einem geringen Überschuß an H_2O_2 oxydiert u. dann nach Zugabe von 100 ml W. durch 5 g Fe-Pulver + 2 Tropfen 1%ig. $SbCl_3$-Lsg. + 60 ml HCl zu Sn^{2+} reduziert. Sn^{2+} wurde dann in üblicher Weise schnell mit 0,02 n KJO_3-Lsg. titriert. Der Verbrauch bei einer mit Sn-freier Ti-Legierung durchgeführten Analyse wurde abgezogen. Nitrate u. Cu stören, V, Pb u. Mo stören nicht. (Analytic. Chem. **26.** 1642–45. Okt. 1954. Chicago, Ill., Illinois Inst. of Techn., Armour Res. Found.) H. PLUSKAL. G 321

D. S. N. Murty und **Bh. S. V. Raghava Rao**, *Analytische Chemie des Thoriums.* 6. Mitt. *Trennung von den Seltenen Erden: Camphersäure.* (5. vgl. VENKATESWARLU u. RAO, J. Indian chem. Soc. **27.** [1950.] 638.) Th kann, wie Vff. zeigen, mit *Camphersäure* (**I**) in *NH_4-Acetat* (**II**) gepufferter Lsg. bei $p_H > 4,2$ quantitativ bestimmt werden, während die Seltenen Erden erst bei $p_H > 6,2$ ausfallen, so daß durch Doppelfällung bei p_H 4,4 eine quantitative Trennung bis zu einem Verhältnis $Th/R_2O_3 = 1:15$ erreicht wird. Der Th-Nd. besitzt die Zus. $OTh(OOC)_2C_8H_{14} \cdot 3\ H_2O$ (**III**). Die Th-Lsg. wird auf 100 ml verd., zum Sieden erhitzt, mit 5 ml 1%ig. **II**-Lsg. u. 100 ml sd. 1%ig. **I**-Lsg. versetzt. Zur Trennung der Seltenen Erden löst man den feuchten Nd. mit heißer HNO_3 (1:4) u. wiederholt die Fällung nach dem Neutralisieren mit NH_4OH. Der Nd. wird verglüht u. als ThO_2 gewogen. Die Löslichkeit von **III** in **II**-Lsgg. ist in Ggw. von **I** zu vernachlässigen. Während Ni u. Co die Th-Best. nicht beeinflussen, werden Ti, Ce^{4+}, Fe^{3+}, Al, Pb, Be, Cu u. U mehr oder weniger mitgefällt. Das Verf. wird an der Th-Best. einer phosphatfreien neutralen Lsg. von *Monazit* erprobt. Die Ergebnisse zeigen die gute Genauigkeit der Methode. (J. Indian chem. Soc. **28.** 218–20. April 1951. Waltair, Andhra Univ., Chem. Labor.) G. WEITBRECHT. G 324

Rafael Diaz, *Polarographische Bestimmung von Blei in Bleielektroplattierlösungen.* Als Grundlage dient der Diffusionsstrom des Pb^{2+}-Ions in einer KNO_3-Lösung. Die Ggw. von 0,004% Gelatine gibt einen gut definierten Diffusionsstrom. Das Halbstufenpotential in 1 n KNO_3-Lsg. beträgt –0,703 V. Störend ist nur Sn, das in Elektroplattierbädern kaum vorkommen wird. Die gefundenen Werte stimmen recht gut mit den volumetr. gefundenen Werten überein. (Plating **40.** 261–62. März 1953. Minneapolis, Minn., Minneapolis Honeywell Regulator Comp.) J. FISCHER. G 328

N. H. Bailey, *Die Bestimmung von Tantal und Niob.* Vf. beschreibt eine Meth. zur Trennung u. quantitativen Best. von Nb u. Ta. Die Best. von Nb u. Ta ist auf Grund der unterschiedlichen Stabilität ihrer NH_4-oxalathaltigen Lsgg. möglich. Fügt man zur Ta-haltigen Lsg. mit p_H 5 Tannin u. gesätt. NH_4Cl-Lsg. u. anschließend tropfenweise 1:1 verd. NH_3-Lsg. hinzu, so fällt Ta als gelber Nd. aus. Im Filtrat wird Nb nach Zugabe von mehr Tannin u. NH_3-Lsg. als roter Nd. gefällt. Bei Einhaltung der angegebenen Bedingungen läßt sich eine quantitative Trennung von Nb u. Ta erreichen. — Arbeitsvorschrift. (South African ind. Chemist **5.** 235–36. Dez. 1951. Brakman Mines Ltd.) K.-G. HACKSTEIN. G 332

A. Musil und **R. Pietsch**, *Die Fällung von Wismut mit Arsanilsäure.* (Vgl. C. **1955.** 5382.) Im Gegensatz zur Fällung von Bi mit Phenylarsinsäure, die bei p_H 5,1–5,3 in essigsaurer, mit Na-Acetat gepufferten Lsg. stattfindet, gibt eine Bi-Lsg. mit Arsanilsäure (**I**) bereits bei p_H 1,1 einen Nd. der Zus. $Bi(C_6H_7O_3NAs)(OH_2)$. Der Nd. ist weiß bis bräunlich. Zur quantitativen Fällung ist ca. das Doppelte an **I** zuzusetzen, als Bi vorhanden ist. M e t h.: Die in heißem W. gelöste **I** wird zu ca. 200 ml Bi-Lsg., die soviel HNO_3 enthält, daß nicht sofort bei Reagenszugabe Fällung eintritt, zugesetzt, anschließend wird mit NH_3 auf das bes. günstige p_H 2,0–3,0 gebracht. Der Nd. wird filtriert, bei 140–170° getrocknet u. gewogen. Chlorid, Phosphat u. Tartrat stören im Gegensatz zu Alkalien u. Acetationen die Bestimmung. (Z. analyt. Chem. **144.** 347–50. 1955. Graz, Univ., Inst. für anorgan. u. analyt. Chem.) E. SAJAK. G 334

E. A. Johnson und **E. J. Newman**, *Die Schnellbestimmung von Nickelspuren in Kupfersalzen.* Es wird eine Meth. zur colorimetr. Schnellbest. von bis zu 0,005 mg *Ni* in *Cu-Salzen* auf der Basis der Komplexbldg. mit *Nioxim* (**I**) kurz beschrieben. A n a l y s e n v o r s c h r i f t: 10 ml der 0,1 g $CuSO_4$ enthaltenden Lsg. werden mit 1 ml 5 n NH_4OH-Lsg., 40 ml W. u. 20 ml 0,85%ig. wss. **I**-Lsg. versetzt u. mit 15 ml Bzl. extrahiert. Dabei geht Cu in das Bzl., während sich Ni in der Zwischenschicht zwischen Bzl. u. wss. Phase ansammelt. Die wss. Phase wird bis auf 1 ml abgelassen u. verworfen u. die Benzolschicht

3mal mit je 25 ml 1n NH_4OH-Lsg. u. danach mit 25 ml W. gewaschen, wobei jedesmal die Wasch-Fl. bis auf 1 ml abgelassen wird. Aus der Zwischenschicht wird Ni mit 5 ml 1n HCl extrahiert, die wss. Phase in einen 2. Scheidetrichter überführt, die Benzolschicht mit 5 ml gewaschen u. dieses Waschwasser mit der Ni-Lsg. vereinigt. Die 10 ml der wss. Lsg. werden mit 6 ml 1n NH_4OH-Lsg. u. 0,5 ml **I**-Lsg. versetzt u. die ammoniakal. Lsg. mit 10 ml Bzl. ausgeschüttelt. Die Waschvorgänge u. die Rückextraktion des Ni durch 1n HCl in die wss. Phase werden wie eben beschrieben wiederholt u. danach 6 ml 1n NH_4·OH-Lsg. u. 0,5 ml **I**-Lsg. zugegeben. Letztere Lsg. wird gegen entsprechend hergestellte Vergleichslsgg. visuell colorimetriert. Bei größeren Ni-Mengen kann eine Stabilisierung der Farbe durch Gummi arabicum-Lsg. erforderlich werden. (Analyst **81.** 318. Mai 1956. Chadwell Heath, Essex, Hopkin & Williams Ltd.) H. Hofmann. G 356

S. Z. Haider und **M. H. Khundkar,** *Eine schnelle jodometrische Methode zur Bestimmung von Kupfer und Zink.* Zur gleichzeitigen Best. von Cu u. Zn wird die Lsg. falls erforderlich mit NaOH neutralisiert u. durch 1 oder 2 Tropfen verd. H_3PO_4 angesäuert. Durch Zugabe von 1 g KJ/g Cu wird Cu_2J_2 gefällt u. mit Hilfe von 8 g KSCN/g Cu in CuSCN übergeführt. Das frei gewordene J_2 wird mit 0,1n $Na_2S_2O_3$-Lsg. titriert. Gegen Ende der Titration wird mit 50–60 ml W. verd. u. 2 ml Stärkelsg. werden zugefügt. Zur Best. von Zn entsprechend der Gleichung: $2\ K_3[Fe(CN)_6] + 2\ KJ + 3\ ZnSO_4 \rightarrow K_2Zn_3[Fe(CN)_6]_2 + 3\ K_2SO_4 + J_2$ in der gleichen Lsg. versetzt man diese mit 4 g K_2SO_4 u. 3–4 g KJ u. fügt in Anteilen von 1 ml u. gegen Ende der Titration 0,5 ml 0,2 mol. $K_3[Fe(CN)_6]$-Lsg. zu. Das entstehende J_2 wird jeweils sofort zurücktitriert. Das Ende der Titration ist erreicht, wenn nach 30 Sek. keine Blaufärbung mehr eintritt. 1 ml 1n $Na_2S_2O_3$-Lsg. = 0,0990 g Zn (1% $>$ theoret. Wert). Die Genauigkeit beträgt 0,7%. Andere Säuren als verd. H_3PO_4 stören die Bestimmung. (Analytica chim. Acta [Amsterdam] **12.** 1–5. Jan. 1955. Dacca Univ., East Pakistan, Dep. of Chem.) H. Pluskal. G 358

S. J. Quadir und **M. H. Khundkar,** *Bestimmung von Kupfer(I)- und Kupfer(II)-Ionen aus der gleichen Lösung. Anwendung der Citratkomplexbildung.* Zur Best. von Cu^+ neben Cu^{2+} führt man Cu^{2+} durch Na-Citratlsg. in einen Komplex über. Ein bekannter Überschuß an eingestellter J_2-Lsg. wird mit je 2–3 ml 1 mol. Na-Citratlsg./mg Gesamtkupfer versetzt, auf ca. 100 ml aufgefüllt u. mit der Cu-Lsg. vermischt. Cu^+ wird durch J_2 quantitativ zu Cu^{2+} oxydiert. Das überschüssige J_2 wird mit $Na_2S_2O_3$-Lsg. unter Verwendung von Stärke zurücktitriert u. der Cu^+-Geh. aus dem Verbrauch an J_2-Lsg. berechnet. Nun zerstört man den Cu^{2+}-Komplex durch Zugabe von 6n HCl. Für je 2 ml 1 mol. Na-Citratlsg. sollen 1–4 ml 6n HCl verwendet werden. Bei geringerer HCl-Menge ist der Endpunkt schlecht zu erkennen. Man fügt eine weitere Menge KJ hinzu u. titriert das in Freiheit gesetzte J_2 mit $Na_2S_2O_3$-Lsg. zur Ermittlung des Gesamtkupfergehaltes. Ein Zusatz von KSCN gegen Ende der Titration fördert den Zerfall des Komplexes, u. man erhält einen farblosen beständigen Endpunkt. Werden je Analyse höchstens 0,125 g Cu^+ u. 0,150 g Gesamtkupfer verwendet, so beträgt der maximale Fehler $\pm 1,0\%$. (J. Indian chem. Soc. **30.** 846–50. Dez. 1953. Dacca, East Pakistan, Univ. of Dacca, Dep. of Chem.) H. Pluskal. G 358

I. L. Teodorowitsch und **B. W. Rachimowa,** *Untersuchung der Möglichkeit einer Verhinderung der Mitfällung von Kupfer mit Eisenhydroxyd.* Abgemessene Voll. von Fe- u. Cu-Lsgg. [$FeNH_4(SO_4)_2$ u. $CuSO_4$] wurden (im Gesamtvol. 33,5 ml) mit NH_4OH in Ggw. verschied. Zusätze gefällt, zentrifugiert, der Fe-Nd. in 2n HNO_3 gelöst, die Fällung wiederholt u. die vereinigten Filtrate auf Cu-Geh. untersucht (amperometr. Titration mit Ferrocyanid). Bei den meisten Verss. betrugen die Fe-Mengen um 49, die Cu-Mengen 18 (–27) mg. Die Zusätze: je 5 ml gesätt. alkoh. Farbstofflsgg. von *Safranin, Methylenblau* u. *Methylviolett, Bismarckbraun*; 5%ig. *Na-Eosinsalz* u. *Gelatine*, 1%ig. *Agar*-Lsg.; ferner 7,5 ml 4n Lsgg. von NH_4Cl, $N(CH_3)_3HCl$, *Pyridin, Harnstoff, Urotropin, NaCl, KCl.* Unter der Annahme, daß nach der 2maligen Ausfällung keine prakt. wägbaren Cu-Mengen mehr absorbiert werden, betrug die mitgefällte Cu-Menge 4,9 (bei Zusatz von Bismarckbraun) bis 15,8% (bei Urotropin). NH_4-Salze u. gesteigerte Mengen von NH_4OH senkten die mitgefallene Cu-Menge von 3,7 bis auf 0,9%. Am wirksamsten waren *Glykokoll* (0,3–0,5 g + 6–9 ml NH_4OH) u. bes. *Äthylendiamin* (50–150 mg), die auch nach Fällung des Fe das Mitfällen des Cu (bei Überschuß auch die Fällung des Fe) prakt. fast völlig verhinderten (1,7–0% bei Glykokoll, 0,3–0% bei Äthylendiamin): Ursache: Komplexbildung. (Журнал Аналитической Химии [J. analyt. Chem.] **9.** 293–98. Sept./Okt. 1954. Taschkent, Zentralasiat. Univ.) A. v. Wilpert. G 358

Pavel Povondra, *Grundsätze der Bewertung einer völligen chemischen Analyse von Erzen.* Übersicht über den Einfl. der Genauigkeit der Best. von Al-Silicat, Fe (bes. Fe^{2+}), Mn, P u. S bei der Auswertung von Erzanalysen; Beispiele aus der Analyse von baryt. Siderit, graphit. Gneis u. sulfid. Erz. (Rudy **3.** 187–90. 1955.) R. K. Müller. 5290

b) Organische Verbindungen.

C. I. Adams und **G. H. Spaulding,** *Die Bestimmung von organischem Stickstoff durch die Kjeldahl-Methode ohne Destillation.* Die Meth. von MARCALI u. RIEMAN (Ind. Engng. Chem., analyl. Edit. **18.** [1946.] 709), bei der die Destillationsstufe bei der Best. des KJELDAHL-N wegfällt, wurde so modifiziert, daß Se als Katalysator verwendet werden kann. Ausführung: 0,5 g Probe wird in einem 100 ml-KJELDAHL-Kolben mit 7,5 g K_2SO_4 + 1 Körnchen Se + 12,5 ml konz. H_2SO_4 aufgeschlossen. Die klare, abgekühlte Lsg. wird vorsichtig mit 50 ml W. u. 1 ml schwefliger Säure versetzt u. dann 30 Min. gekocht. 50 ml der mit W. zu 250 ml aufgefüllten, abgekühlten Lsg. werden mit 8nNaOH auf p_H 5 gebracht; schließlich stellt man das p_H mit 0,2nNaOH auf 6,8 ein u. gibt dann 12 ml neutrale CH_2O-Lsg. (100 ml 36—38%ig. CH_2O werden mit 100 ml W. verd., mit 0,03 mol. Phenolphthaleinlsg. versetzt u. mit 0,1nNaOH neutralisiert) hinzu, wobei innerhalb von 10 Min. das p_H auf 4,4 fällt. Nun wird mit 0,2nNaOH bis zum p_H 9 titriert. Der Verbrauch der 0,2nNaOH nach der CH_2O-Zugabe ist dem N-Geh. äquivalent. Eine Korrektur (ca. 0,15—0,25 ml) für den Blindwert wird angebracht. Die Meth. ist auf solche organ. N-Verbb. anwendbar, die durch die übliche KJELDAHL-Meth. in NH_4-Salze übergeführt werden. (Analytic. Chem. **27.** 1003—04. Juni 1955. Baltimore, Md., Morgan State Coll., Dep. of Chem.) K. F. MÜLLER. 5352

Gerald Kainz und **Ferdinand Schöller,** *Über den Anwendungsbereich der Aminostickstoffbestimmung mittels salpetriger Säure.* Vff. untersuchen die bei der Amino-N-Best. nach VAN SLYKE auftretenden Anomalien mit dem Ziel, bei unbekannten Analysensubstanzen vorliegende Anomalien zu erkennen u. zu beseitigen. Positive Fehlresultate ergeben sich bei Isonitrosoverbb., Verbb. mit akt. Methylgruppe, Monohalogenessigsäuren, Phenolen bzw. Nitrosophenolen, durch HNO_2 oxydierbaren S-Verbb., Indol- u. Oxindolverbb., 5gliedrigen Heterocyclen mit Harnstoffgruppierung, hydrolyt. aufspaltbaren Verbb., Lactamen, die eine unbeständige Nitrosoverb. bilden, Sulfonsäureamiden u. bei der Desaminierung sek. gebildeten Verbb. der angeführten Gruppen. Negative Fehlresultate können auf schlechte Diazotierbarkeit des prim. Amins, auf Bldg. relativ beständiger Diazoniumsalze, auf Neben-Rk. der intermediär gebildeten Diazoniumsalze oder auf schwerlösl. Verbb. zurückgeführt werden. Um Anomalien zu erkennen u. möglichst auszuschalten, empfehlen Vff., den Desaminierungsverlauf in verd. u. konz. Nitritlsg. in Ggw. von Jodid aufzunehmen. Der Kurvenverlauf für prim. Amine unterscheidet sich von dem der schwer diazotierbaren Amine oder Verbb. mit anomaler N_2-Entwicklung. (Hoppe-Seyler's Z. physiol. Chem. **301.** 259—68. 1955. Wien, Univ., II. Chem. Labor.) E. SCHWERDTFEGER. 5352

Shōichirō Imatomi, Tsutomu Akita und **Kōtarō Tanimoto,** *Quantitatives Analysenverfahren für Bis-[methoxymethyl]-harnstoff. Bis-[methoxymethyl]-harnstoff (Dimethylolharnstoffdimethyläther;* **I**) wird in Alkali oder Säure leicht hydrolysiert nach $CO(NH\cdot CH_2OCH_3)_2$ (**I**) + 2 $H_2O \rightleftharpoons CO(NHCH_2OH)_2$ (**II**) + 2 CH_3OH, so daß **II** jodometr. bestimmt u. **I** berechnet werden kann, wenn die Rk. nach rechts abläuft u. CH_3OH u. die Nebenprodd. nicht stören [**II** $\rightleftharpoons HOCH_2NHCONH_2$ (**III**) + CH_2O, **II** + **III** $\rightleftharpoons HOCH_2NHCO\cdot NHCH_2NHCONHCH_2OH + H_2O$ u. 2 **II** $\rightleftharpoons HOCH_2NHCON(CH_2OH)CH_2NHCONH\cdot CH_2OH + H_2O$]. Nach Verss. stört CH_3OH in kleinen Mengen nicht (bei größeren Anteilen wird erst verd.), CH_2O wird durch Alkali oder nach dem NH_4Cl-Verf. bestimmt u. dann der jodometr. Wert berichtigt. Durch Vornahme der Jodtitration in n-HCl bzw. H_2SO_4 werden dei übrigen CH_2OH-Verbb. inaktiviert. (Rep. sci. Res. Inst. [Kagaku Kenkyujo-Hokoku] **29.** 468—73. Nov. 1953 [Orig.: japan.]) L. SCHULER. G 880

L. Acker und **H. Bücking,** *Bemerkungen zur Cholinbestimmung nach Roman.* Die Best. des Cholins nach ROMAN (Ausfällung des Cholins mit Jodjodkaliumlsg. u. Titration des im Nd. komplex gebundenen Jods) liefert übereinstimmende, aber zu niedrige Werte. Angeregt durch DUCET u. KAHANE wurde der von ROMAN für die Umrechnung der verbrauchten 0,01n$Na_2S_2O_3$-Lsg. auf Cholin angegebene Faktor von 0,1335 nachgerechnet. Es ergab sich, daß ROMAN bei der Berechnung 9 Atome J zugrunde gelegt hat, während bei der Titration des Cholinenneajodid nur 8 erfaßt werden, da ein Jodteilchen als Ion vorliegt. Der neu errechnete Faktor beträgt 0,1515. Die damit erzielten Ergebnisse schwanken nur innerhalb 1,4%. (Z. analyt. Chem. **143.** 352—53. 1954. Frankfurt/M., Univ., Inst. für Lebensmittelchem.) E. SAJAK. G 920

Elemér Schulek und **Kálmán Burger,** *Ein neues jodometrisches Verfahren zur Bestimmung des Phenols neben Reduktionsmitteln.* Phenol wird durch überschüssiges Bromwasser zu Tribromphenolbrom bromiert, der Hauptteil des überschüssigen Br_2 wird mittels Na_2SO_3, der Rest mit Phenol gebunden. Nach Zugabe von KJ u. HCl wird die dem Phenol äquivalente Menge des freigesetzten Jods titriert. (Magyar Kémiai Folyóirat

[Ung. Z. Chem.] **61.** 359–62. Nov. 1955. Budapest, Univ., Inst. für anorgan. u. analyt. Chem.) J. PLANK. G 1060

Apar Singh, *Chloramin B als volumetrisches Reagens. Quantitative Bromierung von Phenolen und aromatischen Aminen.* Phenole u. aromat. Amine lassen sich durch Bromierung mit Brom aus überschüssigem KBr + Chloramin B in saurem Medium bestimmen. Ausführung: 1. Die in ca. 200 ml W. gelöste Probe (0,02–0,2 g) wird mit 10 ml 20% ig. KBr-Lsg. u. 5–10 ml konz. HCl versetzt u. tropfenweise mit ca. 0,1n Chloramin-B-Lsg. titriert; zur Endpunktanzeige dient KJ-Stärke-Papier. Es ließen sich so bestimmen: *Anilinhydrochlorid, 2.4-Dinitrophenol, p-Chlorphenol, o-* u. *m-Toluidin, o-Kresol.* – 2. Die in W. gelöste Probe wird mit 10 ml 20%ig. KBr-Lsg., einigen Tropfen 1% ig. Indigocarmin- oder 0,2% ig. alkoh. Methylrotlsg. u. soviel konz. HCl versetzt, daß die Lsg. während der Bromierung ca. 2 n ist. Man titriert mit 0,1 n Chloramin-B-Lsg., bis die Lsg. nach Gelb umschlägt u. fügt einige ml überschüssige Chloraminlsg. hinzu. Nach Zusatz von KJ-Lsg. titriert man das Jod mit $Na_2S_2O_3$-Lsg. gegen Stärke zurück. Diese Ausführung wurde angewandt für die unter 1. genannten Verbb., sowie für *Anthranil-, Salicyl-, Sulfanil-* u. *p-Aminobenzoesäure* (I). 3. Allgemeine Meth.: Die in W., verd. NaOH oder verd. HCl gelöste Probe wird mit 10 ml 20% ig. KBr-Lsg., einem bekannten Überschuß 0,1 n Chloraminlsg. u. 5 ml konz. HCl versetzt u. zu 100 ml mit W. verdünnt. Der verschlossene Kolben wird 1 Min. geschüttelt u. in Eiswasser gestellt. Nach 20–30 Min. gibt man 5 ml 40% ig. KJ-Lsg. hinzu u. titriert mit 0,1 n $Na_2S_2O_3$-Lsg. gegen Stärke. Diese Meth. ist auf die unter 1. u. 2. genannten Verbb. mit Ausnahme von I anwendbar, sowie auf *o-, m-* u. *p-Nitrophenol, Salol, Methylsalicylat* (II) u. *Acetylsalicylsäure* (III); II u. III werden vor der Bromierung verseift. – Vgl. C. **1956.** 3393. (J. Indian chem. Soc. **31.** 605–08. Aug. 1954.) K. F. MÜLLER. G 1310

A. A. Forist und **J. C. Speck jr.,** *Cerimetrische Bestimmung von Zuckern.* Zur Best. geringer Änderungen von Zuckerkonzz. werden 2 Ausführungen der cerimetr. Meth. beschrieben. Ausführung: 1. 18–36 mg Zucker in höchstens 5 ml W. werden mit 20 ml 0,28 n $Ce(ClO_4)_4$ (I)-Lsg. in wss., ca. 4 mol. $HClO_4$ (II) versetzt u. 1 Std. bei 25° stehengelassen. Dann gibt man 25 ml 0,18 n Na-Oxalatlsg. in 0,1 mol. II hinzu u. titriert das überschüssige Oxalat mit einer Lsg. von 0,03 n I-Lsg. in 2 mol. **II** gegen Nitro-Ferroin-Indicator (0,025 mol.) zurück. – 2. 15–21 mg Zucker in höchstens 5 ml W. werden mit 10 ml 0,28 n I-Reagens 1 Std. bei 25° stehengelassen. Dann gibt man 2 Tropfen 0,01 mol. Osmiumsäurelsg. in 0,1 mol. H_2SO_4 u. anschließend 15,00 ml 0,13 n Arsenitlsg. hinzu. Der Arsenitüberschuß wird mit 0,01 n I-Lsg. gegen Nitro-Ferroin zurücktitriert. (Analytic. Chem. **27.** 1166. Juli 1955. East Lansing, Mich., Michigan State Coll., Kedzie Chem. Labor.) K. F. MÜLLER. G 3400

R. M. McCready und **E. A. McComb,** *Quantitative Bestimmung von Zuckern auf Papierchromatogrammen durch eine Reflexionsmethode.* Vff. chromatographieren nach BLOCK, LE STRANGE u. ZWEIG („Paper Chromatography", New York, 1952) u. entwickeln *reduzierende Zucker,* Gemische von *Galakturonsäure, Oligogalakturonsäuren* u. *Arabinose* mit Äthylacetat/W./Essigsäure (10:6:5), *Xylose, Arabinose* u. *Galakturonsäure* mit der nichtwss. Phase von Äthylacetat/W./Pyridin (10:6:5) u. weisen die Flecken mit Anilin/Trichloressigsäure (je 2% in Äthylacetat), bei *Fructose, Saccharose* u. *Raffinose* mit einer Lsg. aus 10 Teilen 85% ig. H_3PO_4 in 90 Teilen 0,1% ig. Resorcin in Äthylacetat durch Tauchen u. Trocknen an der Luft nach. Durch Photometrieren des reflektierten Lichts werden die Chromatogramme quantitativ ausgewertet, wobei Licht der Wellenlänge 515 mμ benutzt wird. Das Instrument wird so eingestellt, daß die fleckenfreien Stellen des Papieres den Wert 0 anzeigen. Nach den erzielten Ergebnissen sind die Meßwerte reproduzierbar, die Reflexionsdichtewerte log (R_0/R_t)[R_0 = Reflexionsvermögen des Papiers, R_t des Farbflecks] der dunkelsten Stellen der Farbflecken liegen, gegen log C der Lsgg. aufgetragen, innerhalb des Konzentrationsbereiches 0,5–1,5% (25–75 γ je Fleck) auf einer Geraden. (Analytic. Chem. **26.** 1645–47. Okt. 1954. Albany, Calif., U. S. Dep. of Agricult., Agricult. Res. Serv., Western Utilization Res. Branch.) F. ENDRASS. G 3400

José L. Reissig, Jack L. Strominger und **Luis F. Leloir,** *Eine abgeänderte colorimetrische Methode zur Bestimmung von N-Acetylaminozuckern.* Vff. beschreiben eine Abänderung der Meth. von AMINOFF, MORGAN u. WATKINS (Biochem. J. **51.** [1952.] 379) zur Best. von *N-Acetylglucosamin* (I) u. *N-Acetylgalactosamin* (II), bei der statt einer konz. Carbonatlsg. als Puffer K-Tetraborat (p_H 8,9; 0,8 mol.) verwendet wird. Zur Durchführung wird die Prüflsg. mit Boratpufferlsg. versetzt, 3 Min. auf 100° erhitzt, abgekühlt, mit *p-Dimethylaminobenzaldehyd* (III)-Reagens (10 g III gelöst in 12,5 Vol.-% 10 n HCl enthaltendem Eisessig) versetzt u. 20 Min. auf 36–38° erwärmt. Bei Zimmertemp. wird das Gemisch gegen eine Standard-I- oder -II-Lsg. (Wellenlänge 544 bzw. 585 μ) colorimetriert. Optimale Bedingungen für die Entw. der Farb-Rk. sind Erhitzungsdauer

3 Min. (Verlängerung derselben auf 10 Min. senkt die Farbintensität um 10%), p_H 8,9 u. Reaktionstemp. 38°, bei der die maximale Intensität in 20 Min. erreicht wird (bei Zimmertemp. sind 90—120 Min. erforderlich). Durch höhere Boratkonzz. wird die opt. Dichte des gebildeten Farbkomplexes erniedrigt. Ein III-Überschuß erweitert die Spanne, in der die opt. Dichte der I- u. II-Konz. proportional ist. Der mol. Extinktionskoeff. (bezogen auf den Acetylhexosamingeh.) beträgt für I: 21000 u. II: 7400 (Maximalwellenlänge 585 μ). Während in Carbonatpuffer die Farb-Rk. durch Aminosäuren sehr stark gehemmt wird, erleidet sie in Ggw. von Borat keine wesentliche Störung (Verss. mit äquimol. Gemischen von *Glucose* u. *Lysin*, p_H 10,8), auch Mg^{2+} (0,03 mmol.) hemmen nur zu ca. 2% (in Ggw. von Carbonat: 67%). Infolge stärkerer Pufferwrkg. durch Borat ist auch die Ggw. von Basen oder Säuren ohne Einfluß. Die Meth. ist im Gegensatz zur ursprünglichen sehr empfindlich, so daß noch $3 \cdot 10^{-10}$ mol I mit großer Genauigkeit nachweisbar sind. Sie findet Anwendung z. B. zur Best. von N-Acetylaminozuckern in Bakterienextrakten, Nucleotiden in Hefen u. zur Unters. der enzymat. Umwandlung von I-1- in I-6-phosphat u. a. (J. biol. Chemistry **217**. 959—66. Dez. 1955. Bethesda, Md., Nat. Inst. of Health and Nat. Inst. of Arthritis and Metabol. Diseases; Buenos Aires, Fund. Campomar, Inst. de Invest. Bioquim.) P. FAHRNLAENDER. G 3400

Margaret L. Frith und **S. E. Wright**, *Papierchromatographie von Lanatosid C.* Zur quantitativen Best. der Glykoside in *Digitalis lanata* werden die Lanatoside aus dem Pflanzenextrakt nach der Meth. von SILBERMAN u. THORP (vgl. DASH u. FRITH, C. **1955**. **3682**) getrennt u. mit Trichloressigsäure (I), wobei zur Lokalisierung bekannter Lanatoside Standardlsgg. der reinen Glykoside auf dem Papier mitwandern, sichtbar gemacht. Bei Behandlung der Chromatogramme von Lanatosid C-Standard mit frisch bereiteter I-Lsg. in Chlf. werden 2 Komponenten sichtbar, von denen die eine als diffuse Stelle mit schwach bläulichgelber Fluorescenz im UV-Licht erscheint, die andere, langsamer wandernde Komponente unter gleichen Bedingungen eine glänzend blau fluorescierende Stelle ergibt. Bei Behandlung der Chromatogramme mit H_2O_2 enthaltender I ist die UV-Lichtfluorescenz des schneller wandernden Gebietes glänzend blau, die der langsameren Komponente erheblich schwächer. Beim Chromatographieren von Lanatosid C-Standard auf mit Formamid getränkten Papierstreifen werden mit I gleichfalls 2 Gebiete aufgefunden. Bei Best. der Glykoside auf dem Streifen mit alkal. m-Dinitrobenzol erscheint nur eine, dem rascher wandernden Gebiet entsprechende Stelle. Nach Elution vom Papierstreifen ergibt die biol. Unters. mit der embryonalen Kükenherzmeth., daß die gesamte Herzwirksamkeit dem rascher wandernden Konstituenten zukommt. Nach einer Mitt. von SANDOZ LTD. ist die langsamer laufende Komponente *Desacetyllanatosid C*, dessen zu gering vorhandene Mengen biol. nicht bestimmbar sind. (Chem. and Ind. **1955**. 251—52. 5/3. Sydney, Univ., Dep. of Pharmacol.)
ANTJE SCHMIDT. G 3450

Joseph Q. Snyder und **Simon H. Wender**, *Die papierchromatographische Trennung und die mikrobiologische Bestimmung von Pyridoxin, Pyridoxal und Pyridoxamin.* Die Trennung von *Pyridoxin* (I), *Pyridoxal* (II) u. *Pyridoxamin* (III) erfolgt papierchromatograph. aufsteigend im Dunkeln mit n-Amylalkohol–Aceton–W. im Volumenverhältnis 1:1:2 als Entwicklerlösung. Die R_F-Werte sind 0,06 für III, 0,55 für II u. 0,62 für I. Eine bessere Trennung wird mit Pyridin–Isoamylalkohol–W. 1:2:2 erreicht. Die R_F-Werte: 0,21 für III, 0,62 für II u. 0,70 für I. Mit 2.6-Dichlorchinonchlorimid, in Bzl. gelöst, färbt man an. Zur quantitativen Best. werden die 3 Vitamine eluiert u. nach der mikrobiol. Meth. mit Saccharomyces carlsbergensis A.T.C.C. No. 9080 bestimmt. Man findet II mit 93%, III mit 87% u. I mit 95% bei einer bekannten Lsg. wieder. (Arch. Biochem. Biophysics **46**. 465—69. Okt. 1953. Norman, Okla., Univ. of Oklahoma; Ardmore, Okla., Samuel Roberts Noble Foundat.) R. HEERDT. G 3800

Richard J. Hickey und **William F. Phillips**, *Trennung des Aureomycins von Terramycin durch Gegenstromverteilung und Papierchromatographie.* In einer 100-Röhrenapp. nach CRAIG wurden je 0,1 g der Hydrochloride von *Aureomycin* (I) u. *Terramycin* (II) zwischen gleichen Voll. 0,01 n HCl u. n-Butanol bei 29° verteilt. Das Arbeitsvol. betrug für jede Röhre ca. 11 ml. Die biol. Prüfung nach dem Plattentest gegen *Bacillus megatherium* ergab für I ein Maximum in Röhre 52 u. einen Verteilungsquotienten K von 1,11, für II ein Maximum in Röhre 30 u. ein K von 0,435. Die Verteilung einer Mischung von II mit dem Konzentrat eines nichtidentifizierten Antibioticums AJ-48 (III) in einer 200-Röhrenapp. ergab nur ein Maximum u. einen K-Wert von 0,442; II u. III dürften demnach ident. sein. Die papierchromatograph. Trennung von I u. II mit n-Butanol/Eisessig/W. (50:25:25) absteigend auf SCHLEICHER & SCHÜLL Nr. 507 ergab für I einen R_F-Wert von 0,77 u. für II von 0,70 in getrennten Flecken. Eine Mischung von II u. III ergab nur einen Fleck mit dem R_F-Wert 0,66. Die Flecken wurden biol. durch Auflegen der Chromatogramme auf mit *Sarcina lutea* besäten Agarplatten nachgewiesen. (Analytic. Chem. **26.** 1640—42. Okt. 1954. Terre Haute, Ind., USA, Comm. Solv. Corp., Res. and Developm. Dep.) H. ENDRASS. G 3900

J. G. Buchanan, *Sichtbarmachung von Desoxyribonucleosiden auf Papierchromatogrammen.* Desoxyribose (I) u. Desoxyriboside (II) auf lufttrockenem Papierchromatogramm werden mit einer Lsg. von 0,5 g Cysteinhydrochlorid in 100 cm³ 3n Schwefelsäure besprüht u. 5—10 Min. auf 85⁰ erwärmt, worauf sich I u. II als rosa Flecken zeigen. 10 bis 20 γ können leicht erkannt werden, die Farbe verblaßt am Licht sehr schnell. R_F-Werte von natürlich vorkommenden II in wassergesätt. n-Butanol u. 5% Na_2HPO_4 in Isoamylalkohol werden angegeben. (Nature [London] **168.** 1091. 22/12. 1951. Cambridge, Univ., Chem. Labor.) K. NEHRING. G 3950

c) Bestandteile von Pflanzen und Tieren.

H. Baron, *Vereinfachte Bestimmung des Bors in Pflanzen mit 1.1-Dianthrimid.* Auf Grund eingehender Unterss. kann Pflanzenmaterial zur Best. des B nach der Dianthrimidmeth. trocken verascht werden. Ein Maximum der Farbentw. zeigt sich bei einem Verhältnis von 2,5 ml wss. Analysenlsg. + 12,5 ml H_2SO_4 (1,84) + 5 ml Reagens [0,5 g 1.1'-Dianthrimid/Liter H_2SO_4 (1,84)]. Die B-Lsg. muß frei von oxydierenden Stoffen u. Ionen, die mit H_2SO_4 Ndd. bilden, sein. Das Pflanzenmaterial wird bei 110⁰ getrocknet u. pulverisiert. 2 g Substanz werden bei 600⁰ verascht. Zur Asche gibt man etwas Hydrazinsulfat u. spült mit n H_2SO_4 in einem 50 ml Meßkolben, erhitzt kurz auf dem Wasserbad, kühlt ab, füllt mit n H_2SO_4 auf u. filtriert durch ein borfreies Filter. 2,5 ml der Lsg. werden in einer 100 ml Jenaer Steilbrustflasche mit 12,5 ml H_2SO_4 u. 5 ml Dianthrimidlsg. versetzt. Die Flasche wird verschlossen, umgeschwenkt u. durch 5std. Erhitzen auf 70⁰ die B-Anthrimidverb. entwickelt. Die Farbe der Lsg. wird im Elko 11 (ZEISS) unter Vorschaltung des Filters J 61,5 gemessen. Bei genauem Arbeiten beträgt der Fehler der Meth. 2%. (Z. analyt. Chem. **143.** 339—49. 1954. Augustenberg, Staatl. Landwirtschaftl. Versuchs- u. Forschungsanst.) E. SAJAK. 5664

Hanns Wolff, *Untersuchungen über die Bestimmung von Zink mit Dithizon in biologischen Präparaten.* In eingehenden Unterss. wurden die Fehlerquellen bei den verschied. Verff. festgestellt. Es wurde ein Verf. von befriedigender Empfindlichkeit (0,1 γ Zn), Spezifität u. Genauigkeit (maximaler Fehler = $\pm$2,2%) ausgearbeitet. Dabei wird mit 6n HCl + 20%ig. CCl_3COOH-Lsg. hydrolysiert u. das Protein gefällt (fl. Materialien) oder mit HNO_3 + $HClO_4$ verascht u. die Zn-Extraktion bei p_H 6 in Ggw. von Tartrat u. einem Cu, Co, Pb u. Fe tarnenden Puffergemisch sowie die Messung des mischfarbenen Dithizonextraktes bei 535 mμ gegen die als Blindwert behandelte Dithizonausgangslsg. durchgeführt. — Zahlreiche Beleganalysen u. Absorptionskurven werden angeführt. (Biochem. Z. **325.** 267—79. 1954. Marburg, Univ., Med. Poliklinik.) J. SCHWAIBOLD. 5664

C. Chatagnon und **P. Chatagnon,** *Mikromethode zur quantitativen Kupferbestimmung im cerebralen Gewebe.* Es wird eine Mikrometh. zur quantitativen Cu-Best. in cerebralem Gewebe beschrieben, die schneller, einfacher u. genauer ist als die meisten bisherigen Methoden. Das Gewebe wird mit HCl bei gewöhnlicher Temp. hydrolysiert, Eiweiß mit Trichloressigsäure niedergeschlagen u. Cu^{2+} colorimetr. mit Na-Diäthyldithiocarbamat bestimmt. Es können 1—4 γ Cu bestimmt werden. Von frischem Gewebe sind 0,3—1,5 g, von entfettetem, trockenem Gewebe 0,029—0,035 g zu nehmen. (Bull. Soc. Chim. biol. **36.** 911—20. 1954. Neuilly-sur-Marne (S.-et-O.), Hôpital de Maison-Blanche, Labor. Central de Biol., Inst. Nation. d'Hygiène et C.N.R.S.) H. BENISCHKE. 5664

D. L. Tabern und **T. N. Lahr,** *Eine vereinfachte Methode zur Bestimmung von Radioisotopen in Geweben.* Für den Nachw. von β-Strahlern im Gewebe von Tieren nach Tötung derselben empfehlen Vff., frisch präparierte Homogenisate mit Formamid zu versetzen. Bei Zimmertemp. entsteht dabei eine klare koll. Lsg., deren Aktivität mit einem Flüssigkeitszähler untersucht werden kann. Die Technik des Verf. wird erläutert; letztes ist auch bei γ-Strahlern anwendbar, in diesem Fall vorzugsweise mit einem Scintillationszähler als Nachweismittel. Man erhält lineare Abhängigkeit zwischen Impulszahl u. Aktivität, der mittlere Fehler beträgt bei ^{32}P $\pm$2,2%, bei ^{90}Y $\pm$1,9%, bei ^{198}Au $\pm$3,1%. (Science [Washington] **119.** 739—40. 21/5. 1954. North Chicago, Ill., Abbott Labor.) W. REUSSE. 5664

d) Medizinische und toxikologische Analyse.

Niels C. Klendshoj, Milton Feldstein und **Alice L. Sprague,** *Der spektrophotometrische Nachweis von Kohlenmonoxyd.* Zum spektrometr. Nachw. von *CO* im Blut wird das Oxalatplasma mit 0,4%ig. NH_4OH auf 1:100 verd., mit Natriumhydrosulfid red. u. das Extinktionsverhältnis von red. Oxyhämoglobin u. Carboxyhämoglobin bei 555 u. 480 μ gemessen. (J. biol. Chemistry **183.** 297—303. März 1950. Buffalo, Univ., School of Med. u. Buffalo Gen. Hosp.) A. REUTER. 5727

Thomas H. Allen und **Walter S. Root,** *Eine verbesserte Palladium(II)-chloridmethode zur Bestimmung von Kohlenoxyd im Blut.* (Vgl. C. **1956.** 9535.) CO wird aus Blut durch Einwrkg. einer K_3FeCN_6–Saponin-Lsg. freigesetzt u. diffundiert bei Normaldruck in ein das $PdCl_2$-Reagens enthaltendes Gefäß, wo die Red. stattfindet. Das weitere Verf. gleicht dem beschriebenen. Man benötigt 0,2 ml heparinisiertes Blut, falls >1 Vol.-% CO vorhanden ist, für sehr geringe Gehh. 1 ml. Das Reaktionsgefäß besteht aus 2 liegenden ERLENMEYER-Kolben, der eine Hals ist in den andern eingeschliffen. (J. biol. Chemistry **216.** 319–23. Sept. 1955. New York, Columbia Univ., Coll. of Phys. and Surg.) PH. FRESENIUS. 5727

D. B. Tonks, *Eine Modifikation der Blutzuckerbestimmung nach Folin-Wu.* Durch die nochmalige, genau 2 Min. dauernde Erhitzung im Wasserbad nach Zugabe der Phosphormolybdänsäure wird eine stabile Farbe erhalten u. die Bldg. von störenden Gasblasen verhindert. Durch diese geringfügige Veränderung der Originalmeth. werden wesentlich bessere Ergebnisse erzielt. (Amer. J. clin. Pathol. **22.** 1009–17. Okt. 1952. Ottawa, Can., Dep. of Nat. Health and Welfare.) H. MATTHIES. 5727

H. Flaschka und **A. Holasek,** *Über die komplexometrische Bestimmung des Kaliums im Blutserum.* K wird im Serum mit $Co(NO_3)_2 + NaNO_2$ nach KRAMER u. TISDALL (J. biol. Chemistry **46.** [1921.] 339) gefällt, der Nd. in HCl gelöst, NO_2^- durch Harnstoff zerstört u. Co komplexometr. gegen Murexid titriert. Im Gegensatz zu dem bei der oxydimetr. Titration des NO_2^- im Nd. anzuwendenden empir. Faktor kann hier mit dem theoret. Faktor (1 Co = 2 K) gerechnet werden. (Hoppe-Seyler's Z. physiol. Chem. **303.** 9–13. 1956. Graz, Univ., Med.-chem. Inst. u. Pregl-Labor.) PH. FRESENIUS. 5728

M. R. Shetlar, *Die Anwendung der Anthronreaktion zur Bestimmung von Kohlenhydraten in Gegenwart von Serumprotein.* Die Rk. zwischen *Tryptophan* (**I**), *Anthron* (**II**) u. *Kohlenhydrat* (**III**) kann zur **III**-Best. in Ggw. von Eiweiß, z. B. in Serum, dienen, wenn ein großer **I**-Überschuß der **III**-Lsg. zugesetzt wird, wobei zwischen 30 u. 100 γ **III** je 9 cm³ Endlsg. das LAMBERT-BEERsche Gesetz erfüllt ist. Ausführung: Serum 5mal mit 0,9%ig. NaCl-Lsg. verd., hiervon 0,2 cm³ in 10 cm³ absol. A. eintropfen, Nd. abzentrifugieren, nochmals nach Waschen mit 10 cm³ absol. A. zentrifugieren, A. gut ablaufen lassen, 1 cm³ 0,1%ig. **I**-Lsg. u. 2 cm³ W. zugeben (Standardbest.: 25 γ *Galaktose,* 25 γ *Mannose,* 1 cm³ 0,1%ig. **I**-Lsg., 2 cm³ W.; Leerwert: 1 cm³ **I**-Lsg. + 2 cm³ W.), 15 Min. in Eis kühlen, 6 cm³ 0,15%ig. **II**-Lsg. in 95%ig. H_2SO_4 zugeben, mischen, 20 Min. im sd. Wasserbad erwärmen, 10 Min. abkühlen u. Absorption gegen Leerwert bei 520 mμ (COLEMAN 14-Spektrophotometer) ermitteln. Aceton, Brenztraubensäure, Brenztraubenaldehyd, Milchsäure, Harnsäure, Ascorbinsäure, Glutathion, Glycylglycylglycin u. Glycyltyrosin gaben bei der Best. der Serumpolysaccharide keine merkliche Störung, während bei höherer Eiweißkonz. gegenüber **III** solche eintreten kann. (Analytic. Chem. **24.** 1844–46. Nov. 1952. Oklahoma City, Veterans Administrat. Hosp., Res. Labor. u. Oklahoma Med. Res. Found.) K. MAIER. 5728

R. Lindigkeit und **S. Rapoport,** *Zur Bestimmung der Nucleinsäuren im Blut und in der weißen Hirnsubstanz.* Die Meth. von SCHNEIDER (J. biol. Chemistry **161.** [1945.] 293) zur Best. der *Nucleinsäure* (**I**) in Geweben, die auf 15minütiger Extraktion der **I** mit heißer 5%ig. Trichloressigsäure beruht, erwies sich Anwendung auf die Best. von **I** in Blut als ungenügend. Durch Verlängerung der Extraktionszeit auf 60 Min. ließen sich bei 90° 50–100% mehr Phosphat extrahieren. Beweise, daß es sich bei diesem zusätzlich extrahierbaren Phosphat um **I** handelt, die schwer hydrolysierbare Komplexe bildet, wurden erbracht. Ähnliche Verhältnisse liegen bei weißer Hirnsubstanz vor. Es scheint möglich, daß der große „Phosphoproteinrest", der in der weißen Hirnsubstanz nach der Meth. von SCHNEIDER gefunden wird, **I** ist. (Naturwissenschaften **41.** 165–66. April 1954. Berlin, Humboldt-Univ., Physiol.-Chem. Inst.) K. F. MÜLLER. 5756

B. Chundela, *Die toxikologische Analyse und ihre neuen Methoden.* Übersicht über neue Methoden. — 85 Literaturangaben. (Československ. Farmac. **4.** 414–18. Okt. 1955. Praha, I. úst. pro lék. chem.) E. VEVERA. 5764

D. Cavanna und **C. Angeleri,** *Die spektrographische Bestimmung von Blei im Blut.* Zu 3 cm³ Blut werden 4 γ Mo (als Vergleichselement) in Form des NH_4-Salzes zugegeben; das Gemisch wird im Tiegel eingedampft, bei 130° getrocknet u. bei 420° ca. 6 Std. verascht. Die Asche wird mit einem Tropfen doppeltdest. W. versetzt u. zwischen sehr reinen Kohleelektroden verfunkt. Ausgemessen wird die Pb-Linie 2833 Å gegen die Mo-Linie 2816 Å (Mo kommt im Blut nicht vor, u. dessen Linie liegt sehr nahe bei der des Pb.) (Boll. chim. farmac. **89.** 213–19. Juni 1950.) G. PLATZER. 5764

Miloš Ledvina, Bedřich Chundela, Bretislav Večerek und **Karel Kácl,** *Der toxikologische Nachweis von Barbituraten mit Hilfe der Papierchromatographie.* Vff. verbessern die bisher unzulänglichen Entwicklungsweisen in der Papierchromatographie so, daß sie im UV-Licht die Flecken bei 245 mμ photographieren. Benutzt wird Whatman-Papier Nr. 1, 60×20 cm, Arbeitstemp. 20°. Bei der Entw. im UV-Licht wird der Filter UG 5 (2 mm stark) in Verbindung mit einem Chlorfilter, bestehend aus Gefäß 30×50×50 mm, in das trockenes Cl_2 gefüllt ist, angewandt. Belichtung 8 Minuten. Die Sichtbarmachung beruht auf Verschiebung der Absorptionsmaxima beim Besprühen mit 0,5nNaOH. Bei Best. der Barbiturate im Harn werden 10 ml angesäuerter Harn 2mal mit 10 ml Ae. extrahiert u. nach Zugabe einiger Tropfen A. eingedampft. Rückstand mit A. aufnehmen u. aus Amylalkohol–Ammoniak (100:50) 24 Std. chromatographieren; 0,5 mg-% sind nachweisbar. — R_F-Werte folgender Derivv. der Barbitursäure: 5.5'-Diäthyl- 0,26; 5-Äthyl-5- phenyl- 0,31; 5-Methyl-5-phenyl- 0,22; 5-Äthyl-5-cyclohexenyl- 0,49; 1-Methyl-5-isopropyl-5'-bromallyl-(2)- 0,75; 5.5-Diallyl- 0,38; 5-Äthyl-5'-isoamyl- 0,75; 5-Allyl-5'-isopropyl- 0,49; 1.5-Diäthyl-5'-cyclohexenylbarbitursäure 0,65. (Českoslov. Farmac. **4.** 386—88. Okt. 1955. Praha, Karl. univ., I. úst. chem. lék., úst. chem. soudní, toxikol., mikrosk.) ——————— E. Vevera. 5764

Karl Torsten Källe, Schweden, *Kontinuierliche Gasanalyse.* Ofenabgas wird in einem bodenlosen Behälter, der von W. umgeben u. mit Öl aufgefüllt ist, durch zwei Zahnradpumpen fein mit Öl gemischt, welches das Gas kühlt u. Verunreinigungen (Asche, SO_3-Kristalle) aus ihm aufnimmt; darauf in einem Ölabscheider in dem Behälter vom Öl getrennt, das nun die Verunreinigungen an das dem Öl unterschichtete W. abgibt, u. einer Vorr. mit Düse zugeleitet, die unter Entspannung auf Raumdruck einen Teil des gereinigten Gases auffängt u. zu einem mit W. betriebenen Injektor führt. Das W. absorbiert das im Gas enthaltene CO_2 u. leitet das Restgas einem Wirbelsichter zu, aus dem das W. in die Umgebung des Ölbehälters abfließt, u. das Gas durch eine stetig laufende Zahnradpumpe abgesaugt wird. Der Unterdruck in der Saugleitung ist ein Maß für den CO_2-Geh. des Gasgemisches. (**F. P. 1 068 106** vom 4/10. 1952, ausg. 22/6. 1954. Schwed. Priorr. 29/2. u. 1/3. 1952.) ——————— B. Schmidt. 5087

René Truhaut, Chimie analytique appliquée, travaux pratiques de 4e année de la Faculté de pharmacie de Paris. 3 fasc. Paris: Tournier et Constans. 1953—1955. (k. S. m. Abb.) 4°.

H. Angewandte Chemie.

I. Allgemeine chemische Technologie.

Hs. Deringer, *Der Stoffaustausch im chemisch-technischen Kreislaufverfahren.* Vortrag. Am Beispiel einer CO_2-Wäsche, bei der ein Mischgas mit 20—25% CO_2 nach $K_2CO_3 + CO_2 + H_2O \rightleftharpoons 2\,KHCO_3$ in ein solches mit 5% CO_2 verwandelt wird, während die in einem Gleichstromkreislauf fließende $KHCO_3$-Lsg. an anderer Stelle wieder durch Luft in K_2CO_3 verwandelt wird, konnte gezeigt werden, daß aus den Stoffbilanzen an den Enden der Beladungs- u. Entladungssäulen unter Einbeziehung der Konstanten u. Reaktionskinetik des Massenwirkungsgesetzes die Best. des Stationärzustandes dieses Kreislaufes mathemat.-zeichner. möglich ist. Durch eine solche mathemat. Bearbeitung können Einfll. konstruktiver oder betriebstechn. Art auf den stationären Zustand des Kreislaufes vorhergesagt werden. Die Berechnung ist nicht auf diese Rk. beschränkt u. kann auf andere Kreisprozesse angewendet werden. (Schweiz. Ver. Gas- u. Wasserfachmännern, Monatsbull. **33.** 309—15. Nov. 1953. Winterthur.) H. Lehwald. 5852

J. L. Threlkeld, *Eine thermodynamische Untersuchung über Dampfkompression und Wärmepumpkreisprozesse.* Es wird gezeigt, daß Kältemittel, wie die verschied. *Freon*-Arten, SO_2, C_2H_5Cl usw., Entropie–Temperatur-Diagramme ergeben, die in Praxis vom klass. Carnotschen Kreisprozeß abweichen. Das Verhältnis der Koeffizienten dieser beiden Kreisdiagramme wird als Wirkungsgrad η des Wärmepumpprozesses bezeichnet. η ist eine Funktion der spezif. Wärmen, der Kondensations- u. Verdampfungswärmen der Kältemittel. η für den Kreisprozeß in Abhängigkeit von der Verdampfungstemp. wird in Kurven gezeigt. Durch seine kleine spezif. u. hohe Verdampfungswärme ist *Freon 11* den anderen Kältemitteln überlegen. Es ergibt sich ein günstiger Wirkungsgrad bei mehreren einander folgenden Kondensationsstufen. Nur bei kleinen Temperaturbereichen, die prakt. selten vorkommen, ist eine Stufe der Dampfkompression vorteilhaft. (Refrigerating Engng. **61.** 1202—06. 1268. 1270. 1272. Nov. 1953. Minneapolis, Minn., Univ. of Minnesota.) H. Miething. 5858

John S. Hickey jr., *Wärmeübergang bei hohen Energiedichten.* Die steigenden Energiedichten in Mikrowellenröhren werfen das Problem der Kühlung u. damit der Wärmeableitung auf. Bei hohen Energiedichten (~5 kW/cm²) ist W. nicht mehr zur Kühlung der Anode geeignet; hier soll nach Angaben des Vf. fl. Metall, Na, K, ein eutekt. Na-K-Gemisch oder Hg vorzuziehen sein. Die Aufnahmefähigkeit dieser Metalle

für die entsprechenden Wärmedichten wird erläutert u. die Vorteile gegenüber W. aufgezeigt; an Hand der Darstellungsweise ergibt sich die Möglichkeit, unter den Kühlmitteln das für einen vorgesehenen Zweck geeignetste auszuwählen. (J. appl. Physics **24.** 1312—17. Okt. 1953. Schenectady, N. Y., General Electric Res. Labor.)
F. CRAMER. 5858

H. R. C. Pratt und **A. S. White,** *Berührungsfläche in Füllkörper-Flüssigkeitsextraktionskolonnen.* Die von PRATT u. Mitarbeitern (Trans. Instn. chem. Engr. **29.** [1951.] 126 u. früher) angegebene Beziehung zwischen der Tropfengröße u. „hold up" ist wenig befriedigend; besser werden die Verhältnisse durch die Gleichung $d_{vs} = d^0_{vs} (\bar{v}_0\, \varepsilon\, x/V_d)$ wiedergegeben. d^0_{vs} scheint für alle Füllkörper von ca. 1 cm Größe ab konstant zu sein. Arbeiten an Kolonnen mit 6 in. Durchmesser u. $^1/_2$—1 in. RASCHIG-Ringen oder BERL-Körpern gestatteten nunmehr die mathemat. Formulierung von Beziehungen zwischen $\bar{v}_0$ u. „hold up", aus deren Entw. folgt, daß $(HTU)_c$ proportional v_c/v_d ist, $(HTU)_d$ aber von den Fließgeschwindigkeiten der Phasen unabhängig ist. (d_{vs} = mittlerer, d^0_{vs} = charakterist. Tropfendurchmesser; $\bar{v}_0$ = charakterist. Tropfengeschwindigkeit; ε = Leerraum u. x = hold up im Leerraum eines Kolonnenelements; V = Phasengeschwindigkeit ohne Füllung.) (Chem. and Ind. **1952.** 358—59. 19/4. 1952. Harwell, Atomic Energy Res. Establ.)
H. LEHWALD. 5862

Ernst Lindsey, *Evaporierung. Bericht April 1953.* Nach Definition des Begriffs der Evaporierung wird vom Standpunkt des Verfahrenstechnikers aus eine Übersicht über die zur Zeit in der Technik verwendeten Verff. u. Geräte zur Evaporierung einschl. der Vor- u. Nachteile gegeben. Anschließend werden folgende, seit 1951 neueingeführten Verdampfer eingehender erörtert: Der Turba-Film-Verdampfer (NESTE A.G., Schweiz): eine Verdampfung am absteigenden Film, bei der durch einen axial angeordneten, in der ganzen Wärmeaustauschzone wirkenden Rotator der Flüssigkeitsfilm in Turbulenz gehalten wird, wodurch die Verdampfung beschleunigt wird u. die Kontaktzeit auf 5 bis 7 Sek. red. werden kann. Dies ermöglicht das Eindicken vitaminhaltiger Lsgg. ohne Zers. noch bei 51° (bisher 24°) bis zu 100000 Centipoise. Beim CONKEY- oder ROSENBLAD-Umschaltverdampfer (GEN. AMER. TRANSPORTATION CO.) finden Konzentrierung der Lsg. u. Kondensation des Verdampften an Platten statt, deren Flächen period. für den einen oder anderen Vorgang verwendet werden, wodurch nach jeder Umschaltung eine Reinigung der Platten erfolgt. Das Verf. hat bei der Aufbereitung von Sulfitabwässern in Canada Anwendung gefunden. — Ferner werden Hilfsmittel zur Energieersparnis beim Verdampfen (Vorerwärmung des einzudampfenden Gutes durch Abwärme u. Einbau von Wärmepumpen) beschrieben u. abschließend 4 Geräte zur Trennung mitgerissener Flüssigkeitspartikeln [Deflegtor-, Gegenstrom-Zentrifugal- u. HENSZEY- (Turbinen-) Separator]. (Chem. Engng. **60.** Nr. 4. 227—40. April 1953. Amhest, Mass., Univ., Dep. of Chem. Engng.)
H. LEHWALD. 5864

F. A. Gluckert, *Trocknen.* Literaturübersicht 1953 im Anschluß an die C. **1954.** 3086 referierte Arbeit von MARSHALL. Grundlagenforschung, Methoden u. Verff. sowie Behandlung spezieller Materialien (keram. Stoffe, Cellulosematerialien, Gewebe u. Textilien, Nahrungsmittel u. landwirtschaftliche Prodd., Kohle u. verschied. andere Stoffe). — 149 Zitate. (Ind. Engng. Chem. **46.** 82—86. Jan. 1954. Wilmington, Del., E. I. du Pont de Nemours and Co., Inc.)
GERHARD GÜNTHER. 5874

Ernst B. Chain, *Die Mikrobiologie in der Industrie. Zweck und Zukunftsmöglichkeiten.* (Ind. saccarif. ital. **46.** 251—58. Juli/Aug. 1953. Rom, Ist. Sup. Sanità, Centro internaz. Chim. microbiol. — C. **1955.** 4666; C. **1956.** 4867.)
G. PLATZER. 5888

—, *Reduktion.* Es wird zunächst die Weiterentw. in der großtechn. Phosphordarst. beschrieben. Dann werden 2 techn. Methoden zur Gewinnung von Ge u. Re mittels H_2-Red. angeführt. Für die techn. Darst. von Li u. Mg wird die Red. mit Al erwähnt. Schließlich wird die Anwendung von Na, Mg u. Ca als Reduktionsmittel sowie die elektrolyt. Red. in der Technik behandelt. (Chem. Engng. **59.** Nr. 4. 164—68. April 1952.)
H. LEHWALD. 5900

—, *Die Metalle der Platingruppe als Katalysatoren. Organische Synthese und Gasreinigung.* (South African Mining Engng. J. **64 II.** 345. 7/11. 1953. — C. **1955.** 6818.)
H. LEHWALD. 5904

III. Elektrotechnik.

K. A. Andrianow, *Synthetische Polymere für die elektrische Isolation.* Es werden folgende Stoffe empfohlen, deren mechan. Festigkeit u. Widerstandsfestigkeit gegen die Einw. von W. u. Erhitzen geprüft wurden: *Glasfaser, Polyphenyldimethylsiloxanharz, Si-organ. Kautschukpräpp., Glimmer, Triacetatcellulose, Polyvinylacetale, Si-organ. Polymere, Epoxydharze, Polyesterharze* (bes. auf der Basis von p-Phthalsäure u. Glykolen),

Epoxydpolymere (kondensiert aus Dioxydiphenylpropan u. Epichlorhydrin), *Glastextolit, Polystyrol, Polyäthylen, Polytetrafluoräthylen* „(Fluoroplast-4“) u. Polytrifluorchloräthylen („Fluoroplast-3“). – Angaben über die mechan. u. elektr. Eigg. einer Anzahl dieser Stoffe sind beigefügt. (Электричество [Elektrizität] **1955.** Nr. 7. 108–**13.** Juli.) A. v. WILPERT. 5956

George W. Heise und **N. C. Cathoon,** *Trockenzellen vom Leclanché-Typ, 1902 bis 1952. Eine Übersicht.* Übersicht über Entw., allg. Theorie, Anoden, Elektrolyte, Depolarisation. – 113 Patent- u. Literaturangaben. (J. electrochem. Soc. **99.** 179C–187C. Aug. 1952. Cleveland, O., Nat. Carbon Res. Labor.) J. KLEFFNER. 5970

C. K. Morehouse, *Primäre Magnesiumbatterien.* Es wird ein Vgl. zwischen verschied. Elektrodenmaterial: Na, Mg, Al, Zn (alkal. Syst.), Zn (saures Syst.), Fe, Cd, Pb gegeben (Rk., Potential, D., Äquivalentgew. u. Kosten). Eine Übersicht zeigt die histor. Entw. u. die prakt. erprobten Mg-Batterien. – 31 Patent- u. Literaturangaben. (J. electrochem. Soc. **99.** 187C–189C. Aug. 1952. New Haven, Conn., Olin Ind. Inc.) J. KLEFFNER. 5970

W. S. Herbert, *Die alkalische Mangandioxydtrockenzelle.* Histor. Übersicht u. prakt. benutzte Zellen. Kathode: Fe, mit Sn plattiert. Anode: Zn-Pulver, amalgamiert. Elektrolyt: 30%ig. wss. Lsg. von NaOH mit gelöstem Zn. Depolarisator: MnO_2-Graphit. Separator: poröse Cellulose. Anod. Rk.: $Zn \rightarrow Zn^{2+} + 2e$; $Zn^{2+} + 2OH^- \rightarrow ZnO + H_2O$. Kathod. Rk.: $2MnO_2 + H_2O + 2e \rightarrow Mn_2O_3 + 2OH^-$. Die Zelle hat 1,5 V. Verwendung bes. in Schwerhörigengeräten. – 10 Patent- u. Literaturangaben. (J. electrochem. Soc. **99.** 190C–191C. Aug. 1952. Madison, Wis., Ray-O-Vac Co.) J. KLEFFNER. 5970

Erwin A. Schumacher und **George W. Heise,** *Die alkalische Zelle mit Kupferoxyd- oder Luftdepolarisation (1902–1952).* Umfassende Übersicht. – 57 Patent- u. Literaturangaben. (J. electrochem. Soc. **99.** 191C–196C. Aug. 1952. Cleveland, O., Nat. Carbon Res. Labor.) J. KLEFFNER. 5970

James M. Booe, *Die alkalische Quecksilberoxydzelle.* Übersicht über histor. Entw., Anwendung, Anoden- u. Kathodenwerkstoffe, Elektrolyte, Theorie der Entladungs-Rkk. u. Zellenaufbau. – 10 Patent- u. Literaturangaben. (J. electrochem. Soc. **99.** 197C bis 200C. Aug. 1952. Indianapolis, Ind., P. R. Mallory & Co. Inc.) J. KLEFFNER. 5970

Paul L. Howard, *Die alkalische Silberperoxyd-Zinkzelle.* Die Zelle besteht aus: Kathode aus Ag_2O oder AgCl auf Gitterplatten aus Ag-plattiertem Cu oder Ni oder aus Ag-Draht oder Sieb. Ag_2O wird zu Ag red. u. elektrolyt. zu Ag_2O_2 formiert. Anode: Zn-Blech oder Zn-plattiert oder Zn-Staubpasten auf Cu, Ni oder Ag. Elektrolyt: KOH (25–35%ig. Lsg.). Entladungs-Rkk.: $Ag_2O_2 + 2KOH + Zn \rightarrow K_2ZnO_2 + H_2O + Ag_2O$, $Ag_2O + 2KOH + Zn \rightarrow K_2ZnO_2 + H_2O + 2Ag$. Die Zellen arbeiten in einem Temperaturbereich von 0–85°. Sie haben trocken eine unbegrenzte Lagerzeit, aber aktiviert nur 24–72 Std. Standzeit. Bei Stromdichten bis zu 1,0 A/cm² beträgt die Entladezeit bis zu mehreren Stunden. Die Entladespannung geht von 1,4 bis herab zu 1 Volt. Die Zelle befindet sich noch im Versuchsstadium. (J. electrochem. Soc. **99.** 200C–201C. Aug. 1952. Washington, D. C., Nat. Bur. of Stand.) J. KLEFFNER. 5970

Ivan C. Blake, *Die Silberchlorid–Magnesium-Reservebatterie.* Die Batterie besteht aus: Kathode aus Ag oder AgCl, Anode aus hochreinem Mg, Separator aus absorbierender Cellulose. Entladungsreaktionen: $Mg \rightarrow Mg^{2+} + 2e$, $2AgCl + 2e \rightarrow 2Cl^- + 2Ag$, $Mg^{2+} + 2Cl^- \rightleftarrows MgCl_2 \cdot 6H_2O$. Die Batterien werden nicht aktiviert bis zum Gebrauch trocken u. dicht verpackt aufbewahrt. Vor Gebrauch wird zur Aktivierung W. eingefüllt. Die Zelle erreicht schnell die volle Spannung. Wenn das ganze AgCl zu metall. Ag red. ist, sinkt die Spannung schnell ab. Die Aktivierung mit W. erfolgt oberhalb 0°. Die Entladung kann bei Tempp. von – 94° bis + 54° geschehen. Entladespannungen: 1,32 V bei 0,072 A/cm² (2,00 A/cm³) oder 1,60 V bei 0,0002 A/cm² (0,006 A/cm³). Die Batterien werden in Größen von 1–1050 Amp.-Min. u. 1,5–150 Volt zusammengestellt, sind leicht, haben eine hohe Leistung u. konstantes Potential. (J. electrochem. Soc. **99.** 202C–203C. Aug. 1952. Freeport, Ill., Burgess Battery Co.)
J. KLEFFNER. 5970

Franz Moeller, *Verwendung von Sperrschichtgleichrichtern zur Messung kleinster Wechselspannungen.* Bei industriell hergestellten Meßgeräten liegt die untere Grenze der noch meßbaren Wechselspannungen bei etwa 30 mV. Man legt Gleichrichter, Meßwerk u. Vorwiderstand in Reihe parallel zu der zu messenden Spannung. Der Gleichrichterwiderstand soll die andern Widerstände stark überwiegen. Mit *Cu–Cu₂O*-Sperrschichtgleichrichtern, *Se*-Gleichrichtern, *Si*- oder *Ge*-Dioden u. Galvanometern wurden Wechselspannungen zwischen 1 u. 12 mV gemessen. Der Gleichstrom ist proportional dem Quadrat der Wechselspannung, die Temperaturabhängigkeit der Eichwerte erwies sich so groß, daß auf Übereinstimmung der Temp. bei Eichung u. Messung sehr geachtet werden muß. (Arch. techn. Messen **1953**. 263—66. Nov. Braunschweig, TH.) H. PAULI. 5976

Ivan Avanessoff (Erfinder: **Ivan Avanessoff** und **Jaques Solodovnikoff**), Frankreich, *Massekern.* Zur Herst. dienen Mn–Fe-Mischferrite, bei deren Gewinnung die Ausgangsprodd. in ihrer Zus. so gewählt u. in Abwesenheit von O_2 (prakt. unter N_2) bei 1000 bis 1400° so verarbeitet werden, daß sich genau die Zus. $MnO \cdot Fe_2O_3$ u. $FeO \cdot Fe_2O_3$ ergibt. (**F. P. 1 029 251** vom 7/12. 1950, ausg. 1/6. 1953.) H. KESSEL. 5959

Lignes Télégraphiques et Téléphoniques, Soc. An., Frankreich, *Massekern.* Als isolierendes Bindemittel dient ein halogeniertes Polyäthylen (I), z. B. Polytetrafluoräthylen oder Polymonochlortrifluoräthylen, bei einem Gewichtsanteil von 0,1—10, bes. 2%. I wird bes. als wss. Suspension angewandt. (**F. P. 1 061 690** vom 16/11. 1951, ausg. 14/4. 1954.). H. KESSEL. 5959

General Aniline & Film Corp., New York., N. Y., V. St. A., *Massekern.* Als Ausgangsmaterial dient krist. Fe-Nitrid (kub.-flächenzentriert) mit einer Korngröße von 0,25—10 μ, 4,8—5,8 (%) N- u. 0,5—0,8 C-Gehalt. Zur Herst. wird aus Fe $(CO)_5$ durch therm. Zers. gewonnenes Fe-Pulver in einer Atmosphäre aus 60—90 (Volumenteilen) NH_3 u. 40—10 H_2 auf 350—450° erhitzt. (**E. P. 731 003** vom 16/3. 1953, ausg. 1/6. 1955. A. Prior. 25/3. 1952.). H. KESSEL. 5959

General Aniline & Film Corp., New York, N. Y., V. St. A. (Erfinder: **Hans Beller**), *Massekern.* Zur Herst. des Ausgangsmaterials wird Fe $(CO)_5$ bei 450—500° in Ggw. von NH_3 zers. u. das gewonnene Fe-Pulver mit trockenem N_2 gekühlt. (**F. P. 1 085 640** vom 26/10. 1953, ausg. 4/2. 1955. A. Prior. 3/12. 1952.) H. KESSEL. 5959

Siemens & Halske Akt.-Ges., Berlin und München (Erfinder: **Paul Schupp**, Berlin), *Massekern.* Die Spritzmasse enthält Zusatzstoffe (I), die bei der Spritztemp. tropfbar fl., aber bei $<$ ca. 70° fest sind, z. B. Naturharze oder Kunstharze, wie Kolophonium oder Cumaronharze, oder aber Salze hochmol., bes. kettenförmiger organ. Säuren, z. B. Ca-Stearat. Der Geh. an Bindemittel u. **I** beträgt zusammen 8—16%, der **I**-Geh. 20 bis 50% des Bindemittels. Als **I** dienen bes. Derivv. oder Reduktionsprodd. von in der Natur vorkommenden Resinolsäureharzen, z. B. deren Ester oder Alkohole, wie Kolophoniumglycerinester oder Polyvinylhydroabietinol. (**D. R. P. 756 442** Kl. 21g vom 15/6. 1937, ausg. 23/2. 1953.) H. KESSEL. 5959

Electric Storage Battery Co., übert. von: **Joseph C. Duddy**, Langhorne, Pa., V.St. A., *Poröses Polyäthylen-Grundmaterial für Akkumulatorentrennwände* u. dgl. erhält man durch Auswalzen von Polyäthylen, Zumischen von ca. 75% Stärke (**I**) (u./oder Zucker bzw. anderen lösl. Füllstoffen) u. gegebenenfalls einem Netzmittel (Polyglykol oder Alkylarylsulfonat), Kneten u. Reiben bei 132°, bis die **I**-Feuchtigkeit verdampft ist. Die Temp. kann noch etwas gesteigert werden bis zur Dextrinierung der **I**. Nach dem Formen treibt man die **I** mittels 2%ig. NaOH von 60° auf u. entfernt sie mit 2—3%ig. H_2SO_4 von 100°, neutralisiert u. wäscht. (**A. P. 2 676 929** vom 23/8. 1951, ausg. 27/4. 1954.) G. SALZMANN. 5971

Sonotone Corp., Elmsford, übert. von: **Heiman W. Koren**, Bronxville, und **George Baumstark**, Tarrytown, N. Y., V. St. A., *Herstellung von Sintergerüstelektroden.* Zum A. P. 2 675 418; C. **1956**. 1123, ist nachzutragen: Die Dicke der einzelnen Elektroden kann bis auf 0,3 mm herabgesetzt werden, wenn die Dicke des Drahtgewebes zwischen Walzen egalisiert wird. — Zum Imprägnieren werden die feinen Poren der Elektroden im Vakuumkessel von Gasen befreit u. dann dort mit einer bei Zimmertemp. gesätt. $Cd(NO_3)_2 \cdot 4H_2O$-Lsg. oder $Ni(NO_3)_2 \cdot 6H_2O$-Lsg., der etwas HNO_3 zugefügt wurde, in Berührung gebracht. Anschließend werden in einem 100—110° heißen, 20%ig. NaOH-Bad in den Poren die Ni- u. Cd-Hydroxyde mit Hilfe des elektr. Stromes niedergeschlagen, dann die Elektroden gewaschen u. getrocknet. — Diese Imprägnierung wird so oft wiederholt, bis die Porosität der Elektroden von 82—86(%) auf 50—60 verringert ist. — Zeichnungen. (**A. PP. 2 708 211, 2 708 212** u. **2 708 213** vom 21/3. 1952, ausg. 10/5. 1955.) F. LAASS. 5971

Georges Beaumont und **Pierre Popouchoisky**, Seine, Frankreich, *Bleisammlerelektroden.* Als Elektroden dienen lediglich dünne, gewellte Bleibleche, die stellenweise an lotrecht hängende Bleistäbe angelötet sind. — 3 Vorrichtungen. (**F. P. 982 550** vom 13/7. 1943, ausg. 12/6. 1951.) B. SCHMIDT. 5971

Otto Isidore Giniewski, Haute-Garonne, Frankreich, *Bleistromsammler.* Zur Erhöhung der Sammlerkapazität erhält der Elektrolyt Zusätze, die ohne wesentliche Änderung seiner anderen Eigg. seine Oberflächenspannung herabsetzen u. dadurch ein Eindringen in tiefere Bereiche der akt. M. ermöglichen. Solche Zusätze sind z. B. Aceton, Alkohole, Seifen. (**F. P. 994 030** vom 30/11. 1944, ausg. 9/11. 1951.) B. SCHMIDT. 5971

IV. Wasser. Abwasser.

J. Pierrey, *Chemisch reines Wasser durch einfache Filtration in der Kälte.* Beschreibung der Wirkungsweise eines Ionenaustauschers zur Gewinnung chem. reinen Wassers. Man kann bis zu 10^6 Ω/cm/cm^2 kommen, was weniger als 10^{-5} g/Liter gelösten Salzes entspricht. (Chaleur et Ind. **36.** 15D—16D Febr. 1955.) A. Helms. 6020

L. E. Tucker, *Die Inbetriebnahme von Tropfkörpern in der Kläranlage von Klipspruit.* Beschreibung der Leistungsfähigkeit verschieden hoher Tropfkörper. (J. Proc. Inst. Sewage Purificat. **1952.** 411—14.) H.-E. Klotter. 6040

D. I. Rudakow, *Abwässer von Anlagen für die industrielle Gewinnung von Flachsfasern.* Die Abwässer von der Flachsbearbeitung müssen wegen ihrer hohen Konz. unbedingt gereinigt werden. Wenn ein genügend großes Becken zur Verfügung steht, genügt ein Durchgang der Abwässer durch einige Absitzteiche. In Gegenden mit lehmigem oder sandigem Boden kommen Filtrationsfelder in Betracht. Bei schweren Lehmböden müssen Serien von Absitzteichen angelegt werden oder Bewässerung von Feldern mit den Abwässern ausgeführt werden. Das regenerierte W. kann wieder zum Weichen der Fasern verwandt werden. (Текстильная Промышленность [Textil-Ind.] **15.** Nr. 12. 22—23. Dez. 1955.) J. v. Schroeder. 6040

National Aluminate Corp., übert. von: **Frederick K. Lindsay,** Chicago, Ill., V. St. A., *Weichmachen von Wasser.* In einer ersten Stufe wird Rohwasser mit Kalk u. in einer zweiten Stufe mit unlösl. sulfonierten Polyvinylaryl-Verbb. als Kationenaustauscher behandelt. In beiden Stufen wird bei ca. 100° u. einem p_H-Wert von wenigstens 9,5 gearbeitet. (**Can. P. 492 460** vom 19/11. 1951, ausg. 28/4. 1953. A. Prior. 12/12. 1950.) W. Wittholz. 6025

Henkel & Cie. G. m. b. H. (Erfinder: **Helmut von Freyhold**), Düsseldorf, *Entmanganung von Wässern* unter oxydativer Behandlung. Die mit Alkalisilicaten sowie gegebenenfalls mit lösl. Salzen 3-wertiger Metalle versetzten Wässer werden unmittelbar auf Filter geleitet, wodurch die Ausscheidung der Mn-Verbb. in dem Filter unter dem katalyt. Einfl. des dort gebildeten kieselsäurehaltigen Belages stattfindet. (**D. B. P. 930 140** Kl. 85b vom 4/10. 1950, ausg. 11/7. 1955. Anmeldung bekanntgemacht 7/2. 1952.) E. Reichelt. 6025

Thomas L. B. Webb, Los Angeles, Calif., V. St. A., *Entfernung von Kesselstein,* dad. gek., daß man über die mit Kesselstein überzogenen Flächen „Wasserstoff-Zeolith-Wasser" (I) leitet u. zwar solange, bis das p_H des einlaufenden W. gleich dem des auslaufenden ist I erhält man, indem Rohwasser durch säurefesten Zeolith geleitet wird, wobei die Ca-, Mg- u. Na-Ionen gegen H-Ionen ausgetauscht werden u. das W. ein saures p_H erhält. Der Zeolith wird mit verd. H_2SO_4 regeneriert. — Zeichnung. (**A. P. 2 556 128** vom 17/8. 1945, ausg. 5/6. 1951.) A. Mohr. 6031

University of Tennessee Research Corp., übert. von: **Walter H. MacIntire,** Knoxville, Tenn., V. St. A., *Behandlung von alkalischen Abwässern,* bes. aus Papierfabriken, die alkal. Verbb. u. organ. Stoffe enthalten. Durch Zugabe von $CaCl_2$ u. H_3PO_4 wird nach $H_3PO_4 + CaCl_2 + 2NaOH \rightarrow CaHPO_4 + 2NaCl + 2H_2O$ das W. neutralisiert u. das gebildete $CaHPO_4$ mit den organ. Stoffen ausgefällt. In gleicher Weise kann die Behandlung mit Superphosphat erfolgen, dessen wesentlichster Bestandteil $Ca(H_2PO_4)_2$ wie folgt reagiert: $Ca(H_2PO_4)_2 + CaCl_2 + 2NaOH \rightarrow 2CaHPO_4 + 2NaCl + 2H_2O$. Der gebildete Nd. mit den organ. Stoffen wird getrocknet u. als Viehfutter oder Düngemittel verwendet. (**A. PP. 2 697 658** u. **2 697 659** vom 5/5. 1950, ausg. 21/12. 1954.) E. Reichelt. 6043

V. Anorganische Industrie.

Adolf Messer G. m. b. H. (Erfinder: **Rolf Grotewold**), Frankfurt/M., *Argongewinnung* durch Nachreinigen eines O_2 u. N_2 enthaltenden Rohargons in der Weise, daß zunächst in einem chem. Verf. O_2 abgetrennt u. nach dem Trocknen im Filter u. durch Tiefkühlung im Wärmeaustauscher der noch vorhandene N_2 abdest. wird, dad. gek., daß das Rohargon nach der chem. O_2-Entfernung u. vor der Trocknung im Filter auf 7—8 atü verdichtet u. nach der Tiefkühlung im Rohsauerstoffbad der Mitteldrucksäule des Lufttrennapp. verflüssigt wird. O_2 wird mit H_2-Überschuß entfernt u. der H_2 zusammen mit dem in Rohargon enthaltenen N_2 vom Rohprod. abdestilliert. — Arbeitsschema, Zeichnung. (**D. B. P. 930 033** Kl. 17g vom 12/4. 1953, ausg. 8/3. 1956. Anmeldung bekanntgemacht 11/11. 1954.) H. Schindler H 233

Chemische Werke Hüls Akt.-Ges. (Erfinder: **Alfred Schmidt**), Marl, Krs. Recklinghausen, *Herstellung von Hydroxylaminsulfat* (I). Abänderung des Verf. des Hauptpatentes zur kontinuierlichen Herst. von I durch Einw. von SO_2 auf eine gekühlte wss. Lsg. von Erdalkalinitrat u. -hydroxyd bis zur Erreichung eines p_H-Wertes von > 2 in einem Reaktionsturm unter Kreislaufführung eines Teils der im Verf. erhaltenen Erdalkalihydroxylamindisulfonatlsg. (II) u. Hydrolysieren des nicht in den Kreislauf zurückkehrenden Teils von II durch Erwärmen, dad. gek., daß an Stelle von Erdalkalihydroxyd ganz oder teilweise Erdalkalicarbonat (III) verwendet wird. Man kann stückiges III verwenden, das man als Rieselschicht in den Reaktionsturm einbringt. — Abbildung. (**D. B. P. 940 350** Kl. 12i vom 31/1. 1952, ausg. 15/3. 1956. Anmeldung bekanntgemacht 15/9. 1955. **Zusatz zu D. B. P. 900 337; C. 1954. 7722.**) A. ZÜRN. H 243

Riedel-de-Haën Akt.-Ges. (Erfinder: **Walter Faber**), Seelze, *Herstellung von Fluorwasserstoff* durch Erhitzen eines bei n. oder nur wenig erhöhter Temp. gewonnenen festen Gemischs aus CaF_2 u. H_2SO_4, dad. gek., daß das Gemisch zerkleinert, evtl. geformt u. in einem Wirbelschichtofen erhitzt wird, wobei als aufwirbelndes Medium im Wirbelschichtofen HF verwendet werden kann. (**D. B. P. 939 867** Kl. 12i vom 25/3. 1954, ausg. 8/3. 1956. Anmeldung bekanntgemacht 8/9. 1955.) K. DEMMLER. H 246

Olin Mathieson Chemical Corp., Baltimore, Maryland, V. St. A., *Herstellung von Chlor.* Durch Rk. von NOCl mit überschüssigem O_2 in Ggw. von verd. wss. HCl bei 0 bis 50° wird ein Gemisch von konz. Salz- u. Salpetersäure erhalten, das beim Erhitzen ein Gasgemisch von NOCl u. Cl_2 ergibt; NOCl wird vom Cl_2 durch Lösen in konz. HNO_3 getrennt, aus der Lsg. ausgetrieben u. im Kreislauf zurückgeführt. — Schema. (**E. P. 743 568** vom 7/9. 1953, ausg. 18/1. 1956. A. Prior. 20/9. 1952.) K. DEMMLER. H 247

Universal Oil Products Co., Chicago, übert. von: **Louis S. Kassel**, Oak Park, Ill., V. St. A., *Herstellung von Chlor aus Chlorwasserstoff.* Aus einem z. B. 20% HCl u. 80% CH_3Cl enthaltenden Gasstrom wird der HCl mit verd. Salzsäure ausgewaschen; die dabei anfallende konz. Salzsäure wird in einer elektrolyt. Zelle in reines Cl_2 u. bis zu 10% HCl enthaltenden H_2 zerlegt, wobei die aus dem Wäscher kommende konz. Salzsäure vor dem Einleiten in die Zelle mit dem HCl-haltigen H_2-Strom behandelt u. so von CH_3Cl-Resten befreit wird, die ohne diese Behandlung das elektrolyt. entwickelte Cl_2 verunreinigen würden. — Verfahrensschema. (**A. P. 2 719 822** vom 10/1. 1952, ausg. 4/10. 1955.) K. DEMMLER. H 247

Alfons Zieren, Niedermarsberg, *Herstellung von Schwefelsäure* nach dem NO-Verf. aus dem durch Verbrennung von H_2S oder anderen, S-enthaltenden Stoffen erhaltenen SO_2. Die Verbrennung wird bei > 1000° mit einem begrenzten Überschuß an Luft durchgeführt (z. B. bis 100% Überschuß über die theoret. für die Verbrennung sämtlicher Bestandteile des Ausgangsmaterials erforderliche Menge). Die hierbei gebildete geringe Menge an NO in dem SO_2-haltigen Gas wird durch unmittelbar nachfolgende Kühlung vor Zers. geschützt, so daß die nachfolgende H_2SO_4-Bldg. in Bleikammern oder Turmsystemen ohne weiteren Zusatz von N-Oxyden oder von HNO_3 durchgeführt werden kann. (**E. P. 742 175** vom 19/12. 1951, ausg. 21/12. 1955. D. Prior. 26/1. 1951.) A. ZÜRN. H 253

Deutsche Gold- & Silberscheideanstalt vormals Roeßler (Erfinder: **Günther Bretschneider**), Frankfurt/M., *Herstellung von praktisch stöchiometrisch zusammengesetztem, hochprozentigem Kaliumperborat,* $K_2[B_2O_6 \cdot 2H_2O_2]$, aus gelöstem Kaliummetaborat u. H_2O_2, dad. gek., daß KBO_2 mit konz. H_2O_2 von > 20, bes. 30—40 Vol.-%, im Molverhältnis $KBO_2:H_2O_2$ von ca. 1:2 derart umgesetzt wird, daß während des größten Teiles der Reaktionszeit, zumindest während des Zusammenbringens der Reaktionskomponenten, ein Überschuß an H_2O_2 aufrechterhalten wird, wobei die Rk. bei Tempp. bis 40° durchgeführt wird. (**D. B. P. 940 348** Kl. 12i vom 18/8. 1953, ausg. 15/3. 1956. Anmeldung bekanntgemacht 22/9. 1955.) K. DEMMLER. H 258

Standard Oil Development Co., New York, N. Y., V. St. A., *Gewinnung von suspendierter Kohle aus verdünnter Abfallschwefelsäure,* die bei der Herst. von Alkoholen aus ungesätt. KW-stoffen durch Behandlung mit H_2SO_4 anfällt, durch Vermischen der Abfallsäure mit 1—25 Vol.-% Gasöl u. anschließendes Absitzenlassen u. Dekantieren. Zeichnung. (**Schwed. P. 141 741** vom 26/4. 1946, ausg. 25/8. 1953. A. Prior. 26/4. 1945.) K. H. KÄHLER. H 260

Florian F. Knotz, Graz, Österreich, *Herstellung von Thiophosphorylchlorid.* PCl_3 u. S werden in Ggw. einer Katalysatormischung am Rückflußkühler erhitzt. Das Katalysatorgemisch enthält Fe u./oder Al, sowie Cl_2 u./oder Br_2 u. Spuren von J_2, z. B. 3 (Teile) Fe-Pulver, 2—3 Br_2 u. 0,2—0,8 J_2 auf 100 PCl_3, oder 1 Al-Pulver, 0,8—1,0 Br_2 u. 0,2 bis 0,3 J_2. Cl_2 wird in Form einer kalt gesätt. Lsg. von Cl_2 in PCl_3 zugesetzt. Man kann mit dem rohen $PSCl_3$, das noch das Katalysatorgemisch enthält, die Rk. einer neuen Charge von PCl_3 u. S katalysieren. (**A. P. 2 715 561** vom 2/10. 1953, ausg. 16/8. 1955.) A. ZÜRN. H 264

Vereinigte Aluminium Werke Akt.-Ges., Bonn (Erfinder: **Friedrich Wilhelm Wrigge** und **Gerhard Lehnert**, Schwandorf, und **Hans Ginsberg**, Bad Godesberg), *Aufschluß von Bauxiten mit Natronlauge.* Der Bauxit wird trocken in den Aufschlußautoklaven eingebracht, u. die Aufheizung erfolgt ausschließlich durch Zufuhr von auf indirektem Wege überhitzter Aufschlußlauge, worauf das Gemisch in bekannter Weise weiterverarbeitet wird. (**D. B. P. 938 126** Kl. 12m vom 2/6. 1953, ausg. 26/1. 1956. Anmeldung bekanntgemacht 4/8. 1955.) H. NEBELSIEK. H 294

Monsanto Chemical Co., St. Louis, Mo., übert. von: **Robert A. Ruehrwein** und **Gordon B. Skinner**, Dayton, O., V. St. A., *Herstellung von Titantrichlorid.* Ein Gemisch aus TiO_2 u. C wird bei Tempp. $>$ 800° mit überschüssigem $TiCl_4$ umgesetzt. Es entweicht ein Gemisch aus $TiCl_4$ u. $TiCl_3$, aus dem sich bei $<$ 650° $TiCl_3$ in fester Form ausscheidet. (**A. P. 2 720 445** vom 31/10. 1952, ausg. 11/10. 1955.) A. ZÜRN. H 321

N. H. Brundin, Höganäs, Schweden, *Herstellung von Chromverbindungen* aus Cr-haltigem Rohmaterial, z. B. *Ferrochrom* oder *Chromit*, durch Behandlung mit $(NH_4)_2 \cdot SO_4$-Lsg., worauf nach Abfiltrieren der unlösl. Bestandteile $Cr(OH)_3$ (I) mittels NH_3 ausgefällt wird. Nach Abtrennen von (I) wird aus dem Filtrat $Fe(OH)_3$ durch NH_3 unter Luftdurchblasen ausgefällt u. abgetrennt. Aus der Restlauge gewinnt man durch Erhitzen auf 370° $(NH_4)_2SO_4$ u. NH_3. – Abbildung. (**Schwed. P. 142 749** vom 17/8. 1950, ausg. 3/11. 1953.) K. H. KÄHLER. H 335

Harley Almey Wilhelm und **Adrian Hill Dane**, Ames, Io., V. St. A., *Herstellung von Uranmonocarbid.* Ein Gemisch, das U-Oxyde, bes. UO_2, u. C in stöchiometr. Verhältnis für die Bldg. von UC enthält, wird auf die Reaktionstemp. erhitzt. (**E. P. 740 001** vom 11/9. 1945, ausg. 9/11. 1955. A. Prior. 6/9. 1944.) A. ZÜRN. H 339

James D. Hall, Shaker Heights, O., V. St. A., *Gewinnung von Metallsalzen.* In eine wss., ca. 0,5%ig. Säurelsg. (HCl, H_2SO_4, H_3PO_4 u. dgl.) wird bei 80–100° eine Metallegierung, z. B. Monelmetall, eingebracht, das von dieser Lsg. an sich nicht angegriffen wird, u. außerdem SO_2 eingeleitet. Es fällt das unlösl. Sulfid des einen in der Legierung enthaltenen Metalls aus, während die lösl. Salze der verwendeten Säure des anderen in Lsg. bleiben. (**A. P. 2 716 588** vom 8/10. 1954, ausg. 30/8. 1955.) H. NEBELSIEK. H 356

National Lead Co., New York, N. Y. (Erfinder: **Ernst Alfred Hauser**, Cambridge, Mass.), V. St. A., *Herstellen von gelbildenden organophilen Tonen* aus einem Ausgangsstoff mit einer ursprünglichen Basenaustauschfähigkeit von mindestens 25 Milliäquivalenten je 100 g, dad. gek., daß in dem Ton, z. B. in *Bentonit*, Hectorit, Nontronit oder Montmorillonit, das Kation durch ein substituiertes Oniumradikal von der Art der Ammonium-, Phosphonium-, Arsonium-, Stibonium-, Ozonium-, Sulfonium-, Telluroniumverbb. in solchem Maße ersetzt wird, daß diese mit dem Anion des Tones einen *Oniumton* bilden, von dem 2 g in einer organ. Fl. wie Nitrobenzol auf wenigstens 20 ml aufquellen. – Beispiel: 2750 g Wyomingbentonit (I) werden in 70 Liter W. suspendiert; man läßt 2 Std. stehen, um Verunreinigungen absetzen zu lassen. Ca. 10% I werden verworfen durch Dekantieren. 150 (g) Eisessig werden zu 663 Octadecadienylamin hinzugefügt, u. das dadurch gebildete Oniumsalz wird in 4 Liter warmem W. gelöst. Nach dem Zusatz der Salzlsg. zu dem I tritt Ausflockung ein; der Nd. wird filtriert, gewaschen, getrocknet u. pulverisiert. Die Octadecadienylammoniumbentonitverb. bildet in zahlreichen organ. Fll. echte Gele. (**D. B. P. 929 791** Kl. 12s vom 19/10. 1948, ausg. 4/7. 1955. Anmeldung bekanntgemacht 11/11. 1954.) M. BÖTTCHER 6156

VI. Silicatchemie. Baustoffe.

P. Lapoujade und **M. P. Vogein**, *Bemerkungen über die gegenseitige Einwirkung von Kalk und Kieselgur.* Zwei Kieselguren verschied. Herkunft (Meer u. Binnensee) u. zwei fossile Kieselguren, die eine mit organ. Zusätzen, sind mit etwa 30% CaO vermischt u. angefeuchtet worden. Die Rkk. beim Erhitzen wurden verfolgt. Es entstanden Ca-Silicate mit einem CaO-Geh. zwischen 0,7–0,8 Mol je Mol SiO_2. Lediglich die Probe mit organ. Bestandteilen wies nur 0,4 Mol je Mol SiO_2 auf. Die Gemische zeigen in der Kurve der Differentialthermoanalyse zwischen 850°–900° einen exothermen Effekt, der auf Bldg. von $CaSiO_3$, β-Wollastonit, beruht. Pulveraufnahmen zeigen neben Wollastonit auch Cristobalit u. in einem Fall auch Quarz. Die Kieselgur mit organ. Zusätzen hat nur wenig Wollastonit. Bei Verwendung wasserfreier Ausgangsprodd. bilden sich die gleichen Verbb., wenn auch viel schwächer ausgeprägt. (Bull. Soc. franç. Céram. **1955.** Nr. 28. 3–12. Juli/Sept. Labor. Chim. Union Franc. Prod. Réfractaires Paris.) H. SAALFELD. 6160

Helmut Rötger, *Darstellung der Temperaturzeitabhängigkeit der Nachwirkungserscheinungen bei Gläsern und Berechnung des Temperaturkoeffizienten für den nach-*

wirkungsfreien Elastizitätsmodul des „Glasgerüstes“. Nach kurzer Erläuterung der Begriffe „elastische Nachwirkung“ u. „Relaxation“ zeigt Vf. deren Abhängigkeit von der Temp. u. gibt die Berechnung dafür auf der Grundlage eines beschriebenen Belastungsversuches. An einem Glas, das möglichst große Nachwrkg. zeigt, stellt er die Versuchsauswertung graph. dar u. erläutert weiter den Zusammenhang mit dem Gerüstaufbau des Glases. Zur besseren Darst. wird eine Größe R, die „Relaxationskonstante“ eingeführt, die für jedes Glas einen charakterist. Wert hat u. im Bereich von 30–40 liegt. Sie gibt an, wievielmal die Relativänderung der Relaxationszeit größer ist als die Relativänderung der absol. Temperatur. Mit Hilfe der angegebenen Gleichungen läßt sich der Anteil der elast. Nachwrkg. bei der Temperaturabhängigkeit des Elastizitätsmoduls feststellen u. so u. a. durch kurzfristige Messungen die Veränderung des Eispunktes von Thermometern berechnen. (Silikattechnik **6.** 326–31. Aug. 1955.) L. KÜHNERT. 6200

Werner Höinghaus und **Wilhelm A. Noll,** *Die Anwendung tonfrequenter Wechselfelder und die Ausnutzung der Feldverzerrung zur Feststellung metallischer Fremdkörper.* Zur Auffindung metall. Fremdkörper, wie Eisen u. andere Metalle, in keram. Rohstoffen wurde ein Gerät entwickelt, welches im Prinzip auf der Änderung eines magnet. Wechselfeldes beruht, die durch in den Metallteilen erzeugte Wirbelströme bzw. deren ferromagnet. Eigg. hervorgerufen wird. Das Gerät ist einstellbar auf große oder kleine Metallstücke u. arbeitet vollautomatisch. (Tonind.-Ztg. **79.** 205–06. Juli 1955.) G. FRIKELL. 6208

Emil Deeg, *Das elastisch-plastische Verhalten eines Hartporzellans, untersucht von der feuchten Masse bis zum fertiggebrannten Stück.* Eine Meßmeth. zur Unters. des mechan.-akust. Verh. von Silicatgläsern wird auf ungebrannte u. gebrannte Hartporzellanstäbe angewendet. Die Probestäbe werden zu Biegeschwingungen angeregt u. aus der Resonanzkurve läßt sich $\bar{E}$, der komplexe Elastizitätsmodul, berechnen. Es gilt $\bar{E} = E \cdot (1 + i \cdot \eta)$, wo E der E-Modul u. η die Verlustzahl sind. Letztere ist ein Maß für die irreversiblen Anteile einer Verformung. E ergibt sich für eine plast. Hartporzellanmasse mit etwa 27 Gew.-% H_2O zu $6 \cdot 10^{10}$ dyn/cm². Verf. gestattet das Brennverh. keram. Körper zu verfolgen. Die eintretenden Rkk. machen sich in E u. η bemerkbar. Am Beispiel des Kaolinitzerfalls konnten Entfernung des adsorbierten H_2O, Zerfall von Oktaeder- u. Tetraederschicht, Mullitbldg. deutlich nachgewiesen werden. (Ber. dtsch. keram. Ges. e. V. **33.** 1–7 Jan. 1956. MPI für Silicatforschung, Würzburg.) H. SAALFELD. 6214

A. J. Hammer, *Das Vorkommen von Vanadin in Tonen.* 1. Mitt. Allgemeiner Überblick über das Vork. von V auf der Erdoberfläche. Daraus ergibt sich, daß das V in den Tonen in 7 verschiedenen Arten vorliegen kann: an Stelle von Al in die Tonstruktur eingebaut, an Tonminerale adsorbierte Vanadatanionen, an Hydroxyde adsorbierte Vanadatanionen, in den Begleitmineralen, als koll. Sulfide oder Oxyde, als unlösl. Vanadate u. als organ. Komplexverbindung. 50 Literaturangaben. (Ceram. Age **65.** 47–50. April 1955. Bowling Green, O., Bowling Green State Univ., Dep. of Chem.) H. SCHOLZE. 6216

A. J. Hammer, *Das Vorkommen von Vanadin in Tonen.* 2. Mitt. (1. vgl. vorst. Ref.) Viele der Tonbegleitminerale enthalten beträchtliche Mengen V, z. B. Muskovit, Biotit, Magnetit, Ilmenit u. Rutil. Der Hauptteil des V-Geh. der Tone, der in der Größenordnung von 0,01% V_2O_5 liegt, ist dem V-Geh. des im Ton enthaltenen Glimmers zuzuschreiben. Auch durch den Pyritgeh. der Tone werden beträchtliche Mengen an Vanadin eingeführt. (Ceram. Age **65.** Nr. 5. 7–10. Mai 1955.) H. SCHOLZE. 6216

A. J. Hammer, *Das Vorkommen von Vanadin in Tonen.* 3. Mitt. *Vanadin ersetzt Aluminium in der Tonstruktur.* (2. vgl. vorst. Ref.) Zusammenfassung der Literatur, in der die Substitution von Al-Ionen durch V-Ionen beschrieben wird. 19 Literaturzitate. (Ceram. Age **65.** Nr. 6. 19–20. Juni 1955.) H. SCHOLZE. 6216

A. J. Hammer, *Das Vorkommen von Vanadin in Tonen.* 4. Mitt. *Adsorption von Vanadat-Anionen durch Tonminerale.* (3. vgl. vorst. Ref.) In Analogie zur bekannten Erscheinung der Adsorption von Phosphationen an Tone wurde die Adsorption von Vanadationen an einigen Tonen untersucht. Die Ergebnisse sind sehr von der Art des Tones abhängig. Es wird Adsorption von Vanadationen beobachtet, die aber anders als bei Phosphationen verläuft, was mit der Bldg. von Polyvanadaten in Verb. gebracht wird. (Ceram. Age **66.** Nr. 2. 16–17. Aug. 1955.) H. SCHOLZE. 6216

A. J. Hammer, *Das Vorkommen von Vanadin in Tonen.* 5. Mitt. *Adsorption von Vanadat-Anionen durch Hydroxyde.* (4. vgl. vorst. Ref.) Unterss. an fünf Tonen ergaben, daß 21,0–87,1% des gesamten V-Geh. dieser Tone an Fe-Hydroxyde gebunden sind. Diese Bestimmungen sind aber nicht ganz eindeutig. Zusammenfassung der Literatur über die Adsorption von Vanadaten an Fe- u. Al-Hydroxyden. (Ceram. Age **66.** Nr. 3. 18–19. Sept. 1955.) H. SCHOLZE. 6216

A. J. Hammer, *Das Vorkommen von Vanadin in Tonen.* 6. Mitt. *Unlösliche Vanadate.* (5. vgl. vorst. Ref.) In Tonen kommt V als schwer lösl. Ca-, Fe- oder Al-Vanadat vor. Während des Brennens bilden sich lösl. Alkalivanadate, die an die Oberfläche wandern u. dort grüne Verfärbungen u. Ausblühungen hervorrufen. Abschließend wird eine Aufstellung der bekannten Ca-, Fe- u. Al-Vanadate gegeben. (Ceram. Age **66.** Nr. 4. 28—29. Okt. 1955.) H. SCHOLZE. 6216

A. A. Litwakowski, *Ein Weg zur Qualitätsverbesserung von feuerfesten Stoffen.* Zusätze von Fe_2O_3 u. *CaO* wirken negativ, während TiO_2 u. *MgO* die Struktur verbessern. Sogar bei Zugabe aller Zuschläge (10%) zeigt die Struktur der Schmelze in Laborverss. keine wesentliche Verschlechterung. Hierbei sinkt die Schmelztemp. bis zu 1720° (± 20°) gegenüber 1800° (± 20°) bei Grundzusammensetzung. Zur Gewinnung von feuerfesten Stoffen mit hoher Stabilität gegenüber sauren u. alkal. Reagentien ist es zweckmäßig, die höheren Oxyde der Metalle der Gruppe IVa des Period. Syst. zu verwenden. Aus wirtschaftlichen u. techn. Gründen ist ZrO_2 in Form des Zirkon ($ZrSO_4$)-Konzentrates der Charge zuzugeben. Als geeignetste Zus. hat sich erwiesen: 53% Al_2O_3, 17% SiO_2 30% ZrO_2, F. > 1750°. Der neue feuerfeste Stoff aus Zirkonkonzentrat u. techn. SiO_2 u. Tonerde dient als Ofenfutter bei der Gewinnung eines hochwertigen Glases. (Стекло и Керамика [Glas u. Keram.] **12.** Nr. 11. 21—25. Nov. 1955.) OTTO MAIER. 6218

Arturo Rio, *Ergebnisse einiger Untersuchungen über die Wirkung der Puzzolane in Puzzolanzementen.* 1. Mitt. *Alkaliaustausch der Puzzolane im abgebundenen Puzzolanzement.* Vf. untersucht 2 natürliche Puzzolane (von Segni u. von Bacoli) in einem Gemisch von 0—70% mit Portlandzementklinker, indem die CaO-, K_2O- u. Na_2O-Mengen bei Wasserlagerung der Proben analyt. bestimmt werden. Dabei werden verschied. Bedingungen wie Lagerung bei 40°, in Ruhe, in Bewegung untersucht, wobei unter Mitwrkg. des $Ca(OH)_2$ des Klinkers mittels der Puzzolane ein Austausch des Alkali zwischen der Probe u. dem W. beobachtet wird. Es ist hervorgehoben, daß der Alkaligeh. der Puzzolane keinen Einfl. auf den Alkaliaustausch zu haben scheint. Bei Verwendung gleicher Ausgangsstoffe resultiert bei einem Gemisch von 30—40% Puzzolane für die Alkalität des W. ein Maximum, was auf eine erhöhte Aktivität der Puzzolane hindeutet. Auch zeigt sich, daß der Alkaligeh. über lange Zeit hin (12 Monate) ganz langsam ansteigt, wobei bis 85% der Gesamtalkalimenge in der Lsg. gefunden werden. Dieser Austausch ist bedeutend größer als bisher angenommen wurde, da die Rk. außerordentlich langsam vor sich geht u. die bisherigen Unterss. immer nur einen verhältnismäßig kurzen Zeitraum erfaßten. Nach den Unterss. des Vf. ist die Alkaliaustauschfähigkeit der abgebundenen Puzzolanzemente für die untersuchten Fälle der Puzzolane von Segni u. von Bacoli auf ihre zeolith. Bestandteile zurückzuführen. Die Meth. der Alkalitätsbest. des W. bei Wasserlagerung der Probe ist für diese beiden Puzzolane zur gütemäßigen Begutachtung bzgl. des latent-hydraulischen Erhärtungsvermögens geeignet. (Ann. Chimica **44.** 684—92. Sept. 1954. Colleferro, Lab. Centrale della S. p. A. Calci e Cementi di Segni.) W. ANIKA. 6222

Arturo Rio, *Ergebnisse einiger Untersuchungen über die Wirkung der Puzzolane in Puzzolanzementen.* 2. Mitt. *Versuche über das Verhalten einiger spezifischer, natürlicher, italienischer Puzzolane im Hinblick auf das Unterbinden des Alkalitreibens.* (1. vgl vorst. Ref.) Es wird über Unterss. des Vf. berichtet, in denen einige Puzzolanzemente mit geringem, n. u. hohem R_2O-Geh. mit verschied. natürlichen Puzzolanen als Zuschlag verarbeitet werden, wobei bewußt die Puzzolanmenge bei 20% gewählt wird, um die das Alkalitreiben unterbindenden Einfll. der Puzzolane bes. deutlich zu machen. In sämtlichen Fällen zeigt sich, daß die untersuchten Zuschläge (Puzzolane von Segni, von Bacoli, von Salone sowie ein hochaktiviertes Kieselsäurematerial) im Sinne einer Verminderung der Treibspannungen wirken. In vergleichenden Unterss. mit n. Zuschlägen zeigt sich eine Verminderung der Treibspannungen von 80—90% u. eine Red. der Alkalität um 50—60%, so daß vom Vf. die Verwendung der untersuchten Puzzolanerden in den Fällen, wo Alkalitreiben wegen erhöhtem R_2O-Geh. u. der sonstigen chem. u. petrograph. Zus. der Massen zu befürchten ist, empfohlen wird. (Ann. Chimica **44.** 693—700. Sept. 1954.) W. ANIKA. 6222

Luigi Santarelli, *Die Bedeutung des Eisenoxyds in den Puzzolanzementen.* Vf. berichtet über systemat. Unterss. an Puzzolanzementen, bei denen der Tonerdemodul zwischen 0 u. ∞ variiert wird. Für den Fall der Abwesenheit von Eisenoxyd werden die Eigg. des Zements maßgeblich durch das Tricalciumaluminat bestimmt, während beim Fehlen von Al_2O_3 für den Zement extrem hohe Abbindezeiten (indem das C_2F das Tricalciumsilicat einhüllt u. so dessen Hydratation verzögert) u. sehr langsames Erhärten die Folge sind. Der Einfl. des C_3A wirkt sich überwiegend im schnellen Abbinden u. Erhärten, verbunden mit großen Abbindewärmen, die sehr rasch frei werden, aus, wobei

auch die Empfindlichkeit des Zements gegen sulfathaltiges W. hervorgehoben wird. Die Unterss. zeigen, daß ein gewisser Fe_2O_3-Geh. (es wird ein Tonerdemodul $<0,64$ mit 2,25% Al_2O_3 vorgeschlagen) in dem Sinne wirkt, daß die Abbinde- u. Erhärtungszeiten in n. Grenzen liegen, daß sich die Hydratationswärme verringert, indem sie nicht mehr spontan, sondern über einen längeren Zeitraum frei wird, u. daß bes. bei Verwendung von Puzzolanen die Angreifbarkeit von sulfathaltigem W. prakt. Null ist. Es wird hervorgehoben, daß der Al_2O_3-Geh. so niedrig wie möglich bemessen werden soll, da die Bldg. von C_4AF wegen der nur allmählich erfolgenden Einstellung eines Gleichgewichts nach $C_4AF + aqua \rightleftharpoons C_3A \cdot aqua + CF \cdot aqua$ eine beträchtliche Güteminderung des Zements darstellt. Die Ausführungen sind durch umfangreiche Diagramme u. Tabellen ergänzt. (Ann. Chimica **44.** 655—83. Sept. 1954. Bergamo, Italcementi.)
W. ANIKA. 6222

Giovanni Malquori, *Chemische Betrachtungen über Puzzolanzemente.* (Vgl. C. **1953.** 7630.) Es wird ein krit., zusammenfassender Überblick über den Stand des Wissens um die chem. u. physiko-chem. Erscheinungen des Abbindens u. Erhärtens von Puzzolanzementen gegeben. Nach Ansicht des Vf. ist es wegen der Unmöglichkeit, „relle Gleichgewichte" zu erhalten, z. Zt. noch nicht möglich, eine der Kritik standhaltende wissenschaftlich fundierte Deutung der Phänomene des Abbindens, des Erhärtens, der Aktivität u. des Alkalitreibens zu geben, da es sich meistens um Ungleichgewichte handelt, die ständigen Veränderungen unterworfen sind. Bes. werden die wechselseitigen Einfll. Kalk/Alkali, Zement/Puzzolane bzgl. der Endprodd. u. ihrer mechan. Eigg. behandelt, wobei die erhaltenen Reaktionsprodd. mkr. u. röntgenograph. untersucht werden. Es wird die Empfindlichkeit gegen SO_3^{2-} behandelt; es zeigt sich, daß bei Lagerung in gesätt. $CaSO_4$- bzw. $Ca(OH)_2$-Lsgg. bedeutend schneller das Sulfat als das Hydroxyd des Ca mit der Probe in Rk. tritt. Es kommt zur Bldg. von $3CaO \cdot Al_2O_3 \cdot 3CaSO_4 \cdot aqua$. Auffallend ist, daß mitunter größere Mengen SO_3^{2-} gebunden werden als der Formel entsprechen. Abschließend behandelt Vf. die einschlägigen Anwendungsgebiete für Puzzolanzemente u. sagt ein ständig wachsendes Interesse der Technik für diese voraus. (Ann. Chimica **44.** 643—54. Sept. 1954. Napoli, Univ., Ist. di Chim. Industriale.)
W. ANIKA. 6222

P. P. Budnikow und **O. M. Ssologubowa,** *Untersuchung der Reaktion zwischen Kaolin und $CaCO_3$, sowie die Gewinnung von weißem Zement.* (Vgl. C. **1953.** 5096.) Abgeschlämmter Kaolin u. Kreide wurden gesondert bis 1300° gebrannt u. die Halte-(exo- u. endotherme-)punkte bestimmt (Elektrowiderstandskurven). Beide Komponenten wurden in stöchiometr. Verhältnissen gemischt, die zur Bldg. der beiden Hauptbestandteile des Klinkers führten, nämlich $2CaO \cdot SiO_2$ (59%) u. $CaO \cdot Al_2O_3$ (30%); daneben bildete sich in sehr geringer Menge $5CaO \cdot 3Al_2O_3$ u. bis zu 7% $CaSO_4$ — letzterer aus den 10% zugesetztem Gips, der die Rolle eines Mineralisators spielt, da die Klinker nach der hydrothermalen Bearbeitung (28 Tage in W., sodann 8 Std. Wasserdampf von 7 at) eine Festigkeit von 690 kg/cm² zeigten, die durch Zusatz von 5% Anhydrit (beim Mahlen) auf 750 kg/cm² erhöht werden konnte, wobei das entstehende Hydrosulfoaluminat nicht schädlich wirkt. Bei der höchsten Brenntemp. (1300°) bildet sich auch ein wenig *Gehlenit* ($2CaO \cdot Al_2O_3 \cdot SiO_2$). Die gemessenen physikomechan. Eigg. des erhaltenen weißen hydraul. Zements (Koeff. der Weiße 85—87) sind angegeben. (Украинский Химический Журнал [Ukrain. chem. J.] **19.** 91—101. 1953. Moskau, Chem.-technol. Mendelejew-Inst.)
A. v. WILPERT. 6222

K. Seidel, *Über Versuche mit frischen und abgelagerten Zementen.* Zemente, die in 4 Zementwerken z. T. aus frischem, z. T. aus abgelagertem Klinker auf möglichst gleiche spezif. Oberfläche gemahlen worden waren, wurden in 5 verschied. Instituten teilweise sofort, teilweise 14 Tage später nach alten u. mehreren neuen Prüfverff. daraufhin untersucht, ob sich der soeben der Zementmühle entnommene Zement mit zunehmendem Alter ohne Einw. der Atmosphärilien verändert. Die Unterss. ließen keine charakterist. Unterschiede erkennen; jedoch war auch bei Luftabschluß eine beginnende Hydratation (CO_2- u. H_2O-Aufnahme) festzustellen. Die bei den Unterss. in größerem Umfange mit herangezogenen neuen Prüfverff. bedürfen noch weiterer Erprobung u. Verbesserung. (Zement-Kalk-Gips **8** (**44**). 427—34. Dez. 1955. Oberkassel/Siegkreis.)
W. GELMROTH. 6222

K. M. Alexander und **J. Wardlaw,** *Vorübergehende und bleibende Festigkeitsänderungen erhärteter Puzzolan–Kalk- und Portland–Puzzolan-Zementmörtel.* Vff. beobachten bei der Best. von Biegezug- u. Druckfestigkeiten bei Zimmertemp. an Puzzolan–Kalkmörtel-Prismen, die bei 160° F in luftgefüllten verschlossenen Röhren gelagert hatten, daß bei Proben, die vor der Prüfung 2 Std. bei Zimmertemp. gestanden hatten, der Bruchmodul um 40% größer ist als bei Proben, die unmittelbar nach der Entfernung aus den Röhren geprüft werden. Genauere Unterss. zeigen, daß die Erscheinung reversibel ist u. in geringerem Maße auch bei Portland-Puzzolan-Zementmörteln auftritt. Die Druckfestigkeiten verhalten sich nicht entsprechend. Die Erscheinung wird auf das Auftreten innerer Spannungen zurückgeführt, die beim raschen Trocknen entstehen, wodurch ein überdurchschnittliches Schwinden in den Randzonen der Probekörper bedingt wird. (Austral. J. appl. Sci. **6.** 46—60. März 1955. Melbourne, Australien, C. S. I. R. O., Div. of Ind. Chem.) D. BREDTSCHNEIDER. 6226

Shoichiro Nagai, Yasushi Fukumori und **Mitsuichi Sase,** *Untersuchungen an Spezial-Magnesit-Dolomit-Mörtel als feuersicherer Mauermörtel.* 2. Mitt. (1. vgl. C. **1956.** 5940.) Mischungen aus leichtgebrannter Seewassermagnesia oder Magnesitmagnesia (90 bis 20 Teile), teilweise gebranntem Dolomit (bis zu 750°; 20—50 Teile) gemahlenem Rohserpentin aus der Asbestfabrikation (auf 700° erhitzt; 10—40 Teile) u. bis 150 Raumteile Sägemehl wurden mit einer Lsg. von 22° Bé aus Salzgewinnungsfabriken gemischt u. geknetet. Es wurden viele Probekörper der verschiedensten Zus. geprüft auf Zug- u. Druckfestigkeit u. auf Widerstandsfähigkeit gegen hohe Temperaturen. Auch auf Schalldämmung wurden 4 Proben untersucht. Die Eigg. waren sehr zufriedenstellend. (Gypsum & Lime [Tokyo] **1955.** Nr. 17. 801—05. [Orig.: japan., Auszug: engl.]) K. SEIDEL. 6226

Shinpei Hiyama und **Hiroshi Fukui,** *Über die Entwässerung des Gipses beim Erhitzen* 2. Mitt. *Beziehungen zwischen Teilchengrößen und Festigkeiten von Gips.* (1. vgl. C. **1956.** 6221.) Es werden die Festigkeiten in Abhängigkeit von der Teilchengröße bei wechselnder Brenntemp. mitgeteilt. (Gypsum & Lime [Tokyo] **1955.** Nr. 17. 814—17. [Orig.: japan., Auszug: engl.]) K. SEIDEL. 6226

Shinpei Hiyama und **Hiroshi Fukui,** *Die Ausdehnung von Gips mit zugesetzten Begleitstoffen.* Die Best. der Ausdehnung von Gips bei Zugabe geringer Mengen organ. Säuren ergab, daß bei Malein-, Adipin- u. Oxalsäure das Ausdehnungsverh. von der zugesetzten Menge abhängig ist. Am günstigsten für eine Verringerung der Ausdehnung von Gips sind Citronen- u. Bernsteinsäurezusätze. (Gypsum [Tokyo] **1951.** Nr. 3. 142—**45.** Nagoya Techn. Inst., Ceramic Div. [Orig.: japan., Auszug: engl.]) H. SCHOLZE. 6226

Yoshiaki Sanada und **Kiyoshi Miyazawa,** *Untersuchungen an japanischen Dolomiten.* 4. Mitt. *Über die Hydratationsgeschwindigkeit von gebrannten Dolomiten.* (3. vgl. Gypsum & Lime [Tokyo] **1954.** Nr. 15. 681.) Unterss. ergaben, daß dunkelgraue Dolomite sehr langsam hydratisieren, da sie eine homogene Struktur besitzen. Sie sind entweder sehr rein oder enthalten Fe_2O_3. Grauweiße Dolomite hydratisieren schnell, da sie eine grobe Kristallstruktur besitzen u. nichtgesätt. an Dicalciumferritschmelze sind. Der Kochvers. zur Ermittlung der Hydrationsgeschwindigkeit kann als Schnellmeth. angewandt werden, da die Ergebnisse mit dem Witterungsvers. parallel laufen. (Gypsum & Lime [Tokyo] **1955.** Nr. 17. 809—11. [Orig.: japan., Auszug: engl.]) K. SEIDEL. 6226

Yoshiaki Sanada und **Kiyoshi Miyazawa,** *Untersuchungen über die thermische Zersetzung des Dolomits.* Unters. der chem. Zus. des Freikalkes u. des freien MgO von gebranntem Dolomit bei verschied. Temp. u. des Einfl. von Beimengungen auf die therm. Zers. hatten folgende Ergebnisse: Wenn dem Dolomit Calcit zugesetzt wird, so ist die Zersetzungstemp. des Calcits gleich der zweiten Zersetzungstemp. des Dolomits. Mit Magnesit als Zusatz werden Magnesit u. Dolomit zers., ohne daß die Zersetzungstempp. sich gegenseitig beeinflussen. Bei verschied. Dolomiten zeigten sich Änderungen im Beginn der Zersetzungstemp., die damit begründet werden, daß es vermutlich verschied. Dolomitarten mit verschied. Eigg. gibt. (Gypsum & Lime [Tokyo] **1955.** Nr. 17. 812—14. [Orig.: japan., Auszug: engl.]) K. SEIDEL. 6226

E. Gruner, *Betrachtungen zur Theorie der Plastizität.* Übersicht. — 66 Literaturangaben. (Ziegelindustrie **8.** 881—85. 2. Dez.-H. 1955. Mettlach/Saar.) D. BREDTSCHNEIDER. 6228

W. Lorenz, *Forschungsarbeiten über Hochofenschlacke für Straßenbauzwecke in Deutschland und ihre Anwendung im bituminösen Straßenbau.* Zusammenfassende Darst. über Zus., Zerfall u. physikal. Eigg., wie Abhängigkeit der Druck- u. Schlagfestigkeit vom Porenvol. u. Einfl. des Zerkleinerungsgrades. Übersicht über die Verwendungsmöglichkeiten unter besonderer Berücksichtigung der Verwendung im bituminösen Straßenbau. (Silicates ind. **20.** 461—67. Dez. 1955. **21.** 29—32. Jan. 1956.) K. SEIDEL. 6230

VII. Agrikulturchemie. Schädlingsbekämpfung.

J. Klärding, *Ein Beitrag zur Frage der Erhöhung der Citronensäurelöslichkeit des Thomas-Mehles. — Über den Einfluß der chemischen Zusammensetzung und der Abkühlungsbedingungen auf die Citronensäure- und Ammoniumcitratlöslichkeit des Thomas-Phosphates.* Zur Beurteilung der Frage, wie die Unterschiede in der Löslichkeit von

Stahlwerksproben gegenüber den Mehlproben zustande kommen, wurden Schmelzverss. im Pt-Tiegel unter Zugabe von SiO_2, CaO, MgO, FeO, MnO, Schamotte, Schieferton u. Tonerde durchgeführt, wobei die Schmelzen zur Vermeidung einer unterschiedlichen Abkühlungsgeschwindigkeit in W. granuliert wurden. Aus den graph. dargestellten Versuchsergebnissen ist der Einfl. der Kieselung u. Abschreckung auf die Citronensäure- u. Ammoniumcitratlöslichkeit zu erkennen. (Chem. Technik **2.** 278—85. Sept. 1950. Bous, Saar.) W. SCHULTZE. 6282

T. Wasowicz, *Die Wirkung der Bodenbedeckung auf den Status der Hauptnährstoffe und das Wachstum von Kakaosämlingen.* Die Wrkg. der Bodenbedeckung wurde in einem Gefäßvers. mit Kakaosämlingen, die in einem sandigen Lehmboden des River Estate Trinidad kultiviert wurden, untersucht. Die Bodenbedeckung wirkte positiv durch die Verbesserung mikrobiol. Bodenfaktoren, ein besseres Wurzelwachstum, höhere Wasserkapazität u. einen höheren prozentualen Phosphorsäuregeh. der Blätter. Negativ beeinflußte sie den N-Geh. der Blätter, der um ca. 50—80% gesenkt wurde, was durch ungünstigere Bedingungen für die Nitrifizierung, wie Lichtmangel, anaerobe Verhältnisse u. Auswaschung lösl. organ. N-Verbb., die von Pflanzen nicht aufgenommen werden können, erklärt wird. Unter dem bedeckten Boden war die Kaliauswaschung um 150—300% größer als unter unbedecktem. Die Auswaschung der Phosphorsäure wurde durch Bedeckung leicht erhöht, Nitrate wurden in weit geringerem Maße ausgewaschen. Die Ergebnisse werden besprochen. (Trop. Agric. **29.** 163—69. Juli/Dez. 1952. Trinidad, Imp. Coll. of Trop. Agric.) G. LENHARD. 6302

D. J. Finney, *Düngewirkungskurven und die Planung von Versuchen.* Um die zweckmäßigste Höhe der Düngung festzustellen, wird empfohlen, außer einer ungedüngten Parzelle 2 oder 3 Staffelungen der Düngergaben vorzusehen. Die zu untersuchenden Düngergaben sollen der Größenordnung derjenigen Gabe entsprechen, von der man ein wirtschaftlich optimales Ergebnis erwarten kann u. nicht derjenigen, die ein Maximum des Ertrags anstrebt. Es wird die Anlage von Verss. erörtert, bei denen verschied. Fragen, wie z. B. 2 Höhen der Düngergabe u. 2 verschied. Düngerformen geprüft werden. (Indian J. agric. Sci. **23.** 167—86. Sept. 1953. Univ. of Oxford.) A. JACOB. 6304

R. Koblet und **H. Vögeli,** *Untersuchungen über die Wirkung später Stickstoffdüngung beim Getreide.* Während frühe Stickstoffgaben sich auf die Höhe des Körner- u. Strohertrages günstig auswirken, werden durch Spätdüngung der Proteingeh. u. der Feuchtklebergeh. der Körner erhöht. (Schweiz. landwirtsch. Mh. **33.** 203—11. Mai 1955. Zürich-Oerlikon, Eidg. Landwirtsch. Versuchsanst.) A. SCHLÄGER. 6304

D. van Maercke, *Agrikulturchemische Fragen im Zusammenhang mit der Anwendung von flüssigem Ammoniak als Stickstoffdüngemittel.* Überblick über den Stand der Forschung bzgl. Verwendung von wasserfreiem NH_3 als N-Dünger zeigt, daß der Erfolg dieses Verf. hauptsächlich von wirtschaftlichen Faktoren bestimmt wird. — 27 Schrifttumshinweise. (Ind. chim. belge **20.** 751—58. Juli 1955. Gent, Rijkslandbouwhogeschool.) W. WESLY. 6304

M. Abutalybow und **A. Mardanow,** *Verbesserung der Zusammensetzung der für die Anzucht von Tomatensetzlingen bestimmten Nährtöpfe durch Zusatz von Spurenelementen.* In 6×6 cm Nährtöpfe aus 2 (Teilen) Waldhumus, 1 Humuserde u. $^1/_3$ frischem Kuhdung unter Zugabe von 3 g $(NH_4)_2SO_4$ u. 6 g Superphosphat auf 1 kg Mischung wurden variable Mengen an B (als Borax), Cu (als $CuSO_4$), Zn (als $ZnSO_4$) u. Mn (als $MnSO_4$) hineingemischt. Angesäte Tomaten erhielten als 18- u. 25tägige Pflanzen als Nachdüngung in 2 Gaben 300 g $(NH_4)_2SO_4$ u. 400 g Superphosphat je Topf in wss. Lösung. Den größten Ertrag (in mg oberird. Trockensubstanz je Pflanze) bei den ins Freie verpflanzten Setzlingen zeigten (Ertrag 576 mg ohne Spurenelemente) 60 mg $MnSO_4$ (1113 mg), darauf 5 mg $ZnSO_4$ (962 mg), 30 mg $CuSO_4$ (955 mg) u. 30 mg Borax (860 mg). Höhere Gaben, bes. von B u. Zn, setzten die Wrkg. herab. Den höchsten Tomatenertrag ergaben ($^3/_4$ dz/ha ohne Spurenelemente) 30 mg Borax (391,6 dz/ha), worauf 10 mg $ZnSO_4$ mit 384,9 dz/ha, 30 mg $CuSO_4$ mit 370,0 dz/ha u. 60 mg $MnSO_4$ mit 366,1 dz/ha folgten. (Доклады Академии Наук Азербайджанской ССР [Ber. Akad. Wiss. AserbaidshanSSR] **11.** 623—25. 1955.) E. LINTER. 6304

Th. G. van Alphen, *Die Besprühung verschiedener Gewächse mit Bor.* Übersicht über den heutigen Stand der Düngung von Pflanzen durch Besprühung der oberhalb des Bodens liegenden Pflanzenteile mit Bor. — 64 Schrifttumshinweise. (Landbouwkund. Tijdschr. **67.** 761—80. Nov./Dez. 1955. Groningen, Landbouwproefstat. en Bodenkundig Inst., T. N. O.) W. WESLY. 6304

A. A. Awetissjan, *Blattdüngung von Esparsette mit Bor im Gebiet Kotai der Armenischen SSR.* Auf kastanienfarbigem Boden wurde Esparsette zu verschied. Zeiten mit verschied. Mengen H_3BO_3 in wss. Lsgg. bespritzt. Durch 2 kg/ha, gegeben während der

Blütenknospenbldg. wurde bei 2jährigen Verss. im Durchschnitt das Blattgewicht um 25—34%, das Stengelgewicht um 7,31—15,14%, das Blütenstandgewicht um 27,7 bis 35,32%, das Samengwicht um 31,24% gegenüber der Kontrolle gesteigert. Bei Verwendung von 4 kg/ha war der Massenzuwachs fast der gleiche wie bei 2 kg/ha, die Keimfähigkeit der Samen dagegen um 17% geringer. Die Stengelhöhe war gegenüber ungedüngt um 5,2 cm geringer, die Zahl der Blütenstände dagegen um 18 größer. (Известия Академии Наук Армянской ССР, Биологические и Сельскохозяйственные Науки [Nachr. Akad. Wiss. ArmenSSR, biol. landwirtsch. Wiss.] **8**. Nr. 12. 15—20. Dez. 1955. Erewan, Zooveterinärinst.) E. LINTER. 6304

Władisława Jastrzębska, *Der Einfluß von Wuchsstoffen auf das Pfropfen von Rosen.* Bei Verss. in den Jahren 1939, 1948—1949 wurden Rosen der Arten „Maréchal Niel" u. „Ophelia" auf wilde Rose (Rosa canina L.) gepropft, wobei α-Naphthylessigsäure u. β-Indolylessigsäure in Form von Lanolinpaste bei Konzz. des Wuchsstoffes von 0,5, 0,1, 0,05, 0,01, 0,005% angewandt wurden (auch 3std. Eintauchen in eine wss. 0,01%ig. Lsg. wurde probiert). Durch die Wuchsstoffe wurde die Tätigkeit des Cambiums angeregt, es entwickelte sich reichlich Callus (bei höheren Konzz. so reichlich, daß das Reis aus der Verb. hinausgedrängt wurde). Am günstigsten erwies sich die Konz. 0,01%, jedoch auch diese hemmte die Entw. der Knospen; Braunfärbung der Spitze des Propfreises wies auf eine möglicherweise noch zu hohe Konz. der Wuchsstoffe, die unter sich keine Sonderdifferenzen in ihrer Wrkg. zeigten. (Roczniki Nauk rolniczych [Polish agric. Annu.] **54**. 405—16. 1950. Hochsch. für Landw., Inst. für Blumenzucht u. städt. Gartenbau.) A. v. WILPERT. 6304

P. H. H. Gray und **C. G. Rogers,** *Wirkungen von Benzolhexachlorid auf Bodenmikroorganismen.* 4. Mitt. *Benzolhexachloridresistente Bakterien aus jungfräulichen Böden.* (3. vgl. C. **1955**. 8242.) 90% der in 5 jungfräulichen Böden vorkommenden Mikroorganismen wurden im Wachstum durch *Benzolhexachlorid* (I) gehemmt. Actinomyceten wurden auch bei der geringsten I-Konz. (1:1000) sämtlich gehemmt, während alle durch I nicht beeinflußten Bakterien gramnegative kurze Stäbchen waren. Eingehendere Unterss. dieser Stämme ergaben, daß die meisten aus 4 oder 5 Bodenproben aus Glucose Säuren bildeten. Die Mehrzahl der aus 3 Proben isolierten Bakterien hydrolysierten nicht Stärke, die aus 1 Probe red. Nitrat. (Macdonald Coll., McGill Univ., J. Ser. 312—18. 10/2. 1956. Sep.) F. KRUSEN. 6306

S. A. Hall, *Organische Phosphorinsekticide.* Bei der Anwendung organ. P-haltiger Insekticide sind außer der tox. Wrkg. auf die Schädlinge auch Eigg., wie Flüchtigkeit, Stabilität, Sicherheit bei der Anwendung u. Schädlichkeit für Menschen u. Haustiere maßgebend. Wirtschaftliche Gesichtspunkte sind nicht ausschlaggebend, da diese Präpp. in weit geringeren Konzz. angewandt werden als z. B. DDT. (Advances Chem. Ser. Nr. **1**. 150—59. April 1950. Beltsville, Md., U.S. Dep. of Agric., Bureau of Entomol. and plant Quarantine.) G. LENHARD. 6312

Hamid Sharif El Din und **K. Wilson Jones,** *Kupfersulfat als Wasserherbicid.* Gelegentlich der Schneckenbekämpfung in einem Bewässerungskanalsyst. wurde festgestellt, daß Dauerzufuhr von $CuSO_4$ in einer Konz. von 1—2 p.p.m. 2 Kanäle auf 10 km prakt. frei von Bilharziaschnecken u. zugleich von Wasserunkraut hielt. (Nature [London] **174**. 187. 24/7. 1954. Wad Medani/Sudan, Ministry of Agricult.) H. SCHLOTTMANN. 6312

M. L. Kotljar, *Die chemische Behandlung von Forstkulturflächen in der Waldzone.* Zur Bekämpfung der die jungen Forstpflanzen unterdrückenden dichten, zumeist aus Rasenschmiele, Rohr-, Strauß- u. anderen Gräsern bestehenden Unkräuterdecke wurde eine solche Fläche nach erfolgtem Abmähen mit 50 g/m² *$KClO_3$* in 2 Gaben bestreut u. dadurch in wenigen Tagen eine starke Unterdrückung der Unkräuter erzielt. Im nächsten Jahre wurde auf dieser Fläche mehr als das Doppelte an Humus u. nach 2 Jahren eine 75%ig. Zunahme an Nitraten gegenüber unbehandelten Flächen festgestellt. Man fand eine Verminderung an Pilzen u. einigen Bakterien, dagegen eine gesteigerte Tätigkeit der Nitrifikatoren. Von angepflanzten Sämlingen war nach 4 Jahren das Anwachsen bei Kiefern um 2%, bei Fichten um 10% u. bei Lärchen um 19% höher als ohne KCl-Behandlung. Die allmählich nachwachsenden Unkräuter wurden von den Forstpflanzen in der Entw. überholt. (Лесное Хозяйство [Forst-Wirtsch.] **9**. Nr. 1. 49—52. Jan. 1956.) E. LINTER. 6312

James B. Kring, *Die Bekämpfung von Tabakschädlingen.* Es werden einige Tabakschädlinge beschrieben u. Methoden zu ihrer Bekämpfung angegeben. Bei der Verwendung moderner Insekticide ist auf eventuelle Beschädigungen der Tabakpflanzen u. Geschmacksbeeinträchtigungen zu achten. Auf die Toxizität, bes. der P-haltigen Verbb., wird hingewiesen. (Connecticut agric. Exp. Stat., New Haven, Circ. Nr. **191**. 3—15. März 1955.) M. REIHER. 6312

P. E. Braid, J. P. Windish und **C. R. Ross,** *Parathion Spritzkonzentrationen und Rückstände in Quebec-Apfelplantagen.* Vff. stellten die Konz. von Parathion in der Luft u. auf den behandelten Blättern nach einer Spritzung mit 3—4 lbs. eines 15%ig. Spritzpulvers in 100 lbs. W. fest. Je Baum wurden 0,12—0,15 lb. des Pulvers ausgebracht. Während der Behandlung befanden sich 0,3—0,5 γ/Liter Luft in unmittelbarer Nähe des Ausführenden. Nach der Spritzung konnten 55—85 γ des Wirkstoffes je g Blattmasse gefunden werden, in den ersten 40 Std. war eine starke Abnahme zu verzeichnen (0,5 bis 5 γ/g/h), während diese danach nur ca. 0,04 γ/g/h betrug. Bei windstillem Wetter war eine Std. nach der Behandlung eine Konz. von 0,12 γ/Liter in der Luft, während bei leichtem Wind kein Parathion mehr nachgewiesen werden konnte. (A. M. A. Arch. ind. Health **11.** 408—12. Mai 1955. Ottawa, Ontario, Can.) W. KNÖPKE. 6312

Randolph T. Wedding und **Robert L. Metcalf,** *Wanderung von radioaktivem Oktamethylpyrophosphorsäuretetramid in Black valentine-Bohnenpflanzen.* Mit ^{32}*P-Oktamethylpyrophosphorsäuretetramid* wurden die Wurzeln von Bohnenpflanzen (Phaseolus vulgaris, var. Black Valentine) behandelt. Stengel- u. Blattanalysen zeigten, daß die Verb. mit dem Saftstrome in der Pflanze wandert, in jüngeren Exemplaren schneller als in älteren. Die Wanderung im Stengel betrug ca. 20 cm/Stunde. Nach 120 Std. waren in den unterird. Teilen nur noch ca. 1% der gegebenen Menge nachweisbar. Die Verb. wird in der Pflanze längere Zeit gespeichert u. übt eine tox. Wrkg. auf beißende u. saugende Schädlinge aus. (Bot. Gaz. **114.** 180—89. Dez. 1952. Riverside, Calif., Univ. of California, Citrus Exp. Stat.) C. GRIMME. 6312

P. A. Galtschenja, *Die Anwendung einer DDT-Emulsion in Mineralöl gegen Hauptschädlinge.* Zur Vernichtung von prim. Schädlingen der Eichenplantagen, bes. von Schwammspinner, Ringelspinner, grünem Eichenwickler, Goldafter u. Frostspanner, wurde nach vorangegangenen Verss. mit verschied. Giftchemikalien eine 12%ig. Lsg. einer mineral. Ölemulsion von *DDT* als am wirksamsten befunden u. davon 50 Liter/ha angewandt. Die Vernichtung der Raupen dieser Schädlinge erreichte 97,6—99%. Einige der verbliebenen Raupen verpuppten sich wohl, aber entwickelten keine Schmetterlinge; ihr Inneres enthielt einen dunkelgrünen Staub. (Лесное Хозяйство [Forst-Wirtsch.] **9.** Nr. 1. 79—80. Jan. 1956.) E. LINTER. 6312

A. R. Tomlinson und **J. S. Crawford,** *Die Vernichtung von Kaninchen mit Bemerkungen über die Methoden zur Vernichtung von Emus, Känguruhs, Mäusen, Ratten und Geiern.* Aufzählung der zur Giftköderherst. geeigneten anorgan. u. organ. Gifte, ihre Verarbeitung u. Wirkung. Angegeben werden auch Gegengifte bei Auftreten zufälliger Vergiftungen bei Menschen u. Haustieren. (J. Agric. Western Australia [2] **28.** 121—48. Juni 1951.) C. GRIMME. 6312

A. A. Danish und **Rex E. Lidov,** *Eine colorimetrische Methode zur Bestimmung kleiner Mengen von Aldrin (Verbindung 118).* Das hochwirksame, alkaliresistente Insekticid 1.2.3.4.10.10-Hexachlor-1.4.4a.5.8.8a-hexahydro-1.4;5.8-bis-[endomethylen]-naphthalin reagiert mit Dinitrophenyldiazid unter Bldg. eines Dihydrotriazolderiv. u. färbt sich, wenn anschließend mit diazotiertem Dinitroanilin behandelt wird, unter Zusatz konz. HCl intensiv rot. Mengen von 10—40 g/10 ml Lsg. können nach dieser Farb-Rk. colorimetr. bestimmt werden. Der Methodengang wird beschrieben u. die Genauigkeit der Meth. durch Standardpräpp. gezeigt. Andere Insekticide nehmen an der Rk. nicht teil. (Advances Chem. Ser. Nr. **1.** 190—97. April 1950. Denver, Colo., Julius Hyman u. Co.) G. LENHARD. 6328

C. V. Bowen und **Fred I. Edwards jr.,** *Polarographische Bestimmung von O.O-Diäthyl-O-p-nitrophenylthiophosphat (Parathion).* Parathion kann quantitativ mit genügender Genauigkeit (±1%) in Konzz. von <1 p.p.m. polarograph. bestimmt werden. Eine Aceton–W.-Lsg. mit 0,05 n HCl dient als Elektrolyt. App. u. Bestimmungsgang werden beschrieben. (Advances Chem. Ser. Nr. **1.** 198—201. April 1950. Beltsville, Md., U. S. Dep. of Agric., Bureau of Entomol. and plant quarantine.) G. LENHARD. 6328

W. I. Grimalski, *Die Bestimmung der Giftigkeit von Hexachloranpulver.* Da die Wirksamkeit der *Hexachloran* (I)-Bestäubung fast ausschließlich vom I-Geh. an γ-Isomerem abhängt, andererseits die Best. des γ-Isomeren recht kompliziert ist, hat Vf. eine einfache Meth. zur Best. der Giftigkeit ausgearbeitet. Zwei Sperrholzkisten von 20×20×35 cm werden mit Sand gefüllt. Der Sand der einen Kiste wird mit 1,5 g des 12%ig. I-Pulvers vermischt. In jede Kiste setzt man 5 zweijährige Engerlinge u. als Nahrung einige Kartoffelknollen. Bei ausreichender Giftigkeit des I müssen nach 5 Tagen in der mit I beschickten Kiste alle Engerlinge paralysiert u. der größere Teil umgekommen sein. (Лесное Хозяйство [Forst-Wirtsch.] **8.** Nr. 3. 60—61. März 1955.) B. KRAFT. 6328

Chemische Werke Albert (Erfinder: **Rüdiger Lothar von Reppert**), Wiesbaden, *Herstellung von Phosphatdüngemitteln mit einem Gehalt an organischer Substanz,* dad. gek., daß schwerlösl. Humusstoffe, wie Torf oder Klärschlamm, mit Rohphosphat, gegebenenfalls unter Zusatz weiterer, der Pflanzenernährung oder dem Pflanzenschutz dienenden Mittel, vermischt werden u. die Mischung anschließend dem Superphosphataufschlußprozeß unterworfen wird, wobei der Aufschluß mit H_2SO_4, gegebenenfalls unter Zusatz von HNO_3, erfolgt. N-, K-Verbb., Spurenelemente u. Schädlingsbekämpfungsmittel können der M. in fester oder fl. Form zugesetzt werden. Das Gemisch wird vor dem Aufschlußverf. vermahlen. Die Aufschlußprodd. werden granuliert. Das Gemisch enthält wertvolle kalkgesätt. Humus- u. Humustonkomplexe. (**D. B. P. 940 707** Kl. 16 vom 15/11. 1952, ausg. 22/3. 1956. Anmeldung bekanntgemacht 5/8. 1954.) H. KARST. 6283

Ruhrchemie Akt.-Ges. (Erfinder: **Franz Schaub** und **Adolf Schmatloch**), Oberhausen, *Einpuderung von körnigen Düngemitteln,* bes. von *Kalkammonsalpeter,* mit pulverförmigen Stoffen, bes. mit Kieselgur u./oder Kalkstaub in mehreren Phasen, dad. gek., daß ein Teil des Pudermittels vor der im Anschluß an die Fabrikation üblichen Einspeicherung u. der Rest des Pudermittels vor dem Versand des körnigen Düngemittels aufgebracht wird. Für die 1. Puderstufe wird Kalksteinmehl, für die 2. Kieselgur, gegebenenfalls künstlich gefärbt, verwendet. Auch eine umgekehrte Reihenfolge dieser Pudermittel oder die kombinierte Anwendung anderer pulverförmiger Stoffe ist möglich. Es kommen mineral. Düngemittel zum Versand u. in die Hände der Verbraucher, die frisch gepudert, lebhaft gefärbt u. gut lagerbeständig sind. (**D. B. P. 941 195** Kl. 16 vom 27/8. 1953, ausg. 5/4. 1956. Anmeldung bekanntgemacht 23/12. 1954.) H. KARST. 6291

Norddeutsche Affinerie (Erfinder: **Eberhard Klumpp**), Hamburg, *Herstellung von Spurenelementdüngemitteln* aus mit H_2SO_4, gegebenenfalls in Anwesenheit von B u./oder Mn enthaltenden Stoffen, aufgeschlossener Kupferschlacke, dad. gek., daß das Reaktionsprod. mit Kalk, Magnesit oder Dolomit oder dgl. in gebranntem oder ungebranntem Zustand umgesetzt wird. Die Menge des zur Umsetzung verwendeten Kalks bzw. MgO kann geringer bemessen werden, als sie der eingebrachten H_2SO_4 entspricht. Das Prod. enthält wasserarme Hydroxyde des 2wertigen Fe, Mn, Zn, Cu usw. bzw. bas. Salze dieser Metalle u. hochdisperse SiO_2, die eine bes. rasche Löslichkeit im Boden aufweisen. (**D. B. P. 940 470** Kl. 16 vom 21/2. 1953, ausg. 22/3. 1956. Anmeldung bekanntgemacht 5/8. 1954.) H. KARST. 6297

Röhm & Haas G. m. b. H. (Erfinder: **Gerhard Abel** und **Theodor Völker**), Darmstadt, *Bodenverbesserung.* Verwendung von Mischpolymerisaten der Acryl- oder/u. der Methacrylsäure mit Methacrylsäuremethylester nach D. B. P. 927 444, dad. gek., daß Polymerisate mit einem Mol.-Gew. von >300000, bes. von ca. $500000-1000000$, als Bodenverbesserungsmittel verwendet werden. Auf lehm- u. tonreichen Kulturböden wird eine erhebliche Steigerung der Bodenagglomeration erreicht, wie in einer Tabelle dargelegt ist. (**D. B. P. 941 671** Kl. 16 vom 18/7. 1953, ausg. 19/4. 1956. Anmeldung bekanntgemacht 20/10. 1955. **Zusatz zu D. B. P. 927 444; C. 1955. 10 363.**) H. KARST. 6303

Röhm & Haas G. m. b. H. (Erfinder: **Ernst Trommsdorff, Gerhard Abel** und **Theodor Völker**), Darmstadt, *Bodenverbesserungsmittel.* Verwendung von Mischpolymerisaten der Acryl- u. Methacrylsäure nach D. B. P. 927 444 als Bodenverbesserungsmittel, dad. gek., daß der nach dem D. B. P. 927 444 als Comonomeres zu verwendende Methacrylsäuremethylester durch ein Deriv. bzw. Derivv. der genannten ungesätt. Säuren u./oder durch andere ungesätt. polymerisierbare Verbb. ersetzt wird. Bes. geeignet sind Äthyl-, Butyl-, Propylester der Acryl- u. Methacrylsäure, Acrylsäuremethylester, Äthylglykolmethacrylat, Nitrile u. Amide der Methacrylsäure bzw. Acrylsäure u. Vinylchlorid. Die Mischpolymerisate weisen überlegene bodenverbessernde Wrkg. auf. (**D. B. P. 941 672** Kl. 16 vom 7/7. 1953, ausg. 19/4. 1956. Anmeldung bekanntgemacht 20/10. 1955. **Zusatz zu D. B. P. 927 444; C. 1955. 10 363.**) H. KARST. 6303

Hawaiian Development Co. Ltd., übert. von: **Francis E. Hance**, Honolulu, Terr. of Haw., V. St. A., *Korrosionsschutzmittel,* bestehend aus 1 (Teil) $Na_5P_3O_{10}$ u. 4 $Na_2CrO_4 \cdot 4H_2O$; dieses Gemisch wird in geringen Mengen (ca. 1%) *herbiciden* oder *fungiciden* Spritzlsgg. zum Schutze der Spritzgeräte zugesetzt. (**A. P. 2 728 652** vom 10/11. 1952, ausg. 27/12. 1955.) W. GRÄGER. 6313

Rohm & Haas Co., Philadelphia, Pa., V. St. A., *Fungicide Metallsalze.* Man läßt Äthylendiamin in wss. Lsg. mit CS_2 in Ggw. von NaOH reagieren, gibt zu der das gebildete äthylenbisdithiocarbaminsaure Na enthaltenden Lsg. die wss. Lsg. von $ZnCl_2$, erwärmt unter Rühren auf ca. 60°, läßt absitzen, gießt die überstehende Fl. ab, behandelt den Rückstand mit einer wss. Lsg. von Na-Naphthalin-formaldehydsulfonat, läßt wieder absitzen, gießt ab u. trocknet den Rückstand bei ca. 50°. Dem trockenen *äthylen-bis-dithiocarbaminsauren Zn* mischt man 1% Ca-Carbonat zu u. vermahlt das Gemisch zu einem feinen Pulver, dem Talk, Ton oder auch weitere fungicide Stoffe zugemischt werden können. An Stelle von $ZnCl_2$ können auch wasserlösl. Salze des Mn, Fe, Cu, Co, Ni, Pb, Bi, Cd, Hg verwendet werden. (**Belg. P. 523 686** vom 21/10. 1953, ausg. 3/2. 1956.) A. BRÖSAMLE. 6313

E. I. du Pont de Nemours & Co., übert. von: **Frederick J. Wolter**, Wilmington, Del., V. St. A., *Substituierte Harnstoffe.* Durch Rk. von p-Chlorphenylisocyanat mit $(CH_3)_2NH$ erhält man *3-(p-Chlorphenyl)-1.1-dimethylharnstoff.* Analog werden dargestellt: *3-(3'.4'-Dichlorphenyl)-*, *3-Phenyl-*, *3-(m-Chlorphenyl)-1.1-dimethylharnstoff*; *3-(3'.4'-Dichlorphenyl)-1-methyl-1-äthylharnstoff*, sowie ganz allgemein Verbb. der Formel I, wobei R CH_3 u. C_2H_5, R' H oder Alkyl C_{1-4}, R'' H oder CH_3, X u. Z H oder Halogen, YH, Halogen, Alkyl, Alkoxyl mit höchstens 3 C-Atomen bedeuten. — *Herbicide.* (**A. P. 2 726 150** vom 3/10. 1952, ausg. 6/12. 1955.) A. BRÖSAMLE. 6313

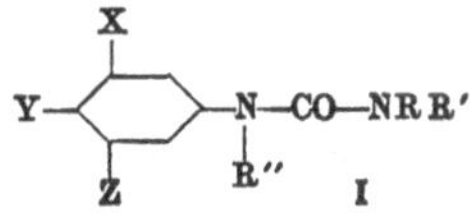

I

Allied Chemical & Dye Corp., New York, übert. von: **Everett E. Gilbert** und **George J. Sorma**, Flushing, N. Y., V. St. A., *Unsymmetrisch substituierte Harnstoffe.* Man setzt einen N.N'-Diarylharnstoff mit einem aliphat. prim. oder sek. Amin bei 300—500° um. Durch Rk. von N.N'-Diphenylharnstoff mit $(CH_3)_2NH$ erhält man *N-Phenyl-N'.N'-dimethylharnstoff*; aus N.N'-Di-(p-chlorphenyl)-harnstoff analog den *N-(p-Chlorphenyl)-N.N'-dimethylharnstoff* u. aus CH_3NH_2 u. N.N'-Di-(o-tolyl)-harnstoff den *N-(o-Tolyl)-N' methylharnstoff.* — *Unkrautvertilgungsmittel.* (**A. P. 2 729 677** vom 16/3. 1954, ausg. 3/1. 1956.) A. BRÖSAMLE. 6313

Standard Oil Co., Chicago, übert. von: **Alfred W. Weitkamp**, Lansing, Ill., V. St. A., *Harnstoffaddukte*, die sich bes. zur Herst. von *insekticid* u. *fungicid* wirksamer Emulsionen (für Pflanzen) eignen, erhält man durch Rk. von Harnstoff mit Estern aus mehrwertigen Alkoholen u. Carbonsäuren mit > 4-CH_2-Gruppen, wie Capronsäure, Pelargonsäure, Stearinsäure, Palmitinsäure, Linolensäure. Als Alkohole kommen bes. Äthylenglykol, Di- u. Triäthylenglykol, Butandiole, Glycerin u. Sorbit in Frage. Die Ester können noch freie OH-Gruppen enthalten. Beispiele: Diäthylenglykollaurat, Glycerinmonooleat. (**A. P. 2 727 025** vom 16/11. 1951, ausg. 13/12. 1955.) A. BRÖSAMLE. 6313

Columbia-Southern Chemical Corp., Allegheny County, Pa., übert. von: **Franklin Strain**, Barberton, O., V. St. A., *Isopropyl-N-chlorphenylcarbamate.* Durch Rk. von m-Chloranilin mit Isopropylchlorformiat in wss.-alkal. Lsg. erhält man *Isopropyl-N-(3-chlorphenyl)-carbamat*, F. 40,7—41,1°. Analog werden dargestellt: *Isopropyl-N-(2-chlorphenyl)-carbamat*; *Isopropyl-N-(2.5-dichlorphenyl)-carbamat*, F. 71—72°; *Isopropyl-N-(4-chlorphenyl)-carbamat*, F. 104—105°. — *Herbicide.* (**A. P. 2 734 911** vom 7/8. 1952, ausg. 14/2. 1956.) A. BRÖSAMLE. 6313

Dow Chemical Co., Midland, übert. von: **George W. Scoles**, Hemlock, Mich., V. St. A., *α.α-Dichlorpropionsaures Tri-n-butylamin* der Formel $CH_3 \cdot CCl_2 \cdot CO \cdot O \cdot NH(CH_2 \cdot CH_2 \cdot CH_2 \cdot CH_3)_3$; aus den Komponenten; wirkt *herbicid.* (**A. P. 2 700 678** vom 18/9. 1953, ausg. 25/1. 1955.) G. LANGER. 6313

Monsanto Chemical Co., St. Louis, Mo., übert. von: **Arthur H. Schlesinger**, Dayton, O., V. St. A., *Derivate des Thionaphthendioxyds* der allg. Formel I (R = Alkyl mit 1—5 C-Atomen). Man erhitzt die entsprechende Thionaphthenverb. in Eisessig mit H_2O_2. Hergestellt wird *3-Methoxymethylthionaphthendioxyd*, F. 145—147°. — *Herbicid.* (**A. P. 2 723 190** vom 26/9. 1951, ausg. 8/11. 1955.) K. FABEL. 6313

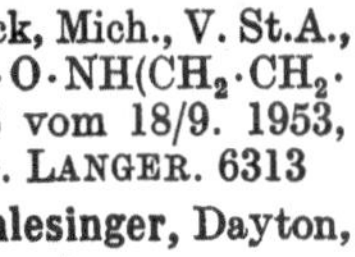

I

Monsanto Chemical Co., St. Louis, Mo., übert. von: **Arthur H. Schlesinger** und **David T. Mowry**, Dayton, O., V. St. A., *Derivate des Thionaphthendioxyds* der allg. Formel I (R = Alkyl mit 1—5 C-Atomen). Man erhitzt die entsprechend Thionaphthenverb. in Eisessig mit H_2O_2. Hergestellt wird *3-Acetylthionaphthendioxyd*, F. 148—149°. — *Herbicid.* (**A. P. 2 723 191** vom 26/9. 1951, ausg. 8/11. 1955.) K. FABEL. 6313

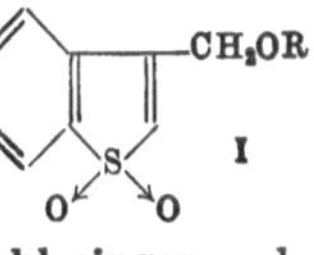

I

C. H. Boehringer Sohn, Ingelheim/Rh. (Erfinder: **Albert Boehringer, Ernst Boehringer, Julius Liebrecht** und **Ilse Liebrecht**), *Technisch reines, wenigstens 95%iges γ-Hexachlorcyclohexan* (I). Eine γ- u. andere Isomere enthaltende I-Mischung wird in einem niedermol. Alkohol mit 1—6 C-Atomen gelöst, dessen Kp. über den n. Kp. durch Druck u./oder Zusatz von bestimmten Stoffen (KW-stoffe, Aromaten, Halogen-KW-stoffe, Halogenaromaten, Phenole, Phenoläther, cycl. Ketone, Terpene, Carbonsäureester, Phthalate, Trichlorbenzol, Xylol, Cyclohexanon) erhöht wird. Die Lsg. wird bei dem erhöhten Kp. mit der Isomerenmischung gesätt. u. dann auf eine Temp. abgekühlt, bei welcher das γ-I auskrist., die anderen Isomeren aber in Lsg. bleiben. Wird der Kp. von Methanol z. B. von 66° auf 71° bzw. 74° durch Druck erhöht, so steigt die Löslichkeit der Isomerenmischung von 41 auf 55 bzw. 58%. Die Isomerenmischung soll zweckmäßig $<$ 5% δ-I enthatlen. – 100 (Teile) eines δ-freien I, mit 61,5% γ-I werden mit einer Mischung aus 60 Methanol u. 10 Trichlorbenzol erhitzt, Kp. 68°. Die entstandene 53%ig. Lsg. wird nach dem Abtrennen vom Unlösl. auf 40° abgekühlt. wodurch 32 eines 95%ig. γ-I erhalten werden. Die zurückbleibende 40%ig. Mutterlauge enthält noch 26,5% γ-I. Diese kann zur weiteren fraktionierten Kristallisation verwendet werden. – Löslichkeitsdiagramm. (**E. P. 730 915** vom 23/2. 1953, ausg. 1/6. 1955. D. Prior. 23/2. 1952.) G. KRAUSS. 6313

Arvey Corp., übert. von: **Alexander Winterstein**, Chicago, Ill., V. St. A., *1.2.5.6-Tetrahydro-2.5-endomethylen-2.3.4.5.7.7-hexachlorbenzylallylsulfid* $C_{11}H_{10}Cl_6S$, Kp.$_{0,3}$ 144–145°; erhält man durch Erhitzen von $^1/_2$ (Mol) Hexachlorcyclopentadien mit $^1/_2$ Diallylsulfid auf 130–160° nach DIELS-ALDER, zweckmäßig in Ggw. eines Lösungsm., gegebenenfalls auch unter Druck. – *Aphicid*, bes. gegen *Aphis gossypii*. (**A. P. 2 676 130** vom 25/11. 1952, ausg. 20/4. 1954.) G. KRAUSS. 6313

Murphy Chemical Co. und **Max Pianka**, Wheathampstead, Hertfordshire, England, *Bis-(dimethylamino)-fluorphosphinoxyd* (I) erhält man durch Rk. der entsprechenden Cl-Verb. mit einer wss. Lsg. eines Alkali- oder NH_4-Fluorids, das in W. ohne Säurebldg. lösl. ist, in Ggw. eines inerten, mit W. nicht mischbaren Lösungsm. für I. – Zu 80 (g) NH_4F in 90 W. gibt man 42,3 Bis-(dimethylamino)-chlorphosphinoxyd in 372 Toluol innerhalb 40 Min. unter starkem Rühren bei Raumtemperatur. Man erhitzt $5^1/_2$ Std. auf 80–86°. Die Toluolschicht wird abgetrennt u. Toluol bei 40 mm Druck u. bei Tempp. bis 100° abdestilliert. Man erhält I in 40%ig. Ausbeute als Öl. – *Insekticid*. (**E. P. 742 699** vom 11/7. 1952, ausg. 30/12. 1955.) J. MÜHLEISEN. 6313

Ciba Akt.-Ges., Basel, Schweiz, *Phosphor und Halogen enthaltende organische Verbindungen* in Form von Ölen erhält man durch Rk. von Phosphiten u. Cl-haltigen organ. Verbb. im Mol-Verhältnis 1:1, zweckmäßig in Ggw. von inerten Lösungsmitteln, wie Bzl., Ae., Toluol, Dioxan u. Hexan. – Beispiele: a) $(C_2H_5O)_2P(:O)$–Cl_2C–CHO, Kp.$_{0,05}$ 85–86°, aus $P(OC_2H_5)_3$ (I) u. Chloral (II); b) analog die entsprechende *Methoxyverb.*, Kp.$_{0,2}$ 85–87°; c) *Isopropoxyverb.*, Kp.$_{0,1}$ 96–97°, d) $(C_2H_5O)_2P(:O)$–$C(Cl)H$–CO–$CHCl_2$, Kp.$_{0,2}$ 134–135°, aus I u. 1.1.3.3-Tetrachloraceton; e) $(C_2H_5O)_2P(:O)$–$C(Cl)H$–CO–CH_3, Kp.$_{0,08}$ 74–75°, aus I u. 1.1-Dichloraceton; f) ein Öl mit Kp.$_{0,02}$ 124–125° aus I u. Pentachloraceton; g) $(CH_3O)_2P(:O)$–CCl_2–CO–C_6H_4–CH_3, Kp.$_{0,03}$ 151–152°, aus $P(OCH_3)_3$ u. 4-Methyl-ω-trichloracetophenon; h) die analoge *Äthoxyverb.*, Kp.$_{0,06}$ 159–160°; i) $(C_2H_5O)_2P(:O)$–CCl_2–CO–C_6H_4–Cl, Kp.$_{0,05}$ 170°, aus I u. 4-Chlor-ω-trichloracetophenon; k) $(C_6H_3Cl_2O)(C_2H_5O)P(:O)$–$CCl_2$–$CHO$, aus 2.4-Dichlorphenyldiäthylphosphit u. II; l) $[(C_2H_5)_2N]_2$ $P(:O)$–CCl_2–CHO, aus II u. $[(C_2H_5)_2N]_2P(OC_2H_5)$ m) $(C_2H_5O)_2P(:O)$–$C(Cl)(CHCl$–$CH_3)$–CHO, aus I u. Butylchloral; n) $(C_2H_5O)_2P(:O)$–CCl_2–$CONH_2$ aus I u. Trichloracetamid; o) $[C_6H_5N(CH_3)](C_2H_5O)P(:O)$–$CCl_2$–$CHO$ aus II u. C_6H_5–$N(CH_3)$–P–$(OC_2H_5)_2$; p) $(C_2H_5O)_2P(:O)$–CCl_2–$COOCH(CH_2Cl)_2$, Kp.$_{0,4}$ 148°, aus I u. Trichloressigsäuredichlorisopropylester; q) $(C_2H_5O)_2P(:O)CCl_2$–$CSOC_2H_5$, Kp.$_{0,2}$ 117–119°, aus I u. Trichlorthioessigsäureäthylester; r) $(C_2H_5O)_2P(:O)$–CCl_2–$COOR$ (R = Isobornyl), aus I u. Trichloressigsäureisobornylester; s) $[(C_2H_5)_2N]_2P(:O)$–CCl_2–$COOC_2H_5$, Kp.$_{0,1}$ 69°, aus $[(C_2H_5)_2N]_2P(OC_2H_5)$ u. Trichloressigsäureäthylester. – *Insekticide*. (**Schwz. PP. 310 394, 310 395, 310 396, 310 397, 310 398, 310 399, 310 400, 310 401, 310 402, 310 403, 310 404, 310 405, 310 406, 310 407, 310 408, 310 409, 310 410** u. **310 412** vom 25/9. 1951, ausg. 16/12. 1955. **Zusätze zu Schwz. P. 300 840; C. 1955. 4919.**)
J. MÜHLEISEN. 6313

Farbenfabriken Bayer, Leverkusen (Erfinder: **Gerhard Schrader**, Opladen), *Herstellung von Derivaten der Cyanphosphonsäure* der allg. Formel ArP(:O)X(CN), in der Ar für einen aromat. Rest u. X für OR oder NR_1R_2 steht, wobei R, R_1 u. R_2 beliebige aliphat. KW-stoffreste bedeuden, dad. gek., daß aromat. Phosphonigsäureester oder -esteramide mit Halogencyanen, zweckmäßig in Ggw. eines indifferenten Lösungsm., bei Zimmertemp. umgesetzt werden. Durch Rk. von Phenylphosphonigsäureäthylester-dimethylamid mit BrCN in Ae. erhält man nach Abdest. des Ae. u. Dest. des Rückstandes bei 1 mm Druck *Phenylphosphonsäurecyandimethylamid* vom Kp.$_1$ 155°. Analog erhält man *4-Chlorphenylphosphonsäurecyanäthylester*. Kp.$_{0,5}$ 140°; *4-Chlorphenylphosphonsäurecyandimethylamid*, Kp.$_2$ 161°; *Phenylphosphonsäurecyanäthylester*, Kp.$_1$ 150°. – *Insekticide*. (**D. B. P. 938 187** Kl. 12o vom 24/12. 1952, ausg. 26/1. 1956. Anmeldung bekanntgemacht 4/8. 1955.) J. MÜHLEISEN. 6313

Hercules Powder Co., Wilmington, übert von: **William R. Diveley**, Newark, Del., V. St. A., *1.4-Dioxanderivate* der allg. Formel **I** (R = niedriges Alkyl). Man setzt p-Dioxan oder 2-Halogen-1.4-dioxan mit O.O-Dialkyldithiophosphorsäureestern um. Beispiele für die Herst. der Verbb. mit $R = CH_3$, C_2H_5, n-C_3H_7, *iso*-C_3H_7 *u. sek.*-C_4H_9. — *Pesticide*. (**A. P. 2725327** vom 30/8. 1954, ausg. 29/11. 1955.) K. FABEL. 6313

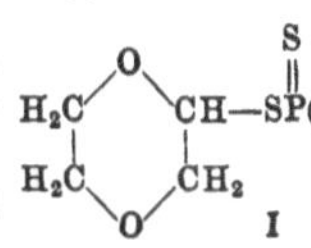

VIII. Metallurgie. Metallographie. Metallverarbeitung.

R. H. Jacoby und **M. Petty**, *Die Praxis der feuerfesten Stoffe im elektrischen Stahlschmelzofen mit saurem Futter.* Beschreibung des Aufbaus bes. der feuerfesten Auskleidungen u. Leitungen von Schmelzöfen. — Aussprache. (Trans. Amer. Foundrymen's Soc. **58.** 359—64. 1950. East St. Louis, Ill., Key Co.) W. WESLY. 6370

R. I. Taylor, *Wie wird ein Kupolofen durch ein im Schacht angebrachtes Thermoelement überwacht?* Beschreibung von Eichung, Einbau, Ablesung u. Berichtigung von registrierenden Thermoelementen u. der auf Grund der Aufzeichungen zu treffenden Regelung der Kokszufuhr. (Amer. Foundryman **22.** Nr. 6. 46—49. Dez. 1952. Suffolk, Suffolk Iron Foundry Ltd.) W. WESLY. 6372

M. Ja. Osstrouchow, *Einfluß des Koksumlaufs auf den Brennprozeß im Hochofen.* Die an verschied. Hochöfen vorgenommenen Unterss. über die Zus. des Gases u. die Temp. in der Oxydationszone zeigten, daß die Zirkulation des Kokses von wesentlichem Einfl. auf den Verbrennungsprozeß ist. Das Diagramm für den %-Geh. an O_2, CO_2 u. ΣO_2 in Abhängigkeit von Abstand von der Windform zeigt 2 Maxima auf der CO_2-Kurve, zwischen denen der O_2-Geh. erhöht ist. An der Grenze der Oxydationszone verschwindet O_2; CO_2 nimmt rasch zu, dann rasch ab, begleitet von einer raschen Zunahme von CO. Die Tempp. der Oxydationszone stehen im guten Einklang mit den Veränderungen der Gaszusammensetzung. Aus den Ergebnissen ist zu schließen, daß die Verbrennung im Hochofen im Windstrom stattfindet, wo die Kohle schwebt, nicht in der Schicht, wie bisher angenommen wurde. (Известия Академии Наук СССР, Отделение Технических Наук [Nachr. Akad. Wiss. UdSSR, Abt. techn. Wiss.] **1955.** Nr. 4. 143—44. April.) O. LEBTAG. 6372

W. D. Latiano, *Ziegel aus Siliciumkarbid verlängern die Lebensdauer von Staubabscheidern.* Die Wände der Staubabscheider von Erzsintermaschinen sind starkem Verschleiß unterworfen. Auskleidung mit Ziegeln aus SiC setzt den Verschleiß herab. (Iron Age **174.** Nr. 24. 160—61. 9/12. 1954.) F. VIER. 6378

R. L. Wood und **D. von Ludwig**, *Die beim Preßguß zu beobachtenden kritischen Faktoren.* Beschreibung der die Güte von Preßguß beeinflussenden Faktoren (Herst. u. Schmelzen der Legierungen, Gußverff., Putzen, Richten, Bearbeiten u. Prüfen der Gußstücke). (Iron Age **166.** Nr. 3. 92—96. 20/7. 1950. Brooklyn, N. Y., Arwood Precision Casting Corp.; Philadelphia, Pa., Vacuum Casting Corp.) W. WESLY. 6382

L. W. Pateman und **J. B. Rait**, *Einige Fortschritte in der Kunst des Formgießens der Metalle und Legierungen.* Überblick bes. über die Herst. u. Prüfung von *Stahl*formguß. Spezialverff., wie Präzisionsguß nach dem Wachsausschmelzverf., der Kokillenformguß u. Schleuderguß, werden im Einzelnen beschrieben. Die jüngsten Fortschritte in den klass. Verff. des Formgusses u. des Stückgusses, z. B. die Anwendung von Abschlagtrichtern, von exotherm. Werkstoffen, Formguß u. Sandkernen mit Kunstharzbindemitteln, werden ebenfalls behandelt. — 34 Schrifttumsangaben. (Rev. Métallurgie **52.** 33—46. Jan. 1955.) H. HOCHSTEIN. 6382

G. B. Nyselius, *Zink- und Aluminiumspritzgießereianlage.* (Iron Age **174.** Nr. 10. 108—11. 2/9. 1954. Stamford, Conn., Mt. Vernon Die Casting Corp.) F. VIER. 6382

B. Seweryński und **T. Wlazińska**, *Der Prozeß der Erzpellitisierung.* In Anlehnung an die Arbeit von ILOMONI u. TIGERSCHIÖLD (Jernkontorets Ann. **134.** [1950.] 4. 135) wird die Theorie der Pellet-Bildung aus Erzkonzentraten u. ä. erläutert. In eigenen Verss. wird die Abhängigkeit der Druck- u. Schlagfestigkeit von Pellets aus Magnetitkonzentrat (Korngröße $\leqq$ 0,5 mm), Hämatit ($\leqq$ 1 mm), Pyritabbrand ($\leqq$ 0,7 mm) u. Hochofenstaub ($\leqq$ 1 mm) von der Korngröße, der Korngestalt u. Bindemitteln mit koll. Eigg. gezeigt. (Prace Inst. Ministerstwa Hutnictwa **7.** 24—29. 1955.) F. URBAN. 6390

B. Seweryński und **T. Wlazińska**, *Der Härtungsvorgang bei Eisenerzpellets.* Vff. untersuchen mkr. u. thermodynam. die physikal. u. chem. Veränderungen bei der Härtung. Es zeigt sich, daß CaO-Zusatz nur geringen Einfl. auf die Festigkeit der gebrannten Pellets aus Magnetit u. Hämatit hat, dagegen ermöglicht er die Herst. solcher aus Pyritabbränden. Außerdem erniedrigt er die Brenn-Temp., verkleinert aber den Temperaturbereich des Vorganges, da sich leicht schmelzende Ca-Silicate bilden. (Prace Inst. Ministerstwa Hutnictwa **7**. 30–34. 1955.) F. URBAN. 6390

J. H. Kelley, *Entwicklung der Verwendung von Koksofengas im Siemens-Martinofenbetrieb des Sparrows Point-Werkes der Bethlehem Steel Co.* (Blast Furnace Steel Plant **40**. 773–78. Juli 1952. Bethlehem, Pa., Bethlehem Steel Co.) J. PAHL. 6408

H. F. Bishop und **W. S. Pellini**, *Der Beitrag der Steiger- und Abschreckkanten-Wirkung zur einwandfreien Beschaffenheit von Stahlgußplatten.* Die die Erstarrung von Stahlgußplatten beeinflussenden Faktoren, bes. die Einfll. des Steigers u. der Abschreckkanten, werden untersucht. Röntgenograph. u. Wärme-Unterss. verfolgen den Verlauf der Erstarrung u. geben Aufschluß über die Beschaffenheit des Gußstückes. Die Ergebnisse werden in zahlreichen Zahlentafeln u. Abb. wiedergegeben. — Diskussion. (Trans. Amer. Foundrymen's Soc. **58**. 185—97. 1950. Washington, United States Naval Res. Labor., Metal Processing Branch.) W. WESLY. 6408

S. Piérard und **P. Flament**, *Desoxydation im basischen Lichtbogenofen.* Bei der Desoxydation eines *Stahl*schmelzbades durch Ferromangan u. der zugehörigen Schlacke durch Koks können sehr niedrige O_2-Gehh. in der Größenordnung vom $10 \cdot 10^{-3}$ % O_2 nicht erreicht werden. Es wird festgestellt, daß die Oxyde vom Fe u. Mn nicht die einzigen reduzierbaren Bestandteile in den Schlacken sind; die CaO-Silicate können ebenfalls red. werden u. das dabei frei werdende Si wird an das Bad zurückgegeben. Die %-Gehh. des Schmelzbades an Si, Mn u. O_2 entsprechen dem Syst. Fe–Mn–Si–O, in Ggw. von sauren Schlacken FeO–MnO–SiO_2. CaO dient nur zum Binden der sauren Schlackenbestandteile. Bei einer Desoxydation durch Al werden sehr niedrige O_2-Gehh. erreicht. Außerdem werden dadurch den Stählen gute Festigkeitseigg. bes. eine hohe Kerbschlagzähigkeit, erteilt. — Diskussion. 10 Schrifttumsangaben. (Rev. Métallurgie **52**. 5–27. Jan. 1955.) H. HOCHSTEIN. 6408

M. Roš, *Bewehrungsstähle für Eisenbeton.* Die für Spannbeton oder n. Eisenbeton zu verwendenden Stähle müssen hohe Elastizitätsgrenzen u. Ermüdungsfestigkeit sowie gute Haftfähigkeit am Beton aufweisen. Es wird eine Klassifizierung der bisher verwendeten Stähle mit ihren Eigg. gegeben. — Schrifttumsangaben. (Rev. Métallurgie **52**. 105–15. Febr. 1955.) H. HOCHSTEIN. 6408

C. Nusbaum und **William Brenner jr.**, *Die Zonenwalztextur von bei verschiedenen Temperaturen kaltgewalztem niedriggekohltem Stahl.* Die in warmgewalzten Proben entwickelte Textur (I) ist ihrer Natur nach zonenförmig. An der Oberfläche eines über 205° gewalzten Bandes aus niedriggekohltem Stahl entsteht eine **I** von der Art (110) [001]. Die im Bandkern entstehende **I** ist von der Art (0 0 1) [1 1 0], welche der üblichen Kaltwalztextur entspricht. In der Ebene 25% unterhalb der Bandoberfläche findet der Übergang von der erstgenannten zu der an zweiter Stelle genannten **I** statt. Dieser Übergang kann als eine Drehung der Kristallflächen um eine Achse in der Walzebene betrachtet werden. — Schrifttumsangaben. (Trans. Amer. Soc. Metals **47**. 715–26. 1955.) H. HOCHSTEIN. 6408

Hugh Muir, **B. L. Averbach** und **Morris Cohen**, *Die Elastizitätsgrenze und das Streckgrenzen-Verhalten von gehärteten Stählen.* Beschrieben wird ein Verf. von hoher Spannungsempfindlichkeit für die Unters. der Elastizitätsgrenze (I) u. des Fließbeginns wärmebehandelter Stähle. Die hiermit gemessene **I** ist der Spannungäquivalent, oberhalb der eine zunehmende bleibende Verformung bei wiederholter Zugbelastung bis zu einer gegebenen Spannungshöhe auftritt. Ein diskontinuierliches Fließen wird bei solchen Stählen beobachtet, die bei höheren Tempp. angelassen sind; jedoch geht eine beträchtliche bleibende Verformung der Streckgrenze voran. Die **I** u. andere Zugfestigkeitswerte werden für Stähle mit 0,20, 0,41 u. 0,82% C als eine Funktion der Anlaßtemp. angegeben. In den gehärteten Stählen sind die Werte für die **I** bemerkenswert niedrig, jedoch nehmen sie beim Anlassen bei 260—370° zu u. fallen wieder ab beim Anlassen bei 705°. Außer beim Auftreten von Sprödbruch nehmen die Streckgrenze, Zug- u. Bruchfestigkeit im allg. mit abnehmender Härte bei steigender Anlaßtemp. ab. — 11 Schrifttumsangaben. Diskussion. (Trans. Amer. Soc. Metals **47**. 380—407. 1955.) H. HOCHSTEIN. 6408

E. J. Paliwoda, *Der Einfluß der chemischen Zusammensetzung auf die Bearbeitbarkeit von einem an Phosphor wieder angereicherten Siemens-Martin-Schraubenstahl.* In *C-1213* Stählen (0,08–0,13 [%] C, 0,78–1,06 Mn u. 0,25–0,36 S) üben C u. Si einen deutlichen Einfl. auf die Bearbeitbarkeit (I) aus. Zunehmende C- u. Si-Gehh. wirken sich nachteilig auf die spanabhebende **I** aus u. begünstigen die Bldg. von gestreckten Sulfideinschlüssen. Höhere S-Gehh. haben einen schwachen, günstigen Einfl. auf die **I** von im Siemens-Martin-Ofen an P angereichertem Schraubenstahl. Die Hauptvorzüge hinsichtlich der I durch S werden durch die Natur der Sulfideinschlüsse bedingt. Kleinere Veränderungen in den Mn-, P- u. N-Gehh. üben in dieser Beziehung keinen Einfl. aus. Eine Regelung der C-, Si- u. S-Gehh. scheint die wirkungsvollste Maßnahme zur Verbesserung der Bearbeitungsgleichmäßigkeit des rückgephosphorten Schraubenstahls zu sein. – 12 Schrifttumsangaben. Diskussion. (Trans. Amer. Soc. Metals **47**. 680–91. 1955.) H. HOCHSTEIN. 6410

W. G. Patton, *Verbesserung der Festigkeit und der Stabilität von Magnetstählen durch Kaltbehandlung.* Die Anwendung einer Niedertemperaturbehandlung fördert die gleichmäßige Qualität der Magnetstähle (1,05–1,50 [%] C, fast 8 Co, Cr u. Mo) für Geschwindigkeitsmesser u. trägt zur Stabilisierung der Magnete im Betrieb bei. Eine Spannungsentfernung bei 200° F nach der Kaltbehandlung bei – 120° F erhöht ferner noch die Stabilität des Magneten. (Iron Age **173**. Nr. 24. 156–58. 17/6. 1954.) H. HOCHSTEIN. 6410

A. E. Nehrenberg, Peter Payson und **Peter Lillys**, *Der Einfluß von Kohlenstoff und Stickstoff auf die erreichbare Härte martensitischer Stähle.* Die Höchsthärte, welche in Stählen mit 0,035–0,15% C nach einer Härtebehandlung auf vollmartensit. Gefüge in Abwesenheit von Restcarbiden u. Restnitrid erreichbar ist, ist sowohl vom N- als auch vom C-Geh. abhängig. Es wird eine Gleichung aufgestellt u. erörtert, welche die Beziehungen zwischen der erreichbaren Härte u. dem C- u. N-Geh. im Bereich von 0,035 bis 0,5% C u. 0,01–0,3% N angibt. Obwohl der Cr-Geh. von 0,5–15,5% in Stählen mit 0,035–0,16% C schwankte, läßt sich ein Einfl. dieser Veränderungen im Cr-Geh. auf die erreichbare Härte nicht feststellen. — Schrifttumsangaben. (Trans. Amer. Soc. Metals **47**. 785–93. 1955.) H. HOCHSTEIN. 6410

M. H. Jones, D. P. Newman, G. Sachs und **W. F. Brown jr.**, *Die Einflüsse einer Veränderung im Normalisierungs- und Anlaßvorgang auf die Spannungs-Bruchfestigkeit, die Kriechversprödung und Kerbempfindlichkeit für einen Cr–Mo–V-Stahl und einen Stahl mit 17% Cr, 4% Ni und 4% Cu.* Durchgeführt wird eine systemat. Unters. des Einfl. von mehreren Wärmebehandlungsmaßnahmen auf die Kerbempfindlichkeit, Bruchfestigkeit u. Kriechversprödung eines Stahles mit 0,33(%) C, 1,23 Cr, 0,23 Ni, 0,53 Mo, 0,57 Mn, 0,68 Si, 0,16 Cu, 0,24 V u. Rest Eisen sowie eines Stahles mit 0,05 C, 17,86 Cr, 4,43 Ni, 0,64 Mn, 0,33 Si, 3,91 Cu, 0,36 Nb u. Rest Eisen. Die Unterss. zeigen, daß beide Stähle in ihrer Kerbempfindlichkeit u. Kriechversprödung stark von Abänderungen in der Wärmebehandlung abhängig sind. Diese Eigg. werden beim erstgenannten Stahl durch eine Normalisierung (I) bei Tempp. oberhalb von 940° erhöht u. durch eine I bei geringeren Tempp. erniedrigt. Versprödungsgefüge, wie sie durch I bei zu hohen Tempp. erhalten werden, können durch eine nochmalige I bei niedrigeren Tempp. verbessert werden. Eine Zunahme der Anlaßtemp. verringert in beiden Stählen die Kerbempfindlichkeit u. die Festigkeit. Die Kriechversprödung u. Kerbempfindlichkeit des bei hohen Tempp. normalisierten Cr–Mo–V-Stahles wird von einem Carbidgefüge begleitet. Die Carbidausscheidung aus dem Ferrit kann entweder während des Anlassens oder während der Kriechprüfung auftreten. Wenn die Ausscheidung während der Prüfung auftritt, ist ihr Einfl. auf die Versprödung u. die Kerbempfindlichkeit wesentlich größer als bei einem Auftreten während des Anlassens. — 17 Schrifttumsangaben. Diskussion. (Trans. Amer. Soc. Metals. **47**. 926–56. 1955.) H. HOCHSTEIN. 6410

—, *Vanadiumhaltige, hochwertige, schweißbare Stähle.* (Vgl. C. **1956**. 556.) Unterss. über die Möglichkeit des Ersatzes von Mo durch V. Die Stähle enthielten 0,13–0,17 (%) *C*, 0,80–1,0 oder 1,0–1,2 *Mn*, 0,3 max. *Si*, 0,035 max. *S*, 0,035 max. *P*, 0,5–0,7 oder 0,2 max. *Ni*, 0,8–1,0 oder 0,5–0,7 *Cr*, 0,20 bis 0,25 *Mo*, wobei Mo ganz oder teilweise durch 0,10–0,15 versetzt war. Einfl. der Wärmebehandlung auf die mech. Eigg. von Stählen u. Blechen auf das Gefüge ergab bei ganzem oder teilweisem Ersatz von Mo durch ebensoviel V einige Verbesserungen der mechan. Eigg., bei Ersatz von Mo durch weniger V dieselben oder schlechtere mechan. Eiggenschaften (Welding Res. **7**. 103r–107r. Okt. 1953. Staff B. S. A. Group Research Centre, Sheffield.) W. HAUG. 6410

C. F. Jatczak und **R. W. Devine jr.**, *Die Berechnung der Härtbarkeit in hochgekohlten legierten Stählen.* Der Einfl. von Mn, Si, Cr, Ni u Mo, einzeln oder zu mehreren, auf die Härtbarkeit von Stahl mit 1% C wurde mittels des Stirnabschreckverf. nach JOMINY bei Abschrecktempp. von 800–855° aus dem normalisierten oder zwecks Erzielung von körnigem Perlit geglühten Zustand untersucht. Ein empir. Verf. zur Berechnung der Härtbarkeit wird mitgeteilt, mittels dessen man die Härtbarkeit aus der Zus. mit einer Genauigkeit von etwa ± 10% für normalisierte u. mit ± 15% für geglühte Stähle voraussagen kann. — Schrifttumsangaben. Diskussion. (Trans. Amer. Soc. Metals. **47**. 748 bis 768. 1955.) H. HOCHSTEIN. 6410

Werner Köster und **Heinz Schmid**, *Über die Legierungsfähigkeit von Zink mit Wolfram und Molybdän.* Untersucht wird die Rk. von *W* u. *Mo* mit *Zn* zwischen 1100

u. 1350°, u. durchgeführt wird eine Analyse der Gefügebestandteile. Es zeigt sich, daß W u. Mo sich bei Tempp. bis 1350° nicht mit Zn legieren. Zn ist aber ein Lösungsmittel für Verunreinigungen von Mo. Die Wrkg. von Zn erfolgt dabei nur auf eine Tiefe von der Größe eines Kornes. Das Vorhandensein von Korngrenzenverunreinigungen bei gesintertem Mo ist wahrscheinlich, da derartige Verunreinigungen bei W eindeutig nachgewiesen wurden. — Schrifttumsangaben. (Z. Metallkunde **46.** 462—63. Juni 1955. Stuttgart, Max-Plank-Inst. für Metallforschung.) H. HOCHSTEIN. 6426

G. Heuser, *Erzaufbereitung, Verhüttung und Verarbeitung von Blei.* Überblick mit Schrifttumsangaben. (Metall **9.** 675—82. Aug. 1955. Düsseldorf.) F. VIER. 6430

Marston G. Fleming, *Wirkung der Alkalität auf die Flotation von Bleierzen.* Vergleichsverss. haben für die Arbeitsweise der Alkalidrücker in bezug zu dem angewendeten Sammlersystem keine allgemein gültige Regel ergeben. Nachstehende Verff. wurden untersucht. 1. Alkal. Drücken von Cerussit durch Lenkung der Carbonat-Ionenkonzentration. 2. Alkalizersetzung von Bleixanthat. 3. Alkalizersetzung von Sammlerüberzügen an Bleiglanzoberflächen. Die Begrenzung des p_H-Wertes u. der Einfl. der Temp. als Faktoren bei der Flotation werden erörtert. (Mining Engng. **4.** 1231—36. Dez. 1952.) W. HAUG. 6430

Konrad Bohnenkamp, Kurt Lücke und **Georg Masing,** *Messung der latenten Verformungsenergie an gezogenen Kupferdrähten.* Es wurde ein Differentialverf. mit indirekter elektr. Haupt- u. Zusatzheizung der Proben angewandt. Die nach verschied. Ziehgraden ermittelten Werte zeigten im Rahmen der Meßgenauigkeit, daß die latente Verformungsenergie bei Cu-Drähten schon nach einem dritten Ziehgang, bei einer Verformungsarbeit von ungefähr 12 cal/g, einen Sättigungswert von etwa 0,3 cal/g erreicht. Wesentlich höhere Werte wurden nur an Proben mit stärkeren Verunreinigungen beobachtet. Eine Zuordnung der Wärmeentw. zur Temp. (bei fester Aufheizgeschwindigkeit) blieb unsicher. Die stärkste Wärmeentw. fiel jedoch etwa mit dem Abfall der Streckgrenze u. des elektr. Widerstandes zusammen. Daneben zeigten alle Messungen auch schon einen Effekt vor der Rekristallisation. Die Erreichung eines Sättigungswertes u. das Auftreten einer Erholungswärme wird im Vgl. zu den Ergebnissen anderer Arbeiten diskutiert. 24 Schrifttumsangaben. (Z. Metallkunde **46.** 765—70. Okt. 1955. Göttingen, Universität.) H. HOCHSTEIN. 6432

J. W. Martin und **G. C. Smith,** *Der Einfluß einer inneren Oxydation auf die Dauerfestigkeit von Kupferlegierungen.* Vielkristalline u. Einkristallproben aus Cu, die nach einem bes. Innenoxydationsverf. mit feinverteilten nichtmetall. Phasen versehen waren, wurden unter Verwendung der Mikrotorsionsmaschine nach CHEVENARD hinsichtlich ihrer Dauerfestigkeitseigg. mit nichtoxydierten Proben verglichen. Die vielkristallinen innen oxydierten Proben sind durch eine geringe Dauerwechselfestigkeit mit intergranularem Bruch gekennzeichnet. Innen oxydierte Einkristalle haben eine größere Dauerfestigkeit als geglühte Einkristalle, wobei die Haltbarkeit von der Feinheit der Verteilung der inneren Oxyde abhängt. Je feiner die Verteilung der Oxydteilchen ist, desto länger ist die Haltbarkeit bei gegebener Beanspruchung. Die Teilchen wurden isoliert u. ihr Größenbereich durch eine Elektronen-Mikroskopunters. geschätzt. — 13 Schrifttumsangaben. (J. Inst. Metals **83.** 153—65. Jan. 1955.) H. HOCHSTEIN. 6432

M. Bourdier und **C. Lachaud,** *Die Wärmebehandlung.* Beschreibung der zur Wärmebehandlung von Cu u. Cu-Legierungen dienenden Öfen (Schmelz-, Heiz-, Anlaßöfen.) (Cuivre, Laitons, Alliages **1953.** Nr. 14. 5—13. Juli/Aug. Cégédur, Serv. techn.) W. WESLY. 6432

M. Bourdier und **C. Lachaud,** *Die Wärmebehandlung. Das Anlassen ohne Oxydation in überwachter Atmosphäre, das sogenannte Klar- oder Brillantanlassen.* Übersicht über die verschied., zum Anlassen dienenden Ofenarten u. Gase (C_3H_8, Wasserdampf, gecracktes NH_3), bes. die für die (Ausscheidungs-)Härtung von Cu-Legierungen angewandten Öfen. (Cuivre, Laitons, Alliages **1953.** Nr. 15. 11—18. Sept./Okt. Compagnie Générale du Duralumin et du Cuivre.) W. WESLY. 6432

Hugo Voßkühler, *Das Zeitstandverhalten des reinen und niedriglegierten Kupfers.* (Literaturübersicht.) Gegeben wird ein Überblick über das Zeitstandverh. von reinem u. niedriglegierten Cu an Hand von Veröffentlichungen. Die Versuchsunterlagen wurden nach Zeitdehngrenzen, Kriechgeschwindigkeitsgrenzen u. Zeitstand- bzw. Dauerstandfestigkeit ausgewertet. Tabellenmäßig wird ein Überblick über die untersuchten Werkstoffe mit Hinweisen gegeben, an welcher Stelle dieser Arbeit Einzelwerte zu finden sind. Aus zusammenfassenden Darstellungen ist zu erkennen, in wie weiten Grenzen das Zeitstandverh. durch Legierungszusätze u. Kaltverformung beeinflußt werden kann. — Schrifttumsangaben. (Z. Metallkunde **46.** 525—34. Aug. 1955. Ulm/Donau, Wieland-Werke Akt.-Ges.) H. HOCHSTEIN. 6432

R. K. Paddock, *Direktes kontinuierliches Kokillengießen von Magnesium erweist sich als brauchbar und wirtschaftlich.* Beschreibung einer kontinuierlich arbeitenden Kokillengießmaschine zum Gießen von Walzbarren aus Mg, die durch automat. arbeitende Kontrolleinrichtungen geregelt wird. (Iron Age **174.** Nr. 24. 149–51. 9/12. 1954. Madison, Ill., Dow Chemical Co.) F. VIER. 6444

G. L. Miller, *Doppelschmelztechnik verbessert die Homogenität und Reinheit von Zirkonium- und Titanbarren.* Das 1. Schmelzen wird im Lichtbogen unter Verwendung einer Abschmelzelektrode, die durch Pressen von Zr-Schwamm hergestellt wurde, durchgeführt. Als inertes Gas dient ein Gemisch von 80(%) He u. 20 Ar, das eine höhere Spannung erlaubt, als reines Ar u. einen stetigeren Lichtbogen ergibt als reines He. Der so hergestellte Barren wird in einem 2. Lichtbogenschmelzverf. als Abschmelzelektrode verwendet. Dabei wird im Vakuum gearbeitet. Die so hergestellten Barren sind homogen u. frei von Poren u. Verunreinigungen bis auf kleine Spuren von H. Das Verf. kann auch zur Herst. von Ti-Barren Anwendung finden. (Iron Age **174.** Nr. 13. 116–19. 23/9. 1954. Rainham, Essex, England, Murex Ltd.) F. VIER. 6456

J. H. Keeler, *Zugfestigkeitswerte von unlegiertem Zirkonium bei niedrigen und mäßigen Temperaturen.* Zunehmende Verformungsgeschwindigkeit, abnehmende Prüftempp., Reckspannung u. Rekristallisationskorngröße, streng ausgeprägte Vorzugsrichtung u. geringe Gehh. an O–N-Verunreinigungen (vom Lichtbogenschmelzen herrührend) erhöhen die wahre Betriebsfestigkeit von unlegiertem Zr. Eine Streckgrenze trat ebenfalls auf. Sie nahm mit zunehmender Korngröße u. abnehmender Temp. ab. Die Zugfestigkeit von stark kaltverformtem Zr bei u. oberhalb 200° scheint in gewissem Maße von der Erholung u. Streckalterung abzuhängen. — Schrifttumsangaben. Diskussion. (Trans. Amer. Soc. Metals **47.** 157–93. 1955.) H. HOCHSTEIN. 6448

Siegfried Valentiner, *Die Legierungen des Indiums. Mit einigen kritischen Bemerkungen zu dem Buch „Indium" von M. Th. Ludwick.* Eine Zusammenstellung der zahlreichen, bisher bearbeiteten bin. In-Legierungen zeigt die Analogien im Verh. von In gegenüber Elementen der gleichen Gruppe des Period. Syst. u. die noch vorhandenen Unsicherheiten. Über tern. Systeme mit einer In-Komponente liegt noch nicht sehr viel Material vor, so daß über den Einfl. von In auf bin. Systeme zusammenfassendes noch nicht gesagt werden kann. — 86 Schrifttumsangaben. (Z. Metallkunde **46.** 442–49. Juni 1955. Clausthal.) H. HOCHSTEIN. 6448

Franz Lihl, *Die Amalgame als Hilfsmittel in der metallkundlichen Forschung.* Nach Hinweis auf die bei der Aufstellung von Zustandsbildern metall. Systeme auftretenden Schwierigkeiten wird das Red.- u. Amalgam-Verf. erörtert, welche die direkte Gewinnung von Legierungen bei niedrigen Tempp. gestatten. Während das Reduktionsverf. in seiner Anwendbarkeit sehr beschränkt ist, kann das Amalgam-Verf. zur Unters. all der Legierungssysteme herangezogen werden, deren Komponenten Amalgam bilden. Dieses Verf. wird erörtert u. auf die Unters. einiger bin. Legierungssysteme angegeben. Die Ergebnisse zeigen, daß die Amalgamlegierungen (I) einem Gleichgewichtszustand entsprechen. Die Gleichgewichtstemp. ist von der Natur der im *Hg* suspendierten Kristallarten bzw. der Dissoziationstemp. etwaiger Hg-Verbb. abhängig. Sie liegt in den bisher untersuchten Systemen unter 300°, zum Teil unter 250°. Durch Wärmebehandlung der I gelingt es, Zustandsbilder, ausgehend von niedrigen Tempp., aufzubauen u. damit den Anschluß an das Schmelzdiagramm zu gewinnen. Da Phasen- u. Konzentrationsveränderungen im lockeren Pulver leichter möglich sind, lassen sich die Zustandsbilder schnell gewinnen. — 21 Schrifttumsangaben. (Z. Metallkunde **46.** 434–41. Juni 1955. Wien.) H. HOCHSTEIN. 6456

G. Arthur, *Veränderungen der Porosität und der Durchlässigkeit während der Sinterung von Kupferpulver.* Die Veränderungen der Porosität u. der Durchlässigkeit für Fll. von Cu-Pulver, das bei 1000° bis zu 100 Std. in einer H_2-Atmosphäre gesintert wird, werden gemessen u. hierbei die Einfll. der Teilchengröße u. -form bei Benutzung von elektrolyt. oder durch Zerstäuben hergestelltem Pulver mit einer Größe von 5–45 μ untersucht. Durch Anwendung eines die Imprägnierung der Proben mit Xylol betreffenden Verf. werden sowohl die untereinander verbundenen als auch die abgeschlossenen Porositäten (ε_1 bzw. ε_0) bestimmt. Es wurde gefunden, daß in gesinterten Proben mit u. ohne Vorverdichtung die Porosität in der Hauptsache untereinander verbunden ist. Während des Sinterns bleibt die nur ca. 2% ausmachende geschlossene Porosität prakt. konstant, während die andere abnimmt. Die Durchlässigkeit λ der lose gesinterten Proben nimmt mit abnehmender Porosität ab, ist jedoch bei Porositäten von 10% noch meßbar. Mit kalt verdichteten Preßlingen nimmt λ mit zunehmendem Verdichtungsdruck ab. Beim Sintern von vorverdichteten Proben nimmt λ zunächst zu u. danach mit abnehmender Porosität ab. Unter Verwendung der Beziehung von

KOZENY $S_0^2 = \varepsilon i^3/(1 - \varepsilon i)^2 k \lambda$ werden die Werte der spezif. Oberfläche S_0 aus den Untersuchungsergebnissen berechnet. Die Veränderung von S_0 in Abhängigkeit von εi wird erörtert u. mit den Werten von CLARK u. WHITE verglichen. — 14 Schrifttumsangaben. (J. Inst. Metals **83.** 329—36. März 1955.) H. HOCHSTEIN. 6474

P. H. Frith, *Dauerprüfungen an gewalzten legierten, im Elektroofen und Siemens-Martin-Ofen hergestellten legierten Stählen.* (Vgl. C. **1955.** 10849.) Im bas. Elektrolichtbogenofen, im sauren Elektrolichtbogenofen, im sauren Hochfrequenzofen sowie im sauren SIEMENS-MARTIN-Ofen wurden nach verschied. Verff. folgende Stähle erschmolzen: 1. 0,3 (%) C, 0,9 Cr, 0,2 Mo u. 3,5 Ni; 2. 0,3 C, 1,3 Cr, 0,35 Mo u. 3,8 Ni; 3. 0,3 C, 0,8 Cr, 0,45 Mo u. 2,5 Ni u. 4. 0,4 C, 0,8 Cr, 0,55 Mo u. 2,5 Ni. Von diesen Stählen wird nach Vergütung auf Zugfestigkeitswerte von 42, 56 u. 77 kg/mm² durch Großzahlunterss. die Dauerschwingfestigkeit ermittelt. Dieselbe wurde noch an folgenden nach verschied. Verff. hergestellten Stählen bestimmt: 1. 1 C, 1,5 Cr u. 0,1 Mo; 2. 0,9 C, 1,4 Cr mit oder ohne 2 Co; 3. 0,9 C, 1 Mn u. 0,9 Cr; 4. 0,9 C u. 1,5 Cr sowie 5. 1 C, 1,3 Cr u. 0,3 Ni. Diese Stähle wurden jedoch im Gegensatz zu den ersten auf eine Härte von 750 HV vergütet. Durch magnet., röntgenograph. u. metallograph. Unterss. wurden die zum Dauerbruch führenden Vorgänge ermittelt, wobei der Einfl. von nichtmetall. Einschlüssen bes. berücksichtigt wurde. (J. Iron Steel Inst. **180.** 26—33. Mai 1955. Bridol Aeroplane Co. Ltd.) H. HOCHSTEIN. 6480

Raymond Jacquesson und **Jack Manenc,** *Ätzfiguren durch anodischen Angriff.* Beschreibung eines anod. Ätzverf. für *Al* zur Best. der Kristallorientierung mittels verd. HCl an Stelle eines Gemischs von 3 Säuren. (C. R. hebd. Séances Acad. Sci. **230.** 959—60. 6/3. 1950.) W. KATZ. 6482

G. Nomarski und **A. R. Weill,** *Anwendung der Interferenzverfahren mit zwei polarisierten Lichtstrahlen auf die Metallographie.* Die Interferometrie mit polarisiertem Licht eignet sich bes. gut für die Beobachtung u. Messung von geringen Unebenheiten auf opt. ebenen Oberflächen. Das Prinzip der Differentialinterferometer wird besprochen. Als Anwendungsbeispiele werden behandelt die Unters. von Spiralen vom Siliciumcarbid-Einkristallen, deren Stufen sich über Bereiche von einigen zehn bis zu einigen tausend Ångström ausdehnen sowie die Analyse des Gleitens, der Zwillinge u. der Korngrenzen von elektrolyt. poliertem, schwach verformtem u. nicht geätztem α-Messing. — Schrifttumsangaben. (Rev. Métallurgie **52.** 121—34. Febr. 1955.) H. HOCHSTEIN. 6482

E. C. Sykes, V. J. Haddrell, H. R. Haines und **B. W. Mott,** *Elektrolytisches Poliergerät für metallographische Schliffproben.* Ein Gerät zum elektrolyt. Polieren von Schliffproben aus *Uran* ohne Bldg. von Fließlinien auf der Schliffoberfläche durch Konz. von Gasblasen in Richtung des Elektrolytflusses wird beschrieben. Das Poliergerät eignet sich auch für Schliffproben aus anderen metall. Werkstoffen, wie nichtrostendem *Stahl, Cu* u. *Mg.* — Schrifttumsangaben. (J. Inst. Metals **83.** 166—68. Jan. 1955. Harwell, Atomic Energy Research Establishment.) H. HOCHSTEIN. 6482

Heinz Jagodzinski, *Scharfe und diffuse Röntgenstrahlinterferenzen bei der Alterungshärtung.* Das Röntgenbeugungsproblem wird unter allgemeingültigen Gesichtspunkten nach der von EWALD begründeten u. HOSEMANN weiterentwickelten Meth. der FOURIER-LAPLACE-Transformationen behandelt. Die für alle Streudichtefunktionen gültigen Gesetzmäßigkeiten werden zusammengestellt. Unter der Annahme eines bestimmten %-Satzes von Fremdatomen u. einer willkürlich wählbaren α-priori-Wahrscheinlichkeitsverteilung der Verrückungen der Fremd- u. eines Teils der Wirtgitteratome läßt sich das Verh. der scharfen Interferenzen berechnen, ohne die Form u. Verteilung der Ausscheidungsbereiche zu kennen. Erst für die theoret. Deutung der diffusen Interferenzen geht die Struktur u. Verteilung der „Partikeln" ein. Die Berechnung der diffusen Interferenzen durch Zerlegung in Partikelstreuung u. Wechselwirkungsglieder wird durchgeführt u. die Gültigkeitsgrenzen der bisher üblichen Berechnungsverff. werden erörtert. — Schrifttumsangaben. (Z. Metallkunde **46.** 491—99. Juli 1955. Würzburg, Max-Planck-Inst. für Silicatforschung.) H. HOCHSTEIN. 6484

G. W. Seulen, *Induktionsheizung für Gesenkschmieden.* Verschied. Arten von Induktionsheizung für Schmiedeanlagen werden theoret. erläutert, ihre Vor- u. Nachteile erwogen u. prakt. an Hand von Diagrammen, Bildern und Tabellen gezeigt. (Metal Treatment Drop Forging **18.** 483—89. Nov. 1951.) H.-J. HEINRICHS. 6490

Henry J. Holquist, *Bleihaltiger Stahl verbessert die Bearbeitbarkeit.* Die Verwendung eines Stahles (SIEMENS-MARTIN-Stahl) mit 0,25% Pb in sehr fein verteilter Form bringt die Vorteile erhöhter Bearbeitungsgeschwindigkeit, erhöhter Standzeit des Werkzeuges u. besserer Oberflächengüte des Werkstückes. (Materials and Methods **33.** Nr. 2. 142. 144. 146. Febr. 1951. Joseph T. Ryerson & Son, Inc.) H. SPINDLER. 6490

Georg Dallmeyer, *Die Brauchbarkeit verschiedener Emulsionen beim Kaltwalzen von Bandstahl.* Als Beitrag zur in C. **1956.** 1436 referierten Arbeit von PANNEK wird die Frage erörtert, ob die Ergebnisse dieser Arbeit für „vergleichbare" Anlagen übertragen werden können. Die Frage wird bejaht mit der Möglichkeit einer Fortentw. der beiden bestbewährten Öle in Richtung einer Verbesserung der minderbewerteten Eigenschaften. Fraglich ist die Übertragung wegen der unterschiedlichen Betriebsbedingungen u. der unterschiedlichen Bewertungshöhe der einzelnen Eigg., bes. wenn die Prüfung noch auf Druckvermögen, Oberflächengüte, Lebensdauer der Emulsionsfüllung, Ölverbrauch u. Wasserverbrauch ergänzt wird. (Stahl u. Eisen **75.** 1119—20. 25/8. 1955.) H. HOCHSTEIN. 6490

O. H. C. Messner, *Zur Kaltwalzung der NE-Metalle. Gedanken zur Wahl der Verfahren und Einrichtungen.* Allg. Betrachtungen zum Problem des Metallwalzens. Vgl. der in den V. St. A. bzw. Kontinental-Europa üblichen Verff. u. Vorr. zur Kaltwalzung von Nichteisenmetallen u. Erörterung der Vorzüge einer universellen *Messing*-Kaltwalzwerksanlage auf Grund von Betriebsergebnissen. (Z. Metallkunde **46.** 475—86. Juli 1955. Zürich.) H. HOCHSTEIN. 6490

Q. D. Mehrkam, *Verbesserte Abschreckverfahren für das Warmbadhärten.* Der Vorgang der Zwischenstufenvergütung wird theoret. erläutert u. die Bedeutung der Zeit–Temp.-Umwandlungskurven für den prakt. Betrieb an Hand von prakt. Beispielen dargelegt. Hierbei wird gezeigt, daß das Warmbadhärten in Verb. mit einer Aufkohlung den Härtevorzug des Gutes vermindert. Als Vorzüge des Verf. werden ferner noch behandelt: die Erzielung einer höheren u. gleichmäßigeren Härte, Vermeidung von Härterissen, Zunderbldg. u. Entkohlung, Erhöhung der Zähigkeit u. Verformbarkeit des Werkstückes sowie die leichte Durchführbarkeit des Verfahrens. (Iron Age **174.** Nr. 18. 99—102. 28/10. 1954. Philadelphia, Ajax Electric Co. Inc.) H. HOCHSTEIN. 6492

D. C. G. Lees, *Bolzenschweißen von Aluminium–Magnesium-Legierungen.* Übersicht über Ausführung u. Eigg. von Bolzenschweißen. — Abbildungen u. Zahlentafeln. (Light Metals [London] **14.** 473. Sept. 1951. London, Aluminium Developm. Assoc.) W. WESLY. 6506

D. C. G. Lees, *Bolzenschweißen an Aluminiumlegierungen.* Beschreibung der Grundzüge, Ausführung u. Anwendung der Bolzenschweißung. (Einführung von Stiften oder Zapfen in Bleche ohne Verwendung von Bohrlöchern mittels Lichtbogenschweißung.) (Welding Metal Fabricat. **19.** 390—91. Okt. 1951. Aluminium Developm. Assoc.) W. WESLY. 6506

H. A. Horn, *Das Schmelzschweißen von Aluminiumknetwerkstoffen.* Al-Legierungen lassen sich um so schwieriger schweißen, je mehr Legierungsbestandteile sie enthalten. Eine Ausnahme macht *Silumin* mit hohem Si-Geh., da es eine eutekt. Legierung ist. Die Schweißmittel müssen, soweit sie Alkalichloride enthalten u. korrodierend wirken, sorgfältig entfernt werden. Ist das nicht möglich, müssen nichthygroskop. Schweißmittel verwendet werden, deren Wirksamkeit, bes. wenn sie größere Gehh. an Boraten aufweisen, durch Zusatz von komplexen Be-Fluoriden gesteigert werden kann. Das Verh. der Al-Knetlegierungen bei den verschied. Schweißverff. wird besprochen. — Schrifttumsangaben. (Metall **9.** 283—87. April 1955. Berlin.) F. VIER. 6506

K. Kaizik, *Aufgeschweißte Silberkontakte für Aluminiumleiter.* Das Aufschweißen von Ag-Schichten unmittelbar auf Al nach dem Schutzgasverf. führt zu korrosionsfesten, gut haftenden Verbindungen, die sich als Kontakte bei Hochstromschienen aus Al, bes. in Elektrolysebetrieben, bewährt haben. Sie zeichnen sich gegenüber *Cu*-Kontakten durch Fortfall der täglichen Putzarbeit u. Stromersparnisse aus. (Aluminium **31.** 344—45. Juli/Aug. 1955. München.) F. VIER. 6506

W. G. Patton, *Gewichtsersparnis und Verbesserung der Dauerfestigkeit kleiner Gegenstände durch Kugelstrahlen.* Viele kleine Flugzeugteile werden zur Verbesserung ihrer Dauerfestigkeit kugelgestrahlt. Hierzu gehören Federn, Fahrwerkszapfen, Zahnräder u. verschied. Schmiedestücke. Außerdem wird das Kugelstrahlen zum Formen oder Geraderichten von Teilen, wie Wellen, Getriebeteilen u. Strangpreßteilen, angewendet. (Iron Age **174.** Nr. 24. 152—53. 9/12. 1954.) H. HOCHSTEIN. 6510

W. G. Patton, *Biegsame elektronische Kontrolleinrichtungen verbessern das Läppen von Zahnrädern.* (Iron Age **174.** Nr. 13. 112—13. 23/9. 1954.) F. VIER. 6510

Jean Bigeon, *Das chemische Entzundern der Kupfermetalle.* Überblick über die Entzunderung von Cu, Messing, Bronze, Neusilber u. anderen Cu-Legierungen unter Zusatz von *Alkylarylsulfonaten*, CrO_3 oder *Chromaten*. Als ein neues Entzunderungsmittel wird $Fe_2(SO_4)_3 \cdot 9\,H_2O$ empfohlen. Als Ausgangslsg. wird eine 10%ig. Lsg. mit 1% H_2SO_4 verwendet, die auf 16° Bé eingestellt wird. Bei Erreichung von 1,083 muß erneut 1%

H_2SO_4 zugegeben werden. Beim spezif. Gewicht 1,091 ist die Beize unbrauchbar. Im Gebrauch rechnet man 200 g Salz auf 1 m² Oberfläche. Bei Cu-Legierungen ist ein Zusatz von CrO_3 empfehlenswert. Angaben über Betriebsanalysen u. Aufbereitung unbrauchbar gewordener Beizen. (Cuivre, Laitons, Alliages **1951**. 23–26. Juni/Juli. 21–25. Sept./Okt. 1951.) J. FISCHER. 6512

R. P. Nevers, R. L. Hungerford und **E. W. Palmer,** *Phosphorhaltige Kupferanoden geben glattere und stärkere Überzugsschichten.* Anoden aus handelsüblichem Cu mit 0,02–0,03% P eignen sich hervorragend zum elektrolyt. Abscheiden von Cu-Niederschlägen. Bei ihrer Verwendung bildet sich kein Anodenschlamm; Diaphragmen u. Anodensäcke sind daher nicht notwendig. Die Ndd. sind glatt u. in jeder gewünschten Stärke zu erhalten. Die Anode wird gleichmäßig abgetragen. Nahezu 100% des Anoden-Cu wird auf der Kathode abgeschieden. Der Elektrolyt bleibt lange Zeit klar. Der Verlust durch Anodenabfall ist sehr gering. Andere zur Desoxydation von Cu verwendete Zusätze führten zu einer starken Verschlammung der Bäder, wenn sie dem Cu im Überschuß über die für die Desoxydation erforderlichen Menge zugesetzt waren. Feinkörnige Anoden ergeben bessere Niederschläge. (Iron Age **174**. Nr. 7. 114–16. 12/8. 1954. Waterburg, Conn., American Brass Co.) F. VIER. 6516

W. Briese, *Kupferbäder.* Die Merkmale von KCN-Cu-Bädern u. ihre Anwendung werden beschrieben. Ihr Vorteil gegenüber sauren Cu-Bädern besteht darin, daß sie auch unedlere Metalle als Cu direkt zu verkupfern gestatten. (Metallwaren-Ind. Galvano-Techn. **45**. 65–67. Febr. 1954.) W. WESLY. 6516

A. Wogrinz und **G. Wolfram,** *Über die Stromausbeuten in galvanotechnischen cyanalkalischen Zink- und Cadmiumbädern.* Im Anschluß an die Arbeit von WOGRINZ (C. **1953**. 6966) werden die Stromausbeuten für je 4 verschied. Zn- u. Cd-Bäder tabellar. auf Grund eigener Verss. unter Angabe der Badzus. u. Badtemp. angegeben. (Prakt. Chem. [Wien] **4**. 38. Febr. 1953. Wien, TH, Elektrochem. Inst.) H. SPINDLER. 6516

W. H. Millward, *Elektrolytisches Aufbringen von Zink und Cadmium.* Beschrieben werden in der Praxis durchgeführte Verff. zur Herst. von elektrolyt. Cd- u. Zn-Überzügen auf *Stahl.* Zum Abscheiden von Cd wird ein Cyanidbad folgender Zus. verwendet: 6,0 (Oz/gal) [45 (g/Liter)] Cd als Metall, 19,0 (133) NaCN (Gesamtgeh.), 8,0 (60) Na_2SO_4, 0,25 (1,64) $NiSO_4$, 1,5 (11,2) Türkischrotöl u. 4,0 (30) NaOH. Die Stromdichte beträgt 25–30 A/sf (2,7–3,4 A/dm²), die Temp. 20–30°. Zn wurde aus einem Elektrolyten abgeschieden, der enthielt: 6,5 (49) Zn als Metall, 19 (133) NaCN (Gesamtgeh.), 16 (120) NaOH, 0,1 (0,75) Na_2S, u. einen Zusatz von Glanzmittel. Die Temp. betrug 40°, die Stromdichte 30–40 A/sf (2,7–4,3 A/dm²). (Plating **42**. 545–49. Mai 1955. Ashfield, Australien, Amalgamated Wireless.) F. VIER. 6516

Jason M. Zander und **Otto C. Linhart,** *Die Verlängerung der Lebensdauer eines Nickelbades durch Verwendung von Bariumperoxyd.* Die Einflüsse des Zusatzes von BaO_2 zu Ni-Bädern auf p_H u. $FeSO_4$-Geh. nach 1std. Erwärmung auf verschied. Tempp. werden in Zahlentafeln wiedergegeben u. Arbeitsanweisungen für die Verwendung von BaO_2. (Better Enameling **23**. Nr. 3. 6–7. 29–30. März 1952. Chicago, Ill., Vitreous Enamel Prod. Co.) W. WESLY. 6520

R. Scharfe, *Kaltgewalzte elektroverzinkte Bleche mit besonderer Oberflächenbehandlung.* Übersicht über Festigkeits- u. Güteeigg. sowie Verwendungszwecke. (Industrie-Anz. **77**. Nr. 21. 293. 15/3. 1955. Hamburg-Altona.) H.-J. HEINRICHS. 6522

W. Katz, *Aufbau und thermische Behandlung von Zinkschichten.* Die Korrosionsbeständigkeit von Zn-Überzügen wird bestimmt durch die gleichmäßige Dicke der Rein-Zn-Schicht. Beim Angriff durch W. ist der schichtenweise Aufbau des Überzugs durch die Legierungsphasen Zn/Fe von Bedeutung. Die stark streuend eingebaute ζ-Phase wird schneller angegriffen, während die höher Fe-haltigen Phasen beständiger sind. Durch Diffusionsverff. oder Glühbehandlungen nach dem schmelzfl. Überziehen können von den bei der Feuerverzinkung bekannten η-, ζ-, δ_1- u. Γ-Schichten die δ_1- u. Γ-Phase (21–28% Fe) in dickeren Schichten u. auch die höher Fe-haltigen Schichten der $\alpha + \Gamma$-Phase mit 64–68 Fe hergestellt werden. – Schrifttumsangaben. (Metall **9**. 652–55. Aug. 1955. Berlin, Bundesanstalt für mechan. u. chem. Materialprüfung.) F. VIER. 6522

B. Keysselitz, *Moderne Verfahren der Weißblechherstellung.* Berichtet wird über die elektrolyt. Verzinnung von Schwarzblech. (Metall **9**. 490–91. Juni 1955. Düsseldorf.) F. VIER. 6524

Edward A. Parker, *Elektrolytische Herstellung von Rhodiumüberzügen.* Untersucht wurde die elektrolyt. Abscheidung von Rh aus schwefelsauren Lsgg. in einer Dicke von 0,001–0,000001 in. (0,00254–0,000003 cm). Der Einfl. der Konz. von Rh u. Säure auf die Abscheidung wird untersucht. Verunreinigungen mit Cu, Cd, Pb, Ag u. Sn in

Konzz. von weniger als 0,035 g/gal (0,035 g/3,78 Liter) wirken schädlich, Ni-Verunreinigungen sind unschädlich. Die Reinigung von Rh-Lsgg. wird besprochen, die Wrkg. von Benetzungsmitteln erörtert. Für dünne Überzüge wurde ein Elektrolyt folgender Zus. entwickelt: 4 g Rh in Form von Sulfat, 100 ml H_2SO_4, mit W. bis auf 1 gal (4,55 Liter) auffüllen. Die Stromdichte beträgt 10–30 A/sf (1,08–3,4 A/dm²), die Badtemp. 110 bis 120° F (43–49° C). Für dickere Ndd. werden 8 g Rh als Sulfat bei sonst fast gleichen Bedingungen verwendet. Verff. zur Best. von Rh u. Säure im Elektrolyten werden angegeben. – Schrifttumsstellen. (Plating **42.** 882–92. Juli 1955.) F. VIER. 6526

René Audubert, *Mechanismus der Sauerstoffkorrosion.* Thermodynam. Ableitungen zur Korrosion von Metallen in Ggw. von O_2 u. Angabe des Mechanismus. (C. R. hebd. Séances Acad. Sci. **234.** 1448–50. 31/3. 1952.) W. KATZ. 6538

Ludwig Graf und **Jürgen Budke,** *Zum Problem der Spannungskorrosion homogener Mischkristalle.* 3. Mitt. *Abhängigkeit der Spannungskorrosionsempfindlichkeit von Kupfer-Gold- und Silber-Gold-Mischkristallen vom Goldgehalt und Zusammenhang mit dem „Mischkristalleffekt“.* (2. vgl. Z. Metallkunde **44.** [1953.] 302.) Untersucht wird die Abhängigkeit der Spannungskorrosionsempfindlichkeit (I) homogener Cu–Au- u. Ag–Au-Mischkristalle bei Einw. von konz. Königswasser. Spannungskorrosion (II) tritt nur zwischen 0 u. 50 (Atom-%) Au auf. Die reinen Komponenten Cu, Ag u. Au sowie auch die Mischkristalle zwischen 50 u. 100 Au weisen keine I auf, obwohl auch hier der Oberflächenangriff sehr stark ist. Auch Agentien, welche die edlere Komponente eines Mischkristalls nicht angreifen, rufen II hervor, doch liegen die Au-Gehh., von denen ab keine II mehr auftritt, oft wesentlich niedriger u. hängen von der Art des einwirkenden Agens ab. Es wird untersucht, inwieweit diese Au-Gehh. mit den gegenüber einem Oberflächenangriff auftretenden Resistenzgrenzen übereinstimmen. Während bei den bis zu ca. 50 Au einwirkenden Agentien gute Übereinstimmung gefunden wurde, wird die Grenze bei 25 Au bei II mehr oder weniger überschritten. Bei Einw. von Hg auf Au–Cu-Mischkristalle wird eine Abhängigkeit der Lebensdauer zugbeanspruchter Proben von der Konz. des Mischkristalls festgestellt. Diese verläuft völlig symmetr. zu den beiden Komponenten u. hat ihr Minimum bei 50 Atom-%, d. h. bei der höchsten Mischkristallkonzentration. Es wird hieraus auf die Ggw. eines bisher unbekannten „Mischkristalleffektes“ geschlossen, der sich darin äußert, daß das Festigkeitsverhalten eines Metalls unter der Einw. eines fl. Metalles, z. B. Hg, durch Mischkristallbldg. grundsätzlich verändert wird. Während ein unlegiertes Metall bei einer plast. Verformung unter Hg prakt. die gleiche Festigkeit aufweist wie ohne Hg, fällt die Festigkeit von Mischkristallen bei einer Verformung unter Hg mit zunehmender Konz. sehr rasch ab u. erreicht bei der höchsten Mischkristallkonz. ihren geringsten Wert, der bei Cu-Au-Mischkristallen nur noch ca. 10% des ursprünglichen Wertes beträgt. Dieser Effekt tritt auch bei Einw. chem. Agentien unter bestimmten Bedingungen auf, bes. dann, wenn die zulegierte Komponente des Mischkristalles edler ist als das Basismetall, so daß der chem. Angriff durch elektrochem. Prozesse beschleunigt wird. Es wird aus den Befunden auch auf die Notwendigkeit eines elektrochem. Prozesses für die Auslösung von II geschlossen u. nachgewiesen, daß ein solcher auch bei homogenen Mischkristallen infolge einer beim Abbau derselben erfolgenden Differenzierung der edleren Atome gegenüber dem Mischkristall möglich ist. – 12 Schrifttumsangaben. (Z. Metallkunde **46.** 378–85. Mai 1955. Stuttgart, Max-Planck-Inst. für Metallforsch.) H. HOCHSTEIN. 6538

Ludwig Graf und **Heinrich Klatte,** *Zum Problem der Spannungskorrosion homogener Mischkristalle.* 4. Mitt. *Das Festigkeitsverhalten von Kupfer–Gold- und Kupfer–Zink-Mischkristallen unter Einwirkung von Quecksilber und chemischen Agentien.* (3. vgl. vorst. Ref.) Beim Zerreißen homogener Mischkristalle, z. B. Cu–Au u. Cu–Zn unter gleichzeitiger Einw. von Hg wird ein starker Festigkeitsabfall beobachtet, der von der Mischkristallkonz. abhängt u. bei 50 Atom-% am größten ist. An reinen Metallen tritt dieser Festigkeitsabfall unter den gleichen Versuchsbedingungen nicht auf. Der gleiche Effekt wird auch durch chem. Agentien ausgelöst, doch beschränkt er sich hier auf die unedlere Seite der Mischkristallsysteme. Er erreicht seinen Höchstwert schon bei 20–25 Atom-% u. ist bei 50 Atom-% bereits wieder verschwunden. Der Effekt macht sich hier als Spannungskorrosion bemerkbar. Bei ungespannten Proben bewirkt auch eine längere Einw. von Hg bei Zimmertemp. keinen Festigkeitsabfall, wenn die Proben vor dem Zerreißen vom Hg befreit werden. Dagegen rufen chem. Agentien einen von der Höhe der Mischkristallkonz. abhängigen interkristallinen Angriff hervor, woraus auf eine erhöhte Reaktionsfähigkeit der Korngrenzen von Mischkristallen geschlossen werden muß, die mit zunehmender Mischkristallkonz. ansteigt. Diese Eig. der Mischkristallkorngrenzen war bisher nicht bekannt u. wird mit „Mischkristalleffekt“ bezeichnet. Erst seine Kenntnis macht das Auftreten von Spannungskorrosion bei homogenen

Mischkristallen verständlich. Die rasche Rißbldg. der Proben bei der Einw. von Hg- oder einem chem. Agens unter mechan. Zugbeanspruchung wird darauf zurückgeführt, daß die Agentien im Kerbgrund stets ein sich plast. verformendes (fließendes) Material vorfinden, dessen Reaktionsfähigkeit (Aktivität) stark erhöht ist. Daher entwickelt sich ein einmal begonnener Riß rasch weiter, immer mehr beschleunigt durch die dabei schnell anwachsenden Spannungen im Kerbgrund. Außerdem wird beim Weiterreißen der Risse stets frisches Agens nachgesaugt. Der Mechanismus der interkristallinen Rißbldg. bei der Spannungskorrosion ist damit klargelegt. — 13 Schrifttumsangaben. (Z. Metallkunde **46.** 673—80. Sept. 1955. Stuttgart, Max-Planck-Inst. für Metallforsch.)
H. HOCHSTEIN. 6538

Heinz Gerischer und **Heinz Rickert**, *Über das elektrochemische Verhalten von Kupfer-Gold-Legierungen und den Mechanismus der Spannungskorrosion.* Die Stromdichte-Potential-Kurven an Cu–Au-Legierungen zeigen für Legierungen mit einem Au-Geh. größer als 10 Atom-% einen Resistenzbereich bei anod. Polarisation. Nach Überschreiten eines charakterist., mit zunehmenden Au-Geh. ansteigenden „Durchbruchspotential" setzt die anod. Auflösung wieder ein, sofern der Au-Geh. nicht 45 Atom-% überschreitet. Mechan. Belastung verursacht an anod. polarisierten Drähten eine sehr große Depolarisation. Diese erfolgt gleichzeitig mit dem Auftreten plast. Verformungsvorgänge u. klingt danach rasch ab. Bei konstant gehaltenem Potential äußert sich dies in einem starken Anstieg des anod. Stromes bei plast. Verformung. Die Spannungskorrosion wurde durch einen anod. Strom ausgelöst. Am zeitlichen Potentialverlauf konnte nachgewiesen werden, daß die Korrosion unter konstantem Strom etwa einer chem. Korrosion in $FeCl_3$-Lsg. äquivalent ist. Der Beginn einer Rißbldg. zeigt sich deutlich im zeitlichen Potentialverlauf (bei konstantem Strom) oder im zeitlichen Stromverlauf (bei konstantem Potential). Die Lokalisierung des Korrosionsvorganges ließ sich durch Messung des örtlichen Potentialverlaufes über einem korrodierenden Draht mit Hilfe einer feinen Sonde nachweisen u. so die spätere Bruchstelle vorher auffinden. Auf Grund dieser Befunde wird versucht, einen Mechanismus der Spannungskorrosion in diesem Syst. zu entwerfen. Die extreme Lokalisierung wird damit gedeutet, daß an den Stellen, wo die Verformungszonen die Oberfläche durchstoßen, aktivierte Atome in der ursprünglichen Legierungszus. in Berührung mit der Lsg. kommen, während die anderen Oberflächenbezirke durch eine Au-reiche Deckschicht vor weiterer Korrosion geschützt sind. Die Konkurrenz zwischen Schutzschichtbldg. u. fortschreitender plast. Verformung bestimmt den Eintritt der Spannungskorrosion. Für die Art der Deckschichtbldg. ist die Oberflächenbeweglichkeit der Au-Atome entscheidend. Die erhaltenen Stromdichte-Potential-Kurven lassen sich deuten, wenn man annimmt, daß die Oberflächenbeweglichkeit der Au-Atome mit wachsendem Cu-Geh. der Unterlage u. mit ansteigender, anod. Polarisation zunimmt. — 13 Schrifttumsangaben. (Z. Metallkunde **46.** 681—89. Sept. 1955. Stuttgart, Max-Planck-Inst. für Metallforsch. u. Göttingen, Max-Planck-Inst. für Physikal. Chemie.)
H. HOCHSTEIN. 6538

Klöckner-Humboldt-Deutz Akt.-Ges., Köln (Erfinder: **Willi Gerhardt**, Köln-Dellbrück), *Rösten von sulfidischen Erzen*, wobei das Röstgut sich im Schwebezustand befindet, dad. gek., daß mehrere hintereinandergeschaltete, zweckmäßig übereinander angeordnete Zyklone verwendet werden, daß Röstluft in die zu den einzelnen Zyklonen führende Gasleitung eingeführt wird, daß das zu röstende Gut in die vom vorletzten zum letzten Zyklon aufsteigende Gasleitung, der Nd. des letzten Zyklons in die zum vorletzten Zyklon führende Gasleitung eingeführt wird usw., wobei das Feinkorn in der Schwebe u. das Grobkorn im Fallen entgegengesetzt zur Richtung des Gasstroms geröstet werden, u. daß der geröstete feine Staub aus der vom letzten Zyklon kommenden Leitung mittels einer oder mehrerer Staubabscheider niedergeschlagen wird, während das Fein- u. das Grobkorn aus der Spitze des ersten Zyklons, gegebenenfalls auch aus einer am unteren Ende der ersten Gasleitung angeordneten Spitze abgezogen wird. — Zeichnungen. (**D. B. P. 933 412** Kl. 40a vom 26/6. 1951, ausg. 22/9. 1955. Anmeldung bekanntgemacht 10/7. 1952.)
G. APEL. 6379

J. Daubersy, Seraing, **J. de Radignes** und **J. Peters**, Lüttich, *Verwendung von basischen Konverterböden.* Bei der Verwendung von bas. Konverterböden, die mit Cu-Rohren für das Blasen von aus O_2 u. Wasserdampf bestehenden Gemischen beim Windfrischen von Stahl versehen sind, ist der zum Blasen erforderliche Winddruck niemals geringer als 1 kg/cm², vorzugsweise nicht geringer als 1,5 kg/cm². Zweckmäßig wird der Blasdruck während der Entphosphorung auf 2 kg/cm² erhöht. (**Belg. P. 520 615** vom 11/6. 1953, ausg. 8/7. 1955.)
H. HOCHSTEIN. 6409

Hüttenwerk Phoenix Akt.-Ges., Duisburg-Ruhrort, *Herstellung von Transformatoren- und Dynamostahl.* In einem bas. Frisch- oder Konverterverf. wird mit verhältnismäßig kaltem Wind ein zunächst entschwefeltes Eisen unter Schlackenwechsel erblasen u. der Stahl in zwei Behältern derart behandelt, daß er im ersten Behälter entschlackt u. der schlackenfrei in den zweiten Behälter gegossene Stahl unter einer neuen bas. Schlacke desoxydiert u. legiert wird, dad. gek., daß ein Desoxydations- u. Legierungsmittel im zweiten Behälter verwendet wird, das aus 60—85(%) *Si*, 5—15 *Al*, 5—20 *Ca* sowie gegebenenfalls noch einem Rest aus *Fe* u. Verunreinigungen besteht. (**E. P. 732 338** vom 15/12. 1953, ausg. 22/6. 1955. D. Prior. 8/1. 1953.) H. HOCHSTEIN. 6409

United States Steel Corp., Pittsburgh, N. J., V. St. A., *Desoxydation von niedriggekohltem Stahl.* Dem eingeschmolzenen, niedriggekohlten Stahl wird eine geringe, aber wirksame Menge eines Desoxydationsmittels zugesetzt, das aus 3—5(%) *Zn*, 1,75—3 *Mg* u. einem Rest aus minderwertigem *Al* mit den üblichen, dem handelsüblichen Al eigenen Verunreinigungen, z. B. 3 *Si*, 3 *Cu*, 3 *Fe*, besteht. (**E. P. 731 768** vom 16/6. 1953, ausg. 15/6. 1955. A. Prior. 14/4. 1953.) H. HOCHSTEIN. 6409

VEB Leuna-Werke „Walter Ulbricht" (Erfinder: **Alfred Wyszomirski** und **Wolfgang Küntscher**), Leuna (Krs. Merseburg), *Metalldichtung*, dad. gek., daß sie aus einem Vergütungsstahl besteht u. eine durch oberflächige Entkohlung in der Zus. veränderte Oberflächenschicht aufweist. Zweckmäßig wird der Metallkern durch eine anschließende Wärmebehandlung nach bekannten Verff. gehärtet. (**D. B. P. 939 634** Kl. 18c vom 31/7. 1954, ausg. 1/3. 1956. Anmeldung bekanntgemacht 4/8. 1955.) H. HOCHSTEIN. 6409

Soc. An. des Hauts Fourneaux, Forges et Aciéries de Pompey (Erfinder: **Eugène Herzog**), Frankreich, *Gegen die Einwirkung von H_2S beständiger Stahl als Werkstoff für Tiefbohrrohre für die Erdölindustrie* besteht aus 0,08—0,15, bes. 0,10(%) *C*, 0,3—0,8, bes. 0,4 *Mn*, 1,00—5,00, bes. 2,50 *Cr*, 0,10—0,50, bes. 0,2 *Si*, 0,2—1,20, bes. 0,4 *Al*, 0,10—0,50, bes. 0,30 *Mo*, Rest Eisen oder aus 0,08—0,20, bes. 0,12 C, 0,6—1,2, bes. 1,00 Mn, 0,6—1,2, bes. 1,00 Cr, 0,1—0,5, bes. 0,3 Si, 0,15—0,6, bes. 0,3 Al, Rest Eisen u. besitzt eine Streckgrenze von wenigstens 45 kg/mm² u. eine Zerreißfestigkeit von mindestens 55 kg/mm², wobei sein Gefüge aus einem bei Raumtemp. nicht an C gesätt. Ferrit sowie an in diesem Ferrit schwer lösl. komplexen Carbiden, die mehr oder weniger im Innern der Ferritkörner in Form von sehr feinen Teilchen verteilt sind, gebildet wird. — Abbildungen. (**F. P. 1 077 011** vom 7/3. 1953, ausg. 3/11. 1954.) H. HOCHSTEIN. 6411

Dortmund-Hörder Hüttenunion Akt.-Ges., Dortmund (Erfinder: **Friedrich Harders**, Ahlenberg), *Verbesserung des Ausbringens von Vanadin* aus Schlacken durch chlorierende Röstung, dad. gek., daß der aus Roheisen durch Schlackenarbeit, bes. durch Verblasen gewonnenen, im Bereich ihrer Erstarrungstemp. sich befindenden Vanadinschlacke, kristallisatonsfördernde Mittel, wie Sand, Erz, Walzensinter, V-haltige Schlacke zugegeben u. die Schlacke danach noch kurzzeitig wärmebehandelt wird. Bei Anwendung von kristallisationsfördernden Zusätzen in Mengen von $^1/_3$ des Schlackengewichtes, Steigerung der V-Ausbeute von 65 auf 83%. (**D. B. P. 932 522** Kl. 40a vom 6/7 1940, ausg. 1/9. 1955. Anmeldung bekanntgemacht 13/3. 1952.) G. APEL. 6441

Dow Chemical Co., Midland, Mich., übert. von **Kenneth E. Nelson**, Midland, V. St. A., *Magnesiumlegierungen* bestehen aus 0,25—0,65 (%) *Th*, 0,25—0,75 *Zn*, 0,4—1 *Zr*, Rest *Mg*. Die Legierungen besitzen hohe Kriechfestigkeit u. sind widerstandsfähig gegen Salzwasser. (**A. P. 2 703 753** vom 5/10. 1953, ausg. 8/3. 1955.) C. GÖTZE. 6445

Imperial Chemical Industries Ltd., London (Erfinder: **Eric Swainson**), England, *Herstellung von Legierungen auf Titan- oder Zirkoniumbasis.* Die Legierungen werden im Lichtbogen hergestellt, indem die Zusatzmetalle, z. B. *Mn–Al*, als Vorlegierung der Grundschmelze zugegeben werden. Die Vorlegierungen sollen möglichst dieselbe D. haben wie die Grundmetalle. Ist die D. höher, so kann die Vorlegierung ein Metall, z. B. *Mg*, enthalten, das während des Schmelzprozesses verdampft. Die Vorlegierung kann im Schmelzfluß oder aus pulverförmigen Stoffen, die zu Pellets verpreßt sind, hergestellt werden. (**E. P. 735 483** vom 8/4. 1953, ausg. 24/8. 1955.) C. GÖTZE. 6445

Horizons Titanium Corp., Princeton, N. J., übert. von: **Morris A. Steinberg**, Lakewood, **Merle E. Sibert**, Garfield Heights, und **Alfred A. Topinka**, Cleveland, O., V. St. A., *Elektrolytische Titangewinnung.* Als Elektrolyt dient eine Schmelze aus *Erdalkalihalogenid* oder einem Gemisch von *Alkali-* u. *Erdalkalihalogenid*, dem reines *TiO* zugesetzt ist, das frei von höheren Oxyden des Ti ist. Die Badtemp. soll 925° nicht überschreiten. Die Stromdichte soll zwischen 1 u. 500 A/dm² liegen. Es wird in einer Edelgasatmosphäre gearbeitet. (**A. P. 2 707 169** vom 26/12. 1950, ausg. 26/4. 1955.) F. MARKHOFF. 6449

Société de Brevets, d'Études et de Recherches Metallurgiques „Soberti", Paris, Frankreich, *Titanlegierungen* bestehen aus über 2—8(%), vorzugsweise 3—5 *Ag*, Rest handelsübliches *Ti*. Die Legierungen zeigen bessere Eigg. hinsichtlich der Zugfestigkeit, Dehnung u. Korrosionsfestigkeit als die bekannten Ti-Legierungen. (**E. P. 733 882** vom 5/3. 1953, ausg. 20/7. 1955. F. Prior. 8/3. 1952.) C. GÖTZE. 6449

British Aluminium Co. Ltd., London (Erfinder: **Frederick Alfred Champion**), England, *Plattiertes Metall* besteht aus einer korrosionsfesten Kernschicht aus 0,1 bis 0,3(%) *Cu*, Rest *Al* u. einer Plattierschicht von sehr reinem *Al* (99,95). Die Kernschicht kann außerdem noch 1,25 *Mg* enthalten. Die Plattierschicht kann auf beiden Seiten der Kernschicht angebracht sein. Der Werkstoff eignet sich bes. für Küchengeräte u. Kessel. (**E. P. 735 852** vom 31/10. 1950, ausg. 31/8. 1955.) C. GÖTZE. 6479

United States of America, übert. von: **John A. De Rosa** und **Chester A. Snell**, New York, N. Y., *Lötmittel* zum Löten von *Cu*, *Pb* u. *Weißblech* besteht aus 25(%) eines mit *Kolophonium modifizierten Maleinsäureesterharzes*, 1 *Cetyltrimethylammoniumbromid*, 10 *Amylacetat* u. 64 *Alkohol*. Es können auch andere Salze der quatern. Ammoniumbase verwendet werden. Weiter kann ein *Hydrochlorid von Chinin*, *Glutaminsäure* oder *Hydrazin* zugesetzt werden. Das Harz wird hergestellt durch Veresterung eines Maleinsäure–Kolophonium-Kondensationsprod. mit mehrbas. Alkoholen, wie *Glycerin*, *Äthylenglykol*. (**A. P. 2 700 628** vom 7/12. 1951, ausg. 25/1. 1955.) F. VIER. 6505

Arnold Kellemberger, Arlesheim (Miterfinder: **Carl Banscher**, Basel), Schweiz, *Niedrigschmelzendes Hartlot*, das auf Al u. Al-Legierungen eine korrosionsbeständige, eloxierbare Lötstelle ergibt, besteht aus 0,2–2(%) *Cu*, 0,1–3 *Ag*, 4–27 *Sn*, 0,5–8 *Zn*, 0,4–3,75 *Cd* u. 55–95 *Al*. Es kann noch bis 1 Zusätze von *Si* u. bis 1 *Mn* u./oder *Mg* enthalten. (**D. B. P. 939 122** Kl. 49h vom 4/6. 1952, ausg. 16/2. 1956. Anmeldung bekanntgemacht 7/7. 1955.) F. VIER. 6505

„Licencia" Találmányokat Értékesitö-Vállalat (Erfinder: **Endre Bohner** und **Lukacs Jozsef**), Budapest, *Herstellung von aus Kupfer und Leichtmetallkörpern bestehenden Verbindungsstücken*, um 2 aus den gleichen Metallen bestehende elektr. Leiter miteinander zu verbinden, bei dem an den *Cu*-Körper ein Metallplättchen aus *Ag* oder *Zn* angelötet wird, dad. gek., daß die Oberfläche des letzteren mit Pulver seiner Zus. versehen wird, auf das der Leichtmetallkörper aufgedrückt wird, u. die beiden Körper durch einen kurzzeitig wirkenden, lediglich das Pulver schm. Strom von ca. 6000 A/cm² durchströmt werden. (**D. B. P. 938 694** Kl. 49h vom 25/5. 1952, ausg. 2/2. 1956. Anmeldung bekanntgemacht 28/7. 1955.) F. VIER. 6505

Licentia Patent-Verwaltungs-G. m. b. H., Hamburg (Erfinder: **Friedrich Rihm**, Berlin), *Schweißverbindung zwischen normalen Konstruktionsstählen und schweißempfindlichen Stählen*, dad. gek., daß der schweißempfindliche Stahl im Bereich der Schweißstelle mit einer Plattierung aus austenit. Schweißwerkstoff versehen ist u. ferrit. Schweißlagen die Verbindung zwischen Plattierschicht u. n. Konstruktionsstahl bilden. (**D. B. P. 937 327** Kl. 49h vom 7/12. 1951, ausg. 5/1. 1956. Anmeldung bekanntgemacht 4/12. 1952.) F. VIER. 6507

Gebr. Böhler & Co. Akt.-Ges., Wien, *Zusatzdrähte aus Chromstählen für harte, zähe und verschleißfeste Auftragsschweißung* mittels Gas, Arcatom u. Lichtbogen bestehen aus 0,35–0,7 (%) *C*, 0,3–1,5 *Si*, 0,3–0,8 *Mn*, 6–7,5 *Cr*, Rest *Fe* mit den unvermeidlichen Verunreinigungen. (**D. B. P. 933 670** Kl. 49h vom 24/11. 1944, ausg. 29/9. 1955. Anmeldung bekanntgemacht 10/4. 1952.) G. APEL. 6507

Commonwealth Engineering Co. of Ohio, übert. von: **Peter Pawlyk**, Dayton, O., *Herstellung von Nickelbändern*. Auf endlosen oxydierten Metallbändern wird Ni durch therm. Zers. von $Ni(CO)_4$ bei Tempp. zwischen 300 u. 400° F (149–204° C) niedergeschlagen u. dann abgestreift. – Vorrichtung. (**A. P. 2 701 901** vom 3/4. 1952, ausg. 15/2. 1955.) F. VIER. 6521

Dow Chemical Co., V. St. A. (Erfinder: **Herbert Kenneth de Long**), *Elektrolytisches Vernickeln von Magnesium und seinen Legierungen*. Die Gegenstände werden in einer sauren Fluoridlsg., wie einer Lsg. von NH_4HF_2, $NaHF_2$ behandelt, gespült u. dann noch naß in ein galvan. Vernicklungsbad gebracht, das außer $NiHF_3$ u. *HF* mehrbas. organ. Verbb., wie *Citronen-* oder *Weinsäure* oder deren Erdalkalisalze enthalten. p_H-Wert der Lsg. 1–3. (**F. P. 1 094 225** vom 3/3. 1954, ausg. 16/5. 1955. A. Prior. 9/3. 1953.) F. MARKHOFF. 6521

Soc. Continentale Parker, Frankreich, *Vorbehandlung von Metallen, besonders Spezialstählen vor der Erzeugung von Oxalatüberzügen*. Die Bldg. der Oxalatüberzüge wird verbessert, wenn die Gegenstände vor der Behandlung in Oxalsäure in einer alkal. Lsg. gereinigt werden, z. B. in einer *NaOH-* oder Na_3PO_4-Lsg., die *Cyanid-* oder *Sulfocyanidionen* enthält. (**F. P. 1 095 730** vom 15/3. 1954, ausg. 6/6. 1955. D. Prior. 19/3. 1953.) F. MARKHOFF. 6529

IX. Organische Industrie.

—, *Propylenglykol vielseitig angewendet.* Propylenglykol findet als Lösungs-, Feuchthaltungs-, Gleit-, Konservierungs- u. Frischhaltungsmittel in der Pharmazie, der Tabak- u. der Nahrungsmittelindustrie sowie auch in kosmet. Zubereitungen u. als Frostschutzmittel für Kühlwasser umfangreiche Anwendung. (Schweiz. Apotheker-Ztg. **91.** 543—45. 11/7. 1953.) M. Negwer. H 570

W. Gerard Daroux, *Erzeugung von Essigsäureanhydrid aus Aceton.* Nach wirtschaftlichen Betrachtungen über geeignete Rohstoffe beschreibt Vf. eine Anlage zur Gewinnung von Essigsäureanhydrid aus Aceton, das zu Keten gecrackt wird. Das Aceton wird durch Dehydrieren von Isopropanol gewonnen. Wegen der möglichen Neben-Rkk. sind bestimmte Betriebsbedingungen genau einzuhalten, die in Anlageskizzen u. Fließschemen mit bes. Berücksichtigung der Sicherheitsbedingungen näher beschrieben sind. Die Anlage arbeitet weitgehend automat. u. ist daher mit vielen Kontrolleinrichtungen ausgestattet. Zwei beigefügte größere Diskussionsberichte geben weitere Einzelheiten. (Proc. chem. Engng. Group Soc. chem. Ind. **34.** 47—62. 1952. Coventry, Courtaulds Ltd., Res. Dep.) H. Eckhard. H 810

Béla Ráskay und **Miklós Nádasy,** *Kontinuierliche Herstellung von Tetraäthoxysilan in der Gasphase.* Zur Darst. des *Tetraäthoxysilans* (I) wird eine mit Raschig-Ringen gefüllte u. mit einem elektr. Heizmantel umgebene Glaskolonne verwendet, deren Länge 1000 mm u. deren Durchmesser 40 mm beträgt. Im unteren Drittel der Kolonne wird dampfförmiger A. von 82—85° u. $SiCl_4$ (II)von 60—65° gegeneinander eingeleitet. Das im Laufe der Rk. gebildete HCl-Gas wird durch das Rückflußsyst. entfernt, während das I in der Vorlage aufgefangen wird. Pro Min. werden 0,1 Mol. (17 g) **II** u. 0,4 Mol. (18,4 g) A. zugeleitet, wobei der untere Teil des Reaktors auf einer Temp. von 110—130° gehalten wird. Auf **II** berechnet konnte eine 82%ig. Ausbeute erzielt werden. Das in der Vorlage anfallende Rohprod. wird durch Dest. gereinigt u. enthält nur 0,2—0,6% Cl gegenüber 1—2% Cl in den durch die diskontinuierliche Arbeitsweise hergestellten Produkten. Es wird auch der Vers. unternommen, bei der sich in der Gasphase abspielenden Rk. einen A. mit 4—10% W. zu verwenden, um neben **I** auch ein polymeres Äthylsilicat mit 38—42% SiO_2-Geh. zu gewinnen, doch führten diese Verss. infolge Ausscheidung von SiO_2 nicht zum gewünschten Ergebnis. (Magyar Kémikusok Lapja [Z. Ver. ung. Chemiker] **10.** 1—4. 25/1. 1955. Forschungsinst. für Schwerchem.) R. Birthler. H 980

Gustav A. Krajewski und **Gertrud Krajewski,** *Dampfdruck des technischen Trikresylphosphates.* Vff. maßen Dampfdrucke von techn. *Trikresylphosphat* (I) nach 4 bereits beschriebenen, für einzelne Druckbereiche bes. geeigneten Methoden im Temperaturbereich von 25° (0,000052 mm Hg) bis 262° (11,5 mm Hg). Die Ergebnisse lassen sich durch die Gleichung $\log p = -3579/T + 7{,}75$ ausdrücken. Die Verdampfungswärme des I beträgt 16350 cal/Mol. Extrapolierte Dampfdruckwerte zwischen 0° u. 475° werden angegeben. Hieraus ergibt sich ein hypothet. Kp. bei 760 mm Hg von 462°. (Pharmazie **5.** 324—27. Juli 1950.) Gerhard Günther. H 1380

F. Bonomi, *Reinigung des Phenthiazins durch Absorptionsmittel.* Phenthiazin wird in Bzn. gelöst, mit Tierkohle geschüttelt, in der Wärme mit Na-Hydrosulfit behandelt u. dann in der Kälte filtriert. (Acta ci. venezolana **4.** 18. Jan./Febr. 1953.) G. Gerber. H 3292

A. M. G. Rutten, *Naturprodukte mit Lignanstruktur.* Übersicht über Vork., Struktur u. biol. Wirksamkeit von Lignanen (in Pflanzen, hauptsächlich Holz vorkommenden Verbb., die durch eine $\beta.\gamma$-Dibenzylbutangruppe gek. sind). — 33 Schrifttumshinweise. (Chem. pharmac. Techniek **10.** 277—79. 15/4. 1955.) W. Wesly. H 3950

H. Kirschninck, *Über Vorkommen und Gewinnung von Seetangen.* Die verschied. Arten der Ernte von Seetangen werden beschrieben u. Zahlenangaben für das Vork. an den deutschen Küsten gemacht. Nach Erläuterung der Verwertungsmöglichkeiten (Tangmehl für Futterzwecke, Alginate, Agarprodd.) wird die zur Zeit aussichtslose deutsche Seetangverarbeitung diskutiert. (Seifen–Öle–Fette–Wachse **80.** 309—10. 9/6. 1954. Hamburg.) K. Seifert. H 3950

Lonza Elektrizitätswerke und Chemische Fabriken Akt.-Ges. (Gampel), Basel, Schweiz, *Herstellung von Methan* erfolgt aus $CO + H_2$ enthaltenden Gasgemischen in Ggw. von körnigen Katalysatoren (z. B. Ni, Re), die in dünnen Schichten, z. B. 2 bis 3 cm, zwischen Geweben aus hitzebeständigen Metallen („Nichrothermgeweben") angeordnet u. zweckmäßig kerzenförmig ausgebildet sind. Reaktionstemp. ca. 300—450°, bes. 400°; Ausbeute 90—95%. — Vorr., Zeichnung. (**Schwz. P. 308 264** vom 10/7. 1952, ausg. 16/9. 1955.) G. Krauss. H 510

Dow Chemical Co., übert. von: **Ludo K. Frevel** und **John W. Hedelund,** Midland, Mich., V. St. A., *Äthylen* erhält man durch Pyrolyse von Äthan oder Paraffin-KW-stoffen in Ggw. eines Verdünnungsmittels, wobei dessen Partialdruck weniger als 0,2 at beträgt, in der Gasphase bei 800—1000°, bes. 900—950° u. in Ggw. von 0,001—1% Mn, Fe, Cu u. Co, die auf unschmelzbare u. bei 1000° nicht reduzierbare Metalloxyde u. -silicate als Träger aufgebracht sind u. deren Oberfläche bzw. Porosität weniger als 1 qm/g beträgt (SiO_2, Al_2O_3, Oxyde von Be, Th, Mg, Ca, Ti, Zr, Cr, Hf oder deren Mischungen, Sillimanit, Mullit). Durch die Verwendung selektiv wirkender Katalysatoren wird die Bldg. von Acetylen u. nichtgasförmigen KW-stoffen unterbunden. Der Träger wird zweckmäßig mit den entsprechenden, z. B. 1—5%ig., Lsgg. von Metallnitraten oder -acetaten, getränkt u. dann getrocknet. Zweckmäßig verwendet man als Ausgangsstoff ein Naturgas, z. B. mit 73,3 (%) CH_4; 13,9 C_2H_6; 0% C_2H_4 u. C_2H_2; 5,9 $C_{(3)}$-KW-stoff; 1,7 $C_{(4)}$-KW-stoff; 0,6 $C_{(5)}$-KW-stoff; 0% H_2 u. 4,6 N_2 u. erhält eine Gasmischung aus 65,6 CH_4; 4,8 C_2H_6; 10,5 C_2H_4; 0,25 C_2H_2; 2,2 $C_{(3)}$-KW stoff; 0,5 $C_{(4)}$-KW-stoff; 0,7 $C_{(5)}$-KW-stoff; 9,2 H_2 u. 5,2 N_2 (Tabellen). — Vorr., Zeichnung. (**A. P. 2 629 753** vom 26/8. 1948, ausg. 24 2. 1953.) G. Krauss. H 520

Lonza Electric and Chemical Works Ltd., Basel Schweiz, *Acetylenhaltige Gasmischungen* erhält man durch Behandeln von fl. KW-stoffen mit intermittierenden elektr. Entladungen zwischen rotierenden Elektroden in den fl. KW-stoffen bei 50—500, bes. 60—150 V, wobei wenigstens eine der Elektroden frei beweglich sein soll, so daß sie sich den anderen Elektroden nähern oder sich davon entfernen kann, wobei diese Bewegung durch Federkraft, hydraul., pneumat., elektr. oder magnet. bewirkt werden kann. — Vorr., Zeichnung. (**E. P. 736 580** vom 4/12. 1953, ausg. 7/9. 1955. Schwz. Prior. 17/12. 1952.) G. Krauss. H 530

Rheinpreußen Akt.-Ges. für Bergbau und Chemie, (Erfinder: **Herbert Kölbel,** Homberg, und **Paul Ackermann,** Moers), *Herstellung von O-haltigen organischen Verbindungen, besonders Alkoholen,* bei der katalyt. CO-Hydrierung unter Verwendung von in einem fl. Medium aufgeschlämmten Katalysatoren der Fe-Gruppe, die mit die Bldg. O-haltiger Verbb. aktivierenden Zusätzen versehen sind, dad. gek., daß die Zusätze ohne Unterbrechung der Synth. unmittelbar in die im Kontaktofen befindliche Katalysatoraufschlämmung ein- oder mehrmals, gegebenenfalls laufend, eingebracht werden. (**D. B. P. 938 062** Kl. 12o vom 1/4. 1943, ausg. 19/1. 1956. Anmeldung bekanntgemacht 16/10. 1952.) G. König. H 550

E. I. du Pont de Nemours & Co., Wilmington, Del., übert. von: **Harry B. Copelin,** Niagara Falls, N. Y., V. St. A., *Dimethoxyoctan* (**I**); $Kp._{50}$ 110—130°, u. *Dimethoxydecan* (**II**), $Kp._{10}$ 120—130°, erhält man bei der Rk. von Methoxychlorbutan bzw. Methoxychlorpentan mit Mg bei 130—160° in Ggw. eines Alkylbenzols als Lösungsmittel. Die Ausgangsstoffe u. Lösungsmittel müssen nicht wasserfrei sein. — Zwischenprodukte. Z. B. ergibt **I** mit HNO_3 oxydiert Suberinsäure; **II** wird zur Herst. von verschied. Harzen verwendet. (**A. P. 2 694 093** vom 6/2. 1951, ausg. 9/11. 1954.) G. König. H 570

Rheinpreußen Akt.-Ges. für Bergbau und Chemie, Homberg/Ndrh. (Erfinder: **Walter Grimme** und **Johannes Wöllner,** Moers), *Herstellung von mehrwertigen Alkoholen* durch Kondensation von Ketonen mit CH_2O nach D. B. P. 881 338, dad. gek., daß nach beendeter Haupt-Rk. mit einer geringen Menge Keton eine Nachkondensation durchgeführt wird. (**D. B. P. 937 771** Kl. 12o vom 27/1. 1952, ausg. 12/1. 1956. Anmeldung bekanntgemacht 21/7 1955. **Zuzatz zu D. B. P. 881 338; C. 1954. 2269.**) G. König. H 580

Lever Brothers Co., New York., N. Y., übert. von **Charles H. Schramm,** Hillsdale, N. J., V. St. A., *Mercaptoalkansulfonate* erhält man durch Kondensation eines Halogenalkansulfonats mit 1—5 C-Atomen mit einem Alkylxanthat mit 1—5 C-Atomen in W. u. Rk. des entstandenen Alkylxanthogenatoalkansulfonats mit NH_4OH oder organ. N-Basen nach dem Reaktionsschema: $XRX + Me_2SO_3 \rightarrow XRSO_3Me(+ MeX) + R_1OCSSMe \rightarrow R_1OCSSRSO_3Me(+ MeX) + NH_4OH \rightarrow HSRSO_3Me(+ R_1OCSNH_2) + H^+$ (Ionenaustauscher) $\rightarrow HSRSO_3H + MOH \rightarrow HSRSO_3M$ (X = Br, Cl; R = Alkylen mit 1—5 C-Atomen; M = Alkalimetall; R_1 = Alkyl mit 1—5 C-Atomen; M = NH_4, Na, Äthanolammonium). — Aus Äthylendibromid in A.-W. u. Na_2SO_3 unter Erhitzen → Na-β-Bromäthansulfonat; daraus mit K-Äthylxanthat in W. → Na-β-Äthylxanthogenatoäthansulfonat, Platten; daraus mit NH_4OH in A.-W. → Na-β-Mercaptoäthansulfonat (u. Äthylxanthamidat als Nebenprod.); daraus in Ggw. von „Amberlite IR-120" → β-Mercaptoäthansulfonsäure + NH_4OH → *Ammonium-β-mercaptoäthansulfonat,* aus A.-Ae., F. 158,5—163,5°. — K-β-Chloräthansulfonat. — Na-β-Butylxanthogenatoäthansulfonat. — *Monoäthanolamonium-β-mercaptoäthansulfonat,* $HSCH_2CH_2SO_3NH_3 \cdot CH_2CH_2OH$. — *Äthylamonium-β-mercaptoäthansulfonat,* $HSCH_2CH_2SO_3NH_3CH_2CH_3$. — Zwischenprodukte. (**A. P. 2 694 723** vom 27/9. 1952, ausg. 16/11. 1954.) G. Krauss. H 600

Anglo-Iranian Oil Co. Ltd., London (Erfinder: **John Habeshaw** und **Charles John Geach,** Sunbury-on-Thames), England, *Oxosynthese.* Man setzt in kontinuierlicher

Arbeitsweise Olefine, Wassergas u. vorher gesondert bereitete Co-Carbonylverbb. bei 100 bis 180° u. wenigstens 50 at um u. führt das Co-haltige Reaktionsprod. einer Entkobaltisierungszone zu, in der unter Abwesenheit von H_2 solche Druck- u. Temperaturverhältnisse aufrecht erhalten werden, daß sich alles Co als Metall abscheidet. Der Durchsatz beträgt in der Synthesezone 0,2—2 Vol./Vol./Std. u. 5—50 Vol./Vol./Std.; das hierbei abgeschiedene Co-Metall kann entweder auf poröse Füllkörper niedergeschlagen oder abfiltriert u. zur Katalysatorenherstellungsstufe zurückgeführt werden. — Beispiele für Propylen u. Diisobutylen als Ausgangsolefine. (**E. P. 721 956** vom 1/1. 1952, ausg. 19/1. 1955.) O. SCHÖN. H 650

Imperial Chemical Industries Ltd., London, England (Erfinder: **Arthur William Charles Taylor**), *Herstellung von sauerstoffhaltigen Produkten*, bes. *Aldehyden*, durch Carbonylieren von Olefinen bei erhöhter Temp. u. Überdruck, wobei die als Katalysator benutzte Metallcarbonylverb. in einer bes. Reaktionsstufe durch Umsetzen eines Metalls mit einem CO enthaltendem Gas erzeugt wird, dad. gek., daß die Metallcarbonylverb. durch Einw. eines Gasgemisches aus 10—30 (Vol.-%) H_2 u. 90—70 Co auf das betreffende Metall (bes. Co) bei 50—160°, bes. 120—140°, in Ggw. eines Olefins hergestellt wird, wobei der Partialdruck des CO $>$50 at beträgt. Die CO-Konz. wird bes. $<$1,5% des Reaktionsgemisches gehalten. Als bes. Vorteil dieses Verf. wird angegeben, daß die Temp. gut beherrscht wird, so daß Neben-Rkk. vermieden werden. (**E. P. 740 541** vom 20/6. 1952, ausg. 16/11. 1955.) O. SCHÖN. H 660

Celanese Corp. of America, New York, N. Y., V. St. A., *Herstellung von wasserfreiem Formaldehyd*. Man zers. den Dampf von Trioxymethylen an sauren Feststoffen bei $<$240°. (**E. P. 725 642** vom 16/9. 1953, ausg. 9/3. 1955. A. Prior. 18/9. 1952.) O. SCHÖN. H 670

General Aniline & Film Corp., New York, N. Y., V. St. A., *α.β-Dichlorpropionsäure* (**I**)-*Ester* erhält man durch Chlorieren eines entsprechenden Acrylsäureesters in Ggw. von 1—10, bes. 1,5—6,5 Gew.-% einer heterocycl. tert. N-Base bei —10 bis 80°, bes. 0 bis 50°. — Beispiele: Methylacrylat ($Kp._{174}$ 41°) + Pyridin + Cl_2 $\xrightarrow{(40°)}$ 87% I-*Methylester*, $Kp._{10}$ 57—61; n_D^{25} 1,4507—1,4508; $\xrightarrow{-HCl}$ *α-Chloracrylsäuremethylester*, F. —36,75°. (**E. P. 739 746** vom 7/12. 1953, ausg. 2/11. 1955. A. Prior. 13/12. 1952.) MÜLLER-MEININGEN. H 810

E. I. du Pont de Nemours & Co., übert. von: **Edward L. Jenner**, Wilmington, Del., V. St. A., *Herstellung polyfunktioneller Verbindungen*. Man gibt z. B. zur Lsg. von 495 (Teilen) Propionsäure (**I**) in 100 W. gleichzeitig innerhalb 30 Min. eine Lsg. von 41 H_2O_2 in 96 W. u. ein Gemisch von 334 $FeSO_4 \cdot 7\,H_2O$, 118 H_2SO_4 u. 1000 W. bei 25°, gibt dann 48 NaOH in 44 W. zu, extrahiert mit Methyläthylketon, dest. I-Überschuß bei 10 mm Hg ab, isoliert aus den 40 Rückstand den krist. Anteil u. erhält nach Umkrist. aus W. 6,5 *Adipinsäure*, F. 144—145°. — Weitere Beispiele: Isobuttersäure → *meso-2.5-Dimethyladipinsäure*, F. 143—144° (W.). Pivalinsäure (= Trimethylessigsäure) → *2.2.5.5-Tetramethyladipinsäure* (**II**), F. 190—191° (Xylol—CH_3COOH 1:1). Aus Propionitril erhält man ein Reaktionsgemisch, aus dem man außer einer Zwischenfraktion $Kp._{10}$ 136—141° 2 Fraktionen isoliert: Fraktion 1: $Kp._{10}$ 112—133°, n_D^{25} 1,4281 = *Dimethylbernsteinsäurenitril*; Hydrolyse mit HCl → *2.3-Dimethylbernsteinsäure*, F. 192—194°, Fraktion 2: $Kp._7$ 142—151°, n_D^{25} 1,4111 = *Adipinsäuredinitril*. Propylamin → *Hexamethylendiamin*, $Kp._5$ 74—76°; *N.N'-Dibenzoylverb.*, F. 159—160°. Aceton → *Acetonylaceton*, $Kp._7$ 62°. Pivalonitril → II-*Nitril*, F. 137° (A.). Propionamid → *Adipamid*, F. 220—225° (Aceton). tert. Butanol → *2.5-Dimethyl-2.5-hexandiol*, $C_8H_{18}O_2$, F. 85—87° (Essigester). Adiponitril → *Tetranitril* $C_{12}H_{14}N_4$, $Kp._{0,005}$ 170°; F. 128—132°. tert. Butylamin → *2.5-Dimethyl-2.5-diaminohexan*, $C_8H_{20}N_2$, $Kp._{13}$ 78—79°. (**A. P. 2 700 051** vom 10/6. 1952, ausg. 18/1. 1955.) O. MÜLLER-MEININGEN. H 820

J. R. Geigy Akt.-Ges., Basel, Schweiz, *Isopropylhydrazin*. Man setzt Hydrazincarbonsäureäthylester mit sd. Aceton zu *Acetonhydrazoncarbonsäureäthylester* (F. 72—73°) um, red. mit H_2 u. Pt zu *N-Isopropylhydrazin-N'-carbonsäureäthylester* ($Kp._{11}$ 95—105°) u. durch Erhitzen mit NaOH decarboxyliert u. verseift. (**Schwz. P. 307 629** vom 23/5. 1952, ausg. 16/8. 1955.) G. LANGER. H 910

Soc. des Produits Azotés, Seine, Frankreich, *Abtrennung von Glykokoll* aus wss. Lsgg., die u. a. NH_4Cl (**II**) enthalten, erfolgt durch fraktionierte selektive Kristallisationen, da Glykokoll (**I**) bei tieferen Tempp. in W. weniger lösl. ist als **II** u. bei höheren Tempp. besser löslich. Man kühlt die verd. Lsg. auf 10—20° ab, trennt bei p_H 7 **I** ab, konz. u. erwärmt auf 70—90°, wobei bei p_H 4 **II** ausfällt. — 2 Zeichnungen. (**F. P. 1 019 671** vom 20/4. 1950, ausg. 26/1. 1953.) S. MEIER. H 950

American Cyanamid Co., New York, N. Y. (Erfinder: **Ingenuin Hechenbleikner**, Norwalk, Conn.), V. St. A., *O.O-Diester des Thiophosphorsäuremonochlorids* der allg.

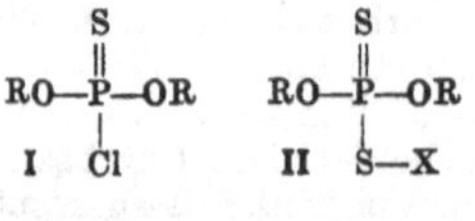

Formel I (R = gesätt. oder ungesätt. Alkyl, Cycloalkyl, Aralkyl, Aryl). Verbb. der allg. Formel II (R = wie oben, X = H, NH_4, Alkali oder Erdalkali) werden mit chlorierenden Mitteln (Cl_2, SCl_2, PCl_5, PCl_3) bes. bei 0—60°, zweckmäßig in Ggw. eines inerten Lösungsm. behandelt. Beispiele: Durch Chlorieren von Na-O.O-Diäthyldithiophosphat in CCl_4 bei 10—20° erhält man in 80%ig. Ausbeute *O.O-Diäthylchlorthiophosphat*, $Kp._1$ 49—50°. — *O.O-Dimethylchlorthiophosphat*, $Kp._1$ 40°. — *O.O-Diisopropylchlorthiophosphat*, $Kp._5$ 55°. — *O.O-Di-n-butylchlorthiophosphat*, $Kp._1$ 75°. — *O.O-Di-(2-äthylhexyl)-chlorthiophosphat*, leicht gelbe Fl., bei Dest. Zersetzung. — *O.O-Didecylchlorthiophosphat*. — *O.O-Diphenylchlorthiophosphat*, F. 68—71°. (Vgl. D. B. P. 819 998, C. **1953.** 2346.) Zwischenprodd. zur Herst. von *Schädlingsbekämpfungs-*, *Flotationsmitteln* u. *Vulkanisationsbeschleunigern*. (**D. B. P. 819 999** Kl. 12o vom 15/2. 1949, ausg. 18/1. 1951. A. Prior. 8/4. 1947.) G. Krauss. H 980

Dow Corning Corp., Midland, Mich., übert. von: **Leo H. Sommer**, State College, Pa., V. St. A., *Organofluorsilane* erhält man durch Rk. von Organosiloxanen der Formel $R_nSiO_{4-n/2}$ oder Silanen der Formel $R_mSi(OR')_{4-m}$ bzw. $R_xSi(OH)_{4-x}$, wobei R gesätt. aliphat. bzw. aromat., gegebenenfalls halogenierte KW-stoffreste u. R′ einwertige KW-stoffreste bedeuten, n 1 bis 3, m 0 bis 3 u. x 1 oder 2 sind, mit dem Diäthylätherat von BF_3. Ein Gemisch von 0,6 (Mol) Hexamethyldisiloxan u. 0,2 $BF_3 \cdot (C_2H_5)_2O$ wird auf 50—60° erhitzt, wobei sich eine homogene Lsg. bildet u. man durch Dest. $(CH_3)_3SiF$ in 94%ig. Ausbeute erhält. Die Prodd. dienen als *Hydrophobierungsmittel*. (**A. P. 2 713 063** vom 30/11. 1953, ausg. 12/7. 1955.) J. Mühleisen. H 980

California Research Corp., San Francisco, übert. von: **Gordon E. Langlois**, El Cerrito, Calif., V. St. A., *Reinigung von Isopropylbenzol*. Bei der Herst. von Isopropylaromaten durch Alkylierung von Benzol-KW-stoffen (Mol.-Gew. nicht höher als das von Xylol) mit Propylen in Ggw. eines Phosphorsäurekatalysators als einzigem akt. Katalysator kann die Ausbeute an Isopropylbenzol-KW-stoffen, die in der Hauptsache frei vom Butylbenzolhomologen sind u. die man durch fraktionierte Dest. des Alkierungsprod. erhält, erheblich verbessert werden, wenn man letzteres mit 90 bis 100%ig. H_2SO_4 intensiv behandelt, eine saure Phase u. eine KW-stoffphase voneinander trennt u. die letztere fraktioniert destilliert. Man trennt über Kopf eine Fraktion ab, die hauptsächlich aus *Isopropylbenzol* besteht, das im wesentlichen frei vom Butylbenzolhomologen ist. — Zeichnung. (**A. P. 2 695 324** vom 16/5. 1952, ausg. 23/11. 1954.) P. Unger. H 1010

Farbenfabriken Bayer Akt.-Ges., Leverkusen (Erfinder: **Josef Binapfl** und **Gustav von Schuckmann**, Krefeld), *Verfahren zur Enthalogenierung von halogenalkylierten aromatischen Kohlenwasserstoffen* durch katalyt. erregten H_2 in alkal. wss. Lsg., dad. gek., daß der Halogen-KW-stoff unter erhöhtem Druck (ca. 50—150 atü) u. bei erhöhten Tempp. (ca. 50—150°) unter guter Durchmischung laufend in das Reaktionsgemisch eingebracht wird, jedoch nicht rascher als die Enthalogenierung stattfindet; zweckmäßig wird in Ggw. eines Emulgators gearbeitet, wodurch die Reaktionsgeschwindigkeit erhöht wird, die Rk. bei niedrigeren Tempp. durchführbar u. die Lebensdauer des Katalysators verlängert ist. — Aus Benzylchlorid u. H_2 in Ggw. von mit H_2 red. Ni–Al–Cr, wss. NaOH u. einem Addukt aus Ricinusöl + Äthylenoxyd als Emulgator bei 100 atü u. 80° → *Toluol*, Ausbeute 95 (%). — o- u. p-Xylylchlorid → *o- u. p-Xylol*; Ausbeute 92,5, neben Bis-[methylbenzyl]-äther (3,3), Tolylcarbinol (2,9) u. einem harzartigen Rückstand (1,3). — Bis-[chlormethyl]-xylole → *Durol*; Ausbeute 90, Rest hochsd. Öle u. Harz. Ferner sind enthalogenierbar: Benzyljodid, α-Chloräthylbenzol, o-Chlormethyläthylbenzol, Xylylenchloride, Mesitylchlorid, 2-Chlormethyldiphenyl, 1- oder 2-Chlormethylnaphtalin, 6-Chlormethyltetralin. (**D. B. P. 934 589** Kl. 12o vom 24/7. 1952, ausg. 27/10. 1955. Anmeldung bekanntgemacht 21/4. 1955.) G. Krauss. H 1010

Sandoz Akt.-Ges., Basel, Schweiz, *2-Amino-5-nitrobenzolsulfonsäure-(1)-fluorid*. Man erwärmt 2-Amino-5-nitrobenzolsulfonsäure-(1)-chlorid mit NaF u. W. auf 100°, F. 163°. — Zwischenprod. für Farbstoffe. (**Schwz. P. 310 500** vom 24/12. 1952, ausg. 16/12. 1955.) G. Langer. H 1090

Jonas Kamlet, Easton, Conn., V. St. A., *Herstellung von p-Benzochinon* erfolgt durch Oxydation von $C_6H_5NH_2$ mit MnO_2 u. wss. H_2SO_4. Die Regeneration der $MnSO_4$-Lsg. erfolgt durch Ausfällen von $CaSO_4$ mittels $CaCl_2$. Die erhaltene $MnCl_2$-Lsg. wird mit $Ca(OH)_2$ versetzt u. durch die erhaltene $Mn(OH)_2$-Suspension ein O_2-haltiges Gas bei 55—60° geblasen, wobei Mn^{II} zu Mn^{IV} oxydiert wird u. MnO_2 ausfällt, das wieder in das Verf. zurückgeht. (**A. P. 2 731 478** vom 14/8. 1953, ausg. 17/1. 1956.) O. Müller-Meiningen. H 1190

International Minerals & Chemical Corp., Chicago, Ill., V. St. A., *Tyrosin*. Man unterwirft Proteine einer sauren Verseifung, trennt bei p_H 0,5—4,0 Humin ab, stellt auf p_H 5,5 bis 10,0 ein u. trennt Tyrosin ab. Nebenprodd. *Glutaminsäure* u. *Leucin*. (**E. P. 740 722** vom 16/7. 1953, ausg. 16/11. 1955. A. Prior. 5/8. 1952.) G. LANGER. H 1350

Sulphite Products Corp., übert. von: **Irwin A. Pearl**, Appleton, Wis., V. St. A., *Herstellung von Bivanillyl* durch Red. von 4.4'-Dioxy-3.3'-dimethoxybenzil mit Zn + HCl oder Zn-Amalgam + HCl. F. 161–162°. – Zwischenprodukt. (**A. P. 2 724 727** vom 8/8. 1952, ausg. 22/11. 1955.) K. FABEL. H 2260

Monsanto Chemicals Ltd., London, England (Erfinder: **Donald Weight** und **Bertrand Ernest Wilde**), *Diphenylamin*. Man erhitzt Anilin in fl. Phase in Ggw. eines Katalysators, der ein Gemisch darstellt aus einem Cu-Salz, einem feinverteilten Metall u. einem Chlorid (NH_4Cl) oder einem Aminhydrochlorid, das fähig ist, HCl abzuspalten. (**E. P. 738 986** vom 4/12. 1952, ausg. 26/10. 1955.) G. LANGER. H 2510

Ciba Akt.-Ges., Basel, Schweiz, *1-(β-Aminoäthylamino)-anthrachinon*. Aus 1-Chloranthrachinon u. Äthylendiamin. Blaurote Kristalle. F. 144°. – Zwischenprod. für Farbstoffe. (**Schwz. P. 306 992** vom 28/8. 1952, ausg. 16/7. 1955.) G. LANGER. H 2800

Sandoz Akt.-Ges. übert. von: **Arthur Stoll**, Arlesheim, und **Jean-Pierre Bourquin**, Basel, Schweiz, *Thiophenderivate* der allg. Formel I ($R = CH_3$ oder C_2H_5). Man setzt ein 1-Alkyl-4-aminopiperidin mit 2-Thenylchlorid bzw. -bromid um u. erhält die Verbb. mit $R = CH_3$, $Kp._{11}$ 147–149°, bzw. $R = C_2H_5$. – *Antioxydationsmittel* u. Zwischenprodukte. (**A. P. 2 715 628** vom 21/6. 1954, ausg. 16/8. 1955.) K. FABEL. H 3071

I

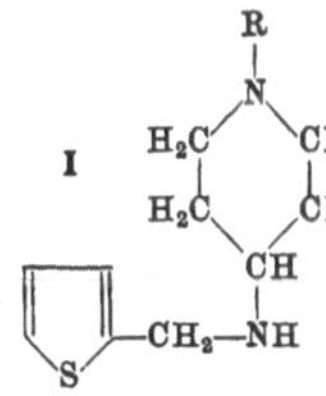

Stamicarbon N. V., Heerlen, Holland, Die *Trennung von 3- und 4-Picolin aus Mischungen* mit u. ohne 2.6-Lutidin gelingt durch Behandeln des Rohpicolins mit W. u. SO_2, fraktionierte Dest. der erhaltenen Mischung u. Abtrennung von W. u. SO_2 aus den 3- bzw. 4-Picolinfraktionen durch azeotrope Dest. mit einem organ. Lösungsm. (Toluol, Bzl.). Bei Anwesenheit von 2.6-Lutidin wird dieses nach der Behandlung mit SO_2 u. W. aus der 3-Picolin enthaltenden Fraktion in üblicher Weise durch fraktionierte Dest. abgetrennt. Während der fraktionierten Dest. wird noch so viel SO_2 in den Destillierkolben nachgegeben, daß der Geh. an SO_2 im Destillat stets ca. 15% beträgt. (**E. P. 734 812** vom 27/5. 1953, ausg. 10/8. 1955. Holl. Prior. 31/5. 1952.) R. LINK. H 3231

Abbott Laboratories, North Chicago, Ill., übert. von: **Donalee L. Tabern**, Lake Bluff, Ill., V. St. A., *9-Alkoxyphenyl-9-alkoxyacridane* der allg. Formel **I**, in der R für Alkyl mit 1–14 C-Atomen, X für H, Halogen, einen niedermol. Alkyl- oder Alkoxyrest, Y für einen KW-stoffrest mit 1–10 C-Atomen (z. B. Alkyl, monocycl. Aralkyl oder Aryl)

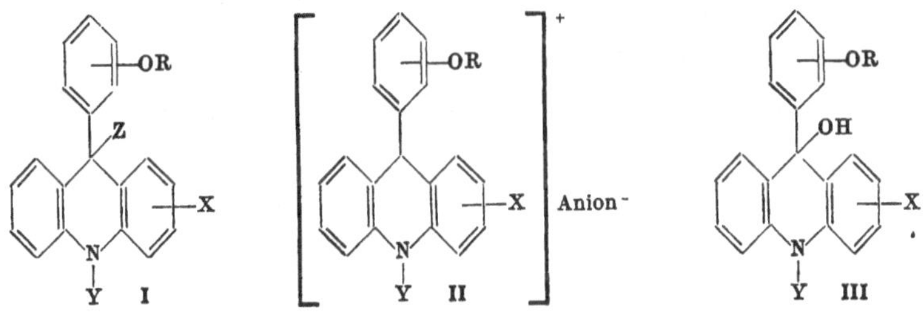

u. Z für Alkoxy mit 1–4 C-Atomen stehen, erhält man, indem man das mineralsaure Acridan **II** mit einem Überschuß an Alkali versetzt u. das gebildete Acridol **III** durch Erwärmen mit einem Alkohol in ein 9-Alkoxyacridan **I** überführt. – 9-(p-Hexoxyphenyl)-10-methylacridanchlorid, -bisulfat oder -bromid u. verd. Alkali → *9-(p-n-Hexoxyphenyl)-10-methyl-9-acridol*, F. 85°. – Daraus durch Kochen mit absol. Methanol unter Rückfluß *9-(p-n-Hexoxyphenyl)-9-methoxy-10-methylacridan*, F. 77–78°. – *9-(p-Methoxyphenyl)-10-phenyl-9-acridol*, F. 152–155°. – *9-(p-Methoxyphenyl)-9-methoxy-10-phenylacridan*, F. 158,5–160,5°. – *9-(o-Methoxyphenyl)-10-methyl-9-acridol*, F. 132–135°. – *9-(o-Methoxyphenyl)-9-methoxy-10-methylacridan*, F. 162–163° (Zers.). – *9-(p-n-Butoxyphenyl)-10-methyl-9-acridol*, F. 103–105°. – *9-(p-n-Butoxyphenyl)-9-methoxy-10-methylacridan*, F. 102–103°. – *9-(p-n-Hexoxyphenyl)-10-äthyl-9-acridol*. – *9-(p-n-Hexoxyphenyl)-9-methoxy-10-äthylacridan*. – *9-(p-n-Hexoxyphenyl)-10-benzyl-9-acridol*, F. 126,5–128,5°. – *9-(p-n-Hexoxyphenyl)-9-methoxy-10-benzylacridan*, F. 118,5–120,5°. – *9-(p-n-Octoxyphenyl)-10-methyl-9-acridol*. – *9-(p-n-Octoxyphenyl)-9-methoxy-10-methylacridan*, F. 72 bis 75°. – *9-(p-2-Äthylbutoxyphenyl)-10-methyl-9-acridol*. – *9-(p-2-Äthylbutoxyphenyl)-9-methoxy-10-methylacridan*. – *2-Methoxy-9-(p-n-hexoxyphenyl)-10-methyl-9-acridol*. –

2.9-Dimethoxy-9-(p-n-hexoxyphenyl)-10-methylacridan. — *1-Chlor-9-(p-n-hexoxyphenyl)-4.10-dimethyl-9-acridol*, nahezu farblose Kristalle, F. 103,5—105,5°. — *1-Chlor-9-(p-n-hexoxyphenyl)-4.10-dimethylacridan*, fl. bei n. Temperatur. — *9-(p-n-Decoxyphenyl)-10-methyl-9-acridol.* — *9-(p-n-Decoxyphenyl)-9-methoxy-10-methylacridan.* — *9-(p-n-Hexoxyphenyl)-10-n-decyl-9-acridol.* — *9-(p-Methoxyphenyl)-9-methoxy-10-n-decylacridan.* — *9-(p-n-Tetradecoxyphenyl)-10-methyl-9-acridol.* — *9-(p-n-Tetradecoxyphenyl)-9-methoxy-10-methylacridan.* — *9-(p-n-Hexoxyphenyl)-9-äthoxy-10-methylacridan.* — *9-(p-n-Hexoxyphenyl)-9-n-butoxy-10-methylacridan.* — *Zwischenprodd.* zur Herst. reiner mineralsaurer Acridane (II). (**A. P. 2 684 367** vom 19/10. 1950, ausg. 20/7. 1954.) R. Link. H 3231

Usines de Melle, Frankreich (Erfinder: **Paul Chollet**), *Herstellung kristallisierter Lävulose* (I), dad. gek., daß man I in 25—40 oder 100—120 Vol.-% einer aliphat. Säure (Essigsäure, Ameisensäure) löst u. zu der konz. Lsg. allmählich bei 50—70° 50—60 Vol.-% eines aliphat. Alkohols (Methanol, A.) oder Esters (Äthylacetat) oder Bzl. zusetzt, der die Löslichkeit von I in der Kälte stark herabsetzt. Während des langsamen Abkühlens wird mit I-Kristallen geimpft u. langsam gerührt. (**F. P. 1 055 207** vom 26/4. 1952, ausg. 17/2. 1954.) S. Meier. H 3400

Farbenfabriken Bayer Akt.-Ges. (Erfinder: **Helmut Kleiner** und **Otto Bayer**), Leverkusen, *Herstellung wasserlöslicher, nicht salzbildender Hochpolymerer*, dad. gek., daß man bas. Verbb., die eine oder mehrere Carbonamidgruppen im Mol. enthalten, mit ungesätt. polym risierbaren Säuren umsetzt u. die Säureamide für sich allein oder in Verb. mit anderen polymerisierbaren Komponenten nach üblicher Meth. polymerisiert. In den Beispielen sind als Ausgangsstoffe genannt: Aminopropyl-α-, Aminoäthyl-α-pyrrolidon, Aminopropyl-α-piperidon, Aminopropyl-ε-caprolactam, Di-(pyrrolidonylpropyl)-imin (aus Dipropylentriamin u. γ-Butyrolacton), Sarkosindimethylamid u. Methylaminopropionsäuredimethylamid einerseits u. Acrylsäure, Fumarsäure, Maleinsäure u. deren Halogenide u. Anhydride andererseits. Die Polymerisate besitzen adsorptive Eigg. u. dienen u. a. als Verdickungs-, Schlichte- u. Blutersatzmittel sowie als Dispergatoren. — Mengenbeispiele. (**D. B. P. 936 296** Kl. 39c vom 26/3. 1952, ausg. 19/1. 1956. Anmeldung bekanntgemacht 8/6. 1955.) H. Schindler. H 4010

Transparent Package Co., übert. von: **Joseph S. Chirtel** und **Arthur M. Mark**, Chicago, Ill., V. St. A., *Wasserunlösliche, nicht kristalline lineare Polypeptide* erhält man durch Erhitzen von β-Alanin, N-Acetyl-β-alanin, β-Alanindipeptidalkylester, β-Alaninamid oder deren Mischungen auf den F. bis höchstens 250° in einem inerten Gas, bes. unter Druck. — 0,2 Mol β-Alanin werden unter N_2 u. Rühren 130 Min. auf 180—210° erhitzt, wobei W. u. NH_3 abgespalten werden. Die entstandene gelbe spröde M. wird mit W. extrahiert u. man erhält als Rückstand *Poly-β-alanin*, N-Geh. 17,7 (%); Ausbeute 31,6. — β-Alaninmethylester → Dipeptidmethylester, N-Geh. 16,3, → *β-Alaninpolypeptid*, N-Geh. 19; Ausbeute 86,6. Die Polypeptide sind in Kresolen, Xylenolen u. HCl löslich. — Verwendung zur Herst. von *eßbaren Filmen*, auch in Mischung mit Weichmachern u. anderen filmbildenden eßbaren Polymeren. (**A. P. 2 691 643** vom 15/11. 1950, ausg. 12/10. 1954.) G. Krauss. H 4070

X. Färberei. Organische Farbstoffe.

—, *Farbstoffe und Textilhilfsmittel.* Prodd. der Badischen Anilin- & Soda-Fabrik AG., Ludwigshafen/Rh.: *Basanthren (R) schwarz B Pulver* eignet sich bes. zum Färben von Polyamidfasern [Perlon (R), Nylon u. a.]. Durch die sehr guten Echtheiteigg. ist das Prod. bes. zum Färben von Garnen, Zwirnen u. Bändern aus Polyamidfaser endlos oder Polyamid-Stapelfaser verwendbar. — „*Indanthren-Farbstoffe ,Colloisol*'", heißt eine reichbebilderte Werbebroschüre über die Farbstoffmarken. — Prod. der Cassella Farbwerke Mainkur AG., Frankfurt/Main-Fechenheim: *Indanthrengelb F2GC Plv. fein für Färben* von Vorhang-, Dekorations-, Möbel- u. Fahnenstoffen sowie Buntbleich- u. Waschartikeln ist ein einheitlicher Küpenfarbstoff mit sehr guten Licht-, Wasch-, Chlor-, Peroxyd- u. Buntbleichechtheiten. Sehr gutes Egalisiervermögen. — Prodd. der Farbenfabriken Bayer AG., Leverkusen: *Acraminweiß FT* ist ein Pigmentweiß auf Titandioxydbasis, welches ein nicht vergilbendes Weiß mit sehr guter Wasch- u. Reibechtheit ergibt. — *Resolinfarbstoffe* sind Dispersionsfarbstoffe zum Färben von Polyesterfasern wie Dacron, Terylen u. Diolen. Sehr gute Echtheitseigenschaften. — *Supraminrot GW* färbt Kammzug, Strick- u. Wirkgarn sowie Stückware. Gute bis sehr gute Licht-, Wasser-, Wasch-, Schwefel-, Dekatur- u. Meerwasserechtheit sowie gute Bügel-, Reib- u. Schweißechtheiten. — *Diamantchrombrillantrot BL* färbt lose Wolle, Kammzug, Wirk- u. Strickgarne in klaren, wasch- u. walkechten Färbungen mit sehr gutem Egalisiervermögen. — *Indanthrenbraun FFR Plv. ultrafein* u. *Indanthrenoliv 3G* *dopp. Teig ultrafein,* zwei Farbstoffe, die bes. in der FOULARD- u. Apparatfärberei Verwendung finden. — *Telonechtschwarz NE* eignet sich zum Färben von Polyamidfasermaterial wie Perlon, Nylon u. andere. Sehr gute Lichtechtheit. — *Siriuslichtscharlach GL* färbt Mischgewebe aus Baumwolle u. Viscosereyon bzw. Zellwolle in gelbstichigen Scharlachtönen von sehr guter Lichtechtheit. Da die Färbungen neutral u. alkal. gut ätzbar sind, kann das Prod. auch für Ätzböden Verwendung finden. — Prodd. der FARBWERKE HOECHST AG., Frankfurt/M.-Höchst: *Nopyron H* zu Flammfestausrüstungen von Geweben, Garnen, Netzen, Schnüren u. Seilen aus Baumwolle, Jute, Leinen, Hanf u. Sisal. Sie sind lichtecht, W. u. Wetter beständig. — *Mattweiß W* eignet sich zur Herst. von waschechten Mattweißdrucken auf Baumwolle, Viscose u. Acetatreyon sowie Zellwolle u. vollsynthet. Fasern. — *Remastral-Farbstoffe* sind Direktfarbstoffe von guter Lichtechtheit zum Färben von Baumwolle u. Viscosereyon wie Kleider-, Trikot-, Dekorations- u. Möbelstoffen, Unterwäsche, Drell u. Handarbeitsgarnen. — Eine Musterkarte „*Saisonfarben Winter 1956/57*“ für Wolle, Wolle/Viscosezellwolle u. Wolle/Perlon. (Melliand Textilber. **37.** 330. März 1956.) P. ECKERT. 7018

Walter H. Hindle, *Das Färben von Acrilan/Wollmischungen.* Inhaltlich ident. mit der C. **1956.** 6812 referierten Arbeit. (Canad. Textile J. **2.** Nr. 20. 55—56. 7/10. 1955. Decatur, Ala., Chemstrand Corp.) I. SCHOENMANN. 7020

W. Clarke, *Alcian „X“-Farbstoffe im Textildruck.* (Vgl. C. **1956.** 7940.) Neben dem bisher bekannten (Cu-Phthalocyanin-)Alcian Blue 8 G-Farbstoff wurde auf der gleichen Basis eine neue „X“-Serie entwickelt, welche Farbschattierungen von Gelb, Grün u. einem weiteren Blau einschließt. Das Problem der Unlöslichkeit dieser Farbstoffe wurde durch Einführung einer temporär löslichmachenden Gruppe in das Farbstoffmol. gelöst, indem die unlösl. Chlormethylderivv. durch Rk. mit tert. N-Basen oder Thioharnstoffverbb. in die lösl. Salze der quaternären NH_4- oder tern. Sulfoniumverbb. übergeführt werden. Für die Anwendung werden geeignete Druckvorschriften u. eine neue Technik (Milchsäure–Glydote BN-Rezept) für die „X“-Serie gegeben sowie Hinweise zur Verwendung neben Caledon u. Durindone Küpen- u. Brentogen u. Soledonfarbstoffen. Die Alcianfarbstoffe eignen sich hauptsächlich für den Druck auf Baumwolle u. Leinen. (Canad. Textile J. **2.** Nr. 20. 57—62. 7/10. 1955. Manchester, England, Dyestuffs Div. Imp. Chem. Ind. Ltd.) I. SCHOENMANN. 7022

K. McLaren, *Die Verwendung von Bogenlampen zur Bestimmung der Lichtechtheit.* Bei Verwendung eines Fade-Ometers zur Prüfung auf Lichtechtheit bestehen zwischen Tageslicht- u. Bogenlampenschätzungen hinsichtlich ihrer spektralen Zus., Temp. u. Feuchtigkeitsgeh. während der Belichtung beträchtliche Unterschiede, wobei letztere gravierend zu sein scheinen. 3 Lampentypen werden erwähnt: Kohlebogen u. Xenongas, trockener u. abgeschirmter Funke. In einer Kurve gibt Vf. die Lichtanteile der beiden Lichtquellen an: Sonnen- u. Himmelslicht haben viel UV (**I**) u. violett (**II**), wenig sichtbare Anteile, Bogenlampe wenig **I** u. **II** dafür aber mehr blau bis rot (abfallend). Die Intensität des Sonnenlichtmaximums ist 7 mal größer als die des Bogenlampenmaximums. Welche Wellenlängen bleichend auf die Farbstoffe wirken, wird vom Vf. nicht entschieden. (J. Soc. Dyers Colourists **70.** 553—56. Dez. 1954. Manchester, Imp. Chem. Ind., Dyehouse Dep.) J. MILLER. 7028

Ciba Akt.-Ges., Basel, Schweiz, *Färbepräparat,* enthaltend eine Metallverb. eines mindestens eine Sulfonsäureamidgruppe aufweisenden Monoazofarbstoffes, der von Sulfonsäuregruppen u. von nicht in Nachbarstellung zur Azogruppe stehenden Carboxylgruppen frei ist, u. wobei die Metallverb. weniger als ein Atom Metall je Monoazofarbstoffmol. enthält, gek. durch den Geh. eines wasserlösl. phosphorsauren Salzes, bes. eines Alkalipyrophosphates. (**Schwz. P. 310 222** vom 21/7. 1952, ausg. 16/12. 1955.) H. v. SCHILLER. 7021

Ciba Akt.-Ges., Basel, Schweiz, *Färbepräparat.* Es enthält eine wasserlösl. Cr-Verb. eines chromierbare Gruppen enthaltenden Azofarbstoffes, die je chromierbare Gruppe 1 Atom Cr komplex gebunden aufweist u. eine niedrigmol. Aminosäure, bes. eine Aminocarbonsäure der aliphat. Reihe, z. B. Glykokoll. Mit den Präpp. werden unter Schonung des Färbegutes gleichmäßige vollentwickelte Färbungen erhalten. (**Schwz. P. 310 223** vom 20/8. 1952, ausg. 16/12. 1955.) H. v. SCHILLER. 7021

Badische Anilin- & Soda-Fabrik Akt.-Ges., Ludwigshafen/Rh., *Färben oder Bedrucken von Gebilden aus Celluloseestern,* dad. gek., daß man die Gebilde mit geringen Mengen von organ. Aminen (**I**), bes. cycloaliphat. **I** mit mindestens 3 C-Atomen, die außer einer Aminogruppe noch mindestens eine Nitril-, Ester-, Oxy- oder Carbonylgruppe enthalten, gegebenenfalls in Form ihrer Aldehyd–Bisulfit-Verbb. oder ihrer Salze mit organ. oder anorgan. Säuren behandelt u. gleichzeitig oder nachträglich mit solchen

Farbstoffen färbt, die Sulfonsäure- oder Sulfonamidgruppen u. bzw. oder komplexgebundenes Metall enthalten. I sind z. B. Dimethylaminopropionitril, Pyrrolidinisobuttersäurenitril, Tetramethyldiaminobenzophenon. (**D. B. P. 939 206** Kl. 8m vom 17/9. 1952, ausg. 16/2. 1956. Anmeldung bekanntgemacht 25/8. 1955.) H. v. Schiller. 7023

Ciba Akt.-Ges., Basel, Schweiz, *Herstellung eines Sulfonsäurehalogenides.* 1-Amino-2-methyl-4-chlorbenzol → 2-Oxynaphthalin-6-sulfonsäure. Der Farbstoff wird in Chlorbenzol mit PCl_5 16 Std. unter Eiskühlung behandelt. *Zwischenprod.* zu *Herst.* von *Azopigmenten.* (**Schwz. P. 306 055** vom 27/3. 1952, ausg. 1/6. 1955.) U. Sievers. 7053

Ciba Akt.-Ges., Basel, Schweiz, *Herstellung eines metallhaltigen Azofarbstoffes.* 2-Amino-1-oxybenzol-4-sulfonsäuremethylamid → 1-Acetylamino-7-oxynaphthalin. Der Farbstoff wird deacetylierend chromiert. Wolle wird grüngrau gefärbt. (**Schwz. P. 306 376** vom 11/2. 1952, ausg. 16/6. 1955.) U. Sievers. 7053

Ciba Akt.-Ges., Basel, Schweiz, *Herstellung eines Monoazofarbstoffes.* 4-Nitro-2-amino-1-oxybenzol-6-sulfonsäuremethylamid → 1-n-Butyrylamino-7-oxynaphthalin. Wolle chromiert blaustichig oliv. (**Schwz. P. 300 779** vom 16/1. 1952, ausg. 16/10. 1954. **Zusatz zu Schwz. P. 295 675; C. 1955. 4942.**) U. Sievers. 7053

Ciba Akt.-Ges., Basel, Schweiz, *Herstellung eines Monoazofarbstoffes.* 6-Nitro-4-acetylamino-2-amino-1-oxybenzol → 2.6-Dioxynaphthalin. Wolle wird nach dem Einbadchromierungsverf. graublau gefärbt. (**Schwz. P. 307 858** vom 30/7. 1952, ausg. 16/8. 1955. **Zusatz zu Schwz. P. 303 279; C. 1956. 3157.**) U. Sievers. 7053

Ciba Akt.-Ges., Basel, Schweiz, *Herstellung eines metallhaltigen Azofarbstoffes.* 3.4.6-Trichlor-2-amino-1-oxybenzol → 1-Oxy-8-methoxynaphthalin-4-sulfonsäureamid. Anschließend wird mit chromsalicylsaurem Na/K chromiert. Wolle wird rotblau gefärbt. (**Schwz. P. 308 272** vom 22/7. 1952, ausg. 16/9. 1955.) U. Sievers. 7053

Ciba Akt.-Ges., Basel, Schweiz, *Herstellung eines metallhaltigen Monoazofarbstoffes.* 5-Nitro-2-amino-1-methoxybenzol → 1-Oxynaphthalin-3.6.8-trisulfonsäure. Der erhaltene Farbstoff wird mit $CrSO_4$-Lsg. metallisiert. Wolle wird blau gefärbt. (**Schwz. P. 310 248** vom 15/10. 1952, ausg. 16/12. 1955.) U. Sievers. 7053

Sandoz Akt.-Ges., Basel, Schweiz, *Herstellung eines metallhaltigen Azofarbstoffes.* 1-Oxy-2-amino-4-nitrobenzol → 1-Oxy-2-acetylamino-4-methylbenzol. Man chromiert mit Natriumbichromat. Wolle, Seide u. Polyamidfasern werden walk-, wasch- u. lichtecht braun gefärbt. (**Schwz. P. 306 542** vom 26/3. 1952, ausg. 16/6. 1955. **Zusatz zu Schwz. P. 303 283; C. 1956. 2032.**) U. Sievers. 7053

Sandoz Akt.-Ges., Basel, Schweiz, *Herstellung eines metallisierbaren Monoazofarbstoffes der Pyrazolonreihe.* 2-Amino-1-oxy-4-chlorbenzol-6-sulfonsäure → 1-(Phenylsulfon)-3-methyl-5-pyrazolon. Wolle wird gelbbraun gefärbt; nachchromiert geht diese Färbung in ein volles Rot über. (**Schwz. P. 309 181** vom 27/10. 1952, ausg. 1/11. 1955.) U. Sievers. 7053

Sandoz Akt.-Ges., Basel, Schweiz, *Herstellung eines kobalthaltigen Monoazofarbstoffes.* 2-Amino-1-oxy-6-acetylamino-4-nitrobenzol → 1-Carbäthoxyamino-7-oxynaphthalin. Der erhaltene Farbstoff wird mit Kobaltnatriumtartratlsg. metallisiert. Wolle u. Polyamidfasern werden oliv gefärbt. (**Schwz. P. 309 182** vom 31/10. 1952, ausg. 1/11. 1955.) U. Sievers. 7053

Sandoz Akt.-Ges., Basel, Schweiz, *Herstellung eines metallisierbaren Disazofarbstoffes.* 2-Oxynaphthalin-6-carbonsäurephenylamid (I) ← 4.4'-Diamino-3.3'-dioxyphenyl-1.1'-harnstoff-6.6'-disulfonsäure → I. Baumwolle u. regenerierte Cellulose werden rotviolett gefärbt; nachgekupfert besitzt diese Färbung gute Echtheitseigenschaften. (**Schwz. P. 307 632** vom 18/9. 1952, ausg. 16/8. 1955.) U. Sievers. 7055

Sandoz Akt.-Ges., Basel, Schweiz, *Herstellung eines wasserunlöslichen Disazofarbstoffes.* 1-Amino-2-methoxybenzol → 1-Amino-2-methoxy-5-methylbenzol → Oxybenzol. Acetatseide, Polyamidfasern u. Polyesterfasern werden gelborange gefärbt. (**Schwz. P. 309 183** vom 31/10. 1952, ausg. 1/11. 1955.) U. Sievers. 7055

Sandoz Akt.-Ges., Basel, Schweiz, *Herstellung eines wasserunlöslichen Disazofarbstoffes.* Aminobenzol → 1-Amino-2.5-dimethoxybenzol → 1-Oxy-3-methoxybenzol. Acetatseide, Polylamidfasern u. Polyesterfasern werden rubinrot gefärbt. (**Schwz. P. 309 184** vom 7/11. 1952, ausg. 1/11. 1955.) U. Sievers. 7055

Sandoz Akt.-Ges., Basel, Schweiz, *Herstellung eines metallisierbaren Farbstoffes.* (2-Amino-1-oxybenzol-4-sulfonsäure → 2-Phenylamino-5-oxynaphthalin-7-sulfonsäure) ← 4.4'-Diamino-3.3'-dimethoxy-1.1'-diphenyl → 2-Oxynaphthalin. Baumwolle u. regenerierte Cellulose werden, nachgekupfert, marineblau gefärbt. (**Schwz. P. 310 250** vom 20/10. 1952, ausg. 16/12. 1955.) U. Sievers. 7055

XIa. Farben. Anstriche. Lacke. Naturharze.

L. R. Seaborne, *Konstruktion von Nomogrammen.* Es werden Methoden zur Konstruktion von Nomogrammen beschrieben. Dabei werden interessante Beispiele aus der Farben- u. Lackindustrie angewendet, um die verschied. Typen zu erläutern. (J. Oil Colour Chemists' Assoc. **38.** 709–18. Nov. 1955. Sutton Coldfield.) E. PREU. 7090

H. Rabaté, *Glimmerhaltiges Eisenoxyd in der Industrie der Farben und ähnlicher Produkte.* Überblick über Vork., Eigg. u. anstrichtechn. Bedeutung von glimmerhaltigem Eisenoxyd. (Peintures, Pigments, Vernis **28.** 449–51. Juli 1952.) M. WINIKER. 7092

L. J. Venuto, *Die Gasruße der Lackindustrie.* In Fortsetzung zu der C. **1953.** 7412 referierten Arbeit behandelt Vf. die Lagerung u. Qualitätsprüfung der Gasruße sowie ihre Verwendung in Anstrichen. (Ind. Vernice – Lack- u. Farben-Chem. **7.** 87–90. April; 109–11. Mai; 148–50. Juni; 169–72. Juli; 205–08. Aug.; 227–29. Sept.; 263–66. Okt.; 325–28. Dez. 1953. **8.** 9–13. Jan. 1954. New York, N. Y., Binney & Smith International, Inc.) B. SCHEIFELE. 7092

Robert Martin, *Beiträge der Petrochemie zur Industrie der Farben und Lacke.* Vf. vermittelt einen Überblick über die Bedeutung der Petrochemie für die Gewinnung von Rohstoffen für Farben u. Lacke. (Peintures, Pigments, Vernis **29.** 812–17. Okt. 1953.) M. WINIKER. 7096

Paul Bernhard, *Neue Methoden der Passivierung von Eisen.* Metallorgan. Verbb. werden als O_2-Überträger Rostschutzfarben in Mengen von 0,3–2% zugesetzt. (Ind. Vernice – Lack- u. Farben-Chem. **7.** 287–89. 1953. Filzbach, Schweiz.) B. SCHEIFELE. 7096

Paul Bernhard, *Ketonlösungsmittel.* Eigg. u. Verwendung der Ketonlösungsmittel, bes. von Äthylmethylketon u. Methylisobutylketon. (Ind. Vernice – Lack- u. Farben-Chem. **7.** 151–53. 1953. Filzbach, Schweiz.) B. SCHEIFELE. 7100

H. W. Rudd, *Verhinderung der Metallkorrosion durch neuzeitliche Anstrichtechnik.* Behandelt werden die verschied. Entrostungs- u. Entzunderungsmethoden sowie die Anwendung von Reaktionsgrundierung (wash primer) u. Anstrichfarben mit metall. Zn, Pb u. Al u. mit Mennige, ferner die Anforderungen an die Hilfsstoffe für die Anstriche, das Problem der Blasenbldg. u. geeignete Dichtungszusätze, endlich bituminöse Überzüge u. kathod. Schutz. (Paint Manufact. **23.** 41–44. 63. Febr. 77–80. 93. März 1953.) B. SCHEIFELE. 7106

G. Génin, *Die Filtration in der Lack- und Farbenindustrie.* 2. Mitt. (1. vgl. C. **1952.** 7739.) Nach kurzer Behandlung der bei der Filtration pigmentierter bzw. nicht pigmentierter Anstrichfarben auftretenden Probleme werden die wichtigsten Filtertypen besprochen. – 19 Skizzen u. Abbildungen. (Peintures, Pigments, Vernis **28.** 386–95. Juni 1952.) M. WINIKER. 7106

N. T. Mirov, *Zusammensetzung der Terpentinharze von Kiefern.* 14. Mitt. *Bericht über drei mexikanische Kiefern, Pinus ayacahuite, Pinus cembroides und Pinus pinceana.* (13. vgl. C. **1956.** 2036.) Es wurde folgende Zus. für die Harze gefunden. Pinus ayacahuite: 20% n-Heptan, 70% dl-α-Pinen, 5% Terpinolen, 3% doppeltring. Sesquiterpene (Dihydrochlorid, F. 108°) u. weniger als 1% wahrscheinlich oxydierte Terpenderivate. Pinus cembroides: 92% d-α-Pinen, 4% dl- u. *l*-Limonen, 2% d-Longifolen, 2% Polymerisationsprodukte. Pinus pinceana: 5% d-α-Pinen, 80% *l*-Limonen, 5% Maderen. (J. Amer. pharmac. Assoc., sci. Edit. **41.** 673–76. Dez. 1952. Berkeley, Univ., Calif., California Forest and Range Exp. Stat.) E. BOYE. 7140

N. T. Mirov, *Zusammensetzung der Terpentinharze von Kiefern.* 15. Mitt. *Bericht über Pinus resinosa und Pinus reflexa.* (14. vgl. vorst. Ref.) Das Terpentinharz von Pinus resinosa besteht aus 92% dl- u. d-α-Pinen, 3% β-Pinen, 3% Phellandren u. aus ca. 1% einer rechtsdrehenden Verb. mit Kp. $>172°$. Das Harz von Pinus reflexa besteht aus 5% n-Heptan, 75% dl-α-Pinen, 5% Δ^3-Caren, 5% d-Terpinolen, 2–3% n-Undecan u. 5% Cadinen. (J. Amer. pharmac. Assoc., sci. Edit. **41.** 677–79. Dez. 1952.) E. BOYE. 7140

P. M. Iloff jr. und **N. T. Mirov,** *Zusammensetzung der Terpentinharze von Kiefern.* 16. Mitt. *Bericht über Pinus oocarpa und Pinus pseudostrobus var. oaxacana von Chiapas, und Pinus cooperi von Durango.* (15. vgl. vorst. Ref.) Das Rohterpentin von Pinus oocarpa, mit 22% Ausbeute gewonnen, hatte $D.^{23}_4$ 0,8562, n_D^{23} 1,4684, $[\alpha]_D^{23}$ +25,4°. Zus.: 68% d- u. dl-α-Pinen, 22% *l*- u. dl-Limonen, 7% Sesquiterpene, hauptsächlich α-Longifolen. Das Rohterpentin von Pinus pseudostrobus hatte $D.^{24}_4$ 0,792, n_D^{23} 1,4445, $[\alpha]_D^{24}$ −10,5°. Zus.: 21% Heptan, 51% d- u. dl-α-Pinen, 15–16% *l*- u. dl-Limonen, 1,3% n-Undecan, 7,5% α-Longifolen. Das Rohterpentin von Pinus cooperi hatte n_D^{22}

1,4705, $D.^{23}_{4}$ 0,8580, $[\alpha]_D^{23}$ +2,9°. Zus.: 56% d- u dl-α-Pinen, 39—40% *l*-β-Pinen, 3—4% unbekannte, höhersd. Substanzen. (J. Amer. pharmac. Assoc., sci. Edit. **42**. 46—49. Jan. 1953.) E. BOYE. 7140

Odile Savy, *Versuche der Charakterisierung einiger Harze und Öle, die sich in einem Anstrichbindemittel befinden können.* Vf. beschreibt eine Meth. zur Unters. von Anstrichbindemitteln (I), die darin besteht, die I bei Zimmertemp. (20—25°) auf einer Glasplatte eintrocknen zu lassen u. dann aus dem Aussehen der I-Filme auf die An- bzw. Abwesenheit bestimmter Natur- u. Kunstharze sowie bestimmter Öle zu schließen. (Peintures, Pigments, Vernis **28.** 383—85. Juni 1952.) M. WINIKER. 7158

Dr. A. Wander A. G., Schweiz, *Sikkativöle* aus ungesätt. Ölen, z. B. Sojaöl, Leinöl oder Erdnußöl, oder ihren Fettsäurederivv., z. B. Ölsäuremethylester, in organ. Lösungsmitteln gelöst, z. B. in CCl_4, CCl_3F oder CS_2, durch Behandlung mit Brom, z. B. in Form einer Lsg. von 15,5 g Brom in 0,7 Liter CCl_4, unter der Einw. von künstlichem Licht. — Eine sd. 2 Vol.-%ig. Lsg. von Sojaöl in CCl_4 wird in der obigen Weise 70 Min. unter gleichzeitigem Zugeben einer Lsg. von 0,8 g Benzoylperoxyd in 0,3 Liter CCl_4 bromiert. Nach dem Abtrennen des Lösungsm. erhält man ein rötlich-hellbraunes Öl mit 23,5% Bromgehalt. Dieses Öl wird in Ggw. von NH_3 unter Ausschluß von Luft bei 140—148° 40 Min. erhitzt, wobei langsam trockenes NH_3 eingeleitet wird. Beim Aufarbeiten erhält man ein bräunliches Öl von erhöhter Viscosität. (**F. P. 1 092 647** vom 20/11. 1953, ausg. 25/4. 1955. Schwz. Prior. 22/12. 1952.) M. F. MÜLLER. 7097

Chemomedica Chemikalien und Arzneimittel Vertriebsgesellschaft Creutzberg & Co., Österreich, *Lösungsmittel und Fixativ,* bestehend aus Acetalen des Glycerins, z. B. Äthyliden- u. Isopropylidenglycerin. Sie werden verwendet für Natur- u. Kunstharze, Kunststoffe, plast. Massen, Cellulosederivv., pflanzliche Extrakte u. Geruchsstoffe. Die Acetale sind prakt. geruchlos u. mit den üblichen Lösungsmitteln in jedem Verhältnis mischbar, z. B. mit W., Methyl- u. Äthylalkohol, Estern, chlorierten KW-stoffen, wie $CHCl_3$. Die damit hergestellten Lsgg. erhalten Zusätze von 30—50% Acetal. (**F. P. 1 090 513** vom 26/8. 1953, ausg. 31/3. 1955. Oe. Prior. 26/8. 1952.) M. F. MÜLLER. 7107

Willy Spangenberg & Co., Willy Johann Albrecht Spangenberg und **Günter Spangenberg,** Hamburg, *Trocknende Anstrichmittel.* Zur Herst. verestert man ein Gemisch von Tallölharzsäuren, die im wesentlichen frei von Fettsäuren sind u. durch Hochvakuumfraktionierung von rohem Tallöl erhalten wurden, welches Gemisch noch mit einer ungesätt. Verb., wie Maleinsäure oder Styrol, behandelt wurde, mit einem mehrwertigen Alkohol (Glycerin, Pentaerythrit). Die Veresterung wird bes. in Ggw. einer mehrbas. aromat. Säure (Phthalsäure) durchgeführt. (**E. P. 731 793** vom 2/10. 1950, ausg. 15/6. 1955. D. Prior. 1/10. 1948.) W. GRÄGER. 7107

E. I. du Pont de Nemours & Co., Wilmington, Del., übert. von: **Francis E. Schweitzer,** Woodbury, N. J., V. St. A., *Polymerisation von Methacrylsäurediestern* von gesätt. Diolen der allg. Formel $HO-(CH_2 \cdot CH_2-O)_n-H$, worin n = 1—20, bei ca. 60° in Ggw. von Co- oder Ce-Nitrat, -Sulfat, -Chlorid oder -Phosphat als Katalysator. — Aus z. B. Nitrocellulose u. Triäthylenglykoldimethacrylat in Lacklösungsmitteln hergestellte Lsg. wird mit Co- u. Ce-Nitrat versetzt u. der gegossene Film 90 Min. auf 60° erhitzt. Das Prod. ist hart u. unlösl. u. wird bes. für *Überzüge auf hellem Holz* verwendet. (**A. P. 2 719 132** vom 25/5. 1954, ausg. 27/9. 1955.) H. SCHINDLER. 7107

Kurt Herberts & Co. vorm. Otto Louis Herberts (Erfinder: **Wilhelm Langer**), Wuppertal-Barmen, *Einbrennen von einbrennbaren Lacken* durch Erwärmung ihrer Auftragsschichten mittels Strahlung oder eines elektr. Feldes, dad. gek., daß ein solcher Lack verwendet wird, dem eine chem. Verb., z. B. ein Schwermetallhydroxyd oder -carbonat, zugesetzt ist, die nach genügend langem Einbrennen bei der erforderlichen Temp. eine auffallende Farbänderung der Lackschicht bewirkt. Es können auch in dem Lack gelöste flüchtige gefärbte Verbb., bes. Chinone, Azokörper u. Farbbasen verwendet werden. (**D. B. P. 935 836** Kl. 75c vom 21/4. 1951, ausg. 1/12. 1955. Anmeldung bekanntgemacht 6/11. 1952.) E. WEISS. 7107

Jean Rodolphe Frisch, Canada, *Schutzmittel gegen Sonnenlicht.* Man bedeckt die Fensterscheiben von Treibhäusern mit einer Lsg., welche aus einer 0,5%ig. wss. Na_2SiO_3-Lsg. besteht, die eine gleiche Gewichtsmenge einer ammoniakal. Zn-Phosphatlsg. [15 (Teile) Zn-Phosphat/100 Teile Lsg.] enthält. Es bildet sich auf den Fensterscheiben ein opaker Film, welcher nur 50% des einfallenden Lichtes hindurchläßt. (**F. P. 1 079 651** vom 26/6. 1953, ausg. 1/12. 1954. Can. Prior. 27/6. 1952.) T. OPPERMANN. 7101

XIb. Plaste (Kunstharze. Plastische Massen).

G. L. Volpato, *Die Kunststoffe und die Verpackung.* Vortrag, in dem ein Überblick über die vielseitigen Anwendungsmöglichkeiten der Kunststoffe zu Verpackungszwecken gegeben wird. (Materie plast. **21.** 341—48. Mai 1955.) M. WINIKER. 7170

M. Dériberé, *Polymerisation durch infrarote Strahlen.* Kurze Hinweise auf die techn. Bedeutung der Infrarotstrahlen zur Durchführung von Polymerisationsreaktionen. — 7 Literaturhinweise. (Peintures, Pigments, Vernis **28.** 473—74. Juli 1952.) M. WINIKER. 7170

J. Rémond, *Die Herstellung von Polyäthylen im Niederdruckverfahren.* Kurze Beschreibung des Verf. u. Überblick über die Anwendungsmöglichkeiten des so gewonnenen *Polyäthylens.* (Rev. Produits chim. **58.** 407—09. 31/10. 1955.) M. WINIKER. 7172

Joan S. Hoffmann, R. T. O'Connor, Franc C. Magne und **W. G. Bickford,** *Die Reaktion von β-Propiolacton mit α- und β-Eläostearaten und Weichmachereigenschaften von Esterderivaten.* β-Propiolacton wurde in einer Dien-Synth. mit Estern der α- u. β-Eläostearinsäure gekoppelt. Einige dieser Diester u. ihre hydrierten Derivv. sind Weichmacher für Polyvinylchlorid. (J. Amer. Oil Chemists' Soc. **32.** 533—38. Okt. 1955. New Orleans, La., Southern Reg. Res. Labor.) W. MEINE. 7172

A. G. Bosoni, *Die Rißbildung des Fertene und die Mischungen mit Polyisobutylen.* Durch Verwendung von Polyisobutylen als Weichmacher (5—12,5%) kann die Rißbldg. von *Fertene*-Mischungen (Polyäthylen der Fa. MONTECATINI) beträchtlich vermindert werden. (Materie plast. **21.** 384—88. Mai 1955.) M. WINIKER. 7172

Jerome Formo und **Luther Bolstad,** *Das Wo und Wie der Anwendung von Epoxydharzen.* Angaben zur prakt. Anwendung von Epoxydharzen als Überzüge, Klebemittel, Gießharze u. Schäume. (Mod. Plastics **32.** 99—104. Juli 1955. Minneapolis-Honeywell Regulator Co., Plast. Res., Plast. Labor., Res. & Developm.) R. SCHÄFF. 7176

Ed. A. Reineck, *Furfurol als Harzbildungskomponente.* Inhaltlich ident. mit der C. **1954.** 6356 referierten Arbeit. (Ind. Plast. mod. **5.** Nr. 10. 9—11. Dez. 1953.) R. SCHÄFF. 7176

Hans Ploenes, *Verfahren zur Oberflächenveredelung thermoplastischer Schaumstoffe.* Für die Oberflächenveredelung von thermoplast. Schaumstoffen kommen Prägung, Farbprägung, der Dessindruck, das Laminieren u. das Kaschieren in Frage. Die einzelnen Arbeitsverff. werden beschrieben u. die einzuhaltenden Arbeitsbedingungen hervorgehoben. Das Kaschieren ergibt nach Ansicht des Vf. keine qualitativen Verbesserungen gegenüber dem Laminieren, zumal die Oberfläche vor dem Kaschieren veredelt werden muß. (Plastverarbeiter **6.** 335—36. Sept. 1955.) F. SCHIPKE. 7204

K. H. C. Bessant, M. G. Dilke, C. E. Hollis und **J. J. Millane,** *Physikalische Auswertung kleiner Plastemuster.* Übersicht über eine Reihe bekannter Prüfmethoden, jedoch unter Verwendung kleiner Mengen, die noch ausreichende Vergleichswerte ergeben. (Chem. and Ind. **1952.** 419—20. 10/5.) H.-J. HEINRICHS. 7210

E. I. du Pont de Nemours & Co., übert. von: **Luther A. R. Hall,** Wilmington, Del., V. St. A., *Polymere p-Xylole* mit den Struktureinheiten $-CH_2-C_6H_4-CH_2-$, wobei der Phenylenkern auch durch CH_3, C_6H_5 oder Halogen substituiert sein kann, erhält man durch Pyrolyse von p-Xylol oder dessen Kernsubstitutionsprodd. in Ggw. von Cl_2-Gas, vorzugsweise bei 925—975°, worauf das Gemisch abgekühlt wird. Die Prodd. können zu *Formkörpern* verarbeitet oder als *Überzugsmittel* verwendet werden. (**A. P. 2 719 131** vom 15/5. 1953, ausg. 27/9. 1955.) J. MÜHLEISEN. 7173

Atlas Powder Co., übert. von: **John D. Brandner** und **Robert H. Hunter,** Wilmington, Del., V. St. A., *Plastische Masse.* Zum Plastifizieren von *Polyvinylchlorid* oder seinen Mischpolymerisaten wird das Gemisch eines prim. (Dibutyl-, Dioctylphthalat, Trikresylphosphat u. dgl.) u. bis zu 50% eines sek. Weichmachers, wie Phenoxyäthyllaurat, -oleat oder -tallat, verwendet: letzteres macht die Verwendung eines Stabilisierungsmittels gegebenenfalls überflüssig. (**A. P. 2 711 999** vom 18/9. 1950, ausg. 28/6. 1955.) G. SALZMANN. 7173

Union Carbide & Carbon Corp., New York, N. Y., übert. von: **Joseph Edward Wilson,** New Brunswick, N. J., V. St. A., *Stabilisierungsmittel für Polyvinylchlorid,* bestehend aus einem Polyester aus einem aliphat. Mercaptoalkohol (Monothioglykol) u. einer Dicarbonsäure, bes. Malein-, Malon-, Adipin- oder Bernsteinsäure. Verwendung gegebenenfalls mit einem der gebräuchlichen Stabilisierungsmittel. (**A. P. 2 707 178** vom 21/6. 1952, ausg. 26/4. 1955.) G. SALZMANN. 7173

American Cyanamid Co., New York, übert. von: **John F. Yost,** Noroton Heights, und **Ilse B. Frederick,** Glenbrook, Conn., V. St. A., *Trocknen von Polyacrylaten.* Eine wss. Dispersion von hydrolysiertem Polyacrylnitril, mit NaOH umgesetzter Acrylsäure, Acrylamid oder niedrigen Alkylacrylestern, 10(%) einer Schmelze von Na_2CO_3 u. Diatomeenerde u. 3 eines Gemisches von mit höheren Fettsäuren veresterten Polyäthylenglykolen (Mol.-Gew. 400—2500) wird über eine heiße rotierende Walze gegossen u. das trockene Prod. abgeschabt. (**A. P. 2 701 391** vom 14/6. 1952, ausg. 8/2. 1955.)
G. Salzmann. 7173

Kodak-Pathé, Seine, Frankreich, übert. von: **Harry W. Coover jr.,** *Herstellung von Acrylnitrilmischpolymerisaten* aus 5—95 (Gewichtsteilen) einer Mischung aus 85 bis 99,5 Gew.-% Acrylnitril (I) u. 15—0,5 Gew.-% einer anderen mischpolymerisierbaren Verb. mit einer —CH : C<-Gruppe u. 95—5 einer Mischung aus 1—99 Gew.-% eines Acrylamids oder Amids einer 2bas. ungesätt. Säure (Maleamid), Acrylats, Vinylcarbonsäureesters, Maleamats, Fumaramats u. 99—1 Gew.-% eines anderen Monomeren der gleichen Gruppe oder I. Man kann jede der beiden Mischungen auch als Polymere einsetzen. — Man emulgiert 2,5 g Fumaramid (II) u. 0,5 I in 75 cm³ W. mit 0,05 g $(NH_4)_2 \cdot S_2O_8$, 0,05 $NaHSO_3$ u. 1 g Triton 720 (sulfonierter Äther), heizt 12 Std. auf 35°, setzt 6,9 (g) I, 0,1 II, 0,1 $(NH_4)_2S_2O_8$ u. 0,1 $NaHSO_3$ zu u. hält wieder 12 Std. bei 35°. Entsprechend kann man zuerst Citraconamid u. Dimethylfumarat u. dann damit I u. Dimethylmaleat polymerisieren. 25 Beispiele. Verwendung der Polymeren zur Herst. von Fäden, Filmen. (**F. P. 1 085 506** vom 21/10. 1953, ausg. 3/2. 1955. A. Prior. 21/10. 1952.)
M. Pankow. 7173

Dow Chemical Co, Midland, Mich., übert. von: **George W. Stanton** und **Forrest A. Ehlers,** Walnut Creek, Calif., V. St. A., *Thiocarbamate* (I) der Formel $X_2N—C(:Y) —Y—Z$, worin X H, CH_3, C_2H_5, 2-Oxyäthyl, C_3H_7, ein Y S u. das andere O oder S, Z Alkyl C_{1-4} bedeuten, sind ausgezeichnete *Stabilisierungsmittel* für *Polymerisate* aus *Acrylnitril* (II) oder Mischpolymerisate aus II u. Vinylchlorid, -acetat, Alkylacrylate usw. gegen die Einw. von Licht u. Hitze. Die I werden in Mengen von 2—20 Gew.-% (bezogen auf die Polymerisate) angewandt. Beispiele für I: N-Methylthionocarbaminsäuremethylester, N-Isopropylthionocarbaminsäuremethylester. (**A. P. 2 735 833** vom 4/9. 1952, ausg. 21/2. 1956.)
A. Brösamle. 7173

Thüringisches Kunstfaserwerk „Wilhelm Pieck" Schwarza VEB, Rudolstadt (Erfinder: **Werner Lück,** Berlin-Weißensee), *Herstellung von langkettigen Kondensationsprodukten.* Alkylenglykole, bes. Glykole mit längeren C-Ketten, werden mit Dicarbonsäurediamiden u./oder Disulfonsäurediamiden mit einfachen C-Ketten zwischen den funktionellen Endgruppen oder mit Carbamid kondensiert u. die entstandenen Kondensate mit CH_2O zu Hochmolekularen weiterkondensiert, die zur Herst. von Fäden u. Folien dienen. — 90 g Butylenglykol, 352 g Adipinsäurediamid u. 1—5 g konz. H_2SO_4 läßt man bei mäßiger Temp. mehrere Std. stehen, löst in der 10fachen Wassermenge unter Erwärmen, gibt 200 g 30—40%ig. CH_2O zu u. erhitzt bis zum Ausscheiden des Reaktionsprod.; weiße gallert- bis hornartige M., die mit konz. HCO_2H klare viscose Lsg. u. daraus elast. Filme gibt. (**D. P. [DDR] 3 295** Kl. 39c vom 15/3. 1941, ausg. 24/1. 1953. [Wirtschaftspatent].)
M. Pankow. 7177

Shell Development Co., Emeryville, übert. von: **Theodore F. Bradley,** Orinda, und **Herbert A. Newey,** Lafayette, Calif., V. St. A., *Epoxyharze aus Novolaken,* die Kondensationsprodd. aus CH_2O oder einem anderen geeignetem Aldehyd mit Alkylphenolen sind. Letztere besitzen 4—18 C-Atome in der Alkylgruppe u. enthalten 3—12 phenol. OH-Gruppen je Molekül. Bes. genannt sind p-tert. Butylphenol u. p-3-Pentadecylphenol. Die Kondensate werden in alkal. Medium bei 75—110° mit 4—6 Mol Epichlorhydrin (I) je phenol. OH-Gruppe in Ggw. von 0,1—2% W. u. 1 Mol NaOH umgesetzt. Nach Reaktionsende wird überschüssiges I u. W. abdest. u. das Epoxyharz in aliphat. oder aromat. KW-stoffen gelöst. — Mengenbeispiele. (**A. P. 2 716 099** vom 19/1. 1952, ausg. 23/8. 1955.)
H. Schindler. 7177

Monsanto Chemical Co., St. Louis, übert. von: **Thomas Boyd,** Springfield, Mass., V. St. A., *Cyanessigsäureesterharze* erhält man durch Kondensieren von 0,5—6 (Mol) CH_2O oder Methyläthylketon mit 1 des Fällungsprod. von 1 $CNCH_2COOC_2H_5$ u. 1,25 bis 2 N_2H_4, entsprechend einem Ester der allg. Formel $NC \cdot CH_2CO \cdot R$, in der R Alkyl, Aryl, Aralkyl oder Alkenyl bedeutet. Der zunächst entstehende gelbliche Sirup kann unmittelbar oder in Methanol als *Anstrich* verwendet oder zu *Filmen* vergossen werden. Durch Erhitzen auf 120—200° u. Zugabe von Füllstoffen erhält man ein für *Preßkörper* geeignetes Produkt. — Die Kondensation kann bis zum Abtreiben sämtlichen W. durchgeführt werden. Gleichzeitig oder anschließend kann das Harz mit einem, gegebenenfalls substituierten (Halogen, Nitro-, Cyano-, Aminogruppe) Alkohol oder

Phenol veräthert werden. – Das Cyanacylhydrazid kann vor der Kondensation mit J umgesetzt werden. (**A. PP. 2 710 850, 2 710 851** u. **2 710 852** vom 22/8. 1951, ausg. 14/6. 1955.) G. SALZMANN. 7181

Rohm & Haas Co., übert. von: **Sidney Melamed**, Philadelphia, Pa., V. St. A., *Wasserlösliche Polyureidopolyamide* erhält man durch Rk. von ε-Caprolactam (I) u. einem Alkylenpolyamin, dessen Alkylengruppe 2–3 C-Atome enthält, im Molverhältnis von 1:1 bis 3:1 bei 150–250° u. weitere Rk. des Prod. mit Harnstoff (II) unter NH_3-Entw. bei 100–200°. – 452 (Teile) I werden mit 292 Triäthylentetramin bei 220–230° umgesetzt. Das Prod. wird bei 20–30 mm Hg-Druck dest., wobei man 124 Destillate erhält; 200 des Kondensationsprod. werden mit 130 II 4 Std. auf eine Endtemp. von 170° erhitzt. Man erhält ein gelbes, sprödes u. festes Prod., das in W. lösl. ist. – Die Prodd. können mit Aldehyden oder mit II bzw. Melamin u. Formaldehyd zu Harzen umgesetzt werden. (**A. P. 2 720 508** vom 28/11. 1952, ausg. 11/10. 1955.) J. MÜHLEISEN. 7181

Rohm & Haas Co., übert. von: **Elinor M. Hankins** und **Sidney Melamed**, Philadelphia, Pa., V. St. A., *Vinylgruppenhaltige Imidazolidone.* Durch Einw. von Acrylsäurechlorid auf Aminoäthyläthylenharnstoff in $CHCl_3$ bei Ggw. eines HCl-Acceptors erhält man *N-(β-Acrylamidoäthyl)-äthylenharnstoff* (I). Analog werden dargestellt:

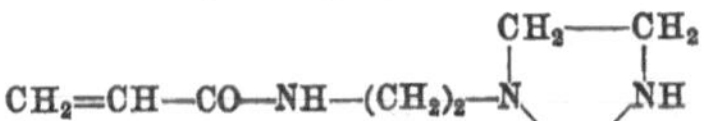

I

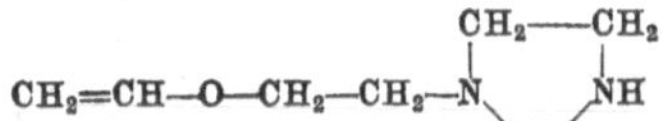

II

N-(β-Methacrylamidoäthyl)-äthylenharnstoff, F. 121,3–121,8°; *1-(β-Methacrylamidoäthyl)-thioimidazolidon-(2)*, F. 133–134°; *1-(γ-Methacrylamidopropyl)-hexahydro-2-pyrimidon*; *1-(γ-Methacrylamidopropyl)-hexahydro-2-thiopyrimidon*, F. 146,5–147,5°. – Läßt man C_2H_2 auf N-Oxyäthyläthylendiamin bei ca. 150° u. 400 lbs./sq.in. in Ggw. von KOH einwirken, so erhält man Vinyloxyäthyläthylendiamin, das bei der Rk. mit Harnstoff (110–200°) unter NH_3-Entw. *2-(2-Ketoimidazolidyl)-äthylvinyläther* (II), F. 81–82°, liefert. Analog werden dargestellt: *1-(2-Vinyloxyäthyl)-2-hexahydropyrimidon*; *1-(3-Vinyloxypropyl)-2-hexahydropyrimidon*; *1-(2-Vinyloxypropyl)-2-imidazolidon*; *1-(2-Vinyl-2-vinyloxyäthyl)-2-imidazolidon*; *N-(2-Vinyloxyäthyl)-2-thioimidazolidon.* – Die hergestellten, Vinylgruppen enthaltenden Verbb. können als Zwischenprodd. zur Rk. mit Alkoholen, Mercaptanen, Aminen, Nitroalkanen, Malonaten usw. dienen. Sie besitzen teils auch fungicide oder bakteriostat. Eigg.; sie lassen sich aber vor allem *polymerisieren* (z. B. in Ggw. von Dimethylazodiisobutyrat) oder mit anderen Vinylverbb. (Methylmethacrylat, Styrol, Acrylnitril) *mischpolymerisieren.* Die Polymerisate kann man mit CH_2O kondensieren. Man erhält so Prodd. mit den verschiedensten Eigg., die z. B. in der Papier- oder Textilindustrie zur Herst. von Überzügen verwendet werden. (**A. PP. 2 727 016** u. **2 727 019** vom 10/4. 1953, ausg. 13/12. 1955.) A. BRÖSAMLE. 7181

Institut International Financier, Eschen, Lichtenstein, *Härtbare Ligninharze* aus zum mindesten teilweise nichthärtbarem Lignin (I) erhält man durch Rk. von I unter Zusatz alkal. Stoffe mit CH_2O u. Nachbehandlung mit Säure, wobei beide Rkk. so geleitet werden, daß die Schmelzbarkeit des Harzes erhalten bleibt. Zweckmäßig verwendet man ein I, aus dem die höchstmol. Anteile abgetrennt sind, u. nimmt die Rk. mit CH_2O in wss. Lsg. bei p_H 7–9 vor. Als Säure werden bes. verd. starke Mineralsäuren oder Oxalsäure verwendet. (**Schwz. P. 311 218** vom 25/10. 1949, ausg. 31/1. 1956.) J. MÜHLEISEN. 7199

XIII. Ätherische Öle. Parfümerie. Kosmetik.

Marcel Guillot, *Optisches Drehungsvermögen und Geruch.* Ebenso wie Stereoisomere physiolog. u. geschmacklich verschied. Wrkg. auf Nerven ausüben, ist das auch geruchlich der Fall. Eine strenge, subjektive Einfll. möglichst ausschließende ausführlich beschriebene Geruchsprüfung durch 8 Beobachter ergab bei reinsten d- u. *l*-Methylhexylcarbinolen, deren Infrarotspektrogramme zusammenfielen, die gleiche Geruchsnote, aber 3,5fach größere Stärke der d-Verb., während bei d- u. *l*-Isoborneol auch verschied. Geruchsnoten beobachtet wurden. Vf. erklärt hieraus u. aus der Auswertung der Literatur (23 Angaben) den Geruchsunterschied zwischen natürlichen (opt.-akt.) u. synthet. (stets racem. erhaltenen) Riechstoffen. (Recherches **1955.** Nr. 5. 24–31. Juni. Paris, Fac. de Pharm.) H. MÜHLMEISTER. 7260

Cilly Weichan, *Zum Einfluß der Lagerung auf den Gehalt an ätherischem Öl bei verschiedener Düngung.* In Fortsetzung früherer Verss. (C. **1948.** E. 1539.) über die Abhängigkeit des Geh. an äther. Öl von der Düngung stellt Vf. entsprechende Lagerungsverss. bei fünf aromat. Kräutern (Majoran, Thymian, Melisse, Basilikum, Fenchel) an.

Im Verlauf der Lagerung prägte sich eine Abhängigkeit von der Düngung bevorzugt für diejenigen Pflanzen aus, die mit N-, K- u. P-Mineralsalzen in harmon. Verhältnis oder mit erhöhten N-Gaben gedüngt worden sind. Unzureichende Düngung setzte in jedem Fall die Werte herab. (Pharmazie **5.** 351–52. Juli 1950. Berlin-Dahlem, Inst. für Ernähr. u. Verpflegungswissenschaft.) M. NEGWER. 7262

Naonori Hirota, *Untersuchung der Bestandteile des Blattöls jeder Subvarietät des Campherbaumes.* 1. Mitt. (Vgl. C. **1954.** 8684.) Die Rohanalyse des hellgrünen Blattöls des östlichen Linalolbaumes (*C. C. subsp. formosana, var. orientalis, subvar. linaloola*) (September/Oktober 1939 geerntet), das starke Rk. nach DENIGÈS aufwies, ergab: 1,55% *Terpene,* 78,08% *Rohlinalool,* 1,06% *Campher,* 0,16% *Aldehyde* u. *Ketone,* 2,83% *Sesquiterpene,* 0,62% *Sesquiterpenalkohole* u. Spuren *Säuren* u. *Phenole.* Zum Unterschied vom westlichen Linalolbaum (*C. C. subsp. formosana, var. occidentalis, subvar. linaloola*) enthält das nun untersuchte Blattöl kein Safrol sowie sehr wenig Cineol. (Perfum. essent. Oil Rec. **44.** 167–71. Mai 1953. Matsuyama, Japan, Ehime Univ., Chem. Inst.) H. FREYTAG. 7262

Naonori Hirota, *Untersuchung der Bestandteile des Blattöls jeder Subvarietät des Campherbaumes.* 2. Mitt. (1. vgl. vorst. Ref.) Das Blattöl des Ostsafrolbaumes enthält: 6,43(%) *Alkohole* u. *Cineol,* 3,56 *Campher,* 1,0 *Aldehyde* u. *Ketone,* 4,5 *Säuren* u. *Phenole,* 7,16 *Terpene,* 75,05 *Safrol* sowie 1,25 *Sesquiterpene* u. *Sesquiterpenalkohole.* Mit für die Praxis ausreichender Genauigkeit läßt sich der Safrolgeh. aus der D. des Öls bestimmen. So besaß das analysierte Öl eine $D.^{25}{}_4$ 1,0390, aus welchem Wert sich mittels der $D.^{25}{}_4$/Geh.-Kurve eine Menge von 72,7% ergab. (Perfum. essent. Oil Rec. **44.** 201–04. Juni 1953.) H. FREYTAG. 7262

Alfred Wagner, *Kohlenwasserstoffe und Terpene.* 4. Mitt. (3. vgl. C. **1956.** 3165.) Die Best. von KW-stoffen in Gemischen mit Hilfe von Essigsäureanhydrid bei tiefen Tempp. u. mit SO_2 wird besprochen. Die Herst. von Äthylen, Propylen u. einigen Acetylen-KW-stoffen (z. B. Phenylacetylen), weiterhin von Isopren, Farnesol, Squalen, β-Carotin u. a. wird erläutert sowie die riechstofftechn. Verwendungsmöglichkeiten der verschied. KW-stoffe nach ihrem Geruchscharakter geschildert. (Seifen-Oele-Fette-Wachse **78.** 169–71. 9/4. 1952.) K. SEIFERT. 7276

H. Janistyn, *Die hochmolekularen Glycerinäther in der Kosmetik.* α-Lauryl, α-Cetyl-, α-Oleyl- u. α-Octadecylglycerinäther, die 3 letzteren auch Chimyl-, Selachyl- u. Batylalkohol genannt, stehen chem. zwischen Fetten u. Wachsen, sind beständig, leicht emulgierbar u. teilweise selbst gute Emulgatoren. Außer dem Lauryläther, der einen feinen leichten Pilzgeruch hat, sind sie geruchlos, werden von der Haut gut aufgenommen, reizen nicht u. sind völlig ungiftig, aber pharmakol. wirksam. Da sie mit KW-stoffen, Fetten u. Wachsen mischbar sind, eignen sie sich ausgezeichnet für Salben- u. Cremegrundlagen, Haarpflegemittel, Schminken, zur Puderüberfettung u. anderes. Auch bei der Verwendung anderer Polyole statt Glycerin entstehen interessante Verbindungen. (Parfümerie u. Kosmet. **36.** 443. Sept. 1955.) H. MÜHLMEISTER. 7284

A. Fromont, *Fester Reispuder, sogenannter Pudercreme.* Die Herst. von in Metallnäpfchen gepreßtem Reispuder, die Mischung mit Zusätzen wie ZnO, TiO_2, Zn-Stearat oder -Carbonat, Talkum, Kalk, Farbstoffen, Lanolin u. a. sowie die App. werden besprochen. (Parfumerie mod. **47.** Nr. 43. 35–37. Jan./Febr. 1955.) H. MÜHLMEISTER. 7284

Jean Morelle, *Desodorantien und Antischweißmittel.* Nach einer eingehenden Erörterung der physiol. u. biochem. Grundlagen für Ausdünstung, Schweiß u. Mundgeruch werden Mittel zu ihrer Regelung oder Behebung u. der bei ihrer Anwendung zu berücksichtigenden Vor- u. Nachteile besprochen. (Ind. Parfumerie **10.** 340–45. Sept. 1955.) H. MÜHLMEISTER. 7284

William R. Keithler, *Rasiercremes, die ohne Pinsel benutzt werden.* Anforderungen u. ständig nötige Fabrikationskontrolle werden besprochen; Alkalität darf nicht, freie Fettsäure muß mit ca. 15% Überschuß vorhanden sein. Wichtig ist die Wahl geeigneter Detergentien; sie u. die übrigen Bestandteile u. ihre Wrkg. werden erläutert u. 2 Rezepte mit Zubereitung angegeben. (Drug Cosmet. Ind. **77.** 186–87. 266. 268–70. Aug. 1955.) H. MÜHLMEISTER. 7284

Jorge Labat und **Adolfo L. Montes,** *Anwendung der Chromatographie bei der Untersuchung der ätherischen Öle.* 3. Mitt. *Der „Chromatostrip", seine Anwendung bei der Lösung bestimmter Probleme.* (2. vgl. MONTES, C. **1955.** 10642.) Die von KIRCHNER, MILLER u. KELLER (C. **1952.** 3546) vorgeschlagenen Glasstreifen mit Überzug von Adsorbens („Chromatostrip") werden im Mikroverf. zur Trennung von bin. Aldehyd- u. Ketongemischen als 2.4-Dinitrophenylhydrazone, von bin. Alkyl-3.5-dinitrobenzoaten u. von phenol. Verbb. in äther. Ölen verwendet. Das Verf. eignet sich auch für den Nachw. von Verunreinigungen in Phenolen u. kann auch als Makroverf. ausgeführt werden, bes. bei farblosen Substanzen. Die in den Einzelfällen anzuwendende Technik wird beschrieben. (An. Asoc. quím. argent. **41.** 166—76. Sept. 1953.) R. K. MÜLLER. 7286

Pierre Vélon, *Glykolstearate, ihre Bestimmung und deren Nachprüfung.* Handelsübliches Glykolmonostearat (I) ist stets mit Distearat, freier Stearinsäure, freiem Glykol u. W. verunreinigt; dies bewirkt Ungenauigkeiten bei der Analyse, die durch Best. der OH-Zahl oder des freien Glykols mit HJO_4, Verseifung, Oxydation des freigemachten Glykols mit HJO_4 u. seine Best. mit $Na_2S_2O_3$ vorgenommen werden kann. I wurde deshalb viermal mit sd. W. gewaschen, mit Bzl. extrahiert u. bei 105° getrocknet. Die von diesem Prod. ausgeführten Analysen zeigten gute Übereinstimmung u. bewiesen, daß bei dem rohen I die Best. der OH-Zahl der Wahrheit am nächsten kommt. Die Meth. konnte auch bei Propylenglykolmonomyristat angewandt werden. Es wird folgender Analysengang vorgeschlagen: I SZ, freies Glykol mit HJO_4, W.; gewaschenes Prod. SZ (Abweichung deutet auf anorgan. Säuren), OH-Zahl durch Acetylierung in Pyridin, F. u. falls erforderlich, nach Verseifung Mol.-Gew. der Fettsäuren. (Soap, Perfum. Cosmet. **28.** 899—900. Aug. 1955. Labors de Lancôme S. A.)
H. MÜHLMEISTER. 7294

United States of America, übert. von: **Justus G. Kirchner,** La Canada, und **John M. Miller,** South Pasadena, Calif., V. St. A., *Herstellung terpenfreier ätherischer Öle.* Man adsorbiert das rohe Öl mit festen Adsorbentien, z. B. SiO_2, extrahiert aus diesen zunächst die Terpene mit einem entsprechenden Lösungsm., z. B. C_6H_{12} u. gewinnt das terpenfreie Öl durch Extraktion, z. B. mit Äthylacetat. Das Verf. ist bes. zur Verarbeitung von Kleeöl, Pfefferminzöl u. Orangen- u. Citronenschalenöl bestimmt. (**A. P. 2 712 008** vom 23/6. 1951, ausg. 28/6. 1955.) C. LÜTTGEN. 7263

N. V. Polak & Schwarz's Essencefabrieken, Holland, *Herstellung von neuen Riechstoffen* der allg. Formel I durch Umsetzen von CH_2O in Ggw. einer Mineralsäure mit cycl. Verbb. [z. B. Inden, 1.2-Dihydronaphthalin (II)]. — Z. B. versetzt man 1226 (g) 37%ig. CH_2O-Lsg. mit 162 H_2SO_4 u. 702 II u. erhitzt das Ganze 6 Std. auf 90°. Die Aufarbeitung des Reaktionsprod. ergibt ein Prod. mit Kp.$_3$ 136—137°; n_D^{20} 1,556; D.$^{20}_4$ 1,4158. Analog gewinnt man durch Umsetzen von CH_2O mit Inden ein Prod. mit F. 36,6—37,4°; Ausbeute 55—60%. Als Nebenprod. bildet sich hierbei eine krist. *Verb.* $C_{19}H_{18}O$, F. 134—134,7°, gebildet aus 2 Moll. Inden u. 1 Mol CH_2O. (**F. P. 1 056 620** vom 16/5. 1952, ausg. 1/3. 1954. Holl. Prior. 17/5. 1951.) T. OPPERMANN. 7277

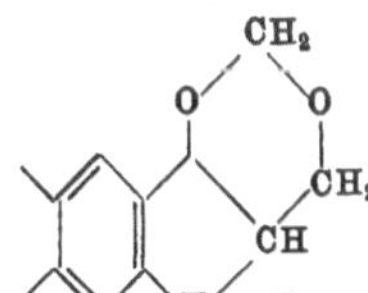

I

VEB Farbenfabrik Wolfen, Wolfen, Krs. Bitterfeld (Erfinder: **Erich Lehmann,** Dessau-Haideburg), *Reservierungsmittel beim Färben von lebendem Haar.* Beim Einfärben einzelner Haarsträhnen mit Oxydationsfarbstoffen benutzt man als Reservierungsmittel aliphat. Aminoalkohole (Äthanolamin, Di-, Triäthanolamin, Propanolamin u. a.). — 5 (Teile) einer niedrigviscosen Methylcellulose, 30 Diäthanolamin u. 65 W. werden zu einer zähfl. M. verarbeitet. Bei anschließender Haarwäsche geht das Reservierungsmittel in Lösung. (**D. P. [DDR] 3 793** Kl. 30h vom 20/12. 1941, ausg. 28/4. 1953 [Wirtschaftspatent].) G. WELTZIEN. 7285

Wella Akt.-Ges., Deutschland, *Kräuseln von Keratinfasern.* Man behandelt die Fasern (Haare) zunächst mit einem Reduktionsmittel (nascierender H, Thioglykolsäure, Mercaptobutansulfonsäure, Cystinhydrochlorid), entfernt dieses völlig u. behandelt sie dann, wie üblich zur Kräuselung weiter. — Man befeuchtet Haare mit einer wss. Essigsäurelsg. (p_H 2,5) u. überzieht mit einer Suspension von Al- oder Zn-Staub in 1,8%ig. Gelatinelsg., entfernt alles nach 15—30 Min., wäscht aus, macht ammoniakal., legt das Haar in die gewünschte Form, wäscht u. oxydiert. (**F. P. 1 072 211** vom 5/3. 1953, ausg. 9/9. 1954. D. Prior. 5/3. 1952.) M. PANKOW. 7285

Benjamin Neil Furman, London, England, *Dauerwellmittel,* in Form einer dicken Creme, die aus einer Emulsion von gereinigtem Mineralöl (I) u. Wollfett (Wollwachs) in W. besteht, in die eine keratinerweichende Substanz eingearbeitet ist. — Beispiel: 10 (%) Emulgator, 2,5 raffiniertes I, 5 Na_2SO_3, 0,25 Glycerin, Rest Wasser. (**E. P. 685 036** vom 11/11. 1948, ausg. 31/12. 1952.) E. PETERSEN. 7285

XIV. Zucker. Kohlenhydrate. Stärke.

James W. Marvin, *Neue Forschungen über Zuckerahorne.* Bericht über Zus. von Ahornsaft (ca. 3% Trockengeh., davon 97% Saccharose, 1,5% Äpfelsäure usw.; Aroma), Schwankungen des Zuckergeh. u. des Saftflusses (bes. Einfl. von Veränderungen der

Temp.) u. Wachstumsgeschwindigkeit der Bäume (biol. Forschungen, Züchtungsversuche). (J. chem. Educat. **30.** 262–64. Mai 1953. Burlington, Vt., Univ. of Vermont.) K. BLUMRICH. 7400

Valentino Morani, *Versuche über Natrium–Kalium-Düngung für Zuckerrübe im Versuchsgut Pontelongo.* Unter den Bodenverhältnissen der Verss. sind 250 (kg/ha) an KCl ohne Wrkg., 200 NaCl bewirken deutliche Erhöhung des Rüben- u. Zuckerertrages, wobei mit Vordüngung allein u. mit Vor- u. Nachdüngung je zur Hälfte etwa dieselben Ergebnisse erzielt werden. Der Na-Bedarf wird zweckmäßig auf Grund der flammenphotometr. Unters. des n/2 essigsauren Extrakts festgestellt. Bei Na-Mangel wird empfohlen, statt anderer N-Dünger $NaNO_3$ zu verwenden. (Ind. saccarif. ital. **46.** 167–70. Mai/Juni 1953.) R. K. MÜLLER. 7406

Albert Ulrich, *Wachstum, Saccharoseanfall und Blattmineralien von Zuckerrübenpflanzen unter dem Einfluß der Nachttemperatur und der Stickstoffernährung.* Treibhauspflanzen von *Beta vulgaris var. GW 304,* enthalten, 8 Wochen N-frei bzw. mit N ernährt, 14,8 bzw. 9,2% *Zucker.* Weitere 8 Wochen bei Temp. von 4°, 10° u. 17° (nachts) verändern die Werte bei N-frei ernährten Pflanzen auf 20; 18,3; 15,4% u. bei mit N ernährten Pflanzen auf 12,1; 11,0; 8,8% Zucker. Wachstum u. Mineralstoffwechsel sind deutlich beeinflußt. (Plant Physiol. **30.** 250–57. Mai 1955. Berkeley, Calif., Univ., Dep. of Plant. Nutr.) H. WALTER. 7406

J. Genotelle und **R. Michel,** *Die automatische Durchführung der Kohlensäuresättigung in der Zuckerindustrie.* Vff. berichten über das übliche Reinigungsverf. für Zuckersaft mit Kalkmilch u. CO_2. Bei der Unters. der Bedingungen unter denen die Carbonatbehandlung abläuft, läßt sich eine Beziehung zwischen der durch CaO-Zusatz variierbaren Alkalität u. der Leitfähigkeit des Saftes sowie der Größe der ausgefällten $CaCO_3$-Kristalle u. der Temp. feststellen. Es werden Registrierapp. zur kontinuierlichen Kontrolle der Alkalität u. Anlagen zur automat. Durchführung der Carbonatbehandlung, die nach einem Kreislaufsyst. arbeiten, beschrieben, wobei der Fortgang des Prozesses gleichzeitig entsprechend den optimalen Bedingungen gesteuert wird. (Génie chim. **74.** 80–87. Sept. 1955.) P. FAHRNLAENDER. 7412

Henryk Tyszka, *Herabsetzung des Viscositätskoeffizienten der Sirupe.* Der Viscositätskoeff. der Zuckerlsgg. kann durch Zusatz von $MnSO_4$ in Mengen von 0,001–0,025% erniedrigt werden. Die Kochzeit des Saftes kann dabei verringert werden, die Kristalle werden gleichmäßiger u. reiner u. sind nicht hygroskopisch. Die Wrkg. von $MnSO_4$ soll auf eine Bindung bestimmter Nichtzuckerstoffe zurückzuführen sein. (Gaz. Cukrownicza **57.** 181. 1955.) F. URBAN. 7414

A. Mirčev, *Die Raffinierbarkeit des Rohzuckers in Laboratorium und Praxis.* Fortsetzung der C. **1956.** 1173 referierten Arbeit. (Listy Cukrovarnické **68.** 108–10. 15/5. 1952. Výzk. ústav čs. prům. cukrovarn.) K. STEINER. 7416

Erich Lindemann, *Spektralphotometrische Untersuchungen über die Vergilbung von Stärkesirupen bei der Lagerung.* Das UV-Absorptionsspektrum handelsüblicher *Stärkesirupe* (I) ist durch ein Maximum bei 284 mμ u. ein Minimum bei 245 mμ charakterisiert. Diese Absorptionskurve ist dem *5-Oxymethylfurfurol* (II) zuzuordnen, das in geringeren Konzz. in allen frischen I vorkommt. Bei Lagerung von I im Licht wird das II zersetzt. Gleichzeitig tritt dabei eine mehr oder weniger deutliche Gelbfärbung des Sirups auf. Durch UV-Bestrahlung wird diese Rk. stark beschleunigt. Aminosäuren verstärken diese Gelbfärbung nicht, lediglich Cu-Ionen wirken katalytisch. SO_2 vermag die Vergilbung nicht zu hemmen. Es handelt sich also hier nicht um eine MAILLARD-Rk., sondern offensichtlich bilden sich aus dem II gelb gefärbte Komplexe. Bei längerer Lagerung der I wird diese Rk. durch eine MAILLARD-Rk. überlagert. Auf sie hat Licht keinen Einfluß. Das UV-Spektrum wird durch die MAILLARD-Rk. nicht verändert. Diese Rkk. gehen in I bei Tempp. bis zu etwa 60° vor sich. Bei höheren Tempp. bilden sich durch Zers. von d-Glucose in größeren Mengen II, das in die Rk. eingreift. Bei der Herst. von I mit geringer Vergilbungstendenz wird man einen möglichst niedrigen II-Geh. anstreben. Das UV-Spektrum frischer I läßt gewisse Rückschlüsse auf die zu erwartende Vergilbung bei längerer Lagerung zu. I mit höheren Gehh. an II verfärben sich mit der Zeit im allgemeinen stärker als solche mit weniger II. (Stärke **7.** 86–94. 1955. Detmold, Bundesforschungsanst. für Getreideverarbeitung.) M. ULMANN. 7448

Jerzy Zaleski und **Janina Wysocka,** *Einfluß des Äthylalkohols auf das optische Drehvermögen von Saccharose.* Verss. zeigten, daß A. die opt. Drehung der Saccharose-Lsgg. verändert, u. zwar im entgegengesetzten Sinn wie Methanol. Der Einfl. ist konzentrationsabhängig, im allg. aber gering. Die Zeit von der Zugabe des A. zur Lsg. bis zur Messung beeinflußt ebenfalls den Drehwert. Vollkommen fehlerhafte Bestimmungen erhält man, wenn man zur Extraktion des Zuckersaftes vergällten A. verwendet. (Gaz. Cukrownicza **57**. 180—81. 1955.) F. URBAN. 7470

Wolfgang Maurer, *Entwässerung von Stärke und Dextropur im Infrarotstrahlenfeld.* Nach einleitenden Ausführungen über den Aufbau von Infrarot-Strahlenfeldern wird durch Trocknungsverss. mit *Kartoffel-* u. *Maisstärke* u. *Dextropur* bestätigt, daß die Infrarot-Entwässerung für Schnellanalysen zu guten Ergebnissen führt. Ergänzend werden Angaben über den Einfl. der Unterlage, der Schichthöhe u. einer Abschirmung des Strahlenfeldes nach außen auf die Trocknungsgeschwindigkeit gebracht. Während im Laboratoriumsbetrieb das Arbeiten mit Infrarot zu empfehlen ist, dürfte für umfangreiche Entwässerungen im Betrieb die Verwendung von Abdampf oft rentabler sein. (Stärke **7**. 56—64. 1955. Potsdam-Rehbrücke). M. ULMANN. 7490

XV. Gärungsindustrie.

E. Schild und **L. Then,** *Zur Bestimmung der wirksamen Substanz kieselfluorwasserstoffsaurer Desinfektionsmittel.* Überblick über die Verwendungsmöglichkeit kieselfluorwasserstoffsaurer Desinfektionsmittel u. Beschreibung der üblichen Untersuchungsmethoden, die teils zu hohe, teils zu niedrige Werte ergeben. Vff. geben eine Verbesserung der Titration mit KOH (Phenolphthalein) an u. erläutern an einem Beispiel die Genauigkeit der Methode. (Brauwissenschaft **1952**. 48—51. März. München, TH, Inst. f. chem.-techn. Analyse, Weihenstephan.) H. HAEVECKER. 7514

Arif Veli Akman, *Die Raki-Erzeugung in der Türkei.* Kurze Beschreibung der Herst. von *Raki*, einem stark nach Anis riechenden u. schmeckenden Edelbranntwein. Es werden 3 Sorten unterschieden, nämlich *Kulüp* bzw. *Yeni* (beide aus Rosinen gewonnen, mit einem Alkoholgeh. von 50 bzw. 45%) u. *Iyi* (aus Feigen gewonnen, mit einem Alkoholgeh. von 43%). (Branntweinwirtschaft **76**. 409—10. 25/10. 1954. Ankara, Univ., Landwirtschaftl. Fakultät.) M. WINIKER. 7536

H. J. Wellhoener und **H. Füsser,** *Über die biologische Beschaffenheit der Anstellhefe.* Zur Unters. der Hefe auf biol. Reinheit genügt einfache mkr. Prüfung nicht. Zum Nachw. von Bierschädlingen müssen Nährlösungen verwendet werden. Gut bewährt hat sich „Würze-Hefewasser" aus 1 Teil Hefewasser u. 1 Teil 8%ig. ungehopfter Würze. Nach 3 Tagen konnten Langstäbchen, Kokken u. wilde Hefen nachgewiesen werden. (Brauwelt, Ausg. B **93**. 131—32. 9/2. 1953. Mülheim/Ruhr, Versuchs- u. Untersuchungsstat. f. d. Gärungsindustrie.) H.-G. SCHULTZE-BERNDT. 7540

Robert Heuss, *Weitere Beiträge zur Extraktvorhersage bei bayerischen Gersten der Ernte 1952.* Bei der Unters. von insgesamt 84 Darren aus bayer. Gersten erwies sich die modifizierte BISHOP-Formel Extrakt $= 83{,}0 - 0{,}85\,E + 0{,}15\,K$ zur Extraktvorhersage als am besten geeignet. (Brauwissenschaft **1953**. 217—20. Dez., Beilage zu Brauwelt, Ausg. B. Berlin-Neukölln, Berliner Kindl-Brauerei AG., Betriebslabor.) H.-G. SCHULTZE-BERNDT. 7540

Lennart Enebo, Evald Sandegren und **Lars Ljungdahl,** *Cellulase in Korn und Malz. 2. Mitt. Cellulasezunahme beim Mälzen. Einwirkung verschiedener Zuckerarten auf die Cellulaseaktivität.* (1. vgl. SANDEGREN, C. **1953**. 4954.) *Cellulase* (I) zeigt im Gegensatz zu Amylase, Proteinase usw. während des Mälzens eine ständige Aktivitätszunahme. Zur Unters. einer Aktivierung durch beim Mälzen entstehende Substanzen wird Grünmalz-I in mehrstufiger Fällung mit $(NH_4)_2SO_4$ steigender Konz. u. Aceton (Schema) gereinigt u. mit ca. 40fach verstärkter Wrkg. (nach N-Geh. berechnet) erhalten. Elektrophoret. Verss. ergeben absol. Wanderungsgeschwindigkeiten von $4{,}1-4{,}7\cdot10^{-5}$ cm^2/sec^{-1}/Volt^{-1}; isoelektr. Punkt zwischen p_H 6 u. 7. *Cellobiose* u. *Lactose* setzen die Aktivität herab, *Glucose, Mannose* u. *Xylose* regen sie bei gereinigter **I** an (bis zu einem Höchstwert), geringe Mengen Cellobiose ebenfalls. Das p_H-Optimum der Grünmalz-**I** liegt bei 5,0 (Bakterien-**I** 5,8). Zusatz von *Cr* als $KCr(SO_4)_2\cdot12H_2O$ inaktiviert mit der Konz. zunehmend. (Svensk Bryggeritidskr. **68**. 171—83. Mai 1953. Stockholm, AB Stockholms Bryggerier u. Kgl. Tekn. Högsk., Inst. f. jäsningslära.) R. K. MÜLLER. 7544

Gérard Biserte und **René Scriban,** *Die Protide des Weinmostes.* Vff. stellten mit Hilfe von Ionenaustauschern, Papierchromatographie u. der elektrophoret. Trennung die Zus. der Protide des Weinmostes fest. Sie fanden hier dieselben 17 Aminosäuren wie im Malz (Asparaginsäure, Glutaminsäure, Serin, Glykokoll, Threonin, Alanin, Tyrosin, Valin, Leucin, Phenylalanin, Histidin, Lysin, Prolin, Isoleucin, Cystein, Arginin u. Tryptophan.) u. ferner Asparagin, Glutamin, γ-Aminobuttersäure. Letztere spielen eine große Rolle im Protidstoffwechsel bei der Gärung. Vff. erhielten verschied. Polypeptidfraktionen, u. a. eine, die sehr reich an Glutaminsäure war, ferner eine Fraktion, welche bei Hydrolyse β-Alanin, γ-Aminobuttersäure u. α-Aminoadipinsäure ergab. — Die als

„gros trouble" u. „trouble fin" bekannten Weintrübungen werden durch denaturiertes Protein verursacht, welches noch nicht völlig identifiziert werden konnte. Jedoch konnte im „trouble fin" eine alkohollösl. Fraktion festgestellt werden, welche mit dem im Malz auftretenden Protein Hordein ident. ist. (Bull. Soc. Chim. biol. **34**. 350—65. 1952. Lille, Service de Chim. Biol. du Prof. Paul Boulanger, Faculté de Médic. et de Pharmac., et Inst. de Recherches sur le Cancer.) K. HEYNS. 7552

H. Kliewe und **G. Gillissen,** *Neuere experimentelle Befunde auf dem Gebiet der medizinisch-biologischen Weinforschung.* Überblick ohne Literaturangaben. (Dtsch. Wein-Ztg. **89.** 401—04. 4/9. 1953. Mainz, Univ., Hyg.-Inst.) H. SCHLOTTMANN. 7554

W. Heyer, *Die kolloide Stabilisierung des Bieres und die anzuwendenden Untersuchungsmethoden zu deren Bestimmung.* Überblick über die Natur der Eiweißtrübungen im Bier, Wege zur Verhinderung ihres Entstehens u. Methoden zur Vorausbestimmung der Eiweißbeständigkeit. 4 verschied. Biere wurden mit dem Enzympräparat Cristalase u. Ascorbinsäure (I) versetzt u. ihre Stabilität untersucht. Der durch potentiometr. Titration mit I aus dem Grenz-r_H des Bieres empir. gebildete St-Wert (vgl. KLEBER, C. **1954.** 4053) ist zur Vorausbestimmung der physikal.-chem. Haltbarkeit geeignet. Zur Stabilisierung wird Zusatz von 8 g Cristalase u. 6 g I je hl empfohlen. (Brauwissenschaft **1953.** 207—16. Dez., Beilage zu: Brauwelt, Ausg. B, München, Wissenschaftl. Station f. Brauerei). H.-G. SCHULTZE-BERNDT. 7600

Svenska Jästfabriks Aktiebolaget, Stockholm, Schweden (Erfinder: **G. O. W. Heijkenskjöld),** *Herstellung von formbarer hochkonzentrierter Backhefe.* Man vermischt eine Hefeaufschlämmung, z. B. eine Schlammhefe mit 10—15% Hefezellentrockensubstanz, oder eine Preßhefe mit z. B. 22—28% Hefezellentrockensubstanz mit einer Trockenhefe mit 60—100% Trockensubstanz. (**Schwed. P. 137 092** vom 5/12. 1950, ausg. 2/9. 1952.) K. H. KÄHLER. 7507

Herbert Bucherer, Pasadena, Calif., V. St. A., *Gewinnung von Enzympräparaten aus Mikroorganismen,* dad. gek., daß in Kombination an sich bekannter Maßnahmen solche Mikroorganismen, die befähigt sind, Gifte organ. Natur enzymat. abzubauen oder als Nährquellen zu verwerten, in Reinkulturen gewonnen, unter Erhaltung ihrer giftabbauenden Wrkg. weitergezüchtet u. entweder auf die freien Enzyme oder auch auf noch die spezif. Mikroorganismen enthaltenden Präpp. weiterverarbeitet werden. (**D. B. P. 933 565** Kl. 6a vom 13/8. 1936, ausg. 29/9. 1955. Anmeldung bekanntgemacht 30/4. 1953.) J. KETTNER. 7509

Merco Centrifugal Co., übert. von: **Albert Peltzer sr.,** San Francisco, Calif., V. St. A., *Gewinnung von Alkohol* aus pflanzlichem, stärkehaltigem Gut. Es wird eine Aufschlämmung (magma) bereitet mit lösl. Bestandteilen u. nicht konvertierten Stärketeilen, die zentrifugiert werden u. ein Ablauf mit dem Hauptteil an Löslichem u. eine die Stärke enthaltende Fraktion erhalten, wobei fortwährend in die Zentrifuge frisches W. eingedrückt wird, um die lösl. Bestandteile in den Ablauf zu bringen, während die Stärkefraktion zu vergärbaren Kohlehydraten abgebaut wird. (**A. P. 2 698 826** vom 13/2. 1951, ausg. 4/1. 1955.) J. KETTNER. 7511

Miles Laboratories, Inc., Elkhart, Ind., V. St. A., *Citronensäure* erhält man durch submerse Gärung von Kohlenhydraten mit *Aspergillus niger,* wobei durch Einleiten von NH_3 das optimale p_H aufrechterhalten wird. (**E. P. 738 940** vom 29/10. 1953, ausg. 19/10. 1955. A. Prior. 4/12. 1952.) O. MÜLLERE/Meiningen. 7579

XVI. Nahrungs-, Genuß- und Futtermittel.

J. W. Ranftl, *Energiereiche Elektronen — letales Agens und Katalysator.* Beschreibung eines Generators für 1 MeV-Elektronen mit 1 mA u. Übersicht über die Verwendung schneller Elektronen zur Sterilisierung von Nahrungsmitteln u. Antibioticis, zur Veränderung der Eigg. plast. Stoffe u. zur Polymerisationsauslösung. Die Verwendung von Röntgen- oder γ-Strahlen oder radioakt. Isotopen zur Sterilisierung scheint wesentlich weniger günstig. (Gen. Electr. Rev. **58.** Nr. 3. 35—38. Mai 1955. Milwaukee.) G. HERRMANN. 7634

Horace L. Smith jr., und **C. Olin Ball,** *Ein neues Verfahren zur kontinuierlichen Sterilisierung und Abfüllung bei hoher Temperatur von Lebensmitteln mit geringem Säuregehalt.* Beschreibung eines neuen Verf. zur Dosenkonservierung von Lebensmitteln, wie Milch, Fleisch, Fisch u. Gemüsen, bei dem die gesamte Anlage in einer Druckkammer untergebracht wird u. so der ganze Vorgang der Konservierung bei gleichbleibender, durch den Druck zu regulierender Temp. abläuft. (Food Manufact. **30.** 139—43. 1/4. 1955.) F. KRUSEN. 7634

G. de Meuron, *Gegenwärtiger Stand des Problems der Lebensmittelfarben.* Ausführliche Darst. der Prüfung von Farbstoffen im Tiervers., Bedeutung des HEINZ-Tests, Prüfung auf carcinogene Eigg., Eigg. der synthet. organ. Farbstoffe u. Mitt. der Liste der in der Schweiz zugelassenen Farbstoffe, in der aufgeführt sind: *Chinophtalonsulfonsäure* (Na-Salz; *Chinolingelb*), *1-Aminobenzol-4-sulfonsäure* → *1-(4'-Sulfophenyl)-5-pyrazolon-3-carbonsäure* (Na-Salz; *Tartrazin*), *4-Aminoazobenzol-3.4-disulfonsäure* (Na-Salz; *Säuregelb R*), *1-Aminobenzol-4-sulfonsäure* → *2-Naphthol-6-sulfonsäure* (Na-Salz; *Gelborange S*), *1-Amino-2.4-dimethylbenzol-6-sulfonsäure* → *1-Naphthol-5-sulfonsäure* (Na-Salz; *Scharlach GN*), *1-Naphthylamin-4-sulfonsäure* → *2-Naphthol-6.8-disulfonsäure* (Na-Salz; *Ponceau 4 R*), *1-Naphthylamin-4-sulfonsäure* → *2-Naphthol-6-sulfonsäure* (Na-Salz; *Rouge solide E*), *1-Naphthylamin-4-sulfonsäure* → *1-Naphthol-4-sulfonsäure* (Na-Salz; *Azorubin*), *1-Naphthylamin-4-sulfonsäure* → *2-Naphthol-3.6-disulfonsäure* (Na-Salz; *Amaranth, Naphtholrot*), *Tetrajodfluorescein* (*Erythrosin*), *Indigosulfonsäure* (Na-Salz; *Indigotin*; *Indigocarmin*) u. 1 Mol *4.4'-Diaminodiphenylamin-2-sulfonsäure* → 2-Mol *2-Amino-8-naphthol-6-sulfonsäure* → 2 Mol *1.3-Disulfomethylaminobenzol* (Na-Salz; *Schwarz 5410*). Die Zulassung des zuletzt genannten Farbstoffes ist noch fraglich. — 41 Literaturangaben. (Mitt. Gebiete Lebensmittelunters. Hyg. [Bern] **46.** 97—120. 1955. Basel.) F. KRUSEN. 7638

M. Ss. Ossmolowskaja und **N. I. Kowalew,** *Korrosion von Aluminiumlegierungen durch Einwirkung von Speisen. Al*-Bleche verschied. Marken (zur Herst. von Kochgeschirr) wurden 24—28 Std. in 0,1—2% ig. Lsgg. organ. Säuren (Essig-, Oxal-, Citronen-, Milch- u. a. Säuren) eingetaucht. Die Gewichtsverluste waren erheblich; bei 2% Kochsalzzusatz lagen sie noch höher. Andere Bleche wurden 30 Min. in Suppen, Kompotten, Grützen u. Tunken gekocht u. 24 Std. darin belassen. Es zeigte sich, daß die Gewichtsverluste vom Säuregrad der Speisen abhingen; es wurden auch Zunahmen beobachtet (Oxydation). Al fördert die Oxydation von Ascorbinsäure in saurem Medium. Al-Gefäße sind zum Aufbewahren saurer Prodd. (Sauerkohl, saure Milch u. a.) nicht geeignet (Metallgeschmack, starke Korrosion), desgleichen nicht zur Bereitung von Eierspeisen (das Eiweiß wird graugrün.) (Вопросы Питания [Fragen d. Ernähr.] **13.** Nr. 5. 48—49. Sept./Okt. 1954. Leningrad, Wiss. Zentralforschungslabor. der vereinigten Gaststätten.) A. v. WILPERT. 7642

George F. Garnatz, *Die Einwirkung von Hefegärung, Zutaten und Brotherstellungsverfahren auf die Brotqualität.* Allg. Ausführungen. (Bakers Weekly **167.** Nr. 10. 37—40. 5/9. 1955.) F. KRUSEN. 7674

Charles A. Glabau, *Trockenmagermilch in Brot.* Die Vorteile eines Zusatzes von 6% Trockenmagermilch zu Weißbrot hinsichtlich Aussehen, Beschaffenheit, Geschmacks- u. Nährwert werden beschrieben. — 30 Literaturangaben. (Bakers Weekly **167.** Nr. 10. 34—36. 5/9. 1955.) F. KRUSEN. 7674

Rolf Liebscher, *Zum Thema: Die künstliche Vitaminierung von Mehl und Brot.* Diskussionsbeitrag. (Dtsch. Müllerei- u. Bäckerei-Z. **5.** 214—15. Aug. 1953.) F. KRUSEN. 7674

W. I. Choroletz, *Vitamin C in Gemüse und Obst des Transkarpathengebietes.* Die Arbeit enthält Zahlenmaterial über den *Vitamin C* (**I**)-Geh. von 78 Sorten Kohl, Kartoffeln, Gurken, Tomaten, Zwiebeln, Pfeffer, Bohnen, Mohrrüben, Wassermelonen u. Eierfrucht sowie von 19 Sorten Weintrauben u. Äpfeln. Die Kohlsorten enthalten 196,0 bis 443,6 mg-% **I** (auf Trockensubstanz berechnet), die verschied. Kartoffelsorten 55,1 bis 81,6 (mg %), die Tomaten 293,9—461,7, die Gurken 28,7—53,2, der Pfeffer 1208,9 bis 1909,2, die Zwiebeln 62,5—111,5, die Bohnen 15,9—39,3, die Mohrrüben 1,9—2,3, die Eierfrucht 23,7—29,9, die Wassermelonen 5,0—5,9, die Äpfel 5,3—10,3, die Weintrauben 0,57—0,76 (auf Frischgewicht berechnet). (Український Біохімічний Журнал [Ukrain. biochem. J.] **28.** 5—16. 1956.) O. LEBTAG. 7690

Christiane Genest, *Verhalten des Chlorophylls im Spinat bei der Kammer- und Zerstäubungstrocknung.* Die Trocknung von Spinat in Kammern bei 70—80° führt zum Verlust von 10—20% des ursprünglichen *Chlorophyll* (**I**)-Geh., Zerstäubungstrocknung bei 65—80° am Turmaustritt zerstört nur 5—10%. Blanchierung u. saure Zusätze erhöhen die **I**-Verluste, Waschen des Spinates mit verd. Na_2CO_3-Lsg. oder Zusatz von Na_2HPO_4 vermindert sie. Im Verlauf der Lagerung der Trockenware nimmt der **I**-Geh. nur wenig ab, wenn Einw. von Licht u. Feuchtigkeit ausgeschlossen wird, Luft-O_2 hat nur geringen Einfl. auf das **I**. (Dtsch. Lebensmittel-Rdsch. **51.** 200—03. Aug. 1955. Berlin-Charlottenburg, TU, Inst. für Verfahrens- u. Kältetechnik). F. KRUSEN. 7690

Elisabeth Holfelder, *Ein Beitrag zur Frage des Schwarzkochens von Sellerie.* Das Schwarzkochen von Sellerie erweist sich als unabhängig von der Art der Verarbeitung u. von Witterungseinfll. während der Vegetationsperiode. Unterss. an Sorten Pflanzen bestimmter Herkunft u. Einzelexemplaren machen die Möglichkeit der Züchtung nichtschwärzender Stämme wahrscheinlich. (Dtsch. Lebensmittel-Rdsch. **50.** 307—10. Dez. 1954. Weihenstephan, Staatl. Lehr- u. Forschungsanstalt, für Gartenbau Inst. für Obst- u. Gemüseverwertung.) PH. FRESENIUS. 7690

S. Hesse und **I. Becker,** *Viscosität einiger entpektinisierter Fruchtsäfte und deren Konzentrate.* Die mit dem HÖPPLER-Kugelfallviscosimeter gemessenen Viscositäten von enzymat. entpektinisierten Apfel-, Birnen- u. Johannisbeer-Dicksäften zeigten nur geringe graduelle Abweichungen von Rohrzuckerlsgg. gleicher Trockensubstanzgehh., obwohl die Fruchtdicksäfte bis zu 40% organ. Säuren in der Trockensubstanz enthalten. (Z. Lebensmittel-Unters. und -Forsch. **98.** 29—32. Jan. 1954. Karlsruhe, Bundesforschungsanst. für Lebensmittelfrischhaltung.) F. KRUSEN. 7706

James J. Broderick, *Konzentrierter Vanilleextrakt.* Zus., Eigg. u. Herst. von konzentrierten Vanilleextrakten werden beschrieben. (Food Manufact. **30.** 155—58. 1/4. 1955.) F. KRUSEN. 7714

R. Pohloudek-Fabini, *Zum Asche- und Sandgehalt von Majoran.* Als obere Grenzzahlen für Majoran werden vorgeschlagen 16% Asche, 5% Sand u. 19% Rohfaser. (Pharmazie **7.** 505—06. Aug. 1952. Potsdam-Rehbrücke, Inst. für Ernährungsforschung.) PH. FRESENIUS. 7714

Hans Heinrich Schlubach und **Peter Hauschildt,** *Enteiweißung eines Pflanzensaftes durch Ionenaustauscher.* Durch die Anwendung von Kationen- u. Anionenaustauschharzen gelingt den Vff. die Enteiweißung eines Synanthringemisches, das aus dem Preßsaft der Topinamburknollen durch Entfernung des Inulins erhalten wird. Die besten Ergebnisse (Senkung des N-Wertes von 1,51 auf 0,05%, des Aschegeh. von 4,1 auf 0,0% u. Steigerung des Reduktionswertes infolge Hydrolyse der Polyfructosane von 3,6 auf nur 5,3%) werden erhalten durch Kombination eines stark sauren Kationenaustauschers mit einem schwach sauren u. einem stark bas. Anionenaustauscher. (Liebigs Ann. Chem. **577.** 54—59. 1952. Hamburg, Univ., Chem. Staatsinst.) GABRIELE GÜNTHER. 7742

F. Bramstedt, *Über die biologische Wertigkeit des Fischeiweißes.* Übersichtsreferat mit 31 Literaturangaben. (Fette, Seifen, Anstrichmittel **56.** 527—30. Juli 1954. Hamburg, Univ., Physiolog.-chem. Inst.) F. KRUSEN. 7752

F. Morawa, *Der Nährwert unserer Fische.* Vf. weist darauf hin, daß der Nährwert des Fisches nicht allein nach den Analysenergebnissen bewertet werden kann, sondern daß der biol. Zustand eine große Bedeutung hat. Das wichtigste Charakteristicum für den Ernährungszustand des Fisches ist der Fettgehalt. (Allg. Fischerei-Ztg. **80.** 169—70. 1/5. 1955. Plön, Holstein, Hydrobiol. Anstalt der Max-Planck-Gesellschaft.) F. GÜNTHER. 7752

Jatscho Kabaiwanski, *Die richtige Verwertung von Fett, Fleisch und Haut des Delphins.* Zahlenmaterial über die nach verschied. Verff. gewonnenen Delphinfette, die Herst. verschied. Wurstsorten aus Delphinfleisch u. Fleischkonserven sowie über Verwertung der Haut. (Рыбное Хозяйство [Fischerei-Wirtsch.] **31.** Nr. 10. 50—54. Okt. 1955., Inst. für Nahrungs- u. Genußmittelind. der Volksrepublik Bulgarien, Lehrstuhl für Technol. von Fleisch und Fisch.) REINHARD HÜTTENRAUCH. 7752

R. Neseni, *Über die Eiweißkörper der Milch.* Besprechung der prakt. Bedeutung der Eiweißfraktionen der Kuh-, Ziegen- u. Schafsmilch. (Tierzucht **8.** 364—67. Nov. 1954. Rostock-Dummersdorf, Deutsche Akademie der Landwirtschaftswissenschaften zu Berlin, Inst. für Tierzuchtforschung.) F. GÜNTHER. 7756

K. Hunger, *Ein Beitrag zur Kenntnis der Verteilung des Fettes in der Milch unter besonderer Berücksichtigung der individuellen Unterschiede und Untersuchungen über die Natur der Fettkügelchen an Hand von Dauerpräparaten.* In umfassenden Verss. stellte Vf. durch Auszählen u. Messen der Fettkügelchen der Milch mittels geeigneten Projektionsverfahrens am „Panphot“-Mikroskop (LEITZ) u. durch Herst. geeigneter Dauerpräpp. fest, daß die Fettkügelchengröße als eine Teilkomponente des Erbwertes des jeweiligen Tieres für die Milchfettleistung betrachtet werden kann. Umwelteinflüsse wie Krankheiten (Euterentzündung, Fremdkörperoperation), unterschiedliche Freßlust, Brunst, Impfen, Bewegung, Verlängerung der Zwischenmelkzeit, gebrochenes Melken sowie Zeitpunkt in der Lactationsperiode u. Rassenunterschiede bedingen eine Änderung des Volumens der Fettkügelchen, nicht jedoch Futterzus. u. Umstellung von Maschinen- auf Handmelken. Temp., Säuregrad u. Licht ließen keinen deutlichen Einfl. auf die Haltbarkeit der Fettkügelchen erkennen. Durch Zusätze von Gelatine u. Na-Citrat konnten Fettkügelchen 10—11 Monate fast unverändert erhalten werden. (Z. Tierzücht. Züchtungsbiol. **64.** 333—54. April 1955. Gießen, Justus-Liebig-Hochschule, Inst. für Tierzucht u. Milchwirtschaft.) F. GÜNTHER. 7756

James T. Smith und **H. L. Mitten**, *Der Vac-Heat-Prozeß.* Inhaltlich ident. mit der C. **1956.** 9876 referierten Arbeit. (Milk Products J. **46.** Nr. 12. 16—17. 32. Dez. 1955.) F. KRUSEN. 7756

E. D. McGlasson, *Erhitzung und Temperaturhöhe im Verlauf der Abklärung von Marktmilch.* Verss. mit einem DELAVAL-Clarifier Nr. 226 ergaben, daß Pasteurisierung oder Klärung bei höheren Tempp. keine besseren Ergebnisse hinsichtlich Herabsetzung der Leucocytenzahl in der Milch bringt als die Klärung bei 40° F. Lediglich durch Anwendung eines Separators u. Tempp. von 130—145° F konnte die Leukocytenverminderung wesentlich gesteigert werden. (Proc. annu. State Coll. Washington Inst. Dairying **1952.** 29—35. 10—13/3. Moscow, Id., Univ., Dep. of Dairy Husbandry). F. KRUSEN. 7756

Karl-Heinz Wagner, *Warum bewirkt die molkereitechnische UV-Bestrahlung der Milch keine Vitamin-D-Bildung?* Unterss. ergaben, daß durch 0,5—1 Sek. lange UV-Bestrahlung der *Vitamin-D* (**I**)-Geh. der Milch nicht vergrößert wird (Tierversuch). Bestrahlung von reinen *Ergosterin* (**II**)- u. *7-Dehydrocholesterin* (**III**)-Lsgg. lieferte **I**-wirksame Substanzen. Setzt man **II** u. **III** vor der Bestrahlung (10 Min.) der Milch zu, so zeigt sich der gleiche Effekt der Bldg. von **I**-Wirksamkeit, nur in geringerem Ausmaße. In gleichem Zusammenhange wird die Rachitishäufigkeit diskutiert. (Milchwissenschaft **8.** 379—84. Okt./Nov. 1953. Gießen, Justus-Liebig-Hochschule, Medizin. Akademie, Inst. für Ernährungswissenschaft.) F. GÜNTHER. 7756

A. Adam und **S. Krafczyk**, *Die Wirksamkeit der durch Zusatzverfahren D-vitaminierten Trinkmilch.* Von 241 auf Rachitis (R.) untersuchten Säuglingen blieben **123** ohne R.-Schutz, wovon 33,3% an R. erkrankten. Bei alleiniger *Vigantol*-Prophylaxe (68 Säuglinge) trat bei 8,8% eine R. auf, während von 50, die vitaminierte Milch erhalten hatten, nur 2 rachit. Erscheinungen aufwiesen, die ein Geburtsgewicht $<$ 2000 g besaßen. Nach dem Zusatzverf. vitaminierte Milch ist UV-bestrahlter überlegen. (Milchwissenschaft **8.** 376—79. Okt./Nov. 1953. Erlangen, Univ., Kinderklinik.) F. GÜNTHER. 7756

A. Hasler und **R. Zuber**, *Beitrag zur Kenntnis des Kobaltgehaltes im schweizerischen Wiesenfutter.* Im Zusammenhang mit Unterss. über Spurenelemente wurden eine größere Zahl von Rauhfutterproben auf ihren Geh. an Co untersucht. Werte zwischen 0,07 u. 0,42 p.p.m. Co. Kleearten enthalten fast doppelt soviel Co wie Gräser, Kräuter noch mehr. Phosphatdüngung ist ohne Einfluß auf den Co-Geh., im Gegensatz zu dem Geh. an Fe u. Cu. — 47 Literaturhinweise. (Schweiz. landwirtsch. Mh. **33.** 192—201. Mai 1955. Liebefeld-Bern, Eidg. Agrikulturchem. Versuchsanst.) A. SCHLÄGER. 7782

K. R. Allred, W. K. Kennedy, L. S. Wittwer, G. W. Trimberger, J. T. Reid und **J. K. Loosli**, *Die Wirkungen von Konservierungsmitteln auf frisch siliertes Rotklee- und Gras-Grünfutter.* 1. Mitt. *Lagerungsverluste.* Die experimentelle Silierung von frischem, etwa 50% Rotklee enthaltendem Gras-Grünfutter ohne konservierenden Zusatz u. mit 70 pds Melasse, 100 pds getrocknetem Brauereitreber bzw. 9 pds $NaHSO_3$ per Tonne Futter u. anschließende Verfütterung an Milchkühe zeigte, daß der Futterwert der frischen Silage bei den 4 verschied. Behandlungsarten nahezu der gleiche ist. $NaHSO_3$, das in der Anwendung am bequemsten ist, bewirkte Erhaltung der grünen Farbe des Futters u. einen angenehmen Geruch, bedingte jedoch niedrigeren Futterwert gegenüber unbehandelter u. mit Melasse oder Brauereitreber behandelter Silage. Bei unbehandelter Silage wurden folgende Trockensubstanzverluste berechnet: 5,7% durch Oberflächenverderb, 7,4% mit dem ablaufenden Saft, 15,2% durch Fermentation. Keiner der Zusätze senkte den Trockensubstanzverlust genug, um wirtschaftliche Bedeutung zu haben. — Zahlreiche Tabellen, Abb., 10 Literaturangaben. (Cornell Univ. agric. Exp. Stat., Bull. **1955.** Nr. 912. 5—35. Mai. Ithaca, N. Y., Cornell Univ., Agric. Exp. Stat.). F. KRUSEN. 7782

L. S. Wittwer, G. W. Trimberger, W. K. Kennedy, K. R. Allred, J. T. Reid, J. K. Loosli und **K. L. Turk**, *Die Wirkungen von Konservierungsmitteln auf frisch siliertes Rotklee- und Gras-Grünfutter.* 2. Mitt. *Fütterungswert.* (1. vgl. vorst. Ref.) Fütterungsverss. an Milchkühen mit frischem Gras-Grünfutter mit 50—75% Rotklee, das ohne Zusatz, mit Melasse, mit getrocknetem Brauereitreber oder mit $NaHSO_3$ siliert wurde, ergaben hinsichtlich *Vitamin A-* u. *Carotin* (**I**)-Geh. von Blutplasma u. Milchfett keine signifikanten Unterschiede. Das mit Melasse silierte Grünfutter war am schmackhaftesten, das mit Brauereitreber silierte hatte den höchsten Nährwert, während $NaHSO_3$ den typ. Silagegeruch hemmte, dabei aber die Schmackhaftigkeit beeinträchtigte u. bes. bei warmer Witterung schlechte Haltbarkeit nach Entnahme aus dem Silo bewirkte; der **I**-Geh. des Futters war hier jedoch am höchsten. Die geringen Nährwertgewinne lassen den Zusatz von Konservierungsmitteln zur Silage unwirtschaftlich erscheinen. — Tabellen, Abb., 31 Literaturangaben. (Cornell Univ. agric. Exp. Stat., Bull. **1955.** Nr. 913. 3—30. Juli.) F. KRUSEN. 7782

Clyde Biddulph, G. Q. Bateman, M. J. Bryson, J. R. Harris, D. A. Greenwood, Wayne Binns, M. L. Miner, L. E. Harris und **L. L. Madsen,** *DDT in Milch und Geweben von Milchkühen, die DDT-gestäubtes Abfallheu erhielten.* Durch Verfütterung von Heu, das zur Schädlingsbekämpfung mit 2 lbs techn. DDT je acre gestäubt wurde, an Milchkühe wurde der DDT-Geh. in deren Milch innerhalb von 4 Tagen auf 0,5 p.p.m., nach 80 Tagen auf 5 p.p.m. erhöht. Höhere DDT-Gaben hatten einen entsprechend höheren DDT-Geh. in der Milch zur Folge. Noch 6 Monate nach Beendigung der DDT-haltigen Fütterung konnte DDT in der Milch der Versuchstiere nachgewiesen werden. Nach Beendigung der Fütterung war 0,2 p.p.m. DDT im Blut vorhanden. Im Muskelfleisch der geschlachteten Kühe betrug der Geh. 1,3 p.p.m., im Nierenfett 1,1 p.p.m. Der höchste DDT-Geh. wurde mit 89 p.p.m. im Bauchfett gefunden. (Advances Chem. Ser. Nr. **1.** 237–43. April 1950. Logan, Ut., Utah, Agric. Exp. Stat.). G. LENHARD. 7782

W. Minder, *Nachweis von radioaktiven Lebensmitteln.* (Tierärztl. Umschau **10.** 269–72. Aug. 1955. – C. **1956. 9877.**) F. KRUSEN. 7788

P. F. Woronin, *Vergleichende Bewertung von Verfahren zur Mineralisierung von Nahrungsmitteln bei der Bestimmung der Proteine nach der Kjeldahl-Methode.* Von 9 verschied. oxydierenden Mischungen konnte die rascheste Mineralisierung der zu analysierenden Nahrungsmittel bei gleichzeitiger effektiver Ammonisierung durch die Kombination: 10 ml H_2SO_4 + 0,25 g $K_2S_2O_8$ + 1 ml H_2O_2 erzielt werden (16–22 Min.). Bei Verwendung von 10 ml H_2SO_4 + 0,5 g $KMnO_4$ oder 0,5 g $K_2Cr_2O_7$ erfolgte wohl die Verbrennung ebenfalls sehr rasch (in 20–30 Min.), war aber mit einem großen N_2-Verlust verbunden. (Гигиена и Санитария [Hyg. u. Sanitätswes.] **1953.** Nr. 10. 51–53. Okt.) E. RENTZ. 7788

W. Göpfert, *Ist der Nachweis von Apfelzubereitungen in Marmeladen und Konfitüren mittels der Sorbitmethode eindeutig?* (Vgl. PHILIPPI, C. **1954. 8467.**) In 4 von 7 untersuchten Proben Apfelgelierextrakt, dessen Verwendung bei der Marmeladenherst. erlaubt ist, fand Vf. beträchtliche Mengen *Sorbit* (**I**), der auch in mit diesen Proben hergestellten Marmeladen ohne Apfelzusatz nachweisbar war. Somit ist der Nachw. der Verfälschung einer Marmelade mit Apfelmark mit Hilfe des **I**-Nachw. nicht eindeutig. (Dtsch. Lebensmittel-Rdsch. **50.** 310–11. Dez. 1954. Köln, Öffentl. Nahrungsmittel-Untersuchungsanstalt.) F. KRUSEN. 7814

K. Braunsdorf, *Über die Feststellung des Extrakt- bzw. Zuckergehaltes von Brauselimonaden.* Bei Best. des Zuckergeh. oder Extraktgeh. von Brauselimonaden muß das tatsächliche Vol. berücksichtigt werden u. Umrechnung auf das Normalvol. von 330 ml erfolgen. (Dtsch. Lebensmittel-Rdsch. **50.** 311–13. Dez. 1954. Magdeburg, Bezirks-Hygieneinst.) PH. FRESENIUS. 7818

C. H. Brandes und **R. Dietrich,** *Über die Bestimmung des Fettgehaltes im ganzen, unausgenommenen Hering auf Grund der Korrelation Fett und Wasser.* 147 Fett- u. Wasserbestimmungen an Einzelheringen u. Durchschnittsproben von je 50 Heringen ergaben eine Fett–W.-Linie, die von der früher für den eßbaren Anteil des Herings ermittelten Linie im Bereich hoher Fett- u. niedriger Wassergehh. divergiert, sich ihr jedoch in Richtung niedriger Fett- u. hoher Wassergehh. stark annähert. Die mittlere Abweichung aller Analysen für den ganzen Hering von der Linie betrug ±0,97%, 102 Bestimmungen lagen innerhalb einer Fehlerbreite von bis zu 1%. (Fette Seifen einschl. Anstrichmittel **56.** 495–99. Juli 1954. Bremerhaven, Inst. für Meeresforsch.) F. KRUSEN. 7852

C. H. Brandes und **R. Dietrich,** *Vorschlag zur Einführung eines neuen Stickstofffaktors zur Berechnung des Proteingehaltes im eßbaren Anteil des Herings.* Die üblichen Proteinbestimmungen auf der Grundlage des N-Geh. erfassen auch nichtproteinartige N-Verbb., die in Heringen in beträchtlicher Menge vorliegen u. damit die Proteinwerte verfälschen. Unterss. unter Verwendung des $Cu(OH)_2$-Verf. nach BARNSTEIN zur Best. des Reinproteins ergaben, daß ein N-Faktor von 5,72 an Stelle des sonst verwendeten von 6,25 genauere Ergebnisse liefert. Die mit diesem Faktor aufgestellte Protein–W.-Linie erlaubt den Proteingeh. des eßbaren Anteiles von Heringen aus dem Wassergeh. mit einer Genauigkeit von ±0,45% zu ermitteln unter der Voraussetzung, daß der NaCl-Geh. der Rohware unter 0,4% liegt. (Fette Seifen einschl. Anstrichmittel **56.** 499–503. Juli 1954. Bremerhaven, Inst. für Meeresforschung.) F. KRUSEN. 7852

Boysen und **G. Godbersen,** *Die Feststellung und Bewertung des Keimgehaltes bei der Trinkmilchüberwachung.* Bei der Beurteilung des Keimgeh. der Trinkmilch erwies sich *Bouillon-Agar* (**I**) dem bisher verwendeten *Lactose–Chinablau-Agar* (**II**) insofern überlegen, als **I** nicht die unschädlichen Milchsäurebildner mit angibt, wie dies bei **II** der Fall ist, sondern nur Sporenbildner, alkalisierende Wasserbakterien u. Fäulnisbakterien.

(Molkerei- u. Käserei-Ztg. **6.** 456—59. 7/4. 1955. Kiel u. Malente, Milchwirtschaftl. Lehr- u. Untersuchungsanst.) F. GÜNTHER. 7856

E. M. Bickoff, A. L. Livingston und **G. R. Van Atta,** *Schnellbestimmung von Carotin in Alfalfa.* 2 g Alfalfamehl werden mit 500 ml W. von 50° auf einem Filter ausgewaschen, mit diesem in einem Mischer mit 100 ml Aceton 1 Min. lang zerkleinert. 5 ml Extrakt werden mit 5 ml Hexan u. 3 ml W. in einen Scheidetrichter verbracht u. nach 1 Min. Schütteln die obere Schicht über eine Säule von 12 mm Durchmesser u. 70 mm Länge aus MgO u. Filterhilfe chromatographiert. *Carotin* wird mit einem Gemisch aus 1 Teil Aceton u. 9 Teilen Hexan eluiert u. bei 440 mμ spektrophotometr. die Absorption gemessen. Die Best. dauert weniger als 30 Min. u. liefert gleich genaue Werte wie die übliche Methode. (J. Assoc. off. agric. Chemists **35.** 826—28. 15/11. 1952. Albany, Calif., Western Regional Res. Labor.) F. KRUSEN. 7866

H. S. Kelsey, Mariel Day, C. J. DiGrado und **Arthur Bodden,** *Bestimmung von Aureomycin in Futtermitteln.* 10 g Futter werden nach vollständiger Entfettung mit PAe. 5mal mit 30 ml eines Gemisches aus 50 ml 4n HCl, 650 ml Aceton u. 300 ml W. extrahiert. Der *Aureomycin*-Geh. des filtrierten Extraktes (20—30 ml) wird mit dem Trübungstest mit Staphylococcus aureus nach DORNBUSH u. PELCAK bestimmt. (J. Assoc. off. agric. Chemists **35.** 828—30. 15/11. 1952. Pearl River, N. Y., American Cyanamid Comp.) F. KRUSEN. 7866

Samuel John Young, England, *Pasteurisieren oder Sterilisieren von Flüssigkeiten* durch Hitze in Metalltrommeln oder anderen Behältern. Während die Behälter durch die Erhitzungskammern (Temperaturanstiegkammer u. Temperaturhaltekammer) nacheinander befördert wurden, werden sie unter Rotieren um ihre Achsen der Erhitzung mittels Heißwasserstrahlen oder Dampf ausgesetzt. Anschließend erfolgt die Abkühlung der Behälter in der Kühlkammer, zweckmäßig ebenfalls unter Rotieren der Behälter um ihre Achse. (**E. P. 738 274** vom 27/5. 1952, ausg. 12/10. 1955.) H. MAASS. 7635

Imperial Chemical Industries Ltd., London, *Proteingewinnung aus Ölsaaten.* Vor oder während der Entölung der Ölsaat wird diese in unzerkleinertem Zustand mit einem Aldehyd in fl. oder Gasform behandelt, um die Bldg. von Farbstoffen im Endprod. zu verhindern. — Z. B. werden 250 (Gewichtsteile) Erdnüsse mit 1000 einer 1 %ig. Lsg.von CH_2O 1 Min. lang bei 90° behandelt. Die Nüsse werden sodann in kaltem W. gewaschen, im Luftstrom bei 40° getrocknet u. gemahlen. Aus den anschließend entölten Nüssen wird das Protein mit einer 0,1 %ig. wss. Sodalsg. extrahiert u. bei p_H 5,0 mit SO_2 ausgefällt. (**E. P. 743 131** vom 23/2. 1953, ausg. 11/1. 1956.) W. KRANZ. 7647

United States of America, übert. von: **Charles R. Scholfield** und **Herbert I. Dutton,** Peoria, Ill., V. St. A., *Gewinnung von Reinphosphatiden.* Öl- u. Zuckerstoffe enthaltende Sojabohnenphosphatide werden in Hexan gelöst. Die Lsg. wird mit einer wss. Lsg. eines Alkanols von z. B. 60—75 (Vol.-%) CH_3OH oder 40—65 A. extrahiert. Die Phasen werden getrennt u. die Extraktion 2mal wiederholt. Aus der Hexanlsg. wird das Reinphosphatid durch Verdampfung gewonnen. (**A. P. 2 727 046** vom 17/12. 1951, ausg. 13/12. 1955.) W. KRANZ. 7647

Ben Leonard Sarett, Chicago, Ill., V. St. A., *Behandlung von Lebensmitteln,* wie *Eibestandteilen, Kartoffeln, Cocosnuß* oder *Getreide,* die eine Aldose (**I**), z. B. Glucose, u. eine proteinhaltige Substanz enthalten, die fähig ist, mit **I** unerwünschte Reaktionsprodd. zu bilden, dad. gek., daß man in Ggw. von W. u. einer für **I** spezif. Oxydase freien O_2 in Berührung mit den Lebensmitteln bringt, wodurch **I** in die entsprechende Zuckersäure übergeführt wird. (**E. P. 740 379** vom 17/2. 1953, ausg. 9/11. 1955.) H. MAASS. 7697

E. I. du Pont de Nemours & Co., übert. von: **Irvin J. Belasco** und **Kenneth E. Walker,** Wilmington, Del., V. St. A., *Futtermittel für Wiederkäuer.* Der N-Bedarf der zur Ernährung der Tiere notwendigen Proteinstoffe kann bis zu 90% durch ein Amid einer aliphat. organ. Säure, bei der die COOH-Gruppe nur an eine Amidogruppe gebunden ist, z. B. *Propion-, Acet-, Glycin-, Form-* oder *Lactamid,* gedeckt werden. (**A. P. 2 718 467** vom 3/11. 1951, ausg. 20/9. 1955.) W. KRANZ. 7787

Commercial Solvents Corp., übert. von: **Joseph M. Pensack,** Terre Haute, Ind., V. St. A., *Beifuttermittel,* bestehend aus dem Antibioticum *Bacitracin* (**I**), dem Penicillinsalz von N-Methyl-(2-oxy-1.2-diphenyläthyl)-amin u. einem Trägerstoff, z. B. Sojamehl. An Stelle von **I** kann auch der getrocknete Gärrückstand der Kultur eines I-erzeugenden Stammes von *Bac. subtilis* verwendet werden. Weitere Zusätze sind Vitamin B_{12} u. APF-enthaltende Stoffe. (**A. P. 2 723 198** vom 26/12. 1952, ausg. 8/11. 1955.) W. KRANZ. 7787

XVII. Fette. Seifen. Wasch- u. Reinigungsmittel. Wachse. Bohnermassen usw.

A. Seher, *Die Zusammensetzung des Isanoöls.* (Vgl. C. **1955.** 1483.) Vf. ermittelte im Isanoöl folgende Zus. der Fettsäuren: 18% feste Säuren, davon 15% *Isansäure* (F. 42—43° [PAe.]; vgl. C. **1955.** 1483), 1,5% *Stearinsäure* (F. 65—68° [90%ig. A.]), 1,5% andere gesätt. Säuren, 82% fl. Säuren, davon 45% *Isanolsäure* (vgl. l. c.), 17% *Ölsäure* (identifiziert als *Elaidinsäure*, F. 44—45° [90%ig. A.]), 2% Linolsäure, 2% höher ungesätt. Säuren, 16% nicht erfaßt.

Versuche: 24std. Extraktion von 100 g Isanonüssen mit Ae. unter N_2 gab 55—58 g hellrotes Isanoöl mit folgenden Eigg.: SZ. 3—6; VZ. 190,1; JZ 218 (24 Std.); OH-Zahl 58—65; Hydrierungszahl 338—357. — 65 g Isanoöl gaben nach 2std. Stehen mit alkoh. KOH, Abdest. des A. bei 35—40°, Lösen in W., Ausschütteln des Unverseifbaren mit Ae., Ansäuern bis p_H 3,5 u. Ausäthern 62 g Fettsäuren, davon a) 42% lösl., b) 58% unlösl. in Petroläther. Die weitere Trennung erfolgte a) durch Tieftemperaturkristallisation aus CH_3OH, b) durch Chromatographie aus Ae. an Al_2O_3. — Aus b) 0,1 g *Isanolsäureestolid*, F. 120—122° (CH_3OH). (Arch. Pharmaz. Ber. dtsch. pharmaz. Ges. **287/59.** 548—55. 1954. Münster/Westf., Univ., Inst. für Pharmaz. u. chem. Technol.) J. ROTHE. 7894

T. A. Pickett, *Über Saatöle von zwei wilden Arachisarten.* Arachis pusilla Benth. u. A. villosa Benth. var. correntina Burk. wurden auf charakterist. Daten untersucht. Ähnlichkeiten mit Arachis hypogaea wurden festgestellt. (J. Amer. Oil Chemists' Soc. **32.** 521. Okt. 1955. Experiment, Geo., Georgia Exp. Stat.) W. MEINE. 7894

Francis E. Luddy, S. G. Morris, P. Magidman und **R. W. Riemenschneider,** *Katalytische Wirkung von Natriummethylat auf Glyceridzusammensetzung und Eigenschaften von Schmalz und Talg.* Behandlung mit Natriummethylat ändert nicht die Fettsäurezus. von Schweineschmalz, wohl aber den Glyceridtyp. Talg wird nicht verändert, lediglich Abkühlungskurven u. Mikropenetrationen weisen geringe Unterschiede auf (5 Abb.). (J. Amer. Oil Chemists' Soc. **32.** 522—25. Okt. 1955. Philadelphia, Pa., Eastern Regional Res. Labor.) W. MEINE. 7896

W. I. Lyness und **F. W. Quackenbush,** *Addition von Chlor an ungesättigte Fettsäuren und Ester.* Methyloleat, Ölsäure u. Äthyllinoleat wurden bei —20° chloriert. Die Addition erfolgt ohne gleichzeitige Substitution. Zwei neue Verbb., Äthyltetrachlorstearat und Tetrachlorstearinsäure wurden hergestellt. (J. Amer. Oil Chemists' Soc. **32.** 520—21. Okt. 1955. Lafayette, Ind., Purdue Univ.) W. MEINE. 7908

Daniel Swern, Lee P. Witnauer, S. A. Fusari und **J. B. Brown,** *Röntgenstrahlbeugungs- und Schmelzpunktdaten von einigen binären Mischungen von trans-6- bis 12-Octadecensäuren und ihren Dioxystearinsäuren.* Die reinen Säuren u. ihre Mischungen 1:1 wurden untersucht. Alle Mischungen zeigten merkliche Erniedrigungen ihres E. (2 Tabellen). (J. Amer. Oil Chemists' Soc. **32.** 539—40. Okt. 1955. Philadelphia, Pa., Eastern Regional Res. Labor., u. Columbus, O., Ohio State Univ.) W. MEINE. 7908

Frederick W. Keith jr., Vinvent G. Bell und **Fred H. Smith,** *Kontinuierliche Reinigung und Säuerung von Rohseifen pflanzlicher Öle.* Die kontinuierliche Reinigungs- u. Fettsäureerzeugung wird erläutert (1 Fließschema). Rohseifen von Baumwollsaatöl werden durch Behandlung mit 50%ig. NaOH u. Wasserwäsche von Verunreinigungen, bes. farbinstabilen Körpern, weitgehend befreit. In Ggw. eines Dispergators ergibt die nachfolgende Säuerung mit 4% H_2SO_4 eine rein braune Fettsäure mit der SZ. 188, 3% Unverseifbarem u. einem Geh. an oxydierten Säuren von 3—5%. (J. Amer. Oil Chemists' Soc. **32.** 517—19. Okt. 1955. Philadelphia, Pa., Sharples Corp.) W. MEINE. 7910

E. W. Blank und **E. Emendorfer,** *Über die Wirkung einer inerten Atmosphäre bei der Bestimmung von freier Fettsäure oder freiem Alkali und Unverseifbarem in Seife.* Die Ausschaltung des CO_2 der Luft bringt gegenüber einer Stickstoffatmosphäre keine analyt. Vorteile. In beiden Fällen werden prakt. gleiche Ergebnisse erzielt. Der während der Bestimmung verwendete Alkohol verhindert in Dampfform die Absorption von CO_2. (J. Amer. Oil Chemists' Soc. **32.** 531—32. Okt. 1955. Jersey City, N. y., Colgate-Palmolive Co.) W. MEINE. 7938

Unilever N. V., Holland (Erfinder: **Lloyd Fisher Henderson** und **Francis Emery Carroll**), *Flüssige Reinigungsmittel,* z. B. zum Reinigen von Geschirr. Sie enthalten mindestens 50 (Gew.-%) eines Gemisches, welches im wesentlichen aus 25—95 eines Alkylarylsulfonats u. zu 5—75 aus einem nichtion. Reinigungsmittel der allg. Formel $R-A-(CH_2\cdot CH_2O)_x\cdot CH_2\cdot CH_2OH$ besteht, gelöst in einem Gemisch von W. u. einem in W. lösl. aliphat. Alkohol. R ist ein KW-stoffrest mit 8—18 C-Atomen, A S oder O u.

x eine Zahl von 8—20. — Ein solches Reinigungsmittel hat z. B. die Zus. 40,9 (%) Na-Dodecylbenzolsulfonat, 27,1 mit 8—12 Mol Äthylenoxyd kondensiertes Octylphenol, 16,5 A. u. 15,5 W., Parfüm usw. (**F. P. 1 078 198** vom 9/6. 1953, ausg. 16/11. 1954. A. Prior. 10/6. 1952.) T. OPPERMANN. 7917

Lever Brothers Co., New York, N. Y., übert. von: **Edgar E. Ruff**, Bergenfield, N. J., V. St. A., *Reinigungsmittel*, die aus Polyphosphaten u./oder anion. u. nichtionogenen Stoffen bestehen, enthalten zur Verhinderung des Anlaufens von Cu oder Cu–Ni-Legierungen (Alpaka) Hydroxylaminverbb. der allg. Formel $(R-CONHO)_nM$, in der R ein aliphat. KW-stoffrest, bes. mit 7—17 C-Atomen, M H oder ein Metall (K, Na, Ba, Ag, Fe, Cu, Ca oder Mg) u. n die Wertigkeit von M bedeutet. Bes. geeignet sind Caprylhydroxylaminsäure, die K- u. Mg-Salze der Lauryl-, Myristyl- u. Palmitylhydroxylaminsäure. (**A. P. 2 733 215** vom 25/3. 1953, ausg. 31/1. 1956.) W. GRÄGER. 7917

E. Colin, Brüssel, Belgien, *Gewinnen von Wollfett*. Das Verf. des Hauptpatentes, nach dem das Fett aus den Emulsionen durch Lösungsmittel (I), die sich nicht mit W. mischen u. spezif. leichter als W. sind, extrahiert wird, wird dahin abgeändert, daß I mit D. >1 benutzt u. diese als Dämpfe über die Emulsion geleitet werden. Diese wirkt als Kondensator, die sich bildenden Tropfen durchfallen die Emulsion, ohne diese aufzuwirbeln, so daß sich keine erneute Emulsion zwischen der zu extrahierenden Fl. u. I bilden kann. — Zeichnung. (**Belg. P. 521 355** vom 10/7. 1953, ausg. 2/9. 1955. **Zusatz zu Belg. P. 516 280; C. 1956. 4591.**) C. LÜTTGEN. 7925

XVIII a. Holz. Cellulose. Zellstoff. Papier. Papierdruck. Celluloid. Linoleum.

Paul Bernhard, *Das Holz, seine Feinde und sein Schutz*. Die Zus. u. das Verh. des Holzes gegenüber H_2O u. Chemikalien werden erläutert sowie die zerstörende Wrkg. von Bakterien, Pilzen u. tier. Schädlingen geschildert. (Ind. Vernice — Lack- u. Farbenchem. **9.** 11—14. 1955. Filzbach Gl.) R. SEIFERT. 7952

F. Steiniger, *Pastentechnik im Hochbauholzschutz*. Vf. wendet sich gegen die Anwendung der Pastenverff. im Hochbau, da es sich hier um trockenes oder trocknendes Holz handelt, die Wirksamkeit der Holzschutzpasten jedoch nur bei saftfrischem oder eigens durchnäßtem Holz gegeben ist. Da eine Diffusion der Schutzsalbe bei trocknem Holzmaterial nicht möglich ist, werden diese an der Oberfläche eintrocknen u. bei Auftreten von Trockenrissen herausfallen u. die Gefahr der Vergiftung von Lebens- u. Futtermitteln erzeugen. (Desinfekt. u. Gesundheitswes. **47.** 42—43. März 1955.) K. SEIFERT. 7952

Bengt O. Lindgren und **Ulla Saedén**, *Sulfonierung und Herauslösen des Lignins von Mono- und Dicotyledonen mit Sulfitlösungen bei p_H 4—7. 50. Mitt. über die Chemie des Lignins*. (49. vgl. C. **1952.** 5834.) Die Einw. von Sulfitlsgg. auf das Holz einer Dicotyledone (Birke) sowie einer Monocotyledone (Cana Guadua) wurde untersucht. Das Lignin (I) von Cana Guadua wird im Gegensatz zu dem der Birke u. Fichte durch neutrale Sulfitlsg. herausgelöst. Der Herauslösevorgang des I bei Fichte u. Birke zeigt große Ähnlichkeit, so daß in beiden Hölzern auf verwandte Bindungsarten zu schließen ist. Das I von Dicotyledonen wird durch neutrale Sulfitlsg. nicht so hoch sulfoniert wie Fichtenlignin. (Svensk Papperstidn. **54.** 795—98. 15/12. 1951. Stockholm, Schweden, Dep. of Cellulose Technol. and Wood Chemistry, Royal Inst. of Technol.) S. HÜTTIG. 7952

Walter Lang, *Beitrag zur Kenntnis der Oxydation der Cellulose*. Die Laugenauszüge von Zellstoffen weisen Absorptionsspektren auf, die insofern auf eine Schädigung der Cellulose schließen lassen, als diese eine Erhöhung der Absorption im allg. u. die Ausbldg. von Absorptionsbanden hervorruft. Auf Grund der heutigen Erkenntnisse kann die Lichtschädigung bei Ggw. von Mattierungspigmenten im wesentlichen als Photooxydation betrachtet werden u. stellt so gewissermaßen eine Parallele zu den Oxydationsvorgängen dar. Aus den Absorptionsspektren der Auszüge kann nicht direkt auf den Reaktionsmechanismus geschlossen werden. Als sicher darf gelten, daß mit zunehmender Schädigung chromophore Gruppen auftreten, die eine Erhöhung der Absorption bedingen. Die Oxydation von Cellulose mit $K_2Cr_2O_7$ in schwefelsaurer Lsg. zeigt, daß die Abweichung des Sauerstoffverbrauchs vom theoret. Wert u. a. auch der Anoxydation der Cellulose zugeschrieben werden kann. Im Falle der Oxydation bei Hemicellulosen konnte dieser Fehlbetrag zu ca. 10% ermittelt werden. — 42 Literaturnachweise. (Papier **10.** 41—48. 5/2. 1956. Graz, Univ., Inst. für Theoret. u. Physikal. Chemie.) P. ECKERT. 7954

—, *Die Herstellung von Nitrocellulose*. Die Herst. verschied. Sorten industrieller Nitrocellulose mit besonderer Berücksichtigung ihrer Eignung für die Herst. von Lacken wird diskutiert. (Paint Manufact. **24.** 435—37. Dez. 1954.) H. ROSSOW. 7970

P. A. Tumbin, *Der Einfluß von in Halbfabrikaten gelösten oxydierbaren organischen Stoffen auf die Papierleimung.* Vf. beschreibt die aufgetretenen Schwierigkeiten bei der Papierleimung. Die Leimfähigkeit der verschied. Rohstoffe wurde geprüft. Je mehr Holzschliff, um so schlechter die Leimung. Auswaschung des Zellstoffes mit weichem W. verschlechtert die Leimung. Der Oxydationsbedarf des ausgepreßten W. beeinflußt weitgehend den Leimungseffekt. (Бумажная Промышленность [Papier-Ind.] **30.** Nr. 6. 23–25. Juni 1955.) A. ECKE. 7978

Bedřich Sandholec, *Die Polarographie in der Papier- und Celluloseindustrie.* Polarographie ist mit Vorteil verwendbar bei der Überwachung des *Sulfit-* u. *Sulfat*-Verf., in der Papierleimung zur Best. der VZ. u. des Geh. an *Harzen,* in der Sulfitspritindustrie zur Best. des *Zuckers* u. des *Acetaldehyds* sowie zur *Al*-Best. im $Al_2(SO_4)_3$, zur qualitativen u. quantitativen Best. von *Melaminharzen* u. zur Best. des O_2-Geh. in den Abwässern. Das Fischsterben ist nicht auf O_2-Mangel, sondern auf Übersäuerung der Flüsse bei geringem Wasserstand zurückzuführen. (Chem. Zvesti **6.** 67–72. Jan. 1952.) K. STEINER. 8010

George E. Rhone, Long Beach, Calif., V. St. A., *Verpackungsmaterial für Nahrungsmittel,* die in diesem gekocht u. gebacken werden können. Cellulosefasermaterial wird vor oder nach der Verformung imprägniert mit einer Mischung aus 3 (Teilen) $(NH_4)_2SO_4$, 1 Borax, 2 $CaCO_3$, 1 Fe_2O_3, 1 Al- u. 10 Na-Silicat sowie 5 Wasser. Das Material wird bei 125° F getrocknet, mit einer gesätt. Lsg. von $CaCl_2$ behandelt u. bei 125° F fertiggetrocknet. (**A. P. 2 729 579** vom 16/7. 1953, ausg. 3/1. 1956.) W. KRANZ. 7955

Kamlet Laboratory, New York, N. Y., übert. von: **Jonas Kamlet,** Easton, Conn., V. St. A., *Sterilisieren von Papier und Zellstoffprodukten und Mittel dazu.* Dem Rohstoff (Papier, Papierstoff) wird als wesentliches Mittel Phenyl-Hg-carboxymethylcellulose einverleibt. – Beispiel: 18,5 g Phenyl-Hg-acetat werden in kleinen Teilen in 1 Liter einer heißen, niedrigviscosen 8%ig. Lsg. von Na-Carboxymethylcellulose eingerührt. Nach 3std. Rühren wird ein gleichmäßiges Gel erhalten, das aus Phenyl-Hg-Na-carboxymethylcellulose besteht, in dem ca. 40% des Na durch das Phenyl-Hg-Kation ersetzt sind. 1 (Teil) des Gels wird im Holländer mit 150 Zellstoff (trocken gerecht) gemischt u. zu Papier verarbeitet. (**A. P. 2 719 787** vom 20/11. 1951, ausg. 4/10. 1955.) G. VOGEL. 7975

Harold Jackson Ltd., Garstang, England (Erfinder: **Abraham Wexler,** Bentleigh, Melbourne, Australien), *Papierherstellung aus Holz* usw., dad. gek., daß dem Stoff vor der Blattbldg. Dispersionen von unlösl. gemachtem chromgegerbtem Tierleim (> 1% Leim auf Zellstoff bezogen) zugesetzt werden. Dazu wird eine ziemlich konz. Lsg. des Leimes mit Cr-Sulfat oder Cr-Chlorid erhitzt u. das unlösl. Gel in W. mechan. dispergiert. Die Naßfestigkeit kann durch gleichzeitigen Zusatz von Gummilatex oder Polymerisation aus Butadien u. Acrylnitril oder Polyvinylacetat bzw. -chlorid in Dispersionsform noch gesteigert werden. (**E. P. 743 262** vom 4/2. 1953, ausg. 11/1. 1956.) G. VOGEL. 7975

Rohm & Haas Co., Philadelphia, übert. von: **Warren D. Niederhauser,** Huntingdon, Pa., V. St. A., *Wasserlösliche Salze von Mischpolymerisaten* aus Maleinsäureanhydrid (**I**), Diisobutylen (**II**) u. Divinylbenzol (**III**) erhält man durch Behandeln des Polymerisats (**IV**) mit z. B. NaOH, KOH oder NH_4OH unter Erwärmen. Zur Herst. des **IV** wird zunächst **I** u. **II** in CO_2 mit Benzoylperoxyd vorpolymerisiert u. dann **III** in Äthylstyrol einkondensiert. – Mengenbeispiele. Geeignet zur *Papierleimung.* (**A. P. 2 725 367** vom 29/1. 1953, ausg. 29/11. 1955.) H. SCHINDLER. 7979

Portals Ltd. und **John Knaggs,** Whitchurch, England, *Verbesserung der Naßfestigkeit von Papier,* dad. gek., daß dem Stoff beim Aufschlagen oder einer ungeleimten Papierbahn eine neutrale Emulsion aus Oxymethylcellulose (I), NH_4-Caseinat (**II**) u. einem Methylolmelamin zugesetzt wird. Die Emulsion besteht z. B. aus 5–8 (%) **II** in wss. Lsg., 2 **I** u. 5-Trimethylolmelamin, wobei noch eine Spur Harnstoff u. 0,1 Chlorkresol zugesetzt u. mit Al-Sulfat bei p_H 5,5–6 gefällt wird. (**E. P. 744 383** vom 16/6. 1953, ausg. 8/2. 1956.) G. VOGEL. 7987

Hercules Powder Co., Wilmington, Del., übert. von: **Cyrus A. Weisgerber,** Chadds Ford, Pa., V. St. A., *Papier mit hoher Naßfestigkeit,* dad. gek., daß es bis zu 15, bes. 0,5–2%, Polyvinylamin oder polymere solvolyt. Prodd. aus N-Vinylimiden u. Dicarbonsäuren enthält, deren N mindestens zu 60% als prim. Amino-N vorliegt. Genannt sind: Polyvinylaminhydrochlorid u. Polyvinylphthalimid (durch Polymerisation von N-Vinylphthalimid erhalten). (**A. P. 2 721 140** vom 19/9. 1952, ausg. 18/10. 1955.) G. VOGEL. 7987

Dow Chemical Co., übert. von: **William F. Mick,** Midland, und **Oliver B. Amley,** Sanford, Mich., V. St. A., *Überziehen von Papier mit kristallinen „Saran"-Harzen,* dad.

gek., daß das Harz kontinuierlich in einer Druckzone im Schmelzzustand auf die laufende Papierbahn aufgetragen u. durch Pressen gleichmäßig dick verteilt wird. Nach dem Verlassen der Druckzone wird die andere Papiersorte sofort mit W. befeuchtet u. die Bahn dann auf > 55, bes. auf 75—115° erhitzt, wobei das Saranharz (Polymerisate oder Mischpolymerisate von Vinylidenchlorid) rasch kristallisiert. Das Prod. rollt sich im Gegensatz zu anderen „Saran"-Papieren nicht. — Zeichnung. (**A. P. 2 716 074** vom 20/8. 1951, ausg. 23/8. 1955.) G. VOGEL. 7987

Siemens & Halske Akt.-Ges., Berlin und München (Erfinder: **Christian Gey**, Karlsruhe), *Metallschichtpapier für Registrierzwecke* mit einer durch Hitzeeinw. entfernbaren Metallschicht, dad. gek., daß letztere auf einem bei Erwärmung gasabgebenden u. die Schreibelektrode chem. nicht angreifenden Untergrund aufgebracht ist. Der Untergrund besteht bes. aus Acetyl- oder Nitrocelluloselack mit Weichmachern. Das Rohpapier kann schon eingefärbt sein, oder der Lack kann ein Pigment (Graphit, Ruß, Holzkohle usw.) enthalten. Als Metallschicht dient bes. ein korrosionsfestes Metall, z. B. Aluminium. (**D. B. P. 943 091** Kl. 55f vom 12/8. 1953, ausg. 9/5. 1956. Anmeldung bekanntgemacht 24/11. 1955.) G. VOGEL. 7987

XVIIIb. Textilfasern.

Je. A. Bubnowa, *Austauschstoffe für Nahrungsmittelprodukte.* An Stelle von Stärke u. Gelatine können für die Schlichte u. Appretur *Alginate Pektinleim* u. *Lederleim* verwendet werden. (Текстильная Промышленность [Textil-Ind.] **15.** Nr. 12. 49—50. Dez. 1955.) J. v. SCHROEDER. 8030

H. Hutton, *Fortschritte beim Schlichten von Textilien,* Anwendung u. Eigg. der aus Stärke bzw. Stärkederivv. bestehenden Schlichtemittel: „Quellin, Solvitose u. Textilene W u. W 1" der W. A. SCHOLLEN's CHEM. FABRIEKEN N. V. Holland werden beschrieben. (Textile Weekly **53.** 1284—86. 30/4. 1354—58. 7/5. 1954.) A. v. KÖNIG. 8030

—, *Das Bäuchen von Baumwollstückware.* Hinweise für eine kontinuierliche Arbeitsweise unter Druck bei voller Warenbreite (bis 250 cm); das Beschicken des App., Laugeumlauf (durch Hochdruckpumpen) u. -zus., Zusätze u. Dauer der Kochbehandlung sowie kurze Angaben über die Natur der Fette u. Wachse in der Rohware u. Qualität u. Weißgrad der Gewebe nach dem Kochen. (Textile Recorder **73.** Nr. 876. 56—58. März 1956.) I. SCHOENMANN. 8044

Hamilton Laudani, *Mottenfeste Wollware.* Biolog. Testverss. zur Ermittlung der Wirksamkeit von *Perthane* u. *Strobane* (chlorierte KW-stoffe) als Mottenschutzmittel im Vgl. zu *DDT.* Tabellar. Zusammenstellung der Ergebnisse. (Soap **31.** Nr. 8. 149—53. 177—84. Aug. 1955. Savannah, Ga., Stored-Prod. Insects Labor.) I. SCHOENMANN. 8062

K. Fujino, H. Kawai und **T. Horino**, *Experimentelle Untersuchungen über die viscoelastischen Eigenschaften von Textilfasern.* Die viscoelast. Eigg. einiger handelsüblicher Textilfasern, wie Kupfer-, Viscose- u. Acetatreyon, Naturseide (roh u. entbastet) sowie Nylon-6,. wurden durch Anwendung verschied. longitudinaler Vibrationsmethoden im Bereich von $2 \cdot 10^{-1}$ bis $2 \cdot 10^{-5}$ cP bei 20° u. 65% relativer Luftfeuchtigkeit unter einer stat. Spannung von 0,4 g/den u. einer dynam. Dehnung unter 0,1% ermittelt. Der experimentelle Teil einschließlich der Versuchsapp. sowie die erhaltenen Ergebnisse sind ausführlich beschrieben u. diskutiert. — 18 Figuren. (Textile Res. J. **25.** 722—37. Aug. 1955. Kyoto, Japan, Univ. Kyoto, Dep. of Text. Chem., Fac. of Engng.) H. G. FRÖHLICH. 8070

E. Treiber und **L. Stockman**, *Zur Frage der Beurteilung von Viscosezellstoffen.* 1. Mitt. Die Charakterisierung u. Beurteilung von Zellstoffen für die Viscoseherst. wird in besonderem Hinblick der Zellstoffeigg. auf die Güte u. Ausbeute des daraus hergestellten Reyon behandelt. An Hand einer vollständigen Literaturübersicht wird ein Überblick über die verschied. Verff. zur Kennzeichnung von Viscosezellstoffen durch verschied. Arten der Alkalilöslichkeit, der Alkaliunlöslichkeit, des Pentosangeh., der Viscosität u. der Polymolekularität gegeben. Behandelt wird fernerhin die chem. Reinheit des Zellstoffs sowie die verschied. Herstellungsverff. der Zellstoffe. — 102 Literaturnachweise. (Svensk Papperstidn. **59.** 157—71. 15/3. 1956.) P. ECKERT. 8074

Bengt G. Rånby, Hans Wilhelm Giertz und **Erich Treiber**, *Eine elektronenmikroskopische Untersuchung des Viscoseverfahrens.* 1. Mitt. Einleitend wird ein kurzer Überblick über den Viscoseprozeß, über die Feinstruktur des Zellstoffs sowie über die Regeneratcellulose gegeben; ferner wird die Frage nach dem Löslichkeitszustand der Cellulose in der Viscose behandelt, u. zwar an Hand elektronenmkr. Unterss. der Cellulose im Verlaufe des Viscoseprozesses. Zur Unters. der Reaktionsweise der Cellulose vom morpholog.

Gesichtspunkt während der einzelnen Phasen der Viscoseherst. wurden Sulfitzellstoffe, ein vorhydrolysierter Sulfat- u. ein Linterzellstoff verwendet. Die faserförmigen Reaktionprodd. wurden unmittelbar mit verd. H_2SO_4 regeneriert, die Viscose in Form sehr dünner Filme angewandt; die gequollenen Präpp. wurden mittels Ultraschall präpariert u. mit Gold-Mangan beschattet. — 34 Zeitschriftenzitate. (Svensk Papperstidn. **59.** 117—27. 29/2. 1956. Upsala, Sweden, Univ. of Upsala, Inst. of Phys. Chem.; Stockholm, Sweden, Swedish Forest Products Res. Labor., Central Labor. of the Swedish Ind.) P. ECKERT. 8074

Denyse Pesant, Ruth L. Winter Farquhar und **Barbara A. McLaren,** *Entwicklung einer enzymatischen Methode zur Bestimmung von Veränderungen in Baumwolle.* Durch Einw. eines geeigneten Enzymgemisches auf die Cellulosefaser, lassen sich infolge des spezif. gerichteten Abbaus durch die enzymat. Hydrolyse Rückschlüsse auf den mol. Aufbau der Faser ziehen. Verss. mit einer Mischung von Cellulase, Cellobiase, Hemicellulase, Gumase u. Pentosanase wurden an Cellulose, ungereinigter u. gereinigter Baumwolle durchgeführt u. die optimalen Bedingungen für das Enzymsyst. bzgl. Substratkonz. (100 mg), Enzymkonz. (6 g/100 ml), p_H (4,5), Incubationstemp. (50°) u. -zeit (5 Std.) ermittelt. (Canad. Textile J. **72.** 33—36. 30/12. 1955. Toronto, Univ., Dep. of Household Sci.) I. SCHOENMANN. 8102

Sanford B. Newman, Harry K. Hammond III und **Helen F. Riddell,** *Die Bestimmung des Becker-Wertes von Manilahanfseilen mit dem photoelektrischen Reflektometer.* Beschreibung eines photoelektr. Reflektometers u. seiner Anwendung zur Ermittlung der Beschaffenheit von Manilahanfseilen durch Best. des BECKER-Wertes, d. h. des 100fachen Verhältnisses der Reflexion einer Seilfaser zu der Reflexion einer genormten MgO-Schicht, bezogen auf monochromat. Licht von ca. 50 mμ nach dem von BECKER u. APPEL (C. **1934. I.** 2997) beschriebenen Verfahren. (ASTM Bull. **1954.** Nr. 199. 84—86. Juli. National Bur. of Standards.) W. WESLY. 8104

Hans Heinrich Bühler und **Helmut Zahn,** *Papyrographische Untersuchung von Gemischen aus Wolle und Polyamidfasern.* Mittels zweidimensionaler Papyrographie der Hydrolysate ist es möglich, Polyamide u. Wolle nebeneinander nachzuweisen. Das Fasergemisch wird mit 6n HCl hydrolysiert. Zur Capillaranalyse verwendet man eine 10%ig. Lsg. der Hydrolysate. Lösungsmittel sind für die 1. Richtung ein Gemisch aus sek.-Butanol, Ameisensäure u. W. im Verhältnis 75 : 15 : 10 u. für die 2. Richtung ein Gemisch aus 80% Phenol u. 20% Wasser. Man arbeitet vorteilhaft mit Filterpapier Nr. 2043b der Fa. SCHLEICHER & SCHÜLL. Die Entw. des Papyrogramms erfolgt durch Besprühen mit Ninhydrinlsg., 2std. Trocknen bei Zimmertemp. u. 5—10 Min. langes Erhitzen bei 80—100° im Trockenschrank. (Melliand Textilber. **36.** 980—81. Okt. 1955. Heidelberg, Univ., Chem. Inst.) E. WAGNER. 8108

General Aniline & Film Corp., New York, N. Y., übert. von: **William Wilson Williams** und **Harlan Benjamin Freyermuth,** Easton, Pa., V. St. A., *Optische Bleichmittel.* Man tetrazotiert Benzidinsulfon (= 3.7-Diaminodibenzothiophen-5.5-dioxyd), kuppelt mit 2 Naphthylamin-5-sulfonsäure (I) u. oxydiert den erhaltenen Farbstoff mit $CuSO_4 \cdot 5\,H_2O$ zum Bis-triazol (II). — An Stelle von I kann auch 1-Amino-4-naphthalinsulfonsäure oder 2-Amino-8-naphthalinsulfonsäure verwendet werden. (**A. P. 2 733 165** vom 7/12. 1953, ausg. 31/1. 1956.) A. BRÖSAMLE. 8033

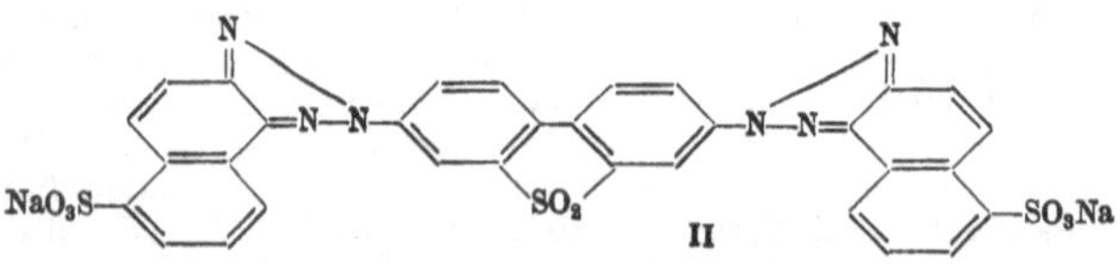

II

J. R. Geigy Akt.-Ges. (Erfinder: **Heinrich Häusermann**), Basel, Schweiz, *Fluoreszierende Bis-triazinylaminostilbenverbindungen* der Formel **I**, worin R einen aliphat. KW-stoffrest mit 1—2 C-Atomen u. A einen gegebenenfalls nichtionogen substituierten Phenylrest bedeutet, erhält man, wenn man auf die aus 4.4'-Diaminostilben-2.2'-disulfonsäure u. Cyanurhalogeniden erhältlichen, bekannten 4.4'-Bis-[4.6-dihalogen-1.3.5-triazinyl-(2)-amino]-stilben-2.2'-disulfonsäuren bzw. ihre Salze in wss. Lsg. bei Ggw. mineralsäureabstumpfender Mittel stufenweise in beliebiger Reihenfolge 2 (Mol) eines prim. aromat. Amins (II) der Benzolreihe, welches nichtionogene Ringsubstituenten enthalten kann, u. 2 N-Methyl- bzw. N-Äthyläthanolamin einwirken läßt. — In den Beispielen

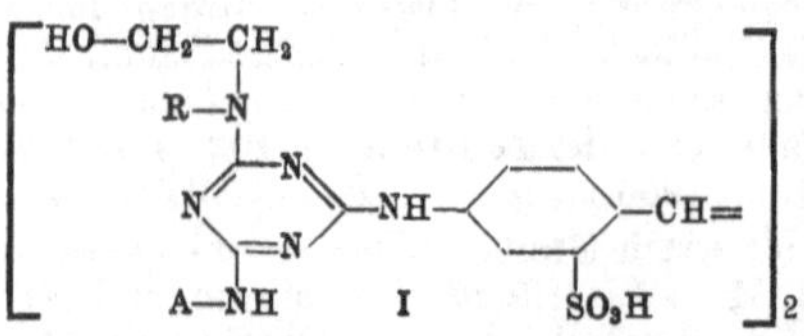

I

werden als **II** verwendet: Anilin, p-Aminoacetanilid, p-Anisidin, 3-Methoxy-4-methylanilin u. p-Methoxyanilin. — Die Prodd besitzen gute Affinität zu *Cellulose*, (**D. B. P. 942 396** Kl. 12p vom 26/11. 1954, ausg. 3/5. 1956. Anmeldung bekanntgemacht 10/11. 1955. Schwz. Prior. 26/11. 1953.) A. BRÖSAMLE. 8033

Phrix-Werke Akt.-Ges., Hamburg, *Reinigung von Abgasen der Viscoseverarbeitung*. Um den Anfall von S zu erhöhen, führt man den 0,5 mg/cm³ H_2S enthaltenden Abgasen das bei der Regeneration von Na_2SO_4 mit Kohle u. $CaCO_3$ zu S erhaltene u. weiter mittels Verbrennungsgasen auf 6—8% H_2S angereicherte Gasgemisch zu. (**Belg. P. 519 903** vom 12/5. 1953, ausg. 27/5. 1955. D. Prior. 13/6. 1952.) G. SALZMANN. 8075

American Viscose Corp., Philadelphia, Pa., V. St. A., *Schweißen von Cellulosehydratfolien*. Man befeuchtet diese mit einer 8,25%ig., gegebenenfalls noch einen Weichmacher (Glycerin, Sorbit, Äthylenglykol oder Äthanolaminlactat) enthaltenden Alkalilauge von —3 bis —12° u. preßt z. B. die Ränder zur Herst. von Wurstdärmen in einer besonderen Vorr. bei 0 bis —10° zusammen. Anschließend wird mit 5—25%ig. CH_3COOH neutralisiert. — Zeichnung. (**E. P. 724 465** vom 13/4. 1953, ausg. 23/2. 1955. A. Prior. 14/5. 1952.) G. SALZMANN. 8075

United States of America, übert. von: **George C. Daul, John David Reid** und **Robert M. Reinhardt**, New Orleans, La., V. St. A., *Behandlung von Cellulose, besonders Textilfasern*, zur Erhöhung des Durchmessers. Man behandelt sie mit β-Propiolacton (**I**) bei 50—155°, bis 0,5—26%, bezogen auf Cellulose, aufgenommen sind. — Z. B. kocht man die Textilien mit einer Lsg. von **I** in Xylol. (**A. P. 2 721 784** vom 18/7. 1952, ausg. 25/10. 1955.) K. FABEL. 8045

Corn Products Refining Co., New York, übert. von: **Leo Morris**, Chicago, **Lloyd G. Unger**, Riverside, und **Alexander L. Wilson**, Palos Park, Ill., V. St. A., *Reinigen von Zein*. Aus Maisgluten gewonnenes Zein wird in wss. Lsg. von $Ca(OH)_2$ bei $< 10^0$ durch Schütteln gelöst u. durch kaltes Pressen von Verunreinigungen befreit. — Z. B. werden 15 (g) Zein mit 3 $Ca(OH)_2$ in 82 Eiswasser bei 4° behandelt. Die Lsg. bildet klare Oberflächenfilme u. läßt sich in kaltem W. zu *Fasern* verspinnen. (**A. P. 2 733 234** vom 11/1. 1954, ausg. 31/1. 1956.) W. KRANZ. 8079

Eastman Kodak Co., Rochester, N. Y., übert. von: **Harry W. Coover**, Kingsport, Tenn., V. St. A., *Mischpolymerisate* aus *Acrylnitril* mit *α-Chloracetamidoacrylsäure* oder deren Alkali- oder NH_4-Salze im Verhältnis 60—95 : 40—5 nach üblichen Verf. in Ggw. von Peroxydkatalysatoren. *Fäden* mit guter Anfärbbarkeit. (**A. P. 2 716 108** vom 14/11. 1952, ausg. 23/8. 1955.) H. SCHINDLER. 8081

Farbenfabriken Bayer Akt.-Ges., Leverkusen, *Schlichte, insbesondere für Kunstharzfäden*. Man imprägniert das Gut mit der wss. Lsg. des Reaktionsprod. aus einem Alkylenoxyd (oder deren funktionellen Derivv.) u. dem Polymerisat eines niedrigmol. ungesätt. Fettsäureamids, z. B. dem Prod. aus 16 (Mol) Äthylenoxyd u. 1 Polyacrylamid. (**E. P. 739 201** vom 28/5. 1953, ausg. 26/10. 1955. D. Prior. 29/5. 1952.) H. MÖLLERING. 8081

Union Carbide and Carbon Corp. (Erfinder: **Maurice Howard Jellinek**, Kenmore, New York, V. St. A., *Glasfaser-Verbundkörper*. Vor dem Aufbringen des wärmehärtbaren Polyesterharzes werden die bei 400° abgeglühten Glasfasern bzw. -gewebe mit 0,05—2% einer ein Alkanolamin enthaltenden Vinylpolysiloxanharzlsg. bzw. -emulsion in Toluol imprägniert u. auf 275° erhitzt. (**E. P. 728 264** vom 6/3. 1953, ausg. 13/4. 1955. A. Prior. 18/3. 1952.) G. SALZMANN. 8083

XIX. Brennstoffe. Erdöl. Mineralöle.

C. Staemmler, *Zur Charakterisierung der Braunkohlen*. Besprochen werden: Hydroxylzahlen, Einfl. der Vortrocknung u. der Reaktionszeit sowie die Best. der Huminsäuren (**I**). Für das Erkennen kleiner Unterschiede ist die Best. der Hydroxylzahlen u. des Geh. an **I** nicht ausreichend, wohl aber für eine allg. Klassifikation der Kohlen. Infolge der nicht eindeutig verlaufenden Rkk. ist eine quantitative Auswertung der Zahlen nicht möglich. (Bergbautechnik **3**, 589—91. Nov. 1953. Leipzig.) E. BOYE. 8124

Walter Gollmer, *Über die thermische Behandlung von Steinkohlenbriketts*. Es werden besprochen: Briketts aus Schwelkoks, Schwelkoks aus Briketts, Bindemittel, das Verh. der verschied. Kohlenarten beim Schwelen oder Verkoken, die Bedeutung gleichbleibender Zus., die Schwel- u. Verkokungsöfen, die Wertstoffe, Selbstkosten u. besondere Arbeitsweisen. Es wird angenommen, daß diese Arbeitsmethoden therm. Kohlenveredlung im Ruhrgebiet zunächst für die Magerkohlen von Wichtigkeit sind, später aber auch auf die hochgasreichen Kohlen ausgeweitet werden. (Glückauf **92**. 320—28. 17/3. 1956. Essen.) E. BOYE. 8126

Fritz Ulrich, *Ruhrkohle für Gaserzeugung.* Betrachtungen über die Verwendungsmöglichkeit einer Kohle für die Entgasung. Voraussetzungen an eine gute Kokskohle. (Gas, Wasser, Wärme [Wien] **8.** 267—73. Dez. 1954. Essen.) F. ROSENDAHL. 8126

Anton Primschitz, *Über die Verhütung von störenden Naphthalinabscheidungen im Gasrohrnetz.* Ein Teeröl, gewonnen aus Tieftemperatur- oder Mitteltemperaturteer, ist prakt. naphthalinfrei u. ist mit niedrigen Siedegrenzen als Naphthalinwaschöl besser geeignet als handelsübliches Waschöl. Die Siedeanalyse des Ausgangsprod. für das neue Waschöl, der Doppelgasteer, zeigt folgende Zus.: W. 3,6 (Vol.-%), Leichtöl bis 180° 4,8, Mittelöl 180—250° 27,6, Schweröl 250—300° 15,4, Anthracenöl 300—350° 14,8. (Gas, Wasser, Wärme [Wien] **9.** 70—76. April. 101—10. Mai 1955.) H.-J. KOCH/Essen. 8156

G. Ricard, *Einführung in die Untersuchung des Verhaltens von Bohrschlamm bei erhöhten Temperaturen und Drücken.* Vf. beschreibt den Einfl. von erhöhten Drücken u. Tempp., wie sie bei großen Teufen auftraten, auf die Filtration u. die Viscosität des Bohrschlammes u. zieht daraus Folgerungen für die Bohrtechnik. Weiter untersucht er die möglichen reversiblen u. irreversiblen Umwandlungen des Bohrschlammes bei erhöhten Tempp. u. Drücken unter stat. u. dynam. Bedingungen. Abschließend beschreibt Vf. kurz die Apparaturen zur Unters. dieser Erscheinungen (Filterpressen, Viscosimeter, Rigidimeter, Autoklaven). (Rev. Inst. franç. Pétrole Ann. Combustibles liquides **7.** 183—97. Juli 1952.) H.-G. SCHÄFER. 8190

H. H. Storch, *Forschung und Entwicklung über die Umwandlung von Kohlen in Gas, flüssige Brennstoffe und verschiedene organische Chemikalien.* Vortrag. Gegenwärtiger Stand der Hydrierung von Kohlen nach BERGIUS, der Gewinnung von Synthesegas aus der Kohle u. der Herst. von fl. Brennstoffen u. Chemikalien durch Hydrierung von CO. (Trans. Canad. Inst. Mining Metallurgy Mining Soc. Nova Scotia **56.** 386—90. 1953.) F. ROSENDAHL. 8198

J. Varga und **V. Hesp,** *Umwandlung kohlendioxydhaltiger Naturgase in Synthesegas.* Zur Ausnutzung ungar. Erdgase (Geh. an CO_2 60—70%) untersuchten die Vff. die Zus. der Prodd., die aus einem 2 Voll. CO_2 u. ein Vol. CH_4 enthaltenden Gemisch in Ggw. Ni-haltiger Katalysatoren (Mischung aus 20% metall. Ni, 77% Al_2O_3 u. 3% Portlandzement am wirksamsten) entstehen, bei Tempp. von 600—850°, einer Raumgeschwindigkeit von 600 Liter/Liter Katalysator/Std. u. ohne Zusatz von Wasserdampf. Die Differenz zwischen der auf Grund der Gleichgewichte $CH_4 + CO_2 = 2\,CO + 2\,H_2$ u. $CO_2 + H_2 = CO + H_2O$ von den Vff. berechneten Zus. einerseits u. der der bei 850° entstandenen Gase andererseits war befriedigend gering. In dem als CO_2-frei berechneten Gas (tatsächliche CO_2 = 12,31%) beträgt die berechnete Summe $CO + H_2$ 100% (CH_4 völlig verbraucht), der Geh. an CO 60,9%. An prakt. Ausbeuten wurden erhalten für $CO + H_2$ 93,1 (%), für CO 59,8. — Die Menge des unveränderten CH_4 (+ N_2 als Verunreinigung) betrug bei 850° 6,9, auf CO_2-freies Gas bezogen. (Acta chim. Acad. Sci. hung. **3.** 209—21. 1953. Budapest, Techn. Univ., Inst. of Chem. Technol.) P. HOLZLÖHNER. 8200

E. H. Walker, R. M. Eltringham und **A. Puttick,** *Verdampfungsverluste aus Benzintanks im Vereinigten Königreich. — Ein Überblick.* Darst. von Meßergebnissen über Verdampfungsverluste an Benzintanks durch Atmen (therm.), Entleeren, Füllen u. Windeinfluß. Untersuchungsverff. u. mathemat. Behandlung werden wiedergegeben. (J. Inst. Petroleum **41.** 297—325. Okt. 1955.) H. SYDOW. 8200

J. J. Verstappen und **H. I. Waterman,** *Polymerisation von Propylen mit einem Silicowolframsäurekatalysator.* 1. Mitt. *Reihenversuche mit freien Katalysatoren.* In bekannter Weise mit 99,9% Reinheit hergestelltes Propylen wird über trägerfreiem Silicowolframsäurekatalysator mit wechselndem Hydratwassergeh. bei 150—160° polymerisiert. Die Herst. des Katalysators, der Einfl. der Verfahrensvariablen u. die Zus. des Polymerisats werden beschrieben. Es werden im wesentlichen Tri- u. Tetramere des Propylens erhalten. (J. Inst. Petroleum **41.** 343—46. Nov. 1955.) H. SYDOW. 8200

J. J. Verstappen und **H. I. Waterman,** *Polymerisation von Propylen mit einem Silicowolframsäurekatalysator.* 2. Mitt. *Kontinuierliche Versuche mit Katalysator auf Trägersubstanz.* (1. vgl. vorst. Ref.) Aus einem techn. Propan-Propylen-Gemisch mit ca. 50% Propylen wurden mit einem 20% Silicowolframsäure auf z. B. Bauxit enthaltendem Katalysator bei 150—180° u. 80—120 at in einem Durchgang 20—24% des Tetrameren erhalten. Arbeitsweise u. Einfl. der Reaktionsvariablen werden beschrieben. (J. Inst. Petroleum **41.** 347—51. Nov. 1955.) H. SYDOW. 8200

C. B. Davies, *Kraftstoffzusätze* Allgemeiner Überblick über Aufgaben u. Wirkungsweise der bekannten Kraftstoffzusätze. (J. Roy. Inst. Chem. **79.** 513—19. Okt. 1955.) H. SYDOW. 8204

J. F. Barkley, G. L. Hopps und **A. A. Berk,** *Das Schlammproblem in Tanks für Heizöl Nr. 6.* Das Heizöl Nr. 6 enthält Substanzen, die die Schlammbldg. beim Einlagern verursachen. Beim Abscheiden dieser Verbb. erhält man Schlämme, die denen in Tanks ähnlich sind. Vff. entwickelten eine Labormeth., um die Wrkg. von Zusätzen auf die Verminderung der Schlammbldg. untersuchen zu können. Es wurden bestimmte Chemikalien gefunden, die eine Schlammbldg verhindern können, doch sind diese derartig hoch im Preis, daß sie das Heizöl sehr verteuern. Das beste Verf. ist die Überwachung der Schlammbldg. im Tank. Das Beste ist, daß das neue Öl am Boden des Tanks zugeführt wird, weil dadurch etwaige Schlämme aufgewirbelt werden. Es treten nicht sofort neue Ndd. auf. Das Öl wird am besten 6 Fuß hoch vom Boden abgesogen u. von hier der Feuerstelle zugeführt, wo es ohne Schwierigkeiten verbrennt. Die auf diese Weise abgeführten schlammbildenden Substanzen entsprechen der Menge, die mit dem frischen Öl zugeführt werden. (U. S. Dep. Interior, Bur. Mines, Rep. Invest. **1955.** Nr. 5113. 1—14. Febr.) F. ROSENDAHL. 8216

M. M. Chruschtschow und **R. M. Matwejewski,** *Temperaturkriterium zur Bewertung der Eignung von Ölen für Schmierzwecke.* Die Verss. erfolgten im Vierkugelapp. (eine Kugel liegt auf 3 unteren Kugeln). Stufenweise wurden Belastung (alle 60 Sek.) oder Temp. bei geringer Rotation (0,4 mm/Sek.) der oberen Kugel gesteigert, bis Anfressen auftrat. Bei einer bestimmten „krit." Temp. tritt eine sprunghafte Änderung des Reibungskoeff. u. ein diskontinuierliches Gleiten ein. — Das untersuchte Turbinenöl zeigte erhöhte Abnutzung des Metalls u. ungleichmäßiges Gleiten bei 140°, bei Zusatz polarer Stoffe erst ab 200°. Bei chem. Zusätzen traten Reibungssprünge bei 120—165° auf, die ab 180° (infolge chem. Einw. auf das Metall) verschwanden. Bei Zusatz beider Stoffarten gab es im ganzen Temperaturbereich (20—240°) keine Reibungssprünge, jedoch eine etwas höhere Abnutzung (chem. Einw.). Das Verf. ist zur Prüfung verschied. Mineralöle brauchbar. Einige Gesetzmäßigkeiten: 1. Mit Steigerung der Gleitgeschwindigkeit sinkt der „Einfressungs"-Druck; 2. Das Prod. aus Reibungskoeff., spezif. Druck u. Gleitgeschwindigkeit (μ.p.V) ist unmittelbar vor dem Einfressen annähernd konstant; 3. die mittlere Temp. auf der Reibungsfläche ist bei Beginn des Einfressens für verschied. Gleitgeschwindigkeiten annähernd die gleiche (Meßdaten u. Näherungsformeln stimmen hierin überein). (Вестник Академии Наук СССР [Nachr. Akad. Wiss. UdSSR] **25.** Nr. 2. 47—50. Febr. 1955. Inst. für Maschinenbau der Akad. der Wiss. der UdSSR.) A. v. WILPERT. 8220

A. Naranowitch, Brüssel, Belgien, *Cracken der Schwelgase.* Die durch Schwelen von festen Brennstoffen erhaltenen Gase u. Dämpfe werden nach Verlassen der Schwelzone gekühlt u. dabei die fl. Anteile u. der Koks niedergeschlagen. Diese Kondensationsprodd. werden zusammen, mit oder ohne Katalysator, in eine Crackzone eingeleitet u. dort zu leichteren KW-stoffen aufgespalten. (**Belg. P. 511 602** vom 23/5. 1952, ausg. 18/12. 1953.) E. KAHLES. 8157

E. I. du Pont de Nemours & Co., übert. von: **Thomas I. Milligan,** Wilmington, Del., V. St. A., *Reinigung von Acetylen.* Das Produktgas der therm. Zers. von KW-stoffen wird erschöpfend mit Dimethylformamid (I) behandelt, um das Diacetylen zu entfernen. Das C_2H_2 wird nur unvollständig von dem Waschmittel festgehalten. Beim Durchleiten des Restgases durch eine 2. Menge I wird das C_2H_2 fast restlos festgehalten. Aus der 2. Wasch-Fl. wurden Äthylen u. CO_2 entfernt u. das absorbierte Gas von der Wasch-Fl. getrennt u. dieses Gas in eine 3. Portion I geleitet, wobei das Methylacetylen absorbiert u. das C_2H_2 rein erhalten wird. — Zeichnung. (**A. P. 2 714 940** vom 12/7. 1952, ausg. 9/8. 1955.) E. KAHLES. 8165

F. J. Collin Akt.-Ges. zur Verwertung von Brennstoffen und Metallen, Dortmund, *Entfernen von Schwefelwasserstoff aus Kokereigas.* Das NH_3-haltige Gas wird mit einem Entsäuerungsmittel, welches H_2S u. CO_2 aus dem Gas entfernt, gewaschen. Die Wasch-Fl. wird nach dem Verlassen der Waschzone in einen Wärmeaustauscher geleitet, wo es die aufgenommene Wärme an das Waschwasser abgibt, das zur Wiedererwärmung des von dem H_2S befreiten Gases dient. — Zeichnung. (**Belg. P. 519 845** vom 9/5. 1953, ausg. 13/5. 1955. D. Prior. 23/8. 1952.) E. KAHLES. 8173

Cities Service Research & Development Co., New York, N. Y., übert. von: **William B. Hughes,** Bartlesville, Okla., V. St. A., *Bisimidazole.* Durch Rk. von 1 (Mol) Tetraäthylenpentamin (I) mit 1 Heptaldehyd u. 1 Ölsäure erhält man ein Bis-imidazol der Formel **II**. Ähnliche Verbb. erhält man bei Verwendung von Triäthylentetramin statt **I** u. von CH_2O als Aldehyd u. Essigsäure bzw. Benzoesäure als Säure. — *Korrosionsverhindernde* Zusätze zu wasserhaltigen *Ölen.*

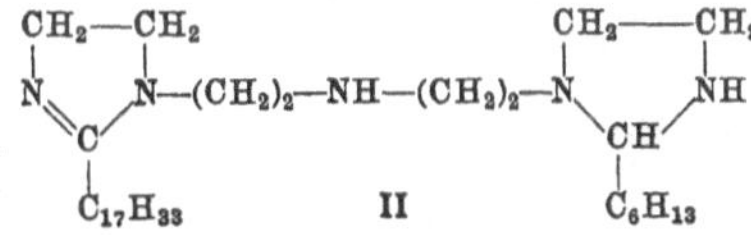

II

(**A. P. 2 724 695** vom 27/4. 1953, ausg. 22/11. 1955.) A. BRÖSAMLE. 8193

Standard Oil Co., Chicago, Ill., V. St. A., übert. von: **Theodore Benton Tom** und **Jack Harry Krause,** *Süßen von Kohlenwasserstoffdestillaten* unter Vermeidung starker Farbbldg. durch intensive Behandlung mit 1—15 Vol.-% einer wss. KOH-Lsg. (50—60% konz.) u. Einführung eines O_2-haltigen Gases in die Mischung aus Öl u. wss. Lsg. bei einer Behandlungstemp. von 100—150° F. Man trennt die verbrauchte KOH-Lsg. u. die darin enthaltenen Reaktionsprodd. von dem behandelten Öl ab. — Zeichnung. (**E. P. 728 057** vom 21/2. 1952, ausg. 13/4. 1955.) P. Unger. 8195

Pure Oil Co., Chicago, übert. von: **Carlisle M. Thacker,** Wilmington, Del., und **Hillis O. Folkins,** Crystal Lake, Ill., V. St. A., *Cracken von Kohlenwasserstoffen in Gegenwart von explosiven Verbindungen.* Höhersd. KW-stoffe werden bei erhöhter Temp. (900° F) u. erhöhtem Druck (500 lbs./sq.in.) in Ggw. von explosiven Substanzen (Mol-Verhältnis Öl zu explosiver Substanz 1:0,001), wie Chlortetraoxyd, Chlordioxyd, Pb-Chlorit oder Benzoylperoxyd zu *Motortreibstoffen* umgewandelt. (**A. P. 2 714 085** vom 4/6. 1952, ausg. 26/7. 1955.) E. Kahles. 8197

Esso Research & Engineering Co., übert. von: **Robert P. Cahn,** Elisabeth und **Henry Ernst jr.,** Fanwood, N. J., V. St. A., *Verkoken von schweren Kohlenwasserstoffen,* dad. gek., daß in die Reaktionszone neben dem zurückgeführten Koks als Wärmeträger noch feinste Tonerde eingebracht wird, um die zu starke Koksbldg. zu verhindern. — Zeichnung. (**A. P. 2 725 349** vom 2/6. 1954, ausg. 29/11. 1955.) E. Kahles. 8197

Standard Oil, Development Co., Del., V. St. A., *Hydroformieren von Naphtha.* Die naphthenhaltige Naphtha wird in einer Vorerhitzungszone in Dampfform übergeführt, der KW-stoffdampf mit einem H_2-haltigen Gas im Verhältnis 1500—5000, bes. 1500—3000 cu. ft. H_2-haltiges Gas je barrel Naphtha gemischt. Dieses Gemisch wird aufwärts durch ein Bett eines Katalysators (Metalloxyd der VI. Gruppe der Period. Syst. auf Tonerdeträger) geleitet, u. zwar so, daß dieses Bett in fluidisiertem Zustand gehalten wird u. der obere Teil des Katalysatorbettes eine um 25° F höhere Temp. als der untere Teil aufweist. Dabei werden in der Reaktionszone Hydroformierungsbedingungen bzgl. Temp., Druck u. Kontaktzeit eingehalten, so daß ein hydroformiertes Prod. erhalten wird. Das H_2-haltige Gas wird im Kreislauf geführt u. nach dem Wiederaufheizen in einem Wärmeaustauscher auf 1300° F in den unteren Teil des Katalysatorbettes eingeleitet. — Zeichnung. (**E. P. 731 075** vom 28/7. 1952, ausg. 1/6. 1955. A. Prior. 10/8. 1951.) E. Kahles. 8207

Standard Oil Co., Cleveland, O., V. St. A., übert. von: **John D. Bartleson,** Franklin, Mich., *Herabsetzung des Octanzahlbedarfs von Brennkraftmaschinen,* in deren Zylindern sich bleihaltige Ablagerungen niederschlagen, indem man die Oberflächen der Zylinder mit einem Belag auskleidet, der zu 10—90 Gew.-% aus einem viscosem, an Metall adhärierenden, nichtkorrosivem Träger mit ca. 90—10% einer anorgan. B-Verb., z. B. Boraten, Boriden u. Boranen von Alkali- u. Erdalkalimetallen, besteht. (**A. P. 2 725 856** vom 11/1. 1954, ausg. 6/12. 1955.) P. Unger. 8209

Esso Research & Engineering Co., übert. von: **Delmer L. Cottle,** Highland Park, und **David W. Young,** Roselle, N. J., V. St. A., *Beseitigung der Restacidität von als Schmieröle dienenden komplexen Estern* der allg. Zus. R^1—COO—R^2—OOC—R^3—COO—R^2—OOC—R^1, R^4—OOC—R^3—COO—R^2—OOC—R^3—COO—R^4 u. R^4—OOC—R^3—COO—R^2—OOC—R^1 (R^1 = Alkylrest einer C_2—C_{18}-Monocarbonsäure, R^2 = Alkylrest eines Glykols C_2—C_{18}, R^3 = Alkylrest einer C_2—C_{24}-Dicarbonsäure, R^4 = Alkylrest eines C_1—C_{18}-Alkohols) erfolgt durch Rk. mit einem Olefinoxyd der allg. Zus. R^5—$\overset{O}{\widehat{CH—CH}}$—$R^6$ (R^5 u. R^6 = H oder CH_3) bei 150—300° unter Druck bis die Acidität auf unter 0,5 mg KOH/g gefallen ist. (**A. P. 2 705 724** vom 24/5. 1951, ausg. 5/4. 1955.)
O. Müller-Meiningen. 8221

Esso Standard (Soc. An. Française), Frankreich (Erfinder: **J. Schmit, G. Thareau** und **L. Valla**), *Raffinieren von mineralischen Schmierölen.* Man raffiniert die Öle mit selektiven Lösungsmitteln (bes. mit Phenol) unter Zusatz von handelsüblichem Paraffin oder irgendwelchen paraffin. Produkten. — Z. B. behandelt man ein Destillat (Viscosität 46 „Saybold bei 98,8°) eines Erdöls vom mittleren Orient nach dem Gegenstromverf. mit 2% W. enthaltendem Phenol unter Zusatz von 5% eines geschmolzenen paraffin. Produktes. (**F. P. 1 058 431** vom 17/6. 1952, ausg. 16/3. 1954.) T. Oppermann. 8221

Imperial Chemical Industries Ltd., London, England (Erfinder: **Jan Murawski** und **Robert Le Grice Burnett**), *Herstellung organischer Halogenderivate,* dad, gek., daß man einen ungesätt. KW-stoff, dessen H-Atome vollständig durch Halogenatome substituiert sind, die wenigstens teilweise von F verschieden sind, bei erhöhter Temp. mit ClF_3 umsetzt. Das Reaktionsprod. wird anschließend bei 100° mit 10%ig. NaOH u. hierauf mit W. gewaschen. Aus Oktachlornaphthalin, Dekachlordiphenyl, Hexachlorbenzol u.

Hexachlorbutadien, bzw. Mischungen dieser Chlor-KW-stoffe, erhält man chem. undefinierte *Fluorchlor-KW-stoffgemische*, die ihrer öligen bis wachsartigen Konsistenz wegen als *Schmiermittel* Anwendung finden können. (**E. P. 738 289** vom 1/10. 1952, ausg. 12/10. 1955. **Zusatz zu E. P. 695 811; C. 1955. 5415.**) O. SCHÖN. 8223

XXI. Leder. Gerbstoffe.

A. Haglund, *Beiträge zur Kenntnis des Fichtenrindengerbstoffes. 3. Mitt. Änderung der Alkoholfällungszahl bei feuchter Lagerung der Fichtenrinde.* (1. vgl. C. **1952.** 1271.) Beim feuchten Lagern von Fichtenrinde unter Luftzutritt vergrößert sich der alkohol-unlösl. Teil des mit W. extrahierbaren Gerbstoffs („Fraktion I") beträchtlich. Bei der fraktionierten Extraktion dieser Rinde weisen die ersten Auslaugungen eine wesentlich höhere Viscosität auf infolge oxydativer Kondensation von Gerbstoff bzw. dessen Vorstufen durch rindeneigene Fermente. Parallel der Bldg. von „Fraktion I" erfolgt eine schwächere Phlobaphenbildung. (Leder **4.** 55—58. 15/3. 1953. Västervik, Schweden, Labor. Fa. A. B. Tannin.) K. HERMANN. 8336

Norman M. Wiederhorn, Gerald V. Reardon und **Alice R. Browne,** *Untersuchungen über die Struktur des Kollagens.* 3. Mitt. *Das elastische Verhalten von thermisch kontrahiertem und formaldehydgegerbtem Kollagen.* (2. vgl. C. **1954.** 6253.) Die für die Verss. verwendeten Känguruhsehnen werden zunächst einer Vorbehandlung unterzogen u. dann mit CH_2O-Lsgg. von einer Konz. von 0,3—10%, in einem p_H-Bereich von 3—9 während 65 Std. bei Zimmertemp. gegerbt. Danach wird in kochendem W. geschrumpft u. anschließend in einem im Original beschriebenen App. den Dehnungsverss. ausgesetzt. Alle Messungen erfolgten oberhalb 65°, da nur bei diesen Tempp. ein kautschukelast. Verh. beobachtet wurde. (Die Ergebnisse wurden nach den für die Kautschukelastizität gültigen Gleichungen ausgewertet.) Hierbei ergab sich, daß pro Struktureinheit des Kollagens (Mol.-Gew. ca. 55000) sich höchstens 2—3,5 Querbindungen ausbilden, während der größte Teil des CH_2O nicht zur Brückenbldg. verwendet wird. Von den in den Seitenketten vorhandenen NH_2-Gruppen beteiligen sich ca. $^1/_7$—$^1/_8$ an den Querbindungen. Die weiteren Beziehungen zwischen der Schrumpfungstemp. u. der Brückenbldg. während der CH_2O-Gerbung wird diskutiert, wobei es sich gezeigt hat, daß die Zunahme der therm. Stabilität mit der Brückenbldg. in direktem Zusammenhang steht. (J. Amer. Leather Chemists Assoc. **48.** 7—20. Jan. 1953. Beverly, Mass., United Shoe Machinery Corp., Res. Div.) H.-G. FRÖHLICH. 8336

Melvin Castleman, *Welche Eigenschaften machen eine gute Lederzurichte?* Ein gutes Prod. für die Lederzurichte muß 1. eine hohe Deckkraft aufweisen, 2. beim Auftrocknen einen völlig gleichmäßigen Film bilden u. 3. immer in konstanter Zus. lieferbar sein. (Leather Manufacturer **72.** Nr. 3. 58—60. März 1955. Lloyd Labor.) H. G. FRÖHLICH. 8340

Clinton E. Retzsch, *Blockbildung bei Fettlicker.* Allg. Darst. über die Herst. von Fettlicker unter der besonderen Berücksichtigung des Gleichgewichtes zwischen den anion. u. kation. Ladungsverhältnissen beim Lederfetten. Hierbei wird vor allem Wert darauf gelegt, daß das Verhältnis zwischen den anion. u. kation. Ladungen im Fettlicker so eingestellt ist, daß beim Fetten des Leders diese Ladungen ausgeglichen werden können. (Leather Manufacturer **72.** Nr. 3. 44—48. März 1955. Nopco Chem. Comp.) H. G. FRÖHLICH. 8340

Je. Ss. Choroschaja und **A. N. Lykowa,** *Schnellmethoden zur chemischen Analyse von Sattler- und Portefeuillekunstleder.* Zur Best. des Fasergeh. werden 0,2—0,5 g des Kunstleders, von dem die Appreturschicht entfernt worden ist, mit einem Rasiermesser in dünne Schnitte zerlegt u. 3—4 Std. mit 100 ml Dichloräthan extrahiert. Das Ende der Extraktion erkennt man an der weißen Farbe der Fasern. Sie werden dann im Dampf gereinigt, getrocknet u. gewogen. Ein Verlust von 1,1% Fasern muß bei der Berechnung berücksichtigt werden. Zur Best. des Weichmachergeh. werden 0,2—0,5 g der wie oben zerkleinerten u. unter der Infrarotlampe getrockneten Probe dreimal mit 20 ml Aceton bei Zimmertemp. 10 — 5 — 5 Min. behandelt, getrocknet u. gewogen. Von dem gefundenen Geh. an Extrahierbaren werden 5% (von der Einwage berechnet) abgezogen, der Rest ist Weichmacher. Zur Best. der Asche wird die Probe sofort einer hohen Temp. ausgesetzt, der gefundene Geh. an Asche mit 1,28 multipliziert. Die verklebenden Substanzen können aus der Differenz der oben angegebenen Substanzen gefunden oder direkt bestimmt werden. 1 g der Substanz wird 10 Min. mit 20 ml Aceton behandelt, fein zerkleinert, mit 40 ml 35%ig. Al_2SO_4 versetzt u. langsam mit 3 g $K_2Cr_2O_7$ erwärmt. Nach 45 Min. wird mit viel W. verd., abfiltriert, zuletzt mit dest. W. gewaschen bis keine Rk. mit Methylorange eintritt, getrocknet, gewogen u. verascht. Die Asche wird abgezogen. (Легкая Промышленность [Leicht-Ind.] **15.** Nr. 11. 25—28. Nov. 1955. Zentr. Wiss. Forschungs-Inst. für Kunstleder.) J. V. SCHROEDER. 8374

XXIV. Photographie.

Tomiya Yoshino, *Einige kennzeichnende Eigenschaften von Kollodium-Naßplatten.* Bei Abwesenheit von $AgNO_3$ nähert sich die Kollodiumnaßplatte in ihren kennzeichnenden Eigg. der Trockenplatte. Ag-Bad u. Entwickler sollten so eingestellt werden, daß sie soviel $AgNO_3$ enthalten, um auf der Platte gleichmäßig winzige Ag-Halogenidkristalle abzuscheiden. Die Ablagerungsgeschwindigkeit ist von einer guten Haftung des Kollodiums am Glas abhängig. Reines AgBr kann auf der Naßplatte gleich gut wie AgJ verwendet werden. (Rep. sci. Res. Int. [Kagaku-Kenkyujo-Hokoku] **29.** 340—43 Nov. 1953. [Orig.: japan.]) L. SCHULER. 8600

Jean Berchtold, *Ein neues Verfahren der elektrischen Photographie.* Nach einem Überblick über neuere photograph. Verff., die ohne lichtempfindliches Halogensilber arbeiten, wie z. B. das „Thermofax"-Verf. der MINNESOTA & MANUFACTURING CO., das Verf. „Xerographie" der BATTELLE DEVELOPMENT CORPORATION u. das Verf. „Elektrofax" der RADIO CORP. OF AMERICA, beschreibt Vf. ein neues elektrophotograph. Verfahren. Das abzubildende Original wird auf eine flächenförmige Halbleiterzelle projiziert. Der in dieser je nach der Belichtungsintensität fließende Strom beeinflußt ein elektroempfindliches Papier. Diesem Zweck dient eine photoelektr. Platte, die den elektr. Strom nur in einer Richtung, u. zwar senkrecht zur Plattenebene durchläßt. Die Platte, die genügend fest sein muß, um als Schichtträger ihre Aufgabe zu erfüllen, besteht aus 0,07 mm dicken Nickeldrähten, die in Isocyanatharz eingebettet sind, um sie gegeneinander zu isolieren. Auf die Vorderseite der Platte wird eine *Selen*-Schicht aufgebracht, die Halbleitereigg. hat, u. darauf eine dünne Schicht *Au* aufgedampft. Zwischen dieser Schicht u. einer Gegenelektrode wird das feuchte elektroempfindliche Papier eingelegt u. eine Spannung angelegt. Das Papier enthält ein *Diazoniumsalz* u. eine Kupplungskomponente, die bei Stromdurchfluß miteinander reagieren. Die Auswahl dieser Verbb. ist so getroffen, daß sie nur im alkal. Gebiet kuppeln. Durch den bildmäßig fließenden elektr Strom kommt es zu einer Erhöhung des p_H-Wertes u. damit zu einer bildmäßigen Farbkupplung. Ein anderer Weg besteht darin, das Papier mit organ. Farbstoffen zu tränken, die durch anod. Oxydation oder durch kathod. Red. entfärbt werden. Nach dieser Meth. wird das Original als Positiv reproduziert. Abschließend werden Angaben gemacht über die Empfindlichkeit, über die Qualität der Kopien u. ihren Kontrast, über ihre Haltbarkeit u. die Wirtschaftlichkeit des neuen Verfahrens. Es wird bes. darauf hingewiesen, daß seine Anwendung nicht nur auf das sichtbare Gebiet beschränkt ist, sondern daß man auch mit Infrarotstrahlung nach dieser Meth. photographieren kann. (Sci. Ind. photogr. [2] **26.** 465—71. Dez. 1955. Zürich, ETH.) W. GÜNTHER. 8624

K. A. Metcalfe, *Flüssigkeitsentwickler für die Xerographie.* In der Xerographie geschah die Entw. des elektrostat. Bildes bisher durch Verwendung von geladenen Pulvern. Vf. schlägt statt dessen fl. Entwickler (Petroleum, Terpentinöl, Bzl., CCl_4) vor, in die Pulver (MgO, Talk, Ruß, Pigmente) dispergiert werden. Bei der Dispergierung werden die Pulver aufgeladen, die Ladung ist für das betreffende Pulver charakteristisch. So werden Teilchen des Pigments „monolite yellow" positiv aufgeladen u. werden von negativ geladenen latenten Bildern angezogen. Talkumpulver werden negativ aufgeladen u. daher von positiv geladenen latenten Bildern angezogen. (J. sci. Instruments **32.** 74—75. Febr. 1955. Woodville, South Australia, Defence Standards Labor.) C. GOTTFRIED. 8624

Kurt Meyer, *Entwicklung und Stand des Agfacolor-Verfahrens.* Vf. gibt einen kurzen Überblick über die geschichtliche Entw. der Agfacolor-Materialien: Prinzip der subtraktiven Farbwiedergabe, Mehrschichtenprinzip, Farbentw., diffusionsfeste Komponenten, Farbwiedergabe. (Chem. Techn. **7.** 445—51. Aug. 1955. Wolfen.) W. GÜNTHER. 8630

Herausgeber u. verantwortlich für den Inhalt: Prof. Dr. Maximilian Pflücke, Berlin N 4, Schiffbauerdamm 19, Fernsprecher: 425571. Redaktion: Chefredakteure Dr. Eugen Klever und Prof. Dr. Maximilian Pflücke. Verlag: Akademie-Verlag GmbH, Berlin W 8, Mohrenstraße 39 (Fernsprecher 200386, Postscheckkonto Berlin 35021), u. Verlag Chemie, GmbH, Weinheim/Bergstraße (Fernsprecher 2017 u. 2965, Postscheckkonto Frankfurt/M. 145314 u. Berlin-West 7430). Bestell- u. Verlags-Nr.: 1007/127. Das Chemische Zentralblatt erscheint wöchentlich. Preis des Jahrganges einschl. Autoren-, Patent-, Sach- und Formelregister: DM 680,—; einseitig bedruckte Ausgabe: DM 750,—.
Abgabe der Zeitschrift nur mit sämtlichen Registern.
Satz u. Druck: VEB Leipziger Druckhaus, Leipzig, III/18/203. VIII. 56.
Veröffentlicht unter der Lizenznummer 1212 des Amtes für Literatur und Verlagswesen der Deutschen Demokratischen Republik.
Printed in Germany.

FSC
www.fsc.org
MIX
Papier | Fördert gute Waldnutzung
FSC® C083411

Zeitfracht Medien GmbH
Ferdinand-Jühlke-Straße 7
99095 Erfurt, Deutschland
produktsicherheit@kolibri360.de